ŒUVRES
COMPLÈTES
DE BUFFON

TOME XII

IMPRIMERIE
JULES CLAYE ET Cᵉ
Rue Saint-Benoît, 7

ŒUVRES

COMPLÈTES

DE BUFFON

AVEC LA NOMENCLATURE LINNÉENNE ET LA CLASSIFICATION DE CUVIER

Revues sur l'édition in-4° de l'Imprimerie Royale

ET ANNOTÉES

PAR

M. FLOURENS

SECRÉTAIRE PERPÉTUEL DE L'ACADÉMIE DES SCIENCES, MEMBRE DE L'ACADÉMIE FRANÇAISE

PROFESSEUR AU MUSÉUM D'HISTOIRE NATURELLE, ETC.

TOME DOUZIÈME

EXPÉRIENCES SUR LES VÉGÉTAUX, ARITHMÉTIQUE MORALE

ET

TABLES ANALYTIQUES ET RAISONNÉES DES MATIÈRES CONTENUES DANS L'OUVRAGE ENTIER

PARIS

GARNIER FRÈRES, LIBRAIRES

6 RUE DES SAINTS-PÈRES

MDCCCLV

HISTOIRE NATURELLE

DES VÉGÉTAUX

PRÉFACE

A LA TRADUCTION DU LIVRE DE HALES, INTITULÉ:

LA STATIQUE DES VÉGÉTAUX

ET

L'ANALYSE DE L'AIR [1].

La première fois que j'ai lu les ouvrages de M. Hales, je me suis aperçu qu'ils valaient bien la peine d'être relus. Comme je voulais le faire avec toute l'attention qu'ils méritent, je pensai qu'il ne m'en coûterait guère plus de les traduire, et l'envie de faire plaisir au public a achevé de m'y déterminer. Ma traduction est littérale, surtout celle des endroits où l'auteur fait le détail de ses expériences. Je me suis donné un peu plus de liberté dans ceux qui sont moins importants; mais en général, je me suis attaché à bien rendre le sens, et à éclaircir ce qui m'a paru obscur.....

La nouveauté des découvertes, et de la plupart des idées qui composent cet ouvrage, surprendra sans doute les physiciens. Je ne connais rien de mieux dans son genre, et le genre par lui-même est excellent; car ce n'est qu'expérience et observation; mais ce n'est point à moi à faire l'éloge de cet ouvrage; le mérite d'un auteur ne doit pas se mesurer par les louanges du traducteur, le public s'en défie, et ce n'est pas sans raison :

1. Cette *Préface*, publiée en 1735, a été le premier écrit de Buffon; il n'avait alors que vingt-huit ans; il revenait d'Angleterre, et il était rempli d'un enthousiasme de jeune homme pour les compatriotes de Hales.

Beaucoup d'inexpérience et des connaissances encore imparfaites n'empêchent pas de voir percer ici le génie qui bientôt entraînera Buffon vers les grands problèmes; et, dans les reproches qu'il adresse à la manière d'écrire du savant auteur de la *Statique*, on sent l'*écrivain-né*, qui a besoin de l'harmonie du style pour se satisfaire.

La traduction du livre de Hales fut suivie de près des *Mémoires* sur les *végétaux*. « La traduction de la *Statique des végétaux*, de Hales, et celle du *Traité des fluxions*, de Newton, ainsi « que les préfaces qu'il y ajouta, furent, dit Cuvier, les premiers écrits qui firent connaître Buffon « du public. Dans ses propres travaux il parut, pendant quelque temps, disposé à cultiver à la « fois et presque également la géométrie, la physique et l'économie rurale... »

ainsi je prie M. Hales de ne pas trouver mauvais si je ne m'étends pas sur celles de son livre; les soins que je me suis donnés pour le traduire, témoignent assez le cas que j'en fais; mais il me semble qu'on ne doit jamais décider du goût du public par le sien; et que quand on soumet un ouvrage à son jugement, c'est être trop hardi que de prétendre lui donner le ton. En faveur des longs éloges que je supprime, je ne demande qu'une grâce, c'est de lire ce livre avec quelque confiance: les ouvrages fondés sur l'expérience en méritent plus que les autres; je puis même dire, qu'en fait de physique, l'on doit rechercher autant les expériences, que l'on doit craindre les systèmes[1]. J'avoue que rien ne serait si beau que d'établir d'abord un seul principe, pour ensuite expliquer l'univers; et je conviens que si l'on était assez heureux pour deviner, toute la peine que l'on se donne à faire des expériences serait bien inutile; mais les gens sensés voient assez combien cette idée est vaine et chimérique: le système de la nature dépend peut-être de plusieurs principes; ces principes nous sont inconnus, leur combinaison ne l'est pas moins; comment ose-t-on se flatter de dévoiler ces mystères, sans autre guide que son imagination? Et comment fait-on pour oublier que l'effet est le seul moyen de connaître la cause[2]? C'est par des expériences fines, raisonnées et suivies, que l'on force la nature à découvrir son secret; toutes les autres méthodes n'ont jamais réussi, et les vrais physiciens ne peuvent s'empêcher de regarder les anciens systèmes, comme d'anciennes rêveries, et sont réduits à lire la plupart des nouveaux[3], comme on lit les romans: les recueils d'expériences et d'observations sont donc les seuls livres qui puissent augmenter nos connaissances; il ne s'agit pas, pour être physicien, de savoir ce qui arriverait dans telle ou telle hypothèse, en supposant, par exemple, une matière subtile, des tourbillons, une attraction, etc. Il s'agit de bien savoir ce qui arrive, et de bien connaître ce qui se présente à nos yeux: la connaissance des effets nous conduira insensiblement à celle des causes, et l'on ne tombera plus dans les absurdités qui semblent caractériser tous les systèmes. En effet, l'expérience ne les a-t-elle pas détruits successivement? Ne nous a-t-elle pas montré que ces éléments, que l'on croyait autrefois si simples[4], sont aussi composés que les autres corps? Ne nous a-t-elle pas appris ce que l'on doit penser du chaud, du froid, du sec et de l'humide?

1... *On doit rechercher autant les expériences que l'on doit craindre les systèmes*... Principe excellent, mais que Buffon n'a pas toujours suivi.

2. « Toute la difficulté de la philosophie paraît consister à trouver les forces, qu'emploie la « nature, par les phénomènes que nous connaissons. » (Newton : *Princip. math. de la philos. nat.*, traduct. franç., p. XVI.)

3. Il ne prévoyait pas qu'il écrirait un jour son *système* sur la formation des planètes, son *système* sur les molécules organiques, et plus d'un autre.

4. Ce n'est point Hales qui a fait l'*analyse* des *éléments* : tout ce qu'on peut dire de Hales, c'est qu'il y préludait.

de la pesanteur et de la légèreté absolue, de l'horreur du vide, des lois du mouvement autrefois établies, de l'unité des couleurs, du repos et de la sphéricité de la terre, et si je l'ose dire, des tourbillons? Amassons donc toujours des expériences, et éloignons-nous, s'il est possible, de tout esprit de système, du moins jusqu'à ce que nous soyons instruits; nous trouverons assurément à placer un jour ces matériaux; et quand même nous ne serions pas assez heureux pour en bâtir l'édifice tout entier, ils nous serviront certainement à le fonder, et peut-être à l'avancer au delà même de nos espérances : c'est cette méthode que mon auteur a suivie; c'est celle du grand Newton; c'est celle que MM. de Verulam, Galilée, Boyle, Stahl, ont recommandée et embrassée; c'est celle que l'Académie des Sciences s'est fait une loi d'adopter, et que ses illustres membres MM. Huygens, de Réaumur[1], Boerhaave, etc. ont si bien fait et font tous les jours si bien valoir; en un mot c'est la voie qui a conduit de tout temps, et qui conduit encore aujourd'hui les grands hommes : l'exemple seul doit suffire pour nous y faire entrer, et doit prévenir le public en faveur de l'ouvrage qu'on lui présente aujourd'hui : j'ose même dire que, pour peu que l'on soit connaisseur, l'on verra facilement que l'Angleterre elle-même produit rarement d'aussi bonnes choses, et que, malgré tant de brillantes découvertes que nous devons aux génies supérieurs de cette savante nation, celles-ci ne laisseront pas que de se faire distinguer, et peut-être par des lumières plus vives que la plupart de celles qui les ont précédées. Mais il faut tout dire : ces découvertes auraient encore brillé davantage, si M. Hales les eût autrement présentées; son livre n'est pas fait pour être lu, mais pour être étudié; c'est un recueil d'une infinité de faits utiles et curieux, dont l'enchaînement ne se voit pas du premier coup d'œil; il a négligé certaines liaisons nécessaires pour certains esprits; il n'est point entré dans de certains détails; enfin il n'a fait son livre que pour les amateurs de la vérité la plus nue, et il suppose dans ses lecteurs beaucoup de connaissances, et encore plus de pénétration. Le commencement de l'analyse de l'air[2] est le plus bel endroit de son livre, et l'un de ceux qu'il a le moins développé : tout est neuf dans cette partie de son ouvrage; c'est une idée féconde, dont découle une infinité de découvertes sur la nature des différents corps qu'il soumet à un nouveau genre d'épreuve : ce sont des faits surprenants, qu'à peine daigne-t-il annoncer. Aurait-on imaginé que l'air pût devenir un corps solide[3]? Aurait-on cru qu'on pouvait lui

1. Buffon n'était pas encore le rival de Réaumur.

2. Hales n'a pas fait l'*analyse de l'air*. Il est le premier qui nous ait appris à extraire et à recueillir les *gaz*; ce qui lui manque, c'est d'avoir distingué ces *gaz* : il les confondait tous ensemble, et ne les croyait tous que de l'air ordinaire plus ou moins modifié. (Voyez la note 1 de la page 33 du IXe volume.)

3. *L'air*, proprement dit, ne devient point un corps solide. (Voyez la note de la page 45 du t. IX.)

ôter et lui rendre sa vertu de ressort? Aurions-nous pu penser que certains corps, comme la pierre de la vessie et le tartre, ne sont, pour plus de deux tiers, que de l'air solide et métamorphosé[1]? M. Hales sait lui rendre son premier être : il nous apprend jusqu'à quel point la flamme, la respiration des animaux et la foudre détruisent le ressort de l'air : il mesure la force de la respiration, et il en imite le mouvement, jusqu'au point de faire respirer et vivre un chien plus d'une heure après avoir coupé la trachée artère[2]; il trouve le moyen de purifier l'air, et de le rendre propre à être respiré plus longtemps; il démontre ses effets sur le feu, sur les végétaux et sur les animaux : ce sont là des échantillons de ses découvertes; car je ne dirai rien de toutes celles qu'il a faites sur les plantes, sur la quantité de leur nourriture et de leur transpiration, sur leur accroissement, leur respiration, leurs maladies, sur la force et la quantité de la sève, sur son mouvement, sa raréfaction, sa qualité, etc., je me contenterai d'assurer que les amateurs de l'agriculture trouveront ici de quoi s'amuser, et les physiciens de quoi s'instruire.

L'auteur a donné au public un second ouvrage, qui a pour titre : *La Statique des Animaux:* comme il travaille actuellement sur ces matières, et qu'il doit joindre ses nouvelles découvertes aux anciennes pour ne faire qu'un seul corps, on n'a pas jugé à propos de traduire cet ouvrage[3]; on s'est contenté de donner la traduction d'un appendice qu'il y a joint, dans lequel on trouvera quelques morceaux excellents, qui tous ont rapport à la statique des végétaux, ou à l'analyse de l'air.

1. *L'air solide et métamorphosé.* (Voyez, page précédente, la note 2.)
2. Par l'insufflation de l'*air* dans les *poumons.*
3. Il l'a été, plus tard, par Sauvages.

EXPÉRIENCES

SUR LES VÉGÉTAUX[1]

PREMIER MÉMOIRE

EXPÉRIENCES SUR LA FORCE DU BOIS.[2]

Le principal usage du bois, dans les bâtiments et dans les constructions de toute espèce, est de supporter des fardeaux : la pratique des ouvriers qui l'emploient n'est fondée que sur des épreuves à la vérité souvent réitérées, mais toujours assez grossières; ils ne connaissent que très-imparfaitement la force et la résistance des matériaux qu'ils mettent en œuvre : j'ai tâché de déterminer avec quelque précision la force du bois, et j'ai cherché les moyens de rendre mon travail utile aux constructeurs et aux charpentiers. Pour y parvenir j'ai été obligé de faire rompre plusieurs poutres et plusieurs solives de différentes longueurs. On trouvera, dans la suite de ce Mémoire, le détail exact de toutes ces expériences, mais je vais auparavant en présenter les résultats généraux, après avoir dit un mot de l'organisation du bois et de quelques circonstances particulières qui me paraissent avoir échappé aux physiciens qui se sont occupés de ces matières.

Un arbre est un corps organisé, dont la structure n'est point encore bien connue : les expériences de Grew, de Malpighi, et surtout celles de Hales[3], ont à la vérité donné de grandes lumières sur l'économie végétale, et il

1. Ces *expériences* font partie du IIe volume des *Suppléments* de l'édition in-4° de l'Imprimerie royale, volume publié en 1775; mais elles ne sont là que reproduites (voyez, ci-dessous, la note 2).

Buffon avait formé le plus vaste projet qu'ait jamais pu concevoir un naturaliste, celui d'écrire l'histoire entière des trois *Règnes de la nature :* je dis histoire sérieuse et originale, et non simple compilation. Nous avons vu, par les onze volumes précédents, ce qu'il a pu réaliser de ce plan immense : pour le règne animé, l'*Histoire* de l'*homme*, des *quadrupèdes* et des *oiseaux ;* pour le règne brut, l'*histoire* des *minéraux*, à quoi il faut joindre ce qu'il a fait de plus grand, l'histoire du globe (*Théorie de la terre* et *Époques de la nature*).

Enfin, il conserva toujours l'espérance d'ajouter à tous ces travaux, l'*histoire des végétaux ;* il parle, en plus d'une occasion, dans son livre (voyez, entr'autres, les pages 123 du Ier volume et 2 du VIe) de cette histoire projetée ; et le second volume des *Suppléments*, où il a inséré, comme je viens de le dire, les *Mémoires* que je place ici, porte pour titre : *Histoire générale et particulière servant de suite* à la *Théorie de la terre*, et de *Préliminaire* à l'*histoire des végétaux*.

2. Ce *Mémoire* parut d'abord dans les volumes de l'Académie des Sciences; et là il se trouve divisé en deux parties : la première imprimée en 1740, et la seconde en 1741.

3... *Surtout celles de Hales.* C'est Hales qui sert ici de guide à Buffon, et j'ai pu mettre, en tête de ses propres *expériences*, la *préface* qu'il avait écrite pour le livre de ce grand physicien.

faut avouer qu'on leur doit presque tout ce qu'on sait en ce genre; mais dans ce genre, comme dans tous les autres, on ignore beaucoup plus de choses qu'on n'en sait. Je ne ferai point ici la description anatomique des différentes parties d'un arbre, cela serait inutile pour mon dessein; il me suffira de donner une idée de la manière dont les arbres croissent, et de la façon dont le bois se forme.

Une semence d'arbre, un gland qu'on jette en terre au printemps, produit au bout de quelques semaines un petit jet tendre et herbacé qui augmente, s'étend, grossit, durcit, et contient déjà, dès la fin de la première année, un filet de substance ligneuse. A l'extrémité de ce petit arbre est un bouton qui s'épanouit l'année suivante, et dont il sort un second jet semblable à celui de la première année, mais plus vigoureux, qui grossit et s'étend davantage, durcit dans le même temps et produit un autre bouton qui contient le jet de la troisième année, et ainsi des autres jusqu'à ce que l'arbre soit parvenu à toute sa hauteur : chacun de ces boutons est une espèce de germe qui contient le petit arbre de chaque année. L'accroissement des arbres en hauteur se fait donc par plusieurs productions semblables et annuelles, de sorte qu'un arbre de cent pieds de haut est composé dans sa longueur de plusieurs petits arbres mis bout à bout, dont le plus long n'a souvent pas deux pieds de hauteur. Tous ces petits arbres de chaque année ne changent jamais dans leurs dimensions; ils existent dans un arbre de cent ans sans avoir grossi ni grandi ; ils sont seulement devenus plus solides. Voilà comment se fait l'accroissement en hauteur : l'accroissement en grosseur en dépend. Ce bouton, qui fait le sommet du petit arbre de la première année, tire sa nourriture à travers la substance et le corps même de ce petit arbre; mais les principaux canaux qui servent à conduire la sève se trouvent entre l'écorce et le filet ligneux; l'action de cette sève en mouvement dilate ces canaux et les fait grossir, tandis que le bouton en s'élevant les tire et les allonge; de plus, la sève en y coulant continuellement y dépose des parties fixes qui en augmentent la solidité : ainsi dès la seconde année un petit arbre contient déjà dans son milieu un filet ligneux en forme de cône fort allongé, qui est la production en bois de la première année, et une couche ligneuse aussi conique qui enveloppe ce premier filet et le surmonte, et qui est la production de la seconde année. La troisième couche se forme comme la seconde; il en est de même de toutes les autres qui s'enveloppent successivement et continûment, de sorte qu'un gros arbre est un composé d'un grand nombre de cônes ligneux qui s'enveloppent et se recouvrent tant que l'arbre grossit : lorsqu'on vient à l'abattre, on compte aisément, sur la coupe transversale du tronc, le nombre de ces cônes, dont les sections forment des cercles ou plutôt des couronnes concentriques, et on reconnaît l'âge de l'arbre par le nombre de ces couronnes, car elles sont distinctement séparées les unes des autres.

Dans un chêne vigoureux, l'épaisseur de chaque couche ou couronne est de deux ou trois lignes : cette épaisseur est d'un bois dur et solide, mais la substance qui unit ensemble ces couronnes, dont le prolongement forme les cônes ligneux, n'est pas à beaucoup près aussi ferme; c'est la partie faible du bois dont l'organisation est différente de celle des cônes ligneux, et dépend de la façon dont ces cônes s'attachent et s'unissent les uns aux autres, que nous allons expliquer en peu de mots. Les canaux longitudinaux qui portent la nourriture au bouton, non-seulement prennent de l'étendue et acquièrent de la solidité par l'action et le dépôt de la sève, mais ils cherchent encore à s'étendre d'une autre façon ; ils se ramifient dans toute leur longueur, et poussent de petits filaments comme de petites branches qui d'un côté vont produire l'écorce, et de l'autre vont s'attacher au bois de l'année précédente, et forment, entre les deux couches du bois, un tissu spongieux qui, coupé transversalement, même à une assez grande épaisseur, laisse voir plusieurs petits trous à peu près comme on en voit dans de la dentelle. Les couches du bois sont donc unies les unes aux autres par une espèce de réseau : ce réseau n'occupe pas à beaucoup près autant d'espace que la couche ligneuse, il n'a qu'environ une demi-ligne d'épaisseur; cette épaisseur est à peu près la même dans tous les arbres de même espèce, au lieu que les couches ligneuses sont plus ou moins épaisses, et varient si considérablement dans la même espèce d'arbre, comme dans le chêne, que j'en ai mesuré qui avaient trois lignes et demie, et d'autres qui n'avaient qu'une demi-ligne d'épaisseur.

Par cette simple exposition de la texture du bois, on voit que la cohérence longitudinale doit être bien plus considérable que l'union transversale; on voit que dans les petites pièces de bois, comme dans un barreau d'un pouce d'épaisseur, s'il se trouve quatorze ou quinze couches ligneuses, il y aura treize ou quatorze cloisons, et que par conséquent ce barreau sera moins fort qu'un pareil barreau qui ne contiendra que cinq ou six couches et quatre ou cinq cloisons : on voit aussi que dans ces petites pièces, s'il se trouve une ou deux couches ligneuses qui soient tranchées par la scie, ce qui arrive souvent, leur force sera considérablement diminuée; mais le plus grand défaut de ces petites pièces de bois, qui sont les seules sur lesquelles on ait jusqu'à ce jour fait des expériences, c'est qu'elles ne sont pas composées comme les grosses pièces; la position des couches ligneuses et des cloisons dans un barreau est fort différente de la position de ces mêmes couches dans une poutre, leur figure est même différente, et par conséquent on ne peut pas estimer la force d'une grosse pièce par celle d'un barreau : un moment de réflexion fera sentir ce que je viens de dire. Pour former une poutre, il ne faut qu'équarrir l'arbre, c'est-à-dire enlever quatre segments cylindriques d'un bois blanc et imparfait qu'on qu'on appelle *aubier;* dans le cœur de l'arbre, la première couche ligneuse

reste au milieu de la pièce, toutes les autres couches enveloppent la première en forme de cercles ou de couronnes cylindriques; le plus grand de ces cercles entiers a pour diamètre l'épaisseur de la pièce; au delà de ce cercle tous les autres sont tranchés, et ne forment plus que des portions de cercles qui vont toujours en diminuant vers les arêtes de la pièce : ainsi une poutre carrée est composée d'un cylindre continu de bon bois bien solide, et de quatre portions angulaires tranchées d'un bois moins solide et plus jeune. Un barreau tiré du corps d'un gros arbre ou pris dans une planche, est tout autrement composé : ce sont de petits segments longitudinaux des couches annuelles dont la courbure est insensible; des segments qui tantôt se trouvent posés parallèlement à une des surfaces du barreau, et tantôt plus ou moins inclinés, des segments qui sont plus ou moins longs et plus ou moins tranchés, et par conséquent plus ou moins forts; de plus, il y a toujours dans un barreau deux positions, dont l'une est plus avantageuse que l'autre, car ces segments de couches ligneuses forment autant de plans parallèles. Si vous posez le barreau de manière que ces plans soient verticaux, il résistera davantage que dans une position horizontale : c'est comme si on faisait rompre plusieurs planches à la fois, elles résisteraient bien davantage étant posées sur le côté que sur le plat. Ces remarques font déjà sentir combien on doit peu compter sur les tables calculées, ou sur les formules que différents auteurs nous ont données de la force du bois, qu'ils n'avaient éprouvée que sur des pièces dont les plus grosses étaient d'un ou deux pouces d'épaisseur, et dont ils ne donnent ni le nombre des couches ligneuses que ces barreaux contenaient, ni la position de ces couches, ni le sens dans lequel se sont trouvées ces couches lorsqu'ils ont fait rompre le barreau, circonstances cependant essentielles, comme on le verra par mes expériences et par les soins que je me suis donnés pour découvrir les effets de toutes ces différences. Les physiciens qui ont fait quelques expériences sur la force du bois, n'ont fait aucune attention à ces inconvénients, mais il y en a d'autres peut-être encore plus grands qu'ils ont aussi négligé de prévoir ou de prévenir. Le jeune bois est moins fort que le bois plus âgé; un barreau tiré du pied d'un arbre résiste plus qu'un barreau qui vient du sommet du même arbre : un barreau pris à la circonférence, près de l'aubier, est moins fort qu'un pareil morceau pris au centre de l'arbre; d'ailleurs le degré de dessèchement du bois fait beaucoup à sa résistance, le bois vert casse bien plus difficilement que le bois sec; enfin le temps qu'on emploie à charger les pièces pour les faire rompre doit aussi entrer en considération, parce qu'une pièce qui soutiendra pendant quelques minutes un certain poids, ne pourra pas soutenir ce poids pendant une heure; et j'ai trouvé que des poutres, qui avaient chacune supporté sans se rompre pendant un jour entier neuf milliers, avaient rompu au bout de cinq ou six mois sous la charge de six milliers, c'est-à-dire qu'elles n'avaient pas

pu porter pendant six mois les deux tiers de la charge qu'elles avaient portée pendant un jour. Tout cela prouve assez combien les expériences que l'on a faites sur cette matière sont imparfaites, et peut-être cela prouve aussi qu'il n'est pas trop aisé de les bien faire.

Mes premières épreuves, qui sont en très-grand nombre, n'ont servi qu'à me faire reconnaître tous les inconvénients dont je viens de parler. Je fis d'abord rompre quelques barreaux, et je calculai quelle devait être la force d'un barreau plus long et plus gros que ceux que j'avais mis à l'épreuve ; et ensuite, ayant fait rompre de ces derniers et ayant comparé le résultat de mon calcul avec la charge actuelle, je trouvai de si grandes différences que je répétai plusieurs fois la même chose sans pouvoir rapprocher le calcul de l'expérience : j'essayai sur d'autres longueurs et d'autres grosseurs, l'événement fut le même ; enfin je me déterminai à faire une suite complète d'expériences qui pût me servir à dresser une table de la force du bois sur laquelle je pouvais compter, et que tout le monde pourra consulter au besoin.

Je vais rapporter, en aussi peu de mots qu'il me sera possible, la manière dont j'ai exécuté mon projet.

J'ai commencé par choisir, dans un canton de mes bois, cent chênes sains et bien vigoureux[1], aussi voisins les uns des autres qu'il a été possible de les trouver, afin d'avoir du bois venu en même terrain, car les arbres de différents pays et de différents terrains ont des résistances différentes : autre inconvénient qui seul semblait d'abord anéantir toute l'utilité que j'espérais tirer de mon travail. Tous ces chênes étaient aussi de la même espèce, de la belle espèce qui produit du gros gland attaché un à un ou deux à deux sur la branche; les plus petits de ces arbres avaient environ 2 pieds $\frac{1}{2}$ de circonférence, et le plus gros 5 pieds ; je les ai choisis de différente grosseur, afin de me rapprocher davantage de l'usage ordinaire : lorsque les charpentiers ont besoin d'une pièce de 5 ou 6 pouces d'équarrissage, ils ne la prennent pas dans un arbre qui peut porter un pied, la dépense serait trop grande, et il ne leur arrive que trop souvent d'employer des arbres trop menus et où ils laissent beaucoup d'aubier ; car je ne parle pas ici des solives de sciage qu'on emploie quelquefois et qu'on tire d'un gros arbre ; cependant il est bon d'observer en passant que ces solives de sciage sont faibles, et que l'usage en devrait être proscrit. On verra, dans la suite de ce mémoire, combien il est avantageux de n'employer que du bois de brin.

Comme le degré de desséchement du bois fait varier très-considérable-

1... *Cent chênes sains et bien vigoureux...* Buffon expérimente, dans ses forêts comme dans ses forges, c'est-à-dire toujours en grand. « Pour estimer la force et la durée des bois, il a « soumis des forêts entières à ses recherches. Pour obtenir des résultats nouveaux sur les « progrès de la chaleur, il a placé d'énormes globes de métal dans des fourneaux immenses. « Pour résoudre quelques problèmes sur l'action du feu, il a opéré sur des torrents de flamme « et de fumée... » (Vicq-d'Azyr : *Éloge de Buffon, Disc. à l'Acad. franç.*)

ment celui de sa résistance, et que d'ailleurs il est fort difficile de s'assurer de ce degré de dessèchement, puisque souvent de deux arbres abattus en même temps, l'un se dessèche en moins de temps que l'autre, j'ai voulu éviter cet inconvénient qui aurait dérangé la suite comparée de mes expériences, et j'ai cru que j'aurais un terme plus fixe et plus certain en prenant le bois tout vert. J'ai donc fait couper mes arbres un à un à mesure que j'en avais besoin : le même jour qu'on abattait un arbre on le conduisait au lieu où il devait être rompu ; le lendemain, les charpentiers l'équarrissaient et des menuisiers le travaillaient à la varlope, afin de lui donner des dimensions exactes, et le surlendemain on le mettait à l'épreuve.

Voici en quoi consistait la machine avec laquelle j'ai fait le plus grand nombre de mes expériences : deux forts tréteaux de 7 pouces d'équarrissage, de 3 pieds de hauteur et d'autant de longueur, renforcés dans leur milieu par un bois debout, on posait sur ces tréteaux les deux extrémités de la pièce qu'on voulait rompre ; plusieurs boucles carrées de fer rond, dont la plus grosse portait près de 9 pouces de largeur intérieure, et était d'un fer de 7 à 8 pouces de tour ; la seconde boucle portait 7 pouces de largeur, et était faite d'un fer de 5 à 6 pouces de tour, les autres plus petites ; on passait la pièce à rompre dans la boucle de fer, les grosses boucles servaient pour les grosses pièces, et les petites boucles pour les barreaux. Chaque boucle, à la partie supérieure, avait intérieurement une arête ; elle était faite pour empêcher la boucle de s'incliner et aussi pour faire voir la largeur du fer qui portait sur les bois à rompre. A la partie inférieure de cette boucle carrée, on avait forgé deux crochets de fer de même grosseur que le fer de la boucle : ces deux crochets se séparaient et formaient une boucle ronde d'environ 9 pouces de diamètre, dans laquelle on mettait une clef de bois de même grosseur et de 4 pieds de longueur. Cette clef portait une forte table de 14 pieds de longueur sur 6 de largeur, qui était faite de solives de 5 pouces d'épaisseur, mises les unes contre les autres, et retenues par de fortes barres : on la suspendait à la boucle par le moyen de la grosse clef de bois, et elle servait à placer les poids, qui consistaient en trois cents quartiers de pierre, taillés et numérotés, qui pesaient chacun 25, 50, 100, 150 200 livres ; on portait ces pierres sur la table, et on bâtissait un massif de pierres large et long comme la table, et aussi haut qu'il était nécessaire pour faire rompre la pièce. J'ai cru que cela était assez simple pour pouvoir en donner l'idée nette sans le secours d'une figure.

On avait soin de mettre de niveau la pièce et les tréteaux que l'on cramponnait, afin de les empêcher de reculer ; huit hommes chargeaient continuellement la table, et commençaient par placer au centre les poids de 200 livres, ensuite ceux de 150, ceux de 100, ceux de 50, et enfin au-dessus ceux de 25 livres. Deux hommes, portés par un échafaud suspendu en l'air par des cordes, plaçaient les poids de 50 et 25 livres, qu'on n'aurait

pu arranger depuis le bas sans courir risque d'être écrasé; quatre autres hommes appuyaient et soutenaient les quatre angles de la table pour l'empêcher de vaciller, et pour la tenir en équilibre; un autre, avec une longue règle de bois, observait combien la pièce pliait à mesure qu'on la chargeait, et un autre marquait le temps et écrivait la charge, qui souvent s'est trouvée monter à 20, 25 et jusqu'à près de 28 milliers de livres.

J'ai fait rompre de cette façon plus de cent pièces de bois, tant poutres que solives, sans compter 300 barreaux, et ce grand nombre de pénibles épreuves a été à peine suffisant pour me donner une échelle suivie de la force du bois pour toutes les grosseurs et longueurs; j'en ai dressé une table que je donne à la fin de ce Mémoire : si on la compare avec celles de M. Musschenbroek et des autres physiciens qui ont travaillé sur cette matière, on verra combien leurs résultats sont différents des miens.

Afin de donner d'avance une idée juste de cette opération, par laquelle j'ai fait rompre les pièces de bois pour en reconnaître la force, je vais rapporter le procédé exact de l'une de mes expériences, par laquelle on pourra juger de toutes les autres.

Ayant fait abattre un chêne de 5 pieds de circonférence, je l'ai fait amener et travailler le même jour par des charpentiers; le lendemain des menuisiers l'ont réduit à 8 pouces d'équarrissage et à 12 pieds de longueur. Ayant examiné avec soin cette pièce, je jugeai qu'elle était fort bonne; elle n'avait d'autre défaut qu'un petit nœud à l'une des faces. Le surlendemain j'ai fait peser cette pièce, son poids se trouva être de 409 livres; ensuite l'ayant passée dans la boucle de fer, et ayant tourné en haut la face où était le petit nœud, je fis disposer la pièce de niveau sur les tréteaux, elle portait de 6 pouces sur chaque tréteau; cette portée de 6 pouces était celle des pièces de 12 pieds; celles de 24 pieds portaient de 12 pouces, et ainsi des autres qui portaient toujours d'un demi-pouce par pied de longueur : ayant ensuite fait glisser la boucle de fer jusqu'au milieu de la pièce, on souleva, à force de leviers, la table qui, seule avec les boucles et la clef, pesait 2,500 livres. On commença à trois heures cinquante-six minutes : huit hommes chargeaient continuellement la table; à cinq heures trente-neuf minutes la pièce n'avait encore plié que de 2 pouces, quoique chargée de 16 milliers; à cinq heures quarante-cinq minutes elle avait plié de 2 pouces $\frac{1}{2}$, et elle était chargée de 18,500 livres; à cinq heures cinquante-une minutes elle avait plié de 3 pouces, et était chargée de 21 milliers; à six heures une minute elle avait plié de 3 pouces $\frac{1}{2}$, et elle était chargée de 23,625 livres; dans cet instant elle fit un éclat comme un coup de pistolet; aussitôt on discontinua de charger, et la pièce plia d'un demi-pouce de plus, c'est-à-dire de 4 pouces en tout. Elle continua d'éclater avec grande violence pendant plus d'une heure, et il en sortait par les bouts une espèce de fumée avec un sifflement. Elle plia de près de 7 pouces avant que de

rompre absolument, et supporta pendant tout ce temps la charge de 23,625 livres. Une partie des fibres ligneuses était coupée net comme si on l'eût sciée, et le reste s'était rompu en se déchirant, en se tirant et laissant des intervalles à peu près comme on en voit entre les dents d'un peigne ; l'arête de la boucle de fer qui avait 3 lignes de largeur, et sur laquelle portait toute la charge, était entrée d'une ligne et demie dans le bois de la pièce, et avait fait refouler de chaque côté un faisceau de fibres, et le petit nœud qui était à la face supérieure n'avait point du tout contribué à la faire rompre.

J'ai un journal où il y a plus de cent expériences aussi détaillées que celle-ci, dont il y en a plusieurs qui sont plus fortes. J'en ai fait sur des pièces de 10, 12, 14, 16, 18, 20, 22, 24, 26 et 28 pieds de longueur et de toutes grosseurs, depuis 4 jusqu'à 8 pouces d'équarrissage, et j'ai toujours, pour une même longueur et grosseur, fait rompre trois ou quatre pièces pareilles, afin d'être assuré de leur force respective.

La première remarque que j'ai faite, c'est que le bois ne casse jamais sans avertir, à moins que la pièce ne soit fort petite ou fort sèche ; le bois vert casse plus difficilement que le bois sec, et en général le bois qui a du ressort résiste beaucoup plus que celui qui n'en a pas : l'aubier, le bois des branches, celui du sommet de la tige d'un arbre, tout le bois jeune est moins fort que le bois plus âgé. La force du bois n'est pas proportionnelle à son volume ; une pièce double ou quadruple d'une autre pièce de même longueur, est beaucoup plus du double ou du quadruple plus forte que la première : par exemple, il ne faut pas quatre milliers pour rompre une pièce de 10 pieds de longueur et de 4 pouces d'équarrissage, et il en faut dix pour rompre une pièce double ; il faut vingt-six milliers pour rompre une pièce quadruple, c'est-à-dire une pièce de 10 pieds de longueur sur 8 pouces d'équarrissage. Il en est de même pour la longueur : il semble qu'une pièce de 8 pieds, et de même grosseur qu'une pièce de 16 pieds, doit par les règles de la mécanique porter juste le double ; cependant elle porte beaucoup moins. Je pourrais donner les raisons physiques de tous ces faits, mais je me borne à donner des faits : le bois qui, dans le même terrain, croît le plus vite est le plus fort ; celui qui a crû lentement, et dont les cercles annuels, c'est-à-dire les couches ligneuses sont minces, est plus faible que l'autre.

J'ai trouvé que la force du bois est proportionnelle à sa pesanteur, de sorte qu'une pièce de même longueur et grosseur, mais plus pesante qu'une autre pièce, sera aussi plus forte à peu près en même raison. Cette remarque donne les moyens de comparer la force des bois qui viennent de différents pays et de différents terrains, et étend infiniment l'utilité de mes expériences ; car, lorsqu'il s'agira d'une construction importante ou d'un ouvrage de conséquence, on pourra aisément au moyen de ma table, et en pesant les pièces ou seulement des échantillons de ces pièces, s'assurer de

la force du bois qu'on emploie, et on évitera le double inconvénient d'employer trop ou trop peu de cette matière que souvent on prodigue mal à propos, et que quelquefois on ménage avec encore moins de raison.

On serait porté à croire qu'une pièce qui, comme dans mes expériences, est posée librement sur deux tréteaux, doit porter beaucoup moins qu'une pièce retenue par les deux bouts, et infixée dans une muraille comme sont les poutres et les solives d'un bâtiment; mais si on fait réflexion qu'une pièce que je suppose de 24 pieds de longueur, en baissant de 6 pouces dans son milieu, ce qui est souvent plus qu'il n'en faut pour la faire rompre, ne hausse en même temps que d'un demi-pouce à chaque bout, et que même elle ne hausse guère que de 3 lignes, parce que la charge tire le bout hors de la muraille souvent beaucoup plus qu'elle ne le fait hausser, on verra bien que mes expériences s'appliquent à la position ordinaire des poutres dans un bâtiment : la force qui les fait rompre, en les obligeant de plier dans le milieu et de hausser par les bouts, est cent fois plus considérable que celle des plâtres et des mortiers qui cèdent et se dégradent aisément; et je puis assurer, après l'avoir éprouvé, que la différence de force d'une pièce posée sur deux appuis et libre par les bouts, et de celle d'une pièce fixée par les deux bouts dans une muraille bâtie à l'ordinaire, est si petite qu'elle ne mérite pas qu'on y fasse attention.

J'avoue qu'en retenant une pièce par des ancres de fer, en la posant sur des pierres de taille dans une bonne muraille, on augmente considérablement sa force. J'ai quelques expériences sur cette position dont je pourrai donner les résultats. J'avouerai même de plus que, si cette pièce était invinciblement retenue et inébranlablement contenue par les deux bouts dans des enchâtres d'une matière inflexible et parfaitement dure, il faudrait une force presque infinie pour la rompre; car on peut démontrer, que pour rompre une pièce ainsi posée, il faudrait une force beaucoup plus grande que la force nécessaire pour rompre une pièce de bois debout, qu'on tirerait ou qu'on presserait suivant sa longueur.

Dans les bâtiments et les *contignations* ordinaires, les pièces de bois sont chargées dans toute leur longueur et en différents points, au lieu que dans mes expériences toute la charge est réunie dans un seul point au milieu; cela fait une différence considérable, mais qu'il est aisé de déterminer au juste; c'est une affaire de calcul que tout constructeur un peu versé dans la mécanique pourra suppléer aisément.

Pour essayer de comparer les effets du temps sur la résistance du bois, et pour reconnaître combien il diminue de sa force, j'ai choisi quatre pièces de 18 pieds de longueur, sur 7 pouces de grosseur; j'en ai fait rompre deux, qui en nombres ronds, ont porté neuf milliers chacune pendant une heure : j'ai fait charger les deux autres de six milliers seulement, c'est-à-dire, des deux tiers de la première charge, et je les ai laissées ainsi char-

gées, résolu d'attendre l'événement. L'une de ces pièces a cassé au bout de cinq mois et vingt-cinq jours, et l'autre au bout de six mois et dix-sept jours. Après cette expérience, je fis travailler deux autres pièces toutes pareilles, et je ne les fis charger que de la moitié, c'est-à-dire de 4500 livres; je les ai tenues pendant plus de deux ans ainsi chargées, elles n'ont pas rompu, mais elles ont plié assez considérablement : ainsi, dans des bâtiments qui doivent durer longtemps, il ne faut donner au bois tout au plus que la moitié de la charge qui peut le faire rompre, et il n'y a que dans des cas pressants et dans des constructions qui ne doivent pas durer, comme lorsqu'il faut faire un pont pour passer une armée, ou un échafaud pour secourir ou assaillir une ville, qu'on peut hasarder de donner au bois les deux tiers de sa charge.

Je ne sais s'il est nécessaire d'avertir que j'ai rebuté plusieurs pièces qui avaient des défauts, et que je n'ai compris dans ma table que les expériences dont j'ai été satisfait. J'ai encore rejeté plus de bois que je n'en ai employé; les nœuds, le fil tranché et les autres défauts du bois sont assez aisés à voir, mais il est difficile de juger de leur effet par rapport à la force d'une pièce; il est sûr qu'ils la diminuent beaucoup, et j'ai trouvé un moyen d'estimer à peu près la diminution de force causée par un nœud. On sait qu'un nœud est une espèce de cheville adhérente à l'intérieur du bois; on peut même connaître à peu près, par le nombre des cercles annuels qu'il contient, la profondeur à laquelle il pénètre : j'ai fait faire des trous en forme de cône et de même profondeur dans des pièces qui étaient sans nœuds, et j'ai rempli ces trous avec des chevilles de même figure; j'ai fait rompre ces pièces, et j'ai reconnu par là combien les nœuds ôtent de force au bois, ce qui est beaucoup au delà de ce qu'on pourrait imaginer : un nœud qui se trouvera ou une cheville qu'on mettra à la face inférieure, et surtout à l'une des arêtes, diminue quelquefois d'un quart la force de la pièce. J'ai aussi essayé de reconnaître, par plusieurs expériences, la diminution de force causée par le fil tranché du bois. Je suis obligé de supprimer les résultats de ces épreuves qui demandent beaucoup de détail : qu'il me soit permis cependant de rapporter un fait qui paraîtra singulier, c'est qu'ayant fait rompre des pièces courbes, telles qu'on les emploie pour la construction des vaisseaux, des dômes, etc., j'ai trouvé qu'elles résistent davantage en opposant à la charge le côté concave; on imaginerait d'abord le contraire, et on penserait qu'en opposant le côté convexe, comme la pièce fait voûte, elle devrait résister davantage; cela serait vrai pour une pièce dont les fibres longitudinales seraient courbes naturellement, c'est-à-dire, pour une pièce courbe, dont le fil du bois serait continu et non tranché; mais comme les pièces courbes dont je me suis servi, et presque toutes celles dont on se sert dans les constructions, sont prises dans un arbre qui a de l'épaisseur, la partie intérieure de ces couches

est beaucoup plus tranchée que la partie extérieure, et par conséquent elle résiste moins, comme je l'ai trouvé par mes expériences.

Il semblerait que des épreuves faites avec tant d'appareil et en si grand nombre, ne devraient rien laisser à désirer, surtout dans une matière aussi simple que celle-ci; cependant je dois convenir, et je l'avouerai volontiers, qu'il reste encore bien des choses à trouver; je n'en citerai que quelques-unes. On ne connaît pas le rapport de la force de la cohérence longitudinale du bois à la force de son union transversale, c'est-à-dire, quelle force il faut pour rompre, et quelle force il faut pour fendre une pièce. On ne connaît pas la résistance du bois dans des positions différentes de celle que supposent mes expériences, positions cependant assez ordinaires dans les bâtiments, et sur lesquelles il serait très-important d'avoir des règles certaines; je veux parler de la force des bois debout, des bois inclinés, des bois retenus par une seule de leurs extrémités, etc.[1]. Mais en partant des résultats de mon travail, on pourra parvenir aisément à ces connaissances qui nous manquent. Passons maintenant au détail de mes expériences[2].

J'ai d'abord recherché quels étaient la densité et le poids du bois de chêne dans les différents âges, quelle proportion il y a entre la pesanteur du bois qui occupe le centre, et la pesanteur du bois de la circonférence, et encore entre la pesanteur du bois parfait et celle de l'aubier, etc. M. Duhamel m'a dit qu'il avait fait des expériences à ce sujet : l'attention scrupuleuse avec laquelle les miennes ont été faites me donne lieu de croire qu'elles se trouveront d'accord avec les siennes.

J'ai fait tirer un bloc du pied d'un chêne abattu le même jour, et ayant posé la pointe d'un compas au centre des cercles annuels, j'ai décrit une circonférence de cercle autour de ce centre, et ensuite ayant posé la pointe du compas au milieu de l'épaisseur de l'aubier, j'ai décrit un pareil cercle dans l'aubier; j'ai fait ensuite tirer de ce bloc deux petits cylindres, l'un de cœur de chêne, et l'autre d'aubier, et les ayant posés dans les bassins d'une bonne balance hydrostatique, et qui penchait sensiblement à un quart de grain, je les ai ajustés en diminuant peu à peu le plus pesant des deux, et lorsqu'ils m'ont paru parfaitement en équilibre, je les ai pesés, ils pesaient également chacun 371 grains; les ayant ensuite pesés séparément dans l'eau, où je ne fis que les plonger un moment, j'ai trouvé que le morceau de cœur perdait dans l'eau 317 grains, et le morceau d'aubier 344 des

1. Ce premier *mémoire*, tel qu'il est inséré parmi ceux de l'Académie des Sciences, année 1740, p. 453 et suiv. (voyez la note 2 de la page 5), se termine ici, et par cette phrase : « Quoique « mon travail soit fort avancé, comme il est dur et pénible, je suis bien aise de prendre « aujourd'hui des engagements que je respecte infiniment, et qui seuls suffiront pour me faire « vaincre les dégoûts inséparables de l'assiduité et de la patience que cet ouvrage exige. »

2. Le *second mémoire* (voyez la note 2 de la page 5) commence à ces mots : « Passons main- « tenant... » Il fait partie des *Mémoires de l'Académie* pour l'année 1741, p. 292 et suiv.

mêmes grains. Le peu de temps qu'ils demeurèrent dans l'eau rendit insensible la différence de leur augmentation de volume par l'imbibition de l'eau, qui est très-différente dans le cœur du chêne et dans l'aubier.

Le même jour j'ai fait faire deux autres cylindres, l'un de cœur et l'autre d'aubier de chêne, tirés d'un autre bloc, pris dans un arbre à peu près de même âge que le premier et à la même hauteur de terre : ces deux cylindres pesaient chacun 1978 grains; le morceau de cœur de chêne perdit dans l'eau 1635 grains, et le morceau d'aubier 1784. En comparant cette expérience avec la première, on trouve que le cœur de chêne ne perd dans cette seconde expérience que 307 ou environ sur 371, au lieu de 317 $\frac{1}{2}$; et de même que l'aubier ne perd sur 371 grains que 330, au lieu de 344, ce qui est à peu près la même proportion entre le cœur et l'aubier : la différence réelle ne vient que de la densité différente tant du cœur que de l'aubier du second arbre, dont tout le bois en général était plus solide et plus dur que le bois du premier.

Trois jours après, j'ai pris dans un des morceaux d'un autre chêne, abattu le même jour que les précédents, trois cylindres, l'un au centre de l'arbre, l'autre à la circonférence du cœur, et le troisième à l'aubier, qui pesaient tous trois 975 grains dans l'air, et les ayant pesés dans l'eau, le bois du centre perdit 873 grains; celui de la circonférence du cœur perdit 906 et l'aubier 938 grains. En comparant cette troisième expérience avec les deux précédentes, on trouve que 371 grains du cœur du premier chêne perdant 317 grains $\frac{1}{2}$, 371 grains du cœur du second chêne auraient dû perdre 332 grains à peu près; et de même que 371 grains d'aubier du premier chêne perdant 344 grains, 371 grains du second chêne auraient dû perdre 330 grains, et 371 grains de l'aubier du troisième chêne auraient dû perdre 356 grains, ce qui ne s'éloigne pas beaucoup de la première proportion, la différence réelle de la perte, tant du cœur que de l'aubier de ce troisième chêne, venant de ce que son bois était plus léger et un peu plus sec que celui des deux autres. Prenant donc la mesure moyenne entre ces trois différents bois de chêne, on trouve que 371 grains de cœur perdent dans l'eau 319 grains $\frac{1}{3}$ de leur poids, et que 371 grains d'aubier perdent 343 grains de leur poids; donc le volume du cœur de chêne est au volume de l'aubier : : 319 $\frac{1}{3}$: 343, et les masses : : 343 : 319 $\frac{1}{3}$, ce qui fait environ un quinzième pour la différence entre les poids spécifiques du cœur et de l'aubier.

J'avais choisi, pour faire cette troisième expérience, un morceau de bois dont les couches ligneuses m'avaient paru assez égales dans leur épaisseur, et j'enlevai mes trois cylindres de telle façon que le centre de mon cylindre du milieu, qui était pris à la circonférence du cœur, était également éloigné du centre de l'arbre où j'avais enlevé mon premier cylindre de cœur, et du centre du cylindre d'aubier : par là j'ai reconnu que la pesanteur du bois décroît à peu près en progression arithmétique, car la perte du cylindre

du centre étant 873, et celle du cylindre d'aubier étant 938, on trouvera, en prenant la moitié de la somme de ces deux nombres, que le bois de la circonférence du cœur doit perdre 905 ½, et par l'expérience je trouve qu'il a perdu 906 ; ainsi le bois, depuis le centre jusqu'à la dernière circonférence de l'aubier, diminue de densité en progression arithmétique.

Je me suis assuré, par des épreuves semblables à celles que je viens d'indiquer, de la diminution de pesanteur du bois dans sa longueur ; le bois du pied d'un arbre pèse plus que le bois du tronc au milieu de sa hauteur, et celui de ce milieu pèse plus que le bois du sommet, et cela à peu près en progression arithmétique, tant que l'arbre prend de l'accroissement ; mais il vient un temps où le bois du centre et celui de la circonférence du cœur pèsent à peu près également, et c'est le temps auquel le bois est dans sa perfection.

Les expériences ci-dessus ont été faites sur des arbres de soixante ans, qui croissaient encore, tant en hauteur qu'en grosseur ; et les ayant répétées sur des arbres de quarante-six ans, et encore sur des arbres de trente-trois ans, j'ai toujours trouvé que le bois du centre à la circonférence, et du pied de l'arbre au sommet, diminuait de pesanteur à peu près en progression arithmétique.

Mais, comme je viens de l'observer, dès que les arbres cessent de croître, cette proportion commence à varier. J'ai pris, dans le tronc d'un arbre d'environ cent ans, trois cylindres, comme dans les épreuves précédentes, qui tous trois pesaient 2,004 grains dans l'air ; celui du centre perdit dans l'eau 1,713 grains, celui de la circonférence du cœur 1,718 grains, et celui de l'aubier 1,779 grains.

Par une seconde épreuve j'ai trouvé que de trois autres cylindres, pris dans le tronc d'un arbre d'environ cent dix ans, et qui pesaient dans l'air 1,122 grains, celui du centre perdit 1,002 grains dans l'eau, celui de la circonférence du cœur 997 grains, et celui de l'aubier 1,023 grains. Cette expérience prouve que le cœur n'était plus la partie la plus solide de l'arbre, et elle prouve en même temps que l'aubier est plus pesant et plus solide dans les vieux que dans les jeunes arbres.

J'avoue que dans les différents climats, dans les différents terrains, et même dans le même terrain, cela varie prodigieusement, et qu'on peut trouver des arbres situés assez heureusement pour prendre encore de l'accroissement en hauteur à l'âge de cent cinquante ans : ceux-ci font une exception à la règle, mais en général il est constant que le bois augmente de pesanteur jusqu'à un certain âge dans la proportion que nous avons établie ; qu'après cet âge le bois des différentes parties de l'arbre devient à peu près d'égale pesanteur, et c'est alors qu'il est dans sa perfection ; et enfin que, sur son déclin le centre de l'arbre venant à s'obstruer, le bois du cœur se dessèche faute de nourriture suffisante, et devient plus léger

que le bois de la circonférence à proportion de la profondeur, de la différence du terrain et du nombre des circonstances qui peuvent prolonger ou raccourcir le temps de l'accroissement des arbres.

Ayant reconnu, par les expériences précédentes, la différence de la densité du bois dans les différents âges et dans les différents états où il se trouve avant que d'arriver à sa perfection, j'ai cherché quelle était la différence de la force, aussi dans les mêmes différents âges; et pour cela j'ai fait tirer du centre de plusieurs arbres, tous de même âge, c'est-à-dire d'environ soixante ans, plusieurs barreaux de trois pieds de longueur sur un pouce d'équarrissage, entre lesquels j'en ai choisi quatre qui étaient les plus parfaits; ils pesaient:

1er	2e	3e	4e barreau.
onces	onces	onces	onces
$26\frac{31}{32}$	$26\frac{18}{32}$	$26\frac{16}{32}$	$26\frac{15}{32}$

Ils ont rompu sous la charge de

301 l	289 l	272 l	272 l

Ensuite j'ai pris plusieurs morceaux de bois de la circonférence du cœur, de même longueur et de même équarrissage, c'est-à-dire de 3 pieds, sur 1 pouce, entre lesquels j'ai choisi quatre des plus parfaits; ils pesaient:

1er	2e	3e	4e
onces	onces	onces	onces
$25\frac{26}{32}$	$25\frac{20}{32}$	$25\frac{14}{32}$	$25\frac{11}{32}$

Ils ont rompu sous la charge de

262 l	258 l	255 l	253 l

Et de même ayant pris quatre morceaux d'aubier, ils pesaient:

1er	2e	3e	4e
onces	onces	onces	onces
$25\frac{5}{32}$	$24\frac{31}{32}$	$24\frac{26}{32}$	$24\frac{24}{32}$

Ils ont rompu sous la charge de

248 l	242 l	241 l	250 l

Ces épreuves me firent soupçonner que la force du bois pourrait bien être proportionnelle à sa pesanteur, ce qui s'est trouvé vrai, comme on le verra par la suite de ce mémoire. J'ai répété les mêmes expériences sur des barreaux de 2 pieds, sur d'autres de 18 pouces de longueur et d'un pouce d'équarrissage. Voici le résultat de ces expériences.

BARREAUX DE DEUX PIEDS.[a]

Poids.

	1er	2e	3e	4e
	onces	onces	onces	onces
Centre	$17\frac{2}{32}$	$16\frac{31}{32}$	$16\frac{24}{32}$	$16\frac{21}{32}$
Circonférence	$15\frac{28}{32}$	$15\frac{1}{32}$	$15\frac{7}{32}$	$15\frac{16}{32}$
Aubier	$14\frac{27}{32}$	$14\frac{26}{32}$	$14\frac{24}{32}$	$14\frac{22}{32}$

Charges.

Centre	439^{l}	428^{l}	415^{l}	405^{l}
Circonférence	356	350	346	346
Aubier	340	334	325	316

BARREAUX DE DIX-HUIT POUCES.

Poids.

	1er	2e	3e	4e
	onces	onces	onces	onces
Centre	$13\frac{10}{32}$	$13\frac{6}{32}$	$13\frac{4}{32}$	13
Circonférence	$12\frac{16}{32}$	$12\frac{13}{32}$	$12\frac{8}{32}$	$12\frac{4}{32}$
Aubier	$11\frac{27}{32}$	$11\frac{23}{32}$	$11\frac{18}{32}$	$11\frac{16}{32}$

Charges.

Centre	488^{l}	486^{l}	478^{l}	477^{l}
Circonférence	460	451	443	441
Aubier	439	438	428	428

BARREAUX D'UN PIED.

Poids

	1er	2e	3e	4e
	onces	onces	onces	onces
Centre	$8\frac{19}{32}$	$8\frac{19}{32}$	$8\frac{16}{32}$	$8\frac{15}{32}$
Circonférence	$8\frac{1}{32}$	$7\frac{22}{32}$	$7\frac{20}{32}$	$7\frac{20}{32}$
Aubier	$7\frac{10}{32}$	$7\frac{2}{32}$	7	$6\frac{28}{32}$

a. Il faut remarquer que, comme l'arbre était assez gros, le bois de la circonférence était beaucoup plus éloigné du bois du centre que de celui de l'aubier.

Charges.

Centre	764[1]	761[1]	750[1]	751[1]
Circonférence	721	700	693	698
Aubier	668	652	651	643

En comparant toutes ces expériences, on voit que la force du bois ne suit pas bien exactement la même proportion que sa pesanteur; mais on voit toujours que cette pesanteur diminue, comme dans les premières expériences, du centre à la circonférence. On ne doit pas s'étonner de ce que ces expériences ne sont pas suffisantes pour juger exactement de la force du bois; car les barreaux tirés du centre de l'arbre sont autrement composés que les barreaux de la circonférence ou de l'aubier, et je ne fus pas longtemps sans m'apercevoir que cette différence dans la position, tant des couches ligneuses que des cloisons qui les unissent, devait influer beaucoup sur la résistance du bois.

J'examinai donc avec plus d'attention la forme et la situation des couches ligneuses dans les différents barreaux tirés des différentes parties du tronc de l'arbre : je vis que les barreaux tirés du centre contenaient dans le milieu un cylindre de bois rond, et qu'ils n'étaient tranchés qu'aux arêtes; je vis que ceux de la circonférence du cœur formaient des plans presque parallèles entre eux avec une courbure assez sensible, et que ceux de l'aubier étaient presque absolument parallèles avec une courbure insensible. J'observai de plus que le nombre des couches ligneuses variait très-considérablement dans les différents barreaux, de sorte qu'il y en avait qui ne contenaient que sept couches ligneuses, et d'autres en contenaient quatorze dans la même épaisseur d'un pouce. Je m'aperçus aussi que la position de ces couches ligneuses, et le sens où elles se trouvaient lorsqu'on faisait rompre le barreau devaient encore faire varier leur résistance, et je cherchai les moyens de connaître au juste la proportion de cette variation.

J'ai fait tirer du même pied d'arbre, à la circonférence du cœur, deux barreaux de trois pieds de longueur sur un pouce et demi d'équarrissage; chacun de ces deux barreaux contenait quatorze couches ligneuses presque parallèles entre elles. Le premier pesait 3 livres 2 onces $\frac{1}{8}$, et le second 3 livres 2 onces $\frac{1}{2}$. J'ai fait rompre ces deux barreaux, en les exposant de façon que dans le premier les couches ligneuses se trouvaient posées horizontalement, et dans le second elles étaient situées verticalement. Je prévoyais que cette dernière position devait être avantageuse; et, en effet, le premier rompit sous la charge de 832 livres, et le second ne rompit que sous celle de 972 livres.

J'ai de même fait tirer plusieurs petits barreaux d'un pouce d'équarris-

sage sur un pied de longueur : l'un de ces barreaux qui pesait 7 onces $\frac{30}{32}$, et contenait douze couches ligneuses posées horizontalement, a rompu sous 784 livres; l'autre qui pesait 8 onces, et contenait aussi douze couches ligneuses posées verticalement, n'a rompu que sous 860 livres.

De deux autres pareils barreaux, dont le premier pesait 7 onces, et contenait huit couches ligneuses, et le second 7 onces $\frac{10}{32}$, et contenait aussi huit couches ligneuses, le premier, dont les couches ligneuses étaient posées horizontalement, a rompu sous 778 livres, et l'autre, dont les couches étaient posées verticalement, a rompu sous 828 livres.

J'ai de même fait tirer des barreaux de deux pieds de longueur, sur un pouce et demi d'équarrissage. L'un de ces barreaux qui pesait 2 livres 7 onces $\frac{1}{16}$, et contenait douze couches ligneuses posées horizontalement, a rompu sous 1,217 livres; et l'autre qui pesait 2 livres 7 onces $\frac{1}{8}$, et qui contenait aussi douze couches ligneuses, a rompu sous 1,294 livres.

Toutes ces expériences concourent à prouver qu'un barreau ou une solive résiste bien davantage lorsque les couches ligneuses qui le composent sont situées perpendiculairement; elles prouvent aussi que, plus il y a de couches ligneuses dans les barreaux ou autres petites pièces de bois, plus la différence de la force de ces pièces dans les deux positions opposées est considérable. Mais, comme je n'étais pas encore pleinement satisfait à cet égard, j'ai fait la même expérience sur des planches mises les unes contre les autres, et je les rapporterai dans la suite, ne voulant point interrompre ici l'ordre des temps de mon travail, parce qu'il me paraît plus naturel de donner les choses comme on les a faites.

Les expériences précédentes ont servi à me guider pour celles qui doivent suivre; elles m'ont appris qu'il y a une différence considérable entre la pesanteur et la force du bois dans un même arbre, selon que ce bois est pris au centre ou à la circonférence de l'arbre; elles m'ont fait voir que la situation des couches ligneuses faisait varier la résistance de la même pièce de bois. Elles m'ont encore appris que le nombre des couches ligneuses influe sur la force du bois, et dès lors j'ai reconnu que les tentatives qui ont été faites jusqu'à présent sur cette matière sont insuffisantes pour déterminer la force du bois; car toutes ces tentatives ont été faites sur de petites pièces d'un pouce ou un pouce et demi d'équarrissage, et on a fondé sur ces expériences le calcul des tables qu'on nous a données pour la résistance des poutres, solives et pièces de toute grosseur et longueur, sans avoir fait aucune des remarques que nous avons énoncées ci-dessus.

Après ces premières connaissances de la force du bois, qui ne sont encore que des notions assez peu complètes, j'ai cherché à en acquérir de plus précises; j'ai voulu m'assurer d'abord si de deux morceaux de bois de même longueur et de même figure, mais dont le premier était double du second pour la grosseur, le premier avait une résistance double; et pour

cela j'ai choisi plusieurs morceaux pris dans les mêmes arbres et à la même distance du centre, ayant le même nombre d'années, situés de la même façon avec toutes les circonstances nécessaires pour établir une juste comparaison.

J'ai pris, à la même distance du centre d'un arbre, quatre morceaux de bois parfait, chacun de 2 pouces d'équarrissage sur 18 pouces de longueur; ces quatre morceaux ont rompu sous 3,226, 3,062, 2,983 et 2,890 livres; c'est-à-dire sous la charge moyenne de 3,040 livres. J'ai de même pris quatre morceaux de 17 lignes, faibles d'équarrissage sur la même longueur, ce qui fait à très-peu près la moitié de grosseur des quatre premiers morceaux, et j'ai trouvé qu'ils ont rompu sous 1,304, 1,274, 1,331, 1,198 livres, c'est-à-dire, au pied moyen, sous 1,252 livres. Et de même j'ai pris quatre morceaux d'un pouce d'équarrissage sur la même longueur de 18 pouces, ce qui fait le quart de grosseur des premiers, et j'ai trouvé qu'ils ont rompu sous 526, 517, 500, 496 livres, c'est-à-dire, au pied moyen, sous 510 livres. Cette expérience fait voir que la force d'une pièce n'est pas proportionnelle à sa grosseur, car ces grosseurs étant 1, 2, 4, les charges devraient être 510, 1,020, 2,040, au lieu qu'elles sont en effet 510, 1,252, 3,040, ce qui est fort différent, comme l'avaient déjà remarqué quelques auteurs qui ont écrit sur la résistance des solides.

J'ai pris de même plusieurs barreaux d'un pied, de 18 pouces, de 2 pieds et de 3 pieds de longueur pour reconnaître si les barreaux d'un pied porteraient une fois autant que ceux de 2 pieds; et pour m'assurer si la résistance des pièces diminue justement dans la même raison que leur longueur augmente. Les barreaux d'un pied supportèrent, au pied moyen, 765 livres; ceux de 18 pouces, 500 livres; ceux de 2 pieds, 369 livres; et ceux de 3 pieds, 230 livres. Cette expérience me laissa dans le doute, parce que les charges n'étaient pas fort différentes de ce qu'elles devaient être, car au lieu de 765, 500, 369 et 230, la règle du levier demandait 765, 510 $\frac{1}{2}$, 382 et 255 livres, ce qui ne s'éloigne pas assez pour pouvoir conclure que la résistance des pièces de bois ne diminue pas en même raison que leur longueur augmente; mais d'un autre côté cela s'éloigne assez pour qu'on suspende son jugement, et en effet on verra par la suite que l'on a ici raison de douter.

J'ai ensuite cherché quelle était la force du bois, en supposant la pièce inégale dans ses dimensions, par exemple, en la supposant d'un pouce d'épaisseur sur 1 pouce $\frac{1}{2}$ de largeur, et en la plaçant sur l'une et ensuite sur l'autre de ces dimensions; et pour cela j'ai fait faire quatre barreaux d'aubier de 18 pouces de longueur sur 1 pouce $\frac{1}{2}$ d'une face, et sur 1 pouce de l'autre face : ces quatre barreaux, posés sur la face d'un pouce, ont supporté au pied moyen, 723 livres, et quatre autres barreaux tous semblables, posés sur la face d'un pouce $\frac{1}{2}$, ont supporté, au pied moyen, 935 livres $\frac{1}{2}$.

Quatre barreaux de bois parfait, posés sur la face d'un pouce, ont supporté au pied moyen 775; et, sur la face d'un pouce ½, 998 livres. Il faut toujours se souvenir que dans ces expériences j'avais soin de choisir des morceaux de bois à peu près de même pesanteur, et qui contenaient le même nombre de couches ligneuses posées du même sens.

Avec toutes ces précautions et toute l'attention que je donnais à mon travail, j'avais souvent peine à me satisfaire : je m'apercevais quelquefois d'irrégularités et de variations qui dérangeaient les conséquences que je voulais tirer de mes expériences, et j'en ai plus de mille, rapportées sur un registre, que j'ai faites à plusieurs desseins, dont cependant je n'ai pu rien tirer, et qui m'ont laissé dans une incertitude manifeste à bien des égards. Comme toutes ces expériences se faisaient avec des morceaux de bois d'un pouce, d'un pouce ½ ou de 2 pouces d'équarrissage, il fallait une attention très-scrupuleuse dans le choix du bois, une égalité presque parfaite dans la pesanteur, le même nombre dans les couches ligneuses; et outre cela il y avait un inconvénient presque inévitable, c'était l'obliquité de la direction des fibres, qui souvent rendait les morceaux de bois tranchés les uns d'une couche, les autres d'une demi-couche, ce qui diminuait considérablement la force du barreau : je ne parle pas des nœuds, des défauts du bois, de la direction très-oblique des couches ligneuses; on sent bien que tous ces morceaux étaient rejetés sans se donner la peine de les mettre à l'épreuve; enfin de ce grand nombre d'expériences que j'ai faites sur de petits morceaux, je n'en ai pu tirer rien d'assuré que les résultats que j'ai donnés ci-dessus, et je n'ai pas cru devoir hasarder d'en tirer des conséquences générales pour faire des tables sur la résistance du bois.

Ces considérations et les regrets des peines perdues me déterminèrent à entreprendre de faire des expériences en grand : je voyais clairement la difficulté de l'entreprise, mais je ne pouvais me résoudre à l'abandonner, et heureusement j'ai été beaucoup plus satisfait que je ne l'espérais d'abord.

PREMIÈRE EXPÉRIENCE.

I. — J'ai fait abattre un chêne de 3 pieds de circonférence, et d'environ 25 pieds de hauteur; il était droit et sans branches jusqu'à la hauteur de 15 à 16 pieds; je l'ai fait scier à 14 pieds afin d'éviter les défauts du bois causés par l'éruption des branches, et ensuite j'ai fait scier par le milieu cette pièce de 14 pieds, cela m'a donné deux pièces de 7 pieds chacune; je les ai fait équarrir le lendemain par des charpentiers, et le surlendemain je les ai fait travailler à la varlope par des menuisiers pour les réduire à 4 pouces juste d'équarrissage : ces deux pièces étaient fort saines et sans aucun nœud apparent; celle qui provenait du pied de l'arbre pesait 60 livres, celle qui

venait du dessus du tronc pesait 56 livres; on employa à charger la première vingt-neuf minutes de temps, elle plia dans son milieu de 3 pouces ½ avant que d'éclater; à l'instant que la pièce eut éclaté, on discontinua de la charger, elle continua d'éclater et de faire beaucoup de bruit pendant vingt-deux minutes, elle baissa dans son milieu de 4 pouces ½, et rompit sous la charge de 5,350 livres; la seconde pièce, c'est-à-dire celle qui provenait de la partie supérieure du tronc, fut chargée en vingt-deux minutes, elle plia dans son milieu de 4 pouces 6 lignes avant que d'éclater; alors on cessa de la charger; elle continua d'éclater pendant huit minutes, et elle baissa dans son milieu de 6 pouces 6 lignes, et rompit sous la charge de 5,275 livres.

II. — Dans le même terrain où j'avais fait couper l'arbre qui m'a servi à l'expérience précédente, j'en ai fait abattre un autre presque semblable au premier; il était seulement un peu plus élevé, quoique un peu moins gros; sa tige était assez droite, mais elle laissait paraître plusieurs petites branches de la grosseur d'un doigt dans la partie supérieure, et à la hauteur de 17 pieds elle se divisait en deux grosses branches. J'ai fait tirer de cet arbre deux solives de 8 pieds de longueur sur 4 pouces d'équarrissage, et je les ai fait rompre deux jours après, c'est-à-dire immédiatement après qu'on les eut travaillées et réduites à la juste mesure : la première solive, qui provenait du pied de l'arbre, pesait 68 livres, et la seconde, tirée de la partie supérieure de la tige ne pesait que 63 livres; on chargea cette première solive en quinze minutes, elle plia dans son milieu de 3 pouces 9 lignes avant que d'éclater; dès qu'elle eut éclaté on cessa de charger, la solive continua d'éclater pendant dix minutes, elle baissa dans son milieu de 8 pouces, après quoi elle rompit en faisant beaucoup de bruit sous le poids de 4,600 livres; la seconde solive fut chargée en treize minutes, elle plia de 4 pouces 8 lignes avant que d'éclater, et après le premier éclat, qui se fit à 3 pieds 2 pouces du milieu, elle baissa de 11 pouces en six minutes, et rompit au bout de ce temps sous la charge de 4,500 livres.

III. — Le même jour, je fis abattre un troisième chêne voisin des deux autres, et j'en fis scier la tige par le milieu; on en tira deux solives de 9 pieds de longueur chacune sur 4 pouces d'équarrissage; celle du pied pesait 77 livres, et celle du sommet 71 livres; et les ayant fait mettre à l'épreuve, la première fut chargée en quatorze minutes, elle plia de 4 pouces 10 lignes avant que d'éclater, et ensuite elle baissa de 7 pouces ½, et rompit sous la charge de 4,100 livres; celle du dessus de la tige, qui fut chargée en douze minutes, plia de 5 pouces ½, et éclata; ensuite elle baissa jusqu'à 9 pouces, et rompit net sous la charge de 3,950 livres.

Ces expériences font voir que le bois du pied d'un arbre est plus pesant

que le bois du haut de la tige; elles apprennent aussi que le bois du pied est plus fort et moins flexible que celui du sommet.

IV. — J'ai choisi, dans le même canton où j'avais déjà pris les arbres qui m'ont servi aux expériences précédentes, deux chênes de même espèce, de même grosseur, et à peu près semblables en tout; leur tige avait 3 pieds de tour, et n'avait guère que 11 à 12 pieds de hauteur jusqu'aux premières branches; je les fis équarrir et travailler tous deux en même temps, et on tira de chacun une solive de 10 pieds de longueur sur quatre pouces d'équarrissage; l'une de ces solives pesait 84 livres, et l'autre 82; la première rompit sous la charge de 3,625 livres, et la seconde sous celle de de 3,600 livres. Je dois observer ici qu'on employa un temps égal à les charger, et qu'elles éclatèrent toutes deux au bout de quinze minutes; la plus légère plia un peu plus que l'autre, c'est-à-dire de 6 pouces $\frac{1}{2}$, et l'autre de 5 pouces 10 lignes.

V. — J'ai fait abattre, dans le même endroit, deux autres chênes de 2 pieds 10 à 11 pouces de grosseur, et d'environ 15 pieds de tige; j'en ai fait tirer deux solives de 12 pieds de longueur et de 4 pouces d'équarrissage; la première pesait 100 livres, et la seconde 98; la plus pesante a rompu sous la charge de 3,050 livres, et l'autre sous celle de 2,925 livres, après avoir plié dans leur milieu, la première jusqu'à 7 et la seconde jusqu'à 8 pouces.

Voilà toutes les expériences que j'ai faites sur des solives de 4 pouces d'équarrissage; je n'ai pas voulu aller au delà de la longueur de 12 pieds, parce que dans l'usage ordinaire les constructeurs et les charpentiers n'emploient que très-rarement des solives de 12 pieds sur 4 pouces d'équarrissage, et qu'il n'arrive jamais qu'ils se servent de pièces de 14 ou 15 pieds de longueur et de 4 pouces de grosseur seulement.

En comparant la différente pesanteur des solives employées à faire les expériences ci-dessus, on trouve, par la première de ces expériences, que le pied cube de ce bois pesait 74 livres $\frac{4}{7}$, par la seconde 73 livres $\frac{6}{8}$, par la troisième 74, par la quatrième 74 $\frac{7}{10}$, et par la cinquième 74 $\frac{1}{4}$, ce qui marque que le pied cube de ce bois pesait en nombre moyen 74 livres $\frac{3}{10}$,

En comparant les différentes charges des pièces avec leur longueur, on trouve que les pièces de 7 pieds de longueur supportent 5,313 livres, celles de 8 pieds 4,550, celles de 9 pieds 4,025, celles de 10 pieds 3,612, et celles de 12 pieds 2,987; au lieu que, par les règles ordinaires de la mécanique, celles de 7 pieds ayant supporté 5,313 livres, celles de 8 pieds auraient dû supporter 4,649 livres, celles de 9 pieds 4,121, celles de 10 pieds 3,719, et celles de 12 pieds 3,099 livres; d'où l'on peut déjà soupçonner que la force du bois décroît plus qu'en raison inverse de sa

longueur. Comme il me paraissait important d'acquérir une certitude entière sur ce fait, j'ai entrepris de faire les expériences suivantes sur des solives de 5 pouces d'équarrissage, et de toutes longueurs, depuis 7 pieds jusqu'à 28.

VI. — Comme je m'étais astreint à prendre dans le même terrain tous les arbres que je destinais à mes expériences, je fus obligé de me borner à des pièces de 28 pieds de longueur, n'ayant pu trouver dans ce canton des chênes plus élevés; j'en ai choisi deux dont la tige avait 28 pieds sans grosses branches, et qui en tout avaient plus de 45 à 50 pieds de hauteur. Ces chênes avaient à peu près 5 pieds de tour au pied; je les ai fait abattre le 14 mars 1740, et les ayant fait amener le même jour, je les ai fait équarrir le lendemain; on tira de chaque arbre une solive de 28 pieds de longueur sur 5 pouces d'équarrissage; je les examinai avec attention pour reconnaître s'il n'y aurait pas quelques nœuds ou quelque défaut de bois vers le milieu, et je trouvai que ces deux longues pièces étaient fort saines : la première pesait 364 livres, et la seconde 360. Je fis charger la plus pesante avec un équipage léger : on commença à deux heures cinquante-cinq minutes; à trois heures, c'est-à-dire au bout de cinq minutes, elle avait déjà plié de 3 pouces dans son milieu, quoiqu'elle ne fût encore chargée que de 500 livres; à trois heures cinq minutes elle avait plié de 7 pouces, et elle était chargée de 1,000 livres; à trois heures dix minutes elle avait plié de 14 pouces sous la charge de 1,500 livres; enfin à trois heures douze à treize minutes elle avait plié de 18 pouces et elle était chargée de 1,800 livres. Dans cet instant, la pièce éclata violemment; elle continua d'éclater pendant quatorze minutes et baissa de 25 pouces, après quoi elle rompit net au milieu sous ladite charge de 1,800 livres. La seconde pièce fut chargée de la même façon : on commença à quatre heures cinq minutes; on la chargea d'abord de 500 livres, en cinq minutes elle avait plié de 5 pouces; dans les cinq minutes suivantes on la chargea encore de 500 livres, elle avait plié de 11 pouces $\frac{1}{2}$; au bout de cinq autres minutes elle avait plié de 18 pouces $\frac{1}{2}$ sous la charge de 1,500 livres, deux minutes après elle éclata sous celle de 1,750 livres, et dans ce moment elle avait plié de 22 pouces; on cessa de la charger, elle continua d'éclater pendant six minutes, et baissa jusqu'à 28 pouces avant que de rompre entièrement sous cette charge de 1,750 livres.

VII. — Comme la plus pesante des deux pièces de l'expérience précédente avait rompu net dans son milieu, et que le bois n'était point éclaté ni fendu dans les parties voisines de la rupture, je pensai que les deux morceaux de cette pièce rompue, pourraient me servir pour faire des expériences sur la longueur de 14 pieds : je prévoyais que la partie supérieure

de cette pièce pèserait moins et romprait plus aisément que l'autre morceau qui provenait de la partie inférieure du tronc, mais en même temps je voyais bien qu'en prenant le terme moyen entre les résistances de ces deux solives, j'aurais un résultat qui ne s'éloignerait pas de la résistance réelle d'une pièce de 14 pieds, prise dans un arbre de cette hauteur ou environ. J'ai donc fait scier le reste des fibres qui unissaient encore les deux parties; celle qui venait du pied de l'arbre se trouva peser 185 livres, et celle du sommet 178 livres $\frac{1}{2}$; la première fut chargée d'un millier dans les cinq premières minutes, elle n'avait pas plié sensiblement sous cette charge; on l'augmenta d'un second millier de livres dans les cinq minutes suivantes, ce poids de deux milliers la fit plier d'un pouce dans son milieu; un troisième millier en cinq autres minutes la fit plier en tout de 2 pouces; un quatrième millier la fit plier jusqu'à 3 pouces $\frac{1}{2}$, et un cinquième millier jusqu'à 5 pouces $\frac{1}{2}$; on allait continuer à la charger, mais après avoir ajouté 250 aux cinq milliers dont elle était chargée, il se fit un éclat à une des arêtes inférieures, on discontinua de charger, les éclats continuèrent et la pièce baissa dans le milieu jusqu'à 10 pouces avant que de rompre entièrement sous cette charge de 5,250 livres; elle avait supporté tout ce poids pendant quarante-une minutes.

On chargea la seconde pièce comme on avait chargé la première, c'est-à-dire d'un millier par cinq minutes; le premier millier la fit plier de 3 lignes, le second d'un pouce 4 lignes, le troisième de 3 pouces, le quatrième de 5 pouces 9 lignes; on chargeait le cinquième millier lorsque la pièce éclata tout à coup sous la charge de 4,650 livres, elle avait plié de 8 pouces: après ce premier éclat on cessa de charger, la pièce continua d'éclater pendant une demi-heure, et elle baissa jusqu'à 13 pouces avant que de rompre entièrement sous cette charge de 4,650 livres.

La première, pièce qui provenait du pied de l'arbre, avait porté 5,250 livres, et la seconde, qui venait du sommet, 4,650 livres; cette différence me parut trop grande pour statuer sur cette expérience; c'est pourquoi je crus qu'il fallait réitérer, et je me servis de la seconde pièce de 28 pieds de la sixième expérience; elle avait rompu en éclatant à 2 pieds du milieu, du côté de la partie supérieure de la tige, mais la partie inférieure ne paraissait pas avoir beaucoup souffert de la rupture, elle était seulement fendue de 4 à 5 pieds de longueur, et la fente, qui n'avait pas un quart de ligne d'ouverture, pénétrait jusqu'à la moitié ou environ de l'épaisseur de la pièce; je résolus, malgré ce petit défaut, de la mettre à l'épreuve, je la pesai et je trouvai qu'elle pesait 183 livres; je la fis charger comme les précédentes; on commença à midi vingt minutes, le premier millier la fit plier de près d'un pouce, le second de 2 pouces 10 lignes, le troisième de 5 pouces 3 lignes; et un poids de 150 livres, ajouté aux trois milliers, la fit éclater avec grande force, l'éclat fut rejoindre la fente occasionnée par

la première rupture, et la pièce baissa de 15 pouces avant que de rompre entièrement sous cette charge de 3,150 livres. Cette expérience m'apprit à me défier beaucoup des pièces qui avaient été rompues ou chargées auparavant, car il se trouve ici une différence de près de deux milliers sur cinq dans la charge, et cette différence ne doit être attribuée qu'à la fente de la première rupture qui avait affaibli la pièce.

Étant donc encore moins satisfait, après cette troisième épreuve, que je ne l'étais après les deux premières, je cherchai dans le même terrain deux arbres dont la tige pût me fournir deux solives de la même longueur de 14 pieds, sur 5 pouces d'équarrissage; et les ayant fait couper le 17 mars, je les fis rompre le 19 du même mois; l'une des pièces pesait 178 livres et l'autre 176 : elles se trouvèrent heureusement fort saines et sans aucun défaut apparent ou caché; la première ne plia point sous le premier millier, elle plia d'un pouce sous le second, de 2 pouces $\frac{1}{2}$ sous le troisième, de 4 pouces $\frac{1}{2}$ sous le quatrième, et de 7 pouces $\frac{1}{4}$ sous le cinquième; on la chargea encore de 400 livres, après quoi elle fit un éclat violent, et continua d'éclater pendant vingt-une minutes; elle baissa jusqu'à 13 pouces, et rompit enfin sous la charge de 5,400 livres; la seconde plia un peu sous le premier millier, elle plia d'un pouce 3 lignes sous le second, de 3 pouces sous le troisième, de 5 pouces sous le quatrième, et de près de 8 pouces sous le cinquième, 200 livres de plus la firent éclater; elle continua à faire du bruit et à baisser pendant dix-huit minutes, et rompit au bout de ce temps sous la charge de 5,200 livres. Ces deux dernières expériences me satisfirent pleinement, et je fus alors convaincu que les pièces de 14 pieds de longueur, sur 5 pouces d'équarrissage, peuvent porter au moins cinq milliers, tandis que, par la loi du levier, elles n'auraient dû porter que le double des pièces de 28 pieds, c'est-à-dire, 3,600 livres ou environ.

VIII. — J'avais fait abattre le même jour deux autres chênes, dont la tige avait environ 16 à 17 pieds de hauteur sans branches, et j'avais fait scier ces deux arbres en deux parties égales; cela me donna quatre solives de 7 pieds de longueur, sur 5 pouces d'équarrissage : de ces quatre solives je fus obligé d'en rebuter une qui provenait de la partie inférieure de l'un de ces arbres à cause d'une tare assez considérable; c'était un ancien coup de cognée que cet arbre avait reçu dans sa jeunesse à 3 pieds $\frac{1}{2}$ au-dessus de terre; cette blessure s'était recouverte avec le temps, mais la cicatrice n'était pas réunie et subsistait en entier, ce qui faisait un défaut très-considérable; je jugeai donc que cette pièce devait être rejetée. Les trois autres étaient assez saines et n'avaient aucun défaut; l'une provenait du pied, et les deux autres du sommet des arbres : la différence de leur poids le marquait assez, car celle qui venait du pied pesait 94 livres, et des deux autres,

l'une pesait 90 livres et l'autre 88 livres ½. Je les fis rompre toutes trois le même jour 19 mars; on employa près d'une heure pour charger la première; d'abord on la chargeait de deux milliers par cinq minutes, on se servit d'un gros équipage qui pesait seul 2,500 livres, au bout de quinze minutes elle était chargée de sept milliers, elle n'avait encore plié que de 5 lignes. Comme la difficulté de charger augmentait, on ne put dans les cinq minutes suivantes la charger que de 1,500 livres; elle avait plié de 9 lignes; mille livres qu'on mit ensuite dans les cinq minutes suivantes, la firent plier d'un pouce 3 lignes, mille autres livres en cinq minutes l'amenèrent à 1 pouce 11 lignes, encore mille livres, à 2 pouces 6 lignes; on continuait de charger, mais la pièce éclata tout à coup et très-violemment sous la charge de 11,775 livres; elle continua d'éclater avec grande violence pendant dix minutes, baissa jusqu'à 3 pouces 7 lignes, et rompit net au milieu.

La seconde pièce, qui pesait 90 livres, fut chargée comme la première; elle plia plus aisément et rompit au bout de trente-cinq minutes sous la charge de 10,950 livres, mais il y avait un petit nœud à la surface inférieure qui avait contribué à la faire rompre.

La troisième pièce, qui ne pesait que 88 livres ½, ayant été chargée en cinquante-trois minutes, rompit sous la charge de 11,275 livres. J'observai qu'elle avait encore plus plié que les deux autres, mais on manqua de marquer exactement les quantités dont ces deux dernières pièces plièrent à mesure qu'on les chargeait. Par ces trois épreuves, il est aisé de voir que la force d'une pièce de bois de 7 pieds de longueur, qui ne devrait être que quadruple de la force d'une pièce de bois de 28 pieds, est à peu près sextuple.

IX. — Pour suivre plus loin ces épreuves et m'assurer de cette augmentation de force en détail et dans toutes les longueurs des pièces de bois, j'ai fait abattre, toujours dans le même canton, deux chênes fort lisses, dont la tige portait plus de 25 pieds sans aucunes grosses branches; j'en ai fait tirer deux solives de 24 pieds de longueur sur 5 pouces d'équarrissage: ces deux pièces étaient fort saines et d'un bois liant qui se travaillait avec facilité. La première pesait 310 livres, et la seconde n'en pesait que 307; je les ai fait charger avec un petit équipage de 500 livres par cinq minutes: la première a plié de 2 pouces sous une charge de 500 livres, de 4 pouces ½ sous celle d'un millier, de 7 pouces ½ sous 1,500 livres, et de près de 11 pouces sous 2,000 livres. La pièce éclata sous 2,200, et rompit au bout de cinq minutes après avoir baissé jusqu'à 15 pouces. La seconde pièce plia de 3 pouces, 6 pouces, 9 pouces ½, 13 pouces sous les charges successives et accumulées de 500, 1,000, 1,500 et 2,000 livres, et rompit sous 2,125 livres après avoir baissé jusqu'à 16 pouces.

X. — Il me fallait deux pièces de 12 pieds de longueur sur 5 pouces d'équarrissage pour comparer leur force avec celle des pièces de 24 pieds de l'expérience précédente; j'ai choisi pour cela deux arbres qui étaient à la vérité un peu trop gros, mais que j'ai été obligé d'employer faute d'autres; je les ai fait abattre le même jour avec huit autres arbres, savoir, deux de 22 pieds, deux de 20, et quatre de 12 à 13 pieds de hauteur; j'ai fait travailler le lendemain ces deux premiers arbres, et en ayant fait tirer deux solives de 12 pieds de longueur sur 5 pouces d'équarrissage, j'ai été un peu surpris de trouver que l'une des solives pesait 156 livres, et que l'autre ne pesait que 138 livres. Je n'avais pas encore trouvé d'aussi grandes différences, même à beaucoup près, dans le poids de deux pièces semblables; je pensai d'abord, malgré l'examen que j'en avais fait, que l'une des pièces était trop forte et l'autre trop faible d'équarrissage, mais les ayant bien mesurées partout avec un troussequin de menuisier, et ensuite avec un compas courbe, je reconnus qu'elles étaient parfaitement égales; et comme elles étaient saines et sans aucun défaut, je ne laissai pas de les faire rompre toutes deux pour reconnaître ce que cette différence de poids produirait. On les chargea toutes deux de la même façon, c'est-à-dire d'un millier en cinq minutes; la plus pesante plia de $\frac{1}{4}$, $\frac{3}{4}$, 1 $\frac{1}{2}$, 2 $\frac{3}{4}$, 4, 5 pouces $\frac{1}{2}$ dans les cinq, dix, quinze, vingt, vingt-cinq et trente minutes qu'on employa à la charger, et elle éclata sous la charge de 6,050 livres, après avoir baissé jusqu'à 13 pouces avant que de rompre absolument. La moins pesante des deux pièces plia de $\frac{4}{5}$, 1, 2, 3 $\frac{1}{2}$, 5 $\frac{1}{4}$ dans les cinq, dix, quinze, vingt et vingt-cinq minutes, et elle éclata sous la charge de 5,225 livres, sous laquelle au bout de 7 à 8 minutes elle rompit entièrement : on voit que la différence est ici à peu près aussi grande dans les charges que dans les poids, et que la pièce légère était très-faible. Pour lever les doutes que j'avais sur cette expérience, je fis tout de suite travailler un autre arbre de 13 pieds de longueur, et j'en fis tirer une solive de 12 pieds de longueur sur 5 pouces d'équarrissage: elle se trouva peser 154 livres, et elle éclata après avoir plié de 5 pouces 9 lignes sous la charge de 6,100 livres. Cela me fit voir que les pièces de 12 pieds sur 5 pouces peuvent supporter environ 6,000 livres, tandis que les pièces de 24 pieds ne portent que 2,200, ce qui fait un poids beaucoup plus fort que le double de 2,200 qu'elles auraient dû porter par la loi du levier. Il me restait, pour me satisfaire sur toutes les circonstances de cette expérience, à trouver pourquoi dans un même terrain il se trouve quelquefois des arbres dont le bois est si différent en pesanteur et en résistance : j'allai, pour le découvrir, visiter le lieu, et ayant sondé le terrain auprès du tronc de l'arbre qui avait fourni la pièce légère, je reconnus qu'il y avait un peu d'humidité qui séjournait au pied de cet arbre par la pente naturelle du lieu, et j'attribuai la faiblesse de ce bois au terrain humide où il avait crû, car je ne m'aperçus pas que la terre fût d'une

qualité différente, et ayant sondé dans plusieurs endroits, je trouvai partout une terre semblable. On verra, par l'expérience suivante, que les différents terrains produisent des bois qui sont quelquefois de pesanteur et de force encore plus inégales.

XI. — J'ai choisi dans le même terrain où je prenais tous les arbres qui me servaient à faire mes expériences, un arbre à peu près de la même grosseur que ceux de l'expérience neuvième, et en même temps j'ai cherché un autre arbre à peu près semblable au premier dans un terrain différent : la terre est forte et mêlée de glaise dans le premier terrain, et dans le second ce n'est qu'un sable presque sans aucun mélange de terre. J'ai fait tirer de chacun de ces arbres une solive de 22 pieds sur 5 pouces d'équarrissage : la première solive, qui venait du terrain fort, pesait 281 livres ; l'autre, qui venait du terrain sablonneux, ne pesait que 232 livres, ce qui fait une différence de près d'un sixième dans le poids. Ayant mis à l'épreuve la plus pesante de ces deux pièces, elle plia de 11 pouces 3 lignes avant que d'éclater, et elle baissa jusqu'à 19 pouces avant que de rompre absolument ; elle supporta, pendant 18 minutes, une charge de 2,975 livres ; mais la seconde pièce, qui venait du terrain sablonneux, ne plia que de 5 pouces avant que d'éclater, et ne baissa que de 8 pouces ½ dans son milieu, et elle rompit au bout de 3 minutes sous la charge de 2,350 livres, ce qui fait une différence de plus d'un cinquième dans la charge. Je rapporterai dans la suite quelques autres expériences à ce sujet ; mais revenons à notre échelle des résistances suivant les différentes longueurs.

XII. — De deux solives de 20 pieds de longueur sur 5 pouces d'équarrissage, prises dans le même terrain et mises à l'épreuve le même jour, la première, qui pesait 263 livres, supporta pendant dix minutes une charge de 3,275 livres, et ne rompit qu'après avoir plié dans son milieu de 16 pouces 2 lignes ; la seconde solive, qui pesait 259 livres, supporta pendant huit minutes une charge de 3,175 livres, et rompit après avoir plié de 20 pouces ½.

XIII. — J'ai ensuite fait faire trois solives de 10 pieds de longueur et du même équarrissage de 5 pouces : la première pesait 132 livres, et a rompu sous la charge de 7,225 livres au bout de vingt minutes, et après avoir baissé de 7 pouces ½ ; la seconde pesait 130 livres, elle a rompu après vingt minutes sous la charge de 7,050 livres, et elle a baissé de 6 pouces 9 lignes ; la troisième pesait 128 livres ½, elle a rompu sous la charge de 7,100 livres après avoir baissé de 8 pouces 7 lignes, et cela au bout de dix-huit minutes.

En comparant cette expérience avec la précédente, on voit que les pièces de 20 pieds, sur 5 pouces d'équarrissage, peuvent porter une charge de

3,225 livres, et celles de 10 pieds de longueur et du même équarrissage de 5 pouces, une charge de 7,125 livres, au lieu que par les règles de la mécanique, elles n'auraient dû porter que 6,450 livres.

XIV. — Ayant mis à l'épreuve deux solives de 18 pieds de longueur, sur 5 pouces d'équarrissage, j'ai trouvé que la première pesait 232 livres, et qu'elle a supporté pendant onze minutes une charge de 3,750 livres après avoir baissé de 17 pouces, et que la seconde, qui pesait 231 livres, a supporté une charge de 3,650 livres pendant dix minutes, et n'a rompu qu'après avoir baissé de 15 pouces.

XV. — Ayant de même mis à l'épreuve trois solives de 9 pieds de longueur, sur 5 pouces d'équarrissage, j'ai trouvé que la première, qui pesait 118 livres, a porté pendant cinquante-huit minutes une charge de 8,400 livres, après avoir plié dans son milieu de 6 pouces; la seconde, qui pesait 116 livres, a supporté pendant quarante-six minutes une charge de 8,325 livres, après avoir plié dans son milieu de 5 pouces 4 lignes; et la troisième, qui pesait 115 livres, a supporté pendant quarante minutes une charge de 8,200 livres, et elle a plié de 5 pouces dans son milieu.

Comparant cette expérience avec la précédente, ont voit que les pièces de 18 pieds de longueur sur 5 pouces d'équarrissage portent 3,700 livres, et que celles de 9 pieds portent 8,308 livres $\frac{1}{3}$, au lieu qu'elles n'auraient dû porter, selon les règles du levier, que 7,400 livres.

XVI. — Enfin, ayant mis à l'épreuve deux solives de 16 pieds de longueur, sur 5 pouces d'équarrissage, la première, qui pesait 209 livres, a porté pendant dix-sept minutes une charge de 4,425 livres, et elle a rompu après avoir baissé de 16 pouces; la seconde, qui pesait 205 livres, a porté pendant 15 minutes une charge de 4,275 livres, et elle a rompu après avoir baissé de 12 pouces $\frac{1}{2}$.

XVII. — Et ayant mis à l'épreuve deux solives de 8 pieds de longueur, sur 5 pouces d'équarrissage, la première, qui pesait 104 livres, porta pendant quarante minutes une charge de 9,900 livres, et rompit après avoir baissé de 5 pouces; la seconde, qui pesait 102 livres, porta pendant trente-neuf minutes une charge de 9,675 livres, et rompit après avoir plié de 4 pouces 7 lignes.

Comparant cette expérience avec la précédente, on voit que la charge moyenne des pièces de 16 pieds de longueur sur 5 pouces d'équarrissage est 4,350 livres, et que celle des pièces de 8 pieds et du même équarrissage est 9,787 $\frac{1}{4}$, au lieu que par la règle du levier elle devrait être de 8,700 livres.

Il résulte de toutes ces expériences que la résistance du bois n'est point en raison inverse de sa longueur, comme on l'a cru jusqu'ici, mais que cette résistance décroît très-considérablement à mesure que la longueur des pièces augmente, ou, si l'on veut, qu'elle augmente beaucoup à mesure que cette longueur diminue; il n'y a qu'à jeter les yeux sur la table ci-après pour s'en convaincre : on voit que la charge d'une pièce de 10 pieds est le double et un neuvième de celle d'une pièce de 20 pieds; que la charge d'une pièce de 9 pieds est le double et environ le huitième de celle d'une pièce de 18 pieds; que la charge d'une pièce de 8 pieds est le double et un huitième presque juste de celle d'une pièce de 16 pieds; que la charge d'une pièce de 7 pieds est le double et beaucoup plus d'un huitième de celle de 14 pieds : de sorte qu'à mesure que la longueur des pièces diminue la résistance augmente, et cette augmentation de résistance croît de plus en plus.

On peut objecter ici que cette règle de l'augmentation de la résistance, qui croît de plus en plus à mesure que les pièces sont moins longues, ne s'observe pas au delà de la longueur de 20 pieds, et que les expériences rapportées ci-dessus sur des pièces de 24 et de 28 pieds prouvent que la résistance du bois augmente plus dans une pièce de 14 pieds, comparée à une pièce de 28, que dans une pièce de 7 pieds, comparée à une pièce de 14; et que de même cette résistance augmente plus que la règle ne le demande dans une pièce de 12 pieds, comparée à une pièce de 24 pieds; mais il n'y a rien là qui se contrarie, et cela n'arrive ainsi que par un effet bien naturel, c'est que la pièce de 28 pieds et celle de 24 pieds, qui n'ont que 5 pouces d'équarrissage, sont trop disproportionnées dans leurs dimensions, et que le poids de la pièce même est une partie considérable du poids total qu'il faut pour la rompre, car il ne faut que 1,775 livres pour rompre une pièce de 28 pieds, et cette pièce pèse 362 livres. On voit bien que le poids de la pièce devient dans ce cas une partie considérable de la charge qui la fait rompre; et, d'ailleurs, ces longues pièces minces, pliant beaucoup avant de rompre, les plus petits défauts du bois, et surtout le fil tranché, contribuent beaucoup plus à la rupture.

Il serait aisé de faire voir qu'une pièce pourrait rompre par son propre poids, et que la longueur qu'il faudrait supposer à cette pièce proportionnellement à sa grosseur n'est pas à beaucoup près aussi grande qu'on pourrait l'imaginer : par exemple, en partant du fait acquis par les expériences ci-dessus, que la charge d'une pièce de 7 pieds de longueur sur 5 pouces d'équarrissage est de 11,525, on conclurait tout de suite que la charge d'une pièce de 14 pieds est de 5,762 livres; que celle d'une pièce de 28 pieds est de 2,881; que celle d'une pièce de 56 pieds est de 1,440 livres, c'est-à-dire la huitième partie de la charge de 7 pieds, parce que la

pièce de 56 pieds est huit fois plus longue; cependant, bien loin qu'il fût besoin d'une charge de 1,440 livres pour rompre une pièce de 56 pieds sur 5 pouces seulement d'équarrissage, j'ai de bonnes raisons pour croire qu'elle pourrait rompre par son propre poids. Mais ce n'est pas ici le lieu de rapporter les recherches que j'ai faites à ce sujet, et je passe à une autre suite d'expériences sur des pièces de 6 pouces d'équarrissage, depuis 8 pieds jusqu'à 20 pieds de longueur.

XVIII. — J'ai fait rompre deux solives de 20 pieds de longueur, sur 6 pouces d'équarrissage : l'une de ces solives pesait 377 livres et l'autre 375; la plus pesante a rompu au bout de douze minutes sous la charge de 5,025 livres, après avoir plié de 17 pouces; la seconde, qui était la moins pesante, a rompu en onze minutes sous la charge de 4,875 livres, après avoir plié de 14 pouces.

J'ai ensuite mis à l'épreuve deux pièces de 10 pieds de longueur sur le même équarrissage de 6 pouces; la première, qui pesait 188 livres, a supporté pendant quarante-six minutes une charge de 11,475 livres, et n'a rompu qu'en se fendant jusqu'à l'une de ses extrémités, elle a plié de 8 pouces ; la seconde, qui pesait 186 livres, a supporté pendant quarante-quatre minutes une charge de 11,025 livres, elle a plié de 6 pouces avant que de rompre.

XIX. — Ayant mis à l'épreuve deux solives de 18 pieds de longueur, sur 6 pouces d'équarrissage, la première, qui pesait 334 livres, a porté pendant seize minutes une charge de 5,625 livres; elle avait éclaté avant ce temps, mais je ne pus apercevoir de rupture dans les fibres, de sorte qu'au bout de deux heures et demie, voyant qu'elle était toujours au même point et qu'elle ne baissait plus dans son milieu où elle avait plié de 12 pouces 3 lignes, je voulus voir si elle pourrait se redresser, et je fis ôter peu à peu tous les poids dont elle était chargée : quand tous les poids furent enlevés, elle ne demeura courbe que de 2 pouces, et le lendemain elle s'était redressée au point qu'il n'y avait que 5 lignes de courbure dans son milieu. Je la fis recharger tout de suite, et elle rompit au bout de quinze minutes sous une charge de 5,475 livres, tandis qu'elle avait supporté le jour précédent une charge plus forte de 250 livres pendant deux heures et demie. Cette expérience s'accorde avec les précédentes où l'on a vu qu'une pièce qui a supporté un grand fardeau pendant quelque temps perd de sa force même sans avertir et sans éclater. Elle prouve aussi que le bois a un ressort qui se rétablit jusqu'à un certain point, mais que ce ressort étant bandé autant qu'il peut l'être sans rompre, il ne peut pas se rétablir parfaitement. La seconde solive, qui pesait 331 livres, supporta pendant qua-

torze minutes la charge de 5,500 livres, et rompit après avoir plié de 10 pouces.

Ensuite ayant éprouvé deux solives de 9 pieds de longueur, sur 6 pouces d'équarrissage : la première, qui pesait 166 livres, supporta pendant cinquante-six minutes la charge de 13,450 livres, et rompit après avoir plié de 5 pouces 2 lignes; la seconde, qui pesait 164 livres ½, supporta pendant cinquante-une minutes une charge de 12,850 livres, et rompit après avoir plié de 5 pouces.

XX. — J'ai fait rompre deux solives de 16 pieds de longueur, sur 6 pouces d'équarrissage : la première, qui pesait 294 livres, a supporté pendant vingt-six minutes une charge de 6,250 livres, et elle a rompu après avoir plié de 8 pouces; la seconde, qui pesait 293 livres, a supporté pendant vingt-deux minutes une charge de 6,475 livres, et elle a rompu après avoir plié de 10 pouces.

Ensuite, ayant mis à l'épreuve deux solives de 8 pieds de longueur, sur le même équarrissage de 6 pouces : la première solive, qui pesait 149 livres, supporta pendant une heure vingt minutes une charge de 15,700 livres, et rompit après avoir baissé de 3 pouces 7 lignes; la seconde solive, qui pesait 146 livres, porta pendant deux heures cinq minutes une charge de 15,350 livres, et rompit après avoir plié dans le milieu de 4 pouces 2 lignes.

XXI. — Ayant pris deux solives de 14 pieds de longueur, sur 6 pouces d'équarrissage : la première, qui pesait 255 livres, a supporté pendant quarante-six minutes la charge de 7,450 livres, et elle a rompu après avoir plié dans le milieu de 10 pouces; la seconde, qui ne pesait que 254 livres, a supporté pendant une heure quatorze minutes la charge de 7,500 livres, et n'a rompu qu'après avoir plié de 11 pouces 4 lignes.

Ensuite, ayant mis à l'épreuve deux solives de 7 pieds de longueur, sur 6 pouces d'équarrissage : la première, qui pesait 128 livres, a supporté pendant deux heures dix minutes une charge de 19,250 livres, et a rompu après avoir plié dans le milieu de 2 pouces 8 lignes; la seconde, qui pesait 126 livres ½, a supporté pendant une heure quarante-huit minutes une charge de 18,650 livres; elle a rompu après avoir plié de 2 pouces.

XXII. — Enfin, ayant mis à l'épreuve deux solives de 12 pieds de longueur, sur 6 pouces d'équarrissage : la première, qui pesait 224 livres, a supporté pendant quarante-six minutes la charge de 9,200 livres, et a

rompu après avoir plié de 7 pouces; la seconde, qui pesait 221 livres, a supporté pendant cinquante-trois minutes la charge de 9,000 livres, et a rompu après avoir plié de 5 pouces 10 lignes.

J'aurais bien voulu faire rompre des solives de 6 pieds de longueur, pour les comparer avec celles de 12 pieds, mais il aurait fallu un nouvel équipage, parce que celui dont je me servais était trop large, et ne pouvait passer entre les deux tréteaux sur lesquels portaient les deux extrémités de la pièce.

En comparant les résultats de toutes ces expériences, on voit que la charge d'une pièce de 10 pieds de longueur, sur 6 pouces d'équarrissage, est le double et beaucoup plus d'un septième de celle d'une pièce de 20 pieds; que la charge d'une pièce de 9 pieds est le double et beaucoup plus d'un sixième de celle d'une pièce de 18 pieds; que la charge d'une pièce de 8 pieds est le double et beaucoup plus d'un cinquième de celle d'une pièce de 16 pieds; et enfin que la charge d'une pièce de 7 pieds est le double et beaucoup plus d'un quart de celle d'une pièce de 14 pieds, sur 6 pouces d'équarrissage : ainsi l'augmentation de la résistance est encore beaucoup plus grande à proportion que dans les pièces de 5 pouces d'équarrissage. Voyons maintenant les expériences que j'ai faites sur des pièces de 7 pouces d'équarrissage.

XXIII. — J'ai fait rompre deux solives de 20 pieds de longueur, sur 7 pouces d'équarrissage : la première de ces deux solives, qui pesait 505 livres, a supporté pendant trente-sept minutes une charge de 8,550 livres, et a rompu après avoir plié de 12 pouces 7 lignes; la seconde solive, qui pesait 500 livres, a supporté pendant vingt minutes une charge de 8,000 livres, et a rompu après avoir plié de 12 pouces.

Ensuite, ayant mis à l'épreuve deux solives de 10 pieds de longueur, sur 7 pouces d'équarrissage : la première, qui pesait 254 livres, a supporté pendant deux heures six minutes une charge de 19,650 livres, et elle a rompu après avoir plié de 2 pouces 7 lignes avant que d'éclater, et baissé de 13 pouces avant que de rompre absolument; la seconde solive, qui pesait 252 livres, a supporté pendant une heure quarante-neuf minutes une charge de 19,300 livres, et elle a rompu après avoir plié de 3 pouces avant que d'éclater, et de 9 pouces avant que de rompre entièrement.

XXIV. — J'ai fait rompre deux solives de 18 pieds de longueur, sur 7 pouces d'équarrissage : la première, qui pesait 454 livres, a supporté pendant une heure huit minutes une charge de 9,450 livres, et elle a rompu après avoir plié de 5 pouces 6 lignes avant que d'éclater, et de 12 pouces avant que de rompre; la seconde, qui pesait 450 livres, a supporté pendant

cinquante-quatre minutes une charge de 9,400 livres, et elle a rompu après avoir plié de 5 pouces 10 lignes, avant que d'éclater, et ensuite de 9 pouces 6 lignes avant que de rompre absolument.

Ensuite, ayant mis à l'épreuve deux solives de 9 pieds de longueur, sur le même équarrissage de 7 pouces: la première solive, qui pesait 227 livres, a supporté pendant deux heures une charge de 22,800 livres, et elle a rompu après avoir plié de 3 pouces 1 ligne avant que d'éclater, et de 5 pouces 6 lignes avant que de rompre absolument; la seconde solive, qui pesait 225 livres, a supporté pendant deux heures dix-huit minutes une charge de 21,900 livres, et elle a rompu après avoir plié de 2 pouces 11 lignes avant que d'éclater, et de 5 pouces 2 lignes avant que de rompre entièrement.

XXV. — J'ai fait rompre deux solives de 16 pieds de longueur, sur 7 pouces d'équarrissage: la première, qui pesait 406 livres, a supporté pendant quarante-sept minutes une charge de 11,100 livres, et elle a rompu après avoir plié de 4 pouces 10 lignes avant que d'éclater, et de 10 pouces avant que de rompre absolument; la seconde, qui pesait 403 livres, a supporté pendant cinquante-cinq minutes une charge de 10,900 livres, et elle a rompu après avoir plié de 5 pouces 3 lignes avant que d'éclater, et de 11 pouces 5 lignes avant que de rompre entièrement.

Ensuite, ayant mis à l'épreuve deux solives de 8 pieds de longueur, sur le même équarrissage de 7 pouces, la première, qui pesait 204 livres, a supporté pendant trois heures dix minutes une charge de 26,150 livres, et elle a rompu après avoir plié de 2 pouces 9 lignes avant que d'éclater, et de 4 pouces avant que de rompre entièrement; la seconde solive, qui pesait 201 livres $\frac{1}{2}$, a supporté pendant trois heures quatre minutes une charge de 25,950 livres, et elle a rompu après avoir plié de 2 pouces 6 lignes avant que d'éclater, et de 3 pouces 9 lignes avant que de rompre entièrement.

XXVI. — J'ai fait rompre deux solives de 14 pieds de longueur, sur 7 pouces d'équarrissage : la première, qui pesait 351 livres, a supporté pendant quarante-une minutes une charge de 13,600 livres, et elle a rompu après avoir plié de 4 pouces 2 lignes avant que d'éclater, et de 7 pouces 3 lignes avant que de rompre; la seconde solive, qui pesait aussi 351 livres, a supporté pendant cinquante-huit minutes une charge de 12,850 livres, et elle a rompu après avoir plié de 3 pouces 9 lignes avant que d'éclater, et de 8 pouces 1 ligne avant que de rompre absolument.

Ensuite, ayant fait faire deux solives de 7 pieds de longueur, sur 7 pouces d'équarrissage, et ayant mis la première à l'épreuve, elle était chargée de

28 milliers lorsque tout à coup la machine écroula : c'était la boucle de fer qui avait cassé net dans ses deux branches, quoiqu'elle fût d'un bon fer carré de 18 lignes $\frac{2}{3}$ de grosseur, ce qui fait 348 lignes carrées pour chacune des branches, en tout 696 lignes de fer qui ont cassé sous ce poids de 28 milliers qui tirait perpendiculairement ; cette boucle avait environ 10 pouces de largeur, sur 13 pouces de hauteur, et elle était à très-peu près de la même grosseur partout. Je remarquai qu'elle avait cassé presque au milieu des branches perpendiculaires, et non pas dans les angles où naturellement j'aurais pensé qu'elle aurait dû rompre; je remarquai aussi, avec quelque surprise, qu'on pouvait conclure de cette expérience qu'une ligne carrée de fer ne devait porter que 40 livres ; ce qui me parut si contraire à la vérité, que je me déterminai à faire quelques expériences sur la force du fer.

Je n'ai pu venir à bout de faire rompre mes solives de 7 pieds de longueur, sur 7 pouces d'équarrissage. Ces expériences ont été faites à ma campagne, où il me fut impossible de trouver du fer plus gros que celui que j'avais employé, et je fus obligé de me contenter de faire faire une autre boucle pareille à la précédente, avec laquelle j'ai fait le reste de mes expérience sur la force du bois.

XXVII. — Ayant mis à l'épreuve deux solives de 12 pieds de longueur, sur 7 pouces d'équarrissage : la première, qui pesait 302 livres, a supporté pendant une heure deux minutes la charge de 16,800 livres, et elle a rompu après avoir plié de 2 pouces 11 lignes avant que d'éclater, et de 7 pouces 6 lignes avant que de rompre totalement ; la seconde solive, qui pesait 301 livres, a supporté pendant cinquante-cinq minutes une charge de 15,550 livres, et elle a rompu après avoir plié de 3 pouces 4 lignes avant que d'éclater, et de 7 pouces avant que de rompre entièrement.

En comparant toutes ces expériences sur des pièces de 7 pouces d'équarrissage, je trouve que la charge d'une pièce de 10 pieds de longueur est le double et plus d'un sixième de celle d'une pièce de 20 pieds ; que la charge d'une pièce de 9 pieds est le double et près d'un cinquième de celle d'une pièce de 18 pieds ; que la charge d'une pièce de 8 pieds est le double et beaucoup plus d'un cinquième de celle d'une pièce de 16 pieds ; d'où l'on voit que non-seulement l'unité qui sert de mesure à l'augmentation de la résistance, et qui est ici le rapport entre la résistance d'une pièce de 10 pieds et le double de la résistance d'une pièce de 20 pieds, que non-seulement, dis-je, cette unité augmente, mais même que l'augmentation de la résistance accroît toujours à mesure que les pièces deviennent plus grosses. On doit observer ici que les différences proportionnelles des augmentations de la résistance des pièces de 7 pouces sont moindres, en comparaison des augmen-

tations de la résistance des pièces de 6 pouces, que celles-ci ne le sont en comparaison de celles de 5 pouces; mais cela doit être, comme on le verra par la comparaison que nous ferons des résistances avec les épaisseurs des pièces.

Venons enfin à la dernière suite de mes expériences sur des pièces de 8 pouces d'équarrissage.

XXVIII. — J'ai fait rompre deux solives de 20 pieds de longueur, sur 8 pouces d'équarrissage : la première, qui pesait 664 livres, a supporté pendant quarante-sept minutes une charge de 11,775 livres, et elle a rompu après avoir d'abord plié de 6 pouces ½ avant que d'éclater, et de 11 pouces avant que de rompre absolument ; la seconde solive, qui pesait 660 livres ½, a supporté pendant quarante-quatre minutes une charge de 11,200 livres, et elle a rompu après avoir plié de 6 pouces juste avant que d'éclater, et de 9 pouces 3 lignes avant que de rompre entièrement.

Ensuite, ayant mis à l'épreuve deux pièces de 10 pieds de longueur, sur 8 pouces d'équarrissage : la première, qui pesait 331 livres, a supporté pendant trois heures vingt minutes la charge énorme de 27,800 livres, après avoir plié de 3 pouces avant que d'éclater, et de 5 pouces 9 lignes avant que de rompre absolument; la seconde pièce, qui pesait 330 livres, a supporté pendant quatre heures cinq ou six minutes la charge de 27,700 livres, et elle a rompu après avoir d'abord plié de 2 pouces 3 lignes avant que d'éclater, et de 4 pouces 5 lignes avant que de rompre. Ces deux pièces ont fait un bruit terrible en rompant; c'était comme autant de coups de pistolet à chaque éclat qu'elles faisaient, et ces expériences ont été les plus pénibles et les plus fortes que j'aie faites : il fallut user de mille précautions pour mettre les derniers poids, parce que je craignais que la boucle de fer ne cassât sous cette charge de 27 milliers, puisqu'il n'avait fallu que 28 milliers pour rompre une semblable boucle. J'avais mesuré la hauteur de cette boucle avant que de faire ces deux expériences, afin de voir si le fer s'allongerait par le poids d'une charge si considérable et si approchante de celle qu'il fallait pour la faire rompre; mais ayant mesuré une seconde fois la boucle, et cela après les expériences faites, je n'ai pas trouvé la moindre différence, la boucle avait comme auparavant 12 pouces ½ de longueur, et les angles étaient aussi droits qu'ils l'étaient avant l'épreuve.

Ayant mis à l'épreuve deux solives de 18 pieds de longueur, sur 8 pouces d'équarrissage : la première, qui pesait 594 livres, a supporté pendant cinquante-quatre minutes la charge de 13,500 livres, et elle a rompu après avoir plié de 4 pouces ½ avant que d'éclater, et de 10 pouces 2 lignes avant que de rompre; la seconde solive, qui pesait 593 livres, a supporté pendant quarante-huit minutes la charge de 12,900 livres, et elle a rompu après

avoir plié de 4 pouces 1 ligne avant que d'éclater, et de 7 pouces 9 lignes avant que de rompre absolument.

XXIX. — J'ai fait rompre deux solives de 16 pieds de longueur, sur 8 pouces d'équarrissage : la première de ces solives, qui pesait 528 livres, a supporté pendant une heure huit minutes la charge de 16,800 livres, et elle a plié de 5 pouces 2 lignes avant que d'éclater, et de 10 pouces environ avant que de rompre ; la seconde pièce, qui ne pesait que 524 livres, a supporté pendant cinquante-huit minutes une charge de 15,950 livres, et elle a rompu après avoir plié de 3 pouces 9 lignes avant que d'éclater, et de 7 pouces 5 lignes avant que de rompre totalement.

Ensuite, j'ai fait rompre deux solives de 14 pieds de longueur, sur 8 pouces d'équarrissage : la première, qui pesait 461 livres, a supporté pendant une heure vingt-six minutes une charge de 20,050 livres, et elle a rompu après avoir plié de 3 pouces 10 lignes avant que d'éclater, et de 8 pouces $\frac{1}{2}$ avant que de rompre absolument ; la seconde solive, qui pesait 459 livres, a supporté pendant une heure et demie la charge de 19,500 livres, et elle a rompu après avoir plié de 3 pouces 2 lignes avant que d'éclater, et de 8 pouces avant que de rompre entièrement.

Enfin, ayant mis à l'epreuve deux solives de 12 pieds de longueur, sur 8 pouces d'équarrissage : la première, qui pesait 397 livres, a supporté pendant deux heures cinq minutes la charge de 23,900 livres, et elle a rompu après avoir plié de 3 pouces juste avant que de rompre ; la seconde, qui pesait 395 livres $\frac{1}{2}$, a supporté pendant deux heures quarante-neuf minutes la charge de 23,000 livres, et elle a rompu après avoir plié de 2 pouces 11 lignes avant que d'éclater, et de 6 pouces 8 lignes avant que de rompre entièrement.

Voilà toutes les expériences que j'ai faites sur des pièces de 8 pouces d'équarrissage. J'aurais désiré pouvoir faire rompre des pièces de 9, de 8 et de 7 pieds de longueur et de cette même grosseur de 8 pouces ; mais cela me fut impossible, parce que je manquais des commodités nécessaires, et et qu'il m'aurait fallu des équipages bien plus forts que ceux dont je me suis servi, et sur lesquels, comme on vient de le voir, on mettait près de 28 milliers en équilibre ; car je présume qu'une pièce de 7 pieds de longueur, sur 8 pouces d'équarrissage, aurait porté plus de 45 milliers. On verra dans la suite si les conjectures que j'ai faites sur la résistance du bois, pour des dimensions que je n'ai pas éprouvées, sont justes ou non.

Tous les auteurs qui ont écrit sur la résistance des solides en général, et du bois en particulier, ont donné, comme fondamentale, la règle suivante : *la résistance est en raison inverse de la longueur, en raison directe*

de la largueur, et en raison doublée de la hauteur[1]. Cette règle est celle de Galilée, adoptée par tous les mathématiciens, et elle serait vraie pour des solides qui seraient absolument inflexibles, et qui rompraient tout à coup; mais dans les solides élastiques, tels que le bois, il est aisé d'apercevoir que cette règle doit être modifiée à plusieurs égards. M. Bernoulli a fort bien observé que dans la rupture des corps élastiques, une partie des fibres s'allonge, tandis que l'autre partie se raccourcit, pour ainsi dire, en refoulant sur elle-même. (Voyez son Mémoire dans ceux de l'Académie, année 1705.) On voit, par les expériences précédentes, que dans les pièces de même grosseur, la règle de la résistance de la raison inverse de la longueur, s'observe d'autant moins que les pièces sont plus courtes. Il en est tout autrement de la règle de la résistance en raison directe de la largeur et du carré de la hauteur : j'ai calculé la table septième à dessein de m'assurer de la variation de cette règle; on voit, dans cette table, les résultats des expériences, et au-dessous les produits que donne cette règle; j'ai pris pour unités les expériences faites sur les pièces de 5 pouces d'équarrissage, parce que j'en ai fait un plus grand nombre sur cette dimension que sur les autres. On peut observer, dans cette table, que plus les pièces sont courtes et plus la règle approche de la vérité, et que dans les plus longues pièces, comme celles de 18 à 20 pieds, elle s'en éloigne; cependant, à tout prendre, on peut se servir de la règle générale avec les modifications nécessaires pour calculer la résistance des pièces de bois plus grosses et plus longues que celles dont j'ai éprouvé la résistance; car, en jetant les yeux sur cette même table, on voit un grand accord entre la règle et les expériences pour les différentes grosseurs, et il règne un ordre assez constant dans les différences par rapport aux longueurs et aux grosseurs, pour juger de la modification qu'on doit faire à cette règle.

1. Voyez, sur la *résistance des bois*, l'article *Bois* de l'*Encyclopédie moderne* des frères Didot, article extrait en grande partie de l'*Aide-Mémoire de mécanique pratique* de M. Morin, de l'Académie des Sciences.

TABLE

DES EXPÉRIENCES SUR LA FORCE DU BOIS.

PREMIÈRE TABLE.

Pour les pièces de quatre pouces d'équarrissage.

LONGUEUR des pièces.	POIDS des pièces.	CHARGES.	TEMPS employé à charger les pièces.		FLÈCHES de la courbure des pièces dans l'instant où elles commencent à rompre.	
Pieds.	Livres.	Livres.	Heures.	Minutes.	Pouces.	Lignes.
7	60	5350	0	29	3	6
	56	5275	0	22	4	6
8	68	4600	0	15	3	9
	63	4500	0	13	4	8
9	77	4100	0	14	4	10
	71	3950	0	12	5	6
10	84	3625	0	15	5	10
	82	3600	0	15	6	6
12	100	3050	0	0	7	0
	98	2925	0	0	7	0

DEUXIÈME TABLE

Pour les pièces de quatre pouces d'équarrissage.

LONGUEUR des pièces.	POIDS des pièces.	CHARGES.	TEMPS depuis le premier éclat jusqu'à l'instant de la rupture.		FLÈCHES de la courbure avant que d'éclater.	
Pieds.	Livres.	Livres.	Heures.	Minutes.	Pouces.	Lignes.
7	94	11775	0	58	2	6
	88 ½	11275	0	53	2	6
8	104	9900	0	40	2	8
	102	9675	0	39	2	11
9	118	8400	0	28	3	0
	116	8325	0	28	3	3
	115	8200	0	26	3	6
10	132	7225	0	21	3	2
	130	7050	0	20	3	6
	128 ½	7100	0	18	4	0
12	156	6050	0	30	5	6
	154	6100	0	0	5	9
14	178	5400	0	21	8	0
	176	5200	0	18	8	3
16	209	4425	0	17	8	1
	205	4275	0	15	8	2
18	232	3750	0	11	8	0
	231	3650	0	10	8	2
20	263	3275	0	10	8	10
	259	3175	0	8	10	0
22	281	2975	0	18	11	3
24	310	2200	0	16	11	0
	307	2125	0	15	13	6
26						
28	364	1800	0	17	18	
	360	1750	0	17	22	

TROISIÈME TABLE

Pour les pièces de six pouces d'équarrissage.

LONGUEUR des pièces.	POIDS des pièces.	CHARGES.	TEMPS depuis le premier éclat jusqu'à l'instant de la rupture.		FLÈCHES de la courbure avant que d'éclater.	
Pieds.	Livres.	Livres.	Heures.	Minutes.	Pouces.	Lignes.
7	128	19250	1	49	On n'a pas pu observer la quantité dont les pieces de sept pieds ont plié dans leur milieu, à cause de l'epaisseur de la boucle.	
	126 ½	18650	1	38		
8	149	15700	1	12	2	4
	146	15350	1	10	2	5
9	166	13450	0	56	2	6
	164 ½	12850	0	51	2	10
10	188	11475	0	46	3	0
	186	11025	0	44	3	6
12	224	9200	0	31	4	0
	221	9000	0	32	4	1
14	255	7450	0	25	4	6
	254	7300	0	22	4	2
16	294	6250	0	20	5	6
	293	6475	0	19	5	10
18	334	5625	0	16	7	5
	331	5500	0	14	8	6
20	377	5025	0	12	9	6
	375	4875	0	11	8	10

QUATRIÈME TABLE

Pour les pièces de sept pouces d'équarrissage.

LONGUEUR des pièces.	POIDS des pièces.	CHARGES.	TEMPS depuis le premier éclat jusqu'à l'instant de la rupture.		FLÈCHES de la courbure avant que d'éclater.	
Pieds.	Livres.	Livres.	Heures.	Minutes.	Pouces.	Lignes.
7	0	0	0	0	0	0
8	204	26150	2	6	2	9
	201 ½	25950	2	13	2	6
9	227	22800	1	40	3	1
	225	21900	1	37	2	11
10	254	19650	1	13	2	7
	252	19300	1	16	3	0
12	302	16800	1	3	2	11
	301	15550	1	0	3	4
14	351	13600	0	55	4	2
	351	12850	0	48	3	9
16	406	11150	0	41	4	10
	403	10900	0	36	5	3
18	454	9450	0	27	5	6
	450	9100	0	22	5	10
20	505	8550	0	15	7	10
	500	8000	0	13	8	6

CINQUIÈME TABLE

Pour les pièces de huit pouces d'équarrissage.

LONGUEUR des pièces.	POIDS des pièces.	CHARGES.	TEMPS depuis le premier éclat jusqu'à l'instant de la rupture.		FLÈCHES de la courbure avant que d'éclater.	
Pieds.	Livres.	Livres.	Heures.	Minutes.	Pouces.	Lignes.
10	331	27800	2	50	3	0
	331	27700	2	58	2	3
12	397	23900	1	30	3	0
	395 ½	23000	1	23	2	11
14	461	20050	1	6	3	10
	459	19500	1	2	3	2
16	528	16800	0	47	5	2
	524	15950	0	50	3	9
18	594	13500	0	32	4	6
	593	12900	0	30	4	1
20	664	11775	0	24	6	6
	660 ½	12[illegible]00	0	28	6	0

SIXIÈME TABLE

Pour les charges moyennes de toutes les expériences précédentes.

LONGUEUR des pièces.	GROSSEURS.				
	Quatre pouces.	Cinq pouces.	Six pouces.	Sept pouces.	Huit pouces.
Pieds.	Livres.	Livres.	Livres.	Livres.	Livres.
7	5312	11525	18950		
8	4550	9787 ½	15525	20050	
9	4025	3308 ½	13450	22350	
10	3612	7125	11250	19475	27750
12	2987 ½	6[illegible]75	9100	16175	23450
14	....	5300	7475	13225	19775
16	....	4350	6362 ½	11000	16375
18	....	3700	5562 ½	9245	13200
20	....	3225	4950	8375	11487 ½
22	....	2975			
24	....	2162 ½			
28	....	1775			

SEPTIÈME TABLE

Comparaison de la résistance du bois, trouvée par les expériences précédentes, et de la résistance du bois suivant la règle que cette résistance est comme la largeur de la pièce, multipliée par le carré de la hauteur, en supposant la même longueur.

LONGUEUR des pièces.	GROSSEURS.				
	Quatre pouces.	Cinq pouces.	Six pouces.	Sept pouces.	Huit pouces.
Pieds.	Livres.	Livres.	Livres.	Livres.	Livres.
7	5312 5904	11525	18950 19915 $\frac{2}{5}$	* 32200 31624 $\frac{3}{5}$	48100 47649 $\frac{1}{5}$ 47198 $\frac{2}{5}$
8	4550 5011 $\frac{1}{5}$	9787	15525 16912 $\frac{4}{5}$	26050 26836 $\frac{9}{10}$	* 39750 40089 $\frac{3}{5}$
9	4025 4253 $\frac{13}{15}$	8308 $\frac{1}{3}$	13150 14356 $\frac{4}{5}$	22350 22798 $\frac{1}{5}$	* 32800 34031
10	3612 3648	7125	11250 12312	19475 19531	27750 29184
12	2987 $\frac{1}{2}$ 3110 $\frac{2}{5}$	6075	9100 10497 $\frac{3}{5}$	16175 16669 $\frac{4}{5}$	23450 24883 $\frac{2}{5}$
14	....	5100	7475 8812 $\frac{4}{5}$	13225 13995 $\frac{1}{5}$	19775 20889 $\frac{3}{5}$
16	....	4350	6362 $\frac{1}{4}$ 9516 $\frac{4}{5}$	11000 11936 $\frac{2}{5}$	16375 17817 $\frac{3}{5}$
18	....	3700	5562 $\frac{1}{2}$ 6393 $\frac{3}{5}$	9425 10152 $\frac{4}{5}$	13200 15155 $\frac{1}{5}$
20	....	3225	4950 5572 $\frac{4}{5}$	8275 8849 $\frac{2}{5}$	11487 $\frac{1}{2}$ 13209 $\frac{3}{5}$

* Les astérisques marquent que les expériences n'ont pas été faites.

DEUXIÈME MÉMOIRE[1]

ARTICLE PREMIER.

MOYEN FACILE D'AUGMENTER LA SOLIDITÉ, LA FORCE ET LA DURÉE DU BOIS.

Il ne faut pour cela qu'écorcer l'arbre du haut en bas dans le temps de la sève, et le laisser sécher entièrement sur pied avant que de l'abattre; cette préparation ne demande qu'une très-petite dépense : on va voir les précieux avantages qui en résultent.

Les choses aussi simples et aussi aisées à trouver que l'est celle-ci n'ont ordinairement aux yeux des physiciens qu'un mérite bien léger, mais leur utilité suffit pour les rendre dignes d'être présentées, et peut-être que l'exactitude et les soins que j'ai joints à mes recherches leur feront trouver grâce devant ceux même qui ont le mauvais goût de n'estimer d'une découverte que la peine et le temps qu'elle a coûté. J'avoue que je suis surpris de me trouver le premier à annoncer celle-ci, surtout depuis que j'ai lu ce que Vitruve et Évelin rapportent à cet égard. Le premier nous dit, dans son *Architecture*, qu'avant d'abattre les arbres il faut les cerner par le pied jusque dans le cœur du bois, et les laisser ainsi sécher sur pied, après quoi ils sont bien meilleurs pour le service auquel on peut même les employer tout de suite. Le second rapporte, dans son *Traité des Forêts*, que le docteur Plot assure, dans son *Histoire naturelle*, qu'autour de Haffon en Angleterre, on écorce les gros arbres sur pied dans le temps de la sève, qu'on les laisse sécher jusqu'à l'hiver suivant, qu'on les coupe alors; qu'ils ne laissent pas que de vivre sans écorce, que le bois en devient bien plus dur, et qu'on se sert de l'aubier comme du cœur. Ces faits sont assez précis, et sont rapportés par des auteurs d'un assez grand crédit, pour avoir mérité l'attention des physiciens et même des architectes; mais il y a tout lieu de croire qu'outre la négligence qui a pu les empêcher jusqu'ici de s'assurer de la vérité de ces faits, la crainte de contrevenir à l'Ordonnance des eaux et forêts a pu retarder leur curiosité. Il est défendu, sous peine de grosses

1. Ce Mémoire a été inséré, comme le précédent, parmi ceux de l'Académie; et là il se divise en trois Mémoires distincts : le premier publié en 1738, le second en 1739, et le troisième en 1742.

amendes, d'écorcer aucun arbre et de le laisser sécher sur pied : cette défense, qui d'ailleurs est fondée, a dû faire un préjugé contraire, qui sans doute aura fait regarder ce que nous venons de rapporter comme des faits faux, ou du moins hasardés; et je serais encore moi-même dans l'ignorance à cet égard, si les attentions de M. le comte de Maurepas pour les sciences ne m'eussent procuré la liberté de faire mes expériences sans avoir à craindre de les payer trop cher.

Dans un bois taillis nouvellement abattu, et où j'avais fait réserver quelques beaux arbres, le 3 de mai 1733 j'ai fait écorcer sur pied quatre chênes d'environ trente à quarante pieds de hauteur, et de cinq à six pieds de pourtour : ces arbres étaient tous quatre très-vigoureux, bien en sève et âgés d'environ soixante-dix ans; j'ai fait enlever l'écorce depuis le sommet de la tige jusqu'au pied de l'arbre avec une serpe. Cette opération est aisée, l'écorce se séparant très-facilement du corps de l'arbre dans le temps de la sève. Ces chênes étaient de l'espèce commune dans les forêts, qui porte le plus gros gland. Quand ils furent entièrement dépouillés de leur écorce, je fis abattre quatre autres chênes de la même espèce dans le même terrain, et aussi semblables aux premiers que je pus les trouver. Mon dessein était d'en faire écorcer le même jour encore six, et en abattre six autres, mais je ne pus achever cette opération que le lendemain : de ces six chênes écorcés, il s'en trouva deux qui étaient beaucoup moins en sève que les quatre autres. Je fis conduire sous un hangar les six arbres abattus pour les laisser sécher dans leur écorce jusqu'au temps que j'en aurais besoin, pour les comparer avec ceux que j'avais fait dépouiller. Comme je m'imaginais que cette opération leur avait fait grand tort, et qu'elle devait produire un grand changement, j'allai plusieurs jours de suite visiter très-curieusement mes arbres écorcés, mais je n'aperçus aucune altération sensible pendant plus de deux mois. Enfin le 10 juillet, l'un de ces chênes, celui qui était le moins en sève dans le temps de l'écorcement, laissa voir les premiers symptômes de la maladie qui devait bientôt le détruire. Ses feuilles commencèrent à jaunir du côté du midi, et bientôt jaunirent entièrement, séchèrent et tombèrent, de sorte qu'au 26 août il ne lui en restait pas une. Je le fis abattre le 30 du même mois, j'étais présent : il était devenu si dur que la cognée avait peine à entrer, et qu'elle cassa sans que la maladresse du bûcheron me parût y avoir part ; l'aubier semblait être plus dur que le cœur du bois, qui était encore humide et plein de sève.

Celui de mes arbres qui, dans le temps de l'écorcement, n'était pas plus en sève que le précédent, ne tarda guère à le suivre : ses feuilles commencèrent à changer de couleur au 13 de juillet, et il s'en défit entièrement avant le 10 de septembre. Comme je craignais d'avoir fait abattre trop tôt le premier, et que l'humidité que j'avais remarquée au dedans indiquait

encore quelque reste de vie, je fis réserver celui-ci pour voir s'il pousserait des feuilles au printemps suivant.

Mes quatre autres chênes résistèrent vigoureusement ; ils ne quittèrent leurs feuilles que quelques jours avant le temps ordinaire ; et même l'un des quatre, dont la tête était légère et peu chargée de branches, ne les quitta qu'au temps juste de leur chute naturelle, mais je remarquai que les feuilles et même quelques rejetons de tous quatre s'étaient desséchés du côté du midi plusieurs jours auparavant.

Au printemps suivant, tous ces arbres devancèrent les autres et n'attendirent pas le temps ordinaire du développement des feuilles pour en faire paraître ; ils se couvrirent de verdure huit à dix jours avant la saison. Je prévis tout ce que cet effort devait leur coûter : j'observai les feuilles ; leur accroissement fut assez prompt, mais bientôt arrêté faute de nourriture suffisante ; cependant elles vécurent, mais celui de mes arbres qui l'année précédente s'était dépouillé le premier, sentit aussi le premier tout l'effet de l'état d'inanition et de sécheresse où il était réduit; ses feuilles se fanèrent bientôt et tombèrent pendant les chaleurs de juillet 1734. Je le fis abattre le 30 août, c'est-à-dire une année après celui qui l'avait précédé, je jugeai qu'il était au moins aussi dur que l'autre, et beaucoup plus dur dans le cœur du bois qui était à peine encore un peu humide : je le fis conduire sous un hangar, où l'autre était déjà avec les six arbres dans leur écorce, auxquels je voulais les comparer.

Trois des quatre arbres qui me restaient, quittèrent leurs feuilles au commencement de septembre; mais le chêne à tête légère les conserva plus longtemps, et il ne s'en défit entièrement qu'au 22 du même mois. Je le fis réserver pour l'année suivante, avec celui des trois autres qui me parut le moins malade, et je fis abattre les deux plus faibles en octobre 1734. Je laissai deux de ces arbres exposés à l'air et aux injures du temps, et je fis conduire l'autre sous le hangar : ils furent trouvés très-durs à la cognée, et le cœur du bois était presque sec.

Au printemps 1735, le plus vigoureux de mes deux arbres réservés donna encore quelques signes de vie, les boutons se gonflèrent, mais les feuilles ne purent se développer. L'autre me parut tout à fait mort; en effet, l'ayant fait abattre au mois de mai, je reconnus qu'il n'avait plus d'humide radical, et je le trouvai d'une très-grande dureté, tant en dehors qu'en dedans. Je fis abattre le dernier quelque temps après, et je les fis conduire tous deux au hangar, pour être mis avec les autres à un nouveau genre d'épreuve.

Pour mieux comparer la force du bois des arbres écorcés avec celle du bois ordinaire, j'eus soin de mettre ensemble chacun des six chênes que j'avais fait amener en grume, avec un chêne écorcé, de même grosseur à peu près; car j'avais déjà reconnu, par expérience, que le bois, dans un

arbre d'une certaine grosseur, était plus pesant et plus fort que le bois d'un arbre plus petit, quoique de même âge. Je fis scier tous mes arbres par pièces de quatorze pieds de longueur; j'en marquai les centres au-dessus et au-dessous; je fis tracer, aux deux bouts de chaque pièce, un carré de 6 pouces $\frac{1}{2}$, et je fis scier et enlever les quatre faces, de sorte qu'il ne me resta de chacune de ces pièces qu'une solive de 14 pieds de longueur, sur 6 pouces très juste d'équarrissage. Je les fis travailler à la varlope, et réduire avec beaucoup de précaution à cette mesure dans toute leur longueur, et j'en fis rompre quatre de chaque espèce, afin de reconnaître leur force, et d'être bien assuré de la grande différence que j'y trouvai d'abord.

La solive tirée du corps de l'arbre qui avait péri le premier après l'écorcement, pesait 242 livres; elle se trouva la moins forte de toutes, et rompit sous 7,940 livres.

Celle de l'arbre en écorce, que je lui comparai, pesait 234 livres; elle rompit sous 7,320 livres.

La solive du second arbre écorcé pesait 249 livres; elle plia plus que la première, et rompit sous la charge de 8,362 livres.

Celle de l'arbre en écorce, que je lui comparai, pesait 236 livres; elle rompit sous la charge de 7,385 livres.

La solive de l'arbre écorcé, et laissé aux injures du temps, pesait 258 livres; elle plia encore plus que la seconde, et ne rompit que sous 8,926 livres.

Celle de l'arbre en écorce, que je lui comparai, pesait 239 livres, et rompit sous 7,420 livres.

Enfin la solive de mon arbre à tête légère, que j'avais toujours jugé le meilleur, se trouva en effet peser 263 livres, et porta avant que de rompre 9,046 livres.

L'arbre, que je lui comparai, pesait 238 livres, et rompit sous 7,500 livres.

Les deux autres arbres écorcés se trouvèrent défectueux dans leur milieu, où il se trouva quelques nœuds, de sorte que je ne voulus pas les faire rompre; mais les épreuves ci-dessus suffisent pour faire voir que le bois écorcé et séché sur pied est toujours plus pesant, et considérablement plus fort que le bois gardé dans son écorce. Ce que je vais rapporter ne laissera aucun doute sur ce fait.

Du haut de la tige de mon arbre écorcé et laissé aux injures de l'air, j'ai fait tirer une solive de 6 pieds de longueur et de 5 pouces d'équarrissage; il se trouva qu'à l'une des faces il y avait un petit abreuvoir, mais qui ne pénétrait guère que d'un demi-pouce, et à la face opposée une tache large d'un pouce, d'un bois plus brun que le reste. Comme ces défauts ne me parurent pas considérables, je la fis peser et charger, elle pesait

75 livres : on la chargea en une heure cinq minutes de 8,500 livres, après quoi elle craqua assez violemment; je crus qu'elle allait casser quelque temps après avoir craqué, comme cela arrivait toujours, mais ayant eu la patience d'attendre trois heures, et voyant qu'elle ne baissait ni ne pliait, je continuai à la faire charger, et au bout d'une autre heure elle rompit enfin, après avoir craqué pendant une demi-heure sous la charge de 12,745 livres. Je n'ai rapporté le détail de cette épreuve, que pour faire voir que cette solive aurait porté davantage sans les petits défauts qu'elle avait à deux de ses faces.

Une solive toute pareille, tirée d'un pied d'un des arbres en écorce, ne se trouva peser que 72 livres; elle était très-saine et sans aucun défaut: on la chargea en une heure trente-huit minutes, après quoi elle craqua très-légèrement, et continua de craquer de quart d'heure en quart d'heure pendant trois heures entières, et rompit au bout de ce temps sous la charge de 11,889 livres.

Cette expérience est très-avantageuse au bois écorcé, car elle prouve que le bois du dessus de la tige d'un arbre écorcé, même avec des défauts assez considérables, s'est trouvé plus pesant et plus fort que le bois tiré du pied d'un autre arbre non écorcé, qui d'ailleurs n'avait aucun défaut; mais ce qui suit est encore plus favorable.

De l'aubier d'un de mes arbres écorcés, j'ai fait tirer plusieurs barreaux de 3 pieds de longueur, sur un pouce d'équarrissage, entre lesquels j'en ai choisi cinq des plus parfaits pour les rompre : le premier pesait 23 onces $\frac{5}{32}$, et rompit sous 287 livres; le second pesait 23 onces $\frac{6}{32}$, et rompit sous 291 livres $\frac{1}{2}$; le troisième pesait 23 onces $\frac{4}{32}$, et rompit sous 275 livres; le quatrième pesait 23 onces $\frac{28}{32}$, et rompit sous 291 livres, et le cinquième pesait 23 onces $\frac{14}{32}$, et rompit sous 291 livres $\frac{1}{2}$. Le poids moyen est à peu près 23 onces $\frac{11}{32}$, et la charge moyenne à peu près 287 livres. Ayant fait les mêmes épreuves sur plusieurs barreaux d'aubier d'un des chênes en écorce, le poids moyen se trouva de 23 onces $\frac{9}{32}$, et la charge moyenne de 248 livres; et ensuite ayant fait aussi la même chose sur plusieurs barreaux de cœur du même chêne en écorce, le poids moyen s'est trouvé de 25 onces $\frac{10}{32}$, et la charge moyenne de 256 livres.

Ceci prouve que l'aubier du bois écorcé est non-seulement plus fort que l'aubier ordinaire, mais même beaucoup plus que le cœur de chêne non écorcé, quoiqu'il soit moins pesant que ce dernier.

Pour en être plus sûr encore, j'ai fait tirer de l'aubier d'un autre de mes arbres écorcés, plusieurs petites solives de 2 pieds de longueur, sur 1 pouce $\frac{1}{2}$ d'équarrissage, entre lesquelles je ne pus en trouver que trois d'assez parfaites pour les soumettre à l'épreuve. La première rompit sous 1,294 livres; la seconde sous 1,219 livres; la troisième sous 1,247 livres, c'est-à-dire, au pied moyen, sous 1,253 livres; mais de plusieurs

solives semblables que je tirai de l'aubier d'un autre arbre en écorce, le pied moyen de la charge ne se trouva que de 997 livres, ce qui fait une différence encore plus grande que dans l'expérience précédente.

De l'aubier d'un autre arbre écorcé et séché sur pied, j'ai fait encore tirer plusieurs barreaux de 2 pieds de longueur, sur 1 pouce d'équarrissage, parmi lesquels j'en ai choisi six, qui, au pied moyen, ont rompu sous la charge de 501 livres; et il n'a fallu que 353 livres au pied moyen pour rompre plusieurs solives d'aubier d'un arbre en écorce qui portait la même longueur et le même équarrissage; et même il n'a fallu que 379 livres au pied moyen, pour rompre plusieurs solives de cœur de chêne en écorce.

Enfin, de l'aubier d'un de mes arbres écorcés, j'ai fait tirer plusieurs barreaux d'un pied de longueur, sur un pouce d'équarrissage, parmi lesquels j'en ai trouvé dix-sept assez parfaits pour être mis à l'épreuve; ils pesaient 7 onces $\frac{29}{33}$ au pied moyen, et il a fallu pour les rompre la charge de 798 livres; mais le poids moyen de plusieurs barreaux d'aubier, d'un de mes arbres en écorce, n'était que de 6 onces $\frac{28}{32}$, et la charge moyenne qu'il a fallu pour les rompre, de 629 livres; et la charge moyenne pour rompre de semblables barreaux de cœur de chêne en écorce, par huit différentes épreuves, s'est trouvée de 731 livres. L'aubier des arbres écorcés et séchés sur pied est donc considérablement plus pesant que l'aubier des bois ordinaires, et beaucoup plus fort que le cœur même du meilleur bois. Je ne dois pas oublier de dire que j'ai remarqué, en faisant toutes ces épreuves, que la partie extérieure de l'aubier était celle qui résistait davantage; en sorte qu'il fallait constamment une plus grande charge pour rompre un barreau d'aubier pris à la dernière circonférence de l'arbre écorcé, que pour rompre un pareil barreau pris au dedans. Cela est tout à fait contraire à ce qui arrive dans les arbres traités à l'ordinaire, dont le bois est plus léger et plus faible à mesure qu'il est le plus près de la circonférence. J'ai déterminé la proportion de cette diminution, en pesant à la balance hydrostatique des morceaux du centre des arbres, des morceaux de la circonférence du bois parfait, et des morceaux d'aubier; mais ce n'est pas ici le lieu d'en rapporter le détail : je me contenterai de dire que dans les arbres écorcés la diminution de solidité du centre de l'arbre à la circonférence n'est pas à beaucoup près aussi sensible, et qu'elle ne l'est même point du tout dans l'aubier.

Les expériences que nous venons de rapporter sont trop multipliées pour qu'on puisse douter du fait qu'elles concourent à établir; il est donc très-certain que le bois des arbres écorcés et séchés sur pied est plus dur, plus solide, plus pesant, et plus fort que le bois des arbres abattus dans leur écorce; et de là je pense qu'on peut conclure qu'il est aussi plus durable.

Des expériences immédiates sur la durée du bois seraient encore plus concluantes; mais notre propre durée est si courte, qu'il ne serait pas raisonnable de les tenter; il en est ici comme de l'âge des souches, et en général comme d'un très-grand nombre de vérités importantes que la brièveté de notre vie semble nous dérober à jamais : il faudrait laisser à la postérité des expériences commencées; il faudrait la mieux traiter que l'on ne nous a traités nous-mêmes; car le peu de traditions physiques que nous ont laissées nos ancêtres, devient inutile par le défaut d'exactitude, ou par le peu d'intelligence des auteurs, et plus encore par les faits hasardés ou faux qu'ils n'ont pas eu honte de nous transmettre.

La cause physique de cette augmentation de solidité et de force dans le bois écorcé sur pied se présente d'elle-même : il suffit de savoir que les arbres augmentent en grosseur par des couches additionnelles de nouveau bois qui se forment à toutes les sèves entre l'écorce et le bois ancien; nos arbres écorcés ne forment point de ces nouvelles couches; et, quoiqu'ils vivent après l'écorcement ils ne peuvent grossir. La substance, destinée à former le nouveau bois, se trouve donc arrêtée et contrainte de se fixer dans tous les vides de l'aubier et du cœur même de l'arbre, ce qui en augmente nécessairement la solidité, et doit par conséquent augmenter la force du bois; car j'ai trouvé, par plusieurs épreuves, que le bois le plus pesant est aussi le plus fort.

Je ne crois pas que l'explication de cet effet ait besoin d'être plus détaillée; mais, à cause de quelques circonstances particulières qui restent à faire entendre, je vais donner le résultat de quelques autres expériences qui ont rapport à cette matière.

Le 18 décembre, j'ai fait enlever des ceintures d'écorce de trois pouces de largeur à trois pieds au-dessus de terre, à plusieurs chênes de différents âges, en sorte que l'aubier paraissait à nu et entièrement découvert; j'interceptais par ce moyen le cours de la sève qui devait passer par l'écorce et entre l'écorce et le bois; cependant au printemps suivant ces arbres poussèrent des feuilles comme les autres, et ils leur ressemblaient en tout : je n'y trouvai même rien de remarquable qu'au 22 de mai; j'aperçus alors de petits bourrelets d'environ une ligne de hauteur au-dessus de la ceinture, qui sortaient d'entre l'écorce et l'aubier tout autour de ces arbres; audessous de cette ceinture, il ne paraissait et il ne parut jamais rien. Pendant l'été, ces bourrelets augmentèrent d'un pouce en descendant et en s'appliquant sur l'aubier; les jeunes arbres formèrent des bourrelets plus étendus que les vieux, et tous conservèrent leurs feuilles, qui ne tombèrent que dans le temps ordinaire de leur chute. Au printemps suivant, elles reparurent un peu avant celles des autres arbres; je crus remarquer que les bourrelets se gonflèrent un peu, mais ils ne s'étendirent plus; les feuilles résistèrent aux ardeurs de l'été, et ne tombèrent que quelques jours avant

les autres. Au troisième printemps, mes arbres se parèrent encore de verdure et devancèrent les autres; mais les plus jeunes, ou plutôt les plus petits, ne la conservèrent pas longtemps, les sécheresses de juillet les dépouillèrent; les plus gros arbres ne perdirent leurs feuilles qu'en automne, et j'en ai eu deux qui en avaient encore après le quatrième printemps; mais tous ont péri à la troisième ou dans cette quatrième année depuis l'enlèvement de leur écorce. J'ai essayé la force du bois de ces arbres, elle m'a paru plus grande que celle des bois abattus à l'ordinaire; mais la différence qui, dans les bois entièrement écorcés est de plus d'un quart, n'est pas à beaucoup près aussi considérable ici, et même n'est pas assez sensible pour que je rapporte les épreuves que j'ai faites à ce sujet. Et en effet ces arbres n'avaient pas laissé que de grossir au-dessus de la ceinture; ces bourrelets n'étaient qu'une expansion du *liber* qui s'était formé entre le bois et l'écorce : ainsi la sève qui, dans les arbres entièrement écorcés, se trouvait contrainte de se fixer dans les pores du bois et d'en augmenter la solidité, suivit ici sa route ordinaire, et ne déposa qu'une petite partie de sa substance dans l'intérieur de l'arbre; le reste fut employé à la formation de ce bois imparfait, dont les bourrelets faisaient l'appendice et la nourriture de l'écorce, qui vécut aussi longtemps que l'arbre même : au-dessous de la ceinture l'écorce vécut aussi, mais il ne se forma ni bourrelets ni nouveau bois[1]; l'action des feuilles et des parties supérieures de l'arbre pompait trop puissamment la sève pour qu'elle pût se porter vers l'écorce de la partie inférieure : et j'imagine que cette écorce du pied de l'arbre a plutôt tiré sa nourriture de l'humidité de l'air que de celle de la sève que les vaisseaux latéraux de l'aubier pouvaient lui fournir.

J'ai fait les mêmes epreuves sur plusieurs espèces d'arbres fruitiers : c'est un moyen sûr de hâter leur production; ils fleurissent quelquefois trois semaines avant les autres, et donnent des fruits hâtifs et assez bons la première année. J'ai même eu des fruits sur un poirier dont j'avais enlevé, non-seulement l'écorce, mais même tout l'aubier, et ces fruits prématurés étaient aussi bons que les autres. J'ai aussi fait écorcer du haut en bas de gros pommiers et des pruniers vigoureux : cette opération a fait mourir dès

1. C'est de cette expérience, où le ***gonflement***, le ***bourrelet***, se forme, ***au-dessus***, et non ***au-dessous*** de la ***ceinture d'écorce enlevée***, que les botanistes ont conclu le *chemin* que suit la ***sève descendante***. « Si l'on fait au tronc d'un arbre une forte ligature, on verra « se former au-dessus de cette ligature un bourrelet circulaire qui deviendra de plus en plus « saillant. Cette expérience prouve : 1° qu'il y a accumulation de fluides nutritifs au-dessus de la « ligature, et que par conséquent ces fluides descendaient des parties supérieures vers les infé- « rieures; 2° que ces fluides cheminaient par la partie extérieure du végétal, puisqu'il n'y a que « les couches extérieures sur lesquelles puisse s'exercer la pression de la ligature; 3° enfin que « la ***sève ascendante*** ne monte pas par les couches externes du végétal, sans quoi le bourrelet « circulaire se serait développé au-dessous et non au-dessus de la ligature. » (Richard.)

la première année les plus petits de ces arbres, mais les gros ont quelquefois résisté pendant deux ou trois ans; ils se couvraient avant la saison d'une prodigieuse quantité de fleurs, mais le fruit qui leur succédait ne venait jamais en maturité, jamais même à une grosseur considérable. J'ai aussi essayé de rétablir l'écorce des arbres qui ne leur est que trop souvent enlevée par différents accidents, et je n'ai pas travaillé sans succès; mais cette matière est toute différente de celle que nous traitons ici, et demande un détail particulier. Je me suis servi des idées que ces expériences m'ont fait naître, pour mettre à fruit des arbres gourmands et qui poussaient trop vigoureusement en bois. J'ai fait le premier essai sur un cognassier : le 3 avril, j'ai enlevé en spirale l'écorce de deux branches de cet arbre; ces deux seules branches donnèrent des fruits, le reste de l'arbre poussa trop vigoureusement et demeura stérile. Au lieu d'enlever l'écorce, j'ai quelquefois serré la branche ou le tronc de l'arbre avec une petite corde ou de la filasse; l'effet était le même, et j'avais le plaisir de recueillir des fruits sur ces arbres stériles depuis longtemps. L'arbre en grossissant ne rompt pas le lien qui le serre, il se forme seulement deux bourrelets, le plus gros au-dessus et le moindre au-dessous de la petite corde, et souvent dès la première ou la seconde année elle se trouve recouverte et incorporée à la substance même de l'arbre.

De quelque façon qu'on intercepte donc la sève, on est sûr de hâter les productions des arbres, surtout l'épanouissement des fleurs et la production des fruits. Je ne donnerai pas l'explication de ce fait, on la trouvera dans la Statique des Végétaux : cette interception de la sève durcit aussi le bois, de quelque façon qu'on la fasse; et plus elle est grande, plus le bois devient dur. Dans les arbres entièrement écorcés, l'aubier ne devient si dur que parce qu'étant plus poreux que le bois parfait, il tire la sève avec plus de force et en plus grande quantité : l'aubier extérieur la pompe plus puissamment que l'aubier intérieur; tout le corps de l'arbre tire jusqu'à ce que les tuyaux capillaires se trouvent remplis et obstrués; il faut une plus grande quantité de parties fixes de la sève pour remplir la capacité des larges pores de l'aubier que pour achever d'occuper les petits interstices du bois parfait, mais tout se remplit à peu près également; et c'est ce qui fait que dans ces arbres la diminution de la pesanteur et de la force du bois, depuis le centre à la circonférence, est bien moins considérable que dans les arbres revêtus de leur écorce; et ceci prouve en même temps que l'aubier de ces arbres écorcés ne doit plus être regardé comme un bois imparfait, puisqu'il a acquis en une année ou deux, par l'écorcement, la solidité et la force qu'autrement il n'aurait acquises qu'en douze ou quinze ans; car il faut à peu près ce temps dans les meilleurs terrains, pour transformer l'aubier en bois parfait : on ne sera donc pas contraint de retrancher l'aubier, comme on l'a toujours fait jusqu'ici, et de le rejeter ; on emploiera

les arbres dans toute leur grosseur, ce qui fait une différence prodigieuse, puisque l'on aura souvent quatre solives dans un pied d'arbre, duquel on n'aurait pu en tirer que deux; un arbre de quarante ans pourra servir à tous les usages auxquels on emploie un arbre de soixante ans; en un mot, cette pratique aisée donne le double avantage d'augmenter non-seulement la force et la solidité, mais encore le volume du bois.

Mais, dira-t-on, pourquoi l'Ordonnance a-t-elle défendu l'écorcement avec tant de sévérité? n'y aurait-il pas quelque inconvénient à le permettre, et cette opération ne fait-elle pas périr les souches? il est vrai qu'elle leur fait tort; mais ce tort est bien moindre qu'on ne l'imagine, et d'ailleurs il n'est que pour les jeunes souches, et n'est sensible que dans les taillis. Les vues de l'Ordonnance sont justes à cet égard, et sa sévérité est sage; les marchands de bois font écorcer les jeunes chênes dans les taillis, pour vendre l'écorce qui s'emploie à tanner les cuirs; c'est là le seul motif de l'écorcement. Comme il est plus aisé d'enlever l'écorce lorsque l'arbre est sur pied qu'après qu'il est abattu, et que de cette façon un plus petit nombre d'ouvriers peut faire la même quantité d'écorce, l'usage d'écorcer sur pied se serait rétabli souvent sans la rigueur des lois : or, pour un très-léger avantage, pour une façon un peu moins chère d'enlever l'écorce, on faisait un tort considérable aux souches. Dans un canton que j'ai fait écorcer et sécher sur pied, j'en ai compté plusieurs qui ne repoussaient plus, quantité d'autres qui poussaient plus faiblement que les souches ordinaires, leur langueur a même été durable; car après trois ou quatre ans j'ai vu leurs rejetons ne pas égaler la moitié de la hauteur des rejetons ordinaires de même âge. La défense d'écorcer sur pied est donc fondée en raison; il conviendrait seulement de faire quelques exceptions à cette règle trop générale. Il en est tout autrement des futaies que des taillis; il faudrait permettre d'écorcer les baliveaux et tous les arbres de service; car on sait que les futaies abattues ne repoussent presque rien; que plus un arbre est vieux, lorsqu'on l'abat, moins sa souche épuisée peut produire : ainsi, soit qu'on écorce ou non, les souches des arbres de service produiront peu lorsqu'on aura attendu le temps de la vieillesse de ces arbres pour les abattre. A l'égard des arbres de moyen âge, qui laissent ordinairement à leur souche la force de reproduire, l'écorcement ne la détruit pas; car ayant observé les souches de mes six arbres écorcés et séchés sur pied, j'ai eu le plaisir d'en voir quatre couvertes d'un assez grand nombre de rejetons, les deux autres n'ont poussé que très-faiblement, et ces deux souches sont précisément celles des deux arbres qui, dans le temps de l'écorcement, étaient moins en sève que les autres. Trois ans après l'écorcement, tous ces rejetons avaient trois à quatre pieds de hauteur; et je ne doute pas qu'ils ne se fussent élevés bien plus haut si le taillis qui les environne, et qui les a devancés, ne les privait pas des

influences de l'air libre si nécessaire à l'accroissement de toutes les plantes.

Ainsi l'écorcement ne fait pas autant de mal aux souches qu'on pourrait le croire : cette crainte ne doit donc pas empêcher l'établissement de cet usage facile et très-avantageux[1] ; mais il faut le restreindre aux arbres destinés pour le service[2], et il faut choisir le temps de la plus grande sève pour faire cette opération ; car alors les canaux sont plus ouverts, la force de succion est plus grande, les liqueurs coulent plus aisément, passent plus librement et par conséquent les tuyaux capillaires conservent plus longtemps leur puissance d'attraction, et tous les canaux ne se ferment que longtemps après l'écorcement ; au lieu que, dans les arbres écorcés avant la sève, le chemin des liqueurs ne se trouve pas frayé, et, la route la plus commode se trouvant rompue avant que d'avoir servi, la sève ne peut se faire passage aussi facilement, la plus grande partie des canaux ne s'ouvre pas pour la recevoir, son action pour y pénétrer est impuissante, et ces tuyaux sevrés de nourriture sont obstrués faute de tension ; les autres ne s'ouvrent jamais autant qu'ils l'auraient fait dans l'état naturel de l'arbre, et à l'arrivée de la sève ils ne présentent que de petits orifices, qui, à la vérité, doivent pomper avec beaucoup de force, mais qui doivent toujours être plutôt remplis et obstrués que les tuyaux ouverts et distendus des arbres que la sève a humectés et préparés avant l'écorcement : c'est ce qui a fait que, dans nos expériences, les deux arbres qui n'étaient pas aussi en sève que les autres ont péri les premiers, et que leurs souches n'ont pas eu la force de reproduire. Il faut donc attendre le temps de la plus grande sève pour écorcer ; on gagnera encore à cette attention une facilité très-grande de faire cette opération, qui, dans un autre temps, ne laisserait pas d'être assez longue, et qui, dans cette saison de la sève, devient un très-petit ouvrage, puisqu'un

1... *Et très-avantageux. L'écorcement* des arbres n'a point paru tel aux yeux des hommes pratiques. M. Thomas, dans son excellent *Traité général de culture et d'exploitation des bois*, livre essentiel en son genre, s'exprime ainsi : « Vitruve, Duhamel du Monceau et l'auteur « anglais Ellis ont prétendu qu'il était possible d'augmenter la force du bois en l'écorçant sans « l'abattre, ou en le mutilant pour le faire mourir sur pied. Nous regrettons de nous trouver en « opposition avec d'aussi imposantes autorités... » (t. I, p. 337). — « Baudrillard, dans son Dic- « tionnaire forestier, article *Écorcement*, parle pour, quand il ne consulte que la théorie de « Buffon ; mais quand il puise ses instructions chez des forestiers praticiens, il est contre « l'*écorcement* » (t. I, p. 269). — « Un chêne écorcé qui aura été exposé deux ou trois ans, « ajoute M. Thomas, aux intempéries de l'air, au froid, à l'humidité, enfin à toutes les influences « atmosphériques, ou desséché à l'ardeur d'un soleil de 20 à 25 degrés, aura une apparence de « dureté ;.... il se sera racorni ou durci superficiellement ; mais il sera loin d'avoir la solidité et « la durée d'un autre bois coupé avec son écorce, en pleine maturité. » (*Ibid.*, p. 337).

2... *Même restreint aux arbres destinés pour le service*, l'*écorcement* n'est pas sans inconvénients, comme on vient de le voir (note précédente) ; mais il nuit surtout aux *souches*, et par suite à la conservation et au rétablissement des forêts. « Les souches, privées, dit M. Thoüin, de la « sève descendante que leur procurent les feuilles, lorsque l'arbre est entier, languissent ; les « racines, obligées de tirer d'elles seules de quoi fournir à la végétation de la saison suivante, « ne donnent que des pousses grêles et herbacées, que les moindres influences atmosphériques « fatiguent et font périr, etc. » (Voyez M. Thomas, liv. cit., t. I, p. 268.)

seul homme monté au-dessus d'un grand arbre peut l'écorcer du haut en bas en moins de deux heures.

Je n'ai pas eu occasion de faire les mêmes épreuves sur d'autres bois que le chêne; mais je ne doute pas que l'écorcement et le dessèchement sur pied ne rendent tous les bois, de quelque espèce qu'ils soient, plus compactes et plus fermes; de sorte que je pense qu'on ne peut trop étendre et trop recommander cette pratique.

ARTICLE II.

EXPÉRIENCES SUR LE DESSÉCHEMENT DU BOIS A L'AIR, ET SUR SON IMBIBITION DANS L'EAU.

EXPÉRIENCE PREMIÈRE.

Pour reconnaître le temps et la gradation du dessèchement.

Le 22 mai 1733, j'ai fait abattre un chêne âgé d'environ quatre-vingt-dix ans; je l'ai fait scier et équarrir tout de suite, et j'en ai fait tirer un bloc en forme de parallélipipède de 14 pouces 2 lignes $\frac{1}{2}$ de hauteur, de 8 pouces 2 lignes d'épaisseur, et 9 pouces 5 lignes de largeur. Je m'étais trouvé réduit à ces mesures, parce que je ne voulais me servir que du bois parfait qu'on appelle *le cœur,* et que j'avais fait enlever exactement tout l'aubier ou bois blanc. Ce morceau de cœur de chêne pesait d'abord 45 livres 10 onces, ce qui revient à très-peu près à 72 livres 3 onces le pied cube.

TABLE DU DESSÉCHEMENT DE CE MORCEAU DE BOIS.[a]

ANNÉES, MOIS ET JOURS.			POIDS DU BOIS.		ANNÉES, MOIS ET JOURS.			POIDS DU BOIS.	
			liv.	onc.				liv.	onc.
1733.	Mai	23	45	10	1734.	Mai	26	34	7
		24	45	1		Juin	26	33	14
		25	44	10		Juillet	26	33	6 $\frac{1}{2}$
		26	44	5		Août	26	33	»
		27	44	» $\frac{1}{4}$		Septembre	26	32	11
		28	43	11 $\frac{3}{4}$		Octobre	26	32	7
		29	43	7 $\frac{3}{4}$		Novembre	26	32	11
		30	43	4		Décembre	26	32	12 $\frac{1}{2}$
	Juin	2	42	11	1735.	Janvier	26	32	12
		6	42	1		Février	26	32	12 $\frac{1}{2}$
		10	41	6		Mars	26	32	13
		14	40	14		Avril	26	32	8
		18	40	7		Mai	26	32	7
		20	39	15		Juin	26	32	6
	Juillet	4	39	8		Juillet	26	32	4
		16	38	12		Août	26	32	» $\frac{1}{4}$
		26	38	6		Septembre	26	32	» $\frac{1}{2}$
	Août	26	37	3		Octobre	26	32	1
	Septembre	26	36	1		Novembre	26	32	3
	Octobre	26, temps sec	35	5		Décembre	26	32	5 $\frac{1}{2}$
	Novembre	3, sec	35	4 $\frac{1}{4}$	1736.	Février	26	32	1
		17, pluie	35	4		Mai	27	32	»
	Décembre	1er, pluie	35	4		Août	26	31	13
		15, gelée	35	3 $\frac{1}{4}$	1737.	Février	26	31	10 $\frac{1}{2}$
		29, humide	35	3 $\frac{1}{4}$	1738.	Février	27	31	7
1734.	Janvier	12, variable	35	3 $\frac{1}{4}$	1739.	Février	26	31	5 $\frac{1}{4}$
		26, gelée	35	1 $\frac{1}{2}$	1740.	Février	25	31	3
	Février	9, pluie	35	1 $\frac{1}{4}$	1741.	Février	26	31	1 $\frac{1}{2}$
		23, vent	35	» $\frac{3}{4}$	1742.	Février	26	31	1
	Mars	9, temps doux	34	15 $\frac{3}{4}$	1743.	Février	26	31	1
		23, pluie	34	15 $\frac{1}{4}$	1744.	Février	26	31	1 $\frac{1}{4}$
	Avril	26	34	10					

Cette table contient, comme l'on voit, la quantité et la proportion du desséchement pendant dix années consécutives. Dès la septième année, le desséchement était entier: ce morceau de bois, qui pesait d'abord 45 livres 10 onces, a perdu en se desséchant 14 livres 8 onces, c'est-à-dire près d'un tiers de son poids. On peut remarquer qu'il a fallu sept ans pour son desséchement entier, mais qu'en onze jours il été sec au quart, et qu'en deux mois il a été à moitié sec, puisqu'au 2 juin il avait déjà perdu 3 livres 9 onces, et qu'au 26 juillet 1733, il avait déjà perdu 7 livres 4 onces, et qu'enfin il était aux trois quarts sec au bout de dix mois. On doit observer aussi que, dès que ce morceau a été sec aux deux tiers ou environ, il repompait autant et même plus d'humidité qu'il n'en exhalait.

a. Il était sous un hangar à l'abri du soleil.

EXPÉRIENCE II.

Pour comparer le temps et la gradation du desséchement.

Le 22 mai 1734, j'ai fait scier, dans le tronc du même arbre qui m'avait servi à l'expérience précédente, un bloc dont j'ai fait tirer un morceau tout pareil au premier, et qu'on a réduit exactement aux mêmes dimensions. Ce tronc d'arbre était depuis un an, c'est-à-dire depuis le 22 mai 1733, exposé aux injures de l'air; on l'avait laissé dans son écorce, et, pour l'empêcher de pourrir, on avait eu soin de retourner le tronc de temps en temps. Ce second morceau de bois a été pris tout auprès et au-dessous du premier.

TABLE DU DESSÉCHEMENT DE CE MORCEAU.

ANNÉES, MOIS ET JOURS.	POIDS DU BOIS.		ANNÉES, MOIS ET JOURS.	POIDS DU BOIS.	
	liv.	onc.		liv.	onc.
1734. Mai....... 23, à 8 h. du mat.	42	8	1735. Janvier ... 26..............	35	2 $\frac{1}{4}$
24, à 8 h. du mat.	42	»	Février.... 26..............	35	1
24, à 8 h. du soir.	41	12 $\frac{1}{2}$	Mars...... 26..............	35	» $\frac{1}{4}$
25, à 8 h. du mat.	41	10 $\frac{1}{2}$	Avril ..... 26..............	34	11
26 —	41	6	Mai....... 26..............	34	5
27..............	41	3 $\frac{1}{4}$	Juin ...... 26..............	34	1
28..............	40	15 $\frac{1}{4}$	Juillet..... 26..............	33	11
29..............	40	13 $\frac{1}{4}$	Août...... 26..............	33	2 $\frac{1}{2}$
30..............	40	11	Septembre. 26..............	32	14
Juin...... 2..............	40	7	Octobre... 26..............	32	14 $\frac{1}{2}$
6..............	40	1 $\frac{1}{4}$	Novembre. 26..............	32	15 $\frac{1}{4}$
10..............	39	10 $\frac{1}{4}$	Décembre. 26..............	33	» $\frac{1}{2}$
14..............	39	5 $\frac{1}{4}$	1736. Février.... 26..............	32	13
18..............	39	1 $\frac{1}{4}$	Mai....... 26..............	32	6
26..............	38	12	Août...... 26..............	32	» $\frac{1}{2}$
Juillet .... 4..............	37	15 $\frac{3}{4}$	1737. Février ... 26..............	32	»
16..............	37	7	1738. Février ... 26..............	31	13 $\frac{1}{2}$
26..............	37	3 $\frac{3}{4}$	1739. Février ... 26..............	31	10 $\frac{1}{4}$
Août...... 26..............	36	6 $\frac{1}{4}$	1740. Février ... 26..............	31	8
Septembre. 26..............	35	10	1741. Février ... 26..............	31	6
Octobre ... 26..............	35	1 $\frac{1}{4}$	1742. Février ... 26..............	31	5
Novembre. 26..............	35	3 $\frac{1}{4}$	1743. Février ... 26..............	31	4 $\frac{1}{8}$
Décembre. 26..............	35	4 $\frac{1}{8}$	1744. Février ... 26..............	31	4

En comparant cette table avec la première, on voit qu'en une année entière le bois en grume ne s'est pas plus desséché que le bois travaillé ne s'est desséché en onze jours; on voit de plus qu'il a fallu huit ans pour l'entier desséchement de ce morceau de bois qui avait été conservé en grume et dans son écorce pendant un an; au lieu que le bois travaillé d'abord s'est trouvé entièrement sec au bout de sept ans. Je suppose que

ce morceau de bois pesait autant et peut-être un peu plus que le premier, et cela lorsqu'il était en grume et que l'arbre venait d'être abattu, le 23 mai 1733, c'est-à-dire qu'il pesait alors 45 livres 10 ou 12 onces : cette supposition est fondée, parce qu'on a coupé et travaillé ce morceau de bois de la même façon et exactement sur les mêmes dimensions, et qu'au bout de dix années, et après son desséchement entier, il s'est trouvé ne différer du premier que de 3 onces, ce qui est une bien petite différence et que j'attribue à la solidité ou densité du premier morceau, parce que le second avait été pris immédiatement au-dessous du premier, du côté du pied de l'arbre; or, on sait que plus on approche du pied de l'arbre, plus le bois a de densité. A l'égard du desséchement de ce morceau de bois, depuis qu'il a été travaillé, on voit qu'il a fallu sept ans pour le dessécher entièrement comme le premier morceau ; qu'il a fallu vingt jours pour dessécher au quart ce second morceau, deux mois et demi environ pour le dessécher à moitié, et treize mois pour le dessécher aux trois quarts. Enfin on voit qu'il s'est réduit, comme le premier morceau, aux deux tiers environ de sa pesanteur.

Il faut remarquer que cet arbre était en sève lorsqu'on le coupa le 23 mai 1733, et que par conséquent la quantité de la sève se trouve par cette expérience être un tiers de la pesanteur du bois, et qu'ainsi il n'y a dans le bois que deux tiers de parties solides et ligneuses, et un tiers de parties liquides et peut-être moins, comme on le verra par la suite de ces expériences. Ce desséchement et cette perte considérable de pesanteur n'a rien changé au volume; les deux morceaux de bois ont encore les mêmes dimensions, et je n'y ai remarqué ni raccourcissement ni rétrécissement : ainsi la sève est logée dans les interstices des parties ligneuses, et ces interstices restent vides et les mêmes après l'évaporation des parties humides qu'ils contiennent.

On n'a point observé que ce bois, quoique coupé en pleine sève, ait été piqué des vers : il est très-sain, et les deux morceaux ne sont gercés ni l'un ni l'autre.

EXPÉRIENCE III.

Pour reconnaître si le desséchement se fait proportionnellement aux surfaces.

Le 8 avril 1733, j'ai fait enlever par un menuisier un petit morceau de bois blanc ou aubier d'un chêne qui venait d'être abattu, et tandis qu'on le façonnait en forme de parallélipipède, un autre menuisier en façonnait un autre morceau en forme de petites planches d'égale épaisseur : sept de ces petites planches se trouvèrent peser autant que le premier morceau, et la superficie de ce morceau était à celles des planches comme 10 est à 34, à très-peu près.

TABLE DE LA PROPORTION DU DESSÉCHEMENT.[a]

MOIS ET JOURS.	POIDS du seul morceau.	POIDS des sept morceaux.	MOIS ET JOURS.	POIDS du seul morceau.	POIDS des sept morceaux.
	grains.	grains.		grains.	grains.
1734. Avril. 8, à 2 h. du soir.	2189	2189	1734. Avril. 27, sec..........	1518 ½	1458
8, à 10 h. du soir.	2130	1981	28, sec..........	1509	1449 ½
9, à 10 h. du mat.	2070	1851	29, vent.........	1504	1447 ½
10, même heure..	1973	1712	30, pluie........	1501	1461
11..............	1887	1628	Mai.. 1er, humide....	1507	1468
12..............	1825	1589	5, pluie........	1512	1478
13, temps serein.	1778 ½	1565	9, beau........	1510 ½	1475
14, sec.........	1741	1540 ½	13, humide......	1511	1476
15, sec.........	1708	1525 ½	21, beau........	1504 ¼	1465
16, sec.........	1684	1518	29, vent et pluie..	1503	1466
17, sec.........	1656 ½	1505 ½	Juin. 6, pluie........	1517	1489
18, sec.........	1630	1502	Juill. 6, beau........	1507	1479
19, couvert......	1608 ½	1497 ½	Août. 6, sec.........	1500	1468
20, humide......	1590	1493	10, sec..........	1489	1461
21..............	1576	1486	12, sec..........	1479	1450
22, variable.....	1564	1484	14, sec..........	1470	1448
23, chaud.......	1556	1485	15, sec..........	1461	1460 ½
24..............	1550 ½	1486	16, pluie........	1464	1468
25, sec.........	1543	1482	17, beau........	1463	1450
26, sec.........	1532 ½	1479			

Avant que d'examiner ce qui résulte de cette expérience, il faut observer qu'il fallait 492 des grains dont je me suis servi pour faire une once, et que le pied cube de ce bois, qui était de l'aubier, pesait, à très-peu près, 66 livres; que le morceau dont je me suis servi contenait à peu près 7 pouces cubiques, et chaque petit morceau un pouce, et que les surfaces étaient comme 10 est à 34. En consultant la table, on voit que le dessèchement dans les huit premières heures est, pour le morceau seul, de 59 grains, et, pour les sept morceaux, de 208 grains. Ainsi, la proportion du dessèchement est plus grande que celle des surfaces, car le morceau perdant 59, les sept morceaux n'auraient dû perdre que 200 $\frac{3}{5}$. Ensuite on voit que, depuis dix heures du soir jusqu'à sept heures du matin, le morceau seul a perdu 60 grains, et que les sept morceaux en ont perdu 130; et que par conséquent le dessèchement, qui d'abord était trop grand proportionnellement aux surfaces, est maintenant trop petit, parce qu'il aurait fallu, pour que la proportion fût juste, que le morceau seul perdant 60, les sept morceaux eussent perdu 204, au lieu qu'ils n'ont perdu que 130.

En comparant le terme suivant, c'est-à-dire le quatrième de la table,

a. Les pesanteurs ont été prises par le moyen d'une balance qui penchait à un quart de grain.

on voit que cette proportion diminue très-considérablement, en sorte que les sept morceaux ne perdent que très-peu en comparaison de leur surface; et dès le cinquième terme il se trouve que le morceau seul perd plus que les sept morceaux, puisque son desséchement est de 93 grains, et que celui des sept morceaux n'est que de 84 grains. Ainsi le desséchement se fait ici d'abord dans une proportion un peu plus grande que celle des surfaces, ensuite dans une proportion plus petite, et enfin il devient plus grand, où la surface est la plus petite. On voit qu'il n'a fallu que cinq jours pour dessécher les sept morceaux, au point que le morceau seul perdait plus ensuite que les sept morceaux.

On voit aussi qu'il n'a fallu que vingt et un jours aux sept morceaux pour se dessécher entièrement, puisqu'au 29 avril ils ne pesaient plus que 1,447 grains $\frac{1}{2}$, ce qui est le plus grand degré de légèreté qu'ils aient acquis, et qu'en moins de vingt-quatre heures ils étaient à moitié secs; au lieu que le morceau seul ne s'est entièrement desséché qu'en quatre mois et sept jours, puisque c'est au 15 d'août que se trouve sa plus grande légèreté, son poids n'étant alors que de 1,461 grains, et qu'en trois fois vingt-quatre heures il était à moitié sec. On voit aussi que les sept morceaux ont perdu, par le desséchement, plus du tiers de leur pesanteur, et le morceau seul à très-peu près le tiers.

EXPÉRIENCE IV.

Sur le même sujet que la précédente.

Le 9 avril 1734, j'ai fait prendre, dans le tronc d'un chêne qui avait été coupé et abattu trois jours auparavant, un morceau de bois en forme de cylindre, dont j'avais déterminé la grosseur en mettant la pointe du compas dans le centre des couches annuelles, afin d'avoir la partie la plus solide de cet arbre qui avait plus de soixante ans. J'ai fait scier en deux ce cylindre pour avoir deux cylindres égaux, et j'ai fait scier de la même façon en trois l'un de ces cylindres. La superficie des trois morceaux cylindriques était à la superficie du cylindre, dont ils n'avaient que le tiers de la hauteur, comme 43 est à 27, et le poids était égal, en sorte que le cylindre seul pesait, aussi bien que les trois cylindres, 28 onces $\frac{13}{16}$, et ils auraient pesé environ une livre 14 onces si on les eût travaillés le jour même que l'arbre avait été abattu.

TABLE DU DESSÉCHEMENT DE CES MORCEAUX DE BOIS.

MOIS ET JOURS.	POIDS du seul morceau.	POIDS des trois morceaux.	MOIS ET JOURS.	POIDS du seul morceau.	POIDS des trois morceaux.
	onces.	onces.		onces.	onces.
1734. Avril. 9 à 10 h. du mat.	28 $\frac{13}{16}$	28 $\frac{13}{16}$	1734. Avril. 30	23 $\frac{17}{32}$	21 $\frac{25}{32}$
10 à 6 h. du mat.	28 $\frac{10}{16}$	28 $\frac{6}{16}$	Mai.. 1er	23 $\frac{15}{32}$	21 $\frac{25}{32}$
11 même heure...	28 $\frac{4}{16}$	27 $\frac{13}{16}$	2	23 $\frac{14}{32}$	21 $\frac{23}{32}$
12	27 $\frac{15}{16}$	27 $\frac{6}{16}$	3	23 $\frac{11}{32}$	21 $\frac{19}{32}$
13	27 $\frac{10}{16}$	26 $\frac{13}{16}$	5	23 $\frac{8}{32}$	21 $\frac{17}{32}$
14	27 $\frac{4}{16}$	26 $\frac{7}{16}$	9	22 $\frac{28}{32}$	21 $\frac{7}{32}$
15	26 $\frac{31}{32}$	26 $\frac{2}{32}$	13	22 $\frac{21}{32}$	21 $\frac{11}{32}$
16	26 $\frac{22}{32}$	25 $\frac{20}{32}$	17	22 $\frac{16}{32}$	20 $\frac{25}{32}$
17	26 $\frac{10}{32}$	25 $\frac{6}{32}$	21	22 $\frac{2}{32}$	20 $\frac{19}{32}$
18	26 »	24 $\frac{24}{32}$	25	21 $\frac{29}{32}$	20 $\frac{16}{32}$
19	25 $\frac{24}{32}$	24 $\frac{14}{32}$	29	21 $\frac{23}{32}$	20 $\frac{13}{32}$
20	25 $\frac{17}{32}$	24 $\frac{4}{32}$	Juin.. 2	21 $\frac{18}{32}$	20 $\frac{11}{32}$
21	25 $\frac{6}{32}$	23 $\frac{25}{32}$	6	21 $\frac{18}{32}$	20 $\frac{14}{32}$
22	24 $\frac{29}{32}$	23 $\frac{18}{32}$	14	21 $\frac{13}{32}$	20 $\frac{13}{32}$
23	24 $\frac{25}{32}$	23 $\frac{8}{32}$	26	21 $\frac{7}{32}$	20 $\frac{14}{32}$
24	24 $\frac{19}{32}$	23 $\frac{6}{32}$	Juillet. 26	21 $\frac{16}{32}$	20 $\frac{10}{32}$
25	24 $\frac{14}{32}$	22 $\frac{31}{32}$	Août.. 26	20 $\frac{25}{32}$	20 $\frac{9}{32}$
26	24 $\frac{7}{32}$	22 $\frac{23}{32}$	Sept.. 26	20 $\frac{20}{32}$	20 $\frac{8}{32}$
27	24 »	22 $\frac{14}{32}$	Octob. 26	20 $\frac{18}{32}$	20 $\frac{19}{32}$
28	23 $\frac{25}{32}$	22 $\frac{6}{32}$	Nov... 26	21 $\frac{3}{32}$	20 $\frac{30}{32}$
29	23 $\frac{22}{32}$	22 $\frac{1}{32}$	Déc... 26	21 [illegible]	20 $\frac{30}{32}$

On voit par cette expérience, comparée avec la précédente, que le bois du centre ou cœur de chêne ne se dessèche pas tout à fait autant que l'aubier, en supposant même que les morceaux eussent pesé 30 onces, au lieu de 28 $\frac{13}{16}$, et cela à cause du desséchement qui s'est fait pendant trois jours, depuis le 6 avril qu'on a abattu l'arbre dont ces morceaux ont été tirés, jusqu'au 9 du même mois, jour auquel ils ont été tirés du centre de l'arbre et travaillés. Mais en partant de 28 onces $\frac{13}{16}$, ce qui était leur poids réel, on voit que la proportion du desséchement est d'abord beaucoup plus grande que celle des surfaces, car le morceau seul ne perd le premier jour que $\frac{3}{16}$ d'once, et les trois morceaux perdent $\frac{7}{16}$, au lieu qu'ils n'auraient dû perdre que $\frac{4}{16} + \frac{7}{9} \times 16$. En prenant le desséchement du second jour, on voit que le morceau seul a perdu $\frac{4}{16}$ et les trois morceaux $\frac{9}{15}$, et que par conséquent il est à très-peu près dans la même proportion avec les surfaces qu'il était le jour précédent, et la différence est en diminution; mais dès le troisième jour le desséchement est en moindre proportion que celle des surfaces, car les surfaces étant 27 et 43, les desséchements seraient comme 5 et 7 $\frac{26}{27}$, s'ils étaient en même proportion; au lieu que les dessé-

chements sont comme 5 et 7 ou $\frac{5}{16}$ et $\frac{7}{16}$. Ainsi, dès le troisième jour le desséchement, qui d'abord s'était fait dans une plus grande proportion que celle des surfaces, devient plus petit, et au douzième jour le desséchement des trois morceaux est égal à celui du morceau seul; et ensuite les trois morceaux continuent à perdre moins que le morceau seul; ainsi le desséchement se fait comme dans l'expérience précédente, d'abord dans une plus grande raison que celle des surfaces, ensuite dans une moindre proportion; et enfin il devient absolument moindre pour la surface plus grande: l'expérience suivante confirmera encore cette espèce de règle sur le desséchement du bois.

EXPÉRIENCE V.

J'ai pris, dans le même arbre qui m'avait servi à l'expérience précédente, deux morceaux cylindriques de cœur de chêne, tous deux de 4 pouces 2 lignes de diamètre, et d'un pouce 4 lignes d'épaisseur; j'ai divisé l'un de ces morceaux en huit parties, par huit rayons tirés du centre, et j'ai fait fendre ce morceau en huit, selon la direction de ces rayons: suivant ces mesures la superficie des huit morceaux est à très-peu près double de celle du seul morceau, et ce morceau seul, aussi bien que les huit morceaux, pesaient chacun 11 onces $\frac{11}{16}$, ce qui revient à très-peu près à 70 livres le pied cube : voici la table de leur desséchement. On doit observer, comme dans l'expérience précédente, qu'il y avait trois jours que l'arbre dont j'ai tiré ces morceaux de bois était abattu, et que par conséquent la quantité totale du desséchement doit être augmentée de quelque chose.

TABLE DU DESSÉCHEMENT D'UN MORCEAU DE BOIS,

ET DE HUIT MORCEAUX, DESQUELS LA SUPERFICIE ÉTAIT DOUBLE DE CELLE DU PREMIER MORCEAU, LE POIDS ÉTANT LE MÊME.

MOIS ET JOURS.	POIDS du seul morceau.	POIDS des huit morceaux.	MOIS ET JOURS.	POIDS du seul morceau.	POIDS des huit morceaux.
	onces.	onces.		onces.	onces.
1734. Avril. 9, à 8 h. du soir.	11 $\frac{11}{16}$	11 $\frac{11}{16}$	1734. Avril. 29	8 $\frac{29}{32}$	8 $\frac{7}{32}$
10, à 6 h. du mat.	11 $\frac{19}{32}$	11 $\frac{14}{32}$	30	8 $\frac{27}{32}$	8 $\frac{7}{32}$
11, même heure..	11 $\frac{11}{32}$	11 »	Mai.. 1er	8 $\frac{26}{32}$	8 $\frac{7}{32}$
12	11 $\frac{4}{32}$	10 $\frac{23}{32}$	2	8 $\frac{25}{32}$	8 $\frac{7}{32}$
13	10 $\frac{30}{32}$	10 $\frac{14}{32}$	3	8 $\frac{24}{32}$	8 $\frac{7}{32}$
14	10 $\frac{25}{32}$	10 $\frac{5}{32}$	5	8 $\frac{21}{32}$	8 $\frac{7}{32}$
15	10 $\frac{19}{32}$	9 $\frac{28}{32}$	9	8 $\frac{19}{32}$	8 $\frac{7}{32}$
16	10 $\frac{13}{32}$	9 $\frac{19}{32}$	13	8 $\frac{16}{32}$	8 $\frac{7}{32}$
17	10 $\frac{7}{32}$	9 $\frac{11}{32}$	17	8 $\frac{13}{32}$	8 $\frac{6}{32}$
18	10 $\frac{1}{32}$	9 $\frac{7}{32}$	21	8 $\frac{9}{32}$	8 $\frac{5}{32}$
19	9 $\frac{29}{32}$	9 $\frac{1}{32}$	25	8 $\frac{7}{32}$	8 $\frac{4}{32}$
20	9 $\frac{24}{32}$	8 $\frac{29}{32}$	29	8 $\frac{5}{32}$	8 $\frac{4}{32}$
21	9 $\frac{20}{32}$	8 $\frac{29}{32}$	Juin.. 6	8 $\frac{6}{32}$	8 $\frac{6}{32}$
22	9 $\frac{16}{32}$	8 $\frac{23}{32}$	26	8 $\frac{5}{32}$	8 $\frac{7}{32}$
23	9 $\frac{13}{32}$	8 $\frac{21}{32}$	Juill.. 26	8 $\frac{4}{32}$	8 $\frac{5}{32}$
24	9 $\frac{10}{32}$	8 $\frac{19}{32}$	Août. 26	8 $\frac{3}{32}$	8 $\frac{5}{32}$
25	9 $\frac{7}{32}$	8 $\frac{17}{32}$	Sept.. 26	8 $\frac{3}{32}$	8 $\frac{5}{32}$
26	9 $\frac{5}{32}$	8 $\frac{14}{32}$	Oct... 26	8 $\frac{5}{32}$	8 $\frac{9}{32}$
27	9 $\frac{1}{32}$	8 $\frac{12}{32}$	Nov.. 26	8 $\frac{7}{32}$	8 $\frac{13}{32}$
28	8 $\frac{30}{32}$	8 $\frac{9}{32}$	Déc.. 26	8 $\frac{7}{32}$	8 $\frac{13}{32}$

On voit ici, comme dans les expériences précédentes, que la proportion du desséchement est d'abord beaucoup plus grande que celle des surfaces, ensuite moindre, puis beaucoup moindre, et enfin que la plus petite surface vient bientôt à perdre plus que la plus grande.

On peut observer aussi, par les derniers termes de cette table, qu'après le desséchement entier, au 26 août, ces morceaux de bois ont augmenté de pesanteur par l'humidité des mois de septembre, octobre et novembre ; et que cette augmentation s'est faite proportionnellement aux surfaces.

EXPÉRIENCE VI.

Pour comparer le desséchement du bois parfait qu'on appelle le cœur, *avec le desséchement du bois imparfait qu'on appelle l'*aubier.

Le 1er avril 1734, j'ai fait tirer du corps d'un chêne, abattu la veille, deux parallélipipèdes, l'un de cœur et l'autre d'aubier, qui pesaient tous deux 6 onces $\frac{1}{4}$; ils étaient de même figure, mais le morceau d'aubier était d'en-

viron un quinzième plus gros que le morceau de cœur, parce que la densité du cœur de chêne nouvellement abattu, est à très-peu près d'une quinzième partie plus grande que la densité de l'aubier.

TABLE DU DESSÉCHEMENT DE CES MORCEAUX DE BOIS.

MOIS ET JOURS.	POIDS du cœur de chêne.	POIDS du morceau d'aubier.	MOIS ET JOURS.	POIDS du cœur de chêne.	POIDS du morceau d'aubier.
	onces.	onces.		onces.	onces.
1734. Avril. 1er, à midi	6 $\frac{1}{4}$	6 $\frac{1}{4}$	1734. Avril. 24	4 $\frac{63}{64}$	4 $\frac{32}{64}$
2	6 $\frac{3}{32}$	6 $\frac{1}{32}$	25	4 $\frac{60}{64}$	4 $\frac{30}{64}$
3	6 $\frac{1}{32}$	5 $\frac{30}{32}$	26	4 $\frac{59}{64}$	4 $\frac{28}{64}$
4	5 $\frac{31}{32}$	5 $\frac{26}{32}$	27	4 $\frac{58}{64}$	4 $\frac{26}{64}$
5	5 $\frac{29}{32}$	5 $\frac{22}{32}$	28	4 $\frac{54}{64}$	4 $\frac{24}{64}$
6	5 $\frac{28}{32}$	5 $\frac{20}{32}$	29	4 $\frac{50}{64}$	4 $\frac{22}{64}$
7	5 $\frac{25}{32}$	5 $\frac{15}{32}$	30	4 $\frac{50}{64}$	4 $\frac{20}{64}$
8	5 $\frac{22}{32}$	5 $\frac{9}{32}$	Mai... 1er	4 $\frac{50}{64}$	4 $\frac{20}{64}$
9	5 $\frac{18}{32}$	5 $\frac{5}{32}$	5	4 $\frac{46}{64}$	4 $\frac{18}{64}$
10	5 $\frac{17}{32}$	5 $\frac{3}{32}$	9	4 $\frac{43}{64}$	4 $\frac{13}{64}$
11	5 $\frac{16}{32}$	5 $\frac{3}{64}$	13	4 $\frac{40}{64}$	4 $\frac{14}{64}$
12	5 $\frac{15}{32}$	5 »	17	4 $\frac{40}{64}$	4 $\frac{12}{64}$
13	5 $\frac{29}{64}$	4 $\frac{63}{64}$	25	4 $\frac{33}{64}$	4 $\frac{10}{64}$
14	5 $\frac{26}{64}$	4 $\frac{61}{64}$	Juin.. 2	4 $\frac{32}{64}$	4 $\frac{8}{64}$
15	5 $\frac{25}{64}$	4 $\frac{58}{64}$	10	4 $\frac{30}{64}$	4 $\frac{8}{64}$
16	5 $\frac{24}{64}$	4 $\frac{56}{64}$	26	4 $\frac{32}{64}$	4 $\frac{8}{64}$
17	5 $\frac{20}{64}$	4 $\frac{54}{64}$	Juillet. 26	4 $\frac{38}{64}$	4 $\frac{8}{64}$
18	5 $\frac{18}{64}$	4 $\frac{50}{64}$	Août.. 26	4 $\frac{31}{64}$	4 $\frac{7}{64}$
19	5 $\frac{14}{64}$	4 $\frac{46}{64}$	Sept.. 26	4 $\frac{30}{64}$	4 $\frac{6}{64}$
20	5 $\frac{10}{64}$	4 $\frac{44}{64}$	Oct... 26	4 $\frac{34}{64}$	4 $\frac{10}{64}$
21	5 $\frac{6}{64}$	4 $\frac{40}{64}$	Nov... 26	4 $\frac{37}{64}$	4 $\frac{13}{64}$
22	5 $\frac{4}{64}$	4 $\frac{36}{64}$	Déc... 26	4 $\frac{37}{64}$	4 $\frac{14}{64}$
23	5 »	4 $\frac{33}{64}$			

On voit, par cette table, que sur 6 onces $\frac{1}{4}$ la quantité totale du desséchement du morceau de cœur de chêne est 1 once $\frac{25}{32}$, et que la quantité totale du desséchement du morceau d'aubier est de 2 onces $\frac{5}{32}$; de sorte que ces quantités sont entre elles comme 57 est à 69, et comme 14 $\frac{1}{4}$ est à 16 $\frac{1}{4}$, ce qui n'est pas fort différent de la proportion de densité du cœur et de l'aubier qui est de 15 à 14. Cela prouve que le bois le plus dense est aussi celui qui se dessèche le moins. J'ai d'autres expériences qui confirment ce fait : un morceau cylindrique d'alizier, qui pesait 15 onces $\frac{1}{2}$ le 1er avril 1734, ne pesait plus que 10 onces $\frac{1}{4}$ le 26 septembre suivant, et par conséquent ce morceau avait perdu plus d'un tiers de son poids. Un morceau cylindrique de bouleau, qui pesait 7 onces $\frac{1}{2}$ le même jour 1er avril, ne pesait plus que 4 onces $\frac{4}{5}$ le 26 septembre suivant. Ces bois sont plus légers que le chêne, et perdent aussi un peu plus par le desséchement, mais la différence n'est pas grande, et on peut prendre, pour règle générale

de la quantité du desséchement dans les bois de toute espèce, la diminution d'un tiers de leur pesanteur en comptant du jour que le bois a été abattu.

On voit encore, par l'expérience précédente, que l'aubier se dessèche d'abord beaucoup plus promptement que le cœur de chêne; car l'aubier était déjà à la moitié de son desséchement au bout de sept jours, et il a fallu vingt-quatre jours au morceau de cœur pour se dessécher à moitié; et par une table que je ne donne pas ici, pour ne pas trop grossir ce mémoire, je vois que l'alizier avait en huit jours acquis la moitié de son desséchement, et le bouleau en sept jours; d'où l'on doit conclure que la quantité qui s'évapore par le desséchement dans les différentes espèces de bois est à peu près proportionnelle à leur densité; mais que le temps nécessaire pour que les bois acquièrent un certain degré de desséchement, par exemple, celui qui est nécessaire pour qu'on les puisse travailler aisément, que ce temps, dis-je, est bien plus long pour les bois pesants que pour les bois légers, quoiqu'ils arrivent à perdre à peu près également un tiers et plus de leur pesanteur.

EXPÉRIENCE VII.

Le 26 février 1744, j'ai fait exposer au soleil les deux morceaux de bois qui m'ont servi aux deux premières expériences, et que j'ai gardés pendant vingt ans. Le plus ancien de ces morceaux, c'est-à-dire celui qui a servi à la première expérience sur le desséchement, pesait, le 26 février 1744, 31 livres 1 once 2 gros; et l'autre, c'est-à-dire celui qui avait servi à la seconde expérience, pesait le même jour 26 février 1744, 31 livres 4 onces: ils avaient d'abord été desséchés à l'air pendant dix ans, ensuite ayant été exposés au soleil depuis le 26 février jusqu'au 8 mars, et toujours garantis de la pluie, ils se séchèrent encore, et ne pesaient plus, le premier, que 30 livres 5 onces 4 gros, et le second, 30 livres 6 onces 2 gros; pour les dessécher encore davantage, je les fis mettre tous deux dans un four chauffé à 47 degrés au-dessus de la congélation; il était neuf heures quarante minutes du matin, on les a tirés du four deux heures après, c'est-à-dire à onze heures quarante minutes; on les a mesurés exactement, leurs dimensions n'avaient pas changé sensiblement. J'ai seulement remarqué qu'il s'était fait des gerçures sur les quatre faces les plus longues qui les rendaient d'une demi-ligne ou d'une ligne plus larges; mais la hauteur était absolument la même. On les a pesés en sortant du four; le morceau de la première expérience ne pesait plus que 29 livres 6 onces 7 gros, et celui de la seconde, 29 livres 6 onces: dans le moment même je les ai fait jeter dans un grand vaisseau rempli d'eau, et on a chargé chaque morceau d'une pierre pour les assujettir au fond du vaisseau.

TABLE

DE L'IMBIBITION DE CES DEUX MORCEAUX DE BOIS QUI ÉTAIENT ENTIÈREMENT DESSÉCHÉS LORSQU'ON LES A PLONGÉS DANS L'EAU.

MOIS ET JOURS.	TEMPS pendant lequel les bois ont resté au four et à l'eau.	POIDS des deux morceaux de bois.	MOIS ET JOURS.	TEMPS pendant lequel les bois ont resté à l'eau	POIDS des deux morceaux de bois.
		liv.onc.gr.			liv.onc.gr.
1744. Mars. 8.......	....	1er 30 5 4 2e 30 6 2	1744. Mars. 17......	12 heures.	1er 36 11 2 2e 37 7 3
9.......	Mis au four* à 9 h. 40' et tiré à 11 h. 40' ; ils pesaient	1er 29 6 7 2e 29 6 7	18......	12 heures.	1er 36 12 6 2e 37 8 4
9.......	Jeté dans l'eau à 11 h. 40' et tiré à midi 40	1er 32 » 2 2e 32 12 »	18......	12 heures.	1er 36 13 2 2e 37 9 4
9.......	1 heure.	1er 32 8 6 2e 33 4 6	19......	12 heures.	1er 36 14 7 2e 37 10 7
9.......	1 heure.	1er 32 13 6 2e 33 9 1	19......	12 heures.	1er 37 » 2 2e 37 12 2
9.......	1 heure.	1er 33 1 3 2e 33 13 1	20......	12 heures.	1er 37 1 1 2e 37 13 6
9.......	1 heure.	1er 33 3 4 2e 34 » »	20	12 heures.	1er 37 2 » 2e 37 14 3
9.......	1 heure.	1er 33 6 » 2e 34 1 7	21......	12 heures.	1er 37 3 7 2e 37 15 2
9.......	1 h. 15'.	1er 33 8 » 2e 34 4 2	21......	12 heures.	1er 37 3 6 2e 38 » 7
9.......	1 h. 45'.	1er 33 9 1 2e 34 5 2	22......	12 heures.	1er 37 4 5 2e 38 1 4
9.......	1 h. 55'.	1er 33 16 4 2e 34 6 6	22......	12 heures.	1er 37 5 2 2e 38 2 4
9.......	1 h. 35'.	1er 33 11 4 2e 34 7 2	23......	24 heures.	1er 37 6 4 2e 38 3 2
9.......	1 heure. Ils pesaient	1er 32 13 2 2e 34 8 7	24......	24 heures.	1er 37 7 7 2e 38 5 »
9.......	1 heure.	1er 33 13 6 2e 34 10 2	25......	24 heures.	1er 37 9 2 2e 38 6 6
10.......	11 heures	1er 34 6 6 2e 35 2 6	26......	24 heures.	1er 37 10 3 2e 38 7 5
10.......	12 heures.	1er 34 11 2 2e 35 7 5	27......	24 heures.	1er 37 11 3 2e 38 8 7
11.......	12 heures.	1er 35 » » 2e 35 12 1	28......	24 heures.	1er 37 12 2 2e 38 10 »
11.......	12 heures.	1er 35 3 1 2e 35 14 1	29......	24 heures.	1er 37 13 1 2e 38 10 3
12.......	12 heures.	1er 35 6 5 2e 36 2 6	30......	24 heures.	1er 37 13 6 2e 38 11 3
12.......	12 heures.	1er 35 9 3 2e 36 5 3	31......	24 heures.	1er 37 14 3 2e 38 11 5
13.......	12 heures.	1er 35 11 6 2e 36 7 6	Avril. 1er......	24 heures.	1er 37 14 7 2e 38 12 4
13.......	12 heures.	1er 35 14 2 2e 36 10 1	2.......	24 heures.	1er 38 » 1 2e 38 13 1
14.......	12 heures.	1er 36 1 2 2e 36 13 1	3.......	24 heures.	1er 38 » 6 2e 38 14 »
14.......	12 heures.	1er 36 3 1 2e 36 15 »	4.......	24 heures.	1er 38 1 2 2e 38 14 2
15.......	12 heures.	1er 36 4 6 2e 37 » 7	5.......	24 heures.	1er 38 1 7 2e 38 15 1
15.......	12 heures.	1er 36 6 2 2e 37 2 2	6, pluie.	24 heures.	1er 38 3 » 2e 39 » 7
16.......	12 heures.	1er 36 8 1 2e 37 3 4	7, pluie.	24 heures.	1er 38 3 3 2e 39 1 »
16.......	12 heures.	1er 36 9 » 2e 37 5 3	8, pluie.	24 heures.	1er 38 3 6 2e 39 1 2
17	12 heures.	1er 36 10 2 2e 37 6 »	9, pluie.	24 heures.	1er 38 4 6 2e 39 1 5

* Le thermomètre a monté à 17 degrés; il était au degré de la congélation.

MOIS ET JOURS.	TEMPS pendant lequel les bois ont resté à l'eau.	POIDS des deux morceaux de bois.
		liv. onc. gr.
1744. Avril. 10, pluie.	24 heures.	1er 38 5 1 2e 39 2 1
11, pluie.	24 heures.	1er 38 6 7 2e 39 3 4
12, froid.	24 heures.	1er 38 7 5 2e 39 5 »
13, sec..	24 heures.	1er 38 8 7 2e 39 6 4
14, froid	24 heures.	1er 38 9 6 2e 39 6 6
15, pluie.	24 heures.	1er 38 10 2 2e 39 7 4
16, vent.	24 heures.	1er 38 10 7 2e 39 7 7
17, pluie.	24 heures.	1er 38 11 4 2e 39 8 2
18, beau.	24 heures.	1er 38 12 1 2e 39 9 »
19, pluie.	24 heures.	1er 38 13 1 2e 39 9 4
20, pluie.	24 heures.	1er 38 13 2 2e 39 10 7
21, beau.	24 heures.	1er 38 14 » 2e 39 11 »
22, beau.	24 heures.	1er 38 14 6 2e 39 11 6
23, vent.	24 heures.	1er 38 15 6 2e 39 12 5
24, pluie.	24 heures.	1er 39 » 3 2e 39 13 5
25, pluie.	24 heures.	1er 39 1 5 2e 39 13 7
26, sec..	24 heures.	1er 39 1 6 2e 39 14 2
27, vent.	24 heures.	1er 39 3 » 2e 39 15 4
28, pluie.	24 heures.	1er 39 4 1 2e 40 1 »
29, beau.	24 heures.	1er 39 4 3 2e 40 1 »
30, sec..	24 heures.	1er 39 5 1 2e 40 1 7
Mai.. 1er, beau.	24 heures.	1er 39 6 » 2e 40 2 7
2, chaud.	24 heures.	1er 39 6 4 2e 40 4 3
3, beau..	24 heures.	1er 39 6 7 2e 40 3 7
4, beau..	24 heures.	1er 39 7 » 2e 40 4 7
5, beau..	24 heures.	1er 39 7 5 2e 40 4 4
6, vent..	24 heures.	1er 39 7 4 2e 40 4 1
7, pluie..	24 heures.	1er 39 7 5 2e 40 5 3
8, pluie..	24 heures.	1er 39 8 5 2e 40 5 3
9, beau..	24 heures.	1er 39 9 2 2e 40 6 »
11, vent.	2 jours.	1er 39 9 1 2e 40 5 3
13, vent.	2 jours.	1er 39 9 3 2e 40 5 6
15, vent.	2 jours.	1er 39 9 7 2e 40 5 7
17, pluie.	2 jours.	1er 39 10 5 2e 40 6 3
19, pluie.	2 jours.	1er 39 11 5 2e 40 7 2
21, tonn.	2 jours.	1er 39 12 5 2e 40 8 3
1744 Mai.. 23, beau.	2 jours.	1er 39 13 3 2e 40 9 »
25, pluie.	2 jours.	1er 39 14 4 2e 40 10 »
27, beau	2 jours.	1er 40 1 1 2e 40 12 3
29, beau.	2 jours.	1er 40 2 » 2e 40 12 4
31, beau.	2 jours.	1er 40 1 2 2e 40 12 5
Juin. 2, sec..	2 jours.	1er 40 2 4 2e 40 13 2
4, pluie.	2 jours.	1er 40 4 1 2e 40 14 1
6, sec..	2 jours.	1er 40 5 » 2e 40 14 7
8, sec..	2 jours.	1er 40 5 » 2e 40 14 5
10, sec..	2 jours.	1er 40 5 6 2e 40 » »
12......	2 jours.	1er 40 6 5 2e 41 » 4
14, chaud	2 jours.	1er 40 7 2 2e 41 1 »
16, pluie.	2 jours.	1er 40 8 3 2e 41 1 5
18, couv.	2 jours.	1er 40 10 1 2e 41 2 7
20, pluie.	2 jours.	1er 40 10 4 2e 41 3 5
22, couv.	2 jours.	1er 40 11 5 2e 41 5 3
24, chaud	2 jours.	1er 40 11 7 2e 41 5 »
26, sec..	2 jours.	1er 40 13 » 2e 41 6 2
28, sec..	2 jours.	1er 40 13 3 2e 41 6 5
30, sec..	2 jours.	1er 40 14 6 2e 41 6 7
Juillet. 2, chaud	2 jours.	1er 40 14 1 2e 41 7 »
4, pluie.	2 jours.	1er 40 15 3 2e 41 8 5
6, pluie.	2 jours.	1er 41 » 4 2e 41 8 7
8, vent.	2 jours.	1er 41 1 » 2e 41 10 »

Le 10, on a été obligé de les changer de cuvier, deux cercles s'étant brisés.

MOIS ET JOURS.	TEMPS pendant lequel les bois ont resté à l'eau.	POIDS des deux morceaux de bois.
12, pluie.	4 jours.	1er 41 2 6 2e 41 10 6
16, pluie.	4 jours	1er 41 4 1 2e 41 12 »
20, pluie.	4 jours.	1er 41 5 » 2e 41 13 »
24, couv.	4 jours.	1er 41 6 6 2e 41 4 5
28, beau.	4 jours.	1er 41 8 4 2e 42 » »
Août.. 1er, vent	4 jours.	1er 41 9 4 2e 42 1 »
5, couv.	4 jours.	1er 41 10 » 2e 42 2 3
9, chal.	4 jours.	1er 41 11 4 2e 42 3 2
13, pluie.	4 jours.	1er 41 12 1 2e 42 3 7
17, vent.	4 jours.	1er 41 12 7 2e 42 5 3

MOIS ET JOURS.	TEMPS pendant lequel les bois ont resté à l'eau.	POIDS des deux morceaux de bois.	MOIS ET JOURS.	TEMPS pendant lequel les bois ont resté à l'eau.	POIDS des deux morceaux de bois.
		liv. onc. gr.			liv. onc. gr.
1744. Août. 21, pluie.	4 jours.	1er 41 13 5 2e 42 5 4	1744. Déc... 7, variab	4 jours.	1er 43 2 6 2e 43 8 4
25, variab	4 jours.	1er 41 14 7 2e 42 6 7	11, gelée.	4 jours.	1er 43 3 » 2e 43 9 »
29, beau.	4 jours.	1er 42 » 4 2e 42 7 2	15, pluie, neige.	4 jours.	1er 43 2 6 2e 43 9 6
Sept.. 2, beau.	4 jours.	1er 42 1 » 2e 42 8 »	19, pluie, brouill.	4 jours.	1er 43 3 4 2e 43 9 4
6, beau.	4 jours.	1er 42 2 4 2e 42 9 2	23, pluie, neige.	8 jours.	1er 43 3 5 2e 43 10 »
10, variab	4 jours.	1er 42 3 5 2e 42 10 5	31, neige, dégel.	8 jours.	1er 43 5 » 2e 43 10 6
14, beau.	4 jours.	1er 42 5 3 2e 42 11 4	1745. Janv. 8, brouil. et pluie.	8 jours.	1er 43 5 4 2e 43 11 2
18, chaud	4 jours.	1er 42 5 4 2e 42 12 »	16, gelée.	4 jours.	1er 43 7 4 2e 43 13 6
22, beau.	4 jours.	1er 42 4 7 2e 42 11 6	24, gelée, dégel *a*.	8 jours.	1er 43 7 3 2e 43 14 »
26, chaud	4 jours.	1er 42 5 4 2e 42 12 2	Fév.. 1er, neige	8 jours.	1er 43 7 7 2e 43 15 4
30, beau.	4 jours.	1er 42 6 7 2e 42 13 1	9, pluie,	8 jours.	1er 43 8 3 2e 43 15 3
Octob. 4, vent.	4 jours.	1er 42 7 4 2e 42 14 2	17, pluie, vent, gel.	8 jours.	1er 43 8 3 2e 44 » »
8, pluie.	4 jours.	1er 42 7 5 2e 42 14 2	27, beau.	8 jours.	1er 43 9 6 2e 44 1 »
12, pluie.	4 jours.	1er 42 9 » 2e 42 15 »	Mars. 5, beau *b*, gelée.	8 jours.	1er 43 11 4 2e 44 4 »
16, pluie.	4 jours.	1er 42 9 6 2e 43 » 3	13, gelée.	8 jours.	1er 44 12 2 2e 44 5 »
20, pluie.	4 jours.	1er 42 10 2 2e 43 1 3	21, vent.	8 jours.	1er 43 11 » 2e 44 3 1
24, pluie.	4 jours.	1er 42 12 » 2e 43 2 4	29, beau.	8 jours.	1er 43 11 » 2e 44 3 2
28, gelée.	4 jours.	1er 42 12 2 2e 43 3 »	Avril. 6, sec..	8 jours.	1er 43 11 2 2e 44 3 4
Nov.. 1er, beau.	4 jours.	1er 42 12 6 2e 43 3 2	14, sec..	8 jours.	1er 43 13 4 2e 44 5 »
5, pluie..	4 jours.	1er 42 13 2 2e 43 4 »	22, pluie.	8 jours.	1er 43 13 » 2e 44 6 »
9, beau..	4 jours.	1er 42 14 » 2e 43 4 6	30, beau.	8 jours.	1er 43 13 2 2e 44 5 3
13, beau.	4 jours.	1er 42 14 4 2e 43 5 2	Mai.. 8, pluie *c*.	8 jours.	1er 43 14 3 2e 44 7 2
17, pluie.	4 jours.	1er 42 15 2 2e 43 5 6	16, beau, pluie.	8 jours.	1er 43 15 » 2e 44 7 »
21, variab	4 jours.	1er 43 » 2 2e 43 6 2	24, chaud pluie.	8 jours.	1er 44 1 » 2e 44 8 1
25, beau.	4 jours.	1er 43 1 » 2e 43 7 »	Juin.. 1er, froid giboul.	8 jours.	1er 44 2 3 2e 44 8 7
29, neige et gelée.	4 jours.	1er 43 2 » 2e 43 8 »	9, frais, chaud.	8 jours.	1er 44 3 » 2e 44 9 4
Déc.. 3, dégel.	4 jours.	1er 43 2 2 2e 43 8 2	17, fr., v.	8 jours.	1er 44 2 » 2e 44 9 7

a. Le baquet était entièrement gelé ; il n'y avait qu'une pinte d'eau qui ne fût point glacée. On avait changé les bois deux jours auparavant pour relier le baquet.

b. Les bois étaient si fort serrés par la glace, qu'il a fallu y jeter de l'eau chaude. Ils ont passé la nuit dans la cuisine, auprès de la cheminée, et ils ont été pesés douze heures après l'eau chaude mise dans ce cuvier.

c. Il est visible ici que c'est la vicissitude du temps qui détermine le plus ou le moins d'augmentation, après un pareil nombre de jours ; les bois ont considérablement augmenté cette fois, parce que les deux jours qui ont précédé celui qu'on les a pesés il a fait une pluie continuelle par un vent du couchant, et le lendemain il a encore continué de pleuvoir un peu, et ensuite un temps couvert et humide.

MOIS ET JOURS.	TEMPS pendant lequel les bois ont resté à l'eau.	POIDS des deux morceaux de bois.	MOIS ET JOURS.	TEMPS pendant lequel les bois ont resté à l'eau.	POIDS des deux morceaux de bois.
		liv. onc. gr.			liv. onc. gr.
1745. Juin.. 23, pluie, vent.	8 jours.	1er 44 3 4 2e 44 11 1	1746. Nov.. 11, variab	16 jours.	1er 46 2 » 2e 46 6 »
Juillet. 3, pluie, chaud.	8 jours.	1er 44 3 4 2e 44 11 1	27, frim.	16 jours.	1er 46 3 1 2e 46 6 6
11, variab	8 jours.	1er 44 4 6 2e 44 11 2	Déc.. 13, hum.	16 jours.	1er 46 4 4 2e 46 7 4
19, pluie, chaud.	8 jours.	1er 44 5 5 2e 44 13 »	29, hum.	16 jours.	1er 46 3 » 2e 46 7 »
27, beau.	8 jours.	1er 44 6 6 2e 44 12 »	1747. Janv. 14, gelée.	16 jours.	1er 46 3 » 2e 46 8 »
Août. 4, pluie,	8 jours.	1er 44 7 4 2e 44 13 4	30, hum.	16 jours.	1er 46 2 » 2e 46 7 »
12, pluie.	8 jours.	1er 44 8 3 2e 44 14 2	Fév.. 15, tempéré.	16 jours.	1er 46 1 2 2e 46 6 »
20, pluie.	8 jours.	1er 44 9 » 2e 44 15 1	Mars. 3, dégel.	16 jours.	1er 46 3 » 2e 46 8 »
28, pluie, beau.	8 jours.	1er 44 10 1 2e 45 1 »	19, froid.	16 jours.	1er 46 2 8 2e 46 8 8
Sept. 5, beau.	16 jours.	1er 44 10 4 2e 45 2 4	Avril. 4, pluie.	16 jours.	1er 46 5 1 2e 46 9 5
21, beau.	16 jours.	1er 44 11 6 2e 45 4 1	20, sec..	16 jours.	1er 46 4 7 2e 46 8 1
Oct.. 7, sec..	16 jours.	1er 44 13 1 2e 45 5 7	Mai.. 6, tempéré.	16 jours.	1er 46 6 4 2e 46 9 4
23, beau.	16 jours.	1er 44 15 6 2e 45 6 1	22, variab	16 jours.	1er 46 7 5 2e 46 9 »
Nov.. 8, variab	16 jours.	1er 45 1 4 2e 45 8 2	Juin.. 7, pluv.	16 jours.	1er 46 8 2 2e 46 10 3
24, hum.	16 jours.	1er 45 4 » 2e 45 9 »	23, tempéré, pluv.	16 jours.	1er 46 9 1 2e 46 12 1
Déc.. 10, gelée.	16 jours.	1er 45 4 6 2e 45 10 1	Juillet. 9, variab	16 jours.	1er 46 10 » 2e 46 13 »
26, hum.	16 jours.	1er 45 5 » 2e 45 10 4	25, chaud et humide	16 jours.	1er 46 12 » 2e 46 14 4
1746. Janv. 11, variab	16 jours.	1er 45 4 4 2e 45 9 »	Août. 10, chaud, vent.	16 jours.	1er 46 11 » 2e 46 13 2
27, gelée, pluie.	16 jours.	1er 45 6 8 2e 45 12 »	26, chaud, pluie.	16 jours.	1er 46 12 » 2e 46 15 »
Fév.. 12, pluie, neige.	16 jours.	1er 45 6 4 2e 45 12 »	Sept. 11, sec..	16 jours.	1er 46 11 » 2e 46 13 »
28, dégel.	16 jours.	1er 45 8 » 2e 45 12 4	27, pluv.	16 jours.	1er 46 11 » 2e 46 13 4
Mars. 16, gelée, dégel.	16 jours.	1er 45 9 » 2e 45 13 »	Oct.. 27, beau, couvert.	30 jours.	1er 46 12 » 2e 46 15 »
Avril. 1er, vent, neige.	16 jours.	1er 45 9 » 2e 45 13 »	Nov. 27, bruines pend. 8 j.	30 jours.	1er 46 14 » 2e 47 » 4
17, sec..	16 jours.	1er 45 9 » 2e 45 14 »	Déc.. 27, pluv.	30 jours.	1er 46 15 » 2e 47 1 7
Mai.. 3, variab	16 jours.	1er 45 10 » 2e 45 13 »	1748. Janv. 27, gelée, neige et dégel.	30 jours.	1er 47 » » 2e 47 2 »
19, sec et chaud.	16 jours.	1er 45 10 » 2e 46 » »	Fév.. 27, dégel et doux.	30 jours.	1er 47 1 » 2e 47 2 4
Juin.. 4, pluie.	16 jours.	1er 45 9 4 2e 45 14 2	Mars. 27, froid.	30 jours.	1er 47 » 4 2e 47 4 »
20, variab	16 jours.	1er 45 10 6 2e 46 » »	Avril. 27, froid et pluv.	30 jours.	1er 47 2 » 2e 47 3 »
Juillet. 6, variab chaud.	16 jours.	1er 45 10 5 2e 46 » 1	Mai.. 27, sec et froid.	30 jours.	1er 47 2 » 2r 47 4 »
22, sec..	16 jours.	1er 45 10 5 2e 46 » »	Juin.. 27, sec..	30 jours.	1er 46 14 » 2e 47 1 »
Août. 7, hum.	16 jours.	1er 45 12 » 2e 46 » 7	Juill. 27, chal. et plhie.	30 jours.	1er 46 16 2 2e 47 2 1
23, chaud	16 jours.	1er 45 15 3 2e 46 2 5	Août. 27, chal. brouillards.	30 jours.	1er 47 2 » 2e 47 4 »
Sept. 8, pluie.	16 jours.	1er 45 15 6 2e 46 3 »	Sept. 27, pluv.	30 jours.	1er 47 3 » 2e 47 5 5
24, sec..	16 jours.	1er 46 » 6 2 e 46 3 6	Oct.. 27, hum.	30 jours.	1er 47 7 3 2e 47 7 4
Oct.. 10, hum.	16 jours.	1er 46 1 3 e 46 4 3	Nov.. 27, gelée.	30 jours.	1er 47 4 1 2e 47 7 4
26, beau.	16 jours.	1er 46 1 » 2e 46 5 »	Déc.. 27, pluie et vent.	30 jours.	1er 47 4 4 2e 47 6 7

MOIS ET JOURS.	TEMPS pendant lequel les bois ont resté à l'eau.	POIDS des deux morceaux de bois.	MOIS ET JOURS.	TEMPS pendant lequel les bois ont resté à l'eau.	POIDS des deux morceaux de bois.
		liv.onc.gr.			liv.onc.gr.
1749. Janv. 27, pluv.	30 jours.	1er 47 6 4 2e 47 7 4	1750. Sept. 27, bruine	30 jours.	1er 48 1 » 2e 48 1 »
Fév.. 27, pluie, ensuite sec.	30 jours.	1er 47 6 » 2e 47 8 2	Oct.. 27, beau, couvert.	30 jours.	1er 48 1 » 2e 48 1 »
Mars. 27, pluv.	30 jours.	1er 47 8 » 2e 47 9 4	Nov.. 27, pluv.	30 jours.	1er 48 2 » 2e 48 2 »
Avril. 27, vent.	30 jours.	1er 47 7 » 2e 47 9 »	1751*. Janv. 27, pluv.	61 jours.	1er 48 10 » 2e 48 13 »
Mai.. 27, chaud	30 jours.	1er 47 6 » 2e 47 8 »	Fév.. 27, gelée.	30 jours.	1er 48 9 » 2e 48 10 »
Juin.. 27, variab	30 jours.	1er 47 6 4 2e 47 8 »	Mars. 27, pluv.	30 jours.	1er 48 13 » 2e 48 14 »
Juill.. 27, variab	30 jours.	1er 47 7 2 2e 47 8 2	Avril. 27, pluie.	30 jours.	1er 48 13 » 2e 48 14 »
Août. 27, pluv.	30 jours.	1er 47 10 » 2e 47 11 »	Mai.. 27, variab	30 jours.	1er 48 13 » 2e 48 13 »
Sept. 27, sec..	30 jours.	1er 47 8 » 2e 47 10 »	Juin.. 27, chal.	30 jours.	1er 48 8 » 2e 48 12 »
Oct.. 27, sec..	30 jours.	1er 47 6 » 2e 47 7 »	Août. 27, tempéré.	60 jours.	1er 48 7 » 2e 48 8 »
Nov.. 27, pluv.	30 jours.	1er 47 12 » 2e 47 » »	Oct.. 27, pluv.	60 jours.	1er 49 » » 2e 49 » »
Déc.. 27, gelée, dégel.	30 jours.	1er 47 14 » 2e 47 15 »	Déc.. 27, gelée.	60 jours.	1er 48 10 » 2e 48 10 »
1750. Janv.. 27, hum.	30 jours.	1er 47 15 » 2e 47 15 4	1752. Fév.. 27, variab	60 jours.	1er 48 9 » 2e 48 11 »
Fév.. 27, variab	30 jours.	1er 47 15 4 2e 47 15 6	Avril. 27, sec..	60 jours.	1er 48 6 » 2e 48 6 »
Mars. 27, beau,	30 jours.	1er 47 14 » 2e 48 2 »	Juin.. 27, chaud pluvieux.	60 jours.	1er 48 8 » 2e 48 8 »
Avril. 27, sec..	30 jours.	1er 47 12 4 2e 47 13 4	Août. 27, variab	60 jours.	1er 48 10 » 2e 48 10 »
Mai.. 27, pluv.	30 jours.	1er 47 14 » 2e 47 15 »	Oct.. 27, beau.	60 jours.	1er 48 10 4 2e 48 11 4
Juin.. 27, bruine	30 jours.	1er 47 13 4 2e 47 13 4	Déc.. 27, pluv.	60 jours.	1er 48 11 » 2e 48 12 »
Juill.. 27, chal.	30 jours.	1er 47 13 » 2e 47 14 »	1753. Fév.. 27, hum., doux.	60 jours.	1er 48 10 4 2e 48 11 6
Août. 27, pluv.	30 jours.	1er 48 » » 2e 48 » »	Avril. 27, pluv.	60 jours.	1er 48 11 4 2e 48 12 »

On voit par cette expérience, qui a duré vingt ans :

1° Qu'après le desséchement à l'air pendant dix ans, et ensuite au soleil et au feu pendant dix jours, le bois de chêne, parvenu au dernier degré de son desséchement, perd plus d'un tiers de son poids lorsqu'on le travaille tout vert, et moins d'un tiers lorsqu'on le garde dans son écorce pendant un an avant de le travailler. Car le morceau de la première expérience s'est en dix ans réduit de 45 livres 10 onces à 29 livres 6 onces 7 gros; et le morceau de la seconde expérience s'est réduit en neuf ans, de 42 livres 8 onces à 29 livres 6 onces;

2° Que le bois, gardé dans son écorce avant d'être travaillé, prend plus promptement et plus abondamment l'eau, et par conséquent l'humidité de l'air que le bois travaillé tout vert. Car le premier morceau, qui pesait 29 livres 6 onces 7 gros lorsqu'on l'a mis dans l'eau, n'a pris en une heure que 2 livres 8 onces 3 gros, tandis que le second morceau, qui pesait 29

* On a oublié de peser les deux morceaux de bois dans le mois de décembre.

livres 6 onces, a pris dans le même temps 5 livres 6 onces. Cette différence, dans la plus prompte et la plus abondante imbibition, s'est soutenue très-longtemps. Car au bout de vingt-quatre heures de séjour dans l'eau, le premier morceau n'avait pris que 4 livres 15 onces 7 gros, tandis que le second a pris dans le même temps 5 livres 4 onces 6 gros. Au bout de huit jours, le premier morceau n'avait pris que 7 livres 1 once 2 gros, tandis que le second a pris dans le même temps 7 livres 12 onces 2 gros. Au bout d'un mois le premier morceau n'avait pris que 8 livres 12 onces, tandis que le second a pris dans le même temps 9 livres 11 onces 2 gros. Au bout de trois mois de séjour dans l'eau, le premier morceau n'avait pris que 10 livres 14 onces 1 gros, tandis que le second a pris dans le même temps 11 livres 8 onces 5 gros. Enfin ce n'a été qu'au bout de quatre ans sept mois, que les deux morceaux se sont trouvés à très-peu près égaux en pesanteur;

3° Qu'il a fallu vingt mois pour que ces morceaux de bois, d'abord desséchés jusqu'au dernier degré, aient repris dans l'eau autant d'humidité qu'ils en avaient sur pied et au moment qu'on venait d'abattre l'arbre dont ils ont été tirés. Car au bout de ces vingt mois de séjour dans l'eau, ils pesaient 45 livres quelques onces, à peu près autant que quand on les a travaillés;

4° Qu'après avoir pris pendant vingt mois de séjour dans l'eau autant d'humidité qu'ils en avaient d'abord, ces bois ont continué à pomper l'eau pendant cinq ans. Car au mois d'octobre 1751, ils pesaient tous deux également 49 livres. Ainsi le bois plongé dans l'eau tire non-seulement autant d'humidité qu'il contenait de sève, mais encore près d'un quart au delà; et la différence en poids de l'entier dessèchement à la pleine imbibition est de 30 à 50, ou de 3 à 5 environ. Un morceau de bois bien sec, qui ne pèse que 3 livres, en pèsera 5 lorsqu'il aura séjourné plusieurs années dans l'eau;

5° Lorsque l'imbibition du bois dans l'eau est plénière, le bois suit au fond de l'eau les vicissitudes de l'atmosphère : il se trouve toujours plus pesant lorsqu'il pleut, et plus léger lorsqu'il fait beau, comme on le voit par les pesées de ces bois dans les dernières années des expériences, en 1751, 1752 et 1753; en sorte qu'on pourrait dire, avec juste raison, qu'il fait plus humide dans l'eau lorsqu'il pleut que quand il fait beau temps.

EXPÉRIENCE VIII.

Pour reconnaître la différence de l'imbibition des bois dont la solidité est plus ou moins grande.

Le 2 avril 1735, j'ai fait prendre dans un chêne âgé de soixante ans, qui venait d'être abattu, trois petits cylindres, l'un dans le centre de l'arbre, le second à la circonférence du bois parfait, et l'autre dans l'aubier : ces trois cylindres pesaient chacun 985 grains. Je les ai mis dans un vase rempli d'eau douce tous trois en même temps, et je les ai pesés tous les jours pendant un mois pour voir dans quelle proportion se faisait leur imbibition.

TABLE DE L'IMBIBITION DE CES TROIS CYLINDRES DE BOIS.

DATES des PESÉES.	POIDS DES TROIS CYLINDRES.			DATES des PESÉES.	POIDS DES TROIS CYLINDRES.		
	Cœur.	Circonfér. du cœur.	Aubier.		Cœur.	Circonfér. du cœur.	Aubier.
1735.	grains.	grains.	grains.	1735.	grains.	grains.	grains.
Avril. 2.........	985	985	985	Avril. 22, couvert..	1057 $\frac{1}{2}$	1075 $\frac{1}{2}$	1078 $\frac{1}{2}$
3, à 6 h. mat.	1011	1016	1065	23, couvert..	1058	1077	1074 $\frac{1}{2}$
4.........	1021	1027	1065	24, sec.....	1059	1078 $\frac{1}{2}$	1074
5, pluie....	1023	1034	1073 $\frac{1}{2}$	25, sec.....	1060	1079	1074
6, humide..	1030	1040	1081	29, sec.....	1065	1087	1074 $\frac{1}{2}$
7, humide..	1035	1044	1083	Mai.. 5, chaud...	1068 $\frac{1}{2}$	1091	1071
8, pluie....	1036	1048	1088 $\frac{1}{2}$	9, sec.....	1072	1093	1071
9, humide..	1037	1051	1090	13, chaud...	1073	1095 $\frac{1}{2}$	1070
10, couvert..	1039	1055	1092 $\frac{1}{2}$	21, pluie....	1075	1101	1070
11, sec.....	1040	1056	1084	25, pluie....	1077 $\frac{1}{2}$	1103 $\frac{1}{2}$	1084
12, sec.....	1042	1059	1078	Juin.. 2, sec.....	1078	1103 $\frac{1}{2}$	1071
13, sec.....	1045	1061	1078 $\frac{1}{2}$	10, humide..	1082	1108	1078 $\frac{1}{2}$
14, couvert..	1048 $\frac{1}{2}$	1064	1079 $\frac{1}{2}$	18, sec.....	1080	1105	1064
15, sec.....	1050 $\frac{3}{4}$	1065	1078	Juill.. 6, pluie....	1088	1109	1069
16, chaud...	1051	1066	1074	15, pluie....	1096	1112	1077
17, chaud...	1051 $\frac{1}{2}$	1067	1072	25, pluie....	1113	1126	1098
18, sec.....	1052	1068	1073	Août. 25, sec......	1112	1122	1065
19, sec.....	1053	1069	1071	Sept.. 25, pluie....	1120	1126	1092
20, couvert..	1056	1072	1072	Oct.. 25, pluie....	1128	1130	1124
21, pluie....	1057	1073	1079				

Cette expérience présente quelque chose de fort singulier: on voit que, pendant le premier jour, l'aubier, qui est le moins solide des trois morceaux, tire 80 grains pesant d'eau, tandis que le morceau de la circonférence du cœur n'en tire que 31, le morceau du centre 26, et que le lendemain ce même morceau d'aubier cesse de tirer l'eau, en sorte que pendant vingt-quatre heures entières son poids n'a pas augmenté d'un seul grain, tandis que les deux autres morceaux continuent à tirer l'eau et à augmenter de poids; et en jetant les yeux sur la table de l'imbibition de ces trois morceaux, on voit que celui du centre et celui de la circonférence prennent des augmentations de pesanteur depuis le 2 avril jusqu'au 10 juin, au lieu que le morceau d'aubier augmente et diminue de pesanteur par des variations fort irrégulières. Il a été mis dans l'eau le 1er avril à midi, le ciel était couvert et l'air humide: ce morceau pesait, comme les deux autres, 985 grains. Le lendemain à dix heures du matin, il pesait 1,065 grains : ainsi en dix-huit heures il avait augmenté de 80 grains, c'est-à-dire environ $\frac{1}{12}$ de son poids total. Il était naturel de penser qu'il continuerait à augmenter de poids; cependant au bout de dix-huit heures il a cessé tout d'un coup de tirer de l'eau, et il s'est passé vingt-quatre heures sans qu'il ait augmenté;

ensuite ce morceau d'aubier a repris de l'eau, et a continué d'en tirer pendant six jours, en sorte qu'au 10 avril il avait tiré 107 grains $\frac{1}{2}$ d'eau; mais les deux jours suivants, le 11 et le 12, il a reperdu 14 grains $\frac{1}{2}$, ce qui fait plus de la moitié de ce qu'il avait tiré les six jours précédents; il a demeuré presque stationnaire et au même point pendant les trois jours suivants, les 13, 14 et 15, après quoi il a continué à rendre l'eau qu'il a tirée, en sorte que le 19 du même mois il se trouve qu'il avait rendu 21 grains $\frac{1}{2}$ depuis le 10. Il a diminué encore plus aux 13 et 21 du mois suivant, et encore plus au 18 de juin, car il se trouve qu'il a perdu 28 grains $\frac{1}{2}$ depuis le 10 avril. Après cela il a augmenté pendant le mois de juillet, et au 25 de ce mois il s'est trouvé avoir tiré en total 113 grains pesant d'eau. Pendant le mois d'août il en a repris 33 grains; et enfin il a augmenté en septembre et surtout en octobre si considérablement, que, le 25 de ce dernier mois, il avait tiré en total 139 grains.

Une expérience que j'avais faite dans une autre vue a confirmé celle-ci: je vais en rapporter le détail pour en faire la comparaison.

J'avais fait faire quatre petits cylindres d'aubier de l'arbre dont j'avais tiré les petits morceaux de bois qui m'ont servi à l'expérience rapportée ci-dessus. Je les avais fait travailler le 8 avril, et je les avais mis dans le même vase. Deux de ces petits cylindres avaient été coupés dans le côté de l'arbre qui était exposé au nord lorsqu'il était sur pied, et les deux autres petits cylindres avaient été pris dans le côté de l'arbre qui était exposé au midi. Mon but, dans cette expérience, était de savoir si le bois de la partie de l'arbre qui est exposée au midi est plus ou moins solide que le bois qui est exposé au nord. Voici la proportion de leur imbibition.

TABLE DE L'IMBIBITION DE CES QUATRE CYLINDRES.

DATES des PESÉES.	POIDS DES MORCEAUX septentrionaux.		POIDS DES MORCEAUX méridionaux.		DATES des PESÉES.	POIDS DES MORCEAUX septentrionaux.		POIDS DES MORCEAUX méridionaux.	
	L'un.	L'autre.	L'un.	L'autre.		L'un.	L'autre.	L'un.	L'autre.
1735.	grains.	grains.	grains.	grains.	1735.	grains.	grains.	grains.	grains.
Avril.... 8	64	64	64	64	Avril... 21	78 $\frac{1}{4}$	77	75	75
9	76 $\frac{1}{4}$	76	73 $\frac{1}{2}$	73 $\frac{1}{2}$	25	77	76	74	74
10	76 $\frac{1}{2}$	76	73 $\frac{3}{4}$	73 $\frac{1}{2}$	29	77 $\frac{1}{2}$	76 $\frac{1}{2}$	74 $\frac{1}{4}$	74
11	76 $\frac{3}{4}$	76	74	74	Mai.... 5	77 $\frac{1}{2}$	76 $\frac{1}{2}$	74	74
12	77	76	74	74	13	77 $\frac{3}{4}$	77 $\frac{1}{2}$	74	74
13	77 $\frac{3}{4}$	76 $\frac{1}{2}$	74 $\frac{1}{2}$	74 $\frac{1}{2}$	28	78	77	75	75
14	76 $\frac{3}{4}$	76 $\frac{1}{4}$	75	74 $\frac{1}{2}$	Juin.... 30	78	76 $\frac{3}{4}$	75	75
15	77 $\frac{1}{4}$	77	75 $\frac{1}{4}$	75 $\frac{1}{4}$	Juillet.. 25	80 $\frac{1}{2}$	80	78 $\frac{1}{2}$	78
16	77	76 $\frac{1}{4}$	74 $\frac{1}{2}$	74 $\frac{1}{2}$	Août... 25	76 $\frac{3}{4}$	76 $\frac{1}{4}$	74 $\frac{3}{4}$	74
17	76 $\frac{1}{2}$	76	74 $\frac{1}{4}$	73 $\frac{3}{4}$	Sept.... 25	80 $\frac{3}{4}$	80 $\frac{1}{4}$	79 $\frac{1}{2}$	79 $\frac{1}{4}$
18	77	76 $\frac{1}{4}$	74 $\frac{1}{4}$	73 $\frac{3}{4}$	Octobre. 25	84 $\frac{1}{4}$	84	83	83
19	77	76	74	73 $\frac{3}{4}$					

Cette expérience s'accorde avec l'autre, et on voit que ces quatre morceaux d'aubier augmentent et diminuent de poids les mêmes jours que le morceau d'aubier de l'autre expérience augmente ou diminue, et que par conséquent il y a une cause générale qui produit ces variations. On en sera encore plus convaincu après avoir jeté les yeux sur la table suivante.

Le 11 avril de la même année, j'ai pris un morceau d'aubier du même arbre qui pesait, avant que d'avoir été mis dans l'eau, 7 onces 3 gros. Voici la proportion de son imbibition.

MOIS ET JOURS.	POIDS du MORCEAU.	MOIS ET JOURS.	POIDS du MORCEAU.
	onces.		onces.
1735. Avril....... 11	7 $\frac{24}{64}$	1735. Avril....... 21	7 $\frac{56}{64}$
12	7 $\frac{50}{64}$	23	7 $\frac{56}{64}$
13	7 $\frac{56}{64}$	Mai......... 5	7 $\frac{56}{64}$
14	7 $\frac{56}{64}$	23	7 $\frac{58}{64}$
15	7 $\frac{59}{64}$	Juin........ 25	7 $\frac{58}{64}$
16	7 $\frac{58}{64}$	Juillet....... 25	8 $\frac{6}{64}$
17	7 $\frac{56}{64}$	Août........ 25	7 $\frac{58}{64}$
18	7 $\frac{54}{64}$	Septembre... 25	7 $\frac{60}{64}$
19	7 $\frac{55}{64}$	Octobre..... 25	8 $\frac{8}{64}$

Cette expérience confirme encore les autres; et on ne peut pas douter, à la vue de ces tables, des variations singulières qui arrivent au bois dans l'eau. On voit que tous ces morceaux de bois ont augmenté considérablement au 25 juillet, qu'ils ont tous diminué considérablement au 25 août, et qu'ensuite ils ont tous augmenté encore plus considérablement aux mois de septembre et d'octobre.

Il est donc très-certain que le bois, plongé dans l'eau, en tire et rejette alternativement dans une proportion dont les quantités sont très-considérables par rapport au total de l'imbibition : ce fait, après que je l'eus absolument vérifié, m'étonna. J'imaginai d'abord que ces variations pouvaient dépendre de la pesanteur de l'air; je pensai que l'air étant plus pesant dans le temps qu'il fait sec et chaud, l'eau chargée alors d'un plus grand poids devait pénétrer dans les pores du bois avec une force plus grande, et qu'au contraire lorsque l'air est plus léger, l'eau qui y était entrée par la force du plus grand poids de l'atmosphère pouvait en ressortir; mais cette explication ne va pas avec les observations, car il paraît au contraire, par les tables précédentes, que le bois dans l'eau augmente toujours de poids dans les temps de pluie, et diminue considérablement dans les temps secs et chauds; et c'est ce qui me fit proposer, quelques années après, à M. Dali-

bard, de faire ces expériences sur le bois plongé dans l'eau, en comparant les variations de la pesanteur du bois avec les mouvements du baromètre, du thermomètre et de l'hygromètre, ce qu'il a exécuté avec succès et publié dans le premier volume des Mémoires étrangers, imprimés par ordre de l'Académie.

EXPÉRIENCE IX.

Sur l'imbibition du bois vert.

Le 9 avril 1735, j'ai pris dans le centre d'un chêne abattu le même jour, âgé d'environ soixante ans, un morceau de bois cylindrique qui pesait 11 onces; je l'ai mis tout de suite dans un vase plein d'eau, que j'ai eu soin de tenir toujours rempli à la même hauteur.

TABLE DE L'IMBIBITION DE CE MORCEAU DE COEUR DE CHÊNE.[a]

ANNÉE, MOIS ET JOURS.		POIDS du cœur du chêne.	ANNÉE, MOIS ET JOURS.		POIDS du cœur de chêne.
		onces.			onces.
1735. Avril	9	11 »	1735. Avril	22	11 $\frac{36}{64}$
	10	11 $\frac{16}{64}$		23	11 $\frac{37}{64}$
	11	11 $\frac{24}{64}$		29	11 $\frac{40}{64}$
	12	11 $\frac{26}{64}$	Mai	5	11 $\frac{41}{64}$
	13	11 $\frac{28}{64}$		13	11 $\frac{46}{64}$
	14	11 $\frac{29}{64}$		29	11 $\frac{54}{64}$
	15	11 $\frac{30}{64}$	Juin	14	11 $\frac{58}{64}$
	16	11 $\frac{31}{64}$		30	11 $\frac{58}{64}$
	17	11 $\frac{31}{64}$	Juillet	25	11 $\frac{60}{64}$ [b]
	18	11 $\frac{32}{64}$	Août	25	11 $\frac{60}{64}$
	19	11 $\frac{34}{64}$	Septembre	25	12 »
	20	11 $\frac{34}{64}$	Octobre	25	12 $\frac{6}{64}$
	21	11 $\frac{35}{64}$			

Il paraît, par cette expérience, qu'il y a dans le bois une matière grasse que l'eau dissout fort aisément; il paraît aussi qu'il y a des parties de fer dans cette matière grasse qui donnent la couleur noire.

On voit que le bois qui vient d'être coupé n'augmente pas beaucoup en pesanteur dans l'eau, puisqu'en six mois l'augmentation n'est ici que d'une douzième partie de la pesanteur totale.

a. L'eau, quoique changée très-souvent, prenait une couleur noire peu de temps après que le bois y était plongé; quelquefois cette eau était recouverte d'une espèce de pellicule huileuse, et le bois a toujours été gluant jusqu'au 29 avril, quoique l'eau se soit clarifiée quelques jours auparavant.

b. On voit que dans les temps auxquels les aubiers des expériences précédentes diminuent au lieu d'augmenter de pesanteur dans l'eau, le bois de cœur de chêne n'augmente ni ne diminue.

EXPÉRIENCE X.

Sur l'imbibition du bois sec, tant dans l'eau douce que dans l'eau salée.

Le 22 avril 1735, j'ai pris dans une solive de chêne, travaillée plus de vingt ans auparavant et qui avait toujours été à couvert, deux petits parallélipipèdes d'un pouce d'équarrissage, sur deux pouces de hauteur. J'avais auparavant fait fondre, dans une quantité de 15 onces d'eau, une once de sel marin: après avoir pesé les morceaux de bois dont je viens de parler, et avoir écrit leur poids qui était de 450 grains chacun, j'ai mis l'un de ces morceaux dans l'eau salée, et l'autre dans une égale quantité d'eau commune.

Chaque morceau pesait, avant que d'être dans l'eau, 450 grains; ils y ont été mis à cinq heures du soir, et on les a laissés surnager librement.

TABLEAU DE L'IMBIBITION DE DEUX MORCEAUX DE BOIS.

ANNÉE, MOIS ET JOURS.	POIDS du bois imbibé d'eau commune.	POIDS du bois imbibé d'eau salée.	ANNÉE, MOIS ET JOURS.	POIDS du bois imbibé d'eau commune.	POIDS du bois imbibé d'eau salée.
1735.	grains.	grains.	1735.	grains.	grains.
Avril.. 22, à 7 h. du soir..	485	481	Mai... 5	628	585
à 10 h. du soir.	495	487	9	648 $\frac{1}{2}$	597
23, à 6 h. du mat..	506 $\frac{1}{2}$	495	13	667	607
à 6 h. du soir..	521 $\frac{1}{2}$	502	17	682	646
24, à 6 h. du mat..	531 $\frac{1}{2}$	509 $\frac{1}{2}$	21	684	625
25, même heure ..	547	517 $\frac{1}{2}$ [a]	29	704	630
26	560	528	Juin .. 6	712 $\frac{1}{2}$	640
27, à 6 h. du mat..	573	533	14	732	648
28	582	539 $\frac{1}{2}$	30	753 $\frac{1}{2}$	663 $\frac{1}{2}$
29	589 $\frac{1}{2}$	545 $\frac{1}{2}$	Juillet. 25	770	701
30	598	549	Août.. 25	782 $\frac{1}{2}$	736
Mai... 1er..............	603	551	Sept.. 25	788 $\frac{1}{2}$	756 $\frac{1}{2}$
2	609 $\frac{1}{2}$	553 $\frac{1}{2}$	Octob. 25	796 $\frac{1}{2}$	760

J'ai observé, dans le cours de cette expérience, que le bois devient plus glissant et plus huileux dans l'eau douce que dans l'eau salée; l'eau douce devient aussi plus noire. Il se forme dans l'eau salée de petits cristaux qui s'attachent au bois sur la surface supérieure, c'est-à-dire sur la surface qui est la plus voisine de l'air. Je n'ai jamais vu de cristaux sur la surface inférieure. On voit, par cette expérience, que le bois tire l'eau douce en plus grande quantité que l'eau salée. On en sera convaincu en jetant les yeux sur les tables suivantes.

Le même jour 22 avril, j'ai pris dans la même solive six morceaux de

a. Il s'était formé de petits cristaux de sel tout autour du morceau, un peu au-dessous de la ligne de l'eau dans laquelle il surnageait.

bois d'un pouce d'équarrissage, qui pesaient chacun 430 grains; j'en ai mis trois dans 45 onces d'eau salée de 3 onces de sel, et j'ai mis les trois autres dans 45 onces d'eau douce et dans des vases semblables. Je les avais numérotés : 1, 2, 3, étaient dans l'eau salée; et les numéros 4, 5, 6, étaient dans l'eau douce.

TABLE DE L'IMBIBITION DE CES SIX MORCEAUX. [a]

MOIS ET JOURS DES PESÉES.	POIDS des numéros 1, 2, 3.	POIDS des numéros 4, 5, 6.	MOIS ET JOURS DES PESÉES.	POIDS des numéros 1, 2, 3.	POIDS des numéros 4, 5, 6.
1735.	grains.	grains.	1735.	grains.	grains.
	450	454		530 ½	582
Avril.. 22, à 6 h. 1/2....	449 ½	452	Mai... 2, à 6 h. du soir.	529	577
	448 ½	451		519 ½	575
	453	459		567	600
à 7 h. 1/2....	452	458	5	564	594
	451	455 ½		555	593
	456	463		573	621 ½
à 8 h. 1/2....	455	462	9	570	613 ½
	453	459 ½		561 ½	606
	458	466		581	634 ½
à 9 h. 1/2....	457	465	13	578	632 ½
	455	462		570	624 ½
	467	479 ½		589	653
22, à 6 h. du mat.	464	476 ½	17	582	648
	463	475		575	637
	475	494 ½		597	670
à 6 h. du soir.	474	491	21	584	655
	471	488		583	649
	482	505 ½		619 ½	682
24, même heure..	480	503	29	618	667
	479	501		612	664
	490 ¾	518 ½		622	694
25	486 ½	510	Juin.. 6, à 6 h. du soir.	620 ½	680
	485 ½	513		613	679 ½
	501	532		628	703
26	497	529	14	627	696
	495	527 ½		620	691 ½
	507 ½	545		645	724
27	504	540	30	642	715
	499 ½	539		634	713 ½
	514	555		663 ½	737 ¾
28	509	552	Juillet. 25	657	731 ½
	505 ½	551		648	729
	517	560 ½		688	747
29	513	557 ½	Août.. 25	694	742
	507	555 ½		686	736
	522	571		718	752
30	520 ½	568	Sept.. 25	711	748
	512 ½	567		704	740
	527	575		723	757 ½
Mai... 1er..............	525	571 ½	Octob.	713 ½	751
	515	570		707 ½	742

a. Avant d'avoir été mis dans l'eau, ils pesaient tous 430 grains; on les a mis dans l'eau à cinq heures et demie du soir.

Il résulte de cette expérience et de toutes les précédentes :

1° Que le bois de chêne perd environ un tiers de son poids par le dessèchement, et que les bois moins solides que le chêne perdent plus d'un tiers de leur poids;

2° Qu'il faut sept ans au moins pour dessécher des solives de 8 à 9 pouces de grosseur, et que par conséquent il faudrait beaucoup plus du double de temps, c'est-à-dire plus de 15 ans, pour dessécher une poutre de 16 à 18 pouces d'équarrissage;

3° Que le bois abattu et gardé dans son écorce se dessèche si lentement que le temps qu'on le garde dans son écorce est en pure perte pour le desséchement, et que par conséquent il faut équarrir les bois peu de temps après qu'ils auront été abattus;

4° Que, quand le bois est parvenu aux deux tiers de son desséchement, il commence à repomper l'humidité de l'air, et qu'il faut par conséquent conserver dans des lieux fermés les bois secs qu'on veut employer à la menuiserie ;

5° Que le desséchement du bois ne diminue pas sensiblement son volume, et que la quantité de la sève est le tiers de celle des parties solides de l'arbre;

6° Que le bois de chêne abattu en pleine sève, s'il est sans aubier, n'est pas plus sujet aux vers que le bois de chêne abattu dans toute autre saison;

7° Que le desséchement du bois est d'abord en raison plus grande que celle des surfaces, et ensuite en moindre raison ; que le desséchement total d'un morceau de bois de volume égal, et de surface double d'un autre, se fait en deux ou trois fois moins de temps; que le desséchement total du bois à volume égal et surface triple, se fait en cinq ou six fois environ moins de temps;

8° Que l'augmentation de pesanteur que le bois sec acquiert, en repompant l'humidité de l'air, est proportionnelle à la surface;

9° Que le desséchement total des bois est proportionnel à leur légèreté, en sorte que l'aubier se dessèche plus que le cœur de chêne dans la raison de sa densité relative, qui est à peu près de $\frac{1}{15}$ moindre que celle du cœur;

10° Que, quand le bois est entièrement desséché à l'ombre, la quantité dont on peut encore le dessécher en l'exposant au soleil, et ensuite dans un four échauffé à 47 degrés, ne sera guère que d'une dix-septième ou dix-huitième partie du poids total du bois, et que par conséquent ce desséchement artificiel est coûteux et inutile;

11° Que les bois secs et légers, lorsqu'ils sont plongés dans l'eau, s'en remplissent en très-peu de temps; qu'il ne faut, par exemple, qu'un jour à un petit morceau d'aubier pour se remplir d'eau, au lieu qu'il faut vingt jours à un pareil morceau de cœur de chêne;

12° Que le bois de cœur de chêne n'augmente que d'une douzième partie

de son poids total, lorsqu'on l'a plongé dans l'eau au moment qu'on vient de le couper, et qu'il faut même un très-long temps pour qu'il augmente de cette douzième partie en pesanteur;

13° Que le bois plongé dans l'eau douce la tire plus promptement et plus abondamment que le bois plongé dans l'eau salée ne tire l'eau salée;

14° Que le bois plongé dans l'eau s'imbibe bien plus promptement qu'il ne se dessèche à l'air, puisqu'il n'a fallu que douze jours aux morceaux des deux premières expériences pour reprendre dans l'eau la moitié de toute l'humidité qu'ils avaient perdue par le desséchement en sept ans; et qu'en vingt-deux mois ils se sont chargés d'autant d'humidité qu'ils en avaient jamais eu; en sorte qu'au bout de ces vingt-deux mois de séjour dans l'eau, ils pesaient autant que quand on les avait coupés douze ans auparavant;

15° Enfin, que quand les bois sont entièrement remplis d'eau, ils éprouvent au fond de l'eau des variations relatives à celles de l'atmosphère, et qui se reconnaissent à la variation de leur pesanteur; et quoiqu'on ne sache pas bien à quoi correspondent ces variations, on voit cependant en général que le bois plongé dans l'eau est plus humide lorsque l'air est humide, et moins humide lorsque l'air est sec, puisqu'il pèse constamment plus dans les temps de pluie que dans les beaux temps.

ARTICLE III.

SUR LA CONSERVATION ET LE RÉTABLISSEMENT DES FORÊTS. [1]

Le bois, qui était autrefois très-commun en France, maintenant suffit à peine aux usages indispensables, et nous sommes menacés pour l'avenir d'en manquer absolument : ce serait une vraie perte pour l'État d'être obligé d'avoir recours à ses voisins, et de tirer de chez eux à grands frais ce que nos soins et quelque légère économie peuvent nous procurer. Mais il faut s'y prendre à temps, il faut commencer dès aujourd'hui; car si notre indolence dure, si l'envie pressante que nous avons de jouir continue à augmenter notre indifférence pour la postérité; enfin si la police des bois n'est pas réformée, il est à craindre que les forêts, cette partie la plus noble du domaine de nos rois, ne deviennent des terres incultes, et que le bois de service, dans lequel consiste une partie des forces maritimes de l'État, ne se trouve consommé et détruit sans espérance prochaine de renouvellement.

Ceux qui sont préposés à la conservation des bois se plaignent eux-

1. Cet article III forme, comme je l'ai déjà dit (note de la p. 46), un Mémoire distinct dans les volumes de l'Académie, où il se trouve inséré, année 1739, p. 140.

mêmes de leur dépérissement; mais ce n'est pas assez de se plaindre d'un mal qu'on ressent déjà et qui ne peut qu'augmenter avec le temps; il en faut chercher le remède, et tout bon citoyen doit donner au public les expériences et les réflexions qu'il peut avoir faites à cet égard. Tel a toujours été le principal objet de l'Académie : l'utilité publique est le but de ses travaux. Ces raisons ont engagé feu M. de Réaumur[1] à nous donner, en 1721, de bonnes remarques sur l'état des bois du royaume. Il pose des faits incontestables, il offre des vues saines, et il indique des expériences qui feront honneur à ceux qui les exécuteront. Engagé par les mêmes motifs, et me trouvant à portée des bois, je les ai observés avec une attention particulière; et enfin, animé par les ordres de M. le comte de Maurepas, j'ai fait plusieurs expériences sur ce sujet. Des vues d'utilité particulière autant que de curiosité de physicien m'ont porté à faire exploiter mes bois taillis sous mes yeux; j'ai fait des pépinières d'arbres forestiers, j'ai semé et planté plusieurs cantons de bois, et ayant fait toutes ces épreuves en grand, je suis en état de rendre compte du peu de succès de plusieurs pratiques qui réussissaient en petit, et que les auteurs d'agriculture avaient recommandées. Il en est ici comme de tous les autres arts : le modèle qui réussit le mieux en petit, souvent ne peut s'exécuter en grand.

Tous nos projets sur les bois doivent se réduire à tâcher de conserver ceux qui nous restent, et à renouveler une partie de ceux que nous avons détruits. Commençons par examiner les moyens de conservation, après quoi nous viendrons à ceux de renouvellement.

Les bois de service du royaume consistent dans les forêts qui appartiennent à Sa Majesté, dans les réserves des ecclésiastiques et des gens de mainmorte, et enfin dans les baliveaux que l'Ordonnance oblige de laisser dans tous les bois.

On sait, par une expérience déjà trop longue, que le bois des baliveaux n'est pas de bonne qualité, et que d'ailleurs ces baliveaux font tort aux taillis. J'ai observé fort souvent les effets de la gelée du printemps dans deux cantons de bois taillis voisins l'un de l'autre. On avait conservé dans l'un tous les baliveaux de quatre coupes successives; dans l'autre, on n'avait conservé que les baliveaux de la dernière coupe; j'ai reconnu que la gelée avait fait un si grand tort au taillis surchargé de baliveaux, que l'autre taillis l'a devancé de cinq ans sur douze. L'exposition était la même; j'ai sondé le terrain en différents endroits, il était semblable. Ainsi je ne puis attribuer cette différence qu'à l'ombre et à l'humidité que les baliveaux jetaient sur le taillis, et à l'obstacle qu'ils formaient au desséchement de cette humidité, en interrompant l'action du vent et du soleil.

1. Réaumur est mort en 1757, âgé de 74 ans. Ce Mémoire, comme il vient d'être dit, avait été publié pour la première fois en 1739 (voyez la note de la page précédente); mais Buffon le reproduit ici (2e volume des *Suppléments*), et nous sommes en 1775.

Les arbres qui poussent vigoureusement en bois produisent rarement beaucoup de fruit; les baliveaux se chargent d'une grande quantité de glands, et annoncent par là leur faiblesse. On imaginerait que ce gland devrait repeupler et garnir les bois, mais cela se réduit à bien peu de chose, car de plusieurs millions de ces graines qui tombent au pied des arbres, à peine en voit-on lever quelques centaines, et ce petit nombre est bientôt étouffé par l'ombre continuelle et le manque d'air, ou supprimé par le *dégouttement* de l'arbre, et par la gelée qui est toujours plus vive près de la surface de la terre, ou enfin détruit par les obstacles que ces jeunes plantes trouvent dans un terrain traversé d'une infinité de racines et d'herbes de toute espèce: on voit, à la vérité, quelques arbres de brin dans les taillis; ces arbres viennent de graines, car le chêne ne se multiplie pas par rejetons au loin, et ne pousse pas de la racine; mais ces arbres de brin sont ordinairement dans les endroits clairs des bois, loin des gros baliveaux, et sont dus aux mulots ou aux oiseaux, qui, en transportant les glands, en sèment une grande quantité. J'ai su mettre à profit ces graines que les oiseaux laissent tomber. J'avais observé dans un champ qui, depuis trois ou quatre ans, était demeuré sans culture, qu'autour de quelques petits buissons qui s'y trouvaient fort loin les uns des autres, plusieurs petits chênes avaient paru tout d'un coup; je reconnus bientôt par mes yeux que cette plantation appartenait à des geais, qui, en sortant des bois, venaient d'habitude se placer sur ces buissons pour manger leur gland, et en laissaient tomber la plus grande partie, qu'ils ne se donnaient jamais la peine de ramasser. Dans un terrain que j'ai planté dans la suite, j'ai eu soin d'y mettre de petits buissons, les oiseaux s'en sont emparés, et ont garni les environs d'une grande quantité de jeunes chênes.

Il faut qu'il y ait déjà du temps qu'on ait commencé à s'apercevoir du dépérissement des bois, puisque autrefois nos rois ont donné des ordres pour leur conservation. La plus utile de ces Ordonnances est celle qui établit, dans les bois des ecclésiastiques et gens de main-morte, la réserve du quart pour croître en futaie : elle est ancienne et a été donnée pour la première fois en 1573, confirmée en 1597, et cependant demeurée sans exécution jusqu'à l'année 1669. Nous devons souhaiter qu'on ne se relâche point à cet égard : ces réserves sont un fonds, un bien réel pour l'État, un bien de bonne nature, car elles ne sont pas sujettes aux défauts des baliveaux; rien n'a été mieux imaginé, et on en aurait bien senti les avantages, si jusqu'à présent le crédit, plutôt que le besoin, n'en eût pas disposé. On préviendrait cet abus en supprimant l'usage arbitraire des permissions, et en établissant un temps fixe pour la coupe des réserves : ce temps serait plus ou moins long, selon la qualité du terrain, ou plutôt selon la profondeur du sol, car cette attention est absolument nécessaire. On pourrait donc en régler les coupes à cinquante ans dans un terrain de deux pieds et

demi de profondeur, à soixante-dix ans dans un terrain de trois pieds et demi, et à cent ans dans un terrain de quatre pieds et demi et au delà de profondeur. Je donne ces termes d'après les observations que j'ai faites, au moyen d'une tarière haute de cinq pieds, avec laquelle j'ai sondé quantité de terrains, où j'ai examiné en même temps la hauteur, la grosseur et l'âge des arbres; cela se trouvera assez juste pour les terres fortes et pétrissables. Dans les terres légères et sablonneuses, on pourrait fixer les termes des coupes à quarante, soixante et quatre-vingts ans; on perdrait à attendre plus longtemps, et il vaudrait infiniment mieux garder du bois de service dans des magasins que de le laisssr sur pied dans les forêts, où il ne peut manquer de s'altérer après un certain âge.

Dans quelques provinces maritimes du royaume, comme dans la Bretagne près d'Ancenis, il y a des terrains de communes qui n'ont jamais été cultivés, et qui, sans être en nature de bois, sont couverts d'une infinité de plantes inutiles, comme de fougères, de genêts et de bruyères, mais qui sont en même temps plantés d'une assez grande quantité de chênes isolés. Ces arbres, souvent gâtés par l'abroutissement du bétail, ne s'élèvent pas; ils se courbent, ils se tortillent, et ils portent une mauvaise figure, dont cependant on tire quelque avantage, car ils peuvent fournir un grand nombre de pièces courbes pour la marine, et par cette raison ils méritent d'être conservés. Cependant on dégrade tous les jours ces espèces de plantations naturelles; les seigneurs donnent ou vendent aux paysans la liberté de couper dans ces communes, et il est à craindre que ces magasins de bois courbes ne soient bientôt épuisés. Cette perte serait considérable, car les bois courbes de bonne qualité, tels que sont ceux dont je viens de parler, sont fort rares. J'ai cherché les moyens de faire des bois courbes, et j'ai sur cela des expériences commencées qui pourront réussir, et que je vais rapporter en deux mots. Dans un taillis j'ai fait couper à différentes hauteurs, savoir, à 2, 4, 6, 8, 10 et 12 pieds au-dessus de terre, les tiges de plusieurs jeunes arbres, et quatre années ensuite j'ai fait couper le sommet des jeunes branches que ces arbres étêtés ont produites : la figure de ces arbres est devenue par cette double opération si irrégulière, qu'il n'est pas possible de la décrire, et je suis persuadé qu'un jour ils fourniront du bois courbe. Cette façon de courber le bois serait bien plus simple et bien plus aisée à pratiquer que celle de charger d'un poids, ou d'assujettir par une corde la tête des jeunes arbres, comme quelques gens l'ont proposé [a].

Tous ceux qui connaissent un peu les bois savent que la gelée du printemps est le fléau des taillis; c'est elle qui, dans les endroits bas et dans les petits vallons, supprime continuellement les jeunes rejetons, et empêche

a. Ces jeunes arbres, que j'avais fait étêter en 1734, et dont on avait encore coupé la principale branche en 1737, m'ont fourni en 1769 plusieurs courbes très-bonnes, et dont je me suis servi pour les roues des marteaux et des soufflets de mes forges.

le bois de s'élever; en un mot, elle fait au bois un aussi grand tort qu'à toutes les autres productions de la terre, et si ce tort a jusqu'ici été moins connu, moins sensible, c'est que la jouissance d'un taillis étant éloignée, le propriétaire y fait moins d'attention, et se console plus aisément de la perte qu'il fait; cependant cette perte n'en est pas moins réelle, puisqu'elle recule son revenu de plusieurs années. J'ai tâché de prévenir, autant qu'il est possible, les mauvais effets de la gelée en étudiant la façon dont elle agit, et j'ai fait sur cela des expériences qui m'ont appris que la gelée agit bien plus violemment à l'exposition du midi qu'à l'exposition du nord; qu'elle fait tout périr à l'abri du vent, tandis qu'elle épargne tout dans les endroits où il peut passer librement. Cette observation, qui est constante, fournit un moyen de préserver de la gelée quelques endroits des taillis, au moins pendant les deux ou trois premières années, qui sont le temps critique, et où elle les attaque avec plus d'avantage : ce moyen consiste à observer, quand on les abat, de commencer la coupe du côté du nord; il est aisé d'y obliger les marchands de bois en mettant cette clause dans leur marché, et je me suis déjà très-bien trouvé d'avoir pris cette précaution pour quelques-uns de mes taillis.

Un père de famille, un homme arrangé qui se trouve propriétaire d'une quantité un peu considérable de bois taillis, commence par les faire arpenter, borner, diviser et mettre en coupe réglée; il s'imagine que c'est là le plus haut point d'économie; tous les ans il vend le même nombre d'arpents, de cette façon ses bois deviennent un revenu annuel; il se sait bon gré de cette règle, et c'est cette apparence d'ordre qui a fait prendre faveur aux coupes réglées; cependant il s'en faut bien que ce soit là le moyen de tirer de ses taillis tout le profit qu'on en pourrait obtenir: ces coupes réglées ne sont bonnes que pour ceux qui ont des terres éloignées qu'ils ne peuvent visiter; la coupe réglée de leurs bois est une espèce de ferme, ils comptent sur le produit, et le reçoivent sans se donner aucun soin, cela doit convenir à grand nombre de gens; mais pour ceux dont l'habitation se trouve fixée à la campagne, et même pour ceux qui y vont passer un certain temps toutes les années, il leur est facile de mieux ordonner les coupes de leurs bois taillis. En général on peut assurer que, dans les bons terrains, on gagnera à les attendre, et que dans les terrains où il n'y a pas de fond, il faut les couper fort jeunes; mais il serait à souhaiter qu'on pût donner de la précision à cette règle, et déterminer au juste l'âge où l'on doit couper les taillis: cet âge est celui où l'accroissement du bois commence à diminuer. Dans les premières années, le bois croît de plus en plus, c'est-à-dire que la production de la seconde année est plus considérable que celle de la première année; l'accroissement de la troisième année est plus grand que celui de la seconde; ainsi l'accroissement du bois augmente jusqu'à un certain âge, après quoi il diminue : c'est ce point, ce *maximum*, qu'il faut saisir pour

tirer de son taillis tout l'avantage et tout le profit possible. Mais comment le reconnaître? comment s'assurer de cet instant? il n'y a que des expériences faites en grand, des expériences longues et pénibles, des expériences telles que M. de Réaumur les a indiquées, qui puissent nous apprendre l'âge où les bois commencent à croître de moins en moins: ces expériences consistent à couper et peser tous les ans le produit de quelques arpents de bois pour comparer l'augmentation annuelle, et reconnaître au bout de plusieurs années l'âge où elle commence à diminuer.

J'ai fait plusieurs autres remarques sur la conservation des bois, et sur les changements qu'on devrait faire aux règlements des forêts, que je supprime comme n'ayant aucun rapport avec des matières de physique ; mais je ne dois pas passer sous silence ni cesser de recommander le moyen que j'ai trouvé d'augmenter la force et la solidité du bois de service, et que j'ai rapporté dans le premier article de ce Mémoire : rien n'est plus simple, car il ne s'agit que d'écorcer les arbres, et les laisser ainsi sécher et mûrir sur pied avant que de les abattre. L'aubier devient, par cette opération, aussi dur que le cœur de chêne; il augmente considérablement de force et de densité, comme je m'en suis assuré par un grand nombre d'expériences, et les souches de ces arbres écorcés et séchés sur pied ne laissent pas que de repousser et de reproduire des rejetons : ainsi il n'y a pas le moindre inconvénient à établir cette pratique, qui, en augmentant la force et la durée du bois mis en œuvre, doit en diminuer la consommation, et par conséquent doit être mise au nombre des moyens de conserver les bois. Venons maintenant à ceux qu'on doit employer pour les renouveler.

Cet objet n'est pas moins important que le premier : combien y a-t-il dans le royaume de terres inutiles, de landes, de bruyères, de communes qui sont absolument stériles ! la Bretagne, le Poitou, la Guyenne, la Bourgogne, la Champagne, et plusieurs autres provinces ne contiennent que trop de ces terres inutiles : quel avantage pour l'État si on pouvait les mettre en valeur! la plupart de ces terrains étaient autrefois en nature de bois, comme je l'ai remarqué dans plusieurs de ces cantons déserts, où l'on trouve encore quelques vieilles souches presque entièrement pourries. Il est à croire qu'on a peu à peu dégradé les bois de ces terrains, comme on dégrade aujourd'hui les communes de Bretagne, et que par la succession des temps on les a absolument dégarnis. Nous pouvons donc raisonnablement espérer de rétablir ce que nous avons détruit. On n'a pas de regret à voir des rochers nus, des montagnes couvertes de glace, ne rien produire; mais comment peut-on s'accoutumer à souffrir, au milieu des meilleures provinces d'un royaume, de bonnes terres en friches, des contrées entières mortes pour l'État? je dis de bonnes terres, parce que j'en ai vu et j'en ai fait défricher, qui non-seulement étaient de qualité à produire de bon bois, mais même des grains de toute espèce. Il ne s'agirait donc que de semer ou de planter

ces terrains; mais il faudrait que cela pût se faire sans grande dépense, ce qui ne laisse pas que d'avoir quelques difficultés, comme on jugera par le détail que je vais faire.

Comme je souhaitais de m'instruire à fond sur la manière de semer et de planter des bois, après avoir lu le peu que nos auteurs d'agriculture disent sur cette matière, je me suis attaché à quelques auteurs anglais, comme Evelyn, Miller, etc., qui me paraissaient être plus au fait, et parler d'après l'expérience. J'ai voulu d'abord suivre leurs méthodes en tout point, et j'ai planté et semé des bois à leur façon, mais je n'ai pas été longtemps sans m'apercevoir que cette façon était ruineuse, et qu'en suivant leurs conseils, les bois, avant que d'être en âge, m'auraient coûté dix fois plus que leur valeur. J'ai reconnu alors que toutes leurs expériences avaient été faites en petit dans des jardins, dans des pépinières, ou tout au plus dans quelques parcs, où l'on pouvait cultiver et soigner les jeunes arbres; mais ce n'est point ce qu'on cherche quand on veut planter des bois; on a bien de la peine à se résoudre à la première dépense nécessaire; comment ne se refuserait-on pas à toutes les autres, comme celles de la culture, de l'entretien, qui d'ailleurs deviennent immenses lorsqu'on plante de grands cantons! J'ai donc été obligé d'abandonner ces auteurs et leurs méthodes, et de chercher à m'instruire par d'autres moyens, et j'ai tenté une grande quantité de façons différentes, dont la plupart, je l'avouerai, ont été sans succès, mais qui du moins m'ont appris des faits, et m'ont mis sur la voie de réussir.

Pour travailler, j'avais toutes les facilités qu'on peut souhaiter, des terrains de toutes espèces, en friches et cultivés, une grande quantité de bois taillis, et des pépinières d'arbres forestiers, où je trouvais tous les jeunes plants dont j'avais besoin: enfin j'ai commencé par vouloir mettre en nature de bois une espèce de terrain de quatre-vingts arpents, dont il y en avait environ vingt en friche, et soixante en terres labourables, produisant tous les ans du froment et d'autres grains, même assez abondamment. Comme mon terrain était assez naturellement divisé en deux parties presque égales par une haie de bois taillis, que l'une des moitiés était d'un niveau fort uni, et que la terre me paraissait être partout de même qualité, quoique de profondeur assez inégale, je pensai que je pourrais profiter de ces circonstances pour commencer une expérience dont le résultat est fort éloigné, mais qui sera fort utile; c'est de savoir dans le même terrain la différence que produit sur un bois l'inégalité de profondeur du sol, afin de déterminer plus juste que je ne l'ai fait ci-devant, à quel âge on doit couper les bois de futaie. Quoique j'aie commencé fort jeune, je n'espère pas que je puisse me satisfaire pleinement à cet égard, même en me supposant une fort longue vie; mais j'aurai au moins le plaisir d'observer quelque chose de nouveau tous les ans, et pourquoi ne pas laisser à la postérité des expé-

riences commencées[1] ? J'ai donc fait diviser mon terrain par quart d'arpent, et à chaque angle j'ai fait sonder la profondeur avec ma tarière ; j'ai rapporté sur un plan tous les points où j'ai sondé, avec la note de la profondeur du terrain et de la qualité de la pierre qui se trouvait au-dessous, dont la mèche de la tarière ramenait toujours des échantillons, et de cette façon j'ai le plan de la superficie et du fond de ma plantation, plan qu'il sera aisé quelque jour de comparer avec la production [a].

Après cette opération préliminaire, j'ai partagé mon terrain en plusieurs cantons, que j'ai fait travailler différemment. Dans l'un, j'ai fait donner trois labours à la charrue, dans un autre deux labours, dans un troisième un labour seulement; dans d'autres, j'ai fait planter les glands à la pioche et sans avoir labouré; dans d'autres, j'ai fait simplement jeter des glands, ou je les ai fait placer à la main dans l'herbe; dans d'autres, j'ai planté de petits arbres, que j'ai tirés de mes bois; dans d'autres, des arbres de même espèce, tirés de mes pépinières; j'en ai fait semer et planter quelques-uns à un pouce de profondeur, quelques autres à six pouces; dans d'autres, j'ai semé des glands que j'avais auparavant fait tremper dans différentes liqueurs, comme dans l'eau pure, dans de la lie de vin, dans l'eau qui s'était égouttée d'un fumier, dans de l'eau salée. Enfin, dans plusieurs cantons j'ai semé des glands avec de l'avoine; dans plusieurs autres, j'en ai semé que j'avais fait germer auparavant dans de la terre. Je vais rapporter en peu de mots le résultat de toutes ces épreuves, et de plusieurs autres que je supprime ici, pour ne pas rendre cette énumération trop longue.

La nature du terrain où j'ai fait ces essais m'a paru semblable dans toute son étendue; c'est une terre fort pétrissable, un tant soit peu mêlée de glaise, retenant l'eau longtemps, et se séchant assez difficilement, formant par la gelée et par la sécheresse une espèce de croûte avec plusieurs petites fentes à sa surface, produisant naturellement une grande quantité d'hièbles dans les endroits cultivés, et de genièvres dans les endroits en friche : ce

a. Cette opération ayant été faite en 1734, et le bois semé la même année, on a recepé les jeunes plants en 1738 pour leur donner plus de vigueur. Vingt ans après, c'est-à-dire en 1758, ils formaient un bois dont les arbres avaient communément 8 à 9 pouces de tour au pied du tronc; on a coupé ce bois la même année, c'est-à-dire vingt-quatre ans après l'avoir semé. Le produit n'a pas été tout à fait moitié du produit d'un bois ancien de pareil âge dans le même terrain; mais aujourd'hui, en 1774, ce même bois, qui n'a que seize ans, est aussi garni et produira tout autant que les bois anciennement plantés, et malgré l'inégalité de la profondeur du terrain, qui varie depuis 1 pied $\frac{1}{2}$ jusqu'à 4 pieds $\frac{1}{2}$, on ne s'aperçoit d'aucune différence dans la grosseur des baliveaux réservés dans les taillis.

1. Tout ce passage (et plus d'un autre) nous montre Buffon par un côté qui n'a point été assez remarqué, celui d'une véritable bonhomie et d'un amour sérieux du bien public. On le trouve ici tout aussi naïvement fier de ses forêts, de ses plants, de ses terres et de ses semis, qu'on l'a vu ailleurs satisfait de pouvoir nous parler de ses forges et de son propre savoir, d'ailleurs très-réel, en ce genre; n'oubliant jamais, « ni ses vues d'utilité particulière, ni sa « curiosité de physicien (voyez la page 82), » et songeant, avec grandeur, aux intérêts de l'État et au concours que lui doit « tout bon citoyen (voyez la page 82). »

terrain est environné de tous côtés de bois d'une belle venue. J'ai fait semer avec soin tous les glands un à un et à un pied de distance les uns des autres, de sorte qu'il en est entré environ douze mesures ou boisseaux de Paris dans chaque arpent. Je crois qu'il est néeessaire de rapporter ces faits pour qu'on puisse juger plus sainement de ceux qui doivent suivre.

L'année d'après, j'ai observé avec grande attention l'état de ma plantation, et j'ai reconnu que dans le canton dont j'espérais le plus, et que j'avais fait labourer trois fois, et semer avant l'hiver, la plus grande partie des glands n'avaient pas levé; les pluies de l'hiver avaient tellement battu et corroyé la terre, qu'ils n'avaient pu percer; le petit nombre de ceux qui avaient pu trouver issue n'avait paru que fort tard, environ à la fin de juin; ils étaient faibles, effilés, la feuille était jaunâtre, languissante, et ils étaient si loin les uns des autres, le canton était si peu garni, que j'eus quelque regret aux soins qu'ils avaient coûtés. Le canton qui n'avait eu que deux labours, et qui avait aussi été semé avant l'hiver, ressemblait assez au premier; cependant il y avait un plus grand nombre de jeunes chênes, parce que la terre étant moins divisée par le labour, la pluie n'avait pu la battre autant que celle du premier canton. Le troisième, qui n'avait eu qu'un seul labour, était par la même raison un peu mieux peuplé que le second, mais cependant il l'était si mal que plus des trois quarts de mes glands avaient encore manqué.

Cette épreuve me fit connaître que dans les terrains forts et mêlés de glaise, il ne faut pas labourer et semer avant l'hiver; j'en fus entièrement convaincu, en jetant les yeux sur les autres cantons. Ceux que j'avais fait labourer et semer au printemps étaient bien mieux garnis; mais ce qui me surprit, c'est que les endroits où j'avais fait planter le gland à la pioche, sans aucune culture précédente, étaient considérablement plus peuplés que les autres; ceux même où l'on n'avait fait que cacher les glands sous l'herbe étaient assez bien fournis, quoique les mulots, les pigeons ramiers, et d'autres animaux en eussent emporté une grande quantité. Les cantons où les glands avaient été semés à six pouces de profondeur se trouvèrent beaucoup moins garnis que ceux où on les avait fait semer à un pouce ou deux de profondeur. Dans un petit canton où j'en avais fait semer à un pied de profondeur, il n'en parut pas un, quoique dans un autre endroit où j'en avais fait mettre à neuf pouces, il en eût levé plusieurs. Ceux qui avaient été trempés pendant huit jours dans la lie de vin et dans l'égout du fumier sortirent de terre plus tôt que les autres. Presque tous les arbres, gros et petits, que j'avais fait tirer de mes taillis, ont péri à la première ou à la seconde année, tandis que ceux que j'avais tirés de mes pépinières ont presque tous réussi. Mais ce qui me donna le plus de satisfaction, ce fut le canton où j'avais fait planter au printemps les glands que j'avais fait auparavant germer dans de la terre, il n'en avait presque point manqué; à

la vérité ils ont levé plus tard que les autres, ce que j'attribue à ce qu'en les transportant ainsi tout germés, on cassa la radicule de plusieurs de ces glands.

Les années suivantes n'ont apporté aucun changement à ce qui s'est annoncé dès la première année. Les jeunes chênes du canton labouré trois fois sont demeurés toujours un peu au-dessous des autres : ainsi je crois pouvoir assurer que, pour semer une terre forte et glaiseuse, il faut conserver le gland pendant l'hiver dans la terre, en faisant un lit de deux pouces de glands sur un lit de terre d'un demi-pied, puis un lit de terre et un lit de glands, toujours alternativement, et enfin en couvrant le magasin d'un pied de terre pour que la gelée ne puisse y pénétrer. On en tirera le gland au commencement de mars, et on le plantera à un pied de distance. Ces glands, qui ont germé, sont déjà autant de jeunes chênes, et le succès d'une plantation faite de cette façon n'est pas douteux; la dépense même n'est pas considérable, car il ne faut qu'un seul labour. Si l'on pouvait se garantir des mulots et des oiseaux, on réussirait tout de même et sans aucune dépense, en mettant en automne le gland sous l'herbe, car il perce et s'enfonce de lui-même, et réussit à merveille sans aucune culture dans les friches dont le gazon est fin, serré et bien garni, ce qui indique presque toujours un terrain ferme et glaiseux.

Comme je pense que la meilleure façon de semer du bois dans un terrain fort et mêlé de glaise est de faire germer les glands dans la terre, il est bon de rassurer sur le petit inconvénient dont j'ai parlé. On transporte le gland germé dans des mannequins, des corbeilles, des paniers, et on ne peut éviter de rompre la radicule de plusieurs de ces glands; mais cela ne leur fait d'autre mal que de retarder leur sortie de terre de quinze jours ou trois semaines, ce qui même n'est pas un mal, parce qu'on évite par là celui que la gelée des matinées de mai fait aux graines qui ont levé de bonne heure, et qui est bien plus considérable. J'ai pris des glands germés auxquels j'ai coupé le tiers, la moitié, les trois quarts, et même toute la radicule; je les ai semés dans un jardin où je pouvais les observer à toute heure : ils ont tous levé, mais les plus mutilés ont levé les derniers. J'ai semé d'autres glands germés auxquels, outre la radicule, j'avais encore ôté l'un des lobes, ils ont encore levé; mais si on retranche les deux lobes, ou si l'on coupe la plume, qui est la partie essentielle de l'embryon végétal, ils périssent également.

Dans l'autre moitié de mon terrain, dont je n'ai pas encore parlé, il y a un canton dont la terre est bien moins forte que celle que j'ai décrite, et où elle est même mêlée de quelques pierres à un pied de profondeur; c'était un champ qui rapportait beaucoup de grain, et qui avait été bien cultivé. Je le fis labourer avant l'hiver; et aux mois de novembre, décembre et février, j'y plantai une collection nombreuse de toutes les espèces d'arbres

des forêts, que je fis arracher dans mes bois taillis de toute grandeur, depuis trois pieds jusqu'à dix et douze de hauteur. Une grande partie de ces arbres n'a pas repris, et de ceux qui ont poussé à la première sève, un grand nombre a péri pendant les chaleurs du mois d'août, plusieurs ont péri à la seconde, et encore d'autres la troisième et la quatrième année; de sorte que de tous ces arbres, quoique plantés et arrachés avec soin, et même avec des précautions peu communes, il ne m'est resté que des cerisiers, des aliziers, des cormiers, des frênes et des ormes: encore les aliziers et les frênes sont-ils languissants, ils n'ont pas augmenté d'un pied de hauteur en cinq ans; les cormiers sont plus vigoureux, mais les merisiers et les ormes sont ceux qui de tous ont le mieux réussi. Cette terre se couvrit pendant l'été d'une prodigieuse quantité de mauvaises herbes, dont les racines détruisirent plusieurs de mes arbres. Je fis semer aussi dans ce canton des glands germés, les mauvaises herbes en étouffèrent une grande partie: ainsi je crois que dans les bons terrains qui sont d'une nature moyenne entre les terres fortes et les terres légères, il convient de semer de l'avoine avec les glands, pour prévenir la naissance des mauvaises herbes, dont la plupart sont vivaces, et qui font beaucoup plus de tort aux jeunes chênes que l'avoine qui cesse de pousser des racines au mois de juillet. Cette observation est sûre, car dans le même terrain les glands que j'avais fait semer avec l'avoine avaient mieux réussi que les autres. Dans le reste de mon terrain, j'ai fait planter de jeunes chênes, de l'ormille et d'autres jeunes plants, tirés de mes pépinières, qui ont bien réussi: ainsi je crois pouvoir conclure, avec connaissance de cause, que c'est perdre de l'argent et du temps que de faire arracher de jeunes arbres dans les bois, pour les transplanter dans des endroits où on est obligé de les abandonner et de les laisser sans culture, et que quand on veut faire des plantations considérables d'autres arbres que de chêne ou de hêtre, dont les graines sont fortes, et surmontent presque tous les obstacles, il faut des pépinières où l'on puisse élever et soigner les jeunes arbres pendant les deux premières années; après quoi on les pourra planter avec succès pour faire du bois.

M'étant donc un peu instruit à mes dépens en faisant cette plantation, j'entrepris l'année suivante d'en faire une autre presque aussi considérable dans un terrain tout différent: la terre y est sèche, légère, mêlée de gravier, et le sol n'a pas huit pouces de profondeur, au-dessous duquel on trouve la pierre. J'y fis aussi un grand nombre d'épreuves dont je ne rapporterai pas le détail; je me contenterai d'avertir qu'il faut labourer ces terrains et les semer avant l'hiver. Si l'on ne sème qu'au printemps, la chaleur du soleil fait périr les graines; si on se contente de les jeter ou de les placer sur la terre, comme dans les terrains forts, elles se dessèchent et périssent, parce que l'herbe qui fait le gazon de ces terres légères n'est pas assez garnie et assez épaisse pour les garantir de la gelée pendant l'hiver et de l'ardeur du

soleil au printemps. Les jeunes arbres arrachés dans les bois réussissent encore moins dans ces terrains que dans les terres fortes; et, si on veut les planter, il faut le faire avant l'hiver avec de jeunes plants pris en pépinière.

Je ne dois pas oublier de rapporter une expérience qui a un rapport immédiat avec notre sujet. J'avais envie de connaître les espèces de terrains qui sont absolument contraires à la végétation, et pour cela j'ai fait remplir une demi-douzaine de grandes caisses à mettre des orangers, de matières toutes différentes: la première de glaise bleue, la seconde de graviers gros comme des noisettes, la troisième de glaise couleur d'orange, la quatrième d'argile blanche, la cinquième de sable blanc, et la sixième de fumier de vache bien pourri. J'ai semé dans chacune de ces caisses un nombre égal de glands, de châtaignes et de graines de frênes, et j'ai laissé les caisses à l'air sans les soigner et sans les arroser; la graine de frêne n'a levé dans aucune de ces terres, les châtaignes ont levé et ont vécu, mais sans faire de progrès dans la caisse de glaise bleue. A l'égard des glands, il en a levé une grande quantité dans toutes les caisses, à l'exception de celle qui contenait la glaise orangée, qui n'a rien produit du tout. J'ai observé que les jeunes chênes qui avaient levé dans la glaise bleue et dans l'argile, quoiqu'un peu effilés au sommet, étaient forts et vigoureux en comparaison des autres; ceux qui étaient dans le fumier pourri, dans le sable et dans le gravier, étaient faibles, avaient la feuille jaune et paraissaient languissants. En automne, j'en fis enlever deux dans chaque caisse: l'état des racines répondait à celui de la tige, car dans les glaises la racine était forte, et n'était proprement qu'un pivot gros et ferme, long de trois à quatre pouces, qui n'avait qu'une ou deux ramifications. Dans le gravier au contraire, et dans le sable, la racine s'était fort allongée, et s'était prodigieusement divisée; elle ressemblait, si je puis m'exprimer ainsi, à une longue coupe de cheveux. Dans le fumier, la racine n'avait guère qu'un pouce ou deux de longueur, et s'était divisée, dès sa naissance, en deux ou trois cornes courtes et faibles. Il est aisé de donner les raisons de ces différences; mais je ne veux ici tirer de cette expérience qu'une vérité utile, c'est que le gland peut venir dans tous les terrains. Je ne dissimulerai pas cependant que j'ai vu, dans plusieurs provinces de France, des terrains d'une vaste étendue, couverts d'une petite espèce de bruyère, où je n'ai pas vu un chêne ni aucune autre espèce d'arbres: la terre de ces cantons est légère comme de la cendre noire, poudreuse, sans aucune liaison. J'ai fait ultérieurement des expériences sur ces espèces de terres, que je rapporterai dans la suite de ce mémoire, et qui m'ont convaincu que, si les chênes n'y peuvent croître, les pins, les sapins, et peut-être quelques autres arbres utiles peuvent y venir. J'ai élevé de graine, et je cultive actuellement une grande quantité de ces arbres; j'ai remarqué qu'ils demandent un terrain semblable à celui que je viens de décrire. Je suis donc persuadé qu'il n'y a

point de terrain, quelque mauvais, quelque ingrat qu'il paraisse, dont on ne pût tirer parti, même pour planter des bois : il ne s'agirait que de connaître les espèces d'arbres qui conviendraient aux différents terrains.

ARTICLE IV.

SUR LA CULTURE ET L'EXPLOITATION DES FORÊTS. [1]

Dans les arts qui sont de nécessité première, tels que l'agriculture, les hommes, même les plus grossiers, arrivent, à force d'expériences, à des pratiques utiles : la manière de cultiver le blé, la vigne, les légumes et les autres productions de la terre que l'on recueille tous les ans, est mieux et plus généralement connue que la façon d'entretenir et cultiver une forêt ; et quand même la culture des champs serait défectueuse à plusieurs égards, il est pourtant certain que les usages établis sont fondés sur des expériences continuellement répétées, dont les résultats sont des espèces d'approximations du vrai. Le cultivateur éclairé par un intérêt toujours nouveau, apprend à ne pas se tromper, ou du moins à se tromper peu sur les moyens de rendre son terrain plus fertile.

Ce même intérêt se trouvant partout, il serait naturel de penser que les hommes ont donné quelque attention à la culture des bois ; cependant rien n'est moins connu, rien n'est plus négligé : le bois paraît être un présent de la nature, qu'il suffit de recevoir tel qu'il sort de ses mains. La nécessité de le faire valoir ne s'est pas fait sentir, et la manière d'en jouir n'étant pas fondée sur des expériences assez répétées, on ignore jusqu'aux moyens les plus simples de conserver les forêts et d'augmenter leur produit.

Je n'ai garde de vouloir insinuer par là que les recherches et les observations que j'ai faites sur cette matière soient des découvertes admirables ; je dois avertir au contraire que ce sont des choses communes, mais que leur utilité peut rendre importantes. J'ai déjà donné, dans l'article précédent, mes vues sur ce sujet, je vais dans celui-ci étendre ces vues en présentant de nouveaux faits.

Le produit d'un terrain peut se mesurer par la culture ; plus la terre est travaillée, plus elle rapporte de fruits ; mais cette vérité, d'ailleurs si utile, souffre quelques exceptions, et dans les bois une culture prématurée et mal entendue cause la disette au lieu de produire l'abondance : par exemple, on imagine, et je l'ai cru longtemps, que la meilleure manière de mettre un terrain en nature de bois est de nettoyer ce terrain et de le bien cultiver

1 Cet article IV forme encore un Mémoire particulier dans les volumes de l'Académie, année 1742, p. 233 et suiv. (voyez la note de la page 46).

avant que de semer le gland ou les autres graines qui doivent un jour le couvrir de bois, et je n'ai été désabusé de ce préjugé, qui paraît si raisonnable, que par une longue suite d'observations. J'ai fait des semis considérables et des plantations assez vastes, je les ai faites avec précaution; j'ai souvent fait arracher les genièvres, les bruyères, et jusqu'aux moindres plantes que je regardais comme nuisibles, pour cultiver à fond et par plusieurs labours les terrains que je voulais ensemencer; je ne doutais pas du succès d'un semis fait avec tous ces soins; mais, au bout de quelques années, j'ai reconnu que ces mêmes soins n'avaient servi qu'à retarder l'accroissement de mes jeunes plants, et que cette culture précédente, qui m'avait donné tant d'espérance, m'avait causé des pertes considérables : ordinairement on dépense pour acquérir, ici la dépense nuit à l'acquisition.

Si l'on veut donc réussir à faire croître du bois dans un terrain de quelque qualité qu'il soit, il faut imiter la nature, il faut y planter et y semer des épines et des buissons qui puissent rompre la force du vent, diminuer celle de la gelée et s'opposer à l'intempérie des saisons : ces buissons sont des abris qui garantissent les jeunes plants et les protégent contre l'ardeur du soleil et la rigueur des frimas. Un terrain couvert, ou plutôt à demi couvert de genièvres, de bruyères, est un bois à moitié fait, et qui a peut-être dix ans d'avance sur un terrain net et cultivé. Voici les observations qui m'en ont assuré.

J'ai deux pièces de terre d'environ quarante arpents chacune, semées en bois depuis neuf ans ; ces deux pièces sont environnées de tous côtés de bois taillis; l'une des deux était un champ cultivé, on a semé également et en même temps plusieurs cantons dans cette pièce, les uns dans le milieu de la pièce, les autres le long des bois taillis; tous les cantons du milieu sont dépeuplés, tous ceux qui avoisinent le bois sont bien garnis : cette différence n'était pas sensible à la première année, pas même à la seconde, mais je me suis aperçu à la troisième année d'une petite diminution dans le nombre des jeunes plants du canton du milieu, et les ayant observés exactement, j'ai vu qu'à chaque été et à chaque hiver des années suivantes; il en a péri considérablement, et les fortes gelées de 1740, ont achevé de désoler ces cantons, tandis que tout est florissant dans les parties qui s'étendent le long des bois taillis; les jeunes arbres y sont verts, vigoureux, plantés tous les uns contre les autres, et ils se sont élevés, sans aucune culture, à quatre ou cinq pieds de hauteur : il est évident qu'ils doivent leur accroissement au bois voisin qui leur a servi d'abri contre les injures des saisons. Cette pièce de quarante arpents est actuellement environnée d'une lisière de cinq à six perches de largeur d'un bois naissant qui donne les plus belles espérances; à mesure qu'on s'éloigne pour gagner le milieu, le terrain est moins garni, et quand on arrive à douze ou quinze perches de distance des bois taillis, à peine s'aperçoit-on qu'il ait été planté : l'ex-

position trop découverte est la seule cause de cette différence, car le terrain est absolument le même au milieu de la pièce et le long du bois; ces terrains avaient en même temps reçu les mêmes cultures, ils avaient été semés de la même façon et avec les mêmes graines. J'ai eu occasion de répéter cette observation dans des semis encore plus vastes, où j'ai reconnu que le milieu des pièces est toujours dégarni, et que, quelque attention qu'on ait à resemer cette partie du terrain tous les ans, elle ne peut se couvrir de bois, et reste en pure perte au propriétaire.

Pour remédier à cet inconvénient, j'ai fait faire deux fossés qui se coupent à angles droits dans le milieu de ces pièces, et j'ai fait planter des épines, du peuplier et d'autres bois blancs tout le long de ces fossés : cet abri, quoique léger, a suffi pour garantir les jeunes plants voisins du fossé; et, par cette petite dépense, j'ai prévenu la perte totale de la plus grande partie de ma plantation.

L'autre pièce de quarante arpents, dont j'ai parlé, était, avant la plantation, composée de vingt arpents d'un terrain net et bien cultivé, et de vingt autres arpents en friche et recouverts d'un grand nombre de genièvres et d'épines : j'ai fait semer en même temps la plus grande partie de ces deux terrains, mais comme on ne pouvait pas cultiver celui qui était couvert de genièvres, je me suis contenté d'y faire jeter des glands à la main sous les genièvres, et j'ai fait mettre dans les places découvertes le gland sous le gazon au moyen d'un seul coup de pioche; on y avait même épargné la graine dans l'incertitude du succès, et je l'avais fait prodiguer dans le terrain cultivé. L'événement a été tout différent de ce que j'avais pensé : le terrain découvert et cultivé se couvrit à la première année d'une grande quantité de jeunes chênes, mais peu à peu cette quantité a diminué, et elle serait aujourd'hui presque réduite à rien, sans les soins que je me suis donnés pour en conserver le reste. Le terrain, au contraire, qui était couvert d'épines et de genièvres, est devenu en neuf ans un petit bois où les jeunes chênes se sont élevés à cinq, à six pieds de hauteur. Cette observation prouve encore mieux que la première combien l'abri est nécessaire à la conservation et à l'accroissement des jeunes plants; car je n'ai conservé ceux qui étaient dans le terrain trop découvert qu'en plantant au printemps des boutures de peupliers et des épines, qui, après avoir pris racine, ont fait un peu de couvert, et ont défendu les jeunes chênes trop faibles pour résister par eux-mêmes à la rigueur des saisons.

Pour convertir en bois un champ ou tout autre terrain cultivé, le plus difficile est donc de faire du couvert. Si l'on abandonne un champ, il faut vingt ou trente ans à la nature pour y faire croître des épines et des bruyères : ici il faut une culture qui, dans un an ou deux, puisse mettre le terrain au même état où il se trouve après une non-culture de vingt ans.

J'ai fait à ce sujet différentes tentatives, j'ai fait semer de l'épine, du

genièvre et plusieurs autres graines avec le gland, mais il faut trop de temps à ces graines pour lever et s'élever; la plupart demeurent en terre pendant deux ans, et j'ai aussi inutilement essayé des graines qui me paraissaient plus hâtives : il n'y a que la graine de marseau qui réussisse et qui croisse assez promptement sans culture ; mais je n'ai rien trouvé de mieux pour faire du couvert que de planter des boutures de peuplier, ou quelques pieds de tremble en même temps qu'on sème le gland dans un terrain humide; et, dans des terrains secs, des épines, du sureau et quelques pieds de sumac de Virginie; ce dernier arbre surtout, qui est à peine connu des gens qui ne sont pas botanistes, se multiplie de rejetons avec une telle facilité qu'il suffira d'en mettre un pied dans un jardin pour que tous les ans on puisse en porter un grand nombre dans ses plantations, et les racines de cet arbre s'étendent si loin qu'il n'en faut qu'une douzaine de pieds par arpent pour avoir du couvert au bout de trois ou quatre ans : on observera seulement de les faire couper jusqu'à terre à la seconde année, afin de faire pousser un plus grand nombre de rejetons. Après le sumac, le tremble est le meilleur, car il pousse des rejetons à quarante ou cinquante pas, et j'ai garni plusieurs endroits de mes plantations, en faisant seulement abattre quelques trembles qui s'y trouvaient par hasard. Il est vrai que cet arbre ne se transplante pas aisément, ce qui doit faire préférer le sumac : de tous les arbres que je connais, c'est le seul qui sans aucune culture croisse et se multiplie au point de garnir un terrain en aussi peu de temps; ses racines courent presque à la surface de la terre, ainsi elles ne font aucun tort à celles des jeunes chênes, qui pivotent et s'enfoncent dans la profondeur du sol. On ne doit pas craindre que ce sumach ou les autres mauvaises espèces de bois, comme le tremble, le peuplier et le marseau, puissent nuire aux bonnes espèces, comme le chêne et le hêtre : ceux-ci ne sont faibles que dans leur jeunesse, et après avoir passé les premières années à l'ombre et à l'abri des autres arbres, bientôt ils s'élèveront au-dessus, et devenant plus forts ils étoufferont tout ce qui les environnera.

Je l'ai dit et je le répète, on ne peut trop cultiver la terre lorsqu'elle nous rend tous les ans le fruit de nos travaux; mais lorsqu'il faut attendre vingt-cinq ou trente ans pour jouir, lorsqu'il faut faire une dépense considérable pour arriver à cette jouissance, on a raison d'examiner, on a peut-être raison de se dégoûter. Le fonds ne vaut que par le revenu, et quelle différence d'un revenu annuel à un revenu éloigné, même incertain!

J'ai voulu m'assurer, par des expériences constantes, des avantages de la culture par rapport au bois, et, pour arriver à des connaissances précises, j'ai fait semer dans un jardin quelques glands de ceux que je semais en même temps et en quantité dans mes bois; j'ai abandonné ceux-ci aux soins de la nature, et j'ai cultivé ceux-là avec toutes les recherches de l'art. En cinq années les chênes de mon jardin avaient acquis une tige de dix pieds,

et de deux à trois pouces de diamètre, et une tête assez formée pour pouvoir se mettre aisément à l'ombre dessous ; quelques-uns de ces arbres ont même donné dès la cinquième année du fruit, qui, étant semé au pied de ses pères, a produit d'autres arbres redevables de leur naissance à la force d'une culture assidue et étudiée. Les chênes de mes bois, semés en même temps, n'avaient après cinq ans que deux ou trois pieds de hauteur (je parle des plus vigoureux, car le plus grand nombre n'avait pas un pied) ; leur tige était à peu près grosse comme le doigt, leur forme était celle d'un petit buisson; leur mauvaise figure, loin d'annoncer de la postérité, laissait douter s'ils auraient assez de force pour se conserver eux-mêmes. Encouragé par ces succès de culture, et ne pouvant souffrir les avortons de mes bois, lorsque je les comparais aux arbres de mon jardin, je cherchai à me tromper moi-même sur la dépense, et j'entrepris de faire dans mes bois un canton assez considérable, où j'élèverais les arbres avec les mêmes soins que dans mon jardin : il ne s'agissait pas moins que de faire fouiller la terre à deux pieds et demi de profondeur, de la cultiver d'abord comme on cultive un jardin ; et pour amélioration de faire conduire dans ce terrain, qui me paraissait un peu trop ferme et trop froid, plus de deux cents voitures de mauvais bois de recoupe et de copeaux que je fis brûler sur la place, et dont on mêla les cendres avec la terre. Cette dépense allait déjà beaucoup au delà du quadruple de la valeur du fonds, mais je me satisfaisais, et je voulais avoir du bois en cinq ans; mes espérances étaient fondées sur ma propre expérience, sur la nature d'un terrain choisi entre cent autres terrains, et plus encore sur la résolution de ne rien épargner pour réussir, car c'était une expérience; cependant elles ont été trompées : j'ai été contraint dès la première année de renoncer à mes idées, et à la troisième j'ai abandonné ce terrain avec un dégoût égal à l'empressement que j'avais eu pour le cultiver. On n'en sera pas surpris lorsque je dirai qu'à la première année, outre les ennemis que j'eus à combattre, comme les mulots, les oiseaux, etc., la quantité des mauvaises herbes fut si grande qu'on était obligé de sarcler continuellement, et qu'en le faisant à la main et avec la plus grande précaution, on ne pouvait cependant s'empêcher de déranger les racines des petits arbres naissants, ce qui leur causait un préjudice sensible; je me souvins alors, mais trop tard, de la remarque des jardiniers, qui, la première année, n'attendent rien d'un jardin neuf, et qui ont bien de la peine dans les trois premières années à purger le terrain des mauvaises herbes dont il est rempli. Mais ce ne fut pas là le plus grand inconvénient : l'eau me manqua pendant l'été, et, ne pouvant arroser mes jeunes plants, ils en souffrirent d'autant plus qu'ils y avaient été accoutumés au printemps ; d'ailleurs le grand soin avec lequel on ôtait les mauvaises herbes, par de petits labours réitérés, avait rendu le terrain net, et sur la fin de l'été la terre était devenue brûlante et d'une sécheresse affreuse, ce qui ne serait point arrivé

si on ne l'avait pas cultivée aussi souvent, et si on eût laissé les mauvaises herbes qui avaient crû depuis le mois de juillet. Mais le tort irréparable fut celui que causa la gelée du printemps suivant : mon terrain, quoique bien situé, n'était pas assez éloigné des bois pour que la transpiration des feuilles naissantes des arbres ne se répandît pas sur mes jeunes plants; cette humidité, accompagnée d'un vent du nord, les fit geler au 16 de mai, et dès ce jour je perdis presque toutes mes espérances; cependant je ne voulus point encore abandonner entièrement mon projet : je tâchai de remédier au mal causé par la gelée, en faisant couper toutes les parties mortes ou malades; cette opération fit un grand bien, mes jeunes arbres reprirent de la vigueur, et comme je n'avais qu'une certaine quantité d'eau à leur donner, je la réservai pour le besoin pressant; je diminuai aussi le nombre des labours, crainte de trop dessécher la terre, et je fus assez content du succès de ces petites attentions : la sève d'août fut abondante, et mes jeunes plants poussèrent plus vigoureusement qu'au printemps; mais le but principal était manqué, le grand et prompt accroissement que je désirais se réduisait au quart de ce que j'avais espéré, et de ce que j'avais vu dans mon jardin : cela ralentit beaucoup mon ardeur, et je me contentai, après avoir fait un peu élaguer mes jeunes plants, de leur donner deux labours l'année suivante, et encore y eut-il un espace d'environ un quart d'arpent qui fut oublié et qui ne reçut aucune culture. Cet oubli me valut une connaissance, car j'observai avec quelque surprise que les jeunes plants de ce canton étaient aussi vigoureux que ceux du canton cultivé; et cette remarque changea mes idées au sujet de la culture, et me fit abandonner ce terrain qui m'avait tant coûté. Avant que de le quitter, je dois avertir que ces cultures ont cependant fait avancer considérablement l'accroissement des jeunes arbres, et que je ne me suis trompé sur cela que du plus au moins; mais la grande erreur de tout ceci est la dépense; le produit n'est point du tout proportionné, et plus on répand d'argent dans un terrain qu'on veut convertir en bois, plus on se trompe; c'est un intérêt qui décroît à mesure qu'on fait de plus grands fonds.

Il faut donc tourner ses vues d'un autre côté; la dépense devenant trop forte, il faut renoncer à ces cultures extraordinaires, et même à ces cultures qu'on donne ordinairement aux jeunes plants deux fois l'année en serfouissant légèrement la terre à leur pied : outre des inconvénients réels de cette dernière espèce de culture, celui de la dépense est suffisant pour qu'on s'en dégoûte aisément, surtout si l'on peut y substituer quelque chose de meilleur et qui coûte beaucoup moins.

Le moyen de suppléer aux labours et presque à toutes les autres espèces de cultures, c'est de couper les jeunes plants jusqu'auprès de terre : ce moyen, tout simple qu'il paraît, est d'une utilité infinie, et lorsqu'il est mis en œuvre à propos, il accélère de plusieurs années le succès d'une planta-

tion. Qu'on me permette, à ce sujet, un peu de détail qui peut-être ne déplaira pas aux amateurs de l'agriculture.

Tous les terrains peuvent se réduire à deux espèces, savoir, les terrains forts et les terrains légers: cette division, quelque générale qu'elle soit, suffit à mon dessein. Si l'on veut semer dans un terrain léger, on peut le faire labourer; cette opération fait d'autant plus d'effet, et cause d'autant moins de dépense que le terrain est plus léger : il ne faut qu'un seul labour, et on sème le gland en suivant la charrue. Comme ces terrains sont ordinairement secs et brûlants, il ne faut point arracher les mauvaises herbes que produit l'été suivant; elles entretiennent une fraîcheur bienfaisante, et garantissent les petits chênes de l'ardeur du soleil; ensuite, venant à périr et à sécher pendant l'automne, elles servent de chaume et d'abri pendant l'hiver, et empêchent les racines de geler; il ne faut donc aucune espèce de culture dans ces terrains sablonneux. J'ai semé en bois un grand nombre d'arpents de cette nature de terrain, et j'ai réussi au delà de mes espérances: les racines des jeunes arbres, trouvant une terre légère et aisée à diviser, s'étendent et profitent de tous les sucs qui leur sont offerts; les pluies et les rosées pénètrent facilement jusqu'aux racines, il ne faut qu'un peu de couvert et d'abri pour faire réussir un semis dans des terrains de cette espèce; mais il est bien plus difficile de faire croître du bois dans des terrains forts, et il faut une pratique toute différente: dans ces terrains les premiers labours sont inutiles et souvent nuisibles, la meilleure manière est de planter les glands à la pioche sans aucune culture précédente; mais il ne faut pas les abandonner comme les premiers, au point de les perdre de vue et de n'y plus penser; il faut au contraire les visiter souvent; il faut observer la hauteur à laquelle ils se seront élevés la première année, observer ensuite s'ils ont poussé plus vigoureusement à la seconde année qu'à la première, et à la troisième qu'à la seconde : tant que l'accroissement va en augmentant ou même tant qu'il se soutient sur le même pied, il ne faut pas y toucher, mais on s'apercevra ordinairement à la troisième année que l'accroissement va en diminuant, et si on attend la quatrième, la cinquième, la sixième, etc., on reconnaîtra que l'accroissement de chaque année est toujours plus petit: ainsi dès qu'on s'apercevra que, sans qu'il y ait eu de gelées ou d'autres accidents, les jeunes arbres commencent à croître de moins en moins, il faut les faire couper jusqu'à terre au mois de mars, et l'on gagnera un grand nombre d'années. Le jeune arbre, livré à lui-même dans un terrain fort et serré, ne peut étendre ses racines; la terre trop dure les fait refouler sur elles-mêmes; les petits filets tendres et herbacés qui doivent nourrir l'arbre et former la nouvelle production de l'année, ne peuvent pénétrer la substance trop ferme de la terre: ainsi l'arbre languit privé de nourriture, et la production annuelle diminue souvent jusqu'au point de ne donner que des feuilles et quelques boutons. Si vous coupez cet

arbre, toute la force de la sève se porte aux racines, en développe tous les germes, et agissant avec plus de puissance contre le terrain qui leur résiste, les jeunes racines s'ouvrent des chemins nouveaux, et divisent, par le surcroît de leur force, cette terre qu'elles avaient jusqu'alors vainement attaquée, elles y trouvent abondamment des sucs nourriciers; et dès qu'elles sont établies dans ce nouveau pays, elles poussent avec vigueur au dehors la surabondance de leur nourriture, et produisent dès la première année un jet plus vigoureux et plus élevé que ne l'était l'ancienne tige de trois ans. J'ai si souvent réitéré cette expérience que je dois la donner comme un fait sûr, et comme la pratique la plus utile que je connaisse dans la culture des bois.

Dans un terrain qui n'est que ferme sans être trop dur, il suffira de receper une seule fois les jeunes plants pour les faire réussir. J'ai des cantons assez considérables d'une terre ferme et pétrissable, où les jeunes plants n'ont été coupés qu'une fois, où ils croissent à merveille, et où j'aurai du bois taillis prêt à couper dans quelques années. Mais j'ai remarqué dans un autre endroit où la terre est extrêmement forte et dure, qu'ayant fait couper à la seconde année mes jeunes plants, parce qu'ils étaient languissants, cela n'a pas empêché qu'au bout de quatre autres années on n'ait été obligé de les couper une seconde fois, et je vais rapporter une autre expérience qui fera voir la nécessité de couper deux fois dans de certains cas.

J'ai fait planter, depuis dix ans, un nombre très-considérable d'arbres de plusieurs espèces, comme des ormes, des frênes, des charmes, etc. La première année, tous ceux qui reprirent, poussèrent assez vigoureusement; la seconde année ils ont poussé plus faiblement; la troisième année plus languissamment; ceux qui me parurent les plus malades étaient ceux qui étaient les plus gros et les plus âgés lorsque je les fis transplanter. Je voyais que la racine n'avait pas la force de nourrir ces grandes tiges: cela me détermina à les faire couper; je fis faire la même opération aux plus petits les années suivantes, parce que leur langueur devint telle que, sans un prompt secours, elle ne laissait plus rien à espérer; cette première coupe renouvela mes arbres et leur donna beaucoup de vigueur, surtout pendant les deux premières années, mais à la troisième je m'aperçus d'un peu de diminution dans l'accroissement; je l'attribuai d'abord à la température des saisons de cette année, qui n'avait pas été aussi favorable que celle des années précédentes; mais je reconnus clairement pendant l'année suivante, qui fut heureuse pour les plantes, que le mal n'avait pas été causé par la seule intempérie des saisons; l'accroissement de mes arbres continuait à diminuer, et aurait toujours diminué, comme je m'en suis assuré en laissant sur pied quelques-uns d'entre eux, si je ne les avais pas fait couper une seconde fois. Quatre ans se sont écoulés depuis cette seconde coupe, sans

qu'il y ait eu de diminution dans l'accroissement; et ces arbres, qui sont plantés dans un terrain qui est en friche depuis plus de vingt ans, et qui n'ont jamais été cultivés au pied, ont autant de force, et la feuille aussi verte que des arbres de pépinière : preuve évidente que la coupe, faite à propos, peut suppléer à toute autre culture.

Les auteurs d'agriculture sont bien éloignés de penser comme nous sur ce sujet; ils répètent tous les uns après les autres que pour avoir une futaie, pour avoir des arbres d'une belle venue, il faut bien se garder de couper le sommet des jeunes plants, et qu'il faut conserver avec grand soin le *montant*, c'est-à-dire le jet principal. Ce conseil n'est bon que dans de certains cas particuliers; mais il est généralement vrai, et je puis l'assurer après un très-grand nombre d'expériences, que rien n'est plus efficace pour redresser les arbres, et pour leur donner une tige droite et nette, que la coupe faite au pied. J'ai même observé souvent que les futaies venues de graines ou de jeunes plants, n'étaient pas si belles ni si droites que les futaies venues sur les jeunes souches : ainsi on ne doit pas hésiter à mettre en pratique cette espèce de culture si facile et si peu coûteuse.

Il n'est pas nécessaire d'avertir qu'elle est encore plus indispensable lorsque les jeunes plants ont été gelés; il n'y a pas d'autre moyen pour les rétablir que de les receper. On aurait dû, par exemple, receper tous les taillis de deux ou trois ans qui ont été gelés au mois d'octobre 1740; jamais gelée d'automne n'a fait autant de mal : la seule façon d'y remédier, c'est de couper; on sacrifie trois ans pour n'en pas perdre dix ou douze.

A ces observations générales sur la culture du bois, qu'il me soit permis de joindre quelques remarques utiles, et qui doivent même précéder toute culture.

Le chêne et le hêtre sont les seuls arbres, à l'exception des pins et de quelques autres de moindre valeur, qu'on puisse semer avec succès dans des terrains incultes. Le hêtre peut être semé dans les terrains légers; la graine ne peut pas sortir dans une terre forte, parce qu'elle pousse au dehors son enveloppe au-dessus de la tige naissante : ainsi il lui faut une terre meuble et facile à diviser, sans quoi elle reste et pourrit. Le chêne peut être semé dans presque tous les terrains; toutes les autres espèces d'arbres veulent être semées en pépinière, et ensuite transplantées à l'âge de deux ou trois ans.

Il faut éviter de mettre ensemble les arbres qui ne se conviennent pas : le chêne craint le voisinage des pins, des sapins, des hêtres et de tous les arbres qui poussent de grosses racines dans la profondeur du sol. En général, pour tirer le plus grand avantage d'un terrain, il faut planter ensemble des arbres qui tirent la substance du fond en poussant leurs racines à une grande profondeur, et d'autres arbres qui puissent tirer leur nourriture

presque de la surface de la terre, comme sont les trembles, les tilleuls, les marseaux et les autres dont les racines s'étendent et courent à quelques pouces seulement de profondeur sans pénétrer plus avant.

Lorsqu'on veut semer du bois, il faut attendre une année abondante en glands, non-seulement parce qu'ils sont meilleurs et moins chers, mais encore parce qu'ils ne seront pas dévorés par les oiseaux, les mulots et les sangliers, qui, trouvant abondamment du gland dans les forêts, ne viendront pas attaquer votre semis, ce qui ne manque jamais d'arriver dans des années de disette. On n'imaginerait pas jusqu'à quel point les seuls mulots peuvent détruire un semis: j'en avais fait un il y a deux ans, de quinze à seize arpents, j'avais semé au mois de novembre; au bout de quelques jours je m'aperçus que les mulots emportaient tous les glands : ils habitent seuls, ou deux à deux, et quelquefois trois à quatre dans un même trou; je fis découvrir quelques-uns de ces trous, et je fus épouvanté de voir dans chacun un demi-boisseau, et souvent un boisseau de glands que ces petits animaux avaient ramassés. Je donnai ordre sur-le-champ qu'on dressât dans ce canton un grand nombre de piéges, où pour toute amorce on mit une noix grillée; en moins de trois semaines de temps on m'apporta près de treize cents mulots. Je ne rapporte ce fait que pour faire voir combien ils sont nuisibles, et par leur nombre et par leur diligence à serrer autant de glands qu'il peut en entrer dans leurs trous.

ARTICLE V.

ADDITION AUX OBSERVATIONS PRÉCÉDENTES.

I. — Dans un grand terrain très-ingrat et mal situé, où rien ne voulait croître, où le chêne, le hêtre et les autres arbres forestiers que j'avais semés n'avaient pu réussir, où tous ceux que j'avais plantés ne pouvaient s'élever, parce qu'ils étaient tous les ans saisis par les gelées, je fis planter en 1734 des arbres toujours verts; savoir, une centaine de petits pins [a], autant d'épicéas et de sapins que j'avais élevés dans des caisses pendant trois ans: la plupart des sapins périrent dès la première année, et les épicéas dans les années suivantes; mais les pins ont résisté, et se sont emparés d'eux-mêmes d'un assez grand terrain. Dans les quatre ou cinq premières années, leur accroissement était à peine sensible, on ne les a ni cultivés ni recepés: entièrement abandonnés aux soins de la nature, ils ont commencé au bout de dix ans à se montrer en forme de petits buissons; dix ans après, ces buis-

a. *Pinus silvestris genevensis.*

sons, devenus bien plus gros, rapportaient des cônes, dont le vent dispersait les graines au loin; dix ans après, c'est-à-dire au bout de trente ans, ces buissons avaient pris de la tige, et aujourd'hui en 1774, c'est-à-dire au bout de quarante ans, ces pins forment d'assez grands arbres dont les graines ont peuplé le terrain à plus de cent pas de distance de chaque arbre. Comme ces petits pins, venus de graine, étaient en trop grand nombre, surtout dans le voisinage de chaque arbre, j'en ai fait enlever un très-grand nombre pour les transplanter plus loin, de manière qu'aujourd'hui ce terrain, qui contient près de quarante arpents, est entièrement couvert de pins et forme un petit bois toujours vert, dans un grand espace qui de tout temps avait été stérile.

Lorsqu'on aura donc des terres ingrates, où le bois refuse de croître, et des parties de terrain situées dans de petits vallons en montagne, où la gelée supprime les rejetons des chênes et des autres arbres qui quittent leurs feuilles, la manière la plus sûre et la moins coûteuse de peupler ces terrains est d'y planter de jeunes pins à vingt ou vingt-cinq pas les uns des autres. Au bout de trente ans, tout l'espace sera couvert de pins, et vingt ans après on jouira du produit de la coupe de ce bois, dont la plantation n'aura presque rien coûté. Et quoique la jouissance de cette espèce de culture soit fort éloignée, la très-petite dépense qu'elle suppose, et la satisfaction de rendre vivantes des terres absolument mortes, sont des motifs plus que suffisants pour déterminer tout père de famille et tout bon citoyen à cette pratique utile pour la postérité: l'intérêt de l'État, et à plus forte raison celui de chaque particulier, est qu'il ne reste aucune terre inculte; celles-ci, qui de toutes sont les plus stériles et paraissent se refuser à toute culture, deviendront néanmoins aussi utiles que les autres. Car un bois de pins peut rapporter autant et peut-être plus qu'un bois ordinaire, et en l'exploitant convenablement devenir un fonds non-seulement aussi fructueux, mais aussi durable qu'aucun autre fonds de bois.

La meilleure manière d'exploiter les taillis ordinaires est de faire coupe nette en laissant le moins de baliveaux qu'il est possible: il est très-certain que ces baliveaux font plus de tort à l'accroissement des taillis, plus de perte au propriétaire qu'ils ne donnent de bénéfice, et par conséquent il y aurait de l'avantage à les tous supprimer. Mais comme l'Ordonnance prescrit d'en laisser au moins seize par arpent, les gens les plus soigneux de leurs bois, ne pouvant se dispenser de cette servitude mal entendue, ont au moins grande attention à n'en pas laisser davantage, et font abattre à chaque coupe subséquente ces baliveaux réservés. Dans un bois de pins l'exploitation doit se faire tout autrement: comme cette espèce d'arbre ne repousse pas sur souche ni de rejetons au loin, et qu'il ne se propage et multiplie que par les graines qu'il produit tous les ans, qui tombent au pied ou sont transportées par le vent aux environs de chaque arbre, ce serait détruire

ce bois que d'en faire coupe nette; il faut y laisser cinquante ou soixante arbres par arpent, ou pour mieux faire encore, ne couper que la moitié ou le tiers des arbres alternativement, c'est-à-dire éclaircir seulement le bois d'un tiers ou de moitié, ayant soin de laisser les arbres qui portent le plus de graines : tous les dix ans on fera, pour ainsi dire, une demi-coupe, ou même on pourra tous les ans prendre dans ce taillis le bois dont on aura besoin ; cette dernière manière, par laquelle on jouit annuellement d'une partie du produit de son fonds, est de toutes la plus avantageuse.

L'épreuve que je viens de rapporter a été faite en Bourgogne, dans ma terre de Buffon, au-dessus des collines les plus froides et les plus stériles : la graine m'était venue des montagnes voisines de Genève ; on ne connaissait point cette espèce d'arbre en Bourgogne, qui y est maintenant naturalisé et assez multiplié pour en faire à l'avenir de très-grands cantons de bois dans toutes les terres où les autres arbres ne peuvent réussir. Cette espèce de pin pourra croître et se multiplier avec le même succès dans toutes nos provinces, à l'exception peut-être des plus méridionales, où l'on trouve une autre espèce de pin dont les cônes sont plus allongés, et qu'on connaît sous le nom de *pin maritime*, ou *pin de Bordeaux*, comme l'on connaît celui dont j'ai parlé, sous le nom de *pin de Genève*. Je fis venir et semer, il y a trente-deux ans, une assez grande quantité de ces pins de Bordeaux ; ils n'ont pas à beaucoup près aussi bien réussi que ceux de Genève ; cependant il y en a quelques-uns qui sont même d'une très-belle venue parmi les autres, et qui produisent des graines depuis plusieurs années, mais on ne s'aperçoit pas que ces graines réussissent sans culture, et peuplent les environs de ces arbres, comme les graines du pin de Genève.

A l'égard des sapins et des épicéas, dont j'ai voulu faire des bois par cette même méthode si facile et si peu dispendieuse, j'avouerai qu'ayant fait souvent jeter des graines de ces arbres en très-grande quantité dans ces mêmes terres où le pin a si bien réussi, je n'en ai jamais vu le produit, ni même eu la satisfaction d'en voir germer quelques-unes autour des arbres que j'avais fait planter, quoiqu'ils portent des cônes depuis plusieurs années. Il faut donc un autre procédé, ou du moins ajouter quelque chose à celui que je viens de donner, si l'on veut faire des bois de ces deux dernières espèces d'arbres toujours verts.

II. — Dans les bois ordinaires, c'est-à-dire dans ceux qui sont plantés de chênes, de hêtres, de charmes, de frênes, et d'autres arbres dont l'accroissement est plus prompt, tels que les trembles, les bouleaux, les marseaux, les coudriers, etc. ; il y a du bénéfice à faire couper au bout de douze à quinze ans ces dernières espèces d'arbres, dont on peut faire des cercles ou d'autres menus ouvrages ; on coupe en même temps les épines et autres mauvais bois : cette opération ne fait qu'éclaircir le taillis, et, bien

loin de lui porter préjudice, elle en accélère l'accroissement; le chêne, le hêtre et les autres bons arbres n'en croissent que plus vite, en sorte qu'il y a le double avantage de tirer d'avance une partie de son revenu par la vente de ces bois blancs, propres à faire des cercles, et de trouver ensuite un taillis tout composé de bois de bonne essence, et d'un plus gros volume. Mais ce qui peut dégoûter de cette pratique utile, c'est qu'il faudrait, pour ainsi dire, la faire par ses mains; car en vendant le *cerclage* de ces bois aux bûcherons ou aux petits ouvriers qui emploient cette denrée, on risque toujours la dégradation du taillis; il est presque impossible de les empêcher de couper furtivement des chênes ou d'autres bons arbres, et dès lors le tort qu'ils vous font, fait une grande déduction sur le bénéfice et quelquefois l'excède.

III. — Dans les mauvais terrains qui n'ont que six pouces ou tout au plus un pied de profondeur, et dont la terre est graveleuse et maigre, on doit faire couper les taillis à seize ou dix-huit ans; dans les terrains médiocres à vingt-trois ou vingt-quatre ans, et dans les meilleurs fonds il faut les attendre jusqu'à trente : une expérience de quarante ans m'a démontré que ce sont à très-peu près les termes du plus grand profit. Dans mes terres et dans toutes celles qui les environnent, même à plusieurs lieues de distance, on choisit tout le gros bois, depuis sept pouces de tour et au-dessus, pour le faire flotter et l'envoyer à Paris, et tout le menu bois est consommé par le chauffage du peuple ou par les forges; mais dans d'autres cantons de la province, où il n'y a point de forges, et où les villages éloignés les uns des autres ne font que peu de consommation, tout le menu bois tomberait en pure perte si l'on n'avait trouvé le moyen d'y remédier en changeant les procédés de l'exploitation. On coupe ces taillis à peu près comme j'ai conseillé de couper les bois de pins, avec cette différence qu'au lieu de laisser les grands arbres, on ne laisse que les petits : cette manière d'exploiter les bois en les *jardinant* est en usage dans plusieurs endroits; on abat tous les plus beaux brins, et on laisse subsister les autres, qui dix ans après sont abattus à leur tour, et ainsi de dix ans en dix ans, ou de douze en douze ans, on a plus de moitié coupe, c'est-à-dire plus de moitié de produit. Mais cette manière d'exploitation, quoique utile, ne laisse pas d'être sujette à des inconvénients. On ne peut abattre les plus grands arbres sans faire souffrir les petits. D'ailleurs, le bûcheron, étant presque toujours mal à l'aise, ne peut couper la plupart de ces arbres qu'à un demi-pied, et souvent plus d'un pied au-dessus de terre, ce qui fait un grand tort aux revenues : ces souches élevées ne poussent jamais des rejetons aussi vigoureux ni en aussi grand nombre que les souches coupées à fleur de terre; et l'une des plus utiles attentions qu'on doive donner à l'exploitation des taillis est de faire couper tous les arbres le plus près de terre qu'il est possible.

IV. — Les bois occupent presque partout le haut des coteaux et les sommets des collines et des montagnes d'une médiocre hauteur. Dans ces espèces de plaines au-dessus des montagnes, il se trouve des terrains enfoncés, des espèces de vallons secs et froids, qu'on appelle des *combes*. Quoique le terrain de ces combes ait ordinairement plus de profondeur, et soit d'une meilleure qualité que celui des parties élevées qui les environnent, le bois néanmoins n'y est jamais aussi beau, il ne pousse qu'un mois plus tard, et souvent il y a de la différence de plus de moitié dans l'accroissement total. A quarante ans le bois du fond de la combe ne vaut pas plus que celui des coteaux qui l'environnent vaut à vingt ans. Cette prodigieuse différence est occasionnée par la gelée qui, tous les ans et presque en toute saison, se fait sentir dans ces combes, et, supprimant en partie les jeunes rejetons, rend les arbres raffaus, rabougris et galeux. J'ai remarqué dans plusieurs coupes où l'on avait laissé quelques bouquets de bois, que tout ce qui était auprès de ces bouquets et situé à l'abri du vent du nord était entièrement gâté par l'effet de la gelée, tandis que tous les endroits exposés au vent du nord n'étaient point du tout gelés: cette observation me fournit la véritable raison pourquoi les combes et les lieux bas dans les bois sont si sujets à la gelée, et si tardifs à l'égard des terrains plus élevés, où les bois deviennent très-beaux, quoique souvent la terre y soit moins bonne que dans les combes; c'est parce que l'humidité et les brouillards qui s'élèvent de la terre séjournent dans les combes, s'y condensent, et par ce froid humide occasionnent la gelée; tandis que, sur les lieux plus élevés, les vents divisent et chassent les vapeurs nuisibles, et les empêchent de tomber sur les arbres, ou du moins de s'y attacher en aussi grande quantité et en aussi grosses gouttes. Il y a de ces lieux bas où il gèle tous les mois de l'année; aussi le bois n'y vaut jamais rien: j'ai quelquefois parcouru en été la nuit à la chasse ces différents pays de bois, et je me souviens parfaitement que sur les lieux élevés j'avais chaud, mais qu'aussitôt que je descendais dans ces combes un froid vif et inquiétant, quoique sans vent, me saisissait, de sorte que souvent à dix pas de distance on aurait cru changer de climat; des charbonniers qui marchaient nu-pieds trouvaient la terre chaude sur ces éminences, et d'une froidure insupportable dans ces petits vallons. Lorsque ces combes se trouvent situées de manière à être enfilées par les vents froids et humides du nord-ouest, la gelée s'y fait sentir même aux mois de juillet et d'août; le bois ne peut y croître, les genièvres même ont bien de la peine à s'y maintenir, et ces combes n'offrent, au lieu d'un beau taillis semblable à ceux qui les environnent, qu'un espace stérile qu'on appelle *une chaume*, et qui diffère d'une friche, en ce qu'on peut rendre celle-ci fertile par la culture, au lieu qu'on ne sait comment cultiver ou peupler ces chaumes qui sont au milieu des bois. Les grains qu'on pourrait y semer sont toujours détruits par les grands froids de l'hiver ou par les

gelées du printemps : il n'y a guère que le blé noir ou sarrasin qui puisse y croître, et encore le produit ne vaut pas la dépense de la culture. Ces terrains restent donc déserts, abandonnés, et sont en pure perte. J'ai une de ces combes au milieu de mes bois, qui seule contient cent cinquante arpents, dont le produit est presque nul. Le succès de ma plantation de pins, qui n'est qu'à une lieue de cette grande combe, m'a déterminé à y planter de jeunes arbres de cette espèce : je n'ai commencé que depuis quelques années ; je vois déjà, par le progrès de ces jeunes plants, que quelque jour cet espace, stérile de temps immémorial, sera un bois de pins tout aussi fourni que le premier que j'ai décrit.

V. — J'ai fait écorcer sur pied des pins, des sapins, et d'autres espèces d'arbres toujours verts; j'ai reconnu que ces arbres, dépouillés de leur écorce, vivent plus longtemps que les chênes auxquels on fait la même opération, et leur bois acquiert de même plus de dureté, plus de force et plus de solidité. Il serait donc très-utile de faire écorcer sur pied les sapins qu'on destine aux mâtures des vaisseaux : en les laissant deux, trois et même quatre ans sécher ainsi sur pied, ils acquerront une force et une durée bien plus grande que dans leur état naturel. Il en est de même de toutes les grosses pièces de chêne que l'on emploie dans la construction des vaisseaux; elles seraient plus résistantes, plus solides et plus durables si on les tirait d'arbres écorcés et séchés sur pied avant de les abattre.

A l'égard des pièces courbes, il vaut mieux prendre des arbres de brin, de la grosseur nécessaire pour faire une seule pièce courbe, que de scier ces courbes dans de plus grosses pièces; celles-ci sont toujours tranchées et faibles, au lieu que les pièces de brin étant courbées dans du sable chaud, conservent presque toute la force de leurs fibres longitudinales : j'ai reconnu en faisant rompre des courbes de ces deux espèces, qu'il y avait plus d'un tiers de différence dans leur force; que les courbes tranchées cassaient subitement, et que celles qui avaient été courbées par la chaleur graduée et par une charge constamment appliquée, se rétablissaient presque de niveau avant que d'éclater et se rompre.

VI. — On est dans l'usage de marquer avec un gros marteau, portant empreinte des armes du Roi ou des seigneurs particuliers, tous les arbres que l'on veut réserver dans les bois qu'on veut couper : cette pratique est mauvaise, on enlève l'écorce et une partie de l'aubier avant de donner le coup de marteau; la blessure ne se cicatrise jamais parfaitement, et souvent elle produit un abreuvoir au pied de l'arbre. Plus la tige en est menue, plus le mal est grand. On retrouve, dans l'intérieur d'un arbre de cent ans, les coups de marteau qu'on lui aura donnés à vingt-cinq, cinquante et

soixante-quinze ans, et tous ces endroits sont remplis de pourriture, et forment souvent des abreuvoirs ou des fusées en bas ou en haut qui gâtent le pied de l'arbre. Il vaudrait mieux marquer avec une couleur à l'huile les arbres qu'on voudrait réserver; la dépense serait à peu près la même, et la couleur ne ferait aucun tort à l'arbre, et durerait au moins pendant tout le temps de l'exploitation.

VII. — On trouve communément dans les bois deux espèces de chênes, ou plutôt deux variétés remarquables et différentes l'une de l'autre à plusieurs égards. La première est le chêne à gros gland, qui n'est qu'un à un, ou tout au plus deux à deux sur la branche: l'écorce de ces chênes est blanche et lisse, la feuille grande et large, le bois blanc, liant, très-ferme, et néanmoins très-aisé à fendre. La seconde espèce porte ses glands en bouquets ou trochets comme les noisettes, de trois, quatre ou cinq ensemble; l'écorce en est plus brune et toujours gercée, le bois aussi plus coloré, la feuille plus petite, et l'accroissement plus lent. J'ai observé que dans tous les terrains peu profonds, dans toutes les terres maigres, on ne trouve que des chênes à petits glands en trochets, et qu'au contraire on ne voit guère que des chênes à gros glands dans les très-bons terrains. Je ne suis pas assuré que cette variété soit constante et se propage par la graine, mais j'ai reconnu après avoir semé plusieurs années une très-grande quantité de ces glands, tantôt indistinctement et mêlés, et d'autres fois séparés, qu'il ne m'est venu que des chênes à petits glands dans les mauvais terrains, et qu'il n'y a que dans quelques endroits de mes meilleures terres où il se trouve des chênes à gros glands. Le bois de ces chênes ressemble si fort à celui du châtaignier par la texture et par la couleur, qu'on les a pris l'un pour l'autre; c'est sur cette ressemblance qui n'a pas été indiquée, qu'est fondée l'opinion que les charpentes de nos anciennes églises sont de bois de châtaignier : j'ai eu occasion d'en voir quelques-unes, et j'ai reconnu que ces bois, prétendus de châtaignier, étaient du chêne blanc à gros glands, dont je viens de parler, qui était autrefois bien plus commun qu'il ne l'est aujourd'hui, par une raison bien simple : c'est qu'autrefois, avant que la France ne fût aussi peuplée, il existait une quantité bien plus grande de bois en bon terrain, et par conséquent une bien plus grande quantité de ces chênes, dont le bois ressemble à celui du châtaignier.

Le châtaignier affecte des terrains particuliers; il ne croît point ou vient mal dans toutes les terres dont le fond est de matière calcaire : il y a donc de très-grands cantons et des provinces entières où l'on ne voit point de châtaigniers dans les bois, et néanmoins on nous montre, dans ces mêmes cantons, des charpentes anciennes, qu'on prétend être de châtaignier, et qui sont de l'espèce de chêne dont je viens de parler.

Ayant comparé le bois de ces chênes à gros glands au bois des chênes à

petits glands dans un grand nombre d'arbres du même âge, et depuis vingt-cinq ans jusqu'à cent ans et au-dessus, j'ai reconnu que le chêne à gros glands a constamment plus de cœur et moins d'aubier que le chêne à petits glands dans la proportion du double au simple : si le premier n'a qu'un pouce d'aubier, sur huit pouces de cœur, le second n'aura que sept pouces de cœur, sur deux pouces d'aubier, et ainsi de toutes les autres mesures ; d'où il résulte une perte du double lorsqu'on équarrit ces bois, car on ne peut tirer qu'une pièce de sept pouces d'un chêne à petits glands, tandis qu'on tire une pièce de huit pouces d'un chêne à gros glands de même âge et de même grosseur. On ne peut donc recommander assez la conservation et le repeuplement de cette belle espèce de chênes, qui a sur l'espèce commune le plus grand avantage d'un accroissement plus prompt, et dont le bois est non-seulement plus plein, plus fort, mais encore plus élastique. Le trou, fait par une balle de mousquet dans une planche de ce chêne, se rétrécit par le ressort du bois de plus d'un tiers de plus que dans le chêne commun, et c'est une raison de plus de préférer ce bon chêne pour la construction des vaisseaux ; le boulet de canon ne le ferait point éclater, et les trous seraient plus aisés à boucher. En général, plus les chênes croissent vite, plus ils forment de cœur et meilleurs ils sont pour le service, à grosseur égale ; leur tissu est plus ferme que celui des chênes qui croissent lentement, parce qu'il y a moins de cloisons, moins de séparation entre les couches ligneuses dans le même espace.

TROISIÈME MÉMOIRE

RECHERCHES

De la cause de l'excentricité des couches ligneuses qu'on aperçoit quand on coupe horizontalement le tronc d'un arbre, de l'inégalité d'épaisseur, et du différent nombre de ces couches, tant dans le bois formé que dans l'aubier.

PAR MM. DUHAMEL ET DE BUFFON.[1]

On ne peut travailler plus utilement pour la physique qu'en constatant des faits douteux, et en établissant la vraie origine de ceux qu'on attribuait sans fondement à des causes imaginaires ou insuffisantes. C'est dans cette

1. Ce Mémoire, commun à Buffon et à Duhamel, fait partie des Mémoires de l'Académie pour l'année 1737. Il n'y avait que deux ans que Buffon venait de publier sa traduction de la *Statique* (voyez la note de la page 1).

vue que nous avons entrepris, M. de Buffon et moi, plusieurs recherches d'agriculture; que nous avons, par exemple, fait des observations et des expériences sur l'accroissement et l'entretien des arbres, sur leurs maladies et sur leurs défauts, sur les plantations et sur le rétablissement des forêts, etc. Nous commençons à rendre compte à l'Académie du succès de ce travail, par l'examen d'un fait dont presque tous les auteurs d'agriculture font mention, mais qui n'a été (nous n'hésitons pas de le dire) qu'entrevu, et qu'on a pour cette raison attribué à des causes qui sont bien éloignées de la vérité.

Tout le monde sait que, quand on coupe horizontalement le tronc d'un chêne, par exemple, on aperçoit dans le cœur et dans l'aubier des cercles ligneux qui l'enveloppent; ces cercles sont séparés les uns des autres par d'autres cercles ligneux d'une substance plus rare, et ce sont ces derniers qui distinguent et séparent la crue de chaque année : il est naturel de penser que, sans des accidents particuliers, ils devraient être tous à peu près d'égale épaisseur, et également éloignés du centre.

Il en est cependant tout autrement, et la plupart des auteurs d'agriculture, qui ont reconnu cette différence, l'ont attribuée à différentes causes, et en ont tiré diverses conséquences: les uns, par exemple, veulent qu'on observe avec soin la situation des jeunes arbres dans les pépinières, pour les orienter dans la place qu'on leur destine, ce que les jardiniers appellent *planter à la boussole;* ils soutiennent que le côté de l'arbre qui était opposé au soleil dans la pépinière souffre immanquablement de son action lorsqu'il y est exposé.

D'autres veulent que les cercles ligneux de tous les arbres soient excentriques, et toujours plus éloignés du centre ou de l'axe du tronc de l'arbre du côté du midi que du côté du nord: ce qu'ils proposent aux voyageurs qui seraient égarés dans les forêts, comme un moyen assuré de s'orienter et de retrouver leur route.

Nous avons cru devoir nous assurer par nous-mêmes de ces deux faits; et d'abord, pour reconnaître si les arbres transplantés souffrent lorsqu'ils se trouvent à une situation contraire à celle qu'ils avaient dans la pépinière, nous avons choisi cinquante ormes qui avaient été élevés dans une vigne, et non pas dans une pépinière touffue, afin d'avoir des sujets dont l'exposition fût bien décidée. J'ai fait, à une même hauteur, étêter tous ces arbres, dont le tronc avait douze à treize pouces de circonférence, et avant de les arracher, j'ai marqué d'une petite entaille le côté exposé au midi, ensuite je les ai fait planter sur deux lignes, observant de les mettre alternativement, un dans la situation où il avait été élevé, et l'autre dans une situation contraire, en sorte que j'ai eu vingt-cinq arbres orientés comme dans la vigne, à comparer avec vingt-cinq autres qui étaient dans une situation tout opposée : en les plantant ainsi alternativement, j'ai évité tous les

soupçons qui auraient pu naître des veines de terre, dont la qualité change quelquefois tout d'un coup. Mes arbres sont prêts à faire leur troisième pousse, je les ai bien examinés, il ne me paraît pas qu'il y ait aucune différence entre les uns et les autres : il est probable qu'il n'y en aura pas dans la suite, car si le changement d'exposition doit produire quelque chose, ce ne peut être que dans les premières années, et jusqu'à ce que les arbres se soient accoutumés aux impressions du soleil et du vent, qu'on prétend être capables de produire un effet sensible sur ces jeunes sujets.

Nous ne déciderons cependant pas que cette attention est superflue dans tous les cas; car nous voyons, dans les terres légères, les pêchers et les abricotiers de haute tige, plantés en espalier au midi, se dessécher entièrement du côté du soleil, et ne subsister que par le côté du mur. Il semble donc que dans les pays chauds, sur le penchant des montagnes, au midi, le soleil peut produire un effet sensible sur la partie de l'écorce qui lui est exposée; mais mon expérience décide incontestablement que, dans notre climat et dans les situations ordinaires, il est inutile d'orienter les arbres qu'on transplante; c'est toujours une attention de moins, qui ne laisserait pas que de gêner lorsqu'on plante des arbres en alignement; car pour peu que le tronc des arbres soit un peu courbe, ils font une grande difformité quand on n'est pas le maître de mettre la courbure dans le sens de l'alignement.

A l'égard de l'excentricité des couches ligneuses vers le midi, nous avons remarqué que les gens le plus au fait de l'exploitation des forêts ne sont point d'accord sur ce point. Tous, à la vérité, conviennent de l'excentricité des couches annuelles, mais les uns prétendent que ces couches sont plus épaisses du côté du nord, parce que, disent-ils, le soleil dessèche le côté du midi, et ils appuient leur sentiment sur le prompt accroissement des arbres des pays septentrionaux qui viennent plus vite, et grossissent davantage que ceux des pays méridionaux.

D'autres, au contraire, et c'est le plus grand nombre, prétendent avoir observé que les couches sont plus épaisses du côté du midi; et pour ajouter à leur observation un raisonnement physique, ils disent que le soleil étant le principal moteur de la sève, il doit la déterminer à passer avec plus d'abondance dans la partie où il a le plus d'action, pendant que les pluies qui viennent souvent du vent du midi humectent l'écorce, la nourrissent, ou du moins préviennent le desséchement que la chaleur du soleil aurait pu causer.

Voilà donc des sujets de doute entre ceux-là même qui sont dans l'usage actuel d'exploiter des bois, et on ne doit pas s'en étonner; car les différentes circonstances produisent des variétés considérables dans l'accroissement des couches ligneuses. Nous allons le prouver par plusieurs expériences; mais avant que de les rapporter, il est bon d'avertir que nous distinguons ici les chênes, d'abord en deux espèces, savoir, ceux qui portent des glands

à longs pédicules, et ceux dont les glands sont presque collés à la branche. Chacune de ces espèces en donne trois autres, savoir: les chênes qui portent de très-gros glands, ceux dont les glands sont de médiocre grosseur, et enfin ceux dont les glands sont très-petits. Cette division, qui serait grossière et imparfaite pour un botaniste, suffit aux forestiers; et nous l'avons adoptée, parce que nous avons cru apercevoir quelque différence dans la qualité du bois de ces espèces, et que d'ailleurs il se trouve dans nos forêts un très-grand nombre d'espèces différentes de chênes dont le bois est absolument semblable, auxquelles par conséquent nous n'avons pas eu égard.

EXPÉRIENCE PREMIÈRE.

Le 27 mars 1734, pour nous assurer si les arbres croissent du côté du midi plus que du côté du nord, M. de Buffon a fait couper un chêne à gros gland, âgé d'environ soixante ans, à un bon pied et demi au-dessus de la surface du terrain, c'est-à-dire dans l'endroit où la tige commence à se bien arrondir, car les racines causent toujours un élargissement au pied des arbres: celui-ci était situé dans une lisière découverte à l'orient, mais un peu couverte au nord d'un côté, et de l'autre au midi. Il a fait faire la coupe le plus horizontalement qu'il a été possible; et, ayant mis la pointe d'un compas dans le centre des cercles annuels, il a reconnu qu'il coïncidait avec celui de la circonférence de l'arbre, et qu'ainsi tous les côtés avaient également grossi; mais ayant fait couper ce même arbre à vingt pieds plus haut, le côté du nord était plus épais que celui du midi; il a remarqué qu'il y avait une grosse branche du côté du nord, un peu au-dessous des vingt pieds.

EXPÉRIENCE II.

Le même jour, il a fait couper de la même façon, à un pied et demi au-dessus de terre, un chêne à petits glands, âgé d'environ quatre-vingts ans, situé comme le précédent; il avait plus grossi du côté du midi que du côté du nord. Il a observé qu'il y avait au dedans de l'arbre un nœud fort serré du côté du nord, qui venait des racines.

EXPÉRIENCE III.

Le même jour il a fait couper de même un chêne à gland de médiocre grosseur, âgé de soixante ans, dans une lisière exposée au midi; le côté du midi était plus fort que celui du nord, mais il l'était beaucoup moins que celui du levant. Il a fait fouiller au pied de l'arbre, et il a vu que la plus grosse racine était du côté du levant; il a ensuite fait couper cet arbre

à deux pieds plus haut, c'est-à-dire à près de quatre pieds de terre en tout, et à cette hauteur le côté du nord était plus épais que tous les autres.

EXPÉRIENCE IV.

Le même jour il a fait couper à la même hauteur un chêne à gros glands, âgé d'environ soixante ans, dans une lisière exposée au levant, et il a trouvé qu'il avait également grossi de tous côtés; mais à un pied et demi plus haut, c'est-à-dire à trois pieds au-dessus de la terre, le côté du midi était un peu plus épais que celui du nord.

EXPÉRIENCE V.

Un autre chêne à gros glands, âgé d'environ trente-cinq ans, d'une lisière exposée au levant, avait grossi d'un tiers de plus du côté du midi que du côté du nord, à un pied au-dessus de terre; mais à un pied plus haut cette inégalité diminuait déjà, et à un pied plus haut il avait également grossi de tous côtés : cependant en le faisant encore couper plus haut, le côté du midi était un tant soit peu plus fort.

EXPÉRIENCE VI.

Un autre chêne à gros glands, âgé de trente-cinq ans, d'une lisière exposée au midi, coupé à trois pieds au-dessus de terre, était un peu plus fort au midi qu'au nord, mais bien plus fort du côté du levant que d'aucun autre côté.

EXPÉRIENCE VII.

Un autre chêne de même âge et mêmes glands, situé au milieu des bois, était également crû du côté du midi et du côté du nord, et plus du côté du levant que du côté du couchant.

EXPÉRIENCE VIII.

Le 29 mars 1734, il a continué ces épreuves et il a fait couper, à un pied et demi au-dessus de terre, un chêne à gros glands, d'une très-belle venue, âgé de quarante ans, dans une lisière exposée au midi; il avait grossi du côté du nord beaucoup plus que d'aucun autre côté, celui du midi était même le plus faible de tous. Ayant fait fouiller au pied de l'arbre, il a trouvé que la plus grosse racine était du côté du nord.

EXPÉRIENCE IX.

Un autre chêne de même espèce, même âge et à la même exposition,

coupé à la même hauteur d'un pied et demi au-dessus de la surface du terrain, avait grossi du côté du midi plus que du côté du nord. Il a fait fouiller au pied, et il a trouvé qu'il y avait une grosse racine du côté du midi, et qu'il n'y en paraissait point du côté du nord.

EXPÉRIENCE X.

Un autre chêne de même espèce, mais âgé de soixante ans, et absolument isolé, avait plus grossi du côté du nord que d'aucun autre côté. En fouillant, il a trouvé que la plus grosse racine était du côté du nord.

Je pourrais joindre à ces observations beaucoup d'autres pareilles, que M. de Buffon a fait exécuter en Bourgogne, de même qu'un grand nombre que j'ai faites dans la forêt d'Orléans, qui se montent à l'examen de plus de quarante arbres, mais dont il m'a paru inutile de donner le détail. Il suffit de dire qu'elles décident toutes que l'aspect du midi ou du nord n'est point du tout la cause de l'excentricité des couches ligneuses, mais qu'elle ne doit s'attribuer qu'à la position des racines et des branches, de sorte que les couches ligneuses sont toujours plus épaisses du côté où il y a plus de racines ou de plus vigoureuses. Il ne faut cependant pas manquer de rapporter une expérience que M. de Buffon a faite, et qui est absolument décisive.

Il choisit ce même jour, 29 mars, un chêne isolé auquel il avait remarqué quatre racines à peu près égales et disposées assez régulièrement, en sorte que chacune répondait à très-peu près à un des quatre points cardinaux, et l'ayant fait couper à un pied et demi au-dessus de la surface du terrain, il trouva, comme il le soupçonnait, que le centre des couches ligneuses coïncidait avec celui de la circonférence de l'arbre, et que par conséquent il avait grossi de tous côtés également.

Ce qui nous a pleinement convaincus que la vraie cause de l'excentricité des couches ligneuses est la position des racines, et quelquefois des branches, et que si l'aspect du midi ou du nord, etc., influe sur les arbres pour les faire grossir inégalement, ce ne peut être que d'une manière insensible, puisque dans tous ces arbres, tantôt c'était les couches ligneuses du côté du midi qui étaient les plus épaisses, et tantôt celles du côté du nord ou de tout autre côté, et que, quand nous avons coupé des troncs d'arbres à différentes hauteurs, nous avons trouvé les couches ligneuses tantôt plus épaisses d'un côté, tantôt d'un autre.

Cette dernière observation m'a engagé à faire fendre plusieurs corps d'arbres par le milieu. Dans quelques-uns, le cœur suivait à peu près en ligne droite l'axe du tronc; mais dans le plus grand nombre, et dans les bois même les plus parfaits et de la meilleure fente, il faisait des inflexions en forme de zigzag : outre cela, dans le centre de presque tous les arbres,

j'ai remarqué aussi bien que M. de Buffon, que, dans une épaisseur d'un pouce ou un pouce et demi vers le centre, il y avait plusieurs petits nœuds, en sorte que le bois ne s'est trouvé bien franc qu'au delà de cette petite épaisseur.

Ces nœuds viennent sans doute de l'éruption des branches que le chêne pousse en quantité dans sa jeunesse, qui, venant à périr, se recouvrent avec le temps, et forment ces petits nœuds auxquels on doit attribuer en partie cette direction irrégulière du cœur qui n'est pas naturelle aux arbres. Elle peut venir aussi de ce qu'ils ont perdu dans leur jeunesse leur flèche ou montant principal par la gelée, l'abroutissement du bétail, la force du vent ou de quelque autre accident, car ils sont alors obligés de nourrir des branches latérales pour en former leurs tiges, et le cœur de ces branches ne répondant pas à celui du tronc, il s'y fait un changement de direction. Il est vrai que peu à peu ces branches se redressent, mais il reste toujours une inflexion dans le cœur de ces arbres.

Nous n'avons donc pas aperçu que l'exposition produisît rien de sensible sur l'épaisseur des couches ligneuses, et nous croyons que, quand on en remarque plus d'un côté que d'un autre, elle vient presque toujours de l'insertion des racines, ou de l'éruption de quelques branches, soit que ces branches existent actuellement, ou qu'ayant péri, leur place soit recouverte. Les plaies cicatrisées, la gélivure, le double aubier, dans un même arbre, peuvent encore produire cette augmentation d'épaisseur des couches ligneuses; mais nous la croyons absolument indépendante de l'exposition, ce que nous allons encore prouver par plusieurs observations familières.

OBSERVATION PREMIÈRE.

Tout le monde peut avoir remarqué dans les vergers des arbres qui s'emportent, comme disent les jardiniers, sur une de leurs branches, c'est-à-dire qu'ils poussent sur cette branche avec vigueur, pendant que les autres restent chétives et languissantes. Si l'on fouille au pied de ces arbres pour examiner leurs racines, on trouvera à peu près la même chose qu'au dehors de la terre, c'est-à-dire que du côté de la branche vigoureuse il y aura de vigoureuses racines, pendant que celles de l'autre côté seront en mauvais état.

OBSERVATION II.

Qu'un arbre soit planté entre un gazon et une terre façonnée, ordinairement la partie de l'arbre qui est du côté de la terre labourée sera plus verte et plus vigoureuse que celle qui répond au gazon.

OBSERVATION III.

On voit souvent un arbre perdre subitement une branche, et si l'on fouille au pied, on trouve le plus ordinairement la cause de cet accident dans le mauvais état où se trouvent les racines qui répondent à la branche qui a péri.

OBSERVATION IV.

Si on coupe une grosse racine à un arbre, comme on le fait quelquefois pour mettre un arbre à fruit, ou pour l'empêcher de s'emporter sur une branche, on fait languir la partie de l'arbre à laquelle cette racine correspondait; mais il n'arrive pas toujours que ce soit celle qu'on voulait affaiblir, parce qu'on n'est pas toujours assuré à quelle partie de l'arbre une racine porte sa nourriture, et une même racine la porte souvent à plusieurs branches : nous en allons dire quelque chose dans un moment.

OBSERVATION V.

Qu'on fende un arbre, depuis une de ses branches, par son tronc, jusqu'à une de ses racines, on pourra remarquer que les racines de même que les branches sont formées d'un faisceau de fibres qui sont une continuation des fibres longitudinales du tronc de l'arbre.

Toutes ces observations semblent prouver que le tronc des arbres est composé de différents paquets de fibres longitudinales, qui répondent par un bout à une racine, et par l'autre, quelquefois à une, et d'autres fois à plusieurs branches; en sorte que chaque faisceau de fibres paraît recevoir sa nourriture de la racine dont il est une continuation. Suivant cela, quand une racine périt, il s'en devrait suivre le desséchement d'un faisceau de fibres dans la partie du tronc et dans la branche correspondante, mais il faut remarquer :

1° Que dans ce cas les branches ne font que languir, et ne meurent pas entièrement;

2° Qu'ayant greffé par le milieu sur un sujet vigoureux une branche d'orme assez forte qui était chargée d'autres petites branches, les rameaux qui étaient sur la partie inférieure de la branche greffée poussèrent, quoique plus faiblement que ceux du sujet. Et j'ai vu, aux Chartreux de Paris, un oranger subsister et grossir en cette situation quatre ou cinq mois sur le sauvageon où il avait été greffé. Ces expériences prouvent que la nourriture, qui est portée à une partie d'un arbre, se communique à toutes les autres, et par conséquent la sève a un mouvement de communication laté-

rale. On peut voir sur cela les expériences de M. Hales; mais ce mouvement latéral ne nuit pas assez au mouvement direct de la sève pour l'empêcher de se rendre en plus grande abondance à la partie de l'arbre, et au faisceau même des fibres qui correspond à la racine qui la fournit, et c'est ce qui fait qu'elle se distribue principalement à une partie des branches de l'arbre, et qu'on voit ordinairement la partie de l'arbre où répond une racine vigoureuse profiter plus que tout le reste, comme on le peut remarquer sur les arbres des lisières des forêts, car leurs meilleures racines étant presque toujours du côté du champ, c'est aussi de ce côté que les couches ligneuses sont communément les plus épaisses.

Ainsi il paraît, par les expériences que nous venons de rapporter, que les couches ligneuses sont plus épaisses dans les endroits de l'arbre où la sève a été portée en plus grande abondance, soit que cela vienne des racines ou des branches, car on sait que les unes et les autres agissent de concert pour le mouvement de la sève.

C'est cette même abondance de sève qui fait que l'aubier se transforme plutôt en bois ; c'est d'elle que dépend l'épaisseur relative du bois parfait avec l'aubier dans les différents terrains et dans les diverses espèces, car l'aubier n'est autre chose qu'un bois imparfait, un bois moins dense, qui a besoin que la sève le traverse, et y dépose des parties fixes pour remplir ses pores, et le rendre semblable au bois : la partie de l'aubier dans laquelle la sève passera en plus grande abondance sera donc celle qui se transformera plus promptement en bois parfait, et cette transformation doit, dans les mêmes espèces, suivre la qualité du terrain.

EXPÉRIENCES.

M. de Buffon a fait scier plusieurs chênes à deux ou trois pieds de terre, et ayant fait polir la coupe avec la plane, voici ce qu'il a remarqué :

Un chêne âgé de quarante-six ans environ, avait d'un côté quatorze couches annuelles d'aubier, et du côté opposé il en avait vingt; cependant les quatorze couches étaient d'un quart plus épaisses que les vingt de l'autre côté ;

Un autre chêne, qui paraissait du même âge, avait d'un côté seize couches d'aubier, et du côté opposé il en avait vingt-deux; cependant les seize couches étaient d'un quart plus épaisses que les vingt-deux;

Un autre chêne de même âge avait d'un côté vingt couches d'aubier, et du côté opposé il en avait vingt-quatre; cependant les vingt couches étaient d'un quart plus épaisses que les vingt-quatre;

Un autre chêne de même âge avait d'un côté dix couches d'aubier, et du côté opposé il en avait quinze; cependant les dix couches étaient d'un sixième plus épaisses que les quinze;

Un autre chêne de même âge avait d'un côté quatorze couches d'aubier, et de l'autre vingt-une; cependant les quatorze couches étaient d'une épaisseur presque double de celle des vingt-une;

Un chêne de même âge avait d'un côté onze couches d'aubier, et du côté opposé il en avait dix-sept; cependant les onze couches étaient d'une épaisseur double de celle des dix-sept.

Il a fait de semblables observations sur les trois espèces de chênes qui se trouvent le plus ordinairement dans les forêts, et il n'y a point aperçu de différence.

Toutes ces expériences prouvent que l'épaisseur de l'aubier est d'autant plus grande que le nombre des couches qui le forment est plus petit. Ce fait paraît singulier; l'explication en est cependant aisée. Pour la rendre plus claire, supposons pour un instant qu'on ne laisse à un arbre que deux racines, l'une à droite, double de celle qui est à gauche; si on n'a point d'attention à la communication latérale de la sève, le côté droit de l'arbre recevrait une fois autant de nourriture que le côté gauche : les cercles annuels grossiraient donc plus à droite qu'à gauche, et en même temps la partie droite de l'arbre se transformerait plus promptement en bois parfait que la partie gauche, parce qu'en se distribuant plus de sève dans la partie droite que dans la gauche, il se déposerait dans les interstices de l'aubier un plus grand nombre de parties fixes propres à former le bois.

Il nous paraît donc assez bien prouvé que de plusieurs arbres plantés dans le même terrain, ceux qui croissent plus vite ont leurs couches ligneuses plus épaisses, et qu'en même temps leur aubier se convertit plus tôt en bois que dans les arbres qui croissent lentement. Nous allons maintenant faire voir que les chênes qui sont crûs dans les terrains maigres, ont plus d'aubier, par proportion à la quantité de leur bois, que ceux qui sont crûs dans les bons terrains. Effectivement, si l'aubier ne se convertit en bois parfait qu'à proportion que la sève qui le traverse y dépose des parties fixes, il est clair que l'aubier sera bien plus longtemps à se convertir en bois dans les terrains maigres que dans les bons terrains.

C'est aussi ce que j'ai remarqué en examinant des bois qu'on abattait dans une vente, dont le bois était beaucoup meilleur à une de ses extrémités qu'à l'autre, simplement parce que le terrain y avait plus de fond.

Les arbres qui étaient venus dans la partie où il y avait moins de bonne terre étaient moins gros, leurs couches ligneuses étaient plus minces que dans les autres, ils avaient un plus grand nombre de couches d'aubier, et même généralement plus d'aubier par proportion à la grosseur de leur bois; je dis par proportion au bois, car si on se contentait de mesurer avec un compas l'épaisseur de l'aubier dans les deux terrains, on le trouverait communément bien plus épais dans le bon terrain que dans l'autre.

M. de Buffon a suivi bien plus loin ces observations, car ayant fait abattre dans un terrain sec et graveleux, où les arbres commencent à couronner à trente ans, un grand nombre de chênes à médiocres et petits glands, tous âgés de quarante-six ans, il fit aussi abattre autant de chênes de même espèce et du même âge dans un bon terrain, où le bois ne couronne que fort tard. Ces deux terrains sont à une portée de fusil l'un de l'autre, à la même exposition, et ils ne diffèrent que par la qualité et la profondeur de la bonne terre, qui dans l'un est de quelques pieds, et dans l'autre de huit à neuf pouces seulement. Nous avons pris avec une règle et un compas les mesures du cœur et de l'aubier de tous ces différents arbres, et après avoir fait une table de ces mesures, et avoir pris la moyenne entre toutes, nous avons trouvé :

1° Qu'à l'âge de quarante-six ans, dans le terrain maigre, les chênes communs ou de gland médiocre, avaient 1 d'aubier et $2 + \frac{2}{9}$ de cœur, et les chênes de petits glands 1 d'aubier et $1 + \frac{1}{16}$ de cœur : ainsi dans le terrain maigre les premiers ont plus du double de cœur que les derniers;

2° Qu'au même âge de quarante-six ans, dans un bon terrain, les chênes communs avaient 1 d'aubier et 3 de cœur, et les chênes de petits glands 1 d'aubier et $2\frac{1}{2}$ de cœur : ainsi dans les bons terrains, les premiers ont un sixième de cœur plus que les derniers;

3° Qu'au même âge de quarante-six ans, dans le même terrain maigre, les chênes communs avaient seize ou dix-sept couches ligneuses d'aubier, et les chênes de petits glands en avaient vingt-une : ainsi l'aubier se convertit plus tôt en cœur dans les chênes communs que dans les chênes de petits glands;

4° Qu'à l'âge de quarante-six ans, la grosseur du bois de service, y compris l'aubier des chênes à petits glands dans le mauvais terrain, est à la grosseur du bois de service des chênes de même espèce dans le bon terrain comme $21\frac{1}{2}$ sont à 29; d'où l'on tire, en supposant les hauteurs égales, la proportion de la quantité de bois de service dans le bon terrain, à la quantité dans le mauvais terrain, comme 841 sont à 462, c'est-à-dire presque double; et comme les arbres de même espèce s'élèvent à proportion de la bonté et de la profondeur du terrain, on peut assurer que la quantité du bois que fournit un bon terrain est beaucoup plus du double de celle que produit un mauvais terrain. Nous ne parlons ici que du bois de service, et point du tout du taillis; car après avoir fait les mêmes épreuves et les mêmes calculs sur des arbres beaucoup plus jeunes, comme de vingt-cinq à trente ans, dans le bon et le mauvais terrain, nous avons trouvé que les différences n'étaient pas à beaucoup près si grandes; mais comme ce détail serait un peu long, et que d'ailleurs il y entre quelques expériences sur l'aubier et le cœur du chêne, selon les différents âges, sur le temps absolu qu'il faut à l'aubier pour se transformer en cœur, et sur le produit

des terrains maigres, comparé au produit des bons terrains, nous renvoyons le tout à un autre Mémoire.

Il n'est donc pas douteux, que dans les terrains maigres, l'aubier ne soit plus épais, par proportion au bois, que dans les bons terrains; et quoique nous ne rapportions rien ici que sur les proportions des arbres qui se sont trouvés bien sains, cependant nous remarquerons, en passant, que ceux qui étaient un peu gâtés avaient toujours plus d'aubier que les autres. Nous avons pris aussi les mêmes proportions du cœur et de l'aubier dans les chênes de différents âges, et nous avons reconnu que les couches ligneuses étaient plus épaisses dans les jeunes arbres que dans les vieux, mais aussi qu'il y en avait une bien moindre quantité. Concluons donc de nos expériences et de nos observations :

I. Que dans tous les cas où la sève est portée avec plus d'abondance, les couches ligneuses, de même que les couches d'aubier, y sont plus épaisses, soit que l'abondance de cette sève soit un effet de la bonté du terrain ou de la bonne constitution de l'arbre, soit qu'elle dépende de l'âge de l'arbre, de la position des branches ou des racines, etc.;

II. Que l'aubier se convertit d'autant plus tôt en bois, que la sève est portée avec plus d'abondance dans des arbres ou dans une portion de ces arbres que dans une autre, ce qui est une suite de ce que nous venons de dire;

III. Que l'excentricité des couches ligneuses dépend entièrement de l'abondance de la sève qui se trouve plus grande dans une portion d'un arbre que dans une autre, ce qui est toujours produit par la vigueur des racines, ou des branches qui répondent à la partie de l'arbre où les couches sont les plus épaisses et les plus éloignées du centre;

IV. Que le cœur des arbres suit très-rarement l'axe du tronc, ce qui est produit quelquefois par l'épaisseur inégale des couches ligneuses dont nous venons de parler, et quelquefois par des plaies recouvertes, ou des extravasions de substance, et souvent par les accidents qui ont fait périr le montant principal.

QUATRIÈME MÉMOIRE

OBSERVATIONS

Des différents effets que produisent sur les végétaux les grandes gelées d'hiver et les petites gelées du printemps,

PAR MM. DU HAMEL ET DE BUFFON. [1]

La physique des végétaux, qui conduit à la perfection de l'agriculture, est une de ces sciences dont le progrès ne s'augmente que par une multitude d'observations qui ne peuvent être l'ouvrage ni d'un homme seul ni d'un temps borné. Aussi ces observations ne passent-elles guère pour certaines que lorsqu'elles ont été répétées et combinées en différents lieux, en différentes saisons, et par différentes personnes qui aient eu les mêmes idées. Ç'a été dans cette vue que nous nous sommes joints, M. de Buffon et moi, pour travailler de concert à l'éclaircissement d'un nombre de phénomènes difficiles à expliquer dans cette partie de l'histoire de la nature, de la connaissance desquels il peut résulter une infinité de choses utiles dans la pratique de l'agriculture.

L'accueil dont l'Académie a favorisé les prémices de cette association, je veux dire le Mémoire formé de nos observations sur l'excentricité des couches ligneuses, sur l'inégalité de l'épaisseur de ces couches, sur les circonstances qui font que l'aubier se convertit plus tôt en bois, ou reste plus longtemps dans son état d'aubier; cet accueil, dis-je, nous a encouragés à donner également toute notre attention à un autre point de cette physique végétale, qui ne demandait pas moins de recherches, et qui n'a pas moins d'utilité que le premier.

La gelée est quelquefois si forte pendant l'hiver qu'elle détruit presque tous les végétaux, et la disette de 1709 est une époque de ses cruels effets.

Les grains périrent entièrement, quelques espèces d'arbres, comme les noyers, périrent aussi sans ressource; d'autres, comme les oliviers et presque tous les arbres fruitiers, furent moins maltraités; ils repoussèrent de dessus leur souche, leurs racines n'ayant point été endommagées. Enfin plusieurs grands arbres plus vigoureux poussèrent au printemps presque sur toutes leurs branches, et ne parurent pas en avoir beaucoup souffert. Nous ferons cependant remarquer dans la suite les dommages réels et irréparables que cet hiver leur a causés.

1. Ce Mémoire fait partie de ceux de l'Académie des Sciences pour l'année 1737.

Une gelée qui nous prive des choses les plus nécessaires à la vie, qui fait périr entièrement plusieurs espèces d'arbres utiles, et n'en laisse presque aucun qui ne se ressente de sa rigueur, est certainement des plus redoutables: ainsi, nous avons tout à craindre des grandes gelées qui viennent pendant l'hiver, et qui nous réduiraient aux dernières extrémités si nous en ressentions plus souvent les effets; mais heureusement on ne peut citer que deux à trois hivers qui, comme celui de l'année 1709, aient produit une calamité si générale.

Les plus grands désordres que causent jamais les gelées du printemps ne portent pas à beaucoup près sur des choses aussi essentielles, quoiqu'elles endommagent les grains, et principalement le seigle lorsqu'il est nouvellement épié et en lait; on n'a jamais vu que cela ait produit de grandes disettes: elles n'affectent pas les parties les plus solides des arbres, leur tronc ni leurs branches, mais elles détruisent totalement leurs productions, et nous privent de récoltes de vins et de fruits, et par la suppression des nouveaux bourgeons elles causent un dommage considérable aux forêts.

Ainsi, quoiqu'il y ait quelques exemples que la gelée d'hiver nous ait réduits à manquer de pain, et à être privés pendant plusieurs années d'une infinité de choses utiles que nous fournissent les végétaux, le dommage que causent les gelées du printemps nous devient encore plus important, parce qu'elles nous affligent beaucoup plus fréquemment; car comme il arrive presque tous les ans quelques gelées en cette saison, il est rare qu'elles ne diminuent pas nos revenus.

A ne considérer que les effets de la gelée, même très-superficiellement, on aperçoit déjà que ceux que produisent les fortes gelées d'hiver sont très-différents de ceux qui sont occasionnés par les gelées du printemps, puisque les unes attaquent le corps même et les parties les plus solides des arbres, au lieu que les autres détruisent simplement leurs productions, et s'opposent à leur accroissement. C'est ce qui sera plus amplement prouvé dans la suite de ce Mémoire.

Mais nous ferons voir en même temps qu'elles agissent dans des circonstances bien différentes, et que ce ne sont pas toujours les terroirs, les expositions et les situations où l'on remarque que les gelées d'hiver ont produit de plus grands désordres, qui souffrent le plus des gelées du printemps.

On conçoit bien que nous n'avons pu parvenir à faire cette distinction des effets de la gelée qu'en rassemblant beaucoup d'observations qui rempliront la plus grande partie de ce Mémoire. Mais seraient-elles simplement curieuses, et n'auraient-elles d'utilité que pour ceux qui voudraient rechercher la cause physique de la gelée? Nous espérons de plus qu'elles seront profitables à l'agriculture, et que, si elles ne nous mettent

pas à portée de nous garantir entièrement des torts que nous fait la gelée, elles nous donneront des moyens pour en parer une partie : c'est ce que nous aurons soin de faire sentir, à mesure que nos observations nous en fourniront l'occasion. Il faut donc en donner le détail, que nous commencerons par ce qui regarde les grandes gelées d'hiver; nous parlerons ensuite des gelées du printemps.

Nous ne pouvons pas raisonner avec autant de certitude des gelées d'hiver que de celles du printemps, parce que, comme nous l'avons déjà dit on est assez heureux pour n'éprouver que rarement leurs tristes effets.

La plupart des arbres étant, dans cette saison, dépouillés de fleurs, de fruits et de feuilles, ont ordinairement leurs bourgeons endurcis et en état de supporter des gelées assez fortes, à moins que l'été précédent n'ait été frais; car en ce cas les bourgeons n'étant pas parvenus à ce degré de maturité que les jardiniers appellent *aoûtés*, ils sont hors d'état de résister aux plus médiocres gelées d'hiver; mais ce n'est pas l'ordinaire, et le plus souvent les bourgeons mûrissent avant l'hiver, et les arbres supportent les rigueurs de cette saison sans en être endommagés, à moins qu'il ne vienne des froids excessifs, joints à des circonstances fâcheuses dont nous parlerons dans la suite.

Nous avons cependant trouvé dans les forêts beaucoup d'arbres attaqués de défauts considérables, qui ont certainement été produits par les fortes gelées dont nous venons de parler, et particulièrement par celle de 1709; car quoique cette énorme gelée commence à être assez ancienne, elle a produit dans les arbres, qu'elle n'a pas entièrement détruits, des défauts qni ne s'effaceront jamais.

Ces défauts sont, 1° des gerçures qui suivent la direction des fibres, et que les gens de forêts appellent *gélivures;*

2° Une portion de bois mort renfermée dans le bon bois, ce que quelques forestiers appellent *la gélivure entrelardée.*

Enfin le double aubier qui est une couronne entière de bois imparfait, remplie et recouverte par de bon bois. Il faut détailler ces défauts, et dire d'où ils procèdent. Nous allons commencer par ce qui regarde le double aubier.

L'aubier est, comme l'on sait, une couronne ou une ceinture plus ou moins épaisse de bois blanc et imparfait, qui dans presque tous les arbres se distingue aisément du bois parfait, qu'on appelle le *cœur*, par la différence de sa couleur et de sa dureté. Il se trouve immédiatement sous l'écorce, et il enveloppe le bois parfait, qui dans les arbres sains est à peu près de la même couleur, depuis la circonférence jusqu'au centre; mais dans ceux dont nous voulons parler, le bois parfait se trouve séparé par une seconde couronne de bois blanc, en sorte que sur la coupe du tronc d'un de ces arbres, on voit alternativement une couronne d'aubier, puis

une de bois parfait, ensuite une seconde couronne d'aubier, et enfin un massif de bois parfait. Ce défaut est plus ou moins grand, et plus ou moins commun, selon les différents terrains et les différentes situations : dans les terres fortes et dans le touffu des forêts, il est plus rare et moins considérable que dans les clairières et dans les terres légères.

A la seule inspection de ces couronnes de bois blanc, que nous appellerons dans la suite le *faux aubier*, on voit qu'elles sont de mauvaise qualité; cependant, pour en être plus certain, M. de Buffon en a fait faire plusieurs petits soliveaux de deux pieds de longueur, sur neuf à dix lignes d'équarrissage, et en ayant fait faire de pareils de véritable aubier, il a fait rompre les uns et les autres en les chargeant dans leur milieu, et ceux de faux aubier ont toujours rompu sous un moindre poids que ceux du véritable aubier, quoique, comme l'on sait, la force de l'aubier soit très-petite en comparaison de celle du bois formé.

Il a ensuite pris plusieurs morceaux de ces deux espèces d'aubier, il les a pesés dans l'air et ensuite dans l'eau, et il a trouvé que la pesanteur spécifique de l'aubier naturel était toujours plus grande que celle du faux aubier. Il a fait la même expérience avec le bois du centre de ces mêmes arbres, pour le comparer à celui de la couronne qui se trouve entre les deux aubiers, et il a reconnu que la différence était à peu près celle qui se trouve naturellement entre la pesanteur du bois du centre de tous les arbres et celle de la circonférence : ainsi tout ce qui est devenu bois parfait dans ces arbres défectueux, s'est trouvé à peu près dans l'ordre ordinaire. Mais il n'en est pas de même du faux aubier, puisque, comme le prouvent les expériences que nous venons de rapporter, il est plus faible, plus tendre et plus léger que le vrai aubier, quoiqu'il ait été formé vingt et vingt-cinq ans auparavant, ce que nous avons reconnu en comptant les cercles annuels, tant de l'aubier que du bois qui recouvre ce faux aubier; et cette observation, que nous avons répétée sur nombre d'arbres, prouve incontestablement que ce défaut est une suite du grand froid de 1709 ; car il ne faut pas être surpris de trouver toujours quelques couches de moins que le nombre des années qui se sont écoulées depuis 1709, non-seulement parce qu'on ne peut jamais avoir par le nombre des couches ligneuses, l'âge des arbres qu'à trois ou quatre années près, mais encore parce que les premières couches ligneuses, qui se sont formées depuis 1709, étaient si minces et si confuses, qu'on ne peut les distinguer bien exactement.

Il est encore sûr que c'est la portion de l'arbre qui était en aubier dans le temps de la grande gelée de 1709, qui, au lieu de se perfectionner et de se convertir en bois, est au contraire devenue plus défectueuse; on n'en peut pas douter après les expériences que M. de Buffon a faites pour s'assurer de la qualité de ce faux aubier.

D'ailleurs, il est plus naturel de penser que l'aubier doit plus souffrir des

grandes gelées que le bois formé, non-seulement parce qu'étant à l'extérieur de l'arbre, il est plus exposé au froid, mais encore parce qu'il contient plus de sève, et que les fibres sont plus tendres et plus délicates que celles du bois. Tout cela paraît d'abord souffrir peu de difficulté; cependant on pourrait objecter l'observation rapportée dans l'Histoire de l'Académie, année 1710, par laquelle il paraît qu'en 1709 les jeunes arbres ont mieux supporté le grand froid que les vieux arbres; mais comme le fait que nous venons de rapporter est certain, il faut bien qu'il y ait quelque différence entre les parties organiques, les vaisseaux, les fibres, les vésicules, etc., de l'aubier des vieux arbres et de celui des jeunes : elles seront peut-être plus souples, plus capables de prêter dans ceux-ci que dans les vieux, de telle sorte qu'une force qui sera capable de faire rompre les unes, ne fera que dilater les autres. Au reste, comme ce sont là des choses que les yeux ne peuvent apercevoir, et dont l'esprit reste peu satisfait, nous passerons plus légèrement sur ces conjectures, et nous nous contenterons des faits que nous avons bien observés. Cet aubier a donc beaucoup souffert de la gelée; c'est une chose incontestable, mais a-t-il été entièrement désorganisé? il pourrait l'être sans qu'il s'en fût suivi la mort de l'arbre; pourvu que l'écorce fût restée saine, la végétation aurait pu continuer. On voit tous les jours des saules et des ormes qui ne subsistent que par leur écorce; et la même chose s'est vue longtemps à la pépinière du Roule sur un oranger qui n'a péri que depuis quelques années.

Mais nous ne croyons pas que le faux aubier dont nous parlons soit mort, il m'a toujours paru être dans un état bien différent de l'aubier qu'on trouve dans les arbres qui sont attaqués de la gélivure entrelardée, et dont nous parlerons dans un moment: il a aussi paru de même à M. de Buffon, lorsqu'il en a fait faire des soliveaux et des cubes, pour les expériences que nous avons rapportées; et d'ailleurs, s'il eût été désorganisé, comme il s'étend sur toute la circonférence des arbres, il aurait interrompu le mouvement latéral de la sève, et le bois du centre, qui se serait trouvé recouvert par cette enveloppe d'aubier mort, n'aurait pas pu végéter, il serait mort aussi et se serait altéré, ce qui n'est pas arrivé, comme le prouve l'expérience de M. de Buffon, que je pourrais confirmer par plusieurs que j'ai exécutées avec soin, mais dont je ne parlerai pas pour le présent, parce qu'elles ont été faites dans d'autres vues; cependant on ne conçoit pas aisément comment cet aubier a pu être altéré au point de ne pouvoir se convertir en bois, et que bien loin qu'il soit mort, il ait même été en état de fournir de la sève aux couches ligneuses qui se sont formées par-dessus dans un état de perfection, qu'on peut comparer aux bois des arbres qui n'ont souffert aucun accident. Il faut bien cependant que la chose se soit passée ainsi, et que le grand hiver ait causé une maladie incurable à cet aubier; car s'il était mort aussi bien que l'écorce qui le

recouvre, il n'est pas douteux que l'arbre aurait péri entièrement : c'est ce qui est arrivé en 1709 à plusieurs arbres dont l'écorce s'est détachée, qui par un reste de sève qui était dans leur tronc ont poussé au printemps, mais qui sont morts d'épuisement avant l'automne, faute de recevoir assez de nourriture pour subsister.

Nous avons trouvé de ces faux aubiers qui étaient plus épais d'un côté que d'un autre, ce qui s'accorde à merveille avec l'état le plus ordinaire de l'aubier. Nous en avons aussi trouvé de très-minces; apparemment qu'il n'y avait eu que quelques couches d'aubier d'endommagées. Tous ces faux aubiers ne sont pas de la même couleur, et n'ont pas souffert une altération égale; ils ne sont pas aussi mauvais les uns que les autres, et cela s'accorde à merveille avec ce que nous avons dit plus haut. Enfin, nous avons fait fouiller au pied de quelques-uns de ces arbres, pour voir si ce même défaut existait aussi dans les racines, mais nous les avons trouvées très-saines : ainsi, il est probable que la terre qui les recouvrait les avait garanties du grand froid.

Voilà donc un effet des plus fâcheux des gelées d'hiver, qui, pour être renfermé dans l'intérieur des arbres, n'en est pas moins à craindre, puisqu'il rend les arbres qui en sont attaqués presque inutiles pour toutes sortes d'ouvrages; mais outre cela il est très-fréquent, et on a toutes les peines du monde à trouver quelques arbres qui en soient totalement exempts; cependant on doit conclure des observations que nous venons de rapporter, que tous les arbres dont le bois ne suit pas une nuance réglée depuis le centre où il doit être d'une couleur plus foncée jusqu'auprès de l'aubier, où la couleur s'éclaircit un peu, doivent être soupçonnés de quelques défauts, et même être entièrement rebutés pour les ouvrages de conséquence, si la différence est considérable. Disons maintenant un mot de cet autre défaut, que nous avons appelé *la gélivure entrelardée.*

En sciant horizontalement des pieds d'arbres, on aperçoit quelquefois un morceau d'aubier mort et d'écorce desséchée, qui sont entièrement recouverts par le bois vif. Cet aubier mort occupe à peu près le quart de la circonférence dans l'endroit du tronc où il se trouve; il est quelquefois plus brun que le bon bois, et d'autres fois presque blanchâtre. Ce défaut se trouve plus fréquemment sur les coteaux exposés au midi que partout ailleurs. Enfin, par la profondeur où cet aubier se trouve dans le tronc, il paraît dans beaucoup d'arbres avoir péri en 1709, et nous croyons qu'il est dans tous une suite des grandes gelées d'hiver, qui ont fait entièrement périr une portion d'aubier et d'écorce, qui ont ensuite été recouverts par le nouveau bois; et cet aubier mort se trouve presque toujours à l'exposition du midi, parce que le soleil venant à fondre la glace de ce côté, il en résulte une humidité qui regèle de nouveau, et sitôt après que le soleil a disparu, ce qui forme un verglas qui, comme l'on sait, cause

un préjudice considérable aux arbres. Ce défaut n'occupe pas ordinairement toute la longueur du tronc, de sorte que nous avons vu des pièces équarries qui paraissaient très-saines, et que l'on n'a reconnu attaquées de cette gélivure que quand on les a eu refendues pour en faire des planches ou des membrières. Si on les eût employées de toute leur grosseur, on les aurait cru exemptes de tous défauts. On conçoit cependant combien un tel vice dans leur intérieur doit diminuer leur force, et précipiter leur dépérissement.

Nous avons dit encore que les fortes gelées d'hiver faisaient quelquefois fendre les arbres suivant la direction de leurs fibres, et même avec bruit : ainsi, il nous reste à rapporter les observations que nous avons pu faire sur cet accident.

On trouve dans les forêts des arbres qui, ayant été fendus suivant la direction de leurs fibres, sont marqués d'une arête qui est formée par la cicatrice qui a recouvert ces gerçures qui restent dans l'intérieur de ces arbres sans se réunir, parce que, comme nous le prouverons dans une autre occasion, il ne se forme jamais de réunion dans les fibres ligneuses sitôt qu'elles ont été séparées ou rompues. Tous les ouvriers regardent toutes ces fentes comme l'effet des gelées d'hiver; c'est pourquoi ils appellent des gélivures toutes les gerçures qu'ils aperçoivent dans les arbres. Il n'est pas douteux que la sève qui augmente de volume lorsqu'elle vient à geler, comme font toutes les liqueurs aqueuses, peut produire plusieurs de ces gerçures; mais nous croyons qu'il y en a aussi qui sont indépendantes de la gelée, et qui sont occasionnées par une trop grande abondance de sève.

Quoi qu'il en soit, nous avons trouvé de ces défectuosités dans tous les terroirs et à toutes les expositions, mais plus fréquemment qu'ailleurs dans les terroirs humides, et aux expositions du nord et du couchant : peut-être cela vient-il, dans un cas, de ce que le froid est plus violent à ces expositions, et, dans l'autre, de ce que les arbres qui sont dans les terroirs marécageux ont le tissu de leurs fibres ligneuses plus faible et plus rare, et de ce que leur sève est plus abondante et plus aqueuse que dans les terroirs secs, ce qui fait que l'effet de la raréfaction des liqueurs par la gelée est plus sensible et d'autant plus en état de désunir les fibres ligneuses, qu'elles y apportent moins de résistance.

Ce raisonnement paraît être confirmé par une autre observation, c'est que les arbres résineux, comme le sapin, sont rarement endommagés par les grandes gelées, ce qui peut venir de ce que leur sève est résineuse; car on sait que les huiles ne gèlent pas parfaitement, et qu'au lieu d'augmenter de volume à la gelée, comme l'eau, elles en diminuent lorsqu'elles se figent [a].

a. M Hales, ce savant observateur qui nous a tant appris de choses sur la végétation, dit

Au reste, nous avons scié plusieurs arbres attaqués de cette maladie, et nous avons presque toujours trouvé, sous la cicatrice proéminente dont nous avons parlé, un dépôt de sève ou du bois pourri, et elle ne se distingue de ce qu'on appelle dans les forêts *des abreuvoirs* ou *des gouttières*, que parce que ces défauts, qui viennent d'une altération des fibres ligneuses qui s'est produite intérieurement, n'ont occasionné aucune cicatrice qui change la forme extérieure des arbres, au lieu que les gélivures qui viennent d'une gerçure qui s'est étendue à l'extérieur, et qui s'est ensuite recouverte par une cicatrice, forment une arête ou une éminence en forme de corde, qui annonce le vice intérieur.

Les grandes gelées d'hiver produisent sans doute bien d'autres dommages aux arbres, et nous avons encore remarqué plusieurs défauts que nous pourrions leur attribuer avec beaucoup de vraisemblance; mais comme nous n'avons pas pu nous en convaincre pleinement, nous n'ajouterons rien à ce que nous venons de dire, et nous passerons aux observations que nous avons faites sur les effets des gelées du printemps, après avoir dit un mot des avantages et des désavantages des différentes expositions par rapport à la gelée; car cette question est trop intéressante à l'agriculture pour ne pas essayer de l'éclaircir, d'autant que les auteurs se trouvent dans des oppositions de sentiments plus capables de faire naître des doutes que d'augmenter nos connaissances, les uns prétendant que la gelée se fait sentir plus vivement à l'exposition du nord, les autres voulant que ce soit à celle du midi ou du couchant; et tous ces avis ne sont fondés sur aucune observation. Nous sentons cependant bien ce qui a pu partager ainsi les sentiments, et c'est ce qui nous a mis à portée de les concilier. Mais avant que de rapporter les observations et les expériences qui nous y ont conduits, il est bon de donner une idée plus exacte de la question.

Il n'est pas douteux que c'est à l'exposition du nord qu'il fait le plus grand froid : elle est à l'abri du soleil, qui peut seul dans les grandes gelées tempérer la rigueur du froid; d'ailleurs elle est exposée au vent de nord, de nord-est et de nord-ouest, qui sont les plus froids de tous, non-seulement à en juger par les effets que ces vents produisent sur nous, mais encore par la liqueur des thermomètres dont la décision est bien plus certaine.

Aussi voyons-nous le long de nos espaliers que la terre est souvent gelée

dans son livre de la *Statique des végétaux*, p. 19, que ce sont les plantes qui transpirent le moins, qui résistent le mieux au froid des hivers, parce qu'elles n'ont besoin, pour se conserver, que d'une très-petite quantité de nourriture. Il prouve, dans le même endroit, que les plantes qui conservent leurs feuilles pendant l'hiver sont celles qui transpirent le moins; cependant on sait que l'oranger, le myrte, et encore plus le jasmin d'Arabie, etc., sont très-sensibles à la gelée, quoique ces arbres conservent leurs feuilles pendant l'hiver; il faut donc avoir recours à une autre cause pour expliquer pourquoi certains arbres, qui ne se dépouillent pas pendant l'hiver, supportent si bien les plus fortes gelées.

et endurcie toute la journée au nord pendant qu'elle est meuble, et qu'on la peut labourer au midi.

Quand, après cela, il succède une forte gelée pendant la nuit, il est clair qu'il doit faire bien plus froid dans l'endroit où il y a déjà de la glace que dans celui où la terre aura été échauffée par le soleil; c'est aussi pour cela que, même dans les pays chauds, on trouve encore de la neige à l'exposition du nord, sur les revers des hautes montagnes; d'ailleurs la liqueur du thermomètre se tient toujours plus bas à l'exposition du nord qu'à celle du midi: ainsi il est incontestable qu'il y fait plus froid et qu'il y gèle plus fort.

En faut-il davantage pour faire conclure que la gelée doit faire plus de désordre à cette exposition qu'à celle du midi? et on se confirmera dans ce sentiment par l'observation que nous avons faite de la gélivure simple, que nous avons trouvée en plus grande quantité à cette exposition qu'à toutes les autres.

Effectivement, il est sûr que tous les accidents qui dépendront uniquement de la grande force de la gelée, tels que celui dont nous venons de parler, se trouveront plus fréquemment à l'exposition du nord que partout ailleurs. Mais est-ce toujours la grande force de la gelée qui endommage les arbres, et n'y a-t-il pas des accidents particuliers qui font qu'une gelée médiocre leur cause beaucoup plus de préjudice que ne font les gelées beaucoup plus violentes quand elles arrivent dans des circonstances heureuses?

Nous en avons déjà donné un exemple en parlant de la gélivure entrelardée qui est produite par le verglas, et qui se trouve plus fréquemment à l'exposition du midi qu'à toutes les autres, et l'on se souvient bien encore qu'une partie des désordres qu'a produits l'hiver de 1709 doit être attribuée à un faux dégel qui fut suivi d'une gelée encore plus forte que celle qui l'avait précédée; mais les observations que nous avons faites sur les effets des gelées du printemps nous fournissent beaucoup d'exemples pareils, qui prouvent incontestablement que ce n'est pas aux expositions où il gèle le plus fort, et où il fait le plus grand froid, que la gelée fait le plus de tort aux végétaux; nous en allons donner le détail, qui va rendre sensible la proposition générale que nous venons d'avancer, et nous commencerons par une expérience que M. de Buffon a fait exécuter en grand dans ses bois, qui sont situés près de Montbard, en Bourgogne.

Il a fait couper, dans le courant de l'hiver 1734, un bois taillis de sept à huit arpents, situé dans un lieu sec, sur un terrain plat, bien découvert et environné de tous côtés de terres labourables. Il a laissé dans ce même bois plusieurs petits bouquets carrés sans les abattre, et qui étaient orientés de façon que chaque face regardait exactement le midi, le nord, le levant et le couchant. Après avoir bien fait nettoyer la coupe, il a observé avec soin au printemps l'accroissement du jeune bourgeon, principalement

autour des bouquets réservés : au 20 avril, il avait poussé sensiblement dans les endroits exposés au midi, et qui par conséquent étaient à l'abri du vent du nord par les bouquets; c'est donc en cet endroit que les bourgeons poussèrent les premiers et parurent les plus vigoureux. Ceux qui étaient à l'exposition du levant parurent ensuite, puis ceux de l'exposition du couchant, et enfin ceux de l'exposition du nord.

Le 28 avril, la gelée se fit sentir très-vivement le matin, par un vent du nord, le ciel étant fort serein et l'air fort sec, surtout depuis trois jours.

Il alla voir en quel état étaient les bourgeons autour des bouquets, et il les trouva gâtés et absolument noircis dans tous les endroits qui étaient exposés au midi et à l'abri du vent du nord, au lieu que ceux qui étaient exposés au vent froid du nord, qui soufflait encore, n'étaient que légèrement endommagés, et il fit la même observation autour de tous les bouquets qu'il avait fait réserver. A l'égard des expositions du levant et du couchant, elles étaient ce jour-là à peu près également endommagées.

Les 14, 15 et 22 mai, qu'il gela assez vivement par les vents du nord et de nord-nord-ouest, il observa pareillement que tout ce qui était à l'abri du vent par les bouquets était très-endommagé, tandis que ce qui avait été exposé au vent avait très-peu souffert. Cette expérience nous paraît décisive, et fait voir que, quoiqu'il gèle plus fort aux endroits exposés au vent du nord qu'aux autres, la gelée y fait cependant moins de tort aux végétaux.

Ce fait est assez opposé au préjugé ordinaire, mais il n'en est pas moins certain, et même il est aisé à expliquer: il suffit pour cela de faire attention aux circonstances dans lesquelles la gelée agit, et on reconnaîtra que l'humidité est la principale cause de ses effets, en sorte que tout ce qui peut occasionner cette humidité, rend en même temps la gelée dangereuse pour les végétaux, et tout ce qui dissipe l'humidité, quand même ce serait en augmentant le froid, tout ce qui dessèche, diminue les désordres de la gelée. Ce fait va être confirmé par quantité d'observations.

Nous avons souvent remarqué que dans les endroits bas, et où il règne des brouillards, la gelée se fait sentir plus vivement et plus souvent qu'ailleurs.

Nous avons, par exemple, vu en automne et au printemps les plantes délicates gelées dans un jardin potager qui est situé sur le bord d'une rivière, tandis que les mêmes plantes se conservaient bien dans un autre potager qui est situé sur la hauteur; de même dans les vallons et les lieux bas des forêts, le bois n'est jamais d'une belle venue, ni d'une bonne qualité, quoique souvent ces vallons soient sur un meilleur fonds que le reste du terrain. Le taillis n'est jamais beau dans les endroits bas; et, quoiqu'il y pousse plus tard qu'ailleurs, à cause d'une fraîcheur qui y est toujours concentrée, et que M. de Buffon m'a assuré avoir remarquée même

l'été en se promenant la nuit dans les bois, car il y sentait sur les éminences presque autant de chaleur que dans les campagnes découvertes, et dans les vallons il était saisi d'un froid vif et inquiétant; quoique, dis-je, le bois y pousse plus tard qu'ailleurs, ces pousses sont encore endommagées par la gelée, qui, en gâtant les principaux jets, oblige les arbres à pousser des branches latérales, ce qui rend les taillis rabougris et hors d'état de faire jamais de beaux arbres de service; et ce que nous venons de dire ne se doit pas seulement entendre des profondes vallées qui sont si susceptibles de ces inconvénients qu'on en remarque d'exposées au nord et fermées du côté du midi en cul-de-sac, dans lesquelles il gèle souvent les douze mois de l'année; mais on remarquera encore la même chose dans les plus petites vallées, de sorte qu'avec un peu d'habitude, on peut reconnaître simplement à la mauvaise figure du taillis la pente du terrain; c'est aussi ce que j'ai remarqué plusieurs fois, et M. de Buffon l'a particulièrement observé le 28 avril 1734, car ce jour-là les bourgeons de tous les taillis d'un an, jusqu'à six et sept, étaient gelés dans tous les lieux bas, au lieu que dans les endroits élevés et découverts, il n'y avait que les rejets près de terre qui fussent gâtés. La terre était alors fort sèche, et l'humidité de l'air ne lui parut pas avoir beaucoup contribué à ce dommage; les vignes, non plus que les noyers de la campagne, ne gelèrent pas: cela pourrait faire croire qu'ils sont moins délicats que le chêne, mais nous pensons qu'il faut attribuer cela à l'humidité, qui est toujours plus grande dans les bois que dans le reste des campagnes, car nous avons remarqué que souvent les chênes sont fort endommagés de la gelée dans les forêts, pendant que ceux qui sont dans les haies ne le sont point du tout.

Dans le mois de mai 1736, nous avons encore eu occasion de répéter deux fois cette observation, qui a même été accompagnée de circonstances particulières, mais dont nous sommes obligés de remettre le détail à un autre endroit de ce mémoire, pour en faire mieux sentir la singularité.

Les grands bois peuvent rendre les taillis qui sont dans leur voisinage, dans le même état qu'ils seraient dans le fond d'une vallée : aussi avons-nous remarqué que le long et près des lisières des grands bois les taillis sont plus souvent endommagés par la gelée que dans les endroits qui en sont éloignés, comme dans le milieu des taillis et dans les bois où on laisse un grand nombre de baliveaux elle se fait sentir avec bien plus de force que dans ceux qui sont plus découverts. Or, tous les désordres dont nous venons de parler, soit à l'égard des vallées, soit pour ce qui se trouve le long des grands bois ou à couvert par les baliveaux, ne sont plus considérables dans ces endroits que dans les autres que parce que le vent et le soleil, ne pouvant dissiper la transpiration de la terre et des plantes, il y reste une humidité considérable, qui, comme nous l'avons dit, cause un très-grand préjudice aux plantes.

Aussi remarque-t-on que la gelée n'est jamais plus à craindre pour la vigne, les fleurs, les bourgeons des arbres, etc., que lorsqu'elle succède à des brouillards, ou même à une pluie, quelque legère qu'elle soit : toutes ces plantes supportent des froids très-considérables sans en être endommagées lorsqu'il y a quelque temps qu'il n'a plu, et que la terre est fort sèche, comme nous l'avons encore éprouvé ce printemps dernier.

C'est principalement pour cette même raison que la gelée agit plus puissamment dans les endroits qu'on a fraîchement labourés qu'ailleurs, et cela parce que les vapeurs qui s'élèvent continuellement de la terre transpirent plus librement et plus abondamment des terres nouvellement labourées que des autres; il faut néanmoins ajouter à cette raison, que les plantes fraîchement labourées poussent plus vigoureusement que les autres, ce qui les rend plus sensibles aux effets de la gelée.

De même, nous avons remarqué que dans les terrains légers et sablonneux la gelée fait plus de dégâts que dans les terres fortes, en les supposant également sèches, sans doute parce qu'ils sont plus hâtifs, et encore plus parce qu'il s'échappe plus d'exhalaisons de ces sortes de terres que des autres, comme nous le prouverons ailleurs; et si une vigne nouvellement fumée est plus sujette à être endommagée de la gelée qu'une autre, n'est-ce pas à cause de l'humidité qui s'échappe des fumiers ?

Un sillon de vigne qui est le long d'un champ de sainfoin ou de pois, etc., est souvent tout perdu de la gelée, lorsque le reste de la vigne est très-sain, ce qui doit certainement être attribué à la transpiration du sainfoin ou des autres plantes qui portent une humidité sur les pousses de la vigne.

Aussi dans la vigne les verges, qui sont de longs sarments qu'on ménage en taillant, sont-elles toujours moins endommagées que la souche, surtout quand, n'étant pas attachées à l'échalas, elles sont agitées par le vent qui ne tarde pas à les dessécher.

La même chose se remarque dans les bois; et j'ai souvent vu dans les taillis tous les bourgeons latéraux d'une souche entièrement gâtés par la gelée, pendant que les rejetons supérieurs n'avaient pas souffert; mais M. de Buffon a fait cette même observation avec plus d'exactitude : il lui a toujours paru que la gelée faisait plus de tort à un pied de terre qu'à deux, à deux qu'à trois, de sorte qu'il faut qu'elle soit bien violente pour gâter les bourgeons au-dessus de quatre pieds.

Toutes ces observations, qu'on peut regarder comme très-constantes, s'accordent donc à prouver que le plus souvent ce n'est pas le grand froid qui endommage les plantes chargées d'humidité, ce qui explique à merveille pourquoi elle fait tant de désordres à l'exposition du midi, quoiqu'il y fasse moins froid qu'à celle du nord; et de même la gelée cause plus de dommage à l'exposition du couchant qu'à toutes les autres, quand, après une pluie du vent d'ouest, le vent tourne au nord vers le soleil couché,

comme cela arrive assez fréquemment au printemps, ou quand par un vent d'est il s'élève un brouillard froid avant le lever du soleil, ce qui n'est pas si ordinaire.

Il y a aussi des circonstances où la gelée fait plus de tort à l'exposition du levant qu'à toutes les autres; mais comme nous avons plusieurs observations sur cela, nous rapporterons auparavant celle que nous avons faite sur la gelée du printemps de 1736, qui nous a fait tant de tort l'année dernière. Comme il faisait très-sec ce printemps, il a gelé fort longtemps sans que cela ait endommagé les vignes; mais il n'en était pas de même dans les forêts, apparemment parce qu'il s'y conserve toujours plus d'humidité qu'ailleurs : en Bourgogne, de même que dans la forêt d'Orléans, les taillis furent endommagés de fort bonne heure. Enfin, la gelée augmenta si fort que toutes les vignes furent perdues malgré la sécheresse qui continuait toujours; mais au lieu que c'est ordinairement à l'abri du vent que la gelée fait plus de dommage, au contraire dans le printemps dernier les endroits abrités ont été les seuls qui aient été conservés, de sorte que, dans plusieurs clos de vignes entourés de murailles, on voyait les souches le long de l'exposition du midi être assez vertes, pendant que toutes les autres étaient sèches comme en hiver, et nous avons eu deux cantons de vignes d'épargnés, l'un parce qu'il était abrité du vent du nord par une pépinière d'ormes, et l'autre parce que la vigne était remplie de beaucoup d'arbres fruitiers.

Mais cet effet est très-rare, et cela n'est arrivé que parce qu'il faisait fort sec, et que les vignes ont résisté jusqu'à ce que la gelée soit devenue si forte pour la saison, qu'elle pouvait endommager les plantes indépendamment de l'humidité extérieure; et, comme nous l'avons dit, quand la gelée endommage les plantes indépendamment de cette humidité, et d'autres circonstances particulières, c'est à l'exposition du nord qu'elle fait le plus de dommage, parce que c'est à cette exposition qu'il fait plus de froid.

Mais il nous semble encore apercevoir une autre cause des désordres que la gelée produit plus fréquemment à des expositions qu'à d'autres, au levant, par exemple, plus qu'au couchant; elle est fondée sur l'observation suivante, qui est aussi constante que les précédentes.

Une gelée assez vive ne cause aucun préjudice aux plantes, quand elle fond avant que le soleil les ait frappées : qu'il gèle la nuit, si le matin le temps est couvert, s'il tombe une petite pluie, en un mot, si, par quelque cause que ce puisse être, la glace fond doucement et indépendamment de l'action du soleil, ordinairement elle ne les endommage pas; et nous avons souvent sauvé des plantes assez délicates, qui étaient par hasard restées à la gelée, en les rentrant dans la serre avant le lever du soleil, ou simplement en les couvrant avant que le soleil eût donné dessus.

Une fois entre autres, il était survenu en automne une gelée très-forte

pendant que nos orangers étaient dehors, et comme il était tombé de la pluie la veille, ils étaient tous couverts de verglas : on leur sauva cet accident en les couvrant avec des draps avant le soleil levé, de sorte qu'il n'y eut que les jeunes fruits et les pousses les plus tendres qui en furent endommagés; encore sommes-nous persuadés qu'ils ne l'auraient pas été si la couverture avait été plus épaisse.

De même une autre année, nos *geraniums*, et plusieurs autres plantes qui craignent le verglas, étaient dehors lorsque tout à coup le vent, qui était sud-ouest, se mit au nord, et fut si froid que toute l'eau d'une pluie abondante qui tombait se gelait, et, dans un instant, tout ce qui y était exposé fut couvert de glace : nous crûmes toutes nos plantes perdues; cependant nous les fîmes porter dans le fond de la serre, et nous fîmes fermer les croisées; par ce moyen nous en eûmes peu d'endommagées.

Cette précaution revient assez à ce qu'on pratique pour les animaux : qu'ils soient transis de froid, qu'ils aient un membre gelé, on se donne bien de garde de les exposer à une chaleur trop vive, on les frotte avec de la neige, ou bien on les trempe dans de l'eau, on les enterre dans du fumier, en un mot, on les réchauffe par degrés et avec ménagement.

De même, si l'on fait dégeler trop précipitamment des fruits, ils se pourrissent à l'instant, au lieu qu'ils souffrent beaucoup moins de dommage si on les fait dégeler peu à peu.

Pour expliquer comment le soleil produit tant de désordres sur les plantes gelées, quelques-uns avaient pensé que la glace, en se fondant, se réduisait en petites gouttes d'eau sphériques, qui faisaient autant de petits miroirs ardents quand le soleil donnait dessus; mais quelque court que soit le foyer d'une loupe, elle ne peut produire de chaleur qu'à une distance, quelque petite qu'elle soit, et elle ne pourra pas produire un grand effet sur un corps qu'elle touchera; d'ailleurs la goutte d'eau qui est sur la feuille d'une plante est aplatie du côté qu'elle touche à la plante, ce qui éloigne son foyer. Enfin, si ces gouttes d'eau pouvaient produire cet effet, pourquoi les gouttes de rosée, qui sont pareillement sphériques, ne le produiraient-elles pas aussi ? Peut-être pourrait-on penser que les parties les plus spiritueuses et les plus volatiles de la sève fondant les premières, elles seraient évaporées avant que les autres fussent en état de se mouvoir dans les vaisseaux de la plante, ce qui décomposerait la sève.

Mais on peut dire en général que la gelée, augmentant le volume des liqueurs, tend les vaisseaux des plantes, et que le dégel ne se pouvant faire sans que les parties qui composent le fluide gelé entrent en mouvement, ce changement se peut faire avec assez de douceur pour ne pas rompre les vaisseaux les plus délicats des plantes, qui rentreront peu à peu dans leur ton naturel, et alors les plantes n'en souffriront aucun dommage; mais s'il se fait avec trop de précipitation, ces vaisseaux ne pourront pas

reprendre si tôt le ton qui leur est naturel; après avoir souffert une extension violente, les liqueurs s'évaporeront et la plante restera desséchée.

Quoi qu'on puisse conclure de ces conjectures, dont je ne suis pas à beaucoup près satisfait, il reste toujours pour constant :

1° Qu'il arrive, à la vérité rarement, qu'en hiver ou au printemps les plantes soient endommagées simplement par la grande force de la gelée, et indépendamment d'aucune circonstance particulière, et, dans ce cas, c'est à l'exposition du nord que les plantes souffrent le plus;

2° Dans le temps d'une gelée qui dure plusieurs jours, l'ardeur du soleil fait fondre la glace en quelques endroits et seulement pour quelques heures, car souvent il regèle avant le coucher du soleil, ce qui forme un verglas très-préjudiciable aux plantes, et on sent que l'exposition du midi est plus sujette à cet inconvénient que toutes les autres;

3° On a vu que les gelées du printemps font principalement du désordre dans les endroits où il y a de l'humidité : les terroirs qui transpirent beaucoup, les fonds des vallées, et généralement tous les endroits qui ne pourront être desséchés par le vent et le soleil, seront donc plus endommagés que les autres.

Enfin si, au printemps, le soleil qui donne sur les plantes gelées leur occasionne un dommage plus considérable, il est clair que ce sera l'exposition du levant, et ensuite du midi qui souffriront le plus de cet accident.

Mais, dira-t-on, si cela est, il ne faut donc plus planter à l'exposition du midi en *à-dos* (qui sont des talus de terre qu'on ménage dans les potagers ou le long des espaliers) les giroflées, les choux des avents, les laitues d'hiver, les pois verts et les autres plantes délicates auxquelles on veut faire passer l'hiver, et que l'on souhaite avancer pour le printemps; ce sera à l'exposition du nord qu'il faudra dorénavent planter les pêchers et les autres arbres délicats. Il est à propos de détruire ces deux objections, et de faire voir qu'elles sont de fausses conséquences de ce que nous avons avancé.

On se propose différents objets quand on met des plantes passer l'hiver à des abris exposés au midi : quelquefois c'est pour hâter leur végétation; c'est, par exemple, dans cette intention qu'on plante le long des espaliers quelques rangées de laitues, qu'on appelle, à cause de cela, *des laitues d'hiver*, qui résistent assez bien à la gelée quelque part qu'on les mette, mais qui avancent davantage à cette exposition; d'autres fois c'est pour les préserver de la rigueur de cette saison, dans l'intention de les replanter de bonne heure au printemps; on suit, par exemple, cette pratique pour les choux qu'on appelle des *avents*, qu'on sème en cette saison le long d'un espalier. Cette espèce de choux, de même que les brocolis, sont assez tendres à la gelée, et périraient souvent à ces abris si on n'avait pas soin de les couvrir pendant les grandes gelées avec des paillassons ou du fumier soutenu sur des perches.

Enfin on veut quelquefois avancer la végétation de quelques plantes qui craignent la gelée, comme seraient les giroflées, les pois verts, et pour cela on les plante sur des à-dos bien exposés au midi, mais de plus on les défend des grandes gelées en les couvrant, lorsque le temps l'exige.

On sent bien, sans que nous soyons obligés de nous étendre davantage sur cela, que l'exposition du midi est plus propre que toutes les autres à accélérer la végétation, et on vient de voir que c'est aussi ce qu'on se propose principalement quand on met quelques plantes passer l'hiver à cette exposition, puisqu'on est obligé, comme nous venons de le dire, d'employer outre cela des couvertures pour garantir de la gelée les plantes qui sont un peu délicates; mais il faut ajouter que s'il y a quelques circonstances où la gelée fasse plus de désordre au midi qu'aux autres expositions, il y a aussi bien des cas qui sont favorables à cette exposition, surtout quand il s'agit d'espalier. Si, par exemple, pendant l'hiver il y a quelque chose à craindre des verglas, combien de fois arrive-t-il que la chaleur du soleil, qui est augmentée par la réflexion de la muraille, a assez de force pour dissiper toute l'humidité ! et alors les plantes sont presque en sûreté contre le froid ; de plus, combien arrive-t-il de gelées sèches qui agissent au nord sans relâche, et qui ne sont presque pas sensibles au midi ? de même au printemps, on sent bien que si, après une pluie qui vient de sud-ouest ou de sud-est, le vent se met au nord, l'espalier du midi, étant à l'abri du vent, souffrira plus que les autres; mais ces cas sont rares, et le plus souvent c'est après des pluies de nord-ouest ou de nord-est que le vent se met au nord, et alors l'espalier du midi ayant été à l'abri de la pluie par le mur, les plantes qui y seront auront moins à souffrir que les autres, non-seulement parce qu'elles auront moins reçu de pluie, mais encore parce qu'il y fait toujours moins froid qu'aux autres expositions, comme nous l'avons fait remarquer au commencement de ce mémoire.

De plus, comme le soleil dessèche beaucoup la terre le long des espaliers qui sont au midi, la terre y transpire moins qu'ailleurs.

On sent bien que ce que nous venons de dire doit avoir son application à l'égard des pêchers et des abricotiers qu'on a coutume de mettre à cette exposition et à celle du levant; nous ajouterons seulement qu'il n'est pas rare de voir les pêchers geler au levant et au midi, et ne le pas être au couchant ou même au nord; mais indépendamment de cela, on ne peut jamais compter avoir beaucoup de pêches et de bonne qualité à cette dernière exposition : quantité de fleurs tombent tout entières et sans nouer, d'autres après être nouées se détachent de l'arbre, et celles qui restent ont peine à parvenir à une maturité. J'ai même un espalier de pêchers à l'exposition du couchant, un peu déclinante au nord, qui ne donne presque pas de fruit, quoique les arbres y soient plus beaux qu'aux expositions du midi et du nord.

Ainsi on ne pourrait éviter les inconvénients qu'on peut reprocher à l'exposition du midi à l'égard de la gelée, sans tomber dans d'autres plus fâcheux.

Mais tous les arbres délicats, comme les figuiers, les lauriers, etc., doivent être mis au midi, ayant soin, comme l'on fait ordinairement, de les couvrir; nous remarquerons seulement que le fumier sec est préférable pour cela à la paille, qui ne couvre jamais si exactement, et dans laquelle il reste toujours un peu de grain qui attire les mulots et les rats qui mangent quelquefois l'écorce des arbres pour se désaltérer dans le temps de la gelée où ils ne trouvent point d'eau à boire, ni d'herbe à paître, c'est ce qui nous est arrivé deux à trois fois; mais quand on se sert de fumier, il faut qu'il soit sec, sans quoi il s'échaufferait et ferait moisir les jeunes branches.

Toutes ces précautions sont cependant bien inférieures à ces espaliers en niche ou en renfoncement, tels qu'on en voit aujourd'hui au Jardin du Roi: les plantes sont de cette manière à l'abri de tous les vents, excepté celui du midi qui ne leur peut nuire; le soleil, qui échauffe ces endroits pendant le jour, empêche que le froid n'y soit si violent pendant la nuit, et on peut avec grande facilité mettre sur ces renfoncements une légère couverture qui tiendra les plantes qui y seront dans un état de sécheresse, infiniment propre à prévenir tous les accidents que le verglas et les gelées du printemps auraient pu produire, et la plupart des plantes ne souffriront pas d'être ainsi privées de l'humidité extérieure, parce qu'elles ne transpirent presque pas dans l'hiver, non plus qu'au commencement du printemps, de sorte que l'humidité de l'air suffit à leur besoin.

Mais puisque les rosées rendent les plantes si susceptibles de la gelée du printemps, ne pourrait-on pas espérer que les recherches que MM. Musschenbroëck et du Fay ont faites sur cette matière, pourraient tourner au profit de l'agriculture? Car enfin, puisqu'il y a des corps qui semblent attirer la rosée, pendant qu'il y en a d'autres qui la repoussent, si on pouvait peindre, enduire ou crépir les murailles avec quelque matière qui repousserait la rosée, il est sûr qu'on aurait lieu d'en espérer un succès plus heureux, que de la précaution que l'on prend de mettre une planche en manière de toit au-dessus des espaliers, ce qui ne doit guère diminuer l'abondance de la rosée sur les arbres, puisque M. du Fay a prouvé que souvent elle ne tombe pas perpendiculairement comme une pluie, mais qu'elle nage dans l'air, et qu'elle s'attache aux corps qu'elle rencontre; de sorte qu'il a souvent autant amassé de rosée sous un toit que dans les endroits entièrement découverts. Il nous serait aisé de reprendre toutes nos observations, et de continuer à en tirer des conséquences utiles à la pratique de l'agriculture : ce que nous avons dit, par exemple, au sujet de la vigne, doit déterminer à arracher tous les arbres qui empêchent le vent de dissiper les brouillards.

Puisqu'en labourant la terre on en fait sortir plus d'exhalaisons, il faut prêter plus d'attention à ne la pas faire labourer dans les temps critiques.

On doit défendre expressément qu'on ne sème sur les sillons de vigne des plantes potagères qui, par leurs transpirations, nuiraient à la vigne.

On ne mettra des échalas aux vignes que le plus tard qu'on pourra.

On tiendra les haies qui bordent les vignes du côté du nord, plus basses que de tout autre côté.

On préférera amender les vignes avec des terreaux plutôt que de les fumer.

Enfin, si on est à portée de choisir un terrain, on évitera ceux qui sont dans des fonds ou dans les terroirs qui transpirent beaucoup.

Une partie de ces précautions peut aussi être employée très-utilement pour les arbres fruitiers, à l'égard, par exemple, des plantes potagères, que les jardiniers sont toujours empressés de mettre aux pieds de leurs buissons, et encore plus le long de leurs espaliers.

S'il y a des parties hautes et d'autres basses dans les jardins, on pourra avoir l'attention de semer les plantes printanières et délicates sur le haut, préférablement au bas, à moins qu'on n'ait dessein de les couvrir avec des cloches, des châssis, etc.; car, dans le cas où l'humidité ne peut nuire, il serait souvent avantageux de choisir les lieux bas pour être à l'abri du vent du nord et du nord-ouest.

On peut aussi profiter de ce que nous avons dit à l'avantage des forêts; car si on a des réserves à faire, ce ne sera jamais dans les endroits où la gelée cause tant de dommage.

Si on sème un bois, on aura attention de mettre dans les vallons des arbres qui soient plus durs à la gelée que le chêne.

Quand on fera des coupes considérables, on mettra dans les clauses du marché qu'on les commencera toujours du côté du nord, afin que ce vent, qui règne ordinairement dans le temps des gelées, dissipe cette humidité qui est préjudiciable aux taillis.

Enfin, si, sans contrevenir aux ordonnances, on peut faire des réserves en lisières, au lieu de laisser des baliveaux qui, sans pouvoir jamais faire de beaux arbres, sont à tous égards la perte des taillis, et particulièrement dans l'occasion présente, en retenant sur les taillis cette humidité qui est si fâcheuse dans les temps de gelée; on aura en même temps attention que la lisière de réserve ne couvre pas le taillis du côté du nord.

Il y aurait encore bien d'autres conséquences utiles qu'on pourrait tirer de nos observations; nous nous contenterons cependant d'en avoir rapporté quelques-unes, parce qu'on pourra suppléer à ce que nous avons omis, en prêtant un peu d'attention aux observations que nous avons rapportées. Nous sentons bien qu'il y aurait encore sur cette matière nombre

d'expériences à faire, mais nous avons cru qu'il n'y avait aucun inconvénient à rapporter celles que nous avons faites : peut-être même engageront-elles quelque autre personne à travailler sur la même matière ; et si elles ne produisent pas cet effet, elles ne nous empêcheront pas de suivre les vues que nous avons encore sur cela.

PRÉFACE[1]

A LA TRADUCTION DU LIVRE DE NEWTON.

INTITULÉ

LA MÉTHODE DES FLUXIONS

ET SES SUITES INFINIES.

L'ouvrage, dont on donne ici la traduction, a été commencé en 1664, et achevé en 1671 [a]. Newton, encore peu connu dans ce temps, voulait le faire imprimer à la suite d'une introduction à l'algèbre d'un certain Kinckhuysen, qu'il avait corrigée et augmentée : on ne voit pas pourquoi ce livre ne fut pas imprimé ; on voit seulement que dans la même année Newton changea d'avis, et prit le dessein de le publier avec son *Optique*, dont il avait déjà composé la plus grande partie; mais les objections et les chicanes qu'on lui fit sur ses principes et sur ses expériences d'optique, le chagrinèrent et l'empêchèrent de donner au public ces deux ouvrages. Voici ce qu'il en dit lui-même : *Et subortæ statim* (*per diversorum Epistolas objectionibus refertas*) *crebræ interpellationes me prorsus à concilio deterruerunt et effecerunt ut me arguerem imprudentiæ quod umbram captando, eatenus perdideram quietem meam, rem prorsus substantialem.* Il semble même qu'il ait entièrement oublié son ouvrage jusqu'en 1704, qu'il en a tiré son *Traité des quadratures*. Plusieurs années après, M. Pemberton [b] obtint son consentement pour faire imprimer l'ouvrage entier : on ne sait encore pourquoi cela a manqué; enfin l'auteur est mort avant que le livre ait paru, et encore il n'a paru que traduit. Newton l'a composé en latin; M. Colson, entre les mains de qui le manuscrit a été remis, n'a pas voulu le donner en original, il l'a traduit, et en 1736 il l'a fait imprimer en anglais afin, dit-il, que les Anglais ses compatriotes pussent jouir des travaux du grand Newton avant les autres nations. Il ajoute une raison qui

a. Voyez le *Com. Epistolicum*, pag. 101, 102, etc. *Newtoni Princip.* 3a. ed. pag. 246

b. Voyez A Wiew of sir Isaac Newton's Philosophy.

1. Cette *Préface*, publiée en 1740, et celle à la *Statique des végétaux*, publiée en 1735 (voyez la note de la page 1), furent les premiers écrits de Buffon. On sent, dans ces deux écrits, la force naissante d'un esprit vigoureux qui s'essaie. J'ai cru devoir réunir aux œuvres de Buffon ces deux *Préfaces*, souvenir précieux de sa laborieuse jeunesse.

me paraît meilleure et plus naturelle : c'est qu'il avait envie de joindre un commentaire et des notes de sa main. Ces notes sont en anglais, et apparemment il a voulu éviter la peine de les mettre en latin.

Quoi qu'il en soit, c'est sur cette version anglaise que j'ai fait ma traduction : elle n'en sera pas plus mauvaise pour cela, car j'ai suivi en tout l'esprit de l'auteur encore plus que le sens littéral. Dans des matières de cette espèce, il suffit d'entendre les choses pour les bien rendre; d'ailleurs la géométrie, et surtout la géométrie de Newton, n'a qu'un style. Je n'ai pas traduit le commentaire de M. Colson; cependant j'en fais cas, et j'avoue qu'il contient plusieurs bonnes choses, mais il faut avouer aussi que ces bonnes choses se trouvent noyées dans une diffusion de calcul qui rebute; que d'ailleurs ce long commentaire n'est qu'un commencement de commentaire, et que l'auteur nous promet une suite bien complète au cas que ce commencement soit bien reçu. Ajoutez à tout cela que ces longues gloses sont suivies de deux grands chapitres qui n'ont aucun rapport avec l'ouvrage ou le commentaire : en voilà plus qu'il n'en faut pour justifier ma répugnance à le traduire.

On n'aura donc ici que Newton tout seul, mais Newton plus clair, plus traitable et plus à la portée du commun des géomètres qu'il ne l'est dans aucun autre de ses ouvrages. En 1671, dans le temps que ce livre a été composé, il aurait eu besoin de commentaire ; mais la géométrie a fait de grands progrès depuis soixante-dix ans, et je ne crois pas que les géomètres soient arrêtés à la lecture de cet ouvrage, qui a toute la clarté et toute l'étendue nécessaires pour être facilement entendu, dont les principaux articles ont déjà été commentés[a], et qui d'ailleurs ne contient guère de choses entièrement nouvelles et dont on ne sache au moins les résultats, tant par les morceaux que Newton lui-même nous a donnés en 1704, 1711, etc., que par les différentes pièces et les traités que les autres géomètres ont publiés sur ces matières.

On sera bien aise de voir, en un seul petit volume, le calcul différentiel et le calcul intégral avec toutes leurs applications. On reconnaîtra, à la manière dont les sujets sont traités, la main du grand maître et le génie de l'inventeur, et on demeurera convaincu que Newton seul est l'auteur de ces merveilleux calculs, comme il l'est aussi de bien d'autres productions tout aussi merveilleuses.

Tout le monde sait que Leibnitz a voulu partager la gloire de l'invention, et bien des gens lui donnent encore au moins le titre de second inventeur. Il a publié en 1684 les règles du calcul différentiel, et il a été comblé d'éloges par de très-grands géomètres qui, non contents de lui avoir rendu ces brillants hommages, travaillaient encore pour lui et ajoutaient à sa

a. Voyez les ouvrages de MM. Stirling, Maclaurin.

réputation en lui attribuant leurs propres découvertes. D'un autre côté Newton se soutenait par la masse de ses ouvrages, et semblait se reposer sur la supériorité qu'il se sentait : il se passa plusieurs années sans aucune plainte de sa part, sans qu'il revendiquât cette découverte ; mais enfin il y eut procès, procès où les nations entières se sont intéressées, procès qui n'est pas encore terminé, ou du moins qui a été suivi jusqu'à ce jour de chicanes, et qui peut-être est la source de la plupart des querelles qu'on a faites au calcul infinitésimal. On ne sera pas fâché de voir ici une relation abrégée de cette époque littéraire, et par occasion les principaux faits de l'histoire de la géométrie et du calcul de l'infini.

Dès les premiers pas qu'on fait en géométrie, on trouve l'infini, et dès les temps les plus reculés les géomètres l'ont entrevu : la quadrature de la parabole et le traité *de Numero Arenæ* d'Archimède prouvent que ce grand homme avait des idées de l'infini, et même des idées telles qu'on les doit avoir ; on a étendu ces idées, on les a maniées de différentes façons, enfin on a trouvé l'art d'y appliquer le calcul ; mais le fond de la métaphysique de l'infini n'a point changé, et ce n'est que dans ces derniers temps que quelques géomètres nous ont donné sur l'infini des vues différentes de celles des anciens, et si éloignées de la nature des choses, qu'on les a méconnues jusque dans les ouvrages de ces grands hommes ; et de là sont venues toutes les oppositions, toutes les contradictions qu'on a fait et qu'on fait encore souffrir au calcul infinitésimal ; de là sont venues les disputes entre les géomètres sur la façon de prendre ce calcul, et sur les principes dont il dérive ; on a été étonné des prodiges que ce calcul opérait, cet étonnement a été suivi de confusion ; on a cru que l'infini produisait toutes ces merveilles ; on s'est imaginé que la connaissance de cet infini avait été refusée à tous les siècles et réservée pour le nôtre ; enfin on a bâti sur cela des systèmes qui n'ont servi qu'à embrouiller les faits et obscurcir les idées. Avant que d'aller plus loin, disons donc deux mots de la nature de cet infini, qui en éclairant les hommes semble les avoir éblouis.

Nous avons des idées nettes de la grandeur ; nous voyons que les choses en général peuvent être augmentées ou diminuées, et l'idée d'une chose devenue plus grande ou plus petite est une idée qui nous est aussi présente et aussi familière que celle de la chose même ; une chose quelconque nous étant donc présentée ou étant seulement imaginée, nous voyons qu'il est possible de l'augmenter ou de la diminuer ; rien n'arrête, rien ne détruit cette possibilité, on peut toujours concevoir la moitié de la plus petite chose imaginable, et le double de la plus grande chose ; on peut même concevoir qu'elle peut devenir cent fois, mille fois, cent mille fois plus petite ou plus grande ; et c'est cette possibilité d'augmentation ou de diminution sans bornes en quoi consiste la véritable idée qu'on doit avoir de l'infini : cette idée nous vient de l'idée du fini ; une chose finie est une chose qui a des

termes, des bornes; une chose infinie n'est que cette même chose finie à laquelle nous ôtons ces termes et ces bornes; ainsi l'idée de l'infini n'est qu'une idée de privation, et n'a point d'objet réel. Ce n'est pas ici le lieu de faire voir que l'espace, le temps, la durée, ne sont pas des infinis réels; il nous suffira de prouver qu'il n'y a point de nombre actuellement infini ou infiniment petit, ou plus grand ou plus petit qu'un infini, etc.[1].

Le nombre n'est qu'un assemblage d'unités de même espèce; l'unité n'est point un nombre, l'unité désigne une seule chose en général; mais le premier nombre 2 marque non-seulement deux choses, mais encore deux choses semblables, deux choses de même espèce: il en est de même de tous les autres nombres; mais ces nombres ne sont que des représentations, et n'existent jamais indépendamment des choses qu'ils représentent; les caractères qui les désignent ne leur donnent point de réalité, il leur faut un sujet, ou plutôt, un assemblage de sujets à représenter pour que leur existence soit possible; j'entends leur existence intelligible, car ils n'en peuvent avoir de réelle; or, un assemblage d'unités ou de sujets ne peut jamais être que fini, c'est-à-dire on pourra toujours assigner les parties dont il est composé, par conséquent le nombre ne peut être infini, quelque augmentation qu'on lui donne.

Mais, dira-t-on, le dernier terme de la suite naturelle 1, 2, 3, 4, etc., n'est-il pas infini? n'y a-t-il pas des derniers termes d'autres suites encore plus infinis que le dernier terme de la suite naturelle? Il paraît que les nombres doivent à la fin devenir infinis, puisqu'ils sont toujours susceptibles d'augmentation; à cela je réponds que cette augmentation, dont ils sont susceptibles, prouve évidemment qu'ils ne peuvent être infinis; je dis de plus que dans ces suites il n'y a point de derniers termes, que même leur supposer un dernier terme, c'est détruire l'essence de la suite qui consiste dans la succession des termes qui peuvent être suivis d'autres termes, et ces autres termes encore d'autres, mais qui tous sont de même nature que les précédents, c'est-à-dire tous finis, tous composés d'unités: ainsi lorsqu'on suppose qu'une suite a un dernier terme, et que ce dernier terme est un nombre infini, on va contre la définition du nombre et contre la loi générale des suites.

La plupart de nos erreurs en métaphysique viennent de la réalité que nous donnons aux idées de privation; nous connaissons le fini, nous y voyons des propriétés réelles, nous l'en dépouillons, et en le considérant après ce dépouillement, nous ne le reconnaissons plus, et nous croyons avoir créé un être nouveau, tandis que nous n'avons fait que détruire quelque partie de celui qui nous était anciennement connu.

On ne doit donc considérer l'infini, soit en petit, soit en grand, que

1. Buffon a reproduit plus tard, et dans plus d'une occasion, quelques-unes de ces idées sur *l'infini*. (Voyez notamment le t. Ier, p. 439 et suiv.)

comme une privation, un retranchement à l'idée du fini, dont on peut se servir comme d'une supposition qui dans quelques cas peut aider à simplifier les idées, et doit généraliser leurs résultats dans la pratique des sciences : ainsi tout l'art se réduit à tirer parti de cette supposition, en tâchant de l'appliquer aux sujets que l'on considère. Tout le mérite est donc dans l'application, en un mot dans l'emploi qu'on en fait.

Avant que Descartes eût appliqué l'algèbre à la géométrie, les principes et la métaphysique de la géométrie étaient bien connus et bien certains; cependant cette application a beaucoup augmenté nos connaissances géométriques, et s'est étendue sur toutes les opérations de cette science; de même l'infini était connu, et la métaphysique de l'infini était familière aux anciens; mais l'application qu'on a faite de nos jours du calcul à cet infini, nous a mis au-dessus d'eux et nous a valu toutes les nouvelles découvertes.

Archimède, Apollonius, Viviani, Grégoire de Saint-Vincent, ont connu l'infini; leurs méthodes d'approximation et d'exhaustion en sont tirées, et ils s'en sont servis pour carrer et rectifier quelques courbes; mais ces connaissances de l'infini, dénuées de calcul, n'ont produit que des méthodes particulières, souvent embarrassées et toujours confinées à quelques cas assez simples; la généralité était réservée au calcul, il embrasse tout, il donne tout : aussi la géométrie qui a précédé le calcul est-elle devenue moins nécessaire, et peut-être aussi a-t-elle été un peu trop négligée.

Les anciens géomètres ont considéré les courbes comme des polygones composés de côtés infiniment petits; ils ont inscrit et circonscrit autour des courbes des figures composées de parties finies et connues dont ils ont augmenté le nombre et diminué la grandeur à l'infini; et par là ils sont venus à bout de mesurer quelques courbes; Cavalieri et, vingt ans après, Fermat et Wallis ont été les premiers qui aient appliqué quelques idées de calcul à cette géométrie de l'infini; leurs méthodes de sommer sont des germes de calcul, et les premiers germes de cette espèce qui se soient développés.

Cavalieri cependant n'avait pas pris la vraie route; il avait des idées [a] qui réduites en calcul réel auraient fructifié, mais il n'en put tirer que des choses déjà connues : il considère la ligne comme une partie indivisible de la surface, la surface comme une partie indivisible du solide, et il cherche la mesure des surfaces et des solides par des sommes infinies de lignes et de surfaces; les résultats de sa méthode sont bons, sa méthode est même générale, et cependant avec cet avantage il ne va pas au delà des anciens : il ne donne rien de nouveau, et lui-même paraît borner le mérite de son ouvrage à l'accord parfait des conséquences de sa méthode avec les vérités de la géométrie ancienne.

a. *Geom. Indivisibil.*; Bonon., 1635.

Fermat s'éleva bien au-dessus de Cavalieri; il trouva moyen de calculer l'infini, et donna une méthode excellente pour la résolution *des plus grands et des moindres:* cette méthode est la même, à la notation près, que celle dont on se sert encore aujourd'hui; enfin cette méthode était le calcul différentiel, si son auteur l'eût généralisée.

Mais Wallis prit un autre chemin; il appliqua réellement l'arithmétique aux idées de l'infini; il réduisit en suites infinies les fractions composées; il se servit même assez heureusement de ses suites arithmétiques pour la quadrature et la rectification des courbes; cependant il marchait en tâtonnant; et, faute d'un calcul assez puissant et assez général, il employait les combinaisons, les affections particulières et individuelles des nombres, etc. Brownker et Mercator profitèrent des vues de Wallis; ils étendirent sa méthode, et on peut dire qu'ils furent les premiers qui osèrent s'avancer dans cette route et frayer la bonne voie : Brownker carra l'hyperbole par une suite infinie toute composée de termes finis et connus, et Mercator en donna la démonstration par la division infinie à la manière de Wallis; Jacques Grégory donna, presque aussitôt que Mercator, une démonstration de cette même quadrature de l'hyperbole, et c'est proprement là l'époque de la naissance des nouveaux calculs; il est même étonnant que ces géomètres ne se soient pas élevés jusqu'à la méthode générale des suites après avoir trouvé la suite particulière de l'hyperbole; il paraît qu'un moment de réflexion aurait au moins dû leur donner par une même méthode la quadrature de l'ellipse et du cercle; cependant ils ne l'ont pas trouvée, et même on ne voit pas qu'ils aient fait d'autre usage de cette théorie des suites infinies que celui de carrer l'hyperbole; mais il est vrai que Newton ne leur en donna pas le temps : au mois de juin 1669, toutes ces méthodes furent envoyées à Barrow comme des nouveautés brillantes; il les communiqua à Newton, pour qui elles n'eurent pas le même mérite; car il remit entre les mains de Barrow des papiers qui contenaient : 1° la méthode générale des suites qu'il avait trouvée quelques années auparavant, méthode par laquelle il fait sur toutes les courbes ce que les autres n'avaient fait que sur l'hyperbole; 2° la résolution numérique et littérale des équations affectées; 3° la méthode des fluxions; 4° la méthode inverse des tangentes, la quadrature, la rectification des courbes, et un mot sur la mesure des solides, sur l'invention des centres de gravité, etc., savoir *que comme ces mesures se réduisent à celles des surfaces, il n'est pas nécessaire qu'il avertisse que sa méthode donne tout cela.* Ainsi dès 1669, Newton avait trouvé les suites infinies, le calcul différentiel et le calcul intégral: tout cela fut envoyé par Barrow à Collins qui en tira copie et le communiqua à Brownker et à Oldembourg; celui-ci l'envoya à Slusius; de plus Collins l'avait encore envoyé par lettres à Jacques Grégory, à Bertet, à Borelli, à Vernon, à Strode, et à plusieurs autres géomètres; ces lettres sont impri-

mées dans le *Commercium epistolicum*, et c'est dans ces lettres qu'on voit que Newton avait trouvé toutes ces choses, même avant que Brownker eût carré l'hyperbole, c'est-à-dire dès l'année 1664, ou 1665; c'est dans ces lettres que l'on voit aussi que Newton voulait faire imprimer, dès l'année 1671, l'ouvrage dont nous donnons ici la traduction.

De plus en 1672, Newton, dans une lettre écrite à Collins, lui envoie un exemple de sa méthode des tangentes, comme un corollaire, dit-il, d'une méthode générale, qu'aucune complication de calcul n'arrête, et qui s'étend non-seulement aux courbes géométriques, mais même aux courbes mécaniques, et qui, outre la solution complète de la question des tangentes, donne encore celle de plusieurs problèmes beaucoup plus difficiles, comme des courbures des courbes, de leurs aires, de leurs longueurs, de leurs centres de gravité : *J'ai*, dit-il, *joint cette méthode à une autre qui donne la résolution des équations par des suites infinies*, etc. On voit bien que ces deux méthodes sont la méthode directe et inverse des fluxions, et celle des suites infinies telles qu'elles sont dans ce Traité, fait en 1671. Tschirnhaus, au mois de mai 1675, Leibnitz, au mois de juin 1676, et Slusius, dès le 29 janvier 1673, avaient reçu des copies de cette lettre: c'était même à l'occasion de la méthode des tangentes de Slusius que Newton l'avait écrite; il loue beaucoup l'invention de Slusius, qui en effet avait trouvé sa méthode avant que d'avoir vu celle de Newton, et il l'avait envoyée, le 17 janvier 1673, à Oldembourg. Wallis, Mercator, Brownker, Grégory, Barrow, Slusius étaient alors les seuls qui eussent pénétré les mystères des nouveaux calculs; Leibnitz ne travaillait pas encore sur ces matières, car dans une de ses lettres à Oldembourg du 3 février 1672, il donne une manière de sommer des suites de nombres comme une invention qu'il estimait, et cette invention était une méthode que Mouton avait autrefois donnée; et, sur la remarque que Pell lui en fit faire, il dit qu'il va montrer qu'il n'est pas assez dénué de méditations qui lui soient propres pour être obligé d'en emprunter; il répète plusieurs fois qu'il va donner quelque chose qui empêchera qu'on ne le prenne pour un copiste, et cette grande chose est une propriété des nombres figurés qu'il dit avoir trouvée le premier, et qu'il est étonné que Pascal n'ait pas observée; mais il se trompe, comme le remarque le *Com. epist.* Car Pascal, dans ce traité appelé le *Triangle arithmétique* imprimé à Paris en 1665, donne la prétendue découverte de Leibnitz dès la deuxième page dans la définition antépénultième : outre cette lettre de Leibnitz qui roule toute sur des bagatelles d'arithmétique, il y en a encore cinq autres dans le même goût, la première datée de Londres le 20 février, les autres de Paris, 30 mars, 26 avril, 24 mai, et 8 juin 1673. Jusque-là Leibnitz, dit le *Commercium epistolicum*, ne se mêlait que d'arithmétique, mais l'année suivante il se tourna du côté de la géométrie; et dans une lettre qu'il écrivit à Oldembourg le 15 juillet 1674, il dit qu'il a

des choses d'une grande importance, et surtout un théorème admirable par lequel l'aire d'un cercle ou d'un secteur peut être exprimée exactement par une suite de nombres rationnels; il ajoute qu'il a des méthodes analytiques générales et fort étendues, qu'il estime plus que les plus beaux théorèmes particuliers; dans une seconde lettre à Oldembourg datée du 26 octobre même année, Leibnitz dit : *Vous savez que mylord Brownker et M. Mercator ont donné une suite infinie de nombres rationnels égale à l'espace hyperbolique; mais personne n'a pu encore le faire dans le cercle :* le *Com. epist.* remarque que quatre ans auparavant Collins avait communiqué à tout le monde les suites infinies de Newton, et un an après, celle de Grégory, et que Leibnitz ne donna les siennes qu'après avoir vu celles-là ; tout cela est prouvé plus au long dans le *Commercium epistolicum,* où l'on voit clairement par les lettres de Leibnitz et les réponses à ces lettres, qu'il a eu connaissance de la théorie générale des suites avant que d'avoir donné sa suite pour le cercle, et que Newton lui-même la lui avait envoyée par la voie d'Oldembourg. Il paraît même que Leibnitz, qui dans ce temps se disait auteur de ce théorème, n'en avait pas la démonstration, puisqu'il la demande à Oldembourg par une lettre du 12 mai 1676. Il paraît encore, par une lettre de Newton datée du 13 juin 1676, que dans ce temps il a communiqué directement à Leibnitz son binome avec plusieurs exemples d'extractions de racines, plusieurs suites infinies pour le cercle, l'ellipse, l'hyperbole, la quadratrice, etc. Et par une autre lettre de Newton du 24 octobre 1676, il paraît qu'il a communiqué à Leibnitz : 1° tout le procédé des suites, et la façon dont il est arrivé à cette découverte; 2° une manière de faire des logarithmes par les aires hyperboliques; 3° la quadrature des courbes en entier, avec plusieurs exemples; 4° son parallélogramme, autrement l'artifice dont il se sert pour la résolution des équations affectées; 5° le retour des suites. Jusque-là Leibnitz avait toujours reçu et n'avait rendu que les mêmes suites qu'on lui avait envoyées; il paraît même qu'il ignorait jusqu'alors le calcul infinitésimal parce qu'il dit, dans une lettre du 27 août 1676, que les problèmes de la méthode inverse des tangentes ne dépendent ni des équations, ni des quadratures. Enfin en 1677, dans une lettre à Oldembourg, il donne une méthode pour les tangentes par le calcul différentiel : cette méthode est la même que celle de Barrow publiée en 1670, et le calcul est le même, à la notation près, que celui de Newton communiqué par Collins en 1669. Oldembourg mourut à la fin de l'année 1677, et sa mort termina ce commerce de lettres. Collins mourut en 1682, et la même année Leibnitz publia dans les Actes de Leipsick la quadrature du cercle et de l'hyperbole; et, en 1684, les éléments du calcul différentiel; et enfin Newton, en 1686, publia son livre des Principes.

Voilà en raccourci l'histoire de ce calcul : c'est au lecteur à juger de la part à cette découverte qu'on doit accorder à Leibnitz.

Cependant Newton, loin de se plaindre, semblait convenir que Leibnitz avait trouvé une méthode de calcul semblable à la sienne : bien des années s'écoulèrent sans qu'il se souciât de détromper le public; tout le monde savant, à l'exception de l'Angleterre, regardait Leibnitz comme l'inventeur; à peine le livre des Principes de Newton était-il connu, toutes les vues, tous les travaux des géomètres se tournèrent du côté du calcul différentiel, tous les éloges furent pour l'auteur prétendu de ce calcul; enfin Leibnitz était en possession, et en possession non contestée, de tout ce que la géométrie avait produit de plus brillant depuis vingt siècles; mais cet éclat de gloire n'a pas duré; des partisans trop zélés et des disciples éblouis, en voulant élever leur maître, ont été cause de l'abaissement de sa réputation. En 1695, les ouvrages de Wallis parurent en deux gros volumes; les journalistes de Leipsick se plaignirent assez mal à propos de ce que ce géomètre n'avait pas parlé de Leibnitz, et de sa grande découverte autant qu'il aurait dû le faire : sur cela Wallis écrivit à Leibnitz qu'il était bien fâché de n'avoir pu parler de lui, mais qu'il n'avait aucune connaissance de ses découvertes, sinon de sa suite du cercle et de sa *voûte carrable;* qu'il n'avait jamais vu sa géométrie des Incomparables, ou son analyse des infinis, ni son calcul différentiel; que seulement il avait ouï dire que ce calcul était tout à fait semblable à la méthode des fluxions; Leibnitz lui répondit que son calcul était différent de celui de Newton, Wallis lui récrivit pour le prier de lui marquer la différence, mais Leibnitz ne répondit rien.

En 1699, M. Fatio de Duilliers publia une dissertation sur la ligne de la plus courte descente, etc., et en parlant du calcul infinitésimal, il dit que Newton en est le premier et de plusieurs années le premier inventeur, que l'évidence de la chose l'oblige d'avouer ce fait, et qu'il laisse à ceux qui ont vu les lettres et les manuscrits de Newton à juger ce que Leibnitz, le second inventeur de ce calcul, a emprunté de Newton : à cela Leibnitz répondit, dans les Actes de Leipsick, qu'il n'avait aucune connaissance des découvertes de Newton, lorsqu'il publia son calcul différentiel en 1684. Cependant on a vu ci-dessus, par l'extrait des lettres de Collins et de Newton, qu'il avait eu copie de la méthode des suites, de celle des fluxions, et de tout ce que Newton avait fait en ce genre : aussi les journalistes de Leipsick refusèrent d'imprimer la réponse de M. Fatio, qui sans doute contenait la preuve de tous ces faits; mais ces mêmes journalistes, lorsque parurent les traités de Newton sur le nombre des courbes du second genre et sur les quadratures, ces journalistes, dis-je, firent des extraits où ils rabaissèrent autant qu'ils purent la gloire de Newton; ils dirent, à l'égard des courbes du second genre, que Tschirnhaus avait été plus loin que Newton, et à l'égard des quadratures ils publièrent que Leibnitz était l'inventeur du calcul différentiel, calcul nécessaire pour trouver les quadratures; qu'au lieu des différences de Leibnitz, Newton employait et avait toujours employé les

fluxions, comme Fabri avait autrefois substitué à la méthode de Cavalieri la progression des mouvements, etc. Keill, piqué de cette injuste comparaison et du peu de respect de ces journalistes pour Newton, imprima en 1708, dans les *Transactions Philosophiques*, une lettre où il dit, qu'il est clair que Newton est le premier inventeur de la méthode des fluxions, et cependant que Leibnitz, après avoir changé le nom et la notation de cette méthode des fluxions de Newton, l'a publiée comme la sienne dans les *Actes de Leipsick*. En 1711, Leibnitz se plaignit et cria à la calomnie contre Keill; il écrivit à M. Hans Sloane alors secrétaire, et maintenant président de la Société royale, pour demander justice à cette compagnie, exigeant en même temps un désavœu de Keill, et une reconnaissance qu'il n'avait emprunté de personne son calcul différentiel : Keill se défendit par les preuves et par les lettres dont nous venons de donner les extraits, et soutint que Leibnitz n'était que le second inventeur, et que même il était très-vraisemblable, pour ne pas dire avéré, qu'il avait pris de Newton les principes et le fond de son calcul différentiel, et qu'il ne lui en appartenait en propre que la notation et le nom. Sur cela, Leibnitz répondit que Keill était un homme trop nouveau pour savoir ce qui s'était passé auparavant, et continua de demander justice à la Société royale; on nomma plusieurs commissaires de toutes les nations, on fouilla les archives, les lettres, les papiers manuscrits; et les commissaires firent leur rapport contre Leibnitz en faveur de Keill, ou plutôt de Newton; la Société royale fit imprimer ce rapport avec l'extrait de toutes les pièces du procès, sous le titre de *Commercium epistolicum*, et ne voulant pas juger, s'est contentée de laisser juger le public; c'est des pièces même du procès d'où nous avons tiré la plus grande partie des faits que nous avons cités: Leibnitz se plaignit verbalement à ses amis, cria beaucoup par lettres, mais il n'écrivit rien contre ce qui venait de se passer, rien du moins qu'on puisse citer; il ne parut qu'une feuille volante, sans nom d'auteur, datée du 7 juillet 1713, sous le titre de *Jugement d'un Mathématicien du premier ordre*, etc. Dans ce jugement, on convient que Newton a le premier trouvé les suites; mais on dit que dans ce temps où il a trouvé les suites, il n'avait pas encore même songé à son calcul des fluxions, parce que, dans toutes ses lettres citées dans le *Com. epist.* non plus que dans son livre des *Principes*, on ne voit pas le moindre vestige des lettres ponctuées $\dot{x}$, $\ddot{x}$, $\dddot{x}$, etc., dont il s'est servi ensuite, et qui ont paru pour la première fois dans le livre de Wallis, c'est-à-dire plusieurs années après le calcul différentiel de Leibnitz; et que par conséquent le calcul des fluxions était postérieur au calcul différentiel. Ce jugement porte aussi que Newton n'avait connu la méthode des secondes différences que longtemps après les autres. Tout cela n'avait pas besoin de réfutation et tombait de soi-même; cependant on répondit que la notation ne faisait point la méthode, que Newton,

pour marquer les fluxions, se servait tantôt de lettres ponctuées $\dot{x}, \dot{y}, \dot{z}$, etc., tantôt de lettres majuscules X, Y, Z, etc., tantôt d'autres lettres *p, q, r*, etc., tantôt de lignes; que Leibnitz, au contraire, n'avait jamais désigné les fluxions, et qu'il n'avait point de caractère pour cela; car les *dx, dy, dz*, etc., ne marquent que les différences, c'est-à-dire les moments que Newton marque par $o\dot{x}, o\dot{y}, o\dot{z}$, etc., c'est-à-dire par le rectangle formé du moment *o*, et de la fluxion; que la méthode des secondes, troisièmes et quatrièmes différences est donnée en général dans la première proposition du traité des quadratures communiqué à Leibnitz dès l'année 1675, que Wallis avait appliqué cette règle à des exemples de secondes différences en 1693, trois ans avant que Leibnitz eût publié la manière de différentier les différentielles, et qu'il était évident que Newton l'avait trouvée dès 1666, dans le même temps qu'il a trouvé le calcul des suites et des fluxions, etc.

Nous n'avons pris que les points principaux de cette petite histoire de la découverte du calcul infinitésimal, nous n'avons donné que le gros de la querelle entre Leibnitz et Newton; car il y eut des hostilités particulières, des défis, des problèmes proposés de la part de Leibnitz et de ses adhérents. Newton, sans s'émouvoir, résolut les problèmes et ne chercha point à se venger; la seule chose qu'on pourrait lui reprocher, c'est d'avoir laissé retrancher de la dernière édition de son livre des *Principes*, faite à Londres en 1726, l'article qui concernait Leibnitz; et il faut convenir que l'on a fort mal fait, même pour la gloire de l'auteur, qui dans cet article donne des louanges à Leibnitz, mais en même temps s'attribue la première invention de ce calcul. *J'ai autrefois*, dit-il, *communiqué par lettres, au très-habile géomètre M. Leibnitz, ma méthode; il m'a répondu qu'il avait une méthode semblable, et qui ne diffère presque point du tout de la mienne*, etc. Pourquoi supprimer cet article, puisqu'on l'avait laissé subsister dans la seconde édition en 1713, c'est-à-dire dans le temps de la chaleur de la contestation? D'ailleurs, qu'en pouvait-on craindre après l'impression du *Com. epist.?* Nous observerons, en passant, que ce n'est pas la seule chose qu'on ait changée mal à propos dans cette édition de 1726, à laquelle Newton n'a survécu que quelques mois, et peut-être l'éditeur a eu plus de part que lui à ces changements.

Tandis que Leibnitz cherchait querelle[1] à l'inventeur du calcul, d'autres géomètres cherchaient querelle au calcul même: Rolle, Ceva et quelques

1. Le lecteur sera peut-être bien aise de trouver, à côté du jugement du jeune Buffon sur cette fameuse *querelle*, le jugement du vieux Fontenelle : « Nous avons fait l'histoire de cette « grande contestation dans l'éloge de M. Leibnitz; et, quoique ce fût l'éloge de M. Leibnitz, « nous y avons si exactement gardé la neutralité d'historien que nous n'avons présentement « rien à dire de nouveau pour M. Newton. Nous avons marqué expressément que M. Newton « était certainement inventeur, que sa gloire était en sûreté et qu'il n'était question que de « savoir si M. Leibnitz avait pris de lui cette idée. Toute l'Angleterre en est convaincue,

autres prétendirent qu'il était erroné, et ne voulurent pas le recevoir; d'autres, comme Neuwentyt, ne voulurent admettre que les premières différences, et rejetèrent les secondes, troisièmes, etc. Tout cela venait du peu de lumière que Leibnitz avait répandu sur cette matière; il chancela lui-même à la vue des difficultés qu'on lui fit, et il réduisit ses infinis à des incomparables, ce qui ruinait l'exactitude de la méthode. MM. Bernoulli, de l'Hopital, Taylor et plusieurs autres géomètres éclaircirent ces difficultés, défendirent le calcul, et le firent triompher à force de le présenter.

On était tranquille depuis plusieurs années, lorsque dans le sein même de l'Angleterre, il s'est élevé un Docteur ennemi de la science qui a déclaré la guerre aux mathématiciens : ce Docteur monte en chaire pour apprendre aux fidèles que la géométrie est contraire à la religion; il leur dit d'être en garde contre les géomètres; ce sont, selon lui, des gens aveugles et indociles qui ne savent ni raisonner ni croire; des visionnaires qui se refusent aux choses simples et qui donnent tête baissée dans les merveilles. Selon lui, le calcul de l'infini est un mystère plus grand que tous les mystères de la religion; il les compare ensemble comme choses de même genre, et il nous dit en même temps que le calcul de l'infini est erroné, fautif, obscur, que les principes n'en sont pas certains, et que ce n'est que par hasard quand il mène au but.

Voilà un plan d'ouvrage bien bizarre, et un assortiment d'objets bien singulier; j'ai recherché, en lisant attentivement son livre, les motifs qui ont pu le pousser à faire cette insulte aux mathématiciens, et j'ai reconnu que ce n'est pas le zèle, mais la vanité qui a conduit sa plume : ce Docteur a l'esprit peu fait pour les mathématiques; car il entasse paralogismes sur paralogismes lorsqu'il veut réfuter les méthodes des géomètres; mais avec cet esprit si peu géomètre il ne laisse pas que d'avoir quelques vues métaphysiques, et une dialectique assez vive; il sent apparemment toute la valeur de ces talents, et il s'efforce de rendre méprisable tout ce qui n'est pas métaphysique : je lui avouerai que la métaphysique est la philosophie première, qu'elle est la vraie science intellectuelle; mais il faut en même temps qu'il m'accorde que c'est la science la plus trompeuse dans les applications qu'on en fait, et la plus difficile à suivre sans s'égarer; on peut dire que son ouvrage est un exemple de cette vérité, puisque avec sa métaphysique il commet des erreurs très-grossières et fait des raisonnements très-faux; je doute qu'il en convienne, mais au moins tout le monde conviendra

« quoique la Société royale ne l'ait pas prononcé dans son jugement, et l'ait tout au plus insi-« nué. M. Newton est constamment le premier inventeur, et de plusieurs années le premier. « M. Leibnitz, de son côté, est le premier qui ait publié ce calcul; et, s'il l'avait pris de « M. Newton, il ressemblait du moins au Prométhée de la fable, qui déroba le feu aux dieux « pour en faire part aux hommes. » (*Éloge de Newton.*) — Voyez encore, sur cette *grande contestation :* Montucla (*Hist. des mathém*), et M. Biot (*Journal de savants,* cette année même, 1855).

pour lui, en lisant ses ouvrages [a], que sa fausse métaphysique l'a conduit à une mauvaise morale, et qu'à force de bien penser de lui-même, il est venu à fort mal penser des autres hommes.

Ce qui a donné de la célébrité à ces écrits contre les mathématiques et les mathématiciens sont les réponses d'un savant qui sous le nom de Philalethes Cantabrigiensis a réfuté [b] le Docteur de la manière du monde la plus solide et la plus brillante, dans deux dissertations [c] qui sont admirables par la force de raison et la finesse de raillerie qu'on y trouve partout : je ne sais pas comment le Docteur pense à présent, car il y a de quoi humilier la plus orgueilleuse métaphysique; il n'a pas répondu à la dernière dissertation qui pulvérisait son ouvrage; mais de ses cendres il est sorti un phénix, un homme unique, un homme au-dessus de Newton, ou du moins qui voudrait qu'on le crût tel, car il commence [d] par le censurer et par désapprouver sa manière trop brève de présenter les choses; ensuite il donne des explications de sa façon, et ne craint pas de substituer ses notions incomplètes [e] aux démonstrations de ce grand homme. Il avoue que la géométrie de l'infini est une science certaine, fondée sur des principes d'une vérité sûre, mais enveloppée, et qui, *selon lui, n'a jamais été bien connue;* Newton n'a pas bien lu les anciens géomètres; son lemme de la méthode des fluxions est obscur et mal exprimé, sa démonstration est hypothétique; ainsi on avait très-grande raison de ne rien croire de tout cela; ainsi M. Berckey, le Docteur, n'avait point tort lorsqu'il disait que les mathématiciens croyaient les choses sans les entendre; notre auteur M. Robins est venu au monde exprès pour le démontrer, il fait voir que Newton n'a pas les idées nettes ni les expressions claires, et que toute la théorie des fluxions avait besoin d'un commentateur qui fût capable non-seulement de corriger les fautes de la parole, mais de réformer les défauts de la pensée : malheureusement, les mathématiciens ont été plus incrédules que jamais; il n'y a pas eu moyen de leur faire croire un seul mot de tout cela, de sorte que Philalethes, comme défenseur de la vérité, s'est chargé de lui signifier qu'on n'en croyait rien, qu'on entendait fort bien Newton sans Robins, que les pensées et les expressions de ce grand philosophe sont justes et très-claires, et qu'elles n'ont besoin pour être comprises que d'être méditées et suivies; et, chemin faisant, il fait voir que ce sont les idées de M. Robins qui sont obscures, que ce sont ses phrases qui ne signifient rien, et que son style n'est intelligible que lorsqu'il se loue et qu'il blâme les autres; car il est singulier comme ce M. Robins traite les plus

a. *The Analyst;* London, 1734. *A Defence of free-thinking in Mathematiks;* Lond., 1735.
b. M. Colson l'a aussi réfuté dans la Préface de la *Méthode des Fluxions ;* Lond., 1736.
c. *Geometry no freind to infidelity;* Lond., 1734, *The minute Mathematician;* Lond., 1735.
d. *A Discourse concerning Nat. and certainty of Fluxions,* by M. Robins; Lond., 1735.
e. *State of Learning,* 1735 et 1736.

grands hommes : il ne craint pas de se déshonorer en disant que M. Jurin est un ignorant aussi bien que M. Smith, deux hommes dont le mérite supérieur est universellement reconnu ; je me garderai bien de le juger lui-même aussi sévèrement ; ceux qui voudront le connaître n'ont qu'à parcourir ses écrits, ce sont des pièces d'une mauvaise critique, assez grossièrement écrite, à laquelle il vient de mettre le comble en attaquant sans aucune considération M. Euler [a], et en insultant [b] sans aucune raison le grand Bernoulli. Croit-il être le premier qui ait remarqué qu'il a échappé à M. Euler quelques négligences dans son grand ouvrage sur le mouvement? ce sont de petites fautes qu'on doit pardonner, en faveur du très-grand nombre de bonnes choses dont ce livre est rempli : qu'il nous donne quelque chose qui vaille le livre de M. Euler, après quoi nous oublierons ses erreurs, et nous lui pardonnerons ses odieuses critiques.

Nous n'ajouterons qu'un mot à cette préface, déjà trop longue, c'est que quiconque apprendra le calcul de l'infini dans ce traité de Newton, qui en est la vraie source, aura des idées claires de la chose, et fera fort peu de cas de toutes les objections qu'on a faites, ou qu'on pourrait faire contre cette sublime méthode.

a. *Remarks on M. Euler's Treatise de Motu*; Lond., 1738.
b. *That inelegant*; ibid. *Computist.*

ESSAI

D'ARITHMÉTIQUE MORALE[1]

I. — Je n'entreprends point ici de donner des essais sur la morale en général, cela demanderait plus de lumières que je ne m'en suppose et plus d'art que je ne m'en reconnais. La première et la plus saine partie de la morale est plutôt une application des maximes de notre divine religion qu'une science humaine; et je me garderai bien d'oser tenter des matières où la loi de Dieu fait nos principes et la foi notre calcul. La reconnaissance respectueuse ou plutôt l'adoration que l'homme doit à son Créateur, la charité fraternelle ou plutôt l'amour qu'il doit à son prochain, sont des sentiments naturels et des vertus écrites dans une âme bien faite : tout ce qui émane de cette source pure porte le caractère de la vérité; la lumière en est si vive que le prestige de l'erreur ne peut l'obscurcir, l'évidence si grande qu'elle n'admet ni raisonnement, ni délibération, ni doute, et n'a d'autre mesure que la conviction.

La mesure des choses incertaines fait ici mon objet : je vais tâcher de donner quelques règles pour estimer les rapports de vraisemblance, les degrés de probabilité, le poids des témoignages, l'influence des hasards, l'inconvénient des risques, et juger en même temps de la valeur réelle de nos craintes et de nos espérances.

II. — Il y a des vérités de différents genres, des certitudes de différents ordres, des probabilités de différents degrés. Les vérités qui sont purement intellectuelles, comme celles de la géométrie, se réduisent toutes à des vérités de définition[2] : il ne s'agit pour résoudre le problème le plus difficile que de le bien entendre, et il n'y a, dans le calcul et dans les autres sciences purement spéculatives, d'autres difficultés que celles de démêler ce que nous

1. L'*Essai d'arithmétique morale* fait partie du IVe volume des *Suppléments* de l'édition in-4° de l'Imprimerie royale, volume publié en 1777.

2. « Une application du calcul à la probabilité de la durée de la vie humaine entrait dans le « plan de l'*Histoire naturelle*. M. de Buffon ne pouvait guère traiter ce sujet, sans porter un « regard philosophique sur les principes mêmes de ce calcul et sur la nature des différentes « vérités. Il y établit cette opinion que les vérités mathématiques ne sont point des vérité « réelles, mais de pures vérités de définition : observation juste, si on veut la prendre dans la

y avons mis, et de délier les nœuds que l'esprit humain s'est fait une étude de nouer et serrer d'après les définitions et les suppositions qui servent de fondement et de trame à ces sciences. Toutes leurs propositions peuvent toujours être démontrées évidemment, parce qu'on peut toujours remonter de chacune de ces propositions à d'autres propositions antécédentes qui leur sont identiques, et de celles-ci à d'autres jusqu'aux définitions. C'est par cette raison que l'évidence, proprement dite, appartient aux sciences mathématiques et n'appartient qu'à elles; car on doit distinguer l'évidence du raisonnement, de l'évidence qui nous vient par les sens, c'est-à-dire l'évidence intellectuelle de l'intuition corporelle; celle-ci n'est qu'une appréhension nette d'objets ou d'images, l'autre est une comparaison d'idées semblables ou identiques; ou plutôt c'est la perception immédiate de leur identité.

III. — Dans les sciences physiques, l'évidence est remplacée par la certitude[1] : l'évidence n'est pas susceptible de mesure, parce qu'elle n'a qu'une seule propriété absolue, qui est la négation nette ou l'affirmation de la chose qu'elle démontre; mais la certitude n'étant jamais d'un positif absolu, a des rapports que l'on doit comparer et dont on peut estimer la mesure. La certitude physique, c'est-à-dire la certitude de toutes la plus certaine, n'est néanmoins que la probabilité presque infinie qu'un effet, un événement qui n'a jamais manqué d'arriver, arrivera encore une fois; par exemple, puisque le soleil s'est toujours levé, il est dès lors physiquement certain qu'il se lèvera demain : une raison pour être, c'est d'avoir été; mais une raison pour cesser d'être, c'est d'avoir commencé d'être; et par conséquent l'on ne peut pas dire qu'il soit également certain que le soleil se lèvera toujours, à moins de lui supposer une éternité antécédente, égale à la perpétuité subséquente; autrement il finira puisqu'il a commencé. Car nous ne devons juger de l'avenir que par la vue du passé; dès qu'une chose a toujours été ou s'est toujours faite de la même façon, nous devons être assurés qu'elle sera ou se fera toujours de cette même façon : par toujours, j'entends un très-long temps et non pas une éternité absolue, le toujours de l'avenir n'étant jamais qu'égal au toujours du passé. L'absolu, de quelque genre qu'il soit, n'est ni du ressort de la nature ni de celui de l'esprit humain. Les hommes ont regardé comme des effets ordinaires et naturels tous les événements qui ont cette espèce de certitude physique : un effet qui

« rigueur métaphysique, mais qui s'applique alors également aux vérités de tous les ordres, « dès qu'elles sont précises et qu'elles n'ont pas des individus pour objet. Si ensuite on veut « appliquer ces vérités à la pratique, et les rendre dès lors individuelles, semblables encore à « cet égard aux vérités mathématiques, elles ne sont plus que des vérités approchées.... » (Condorcet, *Éloge de Buffon.*)

1. Ces deux articles (IIe et IIIe) sont empruntés au Discours sur *la manière de traiter l'histoire naturelle*. (Voyez t. I, p. 27 et suiv.)

arrive toujours cesse de nous étonner; au contraire, un phénomène qui n'aurait jamais paru, ou qui étant toujours arrivé de même façon, cesserait d'arriver ou arriverait d'une façon différente, nous étonnerait avec raison et serait un événement qui nous paraîtrait si extraordinaire, que nous le regarderions comme surnaturel.

IV. — Ces effets naturels qui ne nous surprennent pas ont néanmoins tout ce qu'il faut pour nous étonner : quel concours de causes, quel assemblage de principes ne faut-il pas pour produire un seul insecte, une seule plante! quelle prodigieuse combinaison d'éléments, de mouvements et de ressorts dans la machine animale! Les plus petits ouvrages de la nature sont des sujets de la plus grande admiration. Ce qui fait que nous ne sommes point étonnés de toutes ces merveilles, c'est que nous sommes nés dans ce monde de merveilles, que nous les avons toujours vues, que notre entendement et nos yeux y sont également accoutumés; enfin que toutes ont été avant et seront encore après nous. Si nous étions nés dans un autre monde avec une autre forme de corps et d'autres sens, nous aurions eu d'autres rapports avec les objets extérieurs, nous aurions vu d'autres merveilles et n'en aurions pas été plus surpris; les unes et les autres sont fondées sur l'ignorance des causes, et sur l'impossibilité de connaître la réalité des choses dont il ne nous est permis d'apercevoir que les relations qu'elles ont avec nous-mêmes.

Il y a donc deux manières de considérer les effets naturels, la première est de les voir tels qu'ils se présentent à nous sans faire attention aux causes, ou plutôt sans leur chercher de causes; la seconde, c'est d'examiner les effets dans la vue de les rapporter à des principes et à des causes : ces deux points de vue sont fort différents et produisent des raisons différentes d'étonnement; l'un cause la sensation de la surprise, et l'autre fait naître le sentiment de l'admiration.

V. — Nous ne parlerons ici que de cette première manière de considérer les effets de la nature : quelque incompréhensibles, quelque compliqués qu'ils nous paraissent, nous les jugerons comme les plus évidents et les plus simples, et uniquement par leurs résultats; par exemple, nous ne pouvons concevoir ni même imaginer pourquoi la matière s'attire, et nous nous contenterons d'être sûrs que réellement elle s'attire; nous jugerons dès lors qu'elle s'est toujours attirée et qu'elle continuera toujours de s'attirer. Il en est de même des autres phénomènes de toute espèce : quelque incroyables qu'ils puissent nous paraître, nous les croirons si nous sommes sûrs qu'ils sont arrivés très-souvent; nous en douterons s'ils ont manqué aussi souvent qu'ils sont arrivés; enfin nous les nierons si nous croyons être sûrs qu'ils ne sont jamais arrivés; en un mot, selon que nous les aurons vus et reconnus, ou que nous aurons vu et reconnu le contraire.

Mais si l'expérience est la base de nos connaissances physiques et morales, l'analogie en est le premier instrument : lorsque nous voyons qu'une chose arrive constamment d'une certaine façon, nous sommes assurés par notre expérience qu'elle arrivera encore de la même façon ; et lorsque l'on nous rapporte qu'une chose est arrivée de telle ou telle manière, si ces faits ont de l'analogie avec les autres faits que nous connaissons par nous-mêmes, dès lors nous les croyons ; au contraire, si le fait n'a aucune analogie avec les effets ordinaires, c'est-à-dire avec les choses qui nous sont connues, nous devons en douter ; et s'il est directement opposé à ce que nous connaissons, nous n'hésitons pas à le nier.

VI. — L'expérience et l'analogie peuvent nous donner des certitudes différentes à peu près égales et quelquefois de même genre : par exemple, je suis presque aussi certain de l'existence de la ville de Constantinople que je n'ai jamais vue, que de l'existence de la lune que j'ai vue si souvent, et cela parce que les témoignages en grand nombre peuvent produire une certitude presque égale à la certitude physique, lorsqu'ils portent sur des choses qui ont une pleine analogie avec celles que nous connaissons. La certitude physique doit se mesurer par un nombre immense de probabilités, puisque cette certitude est produite par une suite constante d'observations, qui font ce qu'on appelle l'*expérience de tous les temps*. La certitude morale doit se mesurer par un moindre nombre de probabilités, puisqu'elle ne suppose qu'un certain nombre d'analogies avec ce qui nous est connu.

En supposant un homme qui n'eût jamais rien vu, rien entendu, cherchons comment la croyance et le doute se produiraient dans son esprit : supposons-le frappé pour la première fois par l'aspect du soleil ; il le voit briller au haut des cieux, ensuite décliner et enfin disparaître ; qu'en peut-il conclure ? rien, sinon qu'il a vu le soleil, qu'il l'a vu suivre une certaine route, et qu'il ne le voit plus ; mais cet astre reparaît et disparaît encore le lendemain ; cette seconde vision est une première expérience qui doit produire en lui l'espérance de revoir le soleil, et il commence à croire qu'il pourrait revenir, cependant il en doute beaucoup ; le soleil reparaît de nouveau ; cette troisième vision fait une seconde expérience qui diminue le doute autant qu'elle augmente la probabilité d'un troisième retour ; une troisième expérience l'augmente au point qu'il ne doute plus guère que le soleil ne revienne une quatrième fois ; et enfin quand il aura vu cet astre de lumière paraître et disparaître régulièrement dix, vingt, cent fois de suite, il croira être certain qu'il le verra toujours paraître, disparaître et se mouvoir de la même façon : plus il aura d'observations semblables, plus la certitude de voir le soleil se lever le lendemain sera grande ; chaque observation, c'est-à-dire chaque jour, produit une probabilité, et la somme

de ces probabilités réunies, dès qu'elle est très-grande, donne la certitude physique ; l'on pourra donc toujours exprimer cette certitude par les nombres, en datant de l'origine du temps de notre expérienee, et il en sera de même de tous les autres effets de la nature : par exemple, si l'on veut réduire ici l'ancienneté du monde et de notre expérience à six mille ans, le soleil ne s'est levé pour nous [a] que 2 millions 190 mille fois, et comme à dater du second jour qu'il s'est levé, les probabilités de se lever le lendemain augmentent comme la suite 1, 2, 4, 8, 16, 32, 64.... ou 2^{n-1}, on aura (lorsque dans la suite naturelle des nombres, *n* est égale à 2,190000), on aura, dis-je, $2^{n-1}=2^{2,189999}$; ce qui est déjà un nombre si prodigieux que nous ne pouvons nous en former une idée, et c'est par cette raison qu'on doit regarder la certitude physique comme composée d'une immensité de probabilités ; puisqu'en reculant la date de la création seulement de deux milliers d'années, cette immensité de probabilités devient 2^{2000} fois plus que $2^{2,189999}$.

VII. — Mais il n'est pas aussi aisé de faire l'estimation de la valeur de l'analogie, ni par conséquent de trouver la mesure de la certitude morale ; c'est, à la vérité, le degré de probabilité qui fait la force du raisonnement analogique ; et en elle-même l'analogie n'est que la somme des rapports avec les choses connues ; néanmoins selon que cette somme ou ce rapport en général sera plus ou moins grand, la conséquence du raisonnement analogique sera plus ou moins sûre, sans cependant être jamais absolument certaine : par exemple, qu'un témoin, que je suppose de bon sens, me dise qu'il vient de naître un enfant dans cette ville, je le croirai sans hésiter, le fait de la naissance d'un enfant n'ayant rien que de fort ordinaire, mais ayant au contraire une infinité de rapports avec les choses connues, c'est-à-dire avec la naissance de tous les autres enfants ; je croirai donc ce fait sans cependant en être absolument certain ; si le même homme me disait que cet enfant est né avec deux têtes, je le croirais encore, mais plus faiblement, un enfant avec deux têtes ayant moins de rapport avec les choses connues ; s'il ajoutait que ce nouveau-né a non-seulement deux têtes, mais qu'il a encore six bras et huit jambes, j'aurais avec raison bien de la peine à le croire, et cependant, quelque faible que fût ma croyance, je ne pourrais la lui refuser en entier ; ce monstre, quoique fort extraordinaire, n'étant néanmoins composé que de parties qui ont toutes quelque rapport avec les choses connues, et n'y ayant que leur assemblage et leur nombre de fort extraordinaire. La force du raisonnement analogique sera donc toujours proportionnelle à l'analogie elle-même, c'est-à-dire au nombre des rapports avec les choses connues, et il ne s'agira pour faire un bon rai-

a. Je dis pour nous, ou plutôt pour notre climat, car cela ne serait pas exactement vrai pour le climat des pôles.

sonnement analogique que de se mettre bien au fait de toutes les circonstances, les comparer avec les circonstances analogues, sommer le nombre de celles-ci, prendre ensuite un modèle de comparaison auquel on rapportera cette valeur trouvée, et l'on aura au juste la probabilité, c'est-à-dire le degré de force du raisonnement analogique.

VIII. — Il y a donc une distance prodigieuse entre la certitude physique et l'espèce de certitude qu'on peut déduire de la plupart des analogies : la première est une somme immense de probabilités qui nous force à croire; l'autre n'est qu'une probabilité plus ou moins grande, et souvent si petite qu'elle nous laisse dans la perplexité. Le doute est toujours en raison inverse de la probabilité, c'est-à-dire qu'il est d'autant plus grand que la probabilité est plus petite. Dans l'ordre des certitudes produites par l'analogie, on doit placer la certitude morale[1] : elle semble même tenir le milieu entre le doute et la certitude physique; et ce milieu n'est pas un point, mais une ligne très-étendue, et de laquelle il est bien difficile de déterminer les limites : on sent bien que c'est un certain nombre de probabilités qui fait la certitude morale, mais quel est ce nombre ? et pouvons-nous espérer de le déterminer aussi précisément que celui par lequel nous venons de représenter la certitude physique ?

Après y avoir réfléchi, j'ai pensé que de toutes les probabilités morales possibles, celle qui affecte le plus l'homme en général, c'est la crainte de la mort, et j'ai senti dès lors que toute crainte ou toute espérance, dont la probabilité serait égale à celle qui produit la crainte de la mort, peut dans le moral être prise pour l'unité à laquelle on doit rapporter la mesure des autres craintes; et j'y rapporte de même celle des espérances, car il n'y a de différence entre l'espérance et la crainte, que celle du positif au négatif; et les probabilités de toutes deux doivent se mesurer de la même manière. Je cherche donc quelle est réellement la probabilité qu'un homme qui se porte bien, et qui par conséquent n'a nulle crainte de la mort, meure néanmoins dans les vingt-quatre heures. En consultant les tables de mortalité, je vois qu'on en peut déduire qu'il n'y a que dix mille cent

1. « Buffon proposait d'assigner une valeur précise à la probabilité très-grande, que l'on peut « regarder comme une certitude morale, et de n'avoir, au delà de ce terme, aucun égard à la « petite possibilité d'un événement contraire. Ce principe est vrai, lorsque l'on veut seulement « appliquer à l'usage commun le résultat d'un calcul; et dans ce sens tous les hommes l'ont « adopté dans la pratique, tous les philosophes l'ont suivi dans leurs raisonnements; mais il « cesse d'être juste si on l'introduit dans le calcul même, et surtout si on veut l'employer à « établir des théories, à expliquer des paradoxes, à prouver ou à combattre des régles générales. « D'ailleurs, cette probabilité, qui peut s'appeler certitude morale, doit être plus ou moins « grande, suivant la nature des objets que l'on considère et les principes qui doivent diriger « notre conduite; et il aurait fallu marquer, pour chaque genre de vérités et d'actions, le « degré de probabilité où il commence à être raisonnable de croire et permis d'agir. » (Condorcet, *Éloge de Buffon.*)

quatre-vingt-neuf à parier contre un, qu'un homme de cinquante-six ans vivra plus d'un jour [a]. Or, comme tout homme de cet âge, où la raison a acquis toute sa maturité et l'expérience toute sa force, n'a néanmoins nulle crainte de la mort dans les vingt-quatre heures, quoiqu'il n'y ait que dix mille cent quatre-vingt-neuf à parier contre un qu'il ne mourra pas dans ce court intervalle de temps, j'en conclus que toute probabilité égale ou plus petite doit être regardée comme nulle, et que toute crainte ou toute espérance qui se trouve au-dessous de dix mille ne doit ni nous affecter, ni même nous occuper un seul instant le cœur ou la tête [b].

Pour me faire mieux entendre, supposons que dans une loterie où il n'y a qu'un seul lot et dix mille billets, un homme ne prenne qu'un billet, je dis que la probabilité d'obtenir le lot n'étant que d'un contre dix mille, son espérance est nulle, puisqu'il n'y a pas plus de probabilité, c'est-à-dire de raison d'espérer le lot, qu'il y en a de craindre la mort dans les vingt-quatre heures; et que cette crainte ne l'affectant en aucune façon, l'espérance du lot ne doit pas l'affecter davantage, et même encore beaucoup moins, puisque l'intensité de la crainte de la mort est bien plus grande que l'intensité de toute autre crainte ou de toute autre espérance. Si, malgré l'évidence de cette démonstration, cet homme s'obstinait à vouloir espérer, et qu'une semblable loterie se tirant tous les jours, il prît chaque jour un nouveau billet, comptant toujours obtenir le lot, on pourrait, pour le détromper, parier avec lui but-à-but qu'il serait mort avant d'avoir gagné le lot.

Ainsi dans tous les jeux, les paris, les risques, les hasards; dans tous les cas, en un mot, où la probabilité est plus petite que $\frac{1}{10000}$, elle doit être, et elle est en effet pour nous absolument nulle; et par la même raison

a. Voyez ci-après le résultat des *Tables de mortalité*.

b. Ayant communiqué cette idée à M. Daniel Bernoulli, l'un des plus grands géomètres de notre siècle et le plus versé de tous dans la science des probabilités, voici la réponse qu'il m'a faite par sa lettre datée de Bâle le 19 mars 1762.

« J'approuve fort, monsieur, votre manière d'estimer les limites des probabilités morales; « vous consultez la nature de l'homme par ses actions, et vous supposez en fait que personne « ne s'inquiète le matin s'il mourra ce jour-là; cela étant, comme il meurt, selon vous, un sur « dix mille, vous concluez qu'un dix-millième de probabilité ne doit faire aucune impression « dans l'esprit de l'homme, et par conséquent que ce dix-millième doit être regardé comme un « rien absolu. C'est sans doute raisonner en mathématicien philosophe, mais ce principe ingé« nieux semble conduire à une quantité plus petite, car l'exemption de frayeur n'est assurément « pas dans ceux qui sont déjà malades. Je ne combats pas votre principe, mais il paraît plutôt « conduire à $\frac{1}{100000}$ qu'à $\frac{1}{10000}$. »

J'avoue à M. Bernoulli, que comme le dix-millième est pris d'après les *Tables de mortalité* qui ne représentent jamais que l'*homme moyen*, c'est-à-dire les hommes en général, bien portants ou malades, sains ou infirmes, vigoureux ou faibles, il y a peut-être un peu plus de dix mille à parier contre un, qu'un homme bien portant, sain et vigoureux, ne mourra pas dans les vingt-quatre heures, mais il s'en faut bien que cette probabilité doive être augmentée jusqu'à cent mille. Au reste, cette différence, quoique très-grande, ne change rien aux principales conséquences que je tire de mon principe.

dans tous les cas où cette probabilité est plus grande que 10000, elle fait pour nous la certitude morale la plus complète.

IX. — De là nous pouvons conclure que la certitude physique est à la certitude morale : : $2^{2,189999}$: 10000 ; et que toutes les fois qu'un effet, dont nous ignorons absolument la cause, arrive de la même façon, treize ou quatorze fois de suite, nous sommes moralement certains qu'il arrivera encore de même une quinzième fois, car $2^{13}=8,192$, et $2^{14}=16,384$, et par conséquent lorsque cet effet est arrivé treize fois, il y a 8,192 à parier contre 1 qu'il arrivera une quatorzième fois; et lorsqu'il est arrivé quatorze fois, il y a 16,384 à parier contre 1 qu'il arrivera de même une quinzième fois, ce qui est une probabilité plus grande que celle de 10,000 contre 1, c'est-à-dire plus grande que la probabilité qui fait la certitude morale.

On pourra peut-être me dire que, quoique nous n'ayons pas la crainte ou la peur de la mort subite, il s'en faut bien que la probabilité de la mort subite soit zéro, et que son influence sur notre conduite soit nulle moralement. Un homme dont l'âme est belle, lorsqu'il aime quelqu'un, ne se reprocherait-il pas de retarder d'un jour les mesures qui doivent assurer le bonheur de la personne aimée? Si un ami nous confie un dépôt considérable, ne mettons-nous pas le jour même une apostille à ce dépôt? Nous agissons donc dans ces cas comme si la probabilité de la mort subite était quelque chose, et nous avons raison d'agir ainsi. Donc l'on ne doit pas regarder la probabilité de la mort subite comme nulle en général.

Cette espèce d'objection s'évanouira, si l'on considère que l'on fait souvent plus pour les autres que l'on ne le ferait pour soi. Lorsqu'on met une apostille au moment même qu'on reçoit un dépôt, c'est uniquement par honnêteté pour le propriétaire du dépôt, pour sa tranquillité, et point du tout par la crainte de notre mort dans les vingt-quatre heures : il en est de même de l'empressement qu'on met à faire le bonheur de quelqu'un ou le nôtre, ce n'est pas le sentiment de la crainte d'une mort si prochaine qui nous guide, c'est notre propre satisfaction qui nous anime; nous cherchons a jouir en tout le plus tôt qu'il nous est possible.

Un raisonnement qui pourrait paraître plus fondé, c'est que tous les hommes sont portés à se flatter ; que l'espérance semble naître d'un moindre degré de probabilité que la crainte ; et que par conséquent on n'est pas en droit de substituer la mesure de l'une à la mesure de l'autre : la crainte et l'espérance sont des sentiments et non des déterminations ; il est possible, il est même plus que vraisemblable que ces sentiments ne se mesurent pas sur le degré précis de probabilité; et dès lors, doit-on leur donner une mesure égale ou même leur assigner aucune mesure?

A cela je réponds, que la mesure dont il est question ne porte pas sur

les sentiments, mais sur les raisons qui doivent les faire naître, et que tout homme sage ne doit estimer la valeur de ces sentiments de crainte ou d'espérance que par le degré de probabilité ; car, quand même la nature, pour le bonheur de l'homme, lui aurait donné plus de pente vers l'espérance que vers la crainte, il n'en est pas moins vrai que la probabilité ne soit la vraie mesure et de l'une et de l'autre. Ce n'est même que par l'application de cette mesure que l'on peut se détromper sur ses fausses espérances, ou se rassurer sur ses craintes mal fondées.

Avant de terminer cet article, je dois observer qu'il faut prendre garde de se tromper sur ce que j'ai dit des effets dont nous ne connaissons pas la cause, car j'entends seulement les effets dont les causes, quoique ignorées, doivent être supposées constantes, telles que celles des effets naturels : toute nouvelle découverte en physique constatée par treize ou quatorze expériences, qui toutes se confirment, a déjà un degré de certitude égal à celui de la certitude morale, et ce degré de certitude augmente du double à chaque nouvelle expérience; en sorte qu'en les multipliant l'on approche de plus en plus de la certitude physique. Mais il ne faut pas conclure de ce raisonnement que les effets du hasard suivent la même loi ; il est vrai qu'en un sens ces effets sont du nombre de ceux dont nous ignorons les causes immédiates; mais nous savons qu'en général ces causes, bien loin de pouvoir être supposées constantes, sont au contraire nécessairement variables et versatiles autant qu'il est possible. Ainsi, par la notion même du hasard, il est évident qu'il n'y a nulle liaison, nulle dépendance entre ses effets ; que par conséquent le passé ne peut influer en rien sur l'avenir, et l'on se tromperait beaucoup et même du tout au tout, si l'on voulait inférer des événements antérieurs quelque raison pour ou contre les événements postérieurs. Qu'une carte, par exemple, ait gagné trois fois de suite, il n'en est pas moins probable qu'elle gagnera une quatrième fois, et l'on peut parier également qu'elle gagnera ou qu'elle perdra, quelque nombre de fois qu'elle ait gagné ou perdu, dès que les lois du jeu sont telles que les hasards y sont égaux[1]. Présumer ou croire le contraire, comme le font certains joueurs, c'est aller contre le principe même du hasard, ou ne pas se souvenir que par les conventions du jeu il est toujours également réparti.

X. — Dans les effets dont nous voyons les causes, une seule épreuve suffit pour opérer la certitude physique : par exemple, je vois que dans une horloge le poids fait tourner les roues et que les roues font aller le balancier ; je suis certain dès lors, sans avoir besoin d'expériences réitérées, que

1. « La théorie des hasards consiste à réduire tous les événements du même genre à un cer- « tain nombre de cas également possibles, c'est-à-dire que nous soyons également indécis sur « leur existence, et à déterminer le nombre de cas favorables à l'événement dont on cherche la « probabilité. » (Laplace, *Essai philosoph. sur les prob.*)

le balancier ira toujours de même tant que le poids fera tourner les roues; ceci est une conséquence nécessaire d'un arrangement que nous avons fait nous-mêmes en construisant la machine; mais lorsque nous voyons un phénomène nouveau, un effet dans la nature encore inconnu, comme nous en ignorons les causes, et qu'elles peuvent être constantes ou variables, permanentes ou intermittentes, naturelles ou accidentelles, nous n'avons d'autres moyens pour acquérir la certitude que l'expérience réitérée aussi souvent qu'il est nécessaire; ici rien ne dépend de nous, et nous ne connaissons qu'autant que nous expérimentons; nous ne sommes assurés que par l'effet même et par la répétition de l'effet. Dès qu'il sera arrivé treize ou quatorze fois de la même façon, nous avons déjà un degré de probabilité égal à la certitude morale qu'il arrivera de même une quinzième fois, et de ce point nous pouvons bientôt franchir un intervalle immense, et conclure par analogie que cet effet dépend des lois générales de la nature, qu'il est par conséquent aussi ancien que tous les autres effets, et qu'il y a certitude physique qu'il arrivera toujours comme il est toujours arrivé, et qu'il ne lui manquait que d'avoir été observé.

Dans les hasards que nous avons arrangés, balancés et calculés nous-mêmes, on ne doit pas dire que nous ignorons les causes des effets : nous ignorons à la vérité la cause immédiate de chaque effet en particulier; mais nous voyons clairement la cause première et générale de tous les effets. J'ignore, par exemple, et je ne peux même imaginer en aucune façon, quelle est la différence des mouvements de la main pour passer ou ne pas passer dix avec trois dés, ce qui néanmoins est la cause immédiate de l'événement, mais je vois évidemment, par le nombre et la marque des dés qui sont ici les causes premières et générales, que les hasards sont absolument égaux, qu'il est indifférent de parier qu'on passera ou qu'on ne passera pas dix; je vois, de plus, que ces mêmes événements, lorsqu'ils se succèdent, n'ont aucune liaison, puisqu'à chaque coup de dés le hasard est toujours le même, et néanmoins toujours nouveau; que le coup passé ne peut avoir aucune influence sur le coup à venir; que l'on peut toujours parier également pour ou contre, qu'enfin plus longtemps on jouera, plus le nombre des effets pour, et le nombre des effets contre, approcheront de l'égalité. En sorte que chaque expérience donne ici un produit tout opposé à celui des expériences sur les effets naturels, je veux dire la certitude de l'inconstance au lieu de celle de la constance des causes : dans ceux-ci chaque épreuve augmente au double la probabilité du retour de l'effet, c'est-à-dire la certitude de la constance de la cause; dans les effets du hasard chaque épreuve au contraire augmente la certitude de l'inconstance de la cause, en nous démontrant toujours de plus en plus qu'elle est absolument versatile et totalement indifférente à produire l'un ou l'autre de ces effets.

Lorsqu'un jeu de hasard est par sa nature parfaitement égal, le joueur n'a nulle raison pour se déterminer à tel ou tel parti; car enfin, de l'égalité supposée de ce jeu, il résulte nécessairement qu'il n'y a point de bonnes raisons pour préférer l'un ou l'autre parti; et par conséquent si l'on délibérait, l'on ne pourrait être déterminé que par de mauvaises raisons : aussi la logique des joueurs m'a paru tout à fait vicieuse, et même les bons esprits qui se permettent de jouer tombent, en qualité de joueurs, dans des absurdités dont ils rougissent bientôt en qualité d'hommes raisonnables.

XI. — Au reste, tout cela suppose qu'après avoir balancé les hasards et les avoir rendus égaux, comme au jeu de *passe-dix* avec trois dés, ces mêmes dés qui sont les instruments du hasard soient aussi parfaits qu'il est possible, c'est-à-dire qu'ils soient exactement cubiques, que la matière en soit homogène, que les nombres y soient peints et non marqués en creux pour qu'ils ne pèsent pas plus sur une face que sur l'autre; mais comme il n'est pas donné à l'homme de rien faire de parfait, et qu'il n'y a point de dés travaillés avec cette rigoureuse précision, il est souvent possible de reconnaître par l'observation de quel côté l'imperfection des instruments du sort fait pencher le hasard. Il ne faut pour cela qu'observer attentivement et longtemps la suite des événements, les compter exactement, en comparer les nombres relatifs; et si de ces deux nombres l'un excède de beaucoup l'autre, on en pourra conclure avec grande raison que l'imperfection des instruments du sort détruit la parfaite égalité du hasard, et lui donne réellement une pente plus forte d'un côté que de l'autre. Par exemple, je suppose qu'avant de jouer au *passe-dix*, l'un des joueurs fût assez fin, ou pour mieux dire assez fripon pour avoir jeté d'avance mille fois les trois dés dont on doit se servir, et avoir reconnu que dans ces mille épreuves il y en a eu six cents qui ont passé dix, il aura dès lors un très-grand avantage contre son adversaire en pariant de passer, puisque par l'expérience la probabilité de passer dix avec ces mêmes dés sera à la probabilité de ne pas passer dix : : 600 : 400 : : 3 : 2. Cette différence qui provient de l'imperfection des instruments peut donc être reconnue par l'observation, et c'est par cette raison que les joueurs changent souvent de dés et de cartes[1] lorsque la fortune leur est contraire.

1. « Supposons qu'au jeu de *croix* ou *pile*, *croix* soit arrivé plus souvent que *pile* : par cela « seul nous serons portés à croire que, dans la constitution de la pièce, il existe une cause constante qui le favorise. Ainsi dans la conduite de la vie, le bonheur constant est une preuve « d'habileté qui doit faire employer de préférence les personnes heureuses. Mais si par l'instabilité des circonstances nous sommes ramenés sans cesse à l'état d'une indécision absolue; « si, par exemple, on change de pièce à chaque coup au jeu de *croix* ou *pile*, le passé ne peut « répandre aucune lumière sur l'avenir, et il serait absurde d'en tenir compte. » (Laplace, *Essai philosoph. sur les prob.*)

Ainsi quelque obscures que soient les destinées, quelque impénétrable que nous paraisse l'avenir, nous pourrions néanmoins par des expériences réitérées devenir, dans quelques cas, aussi éclairés sur les événements futurs que le seraient des êtres ou plutôt des natures supérieures qui déduiraient immédiatement les effets de leurs causes[1]. Et dans les choses même qui paraissent être de pur hasard, comme les jeux et les loteries, on peut encore connaître la pente du hasard. Par exemple, dans une loterie qui se tire tous les quinze jours, et dont on publie les numéros gagnants, si l'on observe ceux qui ont le plus souvent gagné pendant un an, deux ans, trois ans de suite, on peut en déduire avec raison que ces mêmes numéros gagneront encore plus souvent que les autres; car de quelque manière que l'on puisse varier le mouvement et la position des instruments du sort, il est impossible de les rendre assez parfaits pour maintenir l'égalité absolue du hasard : il y a une certaine routine à faire, à placer, à mêler les billets, laquelle dans le sein même de la confusion produit un certain ordre, et fait que certains billets doivent sortir plus souvent que les autres; il en est de même de l'arrangement des cartes à jouer; elles ont une espèce de suite dont on peut saisir quelques termes à force d'observations; car en les assemblant chez l'ouvrier on suit une certaine routine, le joueur lui-même en les mêlant a sa routine; le tout se fait d'une certaine façon plus souvent que d'une autre, et dès lors l'observateur, attentif aux résultats recueillis en grand nombre, pariera toujours avec grand avantage qu'une telle carte, par exemple, suivra telle autre carte. Je dis que cet observateur aura un grand avantage, parce que les hasards devant être absolument égaux, la moindre inégalité, c'est-à-dire le moindre degré de probabilité de plus, a de très-grandes influences au jeu, qui n'est en lui-même qu'un pari multiplié et toujours répété. Si cette différence reconnue par l'expérience de la pente du hasard était seulement d'un centième, il est évident qu'en cent coups l'observateur gagnerait sa mise, c'est-à-dire la somme qu'il hasarde à chaque fois; en sorte qu'un joueur, muni de ces observations malhonnêtes, ne peut manquer de ruiner à la longue tous ses adversaires. Mais nous allons donner un puissant antidote contre le mal épidémique de la passion du jeu, et en même temps quelques préservatifs contre l'illusion de cet art dangereux.

XII. — On sait en général que le jeu est une passion avide, dont l'habi-

1. « Nous devons envisager l'état présent de l'univers comme l'effet de son état antérieur, et « comme la cause de celui qui va suivre. Une intelligence qui, pour un instant donné, connaî- « trait toutes les forces dont la nature est animée et la situation respective des êtres qui la com- « posent, si d'ailleurs elle était assez vaste pour soumettre ces données à l'analyse, embrasse- « rait dans la même formule les mouvements des plus grands corps de l'univers et ceux du plus « léger atome, rien ne serait incertain pour elle, et l'avenir, comme le passé, serait présent à ses « yeux. » (Laplace, *Essai philosoph. sur les prob.*)

tude est ruineuse, mais cette vérité n'a peut-être jamais été démontrée que par une triste expérience sur laquelle on n'a pas assez réfléchi pour se corriger par la conviction. Un joueur, dont la fortune exposée chaque jour aux coups du hasard, se mine peu à peu et se trouve enfin nécessairement détruite, n'attribue ses pertes qu'à ce même hasard qu'il accuse d'injustice; il regrette également et ce qu'il a perdu et ce qu'il n'a pas gagné; l'avidité et la fausse espérance lui faisaient des droits sur le bien d'autrui : aussi humilié de se trouver dans la nécessité qu'affligé de n'avoir plus moyen de satisfaire sa cupidité, dans son désespoir il s'en prend à son étoile malheureuse; il n'imagine pas que cette aveugle puissance, la fortune du jeu, marche à la vérité d'un pas indifférent et incertain, mais qu'à chaque démarche elle tend néanmoins à un but, et tire à un terme certain qui est la ruine de ceux qui la tentent; il ne voit pas que l'indifférence apparente qu'elle a pour le bien ou pour le mal produit avec le temps la nécessité du mal, qu'une longue suite de hasards est une chaîne fatale, dont le prolongement amène le malheur; il ne sent pas qu'indépendamment du dur impôt des cartes et du tribut encore plus dur qu'il a payé à la friponnerie de quelques adversaires, il a passé sa vie à faire des conventions ruineuses; qu'enfin le jeu par sa nature même est un contrat vicieux jusque dans son principe, un contrat nuisible à chaque contractant en particulier, et contraire au bien de toute société.

Ceci n'est point un discours de morale vague, ce sont des vérités précises de métaphysique que je soumets au calcul ou plutôt à la force de la raison; des vérités que je prétends démontrer mathématiquement à tous ceux qui ont l'esprit assez net, et l'imagination assez forte pour combiner sans géométrie et calculer sans algèbre.

Je ne parlerai point de ces jeux inventés par l'artifice et supputés par l'avarice, où le hasard perd une partie de ses droits, où la fortune ne peut jamais balancer, parce qu'elle est invinciblement entraînée et toujours contrainte à pencher d'un côté, je veux dire tous ces jeux où les hasards inégalement répartis, offrent un gain aussi assuré que malhonnête à l'un, et ne laissent à l'autre qu'une perte sûre et honteuse, comme au *Pharaon*, où le banquier n'est qu'un fripon avoué, et le ponte une dupe, dont on est convenu de ne se pas moquer.

C'est au jeu en général, au jeu le plus égal, et par conséquent le plus honnête que je trouve une essence vicieuse : je comprends même sous le nom de jeu toutes les conventions, tous les paris où l'on met au hasard une partie de son bien pour obtenir une pareille partie du bien d'autrui; et je dis qu'en général le jeu est un pacte mal entendu, un contrat désavantageux aux deux parties, dont l'effet est de rendre la perte toujours plus grande que le gain; et d'ôter au bien pour ajouter au mal. La démonstration en est aussi aisée qu'évidente.

XIII. — Prenons deux hommes de fortune égale, qui, par exemple, aient chacun cent mille livres de bien, et supposons que ces deux hommes jouent en un ou plusieurs coups de dés cinquante mille livres, c'est-à-dire la moitié de leur bien : il est certain que celui qui gagne, n'augmente son bien que d'un tiers, et que celui qui perd, diminue le sien de moitié ; car chacun d'eux avait cent mille livres avant le jeu, mais après l'événement du jeu, l'un aura cent cinquante mille livres, c'est-à-dire un tiers de plus qu'il n'avait, et l'autre n'a plus que cinquante mille livres, c'est-à-dire moitié moins qu'il n'avait ; donc la perte est d'une sixième partie plus grande que le gain, car il y a cette différence entre le tiers et la moitié ; donc la convention est nuisible à tous deux, et par conséquent essentiellement vicieuse.

Ce raisonnement n'est point captieux, il est vrai et exact ; car quoique l'un des joueurs n'ait perdu précisément que ce que l'autre a gagné, cette égalité numérique de la somme n'empêche pas l'inégalité vraie de la perte et du gain ; l'égalité n'est qu'apparente, et l'inégalité très-réelle. Le pacte que ces deux hommes font, en jouant la moitié de leur bien, est égal pour l'effet à un autre pacte que jamais personne ne s'est avisé de faire, qui serait de convenir de jeter dans la mer chacun la douzième partie de son bien. Car on peut leur démontrer, avant qu'ils hasardent cette moitié de leur bien, que la perte étant nécessairement d'un sixième plus grande que le gain, ce sixième doit être regardé comme une perte réelle, qui, pouvant tomber indifféremment ou sur l'un ou sur l'autre, doit par conséquent être également partagée.

Si deux hommes s'avisaient de jouer tout leur bien, quel serait l'effet de cette convention ? l'un ne ferait que doubler sa fortune, et l'autre réduirait la sienne à zéro ; or, quelle proportion y a-t-il ici entre la perte et le gain ? la même qu'entre tout et rien ; le gain de l'un n'est qu'égal à une somme assez modique, et la perte de l'autre est numériquement infinie, et moralement si grande, que le travail de toute sa vie ne suffirait peut-être pas pour regagner son bien.

La perte est donc infiniment plus grande que le gain lorsqu'on joue tout son bien ; elle est plus grande d'une sixième partie lorsqu'on joue la moitié de son bien, elle est plus grande d'une vingtième partie lorsqu'on joue le quart de son bien ; en un mot, quelque petite portion de sa fortune qu'on hasarde au jeu, il y a toujours plus de perte que de gain : ainsi le pacte du jeu est un contrat vicieux, et qui tend à la ruine des deux contractants. Vérité nouvelle, mais très-utile, et que je désire qui soit connue de tous ceux qui, par cupidité ou par oisiveté, passent leur vie à tenter le hasard.

On a souvent demandé pourquoi l'on est plus sensible à la perte qu'au gain ; on ne pouvait faire à cette question une réponse pleinement satisfaisante, tant qu'on ne s'est pas douté de la vérité que je viens de présenter ;

maintenant la réponse est aisée : on est plus sensible à la perte qu'au gain, parce qu'en effet, en les supposant numériquement égaux, la perte est néanmoins toujours et nécessairement plus grande que le gain ; le sentiment n'est en général qu'un raisonnement implicite moins clair, mais souvent plus fin et toujours plus sûr que le produit direct de la raison. On sentait bien que le gain ne nous faisait pas autant de plaisir que la perte nous causait de peine : ce sentiment n'est que le résultat implicite du raisonnement que je viens de présenter.

XIV. — L'argent ne doit pas être estimé par sa quantité numérique : si le métal, qui n'est que le signe des richesses, était la richesse même, c'est-à-dire si le bonheur ou les avantages qui résultent de la richesse étaient proportionnels à la quantité de l'argent, les hommes auraient raison de l'estimer numériquement et par sa quantité; mais il s'en faut bien que les avantages qu'on tire de l'argent soient en juste proportion avec sa quantité: un homme riche à cent mille écus de rente n'est pas dix fois plus heureux que l'homme qui n'a que dix mille écus; il y a plus, c'est que l'argent, dès qu'on passe de certaines bornes, n'a presque plus de valeur réelle et ne peut augmenter le bien de celui qui le possède ; un homme qui découvrirait une montagne d'or ne serait pas plus riche que celui qui n'en trouverait qu'une toise cube.

L'argent a deux valeurs toutes deux arbitraires, toutes deux de convention, dont l'une est la mesure des avantages du particulier et dont l'autre fait le tarif du bien de la société : la première de ces valeurs n'a jamais été estimée que d'une manière fort vague; la seconde est susceptible d'une estimation juste par la comparaison de la quantité d'argent avec le produit de la terre et du travail des hommes.

Pour parvenir à donner quelques règles précises sur la valeur de l'argent, j'examinerai des cas particuliers dont l'esprit saisit aisément les combinaisons et qui, comme des exemples, nous conduiront par induction à l'estimation générale de la valeur de l'argent pour le pauvre, pour le riche, et même pour l'homme plus ou moins sage.

Pour l'homme qui dans son état, quel qu'il soit, n'a que le nécessaire, l'argent est d'une valeur infinie; pour l'homme qui, dans son état, abonde en superflu, l'argent n'a presque plus de valeur. Mais, qu'est-ce que le nécessaire, qu'est-ce que le superflu ? J'entends par le nécessaire *la dépense qu'on est obligé de faire pour vivre comme l'on a toujours vécu :* avec ce nécessaire on peut avoir ses aises et même des plaisirs; mais bientôt l'habitude en a fait des besoins. Ainsi dans la définition du superflu, je compterai pour rien les plaisirs auxquels nous sommes accoutumés, et je dis que le superflu est *la dépense qui peut nous procurer des plaisirs nouveaux :* la perte du nécessaire est une perte qui se fait ressentir infiniment, et lors-

qu'on hasarde une partie considérable de ce nécessaire, le risque ne peut être compensé par aucune espérance, quelque grande qu'on la suppose; au contraire, la perte du superflu a des effets bornés; et si dans le superflu même on est encore plus sensible à la perte qu'au gain, c'est parce qu'en effet la perte étant en général toujours plus grande que le gain, ce sentiment se trouve fondé sur ce principe, que le raisonnement n'avait pas développé, car les sentiments ordinaires sont fondés sur des notions communes ou sur des inductions faciles; mais les sentiments délicats dépendent d'idées exquises et relevées, et ne sont en effet que les résultats de plusieurs combinaisons souvent trop fines pour être aperçues nettement et presque toujours trop compliquées pour être réduites à un raisonnement qui puisse les démontrer.

XV. — Les mathématiciens qui ont calculé les jeux de hasard, et dont les recherches en ce genre méritent des éloges, n'ont considéré l'argent que comme une quantité susceptible d'augmentation et de diminution sans autre valeur que celle du nombre; ils ont estimé par la quantité numérique de l'argent les rapports du gain et de la perte; ils ont calculé le risque et l'espérance relativement à cette même quantité numérique. Nous considérons ici la valeur de l'argent dans un point de vue différent, et par nos principes nous donnerons la solution de quelques cas embarrassants pour le calcul ordinaire. Cette question, par exemple, du jeu de croix et pile, où l'on suppose que deux hommes (Pierre et Paul) jouent l'un contre l'autre, à ces conditions que Pierre jettera en l'air une pièce de monnaie autant de fois qu'il sera nécessaire pour qu'elle présente croix, et que si cela arrive du premier coup, Paul lui donnera un écu; si cela n'arrive qu'au second coup, Paul lui donnera deux écus; si cela n'arrive qu'au troisième coup, il lui donnera quatre écus; si cela n'arrive qu'au quatrième coup, Paul donnera huit écus; si cela n'arrive qu'au cinquième coup, il donnera seize écus, et ainsi de suite en doublant toujours le nombre des écus : il est visible que par cette condition Pierre ne peut que gagner, et que son gain sera au moins un écu, peut-être deux écus, peut-être quatre écus, peut-être huit écus, peut-être seize écus, peut-être trente-deux écus, etc.; peut-être cinq cent douze écus, etc.; peut-être seize mille trois cent quatre-vingt-quatre écus, etc.; peut-être cinq cent vingt-quatre mille quatre cent quarante-huit écus, etc.; peut-être même dix millions, cent millions, cent mille millions d'écus, peut-être enfin une infinité d'écus. Car il n'est pas impossible de jeter cinq fois, dix fois, quinze fois, vingt fois, mille fois, cent mille fois la pièce sans qu'elle présente croix. On demande donc combien Pierre doit donner à Paul pour l'indemniser, ou, ce qui revient au même, quelle est la somme équivalente à l'espérance de Pierre qui ne peut que gagner.

Cette question m'a été proposée pour la première fois par feu M. Cramer, célèbre professeur de mathématiques à Genève, dans un voyage que je fis en cette ville en l'année 1730; il me dit qu'elle avait été proposée précédemment par M. Nicolas Bernoulli à M. de Montmort, comme en effet on la trouve pages 402 et 407 de l'*Analyse des jeux de hasard*, de cet auteur. Je rêvai quelque temps à cette question sans en trouver le nœud; je ne voyais pas qu'il fût possible d'accorder le calcul mathématique avec le bon sens, sans y faire entrer quelques considérations morales; et ayant fait part de mes idées à M. Cramer [a], il me dit que j'avais raison, et qu'il avait aussi résolu cette question par une voie semblable; il me montra ensuite sa solution à peu près telle qu'on l'a imprimée depuis dans les *Mémoires de l'Académie de Pétersbourg*, en 1738, à la suite d'un Mémoire excellent de M. Daniel Bernoulli, sur *la mesure du sort*, où j'ai vu que la plupart des idées de M. Daniel Bernoulli s'accordent avec les miennes, ce qui m'a fait grand plaisir; car j'ai toujours, indépendamment de ses grands talents en géométrie, regardé et reconnu M. Daniel Bernoulli comme l'un des meilleurs esprits de ce siècle. Je trouvai aussi l'idée de M. Cramer très-juste et digne d'un homme qui nous a donné des preuves de son habileté dans toutes les sciences mathématiques, et à la mémoire duquel je rends cette justice, avec d'autant plus de plaisir que c'est au commerce et à l'amitié de ce savant que j'ai dû une partie des premières connaissances que j'ai acquises en ce genre. M. de Montmort donne la solution de ce problème par les règles ordinaires, et il dit que la somme équivalente à l'espérance

a. Voici ce que j'en laissai alors par écrit à M. Cramer, et dont j'ai conservé la copie originale: « M. de Montmort se contente de répondre à M. Nic. Bernoulli, que l'équivalent est égal à la « somme de la suite $\frac{1}{2}$, $\frac{1}{2}$, $\frac{1}{2}$, $\frac{1}{2}$, etc., écus continuée à l'infini, c'est-à-dire $=\frac{\infty}{2}$, et je ne crois pas « qu'en effet on puisse contester son calcul mathématique; cependant, loin de donner un équi- « valent infini, il n'y a point d'homme de bon sens qui voulût donner vingt écus, ni même dix.

« La raison de cette contrariété, entre le calcul mathématique et le bon sens, me semble « consister dans le peu de proportion qu'il y a entre l'argent et l'avantage qui en résulte. Un « mathématicien, dans son calcul, n'estime l'argent que par sa quantité, c'est-à-dire par sa « valeur numérique; mais l'homme moral doit l'estimer autrement et uniquement par les avan- « tages ou le plaisir qu'il peut procurer; il est certain qu'il doit se conduire dans cette vue, et « n'estimer l'argent qu'à proportion des avantages qui en résultent, et non pas relativement « à la quantité qui, passé de certaines bornes, ne pourrait nullement augmenter son bonheur: « il ne serait, par exemple, guère plus heureux avec mille millions qu'il ne le serait avec cent, « ni avec cent mille millions plus qu'avec mille millions; ainsi, passé de certaines bornes, « il aurait très-grand tort de hasarder son argent. Si, par exemple, dix mille écus étaient « tout son bien, il aurait un tort infini de les hasarder, et plus ces dix mille écus seront un objet « par rapport à lui, plus il aura de tort; je crois donc que son tort serait infini, tant que ces « dix mille écus feront une partie de son nécessaire, c'est-à-dire tant que ces dix mille écus « lui seront absolument nécessaires pour vivre comme il a été élevé et comme il a toujours « vécu; si ces dix mille écus sont de son superflu, son tort diminue, et plus ils seront une « petite partie de son superflu et plus son tort diminuera; mais il ne sera jamais nul, à moins « qu'il ne puisse regarder cette partie de son superflu comme indifférente, ou bien qu'il ne « regarde la somme espérée comme nécessaire pour réussir dans un dessein qui lui donnera à « proportion autant de plaisir que cette même somme est plus grande que celle qu'il hasarde,

de celui qui ne peut que gagner est égale à la somme de la suite $\frac{1}{2}$, $\frac{1}{2}$, $\frac{1}{2}$, $\frac{1}{2}$, $\frac{1}{2}$, $\frac{1}{2}$, $\frac{1}{2}$ écu, etc., continuée à l'infini, et que, par conséquent, cette somme équivalente est une somme d'argent infinie. La raison sur laquelle est fondé ce calcul, c'est qu'il y a un demi de probabilité que Pierre, qui ne peut que gagner, aura un écu; un quart de probabilité qu'il en aura deux; un huitième de probabilité qu'il en aura quatre; un seizième de probabilité qu'il en aura huit; un trente-deuxième de probabilité qu'il en aura seize, etc., à l'infini; et que, par conséquent, son espérance pour le premier cas est un demi-écu, car l'espérance se mesure par la probabilité multipliée par la somme qui est à obtenir; or la probabilité est un demi, et la somme à obtenir pour le premier coup est un écu; donc l'espérance est un demi-écu : de même son espérance pour le second cas est encore un demi-écu, car la probabilité est un quart, et la somme à obtenir est deux écus; or un quart, multiplié par deux écus, donne encore un demi-écu. On trouvera de même que son espérance pour le troisième cas est encore un demi-écu; pour le quatrième cas un demi-écu, en un mot, pour tous les cas à l'infini, toujours un demi-écu pour chacun, puisque le nombre des écus augmente en même proportion que le nombre des probabilités diminue; donc la somme de toutes ces espérances est une somme d'argent infinie, et, par conséquent, il faut que Pierre donne à Paul, pour équivalent, la moitié d'une infinité d'écus.

Cela est mathématiquement vrai, et on ne peut pas contester ce calcul: aussi M. de Montmort et les autres géomètres ont regardé cette question

« et c'est sur cette façon d'envisager un bonheur à venir, qu'on ne peut point donner de règles : « il y a des gens pour qui l'espérance elle-même est un plaisir plus grand que ceux qu'ils « pourraient se procurer par la jouissance de leur mise. Pour raisonner donc plus certainement « sur toutes ces choses, il faudrait établir quelques principes; je dirais, par exemple, que le « nécessaire est égal à la somme qu'on est obligé de dépenser pour continuer à vivre comme « on a toujours vécu : le nécessaire d'un roi sera, par exemple, dix millions de rente (car un « roi qui aurait moins serait un roi pauvre); le nécessaire d'un homme de condition sera dix « mille livres de rente (car un homme de condition qui aurait moins serait un pauvre seigneur); « le nécessaire d'un paysan sera cinq cents livres, parce qu'à moins que d'être dans la misère, « il ne peut moins dépenser pour vivre et nourrir sa famille. Je supposerais que le nécessaire « ne peut nous procurer des plaisirs nouveaux, ou, pour parler plus exactement, je compterais « pour rien les plaisirs ou avantages que nous avons toujours eus, et, d'après cela, je définirais « le superflu, ce qui pourrait nous procurer d'autres plaisirs ou des avantages nouveaux; « je dirais de plus, que la perte du nécessaire se fait ressentir infiniment; qu'ainsi, elle ne peut « être compensée par aucune espérance, qu'au contraire le sentiment de la perte du superflu « est borné, et, que par conséquent il peut être compensé : je crois qu'on sent soi-même cette « vérité lorsqu'on joue, car la perte, pour peu qu'elle soit considérable, nous fait toujours « plus de peine qu'un gain égal ne nous fait de plaisir, et cela sans qu'on puisse y faire « entrer l'amour-propre mortifié, puisque je suppose le jeu d'entier et pur hasard. Je dirais « aussi que la quantité de l'argent dans le nécessaire est proportionnelle à ce qu'il nous en « revient, mais que dans le superflu cette proportion commence à diminuer, et diminue d'autant plus que le superflu devient plus grand.

« Je vous laisse, Monsieur, juge de ces idées, etc.

« Genève ce 3 octobre 1730. *Signé* LE CLERC DE BUFFON. »

comme bien résolue ; cependant cette solution est si éloignée d'être la vraie, qu'au lieu de donner une somme infinie, ou même une très-grande somme, ce qui est déjà fort différent, il n'y a point d'homme de bon sens qui voulût donner vingt écus, ni même dix, pour acheter cette espérance en se mettant à la place de celui qui ne peut que gagner.

XVI. — La raison de cette contrariété extraordinaire du bon sens et du calcul vient de deux causes : la première est que la probabilité doit être regardée comme nulle, dès qu'elle est très-petite, c'est-à-dire au-dessous de $\frac{1}{10000}$; la seconde cause est le peu de proportion qu'il y a entre la quantité de l'argent et les avantages qui en résultent ; le mathématicien, dans son calcul, estime l'argent par sa quantité, mais l'homme moral doit l'estimer autrement ; par exemple, si l'on proposait à un homme d'une fortune médiocre de mettre cent mille livres à une loterie, parce qu'il n'y a que cent mille à parier contre un qu'il y gagnera cent mille fois cent mille livres, il est certain que la probabilité d'obtenir cent mille fois cent mille livres, étant un contre cent mille, il est certain, dis-je, mathématiquement parlant, que son espérance vaudra sa mise de cent mille livres ; cependant cet homme aurait très-grand tort de hasarder cette somme, et d'autant plus grand tort, que la probabilité de gagner serait plus petite, quoique l'argent à gagner augmentât à proportion, et cela parce qu'avec cent mille fois cent mille livres, il n'aura pas le double des avantages qu'il aurait avec cinquante mille fois cent mille livres, ni dix fois autant d'avantage qu'il en aurait avec dix mille fois cent mille livres ; et comme la valeur de l'argent, par rapport à l'homme moral, n'est pas proportionnelle à sa quantité, mais plutôt aux avantages que l'argent peut procurer, il est visible que cet homme ne doit hasarder qu'à proportion de l'espérance de ces avantages, qu'il ne doit pas calculer sur la quantité numérique des sommes qu'il pourrait obtenir, puisque la quantité de l'argent, au delà de certaines bornes, ne pourrait plus augmenter son bonheur, et qu'il ne serait pas plus heureux avec cent mille millions de rente qu'avec mille millions.

XVII. — Pour faire sentir la liaison et la vérité de tout ce que je viens d'avancer, examinons de plus près que n'ont fait les géomètres la question que l'on vient de proposer : puisque le calcul ordinaire ne peut la résoudre à cause du moral qui se trouve compliqué avec le mathématique, voyons si nous pourrons, par d'autres règles, arriver à une solution qui ne heurte pas le bon sens, et qui soit en même temps conforme à l'expérience ; cette recherche ne sera pas inutile et nous fournira des moyens sûrs pour estimer au juste le prix de l'argent et la valeur de l'espérance dans tous les cas. La première chose que je remarque, c'est que dans le calcul mathématique

qui donne pour équivalent de l'espérance de Pierre une somme infinie d'argent, cette somme infinie d'argent est la somme d'une suite composée d'un nombre infini de termes qui valent tous un demi-écu; et je vois que cette suite, qui mathématiquement doit avoir une infinité de termes, ne peut pas moralement en avoir plus de trente, puisque si le jeu durait jusqu'à ce trentième terme, c'est-à-dire si *croix* ne se présentait qu'après vingt-neuf coups, il serait dû à Pierre une somme de cinq cent vingt millions huit cent soixante-dix mille neuf cent douze écus, c'est-à-dire autant d'argent qu'il en existe peut-être dans tout le royaume de France. Une somme infinie d'argent est un être de raison qui n'existe pas, et toutes les espérances, fondées sur les termes à l'infini qui sont au delà de trente, n'existent pas non plus. Il y a ici une impossibilité morale qui détruit la possibilité mathématique; car il est possible mathématiquement et même physiquement de jeter trente fois, cinquante, cent fois de suite, etc., la pièce de monnaie sans qu'elle présente croix; mais il est impossible de satisfaire à la condition du problème[a], c'est-à-dire de payer le nombre d'écus qui serait dû, dans le cas où cela arriverait; car tout l'argent qui est sur la terre ne suffirait pas pour faire la somme qui serait due, seulement au quarantième coup, puisque cela supposerait mille vingt-quatre fois plus d'argent qu'il n'en existe dans tout le royaume de France, et qu'il s'en faut bien que sur toute la terre il y ait mille vingt-quatre royaumes aussi riches que la France.

Or, le mathématicien n'a trouvé cette somme infinie d'argent pour l'équivalent à l'espérance de Pierre, que parce que le premier cas lui donne un demi-écu, le second cas un demi-écu, et chaque cas à l'infini toujours un demi-écu; donc l'homme moral, en comptant d'abord de même, trouvera vingt écus au lieu de la somme infinie, puisque tous les termes qui sont au delà du quarantième donnent des sommes d'argent si grandes, qu'elles n'existent pas; en sorte qu'il ne faut compter qu'un demi-écu pour le premier cas, un demi-écu pour le second, un demi-écu pour le troisième, etc., jusqu'à quarante, ce qui fait en tout vingt écus pour l'équivalent de l'espérance de Pierre, somme déjà bien réduite et bien différente de la somme infinie. Cette somme de vingt écus se réduira encore beaucoup en considérant que le trente-unième terme donnerait plus de mille millions d'écus, c'est-à-dire supposerait que Pierre aurait beaucoup plus d'argent qu'il n'y en a dans le plus riche royaume de l'Europe, chose impossible à supposer, et dès lors les termes depuis trente jusqu'à quarante sont encore imaginaires, et les espérances fondées sur ces termes doivent être

a. C'est par cette raison qu'un de nos plus habiles géomètres, feu M. Fontaine, a fait entrer dans la solution qu'il nous a donnée de ce problème la déclaration du bien de Pierre, parce qu'en effet il ne peut donner pour équivalent que la totalité du bien qu'il possède. (Voyez cette solution dans les *Mémoires mathématiques de M. Fontaine;* in-4°, Paris, 1764.)

regardées comme nulles; ainsi l'équivalent de l'espérance de Pierre est déjà réduit à quinze écus.

On la réduira encore en considérant que la valeur de l'argent ne devant pas être estimée par sa quantité, Pierre ne doit pas compter que mille millions d'écus lui serviront au double de cinq cents millions d'écus, ni au quadruple de deux cent cinquante millions d'écus, etc. et que par conséquent l'espérance du trentième terme n'est pas un demi-écu, non plus que l'espérance du vingt-neuvième, du vingt-huitième, etc., la valeur de cette espérance, qui mathématiquement se trouve être un demi-écu pour chaque terme, doit être diminuée dès le second terme, et toujours diminuée jusqu'au dernier terme de la suite, parce qu'on ne doit pas estimer la valeur de l'argent par sa quantité numérique.

XVIII. — Mais comment donc l'estimer, comment trouver la proportion de cette valeur suivant les différentes quantités? qu'est-ce donc que deux millions d'argent, si ce n'est pas le double d'un million du même métal? pouvons-nous donner des règles précises et générales pour cette estimation? il paraît que chacun doit juger son état, et ensuite estimer son sort et la quantité de l'argent proportionnellement à cet état et à l'usage qu'il en peut faire; mais cette manière est encore vague et trop particulière pour qu'elle puisse servir de principe, et je crois qu'on peut trouver des moyens plus généraux et plus sûrs de faire cette estimation : le premier moyen qui se présente est de comparer le calcul mathématique avec l'expérience; car dans bien des cas, nous pouvons par des expériences réitérées arriver, comme je l'ai dit, à connaître l'effet du hasard aussi sûrement que si nous le déduisions immédiatement des causes.

J'ai donc fait deux mille quarante-huit expériences sur cette question, c'est-à-dire j'ai joué deux mille quarante-huit fois ce jeu en faisant jeter la pièce en l'air par un enfant : les deux mille quarante-huit parties de jeu ont produit dix mille cinquante-sept écus en tout; ainsi la somme équivalente à l'espérance de celui qui ne peut que gagner, est à peu près cinq écus pour chaque partie. Dans cette expérience, il y a eu mille soixante-une parties qui n'ont produit qu'un écu, quatre cent quatre-vingt-quatorze parties qui ont produit deux écus, deux cent trente-deux parties qui en ont produit quatre, cent trente-sept parties qui ont produit huit écus, cinquante-six parties qui en ont produit seize, vingt-neuf parties qui ont produit trente-deux écus, vingt-cinq parties qui en ont produit soixante-quatre, huit parties qui en ont produit cent vingt-huit, et enfin six parties qui en ont produit deux cent cinquante-six. Je tiens ce résultat général pour bon, parce qu'il est fondé sur un grand nombre d'expériences, et que d'ailleurs il s'accorde avec un autre raisonnement mathématique et incontestable, par lequel on trouve à peu près ce même équivalent de cinq écus. Voici ce

raisonnement : Si l'on joue deux mille quarante-huit parties, il doit y avoir naturellement mille vingt-quatre parties qui ne produiront qu'un écu chacune, cinq cent douze parties qui en produiront deux, deux cent cinquante-six parties qui en produiront quatre, cent vingt-huit parties qui en produiront huit, soixante-quatre parties qui en produiront seize, trente-deux parties qui en produiront trente-deux, seize parties qui en produiront soixante-quatre, huit parties qui en produiront cent vingt-huit, quatre parties qui en produiront deux cent cinquante-six, deux parties qui en produiront cinq cent douze, une partie qui produira mille vingt-quatre ; et enfin une partie qu'on ne peut pas estimer, mais qu'on peut négliger sans erreur sensible, parce que je pouvais supposer, sans blesser que très-légèrement l'égalité du hasard, qu'il y aurait mille vingt-cinq au lieu de mille vingt-quatre parties qui ne produiraient qu'un écu : d'ailleurs l'équivalent de cette partie étant mis au plus fort, ne peut être de plus de quinze écus, puisque l'on a vu que pour une partie de ce jeu tous les termes au delà du trentième terme de la suite donnent des sommes d'argent si grandes, qu'elles n'existent pas, et que par conséquent le plus fort équivalent qu'on puisse supposer est quinze écus. Ajoutant ensemble tous ces écus, que je dois naturellement attendre de l'indifférence du hasard, j'ai onze mille deux cent soixante-cinq écus pour deux mille quarante-huit parties. Ainsi ce raisonnement donne à très peu près cinq écus et demi pour l'équivalent, ce qui s'accorde avec l'expérience à $\frac{1}{11}$ près. Je sens bien qu'on pourra m'objecter que cette espèce de calcul, qui donne cinq écus et demi d'équivalent lorsqu'on joue deux mille quarante-huit parties, donnerait un équivalent plus grand, si on ajoutait un beaucoup plus grand nombre de parties; car, par exemple, il se trouve que si, au lieu de jouer deux mille quarante-huit parties, on n'en joue que mille vingt-quatre, l'équivalent est à très-peu près cinq écus; que si l'on ne joue que cinq cent douze parties, l'équivalent n'est plus que quatre écus et demi à très-peu près; que si l'on n'en joue que deux cent cinquante-six, il n'est plus que quatre écus, et ainsi toujours en diminuant; mais la raison en est que le coup qu'on ne peut pas estimer, fait alors une partie considérable du tout, et d'autant plus considérable, qu'on joue moins de parties, et que par conséquent il faut un grand nombre de parties, comme mille vingt-quatre ou deux mille quarante-huit pour que ce coup puisse être regardé comme de peu de valeur, ou même comme nul. En suivant la même marche, on trouvera que, si l'on joue un million quarante-huit mille cinq cent soixante-seize parties, l'équivalent par ce raisonnement se trouverait être à peu près dix écus; mais on doit considérer tout dans la morale, et par là on verra qu'il n'est pas possible de jouer un million quarante-huit mille cinq cent soixante-seize parties à ce jeu, car à ne supposer que deux minutes de temps pour la durée de chaque partie, y compris le temps qu'il faut pour payer, etc., on trouverait qu'il faudrait

jouer pendant deux millions quatre-vingt-dix-sept mille cent cinquante-deux minutes, c'est-à-dire plus de treize ans de suite, six heures par jour, ce qui est une convention moralement impossible. Et si l'on y fait attention, on trouvera qu'entre ne jouer qu'une partie et jouer le plus grand nombre de parties moralement possibles, ce raisonnement, qui donne des équivalents différents pour tous les différents nombres de parties, donne pour l'équivalent moyen cinq écus. Ainsi je persiste à dire que la somme équivalente à l'espérance de celui qui ne peut que gagner est cinq écus, au lieu de la moitié d'une somme infinie d'écus, comme l'ont dit les mathématiciens, et comme leur calcul paraît l'exiger.

XIX. — Voyons maintenant si, d'après cette détermination, il ne serait pas possible de tirer la proportion de la valeur de l'argent par rapport aux avantages qui en résultent.

La progression des probabilités est

$$\frac{1}{2}, \frac{1}{4}, \frac{1}{8}, \frac{1}{16}, \frac{1}{32}, \frac{1}{64}, \frac{1}{128}, \frac{1}{256}, \frac{1}{512}, \ldots \frac{1}{2.\infty}$$

La progression des sommes d'argent à obtenir est

$$1, 2, 4, 8, 16, 32, 64, 128, 256\ldots 2^{\infty-1}.$$

La somme de toutes ces probabilités, multipliée par celle de toutes les sommes d'argent à obtenir, est $\frac{\infty}{2}$, qui est l'équivalent donné par le calcul mathématique, pour l'espérance de celui qui ne peut que gagner. Mais nous avons vu que cette somme $\frac{\infty}{2}$ ne peut, dans le réel, être que cinq écus; il faut donc chercher une suite, telle que la somme, multipliée par la suite des probabilités, soit égale à cinq écus, et cette suite étant géométrique comme celle des probabilités, on trouvera qu'elle est $1, \frac{9}{5}, \frac{81}{25}, \frac{729}{125}, \frac{6561}{625}, \frac{59049}{3125}$, au lieu de 1, 2, 4, 8, 16, 32.

Or cette suite 1, 2, 4, 8, 16, 32, etc., représente la quantité de l'argent, et par conséquent sa valeur numérique et mathématique.

Et l'autre suite $1, \frac{9}{5}, \frac{81}{25}, \frac{729}{125}, \frac{6561}{625}, \frac{59049}{3125}$, représente la quantité géométrique de l'argent donnée par l'expérience, et par conséquent sa valeur morale et réelle.

Voilà donc une estimation générale et assez juste de la valeur de l'argent dans tous les cas possibles, et indépendamment d'aucune supposition. Par exemple, l'on voit, en comparant les deux suites, que deux mille livres ne produisent pas le double d'avantages de mille livres; qu'il s'en faut $\frac{1}{5}$, et que deux mille livres ne sont dans le moral et dans la réalité que $\frac{9}{5}$ de deux mille livres, c'est-à-dire dix-huit cents livres. Un homme qui a vingt mille livres de bien, ne doit pas l'estimer comme le double du bien d'un autre qui a dix mille livres, car il n'a réellement que dix-huit mille livres d'argent de cette même monnaie, dont la valeur se compte par les avantages qui

en résultent; et de même un homme, qui a quarante mille livres n'est pas quatre fois plus riche que celui qui a dix mille livres, car il n'est en comparaison réellement riche que de 32 mille 400 livres; un homme qui a 80 mille livres n'a, par la même règle, que 58 mille 300 livres; celui qui a 160 mille livres ne doit compter que 104 mille 900 livres, c'est-à-dire que, quoïqu'il ait seize fois plus de bien que le premier, il n'a guère que dix fois autant de notre vraie monnaie; de même encore, un homme qui a trente-deux fois autant d'argent qu'un autre, par exemple 320 mille livres en comparaison d'un homme qui a 10 mille livres, n'est riche dans la réalité que de 188 mille livres, c'est-à-dire dix-huit ou dix-neuf fois plus riche, au lieu de trente-deux fois, etc.

L'avare est comme le mathématicien: tous deux estiment l'argent par sa quantité numérique; l'homme sensé n'en considère ni la masse ni le nombre, il n'y voit que les avantages qu'il peut en tirer, il raisonne mieux que l'avare, et sent mieux que le mathématicien. L'écu que le pauvre a mis à part pour payer un impôt de nécessité, et l'écu qui complète les sacs d'un financier, n'ont pour l'avare et pour le mathématicien que la même valeur: celui-ci les comptera par deux unités égales, l'autre se les appropriera avec un plaisir égal, au lieu que l'homme sensé comptera l'écu du pauvre pour un louis, et l'écu du financier pour un liard.

XX. — Une autre considération qui vient à l'appui de cette estimation de la valeur morale de l'argent, c'est qu'une probabilité doit être regardée comme nulle dès qu'elle n'est que $\frac{1}{10000}$, c'est-à-dire, dès qu'elle est aussi petite que la crainte non sentie de la mort dans les vingt-quatre heures. On peut même dire, qu'attendu l'intensité de cette crainte de la mort qui est bien plus grande que l'intensité de tous les autres sentiments de crainte ou d'espérance, l'on doit regarder comme presque nulle une crainte ou une espérance qui n'aurait que $\frac{1}{1000}$ de probabilité. L'homme le plus faible pourrait tirer au sort sans aucune émotion, si le billet de mort était mêlé avec dix mille billets de vie; et l'homme ferme doit tirer sans crainte, si ce billet est mêlé sur mille : ainsi dans tous les cas où la probabilité est au-dessous d'un millième, on doit la regarder comme presque nulle. Or, dans notre question, la probabilité se trouvant être $\frac{1}{1024}$ dès le dixième terme de la suite $\frac{1}{2}$, $\frac{1}{4}$, $\frac{1}{8}$, $\frac{1}{16}$, $\frac{1}{32}$, $\frac{1}{64}$, $\frac{1}{128}$, $\frac{1}{256}$, $\frac{1}{512}$, $\frac{1}{1024}$, il s'ensuit que, moralement pensant, nous devons négliger tous les termes suivants, et borner toutes nos espérances à ce dixième terme; ce qui produit encore cinq écus pour l'équivalent que nous avons cherché, et confirme par conséquent la justesse de notre détermination.

En réformant et abrégeant ainsi tous les calculs où la probabilité devient plus petite qu'un millième, il ne restera plus de contradiction entre le calcul mathématique et le bon sens. Toutes les difficultés de ce genre dispa-

raissent. L'homme, pénétré de cette vérité, ne se livrera plus à de vaines espérances ou à de fausses craintes ; il ne donnera pas volontiers son écu pour en obtenir mille, à moins qu'il ne voie clairement que la probabilité est plus grande qu'un millième. Enfin, il se corrigera du frivole espoir de faire une grande fortune avec de petits moyens.

XXI. — Jusqu'ici je n'ai raisonné et calculé que pour l'homme vraiment sage, qui ne se détermine que par le poids de la raison ; mais ne devons-nous pas faire aussi quelque attention à ce grand nombre d'hommes que l'illusion ou la passion déçoivent, et qui souvent sont fort aises d'être déçus ? N'y a-t-il pas même à perdre en présentant toujours les choses telles qu'elles sont ? L'espérance, quelque petite qu'en soit la probabilité, n'est-elle pas un bien pour tous les hommes, et le seul bien des malheureux ? Après avoir calculé pour le sage, calculons donc aussi pour l'homme bien moins rare, qui jouit de ses erreurs souvent plus que de sa raison. Indépendamment des cas où, faute de tous moyens, une lueur d'espoir est un souverain bien ; indépendamment de ces circonstances où le cœur agité ne peut se reposer que sur les objets de son illusion, et ne jouit que de ses désirs, n'y a-t-il pas mille et mille occasions où la sagesse même doit jeter en avant un volume d'espérance au défaut d'une masse de bien réel ? Par exemple, la volonté de faire le bien, reconnue dans ceux qui tiennent les rênes du gouvernement, fût-elle sans exercice, répand sur tout un peuple une somme de bonheur qu'on ne peut estimer : l'espérance, fût-elle vaine, est donc un bien réel dont la jouissance se prend par anticipation sur tous les autres biens[1]. Je suis forcé d'avouer que la pleine sagesse ne fait pas le plein bonheur de l'homme, que malheureusement la raison seule n'eut en tout temps qu'un petit nombre d'auditeurs froids, et ne fit jamais d'enthousiastes ; que l'homme comblé de biens ne se trouverait pas encore heureux s'il n'en espérait de nouveaux ; que le superflu devient avec le temps chose très-nécessaire, et que la seule différence qu'il y ait ici entre le sage et le non sage, c'est que ce dernier, au moment même qu'il lui arrive une surabondance de bien, convertit ce beau superflu en triste nécessaire, et monte son état à l'égal de sa nouvelle fortune, tandis que l'homme sage, n'usant de cette surabondance que pour répandre des bienfaits et pour se procurer quelques plaisirs nouveaux, ménage la consommation de ce superflu en même temps qu'il en multiplie la jouissance.

XXII. — L'étalage de l'espérance est le leurre de tous les pipeurs d'argent. Le grand art du faiseur de loterie est de présenter de grosses sommes avec de très-petites probabilités, bientôt enflées par le ressort de la cupi-

1. Cette part, faite à l'*espérance* au profit des malheureux par l'un des hommes qui connut le mieux l'art de bien conduire sa vie, montre que la raison n'avait point diminué, en lui, la plus noble sensibilité.

dité. Ces pipeurs grossissent encore ce produit idéal en le partageant, et donnant pour un très-petit argent, dont tout le monde peut se défaire, une espérance qui, quoique bien plus petite, paraît participer de la grandeur de la somme totale. On ne sait pas que, quand la probabilité est au-dessous d'un millième, l'espérance devient nulle, quelque grande que soit la somme promise, puisque toute chose, quelque grande qu'elle puisse être, se réduit à rien dès qu'elle est nécessairement multipliée par rien, comme l'est ici la grosse somme d'argent multipliée par la probabilité nulle, comme l'est en général tout nombre qui, multiplié par zéro, est toujours zéro. On ignore encore qu'indépendamment de cette réduction des probabilités à rien, dès qu'elles sont au-dessous d'un millième, l'espérance souffre un déchet successif et proportionnel à la valeur morale de l'argent, toujours moindre que sa valeur numérique, en sorte que celui dont l'espérance numérique paraît double de celle d'un autre, n'a néanmoins que $\frac{9}{5}$ d'espérance réelle au lieu de 2; et que de même celui dont l'espérance numérique est 4, n'a que $3\,\frac{6}{25}$ de cette espérance morale, dont le produit est le seul réel; qu'au lieu de 8, ce produit n'est que $5\,\frac{104}{125}$; qu'au lieu de 16, il n'est que $10\,\frac{311}{625}$; au lieu de 32, $18\,\frac{2799}{3125}$; au lieu de 64, $34\,\frac{191}{15625}$; au lieu de 128, $61\,\frac{17342}{78\quad 5}$; au lieu de 256, $10\,\frac{77971}{390625}$; au lieu de 512, $198\,\frac{701739}{1953125}$; au lieu de 1024, $357\,\frac{456276}{9765625}$, etc., d'où l'on voit combien l'espérance morale diffère dans tous les cas de l'espérance numérique pour le produit réel qui en résulte : l'homme sage doit donc rejeter comme fausses toutes les propositions, quoique démontrées par le calcul, où la très-grande quantité d'argent semble compenser la très-petite probabilité; et s'il veut risquer avec moins de désavantage, il ne doit jamais mettre ses fonds à la grosse aventure, il faut les partager. Hasarder cent mille francs sur un seul vaisseau, ou vingt-cinq mille francs sur quatre vaisseaux, n'est pas la même chose; car on aura cent pour le produit de l'espérance morale dans ce dernier cas, tandis qu'on n'aura que quatre-vingt-un pour ce même produit dans le premier cas. C'est par cette même raison que les commerces les plus sûrement lucratifs sont ceux où la masse du débit est divisée en un grand nombre de *créditeurs*. Le propriétaire de la masse ne peut essuyer que de légères banqueroutes, au lieu qu'il n'en faut qu'une pour le ruiner, si cette masse de son commerce ne peut passer que par une seule main, ou même ne se partager qu'entre un petit nombre de débiteurs. Jouer gros jeu dans le sens moral est jouer un mauvais jeu; un *ponte au pharaon*, qui se mettrait dans la tête de pousser toutes ses cartes jusqu'au *quinze* et *le va* perdrait près d'un quart sur le produit de son espérance morale; car tandis que son espérance numérique est de tirer 16, l'espérance morale n'est que de $13\,\frac{104}{125}$. Il en est de même d'une infinité d'autres exemples que l'on pourrait donner; et de tous il résultera toujours que l'homme sage doit mettre au hasard le moins qu'il est pos-

sible, et que l'homme prudent qui, par sa position ou son commerce, est forcé de risquer de gros fonds, doit les partager, et retrancher de ses spéculations toutes les espérances dont la probabilité est très-petite, quoique la somme à obtenir soit proportionnellement aussi grande.

XXIII. — L'analyse est le seul instrument dont on se soit servi jusqu'à ce jour, dans la science des probabilités, pour déterminer et fixer les rapports du hasard; la géométrie paraissait peu propre à un ouvrage aussi délié; cependant si l'on y regarde de près, il sera facile de reconnaître que cet avantage de l'analyse sur la géométrie est tout à fait accidentel, et que le hasard, selon qu'il est modifié et conditionné, se trouve du ressort de la géométrie aussi bien que de celui de l'analyse : pour s'en assurer, il suffira de faire attention que les jeux et les questions de conjecture ne roulent ordinairement que sur des rapports de quantités discrètes; l'esprit humain, plus familier avec les nombres qu'avec les mesures de l'étendue, les a toujours préférés; les jeux en sont une preuve, car leurs lois sont une arithmétique continuelle; pour mettre donc la géométrie en possession de ses droits sur la science du hasard, il ne s'agit que d'inventer des jeux qui roulent sur l'étendue et sur ses rapports, ou calculer le petit nombre de ceux de cette nature qui sont déjà trouvés. Le jeu du franc-carreau peut nous servir d'exemple : voici ses conditions qui sont fort simples.

Dans une chambre parquetée ou pavée de carreaux égaux, d'une figure quelconque, on jette en l'air un écu; l'un des joueurs parie que cet écu après sa chute se trouvera à franc-carreau, c'est-à-dire sur un seul carreau; le second parie que cet écu se trouvera sur deux carreaux, c'est-à-dire qu'il couvrira un des joints qui les séparent; un troisième joueur parie que l'écu se trouvera sur deux joints; un quatrième parie que l'écu se trouvera sur trois, quatre ou six joints : on demande le sort de chacun de ces joueurs.

Je cherche d'abord le sort du premier joueur et du second : pour le trouver, j'inscris dans l'un des carreaux une figure semblable, éloignée des côtés du carreau, de la longueur du demi-diamètre de l'écu; le sort du premier joueur sera à celui du second comme la superficie de la couronne circonscrite est à la superficie de la figure inscrite : cela peut se démontrer aisément, car tant que le centre de l'écu est dans la figure inscrite, cet écu ne peut être que sur un seul carreau, puisque par construction cette figure inscrite est partout éloignée du contour du carreau, d'une distance égale au rayon de l'écu; et, au contraire, dès que le centre de l'écu tombe au dehors de la figure inscrite, l'écu est nécessairement sur deux ou plusieurs carreaux, puisque alors son rayon est plus grand que la distance du contour de cette figure inscrite au contour du carreau; or, tous les points où peut tomber ce centre de l'écu sont représentés dans le premier cas par la superficie de la couronne qui fait le reste du carreau; donc le

sort du premier joueur est au sort du second, comme cette première superficie est à la seconde : ainsi pour rendre égal le sort de ces deux joueurs, il faut que la superficie de la figure inscrite soit égale à celle de la couronne, ou, ce qui est la même chose, qu'elle soit la moitié de la surface totale du carreau.

Je me suis amusé à en faire le calcul, et j'ai trouvé que pour jouer à jeu égal sur des carreaux carrés, le côté du carreau devait être au diamètre de l'écu, comme $1 : 1 - \sqrt{\frac{1}{2}}$; c'est-à-dire à peu près trois et demie fois plus grand que le diamètre de la pièce avec laquelle on joue.

Pour jouer sur des carreaux triangulaires équilatéraux, le côté du carreau doit être au diamètre de la pièce, comme $1 : \frac{\frac{1}{2}\sqrt{3}}{3+3\sqrt{\frac{1}{2}}}$, c'est-à-dire presque six fois plus grand que le diamètre de la pièce.

Sur des carreaux en losange, le côté du carreau doit être au diamètre de la pièce, comme $1 : \frac{\frac{1}{2}\sqrt{3}}{2+\sqrt{\frac{1}{2}}}$, c'est-à-dire presque quatre fois plus grand.

Enfin sur des carreaux hexagones, le côté du carreau doit être au diamètre de la pièce, comme $1 : \frac{\frac{1}{2}\sqrt{3}}{1+\sqrt{\frac{1}{2}}}$, c'est-à-dire presque double.

Je n'ai pas fait le calcul pour d'autres figures, parce que celles-ci sont les seules dont on puisse remplir un espace sans y laisser des intervalles d'autres figures; et je n'ai pas cru qu'il fût nécessaire d'avertir que les joints des carreaux ayant quelque largeur, ils donnent de l'avantage au joueur qui parie pour le joint, et que par conséquent l'on fera bien, pour rendre le jeu encore plus égal, de donner aux carreaux carrés un peu plus de trois et demie fois, aux triangulaires six fois, aux losanges quatre fois, et aux hexagones deux fois la longueur du diamètre de la pièce avec laquelle on joue.

Je cherche maintenant le sort du troisième joueur qui parie que l'écu se trouvera sur deux joints; et, pour le trouver, j'inscris dans l'un des carreaux une figure semblable, comme j'ai déjà fait; ensuite je prolonge les côtés de cette figure inscrite jusqu'à ce qu'ils rencontrent ceux du carreau, le sort du troisième joueur sera à celui de son adversaire, comme la somme des espaces compris entre le prolongement de ces lignes et les côtés du carreau est au reste de la surface du carreau. Ceci n'a besoin, pour être pleinement démontré, que d'être bien entendu.

J'ai fait aussi le calcul de ce cas, et j'ai trouvé que pour jouer à jeu égal sur des carreaux carrés, le côté du carreau doit être au diamètre de la pièce, comme $1 : \frac{1}{\sqrt{2}}$, c'est-à-dire plus grand d'un peu moins d'un tiers.

Sur des carreaux triangulaires équilatéraux, le côté du carreau doit être au diamètre de la pièce, comme $1 : \frac{1}{2}$, c'est-à-dire double.

Sur des carreaux en losange, le côté du carreau doit être au diamètre de la pièce, comme 1 : $\frac{\frac{1}{2}\sqrt{3}}{\sqrt{2}}$, c'est-à-dire plus grand d'environ deux cinquièmes.

Sur des carreaux nexagones, le côté du carreau doit être au diamètre de la pièce, comme 1 : $\frac{1}{2}\sqrt{3}$, c'est-à-dire plus grand d'un demi-quart.

Maintenant le quatrième joueur parie que, sur des carreaux triangulaires équilatéraux, l'écu se trouvera sur six joints : que sur des carreaux carrés ou en losanges, il se trouvera sur quatre joints, et sur des carreaux hexagones, il se trouvera sur trois joints; pour déterminer son sort, je décris de la pointe d'un angle du carreau, un cercle égal à l'écu, et je dis que sur des carreaux triangulaires équilatéraux, son sort sera à celui de son adversaire comme la moitié de la superficie de ce cercle est à celle du reste du carreau; que sur des carreaux carrés ou en losanges, son sort sera à celui de l'autre comme la superficie entière du cercle est à celle du reste du carreau; et que sur des carreaux hexagones, son sort sera à celui de son adversaire comme le double de cette superficie du cercle est au reste du carreau. En supposant donc que la circonférence du cercle est au diamètre, comme 22 sont à 7; on trouvera que pour jouer à jeu égal sur des carreaux triangulaires équilatéraux, le côté du carreau doit être au diamètre de la pièce comme 1 : $\frac{\sqrt{7\sqrt{3}}}{22}$, c'est-à-dire plus grand d'un peu plus d'un quart.

Sur des carreaux en losanges, le sort sera le même que sur des carreaux triangulaires équilatéraux.

Sur des carreaux carrés, le côté du carreau doit être au diamètre de la pièce, comme 1 : $\frac{\sqrt{11}}{7}$, c'est-à-dire plus grand d'environ un cinquième.

Sur des carreaux hexagones, le côté du carreau doit être au diamètre de la pièce, comme 1 : $\frac{\sqrt{42\sqrt{3}}}{44}$, c'est-à-dire plus grand d'environ un treizième.

J'omets ici la solution de plusieurs autres cas, comme lorsque l'un des joueurs parie que l'écu ne tombera que sur un joint ou sur deux, sur trois, etc. Ils n'ont rien de plus difficile que les précédents; et d'ailleurs on joue rarement ce jeu avec d'autres conditions que celles dont nous avons fait mention.

Mais si au lieu de jeter en l'air une pièce ronde, comme un écu, on jetait une pièce d'une autre figure comme une pistole d'Espagne carrée, ou une aiguille, une baguette, etc., le problème demanderait un peu plus de géométrie, quoiqu'en général il fût toujours possible d'en donner la solution par des comparaisons d'espaces, comme nous allons le démontrer.

Je suppose que dans une chambre, dont le parquet est simplement divisé

par des joints parallèles, on jette en l'air une baguette, et que l'un des joueurs parie que la baguette ne croisera aucune des parallèles du parquet, et que l'autre au contraire parie que la baguette croisera quelques-unes de ces parallèles; on demande le sort de ces deux joueurs. *On peut jouer ce jeu sur un damier avec une aiguille à coudre ou une épingle sans tête.*

Pour le trouver, je tire d'abord entre les deux joints parallèles *A B* et *C D*

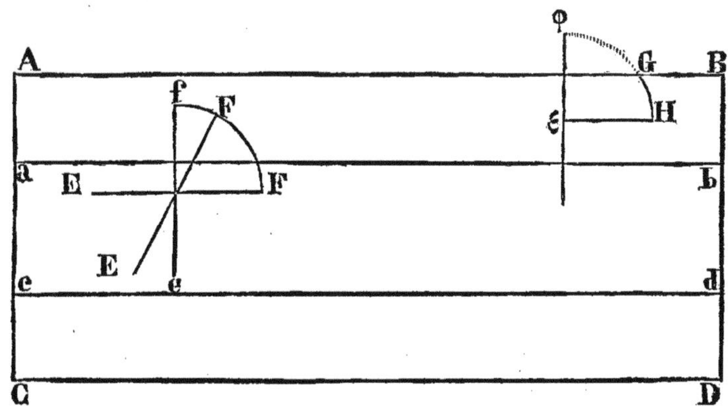

du parquet, deux autres lignes parallèles *a b* et *c d*, éloignées des premières de la moitié de la longueur de la baguette *E F*, et je vois évidemment que tant que le milieu de la baguette sera entre ces deux secondes parallèles, jamais elle ne pourra croiser les premières dans quelque situation *E F*, *e f*, qu'elle puisse se trouver; et comme tout ce qui peut arriver au-dessus de *a b* arrive de même au-dessous de *c d*, il ne s'agit que de déterminer l'un ou l'autre; pour cela je remarque que toutes les situations de la baguette peuvent être représentées par le quart de la circonférence du cercle dont la longueur de la baguette est le diamètre; appelant donc 2 *a* la distance *C A* des joints du parquet, *C* le quart de la circonférence du cercle dont la longueur de la baguette est le diamètre, appelant 2 *b* la longueur de la baguette, et *f* la longueur *A B* des joints, j'aurai $f\,(\overline{a-b})\,c$ pour l'expression qui représente la probabilité de ne pas croiser le joint du parquet, ou ce qui est la même chose, pour l'expression de tous les cas où le milieu de la baguette tombe au-dessous de la ligne *a b* et au-dessus de la ligne *c d*.

Mais lorsque le milieu de la baguette tombe hors de l'espace *a b d c*, compris entre les secondes parallèles, elle peut, suivant sa situation, croiser ou ne pas croiser le joint; de sorte que le milieu de la baguette étant, par exemple, en ε, l'arc φ *G* représentera toutes les situations où elle croisera le joint, et l'arc *G H* toutes celles où elle ne le croisera pas, et comme

il en sera de même de tous les points de la ligne $\varepsilon\ \varphi$, j'appelle $d\,x$ les petites parties de cette ligne, et y les arcs de cercle $\varphi\ G$, et j'ai $f\,(s\,y\,d\,x)$ pour l'expression de tous les cas où la baguette croisera, et $f\,(\overline{bc - s\,y\,d\,x})$

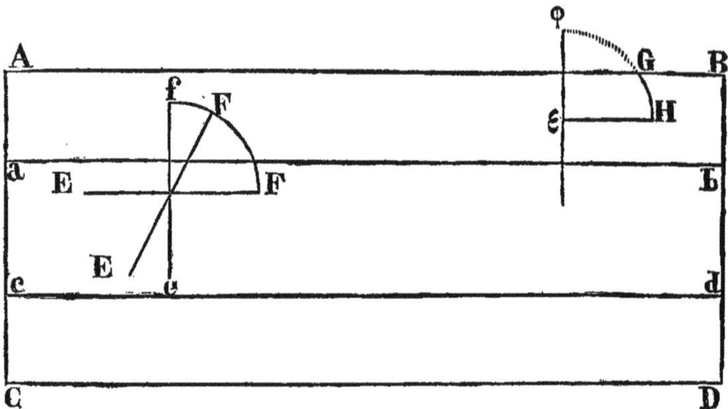

pour celle des cas où elle ne croisera pas; j'ajoute cette dernière expression à celle trouvée ci-dessus $f\,(\overline{a-b})\,c$, afin d'avoir la totalité des cas où la baguette ne croisera pas, et dès lors je vois que le sort du premier joueur est à celui du second, comme $a\,c - s\,y\,d\,x : s\,y\,d\,x$.

Si l'on veut donc que le jeu soit égal, l'on aura $a\,c = 2\,s\,y\,d\,x$ ou $a = \frac{s\,y\,d\,x}{\frac{1}{2}c}$, c'est-à-dire à l'aire d'une partie de cycloïde dont le cercle générateur a pour diamètre $2\,b$, longueur de la baguette; or, on sait que cette aire de cycloïde est égale au carré du rayon, donc $a = \frac{b\,b}{\frac{1}{2}c}$, c'est-à-dire, que la longueur de la baguette doit faire à peu près les trois quarts de la distance des joints du parquet.

La solution de ce premier cas nous conduit aisément à celle d'un autre qui d'abord aurait paru plus difficile, qui est de déterminer le sort de ces deux joueurs dans une chambre pavée de carreaux carrés, car en inscrivant dans l'un des carreaux carrés un carré éloigné partout des côtés du carreau de la longueur b, l'on aura d'abord $c\,(\overline{a-b})^2$ pour l'expression d'une partie des cas où la baguette ne croisera pas le joint; ensuite on trouvera $(\overline{2a-b})\,s\,y\,d\,x$ pour celle de tous les cas où elle croisera, et enfin $c\,b\,(\overline{2\,a-b}) - (\overline{2\,a-b})\,s\,y\,d\,x$ pour le reste des cas où elle ne croisera pas; ainsi le sort du premier joueur est à celui du second, comme $c\,(\overline{a-b})^2 + c\,b\,(\overline{2\,a-b}) - (\overline{c\,a-b})\,s\,y\,d\,x : (\overline{2\,a-b})\,s\,y\,d\,x$.

Si l'on veut donc que le jeu soit égal, l'on aura

$$c\,\overline{(a-b)}^2 + cb\,(\overline{2a-b}) = (\overline{2a-b})^2\,sydx$$

ou $\frac{\frac{1}{2}caa}{2a-b} = Sydx$; mais comme nous l'avons vu ci-dessus, $sydx = bb$;

donc $\frac{\frac{1}{2}caa}{2a-b} = bb$; ainsi le côté du carreau doit être à la longueur de la baguette, à peu près comme $\frac{41}{22} : 1$, c'est-à-dire pas tout à fait double. Si l'on jouait donc sur un damier avec une aiguille dont la longueur serait la moitié de la longueur du côté des carrés du damier, il y aurait de l'avantage à parier que l'aiguille croisera les joints.

On trouvera par un calcul semblable, que si l'on joue avec une pièce de monnaie carrée, la somme des sorts sera au sort du joueur qui parie pour le joint, comme $aac : 4abb\sqrt{\tfrac{1}{2}} - b^3 - \tfrac{1}{2}Ab$. A marque ici l'excès de la superficie du cercle circonscrit au carré, et b la demi-diagonale de ce carré.

Ces exemples suffisent pour donner une idée des jeux que l'on peut imaginer sur les rapports de l'étendue. L'on pourrait se proposer plusieurs autres questions de cette espèce, qui ne laisseraient pas d'être curieuses et même utiles : si l'on demandait, par exemple, combien l'on risque à passer une rivière sur une planche plus ou moins étroite; quelle doit être la peur que l'on doit avoir de la foudre ou de la chute d'une bombe, et nombre d'autres problèmes de conjecture, où l'on ne doit considérer que le rapport de l'étendue, et qui par conséquent appartiennent à la géométrie tout autant qu'à l'analyse.

XXIV. — Dès les premiers pas qu'on fait en géométrie, on trouve l'infini, et dès les temps les plus reculés les géomètres l'ont entrevu; la quadrature de la parabole et le traité *de Numero arenæ* d'Archimède, prouvent que ce grand homme avait des idées de l'infini, et même des idées telles qu'on les doit avoir; on a étendu ces idées, on les a maniées de différentes façons, enfin on a trouvé l'art d'y appliquer le calcul : mais le fond de la métaphysique de l'infini n'a point changé, et ce n'est que dans ces derniers temps que quelques géomètres nous ont donné sur l'infini des vues différentes de celles des anciens, et si éloignées de la nature des choses et de la vérité, qu'on l'a méconnue jusque dans les ouvrages de ces grands mathématiciens. De là sont venues toutes les oppositions, toutes les contradictions qu'on a fait souffrir au calcul infinitésimal; de là sont venues les disputes entre les géomètres sur la façon de prendre ce calcul, et sur les principes dont il dérive; on a été étonné des espèces de prodiges que ce calcul opérait, cet étonnement a été suivi de confusion; on a cru que l'infini produisait toutes ces merveilles; on s'est imaginé que la connaissance de cet infini avait été refusée à tous les siècles et réservée pour le nôtre;

enfin on a bâti sur cela des systèmes qui n'ont servi qu'à obscurcir les idées. Disons donc ici deux mots de la nature de cet infini, qui en éclairant les hommes semble les avoir éblouis.

Nous avons des idées nettes de la grandeur, nous voyons que les choses en général peuvent être augmentées ou diminuées, et l'idée d'une chose, devenue plus grande ou plus petite, est une idée qui nous est aussi présente et aussi familière que celle de la chose même; une chose quelconque nous étant donc présentée ou étant seulement imaginée, nous voyons qu'il est possible de l'augmenter ou de la diminuer; rien n'arrête, rien ne détruit cette possibilité, on peut toujours concevoir la moitié de la plus petite chose, et le double de la plus grande chose; on peut même concevoir qu'elle peut devenir cent fois, mille fois, cent mille fois plus petite ou plus grande; et c'est cette possibilité d'augmentation sans bornes en quoi consiste la véritable idée qu'on doit avoir de l'infini; cette idée nous vient de l'idée du fini; une chose finie est une chose qui a des termes, des bornes; une chose infinie n'est que cette même chose finie à laquelle nous ôtons ces termes et ces bornes : ainsi l'idée de l'infini n'est qu'une idée de privation, et n'a point d'objet réel. Ce n'est pas ici le lieu de faire voir que l'espace, le temps, la durée, ne sont pas des infinis réels; il nous suffira de prouver qu'il n'y a point de nombre actuellement infini ou infiniment petit, ou plus grand ou plus petit qu'un infini, etc.

Le nombre n'est qu'un assemblage d'unités de même espèce; l'unité n'est point un nombre, l'unité désigne une seule chose en général; mais le premier nombre 2 marque non-seulement deux choses, mais encore deux choses semblables, deux choses de même espèce; il en est de même de tous les autres nombres : or ces nombres ne sont que des représentations et n'existent jamais indépendamment des choses qu'ils représentent; les caractères qui les désignent ne leur donnent point de réalité, il leur faut un sujet ou plutôt un assemblage de sujets à représenter pour que leur existence soit possible; j'entends leur existence intelligible, car ils n'en peuvent avoir de réelle; or un assemblage d'unités ou de sujets ne peut jamais être que fini, c'est-à-dire qu'on pourra toujours assigner les parties dont il est composé; par conséquent le nombre ne peut être infini, quelque augmentation qu'on lui donne.

Mais, dira-t-on, le dernier terme de la suite naturelle 1, 2, 3, 4, etc., n'est-il pas infini? n'y a-t-il pas des derniers termes d'autres suites encore plus infinis que le dernier terme de la suite naturelle? il paraît qu'en général les nombres doivent à la fin devenir infinis, puisqu'ils sont toujours susceptibles d'augmentation? A cela je réponds, que cette augmentation dont ils sont susceptibles prouve évidemment qu'ils ne peuvent être infinis; je dis de plus, que dans ces suites il n'y a point de dernier terme; que même leur supposer un dernier terme, c'est détruire l'essence de la suite qui consiste

dans la succession des termes qui peuvent être suivis d'autres termes, et ces autres termes encore d'autres, mais qui tous sont de même nature que les précédents, c'est-à-dire tous finis, tous composés d'unités : ainsi lorsqu'on suppose qu'une suite a un dernier terme, et que ce dernier terme est un nombre infini, on va contre la définition du nombre et contre la loi générale des suites.

La plupart de nos erreurs, en métaphysique, viennent de la réalité que nous donnons aux idées de privation : nous connaissons le fini, nous y voyons des propriétés réelles, nous l'en dépouillons, et, en le considérant après ce dépouillement, nous ne le reconnaissons plus, et nous croyons avoir créé un être nouveau, tandis que nous n'avons fait que détruire quelque partie de celui qui nous était anciennement connu.

On ne doit donc considérer l'infini, soit en petit, soit en grand, que comme une privation, un retranchement à l'idée du fini, dont on peut se servir comme d'une supposition qui, dans quelques cas, peut aider à simplifier les idées, et doit généraliser leurs résultats dans la pratique des sciences : ainsi tout l'art se réduit à tirer parti de cette supposition, en tâchant de l'appliquer aux sujets que l'on considère. Tout le mérite est donc dans l'application, en un mot, dans l'emploi qu'on en fait[1].

XXV. — Toutes nos connaissances sont fondées sur des rapports et des comparaisons : tout est donc relation dans l'univers; et dès lors tout est susceptible de mesure; nos idées même étant toutes relatives n'ont rien d'absolu. Il y a, comme nous l'avons démontré, des degrés différents de probabilités et de certitude. Et même l'évidence a plus ou moins de clarté, plus ou moins d'intensité, selon les différents aspects, c'est-à-dire suivant les rapports sous lesquels elle se présente : la vérité, transmise et comparée par différents esprits, paraît sous des rapports plus ou moins grands, puisque le résultat de l'affirmation, ou de la négation d'une proposition par tous les hommes en général, semble donner encore du poids aux vérités les mieux démontrées et les plus indépendantes de toute convention.

Les propriétés de la matière, qui nous paraissent évidemment distinctes les unes des autres, n'ont aucune relation entre elles ; l'étendue ne peut se comparer avec la pesanteur, l'impénétrabilité avec le temps, le mouvement avec la surface, etc. Ces propriétés n'ont de commun que le sujet qui les lie, et qui leur donne l'être; chacune de ces propriétés, considérée séparément, demande donc une mesure de son genre, c'est-à-dire une mesure différente de toutes les autres.

1. Tout ce paragraphe XXIV est tiré textuellement de la *Préface* à la traduction des *Fluxions*. (Voyez les pages 142, 143 et 144.) Ceci nous a été une raison de plus de joindre cette *Préface* à cet *Essai*.

Mesures arithmétiques.

Il n'était donc pas possible de leur appliquer une mesure commune qui fût réelle, mais la mesure intellectuelle s'est présentée naturellement; cette mesure est le nombre qui, pris généralement, n'est autre chose que l'*ordre des quantités :* c'est une mesure universelle et applicable à toutes les propriétés de la matière, mais elle n'existe qu'autant que cette application lui donne de la réalité, et même elle ne peut être conçue indépendamment de son sujet; cependant on est venu à bout de la traiter comme une chose réelle, on a représenté les nombres par des caractères arbitraires, auxquels on a attaché les idées de relation prises du sujet, et par ce moyen on s'est trouvé en état de mesurer leurs rapports, sans aucun égard aux relations des quantités qu'ils représentent.

Cette mesure est même devenue plus familière à l'esprit humain que les autres mesures; c'est en effet le produit pur de ses réflexions : celles qu'il fait sur les mesures d'un autre genre ont toujours pour objet la matière, et tiennent souvent des obscurités qui l'environnent. Mais ce nombre, cette mesure qui, dans l'abstrait, nous paraît si parfaite, a bien des défauts dans l'application, et souvent la difficulté des problèmes dans les sciences mathématiques ne vient que de l'emploi forcé et de l'application contrainte qu'on est obligé de faire d'une mesure numérique absolument trop longue ou trop courte; les nombres sourds, les quantités qui ne peuvent s'intégrer, et toutes les approximations prouvent l'imperfection de la mesure, et plus encore la difficulté des applications.

Néanmoins il n'était pas permis aux hommes de rendre dans l'application cette mesure numérique parfaite à tous égards, il aurait fallu pour cela que nos connaissances sur les différentes propriétés de la matière se fussent trouvées être du même ordre, et que ces propriétés elles-mêmes eussent eu des rapports analogues, accord impossible et contraire à la nature de nos sens, dont chacun produit une idée d'un genre différent et incommensurable.

XXVI. — Mais on aurait pu manier cette mesure avec plus d'adresse, en traitant les rapports des nombres d'une manière plus commode et plus heureuse dans l'application : ce n'est pas que les lois de notre arithmétique ne soient très-bien entendues, mais leurs principes ont été posés d'une manière trop arbitraire, et sans avoir égard à ce qui était nécessaire pour leur donner une juste convenance avec les rapports réels des quantités.

L'expression de la marche de cette mesure numérique, autrement l'échelle de notre arithmétique, aurait pu être différente : le nombre 10 était peut-

être moins propre qu'un autre nombre à lui servir de fondement; car, pour peu qu'on y réfléchisse, on aperçoit aisément que toute notre arithmétique roule sur ce nombre 10 et sur ses puissances, c'est-à-dire sur ce même nombre 10 multiplié par lui-même; les autres nombres primitifs ne sont que les signes de la quotité, ou les coefficients et les indices de ces puissances, en sorte que tout nombre est toujours un multiple, ou une somme de multiples des puissances de 10: pour le voir clairement, on doit remarquer que la suite des puissances de dix, 10^0, 10^1, 10^2, 10^3, 10^4, etc., est la suite des nombres 1, 10, 100, 1,000, 10,000, etc., et qu'ainsi un nombre quelconque, comme *huit mille six cent quarante-deux*, n'est autre chose que $8 \times 10^3 + 6 \times 10^2 + 4 \times 10^1 + 2 \times 10^0$; c'est-à-dire une suite de puissances de 10, multipliée par différents coefficients; dans la notation ordinaire, la valeur des places de droite à gauche est donc toujours proportionnelle à cette suite 10^0, 10^1, 10^2, 10^3, etc., et l'uniformité de cette suite a permis que dans l'usage on pût se contenter des coefficients, et sous-entendre cette suite de 10 aussi bien que les signes + qui, dans toute collection de choses déterminées et homogènes, peuvent être supprimés; en sorte que l'on écrit simplement 8642.

Le nombre 10 est donc la racine de tous les autres nombres entiers, c'est-à-dire la racine de notre échelle d'arithmétique ascendante; mais ce n'est que depuis l'invention des fractions décimales que 10 est aussi la racine de notre échelle d'arithmétique descendante; les fractions $\frac{1}{2}$, $\frac{1}{3}$, $\frac{1}{4}$, etc., ou $\frac{2}{3}$, $\frac{3}{4}$, $\frac{4}{5}$, etc., toutes les fractions en un mot dont on s'est servi jusqu'à l'invention des décimales, et dont on se sert encore tous les jours, n'appartiennent pas à la même échelle d'arithmétique, ou plutôt donnent chacune une nouvelle échelle; et de là sont venus les embarras du calcul, les réductions à moindres termes, le peu de rapidité des convergences dans les suites, et souvent la difficulté de les sommer; en sorte que les fractions décimales ont donné à notre échelle d'arithmétique une partie qui lui manquait, et à nos calculs l'uniformité nécessaire pour les comparaisons immédiates : c'est là tout le parti qu'on pouvait tirer de cette idée.

Mais ce nombre 10, cette racine de notre échelle d'arithmétique, était-elle ce qu'il y avait de mieux? Pourquoi l'a-t-on préféré aux autres nombres, qui tous pouvaient aussi être la racine d'une échelle d'arithmétique? On peut imaginer que la conformation de la main a déterminé plutôt qu'une connaissance de réflexion. L'homme a d'abord compté par ses doigts; le nombre 10 a paru lui appartenir plus que les autres nombres, et s'est trouvé le plus près de ses yeux : on peut donc croire que ce nombre 10 a eu la préférence, peut-être sans aucune autre raison; il ne faut, pour en être persuadé, qu'examiner la nature des autres échelles, et les comparer avec notre échelle denaire.

Sans employer des caractères, il serait aisé de faire une bonne échelle

denaire, bien raisonnée, par les inflexions et les différents mouvements des doigts et des deux mains, échelle qui suffirait à tous les besoins dans la vie civile, et à toutes les indications nécessaires : cette arithmétique est même naturelle à l'homme, et il est probable qu'elle a été et qu'elle sera encore souvent en usage, parce qu'elle est fondée sur un rapport physique et invariable, qui durera autant que l'espèce humaine, et qu'elle est indépendante du temps et de la réflexion que les arts présupposent.

Mais en prenant même notre échelle denaire dans la perfection que l'invention des caractères lui a procurée, il est évident que comme on compte jusqu'à neuf, après quoi on recommence en joignant le deuxième caractère au premier, et ensuite le second au second, puis le deuxième au troisième, etc., on pourrait, au lieu d'aller jusqu'à neuf, n'aller que jusqu'à huit, et de là recommencer, ou jusqu'à sept, ou jusqu'à quatre, ou même n'aller qu'à deux ; mais, par la même raison, il était libre d'aller au delà de dix avant que de recommencer, comme jusqu'à onze, jusqu'à douze, jusqu'à soixante, jusqu'à cent, etc., et de là on voit clairement que plus les échelles sont longues, et moins les calculs tiennent de place; de sorte que dans l'échelle centenaire, où on emploierait cent différents caractères, il n'en faudrait qu'un, comme *C*, pour exprimer cent; dans l'échelle duodenaire, où l'on se servirait de douze différents caractères, il en faudrait deux, savoir, 8, 4 ; dans l'échelle denaire, il en faut trois, savoir, 1, 0, 0 ; dans l'échelle quartenaire, où l'on n'emploierait que les quatre caractères 0, 1, 2 et 3, il en faudrait quatre, savoir, 1, 2, 1, 0; dans l'échelle trinaire cinq, savoir, 1, 0, 2, 0, 1 ; et enfin dans l'échelle binaire, sept, savoir, 1, 1, 0, 0, 1, 0, 0 pour exprimer cent.

XXVII. — Mais de toutes ces échelles, quelle est la plus commode, quelle est celle qu'on aurait dû préférer? D'abord il est certain que la denaire est plus expéditive que toutes celles qui sont au-dessous, c'est-à-dire plus expéditive que les échelles qui ne s'élèveraient que jusqu'à neuf, ou jusqu'à huit ou sept, ou etc., puisque les nombres y occupent moins de place : toutes ces échelles inférieures tiennent donc plus ou moins du défaut d'une trop longue expression, défaut qui n'est d'ailleurs compensé par aucun avantage que celui de n'employer que deux caractères 1 et 0 dans l'arithmétique binaire, trois caractères 2, 1 et 0 dans la trinaire, quatre caractères 3, 2, 1 et 0 dans l'échelle quartenaire, etc., ce qui, à le prendre dans le vrai, n'en est pas un, puisque la mémoire de l'homme en retient fort aisément un plus grand nombre, comme dix ou douze, et plus encore s'il le faut.

Il est aisé de conclure de là que tous les avantages que Leibnitz a supposés à l'arithmétique binaire se réduisent à expliquer son énigme chinoise; car comment serait-il possible d'exprimer de grands nombres par

cette échelle, comment les manier, et quelle voie d'abréger ou de faciliter des calculs dont les expressions sont trop étendues?

Le nombre dix a donc été préféré avec raison à tous ses subalternes; mais nous allons voir qu'on ne devait pas lui accorder cet avantage sur tous les autres nombres supérieurs. Une arithmétique, dont l'échelle aurait eu le nombre douze pour racine, aurait été bien plus commode, les grands nombres auraient occupé moins de place, et en même temps les fractions auraient été plus rondes; les hommes ont si bien senti cette vérité, qu'après avoir adopté l'arithmétique denaire, ils ne laissent pas que de se servir de l'échelle duodenaire; on compte souvent par douzaines, par douzaines de douzaines ou grosses; le pied est dans l'échelle duodenaire la troisième puissance de la ligne, le pouce la seconde puissance. On prend le nombre douze pour l'unité; l'année se divise en douze mois, le jour en douze heures, le zodiaque en douze signes, le sou en douze deniers: toutes les plus petites ou dernières mesures affectent le nombre douze, parce qu'on peut le diviser par deux, par trois, par quatre et par six; au lieu que dix ne peut se diviser que par deux et par cinq, ce qui fait une différence essentielle dans la pratique pour la facilité des calculs et des mesures. Il ne faudrait dans cette échelle que deux caractères de plus, l'un pour marquer dix et l'autre pour marquer onze; au moyen de quoi l'on aurait une arithmétique bien plus aisée à manier que notre arithmétique ordinaire.

On pourrait, au lieu de douze, prendre pour racine de l'échelle quelque nombre, comme vingt-quatre ou trente-six, qui eussent de plus grands avantages encore pour la division, c'est-à-dire un plus grand nombre de parties aliquotes que le nombre douze; en ce cas il faudrait quatorze caractères nouveaux pour l'échelle de vingt-quatre, et vingt-six caractères pour celle de trente-six, qu'on serait obligé de retenir par mémoire, mais cela ne ferait aucune peine, puisqu'on retient si facilement les vingt-quatre lettres de l'alphabet lorsqu'on apprend à lire.

J'avoue que l'on pourrait faire une échelle d'arithmétique, dont la racine serait si grande qu'il faudrait beaucoup de temps pour en apprendre tous les caractères : l'alphabet des Chinois est si mal entendu, ou plutôt si nombreux, qu'on passe sa vie à apprendre à lire. Cet inconvénient est le plus grand de tous: ainsi, l'on a parfaitement bien fait d'adopter un alphabet de peu de lettres, et une racine d'arithmétique de peu d'unités, et c'est déjà une raison de préférer douze à de très-grands nombres dans le choix d'une échelle d'arithmétique; mais ce qui doit décider en sa faveur, c'est que, dans l'usage de la vie, les hommes n'ont pas besoin d'une si grande mesure, ils ne pourraient même la manier aisément; il en faut une qui soit proportionnée à leur propre grandeur, à leurs mouvements et aux distances qu'ils peuvent parcourir. Douze doit déjà être bien grand, puisque dix nous suffit, et vouloir se servir d'un beaucoup plus grand nombre pour racine

de notre échelle d'usage, ce serait vouloir mesurer à la lieue la longueur d'un appartement.

Les astronomes, qui ont toujours été occupés de grands objets et qui ont eu de grandes distances à mesurer, ont pris soixante pour la racine de leur échelle d'arithmétique, et ils ont adopté les caractères de l'échelle ordinaire pour coefficient : cette mesure expédie et arrive très-promptement à une grande précision ; ils comptent par degrés, minutes, secondes, tierces, etc., c'est-à-dire par les puissances successives de soixante ; les coefficients sont tous les nombres plus petits que soixante ; mais comme cette echelle n'est en usage que dans certains cas, et qu'on ne s'en sert que pour des calculs simples, on a négligé d'exprimer chaque nombre par un seul caractère, ce qui cependant est essentiel pour conserver l'analogie avec les autres échelles et pour fixer la valeur des places. Dans cette arithmétique, les grands nombres occupent moins d'espace ; mais, outre l'incommodité des cinquante nouveaux caractères, les raisons que j'ai données ci-dessus doivent faire préférer, dans l'usage ordinaire, l'arithmétique de douze.

Il serait même fort à souhaiter qu'on voulût substituer cette échelle à l'échelle denaire ; mais à moins d'une refonte générale dans les sciences, il n'est guère permis d'espérer qu'on change jamais notre arithmétique, parce que toutes les grandes pièces de calcul, les tables des tangentes, des sinus, des logarithmes, les éphémérides, etc., sont faites sur cette échelle, et que l'habitude d'arithmétique, comme l'habitude de toutes les choses qui sont d'un usage universel et nécessaire, ne peut être réformée que par une loi qui abrogerait l'ancienne coutume, et contraindrait les peuples à se servir de la nouvelle méthode.

Après tout, il serait fort aisé de ramener tous les calculs à cette échelle ; et le changement des tables ne demanderait pas beaucoup de temps, car, en général, il n'est pas difficile de transporter un nombre d'une échelle d'arithmétique dans une autre, et de trouver son expression. Voici la manière de faire cette opération :

Tout nombre, dans une échelle donnée, peut être exprimé par une suite.

$$a\,x^n + b\,x^{n-1} + c\,x^{n-2} + d\,x^{n-3} + \text{etc.}$$

x représente la racine de l'échelle arithmétique ; n la plus haute puissance de cette racine, ou, ce qui est la même chose, le nombre des places moins 1 ; a, b, c, d, sont les coefficients ou les signes de la quotité. Par exemple, 1738 dans l'échelle denaire donnera

$$x = 10, n = 4 - 1 = 3, a = 1, b = 7, c = 3, d = 8;$$

en sorte que

$$a\,x^n + b\,x^{n-1} + c\,x^{n-2} + d\,x^{n-3}$$

sera

$$1 . 10^3 + 7 . 10^2 + 3 . 10^1 + 8 . 10^0 =$$
$$1000 + 700 + 30 + 8 = 1738.$$

L'expression de ce même nombre dans une autre échelle arithmétique, sera $m\,(x \pm)^v + p\,(x \pm y)^{v-1} + q\,(x \pm y)^{v-2} + r\,(x \pm y)^{v-3}$.

y représente la différence de la racine de l'échelle proposée, et de la racine de l'échelle demandée; y est donc donnée aussi bien que x. On déterminera v, en faisant le nombre proposé $a x^n + b x^{n-1} + c x^{n-2} + d x^{n-3}$, etc., égal $(x + y)^v$ ou $A = B^v$; car en passant aux logarithmes, on aura $v = \frac{\text{l. } A}{\text{l. } B}$. Pour déterminer les coefficients m, p, q, r, il n'y aura qu'à diviser le nombre proposé A par $(x \pm y)^v$, et faire m égal au quotient en nombres entiers; ensuite diviser le reste par $(x \pm y)^{v-1}$, et faire p égal au quotient en nombres entiers; et de même diviser le reste par $(x \pm y)^{v-2}$, et faire q égal au quotient en nombres entiers, et ainsi de suite jusqu'au dernier terme.

Par exemple, si l'on demande l'expression dans l'échelle arithmétique quinaire du nombre 1738 de l'échelle denaire,

$$x = 10, y = -5, A = 1738, B = 5;$$

donc,

$$v = \frac{\log.\ 1738}{\log.\ 5} = \frac{3.\ 2400498}{0.\ 6989700} = 4 \text{ en nombres entiers.}$$

Je divise 1738 par 5^4 ou 625, le quotient en nombres entiers est $2 = m$; ensuite je divise le reste 488 par 5^3 ou 125, le quotient en nombres entiers est $3 = p$; et de même je divise le reste 113 par 5^2 ou 25, le quotient en nombres entiers est $4 = q$; et divisant encore le reste 13 par 5^1, le quotient est $2 = r$: et enfin divisant le dernier reste 3 par $5^0 = 1$, le quotient est $3 = s$; ainsi l'expression du nombre 1738 de l'échelle denaire, sera 23423 dans l'échelle arithmétique quinaire.

Si l'on demande l'expression du même nombre 1738 de l'échelle denaire dans l'échelle arithmétique duodenaire; on aura

$$x = 10, y = 2, A = 1738, B = 12;$$

donc

$$v = \frac{\log.\ 1738}{\log.\ 12} = \frac{3.\ 2400498}{1.\ 0791812} = 3 \text{ en nombres entiers.}$$

Je divise 1738 par 12^3 ou 1728, le quotient en nombres entiers est $1 = m$; ensuite je divise le reste 10 par 12^2, le quotient en nombres entiers est $0 = p$, et de même je divise ce reste 10 par 12^1, le quotient en nombres entiers est $0 = q$; et enfin je divise encore ce reste 10 par 12^0, le quotient est $10 = r$; le nombre 1738 de l'échelle denaire sera donc 100K dans l'é-

chelle duodenaire, en supposant que le caractère K exprime le nombre 10.

Si l'on veut avoir l'expression de ce nombre 1738 dans l'échelle arithmétique binaire, on aura $y = -8$, $B = 2$, $v = \frac{\text{log. } 1738}{\text{log. } 2} = \frac{3.\ 2400498}{0.\ 3010300} = 10$ en nombres entiers; je divise 1738 par 2^{10} ou 1024, le quotient en nombres entiers est $1 = m$, puis je divise le reste 714 par 2^9 ou 512, le quotient est $1 = p$; de même je divise le reste 202 par 2^8 ou 256, le quotient est $0 = q$; je divise encore ce reste 202 par 2^7 ou 128, le quotient est $1 = r$, de même le reste 74 divisé par 2^6 ou 64, donne $1 = s$, et le reste 10 divisé par 2^5 ou 32, donne $0 = t$, et ce même reste 10 divisé par 2^4 ou 16, donne encore $0 = u$; mais ce même reste 10 divisé par 2^3 ou 8, donne $1 = w$, et le reste 2 divisé par 2^2 ou 4, donne $0 = x$; mais ce même reste 2 divisé par 2^1, donne $1 = y$, et le reste 0 divisé par 2^0 ou 1, donne $0 = z$. Donc le nombre 1738 de l'échelle denaire, sera 11011001010 dans l'échelle binaire; il en sera de même de toutes les autres échelles arithmétiques.

L'on voit qu'au moyen de cette formule, on peut ramener aisément une échelle d'arithmétique quelconque à telle autre échelle qu'on voudra, et que, par conséquent, on pourrait ramener tous les calculs et comptes faits à l'échelle duodenaire : et, puisque cela est si facile, qu'il me soit permis d'ajouter encore un mot des avantages qui résulteraient de ce changement : le toisé, l'arpentage et tous les arts de mesure, où le pied, le pouce et la ligne sont employés, deviendraient bien plus faciles, parce que ces mesures se trouveraient dans l'ordre des puissances de douze, et, par conséquent, feraient partie nécessaire de l'échelle, et partie qui sauterait aux yeux; tous les arts et métiers, où le tiers, le quart et le demi-tiers se présentent souvent, trouveraient plus de facilité dans toutes leurs applications; ce qu'on gagnerait en arithmétique se pourrait compter au centuple de profit pour les autres sciences et pour les arts.

XXVIII. — Nous avons vu qu'un nombre peut toujours, dans toutes les échelles d'arithmétique, être exprimé par les puissances successives d'un autre nombre, multipliées par des coefficients qui suffisent pour nous indiquer le nombre cherché, quand par l'habitude on s'est familiarisé avec les puissances du nombre sous-entendu : cette manière, toute générale qu'elle est, ne laisse pas d'être arbitraire comme toutes les autres qu'on pourrait et qu'il serait même facile d'imaginer.

Les jetons, par exemple, se réduisent à une échelle dont les puissances successives, au lieu de se placer de droite à gauche, comme dans l'arithmétique ordinaire, se mettent du bas en haut chacune dans une ligne, où il faut autant de jetons qu'il y a d'unités dans les coefficients: cet inconvénient de la quantité de jetons vient de ce qu'on n'emploie qu'une seule figure ou caractère, et c'est pour y remédier en partie qu'on abrége dans

la même ligne en marquant les nombres 5, 50, 500, etc., par un seul jeton séparé des autres. Cette façon de compter est très-ancienne, et elle ne laisse pas d'être utile; les femmes et tant d'autres gens, qui ne savent ou ne veulent pas écrire, aiment à manier des jetons; ils plaisent par l'habitude, on s'en sert au jeu, c'en est assez pour les mettre en faveur.

Il serait facile de rendre plus parfaite cette manière d'arithmétique; il faudrait se servir de jetons de différentes figures, de dix, neuf, ou mieux encore de douze figures, toutes de valeur différente; on pourrait alors calculer aussi promptement qu'avec la plume, et les plus grands nombres seraient exprimés comme dans l'arithmétique ordinaire, par un très-petit nombre de caractères. Dans l'Inde, les Brachmanes se servent de petites coquilles de différentes couleurs pour faire les calculs, même les plus difficiles, tels que ceux des éclipses.

On aura d'autres échelles et d'autres expressions par des lois différentes ou par d'autres suppositions: par exemple, on peut exprimer tous les nombres par un seul nombre élevé à une certaine puissance: cette supposition sert de fondement à l'invention de toutes les échelles logarithmiques possibles, et donne les logarithmes ordinaires, en prenant 10 pour le nombre à élever, et en exprimant les puissances par les fractions décimales, car 2 peut être exprimé par 10 $\frac{10000000}{3010300}$, etc.; 3 par 10 $\frac{10000000}{4771212}$, etc.; et, en général, un nombre quelconque n, peut être exprimé par un autre nombre quelconque m, élevé à une certaine puissance x. L'application de cette combinaison, que nous devons à Niéper, est peut-être ce qui s'est fait de plus ingénieux et de plus utile en arithmétique: en effet, ces nombres logarithmiques donnent la mesure immédiate des rapports de tous les nombres, et sont proprement les exposants de ces rapports, car les puissances d'un nombre quelconque sont en progression géométrique; ainsi, le rapport arithmétique de deux nombres étant donné, on a toujours leur rapport géométrique par leurs logarithmes, ce qui réduit toutes les multiplications et divisions à de simples additions et soustractions, et les extractions de racines à de simples partitions.

Mesures géométriques.

XXIX. — L'étendue, c'est-à-dire l'extension de la matière étant sujette à la variation de grandeur, a été le premier objet des mesures géométriques. Les trois dimensions de cette extension ont exigé des mesures de trois espèces différentes, qui, sans pouvoir se comparer, ne laissent pas dans l'usage de se prêter à des rapports d'ordre et de correspondance. La ligne ne peut être mesurée que par la ligne; il en est de même de la surface et du solide, il faut une surface ou un solide pour les mesurer; cependant avec la ligne on peut souvent les mesurer tous trois par une correspon-

dance sous-entendue de l'unité linéaire à l'unité de surface ou à l'unité de solide : par exemple, pour mesurer la surface d'un carré, il suffit de mesurer la longueur d'un des côtés, et de multiplier cette longueur par elle-même, car cette multiplication produit une autre longueur, que l'on peut représenter par un nombre qui ne manquera pas de représenter aussi la surface cherchée, puisqu'il y a le même rapport entre l'unité linéaire, le côté du carré et la longueur produite, qu'entre l'unité de surface, la surface qui ne s'étend que sur le côté du carré et la surface totale, et, par conséquent, on peut prendre l'une pour l'autre; il en est de même des solides, et, en général, toutes les fois que les mêmes rapports de nombre pourront s'appliquer à différentes qualités ou quantités, on pourra toujours les mesurer les unes par les autres, et c'est pour cela qu'on a eu raison de représenter les vitesses par des lignes, les espaces par des surfaces, etc., et de mesurer plusieurs propriétés de la matière par les rapports qu'elles ont avec ceux de l'étendue.

L'extension en longueur se mesure toujours par une ligne droite prise arbitrairement pour l'unité, avec un pied ou une toise, prise pour l'unité ou mesure juste; une longueur de cent pieds ou de cent toises, avec un demi-pied ou une demi-toise prise de même pour l'unité ou mesure juste; cent pieds et demi ou cent toises et demie, et ainsi des autres longueurs : celles qui sont incommensurables, comme la diagonale et le côté du carré, font une exception.

Mais elle est bien légitime, car elle dépend de l'incommensurabilité primordiale de la surface avec la ligne, et du défaut de correspondance en certains cas des échelles de ces mesures; leur marche est différente, et il n'est point étonnant qu'une surface double d'une autre appuie sur une ligne dont on ne peut trouver le rapport en nombres, avec l'autre ligne sur laquelle appuie la première surface; car, dans l'arithmétique, l'élévation aux puissances entières, comme au carré, au cube, etc., n'est qu'une multiplication ou même une addition d'unités; elle appartient par conséquent à l'échelle d'arithmétique qui est en usage; et la suite de toutes ces puissances doit s'y trouver et s'y trouve, mais l'extraction des racines, ou ce qui est la même chose, l'élévation aux puissances rompues, n'appartient plus à cette même échelle, et tout de même qu'on ne peut dans l'échelle denaire, exprimer la fraction $\frac{1}{3}$, que par une suite infinie $\frac{0\ 333333}{1000000}$, etc., on ne peut aussi exprimer les puissances rompues ou les racines $\frac{1}{2}$, $\frac{1}{3}$, $\frac{3}{4}$, etc., de plusieurs nombres, que par des suites infinies, et par conséquent ces racines ne peuvent être mesurées par la marche d'aucune échelle commune; et comme la diagonale d'un carré est toujours la racine carrée du double d'un nombre carré, et que ce nombre double ne peut lui-même être un nombre carré, il s'ensuit que le nombre qui représente cette diagonale, ne se trouve pas dans l'échelle d'arithmétique et ne peut s'y trouver, quoique le nombre

qui représente la surface s'y trouve, parce que la surface est représentée par une puissance entière, et la diagonale par la puissance rompue $\frac{1}{2}$ de 2, laquelle n'existe point dans notre échelle.

De la même manière qu'on mesure avec une ligne droite, prise arbitrairement pour l'uuité, une longueur droite, on peut aussi mesurer un assemblage de lignes droites, quelle que puisse être leur position entre elles : aussi la mesure des figures polygones n'a-t-elle d'autre difficulté que celle d'une répétition de mesures en longueur, et d'une addition de leurs résultats; mais les courbes se refusent à cette forme, et notre unité de mesure, quelque petite qu'elle soit, est toujours trop grande pour pouvoir s'appliquer à quelques-unes de leurs parties; la nécessité d'une mesure infiniment petite s'est donc fait sentir, et a fait éclore la métaphysique des nouveaux calculs, sans lesquels, ou quelque chose d'équivalent, on aurait vainement tenté la mesure des lignes courbes.

On avait déjà trouvé moyen de les contraindre, en les asservissant à une loi qui déterminait l'un de leurs principaux rapports; cette équation, l'échelle de leur marche, a fixé leur nature, et nous a permis de la considérer : chaque courbe a la sienne toujours indépendante, et souvent incomparable avec celle d'une autre; c'est l'espèce algébrique qui fait ici l'office du nombre; et l'existence des relations des courbes, ou plutôt des rapports de leur marche et de leur forme, ne se voit qu'à la faveur de cette mesure indéfinie, qu'on a su appliquer à tous leurs pas, et par conséquent à tous leurs points.

On a donné le nom de *courbes géométriques* à celles dont on a su mesurer exactement la marche, mais lorsque l'expression ou l'échelle de cette marche s'est refusée à cette exactitude, les courbes se sont appelées *courbes mécaniques*, et on n'a pu leur donner une loi comme aux autres; car les équations aux courbes mécaniques, dans lesquelles on suppose une quantité qui ne peut être exprimée que par une suite infinie, comme un arc de cercle, d'ellipse, etc., égale à une quantité finie, ne sont pas des lois de rigueur, et ne contraignent ces courbes qu'autant que la supposition de pouvoir à chaque pas sommer la suite infinie se trouve près de la vérité.

Les géomètres avaient donc trouvé l'art de représenter la forme des allures de la plupart des courbes, mais la difficulté d'exprimer la marche des courbes mécaniques, et l'impossibilité de les mesurer toutes subsistait encore en entier; et, en effet, paraissait-il possible de connaître cette mesure infiniment petite ? devait-on espérer de pouvoir la manier et l'appliquer ? On a cependant surmonté ces obstacles, on a vaincu les impossibilités apparentes, on a reconnu que des parties, supposées infiniment plus petites, pouvaient et devaient avoir entre elles des rapports finis ; on a banni de la métaphysique les idées d'un infini absolu, pour y substituer celles d'un infini relatif plus traitable que l'autre, ou plutôt le seul que les

hommes puissent apercevoir : cet infini relatif s'est prêté à toutes les relations d'ordre et de convenance, de grandeur et de petitesse; on a trouvé moyen de tirer de l'équation à la courbe le rapport de ses côtés infiniment petits, avec une droite infiniment petite, prise pour l'unité; et, par une opération inverse, on a su remonter de ces éléments infiniment petits à la longueur réelle et finie de la courbe; il en est de même des surfaces et des solides, les nouvelles méthodes nous ont mis en état de tout mesurer; la géométrie est maintenant une science complète, et les travaux de la postérité dans ce genre n'aboutiront guère qu'à des facilités de calcul, et à des constructions de tables d'intégrales, qu'on ira consulter au besoin.

XXX. — Dans la pratique, on a proportionné aux différentes étendues en longueur différentes unités plus ou moins grandes; les petites longueurs se mesurent avec des pieds, des pouces, des lignes, des aunes, des toises, etc.; les grandes distances se mesurent avec des lieues, des degrés, des demi-diamètres de la terre, etc. : ces différentes mesures ont été introduites pour une plus grande commodité, mais sans faire assez d'attention aux rapports qu'elles doivent avoir entre elles; de sorte que les petites mesures sont rarement parties aliquotes des grandes; combien ne serait-il pas à souhaiter qu'on eût fait ces unités commensurables entre elles, et quel service ne nous aurait-on pas rendu, si l'on avait fixé la longueur de ces unités par une détermination invariable; mais il en est ici comme de toutes les choses arbitraires; on saisit celle qui se présente la première et qui paraît convenir, sans avoir égard aux rapports généraux qui ont paru de tout temps aux hommes vulgaires des vérités inutiles et de pure spéculation; chaque peuple a fait et adopté ses mesures; chaque État, chaque province a les siennes; l'intérêt et la mauvaise foi dans la société ont dû les multiplier; la valeur plus ou moins grande des choses les a rendues plus ou moins exactes, et une partie de la science du commerce est née de ces obscurités.

Chez des peuples plus dénués d'arts, et moins éclairés pour leurs intérêts que nous ne le sommes, la multiplication des mesures n'aurait peut-être pas eu d'aussi mauvais effets; dans les pays stériles, où les terrains ne rapportent que peu, on voit rarement des procès pour des défauts de contenance, et plus rarement encore des lieues courtes et des chemins trop étroits; mais plus un terrain est précieux, plus une denrée est chère, plus aussi les mesures sont épluchées et contestées, plus on met d'art et de combinaison dans les abus qu'on en fait; la fraude est allée jusqu'à imaginer plusieurs mesures difficiles à comparer, elle a su se couvrir en mettant en avant ces embarras de convention; enfin il a fallu les lumières de plusieurs arts qui supposent de l'intelligence et de l'étude, et qui, sans les entraves de la comparaison des différentes mesures, n'auraient demandé qu'un coup d'œil et un peu de mémoire; je veux parler du toisé et de l'arpentage,

de l'art de l'essayeur, de celui du changeur, et de quelques autres dont le but unique est de découvrir la vérité des mesures.

Rien ne serait plus utile que de rapporter à quelques unités invariables toutes ces unités arbitraires, mais il faut pour cela que ces unités de mesures soient quelque chose de constant et de commun à tous les peuples, et ce ne peut être que dans la nature même qu'on peut trouver cette convenance générale[1]. La longueur du pendule, qui bat les secondes sous l'équateur, a toutes les conditions nécessaires pour être l'étalon universel des mesures géométriques, et ce projet pourrait nous procurer, dans l'exécution, des avantages dont il est aisé de sentir toute l'étendue.

Cette mesure, une fois reçue, fixe d'une manière invariable pour le présent, et détermine à jamais pour l'avenir la longueur de toutes les autres mesures : pour peu qu'on se familiarise avec elle, l'incertitude et les embarras du commerce ne peuvent manquer de disparaître ; on pourra l'appliquer aux surfaces et aux solides de la même façon qu'on y applique les mesures en usage ; elle a toutes leurs commodités, et n'a aucun de leurs défauts ; rien ne peut l'altérer, que des changements qu'ils serait ridicule de prévoir ; une diminution ou une augmentation dans la vitesse de la terre autour de son axe, une variation dans la figure du globe, son attraction diminuée par l'approche d'une comète, sont des causes trop éloignées pour qu'on doive en rien craindre, et sont cependant les seules qui pourraient altérer cette unité de la mesure universelle.

La mesure des liquides n'embarrassera pas davantage que celle des surfaces et des solides : la longueur du pendule sera la jauge universelle, et l'on viendra par ce moyen aisément à bout d'épurer cette partie du commerce si sujette à la friponnerie, par la difficulté de connaître exactement les mesures, difficulté qui en a produit d'autres, et qui a fait mal à propos imaginer, pour cet usage, les mesures mécaniques, et substituer les poids

1. Le vœu de Buffon a été exaucé. L'unité de poids et de mesures règne aujourd'hui en France, et *c'est dans la nature même qu'on a trouvé la convenance générale.*

« La nécessité imposée à la politique de respecter les habitudes locales avait produit une « multitude de mesures diverses.... Tous les bons esprits réclamaient, il y a déjà un siècle, « contre cet état de choses.... C'est la France qui, la première, a donné l'exemple d'une réforme « devenue indispensable, en établissant un système uniforme de poids et mesures...

« Exposons en peu de mots cet admirable système. On a mesuré l'arc de la terre qui s'étend « du pôle à l'equateur, ou le quart du méridien ; on s'est servi pour cela d'une longueur qui « pouvait être arbitraire, et qu'on a prise égale à la toise dite *du Pérou,* parce qu'elle avait « servi aux académiciens français pour mesurer, en 1740, un arc de méridien en cette contrée, « afin d'arriver à la connaissance de la forme et des dimensions du globe terrestre. C'est la dix-« millionième partie de cet arc qui, sous le nom de *mètre,* a été prise pour unité des mesures « linéaires....

« Le carré dont le côté a dix mètres est l'unité de surface : on l'appelle *are.*

« Le cube qui a pour côté la dixième partie du mètre est le *litre,* unité de volume. Le poids « d'un cube d'eau qui a pour côté la centième partie du mètre est l'unité de poids : on le nomme « *gramme,* etc., etc.... » (Francœur.)

aux mesures géométriques pour les liquides, ce qui, outre l'incertitude de la vérité des balances et de la fidélité des poids, a fait naître l'embarras de la tare et la nécessité des déductions. Nous préférons, avec raison, la longueur du pendule sous l'équateur, à la longueur du pendule en France, ou dans un autre climat. On prévient par ce choix la jalousie des nations, et on met la postérité plus en état de retrouver aisément cette mesure. La minute-seconde est une partie du temps, dont on reconnaîtra toujours la durée, puisqu'elle est une partie déterminée du temps qu'emploie la terre à faire sa révolution sur son axe, c'est-à-dire la quatre-vingt-six mille quatre-centième partie juste : ainsi cet élément, qui entre dans notre unité de mesure, ne peut y faire aucun tort.

XXXI. — Nous avons dit ci-devant qu'il y a des vérités de différents genres, des certitudes de différents ordres, des probabilités de différents degrés. Les vérités qui sont purement intellectuelles, comme celles de la géométrie, se réduisent toutes à des vérités de définition : il ne s'agit, pour résoudre le problème le plus difficile, que de le bien entendre, et il n'y a, dans le calcul et dans les autres sciences purement spéculatives, d'autres difficultés que celles de démêler ce que l'esprit humain y a confondu ; prenons pour exemple la quadrature du cercle, cette question si fameuse, et qu'on a regardée longtemps comme le plus difficile de tous les problèmes; et examinons un peu ce qu'on nous demande, lorsqu'on nous propose de trouver au juste la mesure d'un cercle. Qu'est-ce qu'un cercle en géométrie? ce n'est point cette figure que vous venez de tracer avec un compas, dont le contour n'est qu'un assemblage de petites lignes droites, lesquelles ne sont pas toutes également et rigoureusement éloignées du centre, mais qui forment différents petits angles, ont une largeur visible, des inégalités, et une infinité d'autres propriétés physiques inséparables de l'action des instruments et du mouvement de la main qui les guide. Au contraire, le cercle en géométrie est une figure plane, comprise par une seule ligne courbe appelée *circonférence;* de tous les points de laquelle circonférence, toutes les lignes droites, menées à un seul point qu'on appelle *centre*, sont égales entre elles. Toute la difficulté du problème de la quadrature du cercle, consiste à bien entendre tous les termes de cette définition; car, quoiqu'elle paraisse très-claire et très-intelligible, elle renferme cependant un grand nombre d'idées et de suppositions, desquelles dépend la solution de toutes les questions qu'on peut faire sur le cercle. Et, pour prouver que toute la difficulté ne vient que de cette définition, supposons pour un instant, qu'au lieu de prendre la circonférence du cercle pour une courbe, dont tous les points sont à la rigueur également éloignés du centre, nous prenions cette circonférence pour un assemblage de lignes droites aussi petites que vous voudrez ; alors cette grande difficulté de mesurer un cercle

s'évanouit, et il devient aussi facile à mesurer qu'un triangle. Mais ce n'est pas là ce qu'on demande, et il faut trouver la mesure du cercle dans l'esprit de la définition. Considérons donc tous les termes de cette définition, et pour cela souvenons-nous que les géomètres appellent un point ce qui n'a aucune partie : première supposition qui influe beaucoup sur toutes les questions mathématiques, et qui étant combinée avec d'autres suppositions aussi peu fondées, ou plutôt de pures abstractions, ne peut manquer de produire des difficultés insurmontables à tous ceux qui s'éloigneront de l'esprit de ces premières définitions, ou qui ne sauront pas remonter de la question qu'on leur propose, à ces premières suppositions d'abstraction; en un mot, à tous ceux qui n'auront appris de la géométrie que l'usage des signes et des symboles, lesquels sont la langue et non pas l'esprit de la science.

Mais suivons : le point est donc ce qui n'a aucune partie, la ligne est une longueur sans largeur. La ligne droite est celle dont tous les points sont posés également; la ligne courbe, celle dont tous les points sont posés inégalement. La superficie plane est une quantité qui a de la longueur et de la largeur sans profondeur. Les extrémités d'une ligne sont des points; les extrémités des superficies sont des lignes; voilà les définitions ou plutôt les suppositions sur lesquelles roule toute la géométrie, et qu'il ne faut jamais perdre de vue, en tâchant dans chaque question de les appliquer dans le sens même qui leur convient, mais en même temps en ne leur donnant réellement que leur vraie valeur, c'est-à-dire en les prenant pour des abstractions et non pour des réalités.

Cela posé, je dis qu'en entendant bien la définition que les géomètres donnent du cercle, on doit être en état de résoudre toutes les questions qui ont rapport au cercle, et entre autres la question de la possibilité ou de l'impossibilité de sa quadrature, en supposant qu'on sache mesurer un carré ou un triangle; or, pour mesurer un carré, on multiplie la longueur d'un des côtés, par la longueur de l'autre côté, et le produit est une longueur qui, par un rapport sous-entendu de l'unité linéaire à l'unité de surface, représente la superficie du carré. De même, pour mesurer un triangle, on multiplie sa hauteur par sa base, et on prend la moitié du produit. Ainsi, pour mesurer un cercle, il faut de même multiplier la circonférence par son demi-diamètre et en prendre la moitié. Voyons donc à quoi est égale cette circonférence.

La première chose qui se présente, en réfléchissant sur la définition de la ligne courbe, c'est qu'elle ne peut jamais être mesurée par une ligne droite, puisque dans toute son étendue et dans tous les points elle est ligne courbe, et, par conséquent, d'un autre genre que la ligne droite; en sorte que, par la seule définition de la ligne bien entendue, on voit clairement que la ligne droite ne peut pas plus mesurer la ligne courbe, que celle-ci ne

peut mesurer la ligne droite ; or, la quadrature du cercle dépend, comme nous venons de le faire voir, de la mesure exacte de la circonférence, par quelque partie du diamètre prise pour l'unité; mesure impossible, puisque le diamètre est une droite, et la circonférence une courbe : donc la quadrature du cercle est impossible.

XXXII. — Pour mieux faire sentir la vérité de ce que je viens d'avancer, et pour prouver d'une manière entièrement convaincante, que les difficultés des questions de géométrie ne viennent que des définitions, et que ces difficultés ne sont pas réelles, mais dépendent absolument des suppositions qu'on a faites, changeons pour un moment quelques définitions de la géométrie, et faisons d'autres suppositions : appelons la circonférence d'un cercle une ligne dont tous les points sont également posés, et la ligne droite une ligne dont tous les points sont inégalement posés, alors nous mesurerons exactement la circonférence du cercle, sans pouvoir mesurer la ligne droite : or, je vais faire voir qu'il m'est loisible de donner à la ligne droite et à cette ligne courbe ces définitions; car la ligne droite, suivant sa définition ordinaire, est celle dont tous les points sont également posés; et la ligne courbe, celle dont tous les points sont inégalement posés; cela ne peut s'entendre qu'en imaginant que c'est par rapport à une autre ligne droite que cette position est égale ou inégale; et de même que les géomètres, en vertu de leurs définitions, rapportent tout à une ligne droite, je puis rapporter tout à un point en vertu de mes définitions; et au lieu de prendre une ligne droite pour l'unité de mesure, je prendrai une ligne circulaire pour cette unité, et je me trouverai par là en état de mesurer juste la circonférence du cercle, mais je ne pourrai plus mesurer le diamètre; et comme pour trouver la mesure exacte de la superficie du cercle dans le sens des géomètres, il faut nécessairement avoir la mesure juste de la circonférence et du diamètre, je vois clairement que, dans cette supposition comme dans l'autre, la mesure exacte de la surface du cercle n'est pas possible.

C'est donc à cette rigueur des définitions de la géométrie, qu'on doit attribuer la difficulté des questions de cette science : et aussi nous avons vu que, dès qu'on s'est départi de cette trop grande rigueur, on est venu à bout de tout mesurer, et de résoudre toutes les questions qui paraissaient insolubles; car dès qu'on a cessé de regarder les courbes comme courbes en toute rigueur, et qu'on les a réduites à n'être que ce qu'elles sont en effet dans la nature, des polygones, dont les côtés sont indéfiniment petits, toutes les difficultés ont disparu. On a rectifié les courbes, c'est-à-dire mesuré leur longueur, en les supposant enveloppées d'un fil inextensible et parfaitement flexible, qu'on développe successivement (voyez *Fluxions de Newton*, page 131, etc.), et on a mesuré les surfaces par les mêmes

suppositions, c'est-à-dire en changeant les courbes en polygones, dont les côtés sont indéfiniment petits.

XXXIII. — Une autre difficulté qui tient de près à celle de la quadrature du cercle, et de laquelle on peut même dire que cette quadrature dépend, c'est l'incommensurabilité de la diagonale du carré avec le côté; difficulté invincible et générale pour toutes les grandeurs que les géomètres appellent *incommensurables;* il est aisé de faire sentir que toutes ces difficultés ne viennent que des définitions et des conventions arbitraires qu'on a faites, en posant les principes de l'arithmétique et de la géométrie; car nous supposons, en géométrie, que les lignes croissent comme les nombres 1, 2, 3, 4, 5, etc., c'est-à-dire suivant notre échelle d'arithmétique; et, par une correspondance sous-entendue de l'unité de surface avec l'unité linéaire, nous voyons que les surfaces des carrés croissent comme 1, 4, 9, 16, 25, etc. Par ces suppositions, il est clair que de la même façon que la suite 1, 2, 3, 4, 5, etc., est l'échelle des lignes, la suite 1, 4, 9, 16, 25, etc., est aussi l'échelle des surfaces, et que si vous interposez dans cette dernière échelle d'autres nombres, comme 2, 3, 5, 6, 7, 8, 10, 11, 12, 13, 14, 15, 17, 18, 19, 20, 22, 23, 24, tous ces nombres n'auront pas leurs correspondants dans l'échelle des lignes, et que, par conséquent, la ligne qui correspond à la surface 2, est une ligne qui n'a point d'expression en nombres, et qui par conséquent ne peut pas être mesurée par l'unité numérique. Il serait inutile de prendre une partie de l'unité pour mesure, cela ne change point l'impossibilité de l'expression en nombres; car si l'on prend pour l'échelle des lignes $\frac{1}{2}$, 1, $\frac{3}{2}$, 2, $\frac{5}{2}$, 3, $\frac{7}{2}$, 4, etc., on aura pour échelle correspondante des surfaces $\frac{1}{4}$, 1, $\frac{9}{4}$, $\frac{25}{4}$, 9, $\frac{49}{4}$, 16, etc., ou plutôt on aura pour l'échelle des lignes $\frac{1}{2}$, $\frac{2}{2}$, $\frac{3}{2}$, $\frac{4}{2}$, $\frac{5}{2}$, $\frac{6}{2}$, $\frac{7}{2}$, $\frac{8}{2}$, etc., et pour celle des surfaces $\frac{1}{4}$, $\frac{4}{4}$, $\frac{9}{4}$, $\frac{16}{4}$, $\frac{25}{4}$, $\frac{36}{4}$, $\frac{49}{4}$, $\frac{64}{4}$, etc., ce qui retombe dans le même cas que les échelles 1, 2, 3, 4, 5, etc., et 1, 4, 9, 16, 25, etc., de lignes et de surfaces dont l'unité est entière; et il en sera toujours de même, quelque partie de l'unité que vous preniez pour mesure, comme $\frac{1}{3}$, ou $\frac{1}{5}$, ou $\frac{1}{7}$, etc.; les nombres incommensurables dans l'échelle ordinaire le seront toujours, parce que le défaut de correspondance de ces échelles subsistera toujours. Toute la difficulté des incommensurables ne vient donc que de ce qu'on a voulu mesurer les surfaces comme les lignes : or, il est clair qu'une ligne étant supposée l'unité, vous ferez avec deux de ces unités une ligne dont la longueur sera double; mais il n'est pas moins clair qu'avec deux carrés, dont chacun est pris de même pour l'unité, vous ne pouvez pas faire un carré. Tout cela vient de ce que la matière ayant trois différentes dimensions ou plutôt trois différents aspects sous lesquels nous la considérons, il aurait fallu trois échelles différentes d'arithmétique, l'une pour la ligne qui n'a que de la longueur, l'autre pour la superficie qui a de la longueur et de la largeur, et la troi-

sième pour le solide qui a de la longueur, de la largeur et de la profondeur.

XXXIV. — Nous venons de démontrer les difficultés que les abstractions produisent dans les sciences; il nous reste à faire voir l'utilité qu'on en peut tirer, et à examiner l'origine et la nature de ces abstractions sur lesquelles portent presque toutes nos idées scientifiques.

Comme nous avons des relations différentes avec les différents objets qui sont hors de nous, chacune de ces relations produit un genre de sensations et d'idées différentes : lorsque nous voulons connaître la distance où nous sommes d'un objet, nous n'avons d'autre idée que celle de la longueur du chemin à parcourir, et quoique cette idée soit une abstraction, elle nous paraît réelle et complète, parce qu'en effet il ne s'agit, pour déterminer cette distance, que de connaître la longueur de ce chemin ; mais si l'on y fait attention de plus près, on reconnaîtra que cette idée de longueur ne nous paraît réelle et complète, que parce qu'on est sûr que la largeur ne nous manquera pas, non plus que la profondeur. Il en est de même lorsque nous voulons juger de l'étendue superficielle d'un terrain, nous n'avons égard qu'à la longueur et à la largeur, sans songer à la profondeur ; et lorsque nous voulons juger de la quantité solide d'un corps, nous avons égard aux trois dimensions. Il eût été fort embarrassant d'avoir trois mesures différentes; il aurait fallu mesurer la ligne par une longueur, la superficie par une autre superficie prise pour l'unité, et le solide par un autre solide. La géométrie, en se servant des abstractions, et des correspondances d'unités et d'échelles, nous apprend à tout mesurer avec la ligne seule, et c'est dans cette vue qu'on a considéré la matière sous trois dimensions, longueur, largeur et profondeur, qui toutes trois ne sont que des lignes, dont les dénominations sont arbitraires; car si on s'était servi des surfaces pour tout mesurer, ce qui était possible, quoique moins commode que les lignes, alors au lieu de dire longueur, largeur et profondeur, on eût dit le dessus, le dessous et les côtés, et ce langage eût été moins abstrait; mais les mesures eussent été moins simples, et la géométrie plus difficile à traiter.

Quand on a vu que les abstractions, bien entendues, rendaient faciles des opérations, à la connaissance et à la perfection desquelles les idées complètes n'auraient pas pu nous faire parvenir aussi aisément, on a suivi ces abstractions aussi loin qu'il a été possible; l'esprit humain les a combinées, calculées, transformées de tant de façons, qu'elles ont formé une science d'une vaste étendue, mais de laquelle ni l'évidence qui la caractérise partout, ni les difficultés qu'on y rencontre souvent, ne doivent nous étonner, parce que nous y avons mis les unes et les autres, et que toutes les fois que nous n'aurons pas abusé des définitions ou des suppositions, nous n'aurons

que de l'évidence sans difficultés, et toutes les fois que nous en aurons abusé, nous n'aurons que des difficultés sans aucune évidence. Au reste, l'abus consiste autant à proposer une mauvaise question qu'à mal résoudre un bon problème, et celui qui propose une question comme celle de la quadrature du cercle abuse plus de la géométrie que celui qui entreprend de la résoudre, car il a le désavantage de mettre l'esprit des autres à une épreuve que le sien n'a pu supporter, puisqu'en proposant cette question, il n'a pas vu que c'était demander une chose impossible.

Jusqu'ici nous n'avons parlé que de cette espèce d'abstraction qui est prise du sujet même, c'est-à-dire, d'une seule propriété de la matière, c'est-à-dire de son extension; l'idée de la surface n'est qu'un retranchement à l'idée complète du solide, c'est-à-dire une idée privative, une abstraction; celle de la ligne est une abstraction d'abstraction; et le point est l'abstraction totale : or toutes ces idées privatives ont rapport au même sujet et dépendent de la même qualité ou propriété de la matière, je veux dire, de son étendue; mais elles tirent leur origine d'une autre espèce d'abstraction, par laquelle on ne retranche rien du sujet, et qui ne vient que de la différence des propriétés que nous apercevons dans la matière; le mouvement est une propriété de la matière très-différente de l'étendue; cette propriété ne renferme que l'idée de la distance parcourue, et c'est cette idée de distance qui a fait naître celle de la longueur ou de la ligne. L'expression de cette idée du mouvement entre donc naturellement dans les considérations géométriques, et il y a de l'avantage à employer ces abstractions naturelles, et qui dépendent des différentes propriétés de la matière, plutôt que les abstractions purement intellectuelles, car tout en devient plus clair et plus complet.

XXXV. — On serait porté à croire que la pesanteur est une des propriétés de la matière susceptibles de mesure; on a vu de tout temps des corps plus ou moins pesants que d'autres, il était donc assez naturel d'imaginer que la matière avait, sous des formes différentes, des degrés différents de pesanteur, et ce n'est que depuis l'invention de la machine du vide, et les expériences des pendules, qu'on est assuré que la matière est toute également pesante. On a vu, et peut-être l'a-t-on vu avec surprise, les corps les plus légers tomber aussi vite que les plus pesants dans le vide; et on a démontré, au moyen des pendules, que le poids des corps est proportionnel à la quantité de matière qu'ils contiennent : la pesanteur de la matière ne paraît donc pas être une qualité relative qui puisse augmenter et diminuer, en un mot qui puisse se mesurer.

Cependant en y faisant attention de plus près encore, on voit que cette pesanteur est l'effet d'une force répandue dans l'univers, qui agit plus ou moins à une distance plus ou moins grande de la surface de la terre; elle

réside dans la masse même du globe, et toutes ses parties ont une portion de cette force active, qui est toujours proportionnelle à la quantité de matière qu'elles contiennent; mais elle s'exerce dans l'éloignement avec moins d'énergie; et, dans le point de contact, elle agit avec une puissance infinie : donc cette qualité de la matière paraît augmenter ou diminuer par ses effets, et par conséquent elle devient un objet de mesures, mais de mesures philosophiques que le commun des hommes, dont le corps et l'esprit bornés à leur habitation terrestre, ne considérera pas comme utiles, parce qu'il ne pourra jamais en faire un usage immédiat : s'il nous était permis de nous transporter vers la lune ou vers quelque autre planète, ces mesures seraient bientôt en pratique, car en effet nous aurions besoin, pour ces voyages, d'une mesure de pesanteur qui nous servirait de mesure itinéraire; mais, confinés comme nous le sommes, on peut se contenter de se souvenir que la vitesse inégale de la chute des corps dans différents climats de la terre, et les spéculations de Newton nous ont appris que, si nous en avons jamais besoin, nous pourrons mesurer cette propriété de la matière avec autant de précision que toutes les autres.

Mais autant les mesures de la pesanteur de la matière en général nous paraissent indifférentes, autant les mesures du poids de ses formes doivent nous paraître utiles : chaque forme de la matière a son poids spécifique qui la caractérise; c'est le poids de cette matière en particulier, ou plutôt c'est le produit de la force de la gravité par la densité de cette matière. Le poids absolu d'un corps est par conséquent le poids spécifique de la matière de ce corps multiplié par la masse; et comme dans les corps d'une matière homogène la masse est proportionnelle au volume, on peut, dans l'usage, prendre l'un pour l'autre; et de la connaissance du poids spécifique d'une matière, tirer celle du poids absolu d'un corps composé de cette matière; savoir, en multipliant le poids spécifique par le volume, et *vice versâ* de la connaissance du poids absolu d'un corps tirer celle du poids spécifique de la matière dont ce corps est composé en divisant le poids par le volume : c'est sur ces principes qu'est fondée la théorie de la balance hydrostatique et celle des opérations qui en dépendent. Disons un mot sur ce sujet très-important pour les physiciens.

Tous les corps seraient également denses si, sous un volume égal, ils contenaient le même nombre de parties, et par conséquent la différence de leurs poids ne vient que de celle de leur densité : en comprimant l'air et le réduisant dans un espace neuf cent fois plus petit que celui qu'il occupe, on augmenterait en même raison sa densité, et cet air comprimé se trouverait aussi pesant que l'eau; il en est de même des poudres, etc. La densité d'une matière est donc toujours réciproquement proportionnelle à l'espace que cette matière occupe : ainsi l'on peut très-bien juger de la densité par le volume; car plus le volume d'un corps sera grand, par rapport au

volume d'un autre corps, le poids étant supposé le même, plus la densité du premier sera petite et en même raison; de sorte que si une livre d'eau occupe dix-neuf fois plus d'espace qu'une livre d'or, on peut en conclure que l'or est dix-neuf fois plus dense, et par conséquent dix-neuf fois plus pesant que l'eau. C'est cette pesanteur que nous avons appelée *spécifique*, et qu'il est si important de connaître, surtout dans les matières précieuses, comme les métaux, afin de s'assurer de leur pureté, et de pouvoir découvrir les fraudes et les mélanges qui peuvent les falsifier : la mesure du volume est la seule qu'on puisse employer pour cet effet; celle de la densité ne tombe pas assez sous nos sens, car cette mesure de la densité dépend de la position des parties intérieures et de la somme des vides qu'elles laissent entre elles; nos yeux ne sont pas assez perçants pour démêler et comparer ces différents rapports de formes; ainsi nous sommes obligés de mesurer cette densité par le résultat qu'elle produit, c'est-à-dire par le volume apparent.

La première manière qui se présente pour mesurer le volume des corps est la géométrie des solides : un volume ne diffère d'un autre que par son extension plus ou moins grande, et dès lors il semble que le poids des corps devient un objet des mesures géométriques; mais l'expérience a fait voir combien la pratique de la géométrie était fautive à cet égard. En effet, il s'agit de reconnaître dans des corps de figure très-irrégulière, et souvent dans de très-petits corps, des différences encore plus petites, et cependant considérables par la valeur de la matière; il n'était donc pas possible d'appliquer aisément ici les mesures de longueur, qui d'ailleurs auraient demandé de grands calculs, quand même on aurait trouvé le moyen d'en faire usage. On a donc imaginé un autre moyen aussi sûr qu'il est aisé, c'est de plonger le volume à mesurer dans une liqueur contenue dans un vase régulier, et dont la capacité est connue et divisée par plusieurs lignes : l'augmentation du volume de la liqueur se reconnaît par ces divisions, et elle est égale au volume du solide qui est plongé dedans; mais cette façon a encore ses inconvénients dans la pratique. On ne peut guère donner au vase la perfection de figure qui serait nécessaire; on ne peut ôter aux divisions les inégalités qui échappent aux yeux, de sorte qu'on a eu recours à quelque chose de plus simple et de plus certain : on s'est servi de la balance; et je n'ai plus qu'un mot à dire sur cette façon de mesurer les solides.

On vient de voir que les corps irréguliers et fort petits se refusent aux mesures de la géométrie, quelque exactitude qu'on leur suppose; elles ne nous donnent jamais que des résultats très-imparfaits : aussi la pratique de la géométrie des solides a été obligée de se borner à la mesure des grands corps et des corps réguliers, dont le nombre est bien petit en comparaison de celui des autres corps. On a donc cherché à mesurer ces corps par une

autre propriété de la matière, par leur pesanteur dans les solides de même matière : cette pesanteur est proportionnelle à l'étendue, c'est-à-dire le poids est en même rapport que le volume; on a substitué avec raison la balance aux mesures de longueur, et par là on s'est trouvé en état de mesurer exactement tous les petits corps de quelque figure qu'ils soient, parce que la pesanteur n'a aucun égard à la figure, et qu'un corps rond ou carré, ou de telle autre figure qu'on voudra, pèse toujours également. Je ne prétends pas dire ici que la balance n'a été imaginée que pour suppléer au défaut des mesures géométriques : il est visible qu'elle a son usage sans cela, mais j'ai voulu faire sentir combien elle était utile à cet égard même qui n'est qu'une partie des avantages qu'elle nous procure.

On a de tout temps senti la nécessité de connaître exactement le poids des corps; j'imaginerais volontiers que les hommes ont d'abord mesuré ces poids par les forces de leur corps; on a levé, porté, tiré des fardeaux, et l'on a jugé du poids par les résistances qu'on a trouvées. Cette mesure ne pouvait être que très-imparfaite, et d'ailleurs n'étant pas du même genre que le poids, elle ne pouvait s'appliquer à tous les cas; on a donc ensuite cherché à mesurer les poids par des poids, et de là l'origine des balances de toutes façons, qui cependant peuvent à la rigueur se réduire à quatre espèces : la première, qui, pour peser différentes masses, demande différents poids, et qui se rapporte par conséquent à toutes les balances communes à fléau soutenu ou appuyé, à bras égaux ou inégaux, etc.; la seconde, qui, pour différentes masses, n'emploie qu'un seul poids, mais des bras de longueur différente, comme toutes les espèces de statères ou balances romaines; la troisième espèce qu'on appelle *peson* ou *balance à ressort*, n'a pas besoin de poids, et donne la pesanteur des masses par un index numéroté; enfin la quatrième espèce est celle où l'on emploie un seul poids attaché à un fil ou à une chaîne qu'on suppose parfaitement flexible, et dont les différents angles indiquent les différentes pesanteurs des masses. Cette dernière sorte de balance ne peut être d'un usage commun, par la difficulté du calcul et même par celle de la mesure des angles; mais la troisième sorte, dans laquelle il ne faut point de poids, est la plus commode de toutes pour peser de grosses masses. Le sieur Hanin, habile artiste en ce genre, m'en a fait une avec laquelle on peut peser trois milliers à la fois, et aussi juste que l'on pèse cinq cents livres avec une autre balance.

DES PROBABILITÉS DE LA DURÉE DE LA VIE.

La connaissance des probabilités de la durée de la vie est une des choses les plus intéressantes dans l'histoire naturelle de l'homme; on peut la tirer des tables de mortalité que j'ai publiées [1]. Plusieurs personnes m'ont paru désirer d'en voir les résultats en détail, et les applications pour tous les âges, et je me suis déterminé à les donner ici par supplément, d'autant plus volontiers que je me suis aperçu qu'on se trompait souvent en raisonnant sur cette matière, et qu'on tirait même de fausses inductions des rapports que présentent ces tables.

J'ai fait observer que, dans ces tables, les nombres qui correspondent à 5, 10, 15, 20, 25, etc., années d'âge, sont beaucoup plus grands qu'ils ne doivent l'être, parce que les curés, surtout ceux de la campagne, ne mettent pas sur leurs registres l'âge au juste, mais à peu près : la plupart des paysans ne sachant pas leur âge à une ou deux années près, on écrit 60 ans s'ils sont morts à 59 ou 61 ans; on écrit 70 ans s'ils sont morts à 69 ou 71 ans, et ainsi des autres. Il faut donc, pour faire des applications exactes, commencer par corriger ces termes au moyen de la suite graduelle que présentent les nombres pour les autres âges.

Il n'y a point de correction à faire jusqu'au nombre 154 qui correspond à la neuvième année, parce qu'on ne se trompe guère d'un an sur l'âge d'un enfant de 1, 2, 3, 4, 5, 6, 7 ou 8 ans; mais le nombre 114 qui correspond à la dixième année est trop fort, aussi bien que le nombre 100 qui correspond à la douzième, tandis que le nombre 81 qui correspond à la onzième est trop faible. Le seul moyen de rectifier ces défauts et ces excès, et d'approcher de la vérité, c'est de prendre les nombres cinq à cinq, et de les partager de manière qu'ils augmentent proportionnellement à mesure que leurs sommes vont en augmentant; et, au contraire, de les partager de manière qu'ils aillent en diminuant si leurs sommes vont aussi en diminuant : par exemple, j'ajoute ensemble les cinq nombres 114, 81, 100, 73 et 73 qui correspondent dans la table à la 10e, 11e, 12e, 13e et 14e année, leur somme est 441; je partage cette somme d'abord en cinq parties égales, ce qui me donne 88 $\frac{1}{5}$. J'ajoute de même les cinq nombres suivants 90, 97, 104, 115 et 105, leur somme est 511, et je vois par là que ces sommes vont en augmentant; dès lors je partage la somme 441 des cinq nombres précédents, en sorte qu'ils aillent en augmentant, et j'écris 87, 87, 88, 89 et 90, au lieu de 114, 81, 100, 73 et 73. De même, avant de partager la somme 511 des cinq nombres 90, 97, 104, 115 et 105 qui corres-

[1]. Voyez t. II, page 87 et suiv.

pondent à la 15e, 16e, 17e, 18e et 19e année, j'ajoute ensemble les cinq nombres suivants pour voir si leur somme est plus ou moins forte que 511 : et comme je la trouve plus forte, je partage 511 comme j'ai partagé 441 en cinq parties qui aillent en augmentant; et si au contraire cette somme des cinq nombres suivants était plus petite que celle des cinq nombres précédents (comme cela se trouve dans la suite), je partagerai cette somme de manière que les nombres aillent en diminuant. De cette façon, nous approcherons de la vérité autant qu'il est possible, d'autant que je ne me suis déterminé à commencer mes corrections au terme 114, qu'après avoir tâtonné toutes les autres suites que donnaient les sommes des nombres pris cinq à cinq et même dix à dix, et que c'est à ce terme que je me suis fixé, parce que leur marche s'est trouvée avoir le plus d'uniformité.

Voici donc cette table corrigée, de manière à pouvoir en tirer exactement tous les rapports des probabilités de la vie.

	ANNÉES DE LA VIE.				
	1re	2e	3e	4e	5e
Séparation des 23994 morts	6454	2378	985	700	509
Morts avant la fin de leur 1re, 2e année, etc., sur 23994 sépultures	6454	8832	9817	10517	11026
Nombre des personnes entrées dans leur 1re, 2e année, etc., sur 23994	23994	17540	15162	14177	13477
	6e	7e	8e	9e	10e
Séparation des 23994 morts	406	307	240	154	112
Morts avant la fin de leur 6e, 7e année, etc., sur les 23994 sépultures	11432	11739	11979	12133	12245
Nombre des personnes entrées dans leur 6e, 7e année, etc., sur 23994	12968	12562	12255	12015	11861
	11e	12e	13e	14e	15e
Séparation des 23994 morts	100	93	88	84	85
Morts avant la fin de leur 11e, 12e année, etc., sur les 23994 sépultures	12345	12438	12526	12610	12695
Nombre des personnes entrées dans leur 11e, 12e année, etc., sur 23994	11749	11649	11556	11468	11384
	16e	17e	18e	19e	20e
Séparation des 23994 morts	90	95	100	107	116
Morts avant la fin de leur 16e, 17e année, etc., sur les 23994 sépultures	12785	12880	12980	13087	13203
Nombre des personnes entrées dans leur 16e, 17e année, etc., sur 23994	11299	11209	11114	11014	10907
	21e	22e	23e	24e	25e
Séparation des 23994 morts	124	133	136	140	141
Morts avant la fin de leur 21e, 22e année, etc., sur les 23994 sépultures	13327	13460	13596	13736	13877
Nombre des personnes entrées dans leur 21e, 22e année, etc., sur 23994	10794	10667	10534	10398	10258

	ANNÉES DE LA VIE.				
	26e	27e	28e	29e	30e
Séparation des 23994 morts	142	143	144	145	148
Morts avant la fin de leur 26e, 27e année, etc., sur les 23994 sépultures	14019	14162	14306	14451	14599
Nombre des personnes entrées dans leur 26e, 27e année, etc., sur 23994	10117	9975	9832	9688	9543
	31e	32e	33e	34e	35e
Séparation des 23994 morts	151	153	154	158	160
Morts avant la fin de leur 31e, 32e année, etc., sur les 23994 sépultures	14750	14903	15057	15215	15375
Nombre des personnes entrées dans leur 31e, 32e année, etc., sur 23994	9395	9244	9091	8937	8779
	36e	37e	38e	39e	40e
Séparation des 23994 morts	165	170	175	181	187
Morts avant la fin de leur 36e, 37e année, etc., sur les 23994 sépultures	15540	15710	15885	16066	16253
Nombre des personnes entrées dans leur 36e, 37e année, etc., sur 23994	8619	8454	8284	8109	7928
	41e	42e	43e	44e	45e
Séparation des 23994 morts	186	185	184	179	172
Morts avant la fin de leur 41e, 42e année, etc., sur les 23994 sépultures	16439	16624	16808	16987	17159
Nombre des personnes entrées dans leur 41e, 42e année, etc., sur 23994	7741	7555	7370	7186	7007
	46e	47e	48e	49e	50e
Séparation des 23994 morts	166	153	159	161	162
Morts avant la fin de leur 45e, 46e année, etc , sur les 23994 sépultures	17325	17478	17637	17798	17960
Nombre des personnes entrées dans leur 46e, 47e année, etc., sur 23994	6835	6669	6516	6357	6196
	51e	52e	53e	54e	55e
Séparation des 23994 morts	163	164	165	168	170
Morts avant la fin de leur 50e, 51e année, etc., sur les 23994 sépultures	18123	18287	18452	18620	18790
Nombre des personnes entrées dans leur 51e, 52e année, etc., sur 23994	6034	5871	5707	5542	5374
	56e	57e	58e	59e	60e
Séparation des 23994 morts	173	174	177	179	183
Morts avant la fin de leur 56e, 57e année, etc., sur les 23994 sépultures	18963	19137	19314	19493	19676
Nombre des personnes entrées dans leur 56e, 57e année, etc., sur 23994	5204	5031	4857	4680	4501
	61e	62e	63e	64e	65e
Séparation des 23994 morts	185	186	189	190	197
Morts avant la fin de leur 61e, 62e année, etc., sur les 23994 sépultures	19861	20047	20236	20426	20623
Nombre des personnes entrées dans leur 61e, 62e année, etc., sur 23994	4318	4133	3947	3758	3568
	66e	67e	68e	69e	70e
Séparation des 23994 morts	196	195	194	191	190
Morts avant la fin de leur 66e, 67e année, etc., sur les 23994 sépultures	20819	21014	21208	21399	21589
Nombre des personnes entrées dans leur 66e, 67e année, etc., sur 23994	3371	3175	2980	2786	2595

	ANNÉES DE LA VIE.				
Séparation des 23994 morts............	71e 189	72e 188	73e 187	74e 181	75e 177
Morts avant la fin de leur 71e, 72e année, etc., sur les 23994 sépultures.....	21778	21966	22153	22334	22511
Nombre des personnes entrées dans leur 71e, 72e année, etc., sur 23994........	2405	2216	2028	1841	1660
Séparation des 23994 morts............	76e 175	77e 174	78e 170	79e 157	80e 144
Morts avant la fin de leur 76e, 77e année, etc., sur les 23994 sépultures.....	22686	22860	23030	23187	23331
Nombre des personnes entrées dans leur 76e, 77e année, etc., sur 23994........	1483	1308	1134	964	807
Séparation des 23994 morts............	81e 123	82e 103	83e 83	84e 63	85e 54
Morts avant la fin de leur 81e, 82e année, etc., sur les 23994 sépultures.....	23454	23557	23640	23703	23757
Nombre des personnes entrées dans leur 81e, 82e année, etc., sur 23994	663	540	437	354	291
Séparation des 23994 morts............	86e 44	87e 38	88e 32	89e 20	90e 18
Morts avant la fin de leur 86e, 87e année, etc., sur les 23994 sépultures.....	23801	23839	23871	23891	23909
Nombre des personnes entrées dans leur 86e, 87e année, etc., sur 23994........	237	193	155	123	103
Séparation des 23994 morts............	91e 16	92e 14	93e 12	94e 10	95e 9
Morts avant la fin de leur 91e, 92e année, etc., sur les 23994 sépultures.....	23925	23939	23951	23961	23970
Nombre des personnes entrées dans leur 91e, 92e année, etc., sur 23994........	85	69	55	43	33
Séparation des 23994 morts............	96e 7	97e 5	98e 4	99e 3	100e 3
Morts avant la fin de leur 96e, 97e année, etc., sur les 23994 sépultures.....	23977	23982	23986	23989	23992
Nombre des personnes entrées dans leur 96e, 97e année, etc., sur 23994........	24	17	12	8	5
Séparation des 23994 morts............	101e 2	102e 0			
Morts avant la fin de leur 101e, 102e année, sur les 23994 sépultures..........	23994	23994			
Nombre des personnes entrées dans leur 101e, 102e année, sur 23994...........	2	0			

TABLE DE LA PROBABILITÉ DE LA VIE

Pour un enfant qui vient de naître.

On peut parier 17540 contre 6454, ou, pour abréger, 2 $\frac{3}{4}$ environ contre 1, qu'un enfant qui vient de naître vivra un an ;

Et en supposant la mort également répartie dans tout le courant de l'année :

17540 contre $\frac{6454}{2}$ ou 5 $\frac{7}{16}$ contre 1 qu'il vivra 6 mois.
17540 contre $\frac{6454}{4}$ ou près de 11 contre 1 qu'il vivra 3 mois.
1754 contre $\frac{6454}{365}$ ou environ 1030 contre 1 qu'il ne mourra pas dans les vingt-quatre heures.

De même on peut parier 15162 contre 8832 ou 1 $\frac{3}{4}$ environ contre 1 qu'un enfant qui vient de naître vivra 2 ans.

14177 contre 9817 ou 1 $\frac{4}{9}$ contre 1 qu'il vivra 3 ans.
13477 contre 10517 ou 1 $\frac{1}{5}$ contre 1 qu'il vivra 4 ans.
12968 contre 11026 ou 1 $\frac{2}{11}$ contre 1 qu'il vivra 5 ans.
12562 contre 11432 ou 1 $\frac{1}{11}$ contre 1 qu'il vivra 6 ans.
12255 contre 11739 ou 1 $\frac{1}{23}$ environ contre 1 qu'il vivra 7 ans.
12015 contre 11979 ou 1 $\frac{1}{333}$ contre 1 qu'il vivra 8 ans.
12133 contre 11861 ou 1 $\frac{1}{43}$ contre 1 qu'il ne vivra pas 9 ans.
12245 contre 11749 ou 1 $\frac{1}{24}$ contre 1 qu'il ne vivra pas 10 ans.
12345 contre 11649 ou 1 $\frac{1}{17}$ contre 1 qu'il ne vivra pas 11 ans.
12438 contre 11556 ou 1 $\frac{1}{13}$ contre 1 qu'il ne vivra pas 12 ans.
12526 contre 11468 ou 1 $\frac{1}{11}$ contre 1 qu'il ne vivra pas 13 ans.
12610 contre 11384 ou 1 $\frac{1}{9}$ contre 1 qu'il ne vivra pas 14 ans.
12695 contre 11299 ou 1 $\frac{1}{8}$ contre 1 qu'il ne vivra pas 15 ans.
12785 contre 11209 ou 1 $\frac{1}{7}$ contre 1 qu'il ne vivra pas 16 ans.
12880 contre 11114 ou 1 $\frac{1}{6}$ contre 1 qu'il ne vivra pas 17 ans.
12980 contre 11014 ou 1 $\frac{2}{11}$ contre 1 qu'il ne vivra pas 18 ans.
13087 contre 10907 ou 1 $\frac{1}{5}$ contre 1 qu'il ne vivra pas 19 ans.
13203 contre 10791 ou 1 $\frac{2}{9}$ contre 1 qu'il ne vivra pas 20 ans.
13327 contre 10667 ou 1 $\frac{1}{4}$ contre 1 qu'il ne vivra pas 21 ans.
13460 contre 10534 ou 1 $\frac{2}{7}$ contre 1 qu'il ne vivra pas 22 ans.
13596 contre 10398 ou 1 $\frac{4}{13}$ contre 1 qu'il ne vivra pas 23 ans.
13736 contre 10258 ou 1 $\frac{1}{3}$ contre 1 qu'il ne vivra pas 24 ans.
13877 contre 10117 ou 1 $\frac{3}{8}$ contre 1 qu'il ne vivra pas 25 ans.
14019 contre 9975 ou 1 $\frac{2}{5}$ contre 1 qu'il ne vivra pas 26 ans.
14162 contre 9832 ou 1 $\frac{4}{9}$ contre 1 qu'il ne vivra pas 27 ans.

14306 contre 9688 ou 1 $\frac{1}{2}$ à très-peu près contre 1, c'est-à-dire 3 contre 2 qu'il ne vivra pas 28 ans.
14451 contre 9543 ou 1 $\frac{10}{19}$ contre 1 qu'il ne vivra pas 29 ans.
14599 contre 9395 ou 1 $\frac{26}{47}$ contre 1 qu'il ne vivra pas 30 ans.
14750 contre 9244 ou 1 $\frac{5}{9}$ contre 1 qu'il ne vivra pas 31 ans.
14903 contre 9091 ou 1 $\frac{2}{3}$ contre 1 qu'il ne vivra pas 32 ans.
15057 contre 8937 ou 1 $\frac{32}{45}$ contre 1 qu'il ne vivra pas 33 ans.
15215 contre 8779 ou 1 $\frac{3}{4}$ contre 1 qu'il ne vivra pas 34 ans.
15375 contre 8619 ou 1 $\frac{67}{86}$ contre 1 qu'il ne vivra pas 35 ans.
15540 contre 8454 ou 1 $\frac{5}{6}$ contre 1 qu'il ne vivra pas 36 ans.
15710 contre 8284 ou 1 $\frac{37}{41}$ contre 1 qu'il ne vivra pas 37 ans.
15885 contre 8109 ou 1 $\frac{77}{81}$ contre 1 qu'il ne vivra pas 38 ans.
16066 contre 7928 ou 2 $\frac{2}{79}$ contre 1 qu'il ne vivra pas 39 ans.
16253 contre 7741 ou 2 $\frac{1}{11}$ contre 1 qu'il ne vivra pas 40 ans.
16439 contre 7555 ou 2 $\frac{13}{75}$ contre 1 qu'il ne vivra pas 41 ans.
16624 contre 7370 ou 2 $\frac{18}{73}$ contre 1 qu'il ne vivra pas 42 ans.
16808 contre 7186 ou 2 $\frac{24}{71}$ contre 1 qu'il ne vivra pas 43 ans.
16987 contre 7007 ou 2 $\frac{29}{70}$ contre 1 qu'il ne vivra pas 44 ans.
17159 contre 6835 ou 2 $\frac{1}{2}$ contre 1, c'est-à-dire 5 contre 2 qu'il ne vivra pas 45 ans.
17325 contre 6669 ou 2 $\frac{13}{22}$ contre 1 qu'il ne vivra pas 46 ans.
17478 contre 6516 ou 2 $\frac{44}{65}$ contre 1 qu'il ne vivra pas 47 ans.
17637 contre 6357 ou 2 $\frac{49}{63}$ contre 1 qu'il ne vivra pas 48 ans.
17798 contre 6196 ou 2 $\frac{54}{61}$ contre 1 qu'il ne vivra pas 49 ans.
17960 contre 6034 ou 2 $\frac{29}{30}$ contre 1 qu'il ne vivra pas 50 ans.
18123 contre 5871 ou 3 $\frac{5}{58}$ contre 1 qu'il ne vivra pas 51 ans.
18287 contre 5707 ou 3 $\frac{11}{57}$ contre 1 qu'il ne vivra pas 52 ans.
18452 contre 5542 ou 3 $\frac{18}{55}$ contre 1 qu'il ne vivra pas 53 ans.
18620 contre 5374 ou 3 $\frac{21}{53}$ contre 1 qu'il ne vivra pas 54 ans.
18790 contre 5204 ou 3 $\frac{31}{52}$ contre 1 qu'il ne vivra pas 55 ans.
18963 contre 5031 ou 3 $\frac{10}{25}$ contre 1 qu'il ne vivra pas 56 ans.
19137 contre 4857 ou 3 $\frac{15}{16}$ contre 1 qu'il ne vivra pas 57 ans.
19314 contre 4680 ou 4 $\frac{5}{46}$ contre 1 qu'il ne vivra pas 58 ans.
19493 contre 4501 ou 4 $\frac{14}{45}$ contre 1 qu'il ne vivra pas 59 ans.
19676 contre 4318 ou 4 $\frac{24}{43}$ contre 1 qu'il ne vivra pas 60 ans.
19861 contre 4133 ou 4 $\frac{33}{41}$ contre 1 qu'il ne vivra pas 61 ans.
20047 contre 3947 ou 5 $\frac{1}{13}$ contre 1 qu'il ne vivra pas 62 ans.
20236 contre 3758 ou 5 $\frac{14}{37}$ contre 1 qu'il ne vivra pas 63 ans.
20426 contre 3568 ou 5 $\frac{5}{7}$ contre 1 qu'il ne vivra pas 64 ans.
20623 contre 3371 ou 6 $\frac{3}{33}$ contre 1 qu'il ne vivra pas 65 ans.
20819 contre 3175 ou 6 $\frac{17}{31}$ contre 1 qu'il ne vivra pas 66 ans.
21014 contre 2980 ou 7 $\frac{2}{29}$ contre 1 qu'il ne vivra pas 67 ans.

21208 contre 2786 ou 7 $\frac{17}{27}$ contre 1 qu'il ne vivra pas 68 ans.
21399 contre 2595 ou 8 $\frac{6}{25}$ contre 1 qu'il ne vivra pas 69 ans.
21589 contre 2405 ou 8 $\frac{23}{24}$ contre 1 qu'il ne vivra pas 70 ans.
21778 contre 2216 ou 9 $\frac{9}{11}$ contre 1 qu'il ne vivra pas 71 ans.
21966 contre 2028 ou 10 $\frac{4}{5}$ contre 1 qu'il ne vivra pas 72 ans.
22153 contre 1841 ou 12 $\frac{3}{92}$ contre 1 qu'il ne vivra pas 73 ans.
22334 contre 1660 ou 13 $\frac{7}{16}$ contre 1 qu'il ne vivra pas 74 ans.
22511 contre 1483 ou 15 $\frac{2}{14}$ contre 1 qu'il ne vivra pas 75 ans.
22686 contre 1308 ou 17 $\frac{4}{13}$ contre 1 qu'il ne vivra pas 76 ans.
22860 contre 1134 ou 20 $\frac{18}{113}$ contre 1 qu'il ne vivra pas 77 ans.
23030 contre 964 ou 24 contre 1 qu'il ne vivra pas 78 ans.
23287 contre 807 ou 28 $\frac{59}{80}$ contre 1 qu'il ne vivra pas 79 ans.
23331 contre 663 ou 35 $\frac{6}{33}$ contre 1 qu'il ne vivra pas 80 ans.
23454 contre 540 ou 43 $\frac{13}{54}$ contre 1 qu'il ne vivra pas 81 ans.
23557 contre 437 on 53 $\frac{39}{43}$ contre 1 qu'il ne vivra pas 82 ans.
23640 contre 354 ou 66 $\frac{27}{35}$ contre 1 qu'il ne vivra pas 83 ans.
23703 contre 291 ou 81 $\frac{13}{29}$ contre 1 qu'il ne vivra pas 84 ans.
23757 contre 237 ou 100 $\frac{5}{23}$ contre 1 qu'il ne vivra pas 85 ans.
23801 contre 193 ou 123 $\frac{6}{19}$ contre 1 qu'il ne vivra pas 86 ans.
23839 contre 155 ou 153 $\frac{4}{5}$ contre 1 qu'il ne vivra pas 87 ans.
23871 contre 123 ou 194 contre 1 qu'il ne vivra pas 88 ans.
23891 contre 103 ou 232 contre 1 qu'il ne vivra pas 89 ans.
23909 contre 85 ou 281 $\frac{24}{85}$ contre 1 qu'il ne vivra pas 90 ans.
23925 contre 69 ou 346 $\frac{51}{69}$ contre 1 qu'il ne vivra pas 91 ans.
23939 contre 55 ou 435 $\frac{14}{55}$ contre 1 qu'il ne vivra pas 92 ans.
23951 contre 43 ou 557 contre 1 qu'il ne vivra pas 93 ans.
23961 contre 33 ou 726 $\frac{1}{11}$ contre 1 qu'il ne vivra pas 94 ans.
23970 contre 24 ou 998 $\frac{3}{4}$ contre 1 qu'il ne vivra pas 95 ans.
23977 contre 17 ou 1410 $\frac{7}{17}$ contre 1 qu'il ne vivra pas 96 ans.
23982 contre 12 ou 1998 $\frac{1}{2}$ contre 1 qu'il ne vivra pas 97 ans.
23986 contre 8 ou 2998 $\frac{1}{4}$ contre 1 qu'il ne vivra pas 98 ans.
23989 contre 5 ou 4798 $\frac{4}{5}$ contre 1 qu'il ne vivra pas 99 ans.
23992 contre 2 ou 11996 contre 1 qu'il ne vivra pas 100 ans.

Voici les vérités que nous présente cette table.

Le quart du genre humain périt, pour ainsi dire, avant d'avoir vu la lumière, puisqu'il en meurt près d'un quart dans les premiers onze mois de la vie, et que dans ce court espace de temps il en meurt beaucoup plus au-dessous de cinq mois qu'au-dessus.

Le tiers du genre humain périt avant d'avoir atteint l'âge de vingt-trois mois, c'est-à-dire avant d'avoir fait usage de ses membres et de la plupart de ses autres organes.

La moitié du genre humain périt avant l'âge de huit ans un mois, c'est-à-dire avant que le corps soit développé, et avant que l'âme ne se manifeste par la raison.

Les deux tiers du genre humain périssent avant l'âge de trente-neuf ans, en sorte qu'il n'y a guère qu'un tiers des hommes qui puissent propager l'espèce, et qu'il n'y en a pas un tiers qui puissent prendre état de consistance dans la société.

Les trois quarts du genre humain périssent avant l'âge de cinquante-un ans, c'est-à-dire avant d'avoir rien achevé pour soi-même, peu fait pour sa famille, et rien pour les autres.

De neuf enfants qui naissent, un seul arrive à soixante-dix ans; de trente-trois qui naissent, un seul arrive à quatre-vingts ans; un seul sur deux cent quatre-vingt-onze qui se traîne jusqu'à quatre-vingt-dix ans; et enfin un seul sur onze mille neuf cent quatre-vingt-seize qui languit jusqu'à cent ans révolus.

On peut parier également 11 contre 4, qu'un enfant qui vient de naître, vivra un an et n'en vivra pas quarante-sept; de même 7 contre 4 qu'il vivra deux ans, et qu'il n'en vivra pas trente-quatre.

13 contre 9 qu'il vivra 3 ans et qu'il n'en vivra pas 27.
6 contre 5 qu'il vivra 4 ans et qu'il n'en vivra pas 19.
13 contre 11 qu'il vivra 5 ans et qu'il n'en vivra pas 18.
12 contre 11 qu'il vivra 6 ans et qu'il n'en vivra pas 13.
et enfin 1 contre 1 qu'il vivra 8 ans 1 mois et qu'il ne vivra pas 8 ans et 2 mois.

La vie moyenne, à la prendre du jour de la naissance, est donc de huit ans à peu près, et je suis fâché qu'il se soit glissé dans les tables que j'ai publiées, une faute d'impression, sur laquelle il paraît qu'un de nos plus grands géomètres [a] s'est fondé lorsqu'il a dit, que la vie moyenne des enfants nouveau-nés est à peu près de quatre ans. Cette faute d'impression est à la page 87, tome II, au bas de la cinquième colonne verticale : il y a 12477, et il faut lire 13477, ce qui se trouve aisément en soustrayant le quatrième nombre 10517 de la pénultième colonne transversale du premier nombre 23994.

Un homme âgé de soixante-six ans peut parier de vivre aussi longtemps qu'un enfant qui vient de naître, et par conséquent un père qui n'a point atteint l'âge de soixante-six ans, ne doit pas compter que son fils qui vient de naître lui succède, puisqu'on peut parier qu'il vivra plus longtemps que son fils.

De même, un homme âgé de cinquante-un ans, ayant encore seize ans à vivre, il y a 2 contre 1 à parier, que son fils qui vient de naître ne lui sur-

a. M. d'Alembert. *Opuscules mathématiques*, t. II; et *Mélanges*, t. V.

vivra pas ; il y a 3 contre 1 pour un homme de trente-six ans, et 4 contre 1 pour un homme de vingt-deux ans ; un père de cet âge, pouvant espérer avec autant de fondement trente-deux ans de vie pour lui que huit pour son fils nouveau-né.

Une raison pour vivre, est donc d'avoir vécu : cela est évident dans les sept premières années de la vie, où le nombre des jours que l'on doit espérer va toujours en augmentant, et cela est encore vrai pour tous les autres âges, puisque la probabilité de la vie ne décroît pas aussi vite que les années s'écoulent, et qu'elle décroît d'autant moins vite que l'on a vécu plus longtemps. Si la probabilité de la vie décroissait comme le nombre des années augmente, une personne de dix ans, qui doit espérer quarante ans de vie, ne pourrait en espérer que trente lorsqu'elle aurait atteint l'âge de vingt ans : or il y a trente-trois ans et cinq mois, au lieu de trente ans d'espérance de vie. De même, un homme de trente ans, qui a vingt-huit ans à vivre, n'en aurait plus que dix-huit lorsqu'il aurait atteint l'âge de quarante ans, et l'on voit qu'il doit en espérer vingt-deux. Un homme de cinquante ans, qui a seize ans sept mois à vivre, n'aurait plus, à soixante ans, que six ans sept mois, et il a onze ans un mois. Un homme de soixante-dix ans, qui a six ans deux mois à vivre, n'aurait plus qu'un an deux mois à soixante-quinze ans, et néanmoins il a quatre ans et six mois. Enfin, un homme de quatre-vingts ans, qui ne doit espérer que trois ans et sept mois de vie, peut encore espérer tout aussi légitimement trois ans[1] lorsqu'il a atteint quatre-vingt-cinq ans. Ainsi plus la mort s'approche et plus sa marche se ralentit : un homme de quatre-vingts ans, qui vit un an de plus, gagne sur elle cette année presque tout entière, puisque de quatre-vingts à quatre-vingt-un ans, il ne perd que deux mois d'espérance de vie sur trois ans et sept mois.

TABLE DES PROBABILITÉS DE LA VIE.

Pour un enfant d'un an d'âge.

On peut parier 15162 contre 2378 ou 6 $\frac{8}{23}$ contre 1, qu'un enfant d'un an vivra un an de plus ; et en supposant la mort également répartie dans tout le courant de l'année :

1. « M. de Buffon, en mêlant avec art les idées morales aux vérités physiques, a su tout « animer et tout embellir. Il en a fait surtout le plus ingénieux usage pour combattre les maux « que répand parmi les hommes la peur de mourir. Tantôt, s'adressant aux personnes les « plus timides, il leur dit que le corps ne peut éprouver de vives souffrances au moment de « la dissolution... Tantôt, parlant aux vieillards, il leur annonce que le plus âgé d'entre eux, « s'il jouit d'une bonne santé, conserve l'espérance légitime de trois années de vie ; que la « mort se ralentit dans sa marche à mesure qu'elle avance, et que c'est encore une raison pour « vivre que d'avoir longtemps vécu. » (Vicq-d'Azyr, *Éloge de Buffon.*)

15162 contre $\frac{2378}{2}$ ou 12 $\frac{2}{3}$ contre 1 qu'il vivra six mois.
15162 contre $\frac{2378}{4}$ ou 25 $\frac{1}{3}$ contre 1 qu'il vivra trois mois.
et 15162 contre $\frac{2378}{365}$ ou 2332 contre 1 qu'il ne mourra pas dans les vingt-quatre heures.
14177 contre 3363 ou 4 $\frac{7}{33}$ contre 1 qu'il vivra 2 ans de plus.
13477 contre 4063 ou 3 $\frac{3}{10}$ contre 1 qu'il vivra 3 ans de plus.
12968 contre 4572 ou 2 $\frac{38}{45}$ contre 1 qu'il vivra 4 ans de plus.
12562 contre 4978 ou 2 $\frac{26}{49}$ contre 1 qu'il vivra 5 ans de plus.
12255 contre 5285 ou 2 $\frac{4}{13}$ contre 1 qu'il vivra 6 ans de plus.
12015 contre 5525 ou 2 $\frac{9}{55}$ contre 1 qu'il vivra 7 ans de plus.
11861 contre 5679 ou 2 $\frac{5}{56}$ contre 1 qu'il vivra 8 ans de plus.
11749 contre 5791 ou 2 $\frac{1}{57}$ contre 1 qu'il vivra 9 ans de plus.
11649 contre 5891 ou 1 $\frac{57}{58}$ contre 1 qu'il vivra 10 ans de plus.
11556 contre 5984 ou 1 $\frac{55}{59}$ contre 1 qu'il vivra 11 ans de plus.
11468 contre 6072 ou 1 $\frac{53}{60}$ contre 1 qu'il vivra 12 ans de plus.
11384 contre 6156 ou 1 $\frac{51}{61}$ contre 1 qu'il vivra 13 ans de plus.
11299 contre 6241 ou 1 $\frac{25}{31}$ contre 1 qu'il vivra 14 ans de plus.
11209 contre 6331 ou 1 $\frac{48}{63}$ contre 1 qu'il vivra 15 ans de plus.
11114 contre 6426 ou 1 $\frac{23}{32}$ contre 1 qu'il vivra 16 ans de plus.
11014 contre 6526 ou 1 $\frac{44}{65}$ contre 1 qu'il vivra 17 ans de plus.
10907 contre 6633 ou 1 $\frac{21}{33}$ contre 1 qu'il vivra 18 ans de plus.
10791 contre 6749 ou 1 $\frac{40}{67}$ contre 1 qu'il vivra 19 ans de plus.
10667 contre 6873 ou 1 $\frac{37}{68}$ contre 1 qu'il vivra 20 ans de plus.
10534 contre 7006 ou 1 $\frac{1}{2}$ contre 1 c'est-à-dire 3 contre 2 qu'il vivra 21 ans de plus.
10398 contre 7142 ou 1 $\frac{32}{71}$ contre 1 qu'il vivra 22 ans de plus.
10258 contre 7282 ou 1 $\frac{29}{72}$ contre 1 qu'il vivra 23 ans de plus.
10117 contre 7423 ou 1 $\frac{13}{37}$ contre 1 qu'il vivra 24 ans de plus.
9975 contre 7565 ou 2 $\frac{24}{75}$ contre 1 qu'il vivra 25 ans de plus.
9832 contre 7708 ou 1 $\frac{21}{77}$ contre 1 qu'il vivra 26 ans de plus.
9688 contre 7852 ou 1 $\frac{3}{13}$ contre 1 qu'il vivra 27 ans de plus.
9543 contre 7997 ou 1 $\frac{15}{79}$ contre 1 qu'il vivra 28 ans de plus.
9395 contre 8145 ou 1 $\frac{12}{81}$ contre 1 qu'il vivra 29 ans de plus.
9244 contre 8296 ou 1 $\frac{9}{82}$ contre 1 qu'il vivra 30 ans de plus.
9091 contre 8449 ou 1 $\frac{3}{42}$ contre 1 qu'il vivra 31 ans de plus.
8937 contre 8603 ou 1 $\frac{3}{86}$ contre 1 qu'il vivra 32 ans de plus.
8779 contre 8761 ou 1 tant soit peu plus d'un contre 1 qu'il vivra 33 ans de plus.
8921 contre 8619 ou 1 $\frac{3}{86}$ contre 1 qu'il ne vivra pas 34 ans de plus.
9086 contre 8454 ou 1 $\frac{1}{14}$ contre 1 qu'il ne vivra pas 35 ans de plus.
9256 contre 8284 ou 1 $\frac{9}{82}$ contre 1 qu'il ne vivra pas 36 ans de plus.
9431 contre 8109 ou 1 $\frac{13}{81}$ contre 1 qu'il ne vivra pas 37 ans de plus.

9612 contre 7928 ou 1 $\frac{16}{79}$ contre 1 qu'il ne vivra pas 38 ans de plus.
9799 contre 7741 ou 1 $\frac{20}{77}$ contre 1 qu'il ne vivra pas 39 ans de plus.
9985 contre 7555 ou 1 $\frac{8}{25}$ contre 1 qu'il ne vivra pas 40 ans de plus.
10170 contre 7370 ou 1 $\frac{28}{73}$ contre 1 qu'il ne vivra pas 41 ans de plus.
10354 contre 7186 ou 1 $\frac{31}{71}$ contre 1 qu'il ne vivra pas 42 ans de plus.
10533 contre 7007 ou 1 $\frac{1}{2}$ contre 1, c'est-à-dire 3 contre 2 qu'il ne vivra pas 43 ans de plus.
10705 contre 6835 ou 1 $\frac{19}{34}$ contre 1 qu'il ne vivra pas 44 ans de plus.
10871 contre 6669 ou 1 $\frac{21}{33}$ contre 1 qu'il ne vivra pas 45 ans de plus.
11024 contre 6516 ou 1 $\frac{9}{13}$ contre 1 qu'il ne vivra pas 46 ans de plus.
11183 contre 6357 ou 1 $\frac{48}{63}$ contre 1 qu'il ne vivra pas 47 ans de plus.
11344 contre 6196 ou 1 $\frac{51}{61}$ contre 1 qu'il ne vivra pas 48 ans de plus.
11506 contre 6034 ou 1 $\frac{9}{10}$ contre 1 qu'il ne vivra pas 49 ans de plus.
11669 contre 5871 ou 2 à très-peu près contre 1 qu'il ne vivra pas 50 ans de plus.
11833 contre 5707 ou 2 $\frac{4}{57}$ contre 1 qu'il ne vivra pas 51 ans de plus.
11998 contre 5542 ou 2 $\frac{9}{55}$ contre 1 qu'il ne vivra pas 52 ans de plus.
12166 contre 5374 ou 2 $\frac{14}{53}$ contre 1 qu'il ne vivra pas 53 ans de plus.
12336 contre 5204 ou 2 $\frac{19}{52}$ contre 1 qu'il ne vivra pas 54 ans de plus.
12509 contre 5031 ou 2 $\frac{12}{25}$ contre 1 qu'il ne vivra pas 55 ans de plus.
12683 contre 4857 ou 2 $\frac{29}{48}$ contre 1 qu'il ne vivra pas 56 ans de plus.
12860 contre 4680 ou 2 $\frac{35}{46}$ contre 1 qu'il ne vivra pas 57 ans de plus.
13039 contre 4501 ou 2 $\frac{8}{9}$ contre 1 qu'il ne vivra pas 58 ans de plus.
13222 contre 4318 ou 3 $\frac{2}{43}$ contre 1 qu'il ne vivra pas 59 ans de plus.
13407 contre 4133 ou 3 $\frac{10}{41}$ contre 1 qu'il ne vivra pas 60 ans de plus.
13593 contre 3947 ou 3 $\frac{17}{39}$ contre 1 qu'il ne vivra pas 61 ans de plus.
13782 contre 3758 ou 3 $\frac{25}{37}$ contre 1 qu'il ne vivra pas 62 ans de plus.
13972 contre 3568 ou 3 $\frac{32}{35}$ contre 1 qu'il ne vivra pas 63 ans de plus.
14169 contre 3371 ou 4 $\frac{6}{33}$ contre 1 qu'il ne vivra pas 64 ans de plus.
14365 contre 3175 ou 4 $\frac{16}{31}$ contre 1 qu'il ne vivra pas 65 ans de plus.
14560 contre 2980 ou 4 $\frac{26}{29}$ contre 1 qu'il ne vivra pas 66 ans de plus.
14754 contre 2786 ou 5 $\frac{8}{27}$ contre 1 qu'il ne vivra pas 67 ans de plus.
14945 contre 2595 ou 5 $\frac{19}{25}$ contre 1 qu'il ne vivra pas 68 ans de plus.
15135 contre 2405 ou 6 $\frac{7}{24}$ contre 1 qu'il ne vivra pas 69 ans de plus.
15324 contre 2216 ou 6 $\frac{10}{11}$ contre 1 qu'il ne vivra pas 70 ans de plus.
15512 contre 2028 ou 7 $\frac{13}{20}$ contre 1 qu'il ne vivra pas 71 ans de plus.
15699 contre 1841 ou 8 $\frac{1}{2}$ contre 1 qu'il ne vivra pas 72 ans de plus.
15880 contre 1660 ou 9 $\frac{9}{16}$ contre 1 qu'il ne vivra pas 73 ans de plus.
16057 contre 1483 ou 10 $\frac{6}{7}$ contre 1 qu'il ne vivra pas 74 ans de plus.
16232 contre 1308 ou 12 $\frac{5}{13}$ contre 1 qu'il ne vivra pas 75 ans de plus.
16406 contre 1134 ou 14 $\frac{5}{11}$ contre 1 qu'il ne vivra pas 76 ans de plus.
16576 contre 964 ou 17 $\frac{1}{5}$ contre 1 qu'il ne vivra pas 77 ans de plus.

16733 contre 807 ou 20 $\frac{5}{8}$ contre 1 qu'il ne vivra pas 78 ans de plus.
16877 contre 663 ou 25 $\frac{1}{2}$ contre 1 qu'il ne vivra pas 79 ans de plus.
17000 contre 540 ou 31 $\frac{2}{5}$ contre 1 qu'il ne vivra pas 80 ans de plus.
17103 contre 437 ou 39 $\frac{6}{34}$ contre 1 qu'il ne vivra pas 81 ans de plus.
17186 contre 354 ou 48 $\frac{1}{3}$ contre 1 qu'il ne vivra pas 82 ans de plus.
17249 contre 291 ou 59 $\frac{8}{29}$ contre 1 qu'il ne vivra pas 83 ans de plus.
17303 contre 237 ou 73 contre 1 qu'il ne vivra pas 84 ans de plus.
17347 contre 193 ou 89 $\frac{17}{19}$ contre 1 qu'il ne vivra pas 85 ans de plus.
17385 contre 155 ou 112 contre 1 qu'il ne vivra pas 86 ans de plus.
17417 contre 123 ou 141 contre 1 qu'il ne vivra pas 87 ans de plus.
17437 contre 103 ou 160 contre 1 qu'il ne vivra pas 88 ans de plus.
17455 contre 85 ou 205 contre 1 qu'il ne vivra pas 89 ans de plus.
17471 contre 69 ou 253 contre 1 qu'il ne vivra pas 90 ans de plus.
17485 contre 55 ou 318 contre 1 qu'il ne vivra pas 91 ans de plus.
17497 contre 43 ou 407 contre 1 qu'il ne vivra pas 92 ans de plus.
17507 contre 33 ou 530 contre 1 qu'il ne vivra pas 93 ans de plus.
17516 contre 24 ou 730 contre 1 qu'il ne vivra pas 94 ans de plus.
17523 contre 17 ou 1031 contre 1 qu'il ne vivra pas 95 ans de plus.
17528 contre 12 ou 1461 contre 1 qu'il ne vivra pas 96 ans de plus.
17532 contre 8 ou 2191 contre 1 qu'il ne vivra pas 97 ans de plus.
17535 contre 5 ou 3507 contre 1 qu'il ne vivra pas 98 ans de plus.
17538 contre 2 ou 8769 contre 1 qu'il ne vivra pas 99 ans de plus,
c'est-à-dire 100 ans en tout.

Ainsi, le quart des enfants d'un an périt avant l'âge de cinq ans révolus; le tiers avant l'âge de dix ans révolus; la moitié avant trente-cinq ans révolus; les deux tiers avant cinquante-deux ans révolus; les trois quarts avant soixante-un ans révolus.

De six ou sept enfants d'un an, il n'y en a qu'un qui aille à soixante-dix ans; de dix ou onze enfants, un qui aille à soixante-quinze ans; de dix-sept, un qui aille à soixante-dix-huit; de vingt-cinq ou vingt-six, un qui aille à quatre-vingts; de soixante-treize, un qui aille à quatre-vingt-cinq ans; de deux cent cinq enfants, un qui aille à quatre-vingt-dix ans; de sept cent trente, un qui aille à quatre-vingt-quinze ans; et enfin de huit mille cent soixante-dix-neuf, un seul qui puisse aller jusqu'à cent ans révolus.

On peut parier également, à peu près 6 contre 1, qu'un enfant d'un an vivra un an, et n'en vivra pas soixante-neuf de plus; de même 4 à peu près contre 1, qu'il vivra deux ans et qu'il n'en vivra pas soixante-quatre de plus; 3 à peu près contre 1, qu'il vivra trois ans, et qu'il n'en vivra pas cinquante-neuf de plus; 2 à peu près contre 1, qu'il vivra neuf ans, et qu'il n'en vivra pas cinquante de plus; et enfin, 1 contre 1, qu'il vivra trente-trois ans, et qu'il n'en vivra pas trente-quatre de plus.

La vie moyenne des enfants d'un an, est de trente-trois ans; celle d'un homme de vingt-un ans, est aussi à très-peu près de trente-trois ans; un père qui n'aurait pas l'âge de vingt-un ans, peut espérer de vivre plus longtemps que son enfant d'un an; mais si le père a quarante ans, il y a déjà 3 contre 2 que son fils d'un an lui survivra; s'il a quarante-huit ans, il y a 2 contre 1 ; et 3 contre 1, s'il en a soixante.

Une rente viagère sur la tête d'un enfant d'un an, vaut le double d'une rente viagère sur une personne de quarante-huit ans, et le triple de celle que l'on placerait sur la tête d'une personne de soixante ans. Tout père de famille qui veut placer de l'argent à fonds perdu, doit préférer de le mettre sur la tête de son enfant d'un an, plutôt que sur la sienne, s'il est âgé de plus de vingt-un ans.

Pour un enfant de deux ans d'âge.

Comme ces tables deviendraient trop volumineuses si elles étaient aussi détaillées que les précédentes, j'ai cru devoir les abréger en ne donnant les probabilités de la vie que de cinq ans en cinq ans; il ne sera pas difficile de suppléer les probabilités des années intermédiaires au cas qu'on en ait besoin.

On peut parier 14177 contre 985 ou 14 $\frac{1}{3}$ contre 1, qu'un enfant de deux ans vivra un an de plus; et en supposant la mort également répartie dans tout le courant de l'année :

14177 contre $\frac{985}{2}$ ou 28 $\frac{77}{98}$ contre 1 qu'il vivra 6 mois.
14177 contre $\frac{985}{4}$ ou 57 $\frac{28}{49}$ contre 1 qu'il vivra 3 mois.
14177 contre $\frac{985}{365}$ ou 5253 contre 1 qu'il ne mourra pas dans les vingt-quatre heures.
13477 contre 1685 ou à très-peu près 8 contre 1 qu'il vivra 2 ans de plus.
12968 contre 2194 ou un peu moins de 6 contre 1 qu'il vivra 3 ans de plus.
12562 contre 2600 ou un peu moins de 5 contre 1 qu'il vivra 4 ans de plus.
12255 contre 2907 ou environ 4 $\frac{1}{4}$ contre 1 qu'il vivra 5 ans de plus.
12015 contre 3147 ou environ 3 $\frac{3}{4}$ contre 1 qu'il vivra 6 ans de plus.
11861 contre 3301 ou 3 $\frac{19}{33}$ contre 1 qu'il vivra 7 ans de plus.
11749 contre 3413 ou 3 $\frac{15}{34}$ contre 1 qu'il vivra 8 ans de plus.
11299 contre 3863 ou 2 $\frac{35}{38}$ contre 1 qu'il vivra 13 ans de plus.
10791 contre 4371 ou 2 $\frac{20}{43}$ contre 1 qu'il vivra 18 ans de plus.
10117 contre 5045 ou un peu plus de 2 contre 1 qu'il vivra 23 ans de plus.
9395 contre 5767 ou 1 $\frac{36}{57}$ contre 1 qu'il vivra 28 ans de plus.
8619 contre 6543 ou 1 $\frac{4}{13}$ contre 1 qu'il vivra 33 ans de plus.
7741 contre 7421 ou 1 $\frac{3}{74}$ contre 1 qu'il vivra 38 ans de plus.
8327 contre 6835 ou 1 $\frac{7}{34}$ contre 1 qu'il ne vivra pas 43 ans de plus.

9128 contre 6034 ou 1 $\frac{1}{2}$ contre 1, c'est-à-dire 3 contre 2 qu'il ne vivra pas 48 ans de plus.

9958 contre 5204 ou 1 $\frac{47}{52}$ contre 1 qu'il ne vivra pas 53 ans de plus.

10844 contre 4318 ou 2 $\frac{22}{43}$ contre 1 qu'il ne vivra pas 58 ans de plus.

11791 contre 3371 ou 3 $\frac{16}{33}$ contre 1 qu'il ne vivra pas 63 ans de plus.

12744 contre 2405 ou 5 $\frac{7}{24}$ contre 1 qu'il ne vivra pas 68 ans de plus.

13124 contre 2028 ou 6 $\frac{9}{20}$ contre 1 qu'il ne vivra pas 70 ans de plus.

13669 contre 1483 ou 9 $\frac{3}{14}$ contre 1 qu'il ne vivra pas 73 ans de plus.

13844 contre 1308 ou 10 $\frac{7}{13}$ contre 1 qu'il ne vivra pas 74 ans de plus.

14018 contre 1134 ou 12 $\frac{4}{11}$ contre 1 qu'il ne vivra pas 75 ans de plus.

14188 contre 964 ou 14 $\frac{2}{3}$ contre 1 qu'il ne vivra pas 76 ans de plus.

14345 contre 807 ou 17 $\frac{3}{4}$ contre 1 qu'il ne vivra pas 77 ans de plus.

14489 contre 663 ou 21 $\frac{5}{6}$ contre 1 qu'il ne vivra pas 78 ans de plus.

14162 contre 540 ou un peu plus de 27 contre 1 qu'il ne vivra pas 79 ans de plus.

14715 contre 437 ou 33 $\frac{29}{43}$ contre 1 qu'il ne vivra pas 80 ans de plus.

14798 contre 354 ou 41 $\frac{4}{5}$ contre 1 qu'il ne vivra pas 81 ans de plus.

14861 contre 291 ou un peu plus de 51 contre 1 qu'il ne vivra pas 82 ans de plus.

14915 contre 237 ou à peu près 63 contre 1 qu'il ne vivra pas 83 ans de plus.

14959 contre 193 ou 77 $\frac{9}{19}$ contre 1 qu'il ne vivra pas 84 ans de plus.

14997 contre 155 ou 96 $\frac{11}{15}$ contre 1 qu'il ne vivra pas 85 ans de plus.

15029 contre 123 ou 122 $\frac{1}{6}$ contre 1 qu'il ne vivra pas 86 ans de plus.

15049 contre 103 ou un peu plus de 146 contre 1 qu'il ne vivra pas 87 ans de plus.

15067 contre 85 ou un peu plus de 177 contre 1 qu'il ne vivra pas 88 ans de plus.

15097 contre 55 ou environ 274 $\frac{1}{2}$ contre 1 qu'il ne vivra pas 90 ans de plus.

15128 contre 24 ou plus de 632 contre 1 qu'il ne vivra pas 93 ans de plus.

15150 contre 2 c'est-à-dire 7575 contre 1 qu'il ne vivra pas 98 ans de plus, c'est-à-dire en tout 100 ans révolus.

Pour un enfant de trois ans d'âge.

On peut parier 13477 contre 700 ou 19 $\frac{17}{70}$ contre 1, qu'un enfant de trois ans vivra un an de plus.

Et en supposant la mort également répartie dans tout le courant de l'année :

13477 contre $\frac{700}{2}$ ou 38 $\frac{17}{85}$ contre 1 qu'il vivra 6 mois.
13477 contre $\frac{700}{4}$ ou à très-peu près 77 contre 1 qu'il vivra 3 mois.
13477 contre $\frac{700}{365}$ ou un peu plus de 7027 contre 1 qu'il ne mourra pas dans les vingt-quatre heures.
12968 contre 1209 ou 10 $\frac{2}{3}$ contre 1 qu'il vivra 2 ans de plus.
12562 contre 1615 ou 7 $\frac{3}{4}$ contre 1 qu'il vivra 3 ans de plus.
12255 contre 1922 ou 6 $\frac{7}{19}$ contre 1 qu'il vivra 4 ans de plus.
12015 contre 2162 ou 5 $\frac{4}{7}$ contre 1 qu'il vivra 5 ans de plus.
11861 contre 2316 ou 5 $\frac{2}{23}$ contre 1 qu'il vivra 6 ans de plus.
11749 contre 2428 ou 4 $\frac{5}{6}$ contre 1 qu'il vivra 7 ans de plus.
11299 contre 2878 ou 3 $\frac{13}{14}$ contre 1 qu'il vivra 12 ans de plus.
10791 contre 3386 ou 3 $\frac{2}{11}$ contre 1 qu'il vivra 17 ans de plus.
10117 contre 4060 ou 2 $\frac{19}{40}$ contre 1 qu'il vivra 22 ans de plus.
9395 contre 4782 ou 1 $\frac{46}{47}$ contre 1 qu'il vivra 27 ans de plus.
8619 contre 5558 ou 1 $\frac{6}{11}$ contre 1 qu'il vivra 32 ans de plus.
7741 contre 6436 ou 1 $\frac{13}{64}$ contre 1 qu'il vivra 37 ans de plus.
7333 contre 6835 ou 1 $\frac{1}{17}$ contre 1 qu'il ne vivra pas 42 ans de plus.
8134 contre 6034 ou 1 $\frac{21}{60}$ contre 1 qu'il ne vivra pas 47 ans de plus.
8964 contre 5204 ou 1 $\frac{37}{52}$ contre 1 qu'il ne vivra pas 52 ans de plus.
9850 contre 4318 ou 2 $\frac{12}{43}$ contre 1 qu'il ne vivra pas 57 ans de plus.
10797 contre 3371 ou 3 $\frac{2}{11}$ contre 1 qu'il ne vivra pas 62 ans de plus.
11763 contre 2405 ou 4 $\frac{7}{8}$ contre 1 qu'il ne vivra pas 67 ans de plus.
12685 contre 1483 ou 8 $\frac{4}{7}$ contre 1 qu'il ne vivra pas 72 ans de plus.
13505 contre 663 ou 20 $\frac{1}{3}$ contre 1 qu'il ne vivra pas 77 ans de plus.
13931 contre 237 ou à peu près 59 contre 1 qu'il ne vivra pas 82 ans de plus.
14083 contre 85 ou à peu près 166 contre 1 qu'il ne vivra pas 87 ans de plus.
14144 contre 24 ou 589 contre 1 qu'il ne vivra pas 92 ans de plus.
14166 contre 2 ou 7083 contre 1 qu'il ne vivra pas 97 ans de plus, c'est-à-dire, en tout, 100 ans révolus.

Pour un enfant de quatre ans.

On peut parier 12968 contre 509 ou environ 25 $\frac{1}{2}$ contre 1, qu'un enfant de quatre ans vivra un an de plus.
12968 contre $\frac{509}{2}$ ou environ 51 contre 1 qu'il vivra 6 mois.
12968 contre $\frac{509}{4}$ ou environ 102 contre 1 qu'il vivra 3 mois.
12968 contre $\frac{509}{365}$ ou 9299 contre 1 qu'il ne mourra pas dans les vingt-quatre heures.
12562 contre 915 ou environ 13 $\frac{1}{3}$ contre 1 qu'il vivra 2 ans de plus.
12255 contre 1222 ou un peu plus de 10 contre 1 qu'il vivra 3 ans de plus.

12015 contre 1462 ou 8 $\frac{[illegible]}{14}$ contre 1 qu'il vivra 4 ans de plus.
11861 contre 1616 ou 7 $\frac{5}{16}$ contre 1 qu'il vivra 5 ans de plus.
11749 contre 1728 ou 6 $\frac{13}{17}$ contre 1 qu'il vivra 6 ans de plus.
11299 contre 2178 ou 5 $\frac{4}{21}$ contre 1 qu'il vivra 11 ans de plus.
10791 contre 2686 ou un peu plus de 4 contre 1 qu'il vivra 16 ans de plus.
10117 contre 3360 ou un peu plus de 3 contre 1 qu'il vivra 21 ans de plus.
9395 contre 4082 ou 2 $\frac{3}{10}$ contre 1 qu'il vivra 26 ans de plus.
8619 contre 4858 ou 1 $\frac{37}{48}$ contre 1 qu'il vivra 31 ans de plus.
7741 contre 5736 ou 1 $\frac{2}{5}$ contre 1 qu'il vivra 36 ans de plus.
6835 contre 6642 ou 1 $\frac{1}{66}$ contre 1 qu'il vivra 41 ans de plus.
7443 contre 6034 ou 1 $\frac{7}{30}$ contre 1 qu'il ne vivra pas 46 ans de plus.
8273 contre 5204 ou 1 $\frac{15}{26}$ contre 1 qu'il ne vivra pas 51 ans de plus.
9159 contre 4318 ou 2 $\frac{5}{43}$ contre 1 qu'il ne vivra pas 56 ans de plus.
10106 contre 3371 ou un peu moins de 3 contre 1 qu'il ne vivra pas 61 ans de plus.
11072 contre 2405 ou 4 $\frac{7}{12}$ contre 1 qu'il ne vivra pas 66 ans de plus.
11994 contre 1483 ou 8 $\frac{1}{14}$ contre 1 qu'il ne vivra pas 71 ans de plus.
12814 contre 663 ou 19 $\frac{1}{3}$ contre 1 qu'il ne vivra pas 76 ans de plus.
13240 contre 237 ou près de 56 contre 1 qu'il ne vivra pas 81 ans de plus.
13392 contre 85 ou 157 $\frac{1}{2}$ contre 1 qu'il ne vivra pas 86 ans de plus.
13453 contre 24 ou 560 $\frac{1}{2}$ contre 1 qu'il ne vivra pas 91 ans de plus.
13475 contre 2 ou 6737 $\frac{1}{2}$ contre 1 qu'il ne vivra pas 96 ans de plus, c'est-à-dire, en tout, 100 ans révolus.

Pour un enfant de cinq ans.

On peut parier 12562 contre 406 ou près de 31 contre 1, qu'un enfant de cinq ans vivra un ans de plus.
12562 contre $\frac{406}{2}$ ou près de 62 contre 1 qu'il vivra 6 mois.
12562 contre $\frac{406}{4}$ ou près de 124 contre 1 qu'il vivra 3 mois.
12562 contre $\frac{406}{365}$ ou 11293 contre 1 qu'il ne mourra pas dans les vingt-quatre heures.
12255 contre 713 ou 17 $\frac{1}{2}$ contre 1 qu'il vivra 2 ans de plus.
12015 contre 953 ou 12 $\frac{5}{9}$ contre 1 qu'il vivra 3 ans de plus.
11861 contre 1107 ou 10 $\frac{7}{11}$ contre 1 qu'il vivra 4 ans de plus.
11749 contre 1219 ou 9 $\frac{7}{12}$ contre 1 qu'il vivra 5 ans de plus.
11299 contre 1669 ou 6 $\frac{3}{4}$ contre 1 qu'il vivra 10 ans de plus.
10791 contre 2177 ou près de 5 contre 1 qu'il vivra 15 ans de plus.
10117 contre 2851 ou 3 $\frac{15}{28}$ contre 1 qu'il vivra 20 ans de plus.
9395 contre 3573 ou 2 $\frac{22}{35}$ contre 1 qu'il vivra 25 ans de plus.
8619 contre 4349 ou près de 2 contre 1 qu'il vivra 30 ans de plus.

7741 contre 5227 ou $1\frac{25}{52}$ contre 1 qu'il vivra 35 ans de plus.
6835 contre 6133 ou $1\frac{7}{61}$ contre 1 qu'il vivra 40 ans de plus.
6934 contre 6034 ou $1\frac{3}{20}$ contre 1 qu'il ne vivra pas 45 ans de plus.
7764 contre 5204 ou $1\frac{25}{52}$ contre 1 qu'il ne vivra pas 50 ans de plus.
8650 contre 4318 ou un peu plus de 2 contre 1 qu'il ne vivra pas 55 ans de plus.
9597 contre 3371 ou $2\frac{28}{33}$ contre 1 qu'il ne vivra pas 60 ans de plus.
10563 contre 2405 ou $4\frac{3}{8}$ contre 1 qu'il ne vivra pas 65 ans de plus.
11485 contre 1483 ou $7\frac{11}{14}$ contre 1 qu'il ne vivra pas 70 ans de plus.
12305 contre 663 ou un peu plus de 18 contre 1 qu'il ne vivra pas 75 ans de plus.
12731 contre 237 ou près de 54 contre 1 qu'il ne vivra pas 80 ans de plus.
12883 contre 85 ou $151\frac{1}{2}$ contre 1 qu'il ne vivra pas 85 ans de plus.
12944 contre 24 ou 539 contre 1 qu'il ne vivra pas 90 ans de plus.
12966 contre 2 ou 6483 centre 1 qu'il ne vivra pas 95 ans de plus, c'est-à-dire, en tout, 100 ans révolus.

Pour un enfant de six ans.

On peut parier 12255 contre 307 ou près de 40 contre 1, qu'un enfant de six ans vivra un an de plus.
12255 contre $\frac{307}{2}$ ou près de 80 contre 1 qu'il vivra 6 mois.
12255 contre $\frac{307}{4}$ ou 159 contre 1 qu'il vivra 3 mois.
11255 contre $\frac{301}{365}$ ou 14570 contre 1 qu'il ne mourra pas dans les vingt-quatre heures.
12015 contre 547 ou près de 22 contre 1 qu'il vivra 2 ans de plus.
11861 contre 701 ou près de 17 contre 1 qu'il vivra 3 ans de plus.
11749 contre 813 ou $14\frac{3}{8}$ contre 1 qu'il vivra 4 ans de plus.
11649 contre 913 ou $12\frac{2}{3}$ contre 1 qu'il vivra 5 ans de plus.
11556 contre 1006 ou $11\frac{2}{6}$ contre 1 qu'il vivra 6 ans de plus.
11299 contre 1263 ou $8\frac{11}{12}$ contre 1 qu'il vivra 9 ans de plus.
10791 contre 1771 ou $6\frac{1}{17}$ contre 1 qu'il vivra 14 ans de plus.
10117 contre 2445 ou $4\frac{1}{8}$ contre 1 qu'il vivra 19 ans de plus.
9395 contre 3167 ou près de 3 contre 1 qu'il vivra 24 ans de plus.
8619 contre 3943 ou $2\frac{7}{39}$ contre 1 qu'il vivra 29 ans de plus.
7741 contre 4821 ou $1\frac{29}{48}$ contre 1 qu'il vivra 34 ans de plus.
6835 contre 5727 ou $1\frac{11}{57}$ contre 1 qu'il vivra 39 ans de plus.
6528 contre 6034 ou $1\frac{1}{5}$ contre 1 qu'il ne vivra pas 44 ans de plus.
7358 contre 5204 ou $1\frac{21}{52}$ contre 1 qu'il ne vivra pas 49 ans de plus.
8244 contre 4318 ou $1\frac{39}{43}$ contre 1 qu'il ne vivra pas 54 ans de plus.
9191 contre 3371 ou $2\frac{8}{11}$ contre 1 qu'il ne vivra pas 59 ans de plus.

10157 contre 2405 ou 4 $\frac{5}{24}$ contre 1 qu'il ne vivra pas 64 ans de plus.
11079 contre 1483 ou 7 $\frac{3}{7}$ contre 1 qu'il ne vivra pas 69 ans de plus.
11899 contre 663 ou près de 18 contre 1 qu'il ne vivra pas 74 ans de plus.
12325 contre 237 ou 52 contre 1 qu'il ne vivra pas 79 ans de plus.
12473 contre 85 ou 146 $\frac{3}{4}$ contre 1 qu'il ne vivra pas 84 ans de plus.
12534 contre 24 ou 522 contre 1 qu'il ne vivra pas 89 ans de plus.
12556 contre 2 ou 6278 contre 1 qu'il ne vivra pas 94 ans de plus, c'est-à-dire, en tout, 100 ans révolus.

Pour un enfant de sept ans.

On peut parier 12015 contre 240 ou un peu plus de 50 contre 1, qu'un enfant de 7 ans vivra un an de plus.
12015 contre $\frac{240}{2}$ ou un peu plus de 100 contre 1 qu'il vivra 6 mois.
12015 contre $\frac{240}{2}$ ou 200 $\frac{1}{4}$ contre 1 qu'il vivra 3 mois.
12015 contre $\frac{240}{365}$ ou 18272 contre 1 qu'il ne mourra pas dans les vingt-quatre heures.
11861 contre 394 ou un peu plus de 30 contre 1 qu'il vivra 2 ans de plus.
11749 contre 506 ou un peu plus de 23 contre 1 qu'il vivra 3 ans de plus.
11556 contre 699 ou 16 $\frac{1}{2}$ contre 1 qu'il vivra 5 ans de plus.
11299 contre 956 ou 11 $\frac{7}{9}$ contre 1 qu'il vivra 8 ans de plus.
10791 contre 1464 ou 7 $\frac{5}{14}$ contre 1 qu'il vivra 13 ans de plus.
10117 contre 2138 ou 4 $\frac{5}{7}$ contre 1 qu'il vivra 18 ans de plus.
9395 contre 2860 ou 3 $\frac{2}{7}$ contre 1 qu'il vivra 23 ans de plus.
8619 contre 3636 ou 2 $\frac{13}{36}$ contre 1 qu'il vivra 28 ans de plus.
7741 contre 4514 ou 1 $\frac{32}{45}$ contre 1 qu'il vivra 33 ans de plus.
6835 contre 5420 ou 1 $\frac{7}{27}$ contre 1 qu'il vivra 38 ans de plus.
6221 contre 6034 ou 1 $\frac{1}{60}$ contre 1 qu'il ne vivra pas 43 ans de plus.
7051 contre 5204 ou 1 $\frac{9}{26}$ contre 1 qu'il ne vivra pas 48 ans de plus.
7937 contre 4318 ou 1 $\frac{36}{43}$ contre 1 qu'il ne vivra pas 53 ans de plus.
8834 contre 3371 ou 2 $\frac{20}{33}$ contre 1 qu'il ne vivra pas 58 ans de plus.
9850 contre 2405 ou 4 $\frac{1}{12}$ contre 1 qu'il ne vivra pas 63 ans de plus.
10772 contre 1483 ou 7 $\frac{3}{14}$ contre 1 qu'il ne vivra pas 68 ans de plus.
11592 contre 663 ou 17 $\frac{76}{33}$ contre 1 qu'il ne vivra pas 73 ans de plus.
12018 contre 237 ou 50 $\frac{16}{23}$ contre 1 qu'il ne vivra pas 78 ans de plus.
12170 contre 85 ou un peu plus de 143 contre 1 qu'il ne vivra pas 83 ans de plus.
12231 contre 24 ou prés de 510 contre 1 qu'il ne vivra pas 88 ans de plus.
12253 contre 2 ou 6126 $\frac{1}{2}$ contre 1 qu'il ne vivra pas 93 ans de plus, c'est-à-dire, en tout, 100 ans révolus.

Pour un enfant de huit ans.

On peut parier 11861 contre 154 ou 77 contre 1, qu'un enfant de huit ans vivra un an de plus.

11861 contre $\frac{154}{2}$ ou 154 contre 1 qu'il vivra 6 mois.
11861 contre $\frac{154}{4}$ ou 308 contre 1 qu'il vivra 3 mois.
11861 contre $\frac{154}{365}$ ou 28115 contre 1 qu'il ne mourra pas dans les vingt-quatre heures.
11749 contre 266 ou un peu plus de 44 contre 1 qu'il vivra 2 ans de plus.
11556 contre 459 ou un peu plus de 25 contre 1 qu'il vivra 4 ans de plus.
11299 contre 716 ou près de 16 contre 1 qu'il vivra 7 ans de plus.
10791 contre 1224 ou 8 $\frac{3}{4}$ contre 1 qu'il vivra 12 ans de plus.
10117 contre 1898 ou 5 $\frac{1}{3}$ contre 1 qu'il vivra 17 ans de plus.
9395 contre 2620 ou 3 $\frac{15}{26}$ contre 1 qu'il vivra 22 ans de plus.
8619 contre 3396 ou 2 $\frac{6}{11}$ contre 1 qu'il vivra 27 ans de plus.
7741 contre 4274 ou 1 $\frac{17}{21}$ contre 1 qu'il vivra 32 ans de plus.
6835 contre 5180 ou 1 $\frac{16}{51}$ contre 1 qu'il vivra 37 ans de plus.
6034 contre 5981 ou un peu plus de 1 contre 1 qu'il vivra 42 ans de plus.
6811 contre 5204 ou 1 $\frac{8}{26}$ contre 1 qu'il ne vivra pas 47 ans de plus.
7697 contre 4318 ou 1 $\frac{33}{43}$ contre 1 qu'il ne vivra pas 52 ans de plus.
8644 contre 3371 ou 2 $\frac{19}{33}$ contre 1 qu'il ne vivra pas 57 ans de plus.
9610 contre 2405 ou à très-peu près 4 contre 1 qu'il ne vivra pas 62 ans de plus.
10532 contre 1483 ou un peu plus de 7 contre 1 qu'il ne vivra pas 67 ans de plus.
11352 contre 663 ou un peu plus de 17 contre 1 qu'il ne vivra pas 72 ans de plus.
11778 contre 237 ou 49 $\frac{16}{23}$ contre 1 qu'il ne vivra pas 77 ans de plus.
11930 contre 85 ou un peu plus de 140 contre 1 qu'il ne vivra pas 82 ans de plus.
11991 contre 24 ou près de 500 contre 1 qu'il ne vivra pas 87 ans de plus.
12013 contre 2 ou 6006 $\frac{1}{2}$ contre 1 qu'il ne vivra pas 92 ans de plus, c'est-à-dire, en tout, 100 ans révolus.

Pour un enfant de neuf ans.

On peut parier 11749 contre 112 ou près de 105 contre 1, qu'un enfant de neuf ans vivra un an de plus.

11749 contre $\frac{112}{2}$ ou près de 210 contre 1 qu'il vivra 6 mois.

11749 contre $\frac{112}{4}$ ou près de 420 contre 1 qu'il vivra 3 mois.

11749 contre $\frac{112}{365}$ ou 38289 contre 1 qu'il ne mourra pas dans les vingt-quatre heures.

11556 contre 305 ou 37 $\frac{9}{10}$ contre 1 qu'il vivra 3 ans de plus.

11299 contre 562 ou un peu plus de 20 contre 1 qu'il vivra 6 ans de plus.

10791 contre 1070 ou un peu plus de 10 contre 1 qu'il vivra 11 ans de plus.

10117 contre 1744 ou 5 $\frac{13}{17}$ contre 1 qu'il vivra 16 ans de plus.

9395 contre 2466 ou 3 $\frac{19}{24}$ contre 1 qu'il vivra 21 ans de plus.

8619 contre 3242 ou 2 $\frac{21}{32}$ contre 1 qu'il vivra 26 ans de plus.

7741 contre 4120 ou 1 $\frac{36}{41}$ contre 1 qu'il vivra 31 ans de plus.

6835 contre 5026 ou 1 $\frac{9}{25}$ contre 1 qu'il vivra 36 ans de plus.

6034 contre 5827 ou 1 $\frac{1}{29}$ contre 1 qu'il vivra 41 ans de plus.

6657 contre 5204 ou 1 $\frac{7}{26}$ contre 1 qu'il ne vivra pas 46 ans de plus.

7543 contre 4318 ou 1 $\frac{32}{43}$ contre 1 qu'il ne vivra pas 51 ans de plus.

8490 contre 3371 ou 2 $\frac{17}{33}$ contre 1 qu'il ne vivra pas 56 ans de plus.

9456 contre 2405 ou 3 $\frac{11}{12}$ contre 1 qu'il ne vivra pas 61 ans de plus.

10378 contre 1483 ou à très-peu près 7 contre 1 qu'il ne vivra pas 66 ans de plus.

11198 contre 663 ou 16 $\frac{58}{66}$ contre 1 qu'il ne vivra pas 71 ans de plus.

11624 contre 237 ou un peu plus de 4 contre 1 qu'il ne vivra pas 76 ans de plus.

11776 contre 85 ou 138 $\frac{1}{2}$ contre 1 qu'il ne vivra pas 81 ans de plus.

11837 contre 24 ou 493 contre 1 qu'il ne vivra pas 86 ans de plus.

11859 contre 2 ou 5929 $\frac{1}{2}$ contre 1 qu'il ne vivra pas 91 ans de plus, c'est-à-dire, en tout, 100 ans révolus.

Pour un enfant de dix ans.

On peut parier 11649 contre 100, ou à très-peu près 116 $\frac{1}{2}$ contre 1, qu'un enfant de dix ans vivra un an de plus.

11649 contre $\frac{100}{2}$ ou près de 233 contre 1 qu'il vivra 6 mois.

11649 contre $\frac{100}{4}$ ou près de 466 contre 1 qu'il vivra 3 mois

11649 contre $\frac{100}{365}$ ou 42518 contre 1 qu'il ne mourra pas dans les vingt-quatre heures.

11556 contre 193 ou 54 $\frac{13}{19}$ contre 1 qu'il vivra 2 ans de plus.

11299 contre 450 ou 25 $\frac{1}{4}$ contre 1 qu'il vivra 5 ans de plus.

10791 contre 958 ou 11 $\frac{5}{19}$ contre 1 qu'il vivra 10 ans de plus.

10117 contre 1632 ou 6 $\frac{3}{16}$ contre 1 qu'il vivra 15 ans de plus.

9395 contre 2354 ou à très-peu près 4 contre 1 qu'il vivra 20 ans de plus.

8619 contre 3130 ou 2 $\frac{23}{31}$ contre 1 qu'il vivra 25 ans de plus.
7741 contre 4008 ou 1 $\frac{37}{40}$ contre 1 qu'il vivra 30 ans de plus.
6835 contre 4914 ou 1 $\frac{19}{49}$ contre 1 qu'il vivra 35 ans de plus.
6034 contre 5715 ou 1 $\frac{3}{57}$ contre 1 qu'il vivra 40 ans de plus.
6545 contre 5204 ou 1 $\frac{13}{52}$ contre 1 qu'il ne vivra pas 45 ans de plus.
7431 contre 4318 ou 1 $\frac{31}{43}$ contre 1 qu'il ne vivra pas 50 ans de plus.
8378 contre 3371 ou 2 $\frac{16}{33}$ contre 1 qu'il ne vivra pas 55 ans de plus.
9344 contre 2405 ou 3 $\frac{7}{8}$ contre 1 qu'il ne vivra pas 60 ans de plus.
10266 contre 1483 ou 6 $\frac{13}{14}$ contre 1 qu'il ne vivra pas 65 ans de plus.
11086 contre 663 ou 16 $\frac{2}{3}$ contre 1 qu'il ne vivra pas 70 ans de plus.
11512 contre 237 ou 48 $\frac{1}{2}$ contre 1 qu'il ne vivra pas 75 ans de plus.
11664 contre 85 ou 137 contre 1 qu'il ne vivra pas 80 ans de plus.
11725 contre 24 ou 488 $\frac{1}{2}$ contre 1 qu'il ne vivra pas 85 ans de plus.
11747 contre 2 ou 5873 $\frac{1}{2}$ contre 1 qu'il ne vivra pas 90 ans de plus, c'est-à-dire, en tout, 100 ans révolus.

Pour un enfant de onze ans.

On peut parier 11556 contre 93 ou 124 $\frac{2}{9}$ contre 1, qu'un enfant de onze ans vivra un an de plus.

11556 contre $\frac{93}{2}$ ou 248 $\frac{4}{9}$ contre 1 qu'il vivra 6 mois.
11556 contre $\frac{93}{4}$ ou 496 $\frac{8}{9}$ contre 1 qu'il vivra 3 mois.
11556 contre $\frac{93}{365}$ ou 45354 contre 1 qu'il ne mourra pas dans les vingt-quatre heures.
11299 contre 350 ou 32 $\frac{9}{35}$ contre 1 qu'il vivra 4 ans de plus.
10791 contro 858 ou 12 $\frac{1}{2}$ contre 1 qu'il vivra 9 ans de plus.
10117 contre 1532 ou 6 $\frac{3}{5}$ contre 1 qu'il vivra 14 ans de plus.
9395 contre 2254 ou 4 $\frac{3}{22}$ contre 1 qu'il vivra 19 ans de plus.
8619 contre 3030 ou 2 $\frac{5}{6}$ contre 1 qu'il vivra 24 ans de plus.
7741 contre 3908 ou 1 $\frac{38}{39}$ contre 1 qu'il vivra 29 ans de plus.
6835 contre 4814 ou 1 $\frac{5}{12}$ contre 1 qu'il vivra 34 ans de plus.
6034 contre 5615 ou 1 $\frac{1}{14}$ contre 1 qu'il vivra 39 ans de plus.
6445 contre 5204 ou 1 $\frac{13}{52}$ contre 1 qu'il ne vivra pas 44 ans de plus.
7331 contre 4318 ou 1 $\frac{3}{4}$ contre 1 qu'il ne vivra pas 49 ans de plus.
8278 contre 337» ou 2 $\frac{5}{11}$ contre 1 qu'il ne vivra pas 54 ans de plus.
9244 contre 2405 ou 3 $\frac{5}{6}$ contre 1 qu'il ne vivra pas 59 ans de plus.
10166 contre 1483 ou 6 $\frac{6}{7}$ contre 1 qu'il ne vivra pas 64 ans de plus.
10986 contre 663 ou 16 $\frac{1}{2}$ contre 1 qu'il ne vivra pas 69 ans de plus.
11412 contre 237 ou 48 $\frac{3}{23}$ contre 1 qu'il ne vivra pas 74 ans de plus.
11564 contre 85 ou 136 contre 1 qu'il ne vivra pas 79 ans de plus.
11625 contre 24 ou 484 contre 1 qu'il ne vivra pas 84 ans de plus.

11647 contre 2 ou 5823 $\frac{1}{2}$ contre 1 qu'il ne vivra pas 89 ans de plus, c'est-à-dire, en tout, 100 ans révolus.

Pour un enfant de douze ans.

On peut parier 11468 contre 88 ou 130 $\frac{1}{4}$ contre 1, qu'un enfant de douze ans vivra un an de plus.

11468 contre $\frac{88}{2}$ ou 260 $\frac{1}{2}$ contre 1 qu'il vivra 6 mois.

11468 contre $\frac{88}{4}$ ou 521 contre 1 qu'il vivra 3 mois.

11468 contre $\frac{88}{365}$ ou 47566 contre 1 qu'il ne mourra pas dans les vingt-quatre heures.

11299 contre 257 ou près de 44 contre 1 qu'il vivra 3 ans de plus.

10791 contre 765 ou 14 $\frac{3}{38}$ contre 1 qu'il vivra 8 ans de plus.

10117 contre 1439 ou un peu plus de 7 contre 1 qu'il vivra 13 ans de plus.

9395 contre 2161 ou 4 $\frac{1}{3}$ contre 1 qu'il vivra 18 ans de plus.

8619 contre 2937 ou près de 3 contre 1 qu'il vivra 23 ans de plus.

7741 contre 3815 ou 2 $\frac{1}{38}$ contre 1 qu'il vivra 28 ans de plus.

6835 contre 4721 ou 1 $\frac{21}{47}$ contre 1 qu'il vivra 33 ans de plus.

6034 contre 5522 ou 1 $\frac{1}{11}$ contre 1 qu'il vivra 38 ans de plus.

6352 contre 5204 ou 1 $\frac{11}{52}$ contre 1 qu'il ne vivra pas 43 ans de plus.

7238 contre 4318 ou 1 $\frac{29}{43}$ contre 1 qu'il ne vivra pas 48 ans de plus.

8185 contre 3371 ou 2 $\frac{14}{33}$ contre 1 qu'il ne vivra pas 53 ans de plus.

9151 contre 2405 ou 3 $\frac{19}{24}$ contre 1 qu'il ne vivra pas 58 ans de plus.

10073 contre 1483 ou 6 $\frac{11}{14}$ contre 1 qu'il ne vivra pas 63 ans de plus.

10893 contre 663 ou 16 $\frac{14}{33}$ contre 1 qu'il ne vivra pas 68 ans de plus.

11319 contre 237 ou 47 $\frac{18}{23}$ contre 1 qu'il ne vivra pas 73 ans de plus.

11471 contre 85 ou 135 contre 1 qu'il ne vivra pas 78 ans de plus.

11532 contre 24 ou 480 $\frac{1}{2}$ contre 1 qu'il ne vivra pas 83 ans de plus.

11554 contre 2 ou 5777 contre 1 qu'il ne vivra pas 88 ans de plus, c'est-à-dire, en tout, 100 ans révolus.

Pour un enfant de treize ans.

On peut parier 11384 contre 84 ou 135 $\frac{1}{2}$ contre 1, qu'un enfant de treize ans vivra un an de plus.

11384 contre $\frac{84}{2}$ ou 271 contre 1 qu'il vivra 6 mois.

11384 contre $\frac{84}{4}$ ou 542 contre 1 qu'il vivra 3 mois.

11384 contre $\frac{84}{365}$ ou 49585 contre 1 qu'il ne mourra pas dans les vingt-quatre heures.

11299 contre 169 ou 66 $\frac{7}{8}$ contre 1 qu'il vivra 2 ans de plus.

10791 contre 677 ou près de 16 contre 1 qu'il vivra 7 ans de plus.

10117 contre 1351 ou 7 $\frac{6}{13}$ contre 1 qu'il vivra 12 ans de plus.

9395 contre 2073 ou 4 $\frac{11}{20}$ contre 2 qu'il vivra »7 ans de plus.
8619 contre 2849 ou un peu plus de 3 contre 1 qu'il vivra 22 ans de plus.
7741 contre 3727 ou 2 $\frac{2}{37}$ contre 1 qu'il vivra 27 ans de plus.
6835 contre 4633 ou 1 $\frac{11}{23}$ contre 1 qu'il vivra 32 ans de plus.
6034 contre 5434 ou 1 $\frac{1}{9}$ contre 1 qu'il vivra 37 ans de plus.
6264 contre 5204 ou 1 $\frac{5}{26}$ contre 1 qu'il ne vivra pas 42 ans de plus.
7150 contre 4318 ou 1 $\frac{28}{43}$ contre 1 qu'il ne vivra pas 47 ans de plus.
8097 contre 3371 ou 2 $\frac{13}{33}$ contre 1 qu'il ne vivra pas 52 ans de plus.
9063 contre 2405 ou 3 $\frac{3}{4}$ contre 1 qu'il ne vivra pas 57 ans de plus.
9985 contre 1483 ou 6 $\frac{13}{7}$ contre 1 qu'il ne vivra pas 62 ans de plus.
10805 contre 663 ou 16 $\frac{19}{66}$ contre 1 qu'il ne vivra pas 67 ans de plus.
11231 contre 237 ou 47 $\frac{12}{23}$ contre 1 qu'il ne vivra pas 72 ans de plus.
11383 contre 83 ou 133 $\frac{7}{8}$ contre 1 qu'il ne vivra pas 77 ans de plus.
11444 contre 24 ou 476 contre 1 qu'il ne vivra pas 82 ans de plus.
11466 contre 2 ou 5733 contre 1 qu'il ne vivra pas 87 ans de plus, c'est-à-dire, en tout, 100 ans révolus.

Pour un enfant de quatorze ans.

On peut parier 11299 contre 85 ou 132 $\frac{7}{8}$ contre 1, qu'un enfant de quatorze ans vivra un an de plus.
11299 contre $\frac{85}{2}$ ou 265 $\frac{3}{4}$ contre 1 qu'il vivra 6 mois.
11299 contre $\frac{85}{4}$ ou 531 $\frac{1}{2}$ contre 1 qu'il vivra 3 mois.
11299 contre $\frac{85}{365}$ ou 48519 contre 1 qu'il ne mourra pas dans les vingt-quatre heures.
10791 contre 593 ou 18 $\frac{11}{59}$ contre 1 qu'il vivra 6 ans de plus.
10117 contre 1267 ou près de 8 contre 1 qu'il vivra 11 ans de plus.
9395 contre 1989 ou 4 $\frac{14}{19}$ contre 1 qu'il vivra 16 ans de plus.
8619 contre 2765 ou 3 $\frac{1}{9}$ contre 1 qu'il vivra 21 ans de plus.
7741 contre 3643 ou 2 $\frac{1}{9}$ contre 1 qu'il vivra 26 ans de plus.
6835 contre 4549 ou 1 $\frac{22}{45}$ contre 1 qu'il vivra 31 ans de plus.
6034 contre 5350 ou 1 $\frac{6}{53}$ contre 1 qu'il vivra 36 ans de plus.
6180 contre 5204 ou 1 $\frac{9}{52}$ contre 1 qu'il ne vivra pas 41 ans de plus.
7066 contre 4318 ou 1 $\frac{27}{43}$ contre 1 qu'il ne vivra pas 46 ans de plus.
8013 contre 3371 ou 2 $\frac{4}{11}$ contre 1 qu'il ne vivra pas 51 ans de plus.
8979 contre 2405 ou 3 $\frac{17}{24}$ contre 1 qu'il ne vivra pas 56 ans de plus.
9901 contre 1483 ou 6 $\frac{5}{7}$ contre 1 qu'il ne vivra pas 61 ans de plus.
10721 contre 663 ou 16 $\frac{11}{66}$ contre 1 qu'il ne vivra pas 66 ans de plus.
11147 contre 237 ou un peu plus de 47 contre 1 qu'il ne vivra pas 71 ans de plus.
11299 contre 85 ou 132 $\frac{7}{8}$ contre 1 qu'il ne vivra pas 76 ans de plus.

11360 contre 24 ou 473 $\frac{1}{2}$ contre 1 qu'il ne vivra pas 81 ans de plus.
11382 contre 2 ou 5691 contre 1 qu'il ne vivra pas 86 ans de plus, c'est-à-dire, en tout, 100 ans révolus.

Pour une personne de quinze ans.

On peut parier 11209 contre 90 ou 124 $\frac{4}{9}$ contre 1, qu'une personne de quinze ans vivra un an de plus.
11209 contre $\frac{90}{2}$ ou 248 $\frac{8}{9}$ contre 1 qu'elle vivra 6 mois.
11209 contre $\frac{90}{4}$ ou 497 $\frac{7}{9}$ contre 1 qu'elle vivra 3 mois.
11209 contre $\frac{90}{365}$ ou 45458 contre 1 qu'elle ne mourra pas dans les vingt-quatre heures.
10791 contre 508 ou 21 $\frac{6}{25}$ contre 1 qu'elle vivra 5 ans de plus.
10117 contre 1182 ou 8 $\frac{6}{11}$ contre 1 qu'elle vivra 10 ans de plus.
9395 contre 1904 ou 4 $\frac{17}{19}$ contre 1 qu'elle vivra 15 ans de plus.
8619 contre 2680 ou 3 $\frac{5}{26}$ contre 1 qu'elle vivra 20 ans de plus.
7741 contre 3558 ou 2 $\frac{6}{35}$ contre 1 qu'elle vivra 25 ans de plus.
6835 contre 4464 ou 1 $\frac{23}{44}$ contre 1 qu'elle vivra 30 ans de plus.
6034 contre 5265 ou 1 $\frac{7}{52}$ contre 1 qu'elle vivra 35 ans de plus.
6095 contre 5204 ou 1 $\frac{2}{13}$ contre 1 qu'elle ne vivra pas 40 ans de plus.
6981 contre 4318 ou 1 $\frac{26}{43}$ contre 1 qu'elle ne vivra pas 45 ans de plus.
7928 contre 3371 ou 2 $\frac{1}{3}$ contre 1 qu'elle ne vivra pas 50 ans de plus.
8894 contre 2405 ou 3 $\frac{2}{3}$ contre 1 qu'elle ne vivra pas 55 ans de plus.
9816 contre 1483 ou 6 $\frac{9}{14}$ contre 1 qu'elle ne vivra pas 60 ans de plus.
10636 contre 663 ou 16 $\frac{1}{33}$ contre 1 qu'elle ne vivra pas 65 ans de plus.
11062 contre 237 ou 46 $\frac{16}{23}$ contre 1 qu'elle ne vivra pas 70 ans de plus.
11214 contre 85 ou 131 $\frac{7}{8}$ contre 1 qu'elle ne vivra pas 75 ans de plus.
11275 contre 24 ou près de 470 contre 1 qu'elle ne vivra pas 80 ans de plus.
11297 contre 2 ou 5648 $\frac{1}{2}$ contre 1 qu'elle ne vivra pas 85 ans de plus, c'est-à-dire, en tout, 100 ans révolus.

Pour une personne de seize ans.

On peut parier 11114 contre 95 ou près de 117 contre 1, qu'une personne de seize ans vivra un an de plus.
11114 contre $\frac{95}{2}$ ou près de 234 contre 1 qu'elle vivra 6 mois.
11114 contre $\frac{95}{4}$ ou près de 468 contre 1 qu'elle vivra 3 mois.
11114 contre $\frac{95}{365}$ ou 42701 contre 1 qu'elle ne mourra pas dans les vingt-quatre heures.
10791 contre 418 ou 25 $\frac{34}{41}$ contre 1 qu'elle vivra 4 ans de plus.

10117 contre 1092 ou 9 $\frac{1}{5}$ contre 1 qu'elle vivra 9 ans de plus.
9395 contre 1814 ou 5 $\frac{1}{6}$ contre 1 qu'elle vivra 14 ans de plus.
8619 contre 2590 ou 3 $\frac{8}{25}$ contre 1 qu'elle vivra 19 ans de plus.
7741 contre 3468 ou 2 $\frac{4}{17}$ contre 1 qu'elle vivra 24 ans de plus.
6835 contre 4374 ou 1 $\frac{24}{43}$ contre 1 qu'elle vivra 29 ans de plus.
6034 contre 5175 ou 1 $\frac{8}{51}$ contre 1 qu'elle vivra 34 ans de plus.
6005 contre 5204 ou 1 $\frac{2}{13}$ contre 1 qu'elle ne vivra pas 39 ans de plus.
6891 contre 4318 ou 1 $\frac{25}{43}$ contre 1 qu'elle ne vivra pas 44 ans de plus.
7838 contre 3371 ou 2 $\frac{5}{33}$ contre 1 qu'elle ne vivra pas 49 ans de plus.
8804 contre 2405 ou 3 $\frac{5}{8}$ contre 1 qu'elle ne vivra pas 54 ans de plus.
9726 contre 1483 ou 6 $\frac{4}{7}$ contre 1 qu'elle ne vivra pas 59 ans de plus.
10546 contre 663 ou près de 16 contre 1 qu'elle ne vivra pas 64 ans de plus.
10972 contre 237 ou 46 $\frac{7}{23}$ contre 1 qu'elle ne vivra pas 69 ans de plus.
11124 contre 85 ou 130 $\frac{7}{8}$ contre 1 qu'elle ne vivra pas 74 ans de plus.
11185 contre 24 ou 466 contre 1 qu'elle ne vivra pas 79 ans de plus.
11207 contre 2 ou 5603 $\frac{1}{2}$ contre 1 qu'elle ne vivra pas 84 ans de plus, c'est-à-dire, en tout, 100 ans révolus.

Pour une personne de dix-sept ans.

On peut parier 11014 contre 100 ou 100 $\frac{1}{10}$ contre 1, qu'une personne de dix-sept ans vivra un an de plus.
11014 contre $\frac{100}{2}$ ou 220 $\frac{2}{10}$ contre 1 qu'elle vivra 6 mois.
11014 contre $\frac{100}{4}$ ou 440 $\frac{4}{10}$ contre 1 qu'elle vivra 3 mois.
11014 contre $\frac{100}{365}$ ou 40201 contre 1 qu'elle ne mourra pas dans les vingt-quatre heures.
10791 contre 923 ou 33 $\frac{13}{32}$ contre 1 qu'elle vivra 3 ans de plus.
10117 contre 997 ou 10 $\frac{14}{99}$ contre 1 qu'elle vivra 8 ans de plus.
9395 contre 1719 ou 5 $\frac{8}{17}$ contre 1 qu'elle vivra 13 ans de plus.
8619 contre 2495 ou 3 $\frac{1}{2}$ contre 1 qu'elle vivra 18 ans de plus.
7741 contre 3373 ou 2 $\frac{3}{11}$ contre 1 qu'elle vivra 23 ans de plus.
6835 contre 4279 ou 1 $\frac{25}{42}$ contre 1 qu'elle vivra 28 ans de plus.
6034 contre 5080 ou 1 $\frac{9}{50}$ contre 1 qu'elle vivra 33 ans de plus.
5910 contre 5204 ou 1 $\frac{7}{52}$ contre 1 qu'elle ne vivra pas 38 ans de plus.
6796 contre 4318 ou 1 $\frac{24}{43}$ contre 1 qu'elle ne vivra pas 43 ans de plus.
7743 contre 3371 ou 2 $\frac{10}{33}$ contre 1 qu'elle ne vivra pas 48 ans de plus.
8709 contre 2405 ou 3 $\frac{7}{12}$ contre 1 qu'elle ne vivra pas 53 ans de plus.
9631 contre 1483 ou 6 $\frac{1}{2}$ contre 1 qu'elle ne vivra pas 58 ans de plus.
10451 contre 663 ou 15 $\frac{25}{33}$ contre 1 qu'elle ne vivra pas 63 ans de plus.
10877 contre 237 ou 45 $\frac{21}{23}$ contre 1 qu'elle ne vivra pas 68 ans de plus.
11029 contre 85 ou 129 $\frac{3}{4}$ contre 1 qu'elle ne vivra pas 73 ans de plus.

11090 contre 24 ou 462 contre 1 qu'elle ne vivra pas 78 ans de plus.
11112 contre 2 ou 5556 contre 1 qu'elle ne vivra pas 83 ans de plus, c'est-à-dire, en tout, 100 ans révolus.

Pour une personne de dix-huit ans.

On peut parier 10907 contre 107 ou à peu près 102 contre 1, qu'une personne de dix-huit ans vivra un an de plus.
10907 contre $\frac{107}{2}$ ou près de 204 contre 1 qu'elle vivra 6 mois.
10907 contre $\frac{107}{4}$ ou près de 408 contre 1 qu'elle vivra 3 mois.
10907 contre $\frac{107}{365}$ ou 37206 contre 1 qu'elle ne mourra pas dans les vingt-quatre heures.
10791 contre 223 ou 48 $\frac{4}{11}$ contre 1 qu'elle vivra 2 ans de plus.
10117 contre 897 ou 11 $\frac{25}{89}$ contre 1 qu'elle vivra 7 ans de plus.
9395 contre 1619 ou 5 $\frac{13}{16}$ contre 1 qu'elle vivra 12 ans de plus.
8619 contre 2395 ou 3 $\frac{17}{23}$ contre 1 qu'elle vivra 17 ans de plus.
7741 contre 3273 ou 2 $\frac{21}{32}$ contre 1 qu'elle vivra 22 ans de plus.
6835 contre 4179 ou 1 $\frac{26}{41}$ contre 1 qu'elle vivra 27 ans de plus.
6034 contre 4980 ou 1 $\frac{10}{49}$ contre 1 qu'elle vivra 32 ans de plus.
5810 contre 5204 ou 1 $\frac{3}{26}$ contre 1 qu'elle ne vivra pas 37 ans de plus.
6696 contre 4318 ou 1 $\frac{23}{43}$ contre 1 qu'elle ne vivra pas 42 ans de plus.
7643 contre 3371 ou 2 $\frac{3}{11}$ contre 1 qu'elle ne vivra pas 47 ans de plus.
8609 contre 2405 ou 3 $\frac{13}{24}$ contre 1 qu'elle ne vivra pas 52 ans de plus.
9531 contre 1483 ou 6 $\frac{3}{7}$ contre 1 qu'elle ne vivra pas 57 ans de plus.
10351 contre 663 ou 15 $\frac{20}{33}$ contre 1 qu'elle ne vivra pas 62 ans de plus.
10777 contre 237 ou 45 $\frac{11}{23}$ contre 1 qu'elle ne vivra pas 67 ans de plus.
10929 contre 85 ou 128 $\frac{1}{2}$ contre 1 qu'elle ne vivra pas 72 ans de plus.
10990 contre 24 ou 457 $\frac{11}{12}$ contre 1 qu'elle ne vivra pas 77 ans de plus.
11012 contre 2 ou 5506 contre 1 qu'elle ne vivra pas 82 ans de plus, c'est-à-dire, en tout, 100 ans révolus.

Pour une personne de dix-neuf ans.

On peut parier 10791 contre 116 ou un peu plus de 93 contre 1, qu'une personne de dix-neuf ans vivra un an de plus.
10791 contre $\frac{116}{2}$ ou un peu plus de 186 contre 1 qu'elle vivra 6 mois.
10791 contre $\frac{116}{4}$ ou un peu plus de 372 contre 1 qu'elle vivra 3 mois.
10791 contre $\frac{116}{365}$ ou 33963 contre 1 qu'elle ne mourra pas dans les vingt-quatre heures.
10117 contre 790 ou 12 $\frac{63}{79}$ contre 1 qu'elle vivra 6 ans de plus.
9395 contre 1512 ou 6 $\frac{1}{5}$ contre 1 qu'elle vivra 11 ans de plus.
8619 contre 2288 ou 3 $\frac{17}{22}$ contre 1 qu'elle vivra 16 ans de plus.

7741 contre 3166 ou $2\frac{14}{31}$ contre 1 qu'elle vivra 21 ans de plus.
6835 contre 4072 ou $1\frac{27}{40}$ contre 1 qu'elle vivra 26 ans de plus.
6034 contre 4873 ou $1\frac{11}{48}$ contre 1 qu'elle vivra 31 ans de plus.
5703 contre 5204 ou $1\frac{1}{13}$ contre 1 qu'elle ne vivra pas 36 ans de plus.
6589 contre 4318 ou $1\frac{22}{43}$ contre 1 qu'elle ne vivra pas 41 ans de plus.
7536 contre 3371 ou $2\frac{7}{33}$ contre 1 qu'elle ne vivra pas 46 ans de plus.
8502 contre 2405 ou $3\frac{1}{2}$ contre 1 qu'elle ne vivra pas 51 ans de plus.
9424 contre 1483 ou $6\frac{5}{14}$ contre 1 qu'elle ne vivra pas 56 ans de plus.
10244 contre 663 ou $15\frac{29}{66}$ contre 1 qu'elle ne vivra pas 61 ans de plus.
10670 contre 237 ou un peu plus de 45 contre 1 qu'elle ne vivra pas 66 ans de plus.
10822 contre 85 ou $127\frac{1}{4}$ contre 1 qu'elle ne vivra pas 71 ans de plus.
10883 contre 24 ou $453\frac{11}{24}$ contre 1 qu'elle ne vivra pas 76 ans de plus.
10905 contre 2 ou $5452\frac{1}{2}$ contre 1 qu'elle ne vivra pas 81 ans de plus, c'est-à-dire, en tout, 100 ans révolus.

Pour une personne de vingt ans.

On peut parier 10667 contre 124 ou un peu plus de 86 contre 1, qu'une personne de vingt ans vivra un an de plus.
10667 contre $\frac{124}{2}$ ou un peu plus de 172 contre 1 qu'elle vivra 6 mois.
10667 contre $\frac{124}{4}$ ou un peu plus de 344 contre 1 qu'elle vivra 3 mois.
10667 contre $\frac{124}{365}$ ou près de 31399 contre 1 qu'elle ne mourra pas dans les vingt-quatre heures.
10117 contre 674 ou un peu plus de 15 contre 1 qu'elle vivra 5 ans de plus.
9395 contre 1396 ou $6\frac{10}{13}$ contre 1 qu'elle vivra 10 ans de plus.
8619 contre 2172 ou près de 4 contre 1 qu'elle vivra 15 ans de plus.
7741 contre 3050 ou $2\frac{8}{15}$ contre 1 qu'elle vivra 20 ans de plus.
6835 contre 3956 ou $1\frac{38}{39}$ contre 1 qu'elle vivra 25 ans de plus.
6034 contre 4757 ou $1\frac{12}{47}$ contre 1 qu'elle vivra 30 ans de plus.
5587 contre 5204 ou $1\frac{3}{52}$ contre 1 qu'elle ne vivra pas 35 ans de plus.
6473 contre 43»8 ou $1\frac{21}{43}$ contre 1 qu'elle ne vivra pas 40 ans de plus.
7420 contre 337» ou $2\frac{2}{11}$ contre 1 qu'elle ne vivra pas 45 ans de plus.
8386 contre 2405 ou $3\frac{11}{24}$ contre 1 qu'elle ne vivra pas 50 ans de plus.
9308 contre 1483 ou $6\frac{2}{7}$ contre 1 qu'elle ne vivra pas 55 ans de plus.
10128 contre 663 ou $15\frac{3}{11}$ contre 1 qu'elle ne vivra pas 60 ans de plus.
10554 contre 237 ou $44\frac{12}{23}$ contre 1 qu'elle ne vivra pas 65 ans de plus.
10706 contre 86 ou près de 126 contre 1 qu'elle ne vivra pas 70 ans de plus.
10767 contre 24 ou $448\frac{5}{8}$ contre 1 qu'elle ne vivra pas 75 ans de plus.

10789 contre 2 ou 5394 $\frac{1}{2}$ contre 1 qu'elle ne vivra pas 80 ans de plus, c'est-à-dire, en tout, 100 ans révolus.

Pour une personne de vingt-un ans.

On peut parier 10534 contre 133 ou 79 $\frac{2}{13}$ contre 1, qu'une personne de vingt-un ans vivra un an de plus.

10534 contre $\frac{133}{2}$ ou 158 $\frac{4}{13}$ contre 1 qu'elle vivra 6 mois.

10534 contre $\frac{133}{4}$ ou 316 $\frac{8}{13}$ contre 1 qu'elle vivra 3 mois.

10534 contre $\frac{133}{365}$ ou 28886 contre 1 qu'elle ne mourra pas dans les vingt-quatre heures.

10117 contre 550 ou 18 $\frac{21}{55}$ contre 1 qu'elle vivra 4 ans de plus.

9395 contre 1272 ou 7 $\frac{1}{8}$ contre 1 qu'elle vivra 9 ans de plus.

8619 contre 2048 ou 4 $\frac{1}{3}$ contre 1 qu'elle vivra 14 ans de plus.

7741 contre 2926 ou 2 $\frac{18}{29}$ contre 1 qu'elle vivra 19 ans de plus.

6835 contre 3832 ou 1 $\frac{18}{19}$ contre 1 qu'elle vivra 24 ans de plus.

6034 contre 4633 ou 1 $\frac{7}{23}$ contre 1 qu'elle vivra 29 ans de plus.

5463 contre 5204 ou 1 $\frac{25}{52}$ contre 1 qu'elle ne vivra pas 34 ans de plus.

6349 contre 4318 ou 1 $\frac{20}{43}$ contre 1 qu'elle ne vivra pas 39 ans de plus.

7296 contre 3371 ou 2 $\frac{5}{33}$ contre 1 qu'elle ne vivra pas 44 ans de plus.

8262 contre 2405 ou 3 $\frac{5}{12}$ contre 1 qu'elle ne vivra pas 49 ans de plus.

9184 contre 1483 ou 1 $\frac{1}{7}$ contre 1 qu'elle ne vivra pas 54 ans de plus.

10004 contre 663 ou 15 $\frac{3}{33}$ contre 1 qu'elle ne vivra pas 59 ans de plus.

10430 contre 237 ou 44 $\frac{10}{23}$ contre 1 qu'elle ne vivra pas 64 ans de plus.

10582 contre 85 ou 124 $\frac{1}{2}$ contre 1 qu'elle ne vivra pas 69 ans de plus.

10143 contre 24 ou 443 $\frac{1}{2}$ à peu près contre 1 qu'elle ne vivra pas 74 ans de plus.

10665 contre 2 ou 5332 $\frac{1}{2}$ contre 1 qu'elle ne vivra pas 79 ans de plus, c'est-à-dire, en tout, 100 ans révolus.

Pour une personne de vingt-deux ans.

On peut parier 10398 contre 136 ou 76 $\frac{6}{13}$ contre 1, qu'une personne de vingt-deux ans vivra un an de plus.

10398 contre $\frac{136}{2}$ ou 152 $\frac{12}{13}$ contre 1 qu'elle vivra 6 mois.

10398 contre $\frac{136}{4}$ ou 305 $\frac{11}{13}$ contre 1 qu'elle vivra 3 mois.

10398 contre $\frac{136}{365}$ ou 27906 contre 1 qu'elle ne mourra pas dans les vingt-quatre heures.

10117 contre 417 ou 24 $\frac{10}{41}$ contre 1 qu'elle vivra 3 ans de plus.

9395 contre 1139 ou 8 $\frac{2}{11}$ contre 1 qu'elle vivra 8 ans de plus.

8619 contre 1915 ou 4 $\frac{9}{19}$ contre 1 qu'elle vivra 13 ans de plus.

7741 contre 2793 ou 2 $\frac{22}{27}$ contre 1 qu'elle vivra 18 ans de plus.
6835 contre 3699 ou 1 $\frac{31}{36}$ contre 1 qu'elle vivra 23 ans de plus.
6034 contre 4500 ou 1 $\frac{1}{3}$ contre 1 qu'elle vivra 28 ans de plus.
5330 contre 5204 ou 1 $\frac{1}{52}$ contre 1 qu'elle vivra 33 ans de plus.
6216 contre 4318 ou 1 $\frac{18}{43}$ contre 1 qu'elle ne vivra pas 38 ans de plus.
7163 contre 3371 ou 2 $\frac{4}{33}$ contre 1 qu'elle ne vivra pas 43 ans de plus.
8129 contre 2405 ou 3 $\frac{13}{8}$ contre 1 qu'elle ne vivra pas 48 ans de plus.
9051 contre 1483 ou 6 $\frac{1}{14}$ contre 1 qu'elle ne vivra pas 53 ans de plus.
9871 contre 663 ou 14 $\frac{5}{6}$ contre 1 qu'elle ne vivra pas 58 ans de plus.
10297 contre 237 ou 43 $\frac{10}{23}$ contre 1 qu'elle ne vivra pas 63 ans de plus.
10449 contre 85 ou 122 $\frac{7}{8}$ contre 1 qu'elle ne vivra pas 68 ans de plus.
10510 contre 24 ou 437 $\frac{11}{12}$ contre 1 qu'elle ne vivra pas 73 ans de plus.
10532 contre 2 ou 5266 contre 1 qu'elle ne vivra pas 78 ans de plus, c'est-à-dire, en tout, 100 ans révolus.

Pour une personne de vingt-trois ans.

On peut parier 10258 contre 140 ou 73 $\frac{3}{14}$ contre 1, qu'une personne de vingt-trois ans vivra un an de plus.
10258 contre $\frac{140}{2}$ ou 146 $\frac{3}{7}$ contre 1 qu'elle vivra 6 mois.
10258 contre $\frac{140}{4}$ ou 292 $\frac{6}{7}$ contre 1 qu'elle vivra 3 mois.
10258 contre $\frac{140}{365}$ ou 26744 contre 1 qu'elle ne mourra pas dans les vingt-quatre heures.
10117 contre 281 ou un peu plus de 36 contre 1 qu'elle vivra deux ans de plus.
9395 contre 1003 ou 9 $\frac{3}{10}$ contre 1 qu'elle vivra 7 ans de plus.
8619 contre 1779 ou 4 $\frac{13}{17}$ contre 1 qu'elle vivra 12 ans de plus.
7741 contre 2657 ou 2 $\frac{12}{13}$ contre 1 qu'elle vivra 17 ans de plus.
6835 contre 3563 ou 1 $\frac{32}{35}$ contre 1 qu'elle vivra 22 ans de plus.
6034 contre 4364 ou 1 $\frac{16}{43}$ contre 1 qu'elle vivra 27 ans de plus.
5204 contre 5194 ou 1 $\frac{1}{519}$ contre 1 qu'elle vivra 32 ans de plus.
6080 contre 4318 ou 1 $\frac{17}{43}$ contre 1 qu'elle ne vivra pas 37 ans de plus.
7027 contre 3371 ou 2 $\frac{2}{33}$ contre 1 qu'elle ne vivra pas 42 ans de plus.
7993 contre 2405 ou 3 $\frac{7}{24}$ contre 1 qu'elle ne vivra pas 47 ans de plus.
8915 contre 1483 ou un peu plus de 6 contre 1 qu'elle ne vivra pas 52 ans de plus.
9735 contre 663 ou 14 $\frac{2}{3}$ contre 1 qu'elle ne vivra pas 57 ans de plus.
10161 contre 237 ou 42 $\frac{20}{23}$ contre 1 qu'elle ne vivra pas 62 ans de plus.
10313 contre 85 ou 121 $\frac{1}{4}$ contre 1 qu'elle ne vivra pas 67 ans de plus.
10374 contre 24 ou 432 $\frac{1}{4}$ contre 1 qu'elle ne vivra pas 72 ans de plus.
10396 contre 2 ou 5198 contre 1 qu'elle ne vivra pas 77 ans de plus, c'est-à-dire, en tout, 100 ans révolus.

Pour une personne de vingt-quatre ans.

On peut parier 10117 contre 141 ou 71 $\frac{5}{7}$ contre 1, qu'une personne de vingt-quatre ans vivra un an de plus.

10117 contre $\frac{141}{2}$ ou 143 $\frac{3}{7}$ contre 1 qu'elle vivra 6 mois.
10117 contre $\frac{141}{4}$ ou 286 $\frac{6}{7}$ contre 1 qu'elle vivra 3 mois.
10117 contre $\frac{141}{365}$ ou 26189 contre 1 qu'elle ne mourra pas dans les vingt-quatre heures.
9395 contre 863 ou 10 $\frac{7}{8}$ contre 1 qu'elle vivra 6 ans de plus.
8619 contre 1639 ou 5 $\frac{1}{4}$ contre 1 qu'elle vivra 11 ans de plus.
7741 contre 2517 ou 3 $\frac{1}{25}$ contre 1 qu'elle vivra 16 ans de plus.
6835 contre 3423 ou près de 2 contre 1 qu'elle vivra 21 ans de plus.
6034 contre 4224 ou 1 $\frac{3}{7}$ contre 1 qu'elle vivra 26 ans de plus.
5204 contre 5054 ou 1 $\frac{1}{30}$ contre 1 qu'elle vivra 31 ans de plus.
5940 contre 4318 ou 1 $\frac{16}{43}$ contre 1 qu'elle ne vivra pas 36 ans de plus.
6887 contre 3371 ou 2 $\frac{1}{33}$ contre 1 qu'elle ne vivra pas 41 ans de plus.
7853 contre 2405 ou 3 $\frac{2}{3}$ contre 1 qu'elle ne vivra pas 46 ans de plus.
8775 contre 1483 ou 5 $\frac{13}{14}$ contre 1 qu'elle ne vivra pas 51 ans de plus.
9595 contre 663 ou 14 $\frac{31}{66}$ contre 1 qu'elle ne vivra pas 56 ans de plus.
10021 contre 237 ou 42 $\frac{6}{23}$ contre 1 qu'elle ne vivra pas 61 ans de plus.
10173 contre 85 ou 119 $\frac{5}{8}$ contre 1 qu'elle ne vivra pas 66 ans de plus.
10234 contre 24 ou 426 $\frac{1}{2}$ contre 1 qu'elle ne vivra pas 71 ans de plus.
10256 contre 2 ou 5128 contre 1 qu'elle ne vivra pas 76 ans de plus, c'est-à-dire, en tout, 100 ans révolus.

Pour une personne de vingt-cinq ans.

On peut parier 9975 contre 142 ou 70 $\frac{3}{14}$ contre 1, qu'une personne de vingt-cinq ans vivra un an de plus.

9975 contre $\frac{142}{2}$ ou 140 $\frac{3}{7}$ contre 1 qu'elle vivra 6 mois.
9975 contre $\frac{142}{4}$ ou 280 $\frac{6}{7}$ contre 1 qu'elle vivra 3 mois.
9975 contre $\frac{142}{365}$ ou 25640 contre 1 qu'elle ne mourra pas dans les vingt-quatre heures.
9395 contre 722 ou un peu plus de 13 contre 1 qu'elle vivra 5 ans de plus.
8619 contre 1498 ou 5 $\frac{11}{14}$ contre 1 qu'elle vivra 10 ans de plus.
7741 contre 2376 ou 3 $\frac{6}{23}$ contre 1 qu'elle vivra 15 ans de plus.
6835 contre 3282 ou 2 $\frac{1}{16}$ contre 1 qu'elle vivra 20 ans de plus.
6034 contre 4083 ou 1 $\frac{19}{40}$ contre 1 qu'elle vivra 25 ans de plus.
5204 contre 4913 ou 1 $\frac{2}{49}$ contre 1 qu'elle vivra 30 ans de plus.
5799 contre 4318 ou 1 $\frac{14}{43}$ contre 1 qu'elle ne vivra pas 35 ans de plus.

6746 contre 3371 ou 2 $\frac{1}{33}$ contre 1 qu'elle ne vivra pas 40 ans de plus.
7712 contre 2405 ou 3 $\frac{1}{6}$ contre 1 qu'elle ne vivra pas 45 ans de plus.
8634 contre 1483 ou 5 $\frac{6}{7}$ contre 1 qu'elle ne vivra pas 50 ans de plus.
9454 contre 663 ou 14 $\frac{1}{6}$ contre 1 qu'elle ne vivra pas 55 ans de plus.
9880 contre 237 ou 41 $\frac{16}{23}$ contre 1 qu'elle ne vivra pas 60 ans de plus.
10032 contre 85 ou un peu plus de 118 contre 1 qu'elle ne vivra pas 65 ans de plus.
10093 contre 24 ou 420 $\frac{1}{2}$ contre 1 qu'elle ne vivra pas 70 ans de plus.
10115 contre 2 ou 5057 $\frac{1}{2}$ contre 1 qu'elle ne vivra pas 75 ans de plus, c'est-à-dire, en tout, 100 ans révolus.

Pour une personne de vingt-six ans.

On peut parier 9832 contre 143 ou 68 $\frac{5}{7}$ contre 1, qu'une personne de vingt-six ans vivra un an de plus.
9832 contre $\frac{143}{2}$ ou 137 $\frac{3}{7}$ contre 1 qu'elle vivra 6 mois.
9832 contre $\frac{143}{4}$ ou 274 $\frac{6}{7}$ contre 1 qu'elle vivra 3 mois.
9832 contre $\frac{143}{365}$ ou 25091 $\frac{3}{7}$ contre 1 qu'elle ne mourra pas dans les vingt-quatre heures.
9395 contre 580 ou 16 $\frac{11}{58}$ contre 1 qu'elle vivra 4 ans de plus.
8619 contre 1356 ou 6 $\frac{4}{13}$ contre 1 qu'elle vivra 9 ans de plus.
7741 contre 2234 ou 3 $\frac{5}{11}$ contre 1 qu'elle vivra 14 ans de plus.
6835 contre 3140 ou 2 $\frac{5}{31}$ contre 1 qu'elle vivra 19 ans de plus.
6034 contre 3941 ou 1 $\frac{20}{39}$ contre 1 qu'elle vivra 24 ans de plus.
5204 contre 4771 ou 1 $\frac{4}{47}$ contre 1 qu'elle vivra 29 ans de plus.
5657 contre 4318 ou 1 $\frac{13}{43}$ contre 1 qu'elle ne vivra pas 34 ans de plus.
6604 contre 3371 ou 1 $\frac{32}{33}$ contre 1 qu'elle ne vivra pas 39 ans de plus.
7570 contre 2405 ou 3 $\frac{1}{8}$ contre 1 qu'elle ne vivra pas 44 ans de plus.
8492 contre 1483 ou 5 $\frac{5}{7}$ contre 1 qu'elle ne vivra pas 49 ans de plus.
9312 contre 663 ou 14 $\frac{4}{33}$ contre 1 qu'elle ne vivra pas 54 ans de plus.
9738 contre 237 ou 41 $\frac{2}{23}$ contre 1 qu'elle ne vivra pas 59 ans de plus.
9890 contre 85 ou 116 $\frac{3}{8}$ contre 1 qu'elle ne vivra pas 64 ans de plus.
9951 contre 24 ou 414 $\frac{5}{8}$ contre 1 qu'elle ne vivra pas 69 ans de plus.
9973 contre 2 ou 4986 $\frac{1}{2}$ contre 1 qu'elle ne vivra pas 74 ans de plus, c'est-à-dire, en tout, 100 ans révolus.

Pour une personne de vingt-sept ans.

On peut parier 9,688 contre 144 ou 67 $\frac{2}{7}$ contre 1, qu'une personne de vingt-sept ans vivra un an de plus.
9688 contre $\frac{144}{2}$ ou 134 $\frac{4}{7}$ contre 1 qu'elle vivra 6 mois
9688 contre $\frac{144}{4}$ ou 269 $\frac{1}{7}$ contre 1 qu'elle vivra 3 mois.

9688 contre $\frac{144}{365}$ ou près de 24556 contre 1 qu'elle ne mourra pas dans les vingt-quatre heures.

9395 contre 437 ou 21 $\frac{21}{43}$ contre 1 qu'elle vivra 3 ans de plus.

8619 contre 1213 ou 7 $\frac{1}{12}$ contre 1 qu'elle vivra 8 ans de plus.

7741 contre 2091 ou 3 $\frac{7}{10}$ contre 1 qu'elle vivra 13 ans de plus.

6835 contre 2997 ou 2 $\frac{8}{29}$ contre 1 qu'elle vivra 18 ans de plus.

6034 contre 3798 ou 1 $\frac{22}{37}$ contre 1 qu'elle vivra 23 ans de plus.

5204 contre 4628 ou 1 $\frac{5}{46}$ contre 1 qu'elle vivra 28 ans de plus.

5514 contre 4318 ou 1 $\frac{11}{43}$ contre 1 qu'elle ne vivra pas 33 ans de plus.

6461 contre 3371 ou 1 $\frac{10}{11}$ contre 1 qu'elle ne vivra pas 38 ans de plus.

7427 contre 2405 ou 3 $\frac{1}{12}$ contre 1 qu'elle ne vivra pas 43 ans de plus.

8349 contre 1483 ou 5 $\frac{9}{14}$ contre 1 qu'elle ne vivra pas 48 ans de plus.

9169 contre 663 ou 13 $\frac{5}{6}$ contre 1 qu'elle ne vivra pas 53 ans de plus.

9595 contre 237 ou 40 $\frac{11}{23}$ contre 1 qu'elle ne vivra pas 58 ans de plus.

9747 contre 85 ou 114 $\frac{5}{8}$ contre 1 qu'elle ne vivra pas 63 ans de plus.

9808 contre 24 ou 408 $\frac{2}{3}$ contre 1 qu'elle ne vivra pas 68 ans de plus.

9830 contre 2 ou 4915 contre 1 qu'elle ne vivra pas 73 ans de plus, c'est-à-dire, en tout, 100 ans révolus.

Pour une personne de vingt-huit ans.

On peut parier 9543 contre 145 ou 65 $\frac{11}{14}$ contre 1, qu'une personne de vingt-huit ans vivra un an de plus.

9543 contre $\frac{145}{2}$ ou 131 $\frac{4}{7}$ contre 1 qu'elle vivra 6 mois.

9543 contre $\frac{145}{4}$ ou 263 $\frac{4}{7}$ contre 1 qu'elle vivra 3 mois.

9543 contre $\frac{145}{365}$ ou 24022 contre 1 qu'elle ne mourra pas dans les vingt-quatre heures.

9395 contre 293 ou 32 $\frac{1}{29}$ contre 1 qu'elle vivra 2 ans de plus.

8619 contre 1069 ou 8 $\frac{3}{53}$ contre 1 qu'elle vivra 7 ans de plus.

7741 contre 1947 ou près de 4 contre 1 qu'elle vivra 12 ans de plus.

6835 contre 2853 ou 2 $\frac{11}{28}$ contre 1 qu'elle vivra 17 ans de plus.

6034 contre 3654 ou 1 $\frac{23}{36}$ contre 1 qu'elle vivra 22 ans de plus.

5204 contre 4484 ou 1 $\frac{7}{44}$ contre 1 qu'elle vivra 27 ans de plus.

5370 contre 4318 ou 1 $\frac{10}{43}$ contre 1 qu'elle ne vivra pas 32 ans de plus.

6317 contre 3371 ou 1 $\frac{29}{33}$ contre 1 qu'elle ne vivra pas 37 ans de plus.

7283 contre 2405 ou 3 $\frac{1}{40}$ contre 1 qu'elle ne vivra pas 42 ans de plus.

8205 contre 1483 ou 5 $\frac{1}{2}$ contre 1 qu'elle ne vivra pas 47 ans de plus.

9025 contre 663 ou 13 $\frac{2}{3}$ contre 1 qu'elle ne vivra pas 52 ans de plus.

9451 contre 237 ou 39 $\frac{20}{23}$ contre 1 qu'elle ne vivra pas 57 ans de plus.

9603 contre 85 ou près de 113 contre 1 qu'elle ne vivra pas 62 ans de plus.

9664 contre 24 ou 402 $\frac{2}{3}$ contre 1 qu'elle ne vivra pas 67 ans de plus.

9686 contre 2 ou 4843 contre 1 qu'elle ne vivra pas 72 ans de plus, c'est-à-dire, en tout, 100 ans révolus.

Pour une personne de vingt-neuf ans.

On peut parier 9395 contre 148 ou 63 $\frac{7}{14}$ contre 1, qu'une personne de vingt-neuf ans vivra un ans de plus.

9395 contre $\frac{148}{2}$ ou 127 contre 1 qu'elle vivra 6 mois.

9395 contre $\frac{148}{4}$ ou 254 contre 1 qu'elle vivra 3 mois.

9395 contre $\frac{148}{365}$ ou 23170 contre 1 qu'elle ne mourra pas dans les vingt-quatre heures.

8619 contre 924 ou 9 $\frac{1}{3}$ contre 1 qu'elle vivra 6 ans de plus.
7741 contre 1802 ou 4 $\frac{5}{18}$ contre 1 qu'elle vivra 11 ans de plus.
6835 contre 2708 ou 2 $\frac{11}{17}$ contre 1 qu'elle vivra 16 ans de plus.
6034 contre 3509 ou 1 $\frac{5}{7}$ contre 1 qu'elle vivra 21 ans de plus.
5204 contre 4339 ou 1 $\frac{8}{43}$ contre 1 qu'elle vivra 26 ans de plus.
5225 contre 4318 ou 1 $\frac{9}{43}$ contre 1 qu'elle ne vivra pas 31 ans de plus.
6172 contre 3371 ou 1 $\frac{28}{33}$ contre 1 qu'elle ne vivra pas 36 ans de plus.
7138 contre 2405 ou 2 $\frac{23}{24}$ contre 1 qu'elle ne vivra pas 41 ans de plus.
8060 contre 1483 ou 5 $\frac{3}{7}$ contre 1 qu'elle ne vivra pas 46 ans de plus.
8880 contre 663 ou 13 $\frac{1}{3}$ contre 1 qu'elle ne vivra pas 51 ans de plus.
9306 contre 237 ou 39 $\frac{6}{23}$ contre 1 qu'elle ne vivra pas 56 ans de plus.
9458 contre 85 ou 111 $\frac{1}{4}$ contre 1 qu'elle ne vivra pas 61 ans de plus.
9519 contre 24 ou 396 $\frac{5}{8}$ contre 1 qu'elle ne vivra pas 66 ans de plus.
9541 contre 2 ou 4770 $\frac{1}{2}$ contre 1 qu'elle ne vivra pas 71 ans de plus, c'est-à-dire, en tout, 100 ans révolus.

Pour une personne de trente ans.

On peut parier 9244 contre 151 ou 61 $\frac{1}{5}$ contre 1, qu'une personne de trente ans vivra un an de plus.

9244 contre $\frac{151}{2}$ ou 122 $\frac{2}{5}$ contre 1 qu'elle vivra 6 mois.

9244 contre $\frac{151}{4}$ ou 244 $\frac{4}{5}$ contre 1 qu'elle vivra 3 mois.

9244 contre $\frac{151}{365}$ ou 22345 contre 1 qu'elle ne mourra pas dans les vingt-quatre heures.

8619 contre 776 ou 11 $\frac{8}{77}$ contre 1 qu'elle vivra 5 ans de plus.
7741 contre 1654 ou 4 $\frac{11}{16}$ contre 1 qu'elle vivra 10 ans de plus.
6835 contre 2560 ou 2 $\frac{17}{25}$ contre 1 qu'elle vivra 15 ans de plus.
6034 contre 3361 ou 1 $\frac{26}{33}$ contre 1 qu'elle vivra 20 ans de plus.
5204 contre 4191 ou 1 $\frac{10}{41}$ contre 1 qu'elle vivra 25 ans de plus.
5077 contre 4318 ou 1 $\frac{7}{43}$ contre 1 qu'elle ne vivra pas 30 ans de plus.
6024 contre 3371 ou 1 $\frac{26}{33}$ contre 1 qu'elle ne vivra pas 35 ans de plus.

6990 contre 2405 ou 2 $\frac{7}{8}$ contre 1 qu'elle ne vivra pas 40 ans de plus.
7912 contre 1483 ou 5 $\frac{2}{7}$ contre 1 qu'elle ne vivra pas 45 ans de plus.
8732 contre 663 ou 13 $\frac{11}{66}$ contre 1 qu'elle ne vivra pas 50 ans de plus.
9158 contre 237 ou 38 $\frac{15}{23}$ contre 1 qu'elle ne vivra pas 55 ans de plus.
9310 contre 85 ou 109 $\frac{1}{2}$ contre 1 qu'elle ne vivra pas 60 ans de plus.
9371 contre 24 ou 390 $\frac{1}{2}$ contre 1 qu'elle ne vivra pas 65 ans de plus.
9393 contre 2 ou 4696 $\frac{1}{2}$ contre 1 qu'elle ne vivra pas 70 ans de plus, c'est-à-dire, en tout, 100 ans révolus.

Pour une personne de trente-un ans.

On peut parier 9091 contre 153 ou 59 $\frac{6}{15}$ contre 1, qu'une personne de trente-un ans vivra un an de plus.
9091 contre $\frac{153}{2}$ ou 118 $\frac{4}{5}$ contre 1 qu'elle vivra 6 mois.
9091 contre $\frac{153}{4}$ ou 237 $\frac{3}{5}$ contre 1 qu'elle vivra 3 mois.
9091 contre $\frac{153}{365}$ ou 21688 contre 1 qu'elle ne mourra pas dans les vingt-quatre heures.
8619 contre 625 ou 13 $\frac{2}{3}$ contre 1 qu'elle vivra 4 ans de plus.
7741 contre 1503 ou 5 $\frac{2}{15}$ contre 1 qu'elle vivra 9 ans de plus.
6835 contre 2409 ou 2 $\frac{5}{6}$ contre 1 qu'elle vivra 14 ans de plus.
6034 contre 3210 ou 1 $\frac{7}{8}$ contre 1 qu'elle vivra 19 ans de plus.
5204 contre 4040 ou 1 $\frac{11}{40}$ contre 1 qu'elle vivra 24 ans de plus.
4926 contre 4318 ou 1 $\frac{6}{43}$ contre 1 qu'elle ne vivra pas 29 ans de plus.
5873 contre 3371 ou 1 $\frac{25}{33}$ contre 1 qu'elle ne vivra pas 34 ans de plus.
6839 contre 2405 ou 2 $\frac{5}{6}$ contre 1 qu'elle ne vivra pas 39 ans de plus.
7761 contre 1483 ou 5 $\frac{3}{14}$ contre 1 qu'elle ne vivra pas 44 ans de plus.
8581 contre 663 ou 12 $\frac{31}{33}$ contre 1 qu'elle ne vivra pas 49 ans de plus.
9007 contre 237 ou 38 contre 1 qu'elle ne vivra pas 54 ans de plus.
9159 contre 85 ou 107 $\frac{3}{4}$ contre 1 qu'elle ne vivra pas 59 ans de plus.
9220 contre 24 ou 384 $\frac{1}{6}$ contre 1 qu'elle ne vivra pas 64 ans de plus.
9242 contre 2 ou 4621 contre 1 qu'elle ne vivra pas 69 ans de plus, c'est-à-dire, en tout, 100 ans révolus.

Pour une personne de trente-deux ans.

On peut parier 8937 contre 154 ou un peu plus de 58 contre 1, qu'une personne de trente-deux ans vivra un ans de plus.
8937 contre $\frac{154}{2}$ ou un peu plus de 216 contre 1 qu'elle vivra 6 mois.
8937 contre $\frac{154}{4}$ ou un peu plus de 432 contre 1 qu'elle vivra 3 mois.
8937 contre $\frac{154}{365}$ ou 21182 contre 1 qu'elle ne mourra pas dans les vingt-quatre heures.
8619 contre 472 ou 18 $\frac{12}{47}$ contre 1 qu'elle vivra 3 ans de plus.

7741 contre 1350 ou 5 $\frac{9}{13}$ contre 1 qu'elle vivra 8 ans de plus.
6835 contre 2256 ou un peu plus de 3 contre 1 qu'elle vivra 13 ans de plus.
6034 contre 3057 ou 1 $\frac{29}{30}$ contre 1 qu'elle vivra 18 ans de plus.
5204 contre 3887 ou 1 $\frac{13}{38}$ contre 1 qu'elle vivra 23 ans de plus.
4773 contre 4318 ou 1 $\frac{4}{43}$ contre 1 qu'elle ne vivra pas 28 ans de plus.
5720 contre 3371 ou 1 $\frac{23}{33}$ contre 1 qu'elle ne vivra pas 33 ans de plus.
6686 contre 2405 ou 2 $\frac{3}{4}$ contre 1 qu'elle ne vivra pas 38 ans de plus.
7608 contre 1483 ou 5 $\frac{1}{14}$ contre 1 qu'elle ne vivra pas 43 ans de plus.
8428 contre 663 ou 12 $\frac{2}{23}$ contre 1 qu'elle ne vivra pas 48 ans de plus.
8854 contre 237 ou 37 $\frac{8}{23}$ contre 1 qu'elle ne vivra pas 53 ans de plus.
9006 contre 85 ou près de 106 contre 1 qu'elle ne vivra pas 58 ans de plus.
9067 contre 24 ou 377 $\frac{3}{4}$ contre 1 qu'elle ne vivra pas 63 ans de plus.
9089 contre 2 ou 4544 $\frac{1}{2}$ contre 1 qu'elle ne vivra pas 68 ans de plus, c'est-à-dire, en tout, 100 ans révolus.

Pour une personne de trente-trois ans.

On peut parier 8779 contre 158 ou 55 $\frac{8}{15}$ contre 1, qu'une personne de trente-trois ans vivra un ans de plus.
8779 contre $\frac{158}{2}$ ou 111 $\frac{1}{5}$ contre 1 qu'elle vivra 6 mois.
8779 contre $\frac{158}{4}$ ou 222 $\frac{2}{5}$ contre 1 qu'elle vivra 3 mois.
8779 contre $\frac{158}{365}$ ou 20280 contre 1 qu'elle ne mourra pas dans les vingt-quatre heures.
8619 contre 318 ou 27 $\frac{3}{31}$ contre 1 qu'elle vivra 2 ans de plus.
7741 contre 1196 ou 6 $\frac{5}{11}$ contre 1 qu'elle vivra 7 ans de plus.
6835 contre 2102 ou 3 $\frac{8}{21}$ contre 1 qu'elle vivra 12 ans de plus.
6034 contre 2903 ou 2 $\frac{2}{29}$ contre 1 qu'elle vivra 17 ans de plus.
5204 contre 3733 ou 1 $\frac{14}{37}$ contre 1 qu'elle vivra 22 ans de plus.
4619 contre 4318 ou 1 $\frac{3}{43}$ contre 1 qu'elle ne vivra pas 27 ans de plus.
5566 contre 3371 ou 1 $\frac{7}{11}$ contre 1 qu'elle ne vivra pas 32 ans de plus.
6532 contre 2405 ou 2 $\frac{17}{24}$ contre 1 qu'elle ne vivra pas 37 ans de plus.
7454 contre 1483 ou un peu plus de 5 contre 1 qu'elle ne vivra pas 42 ans de plus.
8274 contre 663 ou 12 $\frac{31}{65}$ contre 1 qu'elle ne vivra pas 47 ans de plus.
8700 contre 237 ou 36 $\frac{16}{23}$ contre 1 qu'elle ne vivra pas 52 ans de plus.
8852 contre 85 ou 104 $\frac{1}{8}$ contre 1 qu'elle ne vivra pas 57 ans de plus.
8913 contre 24 ou 371 $\frac{3}{8}$ contre 1 qu'elle ne vivra pas 62 ans de plus.
8935 contre 2 ou 4467 $\frac{1}{2}$ contre 1 qu'elle ne vivra pas 67 ans de plus, c'est-à-dire, en tout, 100 ans révolus.

Pour une personne de trente-quatre ans.

On peut parier 8619 contre 160 ou 53 $\frac{13}{16}$ contre 1, qu'une personne de trente-quatre ans vivra un an de plus.

8619 contre $\frac{160}{2}$ ou 107 $\frac{5}{8}$ contre 1 qu'elle vivra 6 mois.

8619 contre $\frac{160}{4}$ ou 215 $\frac{1}{4}$ contre 1 qu'elle vivra 3 mois.

8619 contre $\frac{160}{365}$ ou 19662 contre 1 qu'elle ne mourra pas dans les vingt-quatre heures.

8454 contre 325 ou 26 contre 1 qu'elle vivra 2 ans de plus.

8284 contre 495 ou 16 $\frac{3}{4}$ contre 1 qu'elle vivra 3 ans de plus.

8109 contre 670 ou 12 $\frac{6}{67}$ contre 1 qu'elle vivra 4 ans de plus.

7928 contre 851 ou 9 $\frac{1}{4}$ contre 1 qu'elle vivra 5 ans de plus.

7741 contre 1038 ou 7 $\frac{2}{5}$ contre 1 qu'elle vivra 6 ans de plus.

6836 contre 1944 ou 3 $\frac{10}{19}$ contre 1 qu'elle vivra 11 ans de plus.

6034 contre 2745 ou 2 $\frac{5}{27}$ contre 1 qu'elle vivra 16 ans de plus.

5204 contre 3575 ou 1 $\frac{16}{35}$ contre 1 qu'elle vivra 21 ans de plus.

4461 contre 4318 ou 1 $\frac{1}{43}$ contre 1 qu'elle ne vivra pas 26 ans de plus.

5408 contre 3371 ou 1 $\frac{20}{33}$ contre 1 qu'elle ne vivra pas 31 ans de plus.

6374 contre 2405 ou 2 $\frac{5}{8}$ contre 1 qu'elle ne vivra pas 36 ans de plus.

7296 contre 1483 ou 4 $\frac{13}{14}$ contre 1 qu'elle ne vivra pas 41 ans de plus.

8116 contre 663 ou 12 $\frac{8}{33}$ contre 1 qu'elle ne vivra pas 46 ans de plus.

8542 contre 237 ou un peu plus de 36 contre 1 qu'elle ne vivra pas 51 ans de plus.

8694 contre 85 ou 102 $\frac{1}{4}$ contre 1 qu'elle ne vivra pas 56 ans de plus.

8755 contre 24 ou 364 $\frac{3}{4}$ contre 1 qu'elle ne vivra pas 61 ans de plus.

8777 contre 2 ou 4388 contre 1 qu'elle ne vivra pas 66 ans de plus, c'est-à-dire, en tout, 100 ans révolus.

Pour une personne de trente-cinq ans.

On peut parier 8454 contre 165 ou 51 $\frac{3}{16}$ contre 1, qu'une personne de trente-cinq ans vivra un an de plus.

8454 contre $\frac{165}{2}$ ou 102 $\frac{3}{8}$ contre 1 qu'elle vivra 6 mois.

8454 contre $\frac{165}{4}$ ou 204 $\frac{3}{4}$ contre 1 qu'elle vivra 3 mois.

8454 contre $\frac{165}{365}$ ou 18701 contre 1 qu'elle ne mourra pas dans les vingt-quatre heures.

8284 contre 335 ou 24 $\frac{8}{11}$ contre 1 qu'elle vivra 2 ans de plus.

8109 contre 510 ou 15 $\frac{45}{51}$ contre 1 qu'elle vivra 3 ans de plus.

7928 contre 691 ou 11 $\frac{32}{69}$ contre 1 qu'elle vivra 4 ans de plus.

7741 contre 878 ou 8 $\frac{7}{8}$ contre 1 qu'elle vivra 5 ans de plus.

7555 contre 1064 ou 7 $\frac{1}{10}$ contre 1 qu'elle vivra 6 ans de plus.

7370 contre 1249 ou $5\frac{11}{12}$ contre 1 qu'elle vivra 7 ans de plus.
7186 contre 1433 ou un peu plus de 5 contre 1 qu'elle vivra 8 ans de plus.
6835 contre 1784 ou $3\frac{34}{17}$ contre 1 qu'elle vivra 10 ans de plus.
6034 contre 2585 ou $2\frac{8}{25}$ contre 1 qu'elle vivra 15 ans de plus.
5204 contre 3415 ou $1\frac{1}{2}$ contre 1 qu'elle vivra 20 ans de plus.
4318 contre 4301 ou un peu plus de 1 contre 1 qu'elle vivra 25 ans de plus.
5248 contre 3371 ou $1\frac{6}{11}$ contre 1 qu'elle ne vivra pas 30 ans de plus.
6214 contre 2405 ou $2\frac{7}{12}$ contre 1 qu'elle ne vivra pas 35 ans de plus.
7136 contre 1483 ou $4\frac{6}{7}$ contre 1 qu'elle ne vivra pas 40 ans de plus.
7956 contre 663 ou 12 contre 1 qu'elle ne vivra pas 45 ans de plus.
8382 contre 237 ou $35\frac{8}{23}$ contre 1 qu'elle ne vivra pas 50 ans de plus.
8534 contre 85 ou $100\frac{3}{8}$ contre 1 qu'elle ne vivra pas 55 ans de plus.
8595 contre 24 ou 358 contre 1 qu'elle ne vivra pas 60 ans de plus.
8617 contre 2 ou $4308\frac{1}{2}$ contre 1 qu'elle ne vivra pas 65 ans de plus, c'est-à-dire, en tout, 100 ans révolus.

Pour une personne de trente-six ans.

On peut parier 8284 contre 170 ou $48\frac{12}{17}$ contre 1, qu'une personne de trente-six ans vivra un an de plus.

8284 contre $\frac{170}{2}$ ou $97\frac{7}{17}$ contre 1 qu'elle vivra 6 mois.
8284 contre $\frac{170}{4}$ ou $194\frac{14}{17}$ contre 1 qu'elle vivra 3 mois.
8284 contre $\frac{170}{365}$ ou 17786 contre 1 qu'elle ne mourra pas dans les vingt-quatre heures.
8109 contre 345 ou $23\frac{1}{2}$ contre 1 qu'elle vivra 2 ans de plus.
7928 contre 526 ou $15\frac{3}{52}$ contre 1 qu'elle vivra 3 ans de plus.
7741 contre 713 ou $10\frac{6}{7}$ contre 1 qu'elle vivra 4 ans de plus.
7555 contre 899 ou $8\frac{1}{3}$ contre 1 qu'elle vivra 5 ans de plus.
7370 contre 1084 ou $6\frac{4}{5}$ contre 1 qu'elle vivra 6 ans de plus.
7186 contre 1268 ou $5\frac{2}{3}$ contre 1 qu'elle vivra 7 ans de plus.
7007 contre 1447 ou $4\frac{6}{7}$ contre 1 qu'elle vivra 8 ans de plus.
6835 contre 1619 ou $4\frac{3}{16}$ contre 1 qu'elle vivra 9 ans de plus.
6034 contre 2420 ou $2\frac{11}{24}$ contre 1 qu'elle vivra 14 ans de plus.
5204 contre 3250 ou $1\frac{19}{32}$ contre 1 qu'elle vivra 19 ans de plus.
4318 contre 4136 ou $1\frac{1}{41}$ contre 1 qu'elle vivra 24 ans de plus.
5083 contre 3371 ou $1\frac{17}{33}$ contre 1 qu'elle ne vivra pas 29 ans de plus.
6049 contre 2405 ou $2\frac{1}{2}$ contre 1 qu'elle ne vivra pas 34 ans de plus.
6971 contre 1483 ou $4\frac{5}{7}$ contre 1 qu'elle ne vivra pas 39 ans de plus.
7791 contre 663 ou $11\frac{2}{3}$ contre 1 qu'elle ne vivra pas 44 ans de plus.
8217 contre 237 ou $34\frac{2}{3}$ contre 1 qu'elle ne vivra pas 49 ans de plus.
8369 contre 85 ou $98\frac{3}{8}$ contre 1 qu'elle ne vivra pas 54 ans de plus.

8430 contre 24 ou 351 $\frac{1}{4}$ contre 1 qu'elle ne vivra pas 59 ans de plus.
8452 contre 2 ou 4226 contre 1 qu'elle ne vivra pas 64 ans de plus, c'est-à-dire, en tout, 100 ans révolus.

Pour une personne de trente-sept ans.

On peut parier 8109 contre 175 ou 46 $\frac{5}{17}$ contre 1, qu'une personne de trente-sept ans vivra un an de plus.
8109 contre $\frac{175}{2}$ ou 92 $\frac{10}{17}$ contre 1 qu'elle vivra 6 mois.
8109 contre $\frac{175}{4}$ ou 185 $\frac{8}{17}$ contre 1 qu'elle vivra 3 mois.
8109 contre $\frac{175}{365}$ ou 16907 contre 1 qu'elle ne mourra pas dans les vingt-quatre heures.
7928 contre 356 ou 22 $\frac{9}{35}$ contre 1 qu'elle vivra 2 ans de plus.
7741 contre 543 ou 14 $\frac{1}{18}$ contre 1 qu'elle vivra 3 ans de plus.
7555 contre 729 ou 10 $\frac{13}{36}$ contre 1 qu'elle vivra 4 ans de plus.
7370 contre 914 ou 8 $\frac{5}{91}$ contre 1 qu'elle vivra 5 ans de plus.
7186 contre 1098 ou 6 $\frac{1}{2}$ contre 1 qu'elle vivra 6 ans de plus.
7007 contre 1277 ou 5 $\frac{1}{2}$ contre 1 qu'elle vivra 7 ans de plus.
6835 contre 1449 ou 4 $\frac{5}{7}$ contre 1 qu'elle vivra 8 ans de plus.
6034 contre 2250 ou 2 $\frac{15}{22}$ contre 1 qu'elle vivra 13 ans de plus.
5204 contre 3080 ou 1 $\frac{7}{10}$ contre 1 qu'elle vivra 18 ans de plus.
4318 contre 3966 ou 1 $\frac{1}{13}$ contre 1 qu'elle vivra 23 ans de plus.
4913 contre 3371 ou 1 $\frac{5}{11}$ contre 1 qu'elle ne vivra pas 28 ans de plus.
5879 contre 2405 ou 2 $\frac{5}{12}$ contre 1 qu'elle ne vivra pas 33 ans de plus.
6801 contre 1483 ou 4 $\frac{4}{7}$ contre 1 qu'elle ne vivra pas 38 ans de plus.
7621 contre 663 ou 11 $\frac{1}{2}$ contre 1 qu'elle ne vivra pas 43 ans de plus.
8047 contre 237 ou près de 34 contre 1 qu'elle ne vivra pas 48 ans de plus.
8199 contre 85 ou 96 $\frac{3}{8}$ contre 1 qu'elle ne vivra pas 53 ans de plus.
8260 contre 24 ou 344 contre 1 qu'elle ne vivra pas 58 ans de plus.
8282 contre 2 ou 4141 contre 1 qu'elle ne vivra pas 63 ans de plus, c'est-à-dire, en tout, 100 ans révolus.

Pour une personne de trente-huit ans.

On peut parier 7928 contre 181 ou 43 $\frac{7}{9}$ contre 1, qu'une personne de trente-huit ans vivra un an de plus.
7928 contre $\frac{181}{2}$ ou 87 $\frac{5}{9}$ contre 1 qu'elle vivra 6 mois.
7928 contre $\frac{181}{4}$ ou 175 $\frac{1}{9}$ contre 1 qu'elle vivra 3 mois.
7928 contre $\frac{181}{365}$ ou 15987 contre 1 qu'elle ne mourra pas dans les vingt-quatre heures.
7741 contre 368 ou 21 $\frac{1}{36}$ contre 1 qu'elle vivra 2 ans de plus.

7555 contre 554 ou 13 $\frac{7}{11}$ contre 1 qu'elle vivra 3 ans de plus.
7370 contre 739 ou près de 10 contre 1 qu'elle vivra 4 ans de plus.
7186 contre 923 ou 7 $\frac{7}{9}$ contre 1 qu'elle vivra 5 ans de plus.
7007 contre 1102 ou 6 $\frac{3}{11}$ contre 1 qu'elle vivra 6 ans de plus.
6835 contre 1274 ou 5 $\frac{1}{3}$ contre 1 qu'elle vivra 7 ans de plus.
6034 contre 2075 ou 2 $\frac{9}{10}$ contre 1 qu'elle vivra 12 ans de plus.
5204 contre 2905 ou 1 $\frac{22}{29}$ contre 1 qu'elle vivra 17 ans de plus.
4318 contre 3791 ou 1 $\frac{5}{37}$ contre 1 qu'elle vivra 22 ans de plus.
4738 contre 3371 ou 1 $\frac{13}{33}$ contre 1 qu'elle ne vivra pas 27 ans de plus.
5704 contre 2405 ou 2 $\frac{1}{3}$ contre 1 qu'elle ne vivra pas 32 ans de plus.
6626 contre 1483 ou 4 $\frac{3}{7}$ contre 1 qu'elle ne vivra pas 37 ans de plus.
7446 contre 663 ou 11 $\frac{15}{66}$ contre 1 qu'elle ne vivra pas 42 ans de plus.
7872 contre 237 ou 33 $\frac{5}{23}$ contre 1 qu'elle ne vivra pas 47 ans de plus.
8024 contre 85 ou 94 $\frac{3}{8}$ contre 1 qu'elle ne vivra pas 52 ans de plus.
8085 contre 24 ou près de 337 contre 1 qu'elle ne vivra pas 57 ans de plus.
8107 contre 2 ou 4053 $\frac{1}{2}$ contre 1 qu'elle ne vivra pas 62 ans de plus, c'est-à-dire, en tout, 100 ans révolus.

Pour une personne de trente-neuf ans.

On peut parier 7741 contre 187 ou 41 $\frac{7}{18}$ contre 1, qu'une personne de trente-neuf ans vivra un an de plus.
7741 contre $\frac{187}{2}$ ou 82 $\frac{7}{9}$ contre 1 qu'elle vivra 6 mois.
7741 contre $\frac{187}{4}$ ou 165 $\frac{5}{9}$ contre 1 qu'elle vivra 3 mois.
7741 contre $\frac{187}{365}$ ou 15109 contre 1 qu'elle ne mourra pas dans les vingt-quatre heures.
7555 contre 373 ou 20 $\frac{9}{37}$ contre 1 qu'elle vivra 2 ans de plus.
7370 contre 558 ou 13 $\frac{1}{11}$ contre 1 qu'elle vivra 3 ans de plus.
7186 contre 742 ou 9 $\frac{25}{27}$ contre 1 qu'elle vivra 4 ans de plus.
7007 contre 921 ou 7 $\frac{13}{23}$ contre 1 qu'elle vivra 5 ans de plus.
6835 contre 1093 ou 6 $\frac{1}{5}$ contre 1 qu'elle vivra 6 ans de plus.
6034 contre 1894 ou 3 $\frac{1}{6}$ contre 1 qu'elle vivra 11 ans de plus.
5204 contre 2724 ou 1 $\frac{8}{9}$ contre 1 qu'elle vivra 16 ans de plus.
4318 contre 3610 ou 1 $\frac{7}{36}$ contre 1 qu'elle vivra 21 ans de plus.
4557 contre 3371 ou 1 $\frac{1}{3}$ contre 1 qu'elle ne vivra pas 26 ans de plus.
5523 contre 2405 ou 2 $\frac{7}{24}$ contre 1 qu'elle ne vivra pas 31 ans de plus.
6445 contre 1483 ou 4 $\frac{5}{14}$ contre 1 qu'elle ne vivra pas 36 ans de plus.
7265 contre 663 ou 10 $\frac{21}{22}$ contre 1 qu'elle ne vivra pas 41 ans de plus.
7691 contre 237 ou 32 $\frac{10}{23}$ contre 1 qu'elle ne vivra pas 46 ans de plus.
7843 contre 85 ou 92 $\frac{1}{4}$ contre 1 qu'elle ne vivra pas 51 ans de plus.
7904 contre 24 ou 329 $\frac{1}{3}$ contre 1 qu'elle ne vivra pas 56 ans de plus.

7926 contre 2 ou 3963 contre 1 qu'elle ne vivra pas 61 ans de plus, c'est-à-dire, en tout, 100 ans révolus.

Pour une personne de quarante ans.

On peut parier 7555 contre 186 ou 40 $\frac{11}{18}$ contre 1, qu'une personne de quarante ans vivra un an de plus.

7555 contre $\frac{186}{2}$ ou 81 $\frac{2}{9}$ contre 1 qu'elle vivra 6 mois.

7555 contre $\frac{186}{4}$ ou 162 $\frac{4}{9}$ contre 1 qu'elle vivra 3 mois.

7555 contre $\frac{186}{365}$ ou près de 14826 contre 1 qu'elle ne mourra pas dans les vingt-quatre heures.

7370 contre 371 ou 19 $\frac{32}{37}$ contre 1 qu'elle vivra 2 ans de plus.

7186 contre 555 ou 12 $\frac{52}{55}$ contre 1 qu'elle vivra 3 ans de plus.

7007 contre 734 ou 9 $\frac{4}{73}$ contre 1 qu'elle vivra 4 ans de plus.

6835 contre 906 ou 7 $\frac{49}{90}$ contre 1 qu'elle vivra 5 ans de plus.

6669 contre 1072 ou 6 $\frac{1}{5}$ contre 1 qu'elle vivra 6 ans de plus.

6516 contre 1225 ou 5 $\frac{1}{4}$ contre 1 qu'elle vivra 7 ans de plus.

6357 contre 1384 ou 4 $\frac{8}{13}$ contre 1 qu'elle vivra 8 ans de plus.

6196 contre 1545 ou un peu plus de 4 contre 1 qu'elle vivra 9 ans de plus.

6034 contre 1707 ou 3 $\frac{9}{17}$ contre 1 qu'elle vivra 10 ans de plus.

5204 contre 2537 ou 2 $\frac{1}{25}$ contre 1 qu'elle vivra 15 ans de plus.

4318 contre 3423 ou 1 $\frac{4}{17}$ contre 1 qu'elle vivra 20 ans de plus.

4370 contre 3371 ou 1 $\frac{3}{11}$ contre 1 qu'elle ne vivra pas 25 ans de plus.

5336 contre 2405 ou 2 $\frac{5}{24}$ contre 1 qu'elle ne vivra pas 30 ans de plus.

6258 contre 1483 ou 4 $\frac{3}{14}$ contre 1 qu'elle ne vivra pas 35 ans de plus.

7078 contre 663 ou 10 $\frac{2}{3}$ contre 1 qu'elle ne vivra pas 40 ans de plus.

7504 contre 237 ou 31 $\frac{15}{23}$ contre 1 qu'elle ne vivra pas 45 ans de plus.

7656 contre 85 ou 90 $\frac{6}{85}$ contre 1 qu'elle ne vivra pas 50 ans de plus.

7717 contre 24 ou 321 $\frac{13}{24}$ contre 1 qu'elle ne vivra pas 55 ans de plus.

7739 contre 2 ou 3869 contre 1 qu'elle ne vivra pas 60 ans de plus, c'est-à-dire, en tout, 100 ans révolus.

Pour une personne de quarante-un ans.

On peut parier 7370 contre 186 ou 39 $\frac{7}{11}$ contre 1 qu'une personne de quarante-un ans vivra un an de plus.

7370 contre $\frac{186}{2}$ ou 79 $\frac{3}{11}$ contre 1 qu'elle vivra 6 mois.

7370 contre $\frac{186}{4}$ ou 158 $\frac{7}{11}$ contre 1 qu'elle vivra 3 mois.

7370 contre $\frac{186}{365}$ ou 14463 contre 1 qu'elle ne mourra pas dans les vingt-quatre heures.

7186 contre 369 ou 19 $\frac{17}{36}$ contre 1 qu'elle vivra 2 ans de plus.

7007 contre 548 ou 12 $\frac{43}{54}$ contre 1 qu'elle vivra 3 ans de plus.

6835 contre 720 ou près de 9 $\frac{1}{2}$ contre 1 qu'elle vivra 4 ans de plus.
6669 contre 886 ou 7 $\frac{23}{44}$ contre 1 qu'elle vivra 5 ans de plus.
6516 contre 1039 ou 6 $\frac{1}{5}$ contre 1 qu'elle vivra 6 ans de plus.
6357 contre 1198 ou 5 $\frac{3}{11}$ contre 1 qu'elle vivra 7 ans de plus.
6196 contre 1359 ou 4 $\frac{7}{13}$ contre 1 qu'elle vivra 8 ans de plus.
6034 contre 1521 ou 3 $\frac{14}{15}$ contre 1 qu'elle vivra 9 ans de plus.
5204 contre 2351 ou 2 $\frac{5}{23}$ contre 1 qu'elle vivra 14 ans de plus.
4318 contre 2237 ou 1 $\frac{5}{14}$ contre 1 qu'elle vivra 19 ans de plus.
4184 contre 3771 ou 1 $\frac{8}{36}$ contre 1 qu'elle ne vivra pas 24 ans de plus.
5150 contre 2405 ou 2 $\frac{1}{8}$ contre 1 qu'elle ne vivra pas 29 ans de plus.
6072 contre 1483 ou 4 $\frac{1}{14}$ contre 1 qu'elle ne vivra pas 34 ans de plus.
6892 contre 663 ou 10 $\frac{13}{33}$ contre 1 qu'elle ne vivra pas 39 ans de plus.
7318 contre 237 ou 30 $\frac{20}{23}$ contre 1 qu'elle ne vivra pas 44 ans de plus.
7470 contre 85 ou 87 $\frac{7}{8}$ contre 1 qu'elle ne vivra pas 49 ans de plus.
7531 contre 24 ou 313 $\frac{19}{24}$ contre 1 qu'elle ne vivra pas 54 ans de plus.
7553 contre 2 ou 3776 $\frac{1}{2}$ contre 1 qu'elle ne vivra pas 59 ans de plus, c'est-à-dire, en tout, 100 ans révolus.

Pour une personne de quarante-deux ans.

On peut parier 7186 contre 185 ou 38 $\frac{9}{11}$ contre 1, qu'une personne de quarante-deux ans vivra un an de plus.
7186 contre $\frac{185}{2}$ ou 77 $\frac{7}{11}$ contre 1 qu'elle vivra 6 mois.
7186 contre $\frac{185}{4}$ ou 155 $\frac{3}{11}$ contre 1 qu'elle vivra 3 mois.
7186 contre $\frac{185}{365}$ ou près de 14178 contre 1 qu'elle ne mourra pas dans les vingt-quatre heures.
7007 contre 363 ou 19 $\frac{11}{36}$ contre 1 qu'elle vivra 2 ans de plus.
6835 contre 535 ou 12 $\frac{41}{53}$ contre 1 qu'elle vivra 3 ans de plus.
6669 contre 701 ou 9 $\frac{18}{35}$ contre 1 qu'elle vivra 4 ans de plus.
6516 contre 854 ou 7 $\frac{63}{85}$ contre 1 qu'elle vivra 5 ans de plus.
6357 contre 1013 ou près de 6 $\frac{1}{4}$ contre 1 qu'elle vivra 6 ans de plus.
6196 contre 1174 ou 5 $\frac{1}{11}$ contre 1 qu'elle vivra 7 ans de plus.
6034 contre 1336 ou 4 $\frac{6}{13}$ contre 1 qu'elle vivra 8 ans de plus.
5204 contre 2166 ou 2 $\frac{8}{21}$ contre 1 qu'elle vivra 13 ans de plus.
4318 contre 3052 ou 1 $\frac{2}{5}$ contre 1 qu'elle vivra 18 ans de plus.
3999 contre 3371 ou 1 $\frac{2}{11}$ contre 1 qu'elle ne vivra pas 23 ans de plus.
4965 contre 2405 ou 2 $\frac{1}{24}$ contre 1 qu'elle ne vivra pas 28 ans de plus.
5887 contre 1483 ou près de 4 contre 1 qu'elle ne vivra pas 33 ans de plus.
6707 contre 663 ou 10 $\frac{7}{68}$ contre 1 qu'elle ne vivra pas 38 ans de plus.
7133 contre 237 ou 30 $\frac{2}{23}$ contre 1 qu'elle ne vivra pas 43 ans de plus.
7285 contre 85 ou 85 $\frac{12}{17}$ contre 1 qu'elle ne vivra pas 48 ans de plus.

7346 contre 24 ou 306 contre 1 qu'elle ne vivra pas 53 ans de plus.
7368 contre 2 ou 3684 contre 1 qu'elle ne vivra pas 58 ans de plus, c'est-à-dire, en tout, 100 ans révolus.

Pour une personne de quarante-trois ans.

On peut parier 7007 contre 184 ou 38 $\frac{2}{23}$ contre 1, qu'une personne de quarante-trois ans vivra un an de plus.
7007 contre $\frac{184}{2}$ ou 76 $\frac{4}{23}$ contre 1 qu'elle vivra 6 mois.
7007 contre $\frac{184}{4}$ ou 152 $\frac{8}{23}$ contre 1 qu'elle vivra 3 mois.
7007 contre $\frac{184}{365}$ ou 13900 contre 1 qu'il ne mourra pas dans les vingt-quatre heures.
6835 contre 351 ou 19 $\frac{16}{35}$ contre 1 qu'elle vivra 2 ans de plus.
6669 contre 517 ou 12 $\frac{46}{51}$ contre 1 qu'elle vivra 3 ans de plus.
6516 contre 670 ou 9 $\frac{48}{67}$ contre 1 qu'elle vivra 4 ans de plus.
6357 contre 829 ou 7 $\frac{55}{82}$ contre 1 qu'elle vivra 5 ans de plus.
6196 contre 990 ou un peu plus de 6 $\frac{1}{4}$ contre 1 qu'elle vivra 6 ans de plus.
6034 contre 1152 ou 5 $\frac{2}{11}$ contre 1 qu'elle vivra 7 ans de plus.
5204 contre 1982 ou 2 $\frac{12}{19}$ contre 1 qu'elle vivra 12 ans de plus.
4318 contre 2868 ou 1 $\frac{1}{2}$ contre 1 qu'elle vivra 17 ans de plus.
3815 contre 3371 ou 1 $\frac{4}{33}$ contre 1 qu'elle ne vivra pas 22 ans de plus.
4781 contre 2405 ou près de 2 contre 1 qu'elle ne vivra pas 27 ans de plus.
5703 contre 1483 ou 3 $\frac{6}{7}$ contre 1 qu'elle ne vivra pas 32 ans de plus.
6523 contre 663 ou 9 $\frac{5}{6}$ contre 1 qu'elle ne vivra pas 37 ans de plus.
6949 contre 237 ou 29 $\frac{7}{23}$ contre 1 qu'elle ne vivra pas 42 ans de plus.
7101 contre 85 ou 83 $\frac{46}{86}$ contre 1 qu'elle ne vivra pas 47 ans de plus.
7162 contre 24 ou 298 $\frac{5}{12}$ contre 1 qu'elle ne vivra pas 52 ans de plus.
7184 contre 2 ou 3592 contre 1 qu'elle ne vivra pas 57 ans de plus, c'est-à-dire, en tout, 100 ans révolus.

Pour une personne de quarante-quatre ans.

On peut parier 6835 contre 179 ou 38 $\frac{11}{60}$ contre 1, qu'une personne de quarante-quatre ans vivra un an de plus.
6835 contre $\frac{179}{2}$ ou 76 $\frac{11}{30}$ contre 1 qu'elle vivra 6 mois.
6835 contre $\frac{179}{4}$ ou 152 $\frac{2}{3}$ contre 1 qu'elle vivra 3 mois.
6835 contre $\frac{179}{365}$ ou 13937 contre 1 qu'elle ne mourra pas dans les vingt-quatre heures.
6669 contre 338 ou 19 $\frac{8}{11}$ contre 1 qu'elle vivra 2 ans de plus.
6516 contre 491 ou 13 $\frac{13}{49}$ contre 1 qu'elle vivra 3 ans de plus.

6357 contre 650 ou 9 $\frac{10}{13}$ contre 1 qu'elle vivra 4 ans de plus.
6196 contre 811 ou 7 $\frac{5}{8}$ contre 1 qu'elle vivra 5 ans de plus.
6034 contre 973 ou 6 $\frac{1}{9}$ contre 1 qu'elle vivra 6 ans de plus.
5204 contre 1803 ou 2 $\frac{8}{9}$ contre 1 qu'elle vivra 11 ans de plus.
4318 contre 2689 ou 1 $\frac{8}{13}$ contre 1 qu'elle vivra 16 ans de plus.
3636 contre 3371 ou 1 $\frac{2}{33}$ contre 1 qu'elle vivra 21 ans de plus.
4602 contre 2405 ou 1 $\frac{11}{12}$ contre 1 qu'elle ne vivra pas 26 ans de plus.
5524 contre 1483 ou 3 $\frac{5}{7}$ contre 1 qu'elle ne vivra pas 31 ans de plus.
6344 contre 663 ou 9 $\frac{37}{66}$ contre 1 qu'elle ne vivra pas 36 ans de plus.
6770 contre 237 ou 28 $\frac{13}{23}$ contre 1 qu'elle ne vivra pas 41 ans de plus.
6922 contre 85 ou 81 $\frac{37}{85}$ contre 1 qu'elle ne vivra pas 46 ans de plus.
6983 contre 24 ou près de 291 contre 1 qu'elle ne vivra pas 51 ans de plus.
7005 contre 2 ou 3502 $\frac{1}{2}$ contre 1 qu'elle ne vivra pas 56 ans de plus, c'est-à-dire, en tout, 100 ans révolus.

Pour une personne de quarante-cinq ans.

On peut parier 6669 contre 172 ou 39 $\frac{7}{57}$ contre 1, qu'une personne de quarante-cinq ans vivra un an de plus.
6669 contre $\frac{172}{2}$ ou 78 $\frac{14}{4}$ contre 1 qu'elle vivra 6 mois.
6669 contre $\frac{172}{4}$ ou 156 $\frac{1}{2}$ contre 1 qu'elle vivra 3 mois.
6669 contre $\frac{172}{365}$ ou 14152 contre 1 qu'elle ne mourra pas dans les vingt-quatre heures.
6516 contre 319 ou 20 $\frac{13}{31}$ contre 1 qu'elle vivra 2 ans de plus.
6357 contre 478 ou 13 $\frac{14}{47}$ contre 1 qu'elle vivra 3 ans de plus.
6196 contre 639 ou 9 $\frac{44}{63}$ contre 1 qu'elle vivra 4 ans de plus.
6034 contre 801 ou 7 $\frac{21}{40}$ contre 1 qu'elle vivra 5 ans de plus.
5871 contre 964 ou 6 $\frac{1}{12}$ contre 1 qu'elle vivra 6 ans de plus.
5707 contre 1128 ou 5 $\frac{3}{56}$ contre 1 qu'elle vivra 7 ans de plus.
5542 contre 1293 ou 4 $\frac{1}{4}$ contre 1 qu'elle vivra 8 ans de plus.
5374 contre 1461 ou 3 $\frac{9}{14}$ contre 1 qu'elle vivra 9 ans de plus.
5204 contre 1631 ou 3 $\frac{3}{16}$ contre 1 qu'elle vivra 10 ans de plus.
4318 contre 2517 ou 1 $\frac{18}{25}$ contre 1 qu'elle vivra 15 ans de plus.
3464 contre 3371 ou un peu plus de 1 contre 1 qu'elle ne vivra pas 20 ans de plus.
4430 contre 2405 ou 1 $\frac{5}{6}$ contre 1 qu'elle ne vivra pas 25 ans de plus.
5352 contre 1483 ou 3 $\frac{45}{74}$ contre 1 qu'elle ne vivra pas 30 ans de plus.
6172 contre 663 ou 9 $\frac{1}{11}$ contre 1 qu'elle ne vivra pas 35 ans de plus.
6598 contre 237 ou 27 $\frac{19}{23}$ contre 1 qu'elle ne vivra pas 40 ans de plus.
6750 contre 85 ou 79 $\frac{3}{8}$ contre 1 qu'elle ne vivra pas 45 ans de plus.

6811 contre 24 ou 283 $\frac{19}{24}$ contre 1 qu'elle ne vivra pas 50 ans de plus.
6833 contre 2 ou 3416 contre 1 qu'elle ne vivra pas 55 ans de plus, c'est-à-dire, en tout, 100 ans révolus.

Pour une personne de quarante-six ans.

On peut parier 6516 contre 166 ou 39 $\frac{1}{4}$ contre 1, qu'une personne de quarante-six ans vivra un an de plus.
6516 contre $\frac{166}{2}$ ou 78 $\frac{1}{2}$ contre 1 qu'elle vivra 6 mois.
6516 contre $\frac{166}{4}$ ou 157 contre 1 qu'elle vivra 3 mois.
6516 contre $\frac{166}{365}$ ou 14327 $\frac{1}{3}$ contre 1 qu'elle ne mourra pas dans les vingt-quatre heures.
6357 contre 312 ou 20 $\frac{11}{31}$ contre 1 qu'elle vivra 2 ans de plus.
6196 contre 473 ou 13 $\frac{4}{47}$ contre 1 qu'elle vivra 3 ans de plus.
6034 contre 635 ou 9 $\frac{31}{63}$ contre 1 qu'elle vivra 4 ans de plus.
5871 contre 798 ou 7 $\frac{28}{79}$ contre 1 qu'elle vivra 5 ans de plus.
5707 contre 962 ou 5 $\frac{89}{96}$ contre 1 qu'elle vivra 6 ans de plus.
5542 contre 1127 ou 4 $\frac{10}{11}$ contre 1 qu'elle vivra 7 ans de plus.
5374 contre 1295 ou 4 $\frac{1}{12}$ contre 1 qu'elle vivra 8 ans de plus.
5204 contre 1465 ou 3 $\frac{40}{73}$ contre 1 qu'elle vivra 9 ans de plus.
5031 contre 1638 ou 3 $\frac{1}{16}$ contre 1 qu'elle vivra 10 ans de plus.
4680 contre 1989 ou près de 2 $\frac{7}{20}$ contre 1 qu'elle vivra 12 ans de plus.
4318 contre 2351 ou 1 $\frac{19}{23}$ contre 1 qu'elle vivra 14 ans de plus.
3371 contre 3298 ou un peu plus de 1 contre 1 qu'elle ne vivra pas 19 ans de plus.
4264 contre 2405 ou 1 $\frac{3}{4}$ contre 1 qu'elle ne vivra pas 24 ans de plus.
5186 contre 1483 ou à peu près 3 $\frac{1}{2}$ contre 1 qu'elle ne vivra pas 29 ans de plus.
6006 contre 663 ou 9 $\frac{1}{22}$ contre 1 qu'elle ne vivra pas 34 ans de plus.
6432 contre 237 ou 27 $\frac{3}{23}$ contre 1 qu'elle ne vivra pas 39 ans de plus.
6584 contre 85 ou 77 $\frac{3}{8}$ contre 1 qu'elle ne vivra pas 44 ans de plus.
6645 contre 24 ou 276 $\frac{7}{8}$ contre 1 qu'elle ne vivra pas 49 ans de plus.
6667 contre 2 ou 3333 $\frac{1}{2}$ contre 1 qu'elle ne vivra pas 54 ans de plus, c'est-à-dire, en tout, 100 ans révolus.

Pour une personne de quarante-sept ans.

On peut parier 6357 contre 159 ou près de 40 contre 1, qu'une personne de quarante-sept ans vivra un an de plus.
6357 contre $\frac{159}{2}$ ou près de 80 contre 1 qu'elle vivra 6 mois.
6357 contre $\frac{159}{4}$ ou près de 160 contre 1 qu'elle vivra 3 mois.

6357 contre $\frac{159}{365}$ ou 14593 contre 1 qu'elle ne mourra pas dans les vingt-quatre heures.
6196 contre 320 ou 19 $\frac{11}{32}$ contre 1 qu'elle vivra 2 ans de plus.
6034 contre 482 ou 12 $\frac{25}{48}$ contre 1 qu'elle vivra 3 ans de plus.
5871 contre 645 ou 9 $\frac{3}{32}$ contre 1 qu'elle vivra 4 ans de plus.
5707 contre 809 ou 7 $\frac{1}{20}$ contre 1 qu'elle vivra 5 ans de plus.
5542 contre 974 ou 5 $\frac{2}{3}$ contre 1 qu'elle vivra 6 ans de plus.
5374 contre 1142 ou 4 $\frac{8}{11}$ contre 1 qu'elle vivra 7 ans de plus.
5204 contre 1312 ou près de 4 contre 1 qu'elle vivra 8 ans de plus.
4857 contre 1659 ou 2 $\frac{15}{16}$ contre 1 qu'elle vivra 10 ans de plus.
4501 contre 2015 ou 2 $\frac{1}{5}$ contre 1 qu'elle vivra 12 ans de plus.
4318 contre 2198 ou près de 2 contre 1 qu'elle vivra 13 ans de plus.
3947 contre 2569 ou 1 $\frac{13}{25}$ contre 1 qu'elle vivra 15 ans de plus.
3371 contre 3145 ou 1 $\frac{2}{31}$ contre 1 qu'elle vivra 18 ans de plus.
4111 contre 2405 ou 1 $\frac{17}{24}$ contre 1 qu'elle ne vivra pas 23 ans de plus.
5033 contre 1483 ou 3 $\frac{5}{14}$ contre 1 qu'elle ne vivra pas 28 ans de plus.
5853 contre 663 ou 8 $\frac{5}{6}$ contre 1 qu'elle ne vivra pas 33 ans de plus.
6279 contre 237 ou près de 26 $\frac{1}{2}$ contre 1 qu'elle ne vivra pas 38 ans de plus.
6431 contre 85 ou 75 $\frac{5}{8}$ contre 1 qu'elle ne vivra pas 43 ans de plus.
6492 contre 24 ou 270 $\frac{1}{2}$ contre 1 qu'elle ne vivra pas 48 ans de plus.
6514 contre 2 ou 3257 contre 1 qu'elle ne vivra pas 53 ans de plus, c'est-à-dire, en tout, 100 ans révolus.

Pour une personne de quarante-huit ans.

On peut parier 6196 contre 161 ou 38 $\frac{7}{16}$ contre 1, qu'une personne de quarante-huit ans vivra un an de plus.
6196 contre $\frac{161}{2}$ ou 76 $\frac{7}{8}$ contre 1 qu'elle vivra 6 mois.
6196 contre $\frac{161}{4}$ ou 153 $\frac{3}{4}$ contre 1 qu'elle vivra 3 mois.
6196 contre $\frac{161}{365}$ ou 14047 contre 1 qu'elle ne mourra pas dans les vingt-quatre heures.
6034 contre 323 ou 18 $\frac{2}{3}$ contre 1 qu'elle vivra 2 ans de plus.
5871 contre 486 ou 12 $\frac{1}{16}$ contre 1 qu'elle vivra 3 ans de plus.
5707 contre 650 ou 8 $\frac{10}{13}$ contre 1 qu'elle vivra 4 ans de plus.
5542 contre 815 ou 6 $\frac{65}{81}$ contre 1 qu'elle vivra 5 ans de plus.
5374 contre 983 ou 5 $\frac{45}{98}$ contre 1 qu'elle vivra 6 ans de plus.
5204 contre 1153 ou un peu plus de 4 $\frac{1}{2}$ contre 1 qu'elle vivra 7 ans de plus.
4680 contre 1677 ou 2 $\frac{13}{16}$ contre 1 qu'elle vivra 10 ans de plus.
4318 contre 2039 ou 2 $\frac{1}{10}$ contre 1 qu'elle vivra 12 ans de plus.
3758 contre 2599 ou 1 $\frac{23}{52}$ contre 1 qu'elle vivra 15 ans de plus.

3371 contre 2986 ou 1 $\frac{3}{29}$ contre 1 qu'elle vivra 17 ans de plus.
3182 contre 3175 ou un peu plus de 1 contre 1 qu'elle ne vivra pas 18 ans de plus.
3952 contre 2405 ou 1 $\frac{13}{20}$ contre 1 qu'elle ne vivra pas 22 ans de plus.
4874 contre 1483 ou près de 3 $\frac{7}{25}$ contre 1 qu'elle ne vivra pas 27 ans de plus.
5694 contre 663 ou 8 $\frac{13}{22}$ contre 1 qu'elle ne vivra pas 32 ans de plus.
6120 contre 237 ou 25 $\frac{17}{23}$ contre 1 qu'elle ne vivra pas 37 ans de plus.
6272 contre 85 ou près de 75 contre 1 qu'elle ne vivra pas 42 ans de plus.
6333 contre 24 ou 263 $\frac{7}{8}$ contre 1 qu'elle ne vivra pas 47 ans de plus.
6355 contre 2 ou 3177 $\frac{1}{2}$ contre 1 qu'elle ne vivra pas 52 ans de plus, c'est-à-dire, en tout, 100 ans révolus.

Pour une personne de quarante-neuf ans.

On peut parier 6034 contre 162 ou 37 $\frac{1}{4}$ contre 1, qu'une personne de quarante-neuf ans vivra un an de plus.
6034 contre $\frac{162}{2}$ ou 74 $\frac{1}{2}$ contre 1 qu'elle vivra 6 mois.
6034 contre $\frac{162}{4}$ ou 149 contre 1 qu'elle vivra 3 mois.
6034 contre $\frac{162}{365}$ ou 13595 contre 1 qu'elle ne mourra pas dans les vingt-quatre heures.
5871 contre 325 ou 18 $\frac{1}{16}$ contre 1 qu'elle vivra 2 ans de plus.
5707 contre 489 ou 11 $\frac{2}{3}$ contre 1 qu'elle vivra 3 ans de plus.
5542 contre 654 ou 8 $\frac{31}{65}$ contre 1 qu'elle vivra 4 ans de plus.
5374 contre 822 ou 6 $\frac{22}{41}$ contre 1 qu'elle vivra 5 ans de plus.
5204 contre 992 ou 5 $\frac{8}{33}$ contre 1 qu'elle vivra 6 ans de plus.
5031 contre 1165 ou 4 $\frac{3}{11}$ contre 1 qu'elle vivra 7 ans de plus.
4857 contre 1339 ou 3 $\frac{8}{13}$ contre 1 qu'elle vivra 8 ans de plus.
4501 contre 1695 ou 2 $\frac{11}{17}$ contre 1 qu'elle vivra 10 ans de plus.
4318 contre 1878 ou 2 $\frac{5}{18}$ contre 1 qu'elle vivra 11 ans de plus.
4133 contre 2063 ou un peu plus de 2 contre 1 qu'elle vivra 12 ans de plus.
3568 contre 2628 ou 1 $\frac{4}{13}$ contre 1 qu'elle vivra 15 ans de plus.
3371 contre 2825 ou 1 $\frac{5}{28}$ contre 1 qu'elle vivra 16 ans de plus.
3216 contre 2980 ou 1 $\frac{2}{29}$ contre 1 qu'elle ne vivra pas 18 ans de plus.
3791 contre 2405 ou 1 $\frac{23}{40}$ contre 1 qu'elle ne vivra pas 21 ans de plus.
4713 contre 1483 ou 3 $\frac{1}{7}$ contre 1 qu'elle ne vivra pas 26 ans de plus.
5533 contre 663 ou 8 $\frac{1}{3}$ contre 1 qu'elle ne vivra pas 31 ans de plus.
5959 contre 237 ou 25 $\frac{3}{23}$ contre 1 qu'elle ne vivra pas 36 ans de plus.
6111 contre 85 ou 71 $\frac{7}{8}$ contre 1 qu'elle ne vivra pas 41 ans de plus.

6172 contre 24 ou 257 $\frac{1}{6}$ contre 1 qu'elle ne vivra pas 46 ans de plus.

6194 contre 2 ou 3097 contre 1 qu'elle ne vivra pas 51 ans de plus, c'est-à-dire, en tout, 100 ans révolus.

Pour une personne de cinquante ans.

On peut parier 5871 contre 163 ou un peu plus de 36 contre 1, qu'une personne de cinquante ans vivra un an de plus.

5871 contre $\frac{163}{2}$ ou un peu plus de 72 contre 1 qu'elle vivra 6 mois.

5871 contre $\frac{163}{4}$ ou un peu plus de 144 contre 1 qu'elle vivra 3 mois.

5871 contre $\frac{163}{365}$ ou près de 13147 contre 1 qu'elle ne mourra pas dans les vingt-quatre heures.

5707 contre 327 ou 17 $\frac{7}{16}$ contre 1 qu'elle vivra 2 ans de plus.

5542 contre 492 ou 11 $\frac{13}{49}$ contre 1 qu'elle vivra 3 ans de plus.

5374 contre 660 ou 8 $\frac{3}{22}$ contre 1 qu'elle vivra 4 ans de plus.

5204 contre 830 ou 6 $\frac{1}{4}$ contre 1 qu'elle vivra 5 ans de plus.

5031 contre 1003 ou un peu plus de 5 contre 1 qu'elle vivra 6 ans de plus.

4680 contre 1354 ou 3 $\frac{6}{13}$ contre 1 qu'elle vivra 8 ans de plus.

4318 contre 1716 ou un peu plus de 2 $\frac{1}{2}$ contre 1 qu'elle vivra 10 ans de plus.

3947 contre 2087 ou 1 $\frac{9}{10}$ contre 1 qu'elle vivra 12 ans de plus.

3371 contre 2663 ou 1 $\frac{7}{26}$ contre 1 qu'elle vivra 15 ans de plus.

3054 contre 2980 ou un peu plus de 1 contre 1 qu'elle ne vivra pas 17 ans de plus.

3629 contre 2405 ou un peu plus de 1 $\frac{1}{2}$ contre 1 qu'elle ne vivra pas 20 ans de plus.

4551 contre 1483 ou 3 $\frac{5}{74}$ contre 1 qu'elle ne vivra pas 25 ans de plus.

5371 contre 663 ou 8 $\frac{1}{11}$ contre 1 qu'elle ne vivra pas 30 ans de plus.

5797 contre 237 ou 24 $\frac{10}{23}$ contre 1 qu'elle ne vivra pas 35 ans de plus.

5949 contre 85 ou 67 $\frac{5}{8}$ contre 1 qu'elle ne vivra pas 40 ans de plus.

6010 contre 24 ou 250 $\frac{5}{12}$ contre 1 qu'elle ne vivra pas 45 ans de plus.

6032 contre 2 ou 3016 contre 1 qu'elle ne vivra pas 50 ans de plus, c'est-à-dire, en tout, 100 ans révolus.

Pour une personne de cinquante-un ans.

On peut parier 5707 contre 164 ou 34 $\frac{13}{16}$ contre 1, qu'une personne de cinquante-un ans vivra un an de plus.

5707 contre $\frac{164}{2}$ ou 69 $\frac{5}{8}$ contre 1 qu'elle vivra 6 mois.

5707 contre $\frac{164}{4}$ ou 139 $\frac{1}{4}$ contre 1 qu'elle vivra 3 mois.

5707 contre $\frac{164}{365}$ ou près de 12702 contre 1 qu'elle ne mourra pas dans les vingt-quatre heures.

5542 contre 329 ou $16 \frac{27}{32}$ contre 1 qu'elle vivra 2 ans de plus.

5374 contre 497 ou $10 \frac{4}{5}$ contre 1 qu'elle vivra 3 ans de plus.

5204 contre 667 ou $7 \frac{53}{66}$ contre 1 qu'elle vivra 4 ans de plus.

5031 contre 840 ou près de 6 contre 1 qu'elle vivra 5 ans de plus.

4680 contre 1191 ou $3 \frac{11}{12}$ contre 1 qu'elle vivra 7 ans de plus.

4318 contre 1553 ou $2 \frac{4}{5}$ contre 1 qu'elle vivra 9 ans de plus.

3758 contre 2113 ou $1 \frac{16}{21}$ contre 1 qu'elle vivra 12 ans de plus.

3371 contre 2500 ou $1 \frac{8}{25}$ contre 1 qu'elle vivra 14 ans de plus.

2980 contre 2891 ou un peu plus de 1 contre 1 qu'elle vivra 16 ans de plus.

3466 contre 2405 ou $1 \frac{5}{12}$ contre 1 qu'elle ne vivra pas 19 ans de plus.

4388 contre 1483 ou près de 3 contre 1 qu'elle ne vivra pas 24 ans de plus.

5208 contre 663 ou $7 \frac{5}{6}$ contre 1 qu'elle ne vivra pas 29 ans de plus.

5634 contre 237 ou $23 \frac{18}{23}$ contre 1 qu'elle ne vivra pas 34 ans de plus.

5786 contre 85 ou un peu plus de 68 contre 1 qu'elle ne vivra pas 39 ans de plus.

5847 contre 24 ou $243 \frac{5}{8}$ contre 1 qu'elle ne vivra pas 44 ans de plus.

5869 contre 2 ou $2934 \frac{1}{2}$ contre 1 qu'elle ne vivra pas 49 ans de plus, c'est-à-dire, en tout, 100 ans révolus.

Pour une personne de cinquante-deux ans.

On peut parier 5542 contre 165 ou $33 \frac{9}{16}$ contre 1, qu'une personne de cinquante-deux ans vivra un an de plus.

5542 contre $\frac{165}{2}$ ou $67 \frac{1}{8}$ contre 1 qu'elle vivra 6 mois.

5542 contre $\frac{165}{4}$ ou $134 \frac{1}{4}$ contre 1 qu'elle vivra 3 mois.

5542 contre $\frac{165}{365}$ ou $12259 \frac{9}{16}$ contre 1 qu'elle ne mourra pas dans les vingt-quatre heures.

5374 contre 333 ou $16 \frac{4}{33}$ contre 1 qu'elle vivra 2 ans de plus.

5204 contre 503 ou $17 \frac{17}{50}$ contre 1 qu'elle vivra 3 ans de plus.

5031 contre 676 ou un peu plus de $7 \frac{2}{6}$ contre 1 qu'elle vivra 4 ans de plus.

4857 contre 850 ou $5 \frac{12}{17}$ contre 1 qu'elle vivra 5 ans de plus.

4680 contre 1027 ou un peu plus de $4 \frac{1}{2}$ contre 1 qu'elle vivra 6 ans de plus.

4318 contre 1389 ou $3 \frac{1}{13}$ contre 1 qu'elle vivra 8 ans de plus.

3947 contre 1760 ou $2 \frac{4}{17}$ contre 1 qu'elle vivra 10 ans de plus.

3371 contre 2336 ou $1 \frac{10}{23}$ contre 1 qu'elle vivra 13 ans de plus.

2980 contre 2727 ou $1 \frac{2}{27}$ contre 1 qu'elle vivra 15 ans de plus.

2921 contre 2786 ou $1 \frac{1}{27}$ contre 1 qu'elle ne vivra pas 16 ans de plus.

3302 contre 2405 ou $1 \frac{3}{8}$ contre 1 qu'elle ne vivra pas 18 ans de plus.

4224 contre 1483 ou $2 \frac{6}{7}$ contre 1 qu'elle ne vivra pas 23 ans de plus.

5044 contre 663 ou 7 $\frac{20}{33}$ contre 1 qu'elle ne vivra pas 28 ans de plus.
5470 contre 237 ou 23 $\frac{1}{23}$ contre 1 qu'elle ne vivra pas 33 ans de plus.
5622 contre 85 ou 66 $\frac{1}{8}$ contre 1 qu'elle ne vivra pas 38 ans de plus.
5683 contre 24 ou 236 $\frac{19}{24}$ contre 1 qu'elle ne vivra pas 43 ans de plus.
5705 contre 2 ou 2852 $\frac{1}{2}$ contre 1 qu'elle ne vivra pas 48 ans de plus, c'est-à-dire, en tout, 100 ans révolus.

Pour une personne de cinquante-trois ans.

On peut parier 5374 contre 168 ou près de 32 contre 1, qu'une personne de cinquante-trois ans vivra un an de plus.
5374 contre $\frac{168}{2}$ ou près de 64 contre 1 qu'elle vivra 6 mois.
5374 contre $\frac{168}{4}$ ou près de 128 contre 1 qu'elle vivra 3 mois.
5374 contre $\frac{168}{365}$ ou 11675 $\frac{5}{8}$ contre 1 qu'elle ne mourra pas dans les vingt-quatre heures.
5204 contre 338 ou 15 $\frac{13}{33}$ contre 1 qu'elle vivra 2 ans de plus.
5031 contre 511 ou 9 $\frac{43}{51}$ contre 1 qu'elle vivra 3 ans de plus.
4857 contre 685 ou 7 $\frac{3}{34}$ contre 1 qu'elle vivra 4 ans de plus.
4680 contre 862 ou 5 $\frac{3}{8}$ contre 1 qu'elle vivra 5 ans de plus.
4501 contre 1041 ou 4 $\frac{3}{10}$ contre 1 qu'elle vivra 6 ans de plus.
4318 contre 1224 ou 3 $\frac{4}{7}$ contre 1 qu'elle vivra 7 ans de plus.
4133 contre 1409 ou 2 $\frac{13}{14}$ contre 1 qu'elle vivra 8 ans de plus.
3947 contre 1595 ou 2 $\frac{7}{15}$ contre 1 qu'elle vivra 9 ans de plus.
3758 contre 1784 ou 2 $\frac{1}{17}$ contre 1 qu'elle vivra 10 ans de plus.
3568 contre 1974 ou 1 $\frac{15}{19}$ contre 1 qu'elle vivra 11 ans de plus.
3371 contre 2171 ou 1 $\frac{12}{21}$ contre 1 qu'elle vivra 12 ans de plus.
2786 contre 2756 ou un peu plus de 1 contre 1 qu'elle vivra 15 ans de plus.
3137 contre 2405 ou 1 $\frac{7}{24}$ contre 1 qu'elle ne vivra pas 17 ans de plus.
4059 contre 1483 ou 2 $\frac{5}{7}$ contre 1 qu'elle ne vivra pas 22 ans de plus.
4879 contre 663 ou 7 $\frac{23}{66}$ contre 1 qu'elle ne vivra pas 27 ans de plus.
5305 contre 237 ou 22 $\frac{9}{23}$ contre 1 qu'elle ne vivra pas 32 ans de plus.
5457 contre 85 ou 64 $\frac{1}{8}$ contre 1 qu'elle ne vivra pas 37 ans de plus.
5518 contre 24 ou 229 $\frac{11}{12}$ contre 1 qu'elle ne vivra pas 42 ans de plus.
5540 contre 2 ou 2770 contre 1 qu'elle ne vivra pas 47 ans de plus, c'est-à-dire, en tout, 100 ans révolus.

Pour une personne de cinquante-quatre ans.

On peut parier 5204 contre 170 ou 30 $\frac{10}{17}$ contre 1, qu'une personne de cinquante-quatre ans vivra un an de plus.
5204 contre $\frac{170}{2}$ ou 61 $\frac{3}{17}$ contre 1 qu'elle vivra 6 mois.
5204 contre $\frac{170}{4}$ ou 122 $\frac{6}{17}$ contre 1 qu'elle vivra 3 mois.

5204 contre $\frac{170}{365}$ ou 11173 contre 1 qu'elle ne mourra pas dans les vingt-quatre heures.
5031 contre 343 ou 14 $\frac{11}{17}$ contre 1 qu'elle vivra 2 ans de plus.
4857 contre 517 ou 9 $\frac{2}{5}$ contre 1 qu'elle vivra 3 ans de plus.
4680 contre 694 ou 6 $\frac{51}{69}$ contre 1 qu'elle vivra 4 ans de plus.
4501 contre 873 ou 5 $\frac{13}{87}$ contre 1 qu'elle vivra 5 ans de plus.
4318 contre 1056 ou 4 $\frac{9}{105}$ contre 1 qu'elle vivra 6 ans de plus.
3947 contre 1427 ou 2 $\frac{55}{71}$ contre 1 qu'elle vivra 8 ans de plus.
3568 contre 1806 ou près de 2 contre 1 qu'elle vivra 10 ans de plus.
3371 contre 2003 ou 1 $\frac{17}{25}$ contre 1 qu'elle vivra 11 ans de plus.
3175 contre 2199 ou 1 $\frac{3}{7}$ contre 1 qu'elle vivra 12 ans de plus.
2786 contre 2588 ou 1 $\frac{1}{25}$ contre 1 qu'elle vivra 14 ans de plus.
2969 contre 2405 ou 1 $\frac{7}{30}$ contre 1 qu'elle ne vivra pas 16 ans de plus.
3891 contre 1483 ou 2 $\frac{9}{14}$ contre 1 qu'elle ne vivra pas 21 ans de plus.
4711 contre 663 ou 7 $\frac{7}{68}$ contre 1 qu'elle ne vivra pas 26 ans de plus.
5137 contre 237 ou 21 $\frac{16}{23}$ contre 1 qu'elle ne vivra pas 31 ans de plus.
5289 contre 85 ou 62 $\frac{1}{8}$ contre 1 qu'elle ne vivra pas 36 ans de plus.
5350 contre 24 ou 222 $\frac{11}{12}$ contre 1 qu'elle ne vivra pas 41 ans de plus.
5372 contre 2 ou 2686 contre 1 qu'elle ne vivra pas 46 ans de plus, c'est-à-dire, en tout, 100 ans révolus.

Pour une personne de cinquante-cinq ans.

On peut parier 5031 contre 173 ou 29 $\frac{1}{17}$ contre 1, qu'une personne de cinquante-cinq ans vivra un an de plus.
5031 contre $\frac{173}{2}$ ou 58 $\frac{2}{17}$ contre 1 qu'elle vivra 6 mois.
5031 contre $\frac{173}{4}$ ou 116 $\frac{4}{17}$ contre 1 qu'elle vivra 3 mois.
5031 contre $\frac{173}{365}$ ou un peu plus de 10614 $\frac{1}{2}$ contre 1 qu'elle ne mourra pas dans les vingt-quatre heures.
4857 contre 347 ou 14 contre 1 qu'elle vivra 2 ans de plus
4680 contre 524 ou 8 $\frac{12}{13}$ contre 1 qu'elle vivra 3 ans de plus.
4501 contre 703 ou 6 $\frac{2}{5}$ contre 1 qu'elle vivra 4 ans de plus.
4318 contre 886 ou 4 $\frac{5}{8}$ contre 1 qu'elle vivra 5 ans de plus.
4133 contre 1071 ou 3 $\frac{9}{10}$ contre 1 qu'elle vivra 6 ans de plus.
3758 contre 1446 ou 2 $\frac{4}{7}$ contre 1 qu'elle vivra 8 ans de plus.
3371 contre 1833 ou 1 $\frac{5}{6}$ contre 1 qu'elle vivra 10 ans de plus.
2980 contre 2224 ou 1 $\frac{7}{22}$ contre 1 qu'elle vivra 12 ans de plus.
2609 contre 2595 ou un peu plus de 1 contre 1 qu'elle ne vivra pas 14 ans de plus.
2799 contre 2405 ou 1 $\frac{1}{6}$ contre 1 qu'elle ne vivra pas 15 ans de plus.
3721 contre 1483 ou 2 $\frac{1}{2}$ contre 1 qu'elle ne vivra pas 20 ans de plus.
4541 contre 663 ou 6 $\frac{5}{6}$ contre 1 qu'elle ne vivra pas 25 ans de plus.

4967 contre 237 ou près de 21 contre 1 qu'elle ne vivra pas 30 ans de plus.
5119 contre 85 ou 60 $\frac{4}{17}$ contre 1 qu'elle ne vivra pas 35 ans de plus.
5180 contre 24 ou 215 $\frac{5}{6}$ contre 1 qu'elle ne vivra pas 40 ans de plus.
5202 contre 2 ou 2601 contre 1 qu'elle ne vivra pas 45 ans de plus, c'est-à-dire, en tout, 100 ans révolus.

Pour une personne de cinquante-six ans.

On peut parier 4857 contre 174 ou 27 $\frac{15}{17}$ contre 1, qu'une personne de cinquante-six ans vivra un an de plus.
4857 contre $\frac{174}{2}$ ou 55 $\frac{13}{17}$ contre 1 qu'elle vivra 6 mois.
4857 contre $\frac{174}{4}$ ou 111 $\frac{9}{17}$ contre 1 qu'elle vivra 3 mois.
4857 contre $\frac{174}{365}$ ou 10189 à peu près contre 1 qu'elle ne mourra pas dans les vingt-quatre heures.
4680 contre 351 ou 13 $\frac{11}{35}$ contre 1 qu'elle vivra 2 ans de plus.
4501 contre 530 ou 8 $\frac{26}{53}$ contre 1 qu'elle vivra 3 ans de plus.
4318 contre 713 ou 6 $\frac{4}{71}$ contre 1 qu'elle vivra 4 ans de plus.
3947 contre 1084 ou 3 $\frac{3}{5}$ contre 1 qu'elle vivra 6 ans de plus.
3568 contre 1463 ou 2 $\frac{3}{7}$ contre 1 qu'elle vivra 8 ans de plus.
3371 contre 1660 ou un peu plus de 2 contre 1 qu'elle vivra 9 ans de plus.
2786 contre 2245 ou 1 $\frac{5}{22}$ contre 1 qu'elle vivra 12 ans de plus.
2595 contre 2436 ou 1 $\frac{1}{24}$ contre 1 qu'elle vivra 13 ans de plus.
2626 contre 2405 ou 1 $\frac{1}{12}$ contre 1 qu'elle ne vivra pas 14 ans de plus.
3548 contre 1483 ou 2 $\frac{5}{14}$ contre 1 qu'elle ne vivra pas 19 ans de plus.
4368 contre 663 ou 6 $\frac{1}{4}$ contre 1 qu'elle ne vivra pas 24 ans de plus.
4794 contre 237 ou 20 $\frac{5}{23}$ contre 1 qu'elle ne vivra pas 29 ans de plus.
4946 contre 85 ou 58 $\frac{1}{6}$ contre 1 qu'elle ne vivra pas 34 ans de plus.
5007 contre 24 ou 208 $\frac{5}{8}$ contre 1 qu'elle ne vivra pas 39 ans de plus.
5029 contre 2 ou 2514 $\frac{1}{2}$ contre 1 qu'elle ne vivra pas 44 ans de plus, c'est-à-dire, en tout, 100 ans révolus.

Pour une personne de cinquante-sept ans.

On peut parier 4680 contre 177 ou 26 $\frac{7}{17}$ contre 1, qu'une personne de cinquante-sept ans vivra un an de plus.
4680 contre $\frac{177}{2}$ ou 52 $\frac{14}{17}$ contre 1 qu'elle vivra 6 mois.
4680 contre $\frac{177}{4}$ ou 105 $\frac{11}{17}$ contre 1 qu'elle vivra 3 mois.
4680 contre $\frac{177}{365}$ ou près de 9651 contre 1 qu'elle ne mourra pas dans les vingt-quatre heures.
4501 contre 356 ou 12 $\frac{22}{35}$ contre 1 qu'elle vivra 2 ans de plus.
4318 contre 539 ou un peu plus de 8 contre 1 qu'elle vivra 3 ans de plus.
4133 contre 724 ou 5 $\frac{7}{6}$ contre 1 qu'elle vivra 4 ans de plus.

3947 contre 910 ou $4\frac{1}{3}$ contre 1 qu'elle vivra 5 ans de plus.
3758 contre 1099 ou $3\frac{2}{5}$ contre 1 qu'elle vivra 6 ans de plus.
3568 contre 1289 ou $2\frac{3}{4}$ contre 1 qu'elle vivra 7 ans de plus.
3371 contre 1486 ou $2\frac{3}{14}$ contre 1 qu'elle vivra 8 ans de plus.
3175 contre 1682 ou $1\frac{7}{8}$ contre 1 qu'elle vivra 9 ans de plus.
2980 contre 1877 ou $1\frac{11}{18}$ contre 1 qu'elle vivra 10 ans de plus.
2786 contre 2071 ou $1\frac{7}{20}$ contre 1 qu'elle vivra 11 ans de plus.
2595 contre 2262 ou $1\frac{3}{22}$ contre 1 qu'elle vivra 12 ans de plus.
2452 contre 2405 ou un peu plus de 1 contre 1 qu'elle ne vivra pas 13 ans de plus.
3374 contre 1483 ou $2\frac{10}{37}$ contre 1 qu'elle ne vivra pas 18 ans de plus.
4194 contre 663 ou $6\frac{7}{22}$ contre 1 qu'elle ne vivra pas 23 ans de plus.
4620 contre 237 ou $19\frac{11}{23}$ contre 1 qu'elle ne vivra pas 28 ans de plus.
4772 contre 85 ou $56\frac{1}{8}$ contre 1 qu'elle ne vivra pas 33 ans de plus.
4833 contre 24 ou $201\frac{3}{8}$ contre 1 qu'elle ne vivra pas 38 ans de plus.
4855 contre 2 ou $2427\frac{1}{2}$ contre 1 qu'elle ne vivra pas 43 ans de plus, c'est-à-dire, en tout, 100 ans révolus.

Pour une personne de cinquante-huit ans.

On peut parier 4501 contre 179 ou $25\frac{2}{17}$ contre 1, qu'une personne de cinquante-huit ans vivra un an de plus.
4501 contre $\frac{179}{2}$ ou $50\frac{4}{17}$ contre 1 qu'elle vivra 6 mois.
4501 contre $\frac{179}{4}$ ou $100\frac{8}{17}$ contre 1 qu'elle vivra 3 mois.
4501 contre $\frac{179}{365}$ ou 9178 contre 1 qu'elle ne mourra pas dans les vingt-quatre heures.
4318 contre 362 ou $11\frac{11}{12}$ contre 1 qu'elle vivra 2 ans de plus.
4133 contre 547 ou $7\frac{5}{9}$ contre 1 qu'elle vivra 3 ans de plus.
3947 contre 733 ou $5\frac{28}{73}$ contre 1 qu'elle vivra 4 ans de plus.
3758 contre 922 ou $4\frac{7}{92}$ contre 1 qu'elle vivra 5 ans de plus.
3568 contre 1112 ou $3\frac{2}{11}$ contre 1 qu'elle vivra 6 ans de plus.
3371 contre 1309 ou $2\frac{15}{26}$ contre 1 qu'elle vivra 7 ans de plus.
3175 contre 1505 ou $2\frac{8}{75}$ contre 1 qu'elle vivra 8 ans de plus.
2980 contre 1700 ou $1\frac{3}{4}$ contre 1 qu'elle vivra 9 ans de plus.
2786 contre 1894 ou $1\frac{4}{9}$ contre 1 qu'elle vivra 10 ans de plus.
2595 contre 2085 ou $1\frac{1}{4}$ contre 1 qu'elle vivra 11 ans de plus.
2405 contre 2275 ou $1\frac{1}{22}$ contre 1 qu'elle vivra 12 ans de plus.
2464 contre 2216 ou $1\frac{1}{11}$ contre 1 qu'elle ne vivra pas 13 ans de plus.
2839 contre 1841 ou un peu plus de $1\frac{1}{2}$ contre 1 qu'elle ne vivra pas 15 ans de plus.
3197 contre 1483 ou $2\frac{4}{7}$ contre 1 qu'elle ne vivra pas 17 ans de plus.
4017 contre 663 ou $6\frac{1}{22}$ contre 1 qu'elle ne vivra pas 22 ans de plus.

4443 contre 237 ou 18 $\frac{17}{23}$ contre 1 qu'elle ne vivra pas 27 ans de plus.
4595 contre 85 ou un peu plus de 54 contre 1 qu'elle ne vivra pas 32 ans de plus.
4656 contre 24 ou 194 contre 1 qu'elle ne vivra pas 37 ans de plus.
4678 contre 2 ou 2339 contre 1 qu'elle ne vivra pas 42 ans de plus, c'est-à-dire, en tout, 100 ans révolus.

Pour une personne de cinquante-neuf ans.

On peut parier 4318 contre 183 ou 23 $\frac{5}{9}$ contre 1, qu'une personne de cinquante-neuf ans vivra un an de plus.
4318 contre $\frac{183}{2}$ ou 47 $\frac{1}{9}$ contre 1 qu'elle vivra 6 mois.
4318 contre $\frac{183}{4}$ ou 94 $\frac{2}{9}$ contre 1 qu'elle vivra 3 mois.
4318 contre $\frac{183}{365}$ ou 8612 $\frac{7}{18}$ contre 1 qu'elle ne mourra pas dans les vingt-quatre heures.
4133 contre 368 ou 11 $\frac{2}{9}$ contre 1 qu'elle vivra 2 ans de plus.
3947 contre 554 ou 7 $\frac{6}{55}$ contre 1 qu'elle vivra 3 ans de plus.
3758 contre 743 ou 5 $\frac{2}{37}$ contre 1 qu'elle vivra 4 ans de plus.
3568 contre 933 ou 3 $\frac{7}{9}$ contre 1 qu'elle vivra 5 ans de plus.
3371 contre 1130 ou près de 3 contre 1 qu'elle vivra 6 ans de plus.
3175 contre 1326 ou 2 $\frac{5}{13}$ contre 1 qu'elle vivra 7 ans de plus.
2980 contre 1521 ou un peu moins de 2 contre 1 qu'elle vivra 8 ans de plus.
2786 contre 1715 ou 1 $\frac{10}{17}$ contre 1 qu'elle vivra 9 ans de plus.
2595 contre 1906 ou 1 $\frac{7}{17}$ contre 1 qu'elle vivra 10 ans de plus.
2405 contre 2096 ou 1 $\frac{3}{20}$ contre 1 qu'elle vivra 11 ans de plus.
2285 contre 2216 ou un peu plus de 1 contre 1 qu'elle ne vivra pas 12 ans de plus.
2841 contre 1660 ou 1 $\frac{11}{16}$ contre 1 qu'elle ne vivra pas 15 ans de plus.
3018 contre 1483 ou un peu plus de 2 contre 1 qu'elle ne vivra pas 16 ans de plus.
3838 contre 663 ou 5 $\frac{26}{33}$ contre 1 qu'elle ne vivra pas 21 ans de plus.
4264 contre 237 ou près de 18 contre 1 qu'elle ne vivra pas 26 ans de plus.
4416 contre 85 ou 53 $\frac{1}{8}$ contre 1 qu'elle ne vivra pas 31 ans de plus.
4477 contre 24 ou 186 $\frac{13}{24}$ contre 1 qu'elle ne vivra pas 36 ans de plus.
4499 contre 2 ou 2249 $\frac{1}{2}$ contre 1 qu'elle ne vivra pas 41 ans de plus, c'est-à-dire, en tout, 100 ans révolus.

Pour une personne de soixante ans.

On peut parier 4133 contre 185 ou 22 $\frac{1}{3}$ contre 1, qu'une personne de soixante ans vivra un an de plus.

4133 contre $\frac{185}{2}$ ou 44 $\frac{2}{3}$ contre 1 qu'elle vivra 6 mois.

4133 contre $\frac{185}{4}$ ou 89 $\frac{1}{3}$ contre 1 qu'elle vivra 3 mois.

4133 contre $\frac{185}{365}$ ou 8154 contre 1 qu'elle ne mourra pas dans les vingt-quatre heures.

3947 contre 371 ou 10 $\frac{23}{37}$ contre 1 qu'elle vivra 2 ans de plus.

3758 contre 560 ou 6 $\frac{39}{56}$ contre 1 qu'elle vivra 3 ans de plus.

3568 contre 750 ou 4 $\frac{5}{7}$ contre 1 qu'elle vivra 4 ans de plus.

3371 contre 947 ou 3 $\frac{5}{9}$ contre 1 qu'elle vivra 5 ans de plus.

3175 contre 1143 ou 2 $\frac{44}{57}$ contre 1 qu'elle vivra 6 ans de plus.

2980 contre 1338 ou 2 $\frac{3}{13}$ contre 1 qu'elle vivra 7 ans de plus.

2786 contre 1532 ou 1 $\frac{4}{5}$ contre 1 qu'elle vivra 8 ans de plus.

2595 contre 1723 ou 1 $\frac{6}{17}$ contre 1 qu'elle vivra 9 ans de plus.

2405 contre 1913 ou 1 $\frac{5}{19}$ contre 1 qu'elle vivra 10 ans de plus.

2216 contre 2102 ou 1 $\frac{1}{21}$ contre 1 qu'elle vivra 11 ans de plus.

2290 contre 2028 ou 1 $\frac{1}{10}$ contre 1 qu'elle ne vivra pas 12 ans de plus.

2835 contre 1483 ou près de 2 contre 1 qu'elle ne vivra pas 15 ans de plus.

3354 contre 964 ou 3 $\frac{4}{9}$ contre 1 qu'elle ne vivra pas 18 ans de plus.

3655 contre 663 ou 5 $\frac{17}{33}$ contre 1 qu'elle ne vivra pas 20 ans de plus.

4081 contre 237 ou 17 $\frac{5}{23}$ contre 1 qu'elle ne vivra pas 25 ans de plus.

4233 contre 85 ou 49 $\frac{3}{4}$ contre 1 qu'elle ne vivra pas 30 ans de plus.

4294 contre 24 ou 178 $\frac{11}{12}$ contre 1 qu'elle ne vivra pas 35 ans de plus.

4316 contre 2 ou 2158 contre 1 qu'elle ne vivra pas 40 ans de plus, c'est-à-dire, en tout, 100 ans révolus.

Pour une personne de soixante-un ans.

On peut parier 3947 contre 186 ou 21 $\frac{2}{9}$ contre 1, qu'une personne de soixante-un ans vivra un an de plus.

3947 contre $\frac{186}{2}$ ou 42 $\frac{4}{9}$ contre 1 qu'elle vivra 6 mois.

3947 contre $\frac{186}{4}$ ou 84 $\frac{8}{9}$ contre 1 qu'elle vivra 3 mois.

3947 contre $\frac{186}{365}$ ou 7745 contre 1 qu'elle ne mourra pas dans les vingt-quatre heures.

3758 contre 375 ou un peu plus de 10 contre 1 qu'elle vivra 2 ans de plus.

3568 contre 565 ou 6 $\frac{1}{5}$ contre 1 qu'elle vivra 3 ans de plus.

3371 contre 762 ou 4 $\frac{8}{19}$ contre 1 qu'elle vivra 4 ans de plus.

3175 contre 958 ou 3 $\frac{6}{19}$ contre 1 qu'elle vivra 5 ans de plus.
2980 contre 1153 ou 2 $\frac{6}{11}$ contre 1 qu'elle vivra 6 ans de plus.
2786 contre 1347 ou 2 $\frac{3}{44}$ contre 1 qu'elle vivra 7 ans de plus.
2595 contre 1538 ou 1 $\frac{2}{3}$ contre 1 qu'elle vivra 8 ans de plus.
2405 contre 1728 ou 1 $\frac{6}{17}$ contre 1 qu'elle vivra 9 ans de plus.
2216 contre 1917 ou 1 $\frac{2}{19}$ contre 1 qu'elle vivra 10 ans de plus.
2105 contre 2028 ou un peu plus de 1 contre 1 qu'elle ne vivra pas 11 ans de plus.
2292 contre 1841 ou 1 $\frac{2}{9}$ contre 1 qu'elle ne vivra pas 12 ans de plus.
2650 contre 1483 ou 1 $\frac{11}{14}$ contre 1 qu'elle ne vivra pas 14 ans de plus.
2825 contre 1308 ou 2 $\frac{2}{13}$ contre 1 qu'elle ne vivra pas 15 ans de plus.
3169 contre 964 ou 3 $\frac{2}{9}$ contre 1 qu'elle ne vivra pas 17 ans de plus.
3470 contre 663 ou 5 $\frac{5}{6}$ contre 1 qu'elle ne vivra pas 19 ans de plus.
3593 contre 540 ou 6 $\frac{3}{5}$ contre 1 qu'elle ne vivra pas 20 ans de plus.
3779 contre 354 ou 10 $\frac{2}{3}$ contre 1 qu'elle ne vivra pas 22 ans de plus.
3896 contre 237 ou 16 $\frac{10}{23}$ contre 1 qu'elle ne vivra pas 24 ans de plus.
4048 contre 85 ou 47 $\frac{5}{8}$ contre 1 qu'elle ne vivra pas 29 ans de plus.
4109 contre 24 ou 171 $\frac{5}{24}$ contre 1 qu'elle ne vivra pas 34 ans de plus.
4131 contre 2 ou 2065 $\frac{1}{2}$ contre 1 qu'elle ne vivra pas 39 ans de plus, c'est-à-dire, en tout, 100 ans révolus.

Pour une personne de soixante-deux ans.

On peut parier 3758 contre 189 ou 19 $\frac{8}{9}$ contre 1, qu'une personne de soixante-deux ans vivra un an de plus.
3758 contre $\frac{189}{2}$ ou 39 $\frac{7}{9}$ contre 1 qu'elle vivra 6 mois.
3758 contre $\frac{189}{4}$ ou 79 $\frac{5}{9}$ contre 1 qu'elle vivra 3 mois.
3758 contre $\frac{189}{365}$ ou 7204 $\frac{11}{18}$ contre 1 qu'elle ne mourra pas dans les vingt-quatre heures.
3568 contre 379 ou 9 $\frac{15}{37}$ contre 1 qu'elle vivra 2 ans de plus.
3371 contre 576 ou 5 $\frac{4}{5}$ contre 1 qu'elle vivra 3 ans de plus.
3175 contre 772 ou 4 $\frac{8}{77}$ contre 1 qu'elle vivra 4 ans de plus.
2980 contre 967 ou 3 $\frac{7}{96}$ contre 1 qu'elle vivra 5 ans de plus.
2786 contre 1161 ou 2 $\frac{4}{11}$ contre 1 qu'elle vivra 6 ans de plus.
2595 contre 1352 ou 1 $\frac{12}{13}$ contre 1 qu'elle vivra 7 ans de plus.
2405 contre 1542 ou 1 $\frac{8}{15}$ contre 1 qu'elle vivra 8 ans de plus.
2216 contre 1731 ou 1 $\frac{4}{17}$ contre 1 qu'elle vivra 9 ans de plus.
2028 contre 1919 ou 1 $\frac{1}{19}$ contre 1 qu'elle vivra 10 ans de plus.
2106 contre 1841 ou 1 $\frac{1}{9}$ contre 1 qu'elle vivra 11 ans de plus.
2287 contre 1660 ou 1 $\frac{3}{8}$ contre 1 qu'elle ne vivra pas 12 ans de plus.
2464 contre 1483 ou 1 $\frac{9}{14}$ contre 1 qu'elle ne vivra pas 13 ans de plus.

2639 contre 1308 ou un peu plus de 1 contre 1 qu'elle ne vivra pas 14 ans de plus.
2813 contre 1134 ou 2 $\frac{5}{11}$ contre 1 qu'elle ne vivra pas 15 ans de plus.
2983 contre 964 ou près de 3 contre 1 qu'elle ne vivra pas 16 ans de plus.
3140 contre 807 ou 3 $\frac{7}{8}$ contre 1 qu'elle ne vivra pas 17 ans de plus.
3284 contre 663 ou près de 5 contre 1 qu'elle ne vivra pas 18 ans de plus.
3510 contre 437 ou 8 $\frac{1}{43}$ contre 1 qu'elle ne vivra pas 20 ans de plus.
3710 contre 237 ou 15 $\frac{15}{23}$ contre 1 qu'elle ne vivra pas 23 ans de plus.
3862 contre 85 ou 45 $\frac{3}{8}$ contre 1 qu'elle ne vivra pas 28 ans de plus.
3923 contre 24 ou 163 $\frac{11}{24}$ contre 1 qu'elle ne vivra pas 33 ans de plus.
3945 contre 2 ou 1972 $\frac{1}{2}$ contre 1 qu'elle ne vivra pas 38 ans de plus, c'est-à-dire, en tout, 100 ans révolus.

Pour une personne de soixante-trois ans.

On peut parier 3568 contre 190 ou à peu près 18 $\frac{15}{19}$ contre 1, qu'une personne de soixante-trois ans vivra un an de plus.
3568 contre $\frac{190}{2}$ ou à peu près 37 $\frac{11}{19}$ contre 1 qu'elle vivra 6 mois.
3568 contre $\frac{190}{4}$ ou à peu près 75 $\frac{3}{19}$ contre 1 qu'elle vivra 3 mois.
3568 contre $\frac{190}{365}$ ou 6854 contre 1 qu'elle ne mourra pas dans les vingt-quatre heures.
3371 contre 387 ou 8 $\frac{2}{3}$ contre 1 qu'elle vivra 2 ans de plus.
3175 contre 583 ou 5 $\frac{13}{29}$ contre 1 qu'elle vivra 3 ans de plus.
2980 contre 778 ou 3 $\frac{6}{7}$ contre 1 qu'elle vivra 4 ans de plus.
2786 contre 972 ou 2 $\frac{8}{9}$ contre 1 qu'elle vivra 5 ans de plus.
2595 contre 1163 ou 2 $\frac{2}{11}$ contre 1 qu'elle vivra 6 ans de plus.
2405 contre 1353 ou 1 $\frac{10}{13}$ contre 1 qu'elle vivra 7 ans de plus.
2216 contre 1542 ou 1 $\frac{2}{5}$ contre 1 qu'elle vivra 8 ans de plus.
2028 contre 1730 ou 1 $\frac{2}{17}$ contre 1 qu'elle vivra 9 ans de plus.
1917 contre 1841 ou un peu plus de 1 contre 1 qu'elle ne vivra pas 10 ans de plus.
2098 contre 1660 ou 1 $\frac{1}{4}$ contre 1 qu'elle ne vivra pas 11 ans de plus.
2275 contre 1483 ou 1 $\frac{1}{2}$ contre 1 qu'elle ne vivra pas 12 ans de plus.
2450 contre 1308 ou 1 $\frac{5}{6}$ contre 1 qu'elle ne vivra pas 13 ans de plus.
2624 contre 1134 ou 2 $\frac{3}{11}$ contre 1 qu'elle ne vivra pas 14 ans de plus.
2794 contre 964 ou 2 $\frac{8}{9}$ contre 1 qu'elle ne vivra pas 15 ans de plus.
2951 contre 807 ou 3 $\frac{5}{8}$ contre 1 qu'elle ne vivra pas 16 ans de plus.
3095 contre 663 ou 4 $\frac{2}{3}$ contre 1 qu'elle ne vivra pas 17 ans de plus.
3218 contre 540 ou 5 $\frac{17}{18}$ contre 1 qu'elle ne vivra pas 18 ans de plus.
3404 contre 354 ou 9 $\frac{3}{5}$ contre 1 qu'elle ne vivra pas 19 ans de plus.

3521 contre 237 ou 14 $\frac{20}{23}$ contre 1 qu'elle ne vivra pas 22 ans de plus.
3673 contre 85 ou 43 $\frac{1}{8}$ contre 1 qu'elle ne vivra pas 27 ans de plus.
3734 contre 24 ou 154 $\frac{7}{12}$ contre 1 qu'elle ne vivra pas 32 ans de plus.
3756 contre 2 ou 1878 contre 1 qu'elle ne vivra pas 37 ans de plus, c'est-à-dire, en tout, 100 ans révolus.

Pour une personne de soixante-quatre ans.

On peut parier 3371 contre 197 ou 17 $\frac{2}{19}$ contre 1, qu'une personne de soixante-quatre ans vivra un an de plus.
3371 contre $\frac{197}{2}$ ou 34 $\frac{4}{19}$ contre 1 qu'elle vivra 6 mois.
3371 contre $\frac{197}{4}$ ou 68 $\frac{8}{19}$ contre 1 qu'elle vivra 3 mois.
3371 contre $\frac{197}{365}$ ou 6246 contre 1 qu'elle ne mourra pas dans les vingt-quatre heures.
3175 contre 393 ou 8 $\frac{1}{13}$ contre 1 qu'elle vivra 2 ans de plus.
2980 contre 582 ou 5 $\frac{7}{58}$ contre 1 qu'elle vivra 3 ans de plus.
2786 contre 782 ou 3 $\frac{22}{39}$ contre 1 qu'elle vivra 4 ans de plus.
2595 contre 973 ou 2 $\frac{2}{3}$ contre 1 qu'elle vivra 5 ans de plus.
2405 contre 1163 ou 2 $\frac{7}{116}$ contre 1 qu'elle vivra 6 ans de plus.
2216 contre 1352 ou 1 $\frac{8}{13}$ contre 1 qu'elle vivra 7 ans de plus.
2028 contre 1540 ou 1 $\frac{24}{77}$ contre 1 qu'elle vivra 8 ans de plus.
1841 contre 1727 ou 1 $\frac{1}{17}$ contre 1 qu'elle vivra 9 ans de plus.
1908 contre 1660 ou 1 $\frac{12}{83}$ contre 1 qu'elle ne vivra pas 10 ans de plus.
2085 contre 1483 ou 1 $\frac{15}{37}$ contre 1 qu'elle ne vivra pas 11 ans de plus.
2260 contre 1308 ou 1 $\frac{9}{13}$ contre 1 qu'elle ne vivra pas 12 ans de plus.
2434 contre 1134 ou 2 $\frac{1}{11}$ contre 1 qu'elle ne vivra pas 13 ans de plus.
2604 contre 964 ou 2 $\frac{2}{3}$ contre 1 qu'elle ne vivra pas 14 ans de plus.
2761 contre 807 ou 3 $\frac{17}{40}$ contre 1 qu'elle ne vivra pas 15 ans de plus.
2905 contre 663 ou 4 $\frac{1}{3}$ contre 1 qu'elle ne vivra pas 16 ans de plus.
3131 contre 437 ou 7 $\frac{7}{43}$ contre 1 qu'elle ne vivra pas 18 ans de plus.
3331 contre 237 ou 14 $\frac{1}{23}$ contre 1 qu'elle ne vivra pas 21 ans de plus.
3483 contre 85 ou près de 41 contre 1 qu'elle ne vivra pas 26 ans de plus.
3544 contre 24 ou 147 $\frac{2}{3}$ contre 1 qu'elle ne vivra pas 31 ans de plus.
3566 contre 2 ou 1783 contre 1 qu'elle ne vivra pas 36 ans de plus, c'est-à-dire, en tout, 100 ans révolus.

Pour une personne de soixante-cinq ans.

On peut parier 3175 contre 196 ou 16 $\frac{3}{19}$ contre 1, qu'une personne de soixante-cinq ans vivra un an de plus.
3175 contre $\frac{196}{2}$ ou 32 $\frac{6}{19}$ contre 1 qu'elle vivra 6 mois.

3175 contre $\frac{196}{4}$ ou 64 $\frac{12}{19}$ contre 1 qu'elle vivra 3 mois.
3175 contre $\frac{196}{365}$ ou 5913 contre 1 qu'elle ne mourra pas dans les vingt-quatre heures.
2980 contre 391 ou 7 $\frac{2}{3}$ contre 1 qu'elle vivra 2 ans de plus.
2786 contre 585 ou 4 $\frac{22}{29}$ contre 1 qu'elle vivra 3 ans de plus.
2595 contre 776 ou 3 $\frac{2}{7}$ contre 1 qu'elle vivra 4 ans de plus.
2405 contre 966 ou 2 $\frac{4}{9}$ contre 1 qu'elle vivra 5 ans de plus.
2216 contre 1155 ou 1 $\frac{10}{11}$ contre 1 qu'elle vivra 6 ans de plus.
2028 contre 1343 ou 1 $\frac{34}{67}$ contre 1 qu'elle vivra 7 ans de plus.
1841 contre 1530 ou 1 $\frac{1}{5}$ contre 1 qu'elle vivra 8 ans de plus.
1711 contre 1660 ou un peu plus de 1 contre 1 qu'elle ne vivra pas 9 ans de plus.
1888 contre 1483 ou 1 $\frac{2}{7}$ contre 1 qu'elle ne vivra pas 10 ans de plus.
2063 contre 1308 ou 1 $\frac{7}{13}$ contre 1 qu'elle ne vivra pas 11 ans de plus.
2237 contre 1134 ou près de 2 contre 1 qu'elle ne vivra pas 12 ans de plus.
2407 contre 964 ou 2 $\frac{4}{9}$ contre 1 qu'elle ne vivra pas 13 ans de plus.
2564 contre 807 ou 3 $\frac{7}{40}$ contre 1 qu'elle ne vivra pas 14 ans de plus.
2708 contre 663 ou 4 $\frac{5}{66}$ contre 1 qu'elle ne vivra pas 15 ans de plus.
2934 contre 437 ou 6 $\frac{3}{4}$ contre 1 qu'elle ne vivra pas 17 ans de plus.
3017 contre 354 ou 8 $\frac{18}{35}$ contre 1 qu'elle ne vivra pas 18 ans de plus.
3134 contre 237 ou 13 $\frac{5}{23}$ contre 1 qu'elle ne vivra pas 20 ans de plus.
3286 contre 86 ou 38 $\frac{5}{8}$ contre 1 qu'elle ne vivra pas 25 ans de plus.
3347 contre 24 ou 139 $\frac{11}{12}$ contre 1 qu'elle ne vivra pas 30 ans de plus.
3369 contre 2 ou 1684 contre 1 qu'elle ne vivra pas 35 ans de plus, c'est-à-dire, en tout, 100 ans révolus.

Pour une personne de soixante-six ans.

On peut parier 2980 contre 195 ou 15 $\frac{5}{19}$ contre 1, qu'une personne de soixante-six ans vivra un an de plus.
2980 contre $\frac{195}{2}$ ou 30 $\frac{10}{19}$ contre 1 qu'elle vivra 6 mois.
2980 contre $\frac{195}{4}$ ou 61 $\frac{1}{19}$ contre 1 qu'elle vivra 3 mois.
2980 contre $\frac{195}{365}$ ou 5578 contre 1 qu'elle ne mourra pas dans les vingt-quatre heures.
2786 contre 389 ou 7 $\frac{6}{38}$ contre 1 qu'elle vivra 2 ans de plus.
2595 contre 580 ou 4 $\frac{2}{5}$ contre 1 qu'elle vivra 3 ans de plus.
2405 contre 770 ou 3 $\frac{9}{77}$ contre 1 qu'elle vivra 4 ans de plus.
2216 contre 959 ou 2 $\frac{6}{19}$ contre 1 qu'elle vivra 5 ans de plus.
2028 contre 1147 ou 1 $\frac{44}{57}$ contre 1 qu'elle vivra 6 ans de plus.
1841 contre 1334 ou 1 $\frac{5}{13}$ contre 1 qu'elle vivra 7 ans de plus.
1660 contre 1515 ou 1 $\frac{1}{15}$ contre 1 qu'elle vivra 8 ans de plus.
1692 contre 1483 ou 1 $\frac{5}{37}$ contre 1 qu'elle ne vivra pas 9 ans de plus.

1867 contre 1308 ou 1 $\frac{11}{26}$ contre 1 qu'elle ne vivra pas 10 ans de plus.
2041 contre 1134 ou 1 $\frac{9}{11}$ contre 1 qu'elle ne vivra pas 11 ans de plus.
2211 contre 964 ou 2 $\frac{7}{24}$ contre 1 qu'elle ne vivra pas 12 ans de plus.
2368 contre 807 ou 2 $\frac{15}{16}$ contre 1 qu'elle ne vivra pas 13 ans de plus.
2512 contre 663 ou 3 $\frac{26}{33}$ contre 1 qu'elle ne vivra pas 14 ans de plus.
2635 contre 540 ou 4 $\frac{4}{5}$ contre 1 qu'elle ne vivra pas 15 ans de plus.
2738 contre 437 ou 6 $\frac{1}{4}$ contre 1 qu'elle ne vivra pas 16 ans de plus.
2884 contre 291 ou 9 $\frac{26}{29}$ contre 1 qu'elle ne vivra pas 18 ans de plus.
2938 contre 237 ou 12 $\frac{9}{23}$ contre 1 qu'elle ne vivra pas 19 ans de plus.
3090 contre 85 ou 36 $\frac{3}{8}$ contre 1 qu'elle ne vivra pas 24 ans de plus.
3151 contre 24 ou 131 $\frac{7}{24}$ contre 1 qu'elle ne vivra pas 29 ans de plus.
3173 contre 2 ou 1586 $\frac{1}{2}$ contre 1 qu'elle ne vivra pas 34 ans de plus, c'est-à-dire, en tout, 100 ans révolus.

Pour une personne de soixante-sept ans.

On peut parier 2786 contre 194 ou 14 $\frac{7}{19}$ contre 1, qu'une personne de soixante-sept ans vivra un an de plus.
2786 contre $\frac{194}{2}$ ou 28 $\frac{14}{19}$ contre 1 qu'elle vivra 6 mois.
2786 contre $\frac{194}{4}$ ou 57 $\frac{9}{19}$ contre 1 qu'elle vivra 3 mois.
2786 contre $\frac{194}{365}$ ou 5242 contre 1 qu'elle ne mourra pas dans les vingt-quatre heures.
2595 contre 385 ou 6 $\frac{18}{19}$ contre 1 qu'elle vivra 2 ans de plus.
2405 contre 575 ou 4 $\frac{10}{57}$ contre 1 qu'elle vivra 3 ans de plus.
2216 contre 764 ou 2 $\frac{17}{19}$ contre 1 qu'elle vivra 4 ans de plus.
2028 contre 952 ou 2 $\frac{1}{9}$ contre 1 qu'elle vivra 5 ans de plus.
1841 contre 1139 ou 1 $\frac{7}{11}$ contre 1 qu'elle vivra 6 ans de plus.
1660 contre 1320 ou 1 $\frac{3}{13}$ contre 1 qu'elle vivra 7 ans de plus.
1497 contre 1483 ou un peu plus de 1 contre 1 qu'elle ne vivra pas 8 ans de plus.
1672 contre 1308 ou 1 $\frac{18}{65}$ contre 1 qu'elle ne vivra pas 9 ans de plus.
1846 contre 1134 ou 1 $\frac{7}{11}$ contre 1 qu'elle ne vivra pas 10 ans de plus.
2016 contre 964 ou 2 $\frac{1}{12}$ contre 1 qu'elle ne vivra pas 11 ans de plus.
2173 contre 807 ou 2 $\frac{11}{16}$ contre 1 qu'elle ne vivra pas 12 ans de plus.
2317 contre 663 ou 3 $\frac{16}{33}$ contre 1 qu'elle ne vivra pas 13 ans de plus.
2440 contre 540 ou 4 $\frac{14}{27}$ contre 1 qu'elle ne vivra pas 14 ans de plus.
2543 contre 437 ou 5 $\frac{3}{4}$ contre 1 qu'elle ne vivra pas 15 ans de plus.
2626 contre 354 ou 7 $\frac{14}{35}$ contre 1 qu'elle ne vivra pas 16 ans de plus.
2743 contre 237 ou 11 $\frac{13}{23}$ contre 1 qu'elle ne vivra pas 18 ans de plus.
2895 contre 85 ou un peu plus de 34 contre 1 qu'elle ne vivra pas 23 ans de plus.
2956 contre 24 ou 123 $\frac{1}{6}$ contre 1 qu'elle ne vivra pas 28 ans de plus.

2978 contre 2 ou 1489 contre 1 qu'elle ne vivra pas 33 ans de plus, c'est-à-dire, en tout, 100 ans révolus.

Pour une personne de soixante-huit ans.

On peut parier 2595 contre 191 ou 13 $\frac{11}{19}$ contre 1, qu'une personne de soixante-huit ans vivra un an de plus.

2595 contre $\frac{191}{2}$ ou 27 $\frac{3}{19}$ contre 1 qu'elle vivra 6 mois.
2595 contre $\frac{191}{4}$ ou 54 $\frac{6}{19}$ contre 1 qu'elle vivra 3 mois.
2595 contre $\frac{191}{365}$ ou 4959 contre 1 qu'elle ne mourra pas dans les vingt-quatre heures.
2405 contre 481 ou 6 $\frac{11}{38}$ contre 1 qu'elle vivra 2 ans de plus.
2216 contre 570 ou 3 $\frac{50}{57}$ contre 1 qu'elle vivra 3 ans de plus.
2028 contre 758 ou 2 $\frac{5}{7}$ contre 1 qu'elle vivra 4 ans de plus.
1841 contre 945 ou près de 2 contre 1 qu'elle vivra 5 ans de plus.
1660 contre 1126 ou 1 $\frac{5}{11}$ contre 1 qu'elle vivra 6 ans de plus.
1483 contre 1303 ou 1 $\frac{9}{65}$ contre 1 qu'elle vivra 7 ans de plus.
1478 contre 1308 ou 1 $\frac{3}{22}$ contre 1 qu'elle ne vivra pas 8 ans de plus.
1652 contre 1134 ou 1 $\frac{5}{11}$ contre 1 qu'elle ne vivra pas 9 ans de plus.
1822 contre 964 ou 1 $\frac{8}{9}$ contre 1 qu'elle ne vivra pas 10 ans de plus.
1979 contre 807 ou 2 $\frac{9}{20}$ contre 1 qu'elle ne vivra pas 11 ans de plus.
2123 contre 663 ou 3 $\frac{1}{6}$ contre 1 qu'elle ne vivra pas 12 ans de plus.
2246 contre 540 ou 4 $\frac{4}{27}$ contre 1 qu'elle ne vivra pas 13 ans de plus.
2349 contre 437 ou 5 $\frac{16}{43}$ contre 1 qu'elle ne vivra pas 14 ans de plus.
2432 contre 354 ou 6 $\frac{6}{7}$ contre 1 qu'elle ne vivra pas 15 ans de plus.
2495 contre 291 ou 8 $\frac{16}{29}$ contre 1 qu'elle ne vivra pas 16 ans de plus.
2549 contre 237 ou 10 $\frac{17}{23}$ contre 1 qu'elle ne vivra pas 17 ans de plus.
2663 contre 123 ou 21 $\frac{3}{4}$ contre 1 qu'elle ne vivra pas 20 ans de plus.
2701 contre 85 ou 31 $\frac{3}{4}$ contre 1 qu'elle ne vivra pas 22 ans de plus.
2762 contre 24 ou 115 $\frac{1}{12}$ contre 1 qu'elle ne vivra pas 27 ans de plus.
2784 contre 2 ou 1392 contre 1 qu'elle ne vivra pas 32 ans de plus, c'est-à-dire, en tout, 100 ans révolus.

Pour une personne de soixante-neuf ans.

On peut parier 2405 contre 190 ou 12 $\frac{12}{19}$ contre 1, qu'une personne de soixante-neuf ans vivra un an de plus.

2405 contre $\frac{190}{2}$ ou 25 $\frac{5}{19}$ contre 1 qu'elle vivra 6 mois.
2405 contre $\frac{190}{4}$ ou 50 $\frac{10}{19}$ contre 1 qu'elle vivra 3 mois.
2405 contre $\frac{190}{365}$ ou 4620 contre 1 qu'elle ne mourra pas dans les vingt-quatre heures.
2216 contre 379 ou 5 $\frac{32}{37}$ contre 1 qu'elle vivra 2 ans de plus.

2028 contre 567 ou 3 $\frac{32}{56}$ contre 1 qu'elle vivra 3 ans de plus.
1841 contre 754 ou 2 $\frac{11}{25}$ contre 1 qu'elle vivra 4 ans de plus.
1660 contre 935 ou 1 $\frac{7}{9}$ contre 1 qu'elle vivra 5 ans de plus.
1483 contre 1112 ou 1 $\frac{1}{3}$ contre 1 qu'elle vivra 6 ans de plus.
1308 contre 1287 ou 1 $\frac{1}{64}$ contre 1 qu'elle vivra 7 ans de plus.
1461 contre 1134 ou 1 $\frac{3}{11}$ contre 1 qu'elle ne vivra pas 8 ans de plus.
1631 contre 964 ou 1 $\frac{2}{3}$ contre 1 qu'elle ne vivra pas 9 ans de plus.
1788 contre 807 ou 2 $\frac{1}{5}$ contre 1 qu'elle ne vivra pas 10 ans de plus.
1932 contre 663 ou 2 $\frac{10}{11}$ contre 1 qu'elle ne vivra pas 11 ans de plus.
2055 contre 540 ou 3 $\frac{4}{5}$ contre 1 qu'elle ne vivra pas 12 ans de plus.
2158 contre 437 ou 4 $\frac{41}{43}$ contre 1 qu'elle ne vivra pas 13 ans de plus.
2241 contre 354 ou 6 $\frac{11}{35}$ contre 1 qu'elle ne vivra pas 14 ans de plus.
2304 contre 291 ou 7 $\frac{26}{29}$ contre 1 qu'elle ne vivra pas 15 ans de plus.
2358 contre 237 ou près de 10 contre 1 qu'elle ne vivra pas 16 ans de plus.
2440 contre 155 ou 15 $\frac{11}{15}$ contre 1 qu'elle ne vivra pas 18 ans de plus.
2510 contre 85 ou 29 $\frac{1}{2}$ contre 1 qu'elle ne vivra pas 21 ans de plus.
2571 contre 24 ou 107 $\frac{1}{8}$ contre 1 qu'elle ne vivra pas 26 ans de plus.
2593 contre 2 ou 1296 $\frac{1}{2}$ contre 1 qu'elle ne vivra pas 31 ans de plus, c'est-à-dire, en tout, 100 ans révolus.

Pour une personne de soixante-dix ans.

On peut parier 2216 contre 189 ou 11 $\frac{13}{18}$ contre 1, qu'une personne de soixante-dix ans vivra un an de plus.
2216 contre $\frac{189}{2}$ ou 23 $\frac{4}{9}$ contre 1 qu'elle vivra 6 mois.
2216 contre $\frac{189}{4}$ ou 46 $\frac{8}{9}$ contre 1 qu'elle vivra 3 mois.
2216 contre $\frac{189}{365}$ ou 4332 $\frac{1}{2}$ contre 1 qu'elle ne mourra pas dans les vingt-quatre heures.
2028 contre 377 ou 5 $\frac{14}{37}$ contre 1 qu'elle vivra 2 ans de plus.
1841 contre 564 ou 3 $\frac{1}{4}$ contre 1 qu'elle vivra 3 ans de plus.
1660 contre 745 ou 2 $\frac{9}{37}$ contre 1 qu'elle vivra 4 ans de plus.
1483 contre 922 ou 1 $\frac{14}{23}$ contre 1 qu'elle vivra 5 ans de plus.
1308 contre 1097 ou 1 $\frac{1}{5}$ contre 1 qu'elle vivra 6 ans de plus.
1271 contre 1134 ou 1 $\frac{1}{11}$ contre 1 qu'elle ne vivra pas 7 ans de plus.
1441 contre 964 ou 1 $\frac{4}{9}$ contre 1 qu'elle ne vivra pas 8 ans de plus.
1598 contre 807 ou près de 2 contre 1 qu'elle ne vivra pas 9 ans de plus.
1742 contre 663 ou 2 $\frac{2}{3}$ contre 1 qu'elle ne vivra pas 10 ans de plus.
1865 contre 540 ou 3 $\frac{2}{5}$ contre 1 qu'elle ne vivra pas 11 ans de plus.
1968 contre 437 ou un peu plus de 4 $\frac{1}{2}$ contre 1 qu'elle ne vivra pas 12 ans de plus.

2051 contre 354 ou 5 $\frac{4}{5}$ contre 1 qu'elle ne vivra pas 13 ans de plus.
2114 contre 291 ou 7 $\frac{7}{29}$ contre 1 qu'elle ne vivra pas 14 ans de plus.
2168 contre 237 ou 9 $\frac{3}{23}$ contre 1 qu'elle ne vivra pas 15 ans de plus.
2212 contre 193 ou 11 $\frac{8}{19}$ contre 1 qu'elle ne vivra pas 16 ans de plus.
2282 contre 123 ou 17 $\frac{3}{4}$ contre 1 qu'elle ne vivra pas 18 ans de plus.
2320 contre 85 ou 27 $\frac{1}{4}$ contre 1 qu'elle ne vivra pas 20 ans de plus.
2381 contre 24 ou 99 $\frac{5}{24}$ contre 1 qu'elle ne vivra pas 25 ans de plus.
2403 contre 2 ou 1201 $\frac{1}{2}$ contre 1 qu'elle ne vivra pas 30 ans de plus, c'est-à-dire, en tout, 100 ans révolus.

Pour une personne de soixante-onze ans.

On peut parier 2028 contre 188 ou 10 $\frac{7}{9}$ contre 1, qu'une personne de soixante-onze ans vivra un an de plus.
2028 contre $\frac{188}{2}$ ou 21 $\frac{5}{9}$ contre 1 qu'elle vivra 6 mois.
2028 contre $\frac{188}{4}$ ou 43 $\frac{1}{9}$ contre 1 qu'elle vivra 3 mois.
2028 contre $\frac{188}{365}$ ou 3937 contre 1 qu'elle ne mourra pas dans les vingt-quatre heures.
1841 contre 375 ou 4 $\frac{34}{37}$ contre 1 qu'elle vivra 2 ans de plus.
1660 contre 556 ou près de 3 contre 1 qu'elle vivra 3 ans de plus.
1483 contre 733 ou un peu plus de 2 contre 1 qu'elle vivra 4 ans de plus.
1308 contre 908 ou 1 $\frac{4}{9}$ contre 1 qu'elle vivra 5 ans de plus.
1134 contre 1082 ou 1 $\frac{2}{43}$ contre 1 qu'elle vivra 6 ans de plus.
1252 contre 964 ou 1 $\frac{7}{24}$ contre 1 qu'elle ne vivra pas 7 ans de plus.
1409 contre 807 ou 1 $\frac{3}{4}$ contre 1 qu'elle ne vivra pas 8 ans de plus.
1553 contre 663 ou 2 $\frac{1}{3}$ contre 1 qu'elle ne vivra pas 9 ans de plus.
1676 contre 540 ou 3 $\frac{1}{11}$ contre 1 qu'elle ne vivra pas 10 ans de plus.
1779 contre 437 ou 4 $\frac{3}{43}$ contre 1 qu'elle ne vivra pas 11 ans de plus.
1862 contre 354 ou 5 $\frac{1}{4}$ contre 1 qu'elle ne vivra pas 12 ans de plus.
1925 contre 291 ou 6 $\frac{17}{29}$ contre 1 qu'elle ne vivra pas 13 ans de plus.
1979 contre 237 ou un peu plus de 8 $\frac{1}{8}$ contre 1 qu'elle ne vivra pas 14 ans de plus.
2023 contre 193 ou 10 $\frac{9}{19}$ contre 1 qu'elle ne vivra pas 15 ans de plus.
2061 contre 155 ou 13 $\frac{4}{15}$ contre 1 qu'elle ne vivra pas 16 ans de plus.
2131 contre 85 ou 25 $\frac{1}{14}$ contre 1 qu'elle ne vivra pas 19 ans de plus.
2192 contre 24 ou 91 $\frac{1}{3}$ contre 1 qu'elle ne vivra pas 24 ans de plus.
2214 contre 2 ou 1107 contre 1 qu'elle ne vivra pas 29 ans de plus, c'est-à-dire, en tout, 100 ans révolus.

Pour une personne de soixante-douze ans.

On peut parier 1841 contre 187 ou 9 $\frac{5}{6}$ contre 1, qu'une personne de soixante-douze ans vivra un an de plus.

1841 contre $\frac{187}{2}$ ou 19 $\frac{2}{3}$ contre 1 qu'elle vivra 6 mois.
1841 contre $\frac{187}{4}$ ou 39 $\frac{1}{3}$ contre 1 qu'elle vivra 3 mois.
1841 contre $\frac{187}{365}$ ou 3593 contre 1 qu'elle ne mourra pas dans les vingt-quatre heures.
1660 contre 368 ou 4 $\frac{1}{2}$ contre 1 qu'elle vivra 2 ans de plus.
1483 contre 545 ou 2 $\frac{13}{18}$ contre 1 qu'elle vivra 3 ans de plus.
1338 contre 720 ou 1 $\frac{6}{7}$ contre 1 qu'elle vivra 4 ans de plus.
1134 contre 894 ou 1 $\frac{4}{15}$ contre 1 qu'elle vivra 5 ans de plus.
1064 contre 964 ou 1 $\frac{5}{48}$ contre 1 qu'elle ne vivra pas 6 ans de plus.
1221 contre 807 ou un peu plus de 1 $\frac{1}{2}$ contre 1 qu'elle ne vivra pas 7 ans de plus.
1365 contre 663 ou 2 $\frac{1}{22}$ contre 1 qu'elle ne vivra pas 8 ans de plus.
1488 contre 540 ou 2 $\frac{20}{27}$ contre 1 qu'elle ne vivra pas 9 ans de plus.
1591 contre 437 ou un peu plus de 3 $\frac{2}{3}$ contre 1 qu'elle ne vivra pas 10 ans de plus.
1674 contre 354 ou 4 $\frac{5}{7}$ contre 1 qu'elle ne vivra pas 11 ans de plus.
1737 contre 291 ou près de 6 contre 1 qu'elle ne vivra pas 12 ans de plus.
1791 contre 237 ou 7 $\frac{13}{23}$ contre 1 qu'elle ne vivra pas 13 ans de plus.
1835 contre 193 ou 9 $\frac{9}{19}$ contre 1 qu'elle ne vivra pas 14 ans de plus.
1873 contre 155 ou 12 $\frac{1}{15}$ contre 1 qu'elle ne vivra pas 15 ans de plus.
1905 contre 123 ou 15 $\frac{1}{2}$ contre 1 qu'elle ne vivra pas 16 ans de plus.
1925 contre 103 ou 18 $\frac{7}{10}$ contre 1 qu'elle ne vivra pas 17 ans de plus.
1943 contre 85 ou 22 $\frac{7}{8}$ contre 1 qu'elle ne vivra pas 18 ans de plus.
1973 contre 55 ou 35 $\frac{4}{5}$ contre 1 qu'elle ne vivra pas 20 ans de plus.
2004 contre 24 ou 83 $\frac{1}{2}$ contre 1 qu'elle ne vivra pas 23 ans de plus.
2026 contre 2 ou 1013 contre 1 qu'elle ne vivra pas 28 ans de plus, c'est-à-dire, en tout, 100 ans révolus.

Pour une personne de soixante-treize ans.

On peut parier 1660 contre 181 ou 9 $\frac{1}{6}$ contre 1, qu'une personne de soixante-treize ans vivra un an de plus.

1660 contre $\frac{181}{2}$ ou 18 $\frac{1}{3}$ contre 1 qu'elle vivra 6 mois.
1660 contre $\frac{181}{4}$ ou 36 $\frac{2}{3}$ contre 1 qu'elle vivra 3 mois.
1660 contre $\frac{181}{365}$ ou 3347 contre 1 qu'elle ne mourra pas dans les vingt-quatre heures.
1483 contre 358 ou 4 $\frac{1}{7}$ contre 1 qu'elle vivra 2 ans de plus.

1308 contre 533 ou $2\frac{4}{9}$ contre 1 qu'elle vivra 3 ans de plus.
1134 contre 707 ou $1\frac{5}{9}$ contre 1 qu'elle vivra 4 ans de plus.
964 contre 877 ou $1\frac{8}{87}$ contre 1 qu'elle vivra 5 ans de plus.
1034 contre 807 ou $1\frac{11}{40}$ contre 1 qu'elle ne vivra pas 6 ans de plus.
1178 contre 663 ou $1\frac{17}{22}$ contre 1 qu'elle ne vivra pas 7 ans de plus.
1301 contre 540 ou $2\frac{11}{27}$ contre 1 qu'elle ne vivra pas 8 ans de plus.
1404 contre 437 ou $3\frac{9}{43}$ contre 1 qu'elle ne vivra pas 9 ans de plus.
1487 contre 354 ou $4\frac{1}{5}$ contre 1 qu'elle ne vivra pas 10 ans de plus.
1550 contre 291 ou $5\frac{9}{29}$ contre 1 qu'elle ne vivra pas 11 ans de plus.
1604 contre 237 ou $6\frac{18}{23}$ contre 1 qu'elle ne vivra pas 12 ans de plus.
1648 contre 193 ou $8\frac{10}{19}$ contre 1 qu'elle ne vivra pas 13 ans de plus.
1686 contre 155 ou $10\frac{13}{15}$ contre 1 qu'elle ne vivra pas 14 ans de plus.
1718 contre 123 ou près de 14 contre 1 qu'elle ne vivra pas 15 ans de plus.
1756 contre 85 ou $20\frac{5}{8}$ contre 1 qu'elle ne vivra pas 17 ans de plus.
1798 contre 43 ou $41\frac{35}{43}$ contre 1 qu'elle ne vivra pas 20 ans de plus.
1817 contre 24 ou $75\frac{17}{24}$ contre 1 qu'elle ne vivra pas 22 ans de plus.
1839 contre 2 ou 919 contre 1 qu'elle ne vivra pas 27 ans de plus, c'est-à-dire, en tout, 100 ans révolus.

Pour une personne de soixante-quatorze ans.

On peut parier 1483 contre 177 ou $8\frac{6}{17}$ contre 1, qu'une personne de soixante-quatorze ans vivra un an de plus.
1483 contre $\frac{177}{2}$ ou $16\frac{12}{17}$ contre 1 qu'elle vivra 6 mois.
1483 contre $\frac{177}{4}$ ou $33\frac{7}{12}$ contre 1 qu'elle vivra 3 mois.
1483 contre $\frac{177}{365}$ ou 3058 contre 1 qu'elle ne mourra pas dans les vingt-quatre heures.
1308 contre 352 ou $3\frac{5}{7}$ contre 1 qu'elle vivra 2 ans de plus.
1134 contre 526 ou $2\frac{2}{13}$ contre 1 qu'elle vivra 3 ans de plus.
964 contre 696 ou $1\frac{1}{3}$ contre 1 qu'elle vivra 4 ans de plus.
853 contre 807 ou un peu plus de 1 contre 1 qu'elle ne vivra pas 5 ans de plus.
997 contre 663 ou $1\frac{1}{2}$ contre 1 qu'elle ne vivra pas 6 ans de plus.
1120 contre 540 ou $2\frac{2}{27}$ contre 1 qu'elle ne vivra pas 7 ans de plus.
1223 contre 437 ou $2\frac{3}{4}$ contre 1 qu'elle ne vivra pas 8 ans de plus.
1306 contre 354 ou $3\frac{2}{3}$ contre 1 qu'elle ne vivra pas 9 ans de plus.
1369 contre 291 ou $4\frac{2}{3}$ contre 1 qu'elle ne vivra pas 10 ans de plus.
1423 contre 237 ou 6 contre 1 qu'elle ne vivra pas 11 ans de plus.
1467 contre 193 ou $7\frac{11}{19}$ contre 1 qu'elle ne vivra pas 12 ans de plus.
1505 contre 155 ou $9\frac{11}{15}$ contre 1 qu'elle ne vivra pas 13 ans de plus.

1557 contre 103 ou 15 $\frac{1}{10}$ contre 1 qu'elle ne vivra pas 15 ans de plus.
1575 contre 85 ou 18 $\frac{1}{2}$ contre 1 qu'elle ne vivra pas 16 ans de plus.
1605 contre 55 ou 27 $\frac{2}{6}$ contre 1 qu'elle ne vivra pas 18 ans de plus.
1636 contre 24 ou 68 $\frac{5}{6}$ contre 1 qu'elle ne vivra pas 21 ans de plus.
1658 contre 2 ou 829 contre 1 qu'elle ne vivra pas 26 ans de plus, c'est-à-dire, en tout, 100 ans révolus.

Pour une personne de soixante-quinze ans.

On peut parier 1308 contre 175 ou 7 $\frac{8}{17}$ contre 1, qu'une personne de soixante-quinze ans vivra un an de plus.
1308 contre $\frac{175}{2}$ ou 14 $\frac{16}{17}$ contre 1 qu'elle vivra 6 mois.
1308 contre $\frac{175}{4}$ ou 29 $\frac{15}{17}$ contre 1 qu'elle vivra 3 mois.
1308 contre $\frac{175}{365}$ ou 2728 contre 1 qu'elle ne mourra pas dans les vingt-quatre heures.
1134 contre 349 ou 3 $\frac{4}{17}$ contre 1 qu'elle vivra 2 ans de plus.
964 contre 519 ou 1 $\frac{44}{51}$ contre 1 qu'elle vivra 3 ans de plus.
807 contre 676 ou 1 $\frac{13}{67}$ contre 1 qu'elle vivra 4 ans de plus.
820 contre 663 ou 1 $\frac{5}{22}$ contre 1 qu'elle ne vivra pas 5 ans de plus.
943 contre 540 ou 1 $\frac{20}{27}$ contre 1 qu'elle ne vivra pas 6 ans de plus.
1046 contre 437 ou 2 $\frac{17}{43}$ contre 1 qu'elle ne vivra pas 7 ans de plus.
1129 contre 354 ou 3 $\frac{6}{35}$ contre 1 qu'elle ne vivra pas 8 ans de plus.
1192 contre 291 ou 4 $\frac{2}{29}$ contre 1 qu'elle ne vivra pas 9 ans de plus.
1246 contre 237 ou 5 $\frac{6}{23}$ contre 1 qu'elle ne vivra pas 10 ans de plus.
1290 contre 193 ou 6 $\frac{13}{19}$ contre 1 qu'elle ne vivra pas 11 ans de plus.
1328 contre 155 ou 8 $\frac{5}{15}$ contre 1 qu'elle ne vivra pas 12 ans de plus.
1360 contre 123 ou un peu plus de 11 contre 1 qu'elle ne vivra pas 13 ans de plus.
1398 contre 85 ou 16 $\frac{3}{8}$ contre 1 qu'elle ne vivra pas 15 ans de plus.
1440 contre 43 ou 33 $\frac{1}{2}$ contre 1 qu'elle ne vivra pas 18 ans de plus.
1459 contre 24 ou 60 $\frac{19}{24}$ contre 1 qu'elle ne vivra pas 20 ans de plus.
1481 contre 2 ou 740 $\frac{1}{2}$ contre 1 qu'elle ne vivra pas 25 ans de plus, c'est-à-dire, en tout, 100 ans révolus.

Pour une personne de soixante-seize ans.

On peut parier 1134 contre 174 ou 6 $\frac{9}{17}$ contre 1, qu'une personne de soixante-seize ans vivra un an de plus.
1134 contre $\frac{174}{2}$ ou 13 $\frac{1}{17}$ contre 1 qu'elle vivra 6 mois.
1134 contre $\frac{174}{4}$ ou 26 $\frac{2}{17}$ contre 1 qu'elle vivra 3 mois.
1134 contre $\frac{174}{365}$ ou 2379 contre 1 qu'elle ne mourra pas dans les vingt-quatre heures.

964 contre 344 ou $2\frac{27}{34}$ contre 1 qu'elle vivra 2 ans de plus.
807 contre 501 ou $1\frac{3}{5}$ contre 1 qu'elle vivra 3 ans de plus.
663 contre 645 ou un peu plus de 1 contre 1 qu'elle vivra 4 ans de plus.
768 contre 540 ou $1\frac{11}{27}$ contre 1 qu'elle ne vivra pas 5 ans de plus.
871 contre 437 ou près de 2 contre 1 qu'elle ne vivra pas 6 ans de plus.
954 contre 354 ou un peu plus de $2\frac{2}{3}$ contre 1 qu'elle ne vivra pas 7 ans de plus.
1017 contre 291 ou $3\frac{14}{29}$ contre 1 qu'elle ne vivra pas 8 ans de plus.
1071 contre 237 ou un peu plus de $4\frac{1}{2}$ contre 1 qu'elle ne vivra pas 9 ans de plus.
1115 contre 193 ou $5\frac{15}{19}$ contre 1 qu'elle ne vivra pas 10 ans de plus.
1153 contre 155 ou $7\frac{2}{5}$ contre 1 qu'elle ne vivra pas 11 ans de plus.
1185 contre 123 ou $9\frac{7}{12}$ contre 1 qu'elle ne vivra pas 12 ans de plus.
1205 contre 103 ou $11\frac{7}{10}$ contre 1 qu'elle ne vivra pas 13 ans de plus.
1223 contre 85 ou $14\frac{3}{8}$ contre 1 qu'elle ne vivra pas 14 ans de plus.
1239 contre 69 ou près de 18 contre 1 qu'elle ne vivra pas 15 ans de plus.
1253 contre 55 ou $22\frac{4}{5}$ contre 1 qu'elle ne vivra pas 16 ans de plus.
1265 contre 43 ou $29\frac{18}{43}$ contre 1 qu'elle ne vivra pas 17 ans de plus.
1284 contre 24 ou $53\frac{1}{2}$ contre 1 qu'elle ne vivra pas 19 ans de plus.
1291 contre 17 ou près de 76 contre 1 qu'elle ne vivra pas 20 ans de plus.
1306 contre 2 ou 653 contre 1 qu'elle ne vivra pas 24 ans de plus, c'est-à-dire, en tout, 100 ans révolus.

Pour une personne de soixante-dix-sept ans.

On peut parier 964 contre 170 ou $5\frac{11}{17}$ contre 1, qu'une personne de soixante-dix-sept ans vivra un an de plus.

964 contre $\frac{170}{2}$ ou $11\frac{5}{17}$ contre 1 qu'elle vivra 6 mois.
964 contre $\frac{170}{4}$ ou $22\frac{10}{17}$ contre 1 qu'elle vivra 3 mois.
964 contre $\frac{170}{365}$ ou 2070 contre 1 qu'elle ne mourra pas dans les vingt-quatre heures.
807 contre 327 ou $2\frac{15}{32}$ contre 1 qu'elle vivra 2 ans de plus.
663 contre 471 ou $1\frac{19}{47}$ contre 1 qu'elle vivra 3 ans de plus.
594 contre 540 ou $1\frac{1}{11}$ contre 1 qu'elle ne vivra pas 4 ans de plus.
697 contre 437 ou $1\frac{26}{43}$ contre 1 qu'elle ne vivra pas 5 ans de plus.
780 contre 354 ou $2\frac{1}{5}$ contre 1 qu'elle ne vivra pas 6 ans de plus.
843 contre 291 ou $2\frac{26}{29}$ contre 1 qu'elle ne vivra pas 7 ans de plus.
897 contre 237 ou $3\frac{18}{23}$ contre 1 qu'elle ne vivra pas 8 ans de plus.
941 contre 193 ou près de 5 contre 1 qu'elle ne vivra pas 9 ans de plus.
979 contre 155 ou $6\frac{4}{15}$ contre 1 qu'elle ne vivra pas 10 ans de plus.
1011 contre 123 ou $8\frac{1}{6}$ contre 1 qu'elle ne vivra pas 11 ans de plus.

1031 contre 103 ou un peu plus de 10 contre 1 qu'elle ne vivra pas 12 ans de plus.
1049 contre 85 ou 12 $\frac{1}{4}$ contre 1 qu'elle ne vivra pas 13 ans de plus.
1079 contre 55 ou 19 $\frac{3}{8}$ contre 1 qu'elle ne vivra pas 15 ans de plus.
1110 contre 24 ou 46 $\frac{1}{4}$ contre 1 qu'elle ne vivra pas 18 ans de plus.
1122 contre 12 ou 93 $\frac{1}{2}$ contre 1 qu'elle ne vivra pas 20 ans de plus.
1132 contre 2 ou 566 contre 1 qu'elle ne vivra pas 23 ans de plus, c'est-à-dire, en tout, 100 ans révolus.

Pour une personne de soixante-dix-huit ans.

On peut parier 807 contre 157 ou 5 $\frac{2}{15}$ contre 1, qu'une personne de soixante-dix-huit ans vivra un an de plus.
807 contre $\frac{157}{2}$ ou 10 $\frac{4}{15}$ contre 1 qu'elle vivra 6 mois.
807 contre $\frac{157}{4}$ ou 20 $\frac{8}{15}$ contre 1 qu'elle vivra 3 mois.
807 contre $\frac{157}{365}$ ou 1876 contre 1 qu'elle ne mourra pas dans les vingt-quatre heures.
663 contre 301 ou 2 $\frac{1}{5}$ contre 1 qu'elle vivra 2 ans de plus.
540 contre 424 ou 1 $\frac{11}{42}$ contre 1 qu'elle vivra 3 ans de plus.
527 contre 437 ou 1 $\frac{9}{43}$ contre 1 qu'elle ne vivra pas 4 ans de plus.
610 contre 354 ou 1 $\frac{5}{7}$ contre 1 qu'elle ne vivra pas 5 ans de plus.
673 contre 291 ou 2 $\frac{9}{29}$ contre 1 qu'elle ne vivra pas 6 ans de plus.
727 contre 237 ou 3 $\frac{1}{23}$ contre 1 qu'elle ne vivra pas 7 ans de plus.
771 contre 193 ou près de 4 contre 1 qu'elle ne vivra pas 8 ans de plus.
809 contre 155 ou 5 $\frac{1}{5}$ contre 1 qu'elle ne vivra pas 9 ans de plus.
841 contre 123 ou 6 $\frac{5}{6}$ contre 1 qu'elle ne vivra pas 10 ans de plus.
861 contre 103 ou 8 $\frac{3}{10}$ contre 1 qu'elle ne vivra pas 11 ans de plus.
879 contre 85 ou 10 $\frac{1}{4}$ contre 1 qu'elle ne vivra pas 12 ans de plus.
895 contre 69 ou près de 13 contre 1 qu'elle ne vivra pas 13 ans de plus.
909 contre 55 ou 16 $\frac{2}{5}$ contre 1 qu'elle ne vivra pas 14 ans de plus.
921 contre 43 ou 21 $\frac{1}{4}$ contre 1 qu'elle ne vivra pas 15 ans de plus.
940 contre 24 ou 39 $\frac{1}{6}$ contre 1 qu'elle ne vivra pas 17 ans de plus.
947 contre 17 ou 55 $\frac{12}{17}$ contre 1 qu'elle ne vivra pas 18 ans de plus.
962 contre 2 ou 481 contre 1 qu'elle ne vivra pas 22 ans de plus, c'est-à-dire, en tout, 100 ans révolus.

Pour une personne de soixante-dix-neuf ans.

On peut parier 663 contre 144 ou 4 $\frac{4}{7}$ contre 1, qu'une personne de soixante-dix-neuf ans vivra un an de plus.
663 contre $\frac{144}{2}$ ou 9 $\frac{1}{7}$ contre 1 qu'elle vivra 6 mois.
663 contre $\frac{144}{4}$ ou 18 $\frac{2}{7}$ contre 1 qu'elle vivra 3 mois.

663 contre $\frac{114}{365}$ ou 1680 contre 1 qu'elle ne mourra pas dans les vingt-quatre heures.

540 contre 267 ou un peu plus de 2 contre 1 qu'elle vivra 2 ans de plus.

437 contre 370 ou 1 $\frac{6}{37}$ contre 1 qu'elle vivra 3 ans de plus.

453 contre 354 ou un peu plus de 1 $\frac{1}{4}$ contre 1 qu'elle ne vivra pas 4 ans de plus.

516 contre 291 ou 1 $\frac{22}{29}$ contre 1 qu'elle ne vivra pas 5 ans de plus.

570 contre 237 ou 2 $\frac{9}{23}$ contre 1 qu'elle ne vivra pas 6 ans de plus.

614 contre 193 ou 3 $\frac{3}{19}$ contre 1 qu'elle ne vivra pas 7 ans de plus.

652 contre 155 ou 4 $\frac{1}{5}$ contre 1 qu'elle ne vivra pas 8 ans de plus.

684 contre 123 ou 5 $\frac{1}{2}$ contre 1 qu'elle ne vivra pas 9 ans de plus.

704 contre 103 ou 6 $\frac{4}{5}$ contre 1 qu'elle ne vivra pas 10 ans de plus.

722 contre 85 ou 8 $\frac{1}{2}$ contre 1 qu'elle ne vivra pas 11 ans de plus.

738 contre 69 ou 10 $\frac{2}{3}$ contre 1 qu'elle ne vivra pas 12 ans de plus.

752 contre 55 ou 13 $\frac{3}{5}$ contre 1 qu'elle ne vivra pas 13 ans de plus.

764 contre 43 ou 17 $\frac{3}{4}$ contre 1 qu'elle ne vivra pas 14 ans de plus.

774 contre 33 ou 23 $\frac{5}{11}$ contre 1 qu'elle ne vivra pas 15 ans de plus.

783 contre 24 ou 32 $\frac{5}{8}$ contre 1 qu'elle ne vivra pas 16 ans de plus.

795 contre 12 ou 66 $\frac{5}{12}$ contre 1 qu'elle ne vivra pas 18 ans de plus.

805 contre 2 ou 402 $\frac{1}{2}$ contre 1 qu'elle ne vivra pas 21 ans de plus, c'est-à-dire, en tout, 100 ans révolus.

Pour une personne de quatre-vingts ans.

On peut parier 540 contre 123 ou 4 $\frac{2}{21}$ contre 1, qu'une personne de quatre-vingts ans vivra un an de plus.

540 contre $\frac{123}{2}$ ou 8 $\frac{4}{21}$ contre 1 qu'elle vivra 6 mois.

540 contre $\frac{123}{4}$ ou 16 $\frac{8}{21}$ contre 1 qu'elle vivra 3 mois.

540 contre $\frac{123}{365}$ ou 1586 contre 1 qu'elle ne mourra pas dans les vingt-quatre heures.

437 contre 226 ou 1 $\frac{21}{22}$ contre 1 qu'elle vivra 2 ans de plus.

354 contre 309 ou 1 $\frac{2}{15}$ contre 1 qu'elle vivra 3 ans de plus.

372 contre 291 ou 1 $\frac{8}{29}$ contre 1 qu'elle ne vivra pas 4 ans de plus.

426 contre 237 ou 1 $\frac{18}{23}$ contre 1 qu'elle ne vivra pas 5 ans de plus.

470 contre 193 ou 2 $\frac{8}{19}$ contre 1 qu'elle ne vivra pas 6 ans de plus.

508 contre 155 ou 3 $\frac{4}{15}$ contre 1 qu'elle ne vivra pas 7 ans de plus.

540 contre 123 ou 4 $\frac{1}{3}$ contre 1 qu'elle ne vivra pas 8 ans de plus.

560 contre 103 ou 5 $\frac{2}{5}$ contre 1 qu'elle ne vivra pas 9 ans de plus.

578 contre 85 ou 6 $\frac{3}{4}$ contre 1 qu'elle ne vivra pas 10 ans de plus.

594 contre 69 ou 8 $\frac{2}{3}$ contre 1 qu'elle ne vivra pas 11 ans de plus.

608 contre 55 ou un peu plus de 1 contre 1 qu'elle ne vivra pas 12 ans de plus.

620 contre 43 ou 14 $\frac{1}{4}$ contre 1 qu'elle ne vivra pas 13 ans de plus.
630 contre 33 ou 19 $\frac{1}{11}$ contre 1 qu'elle ne vivra pas 14 ans de plus.
639 contre 24 ou 26 $\frac{5}{8}$ contre 1 qu'elle ne vivra pas 15 ans de plus.
646 contre 17 ou 38 contre 1 qu'elle ne vivra pas 16 ans de plus.
651 contre 12 ou 54 $\frac{1}{4}$ contre 1 qu'elle ne vivra pas 17 ans de plus.
655 contre 8 ou 81 $\frac{7}{8}$ contre 1 qu'elle ne vivra pas 18 ans de plus.
658 contre 5 ou 131 $\frac{3}{5}$ contre 1 qu'elle ne vivra pas 19 ans de plus.
661 contre 2 ou 330 $\frac{1}{2}$ contre 1 qu'elle ne vivra pas 20 ans de plus, c'est-à-dire, en tout, 100 ans révolus.

Pour une personne de quatre-vingt-un ans.

On peut parier 437 contre 103 ou 4 $\frac{1}{5}$ contre 1, qu'une personne de quatre-vingt-un ans vivra un an de plus.
437 contre $\frac{103}{2}$ ou 8 $\frac{2}{5}$ contre 1 qu'elle vivra 6 mois.
437 contre $\frac{103}{4}$ ou 16 $\frac{4}{5}$ contre 1 qu'elle vivra 3 mois.
437 contre $\frac{103}{365}$ ou 1549 contre 1 qu'elle ne mourra pas dans les vingt-quatre heures.
354 contre 186 ou 1 $\frac{8}{9}$ contre 1 qu'elle vivra 2 ans de plus.
291 contre 249 ou 1 $\frac{1}{6}$ contre 1 qu'elle vivra 3 ans de plus.
303 contre 237 ou 1 $\frac{6}{23}$ contre 1 qu'elle ne vivra pas 4 ans de plus.
347 contre 193 ou 1 $\frac{15}{19}$ contre 1 qu'elle ne vivra pas 5 ans de plus.
385 contre 155 ou 2 $\frac{7}{15}$ contre 1 qu'elle ne vivra pas 6 ans de plus.
417 contre 123 ou 3 $\frac{1}{3}$ contre 1 qu'elle ne vivra pas 7 ans de plus.
437 contre 103 ou 4 $\frac{1}{5}$ contre 1 qu'elle ne vivra pas 8 ans de plus.
455 contre 85 ou 5 $\frac{3}{8}$ contre 1 qu'elle ne vivra pas 9 ans de plus.
471 contre 69 ou 6 $\frac{5}{6}$ contre 1 qu'elle ne vivra pas 10 ans de plus.
485 contre 55 ou 8 $\frac{4}{5}$ contre 1 qu'elle ne vivra pas 11 ans de plus.
497 contre 43 ou 11 $\frac{1}{2}$ contre 1 qu'elle ne vivra pas 12 ans de plus.
507 contre 33 ou 15 $\frac{4}{11}$ contre 1 qu'elle ne vivra pas 13 ans de plus.
516 contre 24 ou 21 $\frac{1}{2}$ contre 1 qu'elle ne vivra pas 14 ans de plus.
523 contre 17 ou 30 $\frac{13}{17}$ contre 1 qu'elle ne vivra pas 15 ans de plus.
528 contre 12 ou 44 contre 1 qu'elle ne vivra pas 16 ans de plus.
532 contre 8 ou 66 $\frac{1}{2}$ contre 1 qu'elle ne vivra pas 17 ans de plus.
535 contre 5 ou 107 contre 1 qu'elle ne vivra pas 18 ans de plus.
538 contre 2 ou 219 contre 1 qu'elle ne vivra pas 19 ans de plus, c'est-à-dire, en tout, 100 ans révolus.

Pour une personne de quatre-vingt-deux ans.

On peut parier 354 contre 83 ou 4 $\frac{1}{4}$ contre 1, qu une personne de quatre-vingt-deux ans vivra un an de plus.

354 contre $\frac{83}{2}$ ou 8 $\frac{1}{2}$ contre 1 qu'elle vivra 6 mois.
354 contre $\frac{83}{4}$ ou 17 contre 1 qu'elle vivra 3 mois.
354 contre $\frac{83}{365}$ ou 1557 contre 1 qu'elle ne mourra pas dans les vingt-quatre heures.
291 contre 146 ou à très-peu près 2 contre 1 qu'elle vivra 2 ans de plus.
237 contre 200 ou 1 $\frac{9}{51}$ contre 1 qu'elle vivra 3 ans de plus.
244 contre 193 ou 1 $\frac{5}{19}$ contre 1 qu'elle ne vivra pas 4 ans de plus.
282 contre 155 ou 1 $\frac{4}{5}$ contre 1 qu'elle ne vivra pas 5 ans de plus.
314 contre 123 ou 2 $\frac{1}{2}$ contre 1 qu'elle ne vivra pas 6 ans de plus.
334 contre 103 ou 3 $\frac{1}{5}$ contre 1 qu'elle ne vivra pas 7 ans de plus.
352 contre 85 ou 4 $\frac{1}{8}$ contre 1 qu'elle ne vivra pas 8 ans de plus.
368 contre 69 ou 5 $\frac{1}{3}$ contre 1 qu'elle ne vivra pas 9 ans de plus.
382 contre 55 ou près de 7 contre 1 qu'elle ne vivra pas 10 ans de plus.
394 contre 43 ou 9 $\frac{7}{43}$ contre 1 qu'elle ne vivra pas 11 ans de plus.
404 contre 33 ou 12 $\frac{1}{4}$ contre 1 qu'elle ne vivra pas 12 ans de plus.
413 contre 24 ou 17 $\frac{5}{24}$ contre 1 qu'elle ne vivra pas 13 ans de plus.
420 contre 17 ou 24 $\frac{12}{17}$ contre 1 qu'elle ne vivra pas 14 ans de plus.
425 contre 12 ou 35 $\frac{5}{12}$ contre 1 qu'elle ne vivra pas 15 ans de plus.
429 contre 8 ou 53 $\frac{5}{8}$ contre 1 qu'elle ne vivra pas 16 ans de plus.
432 contre 5 ou 86 $\frac{2}{5}$ contre 1 qu'elle ne vivra pas 17 ans de plus.
435 contre 2 ou 217 $\frac{1}{2}$ contre 1 qu'elle ne vivra pas 18 ans de plus, c'est-à-dire, en tout, 100 ans révolus.

Pour une personne de quatre-vingt-trois ans.

On peut parier 291 contre 63 ou 4 $\frac{13}{21}$ contre 1, qu'une personne de quatre-vingt-trois ans vivra un an de plus.
291 contre $\frac{63}{2}$ ou 9 $\frac{5}{21}$ contre 1 qu'elle vivra 6 mois.
291 contre $\frac{63}{4}$ ou 18 $\frac{10}{21}$ contre 1 qu'elle vivra 3 mois.
291 contre $\frac{63}{365}$ ou 1686 contre 1 qu'elle ne mourra pas dans les vingt-quatre heures.
237 contre 117 ou un peu plus de 2 contre 1 qu'elle vivra 2 ans de plus.
193 contre 161 ou 1 $\frac{3}{16}$ contre 1 qu'elle vivra 3 ans de plus.
199 contre 155 ou 1 $\frac{4}{15}$ contre 1 qu'elle ne vivra pas 4 ans de plus.
231 contre 123 ou 1 $\frac{5}{6}$ contre 1 qu'elle ne vivra pas 5 ans de plus.
251 contre 103 ou 2 $\frac{2}{5}$ contre 1 qu'elle ne vivra pas 6 ans de plus.
269 contre 85 ou 3 $\frac{1}{8}$ contre 1 qu'elle ne vivra pas 7 ans de plus.
285 contre 69 ou 4 $\frac{9}{69}$ contre 1 qu'elle ne vivra pas 8 ans de plus.
299 contre 55 ou 5 $\frac{2}{5}$ contre 1 qu'elle ne vivra pas 9 ans de plus.
311 contre 43 ou 7 $\frac{10}{43}$ contre 1 qu'elle ne vivra pas 10 ans de plus.
321 contre 33 ou 9 $\frac{8}{11}$ contre 1 qu'elle ne vivra pas 11 ans de plus.
330 contre 24 ou 13 $\frac{6}{8}$ contre 1 qu'elle ne vivra pas 12 ans de plus.

337 contre 17 ou 19 $\frac{14}{17}$ contre 1 qu'elle ne vivra pas 13 ans de plus.
342 contre 12 ou 28 $\frac{1}{2}$ contre 1 qu'elle ne vivra pas 14 ans de plus.
346 contre 8 ou 43 $\frac{1}{4}$ contre 1 qu'elle ne vivra pas 15 ans de plus.
349 contre 5 ou 69 $\frac{4}{5}$ contre 1 qu'elle ne vivra pas 16 ans de plus.
352 contre 2 ou 176 contre 1 qu'elle ne vivra pas 17 ans de plus, c'est-à-dire, en tout, 100 ans révolus.

Pour une personne de quatre-vingt-quatre ans.

On peut parier 237 contre 54 ou 4 $\frac{7}{18}$ contre 1, qu'une personne de quatre-vingt-quatre ans vivra un an de plus.
237 contre $\frac{54}{2}$ ou 8 $\frac{7}{9}$ contre 1 qu'elle vivra 6 mois.
237 contre $\frac{54}{4}$ ou 17 $\frac{5}{9}$ contre 1 qu'elle vivra 3 mois.
237 contre $\frac{54}{365}$ ou 1602 contre 1 qu'elle ne mourra pas dans les vingt-quatre heures.
193 contre 98 ou près de 2 contre 1 qu'elle vivra 2 ans de plus.
155 contre 136 ou 1 $\frac{1}{13}$ contre 1 qu'elle vivra 3 ans de plus.
168 contre 123 ou 1 $\frac{1}{3}$ contre 1 qu'elle ne vivra pas 4 ans de plus.
188 contre 103 ou 1 $\frac{4}{5}$ contre 1 qu'elle ne vivra pas 5 ans de plus.
206 contre 85 ou 2 $\frac{3}{8}$ contre 1 qu'elle ne vivra pas 6 ans de plus.
222 contre 69 ou 3 $\frac{5}{23}$ contre 1 qu'elle ne vivra pas 7 ans de plus.
236 contre 55 ou 4 $\frac{1}{5}$ contre 1 qu'elle ne vivra pas 8 ans de plus.
248 contre 43 ou 5 $\frac{3}{4}$ contre 1 qu'elle ne vivra pas 9 ans de plus.
258 contre 33 ou 7 $\frac{9}{11}$ contre 1 qu'elle ne vivra pas 10 ans de plus.
267 contre 24 ou 11 $\frac{1}{8}$ contre 1 qu'elle ne vivra pas 11 ans de plus.
274 contre 17 ou 16 $\frac{2}{17}$ contre 1 qu'elle ne vivra pas 12 ans de plus.
279 contre 12 ou 23 $\frac{1}{4}$ contre 1 qu'elle ne vivra pas 13 ans de plus.
283 contre 8 ou 35 $\frac{3}{8}$ contre 1 qu'elle ne vivra pas 14 ans de plus.
286 contre 5 ou 57 $\frac{1}{5}$ contre 1 qu'elle ne vivra pas 15 ans de plus.
289 contre 2 ou 144 $\frac{1}{2}$ contre 1 qu'elle ne vivra pas 16 ans de plus, c'est-à-dire, en tout, 100 ans révolus.

Pour une personne de quatre-vingt-cinq ans.

On peut parier 193 contre 44 ou un peu plus de 4 $\frac{4}{11}$ contre 1, qu'une personne de quatre-vingt-cinq ans vivra un an de plus.
193 contre $\frac{44}{2}$ ou un peu plus de 8 $\frac{8}{11}$ contre 1 qu'elle vivra 6 mois.
193 contre $\frac{44}{4}$ ou un peu plus de 17 $\frac{5}{11}$ contre 1 qu'elle vivra 3 mois.
193 contre $\frac{44}{365}$ ou 1601 contre 1 qu'elle ne mourra pas dans les vingt-quatre heures.
155 contre 82 ou 1 $\frac{7}{8}$ contre 1 qu'elle vivra 2 ans de plus.
123 contre 114 ou 1 $\frac{1}{12}$ contre 1 qu'elle vivra 3 ans de plus.

134 contre 103 ou 1 $\frac{3}{10}$ contre 1 qu'elle ne vivra pas 4 ans de plus.
152 contre 85 ou 1 $\frac{3}{4}$ contre 1 qu'elle ne vivra pas 5 ans de plus.
168 contre 69 ou 2 $\frac{10}{23}$ contre 1 qu'elle ne vivra pas 6 ans de plus.
182 contre 55 ou 3 $\frac{1}{5}$ contre 1 qu'elle ne vivra pas 7 ans de plus.
194 contre 43 ou 4 $\frac{1}{2}$ contre 1 qu'elle ne vivra pas 8 ans de plus.
204 contre 33 ou 6 $\frac{2}{11}$ contre 1 qu'elle ne vivra pas 9 ans de plus.
213 contre 24 ou 8 $\frac{7}{8}$ contre 1 qu'elle ne vivra pas 10 ans de plus.
220 contre 17 ou près de 13 contre 1 qu'elle ne vivra pas 11 ans de plus.
225 contre 12 ou 18 $\frac{3}{4}$ contre 1 qu'elle ne vivra pas 12 ans de plus.
229 contre 8 ou 28 $\frac{5}{8}$ contre 1 qu'elle ne vivra pas 13 ans de plus.
232 contre 5 ou 46 $\frac{2}{5}$ contre 1 qu'elle ne vivra pas 14 ans de plus.
235 contre 2 ou 117 $\frac{1}{2}$ contre 1 qu'elle ne vivra pas 15 ans de plus, c'est-à-dire, en tout, 100 ans révolus.

Pour une personne de quatre-vingt-six ans.

On peut parier 155 contre 38 ou près de 4 $\frac{1}{13}$ contre 1, qu'une personne de quatre-vingt-six ans vivra un an de plus.
155 contre $\frac{38}{2}$ ou 8 $\frac{2}{13}$ contre 1 qu'elle vivra 6 mois.
155 contre $\frac{38}{4}$ ou 16 $\frac{4}{13}$ contre 1 qu'elle vivra 3 mois.
155 contre $\frac{38}{365}$ ou 1489 contre 1 qu'elle ne mourra pas dans les vingt-quatre heures.
123 contre 70 ou 1 $\frac{5}{7}$ contre 1 qu'elle vivra 2 ans de plus.
103 contre 90 ou 1 $\frac{1}{9}$ contre 1 qu'elle vivra 3 ans de plus[a].
108 contre 85 ou 1 $\frac{1}{4}$ contre 1 qu'elle ne vivra pas 4 ans de plus.
124 contre 69 ou 1 $\frac{5}{6}$ contre 1 qu'elle ne vivra pas 5 ans de plus.
138 contre 55 ou près de 2 $\frac{1}{2}$ contre 1 qu'elle ne vivra pas 6 ans de plus.
150 contre 43 ou 3 $\frac{1}{2}$ contre 1 qu'elle ne vivra pas 7 ans de plus.
160 contre 33 ou un peu plus de 4 $\frac{9}{11}$ contre 1 qu'elle ne vivra pas 8 ans de plus.
169 contre 24 ou 7 $\frac{1}{24}$ contre 1 qu'elle ne vivra pas 9 ans de plus.
176 contre 17 ou 10 $\frac{6}{17}$ contre 1 qu'elle ne vivra pas 10 ans de plus.
181 contre 12 ou 15 $\frac{1}{12}$ contre 1 qu'elle ne vivra pas 11 ans de plus.
185 contre 8 ou 23 $\frac{1}{8}$ contre 1 qu'elle ne vivra pas 12 ans de plus.
188 contre 5 ou 37 $\frac{3}{5}$ contre 1 qu'elle ne vivra pas 13 ans de plus.
191 contre 2 ou 95 $\frac{1}{2}$ contre 1 qu'elle ne vivra pas 14 ans de plus, c'est-à-dire, en tout, 100 ans révolus.

a. La probabilité de vivre trois ans, se trouve ici trop forte d'une manière évidente, puisqu'elle est plus grande que celle de la table précédente; cela vient de ce que j'ai négligé de faire fluer uniformément les nombres 32, 20 et 18, qui, dans la table générale, correspondent aux 88e, 89e et 90e années de la vie, mais ce petit défaut ne peut jamais produire une grande erreur.

Pour une personne de quatre-vingt-sept ans.

On peut parier 123 contre 32 ou près de 3 $\frac{9}{11}$ contre 1 qu'une personne de quatre-vingt-sept ans vivra un an de plus.

123 contre $\frac{32}{2}$ ou près de 7 $\frac{7}{11}$ contre 1 qu'elle vivra 6 mois.

123 contre $\frac{32}{4}$ ou près de 15 $\frac{3}{11}$ contre 1 qu'elle vivra 3 mois.

123 contre $\frac{32}{365}$ ou 1403 contre 1 qu'elle ne mourra pas dans les vingt-quatre heures.

103 contre 52 ou près de 2 contre 1 qu'elle vivra 2 ans de plus.

85 contre 70 ou 1 $\frac{3}{14}$ contre 1 qu'elle vivra 3 ans de plus.

86 contre 69 ou 1 $\frac{1}{6}$ contre 1 qu'elle ne vivra pas 4 ans de plus.

100 contre 55 ou 1 $\frac{9}{11}$ contre 1 qu'elle ne vivra pas 5 ans de plus.

112 contre 43 ou 2 $\frac{26}{43}$ contre 1 qu'elle ne vivra pas 6 ans de plus.

122 contre 33 ou 3 $\frac{8}{11}$ contre 1 qu'elle ne vivra pas 7 ans de plus.

131 contre 24 ou 5 $\frac{11}{24}$ contre 1 qu'elle ne vivra pas 8 ans de plus.

138 contre 17 ou 8 $\frac{2}{17}$ contre 1 qu'elle ne vivra pas 9 ans de plus.

143 contre 12 ou près de 12 contre 1 qu'elle ne vivra pas 10 ans de plus.

147 contre 8 ou 18 $\frac{3}{8}$ contre 1 qu'elle ne vivra pas 11 ans de plus.

150 contre 5 ou 30 contre 1 qu'elle ne vivra pas 12 ans de plus.

153 contre 2 ou 76 $\frac{1}{2}$ contre 1 qu'elle ne vivra pas 13 ans de plus, c'est-à-dire, en tout, 100 ans révolus.

Pour une personne de quatre-vingt-huit ans.

On peut parier 103 contre 20 ou près de 5 $\frac{1}{7}$ contre 1, qu'une personne de quatre-vingt-huit ans vivra un an de plus.

103 contre $\frac{20}{2}$ ou près de 10 $\frac{2}{7}$ contre 1 qu'elle vivra 6 mois.

103 contre $\frac{20}{4}$ ou près de 20 $\frac{4}{7}$ contre 1 qu'elle vivra 3 mois.

103 contre $\frac{20}{365}$ ou près de 1880 contre 1 qu'elle ne mourra pas dans les vingt-quatre heures.

85 contre 38 ou 2 $\frac{9}{38}$ contre 1 qu'elle vivra 2 ans de plus.

69 contre 54 ou 1 $\frac{5}{18}$ contre 1 qu'elle vivra 3 ans de plus.

68 contre 55 ou 1 $\frac{13}{55}$ contre 1 qu'elle ne vivra pas 4 ans de plus.

80 contre 43 ou 1 $\frac{37}{43}$ contre 1 qu'elle ne vivra pas 5 ans de plus.

90 contre 33 ou 2 $\frac{8}{11}$ contre 1 qu'elle ne vivra pas 6 ans de plus.

99 contre 24 ou 4 $\frac{1}{8}$ contre 1 qu'elle ne vivra pas 7 ans de plus.

106 contre 17 ou 6 $\frac{4}{17}$ contre 1 qu'elle ne vivra pas 8 ans de plus.

111 contre 12 ou 9 $\frac{1}{4}$ contre 1 qu'elle ne vivra pas 9 ans de plus.

115 contre 8 ou 14 $\frac{3}{8}$ contre 1 qu'elle ne vivra pas 10 ans de plus.

118 contre 5 ou 23 $\frac{3}{5}$ contre 1 qu'elle ne vivra pas 11 ans de plus.

121 contre 2 ou 60 $\frac{1}{2}$ contre 1 qu'elle ne vivra pas 12 ans de plus, c'est-à-dire, en tout, 100 ans révolus.

Pour une personne de quatre-vingt-neuf ans.

On peut parier 85 contre 18 ou 4 $\frac{13}{18}$ contre 1, qu'une personne de quatre-vingt-neuf ans vivra un an de plus.

85 contre $\frac{18}{2}$ ou 9 $\frac{4}{9}$ contre 1 qu'elle vivra 6 mois.
85 contre $\frac{18}{4}$ ou 18 $\frac{8}{9}$ contre 1 qu'elle vivra 3 mois.
85 contre $\frac{18}{365}$ ou 1724 contre 1 qu'elle ne mourra pas dans les vingt-quatre heures.
69 contre 34 ou 2 $\frac{1}{34}$ contre 1 qu'elle vivra 2 ans de plus.
55 contre 48 ou 1 $\frac{7}{48}$ contre 1 qu'elle vivra 3 ans de plus.
60 contre 43 ou 1 $\frac{17}{43}$ contre 1 qu'elle ne vivra pas 4 ans de plus.
70 contre 33 ou 2 $\frac{4}{33}$ contre 1 qu'elle ne vivra pas 5 ans de plus.
79 contre 24 ou 3 $\frac{7}{24}$ contre 1 qu'elle ne vivra pas 6 ans de plus.
86 contre 17 ou 5 $\frac{1}{17}$ contre 1 qu'elle ne vivra pas 7 ans de plus.
91 contre 12 ou 7 $\frac{7}{12}$ contre 1 qu'elle ne vivra pas 8 ans de plus.
95 contre 8 ou près de 12 contre 1 qu'elle ne vivra pas 9 ans de plus.
98 contre 5 ou 19 $\frac{3}{5}$ contre 1 qu'elle ne vivra pas 10 ans de plus.
101 contre 2 ou 50 $\frac{1}{2}$ contre 1 qu'elle ne vivra pas 11 ans de plus, c'est-à-dire, en tout, 100 ans révolus.

Pour une personne de quatre-vingt-dix ans.

On peut parier 69 contre 16 ou près de 4 $\frac{1}{3}$ contre 1, qu'une personne de quatre-vingt-dix ans vivra un an de plus.

69 contre $\frac{16}{2}$ ou près de 8 $\frac{2}{3}$ contre 1 qu'elle vivra 6 mois.
69 contre $\frac{16}{4}$ ou près de 17 $\frac{1}{3}$ contre 1 qu'elle vivra 3 mois.
69 contre $\frac{16}{365}$ ou 1574 contre 1 qu'elle ne mourra pas dans les vingt-quatre heures.
55 contre 30 ou 1 $\frac{5}{6}$ contre 1 qu'elle vivra 2 ans de plus.
43 contre 37 ou un peu plus de 1 contre 1 qu'elle vivra 3 ans de plus.
52 contre 33 ou 1 $\frac{19}{33}$ contre 1 qu'elle ne vivra pas 4 ans de plus.
61 contre 24 ou 2 $\frac{13}{24}$ contre 1 qu'elle ne vivra pas 5 ans de plus.
68 contre 17 ou 4 contre 1 qu'elle ne vivra pas 6 ans de plus.
73 contre 12 ou 6 $\frac{1}{12}$ contre 1 qu'elle ne vivra pas 7 ans de plus.
77 contre 8 ou 9 $\frac{5}{8}$ contre 1 qu'elle ne vivra pas 8 ans de plus.
80 contre 5 ou 16 contre 1 qu'elle ne vivra pas 9 ans de plus.
83 contre 2 ou 41 $\frac{1}{2}$ contre 1 qu'elle ne vivra pas 10 ans de plus, c'est-à-dire, en tout, 100 ans révolus.

Pour une personne de quatre-vingt-onze ans.

On peut parier 55 contre 14 ou 3 $\frac{13}{14}$ contre 1, qu'une personne de quatre-vingt-onze ans vivra un an de plus.

55 contre $\frac{14}{2}$ ou 7 $\frac{6}{7}$ contre 1 qu'elle vivra 6 mois.

55 contre $\frac{14}{4}$ ou 15 $\frac{5}{7}$ contre 1 qu'elle vivra 3 mois.

55 contre $\frac{14}{365}$ ou 1434 contre 1 qu'elle ne mourra pas dans les vingt-quatre heures.

43 contre 26 ou 1 $\frac{17}{26}$ contre 1 qu'elle vivra 2 ans de plus.

36 contre 33 ou 1 $\frac{1}{11}$ contre 1 qu'elle ne vivra pas 3 ans de plus.

45 contre 24 ou 1 $\frac{7}{8}$ contre 1 qu'elle ne vivra pas 4 ans de plus.

52 contre 17 ou 3 $\frac{1}{17}$ contre 1 qu'elle ne vivra pas 5 ans de plus.

57 contre 12 ou 4 $\frac{3}{4}$ contre 1 qu'elle ne vivra pas 6 ans de plus.

61 contre 8 ou 7 $\frac{5}{8}$ contre 1 qu'elle ne vivra pas 7 ans de plus.

64 contre 5 ou 12 $\frac{4}{5}$ contre 1 qu'elle ne vivra pas 8 ans de plus.

67 contre 2 ou 33 $\frac{1}{2}$ contre 1 qu'elle ne vivra pas 9 ans de plus, c'est-à-dire, en tout, 100 ans révolus.

Pour une personne de quatre-vingt-douze ans.

On peut parier 43 contre 12 ou 3 $\frac{7}{12}$ contre 1, qu'une personne de quatre-vingt-douze ans vivra un an de plus.

43 contre $\frac{12}{2}$ ou 7 $\frac{1}{6}$ contre 1 qu'elle vivra 6 mois.

43 contre $\frac{12}{4}$ ou 14 $\frac{1}{3}$ contre 1 qu'elle vivra 3 mois.

43 contre $\frac{12}{365}$ ou 1308 contre 1 qu'elle ne mourra pas dans les vingt-quatre heures.

33 contre 22 ou 1 $\frac{1}{2}$ contre 1 qu'elle vivra 2 ans de plus.

31 contre 24 ou 1 $\frac{7}{24}$ contre 1 qu'elle ne vivra pas 3 ans de plus.

38 contre 17 ou 2 $\frac{4}{17}$ contre 1 qu'elle ne vivra pas 4 ans de plus.

43 contre 12 ou 3 $\frac{7}{12}$ contre 1 qu'elle ne vivra pas 5 ans de plus.

47 contre 8 ou 5 $\frac{7}{8}$ contre 1 qu'elle ne vivra pas 6 ans de plus.

53 contre 2 ou 26 $\frac{1}{2}$ contre 1 qu'elle ne vivra pas 8 ans de plus, c'est-à-dire, en tout, 100 ans révolus.

Pour une personne de quatre-vingt-treize ans.

On peut parier 33 contre 10 ou 3 $\frac{3}{10}$ contre 1, qu'une personne de quatre-vingt-treize ans vivra un an de plus.

33 contre $\frac{10}{2}$ ou 6 $\frac{3}{5}$ contre 1 qu'elle vivra 6 mois.

33 contre $\frac{10}{4}$ ou 13 $\frac{1}{6}$ contre 1 qu'elle vivra 3 mois.

33 contre $\frac{10}{365}$ ou 1204 contre 1 qu'elle ne mourra pas dans les vingt-quatre heures.
24 contre 19 ou 1 $\frac{5}{19}$ contre 1 qu'elle vivra 2 ans de plus.
26 contre 17 ou 1 $\frac{9}{17}$ contre 1 qu'elle ne vivra pas 3 ans de plus.
31 contre 12 ou 2 $\frac{7}{12}$ contre 1 qu'elle ne vivra pas 4 ans de plus.
35 contre 8 ou 4 $\frac{3}{8}$ contre 1 qu'elle ne vivra pas 5 ans de plus.
38 contre 5 ou 7 $\frac{3}{5}$ contre 1 qu'elle ne vivra pas 6 ans de plus.
41 contre 2 ou 20 $\frac{1}{2}$ contre 1 qu'elle ne vivra pas 7 ans de plus, c'est-à-dire, en tout, 100 ans révolus.

Pour une personne de quatre-vingt-quatorze ans.

On peut parier 24 contre 9 ou 2 $\frac{2}{3}$ contre 1, qu'une personne de quatre-vingt-quatorze ans vivra un an de plus.
24 contre $\frac{9}{2}$ ou 5 $\frac{1}{3}$ contre 1 qu'elle vivra 6 mois.
24 contre $\frac{9}{4}$ ou 10 $\frac{2}{3}$ contre 1 qu'elle vivra 3 mois.
24 contre $\frac{9}{365}$ ou 973 $\frac{1}{3}$ contre 1 qu'elle ne mourra pas dans les vingt-quatre heures.
17 contre 16 ou 1 $\frac{1}{16}$ contre 1 qu'elle vivra 2 ans de plus.
21 contre 12 ou 1 $\frac{3}{4}$ contre 1 qu'elle ne vivra pas 3 ans de plus.
25 contre 8 ou 3 $\frac{1}{8}$ contre 1 qu'elle ne vivra pas 4 ans de plus.
28 contre 5 ou 5 $\frac{3}{5}$ contre 1 qu'elle ne vivra pas 5 ans de plus.
31 contre 2 ou 15 $\frac{1}{2}$ contre 1 qu'elle ne vivra pas 6 ans de plus, c'est-à-dire, en tout, 100 ans révolus.

Pour une personne de quatre-vingt-quinze ans.

On peut parier 17 contre 7 ou 2 $\frac{3}{7}$ contre 1, qu'une personne de quatre-vingt-quinze ans vivra un an de plus.
17 contre $\frac{7}{2}$ ou 4 $\frac{6}{7}$ contre 1 qu'elle vivra 6 mois.
17 contre $\frac{7}{4}$ ou 9 $\frac{5}{7}$ contre 1 qu'elle vivra 3 mois.
1 contre $\frac{7}{365}$ ou 886 contre 1 qu'elle ne mourra pas dans les vingt-quatre heures.
12 contre 12 ou 1 contre 1 qu'elle vivra 2 ans de plus.
16 contre 8 ou 2 contre 1 qu'elle ne vivra pas 3 ans de plus.
19 contre 5 ou 3 $\frac{4}{5}$ contre 1 qu'elle ne vivra pas 4 ans de plus.
22 contre 2 ou 11 contre 1 qu'elle ne vivra pas 5 ans de plus, c'est-à-dire, en tout, 100 ans révolus.

Pour une personne de quatre-vingt-seize ans.

On peut parier 12 contre 5 ou 2 $\frac{2}{5}$ contre 1, qu'une personne de quatre-vingt-seize ans vivra un an de plus.

12 contre $\frac{5}{2}$ ou 4 $\frac{4}{5}$ contre 1 qu'elle vivra 6 mois.
12 contre $\frac{5}{4}$ ou 9 $\frac{3}{5}$ contre 1 qu'elle vivra 3 mois.
12 contre $\frac{5}{365}$ ou 876 contre 1 qu'elle ne mourra pas dans les vingt-quatre heures.
9 contre 8 ou 1 $\frac{1}{8}$ contre 1 qu'elle ne vivra pas 2 ans de plus.
12 contre 5 ou 2 $\frac{2}{5}$ contre 1 qu'elle ne vivra pas 3 ans de plus.
15 contre 2 ou 7 $\frac{1}{2}$ contre 1 qu'elle ne vivra pas 4 ans de plus, c'est-à-dire, en tout, 100 ans révolus.

Pour une personne de quatre-vingt-dix-sept ans.

On peut parier 8 contre 4 ou 2 contre 1, qu'une personne de quatre-vingt-dix-sept ans vivra un an de plus.
8 contre $\frac{4}{2}$ ou 4 contre 1 qu'elle vivra 6 mois.
8 contre $\frac{4}{4}$ ou 8 contre 1 qu'elle vivra 3 mois.
8 contre $\frac{4}{365}$ ou 730 contre 1 qu'elle ne mourra pas dans les vingt-quatre heures.
7 contre 5 ou 1 $\frac{2}{5}$ contre 1 qu'elle ne vivra pas 2 ans de plus.
10 contre 2 ou 5 contre 1 qu'elle ne vivra pas 3 ans de plus, c'est-à-dire, en tout, 100 ans révolus.

Pour une personne de quatre-vingt-dix-huit ans.

On peut parier 5 contre 3 ou 1 $\frac{2}{3}$ contre 1, qu'une personne de quatre-vingt-dix-huit ans vivra un an de plus.
5 contre $\frac{3}{2}$ ou 3 $\frac{1}{3}$ contre 1 qu'elle vivra 6 mois.
5 contre $\frac{3}{4}$ ou 6 $\frac{2}{3}$ contre 1 qu'elle vivra 3 mois.
5 contre $\frac{3}{365}$ ou 608 contre 1 qu'elle ne mourra pas dans les vingt-quatre heures.
6 contre 2 ou 3 contre 1 qu'elle ne vivra pas 2 ans de plus, c'est-à-dire, en tout, 100 ans révolus.

Pour une personne de quatre-vingt-dix-neuf ans.

On peut parier 2 contre 3, qu'une personne de quatre-vingt-dix-neuf ans ne vivra pas un an de plus, c'est-à-dire, en tout, cent ans révolus.

ÉTAT GÉNÉRAL

DES NAISSANCES, DES MARIAGES ET DES MORTS DANS LA VILLE DE PARIS

Depuis l'année 1709 *jusques et y compris l'année* 1766 *inclusivement.*

ANNÉES.	BAPTÊMES.	MARIAGES.	MORTS.
1709	16910	3017	29288
1710	13634	3382	23389
1711	16593	4484	15920
1712	16589	4264	15721
1713	16763	4289	14860
1714	16806	4553	16380
1715	17631	4555	15478
1716	17749	3795	17410
1717	18060	4527	13533
1718	18547	4290	12954
1719	18620	4378	21151
1720	17679	6105	20371
1721	19917	4467	15978
1722	19673	4464	15817
1723	19622	4255	20021
1724	19828	4278	19749
1725	18564	3311	18039
1726	18209	3295	19022
1727	18715	3813	19100
1728	18189	4198	16887
1729	18163	4231	19852
1730	18966	4403	17452
1731	18877	4169	20832
1732	18605	3983	17532
1733	17825	4132	17466
1734	19835	4133	15122
1735	18862	3876	16496
1736	18877	3990	18900
1737	19767	4158	18678
1738	18617	4247	19581
1739	19781	4108	21986
1740	18632	4017	25281
1741	18578	3928	23574
1742	17722	4178	22784
1743	17873	5143	19033
1744	18318	4240	16205
1745	18840	4185	17322
1746	18347	4146	18051
1747	18446	4169	17930
1748	17907	4003	19529
1749	19158	4263	18607
1750	19035	4619	18084
1751	19321	5013	16673
1752	20227	4359	17762
1753	19729	4146	21716
1754	18909	4143	21724
1755	19412	4501	20095
1756	20006	4710	17236
1757	19369	4089	20120
1758	19148	4342	19202
1759	19058	4039	18146
1760	17991	3787	18534
1761	18374	3947	17684
1762	17809	4113	19967
1763	17469	4479	20171
1764	19404	4838	17199
1765	19139	4782	18034
1766	18773	4693	19694
TOTAL	1074367	246022	1087959

Ensuite est l'état plus détaillé des baptêmes, mariages et mortuaires de la ville et faubourgs de Paris, depuis l'année 1745 jusqu'en 1766.

ANNÉE 1745.

MOIS.	BAPTÊMES.		MARIAGES.	MORTUAIRES.	
	GARÇONS.	FILLES.		HOMMES.	FEMMES.
Janvier	806	849	368	741	633
Février	729	794	590	725	641
Mars	791	829	356	997	841
Avril	836	835	476	888	709
Mai	779	822	334	915	773
Juin	736	692	340	724	571
Juillet	734	684	340	646	587
Août	847	755	351	630	556
Septembre	791	773	331	691	630
Octobre	829	845	333	743	651
Novembre	784	777	582	698	504
Décembre	792	731	84	804	749
	9454	9386	4185	9142	7905
Religieux				96	
Religieuses				....	153
Étrangers				23	3
				9261	8061
TOTAL	18840		4185	17322	

ANNÉE 1746.

MOIS.	BAPTÊMES.		MARIAGES.	MORTUAIRES.	
	GARÇONS.	FILLES.		HOMMES.	FEMMES.
Janvier	833	765	445	777	733
Février	895	853	718	781	733
Mars	874	849	104	1029	888
Avril	778	846	240	942	846
Mai	807	807	342	917	864
Juin	704	655	348	723	713
Juillet	750	703	309	696	603
Août	787	797	341	635	630
Septembre	751	760	396	679	605
Octobre	869	786	359	708	641
Novembre	765	613	478	732	647
Décembre	640	610	66	701	612
	9363	8984	4146	9320	8505
Religieux				75	
Religieuses				....	108
Étrangers				23	20
				9418	8633
TOTAL	18347		4146	18051	

ANNÉE 1747.

MOIS.	BAPTÊMES.		MARIAGES.	MORTUAIRES.	
	GARÇONS.	FILLES.		HOMMES.	FEMMES.
Janvier	796	812	527	783	757
Février	755	744	584	705	647
Mars	840	790	90	929	853
Avril	782	764	377	1061	828
Mai	780	749	435	838	710
Juin	703	680	286	569	614
Juillet	758	691	349	592	579
Août	845	804	297	706	580
Septembre	818	757	309	867	769
Octobre	819	823	371	796	730
Novembre	802	705	452	717	677
Décembre	606	733	95	783	657
	9394	9032	4169	9346	8371
Religieux				75	
Religieuses				....	84
Étrangers				37	47
				9458	8472
TOTAL	18446		4169	17930	

ANNÉE 1748.

MOIS.	BAPTÊMES.		MARIAGES.	MORTUAIRES.	
	GARÇONS.	FILLES.		HOMMES.	FEMMES.
Janvier	844	873	388	1045	959
Février	841	806	785	1047	999
Mars	894	840	37	1332	1283
Avril	786	744	208	1214	1054
Mai	687	651	369	1036	831
Juin	681	631	278	786	664
Juillet	718	718	342	565	521
Août	785	743	285	599	642
Septembre	806	715	340	595	520
Octobre	825	726	391	649	541
Novembre	663	665	553	630	567
Décembre	695	598	27	658	590
	9197	8710	4003	10156	9141
Religieux				81	
Religieuses				....	106
Étrangers				28	17
				10265	9264
TOTAL	17907		4003	19529	

ANNÉE 1749.

MOIS.	BAPTÊMES.		MARIAGES.	MORTUAIRES.	
	GARÇONS.	FILLES.		HOMMES.	FEMMES.
Janvier	863	759	442	696	674
Février	823	789	605	688	604
Mars	896	904	36	828	720
Avril	794	749	329	912	813
Mai	836	847	396	883	762
Juin	810	751	335	745	676
Juillet	836	706	449	860	708
Août	809	783	306	803	668
Septembre	823	769	419	820	743
Octobre	782	788	370	821	682
Novembre	804	763	549	787	746
Décembre	744	731	27	929	847
	9819	9339	4263	9772	8643
Religieux				63	
Religieuses				....	87
Étrangers				29	13
				9864	8743
TOTAL	19158		4263	18607	

ANNÉE 1750.

MOIS.	BAPTÊMES.		MARIAGES.	MORTUAIRES.	
	GARÇONS.	FILLES.		HOMMES.	FEMMES.
Janvier	895	843	534	1001	897
Février	765	769	554	890	690
Mars	846	831	34	958	669
Avril	790	755	522	1044	804
Mai	835	762	420	937	649
Juin	743	697	406	790	566
Juillet	813	737	410	680	556
Août	803	812	323	643	560
Septembre	803	792	416	681	606
Octobre	827	756	404	742	634
Novembre	847	749	537	802	684
Décembre	774	821	39	682	688
	9711	9324	4619	9850	8003
Religieux				70	
Religieuses				....	101
Étrangers				41	19
				9961	8123
TOTAL	19035		4619	18084	

ANNÉE 1751.

MOIS.	BAPTÊMES.		MARIAGES.	MORTUAIRES.	
	GARÇONS.	FILLES.		HOMMES.	FEMMES.
Janvier	951	907	442	737	655
Février	858	839	808	764	729
Mars	947	799	29	914	772
Avril	825	781	239	867	779
Mai	770	746	443	909	804
Juin	750	710	448	706	625
Juillet	725	699	390	636	523
Août	840	830	393	538	501
Septembre	868	804	348	664	532
Octobre	870	825	368	598	534
Novembre	779	778	1129	671	614
Décembre	722	698	36	704	662
	9905	9416	5013	8702	7742
Religieux				68	
Religieuses				....	117
Étrangers				30	14
				8800	7873
TOTAL	19321		5013	16673	

ANNÉE 1752.

MOIS.	BAPTÊMES.		MARIAGES.	MORTUAIRES.	
	GARÇONS.	FILLES.		HOMMES.	FEMMES.
Janvier	930	831	507	773	676
Février	865	874	674	761	720
Mars	920	898	26	918	765
Avril	893	857	422	1059	827
Mai	913	857	448	996	749
Juin	798	778	289	796	824
Juillet	763	755	409	609	585
Août	899	776	328	601	536
Septembre	853	822	319	636	545
Octobre	880	846	368	688	643
Novembre	784	810	478	731	663
Décembre	810	848	94	912	724
	10318	9919	4339	9480	8037
Religieux				69	
Religieuses				....	108
Étrangers				34	14
				9583	8179
TOTAL	20237		4339	17762	

ANNÉE 1753.

MOIS.	BAPTÊMES.		MARIAGES.	MORTUAIRES.	
	GARÇONS.	FILLES.		HOMMES.	FEMMES.
Janvier	1011	940	348	1204	989
Février	897	808	539	1119	888
Mars	888	928	340	1110	884
Avril	894	813	78	969	923
Mai	919	837	454	1024	883
Juin	777	692	395	783	744
Juillet	795	763	403	767	744
Août	865	782	310	843	678
Septembre	809	736	306	882	779
Octobre	780	763	438	1057	810
Novembre	796	798	458	844	768
Décembre	798	640	54	963	812
	10229	9500	4146	11562	9902
Religieux				69	
Religieuses				....	107
Étrangers				45	31
				11676	10040
TOTAL	19729		4146	21716	

ANNÉE 1754.

MOIS.	BAPTÊMES.		MARIAGES.	MORTUAIRES.	
	GARÇONS.	FILLES.		HOMMES.	FEMMES.
Janvier	918	881	406	991	856
Février	849	892	736	1183	946
Mars	884	814	30	1195	1077
Avril	754	801	220	1715	1259
Mai	769	804	388	1312	945
Juin	776	737	305	806	684
Juillet	767	747	426	747	572
Août	770	787	277	552	589
Septembre	817	769	365	625	574
Octobre	750	799	424	740	676
Novembre	724	711	548	789	601
Décembre	729	690	48	896	740
	9507	9402	4143	11851	9486
Religieux				76	
Religieuses				....	113
Étrangers				51	21
				11978	9620
TOTAL	18909		4143	21598[1]	

1. Il est mort à l'Hôtel-Dieu 126 enfants, dont les sexes n'ont pu être désignés ; par conséquent le nombre des morts, pour cette année, est de 21724.

ANNÉE 1755.

MOIS.	BAPTÊMES.		MARIAGES.	MORTUAIRES.	
	GARÇONS.	FILLES.		HOMMES.	FEMMES.
Janvier	882	887	500	1083	887
Février	838	874	552	997	939
Mars	955	930	20	1259	1063
Avril	906	868	513	1063	901
Mai	836	840	390	1093	827
Juin	743	720	343	935	748
Juillet	816	774	387	785	644
Août	756	809	331	716	596
Septembre	839	781	394	740	615
Octobre	743	768	426	724	583
Novembre	657	705	618	719	605
Décembre	754	731	27	680	629
	9725	9687	4501	10794	9037
Religieux				89	
Religieuses				....	109
Étrangers				47	19
				10930	9165
TOTAL	19412		4501	20095	

ANNÉE 1756.

MOIS.	BAPTÊMES.		MARIAGES.	MORTUAIRES.	
	GARÇONS.	FILLES.		HOMMES.	FEMMES.
Janvier	893	893	437	793	621
Février	868	837	693	902	690
Mars	899	867	288	920	802
Avril	839	783	243	967	808
Mai	863	895	460	1028	878
Juin	837	818	390	739	646
Juillet	850	829	422	633	556
Août	870	854	376	563	529
Septembre	772	841	388	566	515
Octobre	831	781	405	588	555
Novembre	886	722	595	647	610
Décembre	761	717	43	737	744
	10169	9837	4710	9083	7954
Religieux				63	
Religieuses				....	83
Étrangers				33	20
				9179	8057
TOTAL	20006		4710	17236	

ANNÉE 1757.

MOIS.	BAPTÊMES.		MARIAGES.	MORTUAIRES.	
	GARÇONS.	FILLES.		HOMMES.	FEMMES.
Janvier	866	873	411	1006	950
Février	933	811	721	1051	852
Mars	897	904	35	1210	1000
Avril	832	783	242	2159	969
Mai	864	803	427	1039	840
Juin	748	712	330	825	716
Juillet	826	804	309	741	682
Août	767	776	389	732	667
Septembre	840	749	334	688	625
Octobre	817	820	379	680	666
Novembre	817	692	481	649	694
Décembre	724	711	31	649	672
	9931	9438	4089	10549	9333
Religieux				83	
Religieuses				....	83
Étrangers				50	22
				10682	9438
TOTAL	19369		4089	20120	

ANNÉE 1758.

MOIS.	BAPTÊMES.		MARIAGES.	MORTUAIRES.	
	GARÇONS.	FILLES.		HOMMES.	FEMMES.
Janvier	867	843	731	831	749
Février	800	782	423	754	697
Mars	885	932	26	865	827
Avril	840	747	434	979	863
Mai	769	757	485	1094	952
Juin	778	747	312	1047	934
Juillet	749	783	366	825	713
Août	867	828	308	785	758
Septembre	777	812	347	704	640
Octobre	825	814	364	746	642
Novembre	739	690	457	599	563
Décembre	811	739	99	715	700
	9677	9471	4342	9944	9058
Religieux				56	
Religieuses				....	97
Étrangers				27	20
				10027	9175
TOTAL	19148		4342	19202	

ANNÉE 1759.

MOIS.	BAPTÊMES.		MARIAGES.	MORTUAIRES.	
	GARÇONS.	FILLES.		HOMMES.	FEMMES.
Janvier	864	843	334	700	724
Février	850	769	806	830	729
Mars	788	708	41	978	875
Avril	775	727	203	964	922
Mai	823	797	445	885	756
Juin	737	680	298	794	744
Juillet	858	840	378	640	667
Août	796	768	304	686	614
Septembre	860	837	346	650	589
Octobre	843	818	397	709	594
Novembre	830	779	414	750	718
Décembre	777	724	79	873	844
	9798	9200	4039	9456	8770
Religieux				67	
Religieuses				....	95
Étrangers				37	21
				9560	8886
TOTAL	19038		4039	18446	

ANNÉE 1760.

MOIS.	BAPTÊMES.		MARIAGES.	MORTUAIRES.	
	GARÇONS.	FILLES.		HOMMES.	FEMMES.
Janvier	878	793	348	977	869
Février	837	835	587	931	809
Mars	884	778	57	1033	941
Avril	802	749	294	1106	894
Mai	704	712	369	863	745
Juin	756	635	354	722	742
Juillet	709	744	368	676	641
Août	720	658	247	639	646
Septembre	734	748	318	681	573
Octobre	739	794	346	684	625
Novembre	704	663	504	660	575
Décembre	713	674	34	710	623
	9214	8777	3787	9679	8653
Religieux				61	
Religieuses				....	57
Étrangers				24	17
				9764	8767
TOTAL	17991		3787	18331	

ANNÉE 1761.

MOIS.	BAPTÊMES.		MARIAGES.	MORTUAIRES.	
	GARÇONS.	FILLES.		HOMMES.	FEMMES.
Janvier	886	864	693	866	700
Février	767	740	201	829	757
Mars	848	842	103	889	828
Avril	784	752	393	949	886
Mai	782	741	348	897	690
Juin	675	624	342	748	632
Juillet	753	708	322	650	516
Août	839	781	302	674	560
Septembre	797	747	339	633	574
Octobre	814	745	346	703	636
Novembre	688	740	515	678	645
Décembre	781	706	41	842	741
	9414	8960	3947	9358	8135
Religieux				59	
Religieuses				....	87
Étrangers				29	16
				9446	8238
TOTAL	18374		3947	17684	

ANNÉE 1762.

MOIS.	BAPTÊMES.		MARIAGES.	MORTUAIRES.	
	GARÇONS	FILLES.		HOMMES.	FEMMES.
Janvier	854	760	371	822	749
Février	767	731	771	880	721
Mars	805	848	55	1101	991
Avril	726	721	257	1014	844
Mai	757	701	392	823	709
Juin	650	648	306	781	633
Juillet	726	743	360	903	790
Août	795	754	371	834	736
Septembre	819	715	340	871	697
Octobre	768	765	345	838	755
Novembre	697	745	520	904	740
Décembre	683	661	25	835	790
	9047	8762	4113	10606	9145
Religieux				58	
Religieuses				....	114
Etrangers				27	17
				10691	9276
TOTAL	17809		4113	19967	

ANNÉE 1763.

MOIS.	BAPTÊMES.		MARIAGES.	MORTUAIRES.	
	GARÇONS.	FILLES.		HOMMES.	FEMMES.
Janvier	861	753	421	1162	1083
Février	750	691	653	861	814
Mars	811	767	29	1048	875
Avril	687	683	385	1215	927
Mai	787	680	455	1034	734
Juin	684	716	351	941	692
Juillet	728	698	335	905	619
Août	765	729	424	751	652
Septembre	724	703	376	771	590
Octobre	730	741	473	779	669
Novembre	751	699	541	654	597
Décembre	667	664	36	901	663
	8945	8324	4479	11022	8915
Religieux				67	
Religieuses				....	111
Étrangers				37	19
				11126	9045
TOTAL	17469		4479	20171	

ANNÉE 1764.

MOIS.	BAPTÊMES.		MARIAGES.	MORTUAIRES.	
	GARÇONS.	FILLES.		HOMMES.	FEMMES.
Janvier	813	839	496	889	663
Février	839	858	636	766	648
Mars	870	901	387	1005	881
Avril	792	809	90	969	717
Mai	836	832	464	892	682
Juin	747	776	435	745	594
Juillet	819	798	484	631	566
Août	821	786	340	592	554
Septembre	793	756	368	674	574
Octobre	874	740	495	730	597
Novembre	764	783	545	744	560
Décembre	777	781	98	724	625
	9745	9659	4838	9361	7661
Religieux				47	
Religieuses				....	81
Étrangers				30	19
				9438	7761
TOTAL	19404		4838	17199	

ANNÉE 1765.

MOIS.	BAPTÊMES.		MARIAGES.	MORTUAIRES.	
	GARÇONS.	FILLES.		HOMMES.	FEMMES.
Janvier	789	806	504	748	619
Février	825	804	793	748	696
Mars	916	840	46	641	745
Avril	771	771	449	894	710
Mai	850	805	445	824	646
Juin	796	743	378	738	597
Juillet	792	773	471	694	669
Août	849	860	350	840	743
Septembre	833	790	374	826	749
Octobre	850	849	426	902	736
Novembre	833	768	579	734	637
Décembre	798	761	27	806	723
	9872	9567	4782	9559	8270
Religieux				50	
Religieuses				....	96
Etrangers				42	17
				9651	8383
TOTAL	19439		4782	18034	

ANNÉE 1766.

MOIS.	BAPTÊMES.		MARIAGES.	MORTUAIRES.	
	GARÇONS.	FILLES.		HOMMES.	FEMMES.
Janvier	948	880	505	1130	952
Février	893	778	588	1055	819
Mars	969	835	26	1199	994
Avril	810	768	536	1164	840
Mai	768	757	420	1052	741
Juin	678	694	396	891	657
Juillet	787	774	448	757	548
Août	830	771	316	663	573
Septembre	779	766	399	660	602
Octobre	744	734	426	753	599
Novembre	708	717	613	740	626
Décembre	728	757	20	743	708
	9542	9234	4693	10807	8656
Religieux				76	
Religieuses				....	81
Étrangers				57	17
				10940	8754
TOTAL	18773		4693	19694	

De la première table des naissances, des mariages et des morts à Paris, depuis l'année 1709 jusqu'en 1766, on peut inférer :

1° Que dans l'espèce humaine la fécondité dépend de l'abondance des subsistances, et que la disette produit la stérilité ; car on voit qu'en 1710 il n'est né que 13,634 enfants, tandis que dans l'année précédente 1709, et dans la suivante 1711, il en est né 16,910 et 16,593. La différence, qui est d'un cinquième au moins, ne peut provenir que de la famine de 1709 ; pour produire abondamment il faut être nourri largement ; l'espèce humaine, affligée pendant cette cruelle année, a donc non-seulement perdu le cinquième sur sa régénération, mais encore elle a perdu presque au double de ce qu'elle aurait dû perdre par la mort, car le nombre des morts a été de 29,288 en 1709, tandis qu'en 1711 et dans les années suivantes, ce nombre n'a été que de 15 ou 16,000, et s'il se trouve être de 23,389 en 1710, c'est encore par la mauvaise influence de l'année 1709, dont le mal s'est étendu sur une partie de l'année suivante et jusqu'au temps des récoltes. C'est par la même raison qu'en 1709 et 1710, il y a eu un quart moins de mariages que dans les années ordinaires ;

2° Tous les grands hivers augmentent la mortalité ; si nous la supposons d'après cette même Table de 18 à 19,000 personnes, année commune à Paris, elle s'est trouvée de 29,288 en 1709, de 23,389 en 1710, de 25,284 en 1740, de 23,574 en 1741, et de 22,784 en 1742, parce que l'hiver de 1740 à 1741, et celui de 1742 à 1743 ont été les plus rudes que l'on ait éprouvés depuis 1709. L'hiver de 1754 est aussi marqué par une mortalité plus grande, puisqu'au lieu de 18 ou 19,000 qui est la mortalité moyenne, elle s'est trouvée, en 1753, de 21,716, et en 1754, de 21,724 ;

3° C'est par une raison différente que la mortalité s'est trouvée beaucoup plus grande en 1719 et en 1720 : il n'y eut dans ces deux années ni grand hiver ni disette, mais le système des finances attira un si grand nombre de gens de province à Paris, que la mortalité, au lieu de 18 à 19,000, fut de 24,151 en 1719, et de 20,371 en 1720 ;

4° Si l'on prend le nombre total des morts pendant les cinquante-huit années, et qu'on divise 1,087,995 par 58 pour avoir la mortalité moyenne, on aura 18,758, et c'est par cette raison que je viens de dire, que cette mortalité moyenne était de 18 ou 19,000 par chacun an. Néanmoins, comme l'on peut présumer que dans les commencements cette recherche des naissances et des morts ne s'est pas faite aussi exactement, ni aussi complétement que dans la suite, je serais porté à retrancher les douze premières années, et j'établirais la mortalité moyenne sur les quarante-six années depuis 1721 jusqu'en 1766, d'autant plus que la disette de 1709, et l'affluence des provinciaux à Paris en 1719, ont augmenté considérablement la mortalité dans ces années, et que ce n'est qu'en 1721 qu'on a commencé à comprendre les religieux et religieuses dans la liste des mortuaires.

En prenant donc le total des morts depuis 1721 jusqu'en 1766, on trouve 868,540, ce qui divisé par 46, nombre des années de 1721 à 1766, donne 18,881 pour le nombre qui représente la mortalité moyenne à Paris pendant ces quarante-six années. Mais comme cette fixation de la moyenne mortalité est la base sur laquelle doit porter l'estimation du nombre des vivants, nous pensons que l'on approchera de plus près encore du vrai nombre de cette mortalité moyenne si l'on n'emploie que les mortuaires depuis l'année 1745, car ce ne fut qu'en cette année qu'on distingua dans le relevé des baptêmes les garçons et les filles, et dans celui des mortuaires les hommes et les femmes, ce qui prouve que ces relevés furent faits plus exactement que ceux des années précédentes. Prenant donc le total des morts depuis 1745 jusqu'en 1766, on a 414,777, ce qui divisé par 22, nombre des années depuis 1745 jusqu'en 1766, donne 18,853, nombre qui ne s'éloigne pas beaucoup de 18,881 ; en sorte qu'il me paraît qu'on peut, sans se tromper, établir la mortalité moyenne de Paris, pour chaque année, à 18,800, avec d'autant plus de raison que les dix dernières années depuis 1757 jusqu'en 1766, ne donnent que 18,681 pour cette moyenne mortalité;

5° Maintenant, si l'on veut juger du nombre des vivants par celui des morts, je ne crois pas qu'on doive s'en rapporter à ceux qui ont écrit que ce rapport était de 32 ou de 33 à 1, et j'ai quelques raisons que je donnerai dans la suite, qui me font estimer ce rapport de 35 à 1, c'est-à-dire que, selon moi, Paris contient trente-cinq fois 18,800 ou six cent cinquante-huit mille personnes; au lieu que selon les auteurs qui ne comptent que trente-deux vivants pour un mort, Paris ne contiendrait que six cent un mille six cents personnes[a];

6° Cette première table semble démontrer que la population de cette grande ville ne va pas en augmentant aussi considérablement qu'on serait porté à le croire, par l'augmentation de son étendue et des bâtiments en très-grand nombre dont on allonge ses faubourgs. Si dans les quarante-six années, depuis 1721 jusqu'en 1766, nous prenons les dix premières années et les dix dernières, on trouve 181,590 naissances pour les dix premières années, et 186;813 naissances pour les dix dernières, dont la différence 5,223 ne fait qu'un trente-sixième environ. Or, je crois qu'on peut supposer, sans se tromper, que Paris s'est, depuis 1721, augmenté de plus d'un dix-huitième en étendue. La moitié de cette augmentation doit donc se rapporter à la commodité, puisque la nécessité, c'est-à-dire l'accroissement

a. Tout ceci a été écrit en 1767; il se pourrait que depuis ce temps le nombre des habitants de Paris fût augmenté, car je vois dans la *Gazette* du 22 janvier 1773, qu'en 1772 il y a eu 20,374 morts. S'il en est de même des autres années, et que la mortalité moyenne soit actuellement de vingt mille par an, il y aura sept cent mille personnes vivantes à Paris, en comptant trente-cinq vivants pour un mort.

de la population, ne demandait qu'un trente-sixième de plus d'étendue.

De la seconde Table des baptêmes, mariages et mortuaires, qui contient vingt-deux années, depuis 1745 jusques et y compris 1766, on peut inférer : 1° que les mois dans lesquels il naît le plus d'enfants, sont les mois de mars, janvier et février, et que ceux pendant lesquels il en naît le moins, sont juin, décembre et novembre, car en prenant le total des naissances dans chacun de ces mois, pendant les vingt-deux années, on trouve qu'en mars il est né 37,778, en janvier 37,691, et en février 35,816 enfants; tandis qu'en juin il n'en est né que 31,857, en décembre 32,064, et en novembre 32,836. Ainsi, les mois les plus heureux pour la fécondation des femmes sont juin, août et juillet, et les moins favorables sont septembre, mars et février; d'où l'on peut inférer que dans notre climat la chaleur de l'été contribue au succès de la génération;

2° Que les mois dans lesquels il meurt le plus de monde sont mars, avril et mai, et que ceux pendant lesquels il en meurt le moins sont août, juillet et septembre; car en prenant le total des morts dans chacun de ces mois pendant les vingt-deux années, on trouve qu'en mars il est mort 42,438 personnes, en avril 42,299, et en mai 38,444, tandis qu'en août il n'en est mort que 28,520, en juillet 29,197, et en septembre 29,251. Ainsi, c'est après l'hiver et au commencement de la nouvelle saison que les hommes, comme les plantes, périssent en plus grand nombre;

3° Qu'il naît à Paris plus de garçons que de filles, mais seulement dans la proportion d'environ 27 à 26, tandis que dans d'autres endroits cette proportion du nombre des garçons et des filles est de 17 à 16 comme nous l'avons dit vol. I, page 464, car pendant ces vingt-deux années la somme totale des naissances des mâles est 211,976, et la somme des naissances des femelles est 204,205, c'est-à-dire d'un vingt-septième de moins à très-peu près;

4° Qu'il meurt à Paris plus d'hommes que de femmes, non-seulement dans la proportion des naissances des mâles, qui excèdent d'un vingt-septième les naissances des femelles, mais encore considérablement au delà de ce rapport, car le total des mortuaires pendant ces vingt-deux années, est pour les hommes de 221,698, et pour les femmes 191,753; et comme il naît à Paris vingt-sept mâles pour vingt-six femelles, le nombre des mortuaires pour les femmes devrait être de 213,487, celui des hommes étant de 221,698, si les naissances et la mort des uns et des autres étaient dans la même proportion; mais le nombre des mortuaires des femmes n'étant que de 191,753, au lieu de 213,487, il s'ensuit (en supposant toutes choses égales d'ailleurs) que, dans cette ville, les femmes vivent plus que les hommes, dans la raison de 213,487 à 191,753, c'est-à-dire un neuvième de plus à très-peu près. Ainsi, sur dix ans de vie courante, les femmes ont un an de plus que les hommes à Paris; et comme l'on peut croire que la

nature seule ne leur a pas fait ce don, c'est aux peines, aux travaux et aux risques subis ou courus par les hommes qu'on doit rapporter en partie cette abréviation de leur vie. Je dis en partie, car les femmes ayant les os plus ductiles que les hommes, arrivent en général à une plus grande vieillesse. (Voyez cet article *De la Vieillesse*, vol. II, page 38.) Mais cette cause seule ne serait pas suffisante pour produire à beaucoup près cette différence d'un neuvième entre le sort final des hommes et des femmes.

Une autre considération, c'est qu'il naît à Paris plus de femmes qu'il n'y en meurt, au lieu qu'il y naît moins d'hommes qu'il n'en meurt, puisque le total des naissances pour les femmes, pendant les vingt-deux années, est de 204,205, et que le total des morts n'est que de 191,753, tandis que le total des morts pour les hommes est de 221,698, et que le total des naissances n'est que de 211,976; ce qui semble prouver qu'il arrive à Paris plus d'hommes et moins de femmes qu'il n'en sort.

5° Le nombre des naissances, tant des garçons que des filles, pendant les vingt-deux années étant de 416,181, et celui des mariages de 95,366, il s'ensuivrait que chaque mariage donnerait plus de quatre enfants. Mais il faut déduire sur le total des naissances le nombre des enfants trouvés, qui ne laisse pas d'être fort considérable et dont voici la liste, prise sur le relevé des mêmes Tables, pour les vingt-deux années, depuis 1745 jusqu'en 1766.

NOMBRE DES ENFANTS TROUVÉS PAR CHAQUE ANNÉE.

Année 1745	3233	*Ci-contre*	28690	*Ci-contre*	61560
— 1746	3283	Année 1753	4329	Année 1760	5034
— 1747	3369	— 1754	4231	— 1761	5418
— 1748	3429	— 1755	4273	— 1762	5480
— 1749	3775	— 1756	4722	— 1763	5253
— 1750	3785	— 1757	4969	— 1764	5560
— 1751	3783	— 1758	5082	— 1765	5495
— 1752	4033	— 1759	5264	— 1766	5604
	28690		61560	TOTAL...	99210

Ce nombre des enfants trouvés monte, pour ces mêmes vingt-deux années, à 99,210, lesquels étant retranchés de 416,181, reste 316,971; ce qui ne ferait que 3 $\frac{1}{3}$ enfants environ, ou si l'on veut dix enfants pour trois mariages; mais il faut considérer que dans ce grand nombre d'enfants trouvés, il y en a peut-être plus d'une moitié de légitimes que les parents ont exposés; ainsi, on peut croire que chaque mariage donne à peu près quatre enfants.

Le nombre des enfants trouvés, depuis 1745 jusqu'en 1766, a augmenté depuis 3,233 jusqu'à 5,604, et ce nombre va encore en augmentant tous les ans, car en 1772 il est né à Paris 18,713 enfants, dont 9,557 garçons

et 9,150 filles, en y comprenant 7,676 enfants trouvés; ce qui semble démontrer qu'il y a même plus de moitié d'enfants légitimes dans ce nombre.

ÉTAT DES BAPTÊMES, MARIAGES ET SÉPULTURES DANS LA VILLE DE MONTBARD EN BOURGOGNE, DEPUIS 1765 INCLUSIVEMENT, JUSQUE ET COMPRIS L'ANNÉE 1774.

ANNÉES.	BAPTÊMES.		MARIAGES.	MORTUAIRES.	
	GARÇONS.	FILLES.		HOMMES.	FEMMES.
1765	45	49	14	31	32
1766	38	53	14	29	31
1767	45	46	13	34	33
1768	37	42	12	38	39
1769	37	35	14	27	24
1770	33	40	13	33	36
1771	38	34	4	22	33
1772	36	34	13	51	30
1773	44	44	20	39	30
1774	40	36	20	17	22
	413	413	137	321	330
TOTAL...	825			651	

De cette table, on peut conclure : 1° que les mariages sont plus prolifiques en province qu'à Paris, trois mariages donnant ici plus de dix-huit enfants, au lieu qu'à Paris trois mariages n'en donnent que douze;

2° On voit aussi qu'il naît précisément autant de filles que de garçons dans cette petite ville;

3° Qu'il naît dans ce même lieu près d'un quart de plus d'enfants qu'il ne meurt de personnes;

4° Qu'il meurt un peu plus de femmes que d'hommes, au lieu qu'à Paris il en meurt beaucoup moins que d'hommes, ce qui vient de ce qu'à la campagne elles travaillent tout autant que les hommes, et souvent plus à proportion de leurs forces; et que d'ailleurs produisant beaucoup plus d'enfants, elles sont plus épuisées et courent plus souvent les risques des couches.

5° L'on peut remarquer dans cette table, qu'il n'y a eu que quatre mariages en l'année 1771, tandis que dans toutes les autres années il y en a eu douze, treize, quatorze et même vingt; cette grande différence provient de la misère du peuple dans cette année 1771; le grain était au double et demi de sa valeur, et les pauvres au lieu de penser à se marier, ne songeaient qu'aux moyens de leur propre subsistance; ce seul petit exemple suffit pour démontrer combien la cherté du grain nuit à la population; aussi l'année suivante 1772, est-elle la plus faible de toutes pour la pro-

duction, n'étant né que soixante-dix enfants, tandis que dans les neuf autres années le nombre moyen des naissances est de quatre-vingt-quatre.

6° On voit que le nombre des morts a été beaucoup plus grand en 1772 que dans toutes les autres années; il y a eu cent un morts, tandis qu'année commune la mortalité pendant les neuf autres années n'a été que d'environ soixante-une personnes; la cause de cette plus grande mortalité doit être attribuée aux maladies qui suivirent la misère, et à la petite vérole qui se déclara dès le commencement de l'année 1772, et enleva un assez grand nombre d'enfants.

7° On voit par cette petite table qui a été faite avec exactitude, que rien n'est moins constant que les rapports qu'on a voulu établir entre le nombre des naissances des garçons et des filles. On a vu par le relevé des premières tables, que ce rapport était de 17 à 16; on a vu ensuite qu'à Paris, ce rapport n'est que de 27 à 26, et l'on vient de voir qu'ici le nombre des garçons et celui des filles est précisément le même. Il est donc probable que suivant les différents pays, et peut-être selon les différents temps, le rapport du nombre des naissances des garçons et des filles varie considérablement.

8° Par un dénombrement exact des habitants de cette petite ville de Montbard, on y a trouvé 2,337 habitants; et comme le nombre moyen des morts pour chaque année est de 65, et qu'en multipliant 65 par 36 on a 2,340, il est évident qu'il ne meurt qu'une personne sur trente-six dans cette ville.

ÉTAT DES NAISSANCES, MARIAGES ET MORTS DANS LA VILLE DE SEMUR EN AUXOIS.
DEPUIS L'ANNÉE 1770 JUSQUE ET COMPRIS L'ANNÉE 1774.

ANNÉES.	BAPTÊMES.		MARIAGES.	MORTUAIRES.	
	GARÇONS.	FILLES.		HOMMES.	FEMMES.
1770	92	73	37	77	75
1771	69	88	25	54	64
1772	79	69	22	52	56
1773	81	76	37	59	60
1774	83	66	20	52	73
	404	372	141	294	328
TOTAL...	776			622	

Par cette table, il paraît, 1° que trois mariages donnent 16 $\frac{1}{2}$ enfants à peu près, tandis qu'à Montbard, qui n'en est qu'à trois lieues, trois mariages donnent plus de dix-huit enfants;

2° Qu'il naît plus de garçons que de filles, dans la proportion à peu près de 25 à 23, ou de 12 ½ à 11 ½, tandis qu'à Montbard le nombre des garçons et des filles est égal ;

3° Qu'il naît ici un cinquième à peu près d'enfants de plus qu'il ne meurt de personnes;

4° Qu'il meurt plus de femmes que d'hommes, dans la proportion de 164 à 147, ce qui est à peu près la même chose qu'à Montbard ;

5° Par un dénombrement exact des habitants de cette ville de Semur, on y a trouvé 4,345 personnes; et comme le nombre moyen des morts est 622, divisé par 5 ou 124 ⅖, et qu'en multipliant ce nombre par 35, on a 4,354, i en résulte qu'il meurt une personne sur trente-cinq dans cette ville.

ÉTAT DES NAISSANCES, MARIAGES ET MORTS DANS LA PETITE VILLE DE FLAVIGNY, DEPUIS 1770 JUSQUE ET COMPRIS L'ANNÉE 1774.

ANNÉES.	BAPTÊMES.		MARIAGES.	MORTUAIRES.	
	GARÇONS.	FILLES.		HOMMES.	FEMMES.
1770	24	19	6	11	14
1771	21	19	5	22	22
1772	15	13	4	23	24
1773	23	20	12	9	8
1774	19	10	13	17	12
	102	81	40	82	80
TOTAL...	183			162	

1° Par cette table, trois mariages ne donnent que 13 ¾ enfants; par celle de Semur, trois mariages donnent 16 ½ enfants; et par celle de Montbard, trois mariages donnent plus de dix-huit enfants; cette différence vient de ce que Flavigny est une petite ville presque toute composée de bourgeois, et que le petit peuple n'y est pas nombreux, au lieu qu'à Montbard le peuple y est en très-grand nombre en comparaison des bourgeois, et à Semur la proportion des bourgeois au peuple est plus grande qu'à Montbard. Les familles sont généralement toujours plus nombreuses dans le peuple que dans les autres conditions;

2° Il naît plus de garçons que de filles, dans une proportion si considérable, qu'elle est de près d'un cinquième de plus; en sorte qu'il paraît que les lieux où les mariages produisent le plus d'enfants, sont ceux où il y a plus de petit peuple, et où le nombre des naissances des filles est plus grand;

3° Il naît ici à peu près un neuvième de plus d'enfants qu'il ne meurt de personnes;

4° Il meurt un peu plus d'hommes que de femmes, et c'est le contraire à Semur et à Montbard; ce qui vient de ce qu'il naît dans ce lieu de Flavigny beaucoup plus de garçons que de filles.

ÉTAT DES NAISSANCES, MARIAGES ET MORTS DANS LA PETITE VILLE DE VITTEAUX, DEPUIS 1770 JUSQUE ET COMPRIS L'ANNÉE 1774.

ANNÉES.	BAPTÊMES.		MARIAGES.	MORTUAIRES.	
	GARÇONS.	FILLES.		HOMMES.	FEMMES.
1770	37	50	21	17	31
1771	34	54	6	35	33
1772	44	32	14	32	32
1773	42	44	17	29	37
1774	46	32	10	29	33
	203	212	68	142	166
TOTAL...	415			308	

1° Par cette table, trois mariages donnent plus de dix-huit enfants comme à Montbard. Vitteaux est en effet un lieu où il y a, comme à Montbard, beaucoup plus de peuple que de bourgeois;

2° Il naît plus de filles que de garçons, et c'est ici le premier exemple que nous en ayons, car à Montbard le nombre des naissances des garçons et des filles n'est qu'égal, ce qui fait présumer qu'il y a encore plus de peuple à Vitteaux proportionnellement aux bourgeois;

3° Il naît ici environ un quart plus d'enfants qu'il ne meurt de personnes, à peu près comme à Montbard;

4° Il meurt plus de femmes que d'hommes, dans la proportion de 83 à 71, c'est-à-dire de près d'un huitième, parce que les femmes du peuple travaillent presque autant que les hommes, et que d'ailleurs il naît dans cette petite ville plus de filles que de garçons;

5° Comme elle est composée presque en entier de petit peuple, la cherté des grains, en 1771, a diminué le nombre des mariages, ainsi qu'à Montbard où il n'y en a eu que quatre, et à Vitteaux six, au lieu de treize ou quatorze qu'il doit y en avoir, année commune, dans cette dernière ville.

ÉTAT DES NAISSANCES, MARIAGES ET MORTS DANS LE BOURG D'ÉPOISSES, ET DANS LES VILLAGES DE GENAY, MARIGNY-LE-CAHOUET ET TOUTRY, BAILLIAGE DE SEMUR EN AUXOIS, DEPUIS 1770 JUSQUE ET COMPRIS 1774, AVEC LEUR POPULATION ACTUELLE.

ANNÉES.	BAPTÊMES.		MARIAGES.	MORTUAIRES.	
	GARÇONS.	FILLES.		HOMMES.	FEMMES.
1770	59	57	20	37	41
1771	38	48	13	36	37
1772	44	46	13	45	44
1773	57	37	18	26	27
1774	60	45	18	43	42
	258	233	82	187	191
TOTAL...	491			378	

1° Par cette table, trois mariages donnent à peu près dix-huit enfants; ainsi les villages, bourgs et petites villes où il y a beaucoup de peuple et peu de gens aisés, produisent beaucoup plus que les villes où il y a beaucoup de bourgeois ou gens riches;

2° Il naît plus de garçons que de filles, dans la proportion de 25 à 23 à peu près;

3° Il naît plus d'un quart de personnes de plus qu'il n'en meurt;

4° Il meurt un peu plus de femmes que d'hommes;

5° Le nombre des mariages a été diminué très-considérablement par la cherté des grains en 1771 et 1772;

6° Enfin, la population d'Époisses s'est trouvée, par un dénombrement exact, de 1001 personnes; celle de Genay, de 599 personnes, celle de Marigny-le-Cahouet, de 671 personnes, et celle de Toutry, de 390 personnes; ce qui fait en totalité 2,661 personnes. Et comme le nombre moyen des morts, pendant ces cinq années, est de 75 $\frac{3}{5}$, et qu'en multipliant ce nombre par 35 $\frac{1}{5}$, on retrouve ce même nombre 2,661, il est certain qu'il ne meurt dans ces bourgs et villages qu'une personne sur trente-cinq au plus.

ÉTAT DES NAISSANCES, MARIAGES ET MORTS DANS LE BAILLIAGE ENTIER DE SEMUR EN AUXOIS, CONTENANT QUATRE-VINGT-DIX-NEUF, TANT VILLES QUE BOURGS ET VILLAGES, POUR LES ANNÉES DEPUIS 1770 JUSQUE ET COMPRIS 1774.

ANNÉES.	BAPTÊMES.		MARIAGES.	MORTUAIRES.	
	GARÇONS.	FILLES.		HOMMES.	FEMMES.
1770	915	802	323	596	594
1771	776	788	245	633	611
1772	853	770	297	797	674
1773	850	788	377	639	620
1774	891	732	309	635	609
	4285	3880	1551	3300	3108
TOTAL...	8165			6408	

On voit par cette table, 1° qu'en général le nombre des naissances des garçons excède celui des filles de plus d'un dixième, ce qui est bien considérable, et d'autant plus singulier, que dans les quatre-vingt-dix-neuf paroisses contenues dans ce bailliage, il y en a quarante-deux dans lesquelles il naît plus de filles que de garçons, ou tout au moins un nombre égal des deux sexes; et dans ces quarante-deux lieux sont comprises les villes de Montbard, Vitteaux, et nombre de gros villages, tels que Braux, Millery, Savoisy, Thorrey, Touillou, Villaine-lès-Prévôtes, Villeberny, Grignon, Étivey, etc. En prenant la somme des garçons et des filles nés dans ces quarante-deux paroisses pendant les dix années pour Montbard, et les cinq années pour les autres lieux depuis 1770 à 1774, on a 1,840 filles et 1,690 garçons, c'est-à-dire un dixième à très-peu près de filles plus que de garçons. D'où il résulte que dans les cinquante-sept autres paroisses où se trouvent les villes de Semur et de Flavigny, et les bourgs d'Époisses, Moutier-Saint-Jean, etc., il est né 2,695 garçons et 2,040 filles, c'est-à-dire à très-peu près un quart de garçons plus que de filles; en sorte qu'il paraît que dans les lieux où toutes les circonstances s'accordent pour la plus nombreuse production des filles, la nature agit bien plus faiblement que dans ceux où les circonstances s'accordent pour la production des garçons, et c'est ce qui fait qu'en général le nombre des garçons, dans notre climat, est plus grand que celui des filles; mais il ne serait guère possible de déterminer ce rapport au juste, à moins d'avoir le relevé de tous les registres du royaume. Si l'on s'en rapporte sur cela au travail de M. l'abbé d'Expilly, il se trouve un treizième plus de garçons que de filles, et je ne serais pas éloigné de croire que ce résultat est assez juste;

2° Que le nombre moyen des mariages pendant les années 1770, 1772,

1773 et 1774, étant de 326 ½, la misère de l'année 1771 a diminué ce nombre de mariages d'un quart, puisqu'il n'y en a eu que 245 dans cette année ;

3° Que trois mariages donnent à peu près seize enfants;

4° Qu'il meurt plus d'hommes que de femmes, dans la proportion de 33 à 31, et qu'il naît aussi plus de mâles que de femelles, mais dans une plus grande proportion, puisqu'elle est à peu près de 43 à 39;

5° Qu'en général il naît plus d'un quart de monde qu'il n'en meurt dans ce bailliage;

6° Que le nombre des morts s'est trouvé plus grand en 1772, par les suites de la misère de 1771.

Voici la liste des lieux dont j'ai parlé, et dans lesquels il naît autant ou plus de filles que de garçons dans ce même bailliage d'Auxois.

	Garçons.	Filles.
Montbard, pour dix ans	413	413
Vitteaux, pour cinq ans	203	212
Millery, pour cinq ans	48	55
Braux, pour cinq ans	40	42
Savoisy, pour cinq ans	53	53
Thorrey sous Charny, pour cinq ans	40	56
Villaine-lès-Prévôtes, pour cinq ans	40	43
Villeberny, pour cinq ans	46	50
Grignon, pour cinq ans	54	54
Étivey, pour cinq ans	48	48
Corcelle-lès-Grignon, pour cinq ans	36	37
Grosbois, pour cinq ans	33	37
Nesles, pour cinq ans	38	40
Vizerny, pour cinq ans	34	34
Touillon, pour cinq ans	38	40
Saint-Thibaut, pour cinq ans	33	34
Saint-Beury, pour cinq ans	39	42
Pisy, pour cinq ans	33	41
Toutry, pour cinq ans	22	31
Athie, pour cinq ans	21	32
Corcelle-lès-Semur, pour cinq ans	23	24
Crépend, pour cinq ans	23	25
Étais, pour cinq ans	20	28
Flée, pour cinq ans	22	26
Magny-la-Ville, pour cinq ans	26	26
Nogent-lès-Montbard, pour cinq ans	20	20
Normier, pour cinq ans	22	30
Saint-Manin, pour cinq ans	23	24
Vieux-Château, pour cinq ans	22	22
Charigny, pour cinq ans	20	23
Lucenay-le-Duc, pour cinq ans	28	30
Dampierre, pour cinq ans	16	18
Dracy, pour cinq ans	12	12
Marsigny-sous-Thil, pour cinq ans	17	28
Montigny-Saint-Barthélemy, pour cinq ans	13	18
Total	1,619	1748

	Garçons.	Filles.
Report.	1,619	1,748
Planay, pour cinq ans	13	19
Verré-sous-Drée, pour cinq ans	11	14
Massingy-lès-Vitteaux, pour cinq ans	18	23
Cessey, pour cinq ans	9	9
Corcelotte en montagne, pour cinq ans	8	9
Masilly-lès-Vitteaux, pour cinq ans	6	9
Saint-Authot, pour cinq ans	6	9
Total	1,690	1,840

Les causes qui concourent à la plus nombreuse production des filles, sont très-difficiles à deviner. J'ai rapporté dans cette table les lieux où cet effet arrive, et je ne vois rien qui les distingue des autres lieux du même pays, sinon que généralement ils sont situés plus en montagnes qu'en vallées, et, qu'en gros, ce sont les endroits les moins riches et où le peuple est le plus mal à l'aise; mais cette observation demanderait à être suivie et fondée sur un beaucoup plus grand nombre que sur celui de ces quarante-deux paroisses, et l'on trouverait peut-être quelque rapport commun, sur lequel on pourrait appuyer des conjectures raisonnables, et reconnaître quels sont les inconvénients qui, dans de certains endroits de notre climat, déterminent la nature à s'écarter de la loi commune, laquelle est de produire plus de mâles que de femelles.

ÉTAT DES NAISSANCES, MARIAGES ET MORTS DANS LE BAILLIAGE DE SAULIEU EN BOURGOGNE, CONTENANT QUARANTE, TANT VILLES QUE BOURGS ET VILLAGES, POUR LES ANNÉES DEPUIS 1770 JUSQUE ET COMPRIS 1772.

ANNÉES.	BAPTÊMES.		MARIAGES.	MORTUAIRES.	
	GARÇONS.	FILLES.		HOMMES.	FEMMES.
1770	539	485	181	262	275
1771	532	499	117	337	308
1772	484	484	190	489	547
	1575	1468	488	1088	1130
TOTAL...	3043			2218	

On voit, par cette table, 1° que le nombre des naissances des garçons excède celui des naissances des filles d'environ un quart, quoique dans les trente-neuf paroisses qui composent ce bailliage [a] il y en ait dix-huit où il naît plus de filles que de garçons, et dont voici la liste :

[a]. Ce bailliage de Saulieu est réellement composé de quarante paroisses, mais l'on n'a pu avoir les registres de celle de Savilly, qui n'est, par conséquent, pas comprise dans l'état ci-dessus.

	Garçons.	Filles.
Saint-Léger-de-Foucheret, pour trois ans.....	66	76
Saint-Léger-de-Fourche, pour trois ans.......	52	55
Schissey, pour trois ans....................	45	51
Rouvray, pour trois ans.....................	38	44
Villargoix, pour trois ans..................	37	40
Saint-Aguan, pour trois ans.................	34	37
Cencercy, pour trois ans....................	29	35
Marcilly, pour trois ans....................	23	24
Blanot, pour trois ans......................	22	24
Saint-Didier, pour trois ans................	21	25
Minery, pour trois ans......................	19	29
Pressy, pour trois ans......................	19	26
Brasey, pour trois ans......................	18	21
Aisy, pour trois ans........................	17	24
Noidan, pour trois ans......................	15	29
Molphey, pour trois ans.....................	13	14
Villen, pour trois ans......................	10	14
Charny, pour trois ans......................	10	13
Total......	488	581

Le nombre total des filles pour trois ans étant 581, et celui des garçons 488, il est, par conséquent, né presque un sixième de filles plus que de garçons, ou six filles pour cinq garçons dans ces dix-huit paroisses. D'où il résulte, 2° que dans les vingt-une autres paroisses, où se trouvent la ville de Saulieu, le bourg d'Aligny et les autres lieux les moins pauvres de ce bailliage, il est né 1,077 garçons et 897 filles, c'est-à-dire un cinquième de garçons plus que de filles;

3° Que le nombre des mariages n'ayant été que de 117 en 1771, au lieu qu'il a été de 181 en 1770, et de 150 en 1772, on retrouve ici, comme dans le bailliage d'Auxois, que cela ne peut être attribué qu'à la cherté des grains en 1771; et comme ce bailliage de Saulieu est beaucoup plus pauvre que celui de Semur, le nombre des mariages, qui s'est trouvé diminué d'un quart dans le bailliage de Semur, se trouve ici diminué de moitié par la misère de cette année 1771;

4° Que trois mariages donnent dix-huit trois quarts d'enfants dans ce même bailliage, où il n'y a, pour ainsi dire, que du peuple, duquel, comme je l'ai dit, les mariages sont toujours plus prolifiques que dans les conditions plus élevées;

5° Qu'il meurt plus de femmes que d'hommes, par la raison qu'elles y travaillent plus que dans un district moins pauvre, tel que celui de Semur, où il meurt au contraire plus d'hommes que de femmes;

6° Qu'il naît plus d'un tiers d'enfants de plus qu'il ne meurt de personnes dans ce bailliage;

7° Que le nombre des morts s'est trouvé beaucoup plus grand dans l'année 1772, comme dans les autres districts, et par les mêmes raisons.

Si l'on prend le nombre moyen des morts pour une année, on trouvera que ce nombre dans le bailliage de Saulieu, est de 739 $\frac{1}{3}$, et que ce nombre, dans le bailliage de Semur, est 1,281 $\frac{3}{5}$, dont la somme est 2,020 $\frac{14}{15}$; or, le dernier de ces bailliages contient quatre-vingt-dix-neuf paroisses, et le premier trente-neuf, ce qui fait pour les deux, cent trente-huit lieux ou paroisses. Or, suivant M. l'abbé d'Expilly, tout le royaume de France contient 41,000 paroisses; la population, dans ces deux bailliages de Semur et de Saulieu, est donc à la population de tout le royaume, à très-peu près, comme 138 sont à 41,000. Mais nous avons trouvé, par les observations précédentes, qu'il faut multiplier par 35 au moins le nombre des morts annuels pour connaître le nombre des vivants; multipliant donc 2,020 $\frac{14}{15}$, nombre des morts annuels dans ces deux bailliages, on aura 70,732 $\frac{2}{3}$ pour la population de ces deux bailliages, et, par conséquent, 21 millions 14 mille 777 pour la population totale du royaume, sans y comprendre la ville de Paris, dont nous avons estimé la population à 658 mille, ce qui ferait en tout 21 millions 672,777 personnes dans tout le royaume, nombre qui ne s'éloigne pas beaucoup de 22 millions 14 mille 357, donné par M. l'abbé d'Expilly, pour cette même population. Mais une chose qui ne me paraît pas aussi certaine, c'est ce que ce très-estimable auteur avance au sujet du nombre des femmes, qu'il dit surpasser constamment le nombre des hommes vivants; ce qui me fait douter de cet allégué, c'est qu'à Paris il est démontré par les tables précédentes, qu'il naît annuellement plus de garçons que de filles, et de même qu'il meurt annuellement dans cette ville plus d'hommes que de femmes; par conséquent, le nombre des hommes vivants doit surpasser celui des femmes vivantes. Et, à l'égard de la province, si nous prenons le nombre des naissances annuelles des garçons et des filles, et le nombre annuel des morts des hommes et des femmes dans les deux bailliages dont nous venons de donner les tables, nous trouverons 1,370 garçons et 1,265 filles nés annuellement, et nous aurons 1,023 hommes et 998 femmes morts annuellement. Dès lors, il doit y avoir un peu plus d'hommes que de femmes vivants dans les provinces quoiqu'en moindre proportion qu'à Paris, et malgré les émigrations auxquelles les hommes sont bien plus sujets que les femmes.

COMPARAISON

DE LA MORTALITÉ DANS LA VILLE DE PARIS ET DANS LES CAMPAGNES A DIX, QUINZE ET VINGT LIEUES DE DISTANCE DE CETTE VILLE.

Par les tables que j'ai données, volume II, page 87, *De la Mortalité*, il paraît que sur 13,189 personnes il en meurt dans les deux premières années de la vie :

A Paris............... 4,131 | A la campagne......... 5,738

Il en meurt depuis 2 ans jusqu'à 5 ans révolus :

A Paris............... 1,410 | A la campagne......... 957

Il en meurt depuis 5 ans jusqu'à 10 ans :

A Paris............... 740 | A la campagne......... 585

Il en meurt depuis 10 ans jusqu'à 20 ans :

A Paris............... 507 | A la campagne......... 576

Il en meurt depuis 20 ans jusqu'à 30 ans :

A Paris............... 693 | A la campagne......... 937

Il en meurt depuis 30 ans jusqu'à 40 ans :

A Paris............... 885 | A la campagne......... 1,095

Il en meurt depuis 40 ans jusqu'à 50 ans :

A Paris............... 962 | A la campagne......... 912

Il en meurt depuis 50 ans jusqu'à 60 ans :

A Paris............... 1,062 | A la campagne......... 885

Il en meurt depuis 60 ans jusqu'à 70 ans :

A Paris............... 1,271 | A la campagne......... 727

Il en meurt depuis 70 ans jusqu'à 80 ans :

A Paris............... 1,108 | A la campagne......... 602

Il en meurt depuis 80 ans jusqu'à 90 ans :

A Paris............... 361 | A la campagne......... 159

Il en meurt depuis 90 ans jusqu'à 100 ans et au-dessus :

A Paris............... 59 | A la campagne......... 16

En comparant la mortalité de Paris avec celle de la campagne, aux environs de cette ville, à dix et vingt lieues, on voit donc que sur un même nombre de 13,189 personnes, il en meurt dans les deux premières années de la vie 5,738 à la campagne, tandis qu'il n'en meurt à Paris que 4,131. Cette différence vient principalement de ce qu'on est dans l'usage, à Paris, d'envoyer les enfants en nourrice à la campagne, en sorte qu'il doit nécessairement y mourir beaucoup plus d'enfants qu'à Paris. Par exemple, si l'on fait une somme des 5,738 enfants morts à la campagne, et des 4,131 morts à Paris, on aura 9,869, dont la moitié, 4935, est proportionnelle au nombre des enfants qui seraient morts à Paris s'ils y eussent été nourris. En ôtant donc 4,131 de 4,935, le nombre 804 qui reste, représente celui des enfants qu'on a envoyé nourrir à la campagne ; d'où l'on peut conclure que de tous les enfants qui naissent à Paris, il y en a plus d'un sixième que l'on nourrit à la campagne.

Mais ces enfants, dès qu'ils ont atteint l'âge de deux ans, et même auparavant, sont ramenés à Paris, pour la plus grande partie, et rendus à leurs parents ; c'est par cette raison que sur ce nombre 13,189, il paraît qu'il meurt plus d'enfants à Paris, depuis deux jusqu'à cinq ans, qu'il n'en meurt à la campagne ; ce qui est tout le contraire de ce qui arrive dans les deux premières années.

Il en est de même de la troisième division des âges, c'est-à-dire de cinq à dix ans ; il meurt plus d'enfants de cet âge à Paris qu'à la campagne.

Mais, depuis l'âge de dix ans jusqu'à quarante, on trouve constamment qu'il meurt moins de personnes à Paris qu'à la campagne, malgré le grand nombre de jeunes gens qui arrivent dans cette grande ville de tous côtés ; ce qui semblerait prouver qu'il sort autant de natifs de Paris qu'il en vient du dehors. Il paraît aussi qu'on pourrait prouver ce fait par la table précédente, qui contient les extraits de baptêmes, comparés avec les extraits mortuaires, dont la différence, prise sur cinquante-huit années consécutives, n'est pas fort considérable, le total des naissances, à Paris, étant, pendant ces cinquante-huit années, de 1 million 74 mille 367, et le total des morts, 1 million 87 mille 995, ce qui ne fait que 13,628, sur 1 million 87 mille 995, ou une soixante-quinzième partie de plus environ ; en sorte que tout compensé, il sort de Paris à peu près autant de monde qu'il y en entre ; d'où l'on peut conclure que la fécondité de cette grande ville suffit à sa population, à une soixante-quinzième partie près.

Ensuite, en comparant, comme ci-dessus, la mortalité de Paris à celle de la campagne, depuis l'âge de quarante ans jusqu'à la fin de la vie, on voit qu'il meurt constamment plus de monde à Paris qu'à la campagne, et cela d'autant plus que l'âge est plus avancé ; ce qui paraît prouver que les

douceurs de la vie font beaucoup à sa durée, et que les gens de la campagne plus fatigués, plus mal nourris, périssent en général beaucoup plus tôt que ceux de la ville.

COMPARAISON

DES TABLES DE LA MORTALITÉ EN FRANCE, AVEC LES TABLES DE LA MORTALITÉ A LONDRES.

Les meilleures tables qui aient été faites à Londres, sont celles que M. Corbyn-Morris a publiées en 1759, pour trente années, depuis 1728 jusqu'à 1757; ces tables sont partagées, pour le nombre des mourants, en douze parties, savoir : depuis la naissance jusqu'à deux ans accomplis, de deux ans jusqu'à cinq ans révolus, de cinq ans jusqu'à dix ans, de dix à vingt ans, de vingt à trente ans, de trente à quarante ans, de quarante à cinquante ans, de cinquante à soixante ans, de soixante à soixante-dix ans, de soixante-dix à quatre-vingts ans, de quatre-vingts à quatre-vingt-dix ans, et de quatre-vingt-dix ans à cent ans et au-dessus.

J'ai partagé mes tables de même, et j'ai trouvé, par des règles de proportion, les rapports suivants:

Sur 23,994, il en meurt dans les deux premières années de la vie:

En France............ 8,832 | A Londres............ 8,028

Il en meurt de 2 à 5 ans révolus :

En France............ 2,194 | A Londres............ 1,904

Il en meurt de 5 à 10 ans révolus :

En France............ 1,219 | A Londres............ 806

Il en meurt de 10 à 20 ans révolus :

En France............ 958 | A Londres............ 722

Il en meurt de 20 à 30 ans révolus :

En France............ 1,396 | A Londres............ 2,085

Il en meurt de 30 à 40 ans révolus :

En France............ 1,654 | A Londres............ 2,491

Il en meurt de 40 à 50 ans révolus :

En France............ 1,707 | A Londres............ 2,622

Il en meurt de 50 à 60 ans révolus :

En France............ 1,716 | A Londres............ 2,026

Il en meurt de 60 à 70 ans révolus :

En France............	1,913	A Londres............	1,584

Il en meurt de 70 à 80 ans révolus :

En France............	1,742	A Londres............	1,136

Il en meurt de 80 à 90 ans révolus :

En France............	578	A Londres............	513

Il en meurt de 90 à 100 ans révolus :

En France............	85	A Londres............	76

Mais, comme le remarque très-bien M. Corbyn, les nombres qui représentent les gens adultes, depuis vingt ans et au-dessus, sont beaucoup trop forts en comparaison de ceux qui précèdent et qui représentent les personnes de dix à vingt ans, ou les enfants de cinq à dix ans, parce qu'en effet il vient à Londres, comme dans toutes les autres grandes villes, un très-grand nombre d'étrangers et de gens de la campagne, et beaucoup plus de gens adultes et au-dessus de vingt ans qu'au-dessous. Ainsi, pour faire notre comparaison plus exactement, nous avons séparé, dans notre table, les douze paroisses de la campagne, et ne prenant que les trois paroisses de Paris, nous en avons tiré les rapports suivants, pour la mortalité de Paris, relativement à celle de Londres.

Sur 13,189, il en meurt dans les deux premières années de la vie :

A Paris..............	4,131	A Londres............	4,413

Il en meurt de 2 à 5 ans révolus :

A Paris..............	1,410	A Londres............	1,046

Il en meurt de 5 à 10 ans révolus :

A Paris..............	740	A Londres............	443

Il en meurt de 10 à 20 ans révolus :

A Paris..............	507	A Londres............	396

Il en meurt de 20 à 30 ans révolus :

A Paris..............	693	A Londres............	1,116

Il en meurt de 30 à 40 ans révolus :

A Paris..............	885	A Londres............	1,370

Il en meurt de 40 à 50 ans révolus :

A Paris..............	962	A Londres............	1,442

Il en meurt de 50 à 60 ans révolus :

A Paris............... 1,062 | A Londres............ 1,113

Il en meurt de 60 à 70 ans révolus :

A Paris............... 1,271 | A Londres............ 870

Il en meurt de 70 à 80 ans révolus :

A Paris............... 1,108 | A Londres............ 626

Il en meurt de 80 à 90 ans révolus :

A Paris............... 361 | A Londres............ 282

Il en meurt de 90 à 100 ans et au-dessus :

A Paris............... 59 | A Londres............ 42

Par la comparaison de ces tables, il paraît qu'on envoie plus d'enfants en nourrice à la campagne à Paris qu'à Londres, puisque sur le même nombre 13,189, il n'en meurt à Paris que 4,131, tandis qu'il en meurt à Londres 4,413, et que comme par la même raison il en rentre moins à Londres qu'à Paris, il en meurt moins aussi à proportion depuis l'âge de deux ans, jusqu'à cinq, et même de cinq à dix, et de dix à vingt.

Mais depuis vingt jusqu'à soixante ans, le nombre des morts de Londres excède de beaucoup celui des morts de Paris, et le plus grand excès est de vingt à quarante ans ; ce qui prouve qu'il entre à Londres un très-grand nombre de gens adultes, qui viennent des provinces, et que la fécondité de cette ville ne suffit pas pour en entretenir la population, sans de grands suppléments tirés d'ailleurs. Cette même vérité se confirme par la comparaison des extraits de baptêmes avec les extraits mortuaires, par laquelle on voit que pendant les neuf années, depuis 1728 jusqu'à 1736, le nombre des baptêmes à Londres ne s'est trouvé que de 154,957, tandis que celui des morts est de 239,327 ; en sorte que Londres a besoin de se recruter de plus de moitié du nombre de ses naissances pour s'entretenir ; tandis que Paris se suffit à lui-même à un soixante-quinzième près. Mais cette nécessité de supplément pour Londres, paraît aller en diminuant un peu ; car en prenant le nombre des naissances et des morts pour neuf autres années plus récentes, savoir, depuis 1749 jusqu'à 1757, celui des naissances se trouve être 133,299, et celui des morts 196,830, dont la différence proportionnelle est un peu moindre que celle de 154,957 à 239,327 qui représente les naissances et les morts des neuf années, depuis 1728 jusqu'à 1736. Le total de ces nombres, marque seulement qu'en général la population de Londres a diminué depuis 1736 jusqu'en 1757 d'environ un sixième, et qu'à mesure que la population a diminué, les suppléments étrangers se sont trouvés un peu moins nécessaires.

Le nombre des morts est donc plus grand à Paris qu'à Londres, depuis deux ans jusqu'à vingt ans; ensuite plus petit à Paris qu'à Londres, depuis vingt ans jusqu'à cinquante ans; à peu près égal depuis cinquante à soixante ans, et enfin beaucoup plus grand à Paris qu'à Londres, depuis soixante ans jusqu'à la fin de la vie; ce qui paraît prouver qu'en général on vieillit beaucoup moins à Londres qu'à Paris, puisque sur 13,189 personnes, il y en a 2,799 qui ne meurent qu'après soixante ans révolus à Paris, tandis que sur ce même nombre 13,189, il n'y en a que 1,820 qui meurent après soixante ans à Londres; en sorte que la vieillesse paraît avoir un tiers plus de faveur à Paris qu'à Londres.

Si l'on veut estimer la population de Londres, d'après les tables de mortalité des neuf années, depuis 1749 jusqu'en 1757, on aura pour le nombre annuel des morts 21,870, ce qui étant multiplié par 35, donne 765,450; en sorte que Londres contiendrait à ce compte 107,450 personnes de plus que Paris; mais cette règle de trente-cinq vivants pour un mort, que je crois bonne pour Paris, et plus juste encore pour les provinces de France, pourrait bien ne pas convenir à l'Angleterre. Le chevalier Petty [a], dans son arithmétique politique, ne compte que trente vivants pour un mort, ce qui ne donnerait que 656,100 personnes vivantes à Londres; mais je crois que cet auteur, très-judicieux d'ailleurs, se trompe à cet égard, quelque différence qu'il y ait entre les influences du climat de Paris et de celui de Londres, elle ne peut aller à un septième pour la mortalité; seulement il me paraît que dans le fait, comme l'on vieillit moins à Londres qu'à Paris, il conviendrait d'estimer 31 le nombre des vivants relativement aux morts; et prenant 31 pour ce nombre réel, on trouvera que Londres contient 677,970 personnes, tandis que Paris n'en contient que 658,000. Ainsi Londres sera plus peuplé que Paris d'environ un trente-troisième, puisque le nombre des habitants de Londres ne surpasse celui des habitants de Paris, que de 19,970 personnes sur 658,000.

Ce qui me fait estimer 31, le nombre des vivants, relativement au nombre des morts à Londres, c'est que tous les auteurs qui ont recueilli des observations de mortalité, s'accordent à dire qu'à la campagne en Angleterre, il meurt un sur trente-deux, et à Londres, un sur trente, et je pense que les deux estimations sont un peu trop faibles; on verra dans la suite, qu'en estimant 31 pour Londres, et 33 pour la campagne en Angleterre, on approche plus de la vérité.

L'ouvrage du chevalier Petty est déjà ancien, et les Anglais l'ont assez estimé pour qu'il y en ait eu quatre éditions, dont la dernière est de 1755. Ses premières tables de mortalité commencent à 1665 et finissent à 1682; mais en ne prenant que depuis l'année 1667 jusqu'à 1682, parce qu'il y eut

a. *Essais in political arithmetick.* London, 1755.

une espèce de peste à Londres qui augmenta du triple le nombre des morts; on trouve pour ces seize années 196,196 naissances et 308,335 morts; ce qui prouve invinciblement que dès ce temps Londres, bien loin de suffire à sa population, avait besoin de se recruter tous les ans de plus de la moitié du nombre de ses naissances.

Prenant sur ces seize ans la mortalité moyenne annuelle, on trouve 19,270 $\frac{15}{16}$, qui, multipliés par 31, donnent 597,399 pour le nombre des habitants de Londres dans ce temps. L'auteur dit, 669,930 en 1682, parce qu'il n'a pris que les deux dernières années de la table; savoir, 23,971 morts en 1681, et 20,691 en 1682, dont le nombre moyen est 22,331, qu'il ne multiplie que par 30, (1 *sur* 30, dit-il, *mourant annuellement, suivant les observations sur les billets de mortalité de Londres, imprimés en* 1676) et cela pouvait être vrai dans ce temps; car dans une ville où il ne naît que deux tiers, et où il meurt trois tiers, il est certain que le dernier tiers qui vient du dehors, n'arrive qu'adulte ou du moins à un certain âge, et doit par conséquent mourir plus tôt que si ce même nombre était né dans la ville. En sorte qu'on doit estimer à trente-cinq vivants contre un mort la population dans tous les lieux dont la fécondité suffit à l'entretien de leur population, et qu'on doit au contraire estimer au-dessous, c'est-à-dire à 33, 32, 31, etc., vivants pour un mort, la population des villes qui ont besoin de recrues étrangères pour s'entretenir au même degré de population.

Le même auteur observe que dans la campagne en Angleterre, il meurt un sur trente-deux, et qu'il naît cinq pour quatre qui meurent; ce dernier fait s'accorde assez avec ce qui arrive en France; mais si le premier fait est vrai, il s'ensuit que la salubrité de l'air en France est plus grande qu'en Angleterre, dans le rapport de 35 à 32; car il est certain que dans la campagne en France, il n'en meurt qu'un sur trente-cinq.

Par d'autres tables de mortalité, tirées des registres de la ville de Dublin, pour les années 1668, 1672, 1674, 1678, 1679, et 1680, on voit que le nombre des naissances dans cette ville, pendant ces six années, a été de 6157, ce qui fait 1,026, année moyenne. On voit de même que pendant ces six années, le nombre des morts a été de 9,865, c'est-à-dire de 1,644, année moyenne; d'où il résulte, 1° que Dublin a besoin, comme Londres, de secours étrangers pour maintenir sa population dans la proportion de 16 à 10; en sorte qu'il est nécessaire qu'il arrive à Dublin tous les ans trois huitièmes d'étrangers.

2° La population de cette ville doit s'estimer comme celle de Londres en multipliant par 31 le nombre annuel des morts, ce qui donne 50,964 personnes pour Dublin, et 597,399 pour Londres; et si l'on s'en rapporte aux observations de l'auteur, qui dit, qu'il ne faut compter que trente vivants pour un mort, on ne trouvera pour Londres que 578,130 personnes,

et pour Dublin 49,320 ; ce qui me paraît s'éloigner un peu de la vérité ; mais Londres a pris depuis ce temps beaucoup d'accroissement, comme nous le dirons dans la suite.

Par une autre table des naissances et des morts pour les mêmes six années à Londres, et dans lesquelles on a distingué les mâles et les femelles, il est né 6,332 garçons et 5,940 filles, année moyenne, c'est-à-dire un peu plus d'un quinzième de garçons que de filles ; et par les mêmes tables, il est mort 10,424 hommes et 9,505 femmes, c'est-à-dire environ un dixième d'hommes plus que de femmes. Et si l'on prend le total des naissances, qui est de 12,272, et le total des morts, qui est de 19,929, on voit que dès ce temps la ville de Londres tirait de l'étranger plus de moitié de ce qu'elle produit elle-même pour l'entretien de sa population.

Par d'autres tables, pour les années 1683, 1684 et 1685, le nombre des morts à Londres s'est trouvé de 22,337, année moyenne, et l'auteur dit qu'à Paris le nombre des morts, dans les trois mêmes années, a été de 19,887, année moyenne ; d'où il conclut, en multipliant par 30, que le nombre des habitants de Londres, était dans ce temps de 700,110, et celui des habitants de Paris, de 596,610 ; mais comme nous l'avons dit, on doit multiplier à Paris le nombre des morts par 35, ce qui donne 696,045 ; et il serait singulier qu'au lieu d'être augmenté, Paris eût diminué d'habitants depuis ce temps ; car, à prendre les trois dernières années de notre table de la mortalité de Paris, savoir, les années 1764, 1765 et 1766, on trouve que le nombre des morts, année moyenne, est de 19,205 $\frac{1}{3}$, ce qui, multiplié par 35, donne 672,167 pour la population actuelle de Paris, c'est-à-dire 23,878 de moins qu'en l'année 1685.

Prenant ensuite la table des naissances et des morts dans la ville de Londres, depuis l'année 1686 jusques et compris l'année 1758, où finissent les tables de M. Corbyn-Morris, on trouve que dans les dix premières années, c'est-à-dire depuis 1686 jusques et compris 1695, il est né 75,400 garçons et 71,454 filles, et qu'il est mort dans ces mêmes dix années 112,825 hommes et 106,798 femmes, ce qui fait, année moyenne, 7,540 garçons et 7,146 filles, en tout 14,686 naissances ; et pour l'année moyenne des morts 11,282 hommes et 10,680 femmes, en tout 21,962 morts. Comparant ensuite les naissances et les morts pendant ces dix premières années, avec les naissances et les morts pendant les dix dernières, c'est-à-dire depuis 1749 jusques et compris 1758, on trouve qu'il est né 75,594 garçons et 71,914 filles ; et qu'il est mort, dans ces mêmes dix dernières années, 106,519 hommes et 107,892 femmes, ce qui fait, année moyenne, 7,559 garçons et 7,191 filles, en tout 14,750 naissances ; et pour l'année moyenne des morts 10,652 hommes et 10,789 femmes, en tout 21,441 morts : en sorte que le nombre des naissances à cette dernière époque, n'excède celui des naissances à la première époque, que de 64 sur 14,686, et le nombre

des morts est moindre de 521; d'où il suit qu'en soixante-treize années la population de Londres n'a point augmenté, et qu'elle était encore en 1758 ce qu'elle était en 1686, c'est-à-dire trente-une fois 21,701 $\frac{1}{2}$ ou 672,746, et cela tout au plus; car si l'on ne multipliait le nombre des morts que par 30, on ne trouverait que 651,045 pour la population réelle de cette ville; ce nombre de trente vivants pour un mort dans la ville de Londres, a été adopté par tous les auteurs anglais qui ont écrit sur cette matière; Graunt, Petty, Corbyn-Morris, Smart et quelques autres, semblent être d'accord sur ce point; néanmoins je crois qu'ils ont pu se tromper, attendu qu'il y a plus de différence entre 30 et 35 qu'on n'en doit présumer dans la salubrité de l'air de Paris relativement à celui de Londres.

On voit aussi par cette comparaison, que le nombre des enfants mâles surpasse celui des femelles à peu près en même proportion dans les deux époques; savoir, d'un dix-huitième dans la première époque, et d'un peu plus d'un dix-neuvième dans la seconde.

Et enfin, cette comparaison démontre que Londres a toujours eu besoin d'un grand supplément tiré du dehors pour maintenir sa population, puisque dans ces deux époques éloignées de soixante-dix ans, le nombre des naissances à celui des morts n'est que de 7 à 10 ou de 7 à 11, tandis qu'à Paris les naissances égalent les morts à un soixante-quinzième près.

Mais dans cette suite d'années depuis 1686 jusqu'à 1758, il y a eu une période de temps, même assez longue, pendant laquelle la population de Londres était bien plus considérable; savoir, depuis l'année 1714 jusqu'à l'année 1734; car pendant cette période qui est de vingt-un ans, le nombre total des naissances a été de 377,569, c'est-à-dire de 17,979 $\frac{10}{21}$ année moyenne, tandis que dans les vingt-une premières années depuis 1686 jusqu'à 1706, le nombre des naissances, année moyenne, n'a été que de 15,131 $\frac{1}{3}$, et dans les vingt-une dernières années, savoir, depuis 1738 jusqu'à 1758, ce même nombre de naissances, année moyenne, n'a aussi été que de 14,797 $\frac{13}{21}$; en sorte qu'il paraît que la population de Londres a considérablement augmenté depuis 1686 jusqu'à 1706, qu'elle était au plus haut point dans la période qui s'est écoulée depuis 1706 jusqu'à 1737, et qu'ensuite elle a toujours été en diminuant jusqu'en 1758; et cette diminution est fort considérable, puisque le nombre des naissances, qui était de 17,979 dans la période intermédiaire, n'est que de 14,797 dans la dernière période; ce qui fait plus d'un cinquième de moins. Or, la meilleure manière de juger de l'accroissement et du décroissement de la population d'une ville, c'est par l'augmentation et la diminution du nombre des naissances, et d'ailleurs, les suppléments qu'elle est obligée de tirer de l'étranger sont d'autant plus considérables que le nombre des naissances y devient plus petit : on peut donc assurer que Londres est beaucoup moins peuplé qu'il

ne l'était dans l'époque intermédiaire de 1714 à 1734, et que même il l'est moins qu'il ne l'était à la première époque de 1686 à 1706.

Cette vérité se confirme par l'inspection de la liste des morts dans ces trois époques.

Dans la première, de 1686 à 1706, le nombre des morts, année moyenne, a été 21,159 $\frac{2}{3}$. Dans la dernière époque, depuis 1738 jusqu'à 1758, ce nombre des morts, année moyenne, a été 23,845 $\frac{1}{3}$; et dans l'époque intermédiaire, depuis 1714 jusqu'en 1734, ce nombre des morts, année moyenne, se trouve être de 26,463 $\frac{12}{21}$; en sorte que la population de Londres devant être estimée par la multiplication du nombre annuel des morts par 31, on trouvera que ce nombre étant dans la première période, de 1686 à 1706, de 21,159 $\frac{2}{3}$, le nombre des habitants de cette ville était alors de 655,949; que, dans la dernière période de 1738 à 1758, ce nombre était de 739,205, mais que dans la période intermédiaire de 1714 à 1734, ce nombre des habitants de Londres était 820,370, c'est-à-dire beaucoup plus d'un quart sur la première époque, et d'un peu moins d'un neuvième sur la dernière. La population de cette ville, prise depuis 1686, a donc d'abord augmenté de plus d'un quart jusqu'aux années 1724 et 1725, et, depuis ce temps, elle a diminué d'un neuvième jusqu'à 1758; mais c'est seulement en l'estimant par le nombre des morts, car si l'on veut l'évaluer par le nombre des naissances, cette diminution serait beaucoup plus grande, et je l'arbitrerais au moins à un septième. Nous laissons aux politiques anglais le soin de rechercher quelles peuvent être les causes de cette diminution de la population dans leur ville capitale.

Il résulte un autre fait de cette comparaison : c'est que le nombre des naissances étant moindre et le nombre des morts plus grand dans la dernière période que dans la première, les suppléments que cette ville a tirés du dehors ont toujours été en augmentant, et qu'elle n'a par conséquent jamais été en état, à beaucoup près, de suppléer à sa population par sa fécondité, puisqu'il y a dans la dernière période 23,845 morts sur 14,797 naissances, ce qui fait plus d'une moitié en sus dont elle est obligée de se suppléer par les secours du dehors.

Dans ce même ouvrage [a], l'auteur donne, d'après les observations de Graunt, le résultat d'une table des naissances, des morts et des mariages, d'un certain nombre de paroisses dans la province de Hampshire en Angleterre, pendant quatre-vingt-dix ans; et par cette table il paraît que chaque mariage a produit quatre enfants, ce qui est très-différent du produit de chaque mariage en France à la campagne, qui est de cinq enfants au moins, et souvent de six comme on l'a vu par les tables des bailliages de Semur et de Saulieu que nous avons données ci-devant.

a. *Collection of the yearly Bills of mortality*. London, 1759.

Une seconde observation tirée de cette table de mortalité à la campagne en Angleterre, c'est qu'il naît seize mâles pour quinze femelles, tandis qu'à Londres il ne naît que quatorze mâles sur treize femelles; et dans nos campagnes il naît en Bourgogne un sixième environ de garçons plus que de filles, comme on l'a vu par les tables du bailliage de Semur et de Saulieu; mais aussi il ne naît à Paris que vingt-sept garçons pour vingt-six filles, tandis qu'à Londres il en naît quatorze pour treize.

On voit encore par cette même table pour quatre-vingt-dix ans, que le nombre moyen des naissances est au nombre moyen des morts comme 5 sont à 4, et que cette différence entre le nombre des naissances et des morts à Londres et à la campagne, vient principalement des suppléments que cette province fournit à Londres pour sa population. En France, dans les deux bailliages que nous avons cités, la perte est encore plus grande, car elle est entre un tiers et un quart, c'est-à-dire qu'il naît entre un tiers et un quart plus de monde dans ces districts qu'il n'en meurt; ce qui semble prouver que les Français, du moins ceux de ce canton, sont moins sédentaires que les provinciaux d'Angleterre.

L'auteur observe encore que, suivant cette table, les années où il naît le plus de monde sont celles où il en périt le moins, et l'on peut être assuré de cette vérité en France comme en Angleterre, car dans l'année 1770 qu'il est né plus d'enfants que dans les quatre années suivantes, il est aussi mort moins de monde, tant dans le bailliage de Semur que dans celui de Saulieu.

Dans un appendix, l'auteur ajoute, que par plusieurs autres observations faites dans les provinces du sud de l'Angleterre, il s'est toujours trouvé que chaque mariage produisait quatre enfants; que non-seulement cette proportion est juste pour l'Angleterre, mais même pour Amsterdam, où il a pris les informations nécessaires pour s'en assurer.

On trouve ensuite une table recueillie par Graunt, des naissances, mariages et morts dans la ville de Paris pendant les années 1670, 1671 et 1672 ; et voici l'extrait de cette table..

ANNÉES.	NAISSANCES.	MARIAGES.	MORTS.
1670	16810	3930	21461
1671	18532	3986	17398
1672	18427	3562	17584
TOTAL.....	53769	11478	56443

D'où l'on doit conclure, 1° que dans ce temps, c'est-à-dire il y a près de cent ans, chaque mariage produisait à Paris environ quatre enfants deux

tiers, au lieu qu'à présent chaque mariage ne produit tout au plus que quatre enfants.

2° Que le nombre moyen des naissances des trois années 1670, 1671 et 1672 étant 17,923, et celui des dernières années de nos tables de Paris, savoir, 1764, 1765 et 1766, étant 19,205, la force de cette ville pour le maintien de sa population a augmenté depuis cent ans d'un quart, et même que sa fécondité est plus que suffisante pour sa population, puisque le nombre des naissances, dans ces trois dernières années, est de 57,616, et celui des morts de 54,927 ; tandis que dans les trois années 1670, 1671 et 1672, le nombre total des naissances étant de 53,769, et celui des morts de 56,443, la fécondité de Paris ne suffisait pas en entier à sa population, laquelle, en multipliant par 35 le nombre moyen des morts, était dans ce temps de 658,501, et qu'elle n'est à présent que de 640,815, si l'on veut en juger par le nombre des morts dans ces trois dernières années; mais, comme le nombre des naissances surpasse celui des morts, la force de la population est augmentée, quoiqu'elle paraisse diminuée par le nombre des morts. On serait porté à croire que le nombre des morts devrait toujours excéder de beaucoup, dans une ville telle que Paris, le nombre des naissances, parce qu'il y arrive continuellement un très-grand nombre de gens adultes, soit des provinces, soit de l'étranger, et que dans ce nombre il y a fort peu de gens mariés en comparaison de ceux qui ne le sont pas; et cette affluence qui n'augmente pas le nombre des naissances, doit augmenter le nombre des morts. Les domestiques, qui sont en si grand nombre dans cette ville, sont pour la plus grande partie filles et garçons; cela ne devrait pas augmenter le nombre des naissances, mais bien celui des morts : cependant l'on peut croire que c'est à ce grand nombre de gens non mariés qu'appartiennent les enfants-trouvés, au moins par moitié; et comme actuellement le nombre des enfants-trouvés fait à peu près le tiers du total des naissances, ces gens non mariés ne laissent donc pas d'y contribuer du moins pour un sixième, et d'ailleurs la vie d'un garçon ou d'une fille qui arrivent adultes à Paris, est plus assurée que celle d'un enfant qui naît.

DISCOURS

PRONONCÉS

A L'ACADÉMIE FRANÇAISE[1]

DISCOURS

PRONONCÉ A L'ACADÉMIE FRANÇAISE PAR M. DE BUFFON, LE JOUR DE SA RÉCEPTION.[2]

—

M. de Buffon ayant été élu par MM. de l'Académie Française, à la place de feu M. l'archevêque de Sens, y vint prendre séance, le samedi 25 août 1753, et prononça le discours qui suit :

MESSIEURS,

Vous m'avez comblé d'honneur en m'appelant à vous; mais la gloire n'est un bien qu'autant qu'on en est digne, et je ne me persuade pas que quelques essais, écrits sans art et sans autre ornement que celui de la nature, soient des titres suffisants pour oser prendre place parmi les maîtres de l'art, parmi les hommes éminents qui représentent ici la splendeur littéraire de la France, et dont les noms célébrés aujourd'hui par la voix des nations retentiront encore avec éclat dans la bouche de nos derniers neveux. Vous avez eu, messieurs, d'autres motifs en jetant les yeux sur

1. Tous ces *Discours* ont été réunis ensemble par Buffon, comme je le fais ici, et mis en tête du IVe volume des *Suppléments* (édition in-4° de l'Imprimerie royale).

2. « On peut prendre une idée de sa manière de composer (de la manière de composer de « Buffon), dans son *Discours sur le style*, prononcé lorsqu'il fut reçu à l'Académie Française, « en 1753, ouvrage où il donne à la fois le précepte et l'exemple, et l'un des plus beaux mor- « ceaux de prose qui existent dans notre langue; mais ce qu'il n'y dit pas, c'est le travail « excessif qu'il mettait à soigner ses écrits, et à leur donner cette harmonie que l'on y admire. » (Cuvier.) — « Reçu à l'Académie Française, après la publication de ses premiers volumes, « Buffon ne laissa pas languir sa parole dans un remercîment ou dans le panégyrique exagéré « d'un obscur prédécesseur; et il saisit tout d'abord son auditoire du sujet même que sa « présence rappelait, l'éloquence, la perfection du style..... Fort admiré de son temps, ce « discours parut surpasser tout ce qu'on avait conçu jamais sur un tel sujet; et on le cite « encore aujourd'hui comme une règle universelle de goût. Ce n'est cependant que la confi- « dence un peu apprêtée d'un grand artiste... » (Villemain.)

moi : vous avez voulu donner à l'illustre Compagnie [a], à laquelle j'ai l'honneur d'appartenir depuis longtemps, une nouvelle marque de considération; ma reconnaissance, quoique partagée, n'en sera pas moins vive: mais comment satisfaire au devoir qu'elle m'impose en ce jour? je n'ai, messieurs, à vous offrir que votre propre bien : ce sont quelques idées sur le style que j'ai puisées dans vos ouvrages; c'est en vous lisant [1], c'est en vous admirant qu'elles ont été conçues, c'est en les soumettant à vos lumières qu'elles se produiront avec quelque succès.

Il s'est trouvé dans tous les temps des hommes qui ont su commander aux autres par la puissance de la parole. Ce n'est néanmoins que dans les siècles éclairés que l'on a bien écrit et bien parlé. La véritable éloquence suppose l'exercice du génie et la culture de l'esprit. Elle est bien différente de cette facilité naturelle de parler qui n'est qu'un talent, une qualité accordée à tous ceux dont les passions sont fortes, les organes souples et l'imagination prompte. Ces hommes sentent vivement, s'affectent de même, le marquent fortement au dehors; et, par une impression purement mécanique, ils transmettent aux autres leur enthousiasme et leurs affections. C'est le corps qui parle au corps; tous les mouvements, tous les signes concourent et servent également. Que faut-il pour émouvoir la multitude et l'entraîner? que faut-il pour ébranler la plupart même des autres hommes et les persuader? un ton véhément et pathétique, des gestes expressifs et fréquents, des paroles rapides et sonnantes. Mais pour le petit nombre de ceux dont la tête est ferme, le goût délicat et le sens exquis, et qui comme vous, messieurs, comptent pour peu le ton, les gestes et le vain son des mots, il faut des choses, des pensées, des raisons; il faut savoir les présenter, les nuancer, les ordonner : il ne suffit pas de frapper l'oreille et d'occuper les yeux; il faut agir sur l'âme et toucher le cœur en parlant à l'esprit.

Le style n'est que l'ordre et le mouvement qu'on met dans ses pensées. Si on les enchaîne étroitement, si on les serre, le style devient ferme, nerveux et concis; si on les laisse se succéder lentement, et ne se joindre qu'à la faveur des mots, quelque élégants qu'ils soient, le style sera diffus, lâche et traînant.

Mais avant de chercher l'ordre dans lequel on présentera ses pensées,

a. L'Académie royale des Sciences : M. de Buffon y a été reçu en 1733, dans la classe de mécanique.

1. Oh! non : ce n'est point en *lisant* les autres, c'est en s'étudiant lui-même que Buffon a écrit son *Discours.* « En général, dit très-bien M. Villemain, un grand écrivain, dans les questions de goût, a pour type involontaire son propre talent. » — Buffon nous découvre, en cet exposé profond de sa manière de méditer, de composer et d'écrire, toutes les grandes qualités qui l'ont conduit à la grande et solide éloquence : la *force du génie par laquelle on se représente toutes les idées générales et particulières*, la *finesse de discernement par laquelle on distingue les pensées stériles des idées fécondes*, la *sagacité que donne la grande habitude d'écrire*,... et surtout cette puissance de *méditation*, de réflexion continue, par laquelle *on donne de la force et de la* SUBSTANCE *à ses pensées.*

il faut s'en être fait un autre plus général et plus fixe, où ne doivent entrer que les premières vues et les principales idées : c'est en marquant leur place sur ce premier plan qu'un sujet sera circonscrit, et que l'on en connaîtra l'étendue; c'est en se rappelant sans cesse ces premiers linéaments, qu'on déterminera les justes intervalles qui séparent les idées principales et qu'il naîtra des idées accessoires et moyennes qui serviront à les remplir. Par la force du génie, on se représentera toutes les idées générales et particulières sous leur véritable point de vue; par une grande finesse de discernement, on distinguera les pensées stériles des idées fécondes; par la sagacité que donne la grande habitude d'écrire, on sentira d'avance quel sera le produit de toutes ces opérations de l'esprit. Pour peu que le sujet soit vaste ou compliqué, il est bien rare qu'on puisse l'embrasser d'un coup d'œil, ou le pénétrer en entier d'un seul et premier effort de génie; et il est rare encore qu'après bien des réflexions on en saisisse tous les rapports. On ne peut donc trop s'en occuper; c'est même le seul moyen d'affermir, d'étendre et d'élever ses pensées : plus on leur donnera de substance et de force par la méditation [1], plus il sera facile ensuite de les réaliser par l'expression.

Ce plan n'est pas encore le style, mais il en est la base; il le soutient, il le dirige, il règle son mouvement et le soumet à des lois : sans cela, le meilleur écrivain s'égare, sa plume marche sans guide, et jette à l'aventure des traits irréguliers et des figures discordantes. Quelque brillantes que soient les couleurs qu'il emploie, quelques beautés qu'il sème dans les détails, comme l'ensemble choquera, ou ne se fera pas assez sentir, l'ouvrage ne sera point construit; et en admirant l'esprit de l'auteur, on pourra soupçonner qu'il manque de génie. C'est par cette raison que ceux qui écrivent comme ils parlent, quoiqu'ils parlent très-bien, écrivent mal; que ceux qui s'abandonnent au premier feu de leur imagination prennent un ton qu'ils ne peuvent soutenir; que ceux qui craignent de perdre des pensées isolées, fugitives, et qui écrivent en différents temps des morceaux détachés, ne les réunissent jamais sans transitions forcées; qu'en un mot, il y a tant d'ouvrages faits de pièces de rapport, et si peu qui soient fondus d'un seul jet.

Cependant tout sujet est un, et, quelque vaste qu'il soit, il peut être renfermé dans un seul discours; les interruptions, les repos, les sections ne devraient être d'usage que quand on traite des sujets différents, ou lorsque ayant à parler de choses grandes, épineuses et disparates, la marche du

1... *Plus on leur donnera de force et de substance par la méditation, plus il sera facile ensuite de les réaliser par l'expression.* Cette *force* et cette *substance*, données à la pensée par la *méditation*, tel est le ressort secret de l'éloquence propre de Buffon, et de cette *réalisation*, pleine et entière, de la pensée par l'expression qui constitue essentiellement la supériorité de son style. (Voyez, sur ce point, plusieurs de mes notes, dans les précédents volumes.)

génie se trouve interrompue par la multiplicité des obstacles et contrainte par la nécessité des circonstances[a] : autrement, le grand nombre de divisions, loin de rendre un ouvrage plus solide, en détruit l'assemblage; le livre paraît plus clair aux yeux, mais le dessein de l'auteur demeure obscur; il ne peut faire impression sur l'esprit du lecteur, il ne peut même se faire sentir que par la continuité du fil, par la dépendance harmonique des idées, par un développement successif, une gradation soutenue, un mouvement uniforme que toute interruption détruit ou fait languir.

Pourquoi les ouvrages de la nature sont-ils si parfaits? c'est que chaque ouvrage est un tout, et qu'elle travaille sur un plan éternel dont elle ne s'écarte jamais; elle prépare en silence les germes de ses productions; elle ébauche par un acte unique la forme primitive de tout être vivant : elle la développe, elle la perfectionne par un mouvement continu et dans un temps prescrit. L'ouvrage étonne, mais c'est l'empreinte divine dont il porte les traits qui doit nous frapper. L'esprit humain ne peut rien créer, il ne produira qu'après avoir été fécondé par l'expérience et la méditation; ses connaissances sont les germes de ses productions : mais s'il imite la nature dans sa marche et dans son travail, s'il s'élève par la contemplation aux vérités les plus sublimes, s'il les réunit, s'il les enchaîne, s'il en forme un tout, un système par la réflexion[1], il établira sur des fondements inébranlables des monuments immortels.

C'est faute de plan, c'est pour n'avoir pas assez réfléchi sur son objet, qu'un homme d'esprit se trouve embarrassé, et ne sait par où commencer à écrire : il aperçoit à la fois un grand nombre d'idées; et comme il ne les a ni comparées ni subordonnées, rien ne le détermine à préférer les unes aux autres; il demeure donc dans la perplexité; mais lorsqu'il se sera fait un plan, lorsqu'une fois il aura rassemblé et mis en ordre toutes les pensées essentielles à son sujet, il s'apercevra aisément de l'instant auquel il doit prendre la plume, il sentira le point de maturité de la production de l'esprit, il sera pressé de la faire éclore, il n'aura même que du plaisir à écrire : les idées se succéderont aisément, et le style sera naturel et facile; la chaleur naîtra de ce plaisir, se répandra partout et donnera de la vie à chaque expression; tout s'animera de plus en plus, le ton s'élèvera, les objets prendront de la couleur, et le sentiment, se joignant à la lumière, l'augmentera, la portera plus loin, la fera passer de ce que l'on dit à ce que l'on va dire, et le style deviendra intéressant et lumineux.

a. Dans ce que j'ai dit ici, j'avais en vue le livre de l'*Esprit des Lois*, ouvrage excellent pour le fond, et auquel on n'a pu faire d'autre reproche que celui des sections trop fréquentes.

1... *S'il s'élève par la contemplation aux vérités les plus sublimes, s'il les réunit, s'il les enchaîne, s'il en forme un tout, un système par la réflexion :* c'est toujours Buffon qui s'étudie lui-même et qui se peint; et dans cette étude, dans ce tableau, tout mérite d'être sérieusement remarqué, car tout est vrai.

Rien ne s'oppose plus à la chaleur, que le désir de mettre partout des traits saillants; rien n'est plus contraire à la lumière qui doit faire un corps et se répandre uniformément dans un écrit, que ces étincelles qu'on ne tire que par force en choquant les mots les uns contre les autres, et qui ne vous éblouissent pendant quelques instants que pour nous laisser ensuite dans les ténèbres. Ce sont des pensées qui ne brillent que par l'opposition, l'on ne présente qu'un côté de l'objet, on met dans l'ombre toutes les autres faces; et ordinairement ce côté qu'on choisit est une pointe, un angle sur lequel on fait jouer l'esprit avec d'autant plus de facilité qu'on l'éloigne davantage des grandes faces sous lesquelles le bon sens a coutume de considérer les choses.

Rien n'est encore plus opposé à la véritable éloquence que l'emploi de ces pensées fines, et la recherche de ces idées légères, déliées, sans consistance, et qui, comme la feuille du métal battu, ne prennent de l'éclat qu'en perdant de la solidité : aussi plus on mettra de cet esprit mince et brillant dans un écrit, moins il aura de nerf, de lumière, de chaleur et de style, à moins que cet esprit ne soit lui-même le fond du sujet, et que l'écrivain n'ait pas eu d'autre objet que la plaisanterie; alors l'art de dire de petites choses devient peut-être plus difficile que l'art d'en dire de grandes.

Rien n'est plus opposé au beau naturel, que la peine qu'on se donne pour exprimer des choses ordinaires ou communes d'une manière singulière ou pompeuse; rien ne dégrade plus l'écrivain. Loin de l'admirer, on le plaint d'avoir passé tant de temps à faire de nouvelles combinaisons de syllabes, pour ne dire que ce que tout le monde dit. Ce défaut est celui des esprits cultivés, mais stériles; ils ont des mots en abondance, point d'idées; ils travaillent donc sur les mots, et s'imaginent avoir combiné des idées, parce qu'ils ont arrangé des phrases, et avoir épuré le langage quand ils l'ont corrompu en détournant les acceptions. Ces écrivains n'ont point de style, ou si l'on veut, ils n'en ont que l'ombre : le style doit graver des pensées; ils ne savent que tracer des paroles.

Pour bien écrire, il faut donc posséder pleinement son sujet, il faut y réfléchir assez pour voir clairement l'ordre de ses pensées, et en former une suite, une chaîne continue, dont chaque point représente une idée; et lorsqu'on aura pris la plume, il faudra la conduire successivement sur ce premier trait, sans lui permettre de s'en écarter, sans l'appuyer trop inégalement, sans lui donner d'autre mouvement que celui qui sera déterminé par l'espace qu'elle doit parcourir. C'est en cela que consiste la sévérité du style, c'est aussi ce qui en fera l'unité et ce qui en réglera la rapidité, et cela seul aussi suffira pour le rendre précis et simple, égal et clair, vif et suivi. A cette première règle dictée par le génie, si l'on joint de la délicatesse et du goût, du scrupule sur le choix des expressions, de l'attention à ne

nommer les choses que par les termes les plus généraux, le style aura de la noblesse. Si l'on y joint encore de la défiance pour son premier mouvement, du mépris pour tout ce qui n'est que brillant, et une répugnance constante pour l'équivoque et la plaisanterie, le style aura de la gravité, il aura même de la majesté : enfin si l'on écrit comme l'on pense, si l'on est convaincu de ce que l'on veut persuader; cette bonne foi avec soi-même, qui fait la bienséance pour les autres et la vérité du style, lui fera produire tout son effet, pourvu que cette persuasion intérieure ne se marque pas par un enthousiasme trop fort, et qu'il y ait partout plus de candeur que de confiance, plus de raison que de chaleur.

C'est ainsi, messieurs, qu'il me semblait en vous lisant que vous me parliez, que vous m'instruisiez : mon âme, qui recueillait avec avidité ces oracles de la sagesse, voulait prendre l'essor et s'élever jusqu'à vous; vains efforts ! Les règles, disiez-vous encore, ne peuvent suppléer au génie; s'il manque, elles seront inutiles : bien écrire, c'est tout à la fois bien penser, bien sentir et bien rendre; c'est avoir en même temps de l'esprit, de l'âme et du goût : le style suppose la réunion et l'exercice de toutes les facultés intellectuelles; les idées seules forment le fond du style, l'harmonie des paroles n'en est que l'accessoire, et ne dépend que de la sensibilité des organes; il suffit d'avoir un peu d'oreille pour éviter les dissonances, et de l'avoir exercée, perfectionnée par la lecture des poëtes et des orateurs, pour que mécaniquement on soit porté à l'imitation de la cadence poétique et des tours oratoires. Or jamais l'imitation n'a rien créé : aussi cette harmonie des mots ne fait ni le fond, ni le ton du style, et se trouve souvent dans des écrits vides d'idées.

Le ton n'est que la convenance du style à la nature du sujet; il ne doit jamais être forcé; il naîtra naturellement du fond même de la chose, et dépendra beaucoup du point de généralité auquel on aura porté ses pensées. Si l'on s'est élevé aux idées les plus générales, et si l'objet en lui-même est grand, le ton paraîtra s'élever à la même hauteur; et si en le soutenant à cette élévation, le génie fournit assez pour donner à chaque objet une forte lumière, si l'on peut ajouter la beauté du coloris [1] à l'énergie du dessin, si l'on peut, en un mot, représenter chaque idée par une image vive et bien terminée, et former de chaque suite d'idées un tableau harmonieux et mouvant, le ton sera non-seulement élevé, mais sublime.

Ici, messieurs, l'application ferait plus que la règle; les exemples instruiraient mieux que les préceptes; mais comme il ne m'est pas permis de citer les morceaux sublimes qui m'ont si souvent transporté en lisant vos

1... *La beauté du coloris.* Les contemporains de Buffon lui donnèrent, d'un commun accord, le titre de grand *coloriste;* et, dit à cette occasion M. Villemain, « si le mot de grand *coloriste,* « inconnu dans la langue de Bossuet et de Racine, signifie quelque chose, on concevra difficilement une plus grande louange pour un écrivain qui veut peindre la nature. »

ouvrages, je suis contraint de me borner à des réflexions. Les ouvrages bien écrits seront les seuls qui passeront à la postérité : la quantité des connaissances, la singularité des faits, la nouveauté même des découvertes ne sont pas de sûrs garants de l'immortalité ; si les ouvrages qui les contiennent ne roulent que sur de petits objets, s'ils sont écrits sans goût, sans noblesse et sans génie, ils périront, parce que les connaissances, les faits et les découvertes s'enlèvent aisément, se transportent, et gagnent même à être mises en œuvre par des mains plus habiles. Ces choses sont hors de l'homme, le style est l'homme même[1] : le style ne peut donc ni s'enlever, ni se transporter, ni s'altérer : s'il est élevé, noble, sublime, l'auteur sera également admiré dans tous les temps ; car il n'y a que la vérité qui soit durable et même éternelle. Or, un beau style n'est tel en effet que par le nombre infini des vérités qu'il présente. Toutes les beautés intellectuelles qui s'y trouvent, tous les rapports dont il est composé, sont autant de vérités aussi utiles, et peut-être plus précieuses pour l'esprit humain, que celles qui peuvent faire le fond du sujet.

Le sublime ne peut se trouver que dans les grands sujets. La poésie, l'histoire et la philosophie ont toutes le même objet, et un très-grand objet, l'homme et la nature. La philosophie décrit et dépeint la nature ; la poésie la peint et l'embellit, elle peint aussi les hommes, elle les agrandit, elle les exagère, elle crée les héros et les dieux : l'histoire ne peint que l'homme, et le peint tel qu'il est ; ainsi le ton de l'historien ne deviendra sublime que quand il fera le portrait des plus grands hommes, quand il exposera les plus grandes actions, les plus grands mouvements, les plus grandes révolutions, et partout ailleurs il suffira qu'il soit majestueux et grave. Le ton du philosophe pourra devenir sublime toutes les fois qu'il parlera des lois de la nature, des êtres en général, de l'espace, de la matière, du mouvement et du temps, de l'âme, de l'esprit humain, des sentiments, des passions ; dans le reste il suffira qu'il soit noble et élevé[2]. Mais le ton de l'orateur et du poëte, dès que le sujet est grand, doit toujours être sublime, parce qu'ils sont les maîtres de joindre à la grandeur de leur sujet autant de couleur, autant de mouvement, autant d'illusion qu'il leur plaît ; et que devant toujours peindre et toujours agrandir les objets, ils doivent aussi partout employer toute la force et déployer toute l'étendue de leur génie.

1. Mot célèbre, et chaque jour répété. *Le style est l'homme même*, et Buffon nous en donne la vraie raison ; c'est que *les autres choses sont hors de l'homme*, et peuvent lui être *enlevées*.

2. C'est le ton de Buffon : *sublime* quand il parle des lois de la nature, des êtres en général, de l'espace, de la matière, du mouvement, du temps, de l'âme, de l'esprit humain ;.... *noble et élevé* dans le reste.

Adresse à Messieurs de l'Académie Française.

Que de grands objets, messieurs, frappent ici mes yeux ! et quel style et quel ton faudrait-il employer pour les peindre et les représenter dignement ? l'élite des hommes est assemblée. La sagesse est à leur tête. La gloire, assise au milieu d'eux, répand ses rayons sur chacun et les couvre tous d'un éclat toujours le même et toujours renaissant. Des traits d'une lumière plus vive encore partent de sa couronne immortelle, et vont se réunir sur le le front auguste du plus puissant et du meilleur des rois[a]. Je le vois, ce héros, ce prince adorable, ce maître si cher. Quelle noblesse dans tous ses traits ! quelle majesté dans toute sa personne ! que d'âme et de douceur naturelle dans ses regards ! il les tourne vers vous, messieurs, et vous brillez d'un nouveau feu, une ardeur plus vive vous embrase; j'entends déjà vos divins accents et les accords de vos voix; vous les réunissez pour célébrer ses vertus, pour chanter ses victoires, pour applaudir à notre bonheur; vous les réunissez pour faire éclater votre zèle, exprimer votre amour, et transmettre à la postérité des sentiments dignes de ce grand prince et de ses descendants. Quels concerts ! ils pénètrent mon cœur; ils seront immortels comme le nom de Louis.

Dans le lointain, quelle autre scène de grands objets ! le génie de la France qui parle à Richelieu, et lui dicte à la fois l'art d'éclairer les hommes et de faire régner les rois. La justice et la science qui conduisent Séguier, et l'élèvent de concert à la première place de leurs tribunaux. La victoire qui s'avance à grands pas, et précède le char triomphal de nos rois, où Louis le Grand, assis sur des trophées, d'une main donne la paix aux nations vaincues, et de l'autre rassemble dans ce palais les muses dispersées. Et près de moi, messieurs, quel autre objet intéressant ! la religion en pleurs, qui vient emprunter l'organe de l'éloquence pour exprimer sa douleur, et semble m'accuser de suspendre trop longtemps vos regrets sur une perte que nous devons tous ressentir avec elle[b].

a. Louis XV, le Bien-Aimé.

b. Celle de M. Languet de Gergy, archevêque de Sens, auquel j'ai succédé à l'Académie Française.

PROJET D'UNE RÉPONSE A M. DE COETLOSQUET

ANCIEN ÉVÊQUE DE LIMOGES, LORS DE SA RÉCEPTION A L'ACADÉMIE FRANÇAISE. [a]

MONSIEUR,

En vous témoignant la satisfaction que nous avons à vous recevoir, je ne ferai pas l'énumération de tous les droits que vous aviez à nos vœux. Il est un petit nombre d'hommes que les éloges font rougir, que la louange déconcerte, que la vérité même blesse, lorsqu'elle est trop flatteuse : cette noble délicatesse qui fait la bienséance du caractère, suppose la perfection de toutes les qualités intérieures. Une âme belle et sans tache, qui veut se conserver dans toute sa pureté, cherche moins à paraître qu'à se couvrir du voile de la modestie : jalouse de ses beautés qu'elle compte par le nombre de ses vertus, elle ne permet pas que le souffle impur des passions étrangères en ternisse le lustre ; imbue de très-bonne heure des principes de la religion, elle en conserve avec le même soin les impressions sacrées ; mais comme ces caractères divins sont gravés en traits de flamme, leur éclat perce et colore de son feu le voile qui nous les dérobait ; alors il brille à tous les yeux et sans les offenser : bien différent de l'éclat de la gloire qui toujours nous frappe par éclairs et souvent nous aveugle, celui de la vertu n'est qu'une lumière bienfaisante qui nous guide, qui nous éclaire et dont les rayons nous vivifient.

Accoutumée à jouir en silence du bonheur attaché à l'exercice de la sagesse, occupée sans relâche à recueillir la rosée céleste de la grâce divine qui seule nourrit la piété, cette âme vertueuse et modeste se suffit à elle-même : contente de son intérieur, elle a peine à se répandre au dehors, elle ne s'épanche que vers Dieu ; la douceur et la paix, l'amour de ses devoirs la remplissent, l'occupent tout entière ; la charité seule a droit de l'émouvoir ; mais alors son zèle quoique ardent est encore modeste, il ne s'annonce que par l'exemple, il porte l'empreinte du sentiment tendre qui le fit naître ; c'est la même vertu seulement devenue plus active.

Tendre piété ! vertu sublime ! vous méritez tous nos respects, vous élevez l'homme au-dessus de son être, vous l'approchez du Créateur, vous en faites sur la terre un habitant des cieux. Divine modestie ! vous méritez

a. Cette réponse devait être prononcée en 1760, le jour de la réception de M. l'évêque de Limoges à l'Académie Française ; mais comme ce prélat se retira pour laisser passer deux hommes de lettres qui aspiraient en même temps à l'Académie, cette réponse n'a été ni prononcée ni imprimée.

tout notre amour; vous faites seule la gloire du sage, vous faites aussi la décence du saint état des ministres de l'autel; vous n'êtes point un sentiment acquis par le commerce des hommes, vous êtes un don du ciel, une grâce qu'il accorde en secret à quelques âmes privilégiées pour rendre la vertu plus aimable : vous rendriez même, s'il était possible, le vice moins choquant; mais jamais vous n'avez habité dans un cœur corrompu, la honte y a pris votre place; elle prend aussi vos traits lorsqu'elle veut sortir de ces replis obscurs où le crime l'a fait naître, elle couvre de votre voile sa confusion, sa bassesse; sous ce lâche déguisement elle ose donc paraître, mais elle soutient mal la lumière du jour; elle a l'œil trouble et le regard louche, elle marche à pas obliques dans des routes souterraines où le soupçon la suit, et lorsqu'elle croit échapper à tous les yeux, un rayon de la vérité luit, il perce le nuage; l'illusion se dissipe, le prestige s'évanouit, le scandale seul reste et l'on voit à nu toutes les difformités du vice grimaçant la vertu.

Mais détournons les yeux; n'achevons pas le portrait hideux de la noire hypocrisie, ne disons pas que quand elle a perdu le masque de la honte elle arbore le panache de l'orgueil, et qu'alors elle s'appelle impudence; ces monstres odieux sont indignes de faire ici contraste dans le tableau des vertus, ils souilleraient nos pinceaux; que la modestie, la piété, la modération, la sagesse soient mes seuls objets et mes seuls modèles; je les vois ces nobles filles du ciel sourire à ma prière, je les vois, chargées de tous leurs dons, s'avancer à ma voix pour les réunir ici sur la même personne : et c'est de vous, monsieur, que je vais emprunter encore des traits vivants qui les caractérisent.

Au peu d'empressement que vous avez marqué pour les dignités, à la contrainte qu'il a fallu vous faire pour vous amener à la cour, à l'espèce de retraite dans laquelle vous continuez d'y vivre, au refus absolu que vous fîtes de l'archevêché de Tours qui vous était offert, aux délais même que vous avez mis à satisfaire les vœux de l'Académie, qui pourrait méconnaître cette modestie pure que j'ai tâché de peindre? l'amour des peuples de votre diocèse, la tendresse paternelle qu'on vous connaît pour eux, les marques publiques qu'ils donnèrent de leur joie lorsque vous refusâtes de les quitter et parûtes plus flatté de leur attachement que de l'éclat d'un siége plus élevé, les regrets universels qu'ils ne cessent de faire encore entendre, ne sont-ils pas les effets les plus évidents de la sagesse, de la modération, du zèle charitable, et ne supposent-ils pas le talent rare de se concilier les hommes en les conduisant? talent qui ne peut s'acquérir que par une connaissance parfaite du cœur humain, et qui cependant paraît vous être naturel, puisqu'il s'est annoncé dès les premiers temps, lorsque, formé sous les yeux de M. le cardinal de La Rochefoucauld, vous eûtes sa confiance et celle de tout son diocèse; talent peut-être le plus nécessaire

de tous pour le succès de l'éducation des princes, car ce n'est en effet qu'en se conciliant leur cœur que l'on peut le former.

Vous êtes maintenant à portée, monsieur, de le faire valoir, ce talent précieux; il peut devenir entre vos mains l'instrument du bonheur des hommes; nos jeunes princes sont destinés à être quelque jour leurs maîtres ou leurs modèles, ils font déjà l'amour de la nation; leur auguste père vous honore de toute sa confiance; sa tendresse d'autant plus active, d'autant plus éclairée qu'elle est plus vive et plus vraie, ne s'est point méprise: que faut-il de plus pour faire applaudir à son discernement et pour justifier son choix? Il vous a préposé, monsieur, à cette éducation si chère, certain que ses augustes enfants vous aimeraient puisque vous êtes universellement aimé..... universellement aimé; à ce seul mot, que je ne crains point de répéter, vous sentez, monsieur, combien je pourrais étendre, élever mes éloges; mais je vous ai promis d'avance toute la discrétion que peut exiger la délicatesse de votre modestie; je ne puis néanmoins vous quitter encore, ni passer sous silence un fait qui seul prouverait tous les autres, et dont le simple récit a pénétré mon cœur : c'est ce triste et dernier devoir que, malgré la douleur qui déchirait votre âme, vous rendîtes, avec tant d'empressement et de courage, à la mémoire de M. le cardinal de La Rochefoucauld; il vous avait donné les premières leçons de la sagesse, il avait vu germer et croître vos vertus par l'exemple des siennes, il était, si j'ose m'exprimer ainsi, le père de votre âme; et vous, monsieur, vous aviez pour lui plus que l'amour d'un fils : une constance d'attachement qui ne fut jamais altérée, une reconnaissance si profonde, qu'au lieu de diminuer avec le temps, elle a paru toujours s'augmenter pendant la vie de votre illustre ami, et que, plus vive encore après son décès, ne pouvant plus la contenir, vous la fîtes éclater en allant mêler vos larmes à celles de tout son diocèse, et prononcer son éloge funèbre, pour arracher au moins quelque chose à la mort en ressuscitant ses vertus.

Vous venez aussi, monsieur, de jeter des fleurs immortelles sur le tombeau du prélat auquel vous succédez; quand on aime autant la vertu, on sait la reconnaître partout, et la louer sous toutes les faces qu'elle peut présenter : unissons nos regrets à vos éloges.....

Le reste de ce discours manque, les circonstances ayant changé. M. l'ancien évêque de Limoges aurait même voulu qu'il fût supprimé en entier; j'ai fait ce que j'ai pu pour le satisfaire, mais l'ouvrage étant trop avancé, et les premières feuilles tirées, je n'ai pu supprimer cette partie du Discours, et je la laisse comme un hommage rendu à la piété, à la vertu et à la vérité.

RÉPONSE A M. WATELET,

LE JOUR DE SA RÉCEPTION A L'ACADÉMIE FRANÇAISE, LE SAMEDI 19 JANVIER 1761.

MONSIEUR,

Si jamais il y eut dans une compagnie un deuil de cœur, général et sincère, c'est celui de ce jour. M. de Mirabaud auquel vous succédez, monsieur, n'avait ici que des amis, quelque digne qu'il fût d'y avoir des rivaux : souffrez donc que le sentiment qui nous afflige paraisse le premier, et que les motifs de nos regrets précèdent les raisons qui peuvent nous consoler. M. de Mirabaud, votre confrère et votre ami, messieurs, a tenu pendant près de vingt ans la plume sous vos yeux; il était plus qu'un membre de notre corps, il en était le principal organe; occupé tout entier du service et de la gloire de l'Académie, il lui avait consacré et ses jours et ses veilles; il était, dans votre cercle, le centre auquel se réunissaient vos lumières qui ne perdaient rien de leur éclat en passant par sa plume : connaissant par un si long usage toute l'utilité de sa place pour les progrès de vos travaux académiques, il n'a voulu la quitter, cette place qu'il remplissait si bien, qu'après vous avoir désigné, messieurs, celui d'entre vous que vous avez tous jugé convenir le mieux[a], et qui joint en effet à tous les talents de l'esprit cette droiture délicate qui va jusqu'au scrupule dès qu'il s'agit de remplir ses devoirs. M. de Mirabaud a joui lui-même de ce bien qu'il nous a fait; il a eu la satisfaction, pendant ses dernières années, de voir les premiers fruits de cet heureux choix. Le grand âge n'avait point affaissé l'esprit, il n'avait altéré ni ses sens ni ses facultés intérieures; les tristes impressions du temps ne s'étaient marquées que par le desséchement du corps : à quatre-vingt-six ans, M. de Mirabaud avait encore le feu de la jeunesse et la sève de l'âge mûr; une gaieté vive et douce, une sérénité d'âme, une aménité de mœurs qui faisaient disparaître la vieillesse, ou ne la laissaient voir qu'avec cette espèce d'attendrissement qui suppose bien plus que du respect. Libre de passions et sans autres liens que ceux de l'amitié, il était plus à ses amis qu'à lui-même; il a passé sa vie dans une société dont il faisait les délices, société douce quoique intime, que la mort seule a pu dissoudre.

Ses ouvrages portent l'empreinte de son caractère : plus un homme est honnête, et plus ses écrits lui ressemblent. M. de Mirabaud joignait toujours le sentiment à l'esprit, et nous aimons à le lire comme nous aimions

a. M. Duclos a succédé à M. de Mirabaud, dans la place de secrétaire de l'Académie Française.

à l'entendre; mais il avait si peu d'attachement pour ses productions, il craignait si fort et le bruit et l'éclat, qu'il a sacrifié celles qui pouvaient le plus contribuer à sa gloire. Nulle prétention, malgré son mérite éminent, nul empressement à se faire valoir, nul penchant à parler de soi, nul désir, ni apparent ni caché, de se mettre au-dessus des autres; ses propres talents n'étaient à ses yeux que des droits qu'il avait acquis pour être plus modeste, et il paraissait n'avoir cultivé son esprit que pour élever son âme et perfectionner ses vertus.

Vous, monsieur, qui jugez si bien de la vérité des peintures, auriez-vous saisi tous les traits qui vous sont communs avec votre prédécesseur dans l'esquisse que je viens de tracer? Si l'art que vous avez chanté pouvait s'étendre jusqu'à peindre les âmes, nous verrions d'un coup d'œil ces ressemblances heureuses que je ne puis qu'indiquer; elles consistent également et dans ces qualités du cœur si précieuses à la société, et dans ces talents de l'esprit qui vous ont mérité nos suffrages. Toute grande qu'est notre perte, vous pouvez donc, monsieur, plus que la réparer: vous venez d'enrichir les arts et notre langue d'un ouvrage[1] qui suppose, avec la perfection du goût, tant de connaissances différentes, que vous seul peut-être en possédez les rapports et l'ensemble; vous seul, et le premier, avez osé tenter de représenter par des sons harmonieux les effets des couleurs; vous avez essayé de faire pour la peinture ce qu'Horace fit pour la poésie, *un monument plus durable que le bronze.* Rien ne garantira des outrages du temps ces tableaux précieux des Raphaël, des Titien, des Corrège; nos arrière-neveux regretteront ces chefs-d'œuvre comme nous regrettons nous-mêmes ceux des Zeuxis et des Apelles : si vos leçons savantes sont d'un si grand prix pour nos jeunes artistes, que ne vous devront pas dans les siècles futurs l'art lui-même, et ceux qui le cultiveront? Au feu de vos lumières ils pourront réchauffer leur génie, ils retrouveront au moins, dans la fécondité de vos principes et dans la sagesse de vos préceptes, une partie des secours qu'ils auraient tirés de ces modèles sublimes, qui ne subsisteront plus que par la renommée.

1. Le poëme de *l'Art de peindre,* publié en 1760.

RÉPONSE A M. DE LA CONDAMINE,

LE JOUR DE SA RÉCEPTION A L'ACADÉMIE FRANÇAISE, LE LUNDI 21 JANVIER 1761.

MONSIEUR,

Du génie pour les sciences, du goût pour la littérature, du talent pour écrire; de l'ardeur pour entreprendre, du courage pour exécuter, de la constance pour achever; de l'amitié pour vos rivaux, du zèle pour vos amis, de l'enthousiasme pour l'humanité : voilà ce que vous connaît un ancien ami, un confrère de trente ans, qui se félicite aujourd'hui de le devenir pour la seconde fois[a].

Avoir parcouru l'un et l'autre hémisphère, traversé les continents et les mers, surmonté les sommets sourcilleux de ces montagnes embrasées, où des glaces éternelles bravent également et les feux souterrains et les ardeurs du midi; s'être livré à la pente précipitée de ces cataractes écumantes, dont les eaux suspendues semblent moins rouler sur la terre que descendre des nues; avoir pénétré dans ces vastes déserts, dans ces solitudes immenses où l'on trouve à peine quelques vestiges de l'homme, où la nature, accoutumée au plus profond silence, dut être étonnée de s'entendre interroger pour la première fois[1]; avoir plus fait, en un mot, par le seul motif de la gloire des lettres, que l'on ne fit jamais par la soif de l'or : voilà ce que connaît de vous l'Europe, et ce que dira la postérité.

Mais n'anticipons ni sur les espaces ni sur les temps : vous savez que le siècle où l'on vit est sourd, que la voix du compatriote est faible; laissons donc à nos neveux le soin de répéter ce que dit de vous l'étranger, et bornez aujourd'hui votre gloire à celle d'être assis parmi nous.

La mort met cent ans de distance entre un jour et l'autre; louons de concert le prélat auquel vous succédez[b], sa mémoire est digne de nos éloges, sa personne digne de nos regrets. Avec de grands talents pour les

a. J'étais depuis très-longtemps confrère de M. de La Condamine à l'Académie des Sciences.

b. M. de La Condamine succéda à l'Académie Française, à M. de Vauréal, évêque de Rennes.

1. Vicq-d'Azyr nous raconte que, lorsque, dans sa réponse à La Condamine, Buffon arriva à ce passage, où il le peint voyageant « sur ces monts sourcilleux que couvrent des glaces « éternelles, dans ces vastes solitudes où la nature, accoutumée au plus profond silence, dut « être étonnée de s'entendre interroger pour la première fois, » l'auditoire fut frappé de cette grande image, et demeura pendant quelques instants dans le recueillement, avant d'applaudir. (*Éloge de Buffon. Discours à l'Acad. franç.*)

négociations, il avait la volonté de bien servir l'État : volonté dominante dans M. de Vauréal, et qui dans tant d'autres n'est que subordonnée à l'intérêt personnel. Il joignait à une grande connaissance du monde le dédain de l'intrigue; au désir de la gloire, l'amour de la paix qu'il a maintenue dans son diocèse, même dans les temps les plus orageux. Nous lui connaissions cette éloquence naturelle, cette force de discours, cette heureuse confiance, qui souvent sont nécessaires pour ébranler, pour émouvoir; et en même temps cette facilité à revenir sur soi-même, cette espèce de bonne foi si séante, qui persuade encore mieux, et qui seule achève de convaincre. Il laissait paraître ses talents et cachait ses vertus; son zèle charitable s'étendait en secret à tous les indigents; riche par son patrimoine et plus encore par les grâces du Roi, dont nous ne pouvons trop admirer la bonté bienfaisante, M. de Vauréal sans cesse faisait du bien, et le faisait en grand : il donnait sans mesure, il donnait en silence, il servait ardemment, il servait sans retour personnel, et jamais ni les besoins du faste, si pressants à la cour, ni la crainte si fondée de faire des ingrats, n'ont balancé dans cette âme généreuse le sentiment plus noble d'aider aux malheureux.

RÉPONSE A M. LE CHEVALIER DE CHATELUX,

LE JOUR DE SA RÉCEPTION A L'ACADÉMIE FRANÇAISE, LE JEUDI 27 AVRIL 1775.

Monsieur,

On ne peut qu'accueillir avec empressement quelqu'un qui se présente avec autant de grâce : le pas que vous avez fait en arrière, sur le seuil de ce temple, vous a fait couronner avant d'entrer au sanctuaire[a]; vous veniez à nous, et votre modestie nous a mis dans le cas d'aller tous au-devant; arrivez en triomphe, et ne craignez pas que j'afflige cette vertu qui vous est chère; je vais même la satisfaire en blâmant à vos yeux ce qui seul peut la faire rougir.

La louange publique, signe éclatant du mérite, est une monnaie plus précieuse que l'or, mais qui perd son prix et même devient vile lorsqu'on la convertit en effets de commerce. Subissant autant de déchet par le change,

a. M. le chevalier de Chatelux, qui était désiré par l'Académie, et qui en conséquence s'était présenté, se retira pour engager M. de Malesherbes à passer avant lui.

que le métal, signe de notre richesse, acquiert de valeur par la circulation, la louange réciproque, nécessairement exagérée, n'offre-t-elle pas un commerce suspect entre particuliers, et peu digne d'une Compagnie dans laquelle il doit suffire d'être admis pour être assez loué? Pourquoi les voûtes de ce lycée ne forment-elles jamais que des échos multipliés d'éloges retentissants? pourquoi ces murs, qui devraient être sacrés, ne peuvent-ils nous rendre le ton modeste et la parole de la vérité? une couche antique d'encens brûlé revêt leurs parois et les rend sourds à cette parole divine qui ne frappe que l'âme! S'il faut étonner l'ouïe, s'il faut les éclats de la trompette pour se faire entendre, je ne le puis, et ma voix dût-elle se perdre sans effet, ne blessera pas au moins cette vérité sainte que rien n'afflige plus, après la calomnie, que la fausse louange.

Comme un bouquet de fleurs assorties, dont chacune brille de ses couleurs et porte son parfum, l'éloge doit présenter les vertus, les talents, les travaux de l'homme célébré. Qu'on passe sous silence les vices, les défauts, les erreurs, c'est retrancher du bouquet les feuilles desséchées, les herbes épineuses et celles dont l'odeur serait désagréable. Dans l'histoire, ce silence mutile la vérité; il ne l'offense pas dans l'éloge. Mais la vérité ne permet ni les jugements de mauvaise foi, ni les fausses adulations; elle se révolte contre ces mensonges colorés auxquels on fait porter son masque. Bientôt elle fait justice de toutes ces réputations éphémères fondées sur le commerce et l'abus de la louange, portant d'une main l'éponge de l'oubli et de l'autre le burin de la gloire, elle efface sous nos yeux les caractères du prestige, et grave pour la postérité les seuls traits qu'elle doit consacrer.

Elle sait que l'éloge doit non-seulement couronner le mérite, mais le faire germer : par ces nobles motifs elle a cédé partie de son domaine; le panégyriste doit se taire sur le mal moral, exalter le bien, présenter les vertus dans leur plus grand éclat (mais les talents dans leur vrai jour), et les travaux accompagnés, comme les vertus, de ces rayons de gloire dont la chaleur vivifiante fait naître le désir d'imiter les unes et le courage pour égaler les autres : toutefois en mesurant les forces de notre faible nature, qui s'effraierait à la vue d'une vertu gigantesque et prend pour un fantôme tout modèle trop grand ou trop parfait.

L'éloge d'un souverain sera suffisamment grand, quoique simple, si l'on peut prononcer comme une vérité reconnue : *Notre roi veut le bien et désire d'être aimé;* la toute-puissance, compagne de sa volonté, ne se déploie que pour augmenter le bonheur de ses peuples; dans l'âge de la dissipation, il s'occupe avec assiduité; son application aux affaires annonce l'ordre et la règle; l'attention sérieuse de l'esprit, qualité si rare dans la jeunesse, semble être un don de naissance qu'il a reçu de son auguste père, et la justesse de son discernement n'est-elle pas démontrée par les faits? Il

a choisi pour coopérateur le plus ancien, le plus vertueux et le plus éclairé de ses hommes d'État [a], grand ministre, éprouvé par les revers, dont l'âme pure et ferme ne s'est pas plus affaissée sous la disgrâce qu'enflée par la faveur. Mon cœur palpite au nom du créateur de mes ouvrages, et ne se calme que par le sentiment du repos le plus doux ; c'est que, comblé de gloire, il est au-dessus de mes éloges. Ici, j'invoque encore la vérité ; loin de me démentir, elle approuvera tout ce que je viens de prononcer, elle pourrait même m'en dicter davantage.

Mais, dira-t-on, l'éloge en général ayant la vérité pour base, et chaque louange portant son caractère propre, le faisceau réuni de ces traits glorieux ne sera pas encore un trophée ; on doit l'orner de franges, le serrer d'une chaîne de brillants ; car il ne suffit pas qu'on ne puisse le délier ou le rompre, il faut de plus le faire accueillir, admirer, applaudir, et que l'acclamation publique, étouffant le murmure de ces hommes dédaigneux ou jaloux, confirme ou justifie la voix de l'orateur. Or l'on manque ce but, si l'on présente la vérité sans parure et trop nue. Je l'avoue, mais ne vaut-il pas mieux sacrifier ce petit bien frivole au grand et solide honneur de transmettre à la postérité les portraits ressemblants de nos contemporains? Elle les jugera par leurs œuvres, et pourrait démentir nos éloges.

Malgré cette rigueur que je m'impose ici, je me trouve fort à mon aise avec vous, monsieur : actions brillantes, travaux utiles, ouvrages savants, tout se présente à la fois, et comme une tendre amitié m'attache à vous de tous les temps, je parlerai de votre personne avant d'exposer vos talents. Vous fûtes le premier d'entre nous qui ait eu le courage de braver le préjugé contre l'inoculation ; seul, sans conseil, à la fleur de l'âge, mais décidé par maturité de raison, vous fîtes sur vous-même l'épreuve qu'on redoutait encore ; grand exemple parce qu'il fut le premier, parce qu'il a été suivi par des exemples plus grands encore, lesquels ont rassuré tous les cœurs des Français sur la vie de leurs princes adorés. Je fus aussi le premier témoin de votre heureux succès : avec quelle satisfaction je vous vis arriver de la campagne portant les impressions récentes qui ne me parurent que des stigmates de courage. Souvenez-vous de cet instant! l'hilarité peinte sur votre visage, en couleurs plus vives que celle du mal, vous me dîtes : *Je suis sauvé, et mon exemple en sauvera bien d'autres.*

Ce dernier mot peint votre âme ; je n'en connais aucune qui ait un zèle plus ardent pour le bonheur de l'humanité. Vous teniez la lampe sacrée de ce noble enthousiasme lorsque vous conçûtes le projet de votre ouvrage sur la félicité publique. Ouvrage de votre cœur, avec quelle affection n'y

a. M. le comte de Maurepas.

présentez-vous pas le tableau successif des malheurs du genre humain? avec quelle joie vous saisissez les courts intervalles de son bonheur ou plutôt de sa tranquillité! Ouvrage de votre esprit, que de vues saines, que d'idées approfondies, que de combinaisons aussi délicates que difficiles, j'ose le dire, si votre livre pèche c'est par trop de mérite : l'immense érudition que vous y avez déployée couvre d'une forte draperie les objets principaux. Cependant cette grande érudition, qui seule suffirait pour vous donner des titres auprès de toutes les Académies, vous était nécessaire comme preuve de vos recherches; vous avez puisé vos connaissances aux sources mêmes du savoir, et suivant pas à pas les auteurs contemporains, vous avez présenté la condition des hommes et l'état des nations sous leur vrai point de vue, mais avec cette exactitude scrupuleuse et ces pièces justificatives qui rebutent tout lecteur léger et supposent dans les autres une forte attention. Lorsqu'il vous plaira donc donner une nouvelle culture à votre riche fonds, vous pourrez arracher ces épines qui couvrent une partie de vos plus beaux terrains, et vous n'offrirez plus qu'une vaste terre émaillée de fleurs et chargée de fruits que tout homme de goût s'empressera de cueillir. Je vais vous citer à vous-même pour exemple.

Quelle lecture plus instructive, pour les amateurs des arts, que celle de votre *Essai sur l'union de la poésie et de la musique !* C'est encore au bonheur public que cet ouvrage est consacré; il donne le moyen d'augmenter les plaisirs purs de l'esprit par le chatouillement innocent de l'oreille; une idée mère et neuve s'y développe avec grâce dans toute son étendue; il doit y avoir du style en musique, chaque air doit être fondé sur un motif, sur une idée principale relative à quelque objet sensible, et l'union de la musique à la poésie ne peut être parfaite qu'autant que le poëte et le musicien conviendront d'avance de représenter la même idée, l'un par des mots et l'autre par des sons. C'est avec toute confiance que je renvoie les gens de goût à la démonstration de cette vérité et aux charmants exemples que vous en avez donnés.

Quelle autre lecture plus agréable que celle des éloges de ces illustres guerriers, vos amis, vos émules, et que par modestie vous appelez vos maîtres? Destiné par votre naissance à la profession des armes, comptant dans vos ancêtres de grands militaires, des hommes d'État plus grands encore, parce qu'ils étaient en même temps très-grands hommes de lettres[1], vous avez été poussé, par leur exemple, dans les deux carrières, et vous vous êtes annoncé d'abord avec distinction dans celle de la guerre. Mais votre cœur de paix, votre esprit de patriotisme et votre amour pour l'humanité, vous prenaient tous les moments que le devoir vous laissait; et, pour ne pas trop s'éloigner de ce devoir sacré d'état, vos premiers travaux

1. Mot digne d'être remarqué, et qui fait autant d'honneur à Buffon qu'aux lettres.

littéraires ont été des éloges militaires; je ne citerai que celui de M. le baron de Closen, et je demande si ce n'est pas une espèce de modèle en ce genre?

Et le discours que nous venons d'entendre n'est-il pas un nouveau fleuron que l'on doit ajouter à vos anciens blasons? la main du goût va le placer, puisque c'est son ouvrage, elle le mettra sans doute au-dessus de vos autres couronnes.

Je vous quitte à regret, monsieur, mais vous succédez à un digne académicien qui mérite aussi des éloges, et d'autant plus qu'il les recherchait moins; sa mémoire, honorée par tous les gens de bien, nous est chère en particulier, par son respect constant pour cette Compagnie : M. de Châteaubrun, homme juste et doux, pieux, mais tolérant, sentait, savait que l'empire des lettres ne peut s'accroître et même se soutenir que par la liberté; il approuvait donc tout assez volontiers et ne blâmait rien qu'avec discrétion; jamais il n'a rien fait que dans la vue du bien, jamais rien dit qu'à bonne intention; mais il faudrait faire ici l'énumération de toutes les vertus morales et chrétiennes pour présenter en détail celles de M. de Châteaubrun. Il avait les premières par caractère, et les autres par le plus grand exemple de ce siècle en ce genre, l'exemple du prince aïeul de son auguste élève : guidé dans cette éducation par l'un de nos plus respectables confrères, et soutenu par son ancien et constant dévouement à cette grande maison, il a eu la satisfaction de jouir pendant quatre générations, et plus de soixante ans, de la confiance et de toute l'estime de ces illustres protecteurs.

Cultivant les belles-lettres autant par devoir que par goût, il a donné plusieurs pièces de théâtre : les *Troyennes* et *Philoctète* ont fait verser assez de larmes pour justifier l'éloge que nous faisons de ses talents; sa vertu tirait parti de tout; elle perce à travers les noires perfidies et les superstitions que présente chaque scène; ses offrandes n'en sont pas moins pures, ses victimes moins innocentes, et même ses portraits n'en sont que plus touchants : j'ai admiré sa piété profonde par le transport qu'il en fait aux ministres des faux dieux. Thestor, grand prêtre des Troyens, peint par M. de Châteaubrun, semble être environné de cette lumière surnaturelle qui le rendrait digne de desservir les autels du vrai Dieu. Et telle est en effet la force d'une âme vivement affectée de ce sentiment divin, qu'elle le porte au loin et le répand sur tous les objets qui l'environnent. Si M. de Châteaubrun a supprimé, comme on l'assure, quelques pièces très-dignes de voir le jour, c'est sans doute parce qu'il ne leur a pas trouvé une assez forte teinture de ce sentiment auquel il voulait subordonner tous les autres. Dans cet instant, messieurs, je voudrais moi-même y conformer le mien; je sens néanmoins que ce serait faire la vie d'un saint, plutôt que l'éloge d'un académicien; il est mort à quatre-vingt-treize ans : je viens de perdre mon

père précisément au même âge[1] : il était comme M. de Châteaubrun, plein de vertus et d'années ; les regrets permettent la parole, mais la douleur est muette.

RÉPONSE A M. LE MARÉCHAL DUC DE DURAS,

LE JOUR DE SA RÉCEPTION A L'ACADÉMIE FRANÇAISE, LE 15 MAI 1775.

MONSIEUR,

Aux lois que je me suis prescrites sur l'éloge dans le discours précédent il faut ajouter un précepte également nécessaire : c'est que les convenances doivent y être senties et jamais violées ; le sentiment qui les annonce doit régner partout, et vous venez, monsieur, de nous en donner l'exemple. Mais ce tact attentif de l'esprit, qui fait sentir les nuances des fines bienséances, est-il un talent ordinaire qu'on puisse communiquer, ou plutôt n'est-il pas le dernier résultat des idées, l'extrait des sentiments d'une âme exercée sur des objets que le talent ne peut saisir ?

La nature donne la force du génie, la trempe du caractère et le moule du cœur : l'éducation ne fait que modifier le tout ; mais le goût délicat, le tact fin d'où naît ce sentiment exquis, ne peuvent s'acquérir que par un grand usage du monde dans les premiers rangs de la société. L'usage des livres, la solitude, la contemplation des œuvres de la nature, l'indifférence sur le mouvement du tourbillon des hommes, sont au contraire les seuls éléments de la vie du philosophe. Ici l'homme de cour a donc le plus grand avantage sur l'homme de lettres ; il louera mieux et plus convenablement son prince et les grands, parce qu'il les connaît mieux, parce que mille fois il a senti, saisi ces rapports fugitifs que je ne fais qu'entrevoir.

Dans cette Compagnie nécessairement composée de l'élite des hommes en tout genre, chacun devrait être jugé et loué par ses pairs ; notre formule en ordonne autrement ; nous sommes presque toujours au-dessus ou au-dessous de ceux que nous avons à célébrer ; néanmoins il faut être de niveau pour se bien connaître ; il faudrait avoir les mêmes talents pour se juger sans méprise. Par exemple, j'ignore le grand art des négociations, et vous le possédez ; vous l'avez exercé, monsieur, avec tout succès ; je puis le dire. Mais il m'est impossible de vous louer par le détail des choses qui vous flatteraient le plus : je sais seulement, avec le public, que vous avez

1. Souvenir bien naturel, et qui nous touche profondément, parce qu'il nous montre le *bon fils* dans le *grand homme*.

maintenu pendant plusieurs années, dans des temps difficiles, l'intimité de l'union entre les deux plus grandes puissances de l'Europe; je sais que, devant nous représenter auprès d'une nation fière, vous y avez porté cette dignité qui se fait respecter, et cette aménité qu'on aime d'autant plus qu'elle se dégrade moins. Fidèle aux intérêts de votre souverain, zélé pour sa gloire, jaloux de l'honneur de la France; sans prétention sur celui de l'Espagne, sans mépris des usages étrangers, connaissant également les différents objets de la gloire des deux peuples, vous en avez augmenté l'éclat en les réunissant.

Représenter dignement sa nation sans choquer l'orgueil de l'autre; maintenir ses intérêts par la simple équité, porter en tout justice, bonne foi, discrétion, gagner la confiance par de si beaux moyens; l'établir sur des titres plus grands encore, sur l'exercice des vertus, me paraît un champ d'honneur si vaste, qu'en vous en ôtant une partie pour la donner à votre noble compagne d'ambassade, vous n'en serez ni jaloux ni moins riche. Quelle part n'a-t-elle pas eue à tous vos actes de bienfaisance! votre mémoire et la sienne seront à jamais consacrées dans les fastes de l'humanité, par le seul trait que je vais rapporter.

La stérilité, suivie de la disette, avait amené le fléau de la famine jusque dans la ville de Madrid. Le peuple mourant levait les mains au ciel pour avoir du pain. Les secours du gouvernement, trop faibles ou trop lents, ne diminuaient que d'un degré cet excès de misère; vos cœurs compatissants vous la firent partager. Des sommes considérables, même pour votre fortune, furent employées par vos ordres à acheter des grains au plus haut prix, pour les distribuer aux pauvres: les soulager en tout temps, en tout pays, c'est professer l'amour de l'humanité, c'est exercer la première et la plus haute de toutes les vertus: vous en eûtes la seule récompense qui soit digne d'elle; le soulagement du peuple fut assez senti pour qu'au Prado sa morne tristesse, à l'aspect de tous les autres objets, se changeât tout à coup en signes de joie et en cris d'allégresse à la vue de ses bienfaiteurs; plusieurs fois tous deux applaudis et suivis par des acclamations de reconnaissance, vous avez joui de ce bien, plus grand que tous les autres biens, de ce bonheur divin que les cœurs vertueux sont seuls en état de sentir.

Vous l'avez rapporté parmi nous, monsieur, ce cœur plein d'une noble bonté. Je pourrais appeler en témoignage une province entière qui ne démentirait pas mes éloges; mais je ne puis les terminer sans parler de votre amour pour les lettres, et de votre prévenance pour ceux qui les cultivent; c'est donc avec un sentiment unanime que nous applaudissons à nos propres suffrages: en nous nommant un confrère, nous acquérons un ami; soyons toujours, comme nous le sommes aujourd'hui, assez heureux dans nos choix, pour n'en faire aucun qui n'illustre les lettres.

Les lettres ! chers et dignes objets de ma passion la plus constante[1], que j'ai de plaisir à vous voir honorées ! que je me féliciterais si ma voix pouvait y contribuer ! mais c'est à vous, messieurs, qui maintenez leur gloire, à en augmenter les honneurs; je vais seulement tâcher de seconder vos vues en proposant aujourd'hui ce qui depuis longtemps fait l'objet de nos vœux.

Les lettres, dans leur état actuel, ont plus besoin de concorde que de protection ; elles ne peuvent être dégradées que par leurs propres dissensions. L'empire de l'opinion n'est-il donc pas assez vaste pour que chacun puisse y habiter en repos? pourquoi se faire la guerre! eh, messieurs, nous demandons la tolérance, accordons-la donc, exerçons-la pour en donner l'exemple. Ne nous identifions pas avec nos ouvrages; disons qu'ils ont passé par nous, mais qu'ils ne sont pas nous; séparons-en notre existence morale; fermons l'oreille aux aboiements de la critique : au lieu de défendre ce que nous avons fait, recueillons nos forces pour faire mieux; ne nous célébrons jamais entre nous que par l'approbation; ne nous blâmons que par le silence; ne faisons ni tourbe, ni coterie; et que chacun, poursuivant la route que lui fraie son génie, puisse recueillir sans trouble le fruit de son travail. Les lettres prendront alors un nouvel essor, et ceux qui les cultivent un plus haut degré de considération : ils seront généralement révérés par leurs vertus, autant qu'admirés par leurs talents.

Qu'un militaire du haut rang, un prélat en dignité, un magistrat en vénération[a], célèbrent avec pompe les lettres et les hommes dont les ouvrages marquent le plus dans la littérature; qu'un ministre affable et bien intentionné les accueille avec distinction, rien n'est plus convenable, je dirais rien de plus honorable pour eux-mêmes, parce que rien n'est plus patriotique. Que les grands honorent le mérite en public, qu'ils exposent nos talents[2] au grand jour, c'est les étendre et les multiplier : mais qu'entre eux les gens de lettres se suffoquent d'encens ou s'inondent de fiel, rien de moins honnête, rien de plus préjudiciable en tout temps, en tous lieux : rappelons-nous l'exemple de nos premiers maîtres, ils ont eu l'ambition insensée de vouloir faire secte. La jalousie des chefs, l'enthousiasme des disciples, l'opiniâtreté des sectaires ont semé la discorde et produit tous les maux qu'elle entraîne à sa suite. Ces sectes sont tombées comme elles étaient nées, victimes de la même passion qui les avait enfantées; et rien n'a survécu : l'exil de la sagesse, le retour de l'ignorance, ont été les seuls et tristes

a. M. de Malesherbes, à sa réception à l'Académie, venait de faire un très-beau discours à l'honneur des gens de lettres.

1. Nobles paroles: mais que Buffon a bien le droit de les prononcer!

2. *Nos talents.* Buffon n'a jamais connu la fausse modestie : son âme était aussi simple que grande.

fruits de ces chocs de vanité, qui, même par leurs succès, n'aboutissent qu'au mépris.

Le digne académicien auquel vous succédez, Monsieur, peut nous servir de modèle et d'exemple par son respect constant pour la réputation de ses confrères, par sa liaison intime avec ses rivaux : M. de Belloy était un homme de paix, amant de la vertu, zélé pour sa patrie, enthousiaste de cet amour national qui nous attache à nos rois. Il est le premier qui l'ait présenté sur la scène, et qui, sans le secours de la fiction, ait intéressé la nation pour elle-même par la seule force de la vérité de l'histoire. Jusqu'à lui presque toutes nos pièces de théâtre sont dans le costume antique, où les dieux méchants, leurs ministres fourbes, leurs oracles menteurs, et des rois cruels jouent les principaux rôles; les perfidies, les superstitions et les atrocités remplissent chaque scène : qu'étaient les hommes soumis alors à de pareils tyrans? comment, depuis Homère, tous les poëtes se sont-ils servilement accordés à copier le tableau de ce siècle barbare? pourquoi nous exposer les vices grossiers de ces peuplades encore à demi sauvages, dont même les vertus pourraient produire le crime? pourquoi nous présenter des scélérats pour des héros, et nous peindre éternellement de petits oppresseurs d'une ou deux bourgades comme de grands monarques? ici l'éloignement grossit donc les objets, plus que dans la nature il ne les diminue. J'admire cet art illusoire qui m'a souvent arraché des larmes pour des victimes fabuleuses ou coupables; mais cet art ne serait-il pas plus vrai, plus utile, et bientôt plus grand, si nos hommes de génie l'appliquaient, comme M. de Belloy, aux grands personnages de notre nation?

Le siége de Calais et le siége de Troie ! quelle comparaison, diront les gens épris de nos poëtes tragiques? les plus beaux esprits, chacun dans leur siècle, n'ont-ils pas rapporté leurs principaux talents à cette ancienne et brillante époque à jamais mémorable? Que pouvons-nous mettre à côté de Virgile et de nos maîtres modernes, qui tous ont puisé à cette source commune? tous ont fouillé les ruines et recueilli les débris de ce siége fameux pour y trouver les exemples des vertus guerrières, et en tirer les modèles des princes et des héros; les noms de ces héros ont été répétés, célébrés tant de fois, qu'ils sont plus connus que ceux des grands hommes de notre propre siècle.

Cependant ceux-ci sont ou seront consacrés par l'histoire, et les autres ne sont fameux que par la fiction; je le répète, quels étaient ces princes? que pouvaient être ces prétendus héros? qu'étaient même ces peuples Grecs ou Troyens? quelles idées avaient-ils de la gloire des armes, idées qui néanmoins sont malheureusement les premières développées dans tout peuple sauvage? ils n'avaient pas même la notion de l'honneur, et s'ils connaissaient quelques vertus, c'étaient des vertus féroces qui excitent plus d'horreur que d'admiration. Cruels par superstition autant que par instinct,

rebelles par caprice ou soumis sans raison, atroces dans les vengeances, glorieux par le crime, les plus noirs attentats donnaient la plus haute célébrité. On transformait en héros un être farouche, sans âme, sans esprit, sans autre éducation que celle d'un lutteur ou d'un coureur; nous refuserions aujourd'hui le nom d'hommes à ces espèces de monstres dont on faisait des dieux.

Mais que peut indiquer cette imitation, ce concours successif des poëtes à toujours présenter l'héroïsme sous les traits de l'espèce humaine encore informe? que prouve cette présence éternelle des acteurs d'Homère sur notre scène, sinon la puissance immortelle d'un premier génie sur les idées de tous les hommes? Quelque sublimes que soient les ouvrages de ce père des poëtes, ils lui font moins d'honneur que les productions de ses descendants qui n'en sont que les gloses brillantes ou de beaux commentaires. Nous ne voulons rien ôter à leur gloire, mais, après trente siècles des mêmes illusions, ne doit-on pas au moins en changer les objets?

Les temps sont enfin arrivés. Un d'entre vous, Messieurs, a osé le premier créer un poëme pour sa nation, et ce second génie influera sur trente autres siècles. J'oserais le prédire, si les hommes, au lieu de se dégrader, vont en se perfectionnant, si le fol amour de la Fable cesse enfin de l'emporter sur la tendre vénération que l'homme sage doit à la vérité, tant que l'empire des lis subsistera, la *Henriade* sera notre Iliade[1], car, à talent égal, quelle comparaison, dirai-je à mon tour, entre le bon grand Henri et le petit Ulysse ou le fier Agamemnon, entre nos potentats et ces rois de village, dont toutes les forces réunies feraient à peine un détachement de nos armées? Quelle différence dans l'art même! N'est-il pas plus aisé de monter l'imagination des hommes que d'élever leur raison? de leur montrer des mannequins gigantesques de héros fabuleux, que de leur présenter les portraits ressemblants de vrais hommes vraiment grands?

Enfin, quel doit être le but des représentations théâtrales? quel peut en être l'objet utile, si ce n'est d'échauffer le cœur et de frapper l'âme entière de la nation par les grands exemples et par les beaux modèles qui l'ont illustrée? Les étrangers ont avant nous senti cette vérité : le Tasse, Milton, le Camoëns se sont écartés de la route battue; ils ont su mêler habilement l'intérêt de la religion dominante à l'intérêt national, ou bien à un intérêt encore plus universel : presque tous les dramatiques anglais ont puisé leurs sujets dans l'histoire de leur pays; aussi la plupart de leurs pièces de théâtre sont-elles appropriées aux mœurs anglaises; elles ne présentent que le zèle pour la liberté, que l'amour de l'indépendance, que le conflit des

1. *Les temps sont arrivés... La Henriade sera notre Iliade...* Quel enthousiasme s'empare tout à coup de Buffon pour Voltaire! Et comme *les temps* sont changés! Le lecteur n'a pas oublié *les gens qui veulent raisonner sans avoir rien vu...* (Vol. I, p. 141), ni *ces personnes qui se piquent de philosophie...* (Vol. I, p. 149.)

prérogatives. En France, le zèle pour la patrie, et surtout l'amour de notre Roi, joueront à jamais les rôles principaux, et quoique ce sentiment n'ait pas besoin d'être confirmé dans des cœurs français, rien ne peut les remuer plus délicieusement que de mettre ce sentiment en action, et de l'exposer au grand jour, en le faisant paraître sur la scène avec toute sa noblesse et toute son énergie. C'est ce qu'a fait M. de Belloy, c'est ce que nous avons tous senti avec transport à la représentation du *Siége de Calais :* jamais applaudissements n'ont été plus universels ni plus multipliés... Mais, monsieur, l'on ignorait jusqu'à ce jour la grande part qui vous revient de ces applaudissements. M. de Belloy a dit à ses amis qu'il vous devait le choix de son sujet, qu'il ne s'y était arrêté que par vos conseils. Il parlait souvent de cette obligation : avons-nous pu mieux acquitter sa dette qu'en vous priant, monsieur, de prendre ici sa place?

AU ROI.[1]

Sire,

L'histoire et les monuments immortaliseront les qualités héroïques et les vertus pacifiques que l'univers admire dans la personne de Votre Majesté. Cet ouvrage, qui contient l'histoire de la nature, entrepris par vos ordres, consacrera à la postérité votre goût pour les sciences, et la protection éclatante dont vous les honorez. Sensible à toutes les sortes de gloire, grand en tout, excellent en vous-même, Sire, vous serez à jamais l'exemple des héros et le modèle des rois.

Nous sommes avec un très-profond respect,

Sire,

De Votre Majesté

Les très-humbles, très-obéissants et très-fidèles sujets et serviteurs,

Buffon,

Intendant de votre Jardin-des-Plantes.

Daubenton,

Garde et démonstrateur de votre Cabinet d'histoire naturelle.

1. On ne reproduit ici cette *Dédicace* que par scrupule de commentateur, et pour ne rien omettre de l'édition in-4° de l'Imprimerie royale. C'est par la même raison que l'on trouvera ci-après deux pièces oubliées : un *Avant-propos* et les *Lettres à la Sorbonne.*

AVANT-PROPOS.[1]

Les deux premiers volumes de cet ouvrage, dont l'un était imprimé en 1746, et l'autre en 1747, n'ont cependant paru qu'en 1749, avec le troisième : différentes circonstances ont de même retardé la publication du quatrième volume jusqu'en 1753, et celle du cinquième jusqu'en 1755. On ne doit pas nous imputer des délais qui ont été forcés : toute entreprise considérable a ses difficultés qu'on ne peut vaincre que peu à peu, et qu'on est encore heureux de surmonter avec le temps. Nous avions prévu celles qui pouvaient venir de la chose même, nous les avions aplanies d'avance par un travail de plusieurs années; mais comment prévenir les obstacles qu'on a fait naître sous nos pas? ils se sont multipliés malgré la voix du public et le silence des auteurs, qui, n'ayant entrepris leur ouvrage que pour satisfaire plus pleinement au devoir de leurs places, et ne prétendant pas en tirer d'autre gloire, sont demeurés tranquilles, et ont tout attendu de l'effet du temps et de la protection dont le Roi veut bien les honorer. Sa Majesté n'a pas dédaigné de concourir à la perfection de leur ouvrage, en leur envoyant de son propre mouvement plusieurs morceaux rares et précieux, et en donnant des ordres pour qu'ils eussent à la Ménagerie toutes les facilités nécessaires pour la description des animaux. Nous devons, à cet égard, des remercîments publics à M. le comte de Noailles, que nous avons souvent importuné, et qui ne s'est jamais lassé de nos importunités; mais combien n'en devons-nous pas au ministre éclairé sous les ordres duquel nous avons le bonheur de travailler! Homme d'État, homme de guerre, homme de lettres, il est et serait tout supérieurement. Il a eu la bonté d'entrer avec nous dans le détail de notre travail, il nous a guidés par ses lumières, aidés de ses avis, et nous a procuré les secours qui nous étaient nécessaires pour avancer notre ouvrage. Nous espérons donc en donner dans la suite trois volumes en deux ans, comme nous l'avions promis dans notre projet imprimé; c'est tout ce qu'il est possible de faire, attendu le grand nombre de gravures dont on ne peut se dispenser, et qui sont toutes faites avec soin sur des dessins d'après nature. Les planches du septième volume sont gravées, et nous avons déjà trois cents dessins pour les volumes suivants. Le sixième volume, que nous donnons aujourd'hui, contient les animaux de chasse; le septième volume contiendra tout ce qui nous reste à donner sur les animaux de ce pays-ci, dont le nombre n'est pas aussi grand qu'on pourrait l'imaginer, puisqu'il se réduit à trente-sept ou trente-huit espèces différentes dans les quadrupèdes; mais les animaux étrangers sont en bien plus grand nombre; nous n'espérons pas de pouvoir

1. Cet *Avant-propos* se trouve en tête du VIe volume de l'édition in-4° de l'Imprimerie royale, volume publié en 1756.

les décrire tous avec autant d'étendue que les animaux qui se trouvent en France : il y en a que peut-être nous ne verrons jamais, il y en a que le hasard pourra nous présenter, mais que nous ne pourrons acquérir pour en faire la dissection. Cependant nous en avons déjà observé et décrit en entier un assez grand nombre : nous n'épargnons rien pour nous en procurer d'autres; nous en faisons venir des pays étrangers par le moyen de nos correspondants; nous achetons ceux que l'on amène en France, et qu'on veut bien nous vendre ; nous les gardons dans une ménagerie en Bourgogne, pour observer leurs mœurs avant de les disséquer, et nous ne regrettons ni les soins, ni la dépense que ces recherches occasionnent. Nous commencerons donc par donner l'histoire de ceux dont nous aurons fait une description complète : nous en avons déjà assez pour remplir les huitième et neuvième volumes, et, dans l'espace de deux ans, nous espérons bien qu'il nous en viendra d'autres; ensuite nous passerons à ceux que nous ne connaîtrons qu'à l'extérieur, et, au défaut de nos propres observations sur les parties intérieures, nous rapporterons celles qui auront été faites par les anatomistes qui nous ont précédés; enfin, nous ne parlerons qu'historiquement de ceux que nous n'aurons pas vus, en nous réservant de donner par supplément leur description à mesure que nous pourrons nous les procurer.

LETTRE

DE MM. LES DÉPUTÉS ET SYNDIC DE LA FACULTÉ DE THÉOLOGIE, A M. DE BUFFON.[1]

Monsieur,

Nous avons été informés par un d'entre nous, de votre part, que lorsque vous avez appris que l'*Histoire Naturelle*, dont vous êtes auteur, était un des ouvrages qui ont été choisis par ordre de la Faculté de Théologie pour être examinés et censurés comme renfermant des principes et des maximes qui ne sont pas conformes à ceux de la religion, vous lui avez déclaré que vous n'aviez pas eu intention de vous en écarter, et que vous étiez disposé à satisfaire la Faculté sur chacun des articles qu'elle trouverait répréhensibles dans votre dit ouvrage; nous ne pouvons, monsieur, donner trop d'éloges à une résolution aussi chrétienne, et pour vous mettre en état de

1. Ces *Lettres* de la Sorbonne à Buffon et de Buffon à la Sorbonne se trouvent en tête du IVe volume de l'édition in-4o de l'Imprimerie royale, volume publié en 1753.

l'exécuter, nous vous envoyons les propositions extraites de votre livre, qui nous ont paru contraires à la croyance de l'Église.

Nous avons l'honneur d'être avec une parfaite considération, monsieur,

Vos très-humbles et très-obéissants serviteurs,

Les Députés et Syndic
De la Faculté de Théologie de Paris.

En la maison de la Faculté, le 15 janvier 1751.

PROPOSITIONS

EXTRAITES D'UN OUVRAGE QUI A POUR TITRE : HISTOIRE NATURELLE, ET QUI ONT PARU RÉPRÉHENSIBLES A MM. LES DÉPUTÉS DE LA FACULTÉ DE THÉOLOGIE DE PARIS.

I. — Ce sont les eaux de la mer qui ont produit les montagnes, les vallées de la terre..... ce sont les eaux du ciel qui, ramenant tout au niveau, rendront un jour cette terre à la mer, qui s'en emparera successivement, en laissant à découvert de nouveaux continents semblables à ceux que nous habitons. Tome I, p. 65.

II. — Ne peut-on pas imaginer..... qu'une comète tombant sur la surface du soleil aura déplacé cet astre, et qu'elle en aura séparé quelques petites parties auxquelles elle aura communiqué un mouvement d'impulsion..... en sorte que les planètes auraient autrefois appartenu au corps du soleil, et qu'elles en auraient été détachées, etc. Tome I, p. 69.

III. — Voyons dans quel état elles (les planètes, et surtout la terre) se sont trouvées, après avoir été séparées de la masse du soleil. Tome I, p. 74.

IV. — Le soleil s'éteindra probablement..... faute de matière combustible..... la terre, au sortir du soleil, était donc brûlante et dans un état de liquéfaction. Tome I, p. 78.

V. — Le mot de vérité ne fait naître qu'une idée vague..... et la définition elle-même, prise dans un sens général et absolu, n'est qu'une abstraction qui n'existe qu'en vertu de quelque supposition. Tome I, p. 27.

VI. — Il y a plusieurs espèces de vérités, et on a coutume de mettre dans le premier ordre les vérités mathématiques; ce ne sont cependant que des vérités de définition : ces définitions portent sur des suppositions

simples, mais abstraites, et toutes les vérités en ce genre ne sont que des conséquences composées, mais toujours abstraites de ces définitions. Tome I, p. 27.

VII. — La signification du terme de vérité est vague et composée; il n'était donc pas possible de la définir généralement : il fallait, comme nous venons de le faire, en distinguer les genres, afin de s'en former une idée nette. Tome I, p. 28.

VIII. — Je ne parlerai point des autres ordres de vérités, celles de la morale, par exemple, qui sont en partie réelles et en partie arbitraires..... elles n'ont pour objet que des convenances et des probabilités. Tome I, p. 28.

IX. — L'évidence mathématique et la certitude physique sont donc les deux seuls points sous lesquels nous devons considérer la vérité; dès qu'elle s'éloignera de l'un ou de l'autre, ce n'est plus que vraisemblance et probabilité. Tome I, p. 29.

X. — L'existence de notre âme nous est démontrée, ou plutôt nous ne faisons qu'un, cette existence et nous. Tome II, p. 2.

XI. — L'existence de notre corps et des autres objets extérieurs est douteuse pour quiconque raisonne sans préjugé, car cette étendue en longueur, largeur et profondeur, que nous appelons *notre corps*, et qui semble nous appartenir de si près, qu'est-elle autre chose, sinon un rapport de nos sens? Tome II, p. 2.

XII. —Nous pouvons croire qu'il y a quelque chose hors de nous, mais nous n'en sommes pas sûrs, au lieu que nous sommes assurés de l'existence réelle de tout ce qui est en nous; celle de notre âme est donc certaine, et celle de notre corps paraît douteuse, dès qu'on vient à penser que la matière pourrait bien n'être qu'un mode de notre âme, une de ses façons de voir. Tome II, p. 3.

XIII. — Elle (notre âme) verra d'une manière bien plus différente encore après notre mort, et tout ce qui cause aujourd'hui ses sensations, la matière en général, pourrait bien ne pas plus exister pour elle alors que notre propre corps, qui ne sera plus rien pour nous. Tome II, p. 4.

XIV. — L'âme..... est impassible par son essence. Tome II, p. 1.

RÉPONSE

DE M. DE BUFFON, A MM. LES DÉPUTÉS ET SYNDIC DE LA FACULTÉ DE THÉOLOGIE.

MESSIEURS,

J'ai reçu la lettre que vous m'avez fait l'honneur de m'écrire, avec les propositions qui ont été extraites de mon livre, et je vous remercie de m'avoir mis à portée de les expliquer d'une manière qui ne laisse aucun doute ni aucune incertitude sur la droiture de mes intentions; et si vous le désirez, messieurs, je publierai bien volontiers, dans le premier volume de mon ouvrage qui paraîtra, les explications que j'ai l'honneur de vous envoyer. Je suis avec respect,

Messieurs,

Votre très-humble et très-obéissant serviteur,

BUFFON.

Le 12 mars 1751.

Je déclare :

1° Que je n'ai eu aucune intention de contredire le texte de l'Écriture; que je crois très-fermement tout ce qui y est rapporté sur la création, soit pour l'ordre des temps, soit pour les circonstances des faits; et que j'abandonne ce qui, dans mon livre, regarde la formation de la terre, et en général tout ce qui pourrait être contraire à la narration de Moïse, n'ayant présenté mon hypothèse sur la formation des planètes que comme une pure supposition philosophique.

2° Que par rapport à cette expression, *le mot de vérité ne fait naître qu'une idée vague*, je n'ai entendu que ce qu'on entend dans les écoles par idée générique, qui n'existe point en soi-même, mais seulement dans les espèces dans lesquelles elle a une existence réelle; et par conséquent, il y a réellement des vérités certaines en elles-mêmes, comme je l'explique dans l'article suivant.

3° Qu'outre les vérités de conséquence et de supposition, il y a des premiers principes absolument vrais et certains dans tous les cas, et indépendamment de toutes les suppositions, et que ces conséquences déduites avec évidence de ces principes ne sont pas des vérités arbitraires, mais des vérités éternelles et évidentes, n'ayant uniquement entendu par vérités de définitions que les seules vérités mathématiques.

4° Qu'il y a de ces principes évidents et de ces conséquences évidentes dans plusieurs sciences, et surtout dans la métaphysique et la morale;

que tels sont en particulier dans la métaphysique l'existence de Dieu, ses principaux attributs, l'existence, la spiritualité et l'immortalité de notre âme; et dans la morale, l'obligation de rendre un culte à Dieu, et à un chacun ce qui lui est dû, et en conséquence qu'on est obligé d'éviter le larcin, l'homicide et les autres actions que la raison condamne.

5° Que les objets de notre foi sont très-certains, sans être évidents; et que Dieu qui les a révélés, et que la raison même m'apprend ne pouvoir me tromper, m'en garantit la vérité et la certitude; que ces objets sont pour moi des vérités du premier ordre, soit qu'ils regardent le dogme, soit qu'ils regardent la pratique dans la morale; ordre de vérités dont j'ai dit expressément que je ne parlerais point, parce que mon sujet ne le demandait pas.

6° Que, quand j'ai dit que les vérités de la morale n'ont pour objet et pour fin que des convenances et des probabilités, je n'ai jamais voulu parler des vérités réelles, telles que sont non-seulement les préceptes de la loi divine, mais encore ceux qui appartiennent à la loi naturelle; et que je n'entends par vérités arbitraires en fait de morale, que les lois qui dépendent de la volonté des hommes et qui sont différentes dans différents pays, et par rapport à la constitution des différents États.

7° Qu'il n'est pas vrai que l'existence de notre âme et nous ne soient qu'un, en ce sens que l'homme soit un être purement spirituel, et non un composé de corps et d'âme : que l'existence de notre corps et des autres objets extérieurs est une vérité certaine, puisque non-seulement la foi nous l'apprend, mais encore que la sagesse et la bonté de Dieu ne nous permettent pas de penser qu'il voulût mettre les hommes dans une illusion perpétuelle et générale; que, par cette raison, cette étendue en longueur, largeur et profondeur (notre corps) n'est pas un simple rapport de nos sens.

8° Qu'en conséquence nous sommes très-sûrs qu'il y a quelque chose hors de nous; et que la croyance que nous avons des vérités révélées, présuppose et renferme l'existence de plusieurs objets hors de nous; et qu'on ne peut croire que la matière ne soit qu'une modification de notre âme, même en ce sens, que nos sensations existent véritablement, mais que les objets qui semblent les exciter n'existent point réellement.

9° Que, quelle que soit la manière dont l'âme verra dans l'état où elle se trouvera depuis sa mort jusqu'au jugement dernier, elle sera certaine de l'existence des corps, et en particulier de celle du sien propre, dont l'état futur l'intéressera toujours, ainsi que l'Écriture nous l'apprend.

10° Que, quand j'ai dit que l'âme était impassible par son essence, je n'ai prétendu dire rien autre chose, sinon que l'âme par sa nature n'est pas susceptible des impressions extérieures qui pourraient la détruire; et je n'ai pas cru que par la puissance de Dieu elle ne pût être susceptible des senti-

ments de douleur, que la foi nous apprend devoir faire dans l'autre vie la peine du péché et le tourment des méchants.

Signé BUFFON.

Le 12 mars 1751.

SECONDE LETTRE

DE MM. LES DÉPUTÉS ET SYNDIC DE LA FACULTÉ DE THÉOLOGIE, A M. DE BUFFON.

MONSIEUR,

Nous avons reçu les explications que vous nous avez envoyées, des propositions que nous avions trouvées répréhensibles dans votre ouvrage qui a pour titre : *l'Histoire naturelle;* et, après les avoir lues dans notre assemblée particulière, nous les avons présentées à la Faculté dans son assemblée générale du premier avril 1751, présente année; et, après en avoir entendu la lecture, elle les a acceptées et approuvées par sa délibération et sa conclusion dudit jour.

Nous avons fait part en même temps, monsieur, à la Faculté, de la promesse que vous nous avez faite de faire imprimer ces explications dans le premier ouvrage que vous donnerez au public, si la Faculté le désire; elle a reçu cette proposition avec une extrême joie, et elle espère que vous voudrez bien l'exécuter. Nous avons l'honneur d'être, avec les sentiments de la plus parfaite considération,

Monsieur,

Vos très-humbles et très-obéissants serviteurs,

LES DÉPUTÉS ET SYNDIC

De la Faculté de Théologie de Paris.

En la maison de la Faculté, le 4 mai 1751.

FIN.

TABLE DES MATIÈRES[1]

CONTENUES

DANS LES QUATRE PREMIERS VOLUMES.

A

Abeilles. Examen de la prétendue intelligence des abeilles. T. II, p. 356 et suiv. — La société des abeilles n'est qu'un assemblage physique, ordonné par la nature, et indépendant de toute vue, etc.; preuve de cette assertion. P. 358. — Raison pourquoi les cellules des abeilles sont hexagones. P. 360 et suiv. — La régularité des ouvrages des abeilles ne dépend que du nombre et nullement de l'intelligence de ces petites bêtes. P. 361. — Raison pourquoi les abeilles ramassent et font plus de cire et de miel qu'il ne leur en faut. T. II, p. 364. — Elles ne travaillent que par un sentiment aveugle; on peut les obliger à travailler, pour ainsi dire, autant que l'on veut : tant qu'il y a des fleurs dans le pays qu'elles habitent, elles ne cessent d'en tirer le miel et la cire; elles ne discontinuent leur travail et ne finissent leur récolte que parce qu'elles ne trouvent plus rien à ramasser. On a imaginé de les transporter et de les faire voyager dans d'autres pays, où il y a encore des fleurs; alors elles reprennent le travail, elles continuent à ramasser, à entasser jusqu'à ce que les fleurs de ce nouveau canton soient épuisées ou flétries, etc. P. 364 et suiv.

Abstinence (l') de toute chair, loin de convenir à la nature de l'homme, ne peut que la détruire. T. II, p. 569.

Abstraction, selon nous, est le simple des choses, et la difficulté de les réduire à cette abstraction fait le composé. T. I, p. 436.

Abstractions, sont des échafaudages pour soutenir notre jugement. T. I, p. 436. — Puissance réelle attribuée aux abstractions, est le plus grand abus qu'on pût faire de la raison, et le plus grand obstacle qu'on pût mettre à l'avancement de nos connaissances. P. 466.

Abstractions *mentales* (nos) ne sont

1. Nous avons partagé les diverses *Tables* de Buffon en trois *Tables* particulières : une pour les quatre premiers volumes, ou pour l'*histoire des quadrupèdes*; une pour les quatre seconds, ou pour l'*histoire des oiseaux*; et une pour les quatre derniers, ou pour l'*histoire des minéraux* et les autres écrits de Buffon.

Toutes ces *Tables* sont de la main même de Buffon (voyez la *Notice* qui doit être mise en tête de cette édition). C'est le résumé substantiel, et d'une admirable précision, de ses travaux et de ses pensées.

que des êtres négatifs, qui n'existent même intellectuellement que par le retranchement que nous faisons des qualités sensibles aux êtres réels. T. I, p. 467.

Abîmes, profondeurs énormes, qui se trouvent dans certaines montagnes, et surtout dans les plus élevées; ce sont d'anciennes bouches de volcans. T. I, p. 274.

Abime du mont Ararat. T. I, p. 274.

Abyssins. Leur manière d'écrire est plus lente que celle des Arabes. *Add.*[1], t. II, p. 272. — Il se vend tous les ans à Moka et dans les autres ports de l'Arabie plus de quatre mille jeunes filles abyssines, toutes destinées pour les Turcs; elles ont néanmoins la peau basanée. *Add.*, t. II, p. 269.

Accouchement (explication de l'). T. I, p. 637 et suiv. — Vraies et fausses douleurs de l'accouchement, manière de les distinguer. P. 638 et suiv. — Conjectures sur la cause des douleurs par accès qui précèdent l'accouchement. P. 638 et suiv. — Il arrive quelquefois que le fœtus humain sort de la matrice sans déchirer les membranes qui l'enveloppent, et par conséquent sans que la liqueur qu'elles contiennent se soit écoulée : cet accouchement paraît être le plus naturel, et ressemble à celui de presque tous les animaux. P. 639. — Temps ordinaires de l'accouchement naturel s'étendent à vingt jours, c'est-à-dire depuis huit mois et quatorze jours jusqu'à neuf mois et quatre jours. P. 647. — Arrive à la dixième période des règles. P. 648. — Limites des temps de l'accouchement. P. 648 et suiv. — Causes occasionnelles de l'accouchement. P. 649 et suiv. — La cause physique de l'accouchement est le retour des menstrues; explication et preuves de cette assertion. P. 650 et suiv.

Accouplement d'animaux d'espèces différentes desquels il n'a rien résulté. T. IV, p. 211. — Il est souvent arrivé que plusieurs animaux d'espèces différentes se sont accouplés librement et sans y être forcés, et néanmoins ces unions volontaires n'ont pas été prolifiques. Exemple à ce sujet. P. 212 et suiv.

Accroissement (l') et le développement de l'animal ou du végétal se fait par l'extension du moule dans toutes ses dimensions extérieures et intérieures, par l'intus-susception d'une matière accessoire et étrangère qui pénètre dans l'intérieur, qui devient semblable à la forme et identique avec la matière du moule. T. I, p. 448. — Dans le temps de l'accroissement et du développement, les êtres organisés ne peuvent encore produire ou ne produisent que peu : raison de cet effet. P. 452. — Une chose remarquable dans l'accroissement du corps de l'homme, c'est que le fœtus dans le sein de la mère croît toujours de plus en plus jusqu'à sa naissance, et que l'enfant depuis sa naissance croît toujours de moins en moins jusqu'à l'âge de puberté, auquel il croît, pour ainsi dire, tout à coup, et arrive en fort peu de temps à la hauteur qu'il doit avoir toujours. T. II, p. 24. — Dans les animaux comme dans les végétaux, l'accroissement en hauteur est celui qui est achevé le premier; exemple à ce sujet. P. 75.

Accroissement. Table de l'accroissement successif d'un jeune homme, depuis le moment de sa naissance jusqu'à l'âge de près de dix-huit ans. *Add.*, t. II, p. 223 et suiv. — L'accroissement du corps humain se fait plus promptement en été qu'en hiver, surtout depuis l'âge de cinq ans. P. 225. — Exemples d'accroissement très-prompt dans quelques enfants. *Ibid.* et suiv.

Acridophages (les), peuple qui ne se nourrit que de sauterelles : effet de cette mauvaise nourriture. T. II, p. 179.

Adimain, grande brebis d'Afrique, qui est couverte de poil au lieu de laine. T. III, p. 278.

Adive (l') n'est peut-être que le chacal privé dont on a fait une race domestique plus petite, plus faible et plus douce que la race sauvage; car l'adive est au chacal ce que le petit chien barbet est au chien de berger. T. III, p. 479 et suiv. Voyez *Chacal*.

Adive ou petit chacal. Notice sur cet animal. *Add.*, t. IV., p. 322 et suiv.

1. *Add.*, abréviation du mot *Additions*.

Adive (Chacal). Description du chacal-adive. *Add.*, t. iv, p. 322 et 323.

Admiration des observateurs au sujet des travaux des insectes. — Indépendamment de l'enthousiasme qu'on prend pour son sujet, on admire toujours d'autant plus qu'on observe davantage et qu'on raisonne moins. T. ii, p. 357.

Afrique. L'intérieur de l'Afrique nous est, pour ainsi dire, entièrement inconnu; les terres élevées de cette partie du monde doivent contenir des métaux précieux autant et peut-être plus que les montagnes du Mexique et du Pérou. T. i, p. 115 et 117. — Les fleuves de l'Afrique charrient beaucoup d'or. P. 117. — Autant il y a d'uniformité dans la couleur et dans la forme des habitants naturels de l'Amérique, autant on trouve de variétés dans les peuples de l'Afrique; cette partie du monde est très-ancienne et très-abondamment peuplée; le climat y est brûlant, et cependant d'une température très-inégale, suivant les différentes contrées. T. ii, p. 214.

Afrique (l') est composée de montagnes qui en occupent le milieu dans toute sa longueur, depuis le mont Atlas jusqu'au cap de Bonne-Espérance, et qui sont disposées du nord au sud et dans la même direction que celles de l'Amérique méridionale. *Add.*, t. i, p. 351.

Afrique. On ne connaît dans l'Afrique méridionale, suivant M. le capitaine Gordon, aucun quadrupède qui perde ses cornes, et il n'y a par conséquent ni élans, ni cerfs, ni chevreuils. *Add.*, t. iv, p. 593.

Age. Peinture de l'homme moral dans la jeunesse et dans le moyen âge. T. ii, p. 348 et 349.

Age de puberté. Voyez *Puberté*.

Agneau. Le jeune agneau, dans un nombreux troupeau, trouve et saisit la mamelle de sa mère, sans jamais se méprendre, ce qui prouve que l'instinct des animaux est d'autant plus sûr qu'il est plus machinal et pour ainsi dire plus inné. T. ii, p. 445. — Choix des agneaux que l'on veut élever et nourrir. P. 446. — En quel temps se doit faire la castration des agneaux; deux manières dont se fait cette opération. Comment il faut traiter l'agneau après la castration. P. 446 et 447.

Agouti. Ses caractères et ses habitudes naturelles. T. ii, p. 663. — La chair de l'agouti est assez bonne à manger, et on la prépare comme celle du cochon de lait. *Ibid.* — Manière de chasser et de prendre l'agouti. Lorsqu'on le prend jeune, il s'apprivoise aisément; il reste à la maison, et lorsqu'il en sort il revient de lui-même. La femelle de l'agouti prépare un lit à ses petits; elle produit deux ou trois fois par an. P. 663 et 664. — L'agouti est un animal particulier à l'Amérique, et ne se trouve pas dans l'ancien continent. Courte description de l'agouti. P. 664.

Agouti. L'espèce de cet animal est très-nombreuse dans les terres de la Guyane, et sur le bord de la rivière des Amazones. Habitudes naturelles de cet animal. *Add.*, t. iv, p. 415.

Ahu. Description de l'ahu. C'est le même animal que le tzeiran. T. iii, p. 357 et 358.

Aï. Quelques habitudes naturelles de cet animal. *Add.*, t. iv, p. 423 et suiv.

Aigrette ou Macaque cornu, est une variété dans l'espèce du macaque. T. iv, p. 54.

Air. L'attraction de la lune et du soleil cause dans l'air un mouvement de flux et de reflux qui est à peu près égal à celui du flux et du reflux des eaux de la mer; ce mouvement dans l'air est fort peu considérable en comparaison de ceux qui sont produits par la raréfaction et la condensation. T. i, p. 246. — On remarque dans l'air des courants contraires; on voit des nuages qui se meuvent en même temps dans une direction contraire; cette contrariété de mouvements ne dure pas longtemps. P. 251.

Air. Description des phénomènes et des propriétés générales de l'air. T. iii, p. 298.

Air (l'), quoique compressible, est néanmoins à peu près également dense à toutes les hauteurs dans l'atmosphère; preuves de cette assertion. *Add.*, t. i, p. 373. — La condensation de l'air par le froid, toujours plus grande à mesure qu'on s'élève davantage dans les hautes régions de l'atmosphère, doit compenser la diminution de la densité

produite par la diminution de la charge ou poids incombant, et par conséquent l'air doit être aussi dense sur les sommets froids des montagnes que dans les plaines. *Ibid.*

Akouchi. Notice au sujet de cet animal. Ses différences avec l'agouti. *Add.*, t. iv, p. 446.

Akouchi. (*Suite.*) Sa différence avec l'agouti. *Add.*, t. iv, p. 446.

Albinos, nom que l'on donne aux blafards ou nègres blancs dans l'isthme d'Amérique. *Add.*, t. ii, p. 298.

Alce et Machlis, dans Pline, ne désignent que le même animal, et cet animal est l'élan. T. iii, p 320.

Alco. Animal domestique au Pérou et au Mexique avant l'arrivée des Européens. *Add.*, t. iv, p. 319. — Ce mot alco paraît être un nom générique, et qu'on a appliqué à deux ou trois animaux d'espèces différentes. Discussion critique à ce sujet. P. 320.

Algazel, espèce de gazelle qui se trouve en Arabie. Sa description. T. iii, p. 359.

Aliments. Indépendamment de l'effet de la nutrition, les aliments en produisent un autre qui ne dépend que de leur quantité, c'est-à-dire de leur masse et de leur volume. Les aliments, avant de servir à la nutrition du corps, lui servent de lest; leur présence et leur volume sont nécessaires pour maintenir l'équilibre entre les parties intérieures qui agissent et réagissent toutes les unes contre les autres. Lorsqu'on meurt par la faim, c'est donc moins parce que le corps n'est pas nourri que parce qu'il n'est plus lesté. Le plus pressant besoin n'est pas de rafraîchir le sang par un chyle nouveau, mais de maintenir l'équilibre des forces dans les grandes parties de la machine animale. T. ii, p. 571 et 572.

Allantoïde. Considération sur les usages prétendus de l'allantoïde dans les fœtus des animaux. T. ii, p. 464. — Rapports physiques par lesquels on peut juger de son origine et de sa production. P. 465.

Alliance. On peut croire que, par une expérience dont on a perdu toute mémoire, les hommes ont autrefois connu le mal qui résultait des alliances du même sang, puisque chez les nations les moins policées il a rarement été permis au frère d'épouser sa sœur. Cet usage ne peut être fondé que sur l'observation : si les hommes ont une fois connu par expérience que leur race dégénérait toutes les fois qu'ils ont voulu la conserver sans mélange, dans une même famille, ils auront regardé comme une loi de la nature celle de l'alliance avec des familles étrangères, et se seront tous accordés à ne pas souffrir de mélange entre leurs enfants. T. ii, p. 393.

Allo-camelus, dont Gessner parle et dont il donne la figure, est un lama qui fut amené vivant du Pérou en Hollande en 1558. T. iii, p. 433 et 434.

Alouate. Grande espèce de sapajou. Voyez *Ouarine*. T. iv, p. 147.

Alouate. Addition à son article. *Add.*, t. iv, p. 167. — Sa description. *Ibid.* et suiv. — Ses habitudes. P. 168 et suiv. — Description de l'organe de la voix de cet animal. P. 169.

Alpaca ou Paco (l') n'est pas le même animal que la vigogne; c'est une espèce intermédiaire entre la vigogne et le lama. *Add.*, t. iv, p. 522. — Ses ressemblances et ses différences avec le lama. L'alpaca n'a pas été réduit en domesticité. Sa laine est plus estimée que celle du lama. P. 524. — Il est plus hardi que les vigognes, et souvent il en sauve la troupe entière en lui montrant à franchir le piége. *Ibid.* et 525.

Amble. Allure que quelques chevaux ont naturellement, et que l'on donne à d'autres. Exposition du mouvement du cheval dans cette allure. T. ii, p. 379 et 380. — Les poulains prennent assez souvent cette allure, surtout lorsqu'on les force à aller vite et qu'ils ne sont pas assez forts pour trotter ou galoper. P. 380.

Ambre. La mer, après de violentes tempêtes, rejette de l'ambre gris sur les côtes de l'Irlande, et de l'ambre jaune ou du succin sur les côtes de Poméranie. T. i, p. 234.

Américains, sortent tous d'une même souche. Raisons sur lesquelles l'auteur appuie cette présomption. T. ii, p. 210 et suiv. — Les Américains sont des peuples nouveaux. Raison de cette assertion. P. 211. — Origine des Américains; leur ressem-

blance avec les Tartares orientaux et septentrionaux. P. 213.

Américains. Discussion au sujet des Américains. *Add.*, t. ii, p. 284 et suiv. — Critique des opinions de M. P*** à ce sujet. *Ibid.* — Réfutation par les faits des opinions de M. P*** sur les Américains. P. 285 et suiv.

Amérique. Description des différents peuples de l'Amérique. T. ii, p. 197 et suiv. — Les habitants de l'Amérique n'avaient jamais été civilisés lorsqu'on en fit la découverte. Preuve de cette assertion. T. iii, p. 31. — Le plus gros animal de ce nouveau continent n'est pas plus grand qu'un petit mulet. P. 33.

Amérique. L'imperfection de nature que M. P*** reproche gratuitement à l'Amérique en général ne doit porter que sur les animaux de la partie méridionale de ce continent, lesquels se sont trouvés bien plus petits et tous différents de ceux des parties méridionales de l'ancien continent. Parties de ce continent dans lesquelles les hommes se sont trouvés moins robustes que les Européens; causes de cette différence. *Add.*, t. ii, p. 286. — En général, tous les habitants de l'Amérique septentrionale et ceux des terres élevées dans la partie méridionale, telles que le Mexique, le Pérou, le Chili, etc., étaient peut-être moins agissants, mais aussi robustes que les Européens. *Ibid.*

Amérique. Découverte des côtes occidentales au delà de la Californie en montant vers le nord. *Add.*, t. ii, p. 287.

Amérique (l') n'a été peuplée qu'après l'Asie, l'Afrique et l'Europe, et il y a nombre d'indices qui démontrent qu'en général on doit regarder le continent d'Amérique comme une terre nouvelle. *Add.*, t. i, p. 336.

Amitié. Peinture de l'amitié. T. ii, p. 353. — L'amitié n'appartient qu'à l'homme, et l'attachement peut appartenir aux animaux. P. 354.

Amour. Tableau de l'amour physique et universel. T. ii, p. 351. — Pourquoi il fait l'état heureux de tous les êtres et le malheur de l'homme. P. 352. — La vanité est le moral de l'amour. *Ibid.* — Pourquoi l'amour des pères et des enfants descend toujours plus qu'il ne remonte. P. 360.

Amphibie. Les seuls animaux auxquels on puisse donner le nom d'amphibie dans toute la rigueur de l'acception de ce terme, sont les phoques, les morses et les lamantins, parce qu'ils sont les seuls dans lesquels le trou de la cloison du cœur reste toujours ouvert, les seuls qui puissent par conséquent se passer de respirer, et vivre également dans l'air et dans l'eau. T. iii, p. 508 et 509.

Amsterdam. État des couches de terre à Amsterdam, jusqu'à deux cent trente-deux pieds de profondeur. T. i, p. 129. — Le terrain de la Hollande a été élevé de cent pieds par les sédiments de la mer. *Ibid.*

Analogues vivants. On ne connaît pas l'analogue vivant de la coquille fossile qu'on appelle corne d'ammon. T. i, p. 153.

Anatomie. N'est encore qu'une nomenclature. T. ii, p. 563. — Défaut de la méthode par laquelle on a cultivé l'anatomie. P. 563 et 564.

Ancienneté de l'opinion de l'existence des pygmées. Voyez *Pygmées.*

Anciens. Étaient plus instruits et plus avancés que nous sur l'histoire des animaux, quoiqu'ils n'eussent point fait de méthodes de nomenclature. T. i, p. 21. — N'avaient aucune idée de ce que nous appelons physique expérimentale. P. 26. — Les anciens ont fait le tour de l'Afrique, selon le témoignage d'Hérodote. P. 110. — N'ont ni dit ni conjecturé qu'on pût faire le tour du globe. *Ibid.* — Étaient fort éloignés d'avoir une juste mesure de la circonférence du globe, quoiqu'ils y eussent beaucoup travaillé. *Ibid.*

Ane. Ressemblances et différences générales entre l'âne et le cheval. T. ii, p. 411 et suiv. — Description de l'âne, son naturel, son tempérament, ses qualités, etc. P. 418 et suiv. — L'âne qu'on a fait hongre ne brait qu'à basse voix, et quoiqu'il paraisse faire autant d'effort et les mêmes mouvements de la gorge, son cri ne se fait pas entendre de loin. P. 420. — On connaît l'âge de l'âne comme celui du cheval, par les dents. *Ibid.* — Qualité de l'âne étalon. P. 421. — Vit comme le cheval, vingt-cinq ou trente ans. *Ibid.* — Dort encore moins que le cheval,

et ne se couche guère que quand il est excédé. *Ibid.* — En général la santé de cet animal est bien plus ferme que celle du cheval. *Ibid.* — L'âne est originaire des climats chauds, et a été transporté nouvellement dans les climats froids. P. 421 et 422. — Différents usages de la peau de l'âne. P. 424. — L'âne appartient à l'ancien continent et ne s'est point trouvé dans le nouveau lorsqu'on en fit la découverte. T. III, p. 20. — Il a plus de puissance pour engendrer, même avec la jument, que n'en a le cheval. Il corrompt et détruit la génération du cheval, et le cheval ne peut corrompre la génération de l'âne. T. IV, p. 125. — Exemples de l'ardeur de l'âne et de son appétit plus que véhément pour la femelle. L'âne est hors de combat et même de service en très-peu d'années. L'ânesse conserve plus longtemps la faculté d'engendrer. P. 128.

Ane. L'ardeur du tempérament de cet animal le rend peu délicat sur le choix des femelles, et il paraît rechercher à peu près également l'ânesse, la jument et la mule. *Add.*, t. IV, p. 201.

Ane et Anesse, tendent à la stérilité par des causes générales et particulières. La chaleur est non-seulement nécessaire à la fécondité, mais même à la pleine vie de ces animaux. Il faut choisir la saison propre aux accouplements pour les rendre prolifiques. T. IV, p. 127 et 128.

Ane rayé, est le même animal que le zèbre. T. III, p. 302.

Anes, ont, comme les chevaux, une prodigieuse quantité de vers dans l'estomac. T. II, p. 374. — Sont d'autant moins forts et plus petits que le climat est plus froid. P. 422. — Sont meilleurs et plus forts que les chevaux dans tous les pays excessivement chauds. P. 422. — Ont été transportés en Amérique et y ont beaucoup multiplié dans les pays chauds; ils y sont même devenus sauvages, et ces ânes sauvages vont par troupes, comme vont aussi les chevaux sauvages. P. 424. — Ont dans le premier âge le poil long, et on est dans l'usage de les tondre. T. III, p. 304.

Anesse. Est en état d'engendrer à l'âge de deux ans. T. II, p. 420. — Est peu féconde, et pourquoi. *Ibid.* — Est ordinairement en chaleur aux mois de mai ou de juin. P. 421. — Met bas le douzième mois. *Ibid.* — Ne produit qu'un petit. *Ibid.* — L'usage du lait d'ânesse s'est conservé depuis les Grecs jusqu'à nous; choix de l'ânesse pour que son lait soit de bonne qualité. P. 424.

Anes sauvages, sont différents des zèbres et sont de la même espèce que les ânes domestiques. T. II, p. 423.

Angleterre. Les côtes méridionales d'Angleterre ont été abandonnées par la mer. T. I, p. 133. — Preuves qui démontrent que l'Angleterre faisait autrefois partie du continent. P. 317.

Animal. Les parties les plus essentielles sont celles par lesquelles l'animal prend sa nourriture, celles qui reçoivent et digèrent cette nourriture, et celles par où il en rend le superflu. T. I, p. 23.— L'animal est l'ouvrage le plus complet de la nature, et l'homme en est le chef-d'œuvre. P. 425. — Idée générale et description de l'animal. P. 427 et suiv. — Son individu est un centre où tout se rapporte, un point où l'univers entier se réfléchit. P. 428. — Le corps d'un animal est un moule intérieur dans lequel la matière qui sert à son accroissement se modèle et s'assimile au total. P. 447. — Ce que l'on doit entendre par le mot animal. Idées claires et précises à ce sujet. P. 567 et suiv. — Il y a des parties essentielles et fondamentales au corps de l'animal; les parties de l'économie animale qui agissent continuellement et sans interruption sont celles qui se ressemblent le plus dans l'homme et dans l'animal; celles au contraire qui forment les sens et les membres se ressemblent moins, et les plus grandes différences entre l'homme ou l'animal sont à l'extérieur et principalement aux extrémités du corps. T. II, p. 314 et suiv. — Explication de la manière dont l'animal peut être déterminé à faire telle ou telle action par la seule impression des objets sur les sens. P. 325. — Dans l'animal, le sens intérieur ne diffère des sens extérieurs que par la propriété qu'a le sens intérieur de conserver les ébranlements, les impressions qu'il a reçues. *Ibid.* — Explication de la manière dont l'animal nouveau né est dé-

terminé à chercher sa nourriture. P. 328.— Peinture d'un animal qui est ému par la peur pour la première fois. P. 351. — En quoi consiste la perfection dans l'animal. P. 471.

Animal *anonyme.* Notice à ce sujet. *Add.*, t. iv, p. 370.

Animaux, sont bien plus généralement répandus que les plantes. T. i, p. 430. — Les animaux et les plantes qui peuvent se multiplier et se reproduire par toutes leurs parties, sont des corps organisés, composés d'autres corps organiques semblables. P. 435. — Les animaux suivent plus exactement que nous les lois de la nature. P. 461. — La plupart des animaux ne cherchent la copulation que quand leur accroissement est pris presque en entier; ceux qui n'ont qu'un temps pour le rut ou pour le frai n'ont de liqueur séminale que dans ce temps. P. 463. — Les grands animaux sont moins féconds que les petits. P. 592. — Raison de cet effet. *Ibid.* — Petits animaux mangent plus à proportion que les grands. *Ibid.* — Les animaux ovipares sont en général plus petits que les vivipares; ils produisent aussi beaucoup plus. *Ibid.* — Raison de cet effet. P. 593. — Les animaux qui ne produisent qu'un petit nombre de petits prennent la plus grande partie de leur accroissement et même leur accroissement tout entier avant que d'être en état d'engendrer; au lieu que les animaux qui multiplient beaucoup, engendrent avant même que leur corps ait pris la moitié ou même le quart de son accroissement. P. 593. — Animaux qui peuvent produire leurs semblables, quoiqu'ils n'aient pas eux mêmes été produits de cette façon. P. 602.— En général, les grands animaux vivent plus longtemps que les petits. T. ii, p. 75. — Les animaux rendent moins à la terre qu'ils n'en tirent. T. i, p. 128. — Les animaux tiennent le premier rang dans la nature, parce qu'ils sont capables de plus de fonctions que les autres êtres, et qu'ils ont par leurs sens plus de rapport avec les objets qui les environnent. P. 425. — Ils ont avec les objets extérieurs des rapports du même ordre que les nôtres. P. 427. — Il y a dans les animaux plusieurs parties qui croissent par une vraie végétation. P. 429. — Il y a des animaux qui se reproduisent comme les plantes et par les mêmes moyens; la multiplication des pucerons, qui se fait sans accouplement, est semblable à celle des plantes par les graines; et celle des polypes, qui se fait en les coupant, ressemble à la multiplication des arbres par la bouture. *Ibid.* — Les animaux se ressemblent en général beaucoup moins que les plantes. P. 430. — Dans les animaux, les uns engendrent un prodigieux nombre de petits, et les autres n'en produisent qu'un seul; dans les plantes, au contraire, toutes produisent en très-grand nombre. P. 432. — Principe par lequel on peut expliquer toutes les actions des animaux, quelque compliquées qu'elles puissent paraître, et sans qu'il soit besoin de leur accorder ni la pensée, ni la réflexion. T. ii, p. 331. — Les animaux ont le sentiment, même à un plus haut degré que nous ne l'avons; ils ont aussi la conscience de leur existence actuelle, mais ils n'ont pas celle de leur existence passée; ils ont des sensations, mais il leur manque la faculté de les comparer, c'est-à-dire il leur manque la puissance qui produit les idées; car les idées ne sont que des sensations comparées, ou, pour mieux dire, des associations de sensations. *Ibid.* — Les animaux, étant privés d'idées et pourvus de sensations, ne savent point qu'ils existent, mais ils le sentent. Ils n'ont aucune connaissance du passé, aucune notion de l'avenir, aucune idée du temps, et par conséquent ils n'ont pas la mémoire. Preuves de ces assertions. P. 337 et suiv. — Ils ne peuvent distinguer leurs rêves de leurs sensations réelles, et l'on peut dire que ce qu'ils ont rêvé leur est effectivement arrivé. P. 344. — Manière de juger des qualités intérieures des différents animaux. P. 361 et 362. — L'empire de l'homme sur les animaux est un empire légitime qu'aucune révolution ne peut détruire. Cependant cet empire n'est pas absolu, ni même à beaucoup près. P. 367 et 368. — C'est par les talents de l'esprit et non par la force et par les autres qualités de la matière que l'homme a su subjuguer les animaux. Cet empire de l'homme, comme tous les autres empires, n'a été fondé qu'après la société. P. 368 et 369.

Animaux. Premier dessein sur lequel il paraît que tous les animaux ont été conçus. En les créant l'Être Suprême n'a voulu employer qu'une idée, et la varier en même temps de toutes les manières possibles, afin que l'homme pût admirer également et la magnificence de l'exécution et la simplicité du dessein. T. II, p. 413 et suiv. — La manière dont les animaux se nourrissent et la diversité de leurs aliments dépendent en entier de la capacité plus ou moins grande de l'estomac et des intestins. P. 437. — Dans presque tous les animaux, le mâle devient plus ou moins féroce lorsqu'il cherche à s'accoupler, et la femelle lorsqu'elle a mis bas. P. 472. — Comment l'homme a été obligé d'agir pour se rendre maître des animaux. P. 475. — L'empreinte originaire de la nature est beaucoup moins altérée dans les animaux sauvages que dans les animaux domestiques. Dans ceux qui ne vivent que peu de temps, l'espèce est plus sujette à varier que dans ceux qui vivent longtemps. P. 478 et 479. — L'indice le plus sûr pour juger de la nature intérieure et de l'espèce réelle des animaux, c'est la conformité ou la différence de leur naturel et de leur instinct. P. 490. — Dans les animaux qui produisent en grand nombre, les petits ne sont pas aussi parfaits au moment de leur naissance que dans ceux qui ne produisent qu'en petit nombre. P. 492. — Dans tous les animaux, les premières portées sont toujours moins nombreuses que les autres. P. 494. — Comment on a fait pour se procurer des animaux à poils tout blancs. P. 502 et 503. — C'est dans les climats tempérés et chez les peuples les plus policés que se trouvent la plus grande diversité, le plus grand mélange et les plus nombreuses variétés dans chaque espèce d'animaux. p. 504. — Les animaux, au lieu d'aller en augmentant vont au contraire en diminuant de facultés et de talents; le temps même travaille contre eux. Ce qu'ils sont devenus, ce qu'ils deviendront encore, n'indique pas assez ce qu'ils ont été, ni ce qu'ils pourraient être. P. 509. — Les animaux en général ne sont en état d'engendrer que lorsqu'ils ont pris la plus grande partie de leur accroissement; mais ceux qui ont un temps marqué pour le rut ou pour le frai semblent faire une exception à cette loi. Dans les animaux quadrupèdes, ceux qui, comme le cerf, l'élan, le daim, le renne, le chevreuil, etc., ont un temps de rut bien marqué, engendrent plus tôt que les autres animaux. P. 517. — La mort violente des animaux est un usage légitime, innocent, puisqu'il est fondé dans la nature, et qu'ils ne naissent qu'à cette condition. P. 554. — Les animaux qui n'ont qu'un estomac et les intestins courts, sont forcés, comme l'homme, à se nourrir de chair. Preuves de cette assertion. P. 571. — Tous les animaux qui sont tout à fait blancs ont en même temps les yeux rouges. P. 607. — Les animaux se sont presque tous abaissés au-dessous de leur état de nature. Ils n'ont conservé que leurs propriétés individuelles. Ils ont perdu par la durée autant et plus qu'ils n'avaient acquis par le temps avant que l'homme les eût inquiétés. P. 646. — Animaux qui mangent leur queue. Dans les parties très-éloignées du centre du sentiment, ce même sentiment est très-faible. Preuve de cette assertion. P. 662. — L'influence du climat est beaucoup plus marquée dans les animaux que dans l'homme. Dans les pays chauds les animaux terrestres sont plus grands et plus forts que dans les pays froids ou tempérés; ils sont aussi plus hardis et plus féroces. T. III, p. 1 et 2. — Le courage dans les animaux s'exalte ou se tempère suivant l'usage heureux ou malheureux qu'ils ont fait de leur force. P. 3. — L'empreinte des espèces n'est pas inaltérable; la nature des animaux est moins constante que celle de l'homme; elle peut se varier et se changer avec le temps. P. 53. — Les animaux des climats chauds ne peuvent guère produire dans les climats froids, lors même qu'ils y sont libres et largement nourris. P. 57. — La vraie patrie des animaux est la terre à laquelle ils ressemblent, c'est-à-dire la terre à laquelle leur nature paraît s'être entièrement conformée, surtout lorsque cette même nature de l'animal ne se modifie point ailleurs et ne se prête pas à l'influence des autres climats. T. III, p. 234. — La plupart

des gros animaux des pays chauds n'ont point de poil ou n'en ont que très-peu. P. 272. — L'intérieur, dans les animaux, est le fond du dessein de la nature, c'est la forme constituante, c'est la vraie figure, l'extérieur n'en est que la draperie. Cet extérieur, souvent très-différent, recouvre souvent un intérieur parfaitement semblable, et au contraire la moindre différence intérieure en produit de très-grandes à l'extérieur. P. 442. — Les animaux sont en général plus heureux que l'homme; l'espèce chez eux n'a rien à redouter de ses individus; le mal n'a pour eux qu'une source, il en a deux pour l'homme : celle du mal moral, qu'il a lui-même ouverte, est un torrent qui afflige la face entière de la terre; le mal physique, au contraire, est resserré dans des bornes étroites; il va rarement seul, le bien est souvent au-dessus ou du moins de niveau. P. 443 et 444. — Animaux féroces, dont la robe est la plus belle, ont en même temps la nature la plus perfide. P. 478. — Comparaison de l'éducation des animaux avec celle de l'homme. T. IV, p. 18 et suiv. — Les animaux dont l'éducation est la plus longue, c'est-à-dire ceux qui ont le plus longtemps besoin des secours et des soins de leur mère, sont ceux qui paraissent avoir le plus d'intelligence. P. 20. — Dans l'homme, la physionomie trompe; mais dans les animaux l'on peut juger du naturel par la mine. P. 46. — Par quelle raison les altérations de nature sont plus grandes et plus promptes dans les animaux que dans l'homme. P. 113. — L'ordre dans la multiplication des animaux est en raison inverse de l'ordre de grandeur, et la possibilité des différences est en raison directe du nombre dans le produit de leur génération; il y a donc plus de variétés dans les petits animaux que dans les gros, et il y a aussi, par cette même raison, plus d'espèces voisines. P. 119. — Les animaux dont l'espèce est isolée sont en très-petit nombre en comparaison de ceux dont les espèces sont voisines et semblent former des familles ou des genres. P. 123. — Le genre des animaux cruels est l'un des plus nombreux et des plus variés. Heureusement les animaux fiers sont tous solitaires et ne marchent point en troupe. De tous les animaux qui ont des griffes, c'est-à-dire des ongles crochus et rétractibles, aucun n'est social, aucun ne se met en troupe. P. 134.

Animaux. Le moyen le plus sûr de rendre les animaux infidèles à leur espèce, c'est de les mettre, comme l'homme, en grande société, en les accoutumant peu à peu avec ceux pour lesquels ils n'auraient, sans cela, que de l'indifférence ou de l'antipathie. T. IV, p. 199. — Dans les animaux domestiques soignés et bien nourris, la multiplication est plus grande que dans les animaux sauvages. P. 205. — Plusieurs animaux s'irritent du cri de leurs semblables. P. 271. — Les animaux des terres méridionales de l'ancien continent ne se sont pas trouvés dans le nouveau continent lorsqu'on en fit la découverte, et de même aucun des animaux naturels à l'Amérique méridionale n'était connu ni n'existait dans l'ancien continent. P. 349 et 350.

Animaux (les) paraissent aimer la musique. Voyez *Musique*.

Animaux du Nord : raison pourquoi les rennes et autres animaux du Nord supportent mieux les extrêmes du froid et du chaud que les animaux des contrées moins froides; c'est parce qu'ils sont gras et fourrés de poil en hiver, et secs et vêtus légèrement pendant l'été. *Add.*, t. IV, 544.

Animaux quadrupèdes. Ils ne sont en état d'engendrer que quand leur corps a pris son accroissement presque en entier. T. I, p. 461. — Dans tous les quadrupèdes, sans en excepter aucun, et même dans l'homme, le cou est composé de sept vertèbres, ni plus ni moins. En général, les animaux carnassiers ont le cou beaucoup plus court que les animaux qui se nourrissent d'herbes. T. III, p. 10. — Il n'y a guère, dans toute la terre habitable et connue, que deux cents espèces d'animaux quadrupèdes. P. 51. — Les animaux quadrupèdes sont, après l'homme, les êtres dont la nature est la plus fixe et la forme la plus constante. P. 54. — Quadrupèdes desquels les parties de la génération se renouvellent et s'oblitèrent tous les ans à peu près comme les laitances des poissons. P. 105. — Leurs attributs les

plus généraux, qui sont d'avoir quatre pieds et d'être couverts de poil, se trouvent communs le premier avec des animaux d'un autre ordre, tels que les lézards, les grenouilles, etc.; et le second manque à de certains animaux, tels que le tatou, le pangolin, qui sont cependant de véritables quadrupèdes. P. 137. — Quadrupèdes, tiennent entre eux de plus près qu'ils ne tiennent aux autres animaux, et néanmoins il s'en trouve un grand nombre qui paraissent s'élancer à d'autres classes de la nature; les singes tendent à s'approcher de l'homme; les chauves-souris sont les singes des oiseaux qu'elles imitent par leur vol; les porc-épics, par les tuyaux dont ils sont couverts, semblent nous indiquer que les plumes peuvent appartenir à d'autres qu'aux oiseaux; les tatous, par leurs cuirasses, se rapprochent des crustacés; les castors, par les écailles de leur queue, ressemblent aux poissons; les fourmilliers, par leur espèce de bec ou de trompe sans dents, et par leur longue langue, nous rappellent encore les oiseaux; enfin les phoques, les morses et les lamantins font la nuance entre les quadrupèdes et les cétacés. P. 507 et 508. — Considération des animaux quadrupèdes sous un nouveau point de vue; c'est sans raison suffisante qu'on leur a donné généralement à tous le nom de quadrupèdes. T. IV, p. 9. — Sur environ deux cents espèces d'animaux auxquels on a donné le nom commun de quadrupèdes, il y en a au moins quarante espèces qui sont quadrumanes, douze ou quinze espèces qui sont bipèdes, et autant auxquels les pieds de devant ou de derrière sont inutiles; en sorte que le nombre des quadrupèdes se trouve par là réduit de plus d'un tiers. P. 10 et 11. — Les animaux quadrumanes remplissent le grand intervalle qui se trouve entre l'homme et les quadrupèdes; les bimanes, comme le lamantin, sont le terme moyen dans la distance encore plus grande de l'homme aux cétacés; les bipèdes avec des ailes font la nuance des quadrupèdes aux oiseaux, et les fissipèdes, qui se servent de leurs pieds de devant comme de mains, remplissent tous les degrés qui se trouvent entre les quadrumanes et les quadrupèdes. P. 11 et 12.

Animaux domestiques et sauvages. Les animaux domestiques varient prodigieusement par les couleurs dans le même pays, tandis que les animaux sauvages ne varient par les couleurs que dans les différents climats. T. II, p. 393 et 394. — Les animaux domestiques sont comme les hommes, plus forts, plus grands et plus courageux dans les pays froids; plus civilisés, plus doux dans les climats tempérés; plus lâches, plus faibles et plus laids dans les climats trop chauds. P. 504. — C'est dans les climats tempérés et chez les peuples les plus policés que se trouve la plus grande diversité, le plus grand mélange et les plus nombreuses variétés dans chaque espèce. *Ibid.* — Il y a dans les animaux domestiques plusieurs signes évidents de l'ancienneté de leur esclavage : les oreilles pendantes, les couleurs variées, les poils longs et fins, sont autant d'effets produits par le temps ou plutôt par la longue durée de leur domesticité. *Ibid.* — Tableau de la condition des animaux sauvages. P. 505. — Les animaux sauvages et libres sont peut-être, sans en excepter l'homme, de tous les êtres vivants les moins sujets aux altérations, aux changements, aux variations de tout genre. P. 508. — Les animaux captifs et renfermés dans les ménageries ou dans des enclos peu spacieux ne prennent pas leur entier accroissement, et vivent moins de temps que quand ils sont en pleine liberté. T. III, p. 57. — Dans les animaux captifs et resserrés dans des loges, les parties desquelles ils ne peuvent faire usage, telles que celles de la génération, sont si petites et si peu développées qu'on a de la peine à les trouver, et que quelquefois elles paraissent oblitérées. *Ibid.* — Les animaux domestiques sont sujets à beaucoup plus de variétés que les animaux sauvages, et pourquoi. P. 250. — Causes nécessaires de leur dégénération. P. 252 et 253. — L'état de domesticité semble rendre les animaux plus libertins, c'est-à-dire moins fidèles à leur espèce, et il les rend aussi plus chauds et plus féconds. T. IV, p. 131. — Dans les animaux sauvages indépendants de l'homme, l'éloignement du

climat est un indice assez sûr de celui des espèces. P. 59. — Dans l'état où nous avons réduit les animaux domestiques, il ne serait peut-être plus possible de les réhabiliter, ni de leur rendre leur forme primitive et les autres attributs de nature que nous leur avons enlevés. P. 113. — L'état de domesticité a beaucoup contribué à faire varier la couleur du poil des animaux. Les couleurs primitives et naturelles sont le fauve et le brun. Le blanc pur et sans aucune tache est, à cet égard, le signe du dernier degré de dégénération. P. 117. — Causes des variétés dans les animaux libres et indépendants de l'homme. Dans les espèces où le mâle s'attache à sa femelle et ne la change pas, il y a peu de variétés. Dans celles où les femelles changent souvent de mâle, il y a des variétés plus nombreuses, et en général il y en a d'autant plus que le nombre dans leur produit est plus grand. Il y a par cette raison beaucoup plus de variétés dans les petites espèces que dans les grandes. P. 118 et 119.

Animaux des deux continents. Les noms ont presque tous été mal appliqués aux animaux du Nouveau Monde. T. III, p. 8. — Énumération des animaux, dans laquelle il faut distinguer : 1° ceux qui sont naturels et propres à l'ancien continent, et qui ne se sont point trouvés dans le nouveau; 2° ceux qui sont naturels et propres au nouveau continent, et qui n'étaient point connus dans l'ancien; 3° ceux qui sont communs aux deux continents. P. 16. — De tous les animaux domestiques qui ont été transportés d'Europe en Amérique, le cochon est celui qui a le mieux et le plus universellement réussi, dans les pays chauds ou froids de ce nouveau continent. Les chèvres n'ont réussi que dans les climats chauds ou tempérés; l'espèce n'a pu se maintenir en Canada, où il faut la renouveler par des boucs qu'on fait venir d'Europe. L'âne qui multiplie dans les pays chauds de ce Nouveau Monde, ne peut se perpétuer dans les climats froids comme en Canada. Les chevaux ont à peu près également multiplié dans les climats chauds et dans les climats froids de ce nouveau continent. P. 24. — Tous les animaux transportés de l'ancien continent dans le nouveau sont devenus plus petits. *Ibid.* et suiv. — En général, tous les animaux de l'Amérique, même ceux qui sont naturels au climat, sont beaucoup plus petits que ceux de l'ancien continent. P. 25. — Les noms américains de presque tous les animaux du Nouveau Monde étaient si barbares pour les Européens, qu'ils cherchèrent à leur en donner d'autres par des ressemblances quelquefois heureuses avec les animaux de l'ancien continent, mais souvent aussi par de simples rapports, trop éloignés pour fonder l'application de ces dénominations. P. 28 et 29. — Les animaux de l'ancien continent qui ne se sont pas trouvés dans le nouveau lorsqu'on en fit la découverte, sont l'éléphant, le rhinocéros, l'hippopotame, la girafe, le chameau, le lion, le tigre, la panthère, le cheval, l'âne, le zèbre, le buffle, la brebis, la chèvre, le cochon, le chien, l'hyène, le chacal, la genette, la civette, le chat, la gazelle, le chamois, le bouquetin, le chevrotain, le lapin, le furet, les rats et les souris, le loir, le lérot, la marmotte, la mangouste, le blaireau, la zibeline, l'hermine, la gerboise, le maki et plusieurs espèces de singes. P. 30 et 31. — Les animaux naturels au Nouveau Monde étaient, dans chaque espèce, extrêmement nombreux en individus. Raison de cet effet. P. 32. — Les espèces, au contraire, dans les animaux du Nouveau-Monde, étaient en petit nombre. *Ibid.* Les animaux propres et particuliers au nouveau continent, et qui n'existaient point dans l'ancien, sont le tapir, le cabiai, le pécari, les fourmilliers, les paresseux, le lama, le pacos, le puma, le jaguar, le couguar, le jaguarète, le chat-pard, le coendou, les agoutis, le coati, le paca, les philandres, le cochon d'Inde, l'apéréa, les tatous. P. 35. — Les animaux des parties méridionales de chaque continent n'existaient pas dans l'autre. P. 37. — Énumération des animaux communs aux deux continents. P. 38 et suiv. — Le nombre des espèces communes aux deux continents est assez petit en comparaison de celui des espèces qui sont propres et particulières à chacun des deux.

P. 40. —Tous les animaux qui ont été transportés de l'ancien continent dans le nouveau y sont devenus plus petits, et tous ceux qui se trouvent également dans les deux continents sont de même plus petits dans le nouveau continent, et cela sans aucune exception. P. 41. — Il n'y a que les animaux du nord qui se trouvent également dans les deux continents. P. 40. — Les animaux quadrupèdes sont en général, et sans exception, beaucoup plus petits dans le nouveau continent que dans l'ancien, et au contraire les insectes et les reptiles sont plus petits dans l'ancien que dans le nouveau. P. 42 et 43. — Noms américains des animaux du nouveau continent. P. 46. — Il n'y avait à Saint-Domingue, lorsqu'on en fit la découverte, que cinq espèces d'animaux quadrupèdes, dont le plus grand n'était pas plus gros qu'un écureuil. P. 47.

Animaux *propres au nouveau continent*, sont beaucoup moins grands que ceux de l'ancien. Énumération de leurs différences. T. III, p. 292. — On peut réduire à quinze genres et à neuf espèces isolées, tous les animaux qui sont communs aux deux continents, et tous ceux qui sont propres et parculiers à l'ancien. Énumération de ces genres et de ces espèces isolées. T. IV, p. 135 et 136. — Les animaux propres et particuliers de l'ancien continent se réduisent à huit genres ou familles, et à cinq espèces isolées. Énumération de ces huit genres et de ces cinq espèces. P. 136 et 137. — Les animaux propres et particuliers au nouveau continent peuvent se réduire à dix genres et à quatre espèces isolées; énumération de ces dix genres et de ces quatre espèces. P. 137 et 138. — Rapports éloignés qui paraissent indiquer quelque chose de commun dans la formation des animaux des deux continents, et qui conduisent à remonter à des causes très-anciennes de dégénération. P. 138.— De dix genres et de quatre espèces isolées, auxquels on peut réduire tous les animaux du Nouveau Monde, il n'y a que le genre des tigres et l'espèce du pécari qu'on puisse rapporter aux animaux de l'ancien continent d'une manière évidente. L'espèce du lama et les genres des sapajous, des sagouins, des mouffettes, des agoutis et des fourmilliers ne peuvent être comparés que d'une manière assez éloignée aux chameaux, aux guenons, aux putois, aux lièvres et aux pangolins; et enfin les espèces du tapir et du cabiai, et les genres des philandres, des coatis, des tatous et des paresseux ne peuvent être rapportés à aucune des espèces de l'ancien continent. P. 143.

Animaux *propres et particuliers du Nouveau Monde*. Leur origine ne peut être attribuée à la simple dégénération. Lorsque les deux continents étaient contigus, les espèces qui étaient cantonnées dans ces contrées du Nouveau Monde y ont été probablement renfermées par l'irruption des eaux, lorsqu'elles divisèrent les deux continents. Possibilité de cet événement. T. IV, p. 143.

Animaux et Végétaux. Il n'y a aucune différence absolument essentielle et générale entre les animaux et les végétaux. La nature descend par degrés ou par nuances imperceptibles de l'animal qui nous paraît le plus parfait à celui qui l'est le moins, et de celui-ci au végétal. Ainsi les animaux et les végétaux sont pour la nature des êtres à peu près du même ordre. T. I, p. 429.

Anta ou Ant. C'est le même animal que le tapir. Origine de ce nom *anta*; on appelle aussi cet animal *maïpouri* ou *manipouris*. T. III, p. 291.

Antilope, espèce de gazelle qui se trouve en Barbarie, en Arabie, etc.; sa description. T. III, p. 362. — Description de ses cornes. *Ibid.* — Variétés dans cette espèce. P. 362 et 363. —L'antilope des Indes est une espèce plus petite que les autres. *Ibid.* — Les grandes antilopes sont plus farouches que les autres gazelles. P. 367.

Antilope, espèce de gazelle; sa description par M. Pallas. *Add.*, t. IV, p. 602 et suiv. — Cette gazelle a vécu et même multiplié en Hollande, quoique âgée de plus de dix ans; le mâle était très-sauvage et ne s'est jamais apprivoisé; au contraire, la femelle était très-douce et très-familière. P. 602 et suiv. — Habitudes de ces deux animaux en domesticité. P. 603 et suiv. — La femelle porte près de neuf mois et ne produit qu'un petit à la fois. Ce

n'est guère qu'au bout de trois ans que le mâle est en état d'engendrer; mais la femelle produit au bout de deux ans d'âge. Différences entre le mâle et la femelle. P. 603.

Apar, espèce de tatou qui n'a que trois bandes mobiles; sa description et ses caractères spécifiques. T. III, p. 140.– Quand l'apar se couche pour dormir, ou que quelqu'un le touche et veut le prendre avec la main, il rapproche et réunit, pour ainsi dire, en un point ses quatre pieds, ramène sa tête sous son ventre, et se courbe parfaitement en rond, en sorte qu'alors on le prendrait plutôt pour une coquille de mer que pour un animal terrestre. P. 140 et 141. — Sa chair est aussi blanche et aussi bonne à manger que celle du cochon de lait. P. 150.

Ape, est le nom que les Anglais ont donné aux singes sans queue. T. IV, p. 35.

Apéréa. Notice au sujet de cet animal. Sa description, ses habitudes naturelles. Ce pourrait bien être le même animal que le *cori*. T. IV, p. 414.

Arabes, manière dont ils exercent leurs brigandages. T. III, p. 236.

Arabes. Voyez *Bédouins*.

Arabes. Description des Arabes et de plusieurs de leurs usages. *Add.*, t. II, p. 267 et suiv. — Les Arabes sont tous pasteurs et n'ont point de travail suivi; néanmoins ils souffrent la chaleur, la faim et la soif mieux que tous les autres hommes. P. 269.

Arabie. Peinture des déserts d'Arabie. T. III, p. 235. — Description des sables et des déserts brûlants d'Arabie. P. 235 et 236.

Araignées, dévorent indifféremment les autres espèces d'insectes et la leur. T. II, p. 553.

Arbres. L'accroissement des arbres se fait par l'addition de parties semblables au tout. T. I, p. 438. — Maniere dont s'opère l'accroissement des arbres. *Ibid.* Sont composés de petits êtres organisés semblables, et l'individu total est formé par l'assemblage d'une multitude de petits individus semblables. *Ibid.* — Plus un arbre est âgé, et plus il produit de fruits. P. 462. — Explication de la formation, du développement et de l'accroissement du bois dans les arbres. T. II, p. 69 et 70. — Causes naturelles et générales du dépérissement et de la mort des arbres, c'est la trop grande solidité que le bois acquiert avec l'âge. P. 74. — La plupart des arbres ne portent abondamment du fruit et des graines que de deux années l'une. P. 544.

Archipel Indien. La terre et la mer sont si mêlées dans l'Archipel Indien, qu'il paraît évidemment que c'est un pays inondé, duquel on ne voit plus que les éminences et les terres élevées. Cette mer n'est pas profonde comme les autres. T. I, p. 207.

Ardoise. Ce que l'auteur entend par la dénomination d'Ardoise. T. I, p. 146.

Argali (l') de Sibérie est le même animal que le mouflon. T. III, p. 285.

Argiles (les) et les glaises ne sont que du sable vitrifiable décomposé, et ces glaises en se décomposant elles-mêmes, se changent en limon. Preuve de ces assertions. T. I, p. 137. — L'argile peut devenir du caillou. P. 138. — Voyez *sable vitrifiable*. P. 304.

Art. Comparaison des ouvrages de l'art et de ceux de la nature. Différence infinie dans le produit, causée par l'inégalité de la puissance. L'homme ne peut employer que la force qu'il a; il est borné à une petite quantité de mouvement, qu'il ne peut communiquer que par la voie de l'impulsion. S'il pouvait disposer de la force d'attraction comme de celle d'impulsion, si seulement il avait un sens qui fût relatif à cette force pénétrante, il verrait le fond de la matière, il pourrait l'arranger en petit, comme la nature la travaille en grand. T. IV, p. 12 et 13.

Arts. Toutes les idées des arts ont leur modèle dans les productions de la nature. T. I, p. 15.

Asie et tout le continent oriental est le pays le plus ancien du globe. Les côtes occidentales de l'Europe et de l'Afrique sont des terres plus nouvelles. T. I, p. 50 et 51.

Assimilation. Les êtres qui ont la puissance de convertir la matière en leur propre substance et de s'assimiler les parties des autres êtres, sont les plus grands destructeurs. T. I, p. 446. — Ce qui est une cause

de mort est en même temps un moyen nécessaire pour produire le vivant. P. 447.

ASTRE. La force d'attraction est également répartie dans toute la matière, mais chaque astre a reçu une quantité différente de force d'impulsion. Il y a des astres solitaires et d'autres accompagnés de satellites, des astres de lumière et des globes de ténèbres, des soleils qui paraissent, disparaissent et semblent alternativement se rallumer et s'éteindre. T. III, p. 296.

ATLANTIDE (île) des anciens. T. I, p. 326.

ATMOSPHÈRE. L'atmosphère aérienne ne s'étend pas à beaucoup près aussi haut qu'on le croit vulgairement. *Add.*, t. I, p. 373.

ATTACHEMENT aux choses inanimées est le dernier degré de la stupidité. T. II, p. 353. — La plupart de nos attachements naissent lorsqu'on pense et qu'on réfléchit le moins. Il suffit que quelque chose flatte nos sens pour que nous l'aimions, et il ne faut que s'occuper souvent et longtemps d'un objet pour s'en faire une idole. P. 353. — Différence de l'attachement et de l'amitié. *Ibid.* — Causes et raisons de l'attachement des mères pour leurs petits, dans les animaux. P. 354. — Cause physique de l'attachement des père et mère à leurs enfants. T. II, p. 360.

ATTARSOAK. Voyez *Phoque* à croissant. *Add.*, t. III, p. 553.

ATTRACTION mutuelle et générale dans toutes les parties de la matière, soit dans la terre, soit dans les astres. L'attraction mutuelle, c'est-à-dire réciproque entre les astres, est démontrée par les observations; et les expériences des pendules prouvent qu'elle est générale dans toutes les parties de la matière. T. I, p. 82 et 83. — Les lois d'attraction ou d'affinité par lesquelles les parties des différentes substances minérales s'attirent, sont les mêmes que celles de la loi générale par laquelle les corps célestes agissent les uns sur les autres. Pourquoi l'on a cru que ces lois étaient différentes. T. III, p. 419 et 420.

ATTRACTIONS. Les lois des affinités et la loi de l'attraction ne sont qu'une seule et même loi, et si celles des affinités paraissent différentes de la loi générale de l'attraction, c'est que, dans les affinités, la figure entre comme élément dans l'expression de la distance, au lieu que dans l'attraction des corps célestes, la figure n'entre en aucune manière dans l'expression de la distance. T. III, p. 419 et 420.

AUROCHS ou URUS. Est le même animal que notre taureau dans l'état sauvage. T. III, p. 249. — La race de l'aurochs ou du bœuf sans bosse occupe les zones froides et tempérées, et elle ne s'est pas fort répandue vers les contrées du midi. P. 262. — Elle est la race primitive de tous les bœufs et bisons. P. 269 et 270.

AUROCHS. M. Forster assure que la race de l'aurochs ne se trouve actuellement qu'en Moscovie, et que les aurochs qui étaient en Prusse et sur les confins de la Lithuanie, ont péri pendant la dernière guerre. *Add.*, t. IV, p. 653.

AUSTRALES. Notice sur les terres australes, par Gonneville. *Add.*, t. II, p. 294. — Par Fernand de Quiros. *Ibid.* — Par Abel Tasman. *Ibid.*, p. 295. — Par le capitaine Cook. *Ibid.* et suiv.

AVEUGLES. Voyez *Égyptiens aveugles.*

AVOINE. Il n'y a point d'avoine en Arabie ni dans les climats les plus chauds de l'Asie, et c'est avec de l'orge et de la paille hachée qu'on y nourrit les chevaux. *Add.*, t. IV, p. 502.

AXE *du corps animal*. La moelle épinière, à la prendre depuis le cerveau jusqu'à son extrémité inférieure, c'est-à dire jusqu'au coccyx, et les vertèbres qui la contiennent, paraissent être l'axe réel auquel on doit rapporter toutes les parties doubles du corps animal. T. I, p. 627 et 628.

AXIOMES. Il faut se défier de ces axiomes absolus, de ces proverbes de physique que tant de gens ont mal à propos employés comme principes, comme *nulla fœcundatio extra corpus*, tout vivant vient d'un œuf; toute génération suppose des sexes, etc. T. I, p. 442 et 443.

AXIS. Est le même animal que l'on connaît vulgairement sous le nom de *cerf du Gange*. MM. de l'Académie l'ont indiqué par la dénomination de *biche de Sardaigne*. T. III, p. 285 et suiv. — Tient du cerf et du daim

tout ensemble; ses différences et ses ressemblances avec l'un et avec l'autre. P. 287. — Est originaire des pays chauds, et cependant il vit aisément et se multiplie dans les pays tempérés lorsqu'il est soigné et qu'on le tient à l'abri pendant l'hiver. *Ibid.* — On n'a pas remarqué dans les ménageries que l'axis se soit mêlé avec le cerf ou le daim, et qu'ils aient jamais produit ensemble. P. 288.

Axis ou daim à pelage tacheté de blanc. Il engendre avec les autres daims. *Add.*, t. IV, p. 558.

Aye-aye (l') se trouve à Madagascar. *Add.*, t. IV, p. 371. — Description de cet animal, et notice relative à ses habitudes. *Ibid.* et suiv.

B

Babiroussa. Ses ressemblances et ses différences avec le cochon. T. III, p. 402. — Description de ses défenses ou dents canines. *Ibid.* — Ses défenses sont d'un très-bel ivoire, plus net, plus fin, mais moins dur que celui de l'éléphant. *Ibid.* — Sa figure et ses habitudes naturelles. P. 403. — S'accroche avec ses défenses pour dormir debout. *Ibid.* — Nage fort légèrement et longtemps. P. 404. — Son climat. Doute si la femelle manque des grandes défenses supérieures qui se trouvent dans le mâle. *Ibid.*

Babiroussa. Description de cet animal. *Add.*, t. IV, p. 485 et suiv.

Babouin. Est un animal qui appartient à l'ancien continent et qui ne se trouve point dans le nouveau. T. III, p. 36 et 37. — Définition du babouin; c'est un animal à queue courte, à face allongée, à museau large et relevé, avec des dents canines plus grosses à proportion que celles de l'homme, et portant des callosités sur les fesses. T. IV, p. 3. — Les anciens n'ont point eu de nom propre pour désigner cet animal; Aristote est le seul qui l'ait indiqué par la dénomination de *simia porcaria*. Ibid. — *Babouin*, nom générique qui comprend trois espèces : 1° Le *papion* ou le *babouin* proprement dit; 2° Le *mandrill*; 3° l'*ouanderou*. Courte description de ces trois babouins. P. 3 et 4. — Il y en a de petits et de grands. Voyez *papion*. P. 46 et suiv.

Babouin a face bleuatre. Description de ce singe, *Add.*, t. IV, p. 94. — Il ne paraît être qu'une variété du babouin des bois *Ibid.*

Babouin a longues jambes. Description et habitudes de cet animal, *Add.*, t. IV, p. 92 et suiv.

Babouin a museau de chien. Description et habitudes naturelles de ce singe. *Add.*, t. IV, p. 107 et suiv.

Babouin cendré. Sa description. *Add.*, t. IV, p. 94.

Babouin des bois. M. Pennant a fait connaître cette espèce. Sa description. *Add.*, t. IV, p. 93.

Babouin gris, babouin à museau de chien. *Add.*, t. IV, p. 107.

Babouin jaune. Description de ce babouin. *Add.*, t. IV, p. 94.

Baltique, *mer Baltique*. Suivant les observateurs suédois, la mer Baltique, qui n'a guère que trente brasses de profondeur, sera dans quatre mille ans une terre abandonnée par les eaux. Cette preuve doit s'ajouter à toutes les autres, qui démontrent l'abaissement successif et général des mers. *Add.*, t. I, p. 423.

Barbaresque. Petit animal appelé vulgairement *écureuil de Barbarie*. Ses ressemblances et ses différences avec le palmiste et l'écureuil de Suisse. T III, p. 124 et 125.

Barbarie. Les femmes qui habitent les villes de Barbarie sont d'un blanc de marbre, qui tranche trop avec le rouge vif de leurs joues. *Add.*, t. II, p. 270.

Barbarins ou **Barberins.** Discussion critique à ce sujet. *Add.*, t. II, p. 271.

Bardot. Comparaison du bardot ou mulet provenant du cheval et de l'ânesse, avec le mulet provenant de l'âne et de la jument. T. IV, p. 192. — Le bardot est plus infécond que le mulet; raisons de ce fait. P. 203. — Le mâle et la femelle bardot ne peuvent produire ensemble, ou du moins ne peuvent former lignée. P. 209.

Baromètre. Peut donner la hauteur des montagnes très-exactement, surtout dans les pays où sa variation n'est pas considérable. T. I, p. 165.

Basaltes. Lieux où l'on trouve des basaltes, soit en Europe, soit dans d'autres parties du monde. *Add.*, t. i, p. 399. — Explication de l'origine et de la formation des basaltes, de leur configuration en colonnes prismatiques, de leur articulation et de tous les autres phénomènes qu'ils présentent. P. 406.

Baurd-mannetjes, espèce de *guenon* ou *singe à longue queue*, d'un poil noir, avec une barbe blanche. Voyez *talapoin*. T. iv, p. 67.

Bay-monkey. Nom donné à une guenon qui a beaucoup de rapports avec la guenon à camail. *Add.*, t. iv, p. 102.

Beauté. Les idées que les différents peuples ont de la beauté sont très-opposées, et les femmes ont plus gagné par l'art de se faire désirer, que par ce don même de la nature. T. ii, p. 67. — Les femmes ont eu de la beauté dès qu'elles ont su se respecter assez pour se refuser à tous ceux qui ont voulu les attaquer par d'autres voies que par celles du sentiment; et du sentiment une fois né, la politesse des mœurs a dû suivre. *Ibid.*

Bédouins. Les Arabes-Bédouins ont conservé leur liberté et leurs usages anciens. Ils ont l'odorat très-fin, ne veulent point habiter dans les villes. Leurs mœurs et leurs coutumes, etc. *Add.*, t. ii, p. 268. — Le nombre de ces Arabes établis dans le désert peut monter à deux millions. P. 269.

Behemoth de l'Écriture Sainte, est le même animal que l'hippopotame. T. iii, p. 306.

Belette, est très-commune dans les pays chauds, et fort rare dans les pays froids, ce qui est tout le contraire de l'hermine. T. ii, p. 599. — Il y a quelques belettes qui deviennent blanches pendant l'hiver. *Ibid.* — Différence de la belette et de l'hermine. *Ibid.* — Elles ne s'apprivoisent point. *Ibid.* — Habitudes naturelles de la belette et de l'hermine. P. 599 et 600. — La belette met bas au printemps, les portées sont ordinairement de quatre ou de cinq; les petits naissent les yeux fermés. P. 600. — Elle a l'odeur très-forte. *Ibid.*

Belette et **Hermine**, sont deux espèces distinctes et séparées. T. ii, p. 599.

Belette. La belette peut s'apprivoiser; exemples à ce sujet. *Add.*, t. iv, p. 287 et suiv.

Belette. Nouvelle addition relative aux habitudes naturelles de la belette. *Add.*, t. iv, p. 293 et suiv.

Bélier. Nature et qualités du bélier. T. ii, p. 445 et suiv. — Manière de connaître son âge par les cornes. P. 447. — Le bélier est en état d'engendrer dès l'âge de dix-huit mois, et à un an la brebis peut produire; mais il est mieux d'attendre que la brebis ait deux ans et que le bélier en ait trois avant de leur permettre de s'accoupler. *Ibid.* — Un bélier peut aisément suffire à vingt-cinq ou trente brebis. Qualités du bélier qu'on destine à la propagation. *Ibid.* — Il y a des béliers sans cornes, et ces béliers sans cornes sont, dans ces climats, moins vigoureux et moins propres à la propagation. Le bélier s'attache de préférence aux brebis âgées, et dédaigne les plus jeunes. *Ibid.*

Bélier *d'Islande*. En Islande il y a des béliers à plusieurs cornes. *Add.*, t. iv, p. 641. — Mais ils ne sont qu'en très-petit nombre, en comparaison de ceux qui n'en ont que deux. *Ibid.*

Bélier *morvant*. Description de cet animal. *Add.*, t. iv, p. 640.

Béliers *sauvages*. Au Kamtschatka il y a des béliers qui vivent dans l'état de nature. *Add.*, t. iv, p. 640. — D'autres qui vivent en pleine liberté dans certains pays du nord. P 641.

Bélier *de Tunis*. Sa description. *Add.*, t. iv, p. 639.

Bélier et **brebis** *de Valachie*. Notice à leur sujet. *Add.*, t. iv, p. 639.

Berbé. Il nous paraît que l'animal appelé berbé en Guinée, est le même que le fossane. T. iii, p. 466.

Bercer. L'usage de bercer les enfants est sujet à des inconvénients, et demande des attentions. T. ii, p. 18.

Besoin (le) n'est pas le désir; il en diffère comme la cause diffère de l'effet, et il ne peut le produire sans le concours des sens. T. ii, p. 321.

Bétail. Raison primitive de ce que notre

bétail est si chétif et si différent de ce qu'il était dans l'état de nature. T. III, p. 252 et 253.

BÊTE à la grande dent. Voyez *Morse*. T. III, p. 522.

BÉZOARD *oriental*. Ne vient pas seulement de la gazelle *pasan*, mais de toutes les gazelles et chèvres sauvages qui habitent les montagnes de l'Asie. T. III, p. 363. — Recherches sur les animaux qui le produisent. P. 368 et suiv. — Description du bézoard oriental et sa comparaison avec les autres bézoards. P. 371 et suiv.—Ne vient pas uniquement d'une seule espèce de gazelles, mais provient également des gazelles, des chèvres, et même des moutons qui habitent les montagnes de l'Asie. P. 372. — Les anciens ne connaissaient pas les bézoards, et Galien est le premier qui ait fait mention de ses propriétés. P. 373.

BÉZOARDS *occidentaux*. Ne viennent ni des chèvres, ni des gazelles ; ils proviennent des vigognes et des lamas. T. III, p. 375 et suiv. — Leur substance est semblable à celle du tartre qui se forme sur les dents des animaux ruminants. P. 376.

BÉZOARDS *orientaux*. Les chèvres et les gazelles de l'Afrique donnent des bézoards, mais qui ne sont pas si bons que ceux de l'Asie. T. III, p. 378. — Les bézoards, en général, ne sont qu'un résidu des nourritures végétales. *Ibid*.— Causes physiques de leur vertu et de leurs différentes qualités. *Ibid*. — Les animaux qui se nourrissent d'herbes et qui habitent les hautes montagnes de l'Asie et même de l'Afrique, donnent les bézoards que l'on appelle *orientaux*, dont les vertus sont les plus exaltées ; ceux des montagnes de l'Europe, où la qualité des plantes et des herbes est plus tempérée, ne produisent que des pelotes sans vertu qu'on appelle égagropiles ; et dans l'Amérique méridionale, tous les animaux qui fréquentent les montagnes sous la zone torride, donnent d'autres bézoards que l'on appelle *occidentaux*, qui sont encore plus solides et peut-être aussi qualifiés que les orientaux. La vigogne ou paco sauvage en fournit en grand nombre. Le huanacus ou lama sauvage en donne aussi, et l'on en tire des cerfs et des chevreuils dans les montagnes de la Nouvelle Espagne. Les lamas et les pacos ne donnent de beaux bézoards qu'autant qu'ils sont huanacus et vigognes, c'est-à-dire dans leur état de liberté ; ceux qu'ils produisent dans leur condition de servitude sont petits, noirs et sans vertu. Les meilleurs sont ceux qui ont une couleur de vert obscur, et ils viennent ordinairement des vigognes, surtout de celles qui habitent les parties les plus élevées de la montagne, et qui paissent habituellement dans les neiges ; de ces vigognes montagnardes, les femelles comme les mâles produisent des bézoards, et ces bézoards du Pérou tiennent le premier rang après les bézoards orientaux, et sont beaucoup plus estimés que les bézoards de la Nouvelle-Espagne, qui viennent des cerfs, et sont les moins efficaces de tous. P. 440. — Les singes qui produisent les bézoards sont l'ouanderou et le douc ; ces bézoards de singe sont toujours d'une forme ronde. T. IV, p. 69.

BÉZOARD. Discussion historique sur le bézoard, par M. Allamand. *Add.*, t. IV, p. 586 et suiv.

BICHES (les) évitent d'abord les cerfs dans le temps du rut ; elles fuient et ne les attendent qu'après avoir été longtemps fatiguées de leur poursuite. Les vieilles biches entrent en chaleur les premières. T. II, p. 515. — Les biches en général préfèrent les vieux cerfs aux jeunes. *Ibid*. — Les biches portent huit mois et quelques jours, et ne produisent ordinairement qu'un faon, et très-rarement deux ; elles mettent bas au mois de mai et au commencement de juin. P. 516. — Il y a des biches qui sont stériles. Ces biches sont plus grosses que les autres, et quoiqu'elles ne produisent pas, elles sont les premières en chaleur. *Ibid*. — Raisons physiques pourquoi les biches n'ont pas du bois comme les cerfs. P. 519.

BICHES *de Cayenne*. Leurs variétés, et notices à leur sujet. T. III, p. 391 et suiv.

BIEN et MAL. Il y a dans la physique infiniment plus de bien que de mal ; ce n'est donc pas la réalité, c'est la chimère qu'il faut craindre ; ce n'est ni la douleur du corps,

ni les maladies, ni la mort, mais l'agitation de l'âme, les passions et l'ennui qui sont à redouter. T. II, p. 333.

BISON. Courte description du bison d'Amérique et ses différences avec le bœuf. T. III, p. 21.

BISON OU BOEUF A BOSSE DES INDES ORIENTALES. Produit avec notre vache domestique, et par conséquent il est de la même espèce. Observations et réflexions à ce sujet. T. III, p. 21 et suiv.

BISON OU BOEUF A BOSSE. Ne fait pas une espèce particulière et n'est qu'une variété dans l'espèce du bœuf. T. III, p. 249. — Le bison diffère de l'aurochs par la bosse qu'il porte entre les deux épaules et par la longueur de son poil. P. 251. — La race du *bison* ou *bœuf à bosse* remplit toutes les provinces méridionales dans le continent entier des grandes Indes et de l'Afrique. P. 262.

BISON OU BOEUF A BOSSE. Avantages de cette race de bœuf sur la race ordinaire. T. III, p. 263. — Description de leur bosse. Qualité de cette chair. P. 264.

BISONS (les) se sont trouvés naturels dans les provinces de l'Amérique septentrionale. T. III, p. 267. — Ils ont passé d'un continent à l'autre. Leur différence suivant la nature du climat. *Ibid.* — Cause physique de la production de leur bosse. P. 269.

BISON. Notice sur les bisons ou bœufs à bosse des grandes Indes et de l'Afrique. Description d'un bison d'Amérique. *Add.*, t. IV, p. 648. — Le bison et la vache grognante de Tartarie paraissent être de la même espèce. Ne fait jamais retentir sa voix; celui dont on donne la description était muet, au rapport de son maître. P. 649. — Ils sont indigènes à l'Amérique septentrionale, mais ne sont point répandus dans l'Amérique méridionale. P. 650.

BISON. M. Forster assure que le bison est encore aujourd'hui commun en Moldavie, où on l'appelle *zimbr*. *Add.*, t. IV, p. 653 et suiv. — Le bison a, dans l'Amérique, une variété constante qu'on appelle *bœuf musqué*, qui diffère par la forme et la position des cornes, du bison commun. P. 654 et 655. — Ce bison ou bœuf musqué se trouve dans les parties les plus septentrionales de l'Amérique. Sa description. Ses habitudes naturelles. P. 655.

BISON *blanc*. Sa race subsiste encore en Écosse, mais ce n'est que dans de grands parcs qu'on la conserve; ses habitudes. Elle est aussi farouche que dans son plein état de liberté. Ce bison blanc ne se mêle jamais avec l'espèce commune du bœuf. Sa description, sa grandeur, son poids. *Add.*, t. IV, p. 655 et suiv.

BITUME. Source de bitume. T. I, p. 193. — Le bitume et le sel sont les matières dominantes dans l'eau de la mer. *Ibid.*

BIZAAM. Habitudes et description de cet animal. *Add.*, t. IV, p. 328 et 329.

BLAFARDS. Voyez *Hommes blafards*.

BLAIREAU. Caractère et habitudes naturelles du blaireau. T. II, p. 585. — Il creuse la terre avec une grande facilité. *Ibid.* Il a les jambes trop courtes pour pouvoir bien courir. *Ibid.* — Qualités du blaireau et sa manière de se défendre contre les chiens. P. 585 et suiv. — Les blaireaux étaient autrefois plus communs qu'ils ne le sont aujourd'hui. P. 586. — Manière de les chasser et de les prendre. *Ibid.* — Le blaireau pris jeune s'apprivoise et n'est ni malfaisant ni gourmand. Il mange de tout ce qu'on lui offre. *Ibid.* — Il dort beaucoup, mais n'est point sujet à l'engourdissement pendant l'hiver. *Ibid.* — Manière dont la femelle du blaireau met bas et prépare un lit à ses petits, et comment elle les élève. *Ibid.* — Elle produit trois ou quatre petits. *Ibid.* — Le blaireau est naturellement frileux. *Ibid.* — Il a, comme la civette, une poche dans laquelle suinte continuellement une liqueur grasse et de mauvaise odeur. P. 587. — Usage de sa peau. *Ibid.* — Le blaireau-cochon n'est pas un animal réellement existant; il n'y a même que peu ou point de variétés dans l'espèce du blaireau. *Ibid.* — L'espèce en est peu nombreuse et ne se trouve qu'en quelques endroits. P. 587 et suiv. — Caractères particuliers du blaireau. P. 588.

BLAIREAU *de l'Amérique septentrionale*. Sa description. Voyez *Carcajou*. *Add.*, t. IV, p. 279 et suiv.

BLAIREAU *des rochers*. Voyez *Marmotte*

du cap de Bonne-Espérance. Add., t. IV, p. 449.

Blanc-nez (le). Description et habitudes naturelles de cet animal. *Add.*, t. IV, p. 96 et 97.

Blé ergoté. *Add.*, t. I, p. 664.

Bobak (le) est une marmotte qui se trouve en Pologne, et qui ne diffère guère de la marmotte des Alpes que par les couleurs du poil et par un ongle ou pouce qu'il a aux pieds de devant, et que la marmotte des Alpes n'a pas. T. III, p. 455.

Bœuf (le) rend à la terre tout autant qu'il en tire, et même il améliore le fonds sur lequel il vit, il engraisse son pâturage; au lieu que le cheval et la plupart des animaux amaigrissent en peu d'années les meilleures prairies. T. II, p. 429 et 430. — Manière dont il tire le plus avantageusement. P. 430. — Il est plus propre, par sa forme, que le cheval, à labourer la terre. *Ibid.* — Manière dont se fait la castration dans ces animaux, avec quelques remarques sur ce sujet. P. 432. — Le bœuf dort d'un sommeil court et léger, et se réveille au moindre bruit. T. II, p. 435.— Se couche ordinairement du côté gauche, et le rein ou rognon de ce côté gauche est toujours plus gros et plus chargé de graisse que le rognon droit. *Ibid.*— Qualités d'un bon bœuf pour la charrue. *Ibid.*— Manière de l'accoutumer au joug. P. 435 et 436. — Combien de temps pendant sa vie doit-il servir au travail. P. 436. — Manière de connaître l'âge du bœuf. *Ibid.*—Manière dont croissent les cornes du bœuf. P. 436 et 437. — Le bœuf mange vite et prend en assez peu de temps toute la nourriture qu'il lui faut. P. 437. — Il rumine pendant plus longtemps qu'il ne mange : comparaison de la digestion de l'herbe dans l'estomac du cheval et du bœuf. *Ibid.* — Manière de traiter et de soigner les bœufs employés au labourage. P. 439 et 440. — Ils doivent être mis à l'engrais au plus tard à l'âge de dix ans. P. 441. — Manière de les engraisser. *Ibid.* — Pourquoi le bœuf ne fait aucun tort aux pâturages sur lesquels il vit. P. 442.— Le bœuf appartient à l'ancien continent et ne s'est point trouvé dans le nouveau. T. III, p. 20. — En 1550, on laboura pour la première fois la terre avec des bœufs au Pérou, dans la vallée de Cusco. P. 21. — La bosse que les bœufs des Indes ont sur les épaules n'est point un caractère essentiel, et elle disparaît après quelques générations lorsqu'on mêle ces bœufs à bosse avec les bœufs communs. P. 22.— Expériences qui prouvent démonstrativement que les bisons ou bœufs à bosse sont de la même espèce que nos bœufs. P. 258. — La grandeur de ces animaux dépend moins du climat que de la bonté et de l'abondance des pâturages. P. 260.—Raisons pourquoi ils sont en France de petite stature. P. 260 et 261. — Causes de la vénération des Indiens pour cet animal. P. 263 et 264. — Raisons pourquoi l'on multiplie moins ce gros bétail dans les pays chauds que dans les contrées tempérées. P. 265. — Raisons pourquoi ces animaux sont plus intelligents et plus habiles à toute sorte de service chez les Hottentots que chez les peuples de l'Europe. P. 265 et 266. — L'espèce s'est trouvée répandue dans tous les climats de la terre, à l'exception de celui de l'Amérique méridionale, où l'espèce en était inconnue. P. 266 et 267. — L'espèce du bœuf est celle de tous les animaux domestiques sur laquelle la nourriture paraît avoir la plus grande influence. T. IV, p. 115. — Bœufs que les anciens ont appelés *taureaux-éléphants*, à cause de leur énorme grosseur. *Ibid.* — Il serait bien utile de nourrir les bœufs largement et convenablement et d'abolir les vaines pâtures en permettant les enclos. *Ibid.* — Influence de la nourriture et des différents climats sur les bœufs. P. 115 et 116.

Bœuf. En Irlande il y a des bœufs qui manquent souvent de cornes dans les endroits où le fourrage est fort rare. *Add.*, t. IV, p. 649. — Plusieurs de ces animaux sont devenus sauvages dans les pays du Nord. P. 650. —Et ceux que l'on a transportés d'Europe dans l'Amérique méridionale s'y sont prodigieusement multipliés. *Ibid.*

Bœufs et vaches d'Islande, sont dépourvus de cornes, quoiqu'ils soient de la même race que les nôtres. T. III, p. 260.

Boeufs *de Sicile*. Ils diffèrent de nos

bœufs de France par la forme des cornes, qui sont très-remarquables par leur longueur, et par la régularité de leur figure. Ces cornes sont longues de trois pieds, et quelquefois de trois pieds et demi, et ne sont que légèrement courbées. Elles sont constamment de la même forme sur tous les individus. *Add.*, t. IV, p. 654.

Bœuf *gris du Mogol*. Voyez *Nilgault*.

Bœuf *musqué*. Voyez *Bison*.

Boire. Manière différente de boire dans les animaux différents. T. II, p. 409 et 410.

Bois *pétrifiés*. Lieux où l'on trouve des bois pétrifiés. *Add.*, t. I, p. 415 et suiv. — Comment on peut concevoir que s'opère cette pétrification. P. 418 et suiv.

Bois souterrains, se trouvent en plusieurs endroits, et particulièrement au fond des marais. T. I, p. 310. — Exemples de ces bois souterrains où les arbres sont en entier avec leurs branches et leurs feuilles. *Ibid.*— Bois que l'on tire de la terre, perdent en se desséchant leur solidité. P. 311.

Bonasus. Recherche de l'animal indiqué par ce nom. T. III, p. 247 et 248.— Le bonasus d'Aristote est le même animal que le bison. P. 249.

Bonheur. Dans le temps où le principe spirituel domine, on s'occupe tranquillement de soi-même, de ses amis, de ses affaires; mais on s'aperçoit encore, ne fût-ce que par des distractions involontaires, de la présence du principe matériel; lorsque celui-ci vient à dominer à son tour, on se livre ardemment à la dissipation, à ses goûts, à ses passions, et à peine réfléchit-on par instants sur les objets mêmes qui nous occupent et qui nous remplissent tout entiers; dans ces deux états nous sommes heureux : dans le premier nous commandons avec satisfaction, et dans le second nous obéissons encore avec plus de plaisir; comme il n'y a que l'un des deux principes qui soit alors en action, et qu'il agit sans opposition de la part de l'autre, nous ne sentons aucune contrariété intérieure, notre *moi* nous paraît simple, parce que nous n'éprouvons qu'une impulsion simple, et c'est dans cette unité d'action que consiste notre bonheur. T. II, p. 347. — Le bonheur de l'homme consistant dans l'unité de son intérieur, il est heureux dans le temps de l'enfance, parce que le principe matériel domine seul et agit presque continuellement. Si l'enfant était entièrement livré à lui-même, il serait parfaitement heureux; mais ce bonheur cesserait, et cette entière liberté produirait le malheur pour les âges suivants; on est donc obligé de contraindre l'enfant; il est triste, mais nécessaire, de le rendre malheureux par instants, puisque ces instants même de malheur sont les germes de tout son bonheur à venir. P. 348.

Bonheur et malheur. Le bonheur est au-dedans de nous-mêmes, il nous a été donné; le malheur est au dehors, et nous l'allons chercher. T. II, p. 333.

Bonnet-chinois, espèce de guenon ainsi nommée parce que les poils au-dessus de sa tête sont disposés en forme de bonnet plat. Voyez *Malbrouck*. T. IV, p. 58.

Borandiens, habitants du pays de Boranda maintenant appelé *Petzora*. Discussions géographiques et critiques. *Add.*, t. II, p. 256 et suiv.

Bosbok. Très-jolie gazelle qui se trouve au cap de Bonne-Espérance. Sa description par M. Allamand. Ses différences avec le ritbok. Ses dimensions. *Add.*, t. IV, p. 611 et 612.—Les femelles n'ont point de cornes. Habitudes naturelles de cette espèce de gazelle; son cri est une espèce d'aboiement. P. 612.

Botanique (la) a de tout temps été la partie de l'histoire naturelle la plus cultivée. T. I, p. 6 et 7. — Elle est plus aisée à apprendre que la nomenclature, qui n'en est que la langue. P. 8. — Elle n'était pas regardée par les anciens comme une science qui dût exister par elle-même; ils ne la considéraient que relativement à l'agriculture, au jardinage, à la médecine et aux arts. P. 22 et 23.

Bouc (le) s'accouple et engendre avec la brebis. T. II, p. 454. — Nature et qualités du bouc. P. 458. — Un seul bouc peut suffire à plus de cent cinquante chèvres, pendant deux ou trois mois; mais cette ardeur ne dure que deux ou trois ans. Il est énervé et hors de service dès l'âge de cinq ou six

ans. *Ibid.* — Choix du bouc qu'on destine à la propagation. *Ibid.* Il pourrait engendrer jusqu'à l'âge de sept ans, et peut-être au delà, si on le ménageait davantage; mais communément il ne sert que jusqu'à l'âge de cinq ans. P. 459. — L'odeur forte du bouc ne vient pas de sa chair, mais de sa peau. *Ibid.* — Communément les boucs et les chèvres ont des cornes; cependant il y a, quoique en moindre nombre, des chèvres et des boucs sans cornes. *Ibid.* — La production du bouc avec la brebis est un agneau couvert de poil. T. III, p. 279 et 280.

Bouc (le) s'accouple et produit avec la brebis; résultat de plusieurs expériences à ce sujet. T. IV, p. 193.

Bouc, dont les sabots avaient pris un accroissement extraordinaire. Ce défaut ou plutôt cet excès, est assez commun dans les boucs et les chèvres qui habitent les plaines et les terrains humides. *Add.*, t. IV, p. 643.

Bouc de JUDA (le) est de la même espèce que le bouc domestique. T. III, p. 345.

Bouc *de Juda*. Sa description. *Add.*, t. IV, p. 642.

BOUQUETIN (le) appartient à l'ancien continent et ne se trouve point dans le nouveau. T. III, p. 30. — Différence du bouquetin mâle et du chamois. P. 338. — La femelle a les cornes différentes de celles du mâle, et assez semblables à celles du chamois. *Ibid.* — Le bouquetin s'élève au sommet des plus hautes montagnes. *Ibid.* — Ses convenances avec le chamois. P. 339. — Lorsqu'on les prend jeunes, ils s'apprivoisent aisément et vont avec les chèvres. *Ibid.* — La femelle seule constitue l'espèce du bouquetin, comme la femelle seule constitue l'espèce de la brebis. P. 341. — Le bouquetin et la chèvre domestique ne sont très-vraisemblablement qu'une seule et même espèce avec le chamois. *Ibid.* et suiv. — Le bouquetin est la tige primitive de toutes les races des chèvres, comme le moufflon l'est de toutes les races de brebis. P. 344. — Ses convenances et ses différences avec le bouc domestique. P. 344 et 345. — Le bouquetin court aussi vite que le cerf, et fait d'aussi grands sauts. P. 345. — Le bouquetin est la tige masculine et le chamois est la tige féminine dans l'espèce de la chèvre. P. 348. — Il ne se trouve que dans les montagnes élevées. *Ibid.* — La chasse de cet animal est très-pénible; les chiens y sont presque inutiles. P. 349 et suiv. — Les propriétés spécifiques attribuées au sang du bouquetin appartiennent aussi au sang du chamois et au sang du bouc domestique, et proviennent uniquement des herbes chaudes et odoriférantes, dont ces animaux se nourrissent. P. 351 et 352.

BOUSSOLE. La propriété qu'a le fer aimanté de se diriger vers les pôles a été très-anciennement connue des Chinois. Forme de leur première boussole. *Add.*, t. I, p. 337.

BREBIS (la) se laisse enlever son agneau sans le défendre, sans s'irriter, etc., ce qui, dans les animaux, paraît être le dernier degré de l'insensibilité ou de la stupidité. T. II, p. 445. — La brebis est sujette à beaucoup de maladies, met bas difficilement et avorte fréquemment. P. 446. — Manière de soigner les brebis pleines ou qui viennent de mettre bas. *Ibid.* — Communément les brebis n'ont pas de cornes, mais elles ont sur la tête des proéminences osseuses aux mêmes endroits où naissent les cornes des béliers. Il y a cependant quelques brebis qui ont deux et même quatre cornes parmi nos brebis domestiques. P. 447. — Quelles sont les meilleures brebis pour la propagation. *Ibid.* — La saison de la chaleur des brebis est depuis le commencement de novembre jusqu'à la fin d'avril; cependant elles ne laissent pas de concevoir en tout temps si on leur donne, aussi bien qu'au bélier, des nourritures qui les échauffent, comme de l'eau salée et du pain de chenevis. *Ibid.* — Comment il faut les donner au bélier. P. 447 et 448. — Elles portent cinq mois, et mettent bas au commencement du sixième. P. 448. — La brebis ne produit ordinairement qu'un seul agneau et une fois par an dans ces climats. *Ibid.* — Manière de conduire et de traire les brebis qui ont du lait. *Ibid.*

BREBIS et BÉLIERS, vivent douze ou quatorze ans. T. II, p. 448. — Race de brebis étrangères qui produisent plus que nos brebis communes. P. 452. — L'espèce appartient à l'ancien continent, et ne s'est point

trouvée dans le nouveau lorsqu'on en fit la découverte. T. III, p. 23. — Difficulté qu'il y avait à trouver la vraie souche de nos brebis. P. 274. — La nature n'a pas produit la brebis telle qu'elle est, et c'est entre nos mains qu'elle a dégénéré. *Ibid.* — Dans les pays chauds la brebis perd sa laine et se couvre de poil. P. 275.

BREBIS d'Islande à plusieurs cornes; leur description. T. III, p. 274.

BREBIS des pays chauds; leur description. T. III, p. 275.

BREBIS de Barbarie et d'Arabie dont la queue est si grosse, si longue et si fort chargée de graisse qu'elle pèse plus de vingt livres. T. III, p. 275.

BREBIS domestique de l'île de Candie, strepsicheros de Belon; sa description. T. III, p. 276.

BREBIS à large queue. Leur race est beaucoup plus répandue que celle de nos petites brebis, et elles sont également brebis domestiques. T. III, p. 275 et 276.

BREBIS (grandes) des pays méridionaux; leur description. T. III, p. 276 et 277. — La laine est très-belle en Espagne, et encore plus belle dans le Chorasan et dans quelques autres provinces de l'Orient. P. 277 et 278. — Notre brebis domestique est une espèce bien plus dégénérée que celle de la chèvre. P. 280. — Comparaison de nos brebis domestiques avec le moufflon, qui est la brebis primitive et sauvage. T. IV, p. 113 et 114. — Si l'on voulait en relever l'espèce pour la force et la taille, il faudrait donner le moufflon à notre grande brebis flandrine. Si l'on voulait dévouer cette espèce à ne nous donner que de la belle laine et de la bonne chair, il faudrait propager la race des brebis de Barbarie, c'est-à-dire donner à nos béliers des femelles de Barbarie, pour avoir de belle laine; et le moufflon à nos brebis, pour en relever la taille. P. 114.

BREBIS et CHÈVRES. Doivent être regardées avec toutes leurs variétés comme ne faisant qu'une seule famille, à laquelle on peut même ajouter celles de toutes les gazelles. T. IV, p. 130.

BREBIS *de Flandre* (les) produisent ordinairement quatre agneaux chaque année. Elles viennent originairement des Indes orientales. *Add.*, t. IV, p. 643 et suiv.

BREBIS *de l'île de France.* Exemple de mélange de races et de variétés dans les brebis de l'île de France et de Bourbon. *Add.*, t. IV, p. 647.

BREBIS *de Moldavie.* Il y a trois races ou espèces de brebis en Moldavie. *Add.*, t. IV, p. 644. — Les deux premières paraissent être les mêmes que les brebis valachiennes. *Ibid.*

BREBIS *de bois de Moldavie.* Sa description. Il y a toute apparence que c'est le même animal que le saïga. *Add.*, t. IV, p. 644.

BREBIS *de Tartarie.* Chez les Calmouques, les Mongous et les Kirghises, les brebis ont la queue très-courte et composée seulement de trois ou quatre articulations. *Add.*, t. IV, p. 646.

BREBIS *des pays méridionaux.* La différence de la graisse des brebis dans les pays méridionaux vient probablement de la différence de nourriture et des plantes grasses dont elles s'y nourrissent. Manière dont on les traite et nourrit dans ces climats chauds. *Add.*, t. IV, p. 645.

BREBIS *du cap de Bonne-Espérance* (les) ressemblent, pour la plupart, au bélier de Barbarie; mélange et variété dans les brebis que les Hollandais ont propagées au Cap. Différence de la graisse de ces brebis et de celle des brebis d'Europe. *Add.*, t. IV, p. 645 — Discussion historique sur la variété des brebis qui se trouvent actuellement dans les terres du cap de Bonne-Espérance. P. 647.

BROWN BABOON. Un des noms du babouin à longues jambes. *Add.*, t. IV, p. 92, note *a*.

BRUME. Origine et effets de la brume; elle accompagne les glaces flottantes, et elle est perpétuelle sur les plages glacées. *Add.*, t. I, p. 336.

BUBALE. Sa description, ses différences et ses ressemblances avec le cerf, les gazelles et le bœuf. T. III, p. 378 et 379. — Description de ses cornes. P. 379. — Singularités dans la forme du poil du bubale et de l'élan. P. 379 et 380. — Différences du bubale et de l'élan. P. 380. — Description particulière

de cet animal par MM. de l'Académie. P. 380 et 381. — Il y a dans cette espèce des variétés pour la forme des cornes et la grandeur du corps. P. 381. — Son climat et ses habitudes naturelles. *Ibid.*

BUBALE. Son naturel est doux, mais sa figure est moins élégante et sa forme plus robuste que celle des autres grandes gazelles; il a quelques ressemblances avec la vache. Sa grandeur et sa description. *Add.*, t. IV, p. 618. — On doit regarder le bubale non pas comme une grande gazelle, mais comme faisant une espèce particulière et moyenne entre celle des bœufs et celle du cerf. Description d'un bubale. P. 618 et 619. — L'espèce du bubale est répandue dans toute l'Afrique. Elle est très-nombreuse dans les terres du cap de Bonne-Espérance, et on la trouve aussi en Barbarie; c'est bien le *bubalus* des anciens Grecs et Romains. P. 620. — Sa description et ses dimensions. *Ibid.* et 621. — Les bubales vont en troupes et courent avec une très grande vitesse; ils se tiennent dans les plaines plutôt que sur les montagnes; leur chair est bonne à manger. P. 622. — Les femelles n'ont que deux mamelles, et pour l'ordinaire elles ne font qu'un petit à la fois; elles mettent bas en septembre et quelquefois aussi en avril. *Ibid.*

BUBALUS. N'est point le buffle, mais un autre animal que nous avons appelé *bubale*. T. III, p. 247. — Le *bubalus* des Latins, que j'ai appelé *bubale*, est le même animal que celui qui a été indiqué par MM. de l'Académie des sciences sous la dénomination de *vache de Barbarie*. P. 254.

BUCULA-CERVINA. Est le même animal que le bubale. T. III, p. 379.

BUFFLE. Discussion critique sur les étymologies de ce nom. *Add.*, t. IV, p. 658 et suiv. — Les marais Pontins et les maremmes de Sienne sont, en Italie, les lieux les plus favorables à ces animaux. Ces marais Pontins sont réservés et spécialement affectés pour la nourriture des buffles. P. 659 et suiv. — Les buffles ont naturellement une mauvaise et forte odeur de musc. P. 660. — Selon Monsignor Gaëtani, ils ont la vue courte et confuse, mais une mémoire supérieure à celle de la plupart des autres animaux; ils reviennent seuls, et de plusieurs lieues de distance, à leurs habitations ordinaires. P. 664. — Le lait de la buffle est supérieur, tant par la blancheur que par la saveur, à celui de la vache, et l'on en fait du beurre excellent et de bons petits fromages. P. 665. — La femelle a quatre mamelons, cependant elle ne produit ordinairement qu'un petit et très-rarement deux; elle met bas au printemps et une seule fois l'année. Elle produit communément deux années de suite et se repose la troisième. Sa fécondité commence à l'âge de quatre ans et finit à douze. Manière dont on élève et conduit les buffles; leur castration. *Ibid.* — Spectacle de chasse aux buffles. P. 666. — Le terme de la vie du buffle est à peu près le même que celui de la vie du bœuf, c'est à-dire à dix-huit ans, quoiqu'il y en ait qui vivent vingt-cinq ans; les dents lui tombent assez communément quelque temps avant de mourir. P. 666. — Usages de sa chair, de sa peau et de ses cornes. Son tempérament. Ses maladies particulières. P. 665 et 667. — Les buffles amenés à Astracan et dans les provinces méridionales de la Russie, par ordre de l'impératrice Catherine II, s'y sont bien multipliés. Cet exemple peut suffire pour nous encourager à faire en France l'acquisition de cette espèce utile qui remplacerait celle des bœufs à tous égards, et surtout dans les temps où la grande mortalité de ces animaux fait un si grand tort à la culture de nos terres. P. 670.

BUFFLE (le) appartient à l'ancien continent, et ne s'est point trouvé dans le nouveau. T. III, p. 30. — Il n'était connu ni des Grecs ni des Romains, et a été apporté de l'Afrique et des Indes en Europe dans le septième siècle. P. 246. — Le buffle, en Italie, est de la même espèce que le buffle domestique et sauvage aux Indes. P. 249. — Le buffle ne s'accouple ni ne produit avec la vache, et il y a même de l'antipathie entre ces deux espèces. P. 270. — Son naturel, son tempérament, ses habitudes et ses différences avec le bœuf. P. 270 et 271. — Utilité que l'on en tire pour le labourage, les voitures, etc. P. 271. — Le buffle est le quatrième des animaux quadrupèdes dans

l'ordre de grosseur. *Ibid.* — Il produit dans les pays tempérés; la femelle porte environ un an, et ne fait ordinairement qu'un petit *Ibid.* — Les buffles sont plus traitables dans les pays chauds que dans les pays tempérés. P. 271 et 272. — Ils aiment à se vautrer et même à séjourner dans l'eau. P. 273. — Ils nagent facilement et courent plus légèrement que le bœuf. *Ibid.*

Buffles (les) sont très-communs dans tous les climats chauds, surtout dans les contrées marécageuses et voisines des fleuves. L'eau ou l'humidité du terrain, paraissent leur être encore plus nécessaires que la chaleur du climat. Manière singulière de traire la femelle du buffle dans la Perse méridionale. *Add.*, t. IV, p. 651 et suiv.

Buselaphus, est le même animal que le bubale. T. III, p. 379.

C

Cabiai, animal de l'Amérique méridionale, qui n'existait point dans l'ancien continent. T. III, p. 33. — Ses différences et ses ressemblances avec le cochon. P. 405. — Sa description, sa grandeur, sa figure, etc. *Ibid.* — Il a des membranes entre les doigts des pieds, et habite souvent l'eau, où il nage avec grande facilité. *Ibid.* — Sa nourriture et ses autres habitudes naturelles. *Ibid.* — Il produit en grand nombre. *Ibid.* — Il ne se trouve que dans l'Amérique méridionale. *Ibid.* — Le cabiai ne ressemble à l'extérieur à aucun autre animal, quoique, par les parties intérieures, il ressemble au cochon d'Inde. T. IV, p. 139.

Cabiai. Ses habitudes naturelles. Il n'habite que les marécages et le bord des eaux, et peut rester assez longtemps sous l'eau sans respirer. *Add.*, t. IV, p. 443. — Il pourrait vivre dans notre climat. *Ibid.*

Cachicame. Espèce de tatou qui a neuf bandes mobiles sur le dos; sa description et ses caractères spécifiques. T. III, p. 144 et suiv.

Cafres. Description des Cafres. T. II, p. 192.

Caillou. Se change naturellement en argile par un progrès lent et insensible, ou plutôt en bol et en limon. Preuves de cette assertion. T. I, p. 138 et 139. — En grande masse et en petite masse. P. 145.

Calcaires. Les matières calcaires peuvent, comme toutes les autres, êtres réduites en verre. Différence de l'action du feu sur les matières vitrescibles et sur les matières calcaires. *Add.*, t. I, p. 342 et suiv.

Calcinable. Les matières calcinables se dissolvent toutes par l'eau-forte. T. I, p. 125. — Les matières calcinables perdent au feu plus du tiers de leur poids, et reprennent la forme de terre sans autre altération que la désunion de leurs parties. P. 138.

Calculs, pierres qui se forment dans la vessie des animaux, sont d'une substance et d'une composition toute différente de celle des bézoards. T. III, p. 377.

Calicut. La mer a beaucoup gagné sur la côte de Calicut. T. I, p. 319 et 320.

Callitriche, nom dérivé du grec *Callitrix.* C'est la guenon qu'on appelle communément le *singe vert.* Sa description. Les pays où il se trouve. T. IV, p. 64 et 65. — Caractères distinctifs de cette espèce. P. 65.

Callitrix. En grec signifie *beau poil*, et on a appliqué ce nom à la *guenon* ou *singe à longue queue*, dont le poil est d'un beau vert, le ventre d'un beau blanc et la face d'un beau noir. T. IV, p. 6.

Callosités sur la poitrine des chameaux, des lamas et sur les fesses des babouins et des guenons; leur origine et comment elles sont produites. T. IV, p. 117 et 118.

Calmar. La liqueur séminale du calmar et même la laite qui la contient se forme et s'oblitère tous les ans. T. I, p. 463 et 464.

Calmoucks. Voyez *Tartares.*

Calmoucks. Tartares Calmoucks, passent pour être les plus laids de tous les hommes. T. II, p. 143.

Campagnol. L'espèce en est encore plus nombreuse que celle du mulot. T. II, p. 613. — Habitudes naturelles du campagnol. *Ibid.* — Ils font de très-grands dommages aux blés. *Ibid.* — Différences du campagnol et du rat d'eau. *Ibid.* — Ils produisent au printemps et en été; les portées ordinaires sont de cinq ou six, et quelquefois de sept ou

huit. P. 614. — Ils se détruisent eux-mêmes dans les temps de disette. P. 613.

CANNA. C'est un des plus grands animaux à pieds fourchus de l'Afrique méridionale. *Add.*, t. IV, p. 591. — Il a été appelé *élan* par Kolbe, mais ce nom ne lui convient en aucune façon. Ses dimensions, son poids et sa description. P. 591 et suiv. — Description de ses cornes; celles de la femelle sont pour l'ordinaire plus menues, plus droites et plus longues que celles du mâle. P. 592 et 593. — Différences entre le mâle et la femelle. P. 593. — Les cannas se trouvent dans les terres des Hottentots, à quelque distance du Cap; ils marchent en troupes de cinquante ou soixante. Leur naturel dans l'état de liberté. Ils sont très-doux; leur chair est une excellente venaison. Leur peau est très-ferme; les femelles ne produisent qu'un petit à la fois. P. 593 et 594. — Le canna n'est point l'*oryx* des anciens. P. 594. — Il ne leur était pas même connu. Description de la femelle canna. P. 595.

CAPRICORNE (le) forme une race intermédiaire entre le bouquetin et la chèvre domestique. Sa description. T. III, p. 343.

CARACAL. Ses ressemblances avec le lynx et ses différences. T. III, p. 84. — Il ne se trouve que dans les climats les plus chauds de l'ancien continent. *Ibid.* — Le caracal est un animal de proie qui habite le même pays que le lion, le tigre, la panthère, etc., et qui, étant beaucoup plus faible qu'aucun d'eux, est pour ainsi dire obligé de vivre de leurs restes. P. 84 et 85. — Il fuit le lion, et on l'a appelé le *guide* ou *pourvoyeur* du lion. P. 85. — Ses habitudes naturelles et son tempérament. *Ibid.* — On peut, malgré sa férocité, s'en servir pour la chasse. P. 85 et 86.

CARACAL. Il existe au pays d'Alger, dans la province de Constantine, une espèce de caracal sans pinceaux au bout des oreilles. Comparaison de ce caracal au lynx et au caracal ordinaire. *Add.*, t. IV, p. 344. — Un autre caracal de Libye a les oreilles blanches description de cet animal. *Ibid.* — Il paraît qu'il y a deux espèces de caracal en Barbarie, l'une grande, à oreilles noires et à longs pinceaux, et l'autre beaucoup plus petite, à oreilles blanches et à très-petits pinceaux. P. 345.

CARACAL *de Bengale*. Ses différences avec le caracal ordinaire. *Add.*, t. IV, p. 345.

CARACAL *de Nubie*. Sa différence avec le caracal de Barbarie. *Add.*, t. IV, p. 344.

CARCAJOU ou KINKAJOU, est le même animal que le glouton. T. III, p. 488.

CARCAJOU *d'Amérique* (le) est le même animal que le glouton d'Europe, ou du moins il est d'une espèce très-voisine. *Add.*, t. IV, p. 273.

CARIACOU, est le même animal que le cuguacu, le même que le mazame, le même que le chevreuil. T. III, p. 391.

CARIBOU, est le nom qu'on donne au renne dans le nord de l'Amérique. T. III, p. 325.

CARIGUEIBEJU *du Brésil*, est le même animal que la saricovienne. T. III, p. 504.

CARPES, qui ont cent cinquante ans bien avérés. T. I, p. 593.

CARRIÈRES (les) sont composées de différents lits ou couches, presque toutes horizontales ou inclinées suivant la même pente. Cela doit s'entendre de toutes les carrières de pierres calcaires, comme marbre, pierre de taille, moellons, etc. Les carrières de grès, de granite et des autres matières vitrescibles, ne sont pas disposées aussi régulièrement, quoiqu'en général elles suivent la même règle, et que leurs couches soient parallèles et horizontales ou également inclinées. T. I, p. 47. — Description de la carrière de Maestrict. P. 296. — Dans la plupart des carrières, le premier lit, c'est-à-dire celui qui est le plus près de la surface de la terre, et les lits qui sont au-dessous de ce premier, sont d'une pierre plus tendre que les lits inférieurs. P. 299. — Ordre des matières dans une carrière de matières vitrescibles. P. 301.

CARRIÈRES PARASITES (les) ne sont pas d'une grande étendue. Formation de ces carrières parasites. T. I, p. 146.

CASTOR. Ce n'est point par force ou par nécessité physique, comme les fourmis, les abeilles, etc., que les castors travaillent et bâtissent. C'est par choix qu'ils se réunissent. T. II, p. 508. — Les castors sont peut-être le seul exemple qui subsiste comme un an-

cien monument de cette espèce d'intelligence des brutes, qui suppose des projets communs et des vues relatives. P. 647. — Leur société n'est point une réunion forcée; elle se fait par une espèce de choix, et suppose des vues communes dans ceux qui la composent. P. 647 et 648. — Ils ne songent point à bâtir, à moins qu'ils n'habitent un pays libre, et qu'ils n'y soient parfaitement tranquilles. P. 648. — Le castor paraît être au-dessous du chien, de l'éléphant, etc., pour les qualités individuelles. *Ibid.* — Caractère et naturel du castor. *Ibid.* — Il paraît plus remarquable par des singularités de conformation extérieure que par la supériorité apparente de ses qualités intérieures. *Ibid.* — Le castor est le seul parmi les quadrupèdes qui ait la queue plate, ovale et couverte d'écailles; le seul qui ait des nageoires aux pieds de derrière, et en même temps les doigts séparés dans ceux de devant; le seul qui, ressemblant aux animaux terrestres par les parties antérieures de son corps, paraisse en même temps tenir des animaux aquatiques par les parties postérieures de son corps. P. 649 et 650. — Les castors commencent à s'assembler aux mois de juin et de juillet, et forment bientôt une troupe de deux ou trois cents : le rendez-vous et le lieu de l'établissement est au bord des eaux. Ils établissent une chaussée sur la rivière, qui la traverse en entier; cette chaussée a souvent quatre-vingts ou cent pieds de longueur sur dix ou douze pieds d'épaisseur à sa base. P. 650. — Les plus grands castors pèsent cinquante ou soixante livres, et n'ont guère que trois pieds de longueur. *Ibid.* Note *a.* — Description de leur chaussée, avec le détail de sa construction. *Ibid.*—Leur chaussée a non-seulement toute l'étendue, toute la solidité nécessaire, mais encore la forme la plus convenable pour retenir l'eau, l'empêcher de passer, en soutenir le poids et en rompre les efforts. P. 651. — Description de leurs cabanes et le détail de leur construction. P. 651 et 652. — Manière dont ils coupent et abattent les arbres. P. 652. — Ils préfèrent l'écorce fraîche et le bois tendre à la plupart des aliments ordinaires. P. 652. — Ils font des provisions très-considérables de bois et d'écorce, et chaque cabane a sa provision séparée. *Ibid.*— On a vu des bourgades composées de vingt ou vingt-cinq cabanes de castor. *Ibid.* — Les plus petites cabanes contiennent deux, quatre, six, et les plus grandes dix-huit, vingt, et même, dit-on, jusqu'à trente castors, autant de femelles que de mâles. *Ibid.* — Ils s'avertissent en frappant avec leur queue sur l'eau un coup qui retentit au loin dans toutes les voûtes des habitations. P. 653. — Ils vont quelquefois assez loin sous la glace. *Ibid.* — La chair des parties antérieures jusqu'aux reins a la qualité, le goût et la consistance de la chair des animaux de la terre et de l'air; celle des cuisses et de la queue a l'odeur, la saveur, et toutes les qualités de celle du poisson. La queue du castor est une vraie chair de poisson. *Ibid.* — Habitudes naturelles des castors en société. P. 653 et 654. — Les femelles portent quatre mois et mettent bas sur la fin de l'hiver, produisent ordinairement deux ou trois petits. P. 654. — Leur fourrure n'est parfaitement bonne qu'en hiver. *Ibid.* — Outre les castors qui sont en société, on rencontre partout des castors solitaires. Ces castors solitaires demeurent comme les blaireaux dans un terrier. Différence de ces castors et des autres. P. 656.

Castor. Notice sur quelques-unes des habitudes naturelles de cet animal. *Add.*, t. iv, p. 407.

Castors (les) des pays les plus septentrionaux sont ceux dont la fourrure est la plus belle et la plus noire; il s'en trouve aussi quelques-uns mêlés de blanc, et de blanc mêlé de noir. T. ii, p. 656. — Le castor peut subsister et vivre sans même entrer dans l'eau. P. 657. — Il mange assez de tout, à l'exception de la viande cuite ou crue qu'il refuse constamment. *Ibid.* — Sa fourrure est très-belle et elle est composée de deux espèces de poils. *Ibid.* — Il se sert de ses pieds de devant comme de mains. P. 658. — *Castoreum*, matière odorante que fournit le castor. *Ibid.* — Il n'aime point les mauvaises odeurs et éloigne ses ordures de l'endroit où il est. *Ibid.* — Il nage beaucoup mieux qu'il ne marche. *Ibid.* — Intelligence du castor, plus admi-

rable que celle de la plupart des autres animaux. T. III, p. 171. — Le castor a reçu de la nature un don presque équivalent à celui de la parole. *Ibid.*

Castration. L'usage de la castration des hommes est fort ancien et assez généralement répandu; cela se fait de différentes façons. L'opération n'est pas fort dangereuse; on peut la faire à tout âge, celui cependant où il y a le moins de risque est l'âge de l'enfance. T. II, p. 30. — L'usage de la castration fait non-seulement tort à l'individu, mais à l'espèce entière, et par quelle raison. T. III, p. 252.

Cataracte. Exemple d'une cataracte perpendiculaire en Italie, qu'on peut comparer à celle de Niagara au Canada, et à quelques autres. *Add.*, t. I, p. 359.

Cataractes dans les fleuves. T. I, p. 195. — Cataracte de Niagara, en Canada, tombe environ de cent cinquante pieds de hauteur et a plus d'un quart de lieue de largeur. P. 195.

Causes. Les premières causes nous seront à jamais cachées; et dans les effets, nous apercevons plutôt un ordre relatif à notre propre nature que convenable à l'existence des choses que nous considérons. T. I, p. 5. — Les seules causes qu'il nous soit permis de connaître sont les effets généraux de la nature. Nous pouvons remonter jusque-là par l'observation des effets particuliers, et les causes des effets généraux nous seront à jamais inconnues. P. 29 et 30.

Causes *de la formation des couches de la terre.* Explication de ces causes, et réponse aux objections. T. I, p. 42 et 43.

Causes *finales.* Examen du principe des causes finales. T. I, p. 467. — Les causes finales ne sont que des rapports arbitraires et des abstractions morales. *Ibid.* — Les causes finales ont été élevées au plus haut point sous le nom de raison suffisante, et ont été représentées par le portrait le plus flatteur sous le nom de perfection. P. 468. — Une raison tirée des causes finales ne détruira ni n'établira jamais un système en physique. P. 513. — Inutilité des causes finales pour expliquer les effets de la nature. T. II, p. 463 et suiv. — Pourquoi l'on ne peut pas rendre raison des causes générales. T. I, p. 440.

Cavernes. Deux espèces de cavernes, les unes sont formées par le feu et les autres par l'eau. T. I, p. 282. — Formation des cavernes et leur énumération. P. 293 et suiv. — Les terrains les plus caverneux sont les plus hautes montagnes et les îles qui ne sont en effet que des sommets de montagnes. Les îles de l'Archipel dans la Méditerranée, aussi bien que les îles de l'Archipel indien, les îles Moluques, etc., sont fort caverneuses. P. 295 et 296.

Cavernes *naturelles*, appartiennent aux montagnes. Celles qui se trouvent dans les plaines sont artificielles et ne sont que d'anciennes carrières. T. I, p. 59 et 60.

Cavernes. Première origine des cavernes qui se trouvent au-dessous de la surface de la terre. Effet produit par l'affaissement des cavernes. *Add.*, t. I, p. 380. — Les cavernes formées par le feu primitif sont les plus grandes et les plus anciennes de toutes, elles sont aussi les plus profondément enterrées, et c'est par leur affaissement que s'est fait l'abaissement des mers. P. 409 et suiv. — Pourquoi ces cavernes primitives se sont trouvées en plus grand nombre dans les contrées de l'Équateur que dans le reste du globe. P. 411.

Cavia capensis de M. Pallas. Voyez *Marmotte* du cap de Bonne-Espérance. *Add.*, t. IV, p. 449.

Catopollin. Courte description de cet animal. T. III, p. 171. — Ses conformités avec la marmose et le sarigue; ce sont tous trois des animaux propres et particuliers aux pays chauds du nouveau continent. P. 172.

Cercopithecos, signifie singe à queue, et a été employé comme terme générique pour désigner toutes les guenons ou singes à longue queue. T. IV, p. 6.

Cerf. Ruses du cerf pour échapper au chien. T. II, p. 476. — Caractère et naturel du cerf. P. 509. — Indices et connaissances du cerf pour les chasseurs. P. 511. — Manière de chasser le cerf avec appareil. P. 511 et 512. — Autres ruses du cerf devant les chiens. P. 512. — Quelles sont les

saisons les plus propres à la chasse du cerf. P. 513. — Les cerfs se mettent en troupes dans le mois de décembre, et pendant les grands froids ils cherchent à se mettre à l'abri des côtes ou dans des endroits bien fourrés, où ils se tiennent serrés les uns contre les autres, et se réchauffent de leur haleine. *Ibid.* — Ils mettent bas leur bois au printemps. *Ibid.* — Il est rare que les deux côtés de la tête du cerf tombent en même temps, et souvent il y a un jour ou deux d'intervalle entre la chute de chacun des côtés de la tête. P. 513 et 514. — Les vieux cerfs sont ceux qui mettent bas leur tête les premiers, et c'est dans le mois de février ou au commencement de mars, et les jeunes cerfs ou daguets ne mettent bas qu'au commencement de mai. P. 514. — Signe du rut dans les cerfs. *Ibid.* — Les vieux cerfs entrent en rut les premiers. *Ibid.* — Ils combattent pour la femelle. P. 515. — Habitudes du cerf selon les différentes saisons. *Ibid.* — Saison du rut des cerfs commence au mois de septembre. *Ibid.* — Les cerfs sont inconstants et ne s'attachent pas à la même femelle. *Ibid.* — Ils s'épuisent entièrement dans le temps du rut, quoique ce temps ne dure qu'environ trois semaines. *Ibid.* — Le rut pour les vieux cerfs commence au 1er septembre et finit vers le 20 ; et pour les jeunes cerfs, c'est depuis le 20 septembre jusqu'au 15 octobre. *Ibid.* — Ils sont quelquefois sujets à un second rut vers la fin d'octobre ; mais ce second rut dure beaucoup moins que le premier. P. 516. — Les bosses commencent à paraître à l'âge de six mois ; elles s'allongent en dagues dans la première année. *Ibid.* — Ils s'accouplent dès l'âge de dix-huit mois. *Ibid.* — Les cerfs croissent et grossissent jusqu'à l'âge de huit ans, et leur tête va toujours en augmentant tous les ans jusqu'au même âge. *Ibid.* — Causes physiques de la venaison et de la production du bois des cerfs. P. 517. — La production du bois et celle de la liqueur séminale dans le cerf dépendent de la même cause. P. 518. — La castration du cerf empêche la chute et la renaissance du bois *Ibid.* — La production du bois dans le cerf vient uniquement de la surabondance de la nourriture. *Ibid.* — Le bois de cerf n'est, comme la liqueur séminale, que le superflu rendu sensible de la nourriture organique qui ne peut être employée tout entière au développement, à l'accroissement, ou à l'entretien du corps de l'animal. P. 519. — Le bois du cerf pousse, croît et se compose comme le bois d'un arbre ; sa substance est peut-être moins osseuse que ligneuse, c'est pour ainsi dire un végétal greffé sur un animal, et qui participe de la nature des deux. P. 520. — Le bois de cerf est d'abord tendre comme l'herbe, et se durcit ensuite comme le bois ; la peau qui s'étend et croît avec le bois, est son écorce, et il s'en dépouille lorsqu'il a pris son entier accroissement : tant qu'il croît, l'extrémité supérieure demeure toujours molle ; il se divise aussi en plusieurs rameaux, le mérain est l'arbre, les andouillers en sont les branches : en un mot tout est semblable, tout est conforme dans le développement et dans l'accroissement du bois des cerfs et du bois des arbres. *Ibid.* — Raisons physiques de ce que les cerfs et les autres animaux de ce genre portent du bois au lieu de cornes. P. 520 et suiv. — Le bois de cerf est plutôt un végétal qu'une partie animale. P. 522. — Bois de cerf, ses différences d'avec les cornes des bœufs, etc. P. 522 et suiv. — Le cerf s'épuise si fort par le rut, qu'il reste pendant tout l'hiver dans un état de langueur, sa chair est même alors si dénuée de bonne substance, et son sang est si fort appauvri, qu'il s'engendre des vers sous sa peau, lesquels ne tombent qu'au printemps, lorsqu'il a repris pour ainsi dire une nouvelle vie par la nourriture active que lui fournissent les productions nouvelles de la terre. P 524. — Le cerf vit trente-cinq ou quarante ans. *Ibid.* — La tête ou bois du cerf augmente chaque année jusqu'à la huitième ; elle se soutient à peu près la même pendant la vigueur de l'âge, et décline dans la vieillesse. P. 525. — Bois de cerf ; ses qualités suivant les différents pays et les différentes nourritures. *Ibid.*

CERF. Addition à l'article de cet animal. *Add.*, t. IV, p. 556. — La disette qu'il éprouve empêche la production de son bois. *Ibid.* — Le retranchement de son bois le

prive, comme la castration, de la puissance d'engendrer. P. 557.

Cerfs. Leur grandeur et leur qualité suivant les différents terrains. T. ii, p. 525. — Le cerf de Corse paraît être le plus petit de tous les cerfs de montagne, et ces cerfs de montagne sont bien plus petits que ceux des plaines. *Ibid.* — Différence dans le pelage des cerfs et dans la couleur de leur bois. P. 526. — Habitudes naturelles du cerf. *Ibid.* — Le cerf ne rumine pas avec autant de facilité que le bœuf. *Ibid.* — Nourriture du cerf suivant les différentes saisons. P. 527. — Le cerf du Canada est le même que le cerf de France, il n'en diffère que par le bois, qu'il a plus grand et plus branchu. P. 528 et 529. — Différentes formes du bois des cerfs suivant les différents pays. P. 529. —L'espèce du cerf n'existe plus aujourd'hui dans certaines provinces de France. T. iii, p. 322. — Il y a parmi les cerfs autant de variétés en Amérique qu'en Europe. P. 391.

Cerfs *blancs*. Se sont trouvés en Amérique. T. iii, p. 391.

Cerf *des Ardennes*. Sa description et ses différences d'avec le cerf commun. T. iv, p. 119.

Cerfs. Ces animaux ont la forme de la pupille rectangulaire et transversale. Il en est probablement de même des daims et des autres animaux de ce genre, et c'est absolument l'opposé de ce qui arrive aux chats, aux chouettes et autres animaux, dont la pupille se contracte dans le sens vertical, au lieu que dans les cerfs elle se contracte horizontalement. Observation de M. Beccaria. *Add.*, t. iv, p. 553 et suiv. — Observations de M. le marquis d'Amezaga, qui confirment le grand rapport qu'il y a entre les daintiers ou testicules du cerf et la formation de son bois. P. 554 et suiv. — Le cerf pourrait être rendu domestique; exemple à ce sujet. P. 556.

Cerf-cochon. Description de cet animal. *Add.*, t. iv, p. 559.

Cerf *du Gange*. Voyez *Axis*. *Add.*, t. iv, p. 558.

Cerf *noir*. Variétés dans cette race de cerf et notice à ce sujet. *Add.*, t. iv, p. 555 et suiv.

Cerveau (le), qui est nourri par les artères lymphatiques, fournit à son tour la nourriture aux nerfs, que l'on doit considérer comme une espèce de végétation qui part du cerveau par troncs et par branches, lesquelles se divisent ensuite en une infinité de rameaux. Le cerveau est aux nerfs ce que la terre est aux plantes. Les dernières extrémités des nerfs sont les racines qui, dans tout végétal, sont plus tendres et plus molles que le tronc ou les branches; elles contiennent une matière ductile propre à faire croître et à nourrir l'arbre des nerfs : le cerveau, au lieu d'être le siége des sensations, le principe du sentiment, ne sera donc qu'un organe de sécrétion et de nutrition, mais un organe très-essentiel, sans lequel les nerfs ne pourraient ni croître ni s'entretenir. T. ii, p. 560. — L'homme n'a pas, comme on l'a prétendu, le cerveau plus grand qu'aucun des animaux; il y a des espèces de singes et des cétacés qui, proportionnellement au volume de leur corps, ont plus de cerveau que l'homme. *Ibid.* — Preuves particulières que le cerveau n'est ni le siége des sensations ni le centre du sentiment. P. 561 et 562.

Cervelle. La cervelle est insensible; c'est une substance molle et sans élasticité, incapable de produire, de propager ou de rendre le mouvement, les vibrations ou les ébranlements du sentiment. T. ii, p. 558. — Analyse physique de la substance de la cervelle. P. 559.

Cétacés. La vie de ces animaux est bien plus longue que celle des animaux quadrupèdes. T. iii, p. 516.

Ceylonicus (Simiolus), nom donné à la guenon nègre. *Add.*, t. iv, p. 104.

Chacal et Adive, sont des animaux moins différents du chien que le renard et le loup. T. ii, p. 489. — Cette espèce, qui est si voisine de celle du chien, appartient comme le chien à l'ancien continent et ne s'est point trouvée dans le nouveau. T. iii, p. 27. — Le *panther* des Grecs, le *lupus canarius* de Gaza, le *lupus armenius* des Latins modernes, est le même animal que le chacal; les Turcs l'appellent *thacal* ou *cical*, les Grecs modernes *zachalia*, les Persans *siechal* ou *schacal*, les Maures de Barbarie

deeb ou *jackal*. P. 88 et 89. — Différences et ressemblances du chacal et de l'adive. P. 479 et 480. — Il paraît qu'il y a partout de grands et de petits chacals; ils sont très-communs dans la plupart des provinces du Levant. Ce sont des animaux très-incommodes et très-nuisibles; ils sont communément grands comme nos renards, auxquels ils ressemblent beaucoup, seulement ils ont les jambes plus courtes; ils ont aussi assez ordinairement le poil d'un beau jaune, et c'est par cette raison qu'on a appelé le chacal *lupus aureus*, loup doré. P. 480 et 481. — Variétés du chacal dans les différents climats. L'espèce en est répandue dans toute l'Asie et dans une grande partie de l'Afrique; elle semble remplacer celle du loup, qui ne se trouve pas dans les terres qu'habite le chacal. P. 481 et 482.—Raisons qui peuvent faire croire que le chacal et l'adive sont des espèces différentes. P. 482 et suiv. — L'espèce du chacal est moyenne entre celle du loup et celle du chien. Caractères communs du chacal avec le loup, et caractères communs du chacal avec le chien. Naturel du chacal; ils vont toujours en troupe de vingt, trente ou quarante; ils dévorent tout ce qu'ils peuvent attraper; ils fouillent les tombeaux et accompagnent de cris lugubres et continuels toutes leurs déprédations. Ce sont les corbeaux des quadrupèdes, la chair la plus infecte ne les dégoûte pas. P. 484 et 485.— Comparaison du chacal et de l'hyène. Le chacal réunit l'impudence du chien à la bassesse du loup et, participant de la nature des deux, il semble n'être qu'un odieux composé des mauvaises qualités de l'un et de l'autre. P. 485.

Chacal et Isatis. Le chacal participe du chien et du loup, et l'isatis participe du chacal et du renard. T. iv, p. 132.

Chacal, *petit chacal*. Voyez *Adive*. *Add.*, t. iv, p. 322.

Chacrelas. Race d'homme singulière dans l'île de Java et dans quelques autres parties des Indes; ce sont ceux que l'on appelle ordinairement *nègres blancs*. T. ii, p. 152.

Chair. Décomposition de la chair et sa réduction en molécules organiques par l'infusion dans l'eau. T. i, p. 656. — La chair du corps prend toujours plus de dureté à mesure qu'on avance en âge. T. ii, p. 73.

Chalazæ. Les deux cordons appelés *chalazæ* se trouvent aussi bien dans les œufs inféconds que la poule produit sans communication avec le coq que dans les œufs féconds. T. i, p. 481.

Chaleur. Explication physique de la chaleur. La chaleur n'est que le toucher de la lumière qui agit comme corps solide ou comme masse de matière en mouvement. T. ii, p. 128.

Chaleur. L'homme peut soutenir pendant quelque temps un degré de chaleur fort au-dessus de la chaleur propre de son corps; expérience à ce sujet. *Add.*, t. ii, p. 252 et suiv. — L'homme est plus capable que la plupart des animaux de notre climat, de supporter un très-grand degré de chaleur. P. 253.

Chaleur *des eaux thermales*. On trouve dans les eaux thermales, même les plus chaudes, des plantes, des insectes et même des poissons. *Add.*, t. ii, p. 253 et suiv. — Exemple à ce sujet. *Ibid.*

Chaleur. La chaleur que le soleil envoie à chaque planète est en général si peu considérable, qu'elle n'a jamais pu produire qu'une très-légère différence sur la densité de chaque planète. *Add.*, t. i, p. 332.

Chameaux (les) transportés en Amérique n'y ont pas réussi. T. iii, p. 17. — Le chameau porte deux bosses sur le dos, au lieu que le dromadaire n'en a qu'une. P. 231. — Le chameau et le dromadaire produisent ensemble, et les métis qui proviennent de ce mélange sont plus vigoureux que ceux qui viennent d'une race non mêlée. *Ibid.* — Le chameau indiqué par les anciens sous le nom de chameau *bactrien*, est le chameau à deux bosses, et celui qu'ils ont indiqué par le nom de chameau d'Arabie est celui que nous appelons *le dromadaire*. P. 232. — La race du chameau n'est pas si nombreuse que celle du dromadaire. Pays où on la trouve. P. 232 et 233. — On a inutilement essayé de propager l'espèce du chameau en Espagne, et elle a très-mal réussi en Amérique. P. 234. — Dans leur pays natal les chameaux sont infiniment utiles: leur lait fait

la nourriture ordinaire des Arabes; ils en mangent aussi la chair, surtout celle des jeunes. P. 235. — Le poil du chameau est fin et moelleux, et se renouvelle tous les ans par une mue complète; on en fait de très-belles étoffes. *Ibid.* — Manière d'élever les chameaux pour les rendre sobres et agiles. P. 236. — Ils peuvent faire trois cents lieues en huit jours, presque sans s'arrêter, et sans boire et manger, que très-peu. P. 237. — Ils marchent quelquefois neuf à dix jours sans trouver de l'eau et sans boire. *Ibid.* — Lorsque l'on charge le chameau d'un poids excessif, il refuse constamment de se lever pour se mettre en marche. P. 238. — Les grands chameaux portent ordinairement un millier pesant, et les plus petits six à sept cents. Manière dont on les fait voyager pour transporter des marchandises à de très-grandes distances. *Ibid.* — Le chameau semble préférer aux herbes les plus douces l'absinthe, le chardon, l'ortie et les autres végétaux épineux; tant qu'il trouve de l'herbe à brouter, il se passe très-aisément de boire. P. 238 et 239. — La facilité que les chameaux ont de s'abstenir longtemps de boire n'est pas de pure habitude, c'est plutôt un effet de leur conformation; ils ont un estomac de plus que les autres ruminants, et ce cinquième estomac, qui est d'une grande capacité, leur sert de réservoir pour contenir l'eau qu'ils boivent en très-grande abondance; et lorsqu'ils sont pressés par la soif, ils font remonter une partie de cette eau dans leur panse et jusque dans l'œsophage. P. 239. — La nature du chameau a été considérablement altérée; il est plus anciennement, plus complétement et plus laborieusement esclave qu'aucun des autres animaux. *Ibid.* — Il porte les empreintes de la servitude; indépendamment des bosses que les chameaux ont sur le dos ils ont sur la poitrine une large callosité et d'autres pareilles callosités sur toutes les jointures des jambes, et ces callosités sont pour la plupart remplies de pus. P. 240. — Manière de les conduire et de les faire travailler. P. 242 — On coupe les chameaux mâles, et on ne laisse ordinairement qu'un chameau entier pour huit ou dix femelles. Ils sont furieux dans le temps du rut, qui dure quarante jours, et qui arrive tous les ans au printemps. P. 242 et 243. — Les chameaux ne s'accouplent pas debout, à la manière des autres quadrupèdes; mais la femelle s'accroupit et reçoit le mâle dans cette situation. Elle porte près d'un an et ne produit qu'un petit. P. 243. — On ne fait guère travailler les femelles chameau, le profit que l'on tire de leur produit et de leur lait est plus grand que celui que l'on tirerait de leur travail. P. 243 et 244. — Leurs bosses diminuent lorsqu'ils maigrissent, et disparaissent quelquefois en entier. P. 244.

Chameaux. Les mâles et les femelles jettent leur urine de la même manière, c'est-à-dire en arrière. T. iii, p. 244. — Le petit chameau tète sa mère pendant un an ou plus, et on ne doit commencer à le faire travailler qu'à l'âge de quatre ans; il vit à peu près quarante ou cinquante ans. P. 245. — Le chameau est d'une très-grande utilité; il dépense vingt fois moins que l'éléphant, et travaille pour ainsi dire autant que deux mulets. Il mange presque aussi peu que l'âne; sa femelle donne d'aussi bon lait que la vache; sa chair est aussi bonne et aussi saine que celle du veau; son poil est plus recherché que la plus belle laine; le sel ammoniac se tire de son urine, etc. P. 245 et 246. — Il y a plusieurs variétés dans l'espèce du chameau. P. 232. — Étendue des terres où se trouvent le chameau et le dromadaire. P. 232 et suiv. — Les chameaux craignent les climats où la chaleur est excessive aussi bien que les pays froids. P. 233. — Conformité de la nature du dromadaire avec la nature des terres de l'Arabie. P. 233 et suiv. — Manière dont les Arabes les élèvent et les font servir à leurs courses. P. 236. — Ils se passent souvent plusieurs jours de boire, et sentent l'eau de très-loin. P. 237. — Les plus forts chameaux portent aisément un millier pesant; on charge les autres de six ou sept cents : c'est de toutes les voitures la moins chère. P. 238. — Manière dont on les conduit dans les voyages de commerce. *Ibid.* — Leur nourriture et leur sobriété. *Ibid.* — La nature du chameau a été considérablement altérée par l'esclavage. P. 239. — Ses

bosses et ses callosités ne sont pas naturelles et sont des indices de sa servitude. P. 240. — Docilité et autres qualités du chameau. P. 241. — On est dans l'usage de faire hongres tous les chameaux qui travaillent. P. 242. — Leur manière de s'accoupler. P. 243. — La femelle porte près d'un an, et ne produit qu'un petit. *Ibid.* — Le chameau est l'animal le plus précieux et le plus utile de tous. P. 245.

Chameau et Dromadaire appartiennent à l'ancien continent et ne se trouvent point dans le nouveau. T. III, p. 17.

Chameau. Notice sur les chameaux, tirée de M. Niebuhr. Leur manière de s'accoupler dans l'état de domesticité. Le mâle paraît froid et plus indolent qu'aucun autre animal dans l'accouplement. *Add.*, t. IV, p. 518. — Ceux qui ont été transportés à la Jamaïque et dans d'autres endroits de l'Amérique, y ont vécu et même produit ; ce n'est que faute de savoir les soigner et les nourrir convenablement que l'espèce ne s'y est pas multipliée, et il est à présumer qu'ils pourraient même se multiplier en France, ce qui serait d'une grande utilité. Exemple de chameaux qui ont nouvellement produit en Prusse, dont le climat est bien plus froid. La femelle porte douze mois et quelques jours. *Ibid.*

Chameau. Les chameaux sont actuellement en nombre et presque naturalisés dans les gouvernements d'Astracan et d'Orembourg, aussi bien que dans quelques parties de la Sibérie méridionale. *Add.*, t. IV, p. 443.

Chameck (du Pérou) est un sapajou qui est de la même espèce que le coaita de la Guiane. T. IV, p. 153 et 154.

Chamois. Différence du chamois et du bouquetin mâle. T. III, p. 338. — Le chamois ne monte pas aussi haut sur les montagnes que le bouquetin. *Ibid.* — Ses convenances avec le bouquetin. P. 339. — Lorsqu'on prend les chamois jeunes, il s'apprivoisent aisément et vont avec les chèvres. *Ibid.* — Le chamois et la chèvre domestique ne sont très-vraisemblablement qu'une seule et même espèce avec le bouquetin. P. 343. — Les chamois aiment à lécher les pierres ; on voit dans les Alpes des rochers creusés par la langue de ces animaux. P. 348. — Le chamois ne se trouve que dans les montagnes élevées. *Ibid.* — Histoire particulière du chamois. P. 350. — Les chamois vont ordinairement en troupeaux. *Ibid.*

Chamois (le) s'accouple avec les chèvres ; on assure même qu'ils produisent ensemble. *Add.*, t. IV, p. 576 et 577.

Changement. Plusieurs faits sur le changement des terres en mer, et des mers en terre. T. I, p. 315 et suiv.

Changements *de mer en terre.* Exemple sur les côtes de France, tout le long de l'Océan et de la Méditerranée. *Add.*, t. I, p. 422 et suiv. — Sur celles de Portugal et d'Espagne ; sur celles de Suède, etc. P. 423.

Charbon de terre. Les mines de charbon de terre se trouvent ordinairement dans les glaises à une grande profondeur. Il y a de ces mines qui brûlent continuellement, mais lentement et sans explosion. T. I, p. 287 et 288.

Chasse (la) est l'exercice le plus sain pour le corps et le plus agréable pour l'esprit. T. II, p. 510.

Chat. Caractère et naturel du chat. Raisons de son incompatibilité avec le chien. Son tempérament et ses habitudes naturelles. T. II, p. 497 et 498. — Dans cette espèce la femelle paraît être plus ardente que le mâle. Sa chaleur dure neuf ou dix jours, et arrive ordinairement deux fois par an, au printemps et en automne, et souvent trois fois par an ; elle porte cinquante-cinq ou cinquante-six jours, et les portées ordinaires sont de quatre, cinq ou six petits. Les femelles se cachent pour mettre bas. Les mâles sont sujets à dévorer leur progéniture, et les mères, quoique fort amoureuses de leurs petits, ne laissent pas de les dévorer aussi quelquefois. P. 498. — Les chats deviennent d'eux-mêmes d'excellents chasseurs quoiqu'ils n'aient pas une grande finesse d'odorat. Cause physique du penchant qu'ils ont à épier et à surprendre les autres animaux. P. 498 et 499. — Conformation des yeux des chats. Ils voient très-bien la nuit, lorsque l'obscurité n'est pas profonde. P. 499. — Les chats ne sont pas absolument ni entièrement animaux do-

mestiques: ceux qui sont le mieux apprivoisés n'en sont pas plus asservis. On élève en général plus de chats que de chiens. P. 499 et 500. — Les chats prennent moins d'attachement pour les personnes que pour les maisons qu'ils fréquentent; ils craignent l'eau, le froid et les mauvaises odeurs; ils aiment les parfums. P. 500. — Ils sont en état d'engendrer avant l'âge d'un an, et peuvent s'accoupler pendant toute leur vie, qui n'est guère que de neuf ou dix ans. Les chats mâchent lentement et difficilement; raison de ce défaut. Ils dorment moins qu'ils ne font semblant de dormir. *Ibid.* — Le chat sauvage produit avec le chat domestique, et par conséquent tous deux ne font qu'une seule et même espèce. Le chat domestique a ordinairement les boyaux plus longs et plus gros que le chat sauvage. Caractères du chat sauvage comparés à ceux du chat domestique. P. 501 et 502. — Différence des chats relativement au climat. Chat du Chorazan, chat d'Angora, chat chartreux, chat d'Espagne, etc. P. 502. — Comment se sont produites les variétés dans l'espèce du chat. Elle n'est pas, comme celle du chien, sujette à s'altérer et à dégénérer lorsqu'on la transporte dans les climats chauds. P. 502 et 503.

CHAT (le) est un animal qui appartient à l'ancien continent, et qui ne s'est pas trouvé dans le nouveau lorsqu'on en fit la découverte. T. III, p. 28.

CHAT. Le miaulement d'un chat allaité par une chienne ressemblait beaucoup plus à l'aboiement du chien qu'au miaulement du chat. *Add.*, t. IV, p. 313. — Les chats dorment rarement, mais leur sommeil est quelquefois très-profond; observation à ce sujet. Quelques gens prétendent que le chat exhale par la gueule une odeur de musc dans de certaines circonstances. P. 340 et suiv. — Il naît quelquefois des chats avec des pinceaux aux oreilles, comme ceux du caracal. Exemple à ce sujet. P. 341 et suiv.

CHAT-CERVIER (le) du Canada est le même animal que notre lynx ou loup-cervier du nord de l'ancien continent; il est seulement plus petit, comme le sont aussi tous les autres animaux dans ce nouveau continent. T. III, p. 82 et suiv.

CHAT *de Madagascar. Add.*, t. IV, p. 341.

CHAT *sauvage de la Caroline.* Notice sur cet animal, avec une courte description. *Add.*, t. IV, p. 346.

CHAT *sauvage de la Nouvelle-Espagne.* Courte description de cet animal. Il paraît être le même animal que le serval. *Add.*, t. IV, p. 342.

CHAT TIGRE *de Cayenne.* Voyez *Margay. Add.*, t. IV, p. 345.

CHAT *volant.* Voyez *Taguan. Add.*, t. IV, p. 364.

CHAT MUSQUÉ, nom donné à une genette du Cap de Bonne-Espérance. *Add.*, t. IV, p. 328.

CHAUVE. Il n'y a que les hommes qui deviennent chauves, les femmes conservent toujours leurs cheveux; et quoiqu'ils deviennent blancs comme ceux des hommes lorsqu'elles approchent de la vieillesse, ils tombent beaucoup moins. Les enfants et les eunuques ne sont pas plus sujets à être chauves que les femmes. T. II, p. 52.

CHAUVE-SOURIS. Les pieds de devant de la chauve-souris ne sont ni des pieds ni des ailes. Difformité énorme de ces animaux. Leurs habitudes naturelles. T. II, p. 622 et 623. — Les chauves-souris vivent de papillons et d'insectes; ce sont de vrais quadrupèdes qui n'ont rien de commun que le vol avec les oiseaux; elles ont seulement les muscles pectoraux beaucoup plus forts et plus charnus que les autres quadrupèdes. Elles ont la verge pendante et détachée comme celle du singe; elles s'accouplent et mettent bas du printemps à l'automne; elles ne produisent que deux petits; elles sont engourdies pendant l'hiver. Elles peuvent passer plusieurs jours sans manger, et cependant elles sont du nombre des animaux carnassiers. P. 623 et 624. — Cinq nouvelles espèces de chauves-souris qui étaient inconnues aux naturalistes : nous avons appelé la première la *noctule*, la seconde la *serotine*, la troisième la *pipistrelle*, la quatrième la *barbastelle*, et la cinquième le *fer à cheval*. P. 625 et 626. — Autre espèce de chauve-souris, et qui est la sixième de celles qui étaient inconnues; nous l'avons nommée

fer de lance, parce qu'elle présente une crête ou membrane en forme de trèfle très-pointu, qui ressemble parfaitement à un fer de lance garni de ses deux oreillons. Cette chauve-souris n'a presque point de queue; elle n'a aussi que quatre dents à la mâchoire inférieure, au lieu que la plupart des autres chauves-souris en ont six, et elle ne se trouve point en Europe, mais en Amérique. T. III, p. 472. — Septième espèce de chauve-souris qui était inconnue : elle se trouve au Sénégal, et elle porte sur le nez une membrane en forme de feuille ovale, d'où nous l'avons appelée la *feuille*. P. 472 et suiv.—Les chauves-souris en général ont quelques rapports avec les oiseaux par leur vol, par leurs espèces d'ailes, par la grandeur et la force des muscles pectoraux, et aussi par les membranes ou crêtes qu'elles portent sur la face; ces parties excédantes qui ne se présentent d'abord que comme des difformités superflues, sont les caractères réels et les nuances visibles de l'ambiguité de la nature entre ces quadrupèdes volants et les oiseaux. P. 473.

CHAUVE-SOURIS. Table du nombre et de l'ordre des dents dans les différentes espèces de chauve-souris. *Add.*, t. IV, p. 251.

CHAUVE-SOURIS *céphalotte*. Sa description, par M. Pallas. Elle se trouve aux îles Moluques. *Add.*, t. IV, p. 250.

CHAUVE-SOURIS *fer de lance*. Cet animal ne doit pas être confondu avec la chauve-souris donnée par M. Seba, sous la dénomination de la chauve-souris commune d'Amérique. *Add.*, t. IV, p. 250.

CHAUVE-SOURIS *musaràigne*. Description de cet animal, par M. Pallas. Cette chauve-souris se trouve dans les parties les plus chaudes de l'Amérique méridionale. *Add.*, t. IV, p. 252.

CHAUVE-SOURIS (Description de la), *grande sérotine de la Guianne. Add.*, t. IV, p. 252.

CHAUVE-SOURIS (la grande) *fer de lance de la Guiane*. Dimensions et description de cet animal. *Add.*, t. IV, p. 254. — Description d'une autre chauve-souris du même pays. P. 254 et suiv.

CHÊNE. Il y a dans les chênes des espèces qui s'élèvent jusqu'à cent pieds de hauteur, et d'autres espèces qui ne s'élèvent jamais qu'à trois ou quatre pieds. T. I, p. 8.

CHEVAL. Caractère et éloge du cheval. T. II, p. 369 et suiv.—La bouche est d'une si grande sensibilité dans le cheval, que c'est à la bouche, par préférence à l'œil et à l'oreille, qu'on s'adresse pour transmettre au cheval les signes de la volonté. P. 375 — Ses différentes allures; le trot est la plus naturelle à l'animal. P. 376. — Défaut de ses attitudes et de ses allures. P. 376 et 377. — Les mouvements du cheval doivent non-seulement être légers, mais il faut encore qu'ils soient égaux et uniformes dans le train du devant et dans celui du derrière. P. 377. — Exposition des mouvements du cheval dans ses différentes allures, le pas, le trot et le galop. P. 377 et suiv. — Description du cheval. P. 381. — Belle proportion du cheval. P. 381 et suiv. — On juge assez bien du naturel et de l'état actuel du cheval par le mouvement des oreilles. P. 383. — Manière de connaître l'âge du cheval. *Ibid.* — Le cheval a quarante dents, vingt-quatre mâchelières, quatre canines et douze incisives; les juments n'ont pas de dents canines ou les ont fort courtes. *Ibid.* — Les premières dents du cheval tombent et se renouvellent. *Ibid.* et suiv. — A quel âge on doit commencer à donner la jument au cheval. P. 384. — Perfections et proportions d'un étalon. P. 385. — Il communique par la génération presque toutes ses bonnes ou mauvaises qualités naturelles et acquises. *Ibid.* — Il peut vivre vingt-cinq ou trente ans. P. 396. — Le cheval dort beaucoup moins que l'homme; lorsqu'il se porte bien, il ne demeure guère que deux ou trois heures de suite couché. P. 409. — Pourquoi le cheval ne rumine ni ne vomit. P. 438 et 439. — Dans le cheval, l'espèce n'est pas aussi noble que l'individu. T. III, p. 5. — Le cheval appartient à l'ancien continent, et ne s'est point trouvé dans le nouveau lorsqu'on en fit la découverte. P. 20. — Le cheval et la jument tendent à la stérilité par des causes générales et particulières. Il est rare que la jument soit féconde au delà de l'âge de vingt ans, tandis que l'ânesse

peut produire jusqu'à l'âge de trente ans. Le cheval peut engendrer aussi jusqu'à trente ans. Dans l'espèce du cheval, il s'en faut bien que tous les accouplements soient prolifiques. T. IV, p. 128 et 129.

CHEVAL et ANE. Ce sont, de tous les animaux domestiques, ceux dont l'espèce, quoique la plus soignée, est la moins nombreuse. T. IV, p. 129.

CHEVAUX. Leur esclavage ou domesticité est presque universelle. T. II, p. 370. — Le naturel des chevaux. P. 371. — Vont par troupes et se réunissent pour le plaisir d'être ensemble. *Ibid.* — Ont les mœurs douces et les qualités sociales. — Manière d'apprivoiser les jeunes chevaux farouches. P. 372 et 373. — Ils se font une seconde nature des habitudes auxquelles on les a forcés. P. 373. — Les jeunes chevaux doivent être sevrés à sept mois. *Ibid.* — Manière de conduire et d'élever les jeunes chevaux dans les premières années. P. 373 et 374. — A tout âge et dans tous les temps l'estomac des chevaux est farci d'une si grande quantité de vers, qu'ils semblent faire partie de leur constitution. P. 374. — Âge auquel on doit commencer à les dresser. P. 375. — Manière de les dresser. Les chevaux qui naturellement vont l'amble ne trottent jamais et sont plus faibles que les autres. P. 380. — Défaut dans les yeux des chevaux. P. 383. — Défauts et perfections des chevaux. *Ibid.* — On a remarqué que les juments sont plus sujettes que les chevaux à être basses du devant. *Ibid.*

CHEVAUX *entiers* ont le cou plus gros que les juments et les hongres. T. II, p. 383. — Ce que c'est que les chevaux béguts. Ce défaut est plus commun parmi les juments que parmi les chevaux. P. 384. — Temps auquel les juments sont en chaleur. P. 384 et 385. — Proportions et perfections des juments poulinières. P. 385 et 386. — Défauts originaires dans les chevaux; comment ils se compensent en croisant les races. P. 392. — On gagnera toujours à donner aux juments des chevaux étrangers, et au contraire on perdra beaucoup à laisser multiplier ensemble dans un haras des chevaux de même race, car ils dégénèrent infailliblement et en peu de temps. P. 393. — Opérations et conditions essentielles pour avoir de beaux chevaux. P. 394. — Les chevaux, lorsqu'ils ont été bien ménagés, peuvent engendrer jusqu'à l'âge de vingt ans et même au delà. P. 395. — Comme les gros chevaux prennent leur entier accroissement en moins de temps que les chevaux fins, ils vivent aussi moins de temps. P. 395 et 396. — Course de chevaux faite avec une prodigieuse vitesse. P. 399. —Les climats excessivement chauds sont contraires aux chevaux; ils sont très-petits au Sénégal et en Guinée, comme aux grandes Indes. P. 405. Manière de hongrer les chevaux. P. 407 et 408.

CHEVAUX *arabes* et CHEVAUX *barbes*, leur description. T. II, p. 397 et suiv.

CHEVAUX *barbes*, engendrent en France des poulains plus grands qu'eux. T. II, p. 398.

CHEVAUX *des pays chauds*, ont le poil plus ras que les autres. T. II, p. 398.

CHEVAUX *turcs*, ne sont pas si bien proportionnés que les barbes. T. II, p. 398.

CHEVAUX *d'Espagne*, leur description. T. II, p. 398.

CHEVAUX *anglais*, leur description. T. II, p. 399.

CHEVAUX *d'Italie*, leur description. T. II, p. 399 et 400.

CHEVAUX *danois*, leur description. T. II, p. 400.

CHEVAUX *allemands*, leur description. T. II, p. 400.

CHEVAUX *hongrois*, leur description. T. II, p. 400.

CHEVAUX *de Hollande*, leur description. T. II, p. 400.

CHEVAUX *de Flandre*, leur description. T. II, p. 400.

CHEVAUX *du Limousin, d'Auvergne, de Poitou, du Morvan en Bourgogne, de Normandie, etc., en France.* T. II, p. 400 et 401.

CHEVAUX *sauvages*. T. II, p. 401 et 402. — Manière dont les Arabes nourrissent et exercent leurs chevaux. *Ibid.*— Généalogies des chevaux se conservent avec soin chez les Arabes. *Ibid.*

CHEVAUX *de Perse*, leur description. T. II, p. 404 et 405.

CHEVAUX *des Indes*, ne sont pas bons et sont très-petits. T. II, p. 405.

CHEVAUX *chinois*, leur description. T. II, p. 406.

CHEVAUX *tartares*, leur description. T. II, p. 405.

CHEVAUX *sauvages*, sont plus forts, plus légers, plus nerveux que la plupart des chevaux domestiques; ils ont ce que donne la nature, la force et la noblesse; les autres n'ont que ce que l'art peut donner, l'adresse et l'agrément. T. II, p. 370 et 371.—On ne trouve plus de chevaux sauvages en Europe, et ceux qui sont sauvages en Amérique sont des chevaux européens et domestiques d'origine. P. 372. — Description des chevaux devenus sauvages en Amérique. *Ibid.*

CHEVAUX (les) se nourrissent et se traitent différemment dans les différents climats et selon les différents usages auxquels on les destine. *Add.*, t. IV, p. 501. — Manière de les élever en Perse. *Ibid.* — Ils se maintiennent mieux dans les climats même très-froids, s'ils ne sont point humides, que dans les climats très-chauds. Exemples à ce sujet. P. 502. — Élevés en liberté dans les pays même les plus froids, ils deviennent plus beaux que ceux qu'on nourrit à l'écurie. P. 503. — Cependant l'excès du chaud et du froid semble être également contraire à la grandeur de ces animaux. Ceux qui sont originaires des pays secs et chauds dégénèrent et ne peuvent vivre dans les climats et les terrains trop humides, quelque chauds qu'ils soient; au lieu qu'ils sont très-bons dans tous les pays de montagne, depuis le climat de l'Arabie jusqu'en Danemark et en Tartarie, dans notre continent, et depuis la Nouvelle-Espagne jusqu'aux terres Magellaniques dans le nouveau continent; ce n'est donc ni le chaud ni le froid, mais l'humidité seule qui leur est contraire. P. 503 et 504. — Prodigieuse multiplication des chevaux dans toutes les terres élevées du nouveau continent. P. 504. — Ils vivent errants dans les campagnes en Ukraine et chez les Cosaques du Don, en Finlande, etc. Manière dont ces animaux se conduisent et se gouvernent eux-mêmes. P. 504 et suiv.

CHEVAUX *du cap de Bonne-Espérance*. Il y a dans cette partie de l'Afrique des chevaux qui sont tachetés sur le dos et sous le ventre de jaune, de noir, de rouge et d'azur. *Add.*, t. IV, p. 510.

CHEVAUX *d'Islande*. Il y a dans cette île de petits chevaux qui ne peuvent servir de monture qu'à des enfants; on les y nourrit souvent avec du poisson desséché. *Add.*, t. IV, p. 502. — Remarques sur les chevaux d'Islande, de Norwége, etc. P. 503.

CHEVAUX *sauvages* ou *devenus sauvages*. On les chasse dans certains endroits par le moyen des oiseaux de proie. *Add.*, t. IV, p. 506.

CHEVAUX *domestiques*. Les Tartares ont des chevaux domestiques qui vivent néanmoins dans le désert en grandes troupes, et ce sont ceux qui s'échappent de ces troupes qui deviennent sauvages; exemple à ce sujet. *Add.*, t. IV, p. 508.

CHEVAUX *sauvages*. Il se trouve des chevaux sauvages dans toute l'étendue du milieu de l'Asie, depuis le Volga jusqu'à la mer du Japon. *Add.*, t. IV, p. 508. — Les chevaux noirs et les chevaux pies sont fort rares parmi ces chevaux sauvages. P. 509. — Ils sont tous de petite taille, quoiqu'ils aient la tête plus grosse que les chevaux domestiques. *Ibid.* — Leur description. On les nomme *tarpan* dans le pays des Tartares Mongous. P. 508 et 509.

CHEVEUX (les) commencent à blanchir par la pointe. T. II, p. 52.

CHÈVRE *mambrine*, à grandes oreilles pendantes, est une variété de la chèvre d'Angora, et toutes sont de la même espèce que la chèvre commune. T. III, p. 346. — Énumération de toutes les races de chèvres. P. 346 et 347.

CHÈVRE *naine*, n'est qu'une variété dans l'espèce commune. P. 347.

CHÈVRES. Elles ont plus de sentiment et d'instinct que les brebis. T. II, p. 445. — Qualité de la chèvre et son utilité. P. 453. — Naturel et tempérament de la chèvre. P. 457. — La chèvre ne craint pas, comme la brebis, la trop grande chaleur; elle dort au soleil et s'expose volontiers à ses rayons les plus vifs sans en être incommodée. *Ibid.* — Ces animaux sont naturel-

lement amis de l'homme. *Ibid.* — Le bouc peut engendrer à un an, et la chèvre dès l'âge de sept mois; mais on attend ordinairement que l'un et l'autre aient dix-huit mois ou deux ans avant de leur permettre de se joindre. P. 458. — Les chèvres sont ordinairement en chaleur aux mois de septembre, octobre et novembre. Cependant elles peuvent recevoir le mâle en toutes saisons. *Ibid.* — Elles portent cinq mois, et mettent bas au commencement du sixième. *Ibid.* — La chèvre ne produit ordinairement qu'un chevreau, quelquefois deux, très-rarement trois, et jamais plus de quatre; elle ne produit que depuis l'âge d'un an ou dix-huit mois, jusqu'à sept ans. P. 459. — Utilité et produit des chèvres. P. 459 et 460.

CHÈVRES *d'Angora*, sont de la même espèce que les nôtres. T. II, p. 460. — Beauté du poil des chèvres d'Angora; on en fait de très-belles étoffes. *Ibid.* — La chèvre d'Angora, qui a les oreilles pendantes, doit être regardée comme celle de toutes les chèvres qui s'éloigne le plus de l'état de nature. P. 505. — La chèvre appartient à l'ancien continent, et ne s'est point trouvée dans le nouveau lorsqu'on en fit la découverte. T. III, p. 23. — L'espèce de la chèvre a plus dégénéré dans les pays chauds que dans les pays tempérés. T. IV, p. 114 et 115.

CHÈVRE. Prodigieuse quantité de ces animaux en Norwége. *Add.*, t. IV, p. 642.

CHÈVRE *de Grimm.* Voyez *Grimme. Add*, t. IV, p. 612.

CHÈVRE *de Madagascar.* Il se trouve dans cette île une grande espèce de chèvres à oreilles pendantes. *Add.*, t. IV, p. 642.

CHÈVRE. Grande fécondité dans l'espèce de la chèvre; exemple à ce sujet. Les chèvres d'Europe ont produit à l'île de Bourbon avec les chèvres des Indes et avec une très-petite race de chèvres qui venaient de Goa, et qui sont très-fécondes. *Add.*, t. IV, p. 643. — On obtient aisément des métis ou mulets qui se reproduisent en mêlant les espèces de la chèvre et celle de la brebis. *Ibid.*

CHÈVRE *bleue du cap de Bonne-Espérance*, sa description par M. Forster. — Dans cette espèce la femelle porte des cornes comme le mâle. *Add.*, t. IV, p. 608 et 609.

CHÈVRE *sautante du cap de Bonne-Espérance* (la) doit plutôt être rapportée au genre des gazelles qu'à celui des chèvres; l'espèce en est extrêmement nombreuse dans les terres du Cap; elles sont en troupes par centaines et par milliers. Il y a deux espèces de ces chèvres sautantes; leurs différences et leurs ressemblances; l'une est appelée *chèvre sautante*, et l'autre *sauteur des rochers. Add.*, t. IV, p. 580. — Observations sur la première espèce de ces chèvres sautantes par M. Forster. P. 580 et suiv.

CHEVREUIL. Habitudes naturelles du chevreuil. T. II, p. 532. — Il laisse après lui des impressions plus fortes et qui donnent aux chiens plus d'ardeur et de véhémence d'appétit que l'odeur du cerf. *Ibid.* — Ses ruses pour se dérober aux chiens. *Ibid.* — Le chevreuil ne se met point en troupe, mais demeure en famille. *Ibid.* — Il ne change pas de femelle comme le cerf. *Ibid.* — Le temps où il entre en rut est à la fin d'octobre et le rut ne dure qu'environ quinze jours. *Ibid.* — La femelle du chevreuil porte cinq mois et demi; elle met bas vers la fin d'avril ou au commencement de mai. P. 533. — Le chevreuil peut être regardé comme une espèce de chèvre sauvage, laquelle ne vivant que de bois, porte du bois au lieu de cornes. *Ibid.* — Manière dont la femelle élève et défend ses petits. *Ibid.* — La femelle produit ordinairement deux petits, quelquefois trois, mais souvent un seul. P. 534. — L'espèce n'en est pas fort nombreuse, et ils ne se plaisent que dans de certains cantons. *Ibid.* — Leur bois commence à paraître vers la fin de leur première année. *Ibid.* — Il met bas son bois à la fin de l'automne, et le refait pendant l'hiver. *Ibid.* — Le chevreuil n'est jamais chargé de venaison et ne s'épuise pas par le rut comme le cerf. *Ibid.* — Accroissement et forme de son bois. P. 535. — Le bois du chevreuil et du cerf est très sensible tant qu'il est tendre. *Ibid.* — Le chevreuil vit douze ou quinze ans. P. 536. — Les chevreuils peuvent s'apprivoiser, mais retiennent toujours quelque chose de leur naturel sauvage. *Ibid.* —

Ils sont sujets à des caprices. *Ibid.* — Leur nourriture dans les différentes saisons. P. 537. — Quels sont les meilleurs chevreuils à manger. *Ibid.*

Chevreuils roux et bruns. T. II, p. 537 et 538.

Chevreuils et Daims, paraissent avoir passé d'Amérique en Europe. T. IV, p. 142.

Chevreuils *d'Amérique* (les) sont plus grands que ceux d'Europe. Notice sur ceux de l'Amérique méridionale. *Add.*, t. IV, p. 563 et 564.

Chevreuil *blanc*, trouvé dans les bois de Franche-Comté. *Add.*, t. IV, p. 563.

Chevreuil *des Indes orientales.* Espèce très-voisine de celle du chevreuil d'Europe, mais qui en diffère par la conformation des os de la tête et la position des bois. *Add.*, t. IV, p. 559. — Ce chevreuil des Indes est beaucoup plus petit que le chevreuil d'Europe. Ses dimensions, sa description. P. 560 et suiv. — Comparaison de la position des bois de cet animal avec les bois de nos chevreuils d'Europe. P. 561. — Son naturel, sa jolie figure et ses dimensions. P. 562 et 563.

Chevreuil. Description d'une troisième race de chevreuils. *Add.*, t. IV, p. 565.

Chevrotain, animal qu'on connaît sous le nom de *petit cerf de Guinée*, appartient à l'ancien continent et ne s'est point trouvé dans le nouveau. T. III, p. 30. — Le plus grand est tout au plus de la grandeur d'un lièvre; ses différences d'avec les chèvres et les cerfs. P. 386. — Les chevrotains ne sont ni cerfs, ni gazelles, ni chèvres. *Ibid.* — Il y a deux espèces de chevrotains; leurs différences. P. 386 et suiv. — Leur description, leur grandeur, leur figure. P. 387. — Ils font des sauts et des bonds prodigieux pour leur taille. *Ibid.*

Chevrotain *des Indes orientales*, n'a point de cornes, pas plus le mâle que la femelle. T. III, p. 387.

Chevrotain *du Sénégal*, s'appelle dans ce pays *guevei*; le mâle a des cornes et la femelle n'en a point. T. III, p. 387 et 388.

Chevrotain *des grandes Indes*, s'appelle *memina*; il y a plusieurs espèces dans cette espèce, et entre autres une race dont la peau est marquée de taches blanches. T. III, p. 388. — Les chevrotains ne peuvent vivre que dans les pays excessivement chauds. *Ibid.* — Ce sont les plus petits, sans comparaison, de tous les animaux à pieds fourchus. *Ibid.* — Ils ne se trouvent point en Amérique. *Ibid.*

Chevrotain *memina.* Sa comparaison avec le chevrotain de Ceylan. Ils sont l'un et l'autre sans cornes, et ne font qu'une seule et même espèce. *Add.*, t. IV, p. 529.

Chevrotain, espèce d'animal appelé *petite gazelle* à Java, et qui est à peu près de la même espèce que le chevrotain *memina* de Ceylan; sa description. *Add.*, t. IV, p. 534.

Chiens (les) qui sont blancs sont ordinairement sourds. T. II, p. 206 et 207. — Naturel et qualités du chien, qui le rendent digne d'entrer en société avec l'homme. P. 474 et suiv. — Importance de l'espèce du chien dans l'ordre de la nature. P. 475. — Il a servi à l'homme pour faire la conquête des autres animaux. P. 475 et 476. — Ses talents et sa vigilance pour la conduite des troupeaux. P. 476. — Son ardeur et ses talents pour la chasse. *Ibid.* — Finesse et sûreté de l'odorat du chien. *Ibid.*

Chiens *sauvages*, pour les mœurs, ne diffèrent des loups que par la facilité qu'on trouve à les apprivoiser. T. II, p. 477. — Se réunissent en troupes pour chasser et attaquer les autres animaux. *Ibid.* — Différence du naturel du chien sauvage et du loup. *Ibid.* — Qualités uniques et particulières au chien. P. 477 et 478. — Ses talents naturels sont évidents et son éducation toujours heureuse. P. 478. — De même que de tous les animaux, le chien est celui dont le naturel est le plus susceptible d'impression et se modifie le plus aisément par les causes morales, il est aussi de tous celui dont la nature est la plus sujette aux variétés et aux altérations causées par les influences physiques. *Ibid.* — Il y a plus de variétés dans l'espèce du chien que dans celles d'aucun animal. *Ibid.* — Tous les chiens, quelque différents qu'ils soient les uns des autres, produisent ensemble, et ne font par conséquent qu'une seule et même espèce. *Ibid.*

— Causes physiques de la variété dans l'espèce du chien. P. 478 et 479. — Forme des chiens suivant les différents climats. P. 480 et suiv.

Chiens *des climats tempérés*, transportés dans les pays chauds, cessent d'aboyer et prennent des oreilles droites dès la première génération. T. II, p. 482. — Le chien de berger est, de tous les chiens, celui qui approche le plus de la race primitive de cette espèce. *Ibid.* — Il est supérieur par l'instinct à tous les autres chiens. P. 483. — Il paraît être le vrai chien de la nature, c'est-à-dire le modèle et la souche de l'espèce entière. *Ibid.* — Il y a dans l'espèce du chien et dans celle de l'homme le même ordre et les mêmes rapports lorsqu'on les considère relativement au climat. *Ibid.* — Les chiens de Laponie sont très-petits, très-laids et ont les oreilles droites. *Ibid.* — Les chiens d'Albanie, de Tartarie et d'Irlande sont les plus beaux et les plus grands de tous les chiens. *Ibid.* — Le grand danois, le mâtin et le lévrier, quoique différents au premier coup d'œil, ne sont cependant que le même chien. P. 484. — Les chiens danois viennent du nord, et les lévriers viennent de Constantinople et du Levant. *Ibid.* — Le chien de berger, le chien-loup et le chien de Sibérie ne sont tous trois que le même chien. *Ibid.* — Le chien courant, le braque, le basset, le barbet et l'épagneul peuvent être regardés comme ne faisant qu'un seul et même chien. P. 485. — Le chien braque à peau mouchetée, qu'on appelle mal à propos *chien de Bengale*, ne vient pas des Indes. *Ibid.* — Le chien courant, le braque et le basset paraissent être naturels en France et en Allemagne; les barbets et les épagneuls en Barbarie et en Espagne. *Ibid.* — Les chiens sans poil qu'on appelle vulgairement *chiens turcs* sont mal nommés; ce n'est point dans le climat tempéré de la Turquie, mais dans les pays excessivement chauds, comme le Sénégal et la Guinée, que les chiens perdent leur poil. *Ibid.* — Les chiens ne conservent pas leur sagacité ni leurs talents hors des climats tempérés. P. 486. — Les Nègres préfèrent la chair du chien à celle de tous les animaux. *Ibid.* — Expériences qui semblent prouver que les chiens, les loups et les renards sont chacun d'une espèce différente, n'ayant jamais voulu se joindre entre eux par l'accouplement. P. 486 et suiv. — Il y a trente variétés connues dans l'espèce du chien. De ces trente variétés, il y en a dix-sept que l'on doit rapporter à l'influence du climat, et les treize autres au mélange des premières. P. 491. — Différences dans leur naturel et leur instinct, relativement à leurs différentes races. *Ibid.* — Le petit danois et le chien turc ne font que le même chien. P. 491 et 492. — Le chien dogue forme lui seul une variété différente de toutes les autres, et affecte un climat particulier ; il est naturel à l'Angleterre. P. 492. — Les chiens naissent communément avec les yeux fermés; les deux paupières ne sont pas simplement collées, mais adhérentes par une membrane qui se déchire lorsque le muscle de la paupière supérieure est devenu assez fort pour la relever et vaincre cet obstacle. *Ibid.* — La plupart des chiens n'ont les yeux ouverts qu'au dixième ou douzième jour après leur naissance. *Ibid.* — Ils ont en tout quarante-deux dents. P. 493. — Ils sont en état d'engendrer avant l'âge d'un an. *Ibid.* — La femelle est en chaleur deux fois par an ; mais le mâle peut couvrir en tout temps. *Ibid.* — Signe de la chaleur des chiennes : cette chaleur dure douze ou quinze jours. *Ibid.* — On a reconnu qu'un seul accouplement a quelquefois suffi pour que la chienne produise, même en grand nombre. *Ibid.* — Les chiens dans l'accouplement ne peuvent se séparer : cause physique de cet effet. P. 493 et suiv. — Les chiennes portent soixante-trois jours, quelquefois soixante-deux ou soixante-un, et jamais moins de soixante ; elles produisent six, sept, et quelquefois jusqu'à douze petits; celles qui sont de la plus grande et de la plus forte taille, produisent en plus grand nombre que les petites, qui souvent ne font que quatre ou cinq, et quelquefois qu'un ou deux petits, surtout dans les premières portées. P. 494. — Les chiens s'accouplent et produisent toute leur vie, qui est ordinairement bornée à quatorze ou quinze ans. *Ibid.* Manière de connaître l'âge des chiens. *Ibid.*

Les chiens peuvent se passer très-longtemps de nourriture. *Ibid.* — L'eau leur est plus nécessaire que les autres aliments. *Ibid.* — Table ou ordre généalogique des différentes races des chiens. P. 495 et suiv. — L'on a remarque sur les chiens courants que dans la même portée, il se trouve assez souvent des chiens courants, des braques et des bassets. P. 496. — Le chien est si antipathique avec le loup, qu'un jeune chien qui n'en a jamais vu frissonne au premier aspect ou à la première odeur de cet animal. P. 573. — Les chiens ne se sont trouvés en Amérique que sous une forme assez difficile à rapporter à l'espèce. T. III, p. 25. — Transportés d'Europe en Amérique, ils ont à peu près également réussi dans les climats chauds et dans les climats froids de ce nouveau monde. P. 26. — Le chien appartient à l'ancien continent, où sa nature ne s'est entièrement développée que dans les régions tempérées. P. 27. — En quoi le naturel du chien diffère de celui des autres animaux féroces et carnassiers. P. 173. — Le chien est naturellement, et lorsqu'il est livré à lui seul, aussi cruel, aussi sanguinaire que le loup. Son naturel ne diffère de celui des autres animaux de proie que par un point sensible qui le rend susceptible d'affection et capable d'attachement. *Ibid.* — Ses qualités les plus relevées sont empruntées de nous. *Ibid.* — La nourriture ne paraît avoir que de légères influences sur l'espèce du chien; mais le climat en a de très-grandes, et l'empire de l'homme encore de plus grandes. T. IV, p. 116.

CHIEN (le) peut engendrer avec la louve; expériences de M. le marquis de Spontin-Beaufort à ce sujet. T. IV, p. 195 et suiv. — Le chien, séparé de ses semblables et de la société de l'homme, prend un caractère sauvage et cruel. P. 198. — Autre expérience faite en Angleterre chez milord Pembroke, de l'accouplement d'un chien avec une louve. P. 199 (*note a*). — Exemple d'un amour violent d'un chien pour une truie, sans cependant que l'accouplement ait pu s'effectuer. Raison de cet effet. P. 212.

CHIEN CRABIER. Voyez *Crabier*. *Add.*, t. IV, p. 350.

CHIEN. Le chien de berger se trouve dans presque tous les pays du monde. *Add.*, t. IV, p. 313.

CHIEN DES BOIS. Description de la grande espèce de chien des bois de Cayenne. *Add.*, t. IV, p. 317. — Notice au sujet de la petite espèce de chien des bois de ce pays. P. 318.

CHIEN-LOUP. Description d'un grand chien-loup. *Add.*, t. IV, p. 315 et 316.

CHIENNE qui, sans avoir jamais reçu de mâles, a tous les symptômes de la pregnation. *Add.*, t. IV, p. 312 et 313.

CHIENNES et CHATTES. Raisons particulières de conformation dans les mâles, qui font que les chattes et les chiennes, quoique très-ardentes en amour, ne manquent presque jamais de concevoir et de produire. T. IV, p. 204.

CHIENS *sans queue*, ne sont pas des monstres individuels, c'est une race particulière qui se perpétue par la génération. T. IV, p. 116. — Le chien, le loup, le renard, le chacal et l'isatis peuvent être regardés comme ne faisant que la même famille. Dans le mélange du chien avec le loup ou avec le renard, la répugnance à l'accouplement vient du loup et du renard plutôt que du chien, c'est-à-dire de l'animal sauvage et non pas de l'animal domestique. P. 130 et 131. — Le chien paraît être l'espèce moyenne et commune entre celles du renard et du loup; les anciens ont assuré que le chien, dans quelques pays et dans quelques circonstances, produit avec le loup et avec le renard. Raison pourquoi l'espèce du chien doit être regardée comme moyenne entre celle du loup et celle du renard. P. 131 et suiv. — Le chien qu'Aristote appelle *Canis laconicus*, et qu'il assure provenir du mélange du renard et du chien, pourrait bien être le même que le chien de berger. Raisons de cette présomption. P. 132 et suiv.

CHIENS *du Groënland*, leur description et leurs habitudes naturelles. *Add.*, t. IV, p. 311.

CHIENS *de Kamtschatka*, leur description et leurs habitudes naturelles. *Add.*, t. IV, p. 311.

CHIENS *sauvages du cap de Bonne-Espé-*

rance. Notice sur ces animaux. *Add.*, t. IV, p. 312.

Chiens *de Sibérie*. Description d'une race particulière de chiens de Sibérie. *Add.*, t. IV, p. 310. — Autre race de chiens de Sibérie; leur description et leurs habitudes naturelles. *Ibid.* — Ces chiens paraissent être de la race de ceux que j'ai appelés *chiens d'Islande*. P. 311. — Selon M. Collinson, les chiens de Sibérie s'accouplent avec les louves et avec les femelles renard. *Ibid.*

Chiens *singuliers*, dont la race est peut-être perdue; description d'un individu de cette race. *Add.*, t. IV, p. 312.

Chiens-métis, production présumée d'un chien avec une louve. T. IV, p. 238 et suiv. — Autres exemples du produit d'une louve avec un chien. P. 240 et suiv.

Chiens-mulets provenant d'une louve et d'un chien braque. T. IV, p. 214. — Description et habitudes du mâle, première génération. P. 216. — De la femelle, première génération. P. 219. — Du mâle, seconde génération. P. 220. — De la femelle, seconde génération. P. 222. — De la femelle, troisième génération. P. 228. — Du mâle, quatrième génération. P. 235. — De la femelle, quatrième génération. P. 236. — Suite de leur histoire. *Ibid.* et suiv.

Chinche, seconde espèce de mouffette. T. III, p. 493. — Sa description. P. 496.

Chinois, leur description et leur ressemblance avec les Tartares. T. II, p. 145.

Choras. Description et habitudes naturelles de ce babouin. *Add.*, t. IV, p. 105 et suiv.

Choses (les) par rapport à nous ne sont rien en elles-mêmes, elles ne sont encore rien lorsqu'elles ont un nom; mais elles commencent à exister pour nous lorsque nous leur connaissons des rapports, des propriétés : ce n'est même que par ces rapports que nous pouvons leur donner une définition. T. I, p. 12. — Dans les choses naturelles il n'y a rien de bien défini que ce qui est exactement décrit. P. 13.

Chulon ou Chélason. Voyez *Lynx ou loup-cervier*. *Add.*, t. IV, p. 344.

Cicatricule. Description de la cicatricule dans l'œuf. T. I, p. 481. — Elle se trouve dans tous les œufs féconds ou inféconds. *Ibid.* — Elle est plus petite dans les œufs inféconds que dans les œufs féconds. Elle renferme une petite bourse qui contient l'embryon du poulet dans les œufs fécondés et ne renferme qu'une espèce de mole dans les œufs inféconds. Elle a augmenté considérablement après six heures d'incubation : on y voit déjà nager la tête du poulet, jointe à l'épine du dos. P. 487.

Cicatricule. On doit comparer la cicatricule, dans l'œuf des femelles ovipares, aux corps glanduleux des testicules des femelles vivipares. L'œuf n'est qu'une matrice. Différence de cette matrice avec celle des vivipares. *Add.*, t. I, p. 662.

Ciel (le) est le pays des grands événements, mais à peine l'œil humain peut-il les saisir. L'homme, borné à l'atome terrestre sur lequel il végète, voit cet atome comme un monde, et ne voit les mondes que comme des atomes. T. III, p. 296.

Circoncision, se fait en Turquie à l'âge de sept ou huit ans, et souvent on attend jusqu'à onze ou douze; en Perse, c'est à l'âge de cinq ou six ans; elle fait beaucoup de douleur aux personnes âgées. T. II, p. 28. Causes naturelles de cet usage. P. 28 et 29.

Circoncision des filles, est en usage chez les peuples du Midi. En quoi elle consiste. Cause naturelle de cet usage. T. II, p. 28 et 29.

Cirquinçon, espèce de tatou qui n'a qu'un bouclier et dix-huit bandes mobiles sur le dos et sur la croupe; sa description et ses caractères spécifiques. T. III, p. 147 et suiv. — On l'a appelé *Tatou-belette*, parce qu'il a la tête à peu près de la figure de la belette. P. 147. — C'est de tous les tatous celui qui a le plus de facilité pour se contracter et se serrer en boule à cause de ses dix-huit bandes mobiles qui occupent non-seulement l'espace du dos, mais encore celui de la croupe jusqu'auprès de la queue. P. 148.

Citli (le) de Fernandès paraît être le même animal que le tapeti de Margrave. *Add.*, t. IV, p. 412.

Civette, ses ressemblances et ses différences avec le zibet. T. III, p. 92 et suiv. —

L'espèce en est plus sujette aux variétés que celles des autres animaux sauvages, parce qu'on élève en plusieurs endroits les civettes comme des animaux domestiques. P. 93. — Ses caractères particuliers et ses différences d'avec la genette. P. 94. — Le parfum des civettes est très-fort, celui du zibet est surtout d'une violence extrême. *Ibid.* — Siége du parfum de la civette. P. 95. — Substance et consistance de la matière du parfum dans les civettes. *Ibid.* — Différence du parfum de la civette et de celui du musc. *Ibid.* — Le mâle de la civette n'a rien d'apparent au dehors que trois ouvertures, toutes semblables à celles de la femelle, et il est difficile de distinguer dans cette espèce, par la seule inspection, le mâle de la femelle. *Ibid.* — Les civettes sont des animaux de l'ancien continent et qui n'existaient point dans le nouveau; discussion critique à ce sujet. P. 95 et suiv. — Quoique originaires des climats les plus chauds, elles peuvent cependant vivre dans les climats tempérés et froids. P. 98. — Manière de recueillir l'humeur du parfum de la civette. P. 99. — Manière de nourrir les civettes domestiques. Naturel et tempérament des civettes. *Ibid.* — Quoiqu'elles puissent vivre dans les régions tempérées, et qu'elles y rendent leur liqueur parfumée comme dans leur climat, elles ne peuvent cependant y multiplier. P. 100. — Usage de ce parfum. *Ibid.*

Civette (la) paraît souffrir beaucoup du froid, elle devient moins méchante lorsqu'elle y est exposée. *Add.*, t. iv, p. 327.

Civette *volante*. Voyez *Taguan*. *Add.*, t. iv, p. 364.

Climats, leur influence sur les animaux. De tous les climats de la terre habitable, celui de l'Espagne et celui de la Syrie sont les plus favorables aux belles variétés de la nature dans les animaux. Les moutons, les chèvres, les chiens, les chats, les lapins, etc., ont en Espagne et en Syrie la plus belle laine, les plus beaux et les plus longs poils, les couleurs les plus agréables et les plus variées; il semble que ces climats adoucissent la nature et embellissent la robe de tous les animaux. T. ii, p. 502. — Il semble que les mêmes causes qui ont adouci, civilisé l'espèce humaine dans nos climats, ont produit de pareils effets sur toutes les autres espèces. P. 506. — Influence générale du climat sur les végétaux, les animaux et l'homme. P. 506 et suiv. — Tout se tempère dans un climat tempéré, et tout est excès dans un climat excessif. P. 507.

Climats. Ce que l'on doit entendre par climats. *Add.*, t. ii, p. 298.

Coaïta, espèce de sapajou d'une assez grande taille et d'un naturel doux, dans laquelle il y a plusieurs variétés. T. iv, p. 151 et suiv. — Naturel de ces animaux, leur intelligence, leur adresse, etc. P. 154 et suiv. — Caractères distinctifs de cette espèce. P. 155.

Coaïta. Addition à l'article de ce sapajou, et exposé de ses habitudes. *Add.*, t. iv, p. 172 et suiv.

Coase, première espèce de mouffette. T. iii, p. 493. — Description du coase, ses habitudes naturelles, ses déprédations. Il répand, lorsqu'il est irrité ou effrayé, une odeur abominable, mais ce n'est pas une chose habituelle, car il y a des gens qui élèvent des coases dans leurs maisons. P. 494 et suiv. — Le coase diffère des autres mouffettes en ce qu'il n'a que quatre doigts aux pieds du devant, tandis que les autres en ont cinq. P. 495.

Coati. Voyez *Raton*. T. ii, p. 659. — Différences du coati et du raton. P. 661. — Le coati ne se trouve que dans les climats méridionaux du nouveau continent. *Ibid.* — Il a le museau très-allongé et le groin mobile en tous sens. *Ibid.* — Il est sujet à manger sa queue. *Ibid.* — C'est un animal de proie qui se nourrit de chair et de sang. P. 662.

Coati-mondi, est une variété du coati. P. 660 et suiv.

Coati. On assure que les coatis produisent ordinairement trois petits. Leurs habitudes naturelles. Ils sont très-habitués à manger l'extrémité de leur queue, et on ne peut pas les corriger de cette habitude, qui leur devient funeste. Manière dont on pourrait peut-être les en préserver. *Add.*, t. iv, p. 273.

Cochon (le), le cochon de Siam et le sanglier sont tous trois de la même espèce. T. ii, p. 460. — Il a quatre doigts au dedans, quoiqu'il n'en paraisse que deux à l'extérieur. P. 461. — Comparaison du cochon avec les animaux solipèdes, pieds fourchus et fissipèdes. *Ibid.* — Le cochon produit en plus grand nombre que tous les autres animaux de la même grandeur. P. 462. — Il a des parties inutiles, des doigts qui ne lui servent à rien. P. 463. — La graisse du cochon est différente de celle de presque tous les autres animaux quadrupèdes, non-seulement par sa consistance et sa qualité, mais aussi par sa position dans le corps de l'animal. P. 466. — Singularité dans la forme des dents du cochon. P. 467. — Il a quarante-quatre dents. *Ibid.* — Naturel et qualités du cochon. P. 468. — Grossièreté et insensibilité du cochon, de quoi elles dépendent. *Ibid.* — Imperfections de cet animal dans les sens du goût et du toucher. *Ibid.* — Maladie du cochon par laquelle il devient ladre; de quelles causes elle peut provenir. *Ibid.* — Manière de rendre sa chair excellente au goût. *Ibid.* — Différentes manières de les engraisser. P. 468 et suiv. — La castration du cochon se fait ordinairement à l'âge de six mois, au printemps ou en automne. P. 469. — Manière dont se fait la castration des cochons. *Ibid.* — L'accroissement du cochon paraît toujours aller en augmentant, et plus un sanglier est vieux, plus il est gros; mais on laisse rarement les cochons domestiques vivre plus de deux ou trois ans. *Ibid.* — Les cochons pourraient s'accoupler dès l'âge de neuf mois ou d'un an; mais il vaut mieux attendre qu'ils aient dix-huit mois ou deux ans. Les cochons blancs ne sont jamais aussi forts que les noirs. P. 469 et suiv.

Cochon. Cet animal fait exception à la règle générale de la fécondité dans les animaux, laquelle est en raison inverse de la grandeur. T. iv, p. 208. — Les cochons peuvent devenir avec l'âge beaucoup plus gros et plus grands qu'ils ne sont ordinairement; exemple à ce sujet. *Add.*, t. iv, p. 472 et 473.

Cochons et Truies, sont sujets à dévorer quelques-uns de leurs petits nouveau-nés. T. ii, p. 470. — Manière dont on élève les jeunes cochons domestiques. *Ibid.* — Pourquoi les cochons fouillent la terre avec leur boutoir. P. 470 et suiv. — Manière dont ils se secourent et se défendent les uns les autres. P. 471. — Manière de les conduire à la pâture et de les traiter dans les différentes saisons de l'année. *Ibid.* — Différents cris du cochon. *Ibid.* — Les petits cochons domestiques reconnaissent à peine leur mère, et tètent la première truie qui veut les souffrir. P. 472. — Utilité et profit que l'on tire du cochon. P. 473. — Les cochons domestiques, dans les climats chauds, sont tous noirs comme les sangliers. *Ibid.* — Les cochons de la Chine, qui sont aussi ceux de Siam et de l'Inde, ne diffèrent des nôtres que par de légers caractères, et non pas par l'espèce. *Ibid.* — Le cochon appartient à l'ancien continent et ne s'est pas trouvé dans le nouveau lorsqu'on en fit la découverte. T. iii, p. 24. — Les cochons transportés dans l'Amérique méridionale y ont prodigieusement multiplié et y sont meilleurs à manger qu'en Europe. *Ibid.*

Cochon d'Inde. Il est naturel aux climats chauds. T. ii, p. 644. — Manière de rendre les cochons d'Inde meilleurs à manger. *Ibid.* — Les femelles ne portent que trois semaines, et nous en avons vu mettre bas à deux mois d'âge; les premières portées sont de quatre ou cinq, la seconde portée de cinq ou six; et les autres de sept ou huit, et même de dix ou onze; la mère n'allaite ses petits que pendant douze ou quinze jours, elle les chasse dès qu'elle reprend le mâle, c'est au plus tard trois semaines après qu'elle a mis bas. *Ibid.* — Les cochons d'Inde produisent tous les deux mois. Avec un seul couple on pourrait en avoir un millier dans un an. P. 644 et suiv. — Le froid et l'humidité les font mourir. P. 645. — Les mères n'ont pas le temps de s'attacher à leurs petits et les laissent manger aux chats sans s'irriter. *Ibid.* — Habitudes naturelles et tempérament du cochon d'Inde. *Ibid.* — L'espèce a été portée du nouveau continent dans l'ancien, c'est-à-dire du Brésil en Guinée. T. iii, p. 37.

Cochon de Guinée. Notice au sujet de cet animal, qui paraît n'être qu'une variété de l'espèce commune du cochon. *Add.*, t. iv, p. 473.

Cochon *de terre* (le) est un animal d'Afrique différent des fourmilliers d'Amérique, et il ne leur ressemble qu'en ce qu'il est de même privé de dents, et qu'il a une langue assez longue pour l'introduire dans les fourmillières. Le nom de cochon de terre est relatif à ses habitudes naturelles et même à sa forme, et c'est celui sous lequel il est communément connu dans les terres du Cap. *Add.*, t. iv, p. 428. — Sa déscription par M. Allamand. P. 428 et suiv. — Ses différences très-reconnaissables avec le tamanoir, le tamandua et le fourmillier, qui sont tous trois d'Amérique, tandis que le cochon de terre est d'Afrique. P. 430. — Il introduit sa langue dans les fourmillières et avale les fourmis qui s'y attachent. *Ibid.* — Ses petits rapports avec le cochon commun et ses grandes différences avec cet animal. P. 431. — Description du cochon de terre par Kolbe. P. 431 (note *a*). — Ses dimensions par M. Allamand. P. 431 et 432.

Cochon de Siam. Addition à son article. *Add.* t. iv, p. 473.

Coendou, animal d'Amérique dont la nature approche de celle du porc-épic; erreur de Pison à l'égard de cet animal. Il n'existe point dans l'Asie méridionale et ne se trouve qu'en Amérique. T. iii, p. 409 et suiv. — Il y en a deux espèces ou plutôt deux variétés. P. 410. Description du coendou et ses différences avec le porc-épic. Son naturel, ses habitudes, sa nourriture : provinces de l'Amérique où on le trouve P. 411.

Coendou. Il y a deux espèces de coendous, l'une plus grande et l'autre plus petite, dans les terres de l'Amérique méridionale. *Add.*, t. iv, p. 408.

Coendou a longue queue. Description de cet animal. *Add.*, t. iv, 409.

Coescoes *des Indes orientales*, ses différences avec le sarigue d'Amérique, qui prouvent que ce ne sont pas des animaux de même espèce. *Add.*, t. iv, p. 348.

Collines, ont entre elles des angles correspondants. T. i, p. 37. — Les collines opposées sont ordinairement de même hauteur. P. 37 et 133. — Dans les collines voisines, les mêmes matières se trouvent au même niveau, quoique ces collines soient séparées par des vallons considérables. P. 38 et 133. — Dans les grandes vallées, il est plus difficile de juger de l'égalité de hauteur des collines qui les bornent de chaque côté, parce qu'il y a erreur d'optique et erreur de jugement. P. 133 et 134. — Observations sur ce sujet et sur la correspondance des angles entre les montagnes. P. 134.

Colus, est le même animal que le saiga. T. iii, p. 353.

Comètes (les) comme les planètes obéissent à la force de l'attraction du soleil. Elles décrivent de même autour du soleil des aires proportionnelles aux temps, dans des orbites elliptiques fort allongées. T. i, p. 68 et 69. — Les comètes parcourent le système solaire dans toutes sortes de directions, et les inclinaisons des plans de leurs orbites sont fort différentes entre elles. Elles n'ont rien de commun dans leur mouvement d'impulsion. P. 69. — Il est presque nécessaire qu'il en tombe quelquefois dans le soleil. P. 70. — La comète de 1680 approcha si fort du soleil, qu'elle n'en était pas éloignée de la sixième partie du diamètre solaire. *Ibid.* — Les comètes sont composées d'une matière très-dense. P. 71. — Elles se meuvent avec une immense vitesse acquise, lorsqu'elles approchent du soleil de fort près. P. 72. — Les comètes, comme les planètes, sont toutes opaques, et aucune n'est lumineuse par elle-même. P. 78. — Elles sont sujettes à des vicissitudes terribles, à cause de l'excentricité de leurs orbites; tantôt, comme dans celle de 1680, il y fait mille fois plus chaud qu'au milieu d'un brasier ardent; tantôt, si l'on ne considère que l'éloignement où elles sont alors du soleil, il y fait mille fois plus froid que dans la glace. P. 90. — La comète de 1680 a éprouvé à son périhélie une chaleur deux mille fois plus forte que celle d'un fer rouge. Il lui faudra cinquante mille ans pour se refroidir. P. 91. — La queue d'une comète est la partie la plus légère de son atmosphère, c'est un brouillard transparent, une vapeur sub-

tile que l'ardeur du soleil fait sortir du corps et de l'atmosphère de la comète : cette vapeur, composée de particules aqueuses et aériennes extrêmement raréfiées, précède la comète lorsqu'elle descend, et la suit lorsqu'elle remonte ; en sorte qu'elle est toujours située du côté opposé au soleil. La colonne que forme cette vapeur est souvent d'une longueur immense, et plus une comète approche du soleil, plus sa queue est longue et étendue. P. 92. — Plusieurs comètes descendent au-dessous de l'orbe annuel de la terre. *Ibid.* — Les comètes sont en beaucoup plus grand nombre que les planètes. Elles pèsent de même sur le soleil et contribuent de tout leur poids à son embrasement. T. III, p. 297. — Ce sont pour ainsi dire des mondes en désordre, étant sujettes à des vicissitudes étranges de chaleur et de froid extrême, et à des inégalités prodigieuses de mouvement. *Ibid.*

CONCEPTION. Trois ou quatre jours après la conception il y a dans la matrice de la femme une bulle ovale qui a au moins six lignes sur son grand diamètre, et quatre lignes sur le petit. T. I, p. 634. — Les conceptions qui se font dans les jours qui suivent l'écoulement périodique, sont celles qui tiennent et qui réussissent le mieux : raison de cet effet. P. 651. — La conception s'opère quelquefois avant l'âge de puberté dans les femmes, c'est-à-dire avant que les menstrues paraissent. T. II, p. 44. — Elle s'opère aussi quelquefois après la cessation des menstrues. *Ibid.* — Signes d'une conception récente sont très-incertains. P. 45 et suiv.

CONCRÉTIONS (les) et stalactites produites par les cailloux, sont presque toutes des pierres dures et précieuses; au lieu que celles de la pierre calcinable ne sont que des matières tendres et qui n'ont aucune valeur. T. I, p. 305.

CONDENSATION ou COCTION *des planètes*, a un rapport immédiat avec les degrés de chaleur qu'elles ont à supporter. T. I, p. 76. — Examen de la condensation des planètes. *Ibid.*

CONDOMA. Description de sa tête et de ses cornes. T. III, p. 381 et suiv. — Il est très-remarquable par sa taille et par la longueur et la figure de ses cornes. P. 383. — C'est le même animal que celui du cap de Bonne-Espérance, que Kolbe appelle *chèvre sauvage*. Sa description. *Ibid.*

CONDOMA (le) est appelé par les Hollandais *coësdoës*, qui se prononce *coudous*. Description d'une peau de condoma et des belles cornes de cet animal. *Add.*, t. IV, p. 596. — Ses dimensions. La femelle porte des cornes comme le mâle. Variétés dans le pelage de ces animaux. Ils se trouvent dans l'intérieur des terres au cap de Bonne-Espérance, et ils ne vont point en troupes. Leur force et leur légèreté pour sauter. On peut les apprivoiser. P. 597. — Description d'un condoma vivant, par MM. Allamand et Klockner. P. 598 et suiv. — Sa nourriture en domesticité et en liberté dans son pays natal. Ses dimensions. P. 600 et 601.

CONEPATL, troisième espèce de mouffette. T. III, p. 493. — Sa description. P. 495 et 496.

CONGÉLATIONS. Origine des congélations et de toutes les espèces de stalactites. T. I, p. 301 et suiv.

CONTINENCE. La continence forcée produit quelquefois de grands maux, et particulièrement l'épilepsie; exemple frappant à ce sujet. *Add.*, t. II, p. 226 et suiv. — Effets de la continence forcée dans les animaux. P. 230. — Elle ne fait aucun mal dès qu'on a passé l'âge de cinquante-cinq ou soixante ans. *Ibid.*

CONTINENT. La plus grande longueur de l'ancien continent se trouve être en diagonale avec l'équateur et doit se mesurer en commençant au nord de la Tartarie la plus orientale et finissant à la pointe de l'Afrique, c'est-à-dire au cap de Bonne-Espérance; cette ligne est d'environ trois mille six cents lieues, et n'est interrompue que par de petites étendues d'eau, telles que la mer Caspienne et la mer Rouge. T. I, p. 106. — Cette ligne peut être regardée comme le milieu de la bande de terre qui compose l'ancien continent, attendu que la superficie des terres de chaque côté de cette ligne est à peu près égale. P. 107. — La surface de l'ancien continent ne fait pas la cinquième

partie de la surface entière du globe. *Ibid.* — La plus grande largeur du nouveau continent doit être prise depuis l'embouchure du fleuve de la Plata jusqu'à cette contrée marécageuse qui s'étend au delà du lac des Assiniboïls. *Ibid.*—Cette ligne peut avoir environ deux mille cinq cents lieues de longueur, et partage le nouveau continent en deux parties égales. Elle est inclinée, comme celle qui partage l'ancien continent, de trente degrés à l'équateur, mais en sens contraire. P. 108. — Les terres de l'ancien et du nouveau continent, prises ensemble et telles qu'elles nous sont connues, ne font pas le tiers de la surface du globe terrestre. *Ibid.* — Le vieux et le nouveau continent sont presque opposés l'un à l'autre; l'ancien est plus étendu au nord de l'équateur qu'au sud; au contraire le nouveau l'est plus au sud qu'au nord de l'équateur; le centre de l'ancien continent est à seize ou dix-huit degrés de latitude nord, et le centre du nouveau est à seize ou dix-huit degrés de latitude sud, en sorte qu'ils semblent faits pour se contre-balancer. P. 109. — Terres et îles séparées du continent; l'île de la Grande-Bretagne a été séparée de la France; l'Espagne de l'Afrique; la Sicile de l'Italie; la terre de Feu de l'Amérique; l'île de Frisland du Groenland. Preuves de cette assertion. P. 132 et 133. — Les pointes formées par les continents sont toutes posées de la même façon, elles regardent toutes le midi, et la plupart sont coupées par des détroits qui vont de l'orient à l'occident; *exemples*, la pointe de l'Amérique méridionale, la pointe du Groenland, la pointe de l'Afrique, la pointe de la presqu'île de l'Inde. P. 218. — Il n'y a dans le nouveau continent qu'une seule et même race d'hommes, à l'exception du nord, où il se trouve des hommes semblables aux Lapons, et aussi quelques hommes à cheveux blonds, semblables aux Européens du nord. T. II, p. 210. — Pourquoi la température des différents climats est bien moins inégale dans le nouveau continent que dans l'ancien. P. 211 et 212. — Contiguité des deux continents vers le nord, mieux démontrée par l'histoire naturelle que par la géographie. T. III, p. 38. — La chaleur et l'humidité sont en général beaucoup moindres dans le nouveau continent que dans l'ancien. Causes physiques de cet effet. P. 43. — Différences essentielles et très-marquées entre l'ancien et le nouveau continent. P. 43 et suiv.

CONTINENTS. L'ancien et le nouveau continent sont vraisemblablement contigus vers le nord, du côté de l'Asie. *Add.*, t. II, p. 288.

CONTINENT de la Nouvelle-Hollande. Voyez *Hollande*.

CONTINENTS. Détail du calcul de la superficie des deux continents. *Add.*, t. I, p. 334 et 335.

COQ (un) est capable d'engendrer à l'âge de trois mois, et il n'a pas pris alors plus du tiers de son accroissement. T. I, p. 593.

COQUALLIN, est le nom d'un animal de l'Amérique méridionale dont l'espèce approche beaucoup de celle de l'écureuil, mais dont cependant elle diffère par plusieurs caractères aussi bien que par le naturel et par les mœurs. Description du coquallin, ses habitudes naturelles. T. III, p. 451.

COQUILLES *et autres productions de la mer*, se trouvent partout dans l'intérieur de la terre et jusque sur les montagnes, et dans les lieux les plus éloignés des mers. T. I, p. 39. — Les plus légères sont dans les craies, les plus pesantes dans les argiles et dans les pierres. P. 46. — La quantité de coquilles de mer qui se trouvent contenues dans les couches de la terre est prodigieuse et immense. Cela démontre invinciblement que la terre que nous habitons a été autrefois un fond de mer. P. 140. — Les coquillages se multiplient prodigieusement et croissent très-promptement. P. 144. — Ils sont l'intermède que la nature emploie pour former les pierres. Les craies, les marnes, les pierres à chaux, les marbres, etc., ne sont composés que de détriments de coquilles. *Ibid.* — Preuves par les faits, qu'on trouve des coquilles de la mer par toute la terre. P. 149 et suiv. — Les coquilles qu'on trouve dans chaque pays sont la plupart de la même espèce que celles qui habitent dans les mers voisines; il s'en trouve aussi des mers étrangères, mais en

moindre nombre. P. 152. — Il y a des coquillages qui habitent le fond de la mer, et qui ne sont jamais jetés sur les rivages. P. 154. — On trouve aussi des coquilles fossiles pétrifiées sur les hautes montagnes, sur les collines, dans les plaines, et aussi dans les carrières et mines les plus profondes. *Ibid.* — Manière dont les coquilles sont placées dans les couches de la terre. P. 158. — Elles sont plus rares dans les matières vitrifiables et inflammables que dans les autres matières. P. 159. — Elles sont toutes également remplies de la substance qui les environne. *Ibid.* — Pourquoi l'on ne trouve point des coquilles dans les hautes montagnes du Pérou. P. 286.

Coquilles. Les coquilles marines se trouvent dans tous les lieux de la terre habitée. Plusieurs exemples à ce sujet. *Add.*, t. I, p. 344 et 345. — On a prétendu trop généralement qu'il n'y avait point de coquilles ni d'autres productions de la mer sur les plus hautes montagnes; on en trouve dans les Alpes et dans les Pyrénées, à plus de quinze cents toises d'élévation au-dessus du niveau de la mer, et, dans le Pérou et le Chili, à plus de deux mille toises. P. 347. — La quantité de coquilles pétrifiées, qui ne sont proprement que des pierres figurées par les coquilles, est infiniment plus grande que celle des coquilles fossiles qui ont conservé leur nature, et qui sont encore telles qu'elles existent dans la mer, et ordinairement on ne trouve pas les unes et les autres ensemble, ni même dans les lieux contigus. *Ibid.*

Cori, animal de l'Amérique, qui pourrait bien être le même que l'apéréa. *Add.*, T. IV, p. 414.

Corine, espèce de gazelle qui se trouve au Sénégal. T. III, p. 356. Ses différences et ses ressemblances avec le kevel et avec la gazelle commune; sa description. *Ibid.* — Il est incertain si la corine est une espèce différente de la gazelle commune, ou si ce n'est qu'une variété dans cette espèce. P. 357.

Cornac ou Cornar, est le nom qu'on donne aux Indes au conducteur de l'éléphant. Emploi et office du cornac. Manière dont il s'y prend pour conduire, gouverner, et faire obéir l'éléphant. T. III, p. 241.

Cornes d'Ammon. On peut croire que l'animal qui habite la coquille appelée *corne d'ammon*, demeure toujours au fond de la mer. T. I, p. 154.

Cornes *d'ammon*. Les cornes d'ammon paraissent faire un genre plutôt qu'une espèce dans la classe des animaux à coquilles, tant elles sont différentes les unes des autres par la forme et la grandeur : ce sont réellement les dépouilles d'autant d'espèces qui ont péri et qui ne subsistent plus. *Add.*, t. I, p. 348. — Exemple de la quantité prodigieuse de cornes d'ammon dans une mine de fer en grains. *Ibid.*

Cornes *des animaux*, leur composition et leur accroissement. T. II, p. 522 et suiv. — Les cornes varient si fort à tous égards dans les animaux domestiques, qu'il serait fort difficile de prononcer quel est leur vrai modèle dans la nature. T. III, p. 251.

Cornu (Sapajou). Description de ce sapajou. *Add.*, t. IV, p. 176 et 177.

Corps. L'usage des corps que l'on fait porter aux filles dans leur jeunesse est sujet à beaucoup d'inconvénients, et devrait être proscrit. T. II, p. 16.

Corps. Le corps de la femme est ordinairement, à vingt ans, aussi parfaitement formé que celui de l'homme l'est à trente. T. II, p. 48.

Corps. Tous les corps sont plus ou moins élastiques; il n'existe point de corps parfaitement dur; un corps parfaitement dur ne pourrait recevoir de mouvement. Les expériences sur l'électricité prouvent que sa force élastique appartient généralement à toute matière. T. III, p. 423.

Corps glanduleux. Voyez *Glanduleux*.

Corps et Maillot. Voyez *Maillot*.

Correspondance. Il y a des correspondances certaines et sensibles dans certaines parties du corps, quoique très-éloignées les unes des autres, comme entre les parties de la génération et la gorge; les testicules, la barbe et la voix; la matrice, les mamelles et la tête, etc. — On devrait observer ces correspondances avec plus de soin qu'on ne l'a fait jusqu'ici. T. II, p. 31.

Corruption (la) ou la *décomposition des*

animaux et des végétaux, produit une infinité de corps organisés, vivants et végétants. T. I, p. 600.

COSSAC. Voyez *Isatis*. *Add.*, t. IV, p. 326.

CÔTES *de la mer*. Les côtes voisines qui ne sont séparées que par un bras de mer, sont composées des mêmes matières, et les lits de terre sont les mêmes, à la même hauteur, de l'un et de l'autre côté. T. I, p. 38. — On peut distinguer les côtes de la mer en trois espèces, savoir : 1° les hautes côtes; 2° les basses côtes, qui sont presque de niveau avec la surface de l'eau; 3° les dunes. P. 236. — Exposition de la différente hauteur des côtes et de la différente profondeur des eaux dans un grand nombre d'endroits, soit en Europe, soit en Asie, en Afrique et en Amérique. P. 236 et suiv. — Le fond de la mer, le long des côtes, a les mêmes inégalités que la surface de la terre au-dessus de ces mêmes côtes. *Ibid.*

COUAGGA, animal dont l'espèce paraît intermédiaire entre le cheval et le zèbre, ou peut-être entre le zèbre et l'onagre. Ses ressemblances et ses différences avec le zèbre. Sa description. *Add.*, t. IV, p. 515 et suiv. — Son naturel; il se défend très-bien contre les chiens et même contre les hyènes. Ses habitudes naturelles. Conjecture sur l'origine de cet animal, dont l'espèce paraît être métive, et qui n'est probablement qu'une race bâtarde provenant de l'union du cheval et du zèbre. P. 516 et 517. — Son nom *couagga* est tiré de son cri *kwah*, *kwah*. Sa chair n'est pas bonne à manger. Dimensions d'un *couagga* jeune. P. 517.

COUCHES. La première couche de terre qui enveloppe le globe est partout d'une même substance; savoir, de parties d'animaux et de végétaux détruits. T. I, p. 38. — Les couches de la terre sont toutes horizontalement posées les unes sur les autres, et chacune a la même épaisseur dans toute son étendue. *Ibid.* — Les couches de la terre ont été formées peu à peu par le sédiment des eaux, et n'ont pu être formées tout à coup par quelque révolution que ce soit. P. 41. — Les couches parallèles et horizontales qu'on trouve dans l'intérieur de la terre, sont produites par le sédiment des eaux, toujours agitées par les alternatives du flux et du reflux : explication de ces effets. P. 43. — Les petites couches dont sont composés les lits des craies, des marnes, des argiles sont fort minces, et elles sont arrangées les unes sur les autres, comme les feuillets d'un livre. P. 47. — Couches d'ancienne et de nouvelle formation. *Ibid.* — Les couches anciennes sont celles qui se sont formées lorsque les eaux de la mer couvraient la surface de la terre : les couches de nouvelle formation sont celles qui se sont formées par le sédiment des eaux pluviales ou des fleuves, depuis que la surface de la terre a été découverte et abandonnée par la mer. P. 47 et suiv. — Manière de distinguer les couches de nouvelle formation : caractères qui les distinguent des couches anciennes. P. 48. — Pour trouver la terre ancienne et les matières qui n'ont jamais été remuées, il faudrait creuser dans les climats des pôles, où la couche de terre remuée doit être plus mince que dans les climats méridionaux. P. 86. — Les sédiments qui ont produit les couches de la terre ne se sont pas déposés dans le même temps, mais ont été amenés successivement les uns sur les autres. P. 97. — La première couche qui enveloppe le globe de la terre est composée de limon, mêlé avec des parties de végétaux ou d'animaux détruits, ou bien avec des particules pierreuses ou sablonneuses. P. 122. — État des différentes couches de terre à Marly-la-Ville, jusqu'à cent pieds de profondeur. P. 124 et 125. — La couche de terre végétale s'augmente considérablement avec le temps dans tous les lieux inhabités, où l'on ne coupe ni les plantes ni les bois. P. 127. — Observation sur la formation de cette couche de terre végétale. *Ibid.* — La couche de terre végétale doit toujours aller en diminuant dans un pays habité, et toujours en augmentant dans un pays inhabité. P. 128. — Les couches de la terre se trouvent être d'autant plus épaisses qu'on fouille plus profondément. P. 129. — Observations sur l'inclinaison des couches de terre dans les collines et les montagnes. P. 129 et 130. — Chaque couche de pierre, soit qu'elle soit horizontale

ou inclinée, a une épaisseur égale dans toute son étendue. P. 130. — Les couches horizontales de pierres, de marbres, etc., s'étendent à de grandes distances; on trouve dans les collines séparées par un vallon les mêmes lits, les mêmes matières au même niveau. P. 132. — Observations sur l'étendue des couches de marbres et de pierres. *Ibid.* — Les différentes couches dont la terre est composée ne sont pas disposées suivant l'ordre de leur pesanteur spécifique. P. 134. — Les couches horizontales de la terre n'ont pas été produites dans un même temps, mais ont été arrangées les unes dans les autres dans une longue succession de temps. P. 161. — Couches horizontales ou inclinées par l'expansion des matières liquéfiées que les volcans rejettent. P. 286. — Description des différentes couches horizontales ou des différents lits, qui composent l'intérieur d'une colline, lorsque les matières sont de nature calcinable. P. 299. — Couches de nouvelle formation; matières qui composent ces couches. P. 308. — Ces couches ne sont produites que par le dépôt des eaux courantes. *Ibid.* — On n'y trouve que des productions terrestres, et jamais des coquilles, ni de productions marines. *Ibid.*

Couches *de la terre.* Quelques exemples au sujet des couches ou lits de terre dans différentes parties du monde, et particulièrement dans les Arabies. *Add.*, t. I, 339 et suiv. — Considérations sur les différentes couches de la terre. P. 355 et 356.

Coudous (le) des Indes paraît être le même animal que le pacassa d'Afrique. T. III, p. 395. — Description des cornes de cet animal. P. 394. — Il est d'une espèce voisine de celle du buffle, et peut-être même n'en est-il qu'une variété. P. 395.

Couguar, animal de proie du nouveau continent, ses différences d'avec les panthères et les autres animaux de proie de l'ancien continent. T. III, p. 19. — Quoique ce soit un animal de proie, on prétend que sa chair ne laisse pas d'être bonne à manger. P. 77. — Différences du couguar et du jaguar. P. 76. — Habitudes naturelles du couguar. P. 76 et 77.

Couguar (le) réduit en domesticité, a presque la tranquillité et la douceur d'un chien. *Add.*, t. IV, p. 339 et 340.

Couguar *noir.* Notice sur cet animal. *Add.*, t. IV, p. 338. — C'est probablement le même animal que le *jaguarette* du Brésil, dont parlent Pison et Marcgrave. *Ibid.*

Couguar *de Pensylvanie.* Sa description. *Add.*, t. IV, p. 337 et 338.

Couleurs *accidentelles.* Leur origine et leurs effets. T. II, p. 116.

Courants. Formation des courants de la mer; explication de leurs effets. T. I, p. 45 et suiv. — Ce sont les courants qui ont produit les angles correspondants que l'on remarque entre les montagnes et collines opposées; ils ont creusé les vallons, etc. P. 46. — Ce sont les courants de la mer qui ont creusé les vallons et élevé les collines en leur donnant des directions correspondantes. P. 65. — Causes particulières des courants de la mer. P. 235 et suiv. — Origine des courants. P. 240. — Ils sont produits par le mouvement des marées, et suivent dans leur direction celle des inégalités du fond de la mer. P. 240. — D'autres courants qui sont produits par les vents, suivent aussi la direction de ces inégalités. *Ibid.* — Explication détaillée du cours et du rebroussement des courants. P. 240 et suiv. — Dans la mer des Indes, les courants vont comme les vents, six mois dans une direction et six mois dans la direction opposée. P. 241. — Les courants doivent être regardés comme les fleuves de la mer, et suivent exactement les mêmes lois que les fleuves de la terre. P. 242. — Énumération des principaux courants de la mer. P. 243. — Les courants ont tous une largeur déterminée et qui ne varie point; cette largeur dépend de l'intervalle qui se trouve entre les montagnes de la mer qui leur servent de bords. P. 244.

Courants *de la mer.* Le courant de la Guiane aux Antilles coule avec une très-grande rapidité, comme si l'on descendait d'un lieu plus élevé dans un lieu plus bas *Add.*, t. I, p. 338. — Causes de cet effet. Il y a des plages dans la mer où l'on observe un double courant, l'un supérieur et l'autre inférieur, dans une direction opposée. Ex-

périences et exemples à ce sujet. P. 360 et suiv.

Crabier ou Chien-crabier. Description de cet animal. Il a moins de rapport avec les chiens qu'avec les sarigues. Cependant la femelle crabier ne porte point ses petits dans une poche sous le ventre comme les sarigues, marmoses, cayopollins, etc. Par conséquent le crabier n'est point de ce genre et fait une espèce particulière et isolée. *Add.*, t. iv, p. 350. — Cet animal habite les terrains humides et se trouve assez communément à Cayenne. Ses habitudes naturelles. P. 352. — Manière dont il prend les crabes, lesquels font sa principale nourriture. *Ibid.* — Il se trouve encore à la Guiane un autre animal auquel on a donné le même nom de crabier, quoiqu'il soit d'une espèce très-différente du vrai crabier ou chien-crabier. Notice au sujet de ce second animal. *Ibid.*

Cracher. L'enfant nouveau n'a pas encore la force de cracher. T. ii, p. 12.

Craie. Formation et composition de la craie. T. i, p. 158.

Craie. De toutes les substances calcaires, la craie est celle dont les bancs conservent le plus exactement la position horizontale. *Add.*, t. i, p. 356.

Crinière (Description de la guenon à). *Add.*, t. iv, p. 91.

Cristal. Origine et formation du cristal. T. i, p. 303 et 305.

Crocodile. Dans le crocodile la mâchoire supérieure n'est pas mobile, comme l'ont prétendu les anciens. T. ii, p. 53.

Crocodiles *caïmans*, qui se trouvent dans un petit lac au-dessus d'une colline dans la Guiane. Voyez *Guiane.*

Cuguacu-Apara *du Brésil*, ne paraît être qu'une variété de notre chevreuil d'Europe. T. ii, p. 538.

Cuscus ou Cusos. Voyez *Coescoes. Add.*, t. iv, p. 348 et suiv.

Cuscus ou Cusos (le) des Indes orientales paraît être du même genre que les philanders d'Amérique, mais l'espèce est différente de celle du sarigue, de la marmose et du cayopollin. *Add.*, t. iv, p. 349.

Cynocéphale (le) d'Aristote, est un singe sans queue. T. iv, p. 39. — C'est le même animal que nous appelons *magot. Ibid.*

Cynocéphale (Le petit) a été indiqué par Prosper Alpin. *Add.*, t. iv, p. 88. — Caractères distinctifs de cette espèce. *Ibid.* — Ses rapports avec le pithèque. *Ibid.*

Cynocéphale (Le nom de) a été donné au babouin à museau de chien. *Add.*, t. iv, p. 107.

Czigithais ou Mulets *de Daourie*, ne doivent pas être confondus avec les zèbres. *Add.*, t. iv, p. 510 et suiv.

Czigithai (le) ou mulet de Daourie, pourrait bien être de la même espèce ou du moins d'une espèce très-voisine du zèbre. *Add.*, t. iv, p. 510. — Il se pourrait aussi que le czigithai fût le même animal que l'onagre. P. 511.

Czigithai, animal qui se trouve dans la Tartarie. Ce mot signifie, dans la langue des Mongoux, *longue oreille*. Les czigithais vont par troupes de vingt, trente et même cent. Ils sont indomptables. Chaque troupe a son chef comme dans les *tarpans* ou *chevaux sauvages*. Habitudes naturelles des czigithais. *Add.*, t. iv, p. 512. — Ils forment une espèce moyenne entre l'âne et le cheval, qu'on a nommée *mulet fécond de Daourie*. Ils sont plus beaux que les mulets; dimensions et description d'un de ces animaux. Leur ressemblance avec l'âne. Leur course très-rapide. Les Tartares regardent leur chair comme une viande délicieuse. P. 512 et 513.

D

Daim (le) est d'une nature moins robuste et moins agreste que le cerf. T. ii, p. 528. — L'Angleterre est le pays de l'Europe où il y a plus de daims. *Ibid.* — Les chiens préfèrent le daim à tous les autres animaux, et le chassent de préférence aux cerfs et aux chevreuils. *Ibid.* — Le daim est un animal presque à demi domestique; il est sujet, comme les animaux domestiques, à un assez grand nombre de variétés. P. 529. — Bois du daim, sa grandeur et sa forme, et ses différences d'avec celui du cerf. P. 530. —

Le bois du daim tombe tous les ans, comme celui du cerf, mais plus tard. *Ibid.* — Le rut du daim arrive quinze jours ou trois semaines après celui du cerf. *Ibid.* — Les daims ne s'excèdent pas autant que le cerf par le rut. *Ibid.* — Ils combattent pour les femelles, et se mettent en troupes comme les cerfs. *Ibid.* — Ils combattent aussi en troupes et se disputent le terrain lorsqu'ils sont renfermés dans des parcs. *Ibid.* — Habitudes naturelles du daim, et ses ruses pour échapper aux chiens. *Ibid.* — Ils s'apprivoisent très-aisément et mangent de beaucoup de choses que le cerf refuse. *Ibid.* — Ils sont en état d'engendrer et de produire depuis l'âge de deux ans jusqu'à quinze ou seize. P. 531. — Le daim et le chevreuil sont les seuls de tous les animaux communs aux deux continents qui soient plus grands et plus forts dans le nouveau que dans l'ancien. T. IV, p. 120.

DAIMS. Voyez *Axis. Add.*, t. IV, p. 558. — Cette race de daims tachetés de blanc existe en Angleterre avant celle des daims noirs et celle des daims tout blancs, et même avant celle des cerfs, qui y a été transportée de France suivant M. Collinson. *Ibid.*

DAIMS *chinois*, leur description. *Add.*, t. IV, p. 558. — Ils paraissent être une variété dans la race de l'axis. *Ibid.* et suiv.

DAIMS *de Groenland*, est le même animal que le renne de petite race. *Add.*, t. IV, p. 536.

DAINE (la) porte huit mois et quelques jours, comme la biche ; elle produit un petit, quelquefois deux et très-rarement trois. T. II, p. 531.

DAMA (le) des anciens est le même animal que celui que nous avons appelé *Nanguer*. T. III, p. 361.

DAMAN *Israël* ou AGNEAU d'*Israël*, est un animal dont l'espèce approche de celle de la gerboise. Sa description, son naturel, ses mœurs. T. III, p. 459 et 460.

DAMAN. Le daman-israël n'est point une gerboise. Il est fort commun aux environs du mont Liban, et encore plus dans l'Arabie Pétrée ; il se trouve aussi dans les montagnes de l'Arabie Heureuse et dans toutes les parties hautes de l'Abyssinie ; sa forme et sa grandeur. Il n'a point du tout de queue. Sa description. Ses habitudes naturelles. *Add.*, t. IV, p. 452. — Sa chair est très-bonne à manger. *Ibid.*

DAMAN *du Cap*, animal différent du daman-israël. — Leurs différences. *Add.*, t. IV, p. 453. — C'est le même animal que celui dont j'ai donné la description sous le nom de *marmotte du Cap. Ibid.* — Ce daman du Cap est aussi le même animal que le *klipdaas* ou *blaireau de roches*, décrit par M. Allamand. *Ibid.* — Sa description, par MM. Allamand et Klockner. P. 453 et suiv. — Ses habitudes naturelles. P. 454. — Sa grandeur, lorsqu'il est adulte, est égale à celle du lapin domestique. *Ibid.* — Ses dimensions. P. 456.

DANOIS. Établissements des Danois sur les côtes occidentales de la Laponie jusqu'au soixante-onzième et soixante-douzième degré. *Add.*, t. II, p. 263.

DANT ou LANT *de Numidie*, est le même animal que le petit bœuf bossu que nous avons appelé *zébu*. T. III, p. 290 et 291. — Ce nom, qui ne doit appartenir qu'au zébu, c'est-à-dire au petit bœuf bossu d'Afrique et d'Arabie, a été transporté et appliqué au tapir de l'Amérique. T. III, p. 291.

DÉFINITION, telle qu'on la peut faire par une phrase, n'est que la représentation très-imparfaite de la chose. Dans la nature, l'on ne peut jamais bien définir une chose sans la décrire exactement. T. I, p. 12 et 13.

DÉGÉNÉRATION. Explication physique de la dégénération des animaux et des plantes. T. II, p. 391. — La température du climat, la qualité de la nourriture et les maux de l'esclavage sont les trois causes de changement, d'altération et de dégénération dans les animaux. T. IV, p. 113. — Dégénération de tout temps immémorial, qui paraît s'être faite dans chacun des genres auxquels on peut réduire les espèces voisines dans les animaux. P. 122 et 123.

DÉLUGE. On ne peut pas expliquer par le déluge universel le transport ni la position des productions marines que l'on trouve en si grande quantité dans l'intérieur de la terre. T. I, p. 40. — Le déluge universel a

été fait par la volonté immédiate de Dieu, et n'a pu s'opérer par les causes naturelles et physiques. P. 103 et 104. — La supposition que c'est le déluge universel qui a transporté les coquilles de la mer dans tous les climats de la terre, est devenue l'opinion ou plutôt la superstition du commun des naturalistes. P. 105.

Densité (la) de la matière de Jupiter et de Saturne est à peu près la même que la densité de la matière du Soleil. T. I, p. 72.

Densité *relative des planètes*. La densité du Soleil étant supposée 100, celle de Saturne est égale à 67, celle de Jupiter à 94 $\frac{1}{2}$, celle de Mars à 200, celle de la Terre à 400, celle de Vénus à 800, et celle de Mercure à 2,800. T. I, p. 75. — Examen du rapport de la densité des planètes avec leur vitesse. *Ibid.* — Cette densité a moins de rapport avec la chaleur que les planètes ont à supporter qu'avec leur vitesse. P. 76.

Densité *du globe terrestre*. Plusieurs causes de l'augmentation de cette densité. *Add.*, t. I, p. 332.

Densité (la) *des planètes* n'est point du tout proportionnelle à la chaleur que le Soleil leur envoie, mais plutôt à leur vitesse de circulation autour de cet astre. *Add.*, t. I, p. 332 et 333.

Dentition, est une opération naturelle qui cependant ne suit pas les lois ordinaires de la nature. T. II, p. 20.

Dents (les) incisives de l'homme paraissent ordinairement les premières, communément à sept, huit ou dix mois, et quelquefois à la fin de la première année. T. II, p. 20. — Les huit dents incisives, les quatre canines et les quatre premières molaires qui ont paru dans la première et la seconde année après la naissance tombent naturellement dans la cinquième, la sixième ou la septième année ; mais elles sont remplacées par d'autres, qui paraissent dans la septième année, souvent plus tard, et quelquefois elles ne sortent qu'à l'âge de puberté. Les autres dents molaires ne tombent point, ou si elles tombent, elles sont rarement remplacées. P. 21. — Les quatres dernières dents molaires manquent à plusieurs personnes ; elles ne paraissent ordinairement qu'à l'âge de puberté, et même souvent plus tard. *Ibid.* — Les dents canines paraissent, ou en même temps, ou très-peu de temps après les incisives. *Ibid.* — Les dents molaires paraissent ordinairement sur la fin de la première ou dans le courant de la seconde année. *Ibid.* — Les premières dents des enfants ne sont pas d'une substance aussi solide que celles qui leur succèdent, elles n'ont que fort peu de racine, et elles s'ébranlent très-aisément. P. 22.

Description. Comment se doit faire une description en histoire naturelle. T. I, p. 15.

Description de l'âge de la puberté. Voyez *Puberté.*

Description des Groenlandais. Voyez *Groenlandais.*

Désir. Causes et origine du désir. T. II, p. 319 et 320.

Desman, espèce de rat musqué du nord de l'Europe. T. III, p. 102. — Ses différences avec les autres rats musqués. P. 103.

Désorganisation de la peau. Voyez *Peau.*

Destruction. Causes les plus générales de la mort et de la destruction. T. I, p. 446.

Détroit. Le mouvement de l'Océan par le détroit de Gibraltar est contraire à tous les autres mouvements de la mer, dans tous les détroits qui joignent l'Océan à l'Océan, qui se font d'orient en occident, au lieu que celui du détroit de Gibraltar se fait d'occident en orient. T. I, p. 52. — Les couches de terre se trouvent être les mêmes des deux côtés de ce détroit, ce qui prouve qu'elles étaient autrefois continues. *Ibid.* — Dans les détroits qui présentent leur ouverture à l'occident et dans les mers méditerranées, auxquels ils aboutissent, le mouvement des marées est beaucoup moins sensible que dans les détroits qui présentent leur ouverture à l'orient, ainsi que dans les mers où les détroits aboutissent. Raison de cet effet. P. 215. — Le détroit de Magellan est le plus long de tous les détroits, et le mouvement des marées y est extrêmement sensible. P. 218.

Développement. Fausse notion au sujet du développement et de l'accroissement des êtres organisés. T. I, p. 447. — Idée nette

et vraie du développement. *Ibid.* — Le développement ne se fait pas par la seule addition aux surfaces, mais par une susception intime et qui pénètre la masse. *Ibid.* — Le premier développement qui succède immédiatement à la formation du fœtus n'est pas un accroissement proportionnel de toutes les parties qui le composent; plus on s'éloigne du temps de la formation, plus cet accroissement est proportionnel dans toutes ses parties. P. 626. — Dans un corps organisé, il y a des parties essentielles et principales, desquelles dépend le développement des autres. *Ibid.*

Diaphragme, est le principal organe du sentiment intérieur. T. II, p. 55. — Il parait être le centre du sentiment. P. 556.

Dieu. *Invocation à l'auteur de la nature...* Dieu de bonté, auteur de tous les êtres, vos regards paternels embrassent tous les objets de la création ; mais l'homme est votre être de choix, vous avez éclairé son âme d'un rayon de votre lumière immortelle; comblez vos bienfaits, en pénétrant son cœur d'un trait de votre amour. T. III, p. 301.

Difformité. Origine de nos idées sur la difformité des êtres. T. II, p. 622.

Distance. L'idée de la distance ne nous est pas venue par le sens de la vue, mais par celui du toucher; démonstration à ce sujet. T. II, p. 104. — Pourquoi nous nous trompons sur la grandeur des objets, qui sont à de grandes distances, ou que nous voyons du haut en bas et du bas en haut. P. 105.

Divisibilité (la) de la matière à l'infini, n'est qu'une supposition mal fondée qu'on ne peut appliquer aux ouvrages de la nature. T. I, p. 510.

Division. La grande division des productions de la nature, *en animanx*, *végétaux* et *minéraux*, ne contient pas tous les êtres matériels. T. I, p. 568.

Docilité, suppose quelque analogie entre celui qui donne et celui qui reçoit; c'est une qualité relative qui ne peut être exercée que lorsqu'elle est active dans le maître et passive dans le sujet. T. IV, p. 22.

Dog-faced baboon. Le babouin à museau de chien a été ainsi nommé. *Add.*, t. IV, p. 107.

Domicile. Animaux qui se font un domicile sont supérieurs aux autres par l'instinct. T. II, p. 580.

Douc, n'est précisément ni du genre des singes, ni de celui des babouins, ni de celui des guenons, mais participe de tous trois; il paraît faire la nuance entre les guenons et les sapajous. Il est la seule des guenons qui ait du poil sur les fesses; il paraît faire aussi la nuance entre les orangs-outangs et les guenons à de certains égards. T. IV, p. 67 et 68. — Le douc est très-aisé à distinguer de tous les singes, babouins, guenons et sapajous; sa robe est variée de toutes couleurs. Sa description. Il se trouve à la Cochinchine et à Madagascar. P. 68. — Caractères distinctifs de l'espèce du douc. P. 69.

Douleurs (les) de l'enfantement sont pour le moins aussi grandes dans les fausses-couches que dans les accouchements à terme. T. I, p. 654. — Intensité de la douleur, faux raisonnement des philosophes à ce sujet. T. II, p. 82 et 83. — Analyse de la douleur physique. P. 83. — La douleur, dans le physique, est l'extrême plutôt que le contraire du plaisir. P. 332.

Dromadaire, n'est pas une espèce différente de celle du chameau, mais une variété dans cette espèce. T. III, p. 231. — Le dromadaire ne porte qu'une bosse sur le dos, au lieu que le chameau en a deux. *Ibid.* — La race en est plus nombreuse et plus répandue que celle du chameau. P. 232. — Énumération des pays où l'on trouve la race du dromadaire. P. 233. — Le dromadaire est le plus sobre de tous les animaux, et peut se passer plusieurs jours de boire. P. 233 et 234. — Il a les pieds faits pour marcher dans les sables, et ne peut se soutenir dans les terrains humides et glissants. P. 234.

Dugon ou *Dugung*, nom de cet animal aux Philippines; il ressemble plus au morse qu'à aucune autre espèce. Description de sa tête et de ses dents. On a confondu le dugon avec le lion marin, mais ce sont des espèces très-différentes. T. III, p. 530 et 531. — L'espèce paraît se trouver dans les mers

méridionales jusqu'aux îles Philippines. P. 532.

Dunes. Formation des dunes. T. i, p. 233. — Elles ne sont pas composées de pierres et de marbres comme les montagnes qui se sont formées dans le fond de la mer. P. 321.

E

Eau, ne travaille point en grand dans l'intérieur de la terre, mais elle y fait beaucoup d'ouvrage en petit. Elle concourt immédiatement à la formation de plusieurs substances terrestres qu'il faut distinguer avec soin de celles qui sont d'une plus ancienne formation. T. i, p. 65. — Il y a assez d'eau dans la mer pour couvrir toute la surface du globe d'une hauteur de six cents pieds. T. i, p. 112. — Mouvement particulier qui se fait au fond des rivières lorsqu'il doit arriver une grande crue d'eau. P. 183. — La vitesse des eaux courantes ne suit pas exactement, ni même à beaucoup près, la proportion de la pente. P. 184. — Cette vitesse dépend non-seulement de la pente du lit, mais de la quantité et du poids des eaux supérieures. *Ibid.* — Dans les eaux courantes, le poids contribue beaucoup à la vitesse, et c'est pour cette raison que la plus grande vitesse du courant n'est ni à la surface de l'eau ni au fond, mais à peu près dans le milieu de la hauteur de l'eau; explication de cet effet. *Ibid.* — Les obstacles qui se trouvent dans les eaux courantes, tels que les ponts, les îles, etc., n'en diminuent que très-peu la vitesse totale. P. 185. — Ce qui diminue très-considérablement la vitesse totale, c'est l'abaissement des eaux, comme au contraire l'augmentation du volume d'eau augmente cette vitesse plus qu'aucune autre cause. *Ibid.* — Moyen de diminuer la vitesse des eaux courantes. *Ibid.* — Manière d'estimer la quantité d'eau qui arrive à la mer par les fleuves. P. 189. — Évaporation de l'eau sur toute la surface de la mer, est environ de vingt à vingt et un pouces par an. P. 190. — Distribution des eaux. Il y a sur la surface de la terre des contrées élevées qui paraissent être des points de partage marqués par la nature pour la distribution des eaux. Énumération de ces points de partage. P. 191.

Eaux. Examen de la filtration des eaux. T. i, p. 63. — Elles se rassemblent toutes sur le premier lit de glaise dans l'intérieur de la terre. P. 64. — Ce sont les eaux rassemblées dans la vaste étendue des mers qui, par le mouvement du flux et du reflux, ont produit les montagnes, les vallées et les autres inégalités de la terre. P. 65. — Causes et effets des eaux courantes. P. 60 et 61.

Eaux *souterraines*. T. i, p. 61. — Réservoirs d'eau en Orient. *Ibid.*

Eaux *souterraines*. Examen de leur quantité. T. i, p. 64. — Ce n'est qu'en peu d'endroits qu'on a observé des veines d'eau souterraines un peu considérables. P. 65. — Ce sont les eaux de la mer qui, en transportant les terres, les ont disposées les unes sur les autres par lits horizontaux. *Ibid.*

Eaux *du ciel*. Détruisent l'ouvrage de la mer, en rabaissant continuellement la hauteur des montagnes, en comblant les vallées, les bouches des fleuves et les golfes, et ramènent tout au niveau. T. i, p. 65.

Eaux thermales. Voyez *Chaleur* des eaux thermales.

Eaux *thermales* (les), ainsi que les fontaines de pétrole, et des autres bitumes et huiles terrestres, doivent être regardées comme intermédiaires entre les volcans éteints et les volcans en action. *Add.*, t. i, p. 404.

Éboulements causés par la filtration des eaux sur les lits d'argile : plusieurs exemples à ce sujet qui démontrent qu'on pourrait faire couler des collines calcaires tout entières, avec les châteaux ou forteresses bâtis sur ces collines, en faisant des tranchées profondes dans les glaises ou argiles qui soutiennent ces collines calcaires. *Add.*, t. i, p. 412 et suiv.

Écureuil. Naturel et tempérament de l'écureuil. T. ii, p. 602. — Il ne descend à terre que quand les arbres sont agités par la violence des vents. *Ibid.* — Il habite sur les plus grands arbres des forêts, n'approche pas des habitations. *Ibid.* — Habitudes naturelles de l'écureuil. P. 603. — Il produit ordinaire-

ment trois ou quatre petits. Les écureuils entrent en amour au printemps et mettent bas au mois de mai ou au commencement de juin *Ibid.* — L'écureuil se fait un nid comme les oiseaux; construction de ce nid. *Ibid.* — De tous les animaux non domestiques, l'écureuil est peut-être celui qui est le plus sujet aux variétés, ou du moins celui dont l'espèce a le plus d'espèces voisines. T. III, p. 122.

Écureuils (les) sont plutôt originaires des terres du nord que de celles du midi; on en vend en Sibérie les peaux par milliers. *Add.*, t. IV, p. 358. — Il y a dans l'Amérique septentrionale différentes espèces de ces animaux. *Ibid.* — Leurs habitudes naturelles et les dommages qu'ils causent dans les terres cultivées de l'Amérique. P. 359.

Écureuil *noir* de la Martinique. *Add.*, t. IV, p. 358.

Écureuil *volant*. Grand écureuil volant. Voyez *Taguan*. *Add.*, t. IV, p. 364.

Écureuil. Description du grand écureuil de la côte de Malabar. *Add.*, t. IV, p. 360 et 361.

Écureuil de Madagascar. Description de cet animal. *Add.*, t. IV, p. 361 et 362.

Éducation. Il y a deux éducations qui doivent être distinguées et dont les produits sont différents : l'éducation de l'individu, qui est commune à l'homme et aux animaux, et l'éducation de l'espèce, qui n'appartient qu'à l'homme. L'enfant est beaucoup plus lent que l'animal à recevoir l'éducation individuelle, et c'est par cette raison même qu'il devient susceptible de celle de l'espèce. Le commun des animaux est plus avancé pour les facultés du corps à deux mois que l'enfant ne peut l'être à deux ans. L'éducation de l'enfant veut être suivie longtemps et toujours soutenue. Or cette habitude nécessaire, continuelle et commune entre la mère et l'enfant pendant un si long temps, suffit pour qu'elle lui communique tout ce qu'elle possède, et quand on voudrait supposer qu'elle ne possède rien, pas même la parole, cette longue habitude suffirait pour faire naître une langue, et ce premier rayon d'intelligence entretenu, cultivé, communiqué, a fait ensuite éclore tous les germes de la pensée. T. IV, p. 18 et suiv.

Effets généraux. Pourquoi nous ne pouvons pas donner la raison des effets généraux ou des causes générales de la nature. T. I, p. 440. — On donnera toujours la raison d'un effet particulier, dès qu'on pourra faire voir qu'il dépend d'un effet plus général. *Ibid.* — On ne peut pas donner la raison d'un effet absolument isolé, parce que rien de connu n'a les mêmes propriétés. P. 441. — Il est démontré qu'on ne peut pas trouver la raison d'un effet général, sans quoi il ne serait pas général, au lieu qu'on peut espérer de trouver un jour la raison d'un effet isolé. *Ibid.*

Égagropiles. Pelotes de poil qui se forment dans l'estomac de plusieurs animaux; leur origine et leur formation. T. II, p. 441 et suiv. — Leur composition et leur différence d'avec les bézoards. T. III, p. 377. — Animaux qui produisent des égagropiles. P. 378. — Elles se trouvent dans les animaux des pays tempérés, et les bézoards dans les animaux des pays chauds. *Ibid.*

Égypte. Le terrain de l'Égypte septentrionale a été formé par les dépôts et par les sédiments des eaux du Nil, et ce limon a aujourd'hui plus de cinquante pieds d'épaisseur. T. I, p. 53.

Égypte. Ce n'est que depuis très-peu d'années que les maisons de libertinage établies pour le service des voyageurs ont été supprimées. *Add.*, t. II, p. 270.

Égyptiens (les) sont beaucoup plus mélancoliques et d'une humeur plus sombre que les Arabes. *Add.*, t. II, p. 269. — Il y a une grande différence entre la taille des hommes, qui communément sont grands et fluets, et celle des femmes, qui sont généralement courtes et trapues; raison de cette différence. P. 270.

Égyptiens *aveugles*. Il y a jusqu'à vingt-cinq mille aveugles dans les hôpitaux de la seule ville du Caire. *Add.*, t. II, p. 270.

Élan, se trouve dans le nord de l'Amérique, où on l'appelle orignal. Description de l'élan et sa comparaison avec le cerf. T. III, p. 325 et suiv. — Habitudes naturelles de l'élan. P. 326 et suiv. — Lorsque l'élan court, les os de ses pieds font un craquement que l'on entend de loin. P. 331. — Il est du

nombre des animaux ruminants. P. 333. — Description particulière de l'élan. P. 334 et 335. — Caroncule de l'élan; doutes à cet égard. P. 335 et suiv. — L'élan a le poil très-épais et le cuir très-dur. Il a une très-grande force dans les pieds de devant. P. 336. — Préjugés sur la vertu de la corne de l'élan pour préserver de l'épilepsie. P. 337. — Manière dont les sauvages de l'Amérique chassent l'orignal ou l'élan pendant l'hiver. *Ibid.*

ÉLAN. Voyez *Orignal. Add.*, t. IV, p. 537.

ÉLAN. Description et dimensions d'un élan mâle. *Add.*, t. IV, p. 551 et suiv.

Nouvelle addition à l'article de l'élan. *Add.*, t. IV, p. 552 et suiv.

ELAPHO-CAMELUS (l'), décrit par Matthiole est le même animal que le lama. T. III, p. 434.

ÉLÉPHANT. Au moyen de sa trompe, qui lui sert de main, l'éléphant a les mêmes moyens d'adresse que le singe. Il a de la docilité, et il est susceptible d'un fort attachement comme le chien. Son naturel, ses qualités, son intelligence, etc. Pourquoi il n'édifie rien et ne fait aucun ouvrage en commun comme le castor. T. III, p. 174 et suiv. — Vénération que les peuples de l'Orient ont pour les éléphants, surtout pour les éléphants blancs. P. 176. — Les éléphants ont les mœurs sociales : ordre qu'ils suivent dans leur marche. Quoique l'éléphant soit très-pesant, son pas est si grand qu'il attrape aisément un homme qui court bien. L'éléphant est susceptible et délicat sur le fait des injures. Il a l'odorat excellent et probablement plus parfait qu'aucun des animaux. Il aime les lieux humides, et il remplit souvent sa trompe avec de l'eau. Il nage fort facilement, et pourquoi. P. 177 et suiv. — La nourriture que consomme un éléphant, lorsqu'il est en liberté, peut monter à cent cinquante livres d'herbe par jour, mais les éléphants foulent et détruisent avec leurs pieds beaucoup plus d'herbe et de grains qu'ils n'en mangent, et comme ils arrivent toujours en troupes, ils dévastent une campagne en une heure. P. 179. — L'espèce de l'éléphant est confinée aux pays méridionaux de l'Afrique et de l'Asie. P. 186. — Les anciens se servaient des éléphants à la guerre, et ils y seraient très-inutiles aujourd'hui, et pourquoi. P. 187 et 188. — Ils semblent se complaire à la parure, et paraissent d'autant plus contents, qu'ils sont plus richement vêtus. P. 189.— Les éléphants sont plus grands dans les terres de l'Inde méridionale et de l'Afrique orientale que dans la partie de l'Afrique occidentale. P. 191. — Ceux qui habitent les montagnes sont plus grands et plus forts que les autres. P. 192. — Les éléphants de Ceylan sont, dit-on, ceux de tous qui ont le plus de courage et d'intelligence. *Ibid.* — Force de l'éléphant. P. 193. — Ils peuvent faire aisément quinze ou vingt lieues par jour, et lorsqu'on veut les presser ils peuvent en faire jusqu'à trente-cinq ou quarante. P. 193. — Le vestige de leurs pieds a quinze ou dix-huit pouces de diamètre. *Ibid.* — Service que l'on tire de l'éléphant : manière de le nourrir pour qu'il s'entretienne dans sa pleine vigueur. *Ibid.* — Durée de la vie de l'éléphant dans l'état de liberté et dans l'état de domesticité. P. 194. — Il ne vit pas longtemps dans les climats tempérés, et encore moins dans les pays froids. *Ibid.* — L'espèce de l'éléphant ne peut ni subsister ni se multiplier en aucune partie de l'Europe. P. 194 et 195. — Différentes couleurs des éléphants ; ils sont ordinairement noirs, et cependant il y en a quelques-uns qui sont rouges et quelques autres qui sont blancs. P. 195.— Ces couleurs rouge et blanche dans l'éléphant ne sont pas des variétés constantes et ne forment pas des races distinctes et subsistantes dans l'espèce ; ce sont plutôt des variétés purement individuelles. P. 195 et 196.— Les plus petits éléphants sont ceux de l'Afrique occidentale. P. 196. — L'éléphant a les yeux fort petits relativement au volume de son corps, mais il les a doux et très-spirituels. *Ibid.* — L'éléphant a l'ouïe très-bonne et l'oreille extérieure très-grande, relativement au volume de son corps. P. 197. — L'éléphant relève et remue ses grandes oreilles avec beaucoup de facilité, et il s'en sert à essuyer ses yeux et à les préserver de l'in-

commodité de la poussière et des mouches. *Ibid.* — L'éléphant se délecte au son des instruments et paraît aimer la musique. *Ibid.* — Son odorat est exquis, et il aime avec passion les parfums de toute espèce, et surtout les fleurs odorantes. *Ibid.* — Il n'a, pour ainsi dire, le sens du toucher que dans sa trompe; mais il est aussi distinct dans cette partie que dans la main de l'homme. P. 197 et 198. — Description de la trompe de l'éléphant et des principaux usages auxquels l'animal l'emploie. P. 198. — La trompe de l'éléphant est une main fort adroite avec laquelle il peut ramasser les plus petites pièces de monnaie, cueillir les fleurs en les choisissant une à une, ouvrir et fermer les verrous des portes, etc. *Ibid.* — L'éléphant a le nez dans la main, et il est le maître de joindre la puissance de ses poumons à l'action de sa main. *Ibid.* — Trompe de l'éléphant. De tous les instruments dont la nature a si libéralement muni ses productions chéries, la trompe est peut-être le plus complet et le plus admirable; c'est non-seulement un instrument organique, mais un triple sens, car la délicatesse du toucher, la finesse de l'odorat, la facilité du mouvement, se trouvent ensemble réunies à l'extrémité de la trompe de l'éléphant. P. 198. — Cause physique de la supériorité d'intelligence dans l'éléphant. P. 199. — Il a le cerveau assez petit, relativement au volume de son corps, et cependant il est de tous les animaux celui qui a le plus d'intelligence. *Ibid.* — L'éléphant est en même temps un miracle d'intelligence et un monstre de matière; description des difformités du corps de l'éléphant. P. 200. — Il peut à peine tourner la tête, et ne peut se tourner lui-même qu'en faisant un circuit. Il ne peut fléchir ses jambes que lentement et difficilement. *Ibid.* — Lorsqu'il est vieux ou languissant, il aime mieux dormir debout que de plier ses jambes pour se coucher. P. 201. — Les défenses de l'éléphant deviennent, avec l'âge, d'un poids énorme et lui fatiguent prodigieusement la tête en la tirant en bas, en sorte que l'animal est quelquefois obligé de faire des trous dans le mur de sa loge pour les soutenir et se soulager de leur poids. *Ibid.* — L'éléphant a le désavantage d'avoir l'organe de l'odorat très-éloigné de celui du goût, et encore le désavantage de ne pouvoir rien saisir à terre avec sa bouche, et il est forcé de prendre toute sa nourriture avec sa trompe. *Ibid.* — Manière dont il boit. *Ibid.* — Le petit éléphant ne doit pas téter avec la bouche, mais avec la trompe, quoique les anciens aient écrit le contraire. *Ibid.* — Les mamelles de la femelle sont au nombre de deux et situées sur la poitrine. P. 202. — Les éléphants ne doivent pas s'accoupler à la manière des autres quadrupèdes; la position relative des parties génitales dans les individus des deux sexes paraît exiger que la femelle se renverse sur le dos pour recevoir le mâle. P. 203. — L'éléphant ne tète, ne s'accouple, ne mange, ni ne boit comme les autres animaux. P. 204. — Voix de l'éléphant, sons qu'il rend par le nez. *Ibid.* — L'éléphant n'est pas couvert de poil; sa peau est rase, et il en sort seulement quelques soies dans les gerçures. L'épiderme n'est pas partout adhérent à la peau, et il est seulement attaché par quelques points. Cause de la lèpre sèche à laquelle l'éléphant est sujet. P. 204 et 205. — Moyen que l'éléphant emploie pour chasser les mouches qui l'incommodent. P. 205. — Conformation particulière de leurs jambes et de leurs pieds. P. 206. — Les éléphants ont ordinairement cinq espèces d'ongles au bout des pieds. *Ibid.* — La queue de l'éléphant est un ornement très-recherché des Nègres. P. 207. — Les plus grands éléphants ont quatorze à quinze pieds de hauteur, et les plus petits neuf ou dix; la longueur de leur corps est à peu près égale à la hauteur. P. 207 et 208. — L'éléphant nage très-bien et assez vite, et il sert très-utilement pour le passage des rivières, portant des énormes fardeaux et beaucoup de monde sans crainte d'être submergé. P. 209. — Il nage entre deux eaux et on ne lui voit que la trompe qu'il tient élevée pour respirer. *Ibid.* — Il n'a qu'un estomac et ne rumine pas; il a les intestins et surtout le colon très-long et très-ample. P. 210.

ÉLÉPHANTS *sauvages* (les) sont presque continuellement occupés à manger; cause

physique de cette manducation presque continuelle. T. III, p. 210. — Propreté et délicatesse de l'éléphant dans son manger. *Ibid.* — Il aime beaucoup le vin et toutes les liqueurs spiritueuses, comme l'eau-de-vie, l'arack, etc. *Ibid.* — Il a une horreur naturelle pour le cochon, dont il ne peut entendre le cri sans être ému. *Ibid.*— Différents traits tirés des voyageurs, qui donnent une idée du naturel, du caractère et de l'intelligence de l'éléphant. P. 211 et suiv. — Il y a des défenses d'éléphant si grosses et si longues qu'elles pèsent chacune plus de cent vingt livres. P. 216. — L'éléphant varie pour la taille suivant la longitude plutôt que suivant la latitude du climat. T. IV, p. 122.

ÉLÉPHANT de mer. Voyez *Morse.* T. III, p. 522.

ÉLÉPHANT. De la trompe et de la verge de cet animal; observations à ce sujet. *Add.*, t. IV, p. 437. — Manière dont ces animaux s'accouplent, par M. Marcel Bles. P. 437 et suiv. — Ils ne peuvent se cacher dans aucun endroit de l'île de Ceylan, parce qu'elle est entièrement habitée, et c'est dans cette île où M. Marcel Bles les a vus s'accoupler. P. 438. — Signes qui précèdent le temps de leur chaleur; quelques jours avant ce temps, on voit couler une liqueur huileuse qui leur sort d'un petit trou qu'ils ont de chaque côté de la tête. *Ibid.*

ÉLÉPHANT *femelle*, sa description. *Add.*, t. IV, p. 436. — Elle a les formes plus grosses et plus charnues que le mâle. Seulement elle a les oreilles plus petites à proportion que le mâle; mais le corps paraît plus renflé, la tête plus grosse et les membres plus arrondis. P. 436 et 437. — Elle a les mœurs beaucoup plus douces que le mâle. P. 437.

ÉLÉPHANT. La hauteur d'un éléphant nouveau-né n'est guère que de trois pieds du Rhin; selon M. Marcel Bles, il croît jusqu'à l'âge de seize à vingt ans, et peut vivre soixante-dix et même jusqu'à cent ans. La femelle ne produit qu'un petit à la fois. Observations sur les habitudes naturelles de l'éléphant dans l'état de liberté, et sur la manière de le prendre et de le réduire en domesticité. *Add.*, t. IV, p. 439 et 440. — Les éléphants, dans l'état de liberté, vivent dans une espèce de société durable; chaque bande ou troupe reste séparée et n'a aucun commerce avec une autre troupe, et même elles paraissent s'entre-éviter très-soigneusement. Manière dont ces animaux se conduisent et marchent en troupes, et comment ils traversent les eaux. Il y a des éléphants solitaires qui paraissent bannis de toute société, et ils sont féroces et très-méchants. P. 440. — Au lieu que les autres qui vont en troupes sont doux et même timides. Ces éléphants farouches sont tous mâles. Les éléphants à longues et grosses défenses sont très-rares à Ceylan, et le plus grand nombre n'a que de petites défenses longues d'environ un pied. On ne peut voir avant l'âge de douze à quatorze ans si leurs défenses deviendront longues ou si elles resteront à ces petites dimensions. P. 440 et 441. — Les éléphants ont existé dans tous les climats de la terre, car on trouve partout leurs ossements; nouvel exemple à ce sujet. P. 441 et 442. — Le petit éléphant ne tète pas par la trompe comme cela m'avait paru probable, mais il tète avec la gueule et de la même manière que les autres animaux. P. 444.

EMBRYON. Observation sur l'embryon d'une négresse. *Add.*, t. I, p. 679 et suiv.

ENCOUBERT, espèce de tatou à six bandes mobiles; sa description et ses caractères spécifiques. T. III, p. 142. — L'encoubert est ordinairement épais et gras; le mâle a le membre génital fort apparent. Il fouille la terre avec une extrême facilité, tant à l'aide de son groin que de ses ongles, il se fait un terrier où il se tient pendant le jour, et n'en sort que le soir pour chercher sa subsistance; il boit souvent, il vit de fruits, de racines, d'insectes et d'oiseaux lorsqu'il en peut saisir. P. 143. — La chair de l'encoubert n'est pas bonne à manger. P. 150.

ENCOUBERT. Voyez *Tatou-encoubert. Add.*, t. IV, p. 426.

ENFANCE. Comparaison de ce qui arrive dans l'enfance et dans la vieillesse, relativement aux organes de la génération. *Add.*, t. II, p. 230.

ENFANTS. Raisons pourquoi les enfants sont incapables d'engendrer. T. I, p. 456. — Les enfants qui naissent à sept mois ne vivent pas plus longtemps que ceux qui naissent à huit mois, comme on le croit vulgairement, ils vivent même moins. P. 648. — La plupart des animaux ont encore les yeux fermés quelques jours après leur naissance; l'enfant les ouvre après qu'il est né, mais ils sont fixes et ternes. Le nouveau né ne distingue rien, ses yeux ne s'arrêtent sur aucun objet. T. II, p. 12. — L'enfant ne commence à rire qu'au bout de quarante jours; c'est aussi le temps où il commence à pleurer, car auparavant les cris et les gémissements ne sont point accompagnés de larmes. P. 13. — L'enfant, au moment de la naissance, a communément dix-huit ou vingt pouces de longueur, et pèse douze ou quatorze livres. *Ibid.* — Dans les premiers jours après la naissance, il y a du lait dans les mamelles de l'enfant, qu'on exprime avec les doigts. P. 14. — Ce n'est que dix ou douze heures après la naissance que l'enfant doit téter pour la première fois. P. 16. — L'usage d'emmailloter les enfants est sujet à de grands inconvénients, et devrait être proscrit. Détail de ces inconvénients. P. 17. — Le pouls dans les enfants est plus fréquent que dans les adultes; ils sont aussi moins sensibles au froid. P. 23. — Dans l'enfance, les parties supérieures du corps sont plus grandes que les parties inférieures. P. 65. — Les enfants voient les objets plus petits que les personnes adultes. T. II, p. 114 et 115. — On ferait bien de laisser aux enfants le libre usage de leurs mains dès le moment de leur naissance. P. 132.

ENFANT du DIABLE. Voyez *Mouffette.* T. III, p. 492.

ENFANTS. Précaution à prendre lorsqu'on est obligé de couper le filet de la langue aux enfants. *Add.*, t. II, p. 222.

ENGOURDISSEMENT. Vraies causes de l'engourdissement de la marmotte, du loir, etc., qu'on dit communément dormir pendant l'hiver. T. II, p. 627.

ENTENDEMENT. On doit distinguer dans l'entendement deux opérations différentes, dont la première sert de base à la seconde, et la précède nécessairement; cette première action de la puissance de réfléchir est de comparer les sensations et d'en former des idées, et la seconde est de comparer les idées mêmes et d'en former des raisonnements : par la première de ces opérations nous acquérons des idées particulières et qui suffisent à la connaissance de toutes les choses sensibles; par la seconde nous nous élevons à des idées générales, nécessaires pour arriver à l'intelligence des choses abstraites. L'entendement de la plupart des hommes paraît être borné à la première de ces opérations. T. II, p. 344 et 345.

ERGOTÉ. Le blé ergoté, qui est produit par une espèce d'altération ou de décomposition de la substance organique du grain, est composé d'une infinité de filets ou de petits corps organisés, semblables à de petites anguilles, et qui dans l'eau ont un mouvement de flexion et de tortillement très-marqué; lorsque l'eau vient à leur manquer, ils cessent de se mouvoir, et en y ajoutant de la nouvelle eau, leur mouvement recommence, et on peut faire agir ces petites machines aussi souvent et aussi longtemps qu'on le veut. T. I, p. 601.

ERREUR commune à toutes les méthodes d'histoire naturelle, c'est de vouloir juger d'un tout et de la combinaison de plusieurs touts par une seule partie, et par la comparaison des différences de cette partie. T. I, p. 7 et 8.

ÉRUPTIONS. Description de la manière dont se font les éruptions des volcans. *Add.*, t. I, p. 386 et suiv.

ESPAGNE. Les montagnes, en Espagne, sont dirigées d'occident en orient, et le terrain méridional qui avoisine le détroit, et celui du détroit même est une terre plus élevée que les côtes de Portugal. T. I, p. 178.

ESPÈCES moyennes dans la nature, dérangent le projet de toutes les méthodes, parce qu'on ne sait où les placer. T. I, p. 6. — Le nombre des espèces d'animaux est beaucoup plus grand que celui des espèces de plantes. P. 430. — Définition de l'espèce. *Ibid.* — Principe fondamental de l'essence, de l'unité et de la continuité des espèces.

Elles ne doivent jamais s'épuiser ; raison de cette assertion. P. 566. — Les espèces d'animaux ou de végétaux ne peuvent jamais s'épuiser d'elles-mêmes : tant qu'il subsistera des individus, l'espèce sera toujours toute neuve, elle l'est autant aujourd'hui qu'elle l'était il y a trois mille ans ; toutes subsisteront d'elles-mêmes tant qu'elles ne seront pas anéanties par la volonté du Créateur. P. 658. — En quoi consiste l'essence des espèces dans les animaux. T. II, p. 416. — Considérations générales sur les espèces voisines, telles que celles de la brebis et de la chèvre. P. 453 et suiv. — Les espèces que l'homme a beaucoup travaillées tant dans les végétaux que dans les animaux, sont celles qui de toutes sont les plus altérées. P. 480. — Débordements de l'espèce humaine dans le temps que l'homme était encore à demi sauvage. P. 539 et 540. — Dans toutes les espèces, à commencer par l'homme, il y a un plus grand nombre de mâles que de femelles. P. 576. — La nature a pourvu au maintien des espèces petites et faibles, non-seulement en y multipliant prodigieusement les individus, mais encore en leur donnant un grand nombre d'espèces voisines comme supplément. P. 604. — L'espèce humaine, loin d'avoir diminué depuis quinze ou vingt siècles, s'est au contraire considérablement augmentée. T. III, p. 2. — Espèces nobles dans la nature sont celles qui n'ont point ou que très-peu d'espèces voisines. P. 5. — C'est la constance des différences qui distingue d'ordinaire les espèces d'avec les variétés. P. 93. — Exemples de productions entre des animaux d'espèces différentes. P. 339 et suiv. — Un individu n'est rien dans l'univers ; cent individus, mille, ne sont encore rien. Les espèces sont les seuls êtres de la nature, êtres perpétuels aussi anciens, aussi permanents qu'elle, qu'on peut considérer comme un tout indépendant du nombre, indépendant du temps, un tout qui a été compté pour un dans les ouvrages de la création, et qui par conséquent ne fait qu'une unité dans la nature. P. 414. — Les espèces ont chacune un droit égal à la mense de la nature, elles lui sont également chères, puisqu'à chacune elle a donné les moyens d'être et de durer tout aussi longtemps qu'elle. P. 415. — L'empreinte de chaque espèce est un type dont les traits principaux sont gravés en caractères ineffaçables et permanents à jamais ; mais toutes les touches accessoires varient, aucun individu ne ressemble parfaitement à un autre, aucune espèce n'existe sans un grand nombre de variétés ; dans l'espèce humaine, sur laquelle le sceau de l'Éternel a le plus appuyé, l'empreinte ne laisse pas de varier du blanc au noir, du petit au grand, etc. Le Lapon, le Patagon, le Hottentot, l'Européen, l'Américain, le Nègre, quoique tous issus du même père, sont bien éloignés de se ressembler comme frères. P. 418. — Différentes races dans l'espèce humaine. La race Lapone s'étend dans les terres du nord de l'un et de l'autre continent ; description des hommes de cette race. T. II, p. 138 et suiv. — La race tartare avoisine la race lapone ; description des hommes de cette race tartare. T. II, p. 141 et suiv.

Espèces. Comparaison de la parenté d'espèce avec la parenté des races et la parenté des familles. T. IV, p. 209. — La parenté d'espèce est un de ces mystères profonds de la nature, que l'homme ne pourra sonder qu'à force d'expériences aussi réitérées que longues et difficiles. P. 210.

Espèces *mélangées*. La grandeur et la grosseur du corps paraissent dépendre plus de la mère que du père dans les espèces mélangées. T. IV, p. 192. — Et même la forme du corps dépend aussi plus de la mère que du père, tandis que la forme de la tête, des oreilles, des jambes, de la queue et de toutes les extrémités du corps appartient plus au père qu'à la mère. P. 193. — Dans les espèces mélangées, le produit est toujours moins nombreux que dans les espèces pures. P. 201.

Esprit (l') humain va sur une ligne pour arriver à un point, et s'il veut saisir un autre point, il ne peut l'atteindre que par une autre ligne ; la trame de ses idées est un fil délié, qui s'étend en longueur sans autres dimensions ; la nature au contraire ne fait pas un seul pas qui ne soit en tous sens ; en marchant en avant elle s'étend à côté et

s'élève au-dessus, elle parcourt et remplit à la fois les trois dimensions, et tandis que l'homme n'atteint qu'un point, elle arrive au solide, en embrasse le volume, et pénètre la masse dans toutes leurs parties. T. IV, p. 12.

ÉTALON. Comment il faut nourrir et soigner le cheval étalon. T. II, p. 388.

ÉTAMINES. Il y a des plantes qui n'ont point d'étamines; il y en a dont le nombre des étamines varie; ainsi on ne doit pas fonder une méthode de botanique sur le nombre des étamines. T. I, p. 10.

ÉTHIOPIENS (les) ne sont pas de la même race que les Nubiens; ceux-ci sont absolument noirs comme les Nègres, et les Éthiopiens ne sont que bruns, comme les Arabes méridionaux. T. II, p. 178.

ETNA. On peut fouiller jusqu'à soixante-huit pieds dans les matières rejetées par le mont Etna. T. I, p. 270. — Description de cette montagne ardente et de ses éruptions. P. 270 et 271.

ETNA. Description de l'Etna depuis la circonférence de sa base jusqu'à son sommet. *Add.*, t. I, p. 383 et suiv. — Comparaison de l'Etna avec le Vésuve; différences dans les éruptions de ces deux volcans. P. 385. — Les masses de pierres lancées par l'Etna s'élèvent si haut, qu'elles emploient vingt et une secondes à retomber à terre, tandis que celles du Vésuve tombent en neuf secondes, ce qui donne douze cent quinze pieds pour la hauteur à laquelle s'élèvent les pierres lancées par le Vésuve, et six mille six cent quinze pieds pour la hauteur à laquelle montent celles qui sont lancées par l'Etna; ce qui prouverait, si ces observations sont justes, que la force de l'Etna est cinq ou six fois plus grande que celle du Vésuve. L'Etna a enfanté d'autres volcans qui sont plus grands que le Vésuve. *Ibid.* — La violence du feu a diminué dans l'Etna, puisqu'il n'agit plus avec violence à son sommet depuis très-longtemps. Détail à ce sujet. *Ibid.* et suiv. — Il ne faut pas regarder l'Etna comme un seul volcan, mais comme un assemblage, une gerbe de volcans. P. 388. — Il paraît qu'il y a eu deux âges pour l'action des volcans de l'Etna; le premier très-ancien, où le sommet de l'Etna a commencé d'agir, lorsque la mer universelle a laissé ce sommet à découvert et s'est abaissée à quelques centaines de toises au-dessous. P. 389. — Le second, après l'augmentation de la Méditerranée par les eaux de l'Océan et de la mer Noire. P. 389.

ÉTOILES qui paraissent et disparaissent pour un temps ou pour toujours. T. I, p. 77. — Aucune étoile lumineuse par elle-même ne tourne autour d'une autre. P. 77 et 78.

ÊTRES. Il y a des êtres qui ne sont ni animaux, ni végétaux, ni minéraux, et qu'on tenterait vainement de rapporter aux uns ou aux autres. T. I, p. 568. — Il y a peut-être dans la plupart des êtres moins de parties relatives, utiles ou nécessaires, que de parties indifférentes, inutiles ou surabondantes. T. II, p. 463. — Une succession continuelle d'êtres tous semblables n'équivaut qu'à l'existence perpétuelle d'un seul de ces êtres. T. III, p. 416.

ÊTRES *organisés*. Quoique les causes qui détruisent l'organisation des êtres soient très-considérables, la cause qui la reproduit est infiniment plus puissante et plus active. T. I, p. 446 et 447.

ÊTRES organisés qui n'ont pas la puissance de produire leurs semblables. *Add.*, t. I, p. 666 et suiv.

EUNUQUES (les) et tous les animaux mutilés grossissent plus que ceux auxquels il ne manque rien; les hanches surtout et les genoux des eunuques grossissent; raisons de ces effets. T. I, p. 461. — Les eunuques auxquels on n'a ôté que les testicules, ne laissent pas de sentir de l'irritation dans ce qui leur reste, et d'en avoir le signe extérieur, même plus fréquemment que les autres hommes; cette partie qui leur reste n'a cependant pris qu'un très-petit accroissement, car elle demeure à peu près dans le même état où elle était avant l'opération; un eunuque fait à l'âge de sept ans est, à cet égard, à vingt ans, comme un enfant de sept ans; ceux au contraire qui n'ont subi l'opération que dans le temps de la puberté ou un peu plus tard, sont à peu près comme les autres hommes. T. II, p. 31.

ÉVÉNEMENTS *dans la nature*. Les choses

les plus extraordinaires et qui arrivent le plus rarement, arrivent cependant aussi nécessairement que les choses ordinaires et qui arrivent très-souvent : dans le nombre infini de combinaisons que peut prendre la matière, les arrangements les plus extraordinaires doivent se trouver et se trouvent en effet, mais beaucoup plus rarement que les autres. T. I, p. 646.

EXAMEN des méthodes de botanique. T. I, p. 6 et suiv. — De la méthode de M. Linnæus, pour les animaux en général et en particulier pour les quadrupèdes. P. 19 et suiv. — Examen de ce que nous pouvons savoir de science ou évidente ou certaine, de ce que nous ne pouvons connaître que par conjecture et de ce que nous devons ignorer. P. 29. — Examen des avantages que peut produire l'union des sciences mathématiques et physiques : l'une donne le *combien*, et l'autre le *comment* des choses. P. 30. — Des principes de la philosophie pythagoricienne. P. 465 et suiv. — Du système des œufs et des animaux spermatiques avec la démonstration de leur insuffisance P. 509 et suiv.

EXISTENCE. La conscience de son existence, ce sentiment intérieur qui constitue le *moi*, est composé chez nous de la sensation de notre existence actuelle et du souvenir de notre existence passée. Plus on a d'idées, et plus on est sûr de son existence. La conscience d'existence des animaux est moins sûre et moins étendue que la nôtre. Leur conscience d'existence est simple; elle dépend uniquement des sensations qui les affectent actuellement, et consiste dans le sentiment intérieur que ces sensations produisent. T. II, p. 337.

EXPÉRIENCE. Les résultats de nos sensations combinés, ordonnés et suivis sont ce qu'on appelle *l'expérience*, source unique de toute science réelle. T. I, p. 467. — Précis des expériences de Harvey, au sujet de la génération dans les biches et dans les daines. P. 483 et suiv. — Précis des expériences de Malpighi, au sujet de la formation du poulet dans l'œuf. P. 486 et suiv. — Suite d'expériences au sujet de la génération. P. 516 et suiv.

EXPLICATION de la composition de la terre, depuis le centre jusqu'à la circonférence. T. I, p. 136.

EXPOSITION du plan qu'Aristote a suivi dans son Histoire naturelle des animaux. T. I, p. 23 et suiv. — Du plan de l'histoire naturelle de Pline. P. 25. — Du système de Whiston sur la formation de la terre. P. 88. — Du système de Burnet. P. 94. — Du système de Woodward. P. 96. — Du système de Bourguet. P. 100. — Du système de Leibnitz. P. 101. — Des idées de Scheuchzer. P. 103. - De Stenon. *Ibid* — Des idées d'Aristote sur la génération. P. 468. — Des idées d'Hippocrate au sujet de la génération. P. 475 — Des observations et du système de Harvey sur la génération. P. 479 et suiv. — Des expériences de Graaf sur la génération dans les femelles des lapins P. 490 et suiv. —Des observations de Malpighi et de Valisnieri au sujet de la formation du fœtus. P. 495 et suiv. — Des observations microscopiques de Leeuwenhoeck sur les liqueurs séminales, et leur comparaison avec les observations de l'auteur. P. 551 et suiv.

EXPOSITION *et examen des différentes matières* dont les couches du globe terrestre sont composées. T. I, p. 144 et suiv.

EXQUIMA (l') est d'une espèce très-voisine de celle du coaïta, et même n'en est peut-être qu'une simple variété. T. IV, p. 152.

F

FAMILLE. Le cheval, le zèbre et l'âne paraissent ne former qu'une seule famille. T. IV, p. 123. — Il en est de même de plusieurs animaux dont les espèces sont voisines. P. 130 et suiv. — Réduction des animaux quadrupèdes en un certain nombre de familles. P. 135 et suiv.

FARINE. Les anguilles qui se forment dans la colle faite avec de la farine, ont pour origine la réunion des molécules organiques de la partie la plus substantielle du grain. Les premières anguilles qui paraissent ne sont certainement pas produites par d'autres anguilles; cependant, quoiqu'elles n'aient pas été engendrées, elles ne laissent pas d'engendrer elles-mêmes d'autres anguilles

vivantes : on peut, en les coupant avec la pointe d'une lancette, voir les petites anguilles sortir de leur corps, et même en très-grand nombre. T. I, p. 601.

FATUELLUS (simia), nom donné au sajou cornu. *Add.*, t. IV, p. 176.

FAUSSE COUCHE. Cause naturelle de la fausse couche. T. I, p. 651.

FAUSSES COUCHES, plus fréquentes à la première période de l'écoulement qu'à la seconde, à la seconde période qu'à la troisième, à la troisième qu'à la quatrième, à la quatrième qu'à la cinquième; elles sont plus rares vers le milieu de la grossesse, et plus fréquentes au commencement et à la fin; raisons de ces effets. T. I, p. 651 et suiv.

FAUX (le) porte en philosophie une signification bien plus étendue qu'en morale; dans la morale, une chose est fausse uniquement parce qu'elle n'est pas de la façon dont on la représente; le faux métaphysique consiste non-seulement à n'être pas de la façon dont on le représente, mais même à ne pouvoir être d'une façon quelconque. T. I, p. 467.

FÉCONDATION. Il paraît que l'état dans lequel est l'embryon dans l'œuf lorsqu'il sort de la poule, est le premier état qui succède immédiatement à la fécondation, et que la forme sous laquelle nous le voyons alors est la première forme résultant du mélange intime et de la pénétration des deux liqueurs séminales. T. I, p. 632 et 633.

FÉCONDITÉ. Rapport de la fécondité dans tous les êtres doués de la faculté de se reproduire. T. IV, p. 203. — Il y a différents degrés de fécondité dans les espèces mixtes, comme dans les espèces pures. *Ibid.* — Table du rapport de la fécondité dans les animaux quadrupèdes. P. 206 et suiv. — La fécondité est d'autant plus grande dans les animaux que l'espèce est plus petite, et il en est ainsi non-seulement dans les quadrupèdes et les oiseaux, mais encore dans tous les autres ordres de la nature. P. 208.

FEFÉ. Nom que les voyageurs ont donné à une espèce de singe que nous croyons être celle du gibbon. T. IV, p. 43.

FEMELLES (les), dans l'espèce humaine, naissent plus tard que les mâles, c'est-à-dire demeurent plus longtemps dans le sein de la mère. T. I, p. 649. — Les femelles de certains animaux peuvent servir également à deux mâles d'espèces différentes, et produisent de tous deux. T. III, p. 341. — Les femelles, en général, concourent plus que les mâles au maintien des espèces, et pourquoi. *Ibid.* — La femelle du loris urine par le clitoris, qui est percé comme la verge du mâle, et ces deux parties du mâle et de la femelle se ressemblent parfaitement, même pour la grandeur et pour la grosseur. P. 471. — Dans l'ordonnance commune de la nature, ce ne sont pas les mâles, mais les femelles, qui constituent l'unité des espèces; la femelle influe beaucoup plus que le mâle sur le spécifique du produit. Le mulet ressemble plus à la jument qu'à l'âne, et le bardot plus à l'ânesse qu'au cheval. T. IV, p. 125.

FEMELLES. Le nombre des mâles est en général plus grand que celui des femelles, mais le nombre des femelles est relativement au nombre des mâles, plus petit dans les espèces pures, et encore beaucoup plus petit dans les espèces mixtes. T. IV, p. 199 et 200. — La femelle influe moins que le mâle sur la production. P. 200. — Son ardeur dans le tempérament nuit au produit de la génération; cependant elle a plus que le mâle la facilité de toujours représenter son espèce, quoiqu'elle se prête à des mâles d'espèces différentes; car, en général, la femelle produit avec un beaucoup plus grand nombre de mâles d'espèces différentes, tandis que son mâle ne peut engendrer qu'avec un très-petit nombre d'espèces différentes à la sienne. P. 507.

FEMMES. Elles ont moins de liqueur séminale que les hommes; raison de ce fait. T. I, p. 464. — Les femmes qui ont beaucoup de tempérament sont peu fécondes; raison de cet effet. P. 587. — Par les tables de mortalité, il est démontré que quoiqu'il naisse plus d'hommes que de femmes, il y a cependant plus de femmes que d'hommes qui arrivent à une extrême vieillesse; raison de cet effet. T. II, p. 74.

FEMME (la) produit rarement si elle est trop sensible au physique de l'amour. T. IV, p. 204.

Femmes. Plus les climats sont chauds, et plus la production des femmes est précoce, comme toutes les autres productions de la nature. *Add.*, t. ii, p. 258.

Femmes *de Barbarie*. Voyez *Barbarie*.

Fentes des couches de la terre; elles sont perpendiculaires à l'horizon. T. i, p. 38. — Produites par le desséchement des couches horizontales. P. 55 et 56. — Elles sont intérieurement garnies de cristaux, de spar, etc. *Ibid.* — Leurs parois se répondent dans toute leur hauteur aussi exactement que deux morceaux de bois qu'on viendrait de fendre. P. 56. — Origine des fentes perpendiculaires qui se trouvent partout dans les couches horizontales de la terre. P. 297. — Détails au sujet des fentes perpendiculaires. P. 299. — Les fentes perpendiculaires se trouvent dans le roc et dans les lits de cailloux en grande masse, aussi bien que dans les lits de marbre et de pierre dure, et souvent elles y sont plus larges. P. 305. — Elles sont plus larges ou plus étroites, selon que les matières sont plus ou moins dures. P. 306.

Fermentation. Causes de la fermentation dans les matières animales et végétales. T. i, p. 591.

Fesses, n'appartiennent qu'à l'espèce humaine. T. ii, p. 62.

Feux souterrains, ne viennent pas uniquement du feu central, et ne sont pas même à une grande profondeur. T. i, p. 57. — Le feu et l'eau produisent beaucoup de choses semblables en apparence, telles que le verre et le cristal, l'antimoine natif et l'antimoine fondu, les pépites naturelles des mines et celles qu'on fait artificiellement par la fusion. P. 293.

Feuilles des plantes, varient prodigieusement selon les différents âges et les différents terrains; leur forme n'est pas plus constante que leur grandeur; leur position est encore plus incertaine. T. i, p. 8 et 9.

Figures géométriques et régulières n'existent que dans notre imagination ; ne se trouvent pas dans la nature, ou si elles s'y trouvent, c'est parce que toutes les formes possibles s'y trouvent. T. i, p. 436. — On pourra, dans la suite des temps, trouver quelle est la figure des parties constituantes des corps, en partant du principe que *toute matière s'attire en raison inverse du carré de la distance, et cette loi générale ne paraît varier, dans les attractions particulières, que par l'effet de la figure des parties constituantes de chaque substance parce que cette figure entre comme élément dans l'expression de la distance*; car lorsqu'on aura acquis par des expériences la connaissance de la loi d'attraction d'une substance particulière, on pourra trouver par le calcul la figure de ces parties constituantes; exemple à ce sujet. T. iii, p. 420. — Quoique les figures puissent varier à l'infini, il paraît qu'il n'en existe pas autant dans la nature que l'esprit pourrait en concevoir. L'or et l'air sont les deux extrêmes de toute densité; toutes les figures admises, exécutées par la nature, sont donc comprises entre ces deux termes, et toutes celles qui auraient pu produire des substances plus pesantes ou plus légères ont été rejetées. P. 421.

Filet *des enfants*. Voyez *Enfants*.

Filles, peuvent faire des môles sans avoir communication avec un homme; raison de cette présomption, avec les exemples qui la confirment. T. i, p. 623.

Finnois. Les anciens Finnois et Finlandais ou Finnois d'aujourd'hui, forment deux différentes races d'hommes qu'il ne faut pas confondre. *Add.*, t. ii, p. 262.

Fissipèdes. Énumération des animaux fissipèdes. T. iv, p. 11.

Fleuves. La direction des grands fleuves est presque perpendiculaire à la côte de la mer dans laquelle ils ont leur embouchure. Dans la plus grande partie de leur cours, ils vont à peu près comme les chaînes des montagnes dont ils prennent leurs sources et leur direction. T. i, p. 37. — Les plus grands fleuves sont dirigés comme les plus grandes montagnes en Europe, en Afrique et en Asie; les fleuves et les autres eaux méditerranées sont beaucoup plus étendus d'orient en occident que du nord au sud. P. 179. — Direction des fleuves, manière dont on doit la concevoir. *Ibid.* — Les fleuves de l'Amérique coulent presque perpendiculairement

à la grande chaîne de montagnes qui traverse ce continent du nord au sud : raison de cette différence de la direction des fleuves dans l'ancien et le nouveau continent. *Ibid.* — Dans l'intérieur des terres, à une distance considérable de la mer, les fleuves vont droit et suivent la même direction dans de grandes longueurs, et à mesure qu'ils approchent de leur embouchure, les sinuosités de leur cours se multiplient. P. 181. — On peut reconnaître par la direction des fleuves si l'on est loin ou près de la mer, dans un pays inconnu. *Ibid.* — Bouches des fleuves, causes naturelles de ce que presque tous les grands fleuves se déchargent dans la mer par plusieurs bouches. *Ibid.* — Les eaux des fleuves conservent leur mouvement jusqu'à de grandes distances dans la mer. P. 182. — Deux espèces de remous dans les fleuves; leurs causes avec l'explication. Contre-courant d'eaux mortes dans les fleuves, et tournoiement. P. 182 et 183. — Lorsque les fleuves approchent de leur embouchure, la pente du lit est presque nulle et cependant ils ne laissent pas de conserver une rapidité d'autant plus grande que le fleuve a plus d'eau; raison de cet effet. P. 184. — Un fleuve qui aurait acquis une très-grande vitesse pourrait non-seulement continuer à couler sur un terrain de niveau, mais même surmonter une éminence sans se répandre beaucoup. P. 185. — Énumération des plus grands fleuves de l'Europe, avec l'étendue de leur cours. P. 187. — Même énumération des fleuves de l'Asie. P. 187 et 188. — Des fleuves de l'Afrique. P. 188. — Les fleuves de l'Amérique sont les plus grands fleuves du monde. *Ibid.* — Énumération des fleuves de l'Amérique. P. 188 et 189. — Il y a dans l'ancien continent environ quatre cent trente fleuves qui tombent immédiatement dans l'Océan ou la Méditerranée et la Mer noire, et l'on n'en connaît guère que cent quatre-vingts dans le nouveau continent, qui tombent immédiatement dans la mer. P. 191. — Fleuves de matières liquéfiées par le feu, produits par l'éruption des volcans. P. 272.

Fluide (un) diffère d'un solide, parce qu'il n'a aucune partie assez grosse pour que nous puissions la saisir et la toucher par différents côtés à la fois : raison pourquoi les fluides sont liquides. T. II, p. 129.

Flux et reflux, s'exerce avec plus de force sous l'équateur que dans les autres climats. T. I, p. 42. — Son mouvement a produit les montagnes et toutes les grandes inégalités du globe de la terre. P. 49. — Explication physique du flux et du reflux des eaux de la mer. P. 230 et suiv. — Les eaux du fond de la mer éprouvent, comme celles de la surface, les mouvements du flux et du reflux, et même elles les éprouvent bien plus régulièrement. P. 232. — Du mouvement de flux et reflux résulte le mouvement général d'orient en occident, parce que l'astre qui produit l'intumescence des eaux va lui-même d'orient en occident, et ce mouvement d'orient en occident est très-sensible dans tous les détroits qui joignent l'océan à l'océan; en sorte que le reflux y est beaucoup plus petit que le flux. *Ibid.*

Fœtus (le) humain est toujours reconnaissable, même à l'œil simple, dans le premier mois. T. I, p. 584. — Formation du fœtus; description de cette formation dans toutes ses nuances et dans tous ses degrés d'accroissement. P. 603 et suiv. — Le fœtus vit, se développe et croît par intussusception. P. 619. — Il est probable qu'il se forme souvent des fœtus dans le vagin, mais qu'ils en retombent pour ainsi dire aussitôt qu'ils sont formés, parce qu'il n'y a rien qui puisse les y retenir; il doit arriver aussi quelquefois qu'il se forme des fœtus dans les trompes, mais ce cas sera fort rare. P. 620. — Développement du fœtus dans les premiers temps après la conception. P. 634 et suiv. — Sept jours après la conception, l'on peut distinguer à l'œil simple les premiers linéaments du fœtus; cependant ils sont encore informes : on voit seulement au bout de ces sept jours ce qu'on voit dans l'œuf au bout de vingt-quatre heures, une masse d'une gelée presque transparente, qui a déjà quelque solidité, et dans laquelle on reconnaît la tête et le tronc. P. 634. — Quinze jours après la conception, on commence à bien distinguer la tête, et à reconnaître les traits les plus apparents du visage. *Ibid.* — On

voit aux deux côtés de la partie supérieure du tronc et au bas de la partie inférieure, de petites protubérances qui sont les premières ébauches des bras et des jambes; la longueur du corps entier du fœtus est alors à peu près de cinq lignes. *Ibid.* — Trois semaines après la conception, le corps du fœtus n'a que six lignes de longueur; mais les bras et les jambes sont augmentés, et les mains et les pieds sont apparents; l'accroissement des bras est plus prompt que celui des jambes, et les doigts des mains se séparent plus tôt que ceux des pieds. *Ibid.* — A un mois le fœtus a plus d'un pouce de longueur, il est un peu courbé dans la situation qu'il prend naturellement au milieu de la liqueur qui l'environne. P. 635. — A six semaines, le fœtus a près de deux pouces de longueur; on aperçoit le mouvement du cœur à peu près dans ce temps; on l'a vu battre dans un fœtus de cinquante jours, et même continuer de battre assez longtemps après que le fœtus fut tiré hors du sein de la mère. *Ibid.* — Les enveloppes du fœtus croissent d'abord plus que le fœtus; mais après un certain temps c'est tout le contraire, le fœtus croît à proportion plus que ses enveloppes. P. 636. — Le fœtus change souvent de position et de situation. *Ibid.* — Pourquoi le corps du fœtus est courbé. P. 637. — Le fœtus dort presque toujours dans le sein de la mère. *Ibid.* — Le fœtus se nourrit par intussusception : explication et preuves de cette assertion. P. 643. — Il ne rend point d'excréments : preuves de ce fait. P. 644. — L'estomac et les intestins ne font aucune fonction dans le fœtus, du moins aucune fonction semblable à celles qui s'opèrent dans la suite, lorsque la respiration a commencé à donner du mouvement au diaphragme et à toutes les parties intérieures sur lesquelles il peut agir. T. II, p. 15. — Dans le fœtus où le diaphragme est sans exercice, le sentiment est nul, ou si faible qu'il ne peut rien produire. P. 557.

Forces. Il existe dans la nature des forces, comme celle de la pesanteur, qui sont relatives à l'intérieur de la matière, et qui n'ont aucun rapport avec les qualités extérieures des corps, mais qui agissent sur les parties les plus intimes, et qui les pénètrent dans tous les points. T. I, p. 449. — Nous n'aurons jamais d'idée nette de ces forces pénétrantes, ni de la manière dont elles agissent; mais en même temps il n'est pas moins certain qu'elles existent, que c'est par leur moyen que se produit la plus grande partie des effets de la nature, et qu'on doit en particulier leur attribuer l'effet de la nutrition et du développement. *Ibid.*

Forêts souterraines dans plusieurs endroits. T. I, p. 310 et 311.

Fossane, joli animal qui se trouve à Madagascar, et qu'on a appelé aussi *genette de Madagascar*. La fossane est pourtant constamment plus petite que la genette, et il paraît qu'elle n'a pas de poches odoriférantes. Naturel de la fossane, ses habitudes, sa nourriture, etc. T. III, p. 465 et 466.

Fouine et marte, sont deux espèces distinctes et séparées. T. II, p. 591. — Différences de la fouine et de la marte, qui prouvent qu'elles ne sont pas de la même espèce. *Ibid.*

Fouine. L'espèce en est assez généralement répandue. T. II, p. 591. — Caractères et habitudes naturelles de la fouine. P. 592. — Elle s'apprivoise jusqu'à un certain point, mais ne s'attache pas. *Ibid.* — Elle mange de tout, à l'exception de la salade et des herbes. *Ibid.* — Elle est ordinairement dans un mouvement continuel, et dort quelquefois un jour ou deux de suite. *Ibid.* — Les fouines produisent depuis trois ou quatre jusqu'à six ou sept petits. *Ibid.* — Cet animal acquiert au bout d'un an à peu près sa grandeur naturelle, et vit huit ou dix ans. *Ibid.* — Il a des vésicules qui contiennent une matière odorante. P. 592 et 593.

Fouine *de la Guiane*. Description de cet animal. *Add.*, t. IV, p. 284. — Autre animal appelé *petite fouine de la Guiane;* notice sur cet animal. P. 285.

Fouine de Madagascar (petite). Sa description. *Add.*, t. IV, p. 298.

Fourmillier (le), le tamandua et le tamanoir, animaux d'Amérique qui n'existaient pas dans l'ancien continent. T. III, p. 34. — Différences du fourmillier d'avec le tamanoir

et le tamandua. P. 127. — Habitudes naturelles du fourmillier, avec une courte description de cet animal *Ibid.*— Il se suspend aux branches des arbres par l'extrémité de sa queue, et se balance dans cette situation. P. 132. — Le tamanoir, le tamandua et le fourmillier se ressemblent à beaucoup d'égards, et ont à peu près les mêmes habitudes naturelles : tous trois se nourrissent de fourmis en plongeant leur très-longue langue dans les fourmilières. *Ibid.* — Les fourmilliers du nouveau continent paraissent avoir le pangolin et le phatagin pour représentants dans l'ancien. T. IV, p. 142.

FOURMILLIER, *petit fourmillier*. Notice sur cet animal. *Add.*, t. IV, p. 434 et 435.

FOURMIS. La prévoyance des fourmis n'était qu'un préjugé; on la leur avait accordée en les observant, on la leur a ôtée en les observant mieux. Elles sont engourdies tout l'hiver; leurs provisions ne sont donc que des amas superflus. T. II, p. 364. — Par quelle raison les fourmis font des amas superflus. *Ibid.* — Dégâts et dévastation causés par les fourmis. P. 539.

FOURMIS (mangeurs de). Trois espèces de mangeurs de fourmis; savoir, le tamanoir, le tamandua et le fourmillier : ces trois animaux ne se trouvent que dans l'Amérique méridionale; caractères qui leur sont communs, et qui les distinguent de tous les autres animaux. T. III, p. 125 et suiv.

FRAI. Le temps du frai pour les carpes et pour plusieurs autres poissons à écailles est celui de la plus grande chaleur de l'année; celui du frai des brochets, des barbeaux et d'autres poissons, est au printemps. T. I, p. 599.

FULL-BOTTOM, nom donné à la guenon à camail. *Add.*, t. IV, p. 102.

FURET. Il y a des furets qui ressemblent aux putois par la couleur du poil. T. II, p 596. — Le furet est originaire des climats chauds et ne peut subsister en France que comme animal domestique *Ibid.*—Il s'apprivoise plus aisément que le putois, et c'est par cette raison qu'on se sert du furet et non pas du putois pour la chasse du lapin. *Ibid.* — Il a l'odeur très-forte et très désagréable. *Ibid.* — Il varie par la couleur du poil. *Ibid.* — La femelle est sensiblement plus petite que le mâle. P. 597. — Il ne faut pas séparer le mâle de la femelle. *Ibid.* — Le furet dort presque continuellement dans l'état de domesticité. *Ibid.* — Il produit deux fois par an; les femelles portent six semaines. Elles dévorent quelquefois leurs petits. *Ibid.* — Elles produisent ordinairement cinq ou six, et quelquefois jusqu'à huit ou neuf petits. — *Ibid.* Le furet est naturellement ennemi mortel du lapin. *Ibid.* — Manière de se servir du furet pour prendre les lapins. *Ibid.* — Habitudes naturelles et tempérament du furet. *Ibid.* — Cet animal appartient à l'ancien continent, et ne se trouve point dans le nouveau. T. III, p. 30.

G

GALERA. Voyez *Tayra*.

GAUCHERS. Voyez *Hommes gauchers*.

GAZELLES, appartiennent à l'ancien continent, et ne se trouvent pas dans le nouveau. T. III, p. 29. — Il y en a treize espèces ou variétés. P. 354. — Description des cornes de la gazelle commune. *Ibid.* — Les gazelles en général ressemblent beaucoup au chevreuil; mais au lieu d'un bois qui tombe tous les ans, elles ont des cornes permanentes. P. 354 et 355. — Différences des gazelles et des chevreuils. P. 355. — Caractères qui appartiennent en propre aux gazelles. *Ibid.* — Énumération de toutes les espèces ou variétés de gazelles. P. 363. — La plupart des gazelles sont des animaux à demi domestiques. P. 366. — Manière dont on chasse les gazelles. P. 366 et 367. — Les gazelles sont les animaux qui de tous ont les plus beaux yeux. P. 368. — Elles ont les jambes de devant plus courtes que celles de derrière, ce qui leur donne plus de facilité pour courir en montant qu'en descendant. *Ibid.* — Elles courent uniformément plutôt qu'elles ne bondissent. *Ibid.* — Elles ont le pied fourchu et conformé à peu près comme celui des moutons. *Ibid.* — Les cornes des femelles sont plus courtes et plus minces que celles des mâles. *Ibid.*

Gazelles (les) forment la nuance entre les chèvres et les cerfs. *Add.*, t. IV, p. 576.

Gazelle *à bourse sur le dos*. Sa description, par M. Allamand. *Add.*, t. IV, p. 583 et 584.

Gazelle *sauteur des rochers* (la) est l'animal le plus leste de tous ceux de son genre; sa description, par M. Forster. Il franchit d'un saut de grands intervalles d'un rocher à l'autre et sur des profondeurs affreuses. *Add.*, t. IV, p. 584 et 585.

Géants. Exemples de plusieurs géants. *Add.*, t. II, p. 232.

Génération *universelle*. Idées de Platon au sujet de la génération universelle et particulière. T. I, p. 464 et suiv.

Génération. Explication de la génération dans l'homme et dans les animaux qui ont des sexes. T. I, p. 454 et suiv. — De quelque façon que la génération s'opère dans les différentes espèces d'animaux, la nature la prépare par une nouvelle production dans le corps de l'animal. P. 596. — La génération des êtres n'est pas univoque; il y a peut-être autant d'êtres, soit vivants, soit végétants, qui se produisent par l'assemblage fortuit des molécules organiques, qu'il y a d'animaux ou de végétaux qui peuvent se reproduire par une succession constante de générations. P. 600. — Grande question au sujet de la génération; pourquoi la nature parait-elle employer le moyen des sexes pour la génération de la plupart des animaux; réponse à cette question. P. 606 et suiv. — Les vieillards sont inhabiles à la génération; raison physique de ce défaut. T. II, p. 78. — Les vieillards décrépits engendrent, mais rarement; et lorsqu'ils engendrent, ils ont moins de part que les autres hommes à leur propre production et de là vient que de jeunes personnes qu'on marie avec des vieillards décrépits, et dont la taille est déformée, produisent souvent des monstres, des enfants contrefaits, plus défectueux encore que leur père. P. 79. — Vues générales sur la nutrition, le développement et la génération des êtres organisés. T. IV, p. 14 et 15.

Génération dans les vivipares et dans les ovipares. *Add.*, t. I, p. 659 et suiv. — La génération prise en général n'est pas univoque. P. 664.

Génération spontanée; comment elle s'opère. *Add.*, t. I, p. 666 et suiv. — Plusieurs exemples à ce sujet. P. 667 et suiv.

Genette. Cet animal appartient à l'ancien continent, et ne s'est point trouvé dans le nouveau. T. III, p. 27. — Ses différences d'avec les civettes. P. 94. — Courte desription de la genette. P. 100. — Elle a sous la queue et dans le même endroit que les civettes, une ouverture dans laquelle se filtre une espèce de parfum infiniment plus faible et moins durable que celui des civettes. *Ibid.* — La genette ressemble beaucoup à la fouine par la forme du corps aussi bien que par le naturel et par les habitudes. *Ibid.* — Elle s'apprivoise aisément. *Ibid.* — On a appelé les genettes *chats de Constantinople*, *chats d'Espagne*, *chats genette*; présomption sur l'origine du nom *genette*. P. 101. — L'espèce n'en est pas nombreuse, elle ne se trouve guère qu'en Espagne et en Turquie. *Ibid.* — La peau de la genette fait une fourrure légère et très-jolie. *Ibid.*

Genette. Cet animal se trouve dans les provinces méridionales de France, et assez communément en Poitou, où il n'habite que les lieux humides et le bord des ruisseaux. *Add.*, t. IV, p. 327. — Il se tient pendant l'hiver dans des trous ou terriers à peu près semblables à ceux des lapins. P. 328.

Genette *femelle*. Sa description. *Add.*, t. IV, p. 331 et 332.

Genette *du cap de Bonne-Espérance*. Sa description. *Add.*, t. IV, p. 328.

Genre. L'homme a fait des genres physiques et réels de chaque espèce d'animal domestique, parce qu'il a fait varier ces espèces et en a fait un grand nombre de races. T. III, p. 282.

Gerbo ou **Gerboise**. Provinces de l'Orient où l'on trouve cet animal. Son naturel, sa manière de marcher, qui est très-extraordinaire, ses mœurs, etc. T. III, p. 459.

Gerboise, est un nom générique que l'on donne à quelques espèces de petits animaux dont les jambes de derrière sont excessivement longues, et celles de devant tout à fait

courtes. Énumération de ces espèces. T. III, 456.

Gerboise. Voyez *Kanguroo*.

Gerboises. Il se trouve dans ce genre à pieds de devant très-courts, et à pieds de derrière très-longs, des espèces vingt et même cent fois plus grosses et plus grandes les unes que les autres. *Add.*, t. IV, p. 391.

Gerboise (très-grosse) appelée *Kanguroo*. Cet animal a été trouvé par l'équipage du capitaine Cook, dans les terres de la Nouvelle-Hollande. Sa grosseur approche de celle d'un mouton. *Add.*, t. IV, p. 395 et 396. — Elle pèse quatre-vingt-quatre livres; ses autres différences avec les gerboises. P. 396. — Sa description d'après le dessinateur Parkinson, qui néanmoins l'a très-mal dessiné. *Ibid.* — Notice sur cet animal, tirée du voyage de M. le capitaine Cook. P. 399 et suiv.

Gerboise (grande) appelée au cap de Bonne-Espérance *lièvre sauteur*. Elle est de la grandeur du lapin d'Europe. Sa description, par M. le vicomte de Querhoënt. Notice sur cet animal, par M. Forster. *Add.*, t. IV, p. 391. — Autre description de cette grande Gerboise, par M. Klockner. P. 397. — Ses dimensions. P. 398 et 399. — Le docteur Shaw lui a donné improprement le nom de daman. P. 401.

Gerboise *commune*. Sa description par M. Allamand, et observations sur ses habitudes en captivité, par M. Klockner. *Add.*, t. IV, p. 392 et suiv. — Ses dimensions. P. 394 et 395.

Gerboise *du désert de Barca*. Ses différences avec la gerboise commune, dont cependant elle n'est qu'une variété. Sa description. *Add.*, t. IV, p. 390.

Germes contenus à l'infini les uns dans les autres, est une supposition inutile pour l'explication de la reproduction; réfutation des opinions fondées sur cette supposition et démonstration de son absurdité et de son impossibilité. T. I, p. 438 et suiv.

Gestation. Le temps de la gestation dans la jument est de onze à douze mois; dans les femmes, les vaches et les biches, de neuf mois; dans les renards et les louves, de cinq mois; dans les chiennes, de neuf semaines; dans les chattes, de six semaines; dans les lapins, de trente-un jours. P. 599. — Les femelles de tous les animaux qui n'ont point de menstrues mettent bas toujours au même terme à très-peu près, et il n'y a jamais qu'une très-légère variation dans la durée de la gestation. P. 653.

Germes monstrueux préexistants, imaginés par quelques anatomistes. *Add.*, t. II, p. 309.

Gibbon, animal des grandes Indes, qui appartient à l'ancien continent et ne se trouve point dans le nouveau. T. III, p. 36. — Le gibbon est la troisième espèce de singes. T. IV, p. 2 et 3. — Ce singe sans queue, dont les bras sont aussi longs que le corps et les jambes prises ensemble, parvient au moins à quatre pieds de hauteur. Sa description, sa nourriture, son naturel, son tempérament; il se trouve aux Indes orientales et dans les terres voisines de la Chine; il varie pour la grandeur et pour les couleurs du poil. P. 42 et 43. — Caractères distinctifs de cette espèce. P. 43 et 44.

Girafe, appartient à l'ancien continent et ne se trouve point dans le nouveau. T. III, p. 17. — C'est un animal inutile au service de l'homme à cause de la disproportion énorme de ses jambes, dont celles de derrière sont une fois plus courtes que celles de devant. L'espèce en est peu nombreuse et paraît confinée à quelques provinces de l'Afrique et de l'Inde méridionale. Description de la girafe, ses habitudes naturelles, sa nourriture, sa hauteur prodigieuse, etc. P. 425 et suiv. — Description de la girafe par un voyageur qui a vu et dessiné cet animal dans les terres voisines du cap de Bonne-Espérance. P. 429. — La girafe est d'un naturel très-doux; elle approche plus de la figure et de la nature du chameau que de celle d'aucun autre animal; elle est du nombre des ruminants; elle manque, comme eux, de dents incisives à la mâchoire inférieure. P. 430. — La girafe, à cause de l'excessive hauteur de ses jambes, ne peut paître l'herbe qu'avec peine; elle se nourrit principalement et presque uniquement de feuilles et de boutons d'arbres. P. 431.

Girafe (la) a un tubercule osseux qui

se trouve sur le dessus et en avant de sa tête. *Add.*, t. IV, p. 567. — Cet animal paraît faire un genre particulier et unique. *Ibid.* — Bonne description et dimensions de cet animal par une personne dont on ignore le nom, et quelques observations relatives aux habitudes naturelles de cet animal. *Ibid.* et suiv. — La girafe se trouve également dans les terres méridionales de l'Afrique et de de l'Asie. P. 569.

GIRAFE, *cornes de girafe*, leur figure. *Add.*, t. IV, p. 566. — Description des cornes d'une très-jeune girafe. Bonnes observations de M. Allamand au sujet de la substance de ces cornes. P. 564. — Autre description plus détaillée des cornes d'une jeune girafe. P. 569. — Les cornes de la girafe sont très-probablement des excroissances de l'os frontal, comme l'os qui sert de noyau aux cornes creuses des bœufs et des chèvres. Je suis sur cela du même avis que M. Allamand ; ainsi la girafe fait un genre à part, dont les cornes ne tombent pas annuellement comme celles des cerfs, et ne sont pas recouvertes d'une corne creuse comme celles des bœufs. *Ibid.*

GIRAFE, *jeune girafe*. Sa description et sa figure, par M. Allamand. *Add.*, t. IV, p. 566. — Il y a beaucoup moins de différences entre la longueur des jambes de devant et celle des jambes de derrière de cet animal jeune qu'on ne l'a prétendu. Mais peut-être cette différence augmente-t-elle considérablement avec l'âge. P. 570.

GIRAFE. Lieux qu'elle habite. Sa description. *Add.*, t. IV, p. 572. — Forme et nature de ses cornes. P. 573. — Ses habitudes. P. 575.

GLACES (les) se détachent des continents des pôles, et viennent, comme des montagnes flottantes, voyager et se fondre jusque dans les climats tempérés. T. I, p. 36 et 37. — On ne trouve plus de glaces, dès le mois d'avril, en deçà des 67 et 68 degrés de latitude septentrionale. Ces glaces qui viennent du continent des pôles occasionnent la longue durée des hivers. En 1725, il n'y eut, pour ainsi dire point d'été, et il plut presque continuellement ; aussi non-seulement les glaces des mers septentrionales n'étaient pas fondues au mois d'avril au 67ᵉ degré, mais même on en trouva au 15 juin vers le 41 ou 42ᵉ degré. Elles viennent de la mer de Tartarie dans celle de la Nouvelle-Zemble et dans les autres endroits de la mer Glaciale. Ces glaces se forment auprès des terres et jamais en pleine mer. Il n'y a que peu ou point de glaces dans les hautes mers, quelque septentrionales qu'elles soient. Les glaces trouvées dans le voisinage des terres australes indiquent qu'il y a de très-grands fleuves dans ce continent inconnu et dont l'embouchure n'est pas éloignée des endroits où on les a trouvées. P. 112. — Formation des glaces dans la Mer du nord et particulièrement au détroit de Waigats. P. 197. — Épaisseur et hauteur des glaces au Spitzberg et sur les autres côtes des terres septentrionales. P. 198. — Description des glaces qui flottent dans les mers du Nord. P. 198 et 199. — Ces glaces viennent toutes des grands fleuves qui les transportent dans la mer. *Ibid.* — Raisons pourquoi il y a moins de glaces dans la mer du nord de la Laponie. P. 198.

GLAISE. Couche de glaise de cent deux pieds d'épaisseur dans le terrain d'Amsterdam. T. I, p. 129.

GLANDULEUX (corps). Description des corps glanduleux dans les testicules des femelles. T. I, p. 498. — Les corps glanduleux contiennent une cavité remplie de liqueur. *Ibid.* — Description des corps glanduleux dans les testicules de la chienne. P. 535. — Description des corps glanduleux dans les testicules de la vache. P. 540.

GLANDULEUX, corps glanduleux. Observations de M. Ambroise Bertrandi sur les corps glanduleux qui contiennent la liqueur séminale des femmes. *Add.*, t. I, p. 659. — Les corps glanduleux commencent à paraître dans le temps de la puberté ; leur végétation, leur accroissement, leur maturité et leur oblitération. P. 660 et 661. — Réflexions sur les fonctions des corps glanduleux et sur le travail continuel des testicules des femelles. P. 661. — Comparaison des corps glanduleux des femelles vivipares avec la cicatricule de l'œuf des femelles ovipares. P. 662.

GLOUTON, courte description du glouton. T. III, p. 89. — Animal du nord auquel on a donné ce nom à cause de sa voracité; il est plus gros qu'un gros blaireau. Il se trouve dans plusieurs provinces septentrionales de l'Europe et de l'Asie, et aussi dans le nord de l'Amérique sous le nom de *Carcajou*. P. 488. — Le glouton a souvent été confondu avec l'hyène, quoiqu'il soit d'une espèce fort différente et d'un climat fort éloigné. Manière dont le glouton se jette sur sa proie; il attaque les plus gros animaux, tels que les élans, les rennes, et vient à bout de les mettre à mort. P. 489. — On a appelé le glouton le vautour des quadrupèdes, parce qu'il est d'une voracité insatiable. Il ne court pas légèrement et ne peut prendre à la course aucun animal, à l'exception du castor; il mange la chair, le poisson et déterre les cadavres: il n'a pas un sentiment bien distinct pour sa propre conservation, car il vient à l'homme ou il s'en laisse approcher sans apparence de crainte. Raison de cette stupidité apparente. P. 490 et suiv. — Le glouton suit l'isatis, qui lui sert pour ainsi dire de pourvoyeur. Habitudes naturelles du glouton; sa peau fait une magnifique fourrure. P. 491 et 492.

GLOUTON. Description de cet animal. Quoique indigène et originaire des climats les plus septentrionaux, il peut néanmoins subsister dans nos climats tempérés. *Add.*, t. IV, p. 280. — Habitudes naturelles de cet animal en domesticité. Il mange si goulûment qu'on a eu raison de lui donner le nom de glouton. Sa peau fait une fort belle fourrure. *Ibid.* et suiv.

GLOUTON. Addition à l'article de cet animal. *Add.*, t. IV, p. 282.

GNOU, animal d'Afrique qui n'était pas connu, quoiqu'il soit d'une forme et d'une grandeur très-remarquables. Description de son pelage. Il est ordinairement de la grandeur d'un grand cerf. Sa nourriture en captivité. *Add.*, t. IV, p. 622 et 623. — Sa forme et ses membres semblent l'assimiler en partie au cheval et en partie au bœuf. P. 623. — Il est animal ruminant. P. 624. — Description d'une jeune femelle gnou. *Ibid.* — Elle avait dans la mâchoire inférieure huit dents incisives semblables par la forme à celles du bœuf commun. Le corps de cet animal semble approcher de la forme de celui du cheval. Ressemblances et différences du gnou avec le cheval et le bœuf. *Ibid.* — Il tient beaucoup du cheval, du taureau et du cerf, sans être de l'espèce d'aucun de ces animaux. P. 626. — Description d'un gnou adulte. *Ibid.* et suiv. — Il n'a point de dents incisives à la mâchoire supérieure. Son naturel tient un peu de la férocité. L'espèce en est nombreuse et fort répandue dans l'Afrique méridionale et peut-être en Abyssinie. P. 627. — Le gnou constitue une espèce singulière qui réunit en soi la force de la tête et des cornes du taureau, la légèreté et le pelage du cerf, et la beauté de la crinière, du corps et de la queue du cheval. P. 628.

GOLFE *du Mexique*, doit être regardé comme une mer méditerranée. T. I, p. 108. Énumération des golfes. P. 200 et suiv. — Le petit golfe qui est à l'embouchure du fleuve Indus est l'endroit du monde où les effets des marées paraissent être les plus grands. P. 208. — Le grand golfe du nouveau continent est semblable au grand golfe de l'ancien continent. P. 216. — Le golfe du Mexique est une mer méditerranée où le mouvement des marées n'est guère plus sensible que dans notre mer Méditerranée : raison de ce dernier effet. P. 217.

GOUFFRE de la province de Stafford, en Angleterre, a été sondé jusqu'à deux mille six cents pieds perpendiculaires sans qu'on y ait trouvé d'eau. T. I, p. 169. — Différents gouffres dans la mer. P. 261. — Explication des effets des gouffres. P. 262. — Les gouffres ne sont ordinairement que des tournoiements d'eau causés par des courants contraires. *Ibid.*

GRAINE (la) n'est point un germe, mais une production aussi parfaite que l'est le fœtus d'un animal, à laquelle, comme à celui-ci, il ne manque plus qu'un grand développement. T. I, p. 431.

GRAND BABOUIN, nom donné au Choras. *Add.*, t. IV, p. 105.

GRANDEUR (la) du corps, qui ne paraît être qu'une quantité relative, a néanmoins des

attributs positifs et des droits réels dans l'ordonnance de la nature; le grand y est aussi fixe que le petit y est variable. T. IV, p. 119.

GRANITE et ROC VIF, sont la même substance; elle est vitrescible, et l'auteur a souvent appelé le *granite* ou *roc vif* caillou en grande masse. T. I, p. 145. — Composition et formation du granite. P. 174.

GRANITE et GRÈS. On ne trouve guère de coquilles dans les granites ni dans les grès. T. I, p. 147.

GRAS. Ceux dont le corps est maigre sans être décharné, ou charnu sans être gras, sont beaucoup plus vigoureux que ceux qui deviennent gras. Dès que la surabondance de la nourriture a pris cette route et qu'elle commence à former de la graisse, c'est toujours aux dépens de la quantité de la liqueur séminale et des autres facultés de la génération. T. I, p. 463.

GRÈS en grandes masses et en petites masses. T. I, p. 145 et 146. — Il n'y a pas de coquilles dans les grès. P. 174. — Composition du grès. *Ibid.*

GRÈS. Expériences qui prouvent que la poudre de grès peut se consolider et former une masse solide par le moyen du feu. *Add.*, t. I, p. 354. — Les grès qui se trouvent à la superficie ou à peu de profondeur dans la terre, ont tous été formés par l'intermède de l'eau. P. 355.

GRIMME. *Chèvre de Grimm*, animal du Sénégal; sa description. T. III, p. 384. — Elle a un enfoncement très-considérable et très-remarquable au-dessous de chaque œil. P. 385. — Elle a un bouquet de poil bien fourni et dirigé en haut sur le sommet de la tête. *Ibid.* — Les différences de la grimme et ses ressemblances avec les chèvres et les gazelles. *Ibid.* — Elle fait la nuance entre les chèvres et les chevrotains. *Ibid.* — La femelle, dans cette espèce, ne porte point de cornes. *Ibid.*

GRIMME (la). Description de cet animal, par MM. Pallas et Wosmaër. Variétés dans cette espèce, indiquées par la figure des cornes. *Add.*, t. IV, p. 612 et suiv. — Cette chèvre est d'un naturel fort timide, et d'une très-grande légèreté. Ses autres habitudes naturelles. P. 613. — Il paraît que le mâle a des cornes, et que la femelle n'en a point. P. 614.

GRIS. (Le petit maki.) Sa description. *Add.*, t. IV, p. 181 et suiv.

GRISON (le); sa description, d'après M. Allamand. Cet animal est d'une espèce très-voisine de celle de la belette et de l'hermine. Il est néanmoins originaire de l'Amérique méridionale, si l'auteur de la description a été bien informé. *Add.*, t. IV, p. 283. — Différences essentielles du grison avec la belette. *Ibid.*

GROENLAND. L'ancien Groënland, où les Danois avaient édifié des villes, et qu'ils regardaient comme l'une de leurs provinces, il y a deux ou trois siècles, ne subsiste plus aujourd'hui, ou du moins n'a pu être retrouvé par les voyageurs. T. I, p. 214 et 215.

GROENLANDAIS. Description des Groënlandais, leurs coutumes et leurs mœurs. *Add.*, t. II, p. 265. — Les Groënlandais ressemblent plus aux Kamtschadales qu'aux Lapons, et les habitants de la côte septentrionale de l'Amérique, vis-à-vis de Kamtschatka, ressemblent beaucoup aux Kamtschadales. P. 266.

GROSSESSE. La durée de la grossesse est pour l'ordinaire d'environ neuf mois, c'est-à-dire de deux cent soixante et quatorze ou deux cent soixante et quinze jours. Il naît beaucoup d'enfants à sept et à huit mois, et il en naît quelques-uns plus tard que le neuvième mois; mais en général les accouchements qui précèdent le terme de neuf mois sont plus communs que ceux qui le passent. T. I, p. 647. — Signes de la grossesse, dans les premiers temps, sont presque tous équivoques. T. II, p. 46.

GUACHI. Pourrait bien être le même animal que la saricovienne. T. III, p. 504.

GUENON, c'est ainsi que j'ai appelé, d'après notre idiome ancien, les animaux qui ressemblent aux singes ou aux babouins, mais qui ont de longues queues, c'est-à-dire des queues aussi longues ou plus longues que le corps. Différentes acceptions du mot *guenon*. Étymologie de ce nom. T. IV, p. 4 et 5. — Manière aisée de distinguer les guenons des singes, des babouins et des makis.

P. 5. — Il y a neuf espèces de guenons ; savoir : 1° les macaques ; 2° les patas ; 3° les malbroucks ; 4° les mangabeys ; 5° la mone ; 6° le callitriche ; 7° le moustac ; 8° le talapoin ; 9° le douc. Les anciens Grecs connaissaient la mone et le callitriche, mais vraisemblablement ils ne connaissaient pas les autres. *Ibid.*

Guenon a camail. Description de cet animal. *Add.*, t. iv, p. 102. — Variété dans cette espèce. P. 102 et 103.

Guenon a long nez. Description de cet animal. *Add.*, t. iv, p. 103.

Guenon a museau allongé. Pays où on la trouve. *Add.*, t. iv, p. 105. — Sa description. *Ibid.*

Guenon a nez blanc proéminent (la). Sa description. *Add.*, t. iv, p. 98.

Guenon-couronnée (Description de la). *Add.*, t. iv, p. 94. — Ses dimensions. P. 95.

Guenon a face pourpre. Sa description. *Add.*, t. iv, p. 104.

Guenon nègre. Sa description. *Add.*, t. iv, p. 104 et 105.

Guenon a crinière. Sa description. *Add.*, t. iv, p. 91.

Guenons ou Singes a longue queue. Leurs ennemis les plus redoutables ne sont ni les tigres ni les autres animaux carnassiers, ils leur échappent en se tenant au-dessus des arbres ; mais les gros serpents vont les y chercher et savent les y surprendre. T. iv, p. 60. — Les guenons en général sont d'un naturel plus doux que les babouins, et d'un naturel moins triste que les singes ; elles sont vives jusqu'à l'extravagance et sans férocité ; elles sont assez susceptibles d'éducation. P. 63.

Guépard, animal du genre des léopards ou des panthères, dont la peau ressemble à celle du lynx par la longueur du poil, et qui porte une espèce de crinière de quatre ou cinq pouces de longueur le long du cou et entre les épaules ; sa grandeur, ses différences d'avec les panthères. C'est le même animal qu'indique Kolbe sous le nom de *loup-tigre*, et qui se trouve au cap de Bonne-Espérance. T. iii, p. 478. *Guépard*, est un mot dérivé de *lépard*, *léopard* ; il y a des variétés dans l'espèce du guépard pour les couleurs et pour les taches du poil ; mais tous les guépards ont une crinière sur le cou, et de longs poils sous le ventre. P. 479.

Guerlinguets. Il existe à la Guiane deux espèces ou variétés de ces petits animaux. *Add.*, t. iv, p. 362 et suiv. — Description de la grande espèce. P. 363. — Description de la petite espèce. P. 364.

Guevei, nom du chevrotain du Sénégal ; il y a variété dans cette espèce pour la grandeur. T. iii, p. 387 et 388.

Guib, animal du Sénégal ; ses différences et ses ressemblances avec les gazelles. T. iii, p. 383 et suiv. — Description de ses cornes et de ses rapports avec les chèvres. P. 384. — Le guib n'est ni chèvre ni gazelle, mais d'une espèce intermédiaire entre les deux. *Ibid.* — Son climat et ses habitudes naturelles. *Ibid.* — Description particulière de cet animal. *Ibid.*

H

Habitants des terres australes. Voyez *Australes*.

Habitants du pays de Boranda. Voyez *Borandiens*.

Habitants de la Nouvelle-Zélande. Voyez *Zélande*.

Habitants de la Nouvelle-Zemble. Voyez *Zembliens*.

Haïra. C'est un animal de la Guiane qui ressemble beaucoup au chat sauvage. *Add.*, t. iv, p. 342.

Hamster (le) est un rat des plus fameux et des plus nuisibles ; il ressemble plus au rat d'eau qu'à aucun autre. T. iii, p. 452. — Description du hamster et de la manière dont il fait ses magasins. Construction de son domicile ; manière dont il arrange ses provisions. P. 453 et 454. — La femelle du hamster produit deux ou trois fois par an, et cinq ou six petits à chaque fois, souvent davantage. Il y a des années où ces animaux paraissent se multiplier sans nombre, et où ils causent la disette par la dévastation générale des blés. Variétés dans cette espèce. Les hamsters se mangent et s'entre-détrui-

sent comme les autres rats. Leur peau fait d'assez bonnes fourrures. P. 454.

HAMSTER. Description détaillée de cet animal, par M. Sulzer. *Add.*, t. IV, p 383. — Ses mœurs et ses habitudes naturelles. Grand dommage qu'il cause aux grains. *Ibid.* — Il ne s'engourdit pas tant qu'il est au grand air et q elque froid qu'il fasse; mais il s'engourdit assez promptement dans des trous où il est privé de l'air libre. P. 384. — Histoire et description du Hamster par un anonyme cité par M. Allamand. *Ibid.* — Il est plus commun en Thuringe que partout ailleurs, et c'est le seul animal en Europe qui soit pourvu d'abat joues. P. 384 et 385. — On ne le trouve ni dans les climats chauds ni dans les climats froids. Description de son terrier *Ibid.*—La femelle porte et met bas deux et même trois fois par an, et chaque portée n'est jamais au-dessous de six, et le plus souvent de seize à dix-huit petits. P. 385. — Un vieux hamster emporte jusqu'à cent livres de grain dans son terrier. P. 386. — Expériences qui prouvent que le hamster ne s'engourdit pas à moins qu'il ne soit dans un lieu où l'air libre n'a aucun accès. P. 387.

HARAS. Manière d'établir un haras. T. II, p. 388. — Les haras établis dans les terrains secs et légers produisent des chevaux sobres, légers et vigoureux, avec la jambe nerveuse et la corne dure; tandis que dans les lieux humides et dans les pâturages les plus gras, ils ont presque tous la tête grosse et pesante, le corps épais, les jambes chargées, la corne mauvaise et les pieds plats. P. 390.

HARENGS, leur prodigieuse multiplication. T. II, p. 553.

HARPIES. Les anciens ont dessiné les harpies d'après le modèle de la roussette. T. III, p. 444.

HÉCLA. Comparaison de l'Hécla de l'Islande avec l'Etna de Sicile; tous deux ne sont pas des volcans simples, mais pour ainsi dire des gerbes de volcans. *Add*, t. I, p. 395 et 396.

HÉMISPHÈRES. L'hémisphère austral est en général bien plus froid que l'hémisphère boréal. Raisons de cette différence. *Add.*, t. II, p. 290.

HENNISSEMENT. On distingue cinq sortes de hennissement dans le cheval, tous cinq relatifs à différentes passions. T. II, p. 408.

HÉRISSON. Se défend contre les chiens et contre les autres animaux de proie, en se mettant en boule. Le renard, cependant, vient à bout de le faire étendre. T. II, p 615 et 616. — Manière de s'accoupler des hérissons, différente de celle des autres animaux quadrupèdes. P. 616. — Ils se recherchent au printemps et produisent au commencement de l'été; les portées sont de trois ou quatre, et quelquefois de cinq; ils sont blancs dans ce premier temps, et l'on voit seulement sur leur peau la naissance de leurs piquants. *Ibid.* — Lorsque la mère est enfermée avec ses petits, elle les dévore au lieu de les nourrir. *Ibid.* — Le hérisson est un animal de mauvaise humeur et malicieux. *Ibid.* — Habitudes naturelles des hérissons. *Ibid.* — Ils sont engourdis et dorment pendant l'hiver. Ils ont le sang froid à peu près comme les autres animaux qui dorment pendant l'hiver. P. 617. — Il n'y en a qu'une seule espèce qui n'a même aucune variété dans ces climats. *Ibid.* — Les hérissons ne se trouvent pas dans les pays les plus froids. *Ibid.* — Manière dont le renard vient à bout du hérisson. T. III, p. 434.

HÉRISSON. Addition relative aux habitudes naturelles de cet animal. *Add.*, t. IV, p. 258 et suiv.

HERMAPHRODITES. On n'a aucun fait avéré au sujet des hermaphrodites, et la plupart des sujets qu'on a cru être dans ce cas n'étaient que des femmes dans lesquelles certaine partie avait pris trop d'accroissement. T. I, p. 614 et 615.

HERMINE. Différence du nom *hermine* et du nom *roselet*. T. II, p. 601. — L'hermine est un joli petit animal, mais méchant et très-sauvage. *Ibid.* — Sa fourrure est précieuse, mais elle jaunit en assez peu de temps. *Ibid.* — L'hermine est très-commune dans le nord de l'Europe. *Ibid.* — Les hermines sont partout roussâtres en été, et blanches en hiver. *Ibid.*

HERMINE. Habitudes naturelles de cet animal Les hermines de Laponie et de Norvége conservent leur blancheur mieux que

celles de Moscovie, qui jaunissent plus facilement. *Add.*, t. IV, p. 295.

HERMINE *apprivoisée.* Exemple à ce sujet. *Add.*, t. IV, p. 293. — Autre exemple d'une belette apprivoisée. *Ibid.* et suiv.

HEURES. Ce que c'est que les heures de travail dans l'enfantement; causes de ces douleurs et de leur retour périodique. T. I, p. 637 et suiv.

HEUREUX et MALHEUREUX. La plupart de ceux qui se disent malheureux sont des hommes passionnés, c'est-à-dire des fous auxquels il reste quelques intervalles de raison pendant lesquels ils connaissent leur folie, et sentent par conséquent leur malheur; et comme il y a dans les conditions élevées plus de faux désirs, plus de vaines prétentions, plus de passions désordonnées, plus d'abus de son âme que dans les états inférieurs, les grands sont sans doute, de tous les hommes, les moins heureux. T. II, p. 334.

HIPPÉLAPHE, est le même animal que celui que nous appelons *cerf des Ardennes.* T. III, p. 288 et 289.

HIPPOMANÈS. Ce que c'est que l'hippomanès des juments. T. II, p. 389. — Ce que c'est que l'hippomanès du poulain. *Ibid.* — L'hippomanès du poulain; sa génération et sa nature. P. 395.

HIPPOPOTAME, appartient à l'ancien continent et ne se trouve point dans le nouveau. L'espèce n'en est pas nombreuse; il n'habite que les grands fleuves de l'Afrique et de l'Inde. T. III, p. 47. — Temps auquel on a commencé à avoir quelque connaissance précise au sujet de cet animal. P. 307. — Son cri de douleur ressemble plus au mugissement d'un buffle qu'au hennissement du cheval. *Ibid.* — L'hippopotame a la peau très-épaisse et très-dure, et presque impénétrable. P. 308. — Sa description; erreurs des anciens. *Ibid.* — Il n'a pas les dents saillantes hors de la gueule, quoiqu'elles soient énormément grandes. *Ibid.* — Ses mesures et ses dimensions. *Ibid.* et suiv. — Il a quarante-quatre dents; les canines sont d'une substance plus belle que l'ivoire. P. 309 et 310. — Il ne produit qu'un petit. P. 310. — Le mâle est d'un tiers plus grand que la femelle. *Ibid.* — L'hippopotame a le corps plus long et aussi gros que le rhinocéros. P. 311 et 312. — Usage que l'on fait des dents de l'hippopotame. P. 313. — Ses dents de devant ont jusqu'à quinze pouces de longueur, et ses dents molaires sont si grosses que quelques-unes pèsent jusqu'à trois livres. *Ibid.* — Hippopotame, son naturel et ses mœurs. P. 314. — Il est très-pesant, et ne peut marcher que lentement; mais il nage très-vite. *Ibid.* — Il se tient longtemps au fond de l'eau et y marche comme en plein air. *Ibid.* — Sa nourriture et ses habitudes naturelles. *Ibid.* — Ouverture énorme de sa gueule. P. 315. — L'espèce paraît confinée aux grands fleuves de l'Afrique. *Ibid.* et suiv. — L'hippopotame est aujourd'hui très-rare en Égypte. P. 316 et 317. — Il ne se trouve pas dans les climats tempérés, ni dans les climats du nord; ceux qui l'ont écrit se sont trompés et ont confondu l'hippopotame avec le morse ou vache marine. P. 317. — Il séjourne dans les fleuves et dans les lacs d'eau douce, et non pas dans la mer. P. 319. — Le mâle et la femelle se quittent rarement. *Ibid.*

HIPPOPOTAME. Grand nombre de ces animaux dans le lac Tzana, dans la haute Abyssinie, à peu de distance des vraies sources du Nil. Quelques-uns de ces animaux ont jusqu'à vingt pieds de longueur, selon M. le chevalier Bruce. *Add.*, t. IV, p. 459. — Relation au sujet d'un hippopotame tué sur la côte de Louangue, en Afrique. *Ibid.* — Description de l'hippopotame, par M. Allamand. P. 460. — Autre description de cet animal, par M. Klockner. P. 461. — Passage remarquable de Diodore de Sicile. *Ibid.* — Et observation sur sa peau, par le même auteur P. 462. — Le nombre des dents de l'hippopotame est ordinairement de trente-six, et même quelquefois de quarante-quatre; mais souvent d'un moindre nombre, surtout lorsque ces animaux sont jeunes. *Ibid.* et suiv.

HIPPOPOTAME, *jeune hippopotame.* Sa description *Add.* t. IV, p. 458 et suiv.

HIPPOPOTAME. On a remarqué, dans les petites figures de fonte tirées des anciens tombeaux trouvés en Sibérie, celles de l'hip-

popotame et du chameau, ce qui prouve que ces animaux, qui sont actuellement étrangers à cette contrée, y étaient connus autrefois. *Add.*, t. IV, p. 443. — Les hippopotames sont en grand nombre dans les terres de l'Afrique, à une certaine distance du cap de Bonne-Espérance; exemple d'une chasse où l'en en a tué plus de vingt sur une rivière, à peu près à 7 degrés de longitude à l'est du Cap, et à 30 degrés de latitude méridionale. P. 468. — Description des parties extérieures de l'hippopotame. Sa longueur est communément de onze à douze pieds dans l'intérieur des terres du Cap. Ainsi les hippopotames de cette partie de l'Afrique sont bien plus petits que ceux du Nil, qui, selon Zerenghi, avaient plus de seize pieds. Le nombre des dents varie dans ces animaux. *Ibid.* et 469. — La longueur de leur queue varie aussi. P. 469. — Les testicules ne sont pas renfermés dans un *scrotum* extérieur, mais sont sous la peau du ventre. La femelle a un *follicule* au-dessous de la vulve; elle n'a point de mamelles pendantes, mais seulement deux petits mamelons. Son lait est aussi bon et aussi doux que celui de la vache. P. 470. — Description des pieds et de quelques parties intérieures de l'hippopotame. *Ibid.* — Il n'a qu'un estomac et ne rumine point. Il est presque certain qu'il ne mange pas de poissons et qu'il ne vit que d'herbes. Il entre dans la mer jusqu'à plus de deux lieues de distance. *Ibid.* et suiv. — Mais il préfère habiter les eaux douces. Ses habitudes naturelles et ses combats. Les femelles ne produisent qu'un petit. P. 471 et suiv. — Description d'un fœtus d'hippopotame. La chair des hippopotames, et surtout des jeunes, est fort bonne à manger, particulièrement celle des pieds et de la queue. Dimensions prises sur deux hippopotames mâle et femelle. P. 472.

HISTOIRE NATURELLE. Manière de l'étudier : on doit commencer par voir beaucoup et revoir souvent. T. I, p. 2. — L'attention scrupuleuse, toujours utile lorsqu'on sait beaucoup, est souvent nuisible à ceux qui commencent à s'instruire. *Ibid.* — Il faut aussi voir presque sans dessein, pour que l'esprit s'exerce dans toute son étendue et puisse former de lui-même la chaîne de ses idées. P. 2 et 3. — C'est l'étude des philosophes, la source des autres sciences physiques, et la mère de tous les arts. P. 15.

HISTOIRE *des Animaux*, par Aristote, est ce que l'on avait avant nous de mieux fait dans ce genre. Exposition du plan de cet ouvrage d'Aristote. T. I, p. 22 et suiv. — La cause la plus générale des équivoques et des incertitudes qui se sont si fort multipliées en histoire naturelle, c'est la nécessité où l'on s'est trouvé de donner des noms inconnus aux productions inconnues du Nouveau-Monde. T. III, p. 15.

HOLLANDE, *Nouvelle-Hollande*. Description des habitants de la Nouvelle-Hollande, d'après le capitaine Cook. *Add.*, t. II, p. 296 et suiv.

HOLLANDE. Continent de la Nouvelle-Hollande. Ce continent est plus étendu que celui de l'Europe, et il est situé sous un ciel encore plus heureux; mais on n'en connaît que les côtes. *Add.*, t. II, p. 297.

HOMÈRE. Voyez *Génie d'Homère*.

HOMME. Doit à certains égards se ranger lui-même dans la classe des animaux, auxquels il ressemble par tout ce qu'il a de matériel. T. I, p. 6. — Les ouvrages des hommes, quelque grands qu'ils puissent être, ne tiendront jamais qu'une bien petite place dans l'histoire de la nature. P. 296. — Nature de l'homme. T. II, p. 1 et suiv. — L'homme, dans les premiers temps après sa naissance, est plus faible qu'aucun des animaux. P. 9. — Description de l'homme. P. 17 et suiv. — Le corps de l'homme est à proportion plus fort que celui des animaux. P. 65. — Il est aussi capable de résister à un mouvement plus long; preuves et exemples à ce sujet. P. 66. — Hommes à queue. P. 153 et suiv. — Race d'hommes à grosses jambes au Malabar et à Ceylan. P. 160. — Race d'hommes appelés *Bedas* dans l'île de Ceylan. *Ibid.* — Race d'hommes la plus belle de la terre en Géorgie, Circassie, Mingrélie et Cachemire. P. 170. — Causes générales des variétés qui se voient parmi les hommes, tant pour la couleur que pour la figure. P. 177. — Ouvrages de l'homme, comparai-

son des ouvrages de l'homme et des œuvres de la nature. T. IV, p. 12 et 13. — L'homme intérieur est double, il est composé de deux principes différents. T. II, p. 346. — Dans l'espèce humaine, le climat et la nourriture n'ont pas d'aussi grandes influences que dans les animaux ; raison de cette différence. P. 393. — L'homme peut non-seulement faire servir à ses besoins, à son usage, tous les individus de l'univers ; mais il peut encore, avec le temps, changer, modifier et perfectionner les espèces, et c'est le plus beau droit qu'il ait sur la nature. P. 479. — L'homme est moins fait pour penser que pour agir, pour raisonner que pour jouir. P. 510. — Lui seul immole et anéantit plus d'êtres vivants que tous les animaux carnassiers n'en dévorent. P. 552. — L'homme ne s'est jamais borné à vivre d'herbes, de graines ou de fruits; il a dans tous les temps, aussi bien que la plupart des animaux, cherché à se nourrir de chair. P. 565. — L'espèce humaine n'a jamais existé sans former des familles, puisque les enfants périraient s'ils n'étaient secourus et soignés pendant plusieurs années. P. 567. — L'état de l'homme dans la pure nature est un état connu ; c'est le sauvage vivant dans le désert, mais vivant en famille, connaissant ses enfants, connu d'eux, usant de la parole et se faisant entendre. *Ibid.* — Comparaison des actes purement individuels dans l'homme, et des actes qui supposent le secours de la société. P. 648. — La nature de l'homme s'est prêtée à tous les climats et à toutes les situations; il ne paraît affecter aucun climat particulier. T. III, p. 1. — L'homme dans l'état sauvage n'est qu'une espèce d'animal incapable de commander aux autres, et qui n'a point d'idées de sa puissance réelle et de sa supériorité de nature sur tous les animaux, qu'il ne cherche point à se subordonner. P. 31 et 32.

HOMME (l') *sauvage du Nouveau-Monde*, a peu d'ardeur pour sa femelle; il est moins fort de corps que l'Européen, moins sensible, et cependant plus craintif et plus lâche. T. III, p. 42. — L'homme est le seul de tous les êtres capable de connaître et digne d'admirer. Dieu l'a fait spectateur de l'univers, et témoin de ses merveilles. L'étincelle divine dont il est animé le rend participant aux mystères divins; c'est par cette lumière qu'il pense et réfléchit, c'est par elle qu'il voit et lit dans le livre du monde, comme dans un exemplaire de la Divinité. P. 299. — L'homme, fait pour adorer le Créateur, commande à toutes les créatures; vassal du ciel, roi de la terre, il l'ennoblit, la peuple et l'enrichit; il embellit la nature même, il la cultive, l'étend et la polit, en élague le chardon et la ronce, y multiplie le raisin et la rose. P. 299. — L'homme, maître du domaine de la terre, en partage l'empire avec la nature. Cependant il ne règne que par droit de conquête; il jouit plutôt qu'il ne possède ; il ne conserve rien que par des soins toujours renouvelés. Les temps où l'homme perd son domaine, les siècles de barbarie pendant lesquels tout périt, sont toujours préparés par la guerre. L'homme, qui ne peut que par le nombre, qui n'est fort que par sa réunion, qui n'est heureux que par la paix, a la fureur de s'armer pour sa ruine et de chercher à s'entre-détruire ; et après ces jours de sang et de carnage, lorsque la fumée de la gloire s'est dissipée, il voit d'un œil triste son bonheur ruiné et sa puissance réelle anéantie. L'homme en venant au monde arrive des ténèbres l'âme aussi nue que le corps, il naît sans connaissance comme sans défense. D'abord il reçoit tout de la nature et ne lui rend rien ; mais dès que ses sens sont affermis, dès qu'il peut comparer ses sensations, il se réfléchit vers l'univers. L'homme instruit n'est pas un simple individu, il représente en grande partie l'espèce humaine entière. P. 300 et 301. — Dégénération dans l'espèce humaine. Les altérations de nature ne sont que superficielles. Toutes les races ne font que le même homme. T. IV, p. 110. — Il y a plus de force, plus d'étendue et plus de flexibilité dans la nature de l'homme que dans celle de tous les autres êtres. Raisons de cette force et de cette étendue dans la nature de l'homme. *Ibid.* — L'homme, s'il était contraint d'abandonner les climats qu'il a autrefois envahis pour se réduire à son pays natal, reprendrait avec le temps ses traits

originaux, sa taille primitive et sa couleur naturelle. P. 111. — Altérations qui arrivent à l'homme par l'influence du climat. Autres altérations par l'influence de la nourriture. P. 112.

HOMME *sage*. Considération et portrait de l'homme sage. T. II, p. 334.

HOMMES *acéphales*, *cynocéphales*. Sur quoi est fondé ce qu'en ont dit les anciens. T. II, p. 208.

HOMME. La multiplication des hommes est beaucoup plus grande dans les peuples policés et bien gouvernés que dans les peuples sauvages. *Add.*, t. IV, p. 205. — Et leur nombre est devenu mille fois plus grand que celui d'aucune autre espèce d'animaux puissants. P. 210. — Il ne faut que du temps à l'homme pour tout connaître; il pourrait même, en multipliant ses observations, voir et prévoir tous les phénomènes, tous les événements de la nature avec autant de vérité et de certitude que s'il les déduisait immédiatement des causes. P. 211.

HOMME. Les limites de la grandeur du corps de l'homme, y compris les géants et les nains, s'étendent depuis deux pieds et demi jusqu'à huit pieds. *Add.*, t. II, p. 233 et 234. — Poids du corps de l'homme, relativement à sa grandeur. P. 231 et 233.

HOMME. Chaleur que l'homme et les animaux peuvent supporter. Voyez *Chaleur*.

HOMME. Nourriture de l'homme. Voyez *Nourriture*.

HOMMES. Preuves que la différence des couleurs dans les hommes dépend absolument de la différence des climats. T. II, p. 194 et suiv. — La multiplication des hommes tient plus à la société qu'à la nature. P. 199.

HOMMES *blancs* dans l'isthme de l'Amérique. T. II, p. 204 et 205.

HOMMES *blancs*. Réflexions sur l'origine de ces hommes à cheveux et sourcils blancs, qui se trouvent également aux grandes Indes, à Ceylan, dans l'isthme de l'Amérique et même parmi les Nègres. T. II, p. 205 et 206. — Couleur des hommes : le blanc paraît être la couleur primitive de la nature. Preuves de cette présomption. P. 206. — Les hommes qui sont d'un blond blanc ont ordinairement les yeux faibles. *Ibid.*

HOMMES *noirs*. Pourquoi l'on trouve les hommes plus noirs sur les côtes occidentales de l'Afrique. T. II, p. 215. — Pourquoi l'on trouve des hommes noirs dans la terre des Papous. P. 216. — Il y a autant de variétés dans la race des noirs que dans la race des blancs. P. 180. — Les hommes noirs peuvent se réduire à deux races principales, celle des Nègres et celle des Caffres. *Ibid.*

HOMMES d'une grosseur extraordinaire; quelques exemples à ce sujet. *Add.*, t. II, p. 231 et suiv.

HOMMES BLAFARDS (les) diffèrent de tous les autres hommes, blancs, noirs, rouges et basanés. *Add.*, t. II, p. 298. — Ces blafards forment plutôt des branches stériles de dégénération qu'une tige ou vraie race dans l'espèce humaine. Les blafards mâles sont inhabiles à la génération, tandis que leurs femelles blafardes peuvent produire avec les Nègres. *Ibid.* — Il paraît qu'il y a différentes espèces ou variétés dans les blafards, suivant les différents climats. *Ibid.* et suiv.

HOMMES GAUCHERS (les), qui naturellement se servent de la main gauche de préférence à la main droite, pourraient bien avoir le poumon gauche plus grand et composé de plus de lobes que le poumon droit. *Add.*, t. II, p. 309.

HOTTENTOTS (les) ne sont pas de la race des Nègres, mais de celle des Cafres. T. II, p. 189. — Description des Hottentots. P. 190. — Les femmes ont une excroissance de peau sur l'os pubis, qui leur sert de tablier et descend jusqu'au milieu des cuisses. *Ibid.* — Cérémonie de la castration chez les Hottentots; ils retranchent un testicule à tous leurs enfants mâles. P. 191. — Comparaison de l'Hottentot au singe. T. IV, p. 17. — Quelque ressemblance qu'il y ait entre l'Hottentot et le singe, l'intervalle qui les sépare est immense, puisqu'à l'intérieur il est rempli par la pensée et au dehors par la parole. P. 18.

HOTTENTOTES. Le prétendu tablier des femmes hottentotes n'existe pas tel que les voyageurs l'ont décrit; mais cela est remplacé par une autre difformité. *Add.*, t. II, p. 272 et suiv.

Huitres. Prompte et nombreuse multiplication des huîtres. T. i, p. 144. — Il y a dans l'espèce des huîtres des individus féconds et d'autres individus qui ne le sont pas. Les individus féconds se distinguent à cette bordure déliée qui environne le corps de l'huître, et on les appelle les *mâles*. P. 171.

Hyène, appartient à l'ancien continent et ne se trouve point dans le nouveau. T. iii, p. 27. — Ressemblance et différence du chacal et de l'hyène. P. 86. — L'hyène fouille les sépultures et en tire les cadavres pour les dévorer. *Ibid.* — Ses ressemblances et ses différences avec le glouton. *Ibid.* — Ses ressemblances et ses différences avec la civette. *Ibid.* — Ses ressemblances et ses différences avec le babouin. *Ibid.*, et 87. — Les noms *hyæna* et *glanus* employés par Aristote ne désignent pas deux animaux différents. P. 87. — L'hyène est un animal solitaire qui ne va pas en troupe comme le chacal. P. 89. — Elle a les oreilles longues et nues, et quatre doigts à tous les pieds. *Ibid.* — Ses caractères particuliers qui la distinguent de tous les autres animaux. P. 90. — L'hyène a comme le blaireau une ouverture sous la queue qui ne pénètre pas dans l'intérieur du corps. *Ibid.* — Habitudes naturelles de l'hyène. P. 91. — C'est un animal de proie; sa force et sa férocité. *Ibid.* — Fables et histoires absurdes au sujet de l'hyène. P. 91 et 92.

Hyène. Cet animal étant apprivoisé de jeunesse, peut devenir traitable et fort doux. *Add.*, t. iv, p. 333. — Les hyènes ont toutes un défaut singulier, c'est qu'au moment où on les force à se mettre en mouvement elles sont boiteuses de la jambe gauche. P. 334.

Hyène *de l'île de Méroé.* Il se trouve dans cette île, qui est près de la Nubie, une hyène plus grande et plus forte que l'hyène ordinaire. *Add.*, t. iv, p. 334.

Hymen. Membrane de l'hymen. Opinions pour et contre l'existence de cette membrane. T. ii, p. 35 et 36.

I

Idées (nos), quelque générales qu'elles puissent être, ne comprennent pas les idées particulières de toutes les choses existantes et possibles. T. i, p. 18. — L'idée fondamentale de l'explication du système du monde est d'avoir pensé que la même force qui fait tomber les graves sur la terre est aussi celle qui retient la lune dans son orbite. P. 30. — Notions précises des idées simples et des idées composées. P. 444. — Nos idées, bien loin de pouvoir être les causes des choses, n'en sont que les effets, et des effets très-particuliers. P. 467. — Nos idées générales ne sont que des méthodes artificielles que nous nous sommes formées pour rassembler une grande quantité d'objets dans le même point de vue, et elles ont, comme toutes les méthodes, le défaut de ne pouvoir jamais tout comprendre; elles sont de même opposées à la marche de la nature, qui se fait uniformément, insensiblement et toujours particulièrement; en sorte que c'est pour vouloir comprendre un trop grand nombre de choses dans un seul mot que nous n'avons plus une idée claire de ce que ce mot signifie. P. 568.

Iles (les) ne sont en général que des sommets de montagnes. T. i, p. 36. — Le nombre des îles est moins considérable dans les mers septentrionales que dans les mers du midi. P. 49. — Il y a des îles qui ne sont précisément que des pointes de montagnes, comme l'île Sainte-Hélène, l'île de l'Ascension, etc. P. 166. — Il y a fort peu d'îles dans le milieu des mers, et elles sont au contraire en très-grand nombre dans le voisinage des terres. P. 293.

Iles *nouvelles.* Deux espèces d'îles nouvelles; les premières formées par les eaux, et les autres par les feux souterrains. T. i, p. 288 et suiv. — Description de la manière dont s'est formée une île nouvelle par l'action des feux souterrains. *Ibid.* — Les îles produites par les feux souterrains se forment toujours dans le voisinage des autres îles ou des côtes, et il n'y a pas d'exemples qu'il se soit formé d'îles nouvelles par cette cause à une distance considérable des terres. P. 292. — Formation des îles nouvelles par le dépôt des eaux et par l'abaissement ou l'abandon des eaux de la mer. P. 292 et 293.

IMAGINATION (l') de la mère ne peut produire aucun effet intérieur ni extérieur sur le corps du fœtus; preuve de cette négation. T. I, p. 644 et suiv. — Deux sortes d'imagination dans l'homme. T. II, p. 345.

IMITATION (l') est de tous les résultats de la machine animale le plus admirable; c'en est le mobile le plus délicat et le plus étendu, c'est ce qui copie de plus près la pensée. T. II, p. 354. — Développement des différentes causes qui, dans les animaux, produisent l'imitation. P. 355. — Talent de l'imitation, suppose l'organisation la plus parfaite, les dispositions du corps les plus heureuses, mais rien ne lui est plus opposé qu'une forte dose de bon sens. P. 355 et 356. — Les animaux doivent s'imiter beaucoup plus parfaitement que ne font les hommes. P. 356.

IMPULSION. La force d'impulsion s'exercerait dans la tangente de l'orbite des planètes si la force d'attraction cessait un instant; elle a certainement été communiquée aux astres en général par la main de Dieu, lorsqu'il donna le branle à l'univers. T. I, p. 68. — On peut, dans le système solaire, rendre raison de la force d'impulsion d'une manière vraisemblable et qui s'accorde avec les phénomènes. *Ibid.* — La cause de l'impulsion ou de tel autre principe mécanique reçu, sera toujours aussi impossible à trouver que celle de l'attraction ou de telle autre qualité générale qu'on pourrait découvrir. P. 453. — L'impulsion dépend de l'attraction, on peut le démontrer, parce que le mouvement ne peut se communiquer que par le ressort; que le ressort ne peut s'exercer qu'en supposant la cohérence des parties et que cette cohérence n'existe que par l'effet de l'attraction. T. III, p. 422 et 423. — S'il n'y avait pas de ressort dans la matière, il n'y aurait nulle force d'impulsion; explication de la manière dont on doit concevoir que le mouvement passe d'un corps dans un autre. P. 423.

INCLINAISON. Cause de l'inclinaison des couches de la terre et des bancs de rochers dans les montagnes; exemples à ce sujet. *Add.*, t. I, p. 355 et 356. — Cette disposition est accidentelle et provient de l'affaissement des cavernes qui soutenaient partie de ces montagnes. Exemples à ce sujet. P. 356.

INCUBATION. Après six heures d'incubation, on voit dans la cicatricule de l'œuf la tête de l'embryon du poulet jointe à l'épine du dos; à douze heures d'incubation, on distingue aisément les vertèbres; à dix-huit heures la tête a grossi et l'épine dorsale s'est allongée; à vingt-quatre heures, la tête du poulet paraît s'être recourbée; les vertèbres sont disposées des deux côtés du milieu de l'épine, comme de petits globules, et presque dans le même temps on voit paraître le commencement des ailes; à trente-huit heures d'incubation on distingue dans la tête trois vésicules entourées de membranes qui enveloppent aussi l'épine du dos; à quarante heures, on voit le poulet vivant; les ébauches des yeux paraissent, le cœur bat et le sang circule. T. I, p. 487 et 488.

INDIVIDUS. Il n'existe réellement dans la nature que des individus, et les genres, les ordres et les classes n'existent que dans notre imagination. T. I, p. 19 et 20. — Dans les animaux comme dans les plantes, le nombre d'individus est beaucoup plus grand dans le petit que dans le grand; l'espèce des mouches est peut-être cent millions de fois plus nombreuse que celle de l'éléphant, et de même il y a en général beaucoup plus d'herbes que d'arbres, plus de chiendents que de chênes. P. 431.

INFÉCONDITÉ (l') absolue a été mal à propos attribuée aux mulets provenant d'espèces mélangées dans les animaux, dans les oiseaux et même dans les végétaux. Raison de cette erreur. Il n'y a de différence que du plus ou moins d'infécondité; mais aucun individu, quoique provenant de deux espèces différentes, n'est absolument infécond. T. IV, p. 202 et 203. — Exposition des causes de l'infécondité plus ou moins grande dans les animaux d'espèces mixtes. P. 208.

INFIBULATION pour les garçons et pour les filles T. II, p. 29. — *Infibulation* des filles et des femmes; manière dont se fait cette opération. P. 39.

INFINI. Progrès à l'infini; développement à l'infini; origine et examen de ces idées.

T. I, p. 439. — L'idée de l'infini ne peut venir que de l'idée du fini. *Ibid.* — De la même manière que l'on peut démontrer que l'infini géométrique n'existe point, on s'assurera que le progrès à l'infini n'existe point non plus, et que ce n'est qu'une idée d'abstraction. *Ibid.*

Inondations. Réflexions sur les inondations. T. I, p. 485 et 486. — Les inondations sont ordinairement plus grandes dans les parties supérieures des fleuves que dans les parties inférieures et voisines de leur embouchure. Raisons de cet effet. P. 486. — Inondations du Nil. *Ibid.* — Inondations périodiques dans les grands fleuves. P. 494. — Les inondations du Nil sont plus petites aujourd'hui qu'autrefois. *Ibid.*

Insectes. Raison de la prodigieuse multiplication des insectes. T. I, p. 592. — Idée nouvelle au sujet de la métamorphose des insectes. Raison de leur transformation. Raison pourquoi le papillon ne produit pas des papillons et qu'il produit des chenilles. P. 597 et 598. — La plupart des insectes s'épuisent entièrement par la génération et meurent peu de temps après. P. 599.

Instinct *des animaux*, paraît plus sûr que la raison de l'homme, et leur industrie plus admirable que ses arts. T. I, p. 6. — L'instinct n'est que le produit de toutes les facultés tant intérieures qu'extérieures de l'animal. T. III, p. 173.

Insulaires. Description des insulaires de la mer du Sud, d'après le commodore Byron. *Add.*, t. II, p. 290 et suiv. — D'après le capitaine Carteret. P. 291. — D'après Samuel Wallis. P. 291 et suiv. — D'après M. de Bougainville. P. 292 et suiv. — D'après le capitaine Cook. P. 293 et suiv.

Intempérance (l') détruit et fait languir plus d'hommes, elle seule, que tous les autres fléaux de la nature humaine réunis. T. II, p. 335.

Iris de l'œil. Comment l'iris est composé et nuancé de différentes couleurs dans l'œil de l'homme. T. II, p. 49 et 50.

Irlande. On trouve en Irlande les mêmes fossiles, les mêmes coquillages et les mêmes productions marines que l'on trouve en Amérique, dont quelques-unes sont différentes de celles qu'on trouve dans le reste de l'Europe. T. I, p. 327.

Isatis, *animal du Nord* dont l'espèce paraît être intermédiaire entre le renard et le chien. Il a été regardé comme une variété dans l'espèce du renard. On l'a nommé *renard croisé*, *renard bleu*, *renard blanc;* mais il paraît certain que c'est une espèce différente de celle du renard. T. III, p. 485 et 486. — L'isatis se trouve très-communément dans toutes les terres voisines de la Mer Glaciale, et ne se trouve que peu ou point du tout en deçà du soixante-neuvième degré. Il ressemble au renard par la forme du corps et par la longueur de la queue, et au chien par la forme de la tête. Description de l'isatis, tant à l'intérieur qu'à l'extérieur. P. 486.— Sa voix tient de l'aboiement du chien et du glapissement du renard; sa fourrure est très-belle et très-recherchée, il y en a de blancs et d'autres bleu-cendré, et cette différence de couleur n'est qu'une variété dans l'espèce. T. III, p. 486.—Terres que cet animal habite. Sa manière de s'accoupler. Le temps où il entre en chaleur. La durée de la gestation; la manière dont il se retire dans un terrier. Il produit ordinairement six, sept ou huit petits. Pourquoi on l'a appelé *renard croisé*. P. 486 et 487. — Ses habitudes naturelles, sa manière de chasser et de se nourrir. Il a pour ennemi le glouton. Il se trouve dans l'Amérique septentrionale. P. 487.

Isatis (les) ou **Cossacs** sont très-communs dans les grands déserts de Tartarie. Description d'un de ces animaux. *Add.*, t. IV, p. 326.

Ivoire *fossile*. Différents faits curieux sur l'ivoire fossile. T. III, p. 216 et suiv.

J

Jaguar, animal de proie du nouveau continent; ses différences d'avec la panthère. T. III, p. 18 et 19. — Comparaison de cet animal avec l'once, la panthère et le léopard. P. 73. — Habitudes naturelles du jaguar. P. 74. — Il varie par les couleurs du poil. P. 75.

Jaguar. Variétés dans l'espèce de cet animal. *Add.*, t. IV, p. 335 et suiv.

Jaguar *de la Guiane*. Observations sur les jaguars de la Guiane, par M. Sonnini de Manoncour. Les jeunes individus, dans ces animaux, ont le poil lisse et non pas crêpé. *Add.*, t. iv, p. 335. — Et les grands jaguars excèdent les dimensions que je leur avais données. Habitudes naturelles de ces animaux. P. 335 et 336.

Jaguar *de la Nouvelle-Espagne*. Courte description de cet animal. *Add.*, t. iv, p. 337.

Jaguarète, animal de proie du nouveau continent; ses différences avec le jaguar. T. iii, p. 75.

Jaguarète. Voyez *Couguar noir*. On l'appelle à Cayenne *tigre noir*. *Add.*, t. iv, p. 338.

Jalousie, différence de cette passion dans l'homme et dans les animaux. T. ii, p. 352.

Japonais, sont de la même race que les Chinois; ils ont seulement le teint plus basané, parce que leur climat est plus chaud. T. ii, p. 147.

Jeunes gens (les) qui s'épuisent par des irritations forcées commencent par cesser de croître, maigrissent et tombent dans le marasme; raison de cet effet. T. i, p. 462 et 463.

Jeunesse. Peinture des passions dans la jeunesse, et de leurs effets. T. ii, p. 348.

Jevraschka, est une espèce de marmotte en Sibérie, plus petite que le monax ou marmotte du Canada, qui est elle-même plus petite que la marmotte des Alpes. Description du jevraschka, ses habitudes naturelles, sa voix, sa multiplication, etc. T. iii, p. 455 et 456.

Jocko. Description du jocko, de ses habitudes naturelles, de tous les mouvements et de toutes les actions par lesquelles il paraît imiter l'homme. T. iv, p. 28 et 29.

Jocko. Le singe décrit sous ce nom était un jeune pongo. *Add.*, t. iv, p. 71. — Description de cette petite espèce d'orang-outang. P. 77 et suiv. — Habitudes naturelles d'une femelle de cette espèce. P. 78 et suiv.

Jumarts, qu'on a dit provenir du taureau et de la jument, ne sont que des bardots, c'est-à-dire des petits mulets provenant du cheval et de l'ânesse. La nature du taureau est trop éloignée de celle de la jument pour qu'ils puissent produire ensemble. T. iv, p. 129.

Jumart. Tout ce qu'on raconte au sujet des jumarts paraît fort suspect. T. iv, p. 193 (note *b*). — Nous ne sommes point en état de prononcer sur l'existence réelle de cette espèce de mulet; discussions à ce sujet. En Barbarie, on les appelle *kumrach*. P. 211. — On prétend qu'il y en a de trois espèces : la première qu'on dit provenir du taureau et de la jument, la seconde de l'âne et de la vache, et la troisième du taureau et de l'ânesse. *Ibid.*

Jument. Manière de reconnaître le vrai temps de la chaleur des juments, et de leur donner l'étalon. T. ii, p. 387. — Le premier poulain d'une jument n'est jamais si étoffé que ceux qu'elle produit par la suite. P. 390. — Manière de conduire les juments dans le temps de la gestation. P. 395. — Elles portent ordinairement onze mois et quelques jours; elles accouchent debout. *Ibid.* — Dans un haras, il s'en faut beaucoup que toutes les juments qui ont été couvertes produisent tous les ans; c'est beaucoup lorsque, dans la même année, il s'en trouve la moitié ou les deux tiers qui donnent des poulains. P. 395. — Les juments, quoique pleines, peuvent souffrir l'accouplement, et cependant il n'y a jamais de superfétation. *Ibid.* — Elles produisent ordinairement jusqu'à l'âge de quatorze ou quinze ans. *Ibid.*

Jument. Son accouplement avec le taureau sans aucune production. T. iv, p. 212.

K

Kabardinski, petit peuple d'une beauté singulière au milieu des Tartares, qui sont extrêmement laids. T. ii, p. 144.

Kabassou, espèce de tatou qui a douze bandes mobiles sur le dos; sa description et ses caractères spécifiques. T. iii, p. 146 et 147. — Il a la queue nue et sans têt, ce qui lui est particulier, tous les autres tatous ayant la queue couverte d'un têt comme le

corps. P. 146. — Il a une odeur de musc. P. 150.

KAMTSCHADALES. Comparaison des Kamtschadales avec les Groënlandais, les Lapons et les habitants de la côte septentrionale de l'Amérique, vis-à-vis Kamtschatka. *Add.*, t. II, p. 266. — Les Kamtschadales qui habitent les terres orientales et septentrionales de Kamtschatka, ressemblent parfaitement aux Américains des contrées situées sous le même parallèle. P. 287 et suiv.

KAMTSCHATKA. Nouvelles découvertes faites aux environs de Kamtschatka, qui démontrent que le continent de l'Asie est pour ainsi dire contigu au continent de l'Amérique sous le cercle polaire. *Add.*, t. II, p. 287.

KANGUROS, espèce de grosse gerboise qui se trouve dans les terres australes de la Nouvelle-Hollande. *Add.*, t. II, p. 297.

KÉBOS ou KÉPOS, nom que les anciens Grecs ont donné aux guenons, c'est-à-dire aux singes à longue queue. T. IV, p. 5.

KEVEL, espèce de gazelle qui se trouve au Sénégal. T. III, p. 356. — Sa description et ses différences avec la gazelle commune. *Ibid.* — Le kevel n'est qu'une variété dans l'espèce de la gazelle commune. P. 357.

KINKAJOU. Cet animal est différent du carcajou. *Add.*, t. IV, p. 274. — Description et habitudes naturelles de cet animal dans l'état de domesticité. *Ibid.* — Il n'a rien de commun avec le carcajou que de se jeter comme lui sur les orignaux. Il se trouve dans les montagnes de la Nouvelle-Espagne et à la Jamaïque, où on l'appelle *poto*. P. 278.

KINKAJOU. Nouvelle addition à son article. *Add.*, t. IV, p. 279.

KLIPDAS, nom de l'animal appelé aussi marmotte du cap de Bonne-Espérance. *Add.*, t. IV, p. 456. — Habitudes de ce quadrupède. P. 457 et suiv.

KOB ou *petite vache brune du Sénégal*, espèce de gazelle; sa description. T. III, p. 359.

KOBA ou *grande vache brune du Sénégal*, espèce de gazelle; sa description. T. III, p. 359.

KOB et KOBA. Leurs différences. Ce sont deux races ou variétés de la même espèce. *Add.*, t. IV, p. 379 et suiv.

KORIAQUES et *Kamtschadales*. Description de ces peuples. *Add.*, t. II, p. 264 et suiv. — Leurs comparaisons avec les Samoïèdes, les Lapons et les Groënlandais. *Ibid.*

KORIAQUES sédentaires, Koriaques errants; différences remarquables dans leurs mœurs. *Add.*, t. II, p. 259.

KOULAN. Outre les tarpans ou chevaux sauvages, et les czigithais ou mulets féconds de Daourie, on trouve dans les grands déserts, au delà du Jaïk, du Yemba, du Sarason et dans le voisinage du lac Aral, une troisième espèce d'animal que les Kirghises ou les Kalmouks appellent *koulan*, qui paraît être l'*onagre* des auteurs, et qui semble faire nuance entre le czigithai et l'âne. *Add.*, t. IV, p. 513. — Habitudes naturelles des *koulans*. Ils courent très-rapidement et sont indomptables, et il y en a des troupes très-nombreuses; ils sont plus grands que les chevaux sauvages ou tarpans, mais moins grands que les czigithais. Leur description. *Ibid.*

KOUPARA ou *chien crabe de la Guiane*. Notice au sujet de cet animal. *Add*, t. IV, p. 320.

KOURI, est une petite espèce d'unau qui se trouve à Cayenne. Ses ressemblances avec le grand unau; ses différences. *Add.*, t. IV, p. 425. — Sa description. Il y a apparence que ce petit unau ne forme avec le grand unau qu'une seule et même espèce, qui peut varier pour la grandeur. *Ibid.*

KUMRACH, nom que l'on donne en Barbarie aux mulets ou jumarts qu'on prétend provenir de l'âne et de la vache, suivant le docteur Shaw. *Add.*, t. IV, p. 211.

L

LAC-LUNÆ. Origine du *Lac-lunæ*, autrement dit *Medulla saxi*. T. I, p. 301.

LACS. Quelques lacs ont des correspondances souterraines avec les mers voisines. T. I, p. 38. — Il ne se trouve point de lacs au sommet des plus hautes montagnes. P. 62. — Les uns reçoivent des eaux et en

rendent, d'autres n'en reçoivent ni n'en rendent, et d'autres, sans en recevoir, en rendent continuellement et paraissent être les sources des plus grands fleuves de la terre. P. 62 et 224. — Trois espèces de lacs. Énumération des principaux lacs de chacune des espèces. P. 224 et suiv. — Tous les lacs dont les fleuves tirent leur origine, tous ceux qui se trouvent dans le cours des fleuves ou qui en sont voisins et qui y versent leurs eaux ne sont point salés, et tous ceux au contraire qui reçoivent des fleuves sans qu'il en sorte d'autres fleuves, sont salés. P. 228. — Exposition des lacs doux et des lacs salés, avec les raisons de cette différence. *Ibid.*

Lacs. Tous les lacs dont il sort des fleuves ne sont point salés; tandis que presque tous ceux qui reçoivent des fleuves sans qu'il en sorte, sont imprégnés de sel. *Add.*, t. i, p. 359. — Il y a des lacs dont les eaux étaient autrefois douces, et qui sont à présent salées. P. 367 et suiv.

Laie (la) ou Truie *sauvage*, ne produit qu'une fois par an, et la truie domestique produit deux fois l'année. T. ii, p. 469 et 470. — Elle est en chaleur au mois de janvier ou de février. P. 470. — Comment elle conduit ses petits et combien de temps elle les allaite. *Ibid.*

Laine. Choix de la laine et ses différentes qualités. T. ii, p. 451. — La laine est moins une substance de la nature qu'une production du climat aidée des soins de l'homme. T. iii, p. 281.

Lait. Quelles doivent être les apparences d'un bon lait. T. ii, p. 440.

Lama, appartient au nouveau continent, et n'existait pas dans l'ancien. T. iii, p. 31. — Le lama et le paco ne se trouvent que dans le Nouveau Monde, et n'habitent que les montagnes de l'Amérique méridionale. C'étaient les seuls animaux domestiques des anciens Américains, et les Espagnols s'en servent encore aujourd'hui pour porter les fardeaux dans les montagnes. P. 432 et suiv. — Le Pérou est la vraie patrie des lamas; ils y sont en grand nombre et ils y servent très-utilement; leur chair est bonne à manger, leur poil est une laine d'un bon usage. Ils portent ordinairement cent cinquante ou deux cents livres; ils ne font guère que quatre ou cinq lieues par jour, mais il est vrai que c'est dans des chemins très-difficiles, etc. P. 434. — Les lamas croissent assez vite, et sont en état de produire à l'âge de trois ans, mais ils commencent à dépérir à douze ans; ils sont vieux à quinze; leur naturel paraît être modelé sur celui des Américains, ils sont doux et flegmatiques, etc. P. 435. — Description de la manière dont on les conduit et dont on les nourrit. Leurs autres habitudes naturelles. *Ibid.* — Description du lama et de ses différentes parties. *Ibid.* et 436. — Quoique le lama soit un animal très-lascif, il a cependant beaucoup de peine à s'accoupler. Préludes extraordinaires qui précèdent l'accouplement. P. 436. — Les lamas ne coûtent pour ainsi dire ni entretien ni nourriture; ils sont fort sobres et boivent fort rarement; ils s'abreuvent de leur salive qui est fort abondante. P. 436 et 437. Le lama sauvage, qu'on appelle *huanacus*, se trouve en troupe sur les montagnes du Pérou et du Chili. Habitudes naturelles de ces lamas sauvages; ils sont très-vigoureux dans les parties les plus élevées des Cordilières, mais faibles et languissants dans les parties basses et aux pieds de ces montagnes, où ils ne restent jamais que malgré eux. P. 437. — Comparaison du lama avec le chameau. T. iv, p. 139.

Lama. Sa grandeur. Il semble être un diminutif en beau du chameau; comparaison de ces deux animaux. *Add.*, t. iv, p. 519. — Description du lama. *Ibid.* — Ses dimensions. Son naturel. P. 520. — Ses allures, ses habitudes naturelles. Il n'a pas besoin de boire, ayant une très-grande abondance de salive. Les lamas ne craignent point le froid et marchent en troupes dans leur état de liberté, et ils sont très-aisés à apprivoiser. P. 520 et 521. — Lama est un nom générique que les Indiens du Pérou donnent indifféremment à toutes sortes de bêtes à laine. P. 523. — Le lama produit dans les climats chauds comme dans les climats froids, et dans l'état de domesticité comme dans celui de liberté. La femelle ne fait qu'un petit à chaque portée. Le lama ne

trotte ni ne galope, mais son pas ordinaire est si doux, qu'au Pérou les femmes s'en servent de préférence à toute autre monture; on les envoie paître dans les campagnes en toute liberté, sans qu'ils cherchent à s'enfuir. On les tond une fois l'an. P. 523.

Lamantin. Nous comprenons sous ce nom le lamantin ou manati de Cayenne, de Saint-Domingue, etc., et aussi le lamantin du Sénégal, qui ne paraissent être que deux variétés de la même espèce. T. III, p. 508. — Origine de ce nom. P. 532 (note *c*). — Le lamantin n'est pas entièrement cétacé; sa description détaillée. Il tient aux cétacés par les parties de l'arrière de son corps, et ne tient plus aux quadrupèdes que par les deux pieds ou par les deux mains qui sont en avant à côté de sa poitrine. P. 532 et 533. — Sa description et son histoire d'après Oviedo. P. 533. — Le lamantin ne va jamais à terre, et préfère le séjour des eaux douces à celui de l'eau salée. Sa longueur est de seize à vingt pieds. P. 534. — Il se trouve aux bords de la mer Atlantique et de la mer Pacifique. Il s'accouple dans l'eau, sur un bas-fond. Il broute l'herbe qui croît le long des rivages. P. 535. —Il a la queue horizontale, c'est-à-dire située comme celle des animaux cétacés. Il n'a point de dents de devant, mais il a trente-deux dents molaires; il a les yeux petits et mauvais, mais l'oreille excellente; les femelles ne portent qu'un petit, qu'elles embrassent avec leurs mains, et qu'elles allaitent; leur lait est de bon goût. P. 536. — Il a cinquante-deux vertèbres; sa langue est attachée en dessous presque jusqu'à son extrémité à la mâchoire inférieure. Autre description du lamantin. P. 536 et 537. — Faits historiques au sujet du lamantin. P. 537 et suiv. — L'espèce n'en est pas confinée aux fleuves et aux mers du Nouveau-Monde; il paraît qu'elle existe aussi sur les côtes et dans les rivières de l'Afrique. Description du lamantin du Sénégal. P. 539 et 540. — Le lamantin de Cayenne et le lamantin du Sénégal paraissent être de la même espèce. Faits historiques au sujet des lamantins des différents climats. T. III, p. 540 et 541.

Lamantins (les) forment la nuance entre les amphibies et les cétacés. Quoique informes à l'extérieur, ils sont à l'intérieur très-bien organisés. *Add.*, t. III, p. 583. — Leur naturel et leurs mœurs semblent tenir quelque chose de l'intelligence et des qualités sociales. Ils se tiennent presque toujours en troupes. Ils se prêtent dans le danger de mutuels secours. Le mâle n'a communément qu'une femelle. Leur manière de s'accoupler. Ils ne viennent jamais à terre. Ils ont le trou ovale du cœur ouvert. Ils n'habitent pas les hautes mers et se nourrissent de fucus et d'autres herbes marines. P. 583 et 584. — Leur chair et leur graisse sont également bonnes à manger. Description de quelques-unes de leurs parties extérieures. Ils n'ont que de très-petits trous auditifs et point d'oreilles externes. La partie génitale de la femelle n'est pas située, comme dans les autres animaux, au-dessous, mais au-dessus de l'anus. P. 584. — Caractères généraux et particuliers des différentes espèces de lamantins. P. 584 et 585. — On peut compter cinq espèces de lamantins, savoir : le grand lamantin de Kamtschatka, le grand lamantin des Antilles, le grand lamantin de la mer des Indes orientales et méridionales, le petit lamantin d'Amérique et le petit lamantin du Sénégal. Différences caractéristiques de ces cinq espèces. P. 593 et 594.

Lamantin (grand) *de Kamtschatka.* Il manque absolument de doigts et d'ongles dans les deux mains ou nageoires; il manque aussi de dents, et n'a dans chaque mâchoire qu'un os fort et robuste qui lui sert à broyer les aliments, tandis que les lamantins d'Amérique et d'Afrique ont des doigts et des ongles, et des dents molaires au fond de la gueule. *Add.*, t. III, p. 584 et 585. — Le lamantin de Kamtschatka se trouve dans la mer orientale, au delà de Kamtschatka. Ses habitudes naturelles. P. 585. — La femelle ne produit qu'un petit à la fois, et le temps de la gestation est d'environ un an. P. 586. — Le mâle et la femelle s'accouplent dans l'eau; manière dont ils préludent à l'accouplement. *Ibid.* — Il est plus facile de harponner les lamantins adultes que les petits ou les jeunes; manière dont on les harponne et comment on les tire au rivage. Ils ont le trou ovale du cœur ouvert. P. 586 et 587.

— Ils ne mangent point de poisson, mais seulement des fucus et plusieurs autres herbes. Leur manière de dormir dans l'eau. Ils sont très-gras en été et fort maigres en hiver. Leur graisse est aussi bonne que le beurre. P. 587. — La chair des jeunes est assez bonne à manger. La peau des vieux est très-épaisse; elle est si dure, lorsqu'elle est sèche, qu'on a peine à l'entamer avec la hache. Un lamantin décrit par M. Steller pesait huit milliers, et sa longueur était de vingt-trois pieds; description d'un de ces animaux. Caractères par lesquels le lamantin de Kamtschatka diffère de tous les animaux terrestres ou marins. P. 587 et suiv.

Lamantin (grand) *de la mer des Indes*, paraît être d'une espèce voisine de celle du grand lamantin des Antilles. *Add.*, t. iii, p. 591.

Lamantin (grand) *des Antilles*; ses différences avec le grand lamantin de Kamtschatka. *Add.*, t. iii, p. 590. — Ses dimensions, ses proportions, sa description. *Ibid.* — Ses habitudes naturelles. Les lamantins sont toujours en troupes au voisinage des côtes. P. 590 et 591. — Le grand lamantin des Antilles, ainsi que celui de Kamtschatka, ne fréquentent que la mer et quelquefois les embouchures des fleuves. Il ne produit qu'un petit que la mère embrasse et porte entre ses mains, et qu'elle allaite pendant un an. Les petits ne quittent leur mère que deux ou trois ans après leur naissance. P. 591.

Lamantin (petit) *d'Amérique*. Cette espèce est plus petite, plus nombreuse et plus répandue que celle des grands lamantins; elle fréquente non-seulement les côtes de la mer, mais remonte les rivières à de grandes distances dans les terres de l'Amérique méridionale. *Add.*, t. iii, p. 592. — Ses habitudes naturelles. *Ibid.* — La femelle produit ordinairement deux petits qu'elle porte sous ses deux bras. Attachement réciproque des petits et de la mère. P. 593.

Lamantin (petit) *du Sénégal*. Ses différences et ses ressemblances avec le petit lamantin d'Amérique. *Add.*, t. iii, p. 593 et suiv.

Langue *grecque*, est la plus riche, la plus parfaite de toutes les langues; elle était portée, dès le temps d'Homère, à un grand point de perfection. T. i, p. 21. — On peut estimer l'ancienneté ou la nouveauté d'une langue par la quantité plus ou moins grande des mots et la variété plus ou moins nuancée des constructions. P. 21 et 22.

Lapins. Expériences qui prouvent que les lapins et les lièvres sont d'espèces différentes et qu'ils ne peuvent se mêler. T. ii, p. 548. — La fécondité du lapin est encore plus grande que celle du lièvre, et devient quelquefois incommode et nuisible par le nombre. P. 548 et 549. — Habitudes naturelles du lapin; ses ruses et ses ressources. P. 549.— Le lapin est supérieur au lièvre par l'instinct. *Ibid.* — Les lapins domestiques se dispensent de creuser des terriers, comme les oiseaux domestiques se dispensent de faire des nids. *Ibid.* — Variétés dans les lapins domestiques. P. 549 et 550. — Ils peuvent engendrer et produire à l'âge de cinq ou six mois. La femelle est presque toujours en état de recevoir le mâle; elle porte trente ou trente-un jours, et produit quatre, cinq ou six et quelquefois sept ou huit petits. P. 550. — Manière dont les femelles cachent et élèvent leurs petits. *Ibid.* — Remarques et observations sur les lapins-clapiers, sur leur multiplication, leurs variétés, leurs habitudes et leurs mœurs; les lapins vivent huit ou neuf ans. P. 550 et 551. — Il sont originaires des pays chauds. Anciennement il n'y en avait en Europe que dans la Grèce et en Espagne. P 551.—Ils ne peuvent vivre dans les climats excessivement froids. P. 551 et 552. — Le lapin appartient à l'ancien continent et ne s'est pas trouvé dans le nouveau. T. iii, p. 30.

Laponie. Première découverte des côtes septentrionales de la Laponie. *Add.*, t. ii, p. 262. — Établissement des Danois sur les côtes occidentales de la Laponie, jusqu'au soixante-onzième ou soixante-douzième degré. Établissement des Russes sur la côte orientale de la Laponie, à la même hauteur de soixante-onze ou soixante-douze degrés. P. 263.

Lapons. Leur figure, leur naturel, leurs mœurs et leurs usages. T. ii, p. 438 et suiv.

— Ils mènent une vie très-dure et très-triste, et cependant ne sont jamais malades et parviennent à une vieillesse extrême. P. 140. — Ils sont cependant sujets à la cécité. *Ibid.*

Lapons. Description des Lapons, comparaison de leur figure et de leurs mœurs avec les autres peuples du Nord. *Add.*, t. II, p. 259.

Lard dans différentes espèces d'animaux. T. II, p. 466.

Latax (le) d'Aristote est vraisemblablement l'animal indiqué par Belon sous le nom de *loup-marin*. Raison de cette présomption. T. III, p. 506.

Lavanges. Leurs différentes espèces; exposition de leurs effets, et moyen de s'en garantir. *Add.*, t. I, p. 375 et 376.

Laves. Nature des laves, leur formation, leur écoulement. *Add.*, t. I, p. 386 et suiv. — Différence de la sortie des laves dans les grands et dans les petits volcans. P. 387. — Effets désastreux causés par les torrents de lave. *Ibid.* — Il y a, dans les torrents de lave, un mouvement de plus que dans les torrents d'eau; ce mouvement tend à soulever toute la masse qui coule, et il est produit par la force expansive de la chaleur dans l'intérieur du torrent embrasé. Effets prodigieux de ce mouvement. P. 405. — Les torrents de lave ont jusqu'à deux et trois mille toises de largeur, et quelquefois cent cinquante et même deux cents pieds d'épaisseur. Calcul du temps nécessaire pour le refoidissement des laves. Exemple de laves qui n'étaient pas encore refroidies au bout de quatre ans, et même de huit ans. P. 407. — Les laves se convertissent avec le temps en bonne terre; manière dont se fait cette conversion. P. 409.

Leming. Description détaillée de cet animal. T. III, p. 502. — Il habite ordinairement les montagnes de Norwége et de Laponie; mais il en descend quelquefois en si grand nombre, qu'on regarde l'arrivée de ces animaux comme un fléau terrible : ils dévastent absolument la campagne; ils aboient comme de petits chiens, et mordent le bâton avec lequel on les frappe; ils se creusent de grands terriers. Le mâle est plus grand que la femelle. P. 502 et 503. — Habitudes naturelles du leming; la chair de cet animal est mauvaise et sa fourrure inutile. P. 503.

Léopard. Application équivoque de ce nom; courte description de l'animal auquel nous le donnons. T. III, p. 63. — Origine de ce nom. P. 64. — Habitudes naturelles du léopard. P. 71. — Il ne s'apprivoise pas comme l'once. *Ibid.* — Ses différences d'avec la panthère et l'once. *Ibid.* — Cette espèce paraît être sujette à plus de variétés que celles de la panthère et de l'once. P. 72. — Sa fourrure est précieuse et plus chère que celle de la panthère ou de l'once. P. 73.

Lérot. Le loir demeure dans les forêts et semble fuir nos habitations; le lérot, au contraire, habite nos jardins, et se trouve quelquefois dans nos maisons. T. II, p. 630. — Habitudes naturelles du lérot. P. 630 et 631. — Les lérots s'accouplent au printemps et produisent en été, et font cinq ou six petits qui croissent promptement, mais qui cependant ne produisent eux-mêmes que dans l'année suivante. P. 631. — Leur chair n'est pas mangeable comme celle du loir; ils ne deviennent pas aussi gras, et manquent des feuillets graisseux qui se trouvent dans le loir, et qui enveloppent la masse entière des intestins. *Ibid.* — Ces animaux ne se trouvent pas dans les pays très froids. *Ibid.*

Lérot a queue dorée. Habitudes, description et dimensions de cet animal. *Add.*, t. IV, p. 377.

Lidmée. Grande espèce d'antilope. T. III, p. 362.

Lièvres. L'espèce en est excessivement nombreuse et presque universellement répandue. T. II, p. 539. — Ils sont en état d'engendrer en tout temps et dès la première année de leur vie. P. 542. — Les femelles ne portent que trente ou trente-un jours; elles produisent trois ou quatre petits, et dès qu'elles ont mis bas, elles reçoivent le mâle; elles le reçoivent aussi lorsqu'elles sont pleines, et par la conformation particulière de leurs parties génitales, il y a souvent superfétation. *Ibid.* — Singularités de conformation dans les parties génitales

de la femelle du lièvre, qui fait que souvent on prend la femelle pour un mâle. *Ibid.* — Les petits ont les yeux ouverts en naissant; la mère les allaite pendant vingt jours. *Ibid.* — Habitudes naturelles du lièvre. P. 542 et 543. — Nourriture du lièvre. *Ibid.* — Il ne rumine pas, quoiqu'il ne vive que d'herbes. P. 543. — Les lièvres dorment beaucoup, et dorment les yeux ouverts. *Ibid.* — Mouvement du lièvre dans sa course. *Ibid.* — Les lièvres ne vivent que sept ou huit ans au plus. *Ibid.* — Ils passent leur vie dans la solitude et dans le silence. P. 544. — Ils s'apprivoisent aisément et sont même susceptibles d'éducation, mais ils ne peuvent devenir animaux domestiques, parce qu'ils reprennent leur liberté dès qu'ils en trouvent l'occasion. P. 544. — Instinct et sagacité du lièvre. *Ibid.*— Dans cette espèce, les femelles sont un peu plus grosses que les mâles. P. 545. — Les lièvres des montagnes sont plus grands et plus gros que ceux des plaines. *Ibid.* — Ils deviennent blancs pendant l'hiver dans les pays du Nord. *Ibid.* — Indice par lequel on peut reconnaître de loin un lièvre au gîte. P. 547. — Il y a dans quelques provinces du Nord des lièvres qui ont des cornes ou plutôt des bois assez semblables à celui du chevreuil; causes probables de cet effet. T. IV, p. 121.

LIÈVRE. Dans les Pyrénées, cet animal se creuse des tanières entre les rochers, et se terre comme les lapins; et à l'île de France et au Sénégal, les lièvres sont beaucoup moins gros qu'en Europe. *Add.*, t. IV, p. 410 et 411.

LIÈVRE *sauteur*. Voyez grande gerboise, appelée au cap de Bonne-Espérance *lièvre sauteur.*

LIMAÇON, a des parties propres à la copulation, et chaque individu a en même temps les deux sexes. T. I, p. 595.

LIMON. Formation du limon par le sédiment des pluies, des rosées, etc., c'est la première couche de terre qui environne le globe. T. I, p. 122.

LION. Son caractère et son naturel. T. III, p. 2. — Les lions qui habitent les plus hautes montagnes où la chaleur est moindre, sont moins féroces que ceux qui habitent les plaines, où la chaleur est excessive. *Ibid.* — L'espèce n'en est pas très-nombreuse, et il paraît même qu'elle diminue tous les jours. *Ibid.* — Les lions du désert sont beaucoup plus intrépides et plus courageux que ceux des pays habités. P. 3 — Le lion est susceptible des impressions qu'on lui donne, et se prive jusqu'à un certain point. *Ibid.* — Il s'irrite des mauvais traitements et en conserve le souvenir, comme il conserve aussi la mémoire des bienfaits. P. 4. — Sa colère est noble, son courage magnanime, son naturel sensible. *Ibid.* — Il ne détruit que par nécessité, et ne tue les animaux qu'autant qu'il en a besoin pour se nourrir. T. III, p. 4. — Portrait du lion. *Ibid.* — Sa force prodigieuse et son agilité. *Ibid.* — Il fait mouvoir la peau de sa face et celle de son front. P. 5. — Il a la faculté de remuer sa crinière. *Ibid.* — L'espèce du lion est une des plus nobles, parce qu'elle est unique, et qu'on ne peut la confondre avec aucune autre. P. 6. — Les lions de la plus grande taille ont environ huit ou neuf pieds de longueur, et quatre ou cinq pieds de hauteur. *Ibid.* — Il y a très-peu ou point de variétés dans l'espèce du lion. P. 7. — La crinière du lion n'est pas du crin, mais un long poil lisse; les lionnes n'ont point de crinière. *Ibid.* — L'animal d'Amérique que les Européens ont appelé *lion*, et que les naturels du Pérou appellent *puma*, n'est point un lion. *Ibid.* — Le lion ne se trouve que dans les climats les plus chauds, cependant il peut vivre et subsister assez longtemps dans les climats tempérés. P. 8. — Le lion vit vingt à vingt-cinq ans. P. 9. — Il n'évente pas de loin l'odeur des autres animaux; il ne les chasse qu'à vue, ou il les attend au passage pour se lancer dessus. P. 11 et 12. — On a donné le nom de *guide* du lion ou de *pourvoyeur* du lion à une espèce de lynx. P. 12. — Dans les forêts et les déserts, la nourriture la plus ordinaire du lion sont les gazelles et les singes. *Ibid.* — Il ne grimpe pas sur les arbres, et ne prend les singes que quand ils sont à terre. *Ibid.* — Le lion mange beaucoup à la fois et se remplit pour deux ou

trois jours; il brise les os et les avale avec la chair. *Ibid.* — Il boit toutes les fois qu'il peut trouver de l'eau; il boit en lapant et perd en même temps beaucoup d'eau. *Ibid.* — Il lui faut environ quinze livres de chair crue par jour. *Ibid.* — Son rugissement est différent de son cri ordinaire. *Ibid.* — Il voit la nuit comme le chat; son sommeil est court et léger. P. 13. — Marche, course et autres mouvements du lion. *Ibid.* — Manière dont il saisit sa proie, et quels sont les animaux qu'il cherche de préférence. *Ibid.* — Manière de chasser le lion. P. 13 et 14.

LIONNE (la) est dans toutes ses dimensions d'environ un quart plus petite que le lion. T. III, p. 6. — Elle a quatre mamelles. P. 10. — Lorsqu'elle est en chaleur, elle est suivie de plusieurs mâles qui se battent furieusement entre eux. P. 11. — Elle met bas au printemps, et ne produit qu'une fois tous les ans; elle est terrible lorsqu'elle a des petits. *Ibid.* — Le lion marche rarement pendant l'ardeur du jour, et c'est la nuit qu'il fait toutes ses courses. P. 11.

LION-MARIN. Voyez *Phoque*. T. III, p. 508. Très-grande espèce de phoque que l'on trouve sur les côtes des terres magellaniques. Description des lions-marins; leur grandeur, leur grosseur; quantité énorme de graisse dont ils sont surchargés. Leur différence d'avec les autres phoques. Les lions-marins mâles ont une espèce de grosse crête qui pend au bout de la mâchoire supérieure; cette crête manque à la femelle. P. 518 et 519. — Ils se tiennent en troupes et passent tout l'été dans la mer, et tout l'hiver à terre; c'est dans cette saison que les femelles mettent bas; elles ne produisent qu'un ou deux petits, qu'elles allaitent. P. 519. — Leurs habitudes naturelles, leur naturel pesant, leur sommeil, leur voix, leurs cris, leurs combats; qualités de leur chair. Il est très-facile de les tuer. *Ibid.* — Description du lion-marin. P. 520 et 521. Voyez *Dugon*. P. 530.

LION-MARIN (le) est la plus grande espèce de phoques qui ait des oreilles externes. *Add.*, t. III, p. 570. — On a trouvé des lions-marins dans les deux hémisphères aux latitudes les plus élevées, comme dans les mers du Kamtschatka et dans celles des terres Magellaniques, et peut-être cette espèce d'amphibie fréquente toutes les latitudes, ainsi que la plupart des autres phoques. Les lions-marins vont en grandes familles. P. 570 et 571. — Chaque famille est ordinairement composée d'un mâle adulte, de dix à douze femelles, et de quinze à vingt jeunes des deux sexes. P. 571. — Leurs habitudes en société tant sur mer que sur terre; la présence et la voix de l'homme les fait fuir. Ils sont d'un naturel doux et timide. *Ibid.* — Manière dont les habitants de Kamtschatka chassent et tuent ces animaux. P. 571 et 572. — Ils s'habitueraient aisément avec l'homme. P. 572. — Les mâles se battent souvent entre eux pour conserver ou ravir les femelles. Ils choisissent une grosse pierre pour domicile sur la terre. *Ibid.* — Leurs combats particuliers et généraux. P. 573. — Les femelles ne paraissent pas avoir un grand attachement pour leurs petits. Les mâles et les femelles semblent s'aimer beaucoup dans tous les temps, et cependant les mâles paraissent moins complaisants et plus fiers dans celui des amours. P. 573 et 574. — Manière dont ils préludent à leur accouplement. P. 574. — L'été est la saison des amours. Le temps de la gestation est de près de onze mois. La portée n'est ordinairement que d'un petit. *Ibid.* — Ils ne mangent que peu ou rien tant que durent leurs amours. Ils se nourrissent de poissons, de crustacés et de coquillages. Leur voix et leurs cris. P. 575. — Leur manière de marcher. *Ibid.* — Ils sont lourds et dorment sur le rivage. Ils peuvent rester longtemps sous l'eau sans respirer. P. 575 et 576. — On l'appelle lion-marin, parce qu'il porte une crinière jaune comme le lion terrestre. La femelle n'a point cette crinière. Description du lion-marin. P. 576. — Il n'y a point de feutre sous les grands poils comme dans l'ours-marin. Poids et dimensions des plus grands lions-marins. P. 576 et 577. — Dimensions d'une jeune femelle. P. 580. — Différence entre l'ours-marin et le lion-marin. P. 580 et 581.

LOIR. Trois espèces de loirs, le loir, le lérot et le muscardin, qui tous trois sont

engourdis pendant l'hiver comme la marmotte. T. II, p. 626. — Différences du loir, du lérot et du muscardin. P. 626 et 627. — Les loirs ne sont pas dans le sommeil pendant l'hiver, mais dans un engourdissement ou une torpeur produite par le refroidissement du sang; ils ont si peu de chaleur intérieure, qu'elle n'excède guère celle de la température de l'air : preuves de cette assertion par l'expérience du thermomètre, lequel plongé dans le corps de ces animaux reste au même degré. P. 627. — Ils ont très-peu de chaleur en comparaison des autres animaux, dix degrés au thermomètre, au lieu que les autres en ont trente ou trente-deux. *Ibid.* — Ces animaux tenus pendant l'hiver dans un lieu bien chaud, ne s'engourdissent pas. P. 627 et 628. — Lorsqu'ils sentent le froid, ils se mettent en boule pour offrir moins de surface à l'air, et se conserver un peu de chaleur. P. 628. — Manière de les dégourdir. *Ibid.* — Quoique engourdis et sans mouvement, ils sentent cependant la douleur quand elle est très-vive. *Ibid.* — Exposés à une forte gelée, ils meurent en peu de temps. *Ibid.* — Ils se raniment pendant l'hiver lorsque le temps est fort doux. P. 629. — Les loirs faisaient partie de la bonne chère chez les Romains; leur chair est très-grasse en tout temps. *Ibid.* — Habitudes naturelles du loir. *Ibid.* — Il ne s'apprivoise pas autant que l'écureuil. P. 630. — Les loirs se recherchent au printemps; ils font leurs petits en été, les portées sont ordinairement de quatre ou de cinq. *Ibid.* — Ils ne se trouvent pas dans les climats très-froids. *Ibid.*

Loris, petit animal qu'on trouve à Ceylan, qui est quadrumane, et qui, comme le singe, n'a pas de queue, qui a le museau pointu comme les makis, et qui est remarquable par l'élégance de sa figure. Il est peut-être de tous les animaux celui dont le corps a le plus de longueur relativement à sa grosseur. Sa description et sa comparaison avec les makis. T. III, p. 471 et 472.

Loris de Bengale. Description et habitudes de cet animal. *Add.*, t. IV, p. 184 et suiv.

Louche. L'inégalité de force dans les yeux est la cause du regard louche. T. II, p. 19.

Louche, yeux louches. Voyez *Strabisme.*

Loup. Quoique pris jeune et élevé dans la maison, se livre tôt ou tard à son penchant pour la rapine et la destruction. T. II, p. 477. — Son tempérament et ses habitudes naturelles. P. 572 et suiv. — Naturel du loup très-opposé à celui du chien. P. 573. — Les loups s'entre-dévorent, et lorsqu'un loup est grièvement blessé, les autres le suivent au sang et s'attroupent pour l'achever. *Ibid.* — Le loup pris jeune se prive, mais ne s'attache point, et reprend avec l'âge sa nature féroce. P. 573 et 574. — Les loups se cherchent une fois par an, et les mâles ne demeurent que peu de temps avec la femelle. P. 574. — Ils se battent cruellement pour les femelles. *Ibid.* — Différences extérieures du loup d'avec le chien. P. 575. — Les loups s'accouplent comme les chiens, et ont comme eux la verge osseuse. *Ibid.* — Ils naissent les yeux fermés comme les chiens. *Ibid.* — Les loups mâles et femelles sont en état d'engendrer à l'âge d'environ deux ans. P. 576. — Ils vivent quinze ou vingt ans. *Ibid.* — Ils blanchissent dans la vieillesse. *Ibid.* — Ils dorment d'un sommeil très-léger. *Ibid.* — Ils ont besoin de boire souvent, mais ils supportent longtemps le manque de nourriture; ils avalent de la glaise, etc. *Ibid.* — Le loup est très-difficile à forcer à la course. P. 577. — Connaissances nécessaires pour la chasse du loup. P. 577 et 578. — Manière de chasser et de prendre les loups. P. 578. — Variétés dans la couleur et la grandeur des loups suivant le climat. P. 578 et 579. — Qualités nuisibles du loup. P. 579.

Loup. La femelle peut s'accoupler et produire avec le chien; exemple à ce sujet. *Add.*, t. IV, p. 195 et suiv. — Mais le loup, quoique adouci par l'éducation, reprend avec l'âge sa férocité naturelle. P. 198. — Suivant Pontoppidan, il n'en existait point en Norwége avant l'année 1718. P. 321. — On connaît deux espèces de ces animaux au cap de Bonne-Espérance. *Ibid.*

Loup-cervier (le) n'est pas un animal différent du chat-cervier, et tous deux sont

la même chose que le lynx. T. III, p. 82 et 83.

Loup-doré, est le même animal que le chacal. T. III, p. 481.

Loup *du Mexique*. Notice au sujet de cet animal; sa description; ses différences d'avec le loup ordinaire. T. IV, p. 321.

Loup noir (le) *de Canada*, est de la même espèce que le loup d'Europe. T. III, p. 101. — Il est plus petit que le loup commun et que le loup noir de l'Europe. *Ibid.* — Ses différences d'avec le loup commun. *Ibid.* — Sa peau ne peut faire qu'une fourrure assez grossière. P. 102.

Loup-tigre, est le même animal que le guépard. T. III, p. 478.

Loups-garous, sont des loups qui s'accoutument à manger des cadavres humains, et qui ensuite attaquent les hommes. T. II. p. 577.

Loutre. Caractère et naturel de la loutre. T. II, p. 588. — Elle est plus avide de poisson que de chair. Elle a plus de facilité qu'aucun autre animal pour nager, ayant des membranes entre les doigts à tous les pieds. *Ibid.* — Elle ne va point à la mer et ne parcourt que les eaux douces. *Ibid.* — Elle ne peut pas rester longtemps sous l'eau sans respirer. P. 588. — Elle devient en chaleur en hiver, et met bas au mois de mars. Les portées sont de trois ou de quatre. P. 589. — Les jeunes loutres sont plus laides que les vieilles. *Ibid.* — Habitudes naturelles de la loutre. *Ibid.* — Elle fait dans un vivier ce que le putois fait dans un poulailler. Elle y tue beaucoup plus de poisson qu'elle n'en peut manger. P. 589 et 590. La peau de la loutre prise en hiver fait une bonne fourrure. P. 590.— L'espèce n'en est pas fort nombreuse. *Ibid.*

Loutre *de l'Amérique septentrionale*. La fourrure en est plus belle que celle de notre loutre d'Europe. T. II, p. 590. — Elle est beaucoup plus grande que la loutre d'Europe, mais au reste elle est absolument semblable. Les loutres et les castors sont communément plus grands, et ont le poil plus noir et plus beau en Amérique qu'en Europe. T. III, p. 505.

Loutre *d'Égypte*, est le nom que quelques auteurs ont donné à l'*Ichneumon* ou *grande Mangouste*. T. III, p. 506.

Loutre. En Norwége cet animal se trouve autour des eaux salées comme autour des eaux douces. *Add.*, t. IV, p. 299.

Loutres *de Cayenne*. On connait trois espèces de loutres à Cayenne; notice à ce sujet. *Add.*, t. IV, p. 302. — L'une de ces espèces, qui est la plus grande, se trouve également dans les terres d'Oyapock. *Ibid.*

Loutre, *petite loutre d'eau douce de Cayenne*. Description de cet animal. *Add.*, t. IV, p. 357.

Louve, sa chaleur ne dure que douze ou quinze jours; elle commence par les vieilles louves. Les mâles n'ont point de rut marqué, ils pourraient s'accoupler en tout temps; ils passent successivement de femelles en femelles à mesure qu'elles deviennent en état de les recevoir; ils ont des vieilles à la fin de décembre et finissent par les jeunes au mois de février et au commencement de mars. Le temps de la gestation est d'environ trois mois et demi, et l'on trouve des louveteaux nouveau-nés depuis la fin d'avril jusqu'au mois de juillet. T. II, p. 574. — Les louves se font un lit pour mettre bas. P. 575. — Elles produisent ordinairement cinq ou six petits, quelquefois sept, huit et même neuf, et jamais moins de trois. *Ibid.* — Manière dont la louve défend et cache ses petits. P. 576.

Lowando. Voyez *Ouanderou*.

Lowando. Addition à l'article de ce singe. *Add.*, t. IV, p. 108 et suiv. — Le singe de Moco décrit dans cette page et dans la suivante, est le babouin à museau de chien. *Avertissement.*

Lumière. L'intensité de la lumière influe beaucoup sur la vision; exemple à ce sujet. Raison pourquoi les lunettes d'approche ne font pas à beaucoup près autant d'effet que les microscopes. T. II, p. 112. — La trop grande quantité de lumière est trop nuisible à l'œil, et peut occasionner la cécité. P. 116.

Lynx (le) et le loup-cervier sont le même animal. T. III, 78. — Deux races différentes dans le lynx, l'une plus grande et l'autre plus petite. *Ibid.* — Différences du lynx du nord et des animaux du midi, auxquels

on a donné ce nom. P. 79. — Le lynx est un animal des pays froids et tempérés, et ne se trouve point dans les pays très-chauds. *Ibid.* — C'est un animal commun à l'ancien et au nouveau continent. P. 82. — Le lynx des anciens, qui voyait à travers les murs, est un animal fabuleux. P. 83. — Le lynx a les mœurs et même la propreté du chat. *Ibid.* — Il a une espèce de hurlement à peu près comme celui d'un loup. *Ibid.* — Ses différences d'avec la panthère et l'once. *Ibid.* — Manière dont il chasse et saisit les autres animaux. P. 84.

LYNX *de Canada.* Description de cet animal. *Add.*, t. IV, p. 342. — Il forme une variété distincte dans l'espèce du lynx ou loup-cervier de l'ancien continent. P. 343.

LYNX ou LOUP-CERVIER. Quelques-unes de ses habitudes naturelles. *Add.*, t. IV, p. 343.

LYNX. Nouvelle addition à l'article de ce quadrupède. *Add.*, t. IV, p. 345.

M

MACAQUE (le) est de toutes les guenons ou singes à longue queue celui qui approche le plus des babouins. Il est d'une laideur hideuse ; l'espèce se trouve dans plusieurs provinces de l'Afrique, et elle paraît comprendre plusieurs variétés, soit pour la grandeur, soit pour la couleur ; l'une de ces variétés est l'animal que nous avons appelé *Aigrette* parce qu'il porte un épi de poil droit et pointu au dessus de la tête. T. IV, p. 54. — Le macaque a une odeur de faux musc, et est fort malpropre. Ces animaux vont souvent par troupes et s'entendent pour voler des fruits et des légumes. Manière dont ils pillent un champ ou un jardin. P. 55.

MACAQUE et AIGRETTE. Caractères distinctifs de ces espèces. T. IV, p. 55.

MACAQUE A QUEUE COURTE. Description de cet animal. *Add.*, t. IV, p. 89 et suiv.

MACHLIS. Dans Pline, paraît être un mot corrompu, et ne peut signifier autre chose que l'*Elan*. T. III, p. 323.

MACHOIRE. Le grand allongement des mâchoires est la principale cause de la différence entre la tête des quadrupèdes et celle de l'homme. T. II, p. 381.

MADAGASCAR. Cette île paraît avoir appartenu autrefois au continent de l'Afrique : raison de cette vraisemblance. T. I, p. 212.

MADAGASCAR. Hommes blancs de Madagascar. Voyez *Quimos.*

MADRÉPORES (les), les coraux, les champignons, les cerveaux que l'on trouve pétrifiés ou fossiles dans la terre, sont encore en plus grand nombre que les coquilles, quelque nombreuses qu'elles soient T. I, p. 153. — Il y a dans la mer Rouge des madrépores branchus, qui ont jusqu'à huit ou dix pieds de hauteur. *Ibid.* — On en trouve beaucoup dans la mer Méditerranée, dans le golfe de Marseille, près des côtes d'Italie et de Sicile ; il y en a aussi en quantité dans la plupart des golfes de l'Océan, autour des îles, sur les bancs, dans tous les climats tempérés où la mer n'a qu'une profondeur médiocre. *Ibid.* — Les madrépores et les coraux, etc., doivent leur origine à des animaux, et ils ne sont pas des plantes. *Ibid.*

MAGOT, animal dont l'espèce est intermédiaire entre les singes et les babouins ; ses ressemblances et ses différences avec les uns et avec les autres. Il a été connu des Grecs et des Latins sous le nom de *Cynocéphale.* T. IV, p. 4. — Le magot est de tous les singes sans queue, celui qui s'accommode le mieux de la température de notre climat. Son naturel, ses mœurs, ses mouvements, ses manières, sa nourriture, sa grandeur. Il a de grosses callosités sur les fesses. Ses différences avec le pithèque. P. 44 et 45. — Il y a des magots de différentes couleurs ; l'espèce en est assez généralement répandue dans tous les climats chauds de l'ancien continent. P. 45. — Caractères distinctifs de cette espèce. P. 46.

MAILLOT. Inconvénients du maillot pour les enfants. T. II, p. 16.

MAILLOT. Inconvénients du maillot et des corps pour les enfants et les jeunes personnes. *Add.*, t. II, p. 222 et 223.

MAIMON, nom que nous avons donné à un animal qui fait la nuance entre les babouins

et les guenons. Sa queue est absolument dégarnie de poils. T. IV, p. 7.

MAIMON. Ses ressemblances au babouin et ses différences. Ses ressemblances aux guenons et ses différences. Il est le seul de tous les babouins et guenons qui ait la queue nue, menue et tournée comme celle du cochon; il est de la grandeur du magot, et ressemble aux macaques. Sa description, son naturel. Il se trouve dans les provinces de l'Inde méridionale. T. IV, p. 53. — Caractères distinctifs de cette espèce. P. 53 et 54.

MAIN du CRÉATEUR (la) ne paraît pas s'être ouverte pour donner l'être à un certain nombre déterminé d'espèces; mais il semble qu'elle ait jeté, tout à la fois, un monde d'êtres, relatifs et non relatifs; une infinité de combinaisons harmoniques et contraires, et une perpétuité de destructions et de renouvellements. T. I, p. 5.

MAKIS (les) sont des animaux qui appartiennent à l'ancien continent, et qui ne se trouvent point dans le nouveau. T. III, p. 37. — *Maki* est un nom générique, sous lequel on comprend trois espèces; savoir: le *Mococo*, le *Mongous* et le *Vari*. Différences générales de ces trois espèces. Description particulière du mococo. Son pays natal, ses mœurs, tant en liberté qu'en captivité. Description particulière du mongous; comparaison du mongous et du mococo; naturel du mongous, ses mœurs, sa nourriture; variété dans cette espèce du mongous. Description particulière du vari; comparaison du vari avec le mococo; voix effrayante du vari; la force de sa voix dépend d'une structure singulière dans la trachée-artère; variété dans cette espèce du vari. Les mococos, les mongous et les varis sont tous originaires de Madagascar, ils sont quadrumanes. T. III, p. 467 et suiv.

MAKI. Description d'une autre espèce de maki. *Add.*, t. IV, p. 183.

MAL (le) vient plus de nous que de la nature; pour un malheureux, qui ne l'est que parce qu'il est né faible, impotent ou difforme, que de millions d'hommes le sont par la seule dureté de leurs semblables! T. III, p. 443.

MALADIE. Raison pourquoi le corps prend plus d'accroissement dans la jeunesse pendant une maladie. T. II, p. 41.

MALBROUCK, espèce de guenon; ses ressemblances avec le macaque. Ses différences qui paraissent indiquer que ces animaux ne sont pas de même espèce. T. IV, p. 58. — Le malbrouck et le bonnet-chinois, qui n'en est qu'une variété, se trouvent à Bengale. *Ibid.* — Caractères distinctifs de ces espèces. P. 60.

MALDIVES. Les îles Maldives, qui toutes prises ensemble ont près de deux cents lieues de longueur, ne formaient autrefois qu'une même terre, un sommet de montagnes, composé de rochers de même nature et de même substance. T. I, p. 133.

MALES. Il naît en Europe environ un seizième d'enfants mâles de plus que de femelles; raison de cet effet. T. I, p. 464. — Raison pourquoi il naît plus de mâles dans certains pays, et plus de femelles dans d'autres. T. III, p. 252.

MALES. En comparant le nombre des mâles au nombre des femelles dans les animaux quadrupèdes et dans les oiseaux, on trouve plus de mâles que de femelles dans les espèces naturelles et pures, et ce nombre des mâles, relativement à celui des femelles, est encore bien plus grand dans les espèces mélangées, telles que les mulets ou métis qui proviennent d'individus de différentes espèces, soit dans les animaux quadrupèdes, soit dans les oiseaux. T. IV, p. 199 et 200. — Le mâle, en général, dans les animaux quadrupèdes et dans les oiseaux, influe plus que la femelle sur la génération. P. 200. — Mais il produit plus difficilement que la femelle avec des espèces différentes de la sienne. P. 507.

MALHEUREUX. État le plus malheureux de l'homme. T. II, p. 347.

MAMELLES (les) des hommes peuvent former du lait, comme celles des femmes. T. II, p. 61. — Considérations sur les mamelles des animaux, par lesquelles on prouve que leur nombre n'est nullement proportionnel à celui des petits. P. 465. — Le nombre des mamelles varie dans plusieurs animaux, comme dans la chienne,

qui en a quelquefois dix et d'autres fois neuf, huit ou sept; la truie, qui en a dix, onze ou douze; la vache, qui en a six, cinq ou quatre; la chèvre et la brebis, qui en ont quatre, trois ou deux; le rat, qui en a dix ou huit; le furet, qui en a trois à droite et quatre à gauche, et le sarigue, qui en a cinq ou sept, etc. T. III, p. 162.

MAMMOUTH, n'est plus qu'un animal fabuleux; les énormes ossements qu'on lui attribuait appartiennent réellement à l'éléphant. T. III, p. 215 et 216.

MANATI. Voyez *Lamantin*. T. III, p. 508.

MANDRILL, est un grand babouin, d'une laideur dégoûtante; sa description, tant du mâle que de la femelle. Sa comparaison avec le papion. Cette espèce se trouve dans les provinces méridionales de l'Afrique. C'est après l'orang-outang le plus grand de tous les singes et de tous les babouins; ces animaux marchent toujours sur les pieds de derrière, ils ont une violente passion pour les femmes. T. IV, p. 49 et suiv. — Caractères distinctifs de cette espèce. P. 50.

MANGABEYS, guenons de Madagascar, qui ont les paupières nues et d'une blancheur frappante. Ces animaux varient pour les couleurs du poil. Ils paraissent faire la nuance entre les makis et les guenons. T. IV, p. 61. — Caractères distinctifs de cette espèce. P. 61 et 62.

MANGOUSTE, est un petit animal de proie qui poursuit les petits quadrupèdes, les reptiles, les serpents, etc., et qui chasse aussi aux oiseaux, etc. Il y a des variétés dans cette espèce, elles sont plus grandes en Égypte et beaucoup plus petites dans les grandes Indes. T. III, p. 460 et suiv. — Naturel de la mangouste, les terrains qu'elle habite, sa manière de marcher. Description de cet animal. Son adresse et son courage. P. 463 et suiv. — La mangouste était en vénération chez les anciens Égyptiens, parce qu'elle détruit un grand nombre d'animaux nuisibles, et surtout les crocodiles dont elle sait trouver les œufs, quoique cachés dans le sable. P. 464.

MANGOUSTE. Notice sur une grande mangouste. *Add.*, t. IV, p. 332.

MAPACH. Voyez *Raton*. T. II, p. 659.

MAPURITA, est le même animal que le zorille. T. III, p. 497.

MARAIS. Énumération des principaux marais. T. I, p. 310. — En général, il y a moins de marais en Asie et en Afrique qu'en Europe; et l'Amérique n'est, pour ainsi dire, qu'un marais continu dans toutes ses plaines. *Ibid.*

MARAPUTÉ, est le même animal que le Serval. T. III, p. 473.

MARBRES (les) qui nous restent des plus anciens monuments des Romains, sont remplis de coquilles comme les marbres que l'on tire aujourd'hui des carrières. T. I, p. 156. — Leur position dans les couches horizontales; origine de leurs différentes couleurs. P. 301.

MARCASSINS. La castration des marcassins, ou plutôt de jeunes cochons sauvages qu'on lâchait ensuite dans les bois, était en usage chez les anciens. T. II, p. 473.

MARÉES. Dans les grandes rivières, le mouvement des eaux occasionné par les marées, est sensible à une très-grande distance comme à cent lieues, etc. T. I, p. 182. — Explication de l'effet des marées, avec l'exposition des causes de ce mouvement P. 230 et suiv. — Raison pourquoi les marées ne sont sensibles dans les hautes mers que par le mouvement général qui en résulte, c'est-à-dire par le mouvement d'orient en occident. P. 232. — Énumération des principaux endroits où les marées sont les plus sensibles sur les côtes de la terre. P. 232 et 233.

MARGAY, nom d'un animal féroce du Brésil, grand comme un chat sauvage. Sa comparaison avec le chat sauvage; on lui a donné le nom de *petit tigre* ou *chat-tigre*. Sa férocité, ses habitudes naturelles, ses variétés; il se trouve dans plusieurs provinces de l'Amérique. T. III, p. 477 et 478.

MARGAY. Notice sur les habitudes naturelles de cet animal. *Add.*, t. IV, p. 345 et suiv.

MARIKINA, *petit sagouin*, connu vulgairement sous le nom de *petit singe-lion*. Sa description, son naturel. T. IV, p. 163. — Caractères distinctifs de cette espèce. P. 164.

Marly-la-Ville, *à six lieues de Paris*. Le terrain de Marly-la-Ville a été autrefois un fond de mer, qui s'est élevé au moins de soixante-quinze pieds, puisqu'on y trouve des coquilles à cette profondeur de soixante-quinze pieds. T. i, p. 126.

Marmose, *petit animal quadrumane;* ses conformités et ses différences avec le sarigue. T. iii, p. 170. — Dans cet animal, aussi bien que dans le sarigue, les dents sont en plus grand nombre que dans les autres quadrupèdes, elles sont au nombre de cinquante. *Ibid.* — La femelle n'a pas de poche sous le ventre comme celle du sarigue. *Ibid.* — La naissance des petits semble être encore plus précoce dans l'espèce de la marmose que dans celle du sarigue; ils sont à peine aussi gros que des petites fèves lorsqu'ils naissent et qu'ils vont s'attacher aux mamelles; les portées sont aussi plus nombreuses : elles sont de dix petits et peut-être davantage. *Ibid.* — Habitudes naturelles de la marmose. P. 171.

Marmose. Observations de M. Roume de Saint-Laurent sur la génération des marmoses, par lesquelles il paraîtrait que ces animaux, et peut-être les sarigues et les cayopollins, accouchent par les mamelles. *Add.*, t. iv, p. 355. — Ce fait si extraordinaire dans la nature n'est cependant pas impossible, et mérite qu'on cherche à le vérifier en élevant ces animaux et observant la manière dont ils naissent. P. 355 et 356.

Marmotte (la) prise jeune s'apprivoise plus qu'aucun animal sauvage. Détails de ce qu'elle est capable d'apprendre. T. ii, p. 634. — Qualités naturelles de la marmotte. *Ibid.* — La marmotte fait comme le chat une espèce de murmure de contentement. P. 635. — Elle boit le lait avec avidité, et ne boit pas souvent de l'eau. *Ibid.* — Lorsqu'on l'irrite et qu'on la frappe, elle fait entendre un sifflet si aigu qu'il blesse le tympan. *Ibid.* — Elle se plaît sur les plus hautes montagnes, et on ne la trouve point ailleurs. *Ibid.* — Elle s'engourdit par le froid, se recèle dans son trou au commencement d'octobre pour n'en sortir qu'au commencement d'avril. *Ibid.* — Description du terrier de la marmotte. P. 635 et 636. — Les marmottes demeurent ensemble et travaillent en commun à leur habitation. P. 636. — Elles passent dans leur terrier les trois quarts de leur vie. *Ibid.* — Elles sont très-grasses en automne, lorsqu'elles se recèlent et qu'elles sont prêtes à s'engourdir, et elles sont maigres au printemps lorsqu'elles sortent de leur terrier, dans lequel elles ne font aucune provision; elles sont près de six mois sans manger; elles tapissent de foin leur terrier, et lorsqu'elles s'engourdissent elles se mettent en boule. P. 636 et 637. — La marmotte produit une fois l'an; les portées ordinaires ne sont que de trois ou quatre petits, leur accroissement est prompt, et la durée de leur vie n'est que de neuf ou dix ans. P. 637.

Marmotte batarde *d'Afrique*. Voyez *Marmotte du cap de Bonne-Espérance*. *Add.*, t. iv, p. 449.

Marmotte *du Canada*. Ses différences avec les autres marmottes. *Add.*, t. iv, p. 373 et 374. — C'est plutôt une espèce voisine qu'une simple variété de la marmotte des Alpes. P. 374.

Marmotte *du cap de Bonne-Espérance*. Sa description, par MM. Pallas et Wosmaër. *Add.*, t. iv, p. 449 et suiv. — Habitudes naturelles de cet animal. P. 450.

Marmotte *du Kamtschatka*. Notice sur cet animal. *Add.*, t. iv, p. 377.

Marmotte *du Cap*. Voyez *Daman du Cap*.

Marmotte *du cap de Bonne-Espérance*. Addition et correction à l'article de cet animal. *Add.*, t. iv, p. 456 et suiv.

Marne (la) n'est composée d'autre chose que de débris et de détriments de coquilles. T. i, p. 126.

Marte (la) est naturelle au climat du Nord, et l'espèce y est très-nombreuse. T. ii, p. 593. — Elle ne se trouve point dans les pays chauds. *Ibid.* — Elle fuit également les pays habités et les lieux découverts. *Ibid.* — Habitudes naturelles de la marte. *Ibid.* — Manière dont la marte et la fouine se font chasser. *Ibid.* — La marte s'empare des nids des écureuils pour y faire ses petits. P. 594. — Elle met bas au printemps, les portées ne sont que de deux ou

trois; les petits naissent les yeux fermés. *Ibid.* — Les martes sont aussi communes dans le nord du nouveau continent, que dans le nord de l'ancien. *Ibid.* — Elles donnent une très-belle fourrure; les parties de la peau qui sont les plus estimées sont la queue et le milieu du dos. *Ibid.*

Marte. Description de la grande marte de la Guiane. *Add.*, t. iv, p. 286.

Martins, oiseaux utiles auxquels les deux îles de France et de Bourbon doivent la conservation de leurs récoltes; ils n'existent dans ces îles que depuis vingt ans, quoiqu'il y en ait peut-être déjà plusieurs centaines de milliers. *Add.*, t. iv, p. 647.

Matériel. Rapports purement matériels, tels que l'étendue, l'impénétrabilité, la pesanteur, ne nous affectent point, et sont les mêmes pendant la vie et après la mort. T. i, p. 426.

Mathématiques. On a coutume de mettre dans le premier ordre les vérités mathématiques, ce ne sont cependant que des vérités de définition; ces définitions portent sur des suppositions simples, mais abstraites, et toutes les vérités en ce genre ne sont que des conséquences composées mais toujours abstraites de ces définitions. Nous avons fait les suppositions, nous les avons combinées de toutes les façons; ce corps de combinaisons est la science mathématique; il n'y a donc rien dans cette science que ce que nous y avons mis, et les vérités qu'on en tire ne peuvent être que des expressions différentes, sous lesquelles se présentent les suppositions que nous avons employées. T. i, p. 27 et 28. — Nous sommes les créateurs des sciences mathématiques. Elles ne comprennent absolument rien que ce que nous avons imaginé; il ne peut donc y avoir ni obscurités ni paradoxes, qui soient réels ou impossibles, et on en trouvera toujours la solution en examinant avec soin les principes supposés, et en suivant toutes les démarches qu'on a faites pour y arriver. P. 29.

Matière (la) dont sont composées les planètes en général, est à peu près la même que la matière du soleil. T. i, p. 72. — Division générale des matières dont le globe terrestre est composé. Les premières sont disposées par couches, par lits, par bandes horizontales; les secondes sont les matières qu'on trouve par amas, par sillons, par veines perpendiculaires ou irrégulièrement inclinées. Dans la première classe, sont comprises les sables, les argiles, les granites, le roc vif, les cailloux, les grès en grandes masses, les ardoises, les marnes, les craies, les pierres calcinables, les marbres, etc. Dans la seconde, sont les métaux, les demi-métaux, les cristaux, les pierres fines, et les cailloux en petites masses, etc. P. 173. — Matières vitrifiables et calcinables; énumération de ces matières. *Ibid.* et suiv. — La matière la moins organisée ne laisse pas d'avoir en vertu de son existence une infinité de rapports avec toutes les parties de l'univers. P. 426. — La matière inanimée n'a ni sentiment, ni sensation, ni conscience d'existence. *Ibid.* — La division générale qu'on devrait faire de la matière, est matière vivante et matière morte, au lieu de dire matière organisée et matière brute; le brut n'est que le mort. P. 446. — La matière domine quelquefois sur la forme, exemple à ce sujet. T. ii, p. 520. — Il existe une quantité déterminée de matière organique vivante que rien ne peut détruire, et en même temps il existe un nombre déterminé de moules, capables de se l'assimiler. Ce nombre de moules ou d'individus, quoique variable dans chaque espèce, est au total toujours le même, toujours proportionné à cette quantité déterminée de matière vivante; si elle était surabondante, c'est-à-dire si elle n'était pas dans tous les temps également employée et entièrement absorbée par les moules existants, il s'en formerait d'autres, et l'on verrait paraître des espèces nouvelles. T. iii, p. 418. — La matière brute qui compose la masse de la terre n'est pas un limon vierge. Tout a été remué par la force des grands et des petits agents, tout a été manié plus d'une fois par la main de la nature. P. 419.

Matière *organique* que l'animal assimile à son corps par la nutrition, n'est pas absolument indifférente à recevoir telle ou telle modification; elle retient quelquefois des

caractères de son état précédent. T. II, p. 521.

MATRICE. Il arrive un changement prompt et subit à la matrice dès les premiers temps de la grossesse. Description de ce changement. T. I, p. 603. — La matrice est pénétrée dans ses dimensions intérieures par la liqueur séminale du mâle. *Ibid.* — La matrice, dans le temps de la grossesse, augmente non-seulement en volume, mais en masse, ce qui prouve qu'elle a alors une espèce de vie végétative. P. 604. — La matrice prend un assez prompt accroissement dans les premiers temps de la grossesse; elle continue aussi à augmenter à mesure que le fœtus augmente, mais l'accroissement du fœtus devient ensuite plus grand que celui de la matrice, surtout dans les derniers temps. P. 637.— La dilatation de la matrice est le plus sûr indice pour reconnaître si les douleurs que ressent une femme grosse sont en effet les douleurs de l'enfantement. P. 638.

MAÏPOURI, est le même animal que le tapir. T. III, p. 291.

MAZAME (le) d'Amérique est le même animal que le chevreuil. T. III, p. 389 et suiv.

MÉCANIQUE *rationnelle et pratique.* La mécanique pratique n'emprunte qu'un seul principe de la mécanique rationnelle. T. I, p. 31. — La considération des forces de la nature est l'objet de la mécanique rationnelle, celui de la mécanique sensible n'est que la combinaison de nos forces particulières, et se réduit à l'art de faire des machines. T. III, p. 422. — La mécanique rationnelle est une science née, pour ainsi dire, de nos jours. On avait toujours mal raisonné sur la nature du mouvement; on avait toujours pris l'effet pour la cause, on ne connaissait d'autres forces que celle de l'impulsion; on voulait y ramener tous les phénomènes, quoiqu'elle ne soit qu'un effet particulier dépendant d'un effet plus général. *Ibid.*

MECONIUM. Cause de l'évacuation du *meconium.* T. I, p. 650.

MÉDECINE *vétérinaire*, devrait être autrement cultivée; exhortation à ce sujet. T. II, p. 410 et 411.

MEMINA, nom du chevrotain de Ceylan et des Indes orientales; il y a plusieurs variétés dans cette espèce, tant pour la grandeur que pour les couleurs. T. III, p. 388.

MEMINA. Voyez *Chevrotain. Add.*, t. IV, p. 529.

MENSTRUEL. Le sang menstruel paraît être nécessaire à l'accomplissement de la génération, c'est-à-dire à l'entretien, à la nourriture et au développement du fœtus; mais il n'a aucune part à sa première formation, qui se fait par le mélange des deux liqueurs également prolifiques. T. I, p. 469.

MER. Il y a des endroits dans la mer dont nous n'avons pas pu sonder les profondeurs. T. I, p. 35. — Le fond de la mer est parsemé d'éminences et d'inégalités comme la surface de la terre. P. 36. — Flux et reflux de la mer. *Ibid.* — Courants de la mer. *Ibid.* — Gouffres de la mer. Calmes et *tornados. Ibid.*— Le fond de la mer ressemble en tout à la surface de la terre habitable. P. 37.— Le balancement des eaux de la mer n'est point égal; il produit un mouvement continuel des eaux de l'orient vers l'occident. P. 43. — L'eau de la mer est violemment remuée à de grandes profondeurs. P. 45. — La mer gagne du terrain dans certaines côtes, et en perd dans d'autres. P. 49 et 50. — Elle gagne et a toujours gagné du terrain sur les côtes orientales, et elle en perd sur les côtes occidentales. P. 50. — Le fond de la mer se remplit peu à peu par les terres amenées par les fleuves, et il ne faut que du temps pour que la mer prenne successivement la place de la terre. P. 51. — La mer Méditerranée est la plus grande irruption de l'Océan dans les terres; il y coule par le détroit de Gibraltar. L'étendue de cette mer est sept fois plus grande que celle du terrain de la France. P. 52. — La mer Noire coule avec une grande rapidité par le Bosphore dans la Méditerranée. *Ibid.* — La mer Noire et la mer Caspienne doivent plutôt être regardées comme des lacs que comme des mers ou des golfes de l'Océan. P. 53. — Leurs eaux sont peu salées et ont peu de profondeur. P. 54. — La mer Rouge est plus élevée que la mer

Méditerranée. *Ibid.* — Le fond de la mer Adriatique s'élève tous les jours, et il y a longtemps que les lagunes de Venise feraient partie du continent, si on n'avait pas un très-grand soin de nettoyer et vider les canaux. P. 54. — A l'inspection de tout ce qui est connu de la surface du globe terrestre, il paraît qu'il y a plus de mer que de terre. P. 111. — Les eaux de la mer ne communiquent pas par filtration dans les terres. P. 129. — L'évaporation des eaux de la mer suffit pour produire toutes les eaux courantes de la terre. P. 190. — L'eau de la mer contient environ une quarantième partie de sel. La mer est à peu près également salée partout, en dessus comme au fond, sous la ligne, au cap de Bonne-Espérance et dans les autres climats, à l'exception de quelques-uns. P. 192. — Causes de la salure de la mer. *Ibid.* — Énumération des mers méditerranées. P. 200 et suiv. — Les mers ne sont pas également élevées dans toutes les parties : preuves particulières de cette assertion. P. 209 et 210. — Le mouvement des mers d'orient en d'occident est, aussi bien que celui du flux et du reflux, plus fort dans les pleines et dans les nouvelles lunes. P. 229. — Explication de la manière dont se fait le mouvement général des eaux d'orient en occident, aussi bien que celui du flux et du reflux. P. 230. — Les mers sont agitées dans toute leur étendue et dans toute leur profondeur, par la cause qui produit le mouvement des marées. *Ibid.* — Le fond de la mer est composé des mêmes matières que la surface de la terre, et il est semé d'inégalités, toutes semblables à celles de la terre. P. 239 et suiv. — La mer s'est éloignée de trente-cinq lieues de la ville de Tongres. P. 318. — Il paraît que la mer a abandonné depuis peu une grande partie des terres avancées et des îles de l'Amérique. P. 320. — L'élément de la mer est plus fertile que celui de la terre. La mer produit à chaque saison plus d'animaux que la terre n'en nourrit ; elle produit moins de plantes, et tous ces animaux n'ayant pas comme ceux de la terre un fonds de subsistance sur les végétaux, sont forcés de vivre les uns sur les autres, et c'est à cette combinaison que tient leur immense multiplication. T. III, p. 417.

Mer *Baltique* (la), doit être regardée moins comme une mer que comme un grand lac qui est entretenu par les eaux des fleuves qu'elle reçoit en très-grand nombre. T. I, p. 201. — Elle n'a aucun mouvement de flux et de reflux, quoiqu'elle soit étroite, elle est aussi fort peu salée. P. 202. — Ses eaux coulent dans l'Océan. *Ibid.*

Mer *Blanche* (la), peut encore être regardée comme un grand lac; elle reçoit plusieurs rivières suffisantes pour s'entretenir, elle n'est que peu salée. T. I, p. 202.

Mer *Caspienne* (la), n'est qu'un lac, qui autrefois était continu avec le lac Aral. T. I, p. 222.

Mer *Méditerranée* (la), produit beaucoup de madrépores et de coraux. T. I, p. 153. — Elle ne participe pas d'une manière sensible au mouvement de flux et de reflux; il n'y a que dans le golfe de Venise, où elle se rétrécit beaucoup, que ce mouvement se fait sentir. P. 213. — La mer Méditerranée ne reçoit pas plus d'eau par les fleuves que la mer Noire. P. 220. — Elle tire beaucoup plus d'eau de l'Océan que de la mer Noire. P. 221.

Mer *Morte*. Estimation de l'eau qu'elle reçoit et de celle qu'elle perd par l'évaporation. T. I, p. 189 et 190. — Les eaux de la mer Morte contiennent beaucoup plus de bitume que de sel. P. 228.

Mer *Noire* (la), est quelquefois totalement glacée : raison de cet effet particulier. T. I, p. 114. — Cette mer n'est qu'un lac et non pas un appendice de la mer Méditerranée : raison de cette assertion. P. 219. — Les tempêtes y sont plus dangereuses que sur l'Océan : causes de cet effet. P. 222.

Mer *Pacifique*. Le mouvement d'orient en occident est très-constant et très-sensible dans cet mer. T. I, p. 230.

Mer *Rouge* (la), est de toutes les mers celle qui produit le plus abondamment des madrépores, des coraux, etc. T. I, p. 153. — Dans un temps calme il se présente aux yeux une si grande quantité de ces productions, que le fond de la mer Rouge ressemble à une forêt. *Ibid.* — Le mouvement

des marées est plus grand dans la mer Rouge que dans le golfe Persique : raison de cet effet et de cette différence. P. 209.— Ces mers ont été formées par une irruption de l'Océan dans les terres. *Ibid.* — La mer Rouge est en effet de cette couleur dans tous les endroits où il y a des coraux et des madrépores sur son fond. P. 211.

Mer *Tranquille* (la), est vraisemblablement une mer méditerranée. T. I, p. 203.

Mers plus orageuses que d'autres. T. I, p. 240.

Mer, *salure de la mer*. Le premier degré de la salure de la mer vient de la dissolution de toutes les matières salines dans le premier temps de la chute des eaux, et ce degré a toujours augmenté et ira encore en augmentant, parce que les fleuves ne cessent de transporter à la mer une grande quantité de sels fixes que l'évaporation ne peut enlever. *Add.*, t. I, p. 358 et 359.

Mer *Atlantique*. Les eaux dans la mer Atlantique refoulent du pôle à l'équateur : preuve de ce fait. *Add.*, t. I, p. 362.

Mer *Caspienne*. Nouvelles preuves que cette mer n'a jamais eu de communication avec l'Océan, et que par conséquent on ne doit la regarder que comme un lac situé dans l'intérieur des terres. *Add.*, t. I, p. 367. — On n'y trouve point d'huitres ni d'autres coquillages de mer, mais seulement les espèces de ceux qui sont dans les rivières. *Ibid.*

Mer *du Sud*. Anciennes limites de cette mer du côté de l'Asie et du côté de l'Amérique. *Add.*, t. I, p. 359 et suiv.

Métaphysique. Des sciences métaphysiques. T. I, p. 27 et suiv.

Métempsycose. Origine de l'opinion de la métempsycose. T. II, p. 570.

Méthode *de botanique*. Gessner est le premier qui ait eu l'idée d'établir une méthode, fondée sur les parties de la fructification des plantes, et cette idée a été adoptée en tout ou en partie par tous les botanistes qui sont venus après lui. T. I, p. 9.

Méthode *de botanique par Tournefort*, est la plus ingénieuse et la plus complète. Elle n'est pas purement arbitraire. T. I, p. 9.

Méthode *de Linnæus* (la), est purement arbitraire, et confond ensemble les arbres avec les herbes. Elle rassemble dans le même genre des espèces de plantes entièrement dissemblables, tout y est changé jusqu'aux noms les plus connus des plantes et les plus généralement adoptés. T. I, p. 9. — Elle a le défaut et l'inconvénient d'être fondée sur l'inspection de parties trop petites, telles que les étamines, qu'il faut souvent un microscope pour pouvoir discerner et compter. P. 10.

Méthode *instructive et naturelle* (la), c'est de mettre ensemble les choses qui se ressemblent, et de séparer celles qui diffèrent les unes des autres, selon l'ordre de comparaison du nombre des différences au nombre des ressemblances prises, non pas d'une seule partie, mais du tout ensemble, c'est-à-dire de la forme, de la grandeur, du port extérieur, du nombre des parties, de leur position, etc. T. I, p. 10 et 11. — Les méthodes qu'on a faites pour la division des animaux sont encore plus fautives que celles de botanique. P. 11. — Les méthodes ne sont pas le fondement de la science en histoire naturelle, ce sont seulement des signes dont on est convenu pour s'entendre. P. 12. — Elles ne sont que des dictionnaires où l'on trouve les noms des choses naturelles, rangés relativement à une idée particulière, dans un ordre qui est par conséquent aussi arbitraire que l'ordre alphabétique. *Ibid.* — La vraie méthode en histoire naturelle est la description complète et l'histoire exacte de chaque chose en particulier. *Ibid.* — Méthode de distribution qu'on a suivie dans cet ouvrage. P. 17. — Méthode pour se conduire dans les sciences. P. 26. — Fondement de la vraie méthode pour conduire son esprit dans les sciences, tant mathématiques que physiques. P. 32.

Méthodes (les) sont utiles lorsqu'on ne les emploie qu'avec des restrictions convenables; inutiles et même nuisibles lorsqu'elles sont, ou trop générales, ou trop particulières, ou purement arbitraires. T. I, p. 4. — Les méthodes rendent souvent la langue de la science plus difficile que la science même. *Ibid.* — Il est impossible de faire un système général, une méthode par-

faite, non-seulement pour l'histoire naturelle entière, mais même pour une seule de ses branches. P. 6. — Il n'y a aucune méthode dans laquelle il n'entre nécessairement de l'arbitraire. *Ibid.* — Origine des méthodes et des genres employés par les naturalistes. T. II, p. 605.

Métis (les) et les Mulets confirment le système de l'auteur sur la génération. T. I, p. 462.

Métis ou Mulets. Comparaison des métis ou mulets provenus du bouc et des brebis avec des agneaux. T. IV, p. 194 et suiv. — Proportion du nombre des mâles à celui des femelles dans les métis ou mulets. P. 199.

Mexicains (les) n'avaient point d'animaux domestiques. T. III, p. 31.

Mica. La poudre brillante qu'on a appelée *mica*, est le produit de la première décomposition du sable vitrifiable : on trouve le mica parsemé très-abondamment dans les ardoises et les argiles. T. I, p. 139.

Mico, jolie petite espèce de sagouin, remarquable par le vermillon dont la face est teinte; sa description. T. IV, p. 165 et 166. — Caractères distinctifs de cette espèce. P. 166.

Mikou, nom que le sajou gris porte à la Guiane. *Add.*, t. IV, p. 175.

Microscope. Quels sont les microscopes dont il faut se servir de préférence pour faire des observations sur les liqueurs séminales. T. I, p. 518.

Microscopiques. Les objets microscopiques que Leeuwenhoeck a fait graver, sont représentés beaucoup plus grands qu'il ne les a vus. T. I, p. 519.

Mine *de Cotteberg*, était du temps d'Agricola profonde de deux mille cinq cents pieds. T. I, p. 169.

Minéraux. Idée générale et description de la matière minérale. T. I, p. 427. — On peut réduire toutes les substances minérales à trois classes générales : 1° à celles qui sont parfaitement brutes et qui ont été liquéfiées par le feu, telles que le roc vif, le grès, les cailloux, les sables, qui tous sont des matières vitrescibles; 2° les substances qui paraissent également brutes, et qui cependant tirent leur origine des corps organisés, telles que les marbres, les pierres à chaux, les graviers, les craies, les marnes, qui tous ne sont composés que des débris de coquillages, et dont la substance est calcaire : on doit aussi y ajouter les matières qui ne sont que des résidus de végétaux ou d'animaux plus ou moins détériorés, pourris ou consumés, celle des charbons de terre et les tourbes, etc.; 3° les matières qui ayant été rejetées par les volcans ont souffert une seconde action du feu, telles que les amiantes, les pierres-ponces, les laves, etc. T. III, p. 419.

Miracles. Rien ne caractérise mieux un miracle que l'impossibilité d'en expliquer l'effet par les causes naturelles. T. I, p. 104.

Moco (le singe de) est le babouin à museau de chien. *Avertissement.* — Sa description. *Add.*, t. IV, p. 108 et suiv.

Mococo ou Maki à queue annelée. Voyez *Maki.*

Mococo. Habitudes de ce maki. *Add.*, t. IV, p. 181.

Modestie, est le seul fondement de l'empire de la beauté. T. II, p. 67.

Molécules *organiques*. Il y a dans la nature une infinité de petites parties ou molécules organiques vivantes, et dont la substance est la même que celle des êtres organisés. T. I, p. 435. — Ces molécules vivantes sont communes aux animaux et aux végétaux, ce sont des parties primitives et incorruptibles. Leur assemblage forme à nos yeux des êtres organisés. P. 437 et 438. — Exposition de la manière dont les molécules organiques pénètrent les corps organisés et opèrent la nutrition, le développement et la reproduction. P. 451. — Le superflu des molécules organiques est renvoyé de toutes les parties du corps dans un ou plusieurs endroits communs où, se trouvant réunies, elles forment de petits corps organisés semblables au premier. *Ibid.* — Explication de la séparation des molécules organiques d'avec les parties brutes, et de leur renvoi de toutes les parties du corps dans les réservoirs séminaux. P. 459. — Expériences qui démontrent qu'il existe des molécules organiques vivantes dans toutes les matières animales et végéta-

les. P. 564 et suiv. — Les parties organiques vivantes sont en plus grande quantité dans les liqueurs séminales des animaux, dans les germes des amandes des fruits, dans les graines et dans les parties les plus substantielles de l'animal et du végétal. P. 566. — Les molécules organiques vivantes ne se meuvent pas comme les animaux ; leur mouvement est continu et sans interruption. P. 574. — Les molécules organiques vivantes se trouvent non-seulement dans la semence des animaux des deux sexes, mais aussi dans la matière qui s'attache aux dents, dans le chyle et dans tous les résidus de la nourriture. P. 579. — Elles se trouvent en quantité dans les excréments lorsque l'estomac est dévoyé, et se trouvent en petite quantité dans les excréments durs : raison de cette différence. P. 580 et 581. — Les herbes ne contiennent pas à beaucoup près une aussi grande quantité, volume pour volume, de molécules organiques que la chair et les graines, et c'est par cette raison que l'homme et les animaux qui n'ont pas une grande capacité d'intestins sont obligés de se nourrir de chair et de graines. T. II, p. 427. — Les molécules organiques vivantes sont relatives, et pour l'action et pour le nombre, aux molécules de la lumière. Partout où la lumière du soleil peut échauffer la terre, sa surface se vivifie, se couvre de verdure et se peuple d'animaux. T. III, p. 417.

Molécules organiques. Elles pénètrent la matière brute, la travaillent, la remuent dans toutes ses dimensions, et la font servir de base au tissu de l'organisation. *Add.*, t. I, p. 665. — Leur origine. P. 678.

Mona (Description du). *Add.*, t. IV, p. 99.

Monax, est le nom de la marmotte du Canada, que quelques voyageurs ont appelée *siffleur* ; il ne paraît différer de la marmotte des Alpes que par la queue, qu'il a plus longue et plus garnie de poils. Le monax du Canada, le bobak de Pologne et la marmotte des Alpes pourraient bien être tous trois le même animal, c'est-à-dire trois variétés de la même espèce. T. III, p. 455.

Monax. Voyez *Marmotte du Canada. Add.*, t. IV, p. 373.

Monde. Exposition du système du monde. T. I, p. 66 et suiv. — Faits historiques et réflexions au sujet de la découverte du nouveau monde. P. 118 et suiv.

Mone. La guenon que j'ai appelée *mone* est la même que le *kébos* des Grecs ; elle a le poil varié de différentes couleurs, et le nom de *kébos* indique la variété dans les couleurs. T. IV, p. 6. — La mone est l'espèce de guenon ou singe à longue queue la plus commune et qui s'accommode le mieux de la température de notre climat. Elle se trouve en Barbarie, en Arabie et en Perse ; elle était connue des anciens. P. 62. — On a appelé la mone *nonne*, par corruption, ou bien parce qu'elle porte un bandeau ; on la connaît vulgairement sous le nom de *singe varié. Ibid.* — La mone est susceptible d'éducation et même d'un certain attachement pour ceux qui la soignent. Ses mœurs, ses habitudes naturelles, sa nourriture. P. 63. — Caractères distinctifs de cette espèce. *Ibid.*

Mongous, maki brun et sans anneau sur la queue. Voyez *Maki*.

Mongous (grand). Description de ce maki. *Add.*, t. IV, p. 180.

Monkey, est le nom que les Anglais ont donné aux singes à longue queue. T. IV, p. 35.

Monstres par excès et par défaut ; leur origine. T. I, p. 617. — La plupart des monstres le sont avec symétrie. P. 629. — Raison pourquoi il se trouve plus de monstres dans les animaux domestiques que dans les animaux sauvages. T. III, p. 252.

Monstres (les) peuvent se réduire en trois classes : la première est celle des monstres par excès ; la seconde des monstres par défaut ; et la troisième de ceux qui le sont par le renversement ou la fausse position des parties. *Add.*, t. II, p. 307 et suiv. — Monstres qui ont un double corps, et forment deux personnes. Exemple à ce sujet. P. 308. — Exemple remarquable d'un monstre par défaut. *Ibid.* — Exemple d'un monstre par le renversement ou fausse position des parties. P. 309.

Montagnes. Les grandes chaînes de montagnes sont plus voisines de l'équateur que

des pôles. T. I, p. 37. — Dans l'ancien continent, elles s'étendent d'orient en occident beaucoup plus que du nord au sud; et au contraire, dans le nouveau continent, elles s'étendent du nord au sud beaucoup plus que d'orient en occident. *Ibid.* — Les montagnes ont partout des angles correspondants, en sorte que l'angle saillant est toujours opposé à un angle rentrant. *Ibid.* — Elles occupent le milieu des continents et partagent les îles dans leur plus grande longueur, ainsi que les promontoires et les autres terres avancées. *Ibid.* — Raisons pourquoi les plus grandes inégalités du globe se trouvent voisines de l'équateur. P. 42. — Formation des montagnes dans le fond de la mer par le mouvement et le sédiment des eaux. P. 43 et 44. — Les montagnes les plus élevées sont dans l'Amérique méridionale et en Afrique; celles de l'Asie et de l'Europe, quoique très-grandes, ne sont pas aussi élevées. P. 48 et 49. — Les montagnes n'ont point été produites par des tremblements de terre. P. 49. — Elles s'abaissent continuellement par les pluies, qui en détachent les terres et les entraînent dans les vallées. P. 51. — Origine des montagnes suivant Scheuchzer, suivant Stenon, suivant Ray. P. 103. — Les sommets des plus hautes montagnes sont ordinairement composés de granites, de roc vif, de grès et d'autres matières vitrifiables. Explication de cette composition. P. 157. — Les plus hautes montagnes de Suisse sont élevées d'environ seize cents toises au-dessus du niveau de la mer. P. 165. — Il paraît que ce sont les plus hautes de l'Europe : preuves de cette assertion. *Ibid.*

MONTAGNES *du Pérou*, sont les plus élevées, non-seulement de l'Amérique, mais de toute la terre, ayant plus de trois mille toises de hauteur au-dessus du niveau de la mer. T. I, p. 165. — Les montagnes et les profondeurs qui sont à la surface du globe sont si petites relativement au diamètre de la terre, qu'elles ne peuvent causer aucune différence à la figure du globe. P. 166. — Chaînes de montagnes. Direction des principales chaînes de montagnes dans les deux continents. P. 170 et suiv. — Les montagnes et les collines composées de matières calcinables ont ordinairement un sommet large et plat; celles au contraire qui sont composées de matières vitrifiables sont terminées par des pointes et des pics : raison de cette différence. P. 176 et 177. — Les plus grandes montagnes, généralement parlant, occupent le milieu des continents; les autres occupent le milieu des îles, des presqu'îles et des terres avancées dans la mer. P. 177. — Explication précise et détaillée de la correspondance des angles des montagnes. P. 241. et suiv.

MONTAGNES (les) *de la terre* ont autrefois été les bords des courants, ou si l'on veut les bords des fleuves de la mer. T. I, p. 242. — Le sommet de la montagne baisse quelquefois d'une quantité assez considérable après l'éruption du volcan. P. 285. — Grandes fentes ou portes dans les montagnes; leur origine. P. 296. — Exemple de la chute d'une montagne. P. 296 et 297. — Le sommet des montagnes s'abaisse tous les jours; plusieurs exemples de cet abaissement des montagnes. P. 307. — Les montagnes ont été formées dans la mer même; raisons et preuve de cette assertion. P. 323.

MONTAGNES. Les grandes montagnes composées de matières vitrescibles et produites par l'action du feu primitif, tiennent immédiatement à la roche intérieure du globe, laquelle est elle-même un roc vitreux de la même nature; ces grandes montagnes en font partie et ne sont que les prolongements ou éminences qui se sont formés à la surface du globe dans le temps de sa consolidation. *Add.*, t. I, p. 342. — C'est dans ces montagnes composées de matières vitrescibles que se trouvent les métaux. *Ibid.*

MONTAGNES, *leur direction.* Exposition de la direction des montagnes dans les différentes parties du monde. *Add.*, t. I, p. 351 et suiv. — En général, les plus grandes éminences du globe sont dirigées du nord au sud, et c'est en partie par cette disposition des montagnes primitives que toutes les pointes des continents se présentent dans la direction du nord au sud. P. 352.

MONTAGNES, *leur hauteur.* Énumération des montagnes les plus élevées de la terre

dans les différents climats. *Add.*, t. I, p. 349 et suiv. — Celles de l'Amérique méridionale sont en général d'un quart plus élevées que celles de l'Europe. P. 350.

Montagnes, *leur structure*. Les éminences qui ont été formées par les sédiments et les dépôts de la mer, ont une structure bien différente de celles qui doivent leur origine au feu primitif; les premières sont toutes disposées par couches horizontales, et contiennent une infinité de productions marines; les autres, au contraire, ont une structure moins régulière, et ne renferment aucun indice des productions de la mer. Ces montagnes de première et de seconde formation n'ont rien de commun que les fentes perpendiculaires qui se trouvent dans les unes comme dans les autres. *Add.*, t. I, p. 353.

Montegar, nom donné au choras. *Add.*, t. IV, p. 105.

Morale. La convenance morale ne peut jamais devenir une raison physique. T. I, p. 441.

Mormon, nom donné au choras. *Add.*, t. IV, p. 105.

Morse, nom générique sous lequel je comprends deux espèces, savoir, la vache-marine ou bête à la grande dent, du nord, et le dugon, qui est une espèce de vache-marine des mers du midi. T. III, p. 508. — Le morse qu'on appelle vulgairement *vache-marine* n'a cependant aucun rapport avec la vache de terre. Ceux qui l'ont nommé *éléphant de mer* l'ont mieux désigné, parce que le morse a, comme l'éléphant, deux grandes défenses d'ivoire qui sortent de la mâchoire supérieure. P. 522. — Imperfections de nature dans le morse. Sa description à l'extérieur. Sa ressemblance au phoque, sa grandeur, ses habitudes naturelles, sa nourriture. P. 522 et suiv. — Le morse n'était pas connu des anciens. Il habite les mers septentrionales de l'Europe, de l'Asie et de l'Amérique. Faits historiques tirés des voyageurs au sujet des morses. P. 523 et suiv. — L'espèce en était autrefois beaucoup plus répandue; on la trouvait jusque dans les mers des zones tempérées, et actuellement il n'y en a plus que dans les mers glaciales; cependant il est prouvé par l'expérience que cet animal peut vivre dans les climats tempérés : exemple à ce sujet. P. 528 et suiv. — Le morse et l'éléphant sont les seuls animaux qui aient de longues défenses d'ivoire à la mâchoire supérieure. P. 529. — Le morse a, comme la baleine, un gros et grand os dans la verge; la femelle ne produit ordinairement qu'un petit: la gestation doit être de plus de neuf mois. P. 529 et 530. — Les morses ne peuvent pas toujours rester dans l'eau; ils sont obligés d'aller à terre, soit pour allaiter leurs petits, soit pour d'autres besoins. Ils se servent de leurs défenses pour s'accrocher et de leurs mains pour faire avancer la lourde masse de leur corps. Leur nourriture et leurs autres habitudes naturelles. P. 530.

Morses. Observations de M. Crantz sur ces animaux; il y en a qui ont jusqu'à dix-huit pieds de longueur sur une circonférence à peu près égale. Description d'un de ces animaux. *Add.*, t. III, p. 581 et suiv.—Leurs habitudes naturelles, leur courage, leur grand nombre dans certains parages des mers du nord. P. 582. — On a fait une énorme destruction de ces animaux et l'espèce en est actuellement bien moins nombreuse qu'elle ne l'était jadis. *Ibid.*

Mort. La trop grande solidité que les os acquièrent à mesure que l'homme et les animaux avancent en âge, est la cause de la mort naturelle. T. II, p. 72 et suiv. — Le corps meurt peu à peu et par parties; son mouvement diminue par degrés, la vie s'éteint par nuances successives, et la mort n'est que le dernier terme de cette suite de degrés, la dernière nuance de la vie. P. 74. — La mort est aussi naturelle que la vie. L'instant de la mort est préparé par une suite d'instants du même ordre. P. 80. — La plupart des hommes meurent sans le savoir. P. 81. — Raisons qui devraient diminuer la crainte de la mort. *Ibid.* et suiv. — Tant qu'on sent et qu'on pense, on ne réfléchit, on ne raisonne que pour soi, et tout est mort que l'espérance vit encore. P. 81. — La mort n'est pas aussi terrible que nous nous l'imaginons; nous la jugeons mal de loin : c'est un spectre qui nous épouvante à une cer-

taine distance, et qui disparaît lorsqu'on vient à en approcher de près. *Ibid.* — L'instant de la mort n'est pas accompagné d'une douleur extrême ni de longue durée. P. 83. — Incertitude des signes de la mort. P. 84. — Il est dans l'ordre que la mort serve à la vie, que la reproduction naisse de la destruction. P. 552. — La mort violente des animaux est un usage presque aussi nécessaire que la loi de la mort naturelle. P. 553.

Mortalité. Tables sur la mortalité du genre humain, lesquelles approchent plus de la vérité que toutes celles qui ont été faites auparavant. T. ii, p. 87 et suiv.

Morve. Origine et siége de la maladie qu'on appelle morve dans les chevaux. T. ii, p. 440.

Mots. Pour qu'il y ait de la précision dans les mots, il faut qu'il y ait de la vérité dans les idées qu'ils représentent. T. iv, p. 10. — Mots ou termes généraux paraissent être le chef-d'œuvre de la pensée. P. 12.

Mouches. Il y a des mouches vivipares, c'est-à-dire des mouches qui ne produisent pas comme les autres des œufs d'où sortent des vers qui se transforment en mouches, mais qui au contraire produisent des petites mouches toutes formées, auxquelles les ailes poussent après leur naissance. T. i, p 594 et suiv.

Mouffette. Il y a quatre espèces de mouffettes, savoir : le *coase*, le *chinche*, le *conepate* et le *zorille*. T. iii, p. 493. — *Mouffette* est le nom que nous avons donné à trois ou quatre espèces d'animaux qui répandent une odeur exécrable et suffocante ; les voyageurs les ont appelés *puants* ou *enfants du diable*. P. 492.

Mouffette *du Chili*. Sa description. *Add.*, t. iv, p. 299.

Mouflon, est l'animal sauvage duquel sont issues toutes les races des brebis domestiques. T. iii, p. 279. — Sa description et sa conformité avec les brebis. *Ibid.* — Le mouflon est couvert de poil et non de laine. *Ibid.* — Il a pu peupler également les pays du nord et ceux du midi. P. 285.

Mouflon (le) est la tige primordiale de toutes les races de bélier et de brebis. Il est d'une nature assez robuste pour subsister dans les climats froids, tempérés et chauds. Sa race, qui était autrefois commune en Corse, n'y existe plus, ou du moins ces animaux sont très-rares. *Add.*, t. iv, p. 640 et 641.

Moules. Explication des moules intérieurs. T. i, p. 443 — L'idée des moules intérieurs est fondée sur de bonnes analogies; elle ne renferme aucune contradiction. P. 444 et 445. — Ce qu'il y a de plus constant, de plus inaltérable dans la nature, c'est l'empreinte ou le moule de chaque espèce, tant dans les animaux que dans les végétaux ; ce qu'il y a de plus variable et de plus corruptible, c'est la substance qui les compose. T. ii, p. 521.

Moule intérieur. Puissance du moule intérieur sur les molécules organiques dans tous les êtres organisés. *Add.*, t. i, p. 665.

Moustac, petite guenon remarquable par la blancheur de la lèvre supérieure et par deux toupets de poil jaune qu'elle porte au-dessous des oreilles. T. iv, p. 65. — Caractères distinctifs de cette espèce. P. 66.

Moutons. Naturel et timidité des moutons. T. ii, p. 444. — Ce sont de tous les animaux quadrupèdes ceux qui ont le moins de ressource et d'instinct. P. 445. — Les moutons sont peut-être les plus utiles de tous les animaux ; détail de tous les avantages et de toute l'utilité que l'homme en tire. *Ibid.* — Naturel et tempérament des moutons. P. 445 et 446. — Manière dont il faut former et conduire les troupeaux de moutons pour en tirer du profit. P. 448 et suiv. — Le soleil les incommode, leur cause des vertiges ; ainsi il faut les mener paître sur des coteaux opposés au soleil, où ils puissent avoir, en paissant, la tête à l'ombre de leur corps. P. 449. — Rien ne flatte plus l'appétit des moutons que le sel, et rien aussi ne leur est plus salutaire lorsqu'il leur est donné modérément. *Ibid.* — L'eau prise en grande quantité engraisse beaucoup les moutons. P. 450. — Il faut tuer les moutons au moment qu'ils sont engraissés, car on ne peut les engraisser deux fois, et ils dépérissent d'eux-mêmes dès qu'ils sont engraissés. *Ibid.* — Ils périssent presque tous par des maladies du foie, dans lequel on trouve toujours

des vers plats que l'on appelle *douves*. *Ibid.* — Manière de les tondre; différents usages à cet égard suivant les climats. P. 451. — Manière de les faire parquer pour améliorer les terres. *Ibid.* et suiv. — Provinces de France où le mouton est le meilleur. P. 452.

Mouvement *progressif*, ne fait pas une différence générale et nécessaire entre les animaux et les végétaux, puisqu'il y a des animaux qui n'ont aucun mouvement progressif. T. I, p. 428. — Le mouvement progressif et les mouvements extérieurs des membres de l'animal n'ont point d'autres causes que l'action des objets sur les sens. T. II, p. 319. — Le mouvement progressif et extérieur ne dépend point de l'organisation et de la figure du corps et des membres, puisque, de quelque manière qu'un être fût extérieurement conformé, il ne pourrait manquer de se mouvoir, pourvu qu'il eût des sens et le désir de les satisfaire. P. 320. — Les mouvements généraux des corps célestes ont produit les mouvements particuliers du globe de la terre; les forces pénétrantes dont ces grands corps sont animés animent aussi chaque atome de matière, et cette propension mutuelle de toutes ses parties les unes vers les autres est le premier lien des êtres, le principe de la consistance des choses et le soutien de l'harmonie de l'univers. T. III, p. 416. — Explication de la manière dont se fait la communication du mouvement; preuves évidentes que le ressort dépend de l'attraction, et que l'impulsion étant un effet du ressort, dépend elle-même de l'attraction, comme un effet particulier dépend d'un effet plus général. P. 422 et 423.

Moyens (les) apparents dont la nature se sert pour la reproduction des êtres, ne nous paraissent avoir aucun rapport avec les effets qui en résultent. T. I, p. 442.

Mugissement du taureau, du bœuf, de la vache et du veau; leur différence. T. II, p. 434 et 435.

Mulatres. Notice sur les mulâtres. *Add.*, t. II, p. 275.

Mule. Le cheval et l'âne pourraient peut-être produire avec la grande et la petite mule; raisons de cette présomption. T. IV, p. 124 et 125. — L'âne doit produire avec les mules plus certainement que le cheval. P. 125. — La mule est aussi ardente en amour que l'ânesse, et par cette raison elle tend à la stérilité. P. 127.

Mule. Exemple récent d'une mule qui a produit un petit. T. IV, p. 200. — Il est prouvé par les faits que la mule peut concevoir et perfectionner son fruit dans tous les climats chauds, et il est probable que la mule produit avec l'âne plutôt qu'avec le mulet. P. 201.

Mule. Exemples d'accouplement prolifique de la mule avec le cheval. T. IV, p. 213 et suiv.

Mulet. L'âne avec la jument produit les grands mulets; le cheval avec l'ânesse produit les petits mulets. T. II, p. 424. — Le mulet, pris généralement, n'est pas infécond. Sa stérilité dépend de certaines circonstances souvent extérieures à sa nature. Il produit dans les pays chauds, et quelquefois même dans les climats tempérés. T. IV, p. 123. — Il y a deux sortes de mulets; le premier, qu'on appelle simplement *mulet*, provient de l'union de l'âne et de la jument; le second, qui est plus petit et qu'on appelle *bardot*, provient du cheval et de l'ânesse. P. 123 et 124. — Le mulet produit avec la jument un animal auquel les anciens ont donné le nom de *Hinnus* ou *Ginnus*; ils ont assuré de même que la mule conçoit assez aisément, mais qu'elle ne peut que rarement perfectionner son fruit. P. 124. — Expériences proposées au sujet des mulets. Présomptions sur le produit de ces expériences. Raisons de ces présomptions. P. 124 et suiv. — Le mulet doit produire plus sûrement avec la jument qu'avec l'ânesse, et le bardot plus sûrement avec l'ânesse qu'avec la jument. P. 125. — Moyen de parvenir à faire des demi-mulets ou des quarts de mulets qui auraient la puissance d'engendrer, et formeraient une nouvelle tige subsistante. P. 125 et 126.

Mulet. Comparaison du mulet provenant de l'âne et de la jument, avec le bardot ou mulet provenant du cheval et de l'ânesse. T. IV, p. 192 et suiv. — Dans les

mulets, le nombre des mâles est plus grand que celui des femelles. P. 193. — Et ces animaux seront toujours très-rares dans l'état de pure nature. P. 208. — Le mulet ne doit pas être regardé comme le mâle naturel de la mule, quoique tous deux portent le même nom. P. 209. — Car ces deux animaux ne peuvent produire ensemble, peut-être même dans les pays les plus chauds. *Ibid.*

Mulets *féconds de Syrie*, dont parle Aristote, pouvaient bien être des demi-mulets ou des quarts de mulets. Les mulets féconds de Tartarie appelés *Czigithais* sont peut-être les mêmes que les mulets de Syrie, dont la race s'est maintenue jusqu'à ce jour. T. iv, p. 126. — Le mulet qui provient du bouc et de la brebis est fécond. Les mulets qui proviennent du mélange des différentes espèces d'oiseaux, sont féconds pour la plupart. P. 127. — Ce n'est que dans l'espèce particulière du mulet qui provient de l'âne et du cheval, que la stérilité se manifeste, et c'est dans la nature particulière de l'âne et du cheval qu'il faut chercher les causes de l'infécondité des mulets qui en proviennent P. 127. — Les mulets qui proviennent de l'âne et du cheval sont parfaitement formés pour les parties de la génération; ils ont une grande abondance de liqueur séminale; ils ont à peu près la même véhémence de goût pour la mule, pour l'ânesse et pour la jument. *Ibid.* — Les mulets dans les espèces nombreuses, ne sont pas stériles et remontent, comme dans la brebis, à leur espèce originaire dès la première génération, au lieu qu'il faudrait peut-être trois ou quatre générations pour que le mulet provenant de l'âne et du cheval pût parvenir à ce degré de réhabilitation de nature. P. 129. — Les mulets qu'on a prétendu provenir de l'accouplement du cerf avec la vache sont fort suspects, mais cependant ils seraient moins impossibles que les jumarts qu'on prétend venir du taureau et de la jument. On obtiendrait aussi plutôt des mulets du cerf et du daim mêlés avec le renne ou l'élan, que du cerf et de la vache. P. 130.

Mulets, *oiseaux mulets*. Le nombre des mâles, dans les oiseaux provenant d'espèces mélangées, est beaucoup plus grand que le nombre des femelles. T. iv, p. 193.

Mulot. La provision du mulot, au lieu d'être proportionnée au besoin de l'animal, ne l'est au contraire qu'à la capacité du lieu. T. ii, p. 365. — La pullulation prodigieuse des mulots n'est arrêtée que par les cruautés qu'ils exercent entre eux dès que les vivres commencent à leur manquer. P. 606. — Habitudes naturelles du mulot. P. 608. — Les mulots grands et petits sont de la même espèce. *Ibid.* — Description des trous où ils se retirent et où ils amassent des grains. P. 610. — Les mulots causent de grands dommages aux semis de bois. Manière aisée d'en prendre un très-grand nombre. *Ibid.* — Ils sont très-nombreux en automne, et en moindre nombre au printemps, parce qu'ils se mangent les uns les autres, pour peu qu'ils manquent d'aliments. P. 611. — Le mulot pullule encore plus que le rat; il produit plus d'une fois par an, et les portées sont souvent de neuf et dix. *Ibid.*

Musaraigne (la) tient en petit du rat et de la taupe. T. ii, p. 618. — Elle a les yeux un peu plus gros que la taupe, mais cachés de même sous le poil. *Ibid.* — Elle a une odeur forte qui lui est particulière, et qui répugne aux chats. *Ibid.* — La musaraigne n'est ni venimeuse ni capable de mordre la peau d'un gros animal, et ce que l'on dit des blessures qu'elle fait au cheval n'est point fondé. *Ibid.* — Habitudes naturelles de la musaraigne. *Ibid.* — Variétés dans leur couleur. *Ibid.*

Musaraigne *d'eau*. Lieux où elle se trouve et ses différences avec la musaraigne de terre. T. ii, p. 619.

Musaraigne *du Brésil*. Notice au sujet de cet animal, qui est plus grand que la musaraigne d'Europe. *Add.*, t. iv, p. 422 et 423.

Musaraigne musquée *de l'Inde*. Sa description. *Add.*, t. iv, p. 258.

Musc. L'animal du musc appartient à l'ancien continent et ne se trouve point dans le nouveau. T. iii, p. 30. — Description de l'animal du musc, par Grew. P. 398. — L'humeur du musc se forme dans une poche ou tumeur qui est près du nombril dans l'animal du musc. P. 399. — La poche dans

laquelle se filtre le musc ne se remplit que dans le temps que l'animal est en amour. *Ibid.* — Falsification et altération de cette matière. *Ibid.* — L'animal du musc n'est domestique nulle part, et l'espèce en paraît confinée aux provinces les plus orientales de l'Asie. P. 402.

MUSC. Il paraît que cet animal, qui n'est commun que dans les parties orientales de l'Asie, pourrait s'habituer et peut-être même se propager dans nos climats. *Add.*, t. IV, p. 530. — Sa nourriture en captivité. Il ne répandait point de son odeur de musc en hiver, mais en été et surtout dans les jours les plus chauds. Description de cet animal, par M. de Sève. P. 530 et 531. — Son naturel, ses habitudes et sa description, par M. Daubenton. P. 531 et suiv.

MUSCARDIN (le) est le moins laid de tous les rats; sa figure et ses habitudes naturelles. T. II, p. 631. — Il est assez rare en France et plus commun en Italie, et se trouve même dans les climats du nord. *Ibid.* — Il fait son nid sur les arbres comme l'écureuil; description de ce nid. P. 632. — Il produit trois ou quatre petits. *Ibid.*

MUSIQUE. Réflexions sur le système de l'harmonie de feu M. Rameau. *Add.*, t. II, p. 249 et suiv. — Plusieurs animaux paraissent aimer la musique P. 250 et 251. — Les oiseaux sont très-susceptibles des impressions musicales. P. 250 et 251.

N

NAGOR, espèce de gazelle du Sénégal, que Seba a donnée sous le faux nom de *Mazame*. Son climat et sa description. T. III, p. 393.

NAGOR. L'espèce du nagor a des espèces voisines. Comparaison de ces espèces ou variétés avec le nagor du Sénégal, dont j'ai donné la description volume III, p. 393. — Notice sur ces variétés du nagor, par MM. Forster. *Add.*, t. IV, p. 617 et suiv. — Elles sont, selon moi, deux espèces ou races distinctes. P. 618.

NAINS. Exemples de plusieurs nains. *Add.*, t. II, p. 233.

NAINS *blancs de Madagascar*. Voyez *Quimos*.

NAISSANCE PRÉCOCE à six mois onze jours après la conception. *Add.*, t. I, p. 681.

NAISSANCE TARDIVE après treize mois de grossesse. *Add.*, t. I, p. 680 et suiv.

NANGUER, espèce de gazelle qui se trouve au Sénégal; sa description. T. III, p. 360 et suiv. — C'est vraisemblablement le même animal que le *Dama* des anciens. P. 361.

NANGUER et NAGOR. Ces deux animaux ont un caractère qui n'appartient qu'à eux; ce sont les deux seuls animaux dont les cornes soient courbées en avant, au lieu que dans toutes les autres espèces de gazelles et de chèvres, les cornes sont recourbées en arrière ou tout à fait droites. La femelle et le mâle nanguer ont également des cornes. *Add.*, t. IV, p. 616.

NATURE. En examinant les ouvrages de la nature, on est aussi surpris de la variété du dessein, que de la multiplicité des moyens de l'exécution; il semble que tout ce qui peut être, est. T. I, p. 5. — La nature descend par degrés presque insensibles de la créature la plus parfaite jusqu'à la matière la plus informe, de l'animal le mieux organisé jusqu'au minéral le plus brut. Ces nuances imperceptibles sont le grand œuvre de la nature; elles se trouvent non-seulement dans les grandeurs et dans les formes, mais dans les mouvements, dans les générations, dans les successions de toute espèce. P. 6. — La nature marche par des gradations inconnues, et ne peut par conséquent se prêter aux divisions des méthodes arbitraires. *Ibid.* — Elle passe d'une espèce à une autre espèce, et souvent d'un genre à un autre genre, par des nuances imperceptibles. *Ibid.* — La nature, en général, paraît tendre beaucoup plus à la vie qu'à la mort; il semble qu'elle cherche à organiser les corps le plus qu'il est possible; la multiplication des germes, qu'on peut augmenter presque à l'infini, en est une preuve. P. 445. — L'ouvrage le plus ordinaire de la nature est la production de l'organique. *Ibid.* — La nature est plus belle que l'art; et dans un être animé la liberté des mouvements fait la belle nature. T. II, p. 370. —

Considération générale sur les fins et les moyens de la nature. P. 462. — La nature nous étonne encore plus par ses exceptions que par ses lois. T. III, p. 137. — La nature est le système des lois établies par le Créateur pour l'existence des choses et pour la succession des êtres. La nature n'est point une chose. La nature n'est point un être, mais on peut la considérer comme une puissance qui embrasse tout, et qui anime tout. Cette puissance est, de la puissance divine, la partie qui se manifeste : c'est un ouvrage perpétuellement vivant, un ouvrier sans cesse actif, qui sait tout employer. Le temps, l'espace et la matière sont ses moyens; l'univers son objet, le mouvement et la vie son but; les phénomènes du monde ses effets; les forces d'attraction et d'impulsion ses principaux instruments; la chaleur et les molécules organiques vivantes ses principes actifs pour la formation et le développement des êtres. P. 294 et 295.

NATURE. *Bornes de son pouvoir.* Elle ne s'écarte jamais des lois qui lui ont été prescrites, et elle n'altère rien aux plans qui lui ont été tracés. T. III, p. 295. — La nature est le trône extérieur de la magnificence divine : l'homme qui la contemple, qui l'étudie, s'élève par degrés au trône intérieur de la Toute-Puissance. P. 299.

NATURE *brute.* Tableau de la nature brute dans les parties élevées : des arbres sans écorce et sans cime, courbés, rompus, tombent de vétusté; d'autres, en plus grand nombre, gisant au pied des premiers pour pourrir sur des monceaux déjà pourris, étouffent, ensevelissent les germes prêts à éclore. La nature, qui partout ailleurs brille par sa jeunesse, paraît ici dans la décrépitude; la terre surchargée par le poids, surmontée par les débris de ses productions, n'offre au lieu d'une verdure florissante qu'un espace encombré. Dans toutes les parties basses, des eaux mortes et croupissantes; des terrains fangeux, qui, n'étant ni solides ni liquides, sont inabordables et demeurent également inutiles aux habitants de la terre et des eaux. Entre ces terrains marécageux qui occupent les lieux bas et les forêts décrépites, qui couvrent les terres élevées, s'étendent des espèces de landes, couvertes de végétaux agrestes, d'herbes dures et épineuses, qui semblent moins tenir à la terre qu'elles ne tiennent entre elles, et qui, se desséchant et repoussant alternativement les unes sur les autres, forment une bourre grossière, épaisse de plusieurs pieds. T. III, p. 299. — Dans la nature, une seule force est la cause de tous les phénomènes de la matière brute, et cette force réunie avec celle de la chaleur produit les molécules vivantes, desquelles dépendent tous les effets des substances organisées. P. 424. — La nature ne doit jamais être présentée que par unités et non pas par agrégats. T. IV, p. 9 et 10. — Vues générales sur les forces de la nature. P. 13 et suiv. — Le plan général de la nature dans le passage de l'homme au singe, du singe au quadrupède, des quadrupèdes aux cétacés, aux oiseaux, aux poissons, aux reptiles, est un exemplaire fidèle de la nature vivante, et la vue la plus simple et la plus générale, sous laquelle on puisse la considérer. Et lorsqu'on passe de ce qui vit à ce qui végète, on voit ce plan, qui d'abord n'avait varié que par nuances, se déformer par degrés, et quoique altéré dans toutes ses parties extérieures, conserver néanmoins le même fond, le même caractère. P. 15 et 16.

NATURE *brute.* Dans les terres désertes, nulle route, nulle communication; nul vestige d'intelligence dans ces lieux sauvages; l'homme, obligé de suivre les sentiers des bêtes farouches, effrayé de leurs rugissements, rebrousse chemin, et dit : « La nature « brute est hideuse et mourante; c'est *moi*, « *moi seul*, qui peux la rendre agréable et « vivante : animons ces eaux mortes, en les « faisant couler. Mettons le feu à ces vieilles « forêts, déjà à demi consommées : achevons « de détruire avec le fer ce que le feu n'aura « pu consumer; bientôt, au lieu du nénu- « phar, dont le crapaud composait son venin, « nous verrons paraître les herbes douces « et salutaires; des troupeaux d'animaux « bondissants fouleront cette terre, jadis « impraticable. Servons-nous de ces nou- « veaux aides pour achever notre ouvrage;

« que le bœuf, soumis au joug, emploie ses « forces et le poids de sa masse à sillonner « la terre ; qu'elle rajeunisse par la culture ; « une nature nouvelle va sortir de nos « mains. » T. III, p. 299 et 300.

NATURE *cultivée*. Tableau de la nature cultivée. T. III, p. 300.

NATURE *vivante* (la) se maintient, se maintiendra comme elle s'est maintenue ; un jour, un siècle, un âge, toutes les portions du temps ne font pas partie de sa durée. T. III, p. 414. — Dans la nature, le fonds des substances vivantes est toujours le même, elles ne varient que par la forme, c'est-à-dire par la différence des représentations. Dans les siècles d'abondance, dans les temps de la plus grande population, le nombre des hommes, des animaux domestiques et des plantes utiles, semble occuper et couvrir en entier la surface de la terre ; celui des animaux féroces, des insectes nuisibles et des herbes inutiles paraît dominer à son tour dans le temps de disette et de dépopulation : ces variations, si sensibles pour l'homme, sont indifférentes à la nature. Elle n'en est ni moins remplie, ni moins vivante, elle ne protége aucune espèce aux dépens des autres, elle les soutient toutes ; mais elle méconnaît le nombre dans les individus, et ne les voit que comme des images successives d'une seule et même empreinte, des ombres fugitives dont l'espèce est le corps. P. 417 et 418. — L'ordonnance de la nature est fixe pour le nombre, le maintien et l'équilibre des espèces. Mais son habitude varie autant qu'il est possible dans toutes les formes individuelles. P. 418. — Vue de la nature pour un être qui serait toujours permanent. Tableau de la reproduction et de la destruction. P. 415.

NATUREL. La forme du corps dans les animaux est ordinairement d'accord avec le naturel. T. III, p. 55.

NÉCESSITÉ morale doit rarement faire preuve en philosophie. T. I, p. 164.

NÈGRES. Les petits Nègres sont souvent dans une situation bien incommode pour teter, ils embrassent l'une des hanches de la mère avec leurs genoux et leurs pieds, et ils la serrent si bien qu'ils peuvent s'y soutenir sans le secours des bras de la mère ; ils s'attachent à la mamelle avec leurs mains, et ils la sucent constamment sans se déranger et sans tomber, malgré les différents mouvements de la mère, qui, pendant ce temps, travaille à son ordinaire. T. II, p. 17.

NÈGRES *du Sénégal ;* leur description. T. II, p. 182.

NÈGRES *de Sierra-Léona et de Guinée ;* leur description. T. II, p. 184. — Il paraît que les Nègres ne vivent pas aussi longtemps que les autres hommes, et que l'usage prématuré des femmes pourrait bien être la cause de la brièveté de leur vie. P. 185. — Description des Nègres de Guinée, de Juda, d'Arada, de Congo, etc. P. 186. — Le teint des Nègres change lorsqu'ils sont malades ; de noir qu'il est ordinairement, il devient couleur de bistre, et quelquefois couleur de cuivre. P. 187.

NÈGRES *d'Angola* (les) sentent extrêmement mauvais. T. II, p. 187. — Il ne faut que cent cinquante ou deux cents ans pour laver la peau d'un nègre, par la voie du mélange avec le sang du blanc ; mais il faudrait peut-être un assez grand nombre de siècles pour produire ce même effet par la seule influence du climat ; manière de faire cette expérience. T. IV, p. 111 et 112.

NÈGRES. Il n'y a point de Nègres dans les terres élevées de l'intérieur de l'Afrique. *Add.*, t. II, p. 271. — Développement des causes de la couleur des Nègres. P. 273 et suiv.

NÈGRES *blancs*. Portrait et description exacte d'une Négresse blanche. *Add.*, t. II, p. 300 et suiv. — Les Négresses blanches produisent avec les Nègres noirs des enfants pies. P. 302.

NÈGRE-PIE. Portrait et description d'un enfant Nègre-pie. *Add.*, t. II, p. 302 et suiv.

NÉGRESSE *noire*. Exemple singulier d'une Négresse noire devenue blanche avec l'âge. *Add.*, t. II, p. 306 et 307.

NEIPSE ou NEMS. Sa description. *Add.*, t. IV, p. 297. — Cet animal, qui se trouve dans les pays les plus chauds de l'Afrique, sur la côte orientale, et probablement aussi en Arabie, est une espèce voisine de celle

du furet, dont le nom est *nems* en langue arabe. *Ibid.*

Neitser-soak. Voyez *Phoque à capuchon.*

Nerfs. La substance nerveuse prend de la solidité dès qu'elle se trouve exposée à l'air, et c'est par cette raison qu'à toutes les extrémités du corps, il y a des parties solides, telles que les ongles, les cornes, les becs, les dents, etc. T. II, p. 60 et 61. — Les nerfs sont ce qui existe le premier, et les organes auxquels il aboutit un grand nombre de différents nerfs, comme les oreilles ou les yeux qui sont eux-mêmes de gros nerfs épanouis, sont aussi ceux qui se développent le plus promptement et les premiers. P. 100 et 101. — Pourquoi il arrive qu'un nerf ébranlé par un coup, ou découvert par une blessure, nous donne souvent la sensation de la lumière sans que l'œil y ait part. P. 127 et 128.

Nil-gault. Quoique cet animal ait des ressemblances assez marquées avec le cerf par le cou et la tête, et avec le bœuf par les cornes et la queue, il est néanmoins plus éloigné de l'un et de l'autre de ces genres que de celui des gazelles ou des grandes chèvres. *Add.*, t. IV, p. 630. — Preuve de cette assertion. *Ibid.* — Il est seul de son genre, et d'une espèce particulière. Ses habitudes naturelles. Il est animal ruminant. Sa description. Son naturel. Cet animal pourrait devenir utile si l'on pouvait le naturaliser dans notre climat. *Ibid.* et suiv. — Description plus détaillée du mâle et de la femelle. P. 631. — Variétés dans cette espèce. Différences entre le mâle et la femelle. P. 631 et 632. — Leur attachement l'un pour l'autre. Leur description, par M. William Hunter. P. 632 et suiv. — Le nil-gault est un animal très-doux; il a l'odorat excellent, et flaire tout ce qu'on lui présente; il craint beaucoup les odeurs fortes. Combats des mâles. P. 635 et suiv. — Deux individus de cette espèce, mâle et femelle, ont produit en Angleterre, chez mylord Clive, pendant quelques années. P. 637. — Les nil-gaults sont en grand nombre dans les parties septentrionales de l'empire du Mogol jusqu'au royaume de Cachemire; mais ils sont tous sauvages, et l'on n'a pas connaissance que les Indiens les aient réduits en domesticité. *Ibid.* et suiv. — Il s'en trouve aussi dans les environs de Surate et de Bombay, et on les croit indigènes dans la province de Guzarate. P. 638.

Noirs. Races d'hommes noirs aux Philippines. T. II, p. 153. — Raison pourquoi il ne se trouve point d'hommes noirs en Amérique, et pourquoi les parties de ce continent situées sous la zone torride sont beaucoup plus tempérées que ces mêmes parties de la zone torride dans l'ancien continent. P. 211.

Nom *général*, qu'on veut imposer aux animaux, tel que le nom *quadrupède*, est une formule incomplète, une somme de laquelle quelquefois ils ne font pas partie. T. IV, p. 9.

Nomenclateurs (les) n'ont employé qu'une partie, comme les dents ou les ongles, pour ranger les animaux, les feuilles ou les fleurs, pour distribuer les plantes, au lieu de se servir de toutes les parties. T. I, p. 10.

Nord. Passage par le nord; quelques idées nouvelles à ce sujet. T. I, p. 112 et suiv. — — Passage par le nord; tous les navigateurs qui ont tenté d'aller d'Europe à la Chine par le nord-est ou par le nord-ouest, ont également échoué dans leur entreprise. P. 219.

Notice au sujet du sajou nègre. *Add.*, t. IV, p. 176.

Notice relative au tamarin nègre. *Add.*, t. IV, p. 179.

Nourriture. L'influence de la nourriture est plus grande sur les animaux qui se nourrissent d'herbes et de fruits que sur ceux qui se nourrissent de chair; et par quelles raisons. T. IV, p. 115 et 116.

Nourriture. Différentes nourritures des hommes suivant les différents climats. *Add.*, t. II, p. 234.

Nouvelle-Hollande. Voyez *Hollande.*

Nouvelle-Zélande. Voyez *Zélande.*

Nuages (les) sont généralement plus élevés en été, et constamment encore plus élevés dans les climats chauds; raison de ce fait. *Add.*, t. I, p. 374.

Nous. Nous existons sans savoir comment,

et nous pensons sans savoir pourquoi. T. I, p. 426.

NUANCES. La marche de la nature se fait par des degrés nuancés et souvent imperceptibles; elle passe par des nuances souvent insensibles de l'animal au végétal; mais du végétal au minéral, le passage est plus marqué. T. I, p. 568 et 569.

NUIT. Cause physique de la crainte que l'obscurité de la nuit fait ressentir à presque tous les hommes. T. II, p. 108.

NUTRITION. Idées nettes et générales de la nutrition dans l'animal et dans le végétal. Elle s'opère par la susception des parties organiques. T. I, p. 448 et 449.

O

OBJECTION la plus considérable qu'on puisse faire contre tous les systèmes en général, au sujet de la génération. T. I, p. 469. — Première réponse à cette objection. P. 470.

OBSERVATIONS sur de l'eau d'huîtres, sur de l'eau où l'on avait fait bouillir du poivre, sur de l'eau où l'on avait simplement fait tremper du poivre, et sur de l'eau où l'on avait mis infuser de la graine d'œillet. T. I, p. 546.

OCÉAN; a un mouvement constant d'orient en occident, qui se fait sentir, non-seulement entre les tropiques, mais même dans toutes les autres zones. T. I, p. 50. — L'Océan pacifique fait un effort continuel contre les côtes de la Tartarie, de la Chine et de l'Inde. L'Océan indien fait de même effort contre la côte orientale de l'Afrique. L'Océan Atlantique agit de même contre toutes les côtes orientales de l'Amérique. *Ibid.* — Les profondeurs de l'Océan sont inégales. On prétend qu'il y a des endroits où les eaux ont une lieue de profondeur. Les profondeurs ordinaires sont depuis soixante jusqu'à cent cinquante brasses. Les golfes et les passages voisins des côtes sont bien moins profonds et les détroits encore moins. P. 164. — L'Océan a rongé les terres dans une étendue de quatre ou cinq cents lieues sur toutes les côtes orientales de l'ancien continent. Preuves de cette assertion. P. 205 et suiv. — Il paraît que l'Océan, par son mouvement d'orient en occident, a gagné tout autant de terrain sur les côtes orientales de l'Amérique qu'il en a gagné sur les côtes orientales de l'Asie. Ces deux grands golfes sont sous les mêmes degrés de latitude, et ils sont aussi à peu près de la même étendue. P. 216. — Indications des endroits de l'Océan, où le mouvement d'orient en occident est le plus sensible. P. 232.

OCELOT, *animal d'Amérique,* féroce et carnassier, du même genre que le jaguar et le couguar. Description du mâle et de la femelle; leur grandeur, leur naturel, les différents noms qu'on leur a donnés dans leur pays natal. Erreur à cet égard. T. III, p. 475. — L'ocelot nous a paru être celui de tous les animaux à peau *tigrée*, dont la robe est la plus belle et la plus élégamment variée. Celle de l'ocelot mâle est plus belle que celle de la femelle. P. 476. — L'ocelot est cruel et en même temps timide; il préfère le sang à la chair. Rien ne peut adoucir son naturel féroce. Il ne produit ordinairement que deux petits. P. 477.

ODORAT. Dans les animaux, le sens de l'odorat est un organe universel de sentiment; c'est un œil qui voit les objets, non-seulement où ils sont, mais même partout où ils ont été; c'est un organe de goût, par lequel l'animal savoure, non-seulement ce qu'il peut toucher et saisir, mais même ce qui est éloigné et qu'il ne peut atteindre; c'est le sens par lequel il est le plus tôt, le plus souvent et le plus sûrement averti; par lequel il agit, il se détermine; par lequel il reconnaît ce qui est convenable ou contraire à sa nature; par lequel enfin il aperçoit, sent et choisit ce qui peut satisfaire son appétit. T. II, p. 336.

ŒCONOMIE ou ÉCONOMIE *animale*. Première division de l'économie animale; parties qui agissent toujours et continuellement telles que le cœur, les poumons, etc., et parties qui n'agissent pas continuellement, telles que les sens et les membres. T. II, p. 313. — Pourquoi la science de l'économie animale a jusqu'ici fait si peu de progrès. P. 564.

Œil (l') appartient à l'âme plus qu'aucun autre organe. C'est le sens de l'esprit et la langue de l'intelligence. T. II, p. 49. — L'œil peut être regardé comme une continuation du sens intérieur ; ce n'est qu'un gros nerf épanoui, un prolongement de l'organe dans lequel réside le sens intérieur de l'animal, et il n'est pas douteux qu'il n'approche plus qu'aucun autre sens de la nature de ce sens intérieur. P. 323.

Œufs. Formation et accroissement de l'œuf, jusqu'à son exclusion hors du corps de la poule. T. I, p. 478 et 479. — Les œufs n'existent pas dans les femelles vivipares. P. 513 et 514. — Les œufs doivent être regardés comme des êtres qui, sans avoir la puissance de se reproduire comme les animaux et les végétaux, ont cependant une espèce de vie et de mouvement intérieur. P. 569. — Explication précise et succincte de l'accroissement des œufs. *Ibid.* — L'œuf a une espèce de vie et d'organisation, un accroissement, un développement et une forme qu'il prend de lui-même, et par ses propres forces ; il ne vit pas comme l'animal ; il ne végète pas comme la plante ; il ne se reproduit pas comme l'un et l'autre ; cependant il croît, il agit à l'extérieur, et il s'organise. *Ibid.* — L'œuf est un être qu'on doit considérer à part et en lui-même, parce qu'il arrive également à son entier développement et à la perfection de son organisation, soit qu'il soit fécondé ou non. *Ibid.* — Les œufs sont des matrices portatives que l'animal jette au dehors. P. 582. — Les œufs, au lieu d'être des parties qui se trouvent généralement dans toutes les femelles, ne sont que des parties que la nature a employées pour remplacer la matrice dans les femelles qui sont privées de cet organe. *Ibid.* — L'œuf que la poule pond vingt jours après avoir reçu le coq, produit un poulet, comme celui qu'elle aura pondu vingt jours auparavant. P. 631. — L'œuf attaché à l'ovaire est, dans les femelles ovipares, ce qu'est le corps glanduleux dans les testicules des femelles vivipares ; la cicatricule de l'œuf sera, si l'on veut, la cavité de ce corps glanduleux, dans lequel réside la liqueur séminale de la femelle. *Ibid.* — Raison pourquoi le poulet ne se développe pas dans les œufs qui ont été fécondés plusieurs jours avant la ponte. *Ibid.* et suiv. — Les œufs, lorsqu'ils ont été couvés ou gardés, contiennent une assez grande quantité d'air ; production de cet air, avec l'explication des effets qui y ont rapport. P. 641 et suiv.

Œufs *des poissons.* Explication succincte du développement et de l'accroissement de l'œuf des poissons à écailles. T. I, p. 570.

Œuf. Il n'existe point d'œuf dans les femelles vivipares ; elles ont, comme les mâles, une liqueur séminale contenue dans les corps glanduleux, et cette liqueur séminale des femelles contient, comme celle des mâles, une infinité de molécules organiques vivantes. *Add.*, t. I, p. 661 et suiv. — Vie végétative de l'œuf et vie végétative de la matrice dans les vivipares. P. 662 et 663.— Méprise et faux principes des anatomistes au sujet de la nature de l'œuf. P. 663.

Oiseaux. La plupart des oiseaux ne se joignent pas par une vraie copulation ; ils ne font, pour ainsi dire, que comprimer la femelle. T. I, p. 595. — La plupart des oiseaux sortent de l'œuf au bout de vingt et un jours ; quelques-uns, comme les serins, éclosent au bout de treize ou quatorze jours. P. 599. — Raisons pourquoi dans les oiseaux, les pères prennent soin de leurs petits, comme les mères. T. II, p. 354. — Il n'est pas nécessaire d'accorder de la prévoyance aux oiseaux pour rendre raison de la construction de leurs nids. P. 365. — Pourquoi les oiseaux de basse-cour ne font point de nids. P. 366. — Antipathie des oiseaux pour le renard. P. 583.

Oiseaux (les) sont susceptibles des impressions musicales. *Add.*, t. II, p. 250 et 251.

Olivier. Il n'y a point d'oliviers à plus de quatre cents lieues du mont Ararath. T. I, p. 99.

Onagre (l') ou l'Onager *des anciens*, n'est autre chose que l'âne sauvage ; on le trouve dans les déserts des pays chauds. T. II, p. 423 — L'onagre n'est point le zèbre, mais l'âne dans son état de nature. T. III, p. 303. — Différence de l'onagre et de l'âne commun. P. 304.

ONAGRE. Voyez *Koulan*.

ONAGRE (l') pourrait bien être le même animal que le czigithai, ou mulet de Daourie. *Add.*, t. IV, p. 511.

ONCE. Origine de ce nom, avec une courte description de l'animal auquel on l'a donné. T. III, p. 63. — Comparaison de l'once avec la panthère. *Ibid.* — Différences de l'once et de la panthère. P. 65. — Naturel et tempérament de l'once. P. 69. — L'espèce paraît en être plus nombreuse et plus répandue que celle de la panthère. P. 70. — On s'en sert pour la chasse en Asie; raison de cet usage. *Ibid.* — Habitudes naturelles de l'once, et sa manière de chasser. P. 71.

ONDATRA, espèce de rat musqué de l'Amérique septentrionale. T. III, p. 102. — Ses différences d'avec les autres rats musqués. P. 103. — Courte description de cet animal. *Ibid.* et suiv. — L'ondatra peut resserrer son corps et le réduire à un moindre volume. P. 104. — Issues singulières de l'urine dans les ondatras femelles. *Ibid.* — Les testicules dans ce petit animal deviennent, dans le temps du rut, aussi gros que des noix muscades, et dans les autres temps ils se réduisent à une ligne de diamètre. *Ibid.* — Description des follicules qui contiennent le parfum dans cet animal. P. 105. — Les follicules, ainsi que toutes les parties de la génération, se gonflent et se tuméfient prodigieusement pendant la saison des amours, et ensuite les parties de la génération diminuent et se réduisent presque à rien, et les follicules s'oblitèrent en entier. *Ibid.* — Ses conformités est ses différences d'avec le castor. P. 106. — Les ondatras bâtissent en petit comme les castors; description de leurs habitations. *Ibid.* — Manière de les prendre; leur fourrure est assez précieuse, et leur chair n'est pas mauvaise à manger. *Ibid.* — Ils sont en amour en été, et vont ordinairement par couple. P. 107. — Le parfum de cet animal, qui est agréable pour les Européens, déplaît très-fort aux sauvages de l'Amérique. *Ibid.* — Ces animaux produisent une fois par an, les portées sont de cinq ou six petits. *Ibid.* — Ils se construisent tous les ans une nouvelle habitation. *Ibid.* — Habitudes naturelles de l'ondatra. *Ibid.* — Il s'apprivoise aisément; il est très-joli dans le premier âge. *Ibid.*

OPOSSUM. Voyez SARIGUE. T. III, p. 154.

ORAGE et NUAGE singulier au cap de Bonne-Espérance. T. I, p. 258.

ORAGES (les) sont fréquents dans tous les détroits, sur toutes les côtes avancées, à l'extrémité et aux environs de tous les promontoires des presqu'îles et des caps, et dans tous les golfes étroits. T. I, p. 256.

ORANG-OUTANG. Première espèce de singe. T. IV, p. 2. — Si l'on ne faisait attention qu'à la figure, on pourrait également regarder l'orang-outang comme le premier des singes ou le dernier des hommes. P. 16. — Description de l'orang-outang, selon Bontius et selon quelques autres voyageurs. Discussion critique à ce sujet. P. 24 et suiv. — Il y en a deux espèces, l'un appelé *Barris*, par quelques voyageurs, et l'autre *Drill*, par les Anglais; le barris est le même que le pongo, c'est le grand orang-outang; et le drill est le même que le jocko, et c'est le petit orang-outang. P. 25. — Ces animaux ont l'instinct de s'asseoir à table comme les hommes; ils se servent du couteau, de la cuiller et de la fourchette. P. 28 et suiv. — Exposition de toutes les différences qui éloignent cette espèce de l'espèce humaine et de toutes les conformités qui l'en approchent. P. 32 et suiv. — L'homme et l'orang-outang sont les seuls qui aient des fesses et des mollets, et qui par conséquent soient faits pour marcher debout, les seuls qui aient la poitrine large, les épaules aplaties, et les vertèbres conformées l'un comme l'autre; les seuls dont le cœur, le cerveau, les poumons, le foie, la rate, le pancréas, l'estomac, les boyaux, soient absolument pareils; les seuls qui aient l'appendice vermiculaire au cœcum; en tout l'orang-outang ressemble plus à l'homme qu'il ne ressemble même aux autres singes. P. 33. — Description des parties intérieures et extérieures de l'orang-outang, et leur comparaison détaillée avec les mêmes parties correspondantes dans l'homme. *Ibid.* et suiv. — L'orang-outang est le seul de tous les singes qui n'ait point d'abajoues ou poches au dedans des joues, le seul par conséquent qui ait l'intérieur de

la bouche absolument conformé comme l'homme. Il est encore le seul qui ait les fesses renflées et sans callosités. Son talon pose plus difficilement à terre que celui de l'homme, et c'est ce qui fait qu'il court plus facilement qu'il ne marche. Il a treize côtes et l'homme n'en a que douze, et il diffère encore de l'homme par la forme des pieds et par la conformation des os du bassin. P. 36 et 37. — Caractères distinctifs de cette espèce. P. 38.

ORANG-OUTANG. Ce mot indien, qui signifie homme sauvage, est un nom générique. *Add.*, t. IV, p. 70. — Il existe deux espèces de ces animaux. *Ibid.* — Caractères distinctifs de ces deux espèces. P. 71.

ORCADES. Dans une côte des îles Orcades, qui est coupée à plomb, et qui a deux cents pieds de hauteur perpendiculaire sur les eaux de la mer, lorsque le vent est fort, et qu'en même temps la marée monte, le mouvement est si grand et l'agitation si violente, que l'eau s'élève jusqu'au sommet de ces rochers, c'est-à-dire, qu'à deux cents pieds de hauteur, les gouttes d'eau qui se détachent de la mer y tombent en forme de pluie, et que même la mer y jette des graviers et des petites pierres. T. I, p. 234.

ORDRE dans lequel on doit considérer les productions de la nature. T. I, p. 16 et 17.

OREILLES. Dès le cinquième mois après la conception, les osselets de l'oreille sont solides et durs. Et au septième mois tous ces osselets ont acquis dans le fœtus la grandeur, la forme et la dureté qu'ils doivent avoir dans l'adulte. T. II, p. 100. — Le goût pour les longues oreilles est commun à tous les peuples de l'Orient. P. 149.

ORGANIQUE (l') est l'ouvrage le plus ordinaire de la nature, et celui qui lui coûte le moins. T. I, p. 445. — La matière organique est en plus grande quantité dans les insectes que dans les autres animaux ; cette surabondance de matière organique ne pouvant être employée à la génération faute d'organes, se moule et se réunit tout entière sous une forme qui dépend beaucoup de celle de l'animal même, et qui y ressemble en partie. P. 598.

ORGANISATION. Un corps organisé, dont toutes les parties sont semblables à lui-même, est un corps dont l'organisation est la plus simple de toutes. T. I, p. 450. — Plus il y aura dans le corps organisé de parties différentes du tout et différentes entre elles, plus l'organisation de ce corps sera parfaite, et plus la reproduction sera difficile. P. 451.

ORIGINE des molécules organiques. *Add.*, t. I, p. 678.

ORIGNAL ; c'est le nom que l'on donne à l'élan dans le nord de l'Amérique. T. III, p. 325.

ORIGNAL *d'Amérique*. Cet animal est de la même espèce que l'élan ; seulement il paraît être d'une race plus grande que celle de l'élan d'Europe. Il y a des orignaux qui ont jusqu'à dix pieds de hauteur de corps. *Add.*, t. IV, p. 552.

ORTOHUA *de Fernandès*, paraît être le même animal que le *Zorille*. T. III, p. 498.

OS, l'accroissement des os se fait par leurs extrémités qui sont molles et spongieuses. Quand ils ont pris une fois de la solidité, ils ne sont plus susceptibles de développement ni d'extension. T. I, p. 461. — Les os des poissons sont d'une substance plus molle que ceux des autres animaux ; ils ne se durcissent pas et ne changent point du tout avec l'âge ; les arêtes des poissons s'allongent, grossissent et prennent de l'accroissement sans prendre plus de solidité. P. 594. — Explication de la formation, du développement et de l'accroissement des os. T. II, p. 70 et suiv. — Les os commencent à s'ossifier par le milieu, et c'est par cette raison que la partie du milieu dans les os longs est toujours la plus mince. P. 71.

OS *fossiles*. Il y a des os fossiles, c'est-à-dire des os qu'on trouve dans la terre, qu'on ne peut rapporter à aucun animal vivant. T. I, p. 154.

OSSEMENTS trouvés sous des rochers de pierres calcaires en différents endroits ; discussions au sujet de ces ossements. *Add.*, t. I, p. 420 et suiv. — On a trouvé dans des cavernes, tant en Allemagne qu'en France, une grande quantité d'ossements qui ont appartenu à des animaux marins, tels que les ours marins, lions marins,

loutres marines et grands phoques, qui vont toujours ensemble en grandes troupes. P. 421 et 422.

Ossification ; elle commence par la partie du milieu de la longueur de l'os. T. i, p. 646.

Ostiaques (les) diffèrent aujourd'hui des anciens Ostiaques ; raisons de cette différence. *Add.*, t. ii, p. 267.

Ouanderou, *espèce de Babouin* qui porte une large chevelure avec une grande barbe ; sa différence avec le lowando, qui n'est qu'une variété dans cette espèce. Sa description, son naturel farouche. T. iv, p. 51. — Caractères distinctifs de cette espèce. P. 52.

Ouanderou. Addition à l'article de ce singe. *Add.*, t. iv, p. 90.

Ouarine, *grande espèce de Sapajou ;* sa description. Sa voix se fait entendre de très-loin. Conformation singulière de l'organe de la voix. Habitudes naturelles de cet animal ; sa nourriture. Sa chair n'est pas mauvaise à manger. T. iv, p. 147 et suiv. — Caractères distinctifs de cette espèce. P. 151.

Ouïe, *organe de l'ouïe ;* les osselets de l'oreille sont entièrement formés dans le temps que d'autres os qui doivent devenir beaucoup plus grands que ceux-ci n'ont pas encore acquis les premiers degrés de leur grandeur et de leur solidité. T. ii, p. 100. — Le sens de l'ouïe ne donne aucune idée de la distance avant l'exercice du sens du toucher. P. 117. — Erreurs du sens de l'ouïe. *Ibid.* et suiv. — Quel est l'organe immédiat du sens de l'ouïe. P. 121. — Les osselets de l'ouïe ne se trouvent pas dans les oiseaux, qui cependant entendent très-distinctement. P. 122. — L'ouïe est bien plus nécessaire à l'homme qu'aux animaux. Dans l'homme, c'est non-seulement une propriété passive, mais une faculté qui devient active par l'organe de la parole. P. 124.

Ouistiti, *petite espèce de Sagouin ;* sa description, son naturel, sa nourriture. Il produit en Portugal. T. iv, p. 162. — Caractères distinctifs de cette espèce. P. 163.

Ouragans. Effets des ouragans. T. i, p. 60. — Description des ouragans, leurs violences et leurs effets dans différents endroits de la terre et de la mer. P. 260 et suiv. — Le calme précède ordinairement les ouragans. Endroits de la mer où l'on ne peut aborder parce qu'il y a toujours des calmes et des ouragans. P. 261. — Explication des tournoiements d'air, et des ouragans et des calmes. *Ibid.* — Ce sont des tournoiements d'air causés par des vents contraires. P. 262. — Ils sont plus fréquents sur la terre que sur la mer. *Ibid.*

Ours. L'ours de mer ou ours blanc est un animal très-différent de l'ours de terre. T. ii, p. 638. — Deux espèces d'ours de terre, qui diffèrent non-seulement par la couleur, mais par le naturel ; ces deux espèces sont l'ours brun et l'ours noir. *Ibid.* et suiv. — Il y a des ours de terre qui sont blancs, et qui pour le reste diffèrent autant que les autres ours de l'ours blanc de mer. P. 639. — Les ours bruns se trouvent assez communément dans les Alpes, et l'ours noir y est rare, mais se trouve en très-grand nombre dans les parties les plus septentrionales des deux continents. *Ibid.* — L'ours brun est féroce et carnassier ; le noir n'est que farouche et refuse constamment de manger de la chair. *Ibid.* — Habitudes naturelles de l'ours noir. *Ibid.* et suiv. — Les ours roux et bruns sont carnassiers et dévorent les animaux vivants. P. 640. — Les ours bruns sont généralement répandus dans les climats froids, tempérés et chauds, au lieu que les ours noirs ne se trouvent que dans les pays froids. P. 641. — Ils n'habitent que les montagnes et les déserts, et ne se trouvent point dans les pays bien peuplés. *Ibid.* — Caractère de l'ours et ses habitudes naturelles. P. 642. — Il n'est point engourdi ni privé de sentiment pendant l'hiver. *Ibid.* — Il est excessivement gras sur la fin de l'automne et supporte en hiver très-longtemps l'abstinence. *Ibid.* — Les ours bruns mâles dévorent leurs petits nouveau-nés. *Ibid.* — Les petits ne sont point informes en naissant. P. 642 et 643. — Les ours se recherchent en automne ; s'accouplent à la manière des autres quadrupèdes ; ils produisent un, deux, trois, quatre, et jamais plus de cinq d'une seule portée. P. 643. — Manière dont la mère nourrit et élève ses petits. *Ibid.* — L'ours se fait souvent une loge de bois et de

feuilles, et il la couvre si bien qu'il la rend impénétrable à l'eau. *Ibid.* — Naturel et tempérament de l'ours. *Ibid.* et suiv. — Il est susceptible d'éducation jusqu'à un certain point. P. 644. — Manière de chasser et de prendre les ours. *Ibid.* — La chair du jeune ours est délicate et bonne, et les pieds des ours adultes sont très-bons à manger. *Ibid.* — Utilité que l'on tire de la chair, de la graisse et de la peau de l'ours. *Ibid.* et suiv. — Il est très-léger à la nage. P. 645. — Pourquoi pendant l'hiver, lorsque les ours sont dans leur retraite, ils sucent continuellement leurs pattes. *Ibid.* — L'ours a les sens et surtout l'odorat excellent. *Ibid.* et suiv. — Ressemblances grossières de ses membres avec les bras et les jambes de l'homme. P. 646.

Ours *élevés en domesticité.* Détails historiques à ce sujet, par M. de Musly. *Add.*, t. IV, p. 262 et suiv.— On a observé qu'ils engendrent à l'âge de cinq ans, qu'ils entrent en chaleur tous les ans au mois de juin, que la femelle met bas au commencement de janvier, et qu'elle produit un, deux et quelquefois trois petits, mais jamais plus. Les petits, en naissant, sont d'une assez jolie figure; ils sont de couleur fauve avec du blanc autour du cou. Ils ont les yeux fermés pendant quatre semaines. Manière dont ces animaux s'accouplent. P. 263. — La femelle peut encore produire quoique âgée de trente-un ans. P. 264.

Ours (l') passe pour avoir la vue faible. En Norwége on connaît deux races de ces animaux, l'une considérablement plus petite que l'autre. *Add.*, t. IV, p. 264. — Comparaison d'un ours d'Amérique avec ceux d'Europe. P. 265.

Ours *blanc.* Jusqu'à présent nous ne pouvons pas prononcer affirmativement que l'ours blanc des mers du Nord soit d'une espèce différente de celle de l'ours commun; discussion critique à ce sujet. *Add.*, t. IV, p. 265 et suiv.—Description de l'ours blanc par quelques voyageurs. P. 266. — Habitudes naturelles des ours blancs, leur voracité; ils se nourrissent principalement de phoques, de petits morses et de baleineaux. P. 267.

Ours *de mer* ou Ours *blanc.* Il forme une espèce particulière et différente de l'ours de terre. *Add.*, t. IV, p. 269. — Il paraît que la taille de cette espèce d'ours de mer est beaucoup plus grande que celle de l'ours de terre. *Ibid.*

Ours marin (l') a des oreilles externes, et son espèce est très-répandue dans toutes les mers; ses différences avec l'ours de mer ou ours blanc, qui est un animal quadrupède. *Add.*, t. III, p. 559. — Son tempérament n'est pas soumis ou s'accommode à l'influence de tous les climats. P. 559 et 560. — Il vit en grandes troupes dans cette partie du monde. Les femelles entrent en chaleur un mois après qu'elles ont mis bas. Les ours marins mangent très-peu tant que durent leurs amours. Les mâles se battent avec fureur entre eux. P. 560. — Chaque mâle a toujours un grand nombre de femelles dont il est fort jaloux. Leur espèce de société dans laquelle les familles particulières ne se mêlent jamais. Ces animaux évitent les lions marins, et ne craignent aucun des autres habitants de la mer. *Ibid.* — Ils ne sont ni dangereux ni redoutables. Leurs habitudes dans leurs familles. P. 561. — Les vieux mâles se retirent pour vivre solitairement; ils sont alors plus féroces. *Ibid.* — Ils ne fuient plus devant l'homme. Attachement des femelles pour leurs petits. *Ibid.* et suiv. — Leurs différents cris. Ils ont l'odorat très-bon. Ils marchent assez vite et nagent encore plus vite. P. 562. — Leurs habitudes naturelles sur les rivages et leurs mouvements dans la mer. Ils ont le trou ovale du cœur ouvert; ils se nourrissent de poissons, de crustacés et de coquillages. P. 563. — Le temps de la gestation dans les femelles est au moins de dix mois; leurs portées sont ordinairement d'un seul et très-rarement de deux petits; manière dont le mâle et la femelle préludent à leur accouplement. *Ibid.* — Les femelles diffèrent beaucoup des mâles par la grandeur et par les couleurs du poil. Les petits et surtout les fœtus donnent une très-belle fourrure noire. P. 564. — Poids et dimensions des plus grands ours marins. *Ibid.* — Comparaison de ces animaux avec l'ours de terre. P. 565. —Description de l'ours marin. *Ibid.* et suiv.

OURS MARIN (petit) n'est point le *phoca* des anciens, parce qu'il a des oreilles externes, et que, suivant Aristote, le phoca n'en a point. *Add.*, t. III, p. 542. — Les petits ours marins paraissent être une variété ou une espèce voisine de celle des grands. P. 567 et 568. — Leurs habitudes naturelles. Leur description. P. 568 et suiv.

OURS MARIN. Voyez DUGON. T. III, p. 530.

P

PACA, se creuse un terrier comme le lapin. T. III, p. 153. — Courte description de cet animal et sa comparaison avec le lièvre et le lapin. *Ibid.* — Il a le grognement, l'allure et la manière de manger d'un petit cochon. *Ibid.* — Il habite le bord des rivières et les autres lieux humides, il ne se trouve que dans les climats chauds de l'Amérique méridionale. *Ibid.* — Sa chair est très-bonne à manger, et si grasse qu'on ne la larde jamais; on mange même la peau comme celle d'un cochon de lait. *Ibid.* et 154. — Il se défend et mord avec acharnement. P. 154. — Sa peau fait une assez belle fourrure. *Ibid.* — Il produit souvent et en grand nombre. *Ibid.* — C'est un animal du nouveau continent, qui ne se trouve pas dans l'ancien. *Ibid.*

PACA. Détail historique de son éducation, de ses habitudes en domesticité et de sa propreté, soit dans l'état de domesticité, soit dans l'état de nature. *Add.*, t. IV, p. 416 et suiv. — Notice sur les habitudes naturelles du paca dans l'état de nature, et variétés dans cette espèce à Cayenne. P. 420 et 421.

PACO et LAMA, animaux du Pérou, et qui étaient le seul bétail des anciens Péruviens; ils ne se trouvent que dans les montagnes du Pérou, du Chili et de la Nouvelle-Espagne. T. III, p. 31. — Le paco appartient au nouveau continent et n'existait pas dans l'ancien. P. 35. — C'est le même animal que la vigogne; il est plus petit et moins propre au service que le lama, mais il est plus utile par sa dépouille : cette laine de vigogne est d'un très-grand prix. La vigogne, comme le lama, ne se trouve que dans les montagnes élevées des Cordillères en Amérique; elle a à peu près le même naturel, les mêmes mœurs et le même tempérament que le lama : on la trouve dans les contrées les plus froides de cette chaîne de montagnes; sa laine est beaucoup plus longue et plus touffue que celle du lama. Description de la vigogne, ses habitudes naturelles, sa timidité, son obstination, etc. P. 438 et suiv. — Cette espèce serait une excellente acquisition pour l'Europe, et il faudrait essayer de la propager dans nos montagnes. P. 439 et 440.

PALMISTE, petit animal qui passe sa vie sur les palmiers. T. III, p. 123. — Il n'est ni écureuil ni rat. *Ibid.* — Ses ressemblances et ses différences avec l'écureuil et le rat. *Ibid.* et suiv. — Il ne se trouve que dans les climats chauds de l'ancien continent. P. 124. — Ses ressemblances et ses différences avec le barbaresque et le suisse. *Ibid.* et suiv. — Habitudes naturelles du palmiste, assez semblables à celles de l'écureuil. P. 125.

PALMISTE. Addition à l'article du palmiste. *Add.*, t. IV, p. 362.

PANGOLIN, animal appelé vulgairement *lézard écailleux;* ses différences d'avec les fourmilliers. T. III, p. 128. — C'est un animal des climats les plus chauds de l'ancien continent. *Ibid.* — C'est un quadrupede vivipare, ainsi le nom de lézard écailleux lui a été mal appliqué. P. 134. — Ses différences générales d'avec les lézards. *Ibid.* — Ses ressemblances et ses différences d'avec le phatagin. P. 135. — Les écailles dont le pangolin est armé sont si dures, qu'elles résistent à la balle du mousquet. *Ibid.*

PANGOLIN et PHATAGIN; se mettent en boule comme le hérisson. T. III, p. 134 — Ce sont de tous les animaux, sans en excepter même le porc-épic, ceux dont l'armure est la plus offensive, en sorte qu'en contractant leur corps et présentant leurs armes, ils bravent la fureur de tous leurs ennemis. *Ibid.* — Leurs rapports avec les fourmilliers. P. 135 et 136. — Ils vivent de fourmis et ont la langue très-longue. P. 135. — Leur naturel et leurs habitudes. P. 136. — Ils se creusent des terriers et y font leurs petits. *Ibid.*

PANSE. Le grand volume de la panse dans les animaux ruminants doit être plutôt attri-

bué à l'habitude et aux nourritures qu'à la nature : preuve de cette assertion ; expérience à ce sujet. T. II, p. 439.

PANTHER *d'Aristote*, nous paraît être l'Adîve *ou* petit Chacal. T. III, p. 483.

PANTHÈRE, appartient à l'ancien continent et ne se trouve point dans le nouveau. T. III, p. 20. — La panthère, l'once et le léopard sont trois animaux différents ; ils ont été pris les uns pour les autres par les naturalistes, et ont été aussi confondus avec d'autres espèces du même genre qui se trouvent en Amérique. P. 62. — Courte description de la Panthère. P. 62 et 63. — Caractères et tempérament de la panthère. P. 68. — La panthère, le léopard et l'once ne se trouvent que dans les pays chauds de l'ancien continent. P. 72.

PAPION, est le nom que nous avons donné à la plus grande espèce de babouins. T. IV, p. 3. — Il ne produit pas dans les pays tempérés. La femelle ne fait ordinairement qu'un petit ; elle est sujette, comme la femme, à un écoulement périodique. P. 48. — Les papions ne sont pas du nombre des animaux carnassiers ; ils vivent de fruits, de racines et de grains ; ils s'entendent pour piller les jardins et se jettent les fruits de main en main, etc. *Ibid.* — Sa description, son naturel féroce, sa lubricité, son impudence, etc. P. 47. — Caractères distinctifs de cette espèce. P. 48 et 49.

PAPIRE, nom donné au choras. *Add.*, t. IV, p. 105.

PAPOUS, race d'hommes noirs parmi lesquels il s'en trouve quelques-uns de blancs. T. II, p. 156.

PARENTÉ (la) d'espèce est très-différente de la parenté de famille. Comparaison de la parenté des espèces, de la parenté des races et de la parenté des familles. T. IV, p. 209 et suiv.

PARESSEUX, c'est le nom qu'on a donné à deux animaux d'Amérique, à cause de leur extrême lenteur ; le premier de ces animaux s'appelle dans son pays natal *Unau*, et le second s'appelle *Aï*. T. III, p. 441. — Leur naturel est lent, contraint et resserré, et c'est moins paresse que misère, c'est défaut, c'est dénûment, c'est vice dans la conformation. Description des défauts de nature dans les paresseux (l'unau et l'aï). Habitude naturelle résultant de leur conformation défectueuse. T. III, p. 442 et suiv.

PARESSEUX-HONTEUX. Voyez *Aï*. *Add.*, t. IV, p. 423.

PARESSEUX-MOUTON. Voyez *Unau*. *Add.*, t. IV, p. 423.

PAROLE, est le signe le moins équivoque de la pensée ; elle met à l'extérieur autant de différence entre l'homme et l'homme qu'entre l'homme et la bête. T. II, p. 355.

PARTIES (les) simples dans le corps animal, paraissent être plus essentielles que les parties doubles. T. I, p. 626 et 627. — La tête et l'épine du dos sont des parties simples, dont la position est invariable ; l'épine du dos sert de fondement à la charpente du corps ; cette partie paraît une des premières de l'embryon, car la première chose que l'on voit dans la cicatricule de l'œuf, est une masse allongée, dont l'extrémité qui forme la tête ne diffère du total de la masse que par une espèce de forme contournée et un peu plus renflée que le reste ; ces parties simples qui paraissent les premières sont essentielles à l'existence, à la forme et à la vie de l'animal. P. 627. — Il y a beaucoup plus de parties doubles dans le corps de l'animal que de parties simples, et ces parties doubles semblent avoir été produites symétriquement de chaque côté des parties simples par une espèce de végétation. P. 627. — Dans tous les embryons, les parties du milieu de la tête et les vertèbres paraissent les premières. P. 628. — Les parties doubles tirent leur origine des parties simples ; il réside dans ces parties simples une force qui agit également de chaque côté, ou, ce qui revient au même, les parties simples sont les points d'appui contre lesquels s'exerce l'action des forces qui produisent le développement des parties doubles ; en sorte que l'action de la force par laquelle s'opère le développement de la partie droite est égale à l'action de la force par laquelle se fait le développement de la partie gauche, et que par conséquent elle est contre-balancée par cette réaction. *Ibid.*

Pasan, c'est le nom de la gazelle du bézoard ; sa description. T. III, p. 359 et 360.

Pasan. Dans la gazelle pasan, les cornes de la femelle ne sont pas si grandes que celles du mâle. Description de cette gazelle, par MM. Forster et Klockner. *Add.*, t. IV, p. 585 et suiv. — Elle ne va point en troupes, mais seulement par paires. P. 586. — Singularité des couleurs et leur distribution sur la face du pasan. P. 588. — Ses dimensions. P. 590.

Passions, comment et par quels signes les passions différentes se marquent sur le visage de l'homme. T. II, p. 55 et suiv. — Une passion sans intervalle est démence, et l'état de démence est pour l'ame un état de mort ; de violentes passions avec des intervalles sont des accès de folie, des maladies de l'âme d'autant plus dangereuses qu'elles sont plus longues et plus fréquentes ; la sagesse n'est que la somme des intervalles de santé que ces accès nous laissent. P. 334. — Une passion n'est autre chose qu'une sensation plus forte que les autres, et qui se renouvelle à tout instant. P. 350.

Patagons. Prétendus géants des terres Magellaniques ; doutes sur l'existence de ce peuple de géants. T. II, p. 209 et suiv.

Patagons. Description des Patagons, par M. Commerson. *Add.*, t. II, p. 278 et 279. — Par M. de Bougainville. P. 279 et 280. — Par le commodore Byron. P. 280 et 281. — Discussion au sujet de la grandeur des Patagons. P. 281 et suiv. — La différence de grandeur donnée par les voyageurs aux Patagons, ne vient que de ce qu'ils n'ont pas vu les mêmes hommes ni dans les mêmes contrées ; et tout étant bien comparé, il paraît certain que depuis le vingt-deuxième degré de latitude sud jusqu'au quarante-cinquième, il existe en effet une race d'hommes plus haute et plus puissante qu'aucune autre dans l'Univers. P. 284.

Patas, espèce de guenon ou singe à longue queue ; description du patas ; son poil est d'un roux presque rouge : il y a dans cette espèce deux variétés, la première est le patas à bandeau noir, et la seconde le patas à bandeau blanc ; toutes deux ont une barbe. T. IV, p. 56. — Caractères distinctifs de cette espèce. P. 57.

Patas a queue courte. (Description du) *Add.*, t. IV, p. 91 et suiv.

Patati, nom que l'on a donné aux habitants d'une terre encore peu connue, entre le fleuve Jeniscé et le golfe Linchidolin ; cette terre du continent de l'Asie s'avance jusqu'au soixante-treizième degré, et peut-être beaucoup au delà. *Add.*, t. II, p. 263.

Patira. C'est une espèce de cochon, différente des deux espèces de pécari, et qui se trouve également dans les terres de Cayenne suivant M. de la Borde. *Add.*, t. IV, p. 487.

Paupières. La peau des paupières est, comme celle du prépuce, plus longue chez les Orientaux que chez les autres peuples. T. II, p. 28. — La plus grande partie des animaux n'ont point de cils à la paupière inférieure : dans l'homme et dans les animaux quadrupèdes la paupière supérieure est celle qui a du mouvement, et la paupière inférieure n'en a que très-peu : dans les oiseaux et dans les amphibies, c'est au contraire la paupière inférieure qui a du mouvement, et les poissons n'ont de paupières ni en haut ni en bas. P. 51 et 52.

Peau. Désorganisation de la peau dans les blafards. *Add.*, t. II, p. 298. — Autres exemples de la désorganisation de la peau. P. 304. — Homme qui avait la peau chargée de piquants comme un porc-épic. *Ibid.* — Description d'un enfant chargé de taches surmontées de poil pareil à celui du veau et du chevreuil. P. 304 et suiv.

Pécari. Ses ressemblances et ses différences avec le cochon. T. III, p. 108. — Il ne peut se mêler avec l'espèce du cochon ; essais à ce sujet. P. 108 et 109. — Il a sur le dos une fente de deux ou trois lignes de largeur qui pénètre à plus d'un pouce de profondeur, par laquelle suinte une liqueur ichoreuse fort abondante et très-désagréable. P. 109. — Habitudes naturelles du pécari. *Ibid.* — Sa chair n'est pas mauvaise à manger ; précautions qu'il faut prendre pour qu'elle n'ait point d'odeur. *Ibid.* — L'espèce en est très-nombreuse dans tous les climats chauds de l'Amérique méridionale. *Ibid.* — Ils produisent en grand nombre ; les petits suivent

bientôt leur mère, et ne s'en séparent que quand ils sont adultes. P. 110. — Le poil ou plutôt les soies du pécari sont plus rudes que celles du sanglier, et ressemblent presque aux piquants du hérisson. *Ibid.* — Cet animal craint le froid, et ne pourrait subsister sans abri dans nos climats tempérés. *Ibid.* — Comparaison du pécari avec le cochon; ils paraissent être anciennement issus de la même souche. T. IV, p. 139 et 140.

PÉCARI. Il y a deux espèces de pécari dans les terres de Cayenne, suivant M. de la Borde. *Add.*, t. IV, p. 486. — Habitudes naturelles de ces animaux. *Ibid.* et suiv.

PÉCARI. Addition à l'article du pécari. *Add.*, t. IV, p. 488.

PÉCARI ou TAJACU (le) n'a pas trois estomacs, mais un seul partagé par deux étranglements. *Add.*, t. IV, p. 492.

PÉCHINIENS. Voyez *Pygmées.*

PEKAN. Incertitude sur l'animal auquel on a donné ce nom. T. III, p. 498.

PELAGIÆ (*Conchæ*), c'est ainsi qu'on appelle les coquillages qui habitent le fond de la mer, et qui ne sont jamais jetés sur le rivage. T. I, p. 154.

PENTE. Origine de la pente des montagnes. T. I, p. 300. — Pourquoi les montagnes composées de matières calcinables n'ont pas une pente aussi rapide que celles qui sont composées de matières vitrifiables. *Ibid.*

PÉROU. Remarques sur la forme du terrain au Pérou. T. I, p. 171. — Hautes montagnes du Pérou : raison pourquoi l'on ne trouve point de coquilles dans la plupart des hautes montagnes du Pérou. P. 286. — Quoique le Pérou soit situé dans la zone torride, le thermomètre, dans les grandes chaleurs, n'y monte pas si haut qu'en France, parce que c'est un pays extrêmement élevé. T. II, p. 211 et 212.

PÉROUASCA; ce nom peut se rendre par *Belette à ceinture.* Description de cet animal; sa peau fait une jolie fourrure. *Add.*, t. IV, p. 347.

PÉRUVIENS (les) étaient les seuls peuples de l'Amérique qui eussent des animaux domestiques. T. III, p. 31.

PESANTEUR. Cette force que nous connaissons sous le nom de *pesanteur*, est généralement répandue dans toute la matière; les planètes, les comètes, le soleil, la terre, tout est sujet à ses lois, et elle sert de fondement à l'harmonie de l'univers. T. I, p. 67 et 68. — Il n'y a point d'hypothèses à faire sur la direction de la pesanteur. Elle est nécessairement perpendiculaire à la surface. P. 83.

PETIT-GRIS (le) se trouve également dans les parties septentrionales de l'ancien et du nouveau continent. T. III, p. 119. — Ses ressemblances et ses différences d'avec l'écureuil. *Ibid.* — Habitudes naturelles du petit-gris, qui sont différentes de celles de l'écureuil. P. 121 et 122. — Les petits-gris se rassemblent en troupes et traversent ensemble des rivières très-larges sur des écorces d'arbres. *Ibid.*

PETIT-GRIS DE SIBÉRIE. Description de ce joli petit quadrupède. *Add.*, t. IV, p. 359 et suiv.

PEUR, passion commune aux hommes et aux animaux. T. II, p. 350. — Tableau de cette passion dans l'animal. P. 351.

PEUPLE qui mange des sauterelles. Voyez *Sauterelles.*

PÉTROLE *et autres huiles terrestres.* Explication de la manière dont la nature produit les sources de pétrole, de bitumes. *Add.*, t. I, p. 404.

PHALANGER, petit animal de l'Amérique méridionale que nous avons appelé *Phalanger* parce qu'il a les phalanges singulièrement conformées; il est du nombre des quadrumanes, et son espèce approche de celle de la marmose. Caractères par lesquels il en diffère. Différences du mâle et de la femelle. T. III, p. 450 et 451.

PHALANGER. Additions et corrections à son article. *Add.*, t. IV, p. 357.

PHATAGIN, seconde espèce de *Lézard écailleux.* T. III, p. 133. — C'est un quadrupède vivipare; ainsi le nom de *Lézard écailleux* lui a été mal appliqué. P. 134. — Ses différences générales d'avec les lézards. *Ibid.* — Différences particulières du phatagin et du pangolin. P. 135. — Le phatagin est bien plus petit que le pangolin. *Ibid.*

PHILANDRE. Voyez SARIGUE. T. III, p. 154 et suiv. — Les philandres peuvent être re-

gardés comme les représentants, dans le nouveau continent, des makis qui ne se trouvent que dans l'ancien. Cependant on ne peut pas supposer qu'ils viennent les uns des autres par dégénération. Comparaison des philandres et des makis T. IV, p. 140 et 141.

PHILANDRE *de Surinam*. Notice et description de cet animal, dont la femelle porte ses petits sur le dos et les environne de sa queue. *Add.*, t. IV, p. 354.

PHILOSOPHIE, *négligée dans ce siècle;* les arts qu'on veut appeler *scientifiques*, ont pris sa place ; les méthodes de calcul et de géométrie, celles de botanique et d'histoire naturelle, les formules, en un mot, et les dictionnaires occupent presque tout le monde. T. I, p. 27. — Le défaut de la philosophie d'Aristote était d'employer comme causes tous les effets particuliers; celui de celle de Descartes, est de ne vouloir employer comme causes qu'un petit nombre d'effets généraux en donnant l'exclusion à tout le reste. La philosophie sans défauts serait celle où l'on n'emploierait pour causes que des effets généraux, et où l'on chercherait en même temps à en augmenter le nombre, en tâchant de généraliser les effets particuliers. P. 453. — Le but de la philosophie naturelle n'est pas de connaître le pourquoi, mais le comment des choses. T. II, p. 463.

PHOQUE, nom générique sous lequel l'auteur comprend, 1° le *Phoca* des anciens qui se trouve dans la mer Rouge et dans la mer des Indes; 2° le phoque commun que nous appelons *Veau marin*, et qui se trouve dans notre Océan ; 3° le grand phoque décrit et gravé dans les *Transactions philosophiques*, n° XDLXIX ; 4° le très-grand phoque appelé *Lion marin* par l'auteur du Voyage d'Anson. T. III, p. 508. — Les phoques et les morses sont plus près des quadrupèdes que des cétacés, parce qu'ils ont deux mains et deux pieds; mais les lamantins, qui n'ont que deux mains, sont plus près des cétacés que des quadrupèdes. Tous diffèrent des autres animaux quadrupèdes par un grand caractère, c'est qu'ils sont les seuls qui puissent vivre également et dans l'air et dans l'eau, les seuls par conséquent qu'on doive appeler *amphibies*. *Ibid.* — On les a appelés *veaux de mer*, *chiens de mer*, *loups de mer*, *veaux marins*, *chiens marins*, *loups marins*, *renards marins*. Leur description détaillée, leur voix, leur figure, leur intelligence; ils sont susceptibles d'une sorte d'éducation ; ils ont le cerveau et le cervelet proportionnellement plus grands que l'homme ; ils ont les qualités sociales, un instinct très-vif pour leur femelle et très-attentif pour leurs petits ; ils ne craignent ni le froid ni le chaud ; ils vivent indifféremment d'herbes, de chair et de poisson ; ils habitent également sur la terre et sur la glace. P. 509 et suiv. — Ils ont de très-grandes imperfections de nature ; ils sont manchots ou estropiés des quatre jambes; leurs doigts ne sont pas séparément mobiles, mais tous réunis par une forte membrane. Leurs pieds étant dirigés en arrière comme une queue de poisson qui serait horizontale, ne peuvent soutenir le corps de l'animal quand il est sur terre, et il est obligé de se traîner comme un reptile, et par un mouvement plus pénible, en s'accrochant avec ses mains et sa gueule à ce qu'il peut saisir. P. 511. — Les phoques vivent en société, ou du moins en grand nombre dans les mêmes lieux ; leurs climats naturels sont les bords des mers du Nord; cependant ils peuvent vivre dans les climats tempérés et chauds. Leur espèce varie suivant les différents climats, et même il y en a plusieurs variétés dans le même climat. P. 512. — Différences des petits phoques des mers du Midi, et des phoques de notre Océan. *Ibid.* — Comparaison des différentes espèces de phoques. Discussion au sujet du *Phoca* des anciens. P. 513 et suiv. — Le grand phoque décrit dans les *Transactions philosophiques* est très-différent des autres. P. 514 et 515. — Sa description dans la note de la p. 515. — Il paraît qu'Aristote s'est trompé en assurant que le phoque n'a point de fiel, car il en a la vésicule proportionnée à la grandeur du foie. P. 515 et suiv. — Les femelles mettent bas en hiver et font leurs petits sur un banc de sable ou sur un rocher; elles se tiennent

assises pour les allaiter, et au bout de quinze jours elles commencent à les emmener pour leur apprendre à nager. Chaque portée n'est que de deux ou trois. Le temps de la gestation doit être de plusieurs mois, parce que le temps de l'accroissement est de plusieurs années; leur vie doit être longue. P. 516. — Voix du phoque, différente suivant l'âge. Ces animaux ne s'effraient point du bruit du tonnerre; l'orage et la pluie semblent les récréer; ils ont naturellement une mauvaise odeur; ils sont surchargés de graisse. Ils dorment beaucoup et d'un sommeil profond. Manière de les prendre et de les assommer. Ils sont très-vivaces et très-difficiles à tuer; ils sont courageux et se défendent jusqu'au dernier moment. P. 517. — Leur chair n'est pas absolument mauvaise à manger; leur peau fait une fourrure grossière, et leur graisse fournit une huile qu'on préfère à celle de tous les animaux cétacés. P. 518. — Les grands phoques des mers du Canada dont parle le voyageur Denis, sous le nom de *loups marins*, pourraient bien être de la même espèce que les lions marins des terres Magellaniques; raison de cette présomption. P. 519 et 520. — Différence très-essentielle entre les petits phoques ou veaux marins et les grands phoques; les premiers n'ont qu'un estomac, et ne ruminent pas; les seconds ruminent et ont plusieurs estomacs. P. 520.

PHOQUES. Le genre entier des phoques doit se diviser en deux tribus, savoir : les phoques sans oreilles externes, et les phoques qui ont des oreilles ou conques extérieures. *Add.*, t. III, p. 542. — Nous ne connaissons que deux espèces bien distinctes de phoques à oreilles : la première est celle du lion marin, remarquable par sa crinière jaune; la seconde, celle de l'ours marin, qui est composée de deux variétés, l'une plus grande que l'autre. *Ibid.* — Pour ce qui est des phoques sans oreilles, nous en connaissons neuf ou dix espèces ou variétés. *Ibid.* — Aucun animal du genre des phoques n'est ruminant; leur estomac est seulement divisé en plusieurs poches par différents étranglements, et c'est ce qui a trompé le docteur Parsons. P. 551. — Forme de corps et de membres, et habitudes communes à tous les phoques. P. 557. — Usage que font les Groënlandais de leur peau, de leur graisse et de leurs nerfs. P. 557 et 558. — Les phoques s'accouplent différemment des quadrupèdes terrestres; les femelles se renversent sur le dos pour recevoir le mâle; elles ne produisent ordinairement qu'un petit dans les grandes espèces, et deux dans les petites. P. 558.

PHOQUE *commun*. L'espèce se trouve non-seulement dans tous les océans, mais dans la Méditerranée, la mer Noire et même dans la mer Caspienne et le lac Baikal. *Add.*, t. III, p. 556. — Ses habitudes naturelles. Manière de les chasser. Variété dans cette espèce. *Ibid.*

PHOQUE *à capuchon*. Il a un capuchon dans lequel il peut renfoncer sa tête jusqu'aux yeux. *Add.*, t. III, p. 552. — Sa description. Ses habitudes naturelles. Cette espèce est très-nombreuse au détroit de Davis. Ses voyages. Elle ne mange que peu ou point du tout dans la saison des amours. P. 552 et 553.

PHOQUE *à croissant* (le) est encore un grand phoque; ses différences avec le phoque à capuchon. Ses différents noms en Groënland suivant ses différents âges dans lesquels les couleurs du poil varient beaucoup. *Add.*, t. III, p. 553. — Sa description; sa graisse ou plutôt son huile. P. 554.

PHOQUE *à museau ridé*. C'est le plus grand des phoques sans oreilles; on lui a donné mal à propos le nom de lion marin. *Add.*, t. III, p. 543. — Il se trouve sur les côtes à la pointe de l'Amérique, et dans l'île de la Nouvelle-Géorgie, découverte par le capitaine Cook. *Ibid.* — Il se trouve de même dans l'hémisphère boréal, sur les côtes de Kamtschatka et à l'île Bering, et probablement il se trouve sous toutes les latitudes. Je l'ai nommé *phoque à museau ridé*, parce qu'il a sur le nez une peau ridée et mobile qui peut se remplir d'air ou se gonfler. Ce grand et gros animal est d'un naturel très-indolent et très-peu redoutable. P. 543 et 544. — Il n'est méchant que dans le temps des amours. Sa description. Il n'y a dans la tête que deux petis trous auditifs et point

d'oreilles externes. P. 544. — Il est plus imparfaitement conformé par les parties postérieures du corps que le phoque commun. *Ibid.*

PHOQUE *à ventre blanc.* Sa description, son naturel, ses habitudes en captivité, sa voix, qui semble se produire en expirant et en aspirant. *Add.*, t. III, p. 545. — Le mâle de cette espèce que nous avons vu, éprouvait les irritations de l'amour tous les mois à peu près; il était alors dangereux. Ses différents accents et murmures. P. 545 et 546. — Il avait la respiration fort longue, car il gardait l'air assez longtemps, et ne respirait que par intervalles, entre lesquels ses narines étaient exactement fermées. Il ne les ouvrait que pour rendre l'air par une forte expiration. Il s'assoupissait ou s'endormait plusieurs fois par jour. On ne le nourrissait que de carpes et d'anguilles roulées dans le sel, et il en mangeait environ trente livres par vingt-quatre heures. Cet animal peut vivre plusieurs jours sans être dans l'eau. Il ne boit que de l'eau salée. Son poids est d'environ six ou sept cents livres. P. 546 et 547. — Sa description. P. 547 et suiv. — Son histoire. P. 548. — Manière dont on traite cette espèce de phoque dans certaines maladies. P. 549. — Observations de M. Sabarot de la Vernière, sur une femelle de cette espèce. *Ibid.* et suiv. — Cette femelle n'avait qu'un estomac et non pas quatre, comme le dit le docteur Parsons. P. 550.

PHOQUE *gassigiak.* Sa description. Cette espèce se trouve sur les côtes du Groënland, et n'est pas voyageuse. *Add*, t. III, p. 555.

PHOQUE *laktak* (le) est un des plus grands animaux de ce genre, et se trouve au Kamtschatka. *Add.*, t. III, p. 553.

PHOQUE *neit-soak.* Sa description. *Add.*, t. III, p. 555.

PHOQUE *utsuk* ou *urksuk* (le) de M. Crantz, pourrait bien être de la même espèce que le phoque à ventre blanc; il en est peut-être de même du grand phoque de l'Acadie, dont parle le P. Charlevoix. *Add.*, t. III, p. 551 et 552.

PHYSIQUE *expérimentale*; abus dans la manière dont on l'enseigne. T. I, p. 31. — Vrai but de la physique expérimentale. *Ibid.*

PHYSIQUE *et histoire naturelle.* Nos connaissances en physique et en histoire naturelle dépendent de l'expérience et se bornent à des inductions. T. I, p. 34.

PICHOU (le) de la Louisiane est le même animal que le margay du Brésil. T. III, p. 478.

PICS. Dans les îles, les montagnes s'élèvent ordinairement en forme de cône ou de pyramide, et on les appelle des *pics.* Le pic de Ténériffe, dans l'île de Fer, est une des plus hautes montagnes de la terre; elle a près d'une lieue et demie de hauteur perpendiculaire au-dessus du niveau de la mer; le pic de Saint-George dans l'une des Açores, le pic d'Adam, dans l'île de Ceylan, sont aussi fort élevés. T. I, p. 166. — Composition des pics. *Ibid.* — Ils sont ordinairement embrasés. *Ibid.* — Origine et formation des pics ou des cornes des montagnes. P. 175.

PICS *des montagnes.* Comment ils ont été dépouillés des terres qui les couvraient et les environnaient. *Add.*, t. I, p. 357.

PIEDS *fourchus.* Énumération des animaux à pieds fourchus. T. IV, p. 135.

PIERRES. Lorsqu'on tire les pierres et les marbres des carrières, on les sépare suivant leur position naturelle. Lorsqu'on les emploie, il faut, pour que la maçonnerie soit bonne et pour que les pierres durent longtemps, les poser sur leur lit de carrière; c'est ainsi que les ouvriers appellent la *couche horizontale;* elles se sont formées par couches parallèles et horizontales. T. I, p. 130. — Dans les carrières autour de Paris, le lit de bonnes pierres n'est pas épais, il n'a guère que dix-huit à vingt pouces d'épaisseur partout. Il y a des pierres dures dont on se sert pour couvrir les maisons, qui n'ont qu'un pouce d'épaisseur dans toute l'étendue de leur lit. *Ibid.* — Grosses pierres dispersées dans les vallons et les plaines; leur origine. P. 307 et 308. — Ces blocs dispersés sont bien plus communs dans les pays dont les montagnes sont de sable et de grès, que dans ceux où elles sont de marbre et de glaise. *Ibid.*

Pierres *fines*. Toutes les pierres fines et même le diamant ne sont, comme le cristal de roche, que des stalactites de cailloux ou de quelques autres matières vitrifiables T. i, p. 305.

Pierres *gélisses*. Dans tous les pays où l'on trouve dans les champs ou dans les autres terres labourables un très-grand nombre de coquilles pétrifiées, comme pétoncles, cœurs de bœuf, etc., entiers, bien conservés et totalement séparés, la pierre est gélisse, au moins dans la première couche. T. i, p. 160.

Pierres *qui se forment dans la vessie et dans la vésicule du fiel des animaux*, sont d'une substance et d'une composition différente de celle des bézoards. T. iii, p. 377.

Pilori, espèce de rat musqué aux îles Antilles; ses différences d'avec l'ondatra et le desman. T. iii, p. 102 et 103.

Pinche, espèce de sagouin; sa description. T. iv, p. 164 et 165. — Caractères distinctifs de cette espèce. P. 165.

Pithèque, seconde espèce de singe. T. iv, p. 38. — Le pithèque d'Aristote est un singe sans queue. P. 39. — C'est le plus doux et le plus docile des singes. Ces animaux n'ont pas un pied et demi de hauteur; ils crient *chin-chin*, c'est le nom qu'on leur a donné en Tartarie. P. 41. — Caractères distinctifs de cette espèce. P. 42.

Pithèque (le) n'est que le magot. *Avertissement*. — Observations de M. Desfontaines sur la nature et les habitudes de cet animal. *Add.*, t. iv, p. 85 et suiv. — Autres détails concernant les mœurs de ce singe. P. 87. — Principales dimensions d'un individu de cette espèce. *Ibid.* — Description de cet individu. *Ibid.* et suiv.

Pitié. La pitié naturelle est fondée sur les rapports que nous avons avec l'objet qui souffre; elle est d'autant plus vive que la ressemblance, la conformité de nature est plus grande; on souffre en voyant souffrir son semblable. Compassion; ce mot exprime assez que c'est une souffrance, une passion qu'on partage. L'âme a moins de part que le corps à ce sentiment de pitié naturelle, et les animaux en sont susceptibles comme l'homme. Ce sentiment diminue à mesure que les natures s'éloignent. Un chien qu'on frappe, un agneau qu'on égorge, nous font quelque pitié; un arbre que l'on coupe, une huître qu'on mord, ne nous en font aucune. T. ii, p. 554.

Placenta. Première origine et formation du placenta et des enveloppes du fœtus. T. i, p. 610. — Le placenta et les enveloppes du fœtus sont formées de l'excédant des molécules organiques fournies par les deux individus, lequel n'a pu entrer dans la composition du corps du fœtus. P. 616. — Explication et preuve de cette assertion. *Ibid.* — On ne peut pas dire que le placenta nourrisse le fœtus, pas plus que le fœtus nourrit le placenta, puisque, si l'un nourrissait l'autre, le premier paraîtrait bientôt diminuer, tandis que l'autre augmenterait, au lieu que tous deux augmentent ensemble. Seulement le placenta augmente d'abord beaucoup plus à proportion que l'animal, et c'est par cette raison qu'il peut ensuite nourrir l'animal ou plutôt lui porter de la nourriture, et ce ne peut être que par l'intussusception que le placenta augmente et se développe. P. 619. — Un mois après la conception, le placenta n'occupe plus que le tiers de la masse totale, au lieu que, dans les premiers jours, il en occupait la moitié. P. 635. — Description du placenta dans le fœtus humain. P. 640. — Le placenta, les enveloppes et le fœtus lui-même se nourrissent tous par intussusception de la liqueur laiteuse contenue dans la matrice; le placenta paraît tirer le premier cette nourriture, convertir ce lait en sang, et le porter au fœtus par des veines. P. 643 et suiv.

Plaines *en montagnes*. Ces plaines sont les meilleurs pâturages du monde. T. i, p. 167.

Plaisir et Douleur. Une lumière trop vive, un feu trop ardent, un trop grand bruit, une odeur trop forte, un mets insipide ou grossier, un frottement dur nous blessent ou nous affectent désagréablement; au lieu qu'une couleur tendre, une chaleur tempérée, un son doux, un parfum délicat, une saveur fine, un attouchement léger, nous flattent et souvent nous remuent délicieusement : tout effleurement des sens est

donc un plaisir, et toute secousse forte, tout ébranlement violent est une douleur. T. II, p. 332.

PLANÈTES. Formation des planètes. T. I, p. 66. — Explication de la formation des planètes. P. 69 et suiv. — Les planètes principales sont attirées par le soleil, le soleil est attiré par les planètes, les satellites sont aussi attirés par leurs planètes principales; chaque planète est attirée par toutes les autres, et elle les attire aussi : toutes ces actions et réactions varient suivant les masses et les distances. P. 68. — Les planètes tournent dans le même sens autour du soleil et presque dans le même plan. Cela suppose nécessairement quelque chose de commun dans leur mouvement d'impulsion, et fait soupçonner qu'il leur a été communiqué par une seule et même cause. P. 69. — Elles ont autrefois appartenu au corps du soleil, et la matière qui les compose a été séparée de cet astre par le choc d'une comète. *Ibid.* et suiv. — Toutes les planètes avec leurs satellites ne sont que la six cent cinquantième partie de la masse du soleil. P. 71. — Les planètes les plus grosses et les moins denses sont les plus éloignées du soleil, et pourquoi. P. 75. — Raison pourquoi les planètes les plus denses sont les plus voisines du soleil. *Ibid.* — Les deux grosses planètes Jupiter et Saturne, qui sont les parties principales du système solaire, ont conservé le rapport entre leur densité et le mouvement d'impulsion dans une proportion très-exacte; la densité de Saturne est à celle de Jupiter comme 67 à 94 $\frac{1}{2}$, et leurs vitesses sont à peu près comme 88 $\frac{2}{3}$ à 120 $\frac{1}{72}$, ou comme 67 à 90 $\frac{11}{16}$. *Ibid.* — Les planètes ont été primitivement dans un état de liquéfaction. P. 78. — Elles ont pris leur figure dans ce temps, leur mouvement de rotation a fait élever les parties de l'équateur en abaissant les pôles. *Ibid.* — Explication de la cause de leur mouvement de rotation et de la formation de leurs satellites. P. 79. — Dans chaque planète, la matière en général est à peu près homogène. *Ibid.* — Les planètes qui tournent le plus vite sur leur axe sont celles qui ont des satellites. *Ibid.* — Les planètes sont, en comparaison des comètes, des mondes en ordre, des lieux de repos où, tout étant constant, la nature peut établir un plan, agir uniformément et se développer successivement dans toute son étendue. T. III, p. 297.

PLANÈTES. Comme le torrent de la matière projetée par la comète hors du corps du soleil a traversé l'immense atmosphère de cet astre, il en a entraîné les parties volatiles, aériennes et aqueuses, qui forment aujourd'hui les atmosphères et les mers de la terre et des planètes : ainsi l'on peut dire qu'à tous égards la matière dont sont composées les planètes est de la même nature que celle du soleil. *Add.*, t. I, p. 331 et 332.

PLANTES. Les productions des plantes sont beaucoup plus nombreuses que celles des animaux. T. I, p. 431. — Plantes dont la nature est artificielle et factice. T. II, p. 479. — Dans les plantes, les espèces varient et prennent de nouvelles formes en assez peu de temps. T. III, p. 54.

PLANTES *marines*. Ne sont autre chose que des ruches ou plutôt des loges de petits animaux qui ressemblent aux animaux des coquilles, en ce qu'ils forment comme eux une grande quantité de substance pierreuse, dans laquelle ils habitent comme les autres dans leur coquille. Les plantes marines, que d'abord l'on avait mises au rang des minéraux, ont ensuite passé dans la classe des végétaux, et sont enfin demeurées pour toujours dans celle des animaux. T. I, p. 153 et 154.

PLATYPIGOS (Simia). Un des noms du babouin à longues jambes. *Add.*, t. IV, p. 92.

POIDS du corps de l'homme, relativement à sa grandeur. *Add.*, t. II, p. 231 et suiv.

POISONS. Manière dont les substances animales et végétales peuvent devenir des poisons, et le moyen de reconnaître lorsqu'elles tendent à cet état. T. I, p. 656.

POISSONS (les) à écailles engendrent avant que d'avoir pris le quart de leur accroissement. T. I, p. 593. — On peut à peu près reconnaître leur âge en examinant avec une loupe ou un microscope les couches annuelles dont sont composées leurs écailles; mais on ignore jusqu'où il peut s'étendre. *Ibid.* — Raison pourquoi les poissons vivent plus

longtemps que les autres animaux. P. 594. — Dans les poissons à écailles il n'y a aucune copulation. P. 595. — Les poissons à écailles paraissent être amoureux des œufs que la femelle répand et non pas de la femelle même. *Ibid.* — Les poissons vivent des siècles, parce qu'ils ne cessent de croître qu'au bout d'un très-grand nombre d'années. T. II, p. 75. — Les poissons doivent être les plus stupides de tous les animaux, parce qu'ils ont moins qu'aucun d'eux les facultés du sens du toucher. P. 131. — Ils produisent avant que d'avoir pris le quart ou même la huitième partie de leur accroissement. P. 517.

Polatouche, vulgairement l'*écureuil volant.* T. III, p. 116. — Ses ressemblances et ses différences avec l'écureuil, le loir et le rat *Ibid.* et suiv. — Le polatouche n'est pas sujet, comme le loir, à l'engourdissement par l'action du froid. P. 117. — Il se trouve également dans les parties septentrionales de l'ancien et du nouveau continent. *Ibid.* — Habitudes naturelles du polatouche. *Ibid.* — Ses convenances avec la chauve-souris. P. 119. — Il est pour ainsi dire engourdi pendant le jour et ne prend de l'activité que le soir. *Ibid.* — L'espèce en est peu nombreuse, quoiqu'il produise ordinairement trois ou quatre petits. *Ibid.*

Polatouche ou Écureuil volant. Toutes les espèces de polatouches grandes et petites sont très-différentes du taguan ou grand écureuil volant des Indes méridionales. *Add.*, t. IV, p. 365.

Polatouche ou petit écureuil volant. Habitudes naturelles de cet animal en captivité. *Add.*, t. IV, p. 366. — Il paraît extrêmement frileux, et il est assez difficile de concevoir comment il résiste aux froids des climats du Nord, où il est indigène. *Ibid.* et suiv.

Pôle, *expédition au pôle.* L'expédition au pôle et le passage par le nord-est paraît être impraticable; raison de cette présomption. L'on ne pourra passer de l'Europe à la Chine que par le nord-ouest, en entrant dans la baie de Hudson et cherchant ce passage vers les parties sud-ouest de cette baie. *Add.*, t. I, p. 365 et suiv.

Politesse. Origine de la politesse des mœurs. T. II, p. 67.

Pongo et Jocko, sont les noms que l'on donne à l'orang-outang sur les côtes occidentales de l'Afrique. Ce sont, de tous les singes, ceux qui ressemblent le plus à l'homme. T. IV, p. 23 et suiv. — Le pongo ou grand orang-outang est au moins aussi grand que l'homme et souvent plus grand et beaucoup plus fort. Il marche toujours debout; il se construit une hutte, un abri contre le soleil et la pluie; il se nourrit de fruits et ne mange point de chair. P. 26. — Les pongos vont de compagnie; ils tuent quelquefois des nègres dans les lieux écartés; ils attaquent même l'éléphant, qu'ils frappent à coups de bâton pour les chasser de leurs bois; on ne peut prendre de pongos vivants, parce qu'ils sont si forts que dix hommes ne suffiraient pas pour en dompter un seul; on ne peut attraper que les petits tout jeunes. *Ibid.* — Ils tâchent de surprendre des femmes pour les violer, ils les gardent avec eux, ils les nourrissent, etc. P. 27.

Pongo. Divers noms donnés à cette grande espèce d'orang-outang. *Add.*, t. IV, p. 71. — Habitudes naturelles de ce singe. P. 72 et suiv. — Sa taille ordinaire. P. 74.

Population *à Philadelphie.* En vingt-huit ans la population, sans secours étrangers, s'est doublée à Philadelphie, dans l'Amérique septentrionale. *Add.*, t. II, p. 286 et 287.

Porc-épic. N'est point un cochon chargé d'épines; sa description et ses différences d'avec le cochon. T. III, p. 406. — Ses ressemblances avec le castor. *Ibid.* — Le porc-épic n'a pas la faculté de lancer ses piquants comme on le croit vulgairement. *Ibid.* — Seulement, lorsqu'il est irrité, il remue ses piquants, et il en tombe quelques-uns de ceux qui tiennent le moins à la peau. P. 407. — Il est originaire des climats chauds, et cependant il peut vivre dans les climats tempérés. *Ibid.* et suiv. — Il se trouve assez communément en Italie, surtout dans les montagnes de l'Apennin. P. 408. — Le porc-épic n'est ni féroce ni farouche; il est seulement jaloux de sa liberté, et perce la porte de sa loge pour sortir. P. 408. — Sa nour-

riture dans l'état de liberté et dans celui de captivité. *Ibid.* — Ses piquants sont de vrais tuyaux de plumes, auxquels il ne manque que les barbes. P. 409.

PORC-ÉPIC DE MALACA. Description de cet animal. *Add.*, t. IV, p. 407. — Ses habitudes. P. 408.

PORPHYRE *calcinable*. Il y a dans un lieu appelé *Ficin* près de Dijon, une pierre composée comme le porphyre, mais elle est calcinable et n'a que la dureté du marbre. T. I, p. 155.

PORPHYRE (le) *rouge*, est composé d'un nombre infini de pointes d'oursin. Elles sont posées assez près les unes des autres et forment tous les petits points blancs qui sont dans le porphyre : chacun de ces points blancs laisse voir encore dans son milieu un petit point noir qui est la section du conduit longitudinal de la pointe de l'oursin. T. I, p. 155.

PORTRAIT et description d'un enfant chargé de taches surmontées de poil pareil à celui du veau et du chevreuil. Voyez *Peau*.

PORTRAITS et descriptions d'une Négresse-blanche et d'un Nègre-pie. Voyez *Nègre-blanc et nègre-pie*.

POSITION. L'analyse des positions est un art, qui n'est pas encore né, et cependant cet art serait plus nécessaire aux sciences naturelles que l'art de la géométrie, qui n'a que la grandeur pour objet. T. I, p. 630.

POTO. Voyez *Kinkajou*. *Add.*, t. IV, p. 278. — Courte description du poto. *Ibid.* — Ses habitudes naturelles. *Ibid.* — Il n'est qu'une variété dans l'espèce du kinkajou. P. 279.

POUC, espèce de rat qui se trouve dans quelques pays du Nord, et qui est plus grande que celle du rat domestique. *Add.*, t. IV, p. 421.

POULAINS (les) et même les jeunes chevaux jusqu'à l'âge de six ans, tettent souvent les femelles chameaux en Arabie, où l'on prétend que cette nourriture les rend très-légers à la course. *Add.*, t. IV, p. 501.

POULE. Description de la matrice de la poule, de l'ovaire et des œufs qui y sont attachés. T. I, p. 478. — Raison pourquoi les poules cessent de pondre lorsqu'elles couvent. P. 593.

POULET. Description de la formation du poulet dans l'œuf. T. I, p. 481 et suiv. — Le poulet crie avant même qu'il ait cassé la coquille de l'œuf qui le renferme ; explication de cet effet. P. 641.

POULS. La fréquence du battement du cœur et des artères est d'autant plus grande que l'animal est plus petit. Le pouls d'un enfant ou d'un homme de petite stature est plus fréquent que celui d'une personne adulte, ou d'un homme de haute taille ; le pouls d'un bœuf est plus lent que celui d'un homme ; celui d'un chien est plus fréquent, et les battements du cœur d'un animal encore plus petit, comme d'un moineau, se succèdent si promptement qu'à peine peut-on les compter. T. II, p. 23 et suiv.

POUMONS (les) du fœtus qui n'a pas respiré vont au fond de l'eau, au lieu que ceux de l'enfant qui a respiré, surnagent. T. I, p. 641.

POURPRE (la guenon à face). Sa description. *Add.*, t. IV, p. 104.

PRÉSURE *naturelle dans l'estomac du veau*, dont on se sert pour faire cailler le lait. T. II, p. 441.

PRINCIPES MÉCANIQUES. L'idée de ramener l'explication de tous les phénomènes à des principes mécaniques, est grande et belle. Mais cette idée n'est qu'un projet, et ce projet n'est pas fondé. T. I, p. 452. — Les vrais principes mécaniques ne sont autre chose que les effets généraux que l'expérience nous a fait remarquer dans toute la matière. P. 453.

PRODIGE. Un prodige dans la nature, n'est autre chose qu'un effet plus rare que les autres. T. IV, p. 124.

PRODUCTIONS. Il se forme des productions nouvelles dans tous les animaux lorsqu'ils arrivent au temps de se multiplier ; les œufs, dans les ovipares ; les corps glanduleux, dans les vivipares, etc. T. I, p. 596. — Dans les animaux, la production nombreuse dépend plutôt de la conformation des parties intérieures de la génération que d'aucune autre cause. T. II, p. 465. — Tous les animaux remarquables par leur grandeur ne

produisent qu'en petit nombre, au lieu que tous les petits animaux produisènt en grand nombre, et le plus ou le moins dans la production tient beaucoup plus à la grandeur qu'à la forme : exemple tiré des chats comparés aux lions et aux léopards. T. III, p. 477.

PRODUCTION des femmes. Voyez *Femmes*.

PROFONDEURS (les) dans les hautes mers augmentent ou diminuent d'une manière assez uniforme, et ordinairement plus on s'éloigne des côtes, plus la profondeur est grande. T. I, p. 164. — La profondeur de la mer à la côte est toujours proportionnée à la hauteur de cette même côte, en sorte que si la côte est fort élevée, la profondeur sera fort grande; et au contraire si la plage est basse et le terrain plat, la profondeur est fort petite. P. 165.

PROPORTIONS (les) du corps humain ont été déterminées d'après un très-grand nombre de modèles par le simple coup d'œil des peintres et des sculpteurs, beaucoup mieux que par des mesures; énumération de ces proportions. T. II, p. 63 et suiv.

PUANT. Voyez MOUFFETTE. T. III, p. 492. — Les puants *ou* putois paraissent avoir passé d'Amérique en Europe. T. IV, p. 141 et 142.

PUBERTÉ (la) n'arrive que quand le corps a pris la plus grande partie de son accroissement. Tout marque dans ce temps la surabondance de la nourriture dans le mâle et dans la femelle. T. I, p. 456. — Signes qui précèdent et accompagnent la puberté. T. II, p. 33. — Signes communs aux deux sexes, et particuliers à chaque sexe. *Ibid.* — Dans toute l'espèce humaine, les filles arrivent à la puberté plus tôt que les mâles; mais chez les différents peuples, l'âge de puberté est différent et semble dépendre en partie de la température du climat et de la qualité des aliments; dans les villes et chez les gens aisés, les enfants arrivent plus tôt à cet état; à la campagne et dans le pauvre peuple, les enfants sont plus tardifs. *Ibid.* — Raison pourquoi les filles arrivent plus tôt à cet état que les garçons. *Ibid.* et suiv. — Dans les climats les plus chauds de l'Asie, de l'Afrique et de l'Amérique, la plupart des filles sont pubères à dix et même à neuf ans. P. 34. — Les traits du visage et la figure du corps changent si fort dans le temps de la puberté que la même personne pourrait souvent être méconnue. P. 386.

PUBERTÉ. Description de l'âge de la puberté. L'existence de l'homme n'est complète que quand il peut la communiquer. *Add.*, t. II, p. 226. — Le vœu de la nature n'est pas de renfermer notre existence en nous-mêmes. Par la même loi qu'elle a soumis tous les êtres à la mort, elle les a consolés par la faculté de se reproduire. *Ibid.*

PUCERONS (les) engendrent d'eux-mêmes et sans accouplement; il paraît que Leeuwenhoeck a fait le premier cette observation. T. I, p. 577. — Les pucerons n'ont point de sexe, ils sont également, ou pères ou mères, et engendrent d'eux-mêmes sans copulation, quoiqu'ils s'accouplent aussi quand il leur plaît, sans qu'on sache si cet accouplement est une conjonction de sexes, puisqu'ils en paraissent tous également privés ou également pourvus. P. 595 et 596.

PUISSANCE. C'est la même puissance qui cause le développement et la reproduction. T. I, p. 450.

PUISSANCE du moule intérieur. Voyez *Moule intérieur*.

PUMA (le) *du Pérou*, a été mal à propos appelé *Lion;* ses différences d'avec le vrai lion. T. III, p. 7.

PURPURA. Le coquillage appelé *Purpura* a une langue longue, dont l'extrémité est osseuse et pointue; elle lui sert comme de tarière pour percer les coquilles des autres poissons, et pour se nourrir de leur chair. T. I, p. 155.

PUS (le) qui sort des plaies contient une grande quantité de molécules organiques en mouvement. T. I, p. 656.

PUTOIS. Naturel et tempérament du putois. T. II, p. 594 et suiv. — Il tue toutes les volailles avant que d'en manger et d'en emporter. P. 595. — Il attaque les ruches à miel, et force les abeilles à les abandonner. *Ibid.* — Il produit trois, quatre ou cinq petits. *Ibid.* — Habitudes naturelles du putois. *Ibid.* — Les putois font une guerre continuelle aux lapins, une seule famille de

putois suffit pour détruire une garenne. *Ibid.* — Les chiens ne veulent point manger de la chair du putois à cause de sa mauvaise odeur. *Ibid.* — Le putois a deux follicules qui contiennent la matière de la mauvaise odeur qu'il répand. *Ibid.* — C'est un animal des pays tempérés. P. 596. — Il craint le froid et ne se trouve pas dans les pays du Nord. *Ibid.* — Le putois d'Europe paraît être du même genre que les mouffettes *ou* puants d'Amérique, dont les espèces sont plus nombreuses et la nature plus exaltée. T. IV, p. 141 et 142.

PUTOIS RAYÉ DE L'INDE. Description de cet animal. *Add.*, t. IV, p. 329 et suiv.

PYGARGUS (le) *des anciens*, est le même animal que l'*algazel* ou *gazelle* d'Égypte et d'Arabie. T. III, p. 365.

PYGMÉES. L'opinion de l'existence des Pygmées est très-ancienne, et il paraît que les Pygmées ou Péchiniens d'Éthiopie, et les Quimos des montagnes de Madagascar, pourraient bien être de la même race. *Add.*, t. II, p. 278.

PYRITES (les), les marcassites et autres semblables minéraux ne sont pas disposés par couches horizontales, comme les matières plus anciennes du globe ; mais elles se trouvent au contraire dans les fentes perpendiculaires de ces couches horizontales. T. I, p. 284.

Q

QUADRUPÈDES, marchent ordinairement en portant à la fois en avant une jambe de devant et une jambe de derrière en diagonale. T. II, p. 377. — Le nom de *quadrupède* suppose que l'animal ait quatre pieds : s'il manque de deux pieds comme le lamantin, il n'est plus quadrupède ; s'il a des bras et des mains comme le singe, il n'est plus quadrupède, et l'on fait abus de cette dénomination générale lorsqu'on l'applique à ces animaux. T. IV, p. 10. — Les vrais quadrupèdes sont les solipèdes et les pieds fourchus; dès qu'on descend à la classe des fissipèdes, on trouve des quadrumanes ou des quadrupèdes ambigus, qui se servant de leurs pieds de devant comme de mains, doivent être distingués des autres. P. 11. — Énumération des animaux auxquels le nom de quadrupède convient dans toute la rigueur de son acception, et de ceux auxquels il ne convient pas entièrement, et qui font une classe intermédiaire entre les quadrupèdes et les quadrumanes. *Ibid.* — Il y a dans le réel plus d'un quart des animaux auxquels le nom de quadrupède disconvient, et plus d'une moitié auxquels il ne convient pas dans toute l'étendue de son acception. *Ibid.*

QUALITÉ. Les qualités générales de la matière sont toutes également des principes mécaniques, soit qu'elles tombent ou non sous nos sens. T. I, p. 452 et 453.

QUESTIONS auxquelles on ne peut répondre que par la question même. T. I, p. 440. — Il faut distinguer avec soin les questions où l'on emploie *le pourquoi*, de celles où on doit employer *le comment*, et encore de celles où l'on ne doit employer que *le combien*. P. 441.

QUESTION *de fait*, ne demande point de réponses. Ceux qui croient y répondre par des causes finales, prennent l'effet pour la cause. T. I, p. 441.

QUICK-HATH *ou* WOLVERENNE, petit ours ou louveteau, pourrait bien être le même animal que le carcajou du Canada, qui est le même que le glouton du nord de l'Europe. T. III, p. 488.

QUIMOS. Petits hommes blancs des montagnes de Madagascar; leur description et leurs mœurs. *Add.*, t. II, p. 275 et suiv.

QUIMPEZÉE, c'est le nom que les Anglais ont donné à l'orang-outang. T. IV, p. 23 (note *b*).

R

RACES. Nécessité de croiser les races; le premier animal, le premier cheval, par exemple, a été le modèle extérieur et le moule intérieur sur lequel tous les chevaux qui sont nés, tous ceux qui existent et tous ceux qui naîtront ont été formés ; mais ce modèle, dont nous ne connaissons que les copies, a pu s'altérer ou se perfectionner en communiquant sa forme et se multipliant. Il semble

que le modèle du beau et du bon soit dispersé par toute la terre, et que dans chaque climat il n'en réside qu'une portion qui dégénère toujours, à moins qu'on ne la réunisse à une autre portion prise au loin ; en sorte que pour avoir de beaux chevaux, de beaux chiens, etc., il faut donner aux femelles du pays des mâles étrangers. T. II, p. 390 et 391.

RACE *masculine et féminine* dans la même espèce. T. III, p. 341.

RACES. En croisant les races au lieu de les réunir, soit dans les animaux, soit dans l'homme, on ennoblit l'espèce, et ce moyen seul peut la maintenir belle et même la perfectionner. T. IV, p. 200.

RACE. Ce que l'on doit entendre par race dans l'espèce humaine prise généralement. *Add.*, t. II, p. 257.

RACHITIQUE. Squelette d'enfant rachitique dont les os des bras et des jambes ont tous des calus dans le milieu de leur longueur ; à l'inspection de ce squelette, on ne peut guère douter que cet enfant n'ait eu les os rompus dans le temps que la mère le portait, ensuite les os se sont réunis et ont formé ces calus. T. I, p. 647.

RAISON. Pour donner la raison d'une chose il faut avoir un sujet différent de la chose, duquel on puisse tirer cette raison. T. I, p. 440.

RAPPORTS (les) communs aux animaux, aux végétaux et aux minéraux sont d'être étendus, pesants, impénétrables. Les rapports communs aux animaux et aux végétaux sont les facultés de croître, de se développer, de se reproduire et de se multiplier. T. I, p. 427 et 428. — Les grandes combinaisons ont produit tous les petits rapports. T. III, p. 416.

RAT. Dégâts et dévastations causés par les rats du Nord, appelés *lemmings*. T. II, p. 539. — Habitudes naturelles du rat. P. 605. — Le rat produit plusieurs fois par an, presque toujours en été ; les portées ordinaires sont de cinq ou six. P. 606. — Les rats se tuent et se mangent entre eux pour peu que la faim les presse. *Ibid.* — C'est par cette raison qu'il arrive ordinairement qu'après avoir été infesté de ces animaux pendant un certain temps, ils semblent souvent disparaître tout à coup et quelquefois pour longtemps. *Ibid.* — Variétés dans cette espèce. P. 606 et 607. — L'espèce entière, avec ses variétés, paraît être naturelle aux climats tempérés de l'ancien continent. P. 607. — Le rat appartient à l'ancien continent et n'existait pas dans le nouveau lorsqu'on en fit la découverte. Il a passé d'Europe avec les vaisseaux. T. III, p. 30.

RAT *d'eau*. Habitudes naturelles du rat d'eau. T. II, p. 612. — Il ne fréquente que les eaux douces. *Ibid.* — Il a tous les doigts des pieds séparés, et cependant nage très-facilement. *Ibid.* — Les chiens le chassent avec une espèce de fureur. *Ibid.* — Les mâles et les femelles se cherchent sur la fin de l'hiver ; elles mettent bas au mois d'avril. Les portées ordinaires sont de six ou sept. *Ibid.*

RAT *d'eau blanc du Canada*. Il paraît être de la même espèce que notre rat d'eau d'Europe. *Add.*, t. IV, p. 389.

RAT *de Madagascar*. Notice à son sujet. Cet animal n'est point nn rat, quoiqu'il porte ce nom. Ses habitudes naturelles. *Add.*, t. IV, p. 370 et suiv.

RAT *de blé*. Voyez *Hamster*. *Add.*, t. IV, p. 383.

RAT *de senteur*. Cet animal est commun aux Indes orientales, à l'île de France et à Maduré ; sa morsure est venimeuse, et les Portugais l'appellent *Cheroso*. *Add.*, t. IV, p. 381.

RAT. Courte description d'une espèce de rat qui habite l'Arabie, suivant M. Pagès. *Add.*, t. IV, p. 382.

RAT PERCHAL. Description de cet animal. *Add.*, t. IV, p. 382 et 383.

RATS et SOURIS. Prodigieuse multiplication de ces animaux à l'île de France. *Add.*, t. IV, p. 381.

RATS. Nouvelle addition à l'article des rats et des souris. *Add.*, t. IV, p. 381.

RATON. Courte description de cet animal. T. II, p. 659. — Habitudes naturelles du raton. *Ibid.* — Il se sert de ses deux mains jointes ensemble pour prendre ce qu'on lui donne. *Ibid.* — Il grimpe fort aisément sur les arbres, quoiqu'il soit gros et trapu.

P. 659 et 660. — Cet animal est naturel à l'Amérique et ne se trouve point dans l'ancien continent. P. 660. — Quoique originaire des pays chauds, il ne craint pas excessivement le froid. *Ibid.* — Il a l'habitude constante de tremper dans l'eau tout ce qu'il mange. *Ibid.* — Il mange de tout ce qu'il trouve. *Ibid.* — Il tient de la nature du maki et un peu des qualités du chien. *Ibid.*

Raton. Détails historiques sur les habitudes de cet animal dans l'état de domesticité, par M. Blanquart de Salines. *Add.*, t. iv, p. 270. — Adresse singulière de cet animal. *Ibid.* — Il ressent très-vivement les mauvais traitements et semble n'en jamais perdre le souvenir; il trempe tous ses aliments secs pour les humecter, et préfère l'eau très-froide à l'eau tiède pour les tremper. C'est probablement faute d'une assez grande quantité de salive, qu'il humecte et laisse tomber au fond de l'eau tous les aliments secs avant de les manger. Son entier accroissement se fait en deux ans et demi. P. 271 et 272.

Raton-crabier, animal de l'Amérique méridionale, que j'ai ainsi nommé parce qu'il ressemble au raton par la figure, et que comme le crabier, il se nourrit principalement de crabes. Ses dimensions. *Add.*, t. iv, p. 272. — Sa description. *Ibid.* et suiv. — Ses différences avec le raton. P. 273.

Réflexions en forme d'avis sur la métaphysique des sciences. T. i, p. 27 et suiv.

Religion. Toute religion fondée sur des opinions humaines est fausse et variable, et il n'a jamais appartenu qu'à Dieu de nous donner la vraie religion. T. ii, p. 570 et 571.

Renard. Caractère du renard et ses habitudes naturelles. T. ii, p. 580. — Ses ruses pour dévaster les basses-cours. *Ibid.* — Manière dont il cache et dépose en différents endroits les oiseaux ou les volailles dont il a fait rapine. *Ibid.* — Sa manière de chasser. P. 580 et 581. — Manière de le chasser. P. 581. — Le renard est carnassier, vorace, et mange de tout. *Ibid.* — Il est très-avide de miel, et attaque les ruches et les guêpiers. *Ibid.* — Ses différences d'avec le chien. P. 582. — Le renard ne s'apprivoise pas aisément, et jamais tout à fait. *Ibid.* — Il produit une seule fois par an et en moindre nombre que le chien; les portées sont ordinairement de quatre ou cinq, rarement de six, et jamais moins de trois. *Ibid.* — Manière dont la femelle cache et élève ses petits. *Ibid.* — La femelle devient en chaleur l'hiver. *Ibid.* — Les renards naissent les yeux fermés; ils sont deux ans à croître, et vivent treize ou quatorze ans. *Ibid.* — Différents accents et différents tons dans la voix du renard, suivant les différentes affections. P. 582 et 583. — Le renard a le sommeil profond. P. 583. — Lorsqu'il est enchaîné, il ne se jette pas sur les volailles. *Ibid.* — Variétés nombreuses dans l'espèce du renard. P. 583 et 584. — Elle ne se trouve point dans les pays très-chauds. P. 584. — Elle est originaire des pays froids. *Ibid.* — La fourrure des renards blancs n'est pas fort estimée, parce que le poil tombe aisément; les gris argentés sont meilleurs; les bleus et les croisés sont recherchés à cause de leur rareté, mais les noirs sont les plus précieux de tous. C'est, après la zibeline, la fourrure la plus belle et la plus chère. P. 584 et 585. — Le renard se loge souvent dans le terrier du blaireau. P. 585.

Renards *du Groënland.* Notice sur ces animaux. *Add.*, t. iv, p. 324.

Renards *de Kamtschatka.* La fourrure de ces renards est de la plus grande beauté. *Add.*, t. iv, p. 324.

Renards *de Norwége.* Il y en a de différentes couleurs; ils sont si nombreux qu'on fait tous les ans un commerce considérable de leurs peaux, dont on vend plus de quatre mille par année dans le seul port de Berghen. *Add.*, t. iv, p. 324.

Renard. Addition à l'article de cet animal. *Add.*, t. iv, p. 325.

Renard blanc. Description d'un renard blanc. *Add.*, t. iv, p. 325 et suiv.

Renne. Raison physique de ce que la femelle du renne a du bois comme le mâle. T. ii, p. 519. — Il paraît que cet animal existait dans les hautes montagnes de France il y a deux ou trois siècles. T. iii, p. 322

— Le renne ne se trouve actuellement que dans les pays les plus septentrionaux. *Ibid.* — Sa description et sa comparaison avec le cerf. P. 326. — Ses habitudes naturelles. *Ibid.* — Le renne est devenu animal domestique chez les Lapons. P. 327. — Grande utilité que l'on tire de ces animaux. *Ibid.* — On attèle le renne à un traîneau, et il fait aisément trente lieues par jour. *Ibid.* — Manière dont les Lapons élèvent et conduisent ces animaux. P. 327 et 328. — Le bois du renne est beaucoup plus grand et plus étendu que celui du cerf. P. 328. — Sa nourriture pendant l'hiver et pendant l'été. *Ibid.* — Troupeaux de rennes chez les Lapons; avantages qu'ils en tirent. *Ibid.* — Lorsqu'on les fait changer de climat ils dépérissent et meurent. *Ibid.*

Rennes *sauvages* et Rennes *domestiques.* T. III, p. 328. — Les rennes sauvages sont plus forts que les rennes domestiques. *Ibid.* — Description du traîneau qu'on leur fait tirer et de la manière dont on les attèle. P. 328 et 329. — Conformités du renne avec le cerf. P. 329. — Le renne jette son bois tous les ans et se charge de venaison. *Ibid.* — La femelle ne porte que huit mois, et ne produit qu'un petit. *Ibid.* — Les jeunes rennes portent la livrée comme les jeunes cerfs. *Ibid.* — Les rennes n'ont acquis leur plein accoissement qu'à l'âge de quatre ans. *Ibid.* — On les soumet à la castration; manière dont les Lapons font cette opération. *Ibid.* — Les rennes entiers sont trop difficiles à manier, et on ne se sert que des hongres. *Ibid.* — On ne garde qu'un mâle entier pour cinq ou six femelles, et c'est à l'âge d'un an que se fait la castration. *Ibid.* — Il s'engendre des vers sous la peau des rennes en très-grande quantité. *Ibid.* — Soins qu'exigent les troupeaux de cette espèce. P. 329 et 330. — La surabondance de nourriture est plus grande dans le renne que dans aucun autre animal. *Ibid.* — Il est le seul dont le bois tombe et se renouvelle, malgré la castration. *Ibid.* — C'est la seule espèce d'animal dans laquelle la femelle porte un bois comme le mâle. *Ibid.* — Raison de la surabondance de nourriture dans cet animal, tirée de la qualité des aliments qu'il prend. P. 331. — Différence de la grandeur du bois dans les mâles, les femelles et les hongres. *Ibid.* — Lorsque ces animaux courent, les os de leurs pieds font un craquement que l'on entend de loin. *Ibid.* — Le renne est du nombre des animaux ruminants. P. 333. — Dans l'état de domesticité il ne vit qu'environ seize ans; mais dans l'état de nature, il doit vivre plus longtemps. *Ibid.* — Manière dont les Lapons chassent les rennes. P. 333 et 334.

Renne. Il y a deux races ou variétés constantes dans cette espèce. *Add.*, t. IV, p. 536. — Dans tous les mouvements que font ces animaux, il se fait un craquement assez fort pour être entendu de loin; ce même craquement se fait entendre aussi quoiqu'ils soient en repos, pour peu qu'ils soient émus ou surpris. *Ibid.* — Un de ces animaux pris à 76 degrés de latitude et amené à Amsterdam, ne pouvait supporter la température de ce climat trop chaud pour lui; c'était un renne de la petite espèce. P. 538. — Les rennes de la grande et de la petite espèce varient beaucoup par la figure et par les empaumures de leurs bois. P. 539. — Description d'un jeune renne, par M. Allamand. *Ibid.* — Autre description d'un renne, avec des observations anatomiques, par M. le professeur Camper. P. 540 et suiv. — Le renne ne prend son accroissement entier qu'en cinq ans. P. 540. — Cet animal a, comme le daim, la pupille des yeux transversale, et des larmiers semblables à ceux des cerfs, qui se remplissent d'une matière blanchâtre, glutineuse et plus ou moins transparente. P. 541.

Renne, *bois de renne.* Les grands bois ou cornes fossiles trouvées en Irlande, doivent se rapporter au renne et non pas à l'élan. *Add.*, t. IV, p. 535.

Renne *femelle.* Sa description. *Add.*, t. IV, p. 534 et suiv.

Renne. Observation sur le craquement qui se fait entendre dans les pieds et les jambes du renne, et sur la maladie dont deux de ces animaux sont morts en France. *Add.*, t. IV, p. 543 et 544. — En Laponie et dans les provinces septentrionales de l'Asie, il y a peut-être plus de rennes do-

mestiques que de rennes sauvages; mais dans le Groënland les voyageurs disent qu'ils sont tous sauvages. Les plus forts de ces rennes du Groënland ne sont pas plus gros qu'une génisse de deux ans. P. 544.

Renne. Additions relatives aux habitudes et à la description du renne. *Add.*, t. IV, p. 543 et suiv. — Autres additions relatives au même sujet. P. 544 et suiv.

Reproduction. Différents moyens dont la nature se sert pour la reproduction. T. I, p. 434. — Explication de la reproduction des végétaux et des animaux qui se reproduisent sans copulation ou par la séparation de leurs parties. P. 454.—La nutrition et la reproduction sont toutes deux non-seulement produites par la même cause efficiente, mais encore par la même cause matérielle. P. 460. — La matière qui sert à la nutrition et à la reproduction des animaux et des végétaux est la même; c'est une substance productive et universelle, composée de molécules organiques toujours existantes, toujours actives, dont la réunion produit les corps organisés. P. 592.

Réservoirs. Grands réservoirs d'eau en Orient, faits par la main des hommes. T. I, p. 61.

Respiration. Expérience qui semble prouver qu'on pourrait élever des animaux, et peut-être même des enfants, pendant quelque temps sans les laisser respirer. T. II, p. 10 et 11. — Il serait peut-être possible d'empêcher de cette façon le trou ovale de se fermer, et de faire par ce moyen d'excellents plongeurs et des espèces d'animaux amphibies, qui vivraient également dans l'air et dans l'eau. P. 11.

Ressemblance (la) des enfants aux parents, prouve la vérité du système de l'auteur sur la génération. T. I, p. 461. — Pour bien juger de la ressemblance des enfants à leurs parents, il ne faut pas les comparer dans les premières années, mais attendre l'âge où, tout étant développé, la comparaison en est plus certaine et plus sensible. T. II, p. 386. — Dans l'espèce humaine, on trouve que souvent le fils ressemble à son père, et la fille à sa mère; que plus souvent ils ressemblent à l'un et à l'autre à la fois, et qu'ils tiennent quelque chose de tous deux; qu'assez souvent ils ressemblent aux grands-pères et aux grand'mères; que quelquefois ils ressemblent aux oncles et aux tantes; que presque toujours les enfants du même père et de la même mère se ressemblent plus entre eux qu'ils ne ressemblent à leurs ascendants, et que tous ont quelque chose de commun et un air de famille. *Ibid.*

Rêves. L'idée du temps n'entre jamais dans les rêves. T. II, p. 342. — Causes occasionnelles des rêves. *Ibid.* et suiv. — Pourquoi presque tous les rêves sont effroyables ou charmants. P. 343.

Rhinocéros, appartient à l'ancien continent, et ne se trouve point dans le nouveau; l'espèce n'en est pas nombreuse, et elle est confinée aux seuls climats méridionaux de l'Afrique et de l'Asie. T. III, p. 17. — C'est après l'éléphant le plus puissant des animaux quadrupèdes; sa grandeur et ses dimensions. P. 219 et 220. — Il a les jambes beaucoup plus courtes à proportion de celles de l'éléphant. *Ibid.* — Ses qualités individuelles et relatives. *Ibid.* — Usage de sa corne. *Ibid.* — Il a la lèvre supérieure mobile et terminée par un appendice. P. 221. — Description de cet animal; nombre et figure de ses dents; usage qu'il fait de sa longue lèvre. *Ibid.* — Sa nourriture dans l'état de captivité. P. 223. — Son naturel et ses habitudes dans l'état de captivité. *Ibid.* — Description des parties de la génération du mâle. P. 224. — Il jette son urine en arrière. *Ibid.* — Description de sa peau; son épaisseur et sa fermeté. *Ibid.* et suiv. — Rhinocéros qui n'ont qu'une corne et d'autres qui en ont deux. P. 225. — Il écoute avec une attention particulière tous les bruits qu'il entend. *Ibid.* — Description et dimensions des cornes de cet animal. P. 226 et 227. — La corne du rhinocéros est fort estimée des Indiens. P. 227. — Son naturel et ses mœurs dans l'état de liberté. *Ibid.* — Il se trouve dans tous les pays méridionaux de l'Afrique et de l'Asie, mais l'espèce en est bien moins nombreuse que celle de l'éléphant. *Ibid.* — Il ne produit qu'un petit. *Ibid.* — Accroissement de la corne à mesure

que l'animal avance en âge. *Ibid.* et 228. — Accroissement de l'animal, et la durée de sa vie. *Ibid.* — Qualités médicinales des différentes parties de son corps. *Ibid.* — Sa nourriture dans l'état de liberté. *Ibid.* et suiv. — Combats du rhinocéros avec l'éléphant sont imaginaires; ces animaux ne se sont jamais battus que dans les arènes de Rome, lorsqu'on les y a forcés. P. 229. — Manière de les chasser et de les tuer. P. 230. — Le rhinocéros a l'odorat bon et l'oreille excellente, mais il a les yeux mauvais. *Ibid.* — Il ne rumine pas, quoique dans l'état de nature il ne vive que d'herbes. *Ibid.*

Rhinocéros (le) est soumis en Abyssinie comme animal domestique, et sert à porter des fardeaux, suivant M. P***. *Add.*, t. IV, p. 445.

Rhinocéros *à doubles cornes.* Cette espèce de rhinocéros existe en Afrique et en Asie; témoignage à ce sujet. Figure et description de ces doubles cornes. Cet animal n'est qu'une variété dans l'espèce, à peu près comme la double bosse du chameau n'empêche pas qu'il ne soit de même espèce que le dromadaire, puisqu'ils produisent ensemble. *Add.*, t. IV, p. 445.

Rhinocéros, *jeune rhinocéros.* Grandeur et grosseur de cet animal. Son accroissement et sa description. *Add.*, t. IV, p. 444. — Et en particulier celle de ses parties naturelles. Quantité de nourriture qu'il faut à cet animal. Il peut devenir domestique en l'élevant fort jeune, et produirait dans cet état plus aisément que l'éléphant. P. 444 et 445.

Rhincéros. Différence entre les rhinocéros d'Asie et ceux d'Afrique. *Add.*, t. IV, p. 446 et suiv.

Rhinocéros *d'Afrique* (le) n'a pas de plis sur la peau comme celui d'Asie, et sa peau n'est pas à l'épreuve d'une grosse balle de mousquet. *Add.*, t. IV, p. 446. — Il a toujours deux cornes. P. 447. — Sa description. *Ibid.* — On ne trouve de rhinocéros qu'à cent cinquante lieues de distance du cap de Bonne-Espérance, dont ils étaient autrefois plus voisins; on n'en voit guère que deux ou trois ensemble, et quelquefois cependant ils marchent en plus grand nombre. Leurs mouvements, leurs courses. Ils aiment à faire des sillons sur la terre avec leurs cornes. Les femelles ne produisent qu'un petit à la fois; elles ont deux cornes sur le nez comme le mâle, mais qui sont plus petites. Grognement et cris du rhinocéros. P. 448 et 449.

Ritbok. Cet animal paraît être une troisième variété dans l'espèce du nagor; sa description, par M. Allamand. Il appartient plus au genre des gazelles qu'à tout autre. Il ne va qu'en petites troupes. Ses autres habitudes naturelles. *Add.*, t. IV, p. 609 et suiv. Les femelles n'ont point de cornes, et sont plus petites que les mâles. P. 610. — Différences du ritbok et du nanguer. P. 610.

Rivières (les) dans leurs sinuosités suivent exactement la direction correspondante des montagnes. Lorsque dans une vallée, la pente de l'une des montagnes qui la borne est moins rapide que celle de l'autre, la rivière prend son cours beaucoup plus près de la montagne la plus rapide. T. I, p. 171 et 172. — Pour l'ordinaire les rivières occupent le milieu des vallées, ou plutôt la partie la plus basse du terrain compris entre les deux collines ou montagnes opposées. P. 179. — Causes naturelles du changement de lit dans les rivières. P. 180. — La surface d'une rivière en mouvement n'est pas de niveau d'un bord à l'autre. Selon les circonstances, le courant qui est dans le milieu est considérablement plus élevé ou plus bas que l'eau qui est près des bords; exposition de ces circonstances. P. 181 et 182. — Énumération du nombre des rivières qui tombent dans les grands fleuves. P. 191. Dans les rivières petites et grandes, les bords forment partout des angles alternativement opposés. P. 211 et 212.

Roloway ou la Palatine. Description de cette guenon. *Add.*, t. IV, p. 100 et suiv.

Rosée (la) produit plus de limon que l'eau des pluies. T. I, p. 122.

Roues (les) des moulins et des forges, tournent plus vite pendant la nuit que pendant le jour; preuve de ce fait par l'expérience. Elles tournent d'autant plus vite qu'elles sont plus près de la vanne; explica-

tion de ce fait. *Add.*, t. I, p. 357 et suiv.

ROUGETTES. Habitudes naturelles de ces animaux. *Add.*, t. IV, p. 245.

ROUSSETTE et ROUGETTE. Ce sont deux espèces très-voisines. T. III, p. 111 et 112. — Ressemblances et différences de la roussette et de la rougette. P. 112. — La roussette et la rougette sont toutes deux des climats chauds de l'ancien continent. *Ibid.* — Leurs ressemblances et leurs différences avec le vampire. *Ibid.* — Leurs habitudes naturelles, et le dégât qu'elles font. P. 114. — Ce sont des animaux carnassiers, et qui mangent de tout. P. 115. — Manière de les prendre en les enivrant de liqueurs fermentées. *Ibid.* — Elles vont ordinairement en troupes et plus la nuit que le jour. *Ibid.* — Examen et description de la langue de la roussette. P. 116.

ROUSSETTES (les) volent en plein jour, et les rougettes ne volent que la nuit. *Add.*, t. IV, p. 244. — Manière dont les roussettes se tiennent sur les arbres. P. 244 et 245.

ROUSSETTES et ROUGETTES (les) se trouvent en grand nombre perchées sur les arbres à l'île de Bourbon. Prises dans la bonne saison, leur chair est bonne à manger. Détail historique et critique sur l'histoire naturelle des roussettes et des rougettes, par M. de la Nux. *Add.*, p. 243 et suiv. — Elles ne sont point naturellement féroces, et ne mordent que quand on les irrite. P. 244. — Ces animaux étaient beaucoup plus nombreux dans l'île de Bourbon, il y a cinquante ans, qu'ils ne le sont aujourd'hui. Raison de cette différence. Ils sont en chaleur au mois de mai, qui fait le milieu de l'automne dans ce climat. P. 246. — La durée de la gestation des femelles est de quatre mois et demi ou cinq mois. Les roussettes et les rougettes ne sont point des animaux carnassiers, mais frugivores. P. 246 et 247. — Manière dont elles prennent leur vol et parcourent les airs. P. 247 et 248. — Mais elles ne peuvent prendre leur vol étant à terre. *Ibid.* — Ce sont des animaux très-propres sur leur corps. P. 249.

RUMINANTS. Les animaux ruminants ne ruminent pas encore lorsqu'ils tettent T. II, p. 438. — Ils ruminent beaucoup plus en hiver, et lorsqu'on les nourrit d'aliments secs, qu'en été pendant lequel ils paissent l'herbe tendre. *Ibid.*

RUMINATION. Explication physique de la rumination. T. II, p. 437 et 438. — La rumination n'est qu'un vomissement sans effort. P. 438.

RUSSES. Leurs établissements sur la côte orientale de la Laponie. Voyez *Laponie.*

RUSSIE (Description d'un grand chien mâle de). *Add.*, t. IV, p. 316 et suiv. — Description de la femelle. P. 317.

RUT. L'effet le plus général du rut est l'exténuation de l'animal, et dans les espèces d'animaux dont le rut ou le frai n'est pas fréquent et ne se fait qu'à de grands intervalles de temps, l'exténuation du corps est d'autant plus grande que l'intervalle du temps est plus considérable. T. I, p. 464. — Temps du rut; presque tous les animaux, à l'exception de l'homme, ont des temps marqués pour la génération : le printemps pour les oiseaux; les chats se cherchent au mois de janvier, au mois de mai et au mois de septembre; les chevreuils, au mois de décembre; les loups et les renards en janvier; les chevaux en été; les cerfs au mois de septembre et d'octobre; presque tous les insectes ne se joignent qu'en automne, etc. P. 599. — Causes occasionnelles du rut dans le cerf et dans quelques autres animaux. T. II, p. 524.

S

SABLE. Ce que l'auteur entend par le mot de sable. T. I, p. 145. — Le sable vitrifiable et la glaise, qui n'est que du sable vitrifiable décomposé, est la matière commune dont le globe est composé ; et tous les rochers, soit du genre vitrifiable, soit du genre calcinable, sont également appuyés sur la glaise ou sur le sable vitrifiable. P. 305. — Inondations de sable. P. 327. — Les sables vitrifiables ne sont que des fragments de verre. P. 136. — Le sable en se décomposant, produit les paillettes talqueuses, et par une décomposition encore

plus complète il devient glaise et argile. P. 137.

Sable *vitrescible*. Le sable vitrescible peut se réunir en masses plus ou moins dures, par le moyen de l'eau. *Add.*, t. i, p. 354 et 355.

Saca ou Chat de Madagascar à queue tortillée. *Add.*, t. iv, p. 341.

Saï, petite espèce de sapajou, qu'on appelle aussi *pleureur*, dont il y a deux variétés; leur description, leur naturel, leur nourriture. T. iv, p. 157 et 158. — Caractères distinctifs de l'espèce du saï. P. 158.

Saiga, animal qui fait une espèce intermédiaire entre les chèvres et les gazelles. T. iii, p. 352 et 353. — Description de ses cornes et ses convenances avec les gazelles. P. 353. — On se sert de la matière de ses cornes comme de l'écaille; cette matière est belle et très-transparente. P. 354. — Le saiga ressemble plus aux gazelles qu'aux chamois et aux bouquetins par les habitudes naturelles. *Ibid.*

Saïga. Sa description, par Gmelin. Le saïga ne doit pas être confondu avec le *saïga* des Tartares *Irkutzk*, qui est l'animal du musc. *Add.*, t. iv, p. 577. — L'espèce du saïga se trouve, selon M. Forster, depuis la Moldavie et la Bessarabie, jusqu'à la rivière d'Irtisch en Sibérie. Sa nourriture dans l'état de liberté; son naturel. Il a la lèvre supérieure plus longue que l'inférieure; elle paraît pendante, et c'est probablement à cette forme des lèvres qu'on doit attribuer la manière dont cet animal paît, car il ne broute qu'en rétrogradant. Selon M. Forster, les saïgas vont la plupart en troupeaux, qu'on assure être quelquefois jusqu'au nombre de dix mille. Ce qui est plus certain, c'est que les mâles se réunissent pour défendre leurs petits et leurs femelles contre les attaques des loups et des renards. Leur voix ressemble au bêlement des brebis. Les femelles mettent bas au printemps, et ne font qu'un petit à la fois et rarement deux. P. 578. — On trouve quelquefois des saïgas à trois cornes, et même on en voit qui n'en ont qu'une seule, ce qui est confirmé par M. Pallas. Description du saïga, par M. Forster. Il n'y a que les mâles qui aient des cornes; les femelles en sont dépourvues. *Saïga* est un mot tartare qui signifie chèvre sauvage; mais communément ils appellent le mâle *matgatch* et la femelle *saïga*. P. 578 et 579.

Saïmiri, petite espèce de sapajou, appelé vulgairement *sapajou aurore*; c'est le plus joli des sapajous; sa description et ses habitudes naturelles. T. iv, p. 158 et 159. — Caractères distinctifs de l'espèce du saïmiri. P. 159.

Saïmiri. Addition à son article. *Add.*, t. iv, p. 177 et suiv.

Saison de vie et saison de mort dans les végétaux et dans plusieurs animaux. T. iii, p. 416 et 417.

Sajous, ce sont des sapajous de moyenne grandeur dont il y a deux variétés, savoir : le sajou brun et le sajou gris; leur description, leur naturel; ils peuvent produire dans nos climats : exemple à ce sujet. T. iv, p. 156. — Caractères distinctifs de l'espèce du sajou. *Ibid.* et 157.

Sajou brun. Addition à l'article de ce sapajou, et exposé de quelques-unes de ses habitudes. *Add.*, t. iv, p. 175 et suiv.

Saki, grande espèce de sagouin. Caractères distinctifs de cette espèce. T. iv, p. 160.

Salamandres. On trouve dans les salamandres des œufs et des petits vivants; elles ne sont vivipares que comme la vipère. T. i, p. 595.

Samoïèdes, peuple du nord de l'Asie. Nouvelles observations sur ce peuple. *Add.*, t. ii, p. 258 et suiv.

Sang. Circulation du sang avait été soupçonnée et annoncée avant Harvey; mais c'est lui qui l'a démontrée. T. i, p. 479. — Première origine du sang dans le fœtus et dans le poulet. P. 618. — L'origine et la formation du sang du fœtus sont aussi indépendantes du sang de la mère que le sang du poulet dans l'œuf est indépendant de celui de la poule qui le couve. P. 619. — Le sang paraît plus tôt dans le placenta que dans le fœtus. P. 643. — Dans les premiers temps, et même jusqu'à deux et trois mois, le corps du fœtus ne contient que très-peu de sang; il est blanc comme de l'ivoire, et ne paraît être composé que de lymphe qui a pris de

la solidité. P. 644. — Il n'y a nulle communication du sang de la mère avec le sang du fœtus. *Ibid.*

Sanglier. Différences du sanglier et du cochon domestique. T. ii, p. 467. — La durée de la vie du sanglier peut s'étendre jusqu'à vingt-cinq ou trente ans. P. 469. — Les petits sangliers suivent tous leur mère jusqu'à l'âge de trois ans. P. 470. — Le sanglier, surtout le mâle, crie très-rarement; mais dès qu'il est surpris, il souffle avec tant de violence, qu'on l'entend de très-loin. P. 471. — Les sangliers ne sont pas naturellement carnivores, et cependant ils mangent de la chair corrompue. *Ibid.* — Le mâle, dans le temps du rut, demeure ordinairement trente jours avec la femelle. P. 472. — Chasse du sanglier. *Ibid.* — Il est absolument nécessaire de couper les parties de la génération au sanglier dans le moment qu'on vient de le tuer, sans quoi sa chair ne serait pas mangeable. *Ibid.*

Sanglier (le) du Cap-Vert et de quelques autres endroits, a des défenses très-grosses et tournées comme des cornes de bœuf. T. iv, p. 119. — Notice au sujet de cet animal; ses défenses du dessus ressemblent plus à des cornes d'ivoire qu'à des dents. *Add.*, t. iv, p. 474.

Sanglier *d'Afrique*. Voyez *Sanglier du Cap-Vert. Add.*, t. iv, p. 474.

Sanglier *du Cap-Vert*. Sa description. *Add.*, t. iv, p. 474.—Cet animal a refusé de s'accoupler avec une truie ordinaire, et même s'est mis en fureur contre elle et l'a tuée. Différences très-remarquables entre le sanglier du cap Vert et le cochon. P. 475 et suiv. — Sa description, par MM. Pallas et Wosmaër. Il paraît par ces descriptions, et par quelques faits historiques qui sont à la suite, qu'il y a des variétés même assez remarquables dans cette espèce de sanglier d'Afrique. P. 476 et suiv.—Raison de douter si cette espèce n'est pas une simple variété dans l'espèce de notre sanglier d'Europe. P. 480. — Cet animal d'Afrique paraît exister également dans les terres du cap Vert, dans celles du cap de Bonne-Espérance et dans l'île de Madagascar. *Ibid.* — Histoire et description de cet animal, par M. Allamand. P. 481 et suiv.—Il court beaucoup plus légèrement que le cochon d'Europe. Autre expérience qui semble prouver que le sanglier d'Afrique est d'une espèce différente des autres cochons. P. 483.

Sanglier *du Cap-Vert*. Addition et correction à son article. *Add.*, t. iv, p. 485.

Santé. Pourquoi la santé de l'homme est plus chancelante que celle des animaux. T. ii, p. 334 et suiv.

Sapajous et Sagouins. On a eu tort de les indiquer par les noms de *singes*, de *cynocéphales*, de *kèbes* et de *cercopithèques;* car, de la même manière qu'il ne se trouve dans le nouveau continent ni singes, ni babouins, ni guenons, il ne se trouve aussi dans l'ancien continent ni sapajous ni sagouins. T. iv, p. 7. — Caractères généraux et particuliers qui séparent les sapajous et les sagouins des singes, des babouins et des guenons; le premier de ces caractères est d'avoir la cloison des narines fort épaisse; le second est d'avoir les narines ouvertes sur les côtés du nez et non pas au-dessous du nez; le troisième est de manquer de callosités sur les fesses, et le quatrième de manquer aussi d'abajoues ou de poches au dedans des joues. P. 8. — Le caractère général par lequel on peut distinguer les sapajous des sagouins, c'est que les sapajous ont la queue dégarnie de poil par dessous, et qu'ils peuvent s'en servir comme d'un doigt pour s'accrocher, au lieu que les sagouins ont la queue lâche et entièrement velue en dessous comme par dessus. *Ibid.* — Ces animaux peuvent être regardés comme les représentants, dans le nouveau continent, des singes, des babouins et des guenons, qui ne se trouvent que dans l'ancien. P. 140. — Ressemblances et différences détaillées des sapajous et des sagouins entre eux. P. 145 et 146. — Il y a huit espèces de sapajous et six espèces de sagouins; énumération de toutes ces espèces. P. 146 et 147.

Saricovienne, animal du pays de la Plata qui est grand comme un chat, et qui est d'une nature amphibie comme la loutre. Il a de même des membranes entre les doigts de pieds. T. iii, p. 504.

Saricovienne. La saricovienne ou grande loutre marine se trouve non-seulement sur

les côtes de l'Amérique, mais aussi sur les côtes de Kamtschatka et des autres parties du nord-est de l'ancien continent. *Add.*, t. IV, p. 303. — Faits historiques au sujet des saricoviennes de Kamtschatka. Leur naturel; elles évitent les phoques et n'aiment que la société de leur espèce. Elles se tiennent en très-grandes troupes. *Ibid.* — Leurs habitudes naturelles. P. 304. — Elles ont l'odorat très-bon, mais la vue faible et courte. Leur manière de courir. Elles nagent avec une très-grande célérité. Le mâle ne s'attache qu'à une seule femelle. Les femelles ne produisent qu'un petit à la fois et rarement deux. *Ibid.* Le temps de la gestation est d'environ huit à neuf mois. Les petits, en naissant, ont déjà toutes leurs dents. Les saricoviennes vivent de coquillages et de poissons mous. Elles n'ont pas, comme les phoques, le trou ovale du cœur ouvert. P. 304 et 305. — La chair des jeunes est assez bonne à manger. Les peaux des saricoviennes font de très-belles fourrures et sont d'un grand prix. P. 305. — Chasse périlleuse de ces animaux. *Ibid.* — Variétés dans la couleur de leurs fourrures, dont les plus belles sont celles qui sont de couleur noire. P. 306. — Il y a sous les longs poils un feutre bien fourni. La femelle est plus petite que le mâle, et sa fourrure plus noire. *Ibid.* — Manière dont se fait la mue dans ces animaux. Leurs ressemblances avec la loutre terrestre. Description d'une saricovienne de Kamstchatka. *Ibid.* et suiv.

Saricoviennes *de la Guiane* (les) varient beaucoup pour la grandeur et la couleur. Leurs habitudes naturelles. Elles ont pour ennemis les jaguars et les couguars. *Add*, t. IV, p. 309.

Sarigue (le) est un animal du nouveau continent, qui ne se trouve pas dans l'ancien continent. T. III, p. 504. — Deux caractères singuliers par lesquels on peut distinguer le sarigue de tous les autres animaux. *Ibid.* — La femelle a sous le ventre une ample cavité, une espèce de poche dans laquelle elle reçoit et allaite ses petits. *Ibid.* — Le sarigue, tant le mâle que la femelle, a le premier doigt des pieds de derrière sans ongle, et bien séparé des autres doigts, tel qu'est le pouce dans la main de l'homme. P. 155. — Est un animal du nouveau continent et qui ne se trouve pas dans l'ancien. Examen et critique des assertions de quelques auteurs à ce sujet. P. 156 et suiv. — Le sarigue mâle n'a point de poche sous le ventre comme la femelle. P. 164. — Description du sarigue femelle. *Ibid.* — Courte description de la poche que la femelle a sous le ventre. P. 165. — La poche que la femelle porte sous le ventre n'est pas le lieu dans lequel les petits sont conçus, comme l'ont dit plusieurs auteurs; cette femelle a, comme toutes les autres, une matrice à l'intérieur. *Ibid.* — Dans les organes de la génération des sarigues, il y a plusieurs parties doubles qui sont simples dans les autres animaux. P. 166. — La conformation des parties de la génération des sarigues, tant mâles que femelles, est singulière et différente de celle de tous les animaux quadrupèdes. *Ibid.* — Cet animal n'affecte pas uniquement les climats les plus chauds. *Ibid.* — Il produit souvent et produit en grand nombre, quatre ou cinq, cinq ou six, six ou sept petits. *Ibid.* — Ils sont extrêmement petits lorsqu'ils naissent, c'est à-dire quand ils sortent de la matrice pour entrer dans la poche et s'attacher aux mamelles. *Ibid.* — Dans ces animaux, la matrice n'est, pour ainsi dire, que le lieu de la conception, de la formation et du premier développement du fœtus, dont l'exclusion étant plus précoce que dans les autres quadrupèdes, l'accroissement s'achève dans la poche où ils entrent au moment de leur naissance prématurée. P. 167. — Les petits sarigues restent attachés et comme collés aux mamelles de la mère pendant le premier âge et jusqu'à ce qu'ils aient pris assez de force et d'accroissement pour se mouvoir aisément. *Ibid.* — La poche que la femelle a sous le ventre ne doit pas être regardée comme une seconde matrice ni même comme un abri absolument nécessaire aux petits pendant le temps de leur développement. *Ibid.* — Les petits entrent dans la poche de la mère pour dormir, pour téter et aussi pour se cacher lorsqu'ils sont épouvantés; la mère fuit alors et les emporte tous; elle ne paraît jamais avoir plus de ventre que

quand il y a longtemps qu'elle a mis bas, et que ses petits sont déjà grands. P. 168. — Le sarigue marche mal et court lentement. *Ibid.* — Il grimpe sur les arbres avec une extrême facilité. *Ibid.* — Il se suspend aux branches des arbres par l'extrémité de sa queue, qui est musculeuse et flexible comme une main. *Ibid.* — Ses habitudes naturelles. *Ibid.* et suiv. — Il s'apprivoise aisément; mais il dégoûte par sa mauvaise odeur, qui est plus forte que celle du renard, et il déplaît par sa vilaine figure et par sa queue, qui ressemble à une couleuvre. P. 169.

Sarigue. Habitudes naturelles de cet animal. *Add.*, t. iv, p. 347 et suiv.

Sarigue *à long poil*. Il est plus grand que le sarigue des Illinois. Ses ressemblances et ses différences avec ce dernier animal. Sa description. *Add.*, t. iv, p. 353 et 354. — Il ne paraît être, comme celui des Illinois, qu'une variété dans l'espèce du sarigue commun. P. 354.

Sarigue *des Illinois*. Variété dans l'espèce du sarigue commun. Ses différences et ses ressemblances avec ce dernier animal. *Add.*, t. iv, p. 352 et 353. — Sa description. P. 353.

Satellites *des planètes*, ont tous la même direction de mouvement dans des cercles concentriques autour de leur planète principale; leur mouvement est dans le même plan, et ce plan est celui de l'orbite de la planète : tous ces effets, qui leur sont communs, et qui dépendent de leur mouvement d'impulsion, ne peuvent venir que d'une cause commune, c'est-à-dire d'une impulsion commune de mouvement. La terre tourne sur elle-même plus vite que Mars, dans le rapport de 24 à 15, la terre a un satellite, et Mars n'en a point; Jupiter surtout, dont la rapidité autour de son axe est cinq ou six cents fois plus grande que celle de la terre, a quatre satellites, et il y a grande apparence que Saturne, qui en a cinq et un anneau, tourne encore beaucoup plus vite que Jupiter. T. i, p. 79 et 80.

Satherion. L'animal amphibie appelé *satherion* par Aristote, est vraisemblablement la zibeline. T. iii, p. 506.

Saturne. L'anneau de Saturne doit être parallèle à l'équateur de cette planete, c'est-à-dire à peu près dans le même plan; raison de cette présomption. T. i, p. 80.

Satyre. C'est le nom que quelques auteurs ont donné au singe que les Indiens appellent *orang-outang* ou *homme des bois;* il appartient à l'ancien continent et ne se trouve point dans le nouveau. T. iii, p. 36.

Satyrion. L'animal amphibie appelé *satyrion* par Aristote, pourrait bien être le desman. T. iii, p. 506.

Sauterelles. Prodigieuses dévastations causées par les sauterelles. T. ii, p. 539.

Sauterelles. Différents peuples qui mangent des sauterelles. *Add.*, t. ii, p. 272.

Sauvages. Ils ne savent pas ce que c'est de se promener, et n'imaginent pas pourquoi nous nous donnons ainsi du mouvement qui n'aboutit à rien. T. ii, p. 67. — Description des sauvages de l'Amérique, avec des réflexions sur leurs coutumes et leurs mœurs. P. 197 et suiv. — Les sauvages d'Amérique ne veulent pas souffrir l'esclavage, et ils aiment mieux se laisser mourir que de servir et travailler. P. 203.

Savants (les) sont déconcertés plus aisément que le vulgaire par l'étalage de l'érudition et par la force et la nouveauté des idées. T. i, p. 90.

Scherman ou Rat d'eau de Strasbourg. Description de cet animal envoyé par M. Hermann. *Add.*, t. iv, p. 389 et suiv.

Science. La seule et vraie science est la connaissance des faits : les faits sont dans les sciences ce qu'est l'expérience dans la vie civile. T. i, p. 14. — Les sciences abstraites ne peuvent s'appliquer qu'à très-peu de sujets en physique. Il n'y a guère que l'astronomie et l'optique auxquelles elles puissent être d'une très-grande utilité. T. i, p. 30 et 31.

Sciences *mathématiques*. Inconvénients qui se trouvent dans leur application à la physique. T. i, p. 31. — Point le plus délicat et le plus important de l'étude des sciences; savoir bien distinguer ce qu'il y a de réel dans un sujet, de ce que nous y mettons d'arbitraire en le considérant. *Ibid.*

Sciences et Arts; ce qui est vrai pour les arts, l'est aussi pour les sciences, seule-

ment elles sont moins bornées, parce que l'esprit est leur seul instrument; parce que dans les arts, il est subordonné aux sens, et que dans les sciences il leur commande, d'autant qu'il s'agit de connaître, et non pas d'opérer; de comparer, et non pas d'imiter. T. IV, p. 13 et 14.

Semence *dans les femelles*. Les réservoirs de la semence des femelles sont les cavités des corps glanduleux qui croissent sur leurs testicules. T. I, p. 517.

Séminales. La liqueur séminale dans l'un et l'autre sexe est une espèce d'extrait de toutes les parties du corps. T. I, p. 456 — La femelle a, comme le mâle, une liqueur séminale, et ces liqueurs contiennent également des corps organisés et mouvants; mais elles ont besoin de se rencontrer et de se mêler ensemble, pour que les molécules organiques qu'elles contiennent puissent se réunir et former un animal. P. 457. — La liqueur séminale dans les femelles a été admise par les anciens, et existe en effet aussi certainement que celle du mâle. P. 460. — Il n'était pas aisé de reconnaître précisément quelles parties servent de réservoirs à cette liqueur séminale de la femelle. *Ibid.* — Il n'est pas nécessaire que la liqueur séminale, tant du mâle que de la femelle, soit en grande quantité pour former un embryon; il suffit qu'elle se mêle au dedans de la matrice. *Ibid.* — Dans la jeunesse, la liqueur séminale est moins abondante, quoique plus provoquante; sa quantité augmente jusqu'à un certain âge; raison de ces effets. P. 462. — La liqueur séminale, volume pour volume, est près d'une fois aussi pesante que le sang dans le moyen âge, et plus pesante spécifiquement qu'aucune autre liqueur du corps. P. 463 — La liqueur séminale des femelles est plus faible et en moindre quantité que celle des mâles. P. 464. — La liqueur séminale des femelles se forme et est contenue dans les corps glanduleux qui croissent sur les testicules. P. 497. — La liqueur séminale contient peu ou plutôt ne contient point d'esprit volatil. P. 504. — Liqueur séminale de l'homme; observation sur cette liqueur. P. 521 et suiv. — Observations sur la liqueur séminale du chien. P. 527 et suiv.— Observations sur la liqueur séminale des lapins. P. 530 et suiv. — Observations sur la liqueur séminale du bélier. P. 532 et suiv. — Observations sur la liqueur séminale de la chienne. P. 535 et suiv. — Observations sur la liqueur séminale de la vache. P. 540 et suiv. — Observations sur la liqueur séminale des poissons. P. 547. — Observations sur la liqueur du calmar. *Ibid.* et suiv. — La plupart des liqueurs séminales se délaient d'elles-mêmes, et deviennent plus liquides à l'air et au froid qu'elles ne le sont au sortir du corps de l'animal; au contraire elles s'épaississent lorsqu'on les approche du feu et qu'on leur communique un degré même médiocre de chaleur. P. 579. — La liqueur séminale du mâle entre dans la matrice; observation à ce sujet, qui démontre le fait. P. 583. — La liqueur séminale est souvent dans des états très-différents. P. 588. — La liqueur séminale du mâle, ainsi que celle de la femelle dans certains états et dans certaines circonstances peut seule produire quelque chose d'organisé. P. 623. — Il est très-douteux que la liqueur séminale du mâle puisse jamais arriver aux testicules de la femelle et y former un fœtus. P. 624. — La liqueur séminale, tant du mâle que de la femelle peuvent également pénétrer le tissu de la matrice et entrer dans sa cavité par cette voie; observations qui le prouvent. P. 625.

Sens (nos) ne sont juges que des qualités extérieures des choses. Leurs qualités intérieures ne tombant pas sous nos sens, nous ne pouvons en avoir aucune idée que par leurs effets. T. I, p. 413. — Les sens sont des espèces d'instruments dont il faut apprendre à se servir. T. II, p. 12. — Les plaisirs du sens de la vue et de celui du toucher, consistent dans la régularité et dans la proportion des formes, et le plaisir de l'oreille consiste aussi dans la proportion des sons. P. 120. — Explication de la manière dont nos sens sont affectés, et ce qu'ils ont de commun entre eux; pourquoi l'œil est affecté par la lumière, l'oreille par le son, etc. P. 126 et 127. — Il paraît que la différence qui est entre les sens ne vient

que de la position plus ou moins extérieure des nerfs, et de leur quantité plus ou moins grande dans les différentes parties qui constituent les organes. P. 127. — Récit philosophique où l'on explique le développement des sens et la formation de nos premières idées. P. 133 et suiv. — Les sens doivent être regardés comme parties essentielles à l'économie animale. P. 317. — Sens interne et commun; explication de la manière dont il est affecté par le moyen des sens externes, et comment il produit et détermine le mouvement de l'animal. P. 321 et 322. — Différence du sens intérieur et des sens extérieurs. P. 322. — Les ébranlements subsistent bien plus longtemps dans le sens interne que dans le sens externe. *Ibid.* — Les ébranlements du sens de la vue durent plus longtemps que les ébranlements du sens de l'ouïe; preuve de cette assertion. P. 323. — Tous les sens ont la faculté de conserver plus ou moins les impressions des causes extérieures; mais l'œil l'a plus que les autres sens; et le cerveau, où réside le sens intérieur de l'animal, a éminemment cette propriété; non-seulement il conserve les impressions qu'il a reçues, mais il en propage l'action en communiquant aux nerfs les ébranlements, etc. P. 324. — Les degrés d'excellence des sens suivent dans l'animal un autre ordre que dans l'homme. Dans l'homme le premier des sens pour l'excellence est le toucher, et l'odorat est le dernier; dans l'animal, l'odorat est le premier des sens et le toucher est le dernier. L'homme a le toucher, l'œil et l'oreille plus parfaits, et l'odorat plus imparfait que l'animal : en général, les sens relatifs à la connaissance sont plus parfaits dans l'homme, et les sens relatifs à l'appétit sont plus parfaits dans l'animal. P. 326. — Les sens relatifs à l'appétit sont plus développés dans l'animal qui vient de naître, que dans l'enfant nouveau-né; il en est de même du mouvement progressif et de tous les autres mouvements extérieurs. P. 328 et 329. — L'homme qui a voulu savoir, a traité les sens comme des organes mécaniques, des instruments qu'il faut mettre en expérience pour les vérifier et juger de leurs effets. T. IV, p. 14.

Sensation. Distinction entre la sensation et le sentiment. La sensation n'est qu'un ébranlement dans le sens, et le sentiment est cette même sensation devenue agréable ou désagréable par la propagation de cet ébranlement dans tout le système sensible. T. II, p. 556 et 557.

Sensibilité (la) naturelle est peut-être plus sûre, mais toujours moins grande que la sensibilité acquise. T. II, p. 555.

Sentiment. Effets du sentiment dans les êtres animés. T. II, p. 474. — En quoi consiste son essence. P. 557.

Serpents. Pourquoi les serpents sont moins stupides que les poissons. T. II, p. 131.

Serval, nom que les Portugais de l'Inde ont donné à un animal sauvage et féroce, qui est plus gros que le chat sauvage, et un peu plus petit que la civette. Description de cet animal, son naturel, sa férocité, sa légèreté, etc. T. III, p. 473 et 474. — Le serval nous paraît être le même animal que le chat-tigre du Sénégal et le chat-tigre du cap de Bonne-Espérance; il est aussi le même que celui qui a été décrit par MM. de l'Académie des Sciences, sous le nom de *chat-pard*. P. 474.

Sexes. Les parties sexuelles du mâle et de la femelle ne sont au fond que les mêmes organes plus ou moins développés. T. I, p. 615.

Sibérie. Raison pourquoi la Sibérie est plus froide que les autres régions du nord de l'ancien continent sous la même latitude. T. I, p. 197.

Sibérie (Notice au sujet du chien de). *Add.*, t. IV, p. 310 et suiv.

Sifac *de Madagascar*, paraît être le même animal que le douc. T. IV, p. 68.

Siffleur. Voyez *Marmotte du Canada*. *Add.*, t. IV, p. 373 et 374.

Simia porcaria d'Aristote. Voyez *Babouin*. T. IV, p. 3.

Simia Ægyptiaca. Le babouin à museau de chien. *Add.*, t. IV, p. 107.

Simia hamadrias. M. Linné a nommé ainsi le babouin à museau de chien. *Add.*, t. IV, p. 107.

Simple. Ce que l'on doit entendre par le simple et par le composé. T. I, p. 436 —

Nous prenons partout l'abstrait pour le simple, et le réel pour le composé; dans la nature, au contraire, l'abstrait n'existe point; rien n'est simple et tout est composé. *Ibid.*

Singe, est un nom générique qu'on a appliqué à un grand nombre d'espèces très-différentes entre elles. T. III, p. 36. — Le singe proprement dit appartient à l'ancien continent et ne se trouve point dans le nouveau. *Ibid.* — Les singes sans queue appartiennent tous à l'ancien continent et ne se trouvent point dans le nouveau. *Ibid.* — Toutes les espèces de singes de l'ancien continent ne se trouvent point dans le nouveau, et réciproquement toutes celles du nouveau continent ne se trouvent point dans l'ancien. P. 37. — Naturel des singes en général. P. 174. — Pourquoi le singe est supérieur par l'adresse aux autres animaux. *Ibid.* — Naturel du singe, défauts réels et perfections apparentes de cet animal. *Ibid.* — On a entassé sous le même nom de singe une multitude d'animaux d'espèce très-différente; définition des animaux auxquels on doit donner le nom de singe. J'appelle singe un animal sans queue, dont la face est aplatie, dont les dents, les mains, les doigts et les ongles ressemblent à ceux de l'homme, et qui, comme lui, marche debout sur ses deux pieds. T. IV, p. 1. — Les anciens n'en connaissaient qu'une seule espèce, les Grecs l'appelaient *pithecos* et les Latins *simia*. Ce pithèque est très-ressemblant à l'homme tant à l'intérieur qu'à l'extérieur, mais il est beaucoup plus petit. P. 1 et 2. — Espèce de singe appelé *orang-outang* (homme sauvage); il est aussi haut, aussi fort que l'homme; il est aussi ardent pour les femmes que pour ses femelles; il ressemble presque entièrement à l'homme. P. 2. — Il n'y a que trois espèces d'animaux auxquels on doive donner le nom de singe, savoir : l'orang-outang, le pithèque et le gibbon, et cette dernière espèce paraît être monstrueuse. P. 2 et 3.

Singes. Ordre dans lequel on doit les ranger. T. IV, p. 4. — De dix-sept espèces auxquelles on peut réduire ces animaux dans l'ancien continent, auxquels on a donné le nom commun de *singes*, et de douze ou treize espèces auxquelles on a transféré ce même nom dans le nouveau continent, aucune n'est la même ni ne se trouve également dans les deux continents. P. 7 et 8. — Caractères généraux et particuliers qui séparent les singes, les babouins et les guenons des sapajous et des sagouins : le premier est d'avoir les fesses pelées et des callosités à ces parties; le second est d'avoir des abajoues, c'est-à-dire des poches au bas des joues, où ils peuvent garder leurs aliments; le troisième est d'avoir la cloison des narines étroite, et le quatrième est d'avoir les narines ouvertes au-dessous du nez, comme celles de l'homme. P. 8. — Tous les animaux de l'un et de l'autre continent auxquels on a donné le nom commun de *singe*, peuvent se réduire à trente espèces avec plusieurs variétés. P. 9. — En disséquant le singe, on peut donner l'anatomie de l'homme. P. 15. — Raisons pour lesquelles on voudrait se persuader que l'espèce du singe pourrait être une variété dans l'espèce humaine; réponses à ces raisons par des raisons plus fortes. P. 17 et 18. — Quoique le singe soit très-ressemblant à l'homme, il a néanmoins une si forte teinture d'animalité qu'elle se reconnaît dès le moment de sa naissance; il croît beaucoup plus vite que l'enfant, et les secours de la mère ne lui sont nécessaires que pendant les premiers mois; il ne reçoit qu'une éducation purement individuelle et aussi stérile que celle des autres animaux. P. 20. — Le singe n'est pas le premier dans l'ordre des animaux, parce qu'il n'est pas le plus intelligent. *Ibid.* — Il imite l'homme, non pas parce qu'il le veut, mais parce que, sans le vouloir, il le peut; il n'y a rien de libre, rien de volontaire dans cette espèce d'imitation. Étant conformé comme l'homme, le singe ne peut que se mouvoir comme lui; mais se mouvoir de même n'est pas agir pour imiter. Le corps de l'homme et celui du singe sont deux machines organisées de même, qui par nécessité de nature se meuvent à très-peu près de la même façon; mais parité n'est pas imitation; l'une gît dans la matière, l'autre n'existe que par l'esprit. P. 21. — Si l'on veut comparer les mouvements du

singe à ceux de l'homme, il faut employer une autre échelle pour les mesurer. Raisons pourquoi toutes les habitudes du singe sont excessives et ses mouvements désordonnés. Caractère général du naturel des singes. P. 21 et 22. — Le passif du singe a moins de rapport avec l'actif de l'homme que le passif du chien ou de l'éléphant, qu'il suffit de bien traiter pour leur communiquer les sentiments doux et même délicats de l'attachement fidèle, de l'obéissance volontaire, du service gratuit et du dévouement sans réserve. P. 22. — Le singe est plus loin de l'homme que la plupart des autres animaux par les facultés relatives, par le naturel, par le tempérament, par l'accroissement du corps, et par la durée de la vie, c'est-à-dire par toutes les habitudes réelles qui constituent ce qu'on appelle *nature* dans un être particulier. P. 22 et 23.—Toutes les femelles des singes qui ont les fesses nues sont sujettes, comme les femmes, à un écoulement périodique de sang. P. 48. — Quoiqu'il y ait dans les climats méridionaux, et surtout en Afrique, un grand nombre d'espèces de singes, de babouins et de guenons dont quelques-unes paraissent assez semblables, on a remarqué qu'elles ne se mêlent jamais, et que, pour l'ordinaire, chaque espèce habite un quartier différent. P. 57.

Singe volant. Voyez *Taguan*. *Add.*, t. iv, p. 367.

Singes (les) n'ont pas encore passé à l'île de Bourbon, et l'on a grand intérêt d'en interdire l'introduction, pour se garantir des mêmes dommages qu'ils causent à l'île de France. *Add.*, t. iv, p. 647.

Singe de nuit. Description du sagouin nommé ainsi. *Add.*, t. iv, p. 178.

Singe masqué de Guinée. Le babouin à museau de chien a été ainsi nommé. *Add.*, t. iv, p. 107.

Société. Origine et fondement de la société parmi les hommes T. ii, p. 359. — Un empire, un monarque ; une famille, un père, voilà les deux extrêmes de la société. P. 567. — L'homme en tout état, dans toutes les situations et sous tous les climats, tend également à la société ; c'est un effet constant d'une cause nécessaire, puisqu'elle tient à l'essence même de l'espèce, c'est-à-dire à sa propagation. P. 568. — Il y a dans la nature trois espèces de sociétés, la société libre de l'homme, la société gênée des animaux, toujours fugitive devant celle de l'homme, et la société forcée de quelques petites bêtes, qui naissant toutes en même temps dans le même lieu, sont contraintes d'y demeurer ensemble. P. 647. — Toute société devient nécessairement féconde, quelque fortuite, quelque aveugle qu'elle puisse être. *Ibid.* — Cause physique du manque de société chez les sauvages. T. iii, p. 42.

Soleil. Cause physique du feu dont le soleil est embrasé. Tant que les mouvements des planètes et des comètes qui pèsent sur le soleil en circulant autour de lui dureront, il brillera et remplira de sa splendeur toutes les sphères du monde ; et cette source féconde de lumière et de vie ne tarira, ne s'épuisera jamais, parce que dans un système où tout s'attire, rien ne peut se perdre ni s'éloigner sans retour. T. iii, p. 297. — Le soleil tourne sur lui-même, mais au reste il est immobile relativement aux planètes et aux comètes qui circulent autour de lui, et il sert en même temps de flambeau, de foyer, de pivot, à toutes ces parties de la machine du monde : c'est par sa grandeur même qu'il demeure immobile et qu'il régit les autres globes. *Ibid.* — La sphère de l'attraction du soleil ne se borne pas à l'orbe des planètes ; elle s'étend à une distance indéfinie, toujours en décroissant, dans la même raison que le carré de la distance augmente. Les comètes obéissent à cette force ; leur mouvement, comme celui des planètes, dépend de l'attraction du soleil. T. i, p. 68 et 69.

Soleil. Par les observations les plus récentes, le soleil est éloigné de la terre d'environ trente-quatre millions de lieues ; il est aussi d'un sixième plus volumineux qu'on ne le croyait, et par conséquent le volume entier de toutes les planètes réunies n'est guère que la huit-centième partie de celui du soleil, et non pas la six-cent-cinquantième partie, comme je l'ai avancé dans les volumes précédents, qui ont été écrits avant les nouvelles observations ; mais ces nou-

veaux faits ne font qu'augmenter la probabilité du système de la projection des planètes hors du corps du soleil. *Add.*, t. I, p. 331.

SOLFATARES (les) ne sont ni des volcans éteints, ni des volcans agissants, et semblent participer des deux. Description des solfatares d'Italie. *Add.*, t. I, p. 402 et suiv.

SOLIDES. La première cause des maladies, surtout celles qui accompagnent la vieillesse, n'est pas dans les liquides, mais dépend de l'altération des solides. T. II, p. 79.

SOLIPÈDES. Énumération des animaux solipèdes. T. IV, p. 11.

SOMMEIL (le) n'est pas un état accidentel, mais un état aussi naturel que celui de la veille. T. II, p. 314. — C'est par le sommeil que commence notre existence ; le fœtus dort presque continuellement, et l'enfant dort beaucoup plus qu'il ne veille. *Ibid.* — Cause première du sommeil et de la veille. T. III, p. 416.

SON. Théorie du son et de ses différents effets. T. II, p. 117 et suiv. — Tous les sons ont un ton, et la différence essentielle entre le bruit et le son, c'est que l'un a un ton et l'autre n'en a point. P. 118. — Cause qui produit la différente intensité des sons. P. 119 et suiv. — Les lois de la réflexion du son ne sont pas aussi bien connues que celles de la réflexion de la lumière. Explication de l'écho. La cavité de l'oreille paraît être un écho où le son se réfléchit avec la plus grande précision. Explication de la manière dont le son ébranle les parties intérieures de l'oreille. P. 120 et 121. — Différences essentielles dans la propagation du son et dans celle de la lumière. P. 123. — Lorsque les particules de la matière sonore sont réunies en très-grande quantité, le son agit comme corps solide sur les autres corps. P. 128. — D'où provient le mouvement des corps sonores qui sont à l'unisson, et pourquoi ils frémissent sans qu'on les touche. P. 129. — Raison du plaisir que nous causent les sons harmoniques. P. 120.

SONDE. La manière dont on se sert communément pour sonder est sujette à l'erreur lorsqu'on sonde de très-grandes profondeurs dans l'eau. T. I, p. 164.

SOUSLIK, petit animal quadrupède qui ressemble au mulot, que nous avons appelé *campagnol* : notice au sujet de cet animal. *Add.*, t. IV, p. 374.

SOUSLIK. Quelques notices sur ses habitudes naturelles et sur son tempérament. *Add.*, t. IV, p. 375 et suiv. — Description de son terrier. P. 375.

SOUPIRS, sanglots, gémissements, larmes, ris, souris ; leurs causes et leurs effets physiques. T. II, p. 54 et 55.

SOURDS. On peut instruire des sourds à entendre parfaitement ce qu'on leur dit par les yeux en les leur faisant fixer sur les lèvres de celui qui leur parle. T. II, p. 53. Un sourd de naissance est nécessairement muet; il ne doit avoir aucune connaissance des choses abstraites et générales : exemple à ce sujet. P. 124.

SOURDS *de naissance*. Peuvent être instruits à lire, écrire, parler et tout entendre aussi bien que les autres hommes : exemple à ce sujet. T. II, p. 125.

SOURIS. Habitudes naturelles de la souris. T. II, p. 607. — Elle ne subsiste que par son immense fécondité. *Ibid.* — Elle produit dans toutes les saisons et plusieurs fois par an ; les portées ordinaires sont de cinq ou six petits. P. 608. — Variétés dans l'espèce de la souris. *Ibid.* — Elle suit l'homme et fuit les pays inhabités. *Ibid.* — Elle appartient à l'ancien continent et n'existait pas dans le nouveau continent lorsqu'on en fit la découverte ; elle y a passé d'Europe avec les vaisseaux. T. III, p. 30.

SOURIS (les) se jettent sur celles que l'on fait crier. *Add.*, t. IV, p. 271.

SOURIS *blanches* (les) *aux yeux rouges*. Se trouvent également dans les pays chauds, tempérés et froids, sans y avoir été transportées. *Add.*, t. IV, p. 380.

SPARR. Origine et formation du sparr ou spath. Le sparr a à peu près le degré de dureté de la pierre; il est quelquefois coloré, il est transparent et il prend toujours une figure régulière : c'est de la pierre épurée. T. I, p. 302.

SPECTRES. Effets physiques et réels sur lesquels sont fondées les apparences des spectres et la vision des fantômes. T. II, p. 108

et 109. — Le préjugé des spectres est fondé dans la nature, et ces apparences ne dépendent pas, comme le croient les philosophes, uniquement de l'imagination. P. 109.

Spermatiques (animaux), petits corps qui se meuvent dans la liqueur séminale, auxquels on a donné ce nom. T. i, p. 457. — Les prétendus animaux spermatiques ne sont autre chose que les molécules organiques vivantes, par lesquelles s'opèrent la nutrition, le développement et la reproduction. *Ibid.* — Relation de ce qui en a été dit par différents observateurs. P. 503 et suiv. — Exposition du système fondé sur les animaux spermatiques. *Ibid.*

Stalactites. Origine des stalactites, leur formation, leur position, leur figure, etc. Elles forment dans les lieux souterrains des colonnes et des masses de toutes sortes de figures. T. i, p. 302.

Stérilité. Causes de la stérilité dans les hommes et dans les femmes. La plus ordinaire est l'altération de la liqueur séminale dans les testicules des femmes, et généralement parlant, la stérilité vient plus souvent de la part de la femme que de celle de l'homme. T. ii, p. 42 et 43.

Strabisme. C'est le nom qui exprime le défaut des yeux louches. Il ne consiste que dans l'écart de l'un des yeux. Différentes prétendues causes de cette fausse direction des yeux. *Add.*, t. ii, p. 239 et suiv. — Véritable cause de ce défaut. P. 240. — Elle consiste dans l'inégalité de force ou de portée des yeux. *Ibid.* — Raison pourquoi l'œil le plus faible se détourne. P. 241. — Formule qui exprime tous les cas du strabisme. P. 241 et 242. — Le strabisme est forcé et devient un défaut nécessaire, lorsque l'inégalité de force dans les yeux est de plus de trois dixièmes. P. 242. — Réponse aux objections contre la cause du strabisme. P. 243 et suiv. — Raison pourquoi il y a plus de louches parmi les enfants que parmi les adultes. P. 245.

Strepsiceros de Belon, brebis de l'île de Candie et de quelques autres îles de l'Archipel; elle a les cornes droites et sillonnées en vis. T. iii, p. 276. — Le *strepsiceros* des anciens est le même animal que l'*antilope*. P. 364. — Discussion critique sur le *strepsiceros* de Caïus; c'est vraisemblablement le même animal que le *condoma*. P. 382 et 383.

Substance (une) homogène ne peut différer d'une autre substance homogène qu'autant que la figure de ses parties primitives est différente, car le fond de toute matière est le même; la masse et le volume, c'est-à-dire la forme, serait aussi la même si la figure des parties constituantes était semblable. T. iii, p. 421.

Suif. Les anciens ont dit que tous les animaux ruminants avaient du suif; cependant cela n'est exactement vrai que de la chèvre et du mouton, et celui du mouton est plus abondant, plus blanc, plus sec, plus ferme et de meilleure qualité que celui de la chèvre. T. ii, p. 452.

Suisse ou Écureuil suisse ou Écureuil de terre. Ses ressemblances et ses différences avec le palmiste et le barbaresque. T. iii, p. 124. — L'écureuil suisse ne se trouve que dans les régions froides et tempérées du nouveau continent. *Ibid.* — Il ne se tient pas sur les arbres comme l'écureuil; il demeure à terre et s'y pratique un trou comme le mulot. P. 125. — Il est moins docile et moins doux que le palmiste et le barbaresque. *Ibid.*

Sumxu (le) est un joli animal domestique à la Chine, qu'on ne peut mieux comparer qu'au chat. Notice à ce sujet. *Add.*, t. iv, p. 341.

Superfétation. Exemple d'une superfétation dans les femmes. T. ii, p. 46. — Les superfétations sont fréquentes dans l'espèce du lièvre, et pourquoi. T. ii, p. 542.

Surdité. Pourquoi les vieillards sont sujets à la surdité. T. ii, p. 122. — Moyen facile de reconnaître si la surdité est extérieure ou intérieure. *Ibid.*

Surikate, est le nom d'un joli petit animal qui se trouve à Surinam et dans quelques autres provinces de l'Amérique méridionale. Sa description, son naturel, ses habitudes. Il approche plus du coati que d'aucun autre animal, et il n'a, comme l'hyène, que quatre doigts à tous les pieds. C'est un petit animal de proie qui est fort

avide de viande, d'œufs et de poisson, et ne se soucie pas de pain ni de fruits; il boit volontiers son urine, etc. Sa voix ou son cri est très-extraordinaire. T. III, p. 447 et 448.

SURIKATE. Observations sur le naturel de cet animal. *Add.*, t. IV, p. 332. — Il n'est point un animal de l'Amérique méridionale, mais de l'Afrique, dans les terrès montagneuses au-dessus du cap de Bonne-Espérance. P. 333.

SURMULOT, animal beaucoup plus gros que le mulot, mais qui en a les habitudes naturelles; il n'est en France que depuis quelques années. T. II, p. 632. — Les surmulots mâles sont plus grands et plus méchants que les femelles. P. 633. — Ils mordent cruellement et même dangereusement. *Ibid.* — Ils produisent trois fois par an, et leur multiplication est prodigieuse. *Ibid.* — Les femelles rongent les planches de la cage où elles sont enfermées pour faire, avec les copeaux, un lit à leurs petits. *Ibid.*— Les chiens les chassent avec une espèce de fureur. *Ibid.* — Ils se jettent à l'eau lorsqu'ils sont poursuivis, et nagent avec une merveilleuse facilité. *Ibid.* — Ils se creusent, comme les mulots, des retraites sous terre, ou bien ils se gîtent dans les terriers des lapins. *Ibid.* — On peut les prendre avec des furets. *Ibid.* — Les surmulots sont carnassiers et tuent les volailles comme le font les putois. *Ibid.* — Dégât prodigieux qu'ils font dans les campagnes et dans les granges. *Ibid.* et suiv. — Ils ne s'engourdissent pas comme les loirs pendant l'hiver. P. 634. — Ils chassent les souris et les rats. *Ibid.*

SYSTÈME *du monde.* Sujet qui est très-simple en un sens, c'est-à-dire très-dénué de qualités physiques, parce que l'on peut considérer les planètes comme n'étant que des points, à cause de leur grand éloignement, et qu'on peut, sans se tromper, faire abstraction de toutes leurs qualités physiques à l'exception de celle de la pesanteur, et que leurs mouvements sont d'ailleurs les plus réguliers que nous connaissions, et n'éprouvent aucun retardement par la résistance. T. I, p. 30. — L'explication du système du monde est un problème de mathématique auquel il ne fallait qu'une idée physique heureusement conçue pour le réaliser. *Ibid.*

SYSTÈMES *sur la génération.* Difficultés invincibles contre le système des œufs et contre le système des animaux spermatiques. T. I, p. 509 et suiv.

T

TABLIER prétendu des Hottentotes. Voyez *Hottentotes.*

TAGUAN OU GRAND ÉCUREUIL VOLANT. Différences très-considérables de grandeur entre le taguan ou grand écureuil volant des Indes méridionales, et le polatouche ou écureuil volant des pays du nord. *Add.*, t. IV, p. 364 et suiv. — Description du taguan. *Ibid.* — Comparaison du taguan au polatouche, laquelle démontre que ce sont deux animaux d'espèces différentes. P. 365. — Notice et description du taguan, par M. Wosmaër. P. 367.

TAGUAN. Description d'un taguan. *Add.*, t. IV, p. 369.

TAIIBI, nom qu'on a donné au sarigue mâle dans quelques provinces de l'Amérique. T. III, p. 162 et 163.

TAILLE; ce qui fait la belle taille dans l'homme. T. II, p. 64.

TAÏRA *ou* TAYRA. Notice au sujet de cet animal, qui se trouve au Brésil et à la Guiane. *Add.*, t. IV, p. 285 et 286.

TAJACU *ou* TAJACOU *ou* PÉCARI, animal de l'Amérique qui n'existait pas dans l'ancien continent. T. III, p. 34. — Voyez PÉCARI. P. 108.

TAJACU. Voyez *Pécari. Add.*, t. IV, p. 486.

TALAPOIN, petite guenon d'une assez jolie figure. T. IV, p. 66 et 67.

TAMANDUA; ses différences d'avec le tamanoir. T. III, p. 127. — Ses ressemblances et ses différences avec le tamanoir et avec le fourmillier. *Ibid.*

TAMANDUA. Description de cet animal. Ses différences avec le tamanoir. *Add.*, t. IV, p. 434.

TAMANOIR. Courte description du tamanoir. T. III, p. 126. — Il se couvre le corps

entier de sa queue ; singularité dans la consistance du poil de cet animal. *Ibid.* — Il marche lentement, et un homme peut aisément l'atteindre à la course. P. 127. — Sa force, et la manière dont il se défend contre les animaux de proie. P. 132. — Le tamanoir ne se trouve point en Afrique, quoique quelques auteurs l'aient assuré. *Ibid.* et suiv.

Tamanoir. Le tamanoir ou grand fourmillier ne craint pas le jaguar ; il vient même à bout de le tuer lorsqu'il en est attaqué. *Add.*, t. IV, p. 336. — Description plus exacte que celle que j'avais donnée de cet animal. P. 432. — Ses habitudes naturelles et sa nourriture. Il n'acquiert son entier accroissement qu'à quatre ans. P. 433. — Conformation singulière qui fait que cet animal ne respire pas par la bouche, mais seulement par les narines. *Ibid.* — Cet animal, ainsi que le tamandua et le fourmillier, ne se trouve qu'en Amérique et non point en Afrique ; réponse à la critique de M. Wosmaër. P. 435 et 436.

Tamanoir, *petit tamanoir*. Voyez *Tamandua*. *Add.*, t. IV, p. 434.

Tamarin ; petite espèce de sagouin. Caractères distinctifs de cette espèce. T. IV, p. 161.

Tamarins. Habitudes de ces sagouins. *Add.*, t. IV, p. 179 et suiv.

Tandrac. Dimensions et description d'un tandrac. *Add.*, t. IV, p. 261 et suiv.

Tanrec et **Tendrac** ; ce sont de petits animaux des Indes orientales, qui ressemblent à notre hérisson ; il y en a deux espèces différentes dont nous appelons la première *tanrec* et la seconde *tendrac* ; le premier est plus gros et plus grand, et a le museau plus long que le second ; il est aussi couvert de piquants, au lieu que l'autre n'a que des poils rudes comme des soies de cochon. Naturel de ces animaux et leurs autres propriétés. T. III, p. 413 et 414.

Tanrec, *jeune tanrec*. Courte description de cet animal. *Add*, t. IV, p. 261.

Tapeti. Notice au sujet de cet animal, qui paraît être d'une espèce très-voisine de celle du lièvre et de celle du lapin ; sa description. Il paraît que l'animal de la Nouvelle-Espagne, indiqué par Fernandès sous le nom de *citli*, pourrait être le même que le *tapeti*. *Add.*, t. IV, p. 412 et 413.

Tapir (le) appartient au nouveau continent et n'existait point dans l'ancien. T. III, p. 34. — C'est l'animal le plus grand du Nouveau-Monde, et cependant il n'est que de la taille d'une vache ou d'une petite mule. P. 292 et 293. — Sa description et ses habitudes naturelles. *Ibid.* — Le tapir aime beaucoup l'eau et y séjourne la plus grande partie du temps. P. 293. — Ce n'est point un animal carnassier ; il vit de plantes et de racines, et diffère beaucoup de l'hippopotame. *Ibid.* — Comparaison du tapir avec les animaux de l'ancien continent. Il n'est pas possible d'attribuer l'origine de l'espèce du tapir à la dégénération d'aucune espèce d'animal de l'ancien continent. T. IV, p. 138 et 139.

Tapir. Comparaison du tapir avec l'éléphant. *Add.*, t. IV, p. 489. — Notre climat ne convient guère à cet animal. C'est le plus gros quadrupède de l'Amérique méridionale. Il va très-souvent à l'eau pour se baigner ; il ne mange point de poisson, mais des herbes et des feuilles d'arbrisseaux. La femelle ne produit qu'un petit. *Ibid.* — Habitudes naturelles du tapir. Les mâles vont toujours seuls, à l'exception du temps où les femelles sont en chaleur. *Ibid.* — L'espèce du tapir est assez nombreuse dans les forêts écartées des habitations. Il est d'un naturel tranquille et doux, et ne devient dangereux que quand il est blessé. Il fait de larges sentiers battus dans les forêts, et il faut éviter sa rencontre, parce que son allure est brusque. P. 489 et 490. — Manière de le chasser. Sa peau est très-ferme et très-épaisse, et on le tue rarement d'un seul coup de fusil. Il n'a pas d'autre cri qu'un sifflet aigu. P. 490. — On en élève quelques-uns à Cayenne en domesticité. Sa chair n'est pas d'un bon goût. Sa description, par M. Bajon. *Ibid.* et suiv. — Le tapir n'est point animal ruminant, et n'a pas trois estomacs, comme il est dit dans la description de M. Bajon ; preuve de ces faits. P. 492. — Le mâle est plus grand que la femelle. Description de cet animal. P. 493. — Les femelles entrent en chaleur aux mois de

novembre et de décembre. Chaque mâle suit une femelle, et c'est là le seul temps où l'on trouve deux tapirs mâle et femelle ensemble. Le temps de la gestation est de dix à onze mois. Cet animal n'est point amphibie, mais il fait constamment son gîte sur la terre, et même sur les endroits les plus élevés et les moins humides; il fréquente les lieux marécageux pour chercher sa subsistance, et parce qu'il y trouve plus de feuilles et d'herbes que sur les terrains élevés; il fréquente aussi les eaux pour se baigner et laver. Il nage et plonge très bien, et tire souvent sa trompe hors de l'eau pour respirer. P. 493 et 494. — Il cherche sa nourriture plutôt la nuit que le jour. Il se promène aussi le jour quand il fait humide. Ses autres habitudes naturelles. En domesticité il semble être susceptible d'attachement. P. 494. — On a même des exemples qu'on peut le laisser aller en liberté et qu'il revient de lui-même tous les soirs à son étable. Manière de chasser cet animal. *Ibid.* et suiv. — La chair des jeunes n'est pas mauvaise à manger. P. 495. — Observations sur les parties intérieures, et dimensions de quelques unes de ces mêmes parties. *Ibid.* — L'espèce du tapir ne s'est pas étendue au delà de l'isthme de Panama. P. 496. — Sa description, par M. Allamand. *Ibid.* — Le nez de cet animal a beaucoup de rapport avec la trompe de l'éléphant, et il s'en sert à peu près de la même façon. Il n'y a cependant point d'appendice ou de doigt à son extrémité. P. 498. — La femelle n'a pas une crinière comme le mâle, mais seulement quelques poils plus longs et éloignés les uns des autres sur cette partie. Elle n'a que deux mamelles situées entre les jambes de derrière. P. 500.

Tarsier, est le nom que nous avons donné à un petit animal, qui a, comme les gerboises, les tarses extrêmement longs. Cet animal n'est pas plus gros qu'un rat, il a les pattes de devant fort courtes et celles de derrière excessivement longues; la queue d'une longueur démesurée; de très-grands yeux, etc. Suite de la description du tarsier, et sa comparaison avec la gerboise. Il paraît être du même pays que la marmose, le sarigue, etc., ayant comme eux des doigts de forme humaine à tous les pieds; et on le doit mettre au nombre des quadrumanes. T. III, p. 449 et 450.

Tarsier (le) est un animal du genre des gerboises, qui ne se trouve que dans l'ancien continent. *Add.*, t. IV, p. 392.

Tartares. Différences particulières dans la race tartare. T. II, p. 143. — Observations particulières sur les Tartares. P. 144.

Tartares. Depuis que les Russes se sont établis dans toute l'étendue de la Sibérie et dans les contrées adjacentes, il y a eu nombre de mélanges entre les Russes et les Tartares, et ces mélanges ont prodigieusement changé la figure et les mœurs de plusieurs de ces peuples. *Add.*, t. II, p. 267. — Le type de la race tartare paraît se trouver chez les Calmoucks, qui sont les plus laids de tous les hommes. *Ibid.*

Tartarin, un des noms du babouin à museau de chien. *Add.*, t. IV, p. 107.

Tatouète *ou* Tatuète; espèce de tatou, qui a huit bandes mobiles sur le dos; sa description et ses caractères spécifiques. T. III, p. 143 et 144. — Le têt du tatuète n'est pas dur, le plus petit plomb suffit pour le percer; sa chair est fort blanche et très-bonne à manger. P. 144. — Le tatuète ne fait peut-être pas une espèce réellement distincte et différente de celle du cachicame. P. 145. — Sa chair est aussi blanche et aussi bonne à manger que celle du cochon de lait. P. 150.

Tatous (les) au lieu de poil sont couverts, comme les tortues, les écrevisses et les autres crustacés, d'une croûte ou d'un têt solide. T. III, p. 137. — Tatous de plusieurs espèces; comment ils sont recouverts de leurs têts. P. 138. — Leur peau, même dans les parties où elle est la plus souple, tend à devenir osseuse. *Ibid.* — Leurs caractères génériques et leurs différences spécifiques. P. 139. — Manière dont se fait la contraction du corps des tatous, lorsqu'ils se mettent en rond. P. 140. — Tous les tatous ont deux boucliers, l'un sur les épaules et l'autre sur la croupe, à l'exception du cirquinçon qui n'en a qu'un, et c'est sur les

épaules. P. 147. — Tous les tatous appartiennent au nouveau continent, et ne se trouvent point dans l'ancien. P. 149. — Quelques auteurs ont confondu les tatous avec les pangolins et les phatagins *ou* lézards écailleux. *Ibid.* — Les deux plus grandes espèces de tatous, sont le *kabassou* et l'*encoubert*, et les petites espèces sont l'*apar*, le *tatuète*, le *cachicame* et le *cirquinçon*. P. 150. — Dans les grandes espèces le têt est beaucoup plus solide et plus dur que dans les petites. *Ibid.* — Dans les grandes espèces de tatous, la chair est beaucoup plus dure et moins bonne que dans les petites. *Ibid.* — Les tatous de petite espèce se tiennent dans les lieux humides et dans les plaines, et les tatous de grande espèce ne se trouvent que dans les lieux plus élevés et plus secs. *Ibid.* — Tous les tatous peuvent contracter leurs corps et se resserrer en boule, mais aucun ne peut s'y réduire aussi parfaitement que le hérisson; ils ont plutôt la figure d'une sphère fort aplatie par les pôles. P. 150 et 151. — Le têt dont ils sont revêtus est un véritable os; structure et organisation de ce têt osseux. P. 151. — Leur têt est revêtu en dehors d'une pellicule transparente, qui fait l'effet d'un vernis sur leur corps. *Ibid.* — Leur têt osseux est une partie indépendante de la charpente et des autres parties intérieures du corps de l'animal, dont les os et les autres parties constituantes du corps sont composées et organisées, comme celles de tous les autres quadrupèdes. *Ibid.* — Les tatous sont des animaux innocents; ils vivent de fruits, de légumes et de racines. *Ibid.* — Quoique originaires des climats chauds de l'Amérique, ils peuvent vivre dans notre climat. *Ibid.* — Ils marchent avec vivacité, mais ils ne peuvent, pour ainsi dire, ni courir ni sauter. *Ibid.* — Leurs habitudes naturelles. *Ibid.* — Ils creusent la terre aussi vite que les taupes, et se cachent dans leur terrier dès qu'ils craignent quelque danger. *Ibid.* — Manière de les chasser et de les prendre. *Ibid.* et 152. — Ils produisent quatre petits et plusieurs fois l'année. P. 152. — Usage de leur têt et ses prétendues propriétés médicinales. *Ibid.* et 153.

TATOU-ENCOUBERT. Sa description. *Add.*, t. IV, p. 426.

TATOU *à très-longue queue*. Notice sur ses habitudes naturelles. *Add.*, t. IV, p. 428.

TAUPE. Elle a les yeux très-petits et très-couverts; mais elle n'est point aveugle. T. II, p. 619. — Prodigieux appareil dans la taupe pour l'exercice de la génération. *Ibid.* — Elle a les pieds assez semblables à la main de l'homme. P. 620. — Nature et talents de la taupe. *Ibid.* — Habitudes naturelles de la taupe. *Ibid.* — Manière dont elle se pratique un terrier. *Ibid.* — Les taupes se recherchent vers la fin de l'hiver, et mettent bas aux mois de mai et juin; les portées ordinaires sont de quatre ou cinq. *Ibid.* — Construction du domicile de la taupe. *Ibid.* et 621. — La taupe ne sort jamais qu'à une distance assez considérable de son domicile. P. 621. — Manière la plus sûre de prendre les taupes. *Ibid.* — La taupe n'est point engourdie pendant l'hiver. *Ibid.* — Elle ne se trouve ni dans les déserts arides ni dans les climats froids. *Ibid.* — Variétés dans l'espèce commune de nos taupes. P. 622.

TAUPE *dorée de Sibérie*. Notice au sujet de cet animal. *Add.*, t. IV, p. 257 et 258.

TAUPE (la) ne se trouve en Norwége que dans la partie orientale du pays; le reste du royaume est tellement rempli de rochers qu'elle ne peut s'y établir. *Add.*, t. IV, p. 255.

TAUPE *du cap de Bonne-Espérance*. Courte description. *Add.*, t. IV, p. 403. — C'est une espèce voisine et non pas une simple variété de la taupe d'Europe. *Ibid.*

TAUPE *de Pensylvanie*. Notice imparfaite au sujet de cet animal. *Add.*, t. IV, p. 257.

TAUPE *blanche* (la) est plus commune en Hollande qu'en France, et se trouve encore plus fréquemment dans les contrées septentrionales. *Add.*, t. IV, p. 256.

TAUPE *d'Afrique* (grande), très-nombreuse dans les terres du Cap. *Add.*, t. IV, p. 403. — Sa description, par M. Allamand. P. 404.

TAUPE *de l'île de Java*. *Add.*, t. IV, p. 256.

Taupe *de Virginie*. *Add.*, t. iv, p. 256.

Taupe *du Canada*. Sa description, par M. de la Faille. Elle se rapproche, par la forme et par la queue, du genre des rats. *Add.*, t. iv, p. 406. — Description particulière de son museau et de sa moustache, qui sont d'une forme très-singulière. *Ibid.* — Ses habitudes naturelles et ses manœuvres. *Ibid.*

Taupe *du Cap* (très-grande) ou *taupe des Dunes*. *Add.*, t. iv, p. 401. — Ses différences et ses ressemblances avec la taupe commune. La taupe du Cap, suivant M. le capitaine Gordon, habite dans les dunes qui sont aux environs du cap de Bonne-Espérance et près de la mer. On n'en trouve point dans l'intérieur du pays. Elle a un pied de longueur, depuis le museau jusqu'à la queue. Ses autres dimensions; sa description. P. 402. — Ses habitudes naturelles. *Ibid.* — On mange sa chair au Cap et on la dit fort bonne. Ses allures et sa façon de marcher. Elle creuse la terre très-vite. Son naturel et sa méchanceté. P. 402 et 403.

Taupe *fauve* (la) ne se trouve guère en France que dans le pays d'Aunis. Elle se trouve dans le même terrain que la taupe blanche. *Add.*, t. iv, p. 256.

Taupe *jaune-verdâtre* ou *couleur de citron*. Elle se trouve dans le territoire d'Alais en Languedoc. *Add.*, t. iv, p. 256.

Taupe *rouge d'Amérique*. Espèce différente de la taupe d'Europe; sa description; *Add.*, t. iv, p. 256 et 257.

Taupe *tachetée* ou *variée*, se trouve dans plusieurs contrées de l'Europe. Celle de l'Ost-Frise a tout le corps parsemé de taches blanches et noires. *Add.*, t. iv, p. 256.

Taureau. Choix et qualités du taureau qu'on destine à la propagation. T. ii, p. 432 et 433.

Taureau. Accouplement réitéré et volontaire du taureau avec la jument, sans qu'il y ait eu aucune production. T. iv, p. 212.

Techichi (le) de la Nouvelle-Espagne est peut-être le même animal que le *Koupara* ou *Chien crabe* de la Guiane. T. iv, p. 320.

Teef. Plante qui produit une graine dont les Abyssins font du pain; manière de faire et cuire ce pain. *Add.*, t. ii, p. 271 et suiv.

Tempêtes subites et très-dangereuses sur quelques côtes de la mer. T. i, p. 260.

Temps. La succession de nos idées est, par rapport à nous, la seule mesure du temps; mais cette mesure a une unité dont la grandeur n'est point arbitraire ni indéfinie; elle est au contraire déterminée par la nature même, et relative à notre organisation. L'intervalle de temps qui sépare chacune de nos pensées et chacun de nos sentiments, est l'unité de cette mesure. T. ii, p. 82. — Dans l'enfance, le temps présent est tout; dans l'âge mûr on jouit également du passé, du présent et de l'avenir; et dans la vieillesse on sent peu le présent, on détourne les yeux de l'avenir, et l'on ne vit que dans le passé. P. 340. — Le temps n'est relatif qu'aux individus, aux êtres dont l'existence est fugitive, et celle des espèces étant constante, leur permanence fait la durée, et leur différence le nombre. T. iii, p. 414.

Tepeytzcuitli ou Chien de montagne *de la Nouvelle-Espagne*, pourrait bien être le même animal que le glouton. T. iii, p. 488.

Tepemaxtla *de Fernandès*, pourrait bien être le même animal que le conepate. T. iii, p. 498.

Terre. La théorie de la terre n'avait jamais été traitée que d'une manière vague et hypothétique. T. i, p. 33. — La première vue du globe de la terre ne présente d'autre idée que celle d'un amas de débris et d'un monde en ruine. P. 34. — Seconde vue de la terre, où tout paraît être dans un état parfait et dans un ordre admirable. P. 34 et 35. — Nous ne connaissons que l'écorce du globe de la terre, l'intérieur nous est entièrement inconnu. P. 35. — Les changements qui sont arrivés au globe de la terre depuis deux ou trois mille ans, sont fort peu considérables en comparaison des révolutions qui ont dû se faire dans les premiers temps après la création; raisons de cette différence. P. 39. — La terre actuellement sèche et habitée, a été autrefois sous les eaux de la mer. *Ibid.*— La surface de la terre a beaucoup plus d'inégalités vers le midi que

vers le nord. P. 49. — Principaux phénomènes du globe de la terre. P. 66 et 67.— L'intérieur de la terre est une matière vitrifiée dont les sables, les grès, le roc vif, les granites et les glaises sont des fragments, des détriments ou des scories. P. 78 et 79. — La terre en général est composée de parties homogènes; la preuve de cette assertion résulte de l'égalité de son mouvement diurne. P. 81. — La terre a reçu son mouvement de rotation par l'obliquité du coup qui l'a mise en mouvement, et elle s'est élevée sous l'équateur par l'action de la force centrifuge. *Ibid.* — La terre a pris, en vertu de sa vitesse de rotation et de l'attraction mutuelle de toutes ses parties, la figure d'un sphéroïde dont les deux axes sont entre eux comme 229 à 230, c'est-à-dire qu'elle est élevée d'environ six lieues et demie à chaque extrémité du diamètre de l'équateur de plus que sous les pôles. P. 81 et 82. — L'intérieur du globe de la terre n'est pas vide ni rempli d'une matière fort dense, mais d'une matière à peu près semblable à celle de la surface; preuve de cette assertion. P. 84 et 85. — Figure de la terre : si l'on examine de près les mesures par lesquelles on a déterminé la figure de la terre, on verra bien qu'il entre de l'hypothétique dans cette détermination, car elle suppose que la terre a une figure courbe régulière. P. 87. — La surface de la terre n'est pas, comme celle de Jupiter, divisée par bandes alternatives et parallèles à l'équateur; au contraire, elle est divisée d'un pôle à l'autre par deux bandes de terre et deux bandes de mer. P. 106. — La terre que nous habitons a été autrefois sous les eaux de la mer; preuves accumulées de cette assertion. P. 167 et 168. — Terres qui sont alternativement découvertes et submergées. P. 321.

Terres anciennes. Les terres les plus anciennes du globe sont celles qui sont aux deux côtés des lignes qui partagent l'ancien et le nouveau continent dans leur plus grande longueur. T. i, p. 108. — Les côtes occidentales de l'Afrique sont des terres plus nouvelles que celles des côtes orientales. *Ibid.* — Les terres de l'Europe sont moins anciennes que celles de l'Asie. *Ibid.* — Dans le nouveau continent, les terres occidentales sont plus anciennes que les terres orientales. P. 108 et 109.

Terres australes. La découverte et la connaissance de ces terres serait très-importante pour la physique et l'histoire naturelle. En partant du cap de Bonne-Espérance en différentes saisons, on pourrait reconnaître une partie de ces terres, lesquelles jusqu'ici font un monde à part. Il faudrait aussi tenter d'arriver à ces terres par la mer Pacifique en partant des cotes du Chili et traversant cette mer sous le cinquantième degré de latitude sud. Ce qui nous reste à connaître du côté du pôle austral est si considérable qu'on peut, sans se tromper, l'évaluer à plus du quart de la superficie du globe. T. i, p. 111. — Les terres entre les tropiques sont les plus inégales de tout le globe; il en est de même des mers, aussi entre les tropiques. P. 122.

Terres *submergées*. En 1446, il y eut une si grande irruption de l'Océan dans les terres des provinces de Zélande et de Frise, qu'il y eut deux ou trois cents villages de submergés; on voit encore les sommets de leurs tours et les pointes de leurs clochers, qui s'élèvent un peu au-dessus des eaux. T. i, p. 318. — Description de la manière dont la nature brille sur la terre; tableau de la terre et de la mer. Correspondance de la mer avec le ciel. Directions correspondantes des chaînes de montagnes, produites par les courants de la mer. T. iii, p. 298.

Terre de feu. Description des habitants de la Terre de Feu, au delà du détroit de Magellan, à la pointe de l'Amérique. *Add.*, t. ii, p. 289 et suiv. — Température de cette terre. P. 290.

Testicules. Les quadrupèdes, les oiseaux et les cétacés ont des testicules; les poissons et les serpents en sont privés. T. i, p. 472. — Les testicules des oiseaux se gonflent considérablement dans la saison de leurs amours. *Ibid.* — Les testicules des femelles ne sont pas des ovaires. P. 497. — Description des testicules des truies. P. 498. — Description des testicules des chiennes. P. 500. — Les vésicules des testicules des

femelles ne contiennent qu'une lymphe claire, dans laquelle il n'y a rien d'animé; ce sont les corps glanduleux qui contiennent dans leurs cavités la vraie liqueur séminale, où l'on voit des corps mouvants tout à fait semblables à ceux que l'on voit dans la semence des mâles. P. 536. — Dans l'enfance, il n'y a quelquefois qu'un testicule dans le scrotum, et quelquefois point du tout; les adultes sont rarement dans le cas d'avoir les testicules cachés. Quand même les testicules ne se manifestent pas, on n'en est pas moins propre à la génération. Il se trouve des hommes qui n'ont réellement qu'un testicule; ce défaut ne nuit point à la génération. T. II, p. 29. — Les testicules des femelles sont dans un état de travail continuel, et c'est une des causes ordinaires et naturelles de la stérilité. P. 43 et 44.

Théorie (la) de la terre roule sur quatre faits principaux; le premier est, que la terre est partout, et jusqu'à des profondeurs considérables, composée de couches parallèles et de matières qui ont été autrefois dans un état de mollesse; le second, que la mer a couvert la terre que nous habitons; le troisième, que les marées et les autres mouvements des eaux produisent des inégalités dans le fond de la mer; et le quatrième, que ce sont les courants de la mer qui ont donné aux montagnes la forme de leurs contours et une direction correspondante. T. I, p. 172 et 173.

Thermales, eaux thermales. Voyez *Chaleur* des eaux thermales.

Thos *d'Aristote*, nous paraît être le chacal; discussion critique à ce sujet. T. III, p. 482 et suiv.

Tigre, nom générique que l'on a donné à plusieurs animaux d'espèces différentes; distinction de ces espèces. T. III, p. 14. — Le vrai tigre, le seul qui doit porter ce nom, est un animal rare. *Ibid.* — Au lieu d'une seule espèce qui doit porter ce nom, il y en a neuf ou dix, et par conséquent l'histoire de ces animaux est très-difficile à faire. P. 15 et 16. — Le tigre appartient à l'ancien continent et ne se trouve point dans le nouveau. P. 18. — Sa taille est de quatre à cinq pieds de hauteur, sur neuf, dix, et jusqu'à treize et quatorze pieds de longueur. *Ibid.* — Les caractères qui distinguent le vrai tigre des panthères, des léopards et des autres, c'est qu'il est marqué de taches en forme de bandes, longues et transversales depuis le sommet du dos jusque sous les flancs, au lieu que tous les autres sont marqués de taches rondes et séparées. *Ibid.* — Dans la classe des animaux carnassiers, le lion est le premier, et le tigre est le second. P. 55. — Caractère naturel et tempérament du tigre. *Ibid.* — L'espèce n'en est pas nombreuse et paraît confinée aux climats les plus chauds des Indes orientales. P. 56. — Le tigre mange la fiente du rhinocéros. *Ibid.* — Habitudes naturelles du tigre. *Ibid.* — Il abandonne souvent les animaux qu'il vient de mettre à mort pour en égorger d'autres, et paraît n'être jamais rassasié de sang. *Ibid.* — Il est si fort, qu'après avoir mis à mort un buffle, il le traîne aisément dans les bois pour le dépecer à son aise. *Ibid.* — C'est peut-être le seul des animaux dont on ne puisse fléchir le naturel. P. 58. — Combat d'un tigre contre trois éléphants. *Ibid.* et suiv. — La femelle produit quatre ou cinq petits, elle est furieuse lorsqu'on les lui ravit. P. 61. — Son rugissement et sa voix. *Ibid.* — Usage de sa peau. *Ibid.* — Le tigre attaque plus volontiers l'éléphant que le rhinocéros; et pourquoi. P. 220. — Les tigres du nouveau continent, quoique tous d'espèce différente des tigres de l'ancien continent, sont cependant du même genre. T. IV, p. 141.

Tigre *noir de Cayenne*. Voyez *Couguar noir*. *Add.*, t. IV, p. 338.

Tigre *rouge de Cayenne*. Voyez *Couguar*. *Add.*, t. IV, p. 338.

Tigre. Nouvelle addition à l'article du tigre. *Add.*, t. IV, p. 334 et suiv.

Tolaï. C'est un lapin à queue longue qui se trouve en Tartarie. *Add.*, t. IV, p. 411 et 412.

Ton. On ne doit pas attribuer la différence du ton dans les sons à la fréquence plus ou moins grande des vibrations. L'on a pris, dans la théorie ordinaire des sons, l'effet pour la cause. T. II, p. 119.

Touan. Description de ce petit animal,

que l'on a envoyé de Cayenne au Cabinet du Roi. *Add.*, t. IV, p. 356.

TOUCHER. Le sens du toucher est la seule chose qu'on doive regarder comme nécessaire, et qui ne doit manquer à aucun animal. T. I, p. 23. — Si le sens du toucher ne rectifiait pas le sens de la vue dans toutes les occasions, nous nous tromperions sur la position des objets, sur leur nombre, et encore sur leur lieu. T. II, p. 104 et 105. — Explication de l'action du sens du toucher. P. 129 et 130. — Pourquoi la main est le principal organe du toucher. P. 130. — Le sens du toucher étant imparfait dans les animaux qui n'ont point de mains, ils ne peuvent avoir que des notions très-imparfaites de la forme des corps. *Ibid.* et 131. — Le principal organe du toucher dans les animaux est dans leur museau. P. 131. — Les signes transmis par le toucher font beaucoup plus d'effet sur les animaux en général, que ceux qui leur sont transmis par l'œil ou par l'oreille. P. 376.

TOURBE. Les couches de tourbe ne sont pas de l'ancienne formation; elles sont produites par l'entassement successif des végétaux et des plantes qui ont pourri les unes sur les autres. T. I, p. 48. — Ces végétaux à demi pourris ne se sont conservés que parce qu'ils se sont trouvés dans des terres bitumineuses, qui les ont empêchés de se corrompre en entier. P. 309.

TOURBE. Plusieurs lieux où l'on trouve de la tourbe. Différence dans les espèces de tourbes. *Add.*, t. I, p. 413 et suiv.

TRAGÉLAPHE, c'est le même animal que l'hippélaphe, et c'est celui qu'on appelle vulgairement *cerf* des Ardennes. T. III, p. 288 et 289. — Le tragélaphe de Pline est le même que l'hippélaphe d'Aristote. *Ibid.*

TREMBLEMENT *de terre*. T. I, p. 58 et suiv. — Exposition des funestes effets de quelques tremblements de terre. P. 274 et suiv. — Il y a des tremblements de terre qui se font sentir au loin dans la mer : effets de ces tremblements sur les vaisseaux. P. 279. — Les tremblements de terre ni les volcans n'ont pu produire les montagnes de la terre ; raison de cette négation. P. 280 et suiv. — Tremblements de terre de deux espèces; exposition de leurs différences. P. 282 et 283. — Les tremblements produits par les volcans sont bornés à un petit espace. P. 283. — Ceux qui s'étendent fort loin ébranlent ordinairement une zone assez étroite de terrain, et sont presque toujours accompagnés de bruits souterrains. *Ibid.* — Exposition des causes des tremblements de terre. *Ibid.* et suiv.

TREMBLEMENTS *de terre*. Les tremblements de terre qui ne sont pas causés par les feux souterrains dans le temps de l'éruption des volcans, doivent être attribués aux vents et aux orages souterrains, qui ne laissent pas d'agir avec une grande puissance et de s'étendre quelquefois fort loin. *Add.*, t. I, p. 381. — Les vents souterrains ne suffiraient pas seuls pour produire d'aussi grands effets; il faut qu'ils soient accompagnés de l'explosion électrique de la foudre souterraine. *Ibid.* — On peut réduire à trois causes tous les mouvements convulsifs de la terre : la première est l'affaissement subit des cavernes; la seconde, les orages et les coups de la foudre souterraine; et la troisième, l'action et les efforts des feux allumés dans l'intérieur du globe. *Ibid.* — Les tremblements de terre s'étendent toujours plus en longueur qu'en largeur; exemples à ce sujet. P. 382.

TROMBES; sont assez communes dans la Méditerranée. Description des trombes. Deux espèces de trombes. T. I, p. 263. — Causes et effets des trombes des deux espèces. *Ibid.* et 264. — Description d'une trombe de terre. P. 268.

TROMBES *de mer*. Observations sur les trombes de mer; explication de leur formation et de leurs effets. *Add.*, t. I, p. 376 et suiv.

TROMBES *de terre*, différentes des trombes de mer; exemple à ce sujet. *Add.*, t. I, p. 379.

TRUIE. La première portée de la truie n'est pas nombreuse; les petits de cette portée sont faibles et quelquefois imparfaits. T. II, p. 469. — La truie est en chaleur presque en tout temps; elle recherche les approches du mâle quoiqu'elle soit pleine.

Ibid. — Signes et effets de la chaleur de la truie. *Ibid.* — Elle porte quatre mois et met bas au commencement du cinquième. *Ibid.* — Elle produit deux fois l'année. P. 470. — On ne souffre pas que la truie nourrisse tous ses petits pendant plus de quinze jours. *Ibid.* — Quelles doivent être les qualités de la truie qu'on destine à la propagation. *Ibid.* — Manière de soigner les truies lorsqu'elles sont pleines et lorsqu'elles mettent bas. *Ibid.*

Tsuktschi et Schelati, noms que l'on a donnés aux habitants de l'extrémité orientale et septentrionale de l'Asie; cette terre s'étend jusqu'au soixante-treizième degré, et peut-être beaucoup au delà vers le pôle. *Add.*, t. II, p. 263 et 264.

Tucan. Notice au sujet de cet animal, qui paraît être une variété de l'espèce de la taupe. *Add.*, t. IV, p. 422.

Tuf. Ce que l'auteur entend par le nom de tuf. T. I, p. 146. — Formation du tuf. *Ibid.*

Tuftedape. Le choras a été ainsi nommé. *Add.*, t. IV, p. 105.

Tunguses (les) paraissent faire la nuance entre les Samoïedes et les Tartares. *Add.*, t. II, p. 267.

Turc. Description d'un chien turc et gredin. *Add.*, t. IV, p. 314 et 315.

Tzeiran, grosse gazelle de l'Orient et de la Tartarie. T. III, p. 357. — Sa description; singularités de l'accroissement du larynx dans cet animal. *Ibid.* et 358.

Tzeïran. Habitudes naturelles de cet animal, et manière dont on le chasse, par MM. Forster. *Add.*, t. IV, p. 605 et suiv. — Les femelles entrent en chaleur à la fin de l'automne, et mettent bas au mois de juin. Les mâles ont une espèce de sac sous le ventre, semblable à celui du musc, et une proéminence au larynx; les jeunes sont très aisés à apprivoiser : ils s'attachent même à ceux qu'ils connaissent; ils vont en troupes dans leur état de liberté. Leur description. La femelle n'a point de cornes. *Ibid.* — Description du tzeïran, par MM. Allamand et Klocner. *Ibid.* et suiv. — Ses dimensions. P. 608.

U

Unau. Description de l'unau et sa comparaison avec l'aï. T. III, p. 441. — Il a quarante-six côtes, quoique son corps soit assez court. Aucun animal n'a autant de chevrons à sa charpente, car l'éléphant, qui de tous en a le plus, n'a que quarante côtes. *Ibid.* — Les espèces de l'unau et de l'aï nous rappellent ces monstres par défaut, ces ébauches imparfaites, mille fois projetées, exécutées par la nature, qui, ayant à peine la faculté d'exister, n'ont dû subsister qu'un temps, et ont été depuis effacées de la liste des êtres. Ces paresseux sont le dernier terme d'existence dans l'ordre des animaux qui ont de la chair et du sang; une défectuosité de plus les aurait empêchés de subsister. P. 443. — Misère innée de ces pauvres animaux; description de leurs habitudes : ils ne peuvent, faute de dents, ni saisir une proie, ni se nourrir de chair, ni même brouter l'herbe; ils sont réduits à vivre de feuilles et de fruits sauvages. Ils emploient beaucoup de temps à parcourir quelques toises d'espace; ils emploient aussi beaucoup de temps pour grimper sur un arbre, dont ensuite ils ne descendent plus, et où ils mangent successivement les feuilles de toutes les branches, sans délayer par aucune boisson cette nourriture aride. P. 443 et suiv.

Unau (l') et l'Aï sont des animaux ruminants, quoiqu'ils n'aient point de cornes ni de bois sur la tête, ni de sabots aux pieds, comme les pieds fourchus, ni de dents incisives à la mâchoire inférieure; ils ont plusieurs estomacs comme les ruminants, desquels cependant ils diffèrent encore, en ce que leurs boyaux sont très-courts, au lieu que ceux des ruminants sont très-longs. T. III, p. 445. — Ils diffèrent de tous les autres animaux quadrupèdes en ce que, au lieu de deux ouvertures au dehors, l'une pour l'urine et l'autre pour les excréments, ces animaux n'en ont qu'une seule au fond de laquelle est un égout commun, un cloaque comme dans les oiseaux. *Ibid.* — Ces animaux paraissent très-mal et très-peu sentir, et ils ont la vie très-dure; ils ne meu-

rent que longtemps après qu'on leur a percé ou arraché le cœur. P. 446. — Ils ne se trouvent point dans l'ancien continent : erreurs à ce sujet. Description de l'unau que nous avons vu vivant; ses habitudes naturelles, sa nourriture, etc. P. 446 et 447.

UNAU. Quelques-unes de ses habitudes naturelles. *Add.*, t. IV, p. 423.

UNION *des sciences mathématiques et physiques*. Cette union a de grands avantages, mais elle ne peut se faire que pour un très-petit nombre de sujets. La plus belle et la plus heureuse application qu'on en ait jamais faite est au système du monde. T. I, p. 30.

UNIVERS. L'ordre systématique de l'univers est à découvert aux yeux de tous ceux qui savent reconnaître la vérité. T. I, p 68. — Tableau de l'univers. Des milliers de globes lumineux, placés à des distances inconcevables, sont les bases qui servent de fondement à l'édifice du monde; des millions de globes opaques circulant autour des premiers en composent l'ordre et l'architecture mouvante; des forces primitives agitent ces grandes masses, les roulent, les transportent et les animent. C'est du sein même du mouvement que naît l'équilibre des mondes et le repos de l'univers. T. III, p. 296.

URÈTRE. Dans la femelle de l'ondatra ou rat musqué de Canada, l'orifice de l'urètre n'aboutit point, comme dans les autres quadrupèdes, au-dessous du clitoris, mais à une éminence velue située sur l'os pubis, et cette éminence a un orifice particulier qui sert à l'éjection des urines. Cette organisation particulière ne se trouve que dans quelques espèces d'animaux, comme les rats et les singes, dont les femelles ont trois ouvertures. On a observé que le castor est le seul des quadrupèdes dans lequel les excréments et les urines aboutissent également à un réceptacle commun, qu'on pourrait comparer au cloaque des oiseaux. Les femelles des rats et des singes sont peut-être les seules qui aient le conduit des urines et l'orifice par où elles s'écoulent absolument séparé des parties de la génération; cette singularité n'est que dans les femelles, car dans les mâles de ces mêmes espèces, l'urètre aboutit à l'extrémité de la verge, comme dans toutes les autres espèces de quadrupèdes. T. III, p. 404.

URSON, animal de l'Amérique septentrionale que l'on a appelé *porc-épic* de la baie d'Hudson. T. III, p. 412. — Sa figure, son naturel, ses habitudes, etc. P. 412 et 413.

V

VACHE MARINE. Voyez MORSE. T. III, p. 508.

VACHE *de Tartarie*. Sa description; elle est de la même race que le bison. T. IV, p. 656 et 657.

VACHES. Temps de la chaleur des vaches. T. II, p. 432. — Elles portent neuf mois et mettent bas au commencement du dixième. *Ibid.* — Signes de la chaleur de la vache. *Ibid.* — Elle refuse les approches du taureau lorsqu'elle a conçu. P. 433. — Manière de conduire les vaches dans le temps qu'elles sont pleines et lorsqu'elles mettent bas. *Ibid.* — La vache est en état de produire à l'âge de dix-huit mois, et le taureau à deux ans. P. 434. — Les vaches et les taureaux ne vivent communément que quatorze ou quinze ans. *Ibid.* — Manière de choisir et de bien conduire les vaches à lait. P. 440. — Les vaches flandrines et vaches bâtardes sont plus abondantes en lait que les vaches de la race commune. P. 443.

VACHE *grognante de Tartarie*. Cet animal paraît être de la même espèce que le bison. *Add.*, t. IV, p. 657.

VAMPIRE, quadrupède volant qui se trouve dans les climats chauds du nouveau continent; nous l'avons nommé *Vampire*, parce qu'il suce le sang des hommes et des animaux qui dorment, sans leur causer assez de douleur pour les éveiller. T. III, p. 112. — Le vampire est d'une espèce différente de la roussette et de la rougette. *Ibid.* — Ses différences et ses ressemblances avec la roussette et la rougette. *Ibid.* — Son naturel malfaisant et sanguinaire. *Ibid.* — Comment il peut sucer le sang sans éveiller une personne endormie. P. 116.

VAMPIRE. Addition à l'article de cette

chauve-souris. *Add.*, t. IV, p. 253 et suiv.

VANSIRE, nom d'un animal des grandes Indes, qui ressemble beaucoup au furet, mais qui cependant en diffère par des caractères essentiels, et surtout par les dents. Sa description. T. III, p. 466 et 467.

VANSIRE. Additions à son article. *Add.*, t. IV, p. 297 et suiv.

VAPEURS. On a donné le nom de vapeurs à l'état d'ennui et de dégoût dans lequel nous nous trouvons lorsque nous ne pouvons nous déterminer à rien, dans lequel nous voulons ce que nous ne faisons pas, et faisons ce que nous ne voulons pas; état où se trouvent si souvent les hommes oisifs et même les hommes qu'aucun travail ne commande : tableau de cet état. T. II, p. 347.

VAPEURS. La hauteur à laquelle les vapeurs se glacent est d'environ deux mille quatre cents toises sous la zone torride; et en France, de quinze cents toises de hauteur : les cimes des hautes montagnes surpassent quelquefois cette ligne de huit à neuf cents toises, et toute cette hauteur est couverte de neiges qui ne fondent jamais. *Add.*, t. I, p. 350.

VARI *ou* MAKI PIE, grand maki à grosse voix. Voyez MAKI.

VARIÉTÉS (les) dans l'espèce humaine dépendent entièrement de l'influence du climat; on doit entendre par climat, non-seulement la latitude, mais aussi la hauteur ou la dépression des terres, leur voisinage ou leur éloignement des mers, leur situation par rapport aux vents, et surtout aux vents d'est, etc. *Add.*, t. II, p. 298.

VEAU. Manière d'élever et de nourrir les veaux. T. II, p. 433 et 434.

VEAU MARIN. Voyez PHOQUE. T. III, p. 508.

VÉGÉTATIONS. Toutes les végétations peuvent se réduire à trois espèces; la première, où l'accroissement se fait par l'extrémité supérieure, comme dans les herbes, les plantes, les arbres, le bois du cerf et tous les autres végétaux; la seconde, où l'accroissement se fait au contraire par l'extrémité inférieure, comme dans les cornes, les ongles, les ergots, le poil, les cheveux, les plumes, les écailles, les défenses, les dents et les autres parties extérieures du corps des animaux; la troisième est celle où l'accroissement se fait à la fois par les deux extrémités, comme dans les os, les cartilages, les muscles, les tendons et les autres parties intérieures du corps des animaux. T. II, p. 523.

VÉGÉTAUX (les) tirent pour leur nourriture beaucoup plus de substance de l'air et de l'eau qu'ils n'en tirent de la terre; ils rendent, en pourrissant, à la terre plus qu'ils n'en ont tiré. T. I, p. 127. — Les végétaux par leur développement, par leur figure, par leur accroissement et par leurs différentes parties ont un plus grand nombre de rapports avec les objets extérieurs, que n'en ont les minéraux ou les pierres qui n'ont aucune sorte de vie ou de mouvement. P. 425. — Les végétaux participent encore plus que les animaux à la nature du climat. T. II, p. 506 et 507.

VENIN. Origine du venin dans la vipère et dans les autres animaux. T. I, p. 591.

VENT *réfléchi;* raison pourquoi il paraît souvent plus violent que le vent direct qui le produit. T. I, p. 252. — Le vent d'est est la cause la plus générale de la couleur des nègres. L'on trouve des hommes noirs dans tous les endroits de la zone torride où le vent d'est n'arrive qu'après avoir traversé de grands espaces de terre, et au contraire dans la même zone torride où ce vent arrive après avoir traversé des mers, on trouve les hommes moins noirs ou simplement basanés. T. II, p. 214 et 215.

VENTS (les) élèvent des montagnes de sable en Arabie, en Afrique. T. I, p. 60. — Le vent d'est souffle constamment entre les tropiques; causes et origine du vent d'est. P. 246. — Le vent d'est souffle si constamment dans la mer Pacifique, que les vaisseaux qui vont d'Acapulco aux Philippines, font cette route, qui est de près d'environ deux mille sept cents lieues, sans aucun risque. *Ibid.* — Les vents d'est et de nord règnent assez constamment dans la mer Atlantique. *Ibid.* — Le vent d'est contribue par son action à augmenter le mouvement général de la mer d'orient en occident. Le vent du nord règne presque continuelle-

ment dans la Nouvelle-Zemble et dans les autres côtes septentrionales. P. 247. — Énumération des vents qui soufflent pendant un temps dans les différents endroits de la mer. *Ibid.* et 248. — Vents réglés produits par la fonte des neiges. P. 248. — Vents réglés par le flux et le reflux de la mer, et qui ne durent que quelques heures. *Ibid.* — Les vents de nord sont assez réglés dans les climats au-delà des cercles polaires. P. 249. — Causes générales et particulières des vents. P. 250. — On tenterait en vain de donner une théorie complète des vents, et il faut se borner à en faire l'histoire. *Ibid.*

Vents *de mer et vents de terre;* leur différence. T. I, p. 250. — En général, sur la mer, les vents d'est et ceux qui viennent des pôles sont plus forts que les vents d'ouest et que ceux qui viennent de l'équateur; et dans les terres, les vents d'ouest et de sud sont plus ou moins violents que les vents d'est et de nord, suivant la situation des climats. P. 251. — Au printemps et en automne les vents sont plus violents qu'en été ou en hiver, tant sur mer que sur terre; raison de cette différence. *Ibid.* — Les vents sont plus violents dans les lieux élevés que dans les plaines, jusqu'à la hauteur des nuages, c'est-à-dire jusqu'à environ une demi-lieue de hauteur perpendiculaire; plus haut le ciel est serein et les vents y sont faibles, surtout pendant l'été. *Ibid.* — La force du vent doit s'estimer non-seulement par la vitesse, mais aussi par la densité de l'air. P. 252. — Considération des vents sous des points de vue généraux. P. 253.

Vents *alizés* ou *moussons :* leurs différences suivant les différents endroits où ils règnent. T. I, p. 253 et 254.

Vents particuliers sur certaines côtes. T. I, p. 255.

Vents *de terre* qui sont périodiques. T. I, p. 255.

Vents *en Égypte et sur le golfe Persique en Arabie*, si chauds et si suffocants, qu'ils sont mortels. T. I, p. 257 et 258.

Vents qui transportent des sables en grande quantité. T. I, p. 258.

Vents (les) sont plus forts au-dessus des montagnes que dans les plaines; ainsi l'air y est au moins aussi dense. *Add.*, t. I, p. 373.

Vents *réfléchis* (les) sont plus forts que les vents directs, et d'autant plus qu'on est plus près de l'obstacle qui les renvoie; explication et preuve de ce fait. *Add.*, t. I, p. 372.

Vérité. Ce mot pris généralement n'a jamais eu et ne peut avoir de définition. T. I, p. 27. — Énumération des vérités. *Ibid.* — Les vérités mathématiques ne sont que des vérités de définition d'après des suppositions. *Ibid.* — Ce ne sont que les répétitions exactes des définitions ou suppositions; la dernière conséquence n'est vraie que parce qu'elle est identique avec celle qui la précède, et que celle-ci l'est avec la précédente, et ainsi de suite en remontant jusqu'à la première supposition. P. 28. — Les vérités mathématiques se réduisent à des identités d'idées, et n'ont aucune réalité. *Ibid.*

Vérités *mathématiques*, pourquoi elles sont exactes et démonstratives. T. I, p. 23.

Vérités *physiques*, ne sont pas comme les vérités mathématiques fondées sur des suppositions que nous ayons faites; elles ne sont appuyées que sur des faits. La répétition fréquente et une succession non interrompue des mêmes événements, fait l'essence de la vérité physique. *Ibid.* — Ce n'est donc qu'une probabilité, mais une probabilité si grande, qu'elle équivaut à une certitude. *Ibid.* — L'évidence mathématique et la certitude physique, sont les deux seuls points sous lesquels nous devons considérer la vérité. P. 29. — Les vérités mathématiques auraient été perpétuellement de pure spéculation, de simple curiosité et d'entière inutilité, si on n'avait pas trouvé moyen de les associer aux vérités physiques. *Ibid.* — La vérité livrée à la multitude est bientôt défigurée; une opinion philosophique ne devient une opinion populaire qu'après avoir changé de forme; mais au moyen de cette préparation, elle peut devenir une religion d'autant mieux fondée, que le préjugé sera plus général, et d'autant plus respectée, qu'ayant pour base des vérités mal enten-

dues, elle sera nécessairement environnée d'obscurités. T. II, p. 570.

Vérités *morales* (les), sont en partie réelles et en partie arbitraires, et n'ont pour objet et pour fin que des convenances et des probabilités. T. I, p. 28.

Vérole, se communique au fœtus, et l'on n'a que trop d'exemples d'enfants, qui sont, même en naissant, les victimes de la débauche de leurs parents. T. I, p. 646.

Verrat, *cochon mâle*, qu'on destine à la propagation; ses qualités. T. II, p. 470.

Verre (le) paraît être la véritable terre élémentaire. Les métaux, les minéraux, les sels ne sont qu'une terre vitrescible. T. I, p. 138. — Le verre se change naturellement en argile par un progrès lent et insensible. *Ibid.* — Il se décompose à l'air, et il se pourrit, en quelque façon, en séjournant dans la terre. P. 139.

Vers. Origine des vers dans le corps des animaux. T. I, p. 590. — Cause naturelle des vers auxquels les enfants sont sujets. T. II, p. 23.

Vésicules (les) que l'on trouve dans les testicules des femelles, ne sont pas des œufs comme Graaf et plusieurs autres anatomistes l'ont prétendu. T. I, p. 495 et 496. — Jamais elles ne se détachent des testicules. P. 496.

Vésuve, l'une des premières éruptions du Vésuve s'est faite du temps de l'empereur Vespasien, et fit périr Pline le naturaliste. T. I, p. 271. — Le Vésuve et la Solfatare paraissent avoir communication l'un avec l'autre. P. 272.

Vie. La durée totale de la vie peut se mesurer en quelque façon par celle du temps de l'accroissement; un arbre ou un animal qui prend en peu de temps tout son accroissement, périt beaucoup plus tôt qu'un autre auquel il faut plus de temps pour croître. T. II, p. 74 et 75. — La durée de la vie ne dépend ni des habitudes, ni des mœurs, ni de la qualité des aliments; rien ne peut changer les lois de la mécanique qui règle le nombre de nos années : on ne peut guère les altérer que par des excès de nourriture ou par de trop grandes diètes. P. 76. — Durée de la vie; à prendre le genre humain en général, il n'y a pour ainsi dire, aucune différence dans la durée de la vie : l'homme qui ne meurt point de maladies accidentelles, vit partout quatre-vingt-dix ou cent ans. *Ibid.*

Vie *corporelle*, ne doit pas être considérée comme une quantité absolue, mais comme une quantité susceptible d'augmentation et de diminution. T. II, p. 80. — Nous commençons de vivre par degrés, et nous finissons de mourir comme nous commençons de vivre. *Ibid.* — Table sur la probabilité de la vie, laquelle approche plus de la vérité qu'aucune des autres tables qui ont été faites auparavant. P. 98. — La glace et le feu sont les éléments de la mort; la chaleur tempérée est le premier germe de la vie. T. III, p. 417.

Vie. Ce que c'est que notre vie dans la réalité. *Add.*, t. II, p. 239.

Vie végétative de l'œuf et vie végétative de la matrice dans les ovipares et dans les vivipares. Voyez *OEuf.*

Vieillards. On a observé que dans les pays élevés, il se trouve communément plus de vieillards que dans les lieux bas; exemple à ce sujet. T. II, p. 76.

Vieillesse. Exemples de vieillesses extraordinaires. *Add.*, t. II, p. 235 et suiv. — Consolation tirée de la nature pour la vieillesse. Lorsque l'âge est complet, c'est-à-dire quatre-vingts ans, la probabilité de la vie demeure stationnaire et fixe. On a toujours trois ans de vie à espérer légitimement, quelque vieux qu'on soit, si l'on se porte bien. P. 233. — Comparaison des jouissances de la vieillesse et de celles de la jeunesse. *Ibid.* — Consolation tirée de la morale pour la vieillesse. *Ibid.*

Vieillesse. Exemple d'une vieillesse extraordinaire dans l'espèce du cheval. *Add.*, t. II, p. 236 et suiv.

Vigogne. On a essayé de naturaliser les vigognes en Espagne, mais elles n'y ont pas réussi; cependant on pourrait croire que si on les laissait en liberté dans les Pyrénées et dans les Alpes, elles pourraient y réussir; il en est de même de l'espèce du lama, toutes deux ne réussissent que dans les plus hautes montagnes. T. III, p. 434. — Comparaison

de la vigogne et de la brebis. La vigogne paraît être une petite espèce de lama. T. IV, p. 140.

Vigogne (la) est un animal plus petit que le lama. Ses dimensions. *Add.*, t. IV, p. 521. — Sa description. Ses habitudes naturelles en captivité. Il paraît que la vigogne a une si grande abondance de salive, qu'elle n'a nul besoin de boire; elle jette aussi son urine en arrière. L'espèce n'a pas été réduite en domesticité. Nourriture de la vigogne en captivité. P. 521 et 522. — Sa laine est encore plus fine que celle de l'alpaca. Les vigognes vont toujours par troupes nombreuses et se tiennent sur la croupe des hautes montagnes du Pérou, du Tucuman et du Chili. Manière de les chasser. Leur propreté, leur timidité. On les prend et on les tue en très-grand nombre. P. 524. — Projet pour se procurer en Europe des vigognes, des alpacas et des lamas. P. 525 — Il serait aussi possible qu'il est important de naturaliser en France les vigognes, les alpacas et les lamas. P. 529.

Vipère (la) n'est pas vraiment vivipare; elle produit d'abord des œufs, et les petits sortent de ces œufs, et tout cela s'opère dans le corps de la mère; au lieu de jeter ses œufs au dehors, comme les autres animaux ovipares, elle les garde et les fait éclore en dedans. T. I, p. 595.

Virginité. Les signes de la virginité physique, sont ou imaginaires ou très-incertains. T. II, p. 36. — Préjugé ridicule sur ce sujet. P. 35 et suiv.

Visage. Formes différentes du visage dans les différentes passions. T. II, p. 54 et suiv.

Vision. Explication de la manière dont se fait la vision. T. II, p. 102. — Démonstration que nous voyons les objets renversés et doubles, quoique nous les jugions droits et simples. *Ibid.*

Vison, c'est un animal de l'Amérique septentrionale, qui ne nous paraît être qu'une variété dans l'espèce de la fouine. T. III, p. 498 et suiv.

Vitrifiable. Les matières vitrifiables ne se dissolvent point à l'eau-forte. T. I, p. 125.

Vivant *et organisé.* Pourrait-on croire que de certaines formes de corps, comme celles des quadrupèdes et des oiseaux, de certains organes pour la perfection du sentiment, coûteraient plus à la nature que la production du vivant et de l'organisé, qui nous paraît si difficile à concevoir. T. I, p. 432.

Vivant *et l'animé* (le), au lieu d'être un degré métaphysique des êtres, est une propriété physique de la matière. T. I, p. 434.

Voix. Les gens qui ont la voix fausse n'entendent pas bien également des deux oreilles, et c'est parce qu'ils entendent mal qu'ils chantent faux. T. II, p. 122 et 123. — Le porte-voix pourrait être perfectionné, et on pourrait en faire des cornets d'approche pour l'oreille, comme on fait des lunettes d'approche pour les yeux. P. 123.

Voix. C'est par l'expiration que l'homme forme sa voix, au lieu que les animaux la forment par l'inspiration. Observations qui semblent le prouver. *Add.*, t. II, p. 251.

Volcans sous les eaux de la mer. T. I, p. 36. — Les volcans se trouvent tous dans les hautes montagnes. Il y en a un grand nombre dont les feux sont éteints; quelques-uns ont des correspondances souterraines. P. 38. — Matières rejetées des volcans sont de même nature que celles qu'on trouve sur la croupe de la montagne; elles sont seulement défigurées par la calcination. P. 57. — Examen de l'action des volcans. P. 58. — Les volcans sont toujours dans les montagnes et ne se trouvent jamais dans les plaines. P. 59. — Accélération du mouvement dans les tourbillons qu'ils vomissent. P. 73. — Description de l'effet des volcans. P. 269 et suiv. — Explication de la cause et des effets des volcans. P. 270. — Énumération des volcans dans les différentes parties du monde. *Ibid.* et suiv. — Les éruptions et les autres effets des volcans dans les pays septentrionaux, tels que ceux de l'Hécla, sont aussi violents que ceux des volcans des pays méridionaux. P. 271. — Énumération des principaux volcans de l'Asie. P. 272. — Énumération des principaux volcans de l'Afrique. P. 273. — Énumération des principaux volcans en Amérique. *Ibid.* et suiv. — Les volcans causent des tremblements de

terre. P. 274. — Les matières anciennement rejetées des volcans et entièrement refroidies, se sont quelquefois rallumées et ont fait d'assez fortes explosions pour causer des petits tremblements de terre. P. 285. — Le feu du volcan vient plutôt du sommet de la montagne que d'une grande profondeur. *Ibid.* — Raison pourquoi les volcans se trouvent tous dans les plus hautes montagnes. P. 286 et suiv. — Les volcans sous-marins forment de temps en temps des îles nouvelles. P. 288 et suiv. — Il y a au fond de la mer des volcans semblables à ceux que nous connaissons sur la surface de la terre. P. 290 et suiv.

Volcans. Après la surface des mers, rien sur le globe n'est plus mobile et plus inconstant que la surface des volcans. *Add.*, t. i, p. 383. — Volcans qui rejettent de l'eau; exemples à ce sujet. P. 389 et suiv. — Les volcans ont des communications avec la mer; preuves de cette assertion. P. 390 et 391.

Volcans éteints. Il s'en trouve en une infinité d'endroits. Énumération de ceux de la France, de l'Italie, etc. *Add.*, t. i, p. 398 et suiv.

Voyage *autour du monde.* Magellan est le premier qui ait fait le tour du monde en l'année 1519 et dans l'espace de onze cent vingt-quatre jours; François Drake a été le second en 1577 et en mille cinquante-six jours : ensuite en 1586 Thomas Cavendish fit ce même voyage en sept cent soixante-dix-sept jours. T. i, p. 110.

Vue (sens de la). Le premier défaut du sens de la vue est de peindre tous les objets renversés. Un second défaut, c'est qu'on voit aussi d'abord tous les objets doubles. Ces deux erreurs se rectifient par l'usage du sens du toucher. T. ii, p. 101. — Nous ne pouvons avoir par le sens de la vue aucune idée des distances; sans le toucher, tous les objets nous paraîtraient être dans nos yeux, parce que les images de ces objets y sont en effet. P. 104. — On ne peut avoir par ce sens aucune idée de la grandeur relative des objets avant d'avoir fait usage du sens du toucher. *Ibid.* — Erreurs produites par le sens de la vue sur la grandeur des objets lorsque la distance de ces objets nous est inconnue. P. 108. — Autres apparences trompeuses du sens de la vue. P. 109. — Le plus petit angle sous lequel les hommes puissent voir les objets, est d'environ une minute. Cet angle donne pour la plus grande distance à laquelle les meilleurs yeux peuvent apercevoir un objet environ trois mille quatre cent trente-six fois le diamètre de cet objet. La portée de nos yeux augmente ou diminue à proportion de la quantité de lumière qui nous environne, quoiqu'on suppose que celle de l'objet reste toujours la même, en sorte que nous pouvons apercevoir le même objet lumineux à une distance cent fois plus grande pendant la nuit que pendant le jour; exemple à ce sujet. P. 110 et 111. — Il y a trois choses à considérer pour déterminer la distance à laquelle nous pouvons apercevoir un objet éloigné; la première, est la grandeur de l'angle qu'il forme dans notre œil; la seconde, le degré de lumière des objets voisins et intermédiaires que l'on voit en même temps, et la troisième, l'intensité de lumière de l'objet même. P. 112. — Les gens qui ont la vue courte, voient les objets plus petits que les autres hommes. P. 113. — Plusieurs causes qui peuvent produire la vue courte. P. 114. — Les gens qui ont la vue courte, ne peuvent jamais voir les objets d'aussi loin que les autres, même en faisant usage du verre concave. *Ibid.* — La longue vue des vieillards dépend de plusieurs autres causes que de l'aplatissement des humeurs de l'œil. P. 115.

Vue *claire* et Vue *distincte;* leur différence. T. ii, p. 115 et 116.

Vue distincte et indistincte. Limites de la vue distincte lorsque les yeux sont inégaux en force. *Add.*, t. ii, p. 241. — Explication des phénomènes de la vue distincte et indistincte. P. 241 et suiv.

Y

Yarqué. Description de ce sagouin. *Add.*, t. iv, p. 178.

Yeux. Énumération des différentes couleurs dans les yeux des hommes. T. ii,

p. 49 et 50. — Les yeux que l'on croit être noirs ne sont que d'un jaune brun ou d'orange foncé; il ne faut, pour s'en assurer, que les regarder de près. P. 50. — Dans la plupart des animaux la couleur des yeux de tous les individus est à peu près la même; les yeux des bœufs sont bruns, ceux des moutons sont couleur d'eau, ceux des chèvres sont gris. P. 51. — Explication du mouvement des yeux. *Ibid.* — Les yeux paraissent être formés de bonne heure dans le fœtus ; ce sont même, des parties doubles, celles qui paraissent se développer les premières dans le petit poulet. P. 100. — Les yeux ne sont pas, à beaucoup près, aussi gros à proportion dans le fœtus humain et dans les embryons des vivipares que dans ceux des ovipares. *Ibid.* — Il y a peu de gens qui aient les deux yeux également forts; lorsque cette inégalité est à un certain degré, on ne se sert que d'un œil, et c'est cette inégalité dans les yeux qui produit le regard louche. P. 112 et 113. — Lorsque la portée des yeux est parfaitement égale, on voit mieux avec les deux yeux qu'avec un ; mais cette différence ne va qu'à une treizième partie ; en sorte qu'avec les deux yeux on voit l'objet comme s'il était éclairé de treize lumières égales, au lieu qu'avec un seul œil on ne le voit que comme s'il était éclairé de douze lumières. P. 113. — Raison mathématique pourquoi l'on ne voit guère mieux avec les deux yeux qu'avec un. *Ibid.*

Yeux. Lorsque les yeux sont dirigés vers le même objet, et qu'on le regarde des deux yeux à la fois, si tous deux sont d'égale force, l'objet paraît comme s'il était éclairé de treize lumières égales; au lieu qu'en ne le regardant qu'avec un seul œil, ce même objet ne paraît que comme s'il était éclairé de douze lumières. *Add.*, t. II, p. 240.

Yeux louches. Voyez *Strabisme.*

Yeux louches. Moyen de redresser les yeux louches. *Add.*, t. II, p. 245 et suiv. — Le principal de ces moyens est de couvrir le bon œil pendant huit ou quinze jours, et de faire agir le mauvais œil, c'est-à-dire le plus faible; on lui verra reprendre de la force par cet exercice forcé. P. 245. — Observations à ce sujet. *Ibid.* et suiv. — Raisons pourquoi les personnes louches tournent le mauvais œil du côté du nez. *Ibid.* — Lorsque l'inégalité de force dans les yeux est excessive, elle ne produit pas le regard louche. P. 248.

Ysquiepatl ou Mouffette, est un animal très-différent des fourmiliers. T. III, p. 128. — C'est le même animal que le *coase* ou *squash* de la Nouvelle-Espagne. P. 493. — Autre Ysquiepatl, qui est le même animal que le chinche. *Ibid.*

Z

Zèbre. Cet animal appartient à l'ancien continent, et ne se trouve point dans le nouveau ; il paraît affecter un climat particulier, c'est surtout à la pointe de l'Afrique où on le trouve le plus communément. T. III, p. 20. —Sa description, sa grandeur, sa forme, etc. P. 302 et 303. — Le zèbre ne se mêle ni ne produit avec l'âne ou le cheval. P. 303. — Il ne se trouve que dans les parties orientales et méridionales de l'Afrique. P. 304. — On a fait ce qu'on a pu pour rendre les zèbres domestiques, et pour les faire servir aux mêmes usages que les chevaux; mais jusqu'à présent on n'a pas pleinement réussi. P. 306. — Cependant si le zèbre était dressé jeune, il pourrait peut-être servir aux mêmes usages que le cheval et l'âne. *Ibid.* — Le zèbre pourrait bien provenir du mélange de deux espèces différentes. La nature, dans aucun de ses ouvrages, n'est aussi tranchée ni aussi peu nuancée que sur la robe du zèbre. T. IV, p. 126.

Zèbre. Comparaison du zèbre avec l'âne et le cheval. *Add.*, t. IV, p. 509. — Cet animal tient de plus près au cheval qu'à l'âne. *Ibid.* — Conjectures sur l'identité de l'espèce du zèbre et du czigithai ou mulet de Daourie. P. 510. — On peut espérer qu'en réduisant le zèbre en domesticité, on en tirerait une grande utilité. P. 511.

Zèbre. Il y a dans l'espèce du zèbre une variété qui paraît constante. *Add.*, t. IV, p. 513. — Description de cette variété. *Ibid.*

— Cette variété, qui n'est pas rayée, est d'un naturel plus doux et plus souple que les autres zèbres. *Ibid.* — Exemple de l'accouplement d'un âne avec une femelle zèbre, et de la production d'un petit métis de ces deux animaux. P. 514.

Zébu (le) n'est pas le *bubalus* des anciens; ce n'est qu'une variété dans l'espèce du bœuf. T. III, p. 247. — Origine de cette race de petits bœufs. P. 256.

Zébu (le) semble être un diminutif du bison, dont la race, ainsi que celle du bœuf, a subi de très-grandes variétés, surtout pour la grandeur. Quoique originaire des pays très-chauds, peut vivre et produire dans nos pays tempérés. Exemple à ce sujet. *Add.*, t. IV, p. 651. — La loupe que cet animal porte sur le dos est une fois plus grosse dans le mâle que dans la femelle. *Ibid.*

Zélande. Habitants de la Nouvelle-Zélande; leur description, par le capitaine Cook. *Add.*, t. II, p. 295.

Zembliens. Habitants de la Nouvelle-Zemble; discussion critique à ce sujet. *Add.*, t. II, p. 254 et suiv.

Zemni. Description du zemni; son naturel et ses habitudes sont à peu près les mêmes que celles du hamster et du zizel. *Add.*, t. IV, p. 421 et 422.

Zibeline. Sa description, ses variétés, son changement de couleur selon la saison, son agilité, son inquiétude, surtout pendant la nuit, etc. T. III, p. 499 et 500. — Les zibelines habitent le bord des fleuves; elles vivent de chair, de poisson et de graines. Elles se trouvent principalement en Sibérie; leur fourrure est très-précieuse, les plus noires sont les plus estimées. Manière dont se fait la chasse des zibelines. P. 500 et 501.

Zibelines. Habitudes naturelles de ces animaux. Leur nourriture. Temps de leur accouplement. Ils produisent quatre à cinq petits. Manière de les chasser. *Add.*, t. IV, p. 295 et 296.

Zibet. Ses ressemblances et ses différences avec la civette. T. III, p. 93.

Zimbr. Voyez *Bison.*

Zizel. Ses ressemblances et ses différences avec le hamster. T. IV, p. 376. — Description du zizel et ses habitudes naturelles. P. 376 et 377.

Zorille. Quatrième espèce de mouffette. T. III, p. 493. — Sa description. P. 497.

TABLE DES MATIÈRES

CONTENUES

DANS LES QUATRE VOLUMES

RELATIFS AUX OISEAUX.

A

Acacahoactli, oiseau indiqué par Nieremberg, auquel on a mal à propos donné le nom de *martin-pêcheur*, et qui paraît être une espèce de cigogne ou de jabiru. T. vii, p. 604.

Acacahoactli (l'), de Fernandez, paraît devoir se rapporter au genre du héron ou du butor. T. viii, p. 614.

Acalot, espèce de courlis qui se trouve au Mexique; description des parties extérieures de son corps et des couleurs de son plumage. T. viii, p. 185.

Acatéchili, oiseau du Mexique dont l'espèce est voisine de celle du tarin. T. vi, p. 279.

Accouplement, ne se fait que d'une façon parmi les oiseaux, seulement la femelle s'accroupit dans certaines espèces, comme fait la poule, ou elle reste debout, comme celle du moineau : dans tous les cas il est très-court et très-fréquent, mais surtout dans le second cas. T. v, p. 40. — Les quadrupèdes au contraire semblent avoir épuisé toutes les situations possibles; la femelle du chameau s'accroupit, celle de l'éléphant se renverse sur le dos, les hérissons s'accouplent face à face, debout ou couchés, les chevaux, les taureaux, les béliers, comme chacun sait; les singes de toutes les façons. *Ibid.* — Accouplement du coq. P. 288. — Du tétras. P. 349. — Fable sur l'accouplement de la gélinotte. P. 366.

Achbobba ou *Sacre d'Égypte*, oiseau qui se voit en troupes sur les sables aux environs des pyramides d'Égypte, vit principalement de charogne; est peut-être l'épervier d'Égypte auquel les Égyptiens rendaient un culte religieux, et dont les yeux soutiennent l'éclat du soleil. T. v, p. 92 et 93.

Acintli, oiseau du Mexique que les nomenclateurs ont rapporté à la poule sultane, mais qui en diffère par plusieurs caractères. Sa description. Comme il porte une plaque frontale, on peut le rapporter au genre de la foulque ou à celui de la poule sultane; mais il n'est pas assez connu pour qu'on puisse décider à laquelle de ces deux espèces il appartient. Le P. Feuillée a décrit, sous le nom de *poule d'eau*, un oiseau qui a beaucoup de rapport avec l'acintli, et qui est des mêmes climats chauds de l'Amérique. T. viii, p. 267.

Acoho. Voyez *Coq* de Madagascar.

Acolchi de Fernandez. Voyez *Commandeur*.

Acolchi de Seba, troupiale du Mexique de Brisson, n'est point l'acolchi de Fernandez; son bec, son plumage. T. vi, p. 29.

Açores (oiseaux) ne sont pas sans doute d'une espèce inconnue, mais ne sont point reconnus sous ce nom. T. viii, p. 624.

Acutipenne. Voyez *Hirondelle*. T. vii, p. 403.

Agami (l') n'est point le *caracara* de Marcgrave, ni le faisan du P. Dutertre. Ce n'est pas non plus un oiseau d'eau. T. vi, p. 398 et suiv. — Il doit plutôt être rangé parmi les gallinacés. Sa description. P. 399. — Son singulier, sourd et profond que cet oiseau fait entendre. Discussion critique à ce sujet, et explication de cet effet. P. 400-402. — Habitudes de l'agami dans l'état de domesticité. P. 402. — Ses habitudes dans l'état de nature. P. 402 et 403. — Il pond des œufs en grand nombre, depuis dix jusqu'à seize. Non-seulement il s'apprivoise très-aisément, mais il s'attache avec autant d'empressement et de fidélité que le chien, et il est très-jaloux contre ceux qui s'approchent de la personne de son maître. P. 403 et 404. — Il est aussi supérieur à cet égard aux autres oiseaux que le chien l'est aux autres animaux; on pourrait en tirer une grande utilité en les multipliant. P. 405.

Agami, susceptible d'éducation presque autant que le chien. T. vii, p. 185.

Agripenne. Voyez *Ortolan* de riz.

Agrolle, nom donné dans le Bourbonnais à la corbine. T. v, p. 542.

Aï, espèce de quadrupède qui se meut lentement et qui a la vue basse comme les autres *paresseux*. T. v, p. 15 et 16. — Voyez *Mouvement*, *Vue*.

Aigle, s'élève au-dessus des nuages. T. v, p. 16. — L'aigle, noble et généreux, est parmi les oiseaux le représentant du lion. P. 30 et 51. — Pour l'empêcher de s'élever trop haut, il ne faut que lui dégarnir le ventre, il devient alors trop sensible au froid pour s'élever à la hauteur où on le perd de vue. P. 34. — Aigle diffère du vautour en ce qu'il a la tête couverte de plumes, et le vautour d'un simple duvet; diffère des éperviers, buses, milans et faucons, par la forme du bec. P. 44. — Ne pond que deux œufs. P. 44 et 45. — Réduction du genre de l'aigle à trois espèces, avec des variétés. P. 48. — Les anciens savaient que les aigles de races différentes se mêlent volontiers et produisent ensemble. P. 49. — On n'en reconnaît ici que trois espèces : 1° l'aigle doré, ou grand aigle; 2° l'aigle commun, ou moyen; 3° l'aigle tacheté, qui s'appelle ici *le petit aigle*. P. 48. — Les aigles peuvent se passer longtemps de nourriture; se tiennent rarement dans les petites îles et les presqu'îles étroites, parce qu'ordinairement ils y trouvent moins de proie. P. 58 et 59. — Observations anatomiques. P. 59. — Aigle comparé au vautour. P. 82 et 83. — Au percnoptère. P. 84. — Le grand aigle, appelé aussi *aigle royal*, *aigle roux*, *aigle fauve*, *aigle noble*, est le plus grand de tous, a 8 pieds ½ de vol, et pèse jusqu'à dix-huit livres; a l'œil jaune, étincelant, enfoncé dans l'orbite; le bec et les ongles très-forts; le cri effrayant, le corps robuste, les os fermes, la chair dure, les plumes rudes, l'attitude fière, les mouvements brusques, le vol rapide; c'est de tous les oiseaux celui qui s'élève le plus haut, et par cette raison les anciens lui ont donné les noms d'*oiseau céleste*, de *messager de Jupiter;* a la vue perçante, et n'a que peu d'odorat; emporte grues, oies, lièvres, agneaux, chevreaux, etc. Lorsqu'il attaque les faons, les veaux, etc, c'est pour les dévorer sur place, et en emporter des lambeaux dans son aire. P. 50 et 52. — Tue quelquefois, dit-on, le plus faible ou le plus vorace de ses petits. P. 53. — Est sujet à blanchir en vieillissant, surtout dans l'esclavage et par les maladies; aiguise son bec, qui ne croît pas sensiblement pendant plusieurs années; à défaut de chair, mange du pain, des reptiles, boit rarement, surtout lorsqu'il peut se désaltérer dans le sang; difficile à apprivoiser. P. 53 et 54. — On s'en servait cependant autrefois pour la chasse du vol. P. 52. — Attaque, lorsqu'il est dressé, les renards et les loups. P. 54. — Paraît fixé aux pays tempérés et chauds de l'ancien continent. P. 51. — Devient gras l'hiver; sa chair ne sent pas le sauvage. P. 50. — Jette de temps en temps un cri aigu. P. 53.

Aigle à queue blanche. Voyez *Pygargue* et *Soubuse*.

Aigle commun, cette espèce est composée de deux variétés, qui sont l'*aigle brun* et l'*aigle noir;* c'est le Μελαινάετος d'Aristote; est plus petit que le grand aigle, plus

sujet à varier pour le plumage; crie plus rarement, élève ses petits plus longtemps et les conduit dans leur jeunesse; préfère les lièvres à toute autre proie, d'où lui est venu le nom d'*aigle aux lièvres;* se plaît dans les pays froids, se trouve dans les deux continents; cette espèce est plus nombreuse que celle du grand aigle. T. v, p. 54 et 55. — On l'a dressé autrefois en France pour la fauconnerie, ainsi que le grand aigle. P. 57. — Les mâles sont préférés pour cela, quoique les femelles soient plus grandes, plus fortes et plus courageuses dans l'état de nature. P. 58. — Les mâles au printemps cherchent à fuir pour trouver une femelle; précaution qu'on prend pour les retenir. *Ibid.* — Leurs manières de voler indiquent s'ils cherchent ou non à s'enfuir. *Ibid.* — L'aigle dressé pour la chasse se jette sur d'autres oiseaux de proie. *Ibid.* — Le mâle et la femelle semblent chasser de concert dans l'état de nature. *Ibid.* — L'aigle commun est le plus valeureux et le plus diligent. P. 61.

Aigle (petit) tacheté, a quatre pieds de vol, est le plus faible et le plus criard, se trouve partout dans l'ancien continent; un épervier suffit pour l'abattre. T. v, p. 56 et suiv. — N'a jamais été dressé pour les fauconneries. P. 57. — Chasse ses petits du nid, comme le grand aigle et le pygargue, ce qui indique que ces trois espèces sont plus voraces et plus paresseuses que l'aigle commun, qui soigne, nourrit, élève ses petits, les instruit à chasser et ne les émancipe que lorsqu'ils sont en état de se pourvoir eux-mêmes. P. 61. — Les aigles vivent longtemps sans manger, jusqu'à cinq semaines et plus. P. 58. — Différences des aigles et du pygargue. P. 60. — Ce que l'on a tant dit des aigles, qu'ils forcent leurs petits à regarder le soleil, et tuent ceux qui ne peuvent en soutenir l'éclat, n'a été que répété d'après Aristote qui avait mis cette tradition équivoque sur le compte du balbuzard. P. 64. — Comparaison de l'aigle et du jean-le-blanc. P. 72 et 73.

Aigle d'Amérique (petit), se trouve dans la partie méridionale de ce continent, n'a que dix-huit pouces de longueur; a sous la gorge et sous le cou une large plaque d'un rouge pourpré. T. v, p. 80.

Aigle de Pondichéry *ou* l'aigle Malabare, l'un des plus beaux oiseaux du genre des oiseaux de proie, adoré par les Malabares; est une fois plus petit que le plus petit des aigles; ressemble au balbuzard par le beau bleuâtre qui entoure la base du bec; au pygargue par ses pieds jaunes; réunit sur son bec les couleurs du bec du pygargue et de l'aigle. T. v, p. 77 et 78.

Aigle d'Orénoque *ou* l'Ouroutaran, *ou* l'Ysquautzli, plus petit que l'aigle commun; approche du petit aigle par son plumage. T. v, p. 78 et suiv. — A une huppe noire, haute de deux pouces; l'iris d'un jaune vif, la peau de la base du bec et les pieds jaunes, les jambes garnies de plumes jusqu'aux pieds. P. 78 et 79. — Le même que l'aigle du Pérou de Garcilasso, que l'aigle huppé de M. Edwards, venant d'Afrique, que l'aigle couronné de Guinée de Barbot. P. 79 et 80.

Aigle du Brésil *ou* l'Urubitinga de Marcgrave, plus petit que l'aigle d'Orénoque, d'un brun noirâtre, sans huppe, ayant le bas des jambes et les pieds nus comme le pygargue. T. v, p. 80.

Aiglons, il est rare d'en trouver trois dans le même nid; sont d'abord blancs, puis d'un jaune pâle, et enfin d'un jaune assez vif. T. v, p. 53. — Les aiglons de l'aigle commun sont doux et assez tranquilles; ceux du grand aigle et du pygargue ne cessent de se battre dans le nid. P. 61.

Aigrette du paon. T. v, p. 389 et 401. — Du spicifère. P. 427 et 428.

Aigrette, petite espèce de héron blanc qui porte de longues plumes soyeuses sur le dos, et ces belles plumes servent à faire des aigrettes pour embellir et relever la coiffure des femmes. T. viii, p. 70 et 71. — Description de ces belles plumes. P. 71. — Description de l'oiseau. Il est plus brun que blanc dans le premier âge. C'est un des plus petits hérons. Ses dimensions. Ses habitudes naturelles. Il se trouve dans les deux continents. *Ibid.* — Et presque dans tous les pays du monde. P. 71 et 72.

Aigrette (la demi-), espèce de héron du

nouveau continent, ainsi nommé parce qu'il n'a pas, comme les aigrettes, un panache aussi étendu sur le dos, mais seulement un faisceau de brins effilés qui lui dépassent la queue, et représentent en petit les touffes de l'aigrette. Description de la demi-aigrette et ses dimensions. T. VIII, p. 73 et 74.

AIGRETTE (la grande) est un héron du nouveau continent. C'est la plus belle de toutes les espèces de hérons. Sa ressemblance avec l'aigrette d'Europe. Ses dimensions. Elle porte un magnifique parement de plumes soyeuses. Sa description ; ses habitudes naturelles. T. VIII, p. 72 et 73. — Elles ne vont pas en troupes comme les petites aigrettes. P. 73.

AIGRETTE (l') *rousse*, espèce de héron du nouveau continent. Ses dimensions et sa description. T. VIII, p. 73.

AILES, leur forme convexe en dessus et concave en dessous; leur fermeté, leur grande étendue et la force des muscles qui les font mouvoir, sont autant de moyens qui contribuent à la vitesse du vol. T. V, p. 28. — Le milan est un des oiseaux qui a les ailes les plus longues et qui sait le mieux s'en servir. P. 108. — Comment ont les ailes les oiseaux de chasse de la première classe, et ceux de la seconde. P. 126 et 127. — Ailes de l'autruche armées de piquants. P. 204.

AILES des oiseaux-mouches; leur couleur. T. VII, p. 151 et 152. — Leur forme dans l'espèce nommée *rubis*. P. 152 et 153. — Ailes de l'améthiste. P. 154. — Longues ailes de la perruche aux ailes chamarées. P. 224. — La salangane a les ailes plus courtes que nos hirondelles. P. 490.

AIRE de l'aigle, est toute plate, placée ordinairement entre deux rochers dans un lieu sec et inaccessible, construite avec de petites perches de cinq ou six pieds, appuyées par les deux bouts, traversées par des branches souples et recouvertes de plusieurs lits de joncs et de bruyères : on assure que le même nid sert à l'aigle pour toute sa vie, et il est en effet assez solide pour durer longtemps. T. V, p. 52 et 53. — La femelle dépose ses œufs dans le milieu de cette aire, où ils ne sont abrités que par quelque avance de rocher. P. 53. — L'aire du grand pygargue se trouve sur les gros arbres, mais elle est construite comme celle de l'aigle. P. 61. — Aire de condor, posée sur trois chênes, dont les dimensions paraissent avoir été grossies par la frayeur de ceux qui l'ont observée. P. 106.

AIURU-APARA. Voyez *Crik*.

AIURU-CATINGA. Voyez *Crik*.

AIURU-CURUCA. Variété de l'aourou-couraou. T. VII, p. 259.

ALAPI, espèce de fourmillier rossignol; sa description. T. VI, p. 397 et 398.

ALATLI, espèce de grand martin-pêcheur du nouveau continent. T. VII, p. 601. — Ses dimensions; il n'a pas les couleurs aussi brillantes que les autres. Sa description. C'est un oiseau voyageur qui se trouve aux Antilles et au Mexique. *Ibid.*

ALBATROS (l') est le plus gros des oiseaux aquatiques et n'habite que les mers australes. T. VIII, p. 574. — Description de la conformation de son corps et des couleurs de son plumage. P. 575. — Avec les armes d'un oiseau guerrier, l'albatros n'en a pas la cruauté, et paraît ne vivre que de poissons mous et de zoophytes. *Ibid.* — Manière de prendre à l'hameçon ces gros oiseaux. P. 576. — Ils n'élèvent leur vol que dans les gros temps, et pour l'ordinaire ils rasent en volant la surface de l'eau, s'y reposent, et même y dorment. P. 577. — Description et discussion des variétés que paraît offrir cette espèce. *Ibid.* et suiv. — Les albatros semblent se multiplier et augmenter en nombre à mesure que l'on approche des îles de glace. P. 578.

ALCATRAZ (l') n'est pas le pélican, comme plusieurs auteurs l'ont écrit. T. VIII, p. 310.

ALCYON, l'un des noms de la salangane. Voyez ce mot.

ALCYON, nom célèbre chez les Grecs. T. VII, p. 578. — Ce que c'était que les jours alcyoniens. *Ibid.*

ALCYON. Voyez *Martin-pêcheur*. — L'alcyon des Grecs est certainement le même oiseau que notre martin-pêcheur. T. VII, p. 579 et suiv. — Erreurs des naturalistes qui ont fait deux espèces d'alcyon. P. 581.

ALCYON, *nids d'alcyon*. Les nids fameux

du Tunquin et de la Cochinchine que l'on mange avec délices, et que l'on a nommés *nids d'alcyon,* sont l'ouvrage et le nid de l'hirondelle *salangane*. T. VII, p. 583.

ALCYONIUM. Les alcyonium des anciens ne sont pas des nids d'alcyon, mais des pelotes de mer ou des holothuries qui n'ont aucun rapport avec des nids d'oiseaux. T. VII, p. 583.

ALMA (l') *de Maestro* des Espagnols, oiseau qui paraît devoir se rapporter aux pétrels. T. VIII, p. 573.

ALOUETTES, n'aperçoivent jamais le hobereau sans le plus grand effroi. T. V, p. 145.

ALOUETTE. Son nom est d'origine gauloise. T. VI, p. 453. — Chant de l'alouette; manière de le perfectionner. Elle emprunte quelques sons de tous les ramages qu'elle entend. P. 454. — Chante dès les premiers jours du printemps et continue pendant toute la belle saison, surtout le matin et le soir. Elle est du petit nombre des oiseaux qui chantent en volant; plus elle s'élève en l'air, plus elle force la voix. Elle se fait entendre lors même qu'elle est élevée à perte de vue. Elle chante rarement à terre. P. 454 et 455. — Elle ne se perche jamais sur les arbres. P. 455. — Ses caractères principaux; sa description. *Ibid.* — Dans les alouettes comme dans presque tous les oiseaux, le mâle seul a le privilége exclusif de chanter. *Ibid.* — Leurs nids sont négligemment construits, mais si bien cachés qu'on a peine à les trouver; ils sont placés à terre; la femelle y pond quatre ou cinq œufs qui ont des taches brunes sur un fond grisâtre; elle les couve pendant quinze jours au plus, et elle emploie encore moins de temps à élever ses petits. Elle fait deux couvées par an dans notre climat, et peut-être trois dans les climats plus chauds. P. 456. —Les jeunes alouettes se nourrissent principalement de vers, de chenilles, d'œufs de fourmis et même de sauterelles, et lorsqu'elles sont adultes, elles vivent principalement de graines. P. 456 et 457. — Leur nourriture dans l'état de domesticité. Elles sont susceptibles d'apprendre à chanter et d'orner leur ramage naturel de tous les agréments que notre mélodie artificielle peut y ajouter; mais ce sont les jeunes mâles qu'on peut instruire ainsi. P. 457 et 458.— Habitudes naturelles de ces oiseaux dans leur état de liberté. Ils deviennent très-gras en hiver et sont maigres en été. Manière dont ils volent en s'élevant et en descendant. P. 458. — Les alouettes sont souvent emportées par un coup de vent à de grandes distances et l'on en rencontre au-dessus des mers avant de voir terre. *Ibid.* — L'espèce en est répandue dans toutes les terres de l'ancien continent, et elles trouvent à vivre partout. Chasse aux alouettes et différents piéges dont on se sert pour les prendre. P. 459 et 460. — On en prend une quantité considérable avec le filet au miroir, surtout aux environs des fontaines chaudes en hiver. Mais aucune chasse n'en détruit autant à la fois que la chasse aux gluaux qui se pratique dans la Lorraine française et ailleurs. Détail de cette chasse assez peu connue. P. 460 et suiv. — Les oiseaux voraces détruisent beaucoup d'alouettes pendant l'été, car elles ont leur proie la plus ordinaire, même des plus petits. L'espèce en est très-nombreuse. Elle pond au moins deux fois par an et peut-être trois. P. 461 et 462. — Dimensions de l'alouette. P. 462. — Ses variétés. *Ibid.* et suiv.

ALOUETTE HUPPÉE, *petite alouette huppée.* Sa description. Elle chante désagréablement et jamais qu'en volant. Ses différences avec le cochevis. T. VI, p. 488. — Elle se trouve dans la plus grande partie de l'Europe, et se tient dans les bruyères et dans les bois. P. 488 et 489. — Ses habitudes naturelles. P. 489.

ALOUETTE DE MARAIS (l') se trouve en Alsace; elle est d'une grosseur moyenne entre l'alouette commune et la farlouse. Sa description. Son chant qui est fort agréable. Ses dimensions. T. VI, p. 481.

ALOUETTE *de Pensylvanie* (l') est de passage et commune aux deux continents. Sa description. Elle a dans l'aile un caractère commun avec la lavandière. T. VI, p. 480 et 481.

ALOUETTE-PIPI (l') est la plus petite des alouettes de France, et c'est la ressemblance de son cri au mot *pipi* qui lui a fait donner

ce nom. T. vi, p. 471. — Cette alouette se perche souvent sur les branches, quoiqu'elle ait l'ongle de derrière fort long. Elle se tient aussi à terre et court très-légèrement. Ses habitudes naturelles. Elle chante fort agréablement. Elle cache son nid sous une motte de gazon, dans les lieux les plus solitaires, et produit cinq œufs marqués de brun vers le gros bout. Sa description. P. 471 et 472. — Ses dimensions. P. 472.

Alouette *de Sibérie* (l') est de toutes les alouettes la plus belle. Sa descrption. T. vi, p. 482. — Ses dimensions. *Ibid.*

Alouette *de Virginie* (l') a beaucoup de rapport avec la calandre ou grosse alouette. T. vi, p. 479. — Ses prétendues migrations d'Amérique en Europe. P. 479 et 480. — Est un oiseau de passage qui ne paraît que l'hiver dans la Virginie et la Caroline. Sa description. Ses dimensions. P. 480.

Alouettes, couvent l'œuf du coucou. T. vii, p. 316.

Alouette *de mer* (l') n'est point une alouette. Ses légères ressemblances et ses grandes différences avec l'alouette. T. viii, p. 159 et 160. — Sa description. Elle ressemble assez à la petite bécassine. Elle se tient de préférence sur les bords de la mer, et on la trouve quelquefois sur ceux des rivières. Les alouettes de mer volent en troupes très-serrées. Leur chair est bonne à manger fraîche, mais prend un goût huileux lorsqu'on la garde un peu de temps. P. 160. — Leurs habitudes naturelles. Elles secouent la queue incessamment. Leurs voyages et leurs passages. P. 160 et 161. — L'espèce en est commune aux deux continents, et répandue du nord au midi dans l'ancien. P. 161.

Amandes amères, poison pour les poulets. T. v, p. 297.

Amandes *amères*, contraires aux aras. T. vii, p. 249.

Amazone, espèce voisine de celle du bruant, qui se trouve à Surinam. T. vi, p. 339.

Amazone (bâtard). Voyez *Amazone* à tête jaune.

Amazone (perroquet) à front jaune, variété de l'aourou-couarou. T. vii, p. 260.

Amazone *à tête blanche*, n'a guère que le front blanc; ce blanc est plus ou moins étendu, et quelques autres différences dans les couleurs semblent former des variétés dans cette espèce. T. vii, p. 255 et 256. — Se trouve à Cuba, à Saint-Domingue, au Mexique. P. 256. — N'est pas le perroquet de la Martinique de Labat. *Ibid.*

Amazone *à tête jaune*. T. vii, p. 253 et 254. — Ses variétés, ou espèces qui en sont voisines. P. 254 et 255. — Le bâtard, amazone de la Guiane, vient dit-on du mélange de cette espèce avec une autre. P 254.

Amazone (demi-). Voyez *Amazone* à tête jaune.

Amazone à tête rouge. Voyez *Tarabé*.

Amazone jaune ou Perroquet d'or, est vraisemblablement du Brésil. T. vii, p. 257.

Amazones, famille de perroquets originaire du pays des Amazones; en quoi diffèrent des criks, et en quoi leur ressemblent. Très-beaux, très-rares; moins gros que les aras. Volent et se perchent en troupes. Mangent de plusieurs sortes de fruits. T. vii, p. 251. — Font leur nid dans des trous de vieux arbres. Pondent deux œufs deux fois par an. Ne les renoncent pas lorsqu'on les a maniés. Le mâle et la femelle couvent tour à tour. Nichent dans la saison des pluies. Leur caquet et leurs mouvements continuels. P. 252. — Comment les sauvages les prennent et les apprivoisent. *Ibid.* — Ces oiseaux très-méchants. *Ibid.* — Femelles plus douces; apprennent à parler comme les mâles. Les amazones et les criks sont, de tous les perroquets d'Amérique, les plus susceptibles d'éducation et de l'imitation de la parole. P. 253. — Ont des plumes sur les joues. P. 254.

Amérique. Tableau des savanes noyées et des terres marécageuses de l'Amérique. T. viii, p. 52 et suiv.

Améthyste, une des plus petites espèces d'oiseau-mouche. T. vii, p. 153.

Amour. Ce sentiment, qui dans les animaux est le plus profond de la nature, n'a pas été exempt de l'influence de l'homme, qui en a étendu la durée et multiplié les

effets dans les quadrupèdes et les oiseaux domestiques; le coq, le pigeon, le canard, peuvent comme le cheval, le bélier et le chien, s'unir presque en toute saison. T. v, p. 26. — Au printemps toutes les plantes renaissent, les insectes engourdis se réveillent, la terre semble fourmiller de vie; cette chère nouvelle qui ne paraît préparée que pour les oiseaux, leur donne une nouvelle vigueur qui se répand par l'amour et se réalise par la reproduction. P. 34. — Amour des quadrupèdes. P. 36. — Des oiseaux; véritable origine de tout ce qui s'y trouve de moral. P. 36 et 37. — Il n'y en a point dans les amours des quadrupèdes, et pourquoi. P. 37. — Ce sentiment cède dans les oiseaux à celui de l'amour paternel. P. 40. — Il est pour les oiseaux et les animaux qui vivent des fruits de la terre, la seule cause de discorde et de guerre. P. 46. — Inconvénients de la disposition à aimer. T. vi, p. 142.

Amour (l') est de toutes les émotions intérieures celle qui transporte le plus puissamment les animaux; les oiseaux par leur chant, le taureau par son mugissement, le cheval par le hennissement, l'ours par son gros murmure, annoncent tous un seul et même désir; l'ardeur de ce désir n'est pas à beaucoup près aussi grande dans la femelle que dans le mâle, aussi ne l'exprime-t-elle que rarement par la voix. T. vi, p. 193. — Tristes effets de l'amour non satisfait. P. 197.

Amphibies, comment leur sang circule. T. vii, p. 429 (note *e*).

Anaca, perriche du Brésil à queue longue et égale. Confondue avec la perruche aux ailes variées. T. vii, p. 280 et 281. — Taille de l'alouette. P. 280.

Angala dian (l'). Espèce de soui-manga du Sénégal. Sa description. T. vii, p. 129. — Ses habitudes. Son nid dans lequel la femelle pond communément cinq ou six œufs, et d'où elle est souvent chassée par une grosse araignée. Dimensions de cet oiseau. P. 129 et 130.

Angoli, oiseau des Indes orientales, qui tient de la poule sultane et de la poule d'eau. T. viii, p. 265. — Notice assez imparfaite au sujet de cet oiseau qui n'est pas bien connu. *Ibid.*

Anhinga. Figure extraordinaire de cet oiseau dont le cou a presque l'air d'un reptile enté sur le corps d'un oiseau; sa description. Il se trouve à la Guiane et au Brésil. T. viii, p. 386 et 387. — Ses habitudes naturelles et ses mouvements dans l'eau. Son caractère farouche. Il se tient perché sur les plus hauts arbres le long des rivières et des savanes noyées, et il fait son nid sur ces mêmes arbres. Cet oiseau est ordinairement fort gras; mais sa chair est huileuse et mauvaise à manger. Variété dans le plumage de cet oiseau. P. 387. — Sa grandeur et ses dimensions. *Ibid.*

Anhinga *roux;* il se trouve au Sénégal. Ses différences avec l'anhinga du Brésil. T. viii, p. 388.

Ani, ou bout de petun, ou bout de tabac, ou diable, ou bouilleur de Canari, à cause de son cri sourd imitant le bruit de l'eau bouillante. T. vii, p. 359. — A le bec supérieur très-convexe, formant une arête tranchante. Deux doigts en avant. P. 360.

Ani ou Diable des palétuviers du Brésil. Taille du geai; queue plus longue que le corps; va en troupes; se tient au bord des eaux. Plusieurs femelles pondent et couvent dans le même nid. Ces oiseaux se nourrissent de grains, de fruits, et au besoin d'insectes. Sont aussi amoureux que les moineaux. Tandis que la plus pressée pond et couve, les autres agrandissent le nid. Couvrent leurs œufs de feuilles. Les anis sont faciles à apprivoiser, et quoiqu'ils aient la langue mince et pointue, ils apprennent à parler. Ne sont pas nuisibles. T. vii, p. 361 et suiv.

Ani ou Diable *des savanes.* Taille du merle; mêmes mœurs que le précédent. Vit de graines, d'insectes et de petits reptiles. T. vii, p. 360 et 361.

Animal, a l'odorat plus parfait que l'homme. T. v, p. 13.

Animaux carnassiers, leurs appétits les plus véhéments, dérivent de l'odorat et du goût, comme ceux du chien. T. v, p. 23. — Ont les intestins courts, et très-peu de *cœcum.* P. 30.

Animaux domestiques, ont la faculté de s'unir et de produire presque en toute saison. T. v, p. 26.

Animaux. Pourquoi n'ont point de langage. T. vii, p. 182 et 183. — Les espèces susceptibles d'éducation, comme celle du chien, sont supérieures aux autres. P. 184.

Animaux. Origine du culte des animaux. T. viii, p. 162 et suiv. — L'Égypte est l'une des contrées où ce culte s'est établi le plus anciennement, et s'est conservé le plus longtemps, parce que tous les reptiles et autres animaux nuisibles y étaient en plus grande quantité que partout ailleurs. P. 163. — Exemples à ce sujet. P. 163 et 164. — Le culte des animaux sacrés était fondé, chez les anciens, sur leur utilité. Les soins qu'ils prenaient de leur conservation, la défense de les détruire était une loi sage qui dégénéra ensuite en superstition, et fit de ces animaux des dieux. P. 167.

Aourou-couraou, espèce d'amazone de la Guiane et du Brésil. T. vii, p. 257 et 258. — L'oiseau nommé *catherina* au Mexique, paraît en être une variété, et avoir été transporté de là à la Jamaïque. P. 258 et 259. — Autres variétés; *l'aiuru-curuca*. P. 259.

Aputé-juba, perriche à queue longue et inégale, différente de celle à front rouge, commune à la Guiane. S'appelle à Cayenne *perruche poux-de-bois*, parce qu'elle fait ordinairement son nid dans les ruches de ces insectes. T. vii, p. 284 et 285. — Il est douteux qu'elle voyage jusqu'au pays des Illinois. P. 285. — Parle difficilement. P. 284.

Arc-en-queue, est l'un des oziniscans de Séba, et le troupiale à queue annelée de M. Brisson; son plumage, son bec un peu crochu. T. vi, p. 30.

Ara bleu ou Canidé (Thevet dit *carindé*). A les mêmes habitudes naturelles, se trouve dans les mêmes climats que l'ara rouge. A la voix un peu différente. Ces deux espèces ne se mêlent ni ne se font la guerre. T. vii, p. 245 et 246.

Ara noir. Son plumage ressemble à celui de l'ani. Est connu des sauvages de la Guiane. Se tient dans l'intérieur des terres, sur les sommets des montagnes de roches, loin des habitations. Paraît être l'*araruna* ou *machao* de Laët. T. vii, p. 250.

Ara rouge des climats chauds de l'Amérique. Il y a variété de grandeur dans cette espèce, et aussi variété de couleurs. T. vii, p. 239 et suiv. — Devenu rare. P. 241. — Habite les bois humides. Se nourrit des fruits du palmier-latanier. Vole par paires et vole très-bien. Crie en volant. Se rassemblent quelquefois le matin pour crier tous ensemble. Reviennent tous les soirs au même lieu. Vivent de fruits mûrs, quelquefois même de celui du mancenillier. *Ibid.* — Inconvénient. *Ibid.* — Se laissent approcher par l'homme; au commencement ils semblaient le rechercher. P. 242. — Nichent dans des trous de vieux arbres. Font deux pontes par an, chacune de deux œufs, gros comme ceux de pigeon, tachetés comme ceux de perdrix. Pondent rarement dans nos contrées. Les petits ont quelquefois des vers dans les narines et ailleurs. Le mâle et la femelle ne se quittent guère, et soignent ensemble la couvée. P. 242 et 243. — S'apprivoisent. Leur chair bonne à manger. Apprennent à parler grossièrement. Sujets à l'épilepsie dans l'état de domesticité, et pourquoi. Remède. La cause de ce mal tient à l'électricité. P. 243 et 244.

Ara vert du Brésil, etc., bien plus rare et plus petit, mais aussi beau que le rouge et le bleu. Appelé *macao*; est familier, caressant, jaloux. Mange de tout en domesticité. Préfère les pommes cuites. Suce les fruits tendres. Se sert de ses pattes comme d'une main. T. vii, p. 246 et suiv. — A les narines cachées dans les plumes; replie sa langue. A la voix moins forte et prononce moins distinctement *ara*; cependant il apprend mieux à parler. P. 249. — Le persil lui est contraire, et, dit-on, les amandes. P. 249 et 250. — Il y a dans cette espèce variété de grandeur. P. 250.

Arabie pétrée. Tableau de cette terre déserte. T. viii, p. 52.

Aracaris (les) ressemblent aux toucans, mais sont bien plus petits; on en connaît quatre espèces, toutes originaires des climats chauds de l'Amérique. T. vii, p. 558. — Ils

ont le bec plus solide et plus dur que les toucans. P. 559. — Ils ont de même une plume pour langue. *Ibid.*

ABACARI (l') *à bec noir*. Sa description d'après Nieremberg. Il se trouve au Mexique. T. VII, p. 560 et 561.

ARACARI (l') *bleu*. Sa description d'après Fernandez. T. VII, p. 561.

ARADA. Cet oiseau n'est pas précisément un fourmillier, quoiqu'il ait beaucoup de caractères communs extérieurs avec eux; il en diffère par les habitudes naturelles et par le chant; on assure qu'il répète souvent les sept notes de l'octave par lesquelles il prélude, qu'ensuite il siffle différents airs, et que son chant est en quelque façon supérieur à celui du rossignol. T. VI, p. 395. — Description et dimensions de l'arada. P. 396.

ARARUNA ou MACHAO. Voyez *Ara noir*.

ARAS, appartiennent au nouveau continent; sont les plus beaux et les plus gros des perroquets. Sont familiers. Connaissent leur domicile, ceux qui les nourrissent. Nommés *guacamayas* par Colomb. T. VII, p. 238. — Ont la queue très-longue et le menton nu. Leur cri est *ara*. P. 239.

ARAU *ou* KARA (le), des mers du Nord, paraît devoir se rapporter aux plongeons. T. VIII, p. 616.

ARGUS *ou* luen, sorte de faisan de la Chine. T. V, p. 425.

ARIMANON ou oiseau de coco, perruche à queue courte de l'île d'Otahiti. A la langue pointue, terminée par un pinceau de poils courts et blancs. T. VII, p. 237. — Crie sans cesse. Vole par troupes. Se nourrit de bananes. S'accoutume difficilement à la domesticité; vit alors de jus de fruits. *Ibid.*

ATINGACU du Brésil, nom du *coucou cornu*. T. VII, p. 355.

ATOTOTL, petit oiseau du lac du Mexique; sa notice dans Fernandez. T. VIII, p. 614.

ATTAGAS *ou* francolin; c'est l'attagen des anciens, et non le francolin d'Olina, ni le *lagopus altera* de Pline. T. V, p. 372 et suiv. — C'est le coq de marais d'Albin; la gelinotte huppée de Brisson. *Ibid.* — Sa chair fort estimée. P. 376. — Se corrompt aisément. *Ibid.* — A les ailes courtes, le vol pesant; court plus qu'il ne vole; se chasse aux chiens courants. P. 373. — Sa grosseur, son poids, ses sourcils rouges; son plumage, variétés de sexe, huppe et barbe du mâle, queue, pieds pattus, doigts dentelés. P. 374 et 375. — Se trouve sur les montagnes depuis l'Égypte jusqu'en Laponie. P. 373-376. Sa nourriture, son naturel, comment on l'élève. P. 375 et 376.—Amour, pontes, œufs, incubation, éducation des petits; se mettent en troupes, sont sujets aux vers. P. 376.

ATTAGAS blanc, ne diffère du précédent que par sa couleur, en quoi il diffère du lagopède. T. V, p. 375, 377 et 378

AURA. Voyez *Vautour* du Brésil. T. V, p. 96.

AUTOUR, est avec le faucon, l'épervier et les autres oiseaux chasseurs, le représentant du chien, du renard, de l'once et du lynx. T. V, p. 30. — Ressemble à l'épervier par ses habitudes, ses ailes courtes, etc. P. 122. — Différences dans son plumage en différents âges. *Ibid.* et 124. — A les jambes longues, les pieds jaunes; n'a pas le vol fort élevé; ses rapports avec le gerfaut. P. 123. — Se trouve en différentes provinces de France; est plus commun en Allemagne; répandu depuis la Suède jusqu'en Perse et en Barbarie. *Ibid.* — L'autour vieux a les yeux rouges. *Ibid.* — Femelle beaucoup plus grosse que le mâle, et plus grosse qu'un gros chapon. P. 124. — Le mâle et la femelle se battent souvent ensemble; mis ensemble seuls dans une volière, ne firent que se battre; et la femelle tua le mâle; se battent plus des griffes que du bec, dont ils se servent seulement pour dépecer les oiseaux qu'ils mangent; se jettent sur les faucons, etc. Avalent les souris entières. P. 124 et 125.—En rejettent souvent, par le vomissement, les peaux roulées. P. 125. — Leur cri. *Ibid.* — Se portent sur le poing, découverts et sans chaperon, comme l'émérillon, l'épervier et le hobereau. P. 146.

AUTOUR blond; variété de l'autour, nommé mal à propos buzard. T. V, p. 123 et 124.

AUTOUR (petit) de Cayenne, a été jugé autour, par d'habiles fauconniers; tient aussi

du lanier, par ses jambes courtes, de couleur bleue. T. v, p. 125.

Autour (espèce d') qui pond dans des nids de choucas. T. vii, p. 308 et 309.

Autourserie, seconde classe des oiseaux de chasse ; en termes de fauconniers, comprend l'autour, l'épervier, les harpayes, buses, etc. T. v, p. 122. — Voyez *Oiseaux de fauconnerie*.

Autruche, tient à la nature des quadrupèdes. T. v, p. 24, 25 et 204. — Effets de la trituration sur des pièces de monnaie contenues dans son estomac. P. 33. — Ne se trouve que dans les pays chauds, ainsi que le dronte, le casoar et d'autres oiseaux presque nus. P. 34. — Tous ces oiseaux ne volent point. P. 35, 100, 203. — La race de l'autruche est ancienne et isolée. P. 201 et 202. — Pèse soixante-quinze à quatre-vingts livres ; ses plumes. P. 203. — Ses rapports extérieurs et intérieurs avec les quadrupèdes. P. 204 et suiv — A une plaque de corne sur la tête, des callosités sous le corps, le cou composé de dix-sept vertèbres, le *sternum* plus large que dans l'homme, une queue de sept vertèbres, deux doigts à chaque pied et composés tous deux de trois phalanges. P. 205. — Observations anatomiques. *Ibid.* et suiv. — Avait huit onces d'urine. P. 207. — Ses excréments sont figurés. P. 207 et 208. — Le mésentère de l'autruche a des vaisseaux lymphatiques et des glandes. P. 208. — Cet oiseau n'a point de vésicule du fiel. *Ibid.* — Mais il a une verge. P. 209 et 210. — Une espèce d'épiglotte. P. 212. — Le cœur rond. P. 213. — Très-peu d'odorat, quoique ayant des narines. P. 213 et 214. — Pond trente ou quarante œufs. P. 214. — Son accouplement. P. 215. — Incubation. P. 215 et 216. — Vaines tentatives faites en France pour faire éclore de ces œufs. P. 216. — Erreurs sur les œufs d'autruche. P. 216 et 217. — Couleurs de son plumage à différents âges et dans les deux sexes. P. 217 et 218. — N'a point de vermine au dehors. P. 218. — Ni de vers au dedans. *Ibid.* — Sa digestion, sa nourriture. P. 218, 219 et 221. — Meurt pour avoir mangé une quantité de chaux-vive. P. 219. — Confinée à l'Afrique et à une partie de l'Asie. P. 222 et suiv. — On mange la chair des jeunes. P. 224. — Et les œufs des vieilles. *Ibid.* — L'autruche habite le désert, cependant on l'apprivoise à un certain point en la prenant jeune ; on en a vu que l'on montait comme un cheval. P. 226. — Naturel de l'autruche ; manières de la prendre ; sa vitesse à la course. *Ibid.* et suiv. — Ses mœurs. P. 228. Ne paraît pas devoir être privée, comme on l'a dit, du sens de l'ouïe. P. 229. — Sa voix. *Ibid.*

Autruche d'Occident. Voyez *Touyou*.

Autruche volante du Sénégal, c'est une outarde qui a le cou plus long que la nôtre, qui est de la même grosseur, et qui en diffère par les couleurs. T. v, p. 275.

Autruche, ne couve pas dans la zone torride, non plus que le coucou. T. vii, p. 311.

Avalure, maladie des serins. Manière de les guérir. T. vi, p. 195.

Avérano, espèce de cotinga qui se trouve au Brésil. Sa description. T. vi, p. 383. — Description de la femelle. *Ibid.* — Le mâle a la voix très-forte et il la modifie de deux manières différentes. *Ibid.*

Avis venatica, de Belon ; ce qu'en dit cet ancien et bon naturaliste. T. viii, p. 612.

Avocette (l') diffère de presque tous les oiseaux palmipèdes par la grande longueur de ses jambes ; et il diffère de tous en général par la courbure de son bec qui se fléchit en haut comme un croissant. Description de ce bec. T. viii, p. 394. — Il est assez difficile d'imaginer comment cet oiseau se nourrit à l'aide d'un tel instrument, avec lequel il ne peut ni becqueter, ni saisir. Aussi se borne-t-il à chercher dans l'écume des flots le frai des poissons qui paraît être le principal fonds de sa nourriture. P. 395. — L'avocette fréquente les embouchures des rivières et des fleuves de préférence aux autres plages de la mer. Sa grandeur, sa description, ses habitudes, son naturel vif et inconstant. *Ibid.* — Elle passe sur nos côtes de Picardie en avril et en novembre, et part souvent dès le lendemain de son arrivée. Salerne assure que l'espèce en est assez nombreuse sur les côtes du bas Poitou, et qu'elle y fait sa ponte. *Ibid.* — Différences des couleurs

du plumage et des pieds dans les jeunes et dans les adultes. Il y a peu de différence entre le mâle et la femelle, sinon que cette dernière est un peu plus petite. Cet oiseau est défiant et se laisse prendre très-difficilement. P. 396 et 397.

Ayaca (l') de quelques voyageurs, ne paraît pas différent de l'*ayaia* du Brésil, qui est la spatule. T. VIII, p. 614.

Azulinha, espèce de bengali appelé *cordon bleu*. Ses différences avec les autres bengalis. T. VI, p. 218.

Azur (le petit) ou *gobe-mouche bleu des Philippines*. Sa description et ses dimensions. T. VI, p. 422.

Azurin, espèce de fourmillier. Son indication. T. VI, p. 389.

Azurin. Voyez *Merle* de la Guiane. T. VI, p. 128.

Azuroux, oiseau de Canada dont l'espèce est voisine de celle du bruant; sa description et ses dimensions. T. VI, p. 341.

B

Babougard (le), espèce de martin-pêcheur de moyenne grandeur de l'ancien continent, qui se trouve au Sénégal. L'espèce est très-voisine de celle du martin-pêcheur d'Europe, et peut-être la même. T. VII, p. 593.

Backer ou **Becqueteur** (le) des îles d'Oëland et de Gothland est une hirondelle de mer. Son cri, sa nichée, son vol et ses autres habitudes naturelles. T. VIII, p. 618. — Description de son plumage. *Ibid.*

Baglafecht, comparé au toucnam-courvi; son plumage; son nid. T. VI, p. 157 et 158.

Balbuzard, *ou* aigle de mer, *ou* craupêcherot, c'est-à-dire corbeau pêcheur; n'a ni la grosseur, ni le port, ni la figure, ni le vol, ni la férocité de l'aigle, et ne vit que de poisson qu'il prend dans l'eau, aussi sa chair en a une forte odeur : il guette sa proie perché sur une branche à portée d'un étang; dès qu'il aperçoit quelque gros poisson il fond dessus et l'emporte dans ses serres; a les jambes nues, de couleur bleuâtre et quelquefois jaunâtre, le ventre blanc, la queue large, la tête grosse, l'ongle de derrière plus court que les autres, les doigts et la base du bec bleus; se tient dans les terres méditerranées à portée des eaux douces, autant et plus souvent que sur les côtes de la mer; et le nom d'*aigle aquatique* lui conviendrait mieux que celui d'*aigle de mer*. C'est de lui qu'Aristote a dit qu'il forçait ses petits de fixer le soleil, et qu'il tuait tous ceux qui ne pouvaient en soutenir l'éclat, tradition équivoque et qu'on a étendue à tous les aigles; pond trois ou quatre œufs; se tient dans les terres basses et marécageuses; passe plusieurs jours sans manger et sans paraître affaibli; se dresse, dit-on, pour la pêche; est répandu depuis la Suède jusqu'en Grèce et même en Nigritie; celui qu'ont décrit Messieurs de l'Académie était une femelle des plus grandes; a le foie plus petit et les reins plus gros que l'aigle. T. V, p. 62-66. — Erreurs de Pline sur le balbuzard. P. 69 et suiv. — Quelques-uns lui donnent le nom de faucon de marais. P. 71 (note). — Le mélange du balbuzard et de l'orfraie n'est pas impossible; et pourquoi. P. 70. — Il y a des balbuzards de diverses grandeurs et de diverses couleurs. P. 71. — Comparés au jean-le-blanc. P. 73. — Le pêcheur des Antilles et de la Caroline est une variété du balbuzard. P. 81 — Le jeune balbuzard a beaucoup moins de blanc sur la tête, le cou, la poitrine, etc., que les vieux; il a les pieds jaunes.

Balicasse des Philippines; sa grosseur; étendue de son vol; son bec, ses pieds, sa queue fourchue, son chant. T. V, p. 560.

Baltimores, comparés en particulier avec les troupiales, les carouges, les cassiques. T. VI, p. 27. — Origine de leur nom; leur grosseur; couleurs du mâle, et celles de la femelle; leur bec; leurs voyages; leurs nids. P. 41 et 42.

Baltimores bâtards, origine de leur nom, leurs couleurs; en quoi ils diffèrent des baltimores francs. T. VI, p. 42 et 43.

Balvane, employée dans la chasse aux petits tétras. T. V, p. 357.

Bambla; espèce de fourmillier qui a une bande blanche transversale sur chaque aile. T. VI, p. 394.

Bananiste, oiseau de Saint-Domingue,

que l'on voit souvent sur les bananiers. Sa grandeur. Sa nourriture. T. VII, p. 44. — Ses habitudes naturelles. Son ramage. Sa description. Ses dimensions. *Ibid.* et suiv.

Baniahbou de Bengale, ou le merle de Bengale, son plumage, son chant, quelques-unes de ses dimensions; variété de climat dans cette espèce. T. VI, p. 111.

Barbican, oiseau qui tient du barbu et du toucan, et se trouve sur les côtes de Barbarie. Ses ressemblances et ses différences avec les barbus et les toucans. T. VII, p. 561 et 562. — Ses dimensions. Il a les pieds si courts qu'il a grand'peine à marcher. P. 562.

Barbichon (le) de Cayenne, espèce de gobe-mouche. Description du mâle et de la femelle; leurs habitudes naturelles. T. VI, p. 423.

Barbu, diffère du coucou par ses barbes. T. VII, p. 328.

Barbus (les oiseaux). Différences des barbus de l'ancien continent de ceux du nouveau que l'on appelle *tamatias*. T. VII, p. 545. — Les barbus de l'ancien continent n'ont pu passer dans le nouveau, parce qu'ils ont les ailes courtes et le vol pesant; et par la même raison les tamatias du nouveau continent n'ont pu passer dans l'ancien. Ressemblances et différences des barbus et des tamatias. *Ibid.* — Les barbus des grandes Indes attaquent les petits oiseaux, et ont à peu près les habitudes des pies-grièches. *Ibid.*

Barbu (le grand). Ses dimensions et sa description. Il se trouve à la Chine. T. VII, p. 548.

Barbu (le petit). C'est le plus petit oiseau de ce genre; il n'a que quatre pouces de longueur. Sa description. T. VII, p. 547.

Barbu (le) *à gorge jaune*. Ses dimensions et sa description. Différence du mâle et de la femelle. Il se trouve aux Philippines. T. VII, p. 545 et 546.

Barbu (le) *à gorge noire*. Il se trouve aux Philippines. Sa description par M. Sonnerat. T. VII, p. 546.

Barbu (le) *à plastron noir*. Il se trouve au cap de Bonne-Espérance. Ses dimensions et sa description. T. VII, p. 547.

Barbu *vert*. Ses dimensions et sa description. Il se trouve aux grandes Indes. T. VII, p. 548.

Barges (les) forment une petite famille immédiatement au-dessous de la bécasse; elles ont la même forme de corps, mais les jambes plus hautes et le bec encore plus long, mais conformé de même. Elles ne vivent que des vers et des vermisseaux qu'elles tirent du limon. Leur voix est assez extraordinaire et approchante du bêlement d'une chèvre. Elles partent de loin et jettent un cri de frayeur en partant. T. VIII, p. 134. — Elles sont rares dans les contrées éloignées de la mer, et se plaisent dans les marais salés. Elles passent régulièrement sur nos côtes de Picardie dans le mois de septembre. Elles courent à terre comme les perdrix, et on peut les rassembler en les tournant pour en tuer alors plusieurs d'un seul coup; elles ne séjournent qu'un jour ou deux dans le même lieu. Elles ne nichent pas sur nos côtes de France; leur chair est délicate et très-bonne à manger. Nous connaissons huit espèces de barges. P. 134 et 135.

Barge *aboyeuse*. Elle est ainsi nommée parce que son cri ressemble en quelque sorte à un aboiement. T. VIII, p. 136. — Ses différences avec la barge grise. Sa description. Ses dimensions. Cette espèce habite les marécages voisins des côtes maritimes de l'Europe, tant sur l'Océan que sur la Méditerranée. Ses autres habitudes naturelles. *Ibid.*

Barge *blanche*. Le bec de cette barge fléchit en haut comme celui de l'avocette, caractère dont la plupart des barges portent quelques légères traces, mais qui est fortement marqué dans celle-ci. T. VIII, p. 140. — Ses dimensions. Sa description. *Ibid.*

Barge *brune*. Elle est de la taille de la barge aboyeuse. Sa description. T. VIII, p. 139 et 140.

Barge *commune*. Sa description. Ses dimensions. Cette barge se trouve quelquefois assez loin de la mer; on en a vu dans la province de Brie. T. VIII, p. 135.

Barge *rousse*. Ses dimensions. Sa des-

cription. On connaît cette barge sur nos côtes, et elle se trouve aussi dans les parties du nord des deux continents. T. VIII, p. 137 et 138.

BARGE *rousse* (la grande) est plus grande que la précédente. Sa description. T. VIII, p. 138. — Cette espèce de grande barge rousse ne paraît pas se mêler avec l'autre barge rousse, car les deux espèces passent séparément l'une de l'autre sur nos côtes. La grande barge rousse se trouve aussi sur les côtes de Barbarie. *Ibid.*

BARGE *rousse* de la baie d'Hudson; ses différences avec la grande barge rousse d'Europe; elles sont assez légères pour qu'on puisse penser que ces deux espèces sont originairement les mêmes. C'est la plus grande espèce de ce genre. Ses dimensions. Sa description. T. VIII, p. 139.

BARGE *variée*. Elle a beaucoup de rapport avec la barge aboyeuse, et n'en est peut-être qu'une variété. Ses ressemblances et ses différences. T. VIII, p. 136 et 137. — Sa description. P. 137.

BARTAVELLE. Voyez *Perdrix* rouge.

BEAU MARQUET, espèce étrangère, voisine du friquet, connu sous le nom de moineau de la côte d'Afrique. T. VI, p. 171 et 172.

BEC, le bec crochu, n'est pas un signe certain d'un appétit décidé pour la chair. T. V, p. 32. — Voyez *Perroquets*. Dans ce genre d'oiseaux et dans plusieurs autres, la partie supérieure du bec est mobile, comme l'inférieure. P. 33 (note *a*). — Dans l'aigle et le vautour, la courbure du bec ne commence qu'à quelque distance de sa base; dans l'épervier, la buse, le milan et le faucon, elle commence dès l'origine du bec. P. 44. — Bec du percnoptère, percé de deux trous, outre les narines, par lesquels s'écoule la salive. P. 84. — Les mêmes trous se retrouvent dans le bec du griffon, aux côtés d'une petite éminence ronde qui s'élève sur le bec supérieur, près de son extrémité. Ce bec supérieur a en dedans de chaque côté, une rainure où sont reçus les bords tranchants du bec inférieur; les ouvertures des narines percent sa base, et sont fort amples. P. 87. — Bec du faucon noir, comparé à celui du faucon commun. P. 141. — Du hocco. P. 433. — Du pauxi. P. 436. — Choucas à bec crochu, à bec croisé; poulets qui avaient aussi le bec croisé. P. 556. — Bec du casse-noix. P. 578. — Bec à cinq pans des Baltimores. T. VI, p. 42. — Bec supérieur mobile dans les grives. P. 67. — Bec des oiseaux-mouches. T. VII, p. 147. — En quoi diffère du bec des colibris. P. 151. — Plus ou moins garni de plumes à sa base et au delà dans les différentes espèces d'oiseaux-mouches. P. 156. — Dans l'oiseau-mouche huppé. P. 157. — Dans l'escarboucle. P. 161. — Long bec du brin-blanc. P. 171. — Du colibri à queue violette P. 175. — Bec très-arqué du colibri à gorge carmin. P. 176. — Bec du perroquet et en particulier du jaco. Sa structure, sa force, sa mobilité, ses divers usages. P. 203 et suiv. — Le perroquet noir a le bec très-court. P. 208. — Celui à bec couleur de sang l'a plus gros et plus large que tous les autres perroquets. P. 209. — Les loris l'ont plus petit, plus aigu, moins courbé. P. 210. — Les aras ont la base du bec inférieur recouverte d'une peau grise. P. 239. — Plusieurs perroquets se servent de leur bec pour grimper et pour descendre. P. 249. — Bec du meunier le dépare. P. 262. — Bec du touraco, courbe. P. 301 et 302. — Les coucous se servent de leur bec pour se traîner sur le ventre. P. 322. — Bec à arête convexe et tranchante de l'ani. P. 360. — Bec conique, courbé et dentelé du houtou. P. 366. — Bec des guêpiers, tient le milieu entre celui des huppes, des promerops et celui des martins-pêcheurs. P. 368. — Bec de plusieurs hirondelles d'Amérique, plus fort que celui des nôtres. P. 476 (note *b*) et 481.

BEC (le) des oiseaux est l'organe principal qui détermine l'exercice de leurs facultés, et dont la conformation influe le plus sur leur nature et nécessite la plupart de leurs habitudes. T. VIII, p. 583. — Si leurs instincts divers leur ont fait peupler tous les districts de l'empire de la nature, c'est qu'elle-même a eu soin de dessiner le trait du bec sous toutes les formes possibles. P. 584. — Conformation particulière et très singulière de celui du macareux. P. 584 et 585.

Bécardes, ainsi nommées à cause de leur gros et long bec rouge ; ont le corps plus épais que nos pies-grièches ; celles envoyées de Cayenne sous les noms de pie-grièche grise et de pie-grièche tachetée, paraissent être le mâle et la femelle ; notre bécarde à ventre jaune, est la pie-grièche jaune de Cayenne ; et le vanga de Madagascar, nommé dans nos planches enluminées *pie-grièche* ou *écorcheur de Madagascar*, est notre bécarde à ventre blanc. T. v, p. 160 et 161. Voyez *Schet-bé*, *Tcha-chert-bé* et *Vanga*.

Bécasse (la) arrive dans nos bois vers le milieu d'octobre, en même temps que les grives. T. viii, p. 116 et 117. — Elle descend des hautes montagnes où elle habite pendant l'été, et d'où les premiers frimas déterminent son départ et nous l'amènent. Les voyages de la bécasse ne se font donc qu'en hauteur, c'est-à-dire de haut en bas, et de bas en haut, et non pas en longueur comme ceux des autres oiseaux qui changent de contrée. P. 117. — Ces oiseaux arrivent la nuit et quelquefois le jour par un temps sombre, toujours une à une ou deux ensemble, et jamais en troupes. Elles préfèrent les bois où il y a beaucoup de terreau et de feuilles tombées ; elles s'y tiennent cachées tout le jour et il faut des chiens pour les faire lever, et elles ne quittent ces endroits fourrés que pendant la nuit, pour se répandre dans les clairières des bois. Leurs habitudes naturelles en cherchant leur nourriture. Leur vol. Leur défiance. P. 117 et 118. — Quoiqu'elles aient de grands yeux, elles ne voient bien que dans le crépuscule. La bécasse a un pressant désir de changer de lieu après le coucher et avant le lever du soleil ; exemple à ce sujet. Elle se promène au clair de la lune. Manière de la chasser et de la prendre. P. 118 et 119. — On reconnaît les lieux que fréquente la bécasse à ses fientes, qui sont de larges fécules blanches et sans odeur. Son instinct est obtus et son naturel est stupide. P. 119. — Elle ne se nourrit pas de graines ni de fruits ; elle ne vit que de vers et de petits insectes qu'elle cherche en fouillant avec son bec dans les terres molles. P. 119 et 120. — Elle ne gratte point la terre avec les pieds ; elle détourne seulement les feuilles avec son bec en les jetant brusquement à droite et à gauche. Il paraît qu'elle cherche à discerner sa nourriture par l'odorat plutôt que par les yeux qu'elle a mauvais. Mais la nature semble lui avoir donné dans l'extrémité du bec un organe de plus et un sens particulier approprié à son genre de vie ; la pointe en est charnue plutôt que cornée, et paraît susceptible d'une espèce de tact propre à démêler l'aliment convenable dans la terre fangeuse. P. 120. — Description de son bec ; c'est de la longueur de ce bec que la bécasse a pris son nom dans la plupart des langues. Sa tête est plutôt carrée que ronde. P. 120 et 121. — Description de son plumage. Description de ses parties intérieures. Dimensions des intestins. Dimensions de l'oiseau. P. 121. — Son corps est en tout temps fort charnu, mais il est fort gras sur la fin de l'automne, et tout le monde sait que la bécasse est alors et même pendant l'hiver un très-bon gibier. Cependant les chiens ne veulent point en manger, et l'odeur de l'oiseau leur répugne si fort qu'il n'y a que les barbets qu'on puisse accoutumer à rapporter cet oiseau. C'est au mois de mars que presque toutes les bécasses quittent nos plaines pour retourner aux montagnes où elles nichent pendant l'été. P. 121 et 122. — Elles partent appariées, et volent alors rapidement et sans s'arrêter pendant la nuit, mais elles s'arrêtent pendant le jour. Il en reste quelques-unes dans les terres élevées de nos provinces de France, comme en Bourgogne et en Champagne. P. 122. — Elle fait son nid par terre ; il est composé de feuilles ou d'herbes sèches, entremêlées de petits brins de bois, le tout rassemblé sans art, et amoncelé contre un tronc d'arbre ou sous une grosse racine ; on y trouve quatre ou cinq œufs oblongs, un peu plus gros que ceux du pigeon commun. Ils sont d'un gris roussâtre, marbrés d'ondes plus foncées et noirâtres. Les petits quittent le nid presque au moment qu'ils sont éclos. Ils courent jusqu'à ce qu'ils puissent voler, mais ils volent aussi de bonne heure et avant que le corps soit couvert de plumes. Le père et la mère les précèdent ou les suivent, et ne les quittent pas tant qu'ils ont besoin de

leurs secours. *Ibid.* — Ces oiseaux ne font entendre leur voix que dans le temps de l'éducation de leurs petits. Attachement du mâle et de la femelle. Les mâles se battent et se disputent les femelles. L'espèce de la bécasse est universellement répandue du nord au midi dans les deux continents. P. 122 et 123. — On l'a trouvée au Groënland comme au Kamtschatka, en Égypte, en Barbarie, au Sénégal, en Guinée, au Japon, aux Illinois, à la Louisiane et dans plusieurs autres endroits du nouveau continent. P. 123 et 124.

Bécasse (variétés de la). La *bécasse blanche* ne paraît être qu'une dégénération individuelle; quelquefois le plumage est tout blanc, mais il est souvent mêlé de quelques ondes de gris ou de marron. T. VIII, p. 124. — *La bécasse rousse* n'est encore qu'une variété dans l'espèce de la bécasse commune; sa description. P. 125. — Il y a aussi une variété de grandeur dans la bécasse commune; mais cette différence n'est pas assez grande pour en faire deux espèces séparées, d'autant que ces bécasses plus grandes ou plus petites ne laissent pas de s'unir et de produire ensemble. *Ibid.*

Bécasse *des savanes*. Cette bécasse d'Amérique est d'un quart plus petite que celle de France, et cependant elle a le bec encore plus long; elle a aussi les jambes un peu plus hautes. Sa description. Ses habitudes naturelles, conformes aux terres et au climat qu'elle habite, et en même temps différentes de celles de notre bécasse. Sa manière de nicher. Elle ne pond que deux œufs, mais elle fait plus d'une ponte par an. T. VIII, p. 125 et 126. — Ces bécasses des savanes vont ordinairement deux ensemble, et leur chair est aussi bonne à manger que celle de la bécasse de France. P. 126.

Bécasseau, cet oiseau est connu vulgairement sous le nom de *cul blanc des rivages;* il est gros comme la bécassine commune. Sa description. T. VIII, p. 152 et 153. — Il se trouve au bord des eaux et particulièrement sur les ruisseaux d'eau vive. Ses habitudes naturelles et son vol. Il vit solitaire et n'aime point à changer de lieu. Il a une expression de sentiment assez marquée dans la voix, qui est modulée. P. 153 et 154. — Il voyage quelquefois dans des saisons où la plupart des autres oiseaux sont fixés par le soin des nichées. Ses habitudes naturelles. Sa chair est très-bonne à manger. P. 154. — Il secoue sans cesse la queue en marchant. Confusion des nomenclatures au sujet de cet oiseau. P. 154 et 155.

Bécassine. Comparaison de la bécasse et de la bécassine. T. VIII, p. 126 et 127. — Leurs habitudes naturelles sont opposées, car la bécassine ne fréquente pas les bois, mais se tient dans les endroits marécageux des prairies, dans les herbages et les osiers qui bordent les rivières. Elle s'élève très-haut en volant. P. 127. — Elle a deux cris différents. En France, les bécassines paraissent en automne, et le plus souvent elles sont seules. Elles partent de fort loin. Leur manière de voler. Il en reste tout l'hiver dans nos contrées, auprès des fontaines qui ne gèlent pas. Au printemps elles repassent en grand nombre. *Ibid.* — Position de leur nid. Elles pondent quatre ou cinq œufs de forme oblongue, d'une couleur blanchâtre avec des taches rousses. Les petits quittent le nid en sortant de la coque, et la mère ne les quitte que quand ils peuvent se pourvoir d'eux-mêmes. Il y a toute apparence que la bécassine ne se nourrit que de vers qu'elle prend dans la terre en fouillant avec le bec. Ses autres habitudes naturelles. P. 128. — Elle est très-difficile à tirer. Manière de la prendre au piége. Sa chair est excellente à manger, et sa graisse a une saveur très-fine. L'espèce n'en est pas très-nombreuse aujourd'hui dans nos contrées, mais elle est encore plus universellement répandue que celle de la bécasse. *Ibid.* — On la rencontre dans les deux continents, et même dans toutes les parties du monde. P. 128 et 129. — Ses habitudes dans les lieux inhabités et particulièrement aux îles Malouines. Elle est du nombre des oiseaux qu'on ne peut apprivoiser. Il y a une petite race dans cette espèce comme dans celle de la bécasse. Il n'y a dans la bécassine aucune différence entre le mâle et la femelle. P. 129 et 130.

Bécassine (la petite). Elle est surnommée *la sourde*, parce qu'elle semble ne point

entendre le bruit que l'on fait autour d'elle, et qu'elle ne part, pour ainsi dire, que quand on la touche; elle est de moitié plus petite que la bécassine commune. T. VIII, p. 130. — Ses habitudes naturelles. *Ibid.* — Son vol. Sa chair est aussi très-bonne à manger; mais l'espèce n'en est pas aussi généralement répandue que celle de la bécassine commune. Sa description. Ses habitudes naturelles. P. 130 et 131.

BÉCASSINE (la) *brunette* est aussi fort petite et se trouve dans les parties septentrionales de l'Angleterre; elle est de moitié plus petite que la bécassine commune. Sa description. Ses habitudes naturelles. Ce n'est peut-être qu'une variété de la petite bécassine que nous appelons *la sourde*. T. VIII, p. 131.

BÉCASSINE *de la Chine*. Ses dimensions. T. VIII, p. 133. — Sa description. *Ibid.*

BÉCASSINE *du cap de Bonne-Espérance*. Ses dimensions et sa description. Quoique plus grande que la bécassine commune, elle a le bec beaucoup moins long. T. VIII, p. 132.

BÉCASSINE *de Madagascar*. C'est un joli oiseau. Sa description. T. VIII, p. 132 et 133.

BÉCASSINE *de Madras*. Cet oiseau donné par M. Brisson, n'est peut-être pas du genre des bécassines. T. VIII, p. 133.

BEC-CROISÉ, ses rapports avec le gros-bec; forme singulière et incommode du bec de cet oiseau; variété dans cette difformité; parti qu'il en tire. T. VI, p. 147 et 148. — Pourquoi nommé par quelques-uns, perroquet d'Allemagne. P. 148. — Climats qu'il affecte, est ordinairement sédentaire; voyage quelquefois en grandes troupes; causes et circonstances de ces migrations irrégulières. *Ibid.* — Variétés de son plumage et leurs différentes causes. P. 149. — Sa stupidité; comment on le nourrit en cage; saison de ses amours; forêts qu'il habite de préférence; son nid. P. 150.

BEC-D'ARGENT; espèce de tangara de la Guiane, dont le bec est revêtu de plaques brillantes comme de l'argent. Sa description et ses habitudes naturelles. T. VI, p. 290 et suiv. — Description du nid. P. 292.

BEC-EN-CISEAUX, oiseau qui ne peut ni mordre de côté, ni ramasser devant soi, ni becqueter en avant; raison de cette difficulté qui vient de la conformation très-singulière de son bec. Comment il est forcé de prendre sa nourriture. T. VIII, p. 390. — Description du bec et des autres parties extérieures de son corps et de son plumage, qui est semblable dans le mâle et la femelle. *Ibid.* — Cet oiseau se trouve sur les côtes de la Caroline et de la Guiane; il est presque toujours en l'air et va communément par troupes assez nombreuses; mais son vol n'est pas rapide. Ses autres habitudes naturelles. P. 390 et 391.

BEC-FIGUE; sa description. T. VI, p. 545. — Le véritable climat de cet oiseau est celui du Midi. Les bec-figues arrivent en France plus tard au printemps et partent aussi plus tôt que les autres petits oiseaux. *Ibid.* — Ils se répandent dans toute l'Europe, et jusqu'en Suède en été. Leur naturel et leurs mœurs. Description de leur nid. P. 545 et 546. — Méprise au sujet du bec-figue. P. 546. — Sa nourriture. Son petit cri et ses habitudes naturelles. Il est très-commun dans les îles de la Méditerranée. P. 546 et 547.

BEC-FIGUE de chanvre (le) est le même oiseau que la fauvette babillarde. T. VI, p. 520.

BÉCHARU, a, dit-on, deux ovaires; doutes sur cela. T. V, p. 211 (note *b*).

BÉCHARU. Voyez *Flammant*. T. VIII, p. 398.

BEC-OUVERT (le) est un oiseau qui est plus voisin de la famille des hérons et des crabiers que d'aucune autre. T. VIII, p. 90. — Le nom de bec-ouvert marque une difformité naturelle, car le bec de cet oiseau est en effet ouvert et béant sur les deux tiers de sa longueur, la partie du dessus et celle du dessous se déjetant également en dehors, laissent entre elles un large vide, et ne se rejoignent qu'à la pointe. Cet oiseau se trouve aux grandes Indes. Sa description et ses dimensions. P. 90 et 91.

BEC-ROND ou *bouvreuil bleu d'Amérique*. Sa description. T. VI, p. 352 et 353.

BEC-ROND *à ventre roux*, oiseau d'Amérique, dont l'espèce est voisine de celle du

bouvreuil, T. VI, p. 352. — Ses habitudes naturelles et sa description. *Ibid.*

BEDAUDE (Espèce de cigale) ou plutôt sa larve, produit sur les plantes ce qu'on appelle la *salive du coucou*. T. VII, p. 307.

BEFFROI (le grand); sa description. T. VI, p. 389 et 390. — La femelle est plus grosse que le mâle. Il fait entendre le matin et le soir un son singulier, semblable à celui d'une cloche qui sonne l'alarme. P. 390.

BEFFROI (le petit) n'est qu'une variété du fourmillier appelé *grand beffroi*. T. VI, p. 390 et 391.

BENGALI *brun*. Sa description. T. VI, p. 219.

BENGALI *piqueté*. Sa description. T. VI, p. 219. — La femelle n'est jamais piquetée. P. 220.

BENGALIS; leur plumage varie presque à chaque mue. T. V, p. 287.

BENGALIS et SÉNÉGALIS : difficultés d'en reconnaître les espèces ou les variétés. T. VI, p. 215 et 216. — Ce ne sont pas des oiseaux particuliers au Bengale et au Sénégal, mais répandus en Afrique et dans les parties méridionales de l'Asie; ces oiseaux ont les mêmes habitudes naturelles que nos moineaux. P. 216 et 217. — Manière de les prendre au Sénégal. P. 217. — Quoique originaires des climats les plus chauds, on est venu à bout de les faire nicher en Hollande. *Ibid.* — Ils chantent agréablement, et la femelle aussi bien que le mâle. *Ibid.* — Description du bengali. P. 217 à 219.

BENTAVEO, espèce de tyran ainsi nommé à Buenos-Ayres. Sa description et ses habitudes naturelles. T. VI, p. 447.

BERGERONNETTES. Il y a en France trois espèces de bergeronnettes. T. VII, p. 7. — La bergeronnette grise, la bergeronnette de printemps, et la bergeronnette jaune. Caractères généraux et communs aux bergeronnettes, et origine de leur nom. Elles ont un penchant bien marqué pour s'approcher de nous. *Ibid.* — Il n'est point d'oiseau dans les champs qui se montre aussi privé. Leur naturel social, leur nourriture et leurs autres habitudes naturelles. P. 8.

BERGERONNETTE grise. Sa description. Celle de son nid; elle fait deux pontes par an; elle meurt lorsqu'on la tient dans une captivité trop étroite. Mais on peut la garder dans une chambre chaude pendant l'hiver. T. VII, p. 8 et 9.

BERGERONNETTE jaune, T. VII, p. 10. — Ses habitudes naturelles. Elle reste dans notre climat en hiver et fait même entendre son ramage dans cette triste saison. Différence de ce ramage et de son cri. Elle niche auprès des eaux. Description de son nid dans lequel la femelle pond six, sept ou huit œufs blanc sale, tachetés de jaunâtre. Ils mangent des vers, des insectes volants et des graines. *Ibid.* et suiv. — Description des parties intérieures de cet oiseau, qui est remarquable par la longueur de sa queue. Ses dimensions, sa description. P. 11 et 12.

BERGERONNETTE de printemps, T. VII, p. 9. — Ses habitudes naturelles; différences de la bergeronnette de printemps à la bergeronnette jaune; sa description. P. 9 et 10. — L'espèce paraît répandue dans toute l'Europe jusqu'en Suède. P. 10.

BERGERONNETTE *du cap de Bonne-Espérance*. Sa description. T. VII, p. 13.

BERGERONNETTE (petite) *du cap de Bonne-Espérance*. Sa description et ses différences avec la précédente. T. VII, p. 13 et 14.

BERGERONNETTE de l'*île de Timor*. Sa description. T. VII, p. 14.

BERGERONNETTE *de Madras*. Son indication. T. VII, p. 14.

BERNACHE (la). Contes absurdes de la plupart des auteurs sur la prétendue production des bernaches dans certains coquillages appelés *conques anatifères*, ou sur certains arbres des côtes d'Écosse et des Orcades, ou même dans les bois pourris des vieux navires. T. VIII, p. 454 et 455. — Les bernaches ne nichent que fort avant dans les terres du Nord. Les Hollandais, dans une navigation au 80e degré, furent les premiers qui trouvèrent leurs nids. P. 457 et 458. — Elles ne paraissent qu'en automne et durant l'hiver, en Angleterre et en Irlande, où elles se laissent prendre aisément aux filets. P. 458. — La moelle douce de certains grands roseaux leur sert de nourriture et rend, à ce qu'on dit, leur chair très-bonne. *Ibid.* — Il est rare qu'elles descendent jus-

qu'en France. *Ibid.* — La bernache est de la famille de l'oie. Sa description. *Ibid.* — Belon lui donne le nom de *nonnette* ou *religieuse*, parce que son plumage est coupé par grandes pièces de blanc et de noir. *Ibid.*

BIHOREAU (le) n'est point du tout le *nycticorax*, ni un corbeau de nuit, quoiqu'il fasse entendre un croassement ou plutôt un gros râlement effrayant et lugubre pendant la nuit. T. VIII, p. 103 et 104. — Ses ressemblances et ses différences avec le héron. Ses dimensions et sa description. Différences du mâle et de la femelle. Il porte un panache de plumes qui, de toutes celles dont on fait des aigrettes, sont les plus belles et les plus précieuses. P. 104. — La femelle est privée de ce bel ornement; sa description. Dans les contrées différentes, le bihoreau établit différemment son nid, tantôt dans les rochers et tantôt sur les arbres. La ponte est de trois ou quatre œufs blancs. Cet oiseau paraît être de passage. P. 104 et 105. — Il fréquente également les rivages de la mer et les rivières ou marais de l'intérieur des terres. On en trouve en France, dans la Sologne, en Italie; mais l'espèce, plus rare que celle du héron gris, est aussi moins répandue, et ne s'est pas avancée dans le Nord jusqu'en Suède. Le bihoreau cherche sa pâture moitié dans l'eau, moitié sur terre. Sa nourriture et ses autres habitudes naturelles. *Ibid.*

BIHOREAU *de Cayenne*. Sa comparaison avec le bihoreau d'Europe. Sa description et ses dimensions. Son panache est composé de cinq ou six brins, les uns blancs et les autres noirs. T. VIII, p. 105 et 106.

BIMBELÉ *ou* FAUSSE LINOTTE; oiseau de Saint-Domingue, qui cependant ne ressemble point du tout à notre linotte. Son chant. Sa nourriture. T. VII, p. 43. — Ses autres habitudes naturelles. La femelle ne pond que deux ou trois œufs. Description et dimensions de cet oiseau. P. 43 et 44.

BISAGO. Voyez *Misago*.

BIS-ERGOT, a des rapports avec le francolin; deux sortes d'éperons à chaque pied. T. V, p. 465 et 466.

BISET, tige primitive des autres pigeons. T. V, p. 492. — S'appelle aussi rocheraie; pigeon de roche, de montagne. *Ibid.* — Ses voyages, ses pontes. P. 493. — Se perche; ses amours. P. 493 et p. 508.

BLANCHE-COIFFE. Voyez *Geai* de Cayenne; diffère de notre geai.

BLANCHE-RAIE, ou étourneau des terres Magellaniques. T. VI, p. 25.

BLONGIOS. Sa différence avec les crabiers et leurs ressemblances. Ses habitudes naturelles et sa description. Il se trouve en Suisse, mais très-rarement en France. T. VIII, p. 82 et 83.

BLONGIOS. Variété du blongios. T. VIII, p. 83.

BLUET (le). Sa description et ses habitudes naturelles. T. VI, p. 293 et 294.

BOIRE, le jean-le-blanc boit en plongeant son bec jusqu'aux yeux, et à plusieurs reprises dans l'eau; mais il ne boit jamais qu'après avoir regardé de tous côtés, fixement et longtemps, comme pour s'assurer s'il est seul. Il y a apparence que les autres oiseaux de proie se cachent de même pour boire. T. V, p. 73 et 74.

BONANA, oiseau d'Amérique et particulièrement de la Jamaïque; sa description. T. VI, p. 238.

BONDRÉE, comparée à la buse. T. V, p. 112 et 113. — Est de même grosseur, a le bec un peu plus long, les intestins plus courts, pèse deux livres; a de dix-huit à vingt-deux pouces de longueur, et quatre pieds deux pouces de vol; l'ouverture du bec large, l'intérieur du bec, l'iris et les pieds jaunes; les ongles peu crochus; le sommet de la tête large et aplati; tapisse son nid de laine à l'intérieur; pond des œufs cendrés tachetés de brun; occupe quelquefois des nids étrangers, par exemple, des nids de milans; nourrit ses petits de chrysalides, de guêpes; se nourrit elle-même de mulots, de grenouilles, de lézards, qu'elle avale entiers, de chenilles et autres insectes; piette et court fort vite. *Ibid.* — On la prend aux gluaux, au lacet, et par engin, avec des grenouilles; est grasse en hiver et bonne à manger : vole d'arbre en arbre, d'où elle se jette sur sa proie; plus rare en France que la buse. P. 113. — Comparée avec le milan. *Ibid.*

Bonjour commandeur; on appelle ainsi cet oiseau à Cayenne, parce qu'il a coutume de chanter au point du jour; son espèce est voisine de celle du bruant. T. vi, p. 341. — Ses habitudes naturelles. P. 342. — Sa description. *Ibid.*

Bouilleur *de canari*. Voyez *Ani*. T. vii, p. 359.

Bourgmestre. Voyez *Goéland* à manteau gris brun.

Bouscarle (la) a plus de rapport avec la fauvette grise qu'avec aucun autre oiseau. Ses ressemblances et ses différences. T. vi, p. 518.

Bout de petun ou de tabac. Voyez *Ani*.

Boutsallick de Bengale, plus allongé, mais plus petit que notre coucou. Autres différences. T. vii, p. 336 et 337.

Bouveret, oiseau de l'île de Bourbon, sa description et ses dimensions. T. vi, p. 350.

Bouveron (le) paraît faire la nuance entre les bouvreuils d'Europe et les bec-ronds d'Amérique; sa description et ses dimensions. T. vi. p. 351 et 352.

Bouvreuil. Portrait de cet oiseau. Son éducation. T. vi, p. 342 et suiv. — Son chant dans l'état de nature n'a rien d'agréable, mais il le perfectionne infiniment par l'imitation des chants qu'on lui fait entendre. Il apprend aussi à parler, et s'exprime même avec un accent pénétrant qui paraît supposer de la sensibilité. Il est capable d'un attachement très-fort et très-durable; exemple à ce sujet. P. 343 et suiv. — Les bouvreuils passent la belle saison dans les bois, ils font leurs nids sur les buissons avec de la mousse en dehors et des matières plus mollettes en dedans. La femelle pond de quatre à six œufs d'un blanc sale un peu bleuâtre, environnés près du gros bout d'une zone d'un violet éteint et de noir. P. 344 et 345. — Habitudes naturelles des pères, des mères et des petits. P. 345. — Ils ont une grande facilité d'apprendre, et la même facilité pour se laisser approcher et prendre dans les différents piéges. Le même bouvreuil peut s'apparier avec la femelle du serin. P. 345 et 346. — Les bouvreuils vivent cinq à six ans. P. 346. — Leur description et leurs dimensions, tant intérieures qu'extérieures. *Ibid.* et suiv.

Bouvreuil (variétés du). Le *bouvreuil blanc*, le *bouvreuil noir*, le *grand bouvreuil noir d'Afrique;* leurs descriptions et dimensions T. vi, p. 348 et 349.

Bouvreuil *à bec blanc*, oiseau de la Guiane; sa description et ses dimensions. T. vi, p. 350.

Bouvreuil ou *Bec-rond noir et blanc*, oiseau du Mexique, dont l'espèce est voisine de celle du bouvreuil. T. vi, p. 353.

Bouvreuil ou *Bec-rond violet de la Caroline;* sa description et ses habitudes naturelles. T. vii, p. 354.

Bouvreuil ou *Bec-rond violet à gorge et sourcils rouges*, oiseau de la Caroline et des îles de Bahama. Sa description et ses dimensions. T. vi, p. 354.

Bouvreuil. Couve l'œuf du coucou déposé dans son nid. T. vii, p. 316 et 317.

Brac (le) ou **Calao** *d'Afrique*. Ses dimensions et sa description d'après le P. Labat. T. vii, p. 573.

Brachyptères, *ou* oiseaux à ailes courtes. T. v, p. 366.

Brève de Bengale; sa taille et son plumage. T. vi, p. 130. — Appelée aussi merle vert des Moluques.

Brève de Madagascar, *ou* merle des Moluques; son plumage. T. vi, p. 130.

Brève de M. Edwards, *ou* pie à courte queue des Indes orientales; son plumage. T. vi, p. 129 et 130.

Brève des Philippines, *ou* merle vert à tête noire, des Moluques; ses dimensions et son plumage. T. vi, p. 129.

Brèves, comparées avec les merles; toutes les brèves connues jusqu'ici se réduisent à quatre variétés appartenant à la même espèce. T. vi, p. 129.

Brin blanc, espèce de colibri ainsi nommé à cause de la longueur de deux pennes intermédiaires de sa queue. A le bec plus long qu'aucun autre colibri. T. vii, p. 171 et 172.

Brin bleu, une des plus grandes espèces de colibri, ainsi nommée à cause de la longueur et de la couleur des plumes intermé-

diaires de sa queue. T. VII, p. 172 et 173.

BRUANT (le) *familier*, est à peu près de la taille du tarin, et son espèce est différente de celle du bruant. T. VI, p. 340.

BRUANT (le) *fou*, ainsi appelé parce qu'il donne indifféremment dans tous les piéges. Il ne se trouve point dans les pays septentrionaux. T. VI, p. 333. — Comparaison de ce bruant avec le bruant commun. P. 334. — Ses dimensions. *Ibid.*

BRUANT (le) *de France*. Sa parenté avec les ortolans. T. VI, p. 328 et 329. — Il fait plusieurs pontes, et il construit son nid à terre ou sur les basses branches des arbustes assez négligemment. La femelle pond quatre ou cinq œufs tachetés de brun sur fond blanc. P. 329. — Elle couve avec tant d'affection qu'on peut quelquefois la prendre à la main en plein jour. Leur nourriture et celle de leurs petits. Leurs habitudes naturelles. P. 329 et 330. — Ils sont répandus dans toute l'Europe, depuis l'Italie jusqu'en Suède. Description du mâle. P. 330. — De la femelle et des parties intérieures. Dimensions. P. 330 et 331. — Variétés. P. 331.

BRUANT *de haies* Voyez *Zizi*.

BRUANT (petit) de Saint-Domingue. Voyez *Olive*.

BRUANTS, repoussent le coucou lorsqu'il se présente pour pondre dans leur nid. T. VII, p. 315 (note).

BRUNET du cap de Bone-Espérance; son plumage, ses dimensions. T. VI, p. 117. — Le merle à cul-jaune du Sénégal, est une variété du brunet, est plus gros, a le bec plus courbe, plus large à sa base; dimensions de cet oiseau. P. 117 et 118.

BUSARD, *autrement* busard de marais; harpaye à tête blanche, fau-perdrieux; plus vorace, plus actif et plus petit que la buse; plus rare ou plus difficile à trouver; sédentaire en France, se tient à portée des étangs et des rivières poissonneuses; avide de poisson, comme de gibier; préfère les poules d'eau, plongeons, etc. Se nourrit aussi de grenouilles, de reptiles, et d'insectes aquatiques; il lui faut beaucoup de pâture; on l'élève à chasser; vole plus pesamment que le milan, se défend mieux, se fait craindre des hobereaux et des cresserelles : comparé au milan noir, à la buse. T. V, p. 117 et 118.

BUSARD, nom donné mal à propos à l'autour blond. T. V, p. 123 et 124.

BUSARD roux. Voyez *Harpaye*.

BUSE, corbeau, milan, qui ne cherchent que les chairs corrompues, sont les représentants des hyènes, des loups et des chacals. T. V, p. 30. — Voyez *Bec*.

BUSE, comparée au milan. T. V, p. 108. — A le corps plus long et le vol moins étendu, habite les forêts, est sédentaire et paresseuse, reste plusieurs heures de suite perchée sur le même arbre, pond deux ou trois œufs blanchâtres, tachetés de jaune, garnit son nid d'un matelas mollet, soigne ses petits plus longtemps que les autres oiseaux de proie, et au défaut de la femelle, le mâle prend ce soin. P. 111 et 112. — Ne saisit pas sa proie au vol, reste sur une branche ou sur une motte de terre, d'où elle se jette sur les levreaux, lapins, perdrix, cailles, serpents, grenouilles, lézards, sauterelles, etc. qui passent à sa portée; dévaste les nids de la plupart des oiseaux. P. 112. — Très-sujette à varier dans le même climat, à peine trouve-t-on deux buses bien semblables. *Ibid.* — Comparée avec la bondrée. *Ibid.* — Avec le buzard. P. 117.

BUSE cendrée de M. Edwards, a la grosseur du coq, la figure et partie des couleurs de la buse, bec et pieds bleuâtres, les jambes couvertes jusqu'à moitié de leur longueur, de plumes brunes; se trouve à la baie de Hudson; fait la guerre aux gelinottes blanches, diffère des buses, soubuses, harpayes et busards, par les jambes courtes. T. V, p. 119. — La buse se bat avec le grand duc. P. 173.

BUSE prise au piége, s'apprivoise en la faisant jeûner. En imposait aux chats, attaquait les renards. Ne souffrait aucun autre oiseau de proie dans le canton. Ne faisait aucun tort à la volaille de la maison. Respectait moins celle des voisins. T. VII, p. 185 (note).

BUTOR (le). Différences entre le butor et le héron. T. VIII, p. 91 et 92. — Le butor est moins stupide, mais il est encore plus sauvage que le héron. On ne le voit presque

jamais, et il n'habite que les marais d'une certaine étendue où il y a beaucoup de joncs. Ses autres habitudes naturelles. P. 92. — Il ne se réunit jamais avec le héron en famille commune. Le cri qu'il fait en volant est désagréable, mais beaucoup moins que sa voix, qu'il fait entendre lorsqu'il est en amour, et qui est une espèce de mugissement, *botaurus, quasi boatus tauri,* dont on a tiré son nom *butor. Ibid.* — Sa nature sauvage et farouche jusque dans le temps des amours. P. 92. — Manière dont il se cache dans les roseaux. Sa défiance; sa vie sédentaire et ses habitudes naturelles et paresseuses. P. 93. — Sa description. Sa nourriture la plus ordinaire est le poisson, et surtout les grenouilles. *Ibid.* — En automne, il va dans les bois chasser aux rats qu'il avale tout entiers, et dans cette saison il devient fort gras. On mangeait autrefois de sa chair, dans le temps que celle du héron faisait un mets distingué. La femelle pond quatre ou cinq œufs qui sont d'un gris verdâtre; le nid est ordinairement posé au milieu des roseaux, sur une touffe de joncs. P. 94. — Le temps de l'incubation est de vingt-quatre à vingt-cinq jours. P. 95. — Les jeunes naissent presque nus, et sont d'une figure hideuse; ils semblent n'être que cou et jambes; ils ne sortent du nid que plus de vingt jours après leur naissance. *Ibid.* — Le butor se trouve partout où il y a des marais assez grands pur lui servir de retraite. L'espèce en est répandue dans toute l'Europe, et il y en a d'autres espèces dans toute l'étendue du nouveau continent. Dans nos provinces de France il ne supporte pas la grande rigueur de l'hiver, et dans ce temps il passe dans des climats plus doux. P. 94 et 95. — Il y a peu d'oiseaux qui se défendent avec autant de sang-froid que le butor. Il n'attaque jamais; mais lorsqu'il est attaqué il se défend courageusement sans se donner beaucoup de mouvement. Si un oiseau de proie fond sur lui, il ne le fuit pas, il l'attend debout et le reçoit sur le bout de son bec, qui est très-aigu. Il se défend même contre le chasseur, et lui lance des coups de bec dans les jambes. P. 95. — On est obligé de les assommer, car ils se défendent jusqu'à la mort. La patience de cet oiseau égale son courage; il demeure pendant des heures entières immobile, les pieds dans l'eau et caché par les roseaux, pour guetter les grenouilles et les anguilles. Dans l'espèce du butor, comme dans celle du canard, il existe plus de femelles que de mâles. *Ibid.* — Différence du mâle et de la femelle. P. 96.

BUTOR (le grand) paraît faire la nuance entre la famille des hérons et celle des butors. Il se trouve en Italie. T. VIII, p. 96. — Sa description et ses dimensions. P. 96 et 97.

BUTOR (le petit) se trouve sur les terres voisines du Danube. T. VIII, p. 97. — Sa description. Il paraît être le plus petit de tous les butors de notre continent. *Ibid.*

BUTOR *brun* de la Caroline. Voyez *Étoilé.*

BUTOR *brun rayé.* Il se trouve sur le Danube, et est à peu près aussi petit que le petit butor. Sa description. T. VIII, p. 97.

BUTOR *jaune* du Brésil. Ses dimensions. Sa description d'après Marcgrave. T. VIII, p. 100. — Il a le bec dentelé vers la pointe, tant en haut qu'en bas. *Ibid.*

BUTOR *roux.* Sa description. Il se trouve en Grèce, en Italie, en Alsace. T. VIII, p. 98.

BUTOR *tacheté.* Voyez *Pouacre.*

BUTOR *de Cayenne* (le petit). Ses dimensions. Sa description. T. VIII, p. 101.

BUTOR *de la baie d'Hudson.* Sa description et ses dimensions. T. VIII, p. 101.

BUTOR *du Sénégal.* Ses dimensions et sa description. T. VIII, p. 98 et 99.

C

CABARET, *petite linotte.* Ses différences avec la linotte ordinaire; elle a la voix plus forte et plus variée; cet oiseau est assez rare; il a le vol rapide et va par grandes troupes; sa description. T. VI, p. 210 et suiv.

CABINET du Roi, présente une collection d'oiseaux plus complète qu'aucune autre qui soit en Europe. T. V, p. 1.

Caboure *ou* cabure du Brésil, a des aigrettes de plumes sur la tête, la grosseur d'une grive; s'apprivoise aisément, ainsi que les chouettes du Cap. T. v, p. 193 et 194. — C'est une espèce de petit duc. P. 193.

Cacolin, espèce de caille du Mexique. T. v, p. 486.

Café, espèce de poison pour les poulets. T. v, p. 297.

Caïca. Voyez *Maïpouri*. Perruche à tête noire de Cayenne. Oiseau de passage à la Guiane, de la même famille que le maïpouri. T. vii, p. 276 et 277.

Caille, appelée anciennement *Perdrix naine*, et de là les noms de *codornix* et *coturnice*, appliqués à la perdrix. T. v, p. 467 et 468. — Comparée à la perdrix, traits de conformité et traits de dissemblance. P. 468. — Est peu sociale. *Ibid.* — Ses voyages, leurs causes, leurs circonstances, leurs temps. P. 469-476. — Dans l'état de captivité éprouve une agitation marquée au temps du passage. P. 469-477. — Ne s'engourdit point pendant l'hiver. P. 471 et 472. — S'aide du vent pour voyager. P. 473 et 474. — Erreurs sur les circonstances du passage : réfutées. P. 474 et 475. — Toutes les cailles ne voyagent point. P. 475. — Moyens de juger des lieux d'où elles viennent. *Ibid.* et suiv. — Amours, ponte, œufs, incubation, éducation des petits. P. 476 et 477. — Éprouve deux mues par an. P. 477. — Différence du mâle et de la femelle, leurs cris. *Ibid.* — Erreurs sur leur génération, leur nourriture; peuvent se passer de boire; leurs allures. P. 478 et 479. — Vivent peu, leurs joutes; se trouvent partout, même en Amérique; qualités de leur chair, piéges qu'on leur tend. P. 479 et 480.

Caille blanche. T. v, p. 481.

Caille de Java *ou* Réveil-matin, a la voix du butor, le naturel social, vit dans les forêts, ne se plaît qu'au soleil. T. v, p. 483 et 484.

Caille de la Chine *ou* des Philippines *ou* la Fraise, se bat courageusement; plus petite que la nôtre; variété de sexe. T. v, p. 482.

Caille de la Gambra. T. v, p. 484. — De la Louisiane. P. 487.

Caille de Madagascar *ou* Turnix, n'a que trois doigts à chaque pied. T. v, p. 483.

Caille de Pologne (grande) *ou* Chrokiel, paraît n'être qu'une variété de la nôtre. T. v, p. 481.

Caille des îles Malouines, plus brune que la nôtre, a le bec plus fort. T. v, p. 481 et 482.

Cailles. L'œuf du coucou ne réussit point dans leur nid, et pourquoi. T. vii, p. 317.

Cailloux (petits) qu'avalent les granivores, sont comme des dents dont ils se servent pour la mastication de leur nourriture, qui se fait dans le gésier. T. v, p. 33.

Calao, n'est point le corbeau des Indes de Bontius. T. v, p. 540.

Calaos (les) ne se trouvent que dans les parties méridionales de l'ancien continent. Leur bec est encore plus prodigieux et plus singulier que celui des toucans. T. vii, p. 563. — Difformité de ces becs et inconvénients qui résultent de leur monstrueuse conformation. Leur description. *Ibid.* et suiv. — On a appelé les calaos, *oiseaux rhinocéros*, à cause de l'espèce de corne qui surmonte leur bec. P. 564. — En considérant la forme de ces becs, depuis le tock qui est la dernière espèce de calao, jusqu'au rhinocéros, on reconnaîtra tous les degrés de leur monstrueuse conformation. Le tock a un large bec en forme de faux, comme les autres calaos, mais ce bec est simple et sans éminence. P. 565. — Le calao de Manille a déjà une éminence apparente sur le haut du bec; cette éminence est plus marquée dans le calao de l'île Panay; elle est très-remarquable dans le calao des Moluques; encore plus considérable dans le calao d'Abyssinie; énorme enfin, dans le calao des Philippines et du Malabar, et tout à fait monstrueuse dans le calao-rhinocéros. P. 565 et 566. — Tous les calaos, qui diffèrent si fort par la conformation du bec, ont une ressemblance générale par la conformation des pieds. P. 566. — C'est mal à propos que quelques-uns de nos nomenclateurs ont voulu donner le nom d'*hydrocorax* ou corbeau d'eau aux calaos, car ces oiseaux ne se tiennent point

au bord des eaux. P. 569. — Tous les calaos ont les pieds très-courts et marchent aussi mal qu'il est possible. P. 570.

CALAO *d'Abyssinie;* sa forme et ses dimensions. Sa description. T. VII, p. 573. — Forme, dimensions de son bec et description de la proéminence qui le surmonte. P. 573 et 574.

CALAO *d'Afrique*. Voyez *Brac.*

CALAO *à casque rond;* description de son bec. T. VII, p. 575 et 576. — Ce doit être un des plus grands et des plus forts calaos. Description du casque qui surmonte le bec. P. 576.

CALAO *de l'île Panay;* sa description d'après M. Sonnerat. T. VII, p. 568 et 569.

CALAO *de Malabar;* ses dimensions. T. VII, p. 570. — Dimensions de son bec et de la corne qui le surmonte. P. 570 et 571. — Description de cet oiseau que nous avons vu vivant. P. 571 et 572. — Ses habitudes naturelles. On l'a nourri à Paris dans un jardin pendant tout l'été de 1777, il mangeait des fruits et des laitues, mais il avalait aussi de la chair crue lorsqu'on lui en jetait; il prenait aussi les rats, et on l'a vu manger un petit oiseau vivant. Il gloussait comme la poule d'Inde, et avait encore un autre cri sourd. P. 572. — Il craignait le froid et le vent, et il est mort avant la fin de l'été. *Ibid.*

CALAO *de Manille;* ses dimensions, sa description et celle du bec. T. VII, p. 567 et 568.

CALAO *des Moluques* (le) a été mal à propos nommé *alcatraz*, ce nom alcatraz étant celui du pélican. T. VII, p. 569. — Ses dimensions, sa description et celle de son bec. Il vit de fruit selon Bontius, et principalement de noix muscade, ce qui donne à sa chair un fumet aromatique qui la rend agréable au goût. P. 570.

CALAO *des Philippines;* ses dimensions et celles de son bec et de la corne qui le surmonte. Description de son plumage. T. VII, p. 574. — Variété ou espèce voisine de celle de ce calao. Description de cette variété, tirée des *Transactions philosophiques* de Londres, ainsi que les habitudes naturelles de l'oiseau. P. 574 et 575.

CALAO-RHINOCÉROS; ses dimensions. T. VII, p. 576. — Sa description d'après Bontius; description de son bec et de l'excroissance en forme de corne qui le surmonte. Cet oiseau se trouve à Sumatra, aux Philippines et dans les autres parties des climats chauds des Indes. Il vit de chair et de charogne. P. 576 et 577. — Il fait la chasse aux rats, c'est par cette raison que les Indiens en élèvent quelques-uns en domesticité. P. 577.

CALANDRE, grosse espèce d'alouette. Manière de prendre cet oiseau. T. VI, p. 476. — Sa comparaison avec l'alouette ordinaire à laquelle la calandre ressemble beaucoup. P. 476 et 477. — Elle chante très-bien et même mieux et d'une voix encore plus forte que l'alouette commune. Et elle contrefait aisément le ramage de plusieurs autres oiseaux. P. 477. — Manière d'élever la calandre. *Ibid.* — Différences du mâle et de la femelle. Elle niche à terre comme l'alouette ordinaire, et pond quatre ou cinq œufs. On la trouve en Provence, en Italie, vers les Pyrénées et aux environs d'Alep. P. 477 et 478. — Ses dimensions. P. 478.

CALATTI *de Séba*. Critique à ce sujet. T. VI, p. 310.

CALEÇON ROUGE. Voyez *Couroucou à ventre rouge.*

CALFAT, oiseau de l'île de France dont l'espèce est voisine de celle du bruant. Sa description. T. VI, p. 342.

CALI-CALIC de Madagascar, peut se rapporter, à cause de sa petitesse, à notre écorcheur. T. V, p. 162.

CALLOU, liqueur blanche que donnent les cocotiers. T. VII, p. 231 et 237. — Quelques espèces de perruches en sont friandes. *Ibid.*

CALYBÉ de la Nouvelle-Guinée, son plumage. T. VI, p. 13 et 14.

CAMAIL (le) ou la Cravate, espèce de tangara à cravate noire. Sa description. T. VI, p. 288.

CAMARIA ou HIRONDELLE acutipenne de Cayenne. Variété de l'hirondelle brune acutipenne de la Louisiane. T. VII, p. 494.

CANAL hépatique s'ouvre dans le ventricule, dans quelques poissons, et quelquefois dans l'homme. T. V, p. 206.

Canards, s'exercent à nager longtemps avant de voler. T. v, p. 35.

Canard (le). Son espèce ainsi que celle de l'oie, est partagée en deux grandes tribus ou races distinctes dont l'une, depuis longtemps privée, se propage dans nos basses cours; et l'autre, sans doute encore plus étendue, nous fuit constamment, se tient sur les eaux, ne fait pour ainsi dire que passer et repasser en hiver dans nos contrées, et s'enfonce au printemps dans les régions du Nord pour y nicher sur les terres les plus éloignées du domaine de l'homme. T. viii, p. 467. — Temps de l'automne où commencent à passer les bandes de canards sauvages. Description du vol de ces oiseaux; précautions qu'ils prennent pour leur sûreté. *Ibid.* — Leur chasse suppose beaucoup de finesse dans les moyens employés pour les surprendre, les attirer ou les tromper, parce qu'ils sont très-défiants. *Ibid.* — Les allures des canards sauvages sont plus de nuit que de jour, et la plupart de ceux que l'on voit en plein jour ont été forcés de prendre essor par les chasseurs ou par les oiseaux de proie. P. 472. — Nourriture des canards sauvages. P. 473. — Dans les gelées continues, ils disparaissent pour ne revenir qu'aux dégels, dans le mois de février. C'est alors qu'on les voit repasser le soir, par les vents de sud; mais ils sont en moindre nombre. L'instinct social paraît s'être affaibli à mesure que leur nombre s'est réduit. Ils passent dispersés, semblent dès lors s'unir par couples, et se hâtent de gagner les contrées du Nord, où ils doivent nicher et passer l'été. *Ibid.* — Lieux où ils s'établissent. P. 473 et 474. — Il reste dans nos contrées tempérées quelques couples de ces oiseaux qui nichent dans nos marais. P. 474. — Temps et durée de leurs amours; description de leurs nids. *Ibid.* — Quoique la cane sauvage place de préférence sa nichée près des eaux, on ne laisse pas d'en trouver quelques nids dans les bruyères assez éloignées, ou dans les champs sur les tas de paille, ou même dans les forêts sur des chênes tronqués et dans de vieux nids abandonnés. P. 474 et 475. — Nombre et couleur des œufs de la cane sauvage. La ponte des vieilles femelles est plus nombreuse et commence plus tôt que celle des jeunes. P. 475. — Précautions que prend la cane pour la conservation de sa nichée. *Ibid.* — Lorsqu'une fois elle est tapie sur ses œufs, l'approche même d'un homme ne les lui fait pas quitter. *Ibid.* — Le mâle ne paraît pas remplacer la femelle dans le soin de la couvée; seulement il l'accompagne lorsqu'elle va chercher sa nourriture, et la défend de la persécution des autres mâles. *Ibid.* — Durée de l'incubation, naissance des petits, leur éducation. *Ibid.* — La nature, en fortifiant d'abord en eux les muscles nécessaires à la natation, semble négliger pendant quelque temps la formation ou du moins l'accroissement de leurs ailes. P. 475 et 476. — Dans cet état, on appelle le jeune canard *hallebran.* Étymologie de ce nom. P. 476. — On fait aux hallebrans une petite chasse aussi facile que fructueuse sur les étangs et les marais, qui en sont peuplés. *Ibid.* — La même espèce de ces canards qui visitent nos contrées en hiver, et qui peuplent en été le nord de notre continent, se trouve dans les régions correspondantes du Nouveau Monde; leurs migrations et leurs voyages paraissent y être réglés de même. P. 476 et 477. — Nous pouvons douter que les canards vus par les voyageurs, et trouvés en grand nombre dans les terres du Sud, appartiennent à l'espèce de nos canards. P. 477. — Les espèces de canards qui peuplent les régions du Midi, n'y paraissent pas soumises aux voyages et migrations. P. 478. — Outre l'espèce vulgaire du canard, quelques autres espèces étrangères, et dans l'origine également sauvages, se sont multipliées en domesticité, et ont donné de nouvelles races privées. *Ibid.* — Moyen d'élever des canards avec fruit. P. 478 et suiv. — Quantité d'œufs que la femelle peut produire si on la nourrit largement. P. 479. — Elle est ardente en amour et son mâle est jaloux. P. 479 et 480. — Néanmoins au défaut de femelles de son espèce, il recherche des alliances peu assorties, et la femelle n'est guère plus réservée à recevoir des caresses étrangères. P. 480. — Le temps de l'éclosion des œufs

est de plus de quatre semaines; ce temps est le même lorsque c'est une poule qui a couvé les œufs. *Ibid.* — La poule s'attache par ce soin, et devient pour les petits canards une mère étrangère, mais qui n'en est pas moins tendre. *Ibid.* — Éducation des jeunes canards. *Ibid.* — Ils acquièrent en six mois leur grandeur et toutes leurs couleurs. Caractères distinctifs du mâle. P. 480 et 481. — Les belles couleurs du canard n'ont toute leur vivacité que dans les mâles de la race sauvage. La forme du canard domestique est aussi moins élégante et moins légère. P. 481. — Autres différences entre le canard sauvage et le canard domestique. *Ibid.* — Différences entre le mâle et la femelle pour la taille et les couleurs. *Ibid.* — Variétés dans l'espèce du canard. P. 482 et 483. — La race des canards blancs est constamment plus petite et moins robuste que les autres races. P. 483. — Dans le mélange des individus de différentes couleurs, les petits ressemblent généralement au père par les couleurs de la tête, du dos et de la queue, ce qui arrive de même dans le produit de l'union d'un canard étranger avec une femelle de l'espèce commune. *Ibid.* — Les canards sauvages et privés se mêlent et s'apparient. *Ibid.* — Il se trouve souvent dans une même couvée des canards nourris près des grands étangs, quelques petits qui ressemblent aux sauvages, qui en ont l'instinct farouche, et qui s'enfuient avec eux dans l'arrière-saison. *Ibid.* — Tous les canards sauvages et privés sont sujets, comme les oies, à une mue presque subite. P. 484. — Temps et cause de cette mue. *Ibid.* — Particularités de l'organisation intérieure dans les espèces du canard et de l'oie. *Ibid.* — La voix de la femelle est plus haute, plus forte, plus susceptible d'inflexions que celle du mâle, qui est monotone, et dont le son est toujours enroué. P. 485. — La femelle ne gratte point la terre comme la poule, mais elle gratte dans l'eau peu profonde pour déchausser les racines ou pour déterrer les insectes. *Ibid.* — Conformation extérieure du canard. *Ibid.* — Malgré son air lourd il n'est point stupide; on reconnaît au contraire, par la facilité de ses mouvements dans l'eau, la force, la finesse et même la subtilité de son instinct. *Ibid.* — Qualité de la chair du canard. P. 486. — Celle du canard sauvage est plus fine et de bien meilleur goût que celle du canard domestique. *Ibid.* — Graisse du canard employée dans les topiques. *Ibid.* — Division de la nombreuse famille des canards. P. 486 et 487.

Canard (le) ou plutôt très-petite sarcelle de Rzaczynsky. T. viii, p. 550.

Canard *à collier, de Terre-Neuve* (le). Sa description. T. viii, p. 529 et 530. — Le petit ruban blanc qui borde et coupe au bas le domino noir dont le cou de cet oiseau est couvert, a offert à l'imagination des pêcheurs de Terre-Neuve l'idée d'un cordon de noblesse, puisqu'ils appellent ce canard *the lord* ou *le seigneur*. *Ibid.* — Différences du mâle et de la femelle. P. 530. — Le *canard des montagnes de Kamtschatka* et l'*anas histrionica* de Linnæus doivent se rapporter à cette espèce, qui se trouve non-seulement dans le nord-est de l'Asie, mais même sur le lac Baikal. *Ibid.*

Canard *à crête rouge de la Nouvelle-Zélande*. Sa description par le capitaine Cook. T. viii, p. 552 et 553.

Canard *à face blanche* (le). Sa description. T. viii, p. 532. — Il se trouve au Maragnon, et est de plus grande taille et de plus grosse corpulence que notre canard sauvage. *Ibid.*

Canard *à longue queue, de Terre-Neuve* (le). Sa description. T. viii, p. 505 et 506. — Sa taille. P. 506. — Le *canard à longue queue de la baie d'Hudson*, d'Edwards, paraît être la femelle de celui-ci. Leur différence. *Ibid.* — Cette espèce est habitante des contrées les plus reculées du Nord. On la reconnaît dans le *Havelda* des Islandais, et le *Sawki* ou *kiangitch* des Kamtchadales. *Ibid.*

Canard *à tête grise* (le). Description et caractères particuliers de cet oiseau. T. viii, p. 531. — Sa taille surpasse celle du canard domestique. *Ibid.* — Il a beaucoup de rapports avec le canard à collier de Terre-Neuve. *Ibid.*

Canard *brun* (le) est de la taille de la

sarcelle. T. VIII, p. 530. — Sa description. P. 530 et 531. — Cette espèce est connue des Russes sous le nom de *uhle*. P. 531.

CANARD de Barbarie *à tête blanche*, du docteur Shaw, doit se rapporter aux sarcelles. T. VIII, p. 550.

CANARD *huppé* (beau). Description de cet oiseau. T. VIII, p. 527 et 528. — Il est moins grand que le canard commun, et la femelle est aussi simplement vêtue que le mâle est pompeusement paré. P. 528. — Ils aiment à se percher sur les plus hauts arbres et c'est pour cela que quelques voyageurs leur ont donné le nom de *canards branchus*. *Ibid.* — Ils nichent à la Virginie et à la Caroline, et placent leurs nids dans les trous que les pics ont faits aux grands arbres voisins des eaux; les vieux portent les petits du nid dans l'eau, sur le dos, et ceux-ci, au moindre danger, s'y attachent avec le bec. *Ibid.*

CANARD *musqué* (le) est ainsi nommé parce qu'il exhale une forte odeur de musc. T. VIII, p. 487. — C'est le plus gros de tous les canards connus. P. 487 et 488. — Ses dimensions et sa description. P. 488. — Caractère distinctif de cette race. *Ibid.* — Différence entre le mâle et la femelle. *Ibid.* — Ce canard a la voix grave, et si basse qu'à peine se fait-il entendre, à moins qu'il ne soit en colère; mais il n'est point vrai qu'il soit muet. *Ibid.* — Il marche lentement et pesamment, ce qui n'empêche pas que dans l'état sauvage il ne se perche sur les arbres. *Ibid.* — On l'appelle en France *canard d'Inde*, mais nous ne savons pas d'où cette espèce nous est venue. *Ibid.* — Il paraît qu'elle se trouve au Brésil dans l'état sauvage. P. 488 et 489. — Ce canard s'engraisse également en domesticité dans la basse-cour, ou en liberté sur les rivières. P. 489. — Sa fécondité. *Ibid.* — Le mâle est très-ardent en amour; toutes les femelles, celles même d'autre race et d'autre espèce lui conviennent. *Ibid.* — Organe d'où s'exhale l'odeur musquée que répandent ces oiseaux. P. 489 et 490. — Leurs habitudes naturelles dans l'état sauvage. P. 490.

CANARD *peint*, de la Nouvelle-Zélande. Sa description, par le capitaine Cook. T. VIII, p. 552.

CANARD (petit) *à grosse tête* (le) est de taille moyenne entre le canard commun et la sarcelle. T. VIII, p. 529. — La touffe épaisse qui grossit sa tête lui a fait donner, par Catesby, le nom de *tête de buffle*. Description de ce canard; différences du mâle à la femelle. *Ibid.* — Il paraît pendant l'hiver à la Caroline, où il fréquente les eaux douces. *Ibid.*

CANARD (petit) *des Philippines*, qu'on dit n'être pas plus gros que le poing, est plutôt une sarcelle qu'un canard. T. VIII, p. 551.

CANARD *sifflant à bec mou*, de la Nouvelle-Zélande. Notice qu'en donne le capitaine Cook. T. VIII, p. 552.

CANARD *siffleur* (le) a la voix claire et semblable au son d'un fifre. T. VIII, p. 490 et 491. — Il a l'air plus gai que les autres canards; sa taille est à peu près pareille à celle du souchet. P. 491. — Sa description. *Ibid.* — Les femelles sont plus petites que les mâles, et demeurent toujours grises. *Ibid.* — Les canards siffleurs volent et nagent toujours par bandes; il en passe chaque hiver quelques troupes dans la plupart de nos provinces, même dans celles qui sont éloignées de la mer. P. 492. — Habitudes naturelles de cet oiseau. *Ibid.* — Il s'accoutume aisément à la domesticité. *Ibid.* — L'espèce se trouve en Amérique comme en Europe. P. 493. — Il semble qu'on doit y rapporter le *wigeon* ou le *gingeon* de Saint-Domingue et de Cayenne. *Ibid.* — Les canards siffleurs, ainsi que les chipeaux, les souchets et les *penards* ou canards à longue queue, naissent gris et conservent cette couleur jusqu'au mois de février, et dans ce premier temps on ne distingue pas les mâles des femelles. P. 491. — Au commencement de mars leurs plumes se colorent, et la nature leur donne les agréments qui conviennent à la saison des amours. *Ibid.* — Elle les dépouille de cette parure vers la fin de juillet, leur voix même se perd alors ainsi que celle des femelles, et tous semblent être condamnés au silence comme à l'indifférence pendant six mois

de l'année. *Ibid.* — C'est dans cet état que ces oiseaux partent au mois de novembre pour leur long voyage, il n'est guère possible de distinguer alors les vieux des jeunes, surtout dans les *penards*. P. 491 et 492. — Lorsque tous ces oiseaux retournent dans le Nord à la fin de février ou au commencement de mars, ils sont parés de leurs belles couleurs, et font sans cesse entendre leur voix. P. 492.

Canard *siffleur à bec noir* (le). Sa description. T. viii, p. 498. — Il se perche sur les arbres, et fait entendre un sifflement. *Ibid.* — Sa chair est très-bonne, l'espèce se trouve en Amérique. *Ibid.*

Canard *siffleur à bec rouge et narines jaunes* (le), distingué du siffleur huppé, qui a aussi le bec rouge. T. viii, p. 497. — Sa description. *Ibid.* — L'espèce se trouve en Amérique. *Ibid.*

Canard *siffleur huppé* (le) est de la taille de notre canard sauvage. T. viii, p. 496. — Sa description. P. 496 et 497. — Cette espèce, moins commune que celle du siffleur sans huppe, a été vue dans nos climats. P. 497.

Canard *souchet* (le) est surnommé *canard cuiller*, *canard spatule*, à cause de son grand et large bec épaté, arrondi et dilaté par le bout, en manière de cuiller. T. viii, p. 500 et 501. — Description de ce canard. P. 501. — Il se nourrit d'insectes et de crustacés. *Ibid.* — Ses autres habitudes naturelles. P. 501 et 502. — Les souchets arrivent dans nos climats au mois de février; ils se répandent dans les marais, et une partie y couve tous les ans. P. 502. — Il est très-rare d'en voir pendant l'hiver. *Ibid.* — Ils nichent dans les mêmes endroits que les sarcelles; ponte et durée de l'incubation. *Ibid.* — Description des souchets nouveau-nés, et leur éducation. *Ibid.* — Leurs belles plumes ne sont bien éclatantes qu'à la seconde année. *Ibid.* — Le cri du souchet ressemble au craquement d'une crécelle à main tournée par petites secousses. P. 503. — Il est le meilleur et le plus délicat des canards; il prend beaucoup de graisse en hiver. Qualité de sa chair. *Ibid.*

Canard *souchet à ventre blanc*. Variété de l'espèce du souchet. T. viii, p. 503. — L'*yacapatlahoac* et le *tempatlahoac* de Fernandez paraissent devoir être rapportés à l'espèce du souchet. *Ibid.* — Le souchet d'Amérique et celui d'Europe ne sont qu'une seule et même espèce. P. 504.

Canards de deux espèces, aux îles Malouines. T. viii, p. 552.

Canards du détroit de Magellan. T. viii, p. 552.

Canards du Mexique, au nombre de dix espèces, données par Fernandez. T. viii, p. 553.

Canards (*neuf espèces de*) de Kamtschatka, dont on ne trouve que les noms dans Kracheninnikow. T. viii, p. 551.

Canards *quatre ailes*, dont les ailes renversées paraissent doubles, semblent n'être qu'une variété accidentelle dans l'espèce commune. T. viii, p. 549 et 550.

Canaris. Voyez *Serin* des Canaries.

Cancaner, mot qui exprime un vilain cri des perroquets. T. vii, p. 253.

Canepétière. Voyez petite *Outarde*.

Canidé. Voyez *Ara bleu*.

Canot, hibou de l'Amérique septentrionale, ainsi nommé parce qu'il semble crier *au canot*. T. v, p. 177 (note *e*).

Canut. Origine de ce nom. L'oiseau canut ressemble assez au vanneau gris, mais il est plus petit et son bec est différent. Sa description. T. viii, p. 233. — C'est un petit oiseau de rivage que l'on peut engraisser et nourrir de pain trempé de lait, et cette nourriture donne à sa chair un goût exquis. P. 234.

Caparacoch de la baie d'Hudson, mâle et femelle, fait la nuance entre la chouette et l'épervier. T. v, p. 194 et 195. — Prend sa proie en plein jour. P. 195.

Cap-more, nommé mal à propos troupiale du Sénégal. T. vi, p. 39. — Observations faites sur deux mâles de différents âges, pris d'abord pour le mâle et la femelle. P. 39 et 40. — Leurs façons de faire; leur chant, leur grosseur, leur nid, leur mort. P. 40.

Caracara de Marcgrave, *autrement* Gavion, oiseau de proie du Brésil, de la grosseur d'un milan, grand ennemi des

poules, ayant la tête et les serres de l'épervier, la queue de neuf pouces, les ailes de quatorze, l'iris et les pieds jaunes; les couleurs du plumage sont sujettes à varier dans cette espèce. T. v, p. 418, 419 et 441.

Caracara, oiseau des Antilles, nommé faisan, par le Père du Tertre; sa taille, ses pieds, son cou, son bec, sa tête, son plumage, son naturel, qualité de sa chair. T. v, p. 440 et 441.

Cardinal. Voyez *Commandeur*.

Cardinal de Madagascar. Voyez *Foudis*.

Cardinal Dominicain. Voyez *Paroare*.

Cardinal Dominicain huppé. Voyez *Paroare* huppé.

Cardinal du cap de Bonne-Espérance. Voyez *Foudis*.

Cardinal huppé *ou* gros-bec de Virginie, rouge gros-bec, rossignol de Virginie : ses rapports avec le dur-bec, sa huppe, son plumage; différences de la femelle, son chant; il apprend à siffler; sa nourriture. T. vi, p. 152.

Cardinal (le) *brun* de M. Brisson est le même que le commandeur; ce n'est point un tangara, mais un *troupiale*. T. vi, p. 341.

Cariama (le), le secrétaire et le kamichi, sont de grands oiseaux qui forment un groupe à part. T. viii, p. 47. — Le cariama est un bel oiseau de l'Amérique méridionale qui fréquente les marécages et s'y nourrit comme le héron; avec de longs pieds et le bas de la jambe nu comme les oiseaux de rivage, il a un bec court et crochu comme les oiseaux de proie. Son port et sa description. *Ibid.* — Sa voix ressemble à celle de la poule d'Inde. Sa chair est fort bonne à manger. On l'a rendu à demi domestique dans son pays natal en Amérique. P. 47 et 48.

Carillonneur, espèce de fourmillier dont la voix est très-forte. Ces oiseaux semblent chanter en partie et forment successivement trois tons différents; ils continuent ce singulier carillon pendant des heures entières. T. vi, p. 393 et 394.

Carindé. Voyez *Ara bleu*.

Caroline. Aucune espèce de perroquet au delà de cette province. T. vii, p. 285. — La perriche à tête jaune est la seule espèce de perroquet que l'on y voie, et qui y niche quelquefois. P. 288.

Carouge, nom donné par M. Brisson à un xochitol. T. vi, p. 32.

Carouge à tête jaune d'Amérique. Variétés. T. vi, p. 49.

Carouge bleu de Madras, petit geai bleu; petite pie de Madras. T. vi, p. 27.

Carouge de Cayenne, paraît être une variété du commandeur. T. vi, p. 35.

Carouge de Cayenne (autre), son plumage, ses dimensions, son nid, son chant, sa nourriture; variété. T. vi, p. 47 et 48.

Carouge de Cayenne (autre). Voyez *Coiffes-jaunes*.

Carouge de la Martinique. T. vi, p. 47.

Carouge de l'île Saint-Thomas. Variétés. T. vi, p. 49.

Carouge de Saint-Domingue, *ou* cul-jaune de Cayenne. T. vi, p. 48. — Voyez *Jamac*.

Carouge du cap de Bonne-Espérance, mal nommé. T. vi, p. 50.

Carouge du Mexique. T. vi, p. 48. — Voyez *Petit cul-jaune*.

Carouge olive de la Louisiane, mal à propos nommé carouge du cap de Bonne Espérance; son plumage, ses dimensions. T. vi, p. 50 et 51.

Carouges réunis dans un même genre avec les troupiales, les baltimores, les cassiques. T. vi, p. 26.

Casoar, ne se trouve que dans les pays chauds ainsi que l'autruche, le dronte et d'autres oiseaux presque nus. T. v, p. 34. — Tous ces oiseaux ne volent point. P. 35 et p. 100.

Casoar ou Cassoware, Emeu; moins gros que l'autruche, paraît cependant plus massif, sa grosseur varie beaucoup; a un casque de corne, les narines près de la pointe du bec, le bec supérieur plus relevé que celui de l'autruche, la tête et le haut du cou presque nus, sous le cou deux et quelquefois quatre barbillons, les ailes très-courtes et inutiles, armées de piquants, point de queue, des callosités sous le corps, des plumes décomposées ressemblant à du poil, et trois doigts antérieurs à chaque pied. T. v, p. 235-239. — Comment se défend;

son allure, sa vitesse à la course; a la langue très-courte, avale tout ce qu'on lui donne, rend quelquefois une pomme, un œuf sans les avoir digérés; a le jabot et le double estomac des animaux qui vivent de matières végétales et les courts intestins des animaux carnassiers. P. 239 et 240. — Observations anatomiques; œufs du casoar; son domaine commence où finit celui de l'autruche, dans le midi de l'Asie; est moins multiplié, et pourquoi; comparé avec l'autruche et le touyou. P. 240-242.

Casque noir ou merle à tête noire du cap de Bonne-Espérance, ressemble au brunet et surtout au merle à cul jaune; ses dimensions, son plumage. T. vi, p. 116 et 117.

Casse-noisette, espèce de manakin de la Guiane, dont le cri ressemble à celui de l'instrument qui casse les noisettes; sa description. T. vi, p. 362 et 363.

Casse-noix, pie grivelée, ses rapports avec les geais et les pies, différences. T. v, p. 578. — Deux variétés dans cette espèce, langue courte de l'une et structure intérieure du bec. *Ibid.* — Nourriture des casse-noix, leur instinct de faire des provisions, lieux où ils se plaisent, pays qu'ils habitent, paraissent étrangers à l'Allemagne, ne sont pas oiseaux de passage, mais voyagent quelquefois par grandes troupes. P. 578 et 579. — Pourquoi ne se perpétuent guère que dans les forêts escarpées; leurs rapports avec les pics. P. 580.

Cassican, oiseau qui tient du cassique et du toucan; ses ressemblances et ses différences avec l'un ou l'autre de ces oiseaux. Ses dimensions. T. vii, p. 562 et 563.

Cassique de la Louisiane, le plus petit des cassiques connus. T. vi, p. 46.

Cassique huppé de Cayenne, le plus grand des cassiques connus; ses dimensions, son plumage; variété. T. vi, p. 46.

Cassique jaune du Brésil, appelé *yapou* et *jupujuba*, variable dans son plumage. T. vi, p. 43 et 44.

Cassique rouge du Brésil; variété du cassique jaune, ses différences; niche en société. T. vi, p. 44 et 45.

Cassique vert de Cayenne, espèce nouvelle, ses couleurs et ses dimensions. T. vi, p. 45 et 46.

Cassiques, réunis dans un même genre avec les troupiales, les baltimores, les carouges. T. vi, p. 26. — Comparés avec tous ces oiseaux; en quoi ils en diffèrent. P. 43.

Castagneux (les) sont des grèbes beaucoup moins grands que les autres; il y en a même de presque aussi petits que les pétrels qui, de tous les oiseaux navigateurs, sont les plus petits. Leurs ressemblances et leurs différences avec les autres grèbes. On leur a donné le nom de *castagneux*, parce qu'ils portent du brun châtain ou couleur de marron sur le dos. T. viii, p. 284 et 285. — Différences qui se trouvent dans plusieurs individus. P. 285. — Leurs habitudes naturelles. Difficulté qu'ils ont à se tenir et même à marcher sur la terre. On les voit tout l'hiver sur les rivières, et quoiqu'on l'ait nommé grèbe de rivière, on en voit aussi sur la mer. Leur nourriture. Description des parties intérieures et extérieures de cet oiseau. *Ibid.*

Castagneux *à bec cerclé.* Sa description. Il se trouve sur les étangs d'eau douce à la Caroline. T. viii, p. 286.

Castagneux *des Philippines.* Cet oiseau n'est peut-être que notre castagneux, un peu agrandi et modifié par l'influence d'un climat plus chaud. Sa description. T. viii, p. 286.

Castagneux *de Saint-Domingue.* Il est encore plus petit que le castagneux d'Europe. Ses dimensions et sa description. T. viii, p. 287.

Castration, ses effets dans les oiseaux. T. v, p. 302.

Catherina, variété de l'aourou-couraou. T. vii, p. 258 et 259. — Ce nom donné aussi au cocho. P. 265.

Catotol, petit oiseau du Mexique dont l'espèce est voisine de celle du tarin. T. vi, p. 279.

Caudec, espèce de tyran de la Guiane; description du mâle et de la femelle. T. vi, p. 448 et 449.

Caurale. Oiseau qui est ainsi nommé parce qu'il ressemble aux râles, et qu'il a une longue queue. Description de son plu-

mage qui est très-agréablement nuancé. Dimensions de cet oiseau, comparées avec celles du râle. T. VIII, p. 247. — On le trouve, mais assez rarement, dans l'intérieur des terres de la Guiane. *Ibid.*

CEDRON. V. *Tétras.*

CEINTURE *de prêtre.* Voyez *Alouette de Sibérie.*

CENCONTLATOLLI, nom mexicain du moqueur. T. VI, p. 83.

CENDRILLARD de Saint-Domingue et de la Louisiane. Taille du mauvis. Variété dans cette espèce, petit coucou gris. T. VII, p. 356 et 357.

CENDRILLE, oiseau du cap de Bonne-Espérance qui a rapport aux alouettes. Sa description, ses dimensions. T. VI, p. 483.

CENTZONPANTLI, est de l'espèce du moqueur. T. VI, p. 83.

CERCEAU, on nomme ainsi dans la fauconnerie la première penne de l'aile des faucons. T. V, p. 126.

CHACAMEL, son cri, son plumage, lieu qu'il habite. T. V, p. 441 et 442.

CHAIR des perroquets d'Amérique contracte, dit-on, l'odeur et la couleur des fruits qu'ils mangent. T. VII, p. 251.

CHALEUR, son économie. T. V, p. 295.

CHANSONNET pour Sansonnet. Voyez *Étourneau.*

CHANT des oiseaux, se renouvelle et cesse tous les ans avec la saison de l'amour, et paraît dépendre de ce sentiment. T. V, p. 25 et 26. — Chant de la grive. T. VI, p. 65 et 66.

CHANTRE. Voyez *Pouillot.*

CHANTRE. Couve l'œuf du coucou déposé dans son nid. T. VII, p. 316.

CHAPONS, moyens d'en tirer parti pour la multiplication de l'espèce. T. V, p. 302.

CHARBONNIER. Sorte d'oiseau, ainsi nommé par M. de Bougainville; notice qu'en a donnée ce navigateur. T. VIII, p. 619.

CHARBONNIÈRE (la). Méprise de Belon au sujet des habitudes de cette mésange. T. VII, p. 73. — Habitudes naturelles de la mésange charbonnière. Le chant du mâle est très-différent au printemps de ce qu'il est en été. On l'appelle aussi *mésange-pinson.* P. 73 et 74. — Elle s'apprivoise très-aisément. S'apparie dès le commencement de février. Construction de son nid, dans lequel la femelle pond huit, dix et jusqu'à douze œufs blancs avec des taches rousses, principalement vers le gros bout. L'incubation ne passe pas douze jours, et les petits restent plusieurs jours les yeux fermés. P. 74 et 75. — Elle fait plusieurs pontes dans un été. Description de la mésange charbonnière. P. 75 et 76. — Ses dimensions. P. 76. — Description de ses parties intérieures. *Ibid.*

CHARBONNIÈRE (petite). T. VII, p. 76. — Ses différences avec la grande charbonnière. Son naturel peu défiant et fort courageux. Ses habitudes. P. 77 et 78. — Sa grandeur, sa description et ses dimensions. P. 78. — Ses variétés. *Ibid.* et suiv.

CHARDONNERETS, se mêlent avec les tarins et les serins. T. V, p. 11. — Vivent vingt-trois ans selon Willughby. P. 29 (note *a*).

CHARDONNERET. Portrait de cet oiseau. T. VI, p. 258. — Description de la femelle et des jeunes. P. 258 et 259. — Les mâles ont un ramage très-agréable qu'ils font entendre dès les premiers jours de mars. P. 259. — Ils chantent en domesticité, même pendant l'hiver. *Ibid.* — Le chardonneret et le pinson sont les deux oiseaux qui savent le mieux construire leurs nids : le dehors est de la mousse fine, du jonc, des petites racines, de la bourre de chardon entrelacés avec beaucoup d'art; le dedans est garni de crin, de laine et de duvet; ils posent leurs nids de préférence sur les pruniers et les noyers ou dans les buissons. P. 259 et 260. —La femelle pond ordinairement quatre œufs tachetés de brun rougeâtre vers le gros bout; elle fait ordinairement deux pontes par an; ils nourrissent leurs petits de chenilles et d'insectes. P. 260. —Le mâle du chardonneret mis en cage s'apparie plus volontiers avec la femelle du serin qu'avec la sienne propre. P. 260 et 261. — Préliminaires de l'alliance du mâle chardonneret avec la femelle du serin. P. 261. — Résultat de cette alliance. P. 262. — Le chardonneret a le vol bas, mais suivi et filé; c'est un oiseau actif et laborieux. *Ibid.* — Un seul mâle chardonneret dans

une volière suffit, s'il est vacant, pour faire manquer toutes les couvées, tant il y fait de mouvement et de dégâts. *Ibid.* — Le chardonneret est très-docile; on lui apprend différents petits exercices; il aime la compagnie. *Ibid.* — Son éducation. P. 263. — Ces oiseaux se rassemblent en automne, et l'hiver ils vont en troupes fort nombreuses; ils se cachent dans les buissons fourrés lorsque le froid est rigoureux; ils vivent longtemps. Exemple d'un chardonneret de vingt-trois ans et d'un autre de seize à dix-huit ans. *Ibid.* — Ils sont sujets à l'épilepsie et à d'autres maladies. P. 264. — Leur langue est divisée à l'extrémité en petits filets déliés. *Ibid.* — Leurs dimensions, et description de leurs parties intérieures. *Ibid.*

CHARDONNERET (variétés du). Le chardonneret à poitrine jaune; le chardonneret à sourcils et front blancs; le chardonneret à tête rayée de rouge et de jaune; le chardonneret à capuchon noir; le chardonneret blanchâtre; le chardonneret blanc; le chardonneret noir à tête orangée; le chardonneret métis. Description de toutes ces variétés T. VI, p. 261-268.

CHARDONNERET *à quatre raies.* Cet oiseau se trouve dans les terres qui sont à l'ouest du golfe de Bothnie. Sa description. T. VI, p. 268.

CHARDONNERET *jaune*, oiseau de l'Amérique septentrionale dont l'espèce est voisine de celle du chardonneret. Sa description. T. VI, p. 269 et 270. — Description de la femelle et du jeune. P. 270. — Exemple d'une femelle qui a pondu, quoique seule, un œuf en Angleterre; il était gris de perle et sans aucune tache; cette femelle muait deux fois par an, en mars et en septembre. Description et dimensions de cet oiseau. P. 270 et 271.

CHARDONNERET. Couve et fait éclore des œufs de serins avec les siens. T. VII, p. 314.

CHAT-HUANT, Γλαὺξ, *noctua*, appelé Γλαὺξ, à cause de la couleur bleuâtre de ses yeux. T. V, p. 167. — On en trouve dans les bois pendant la plus mauvaise saison. P. 166. — Est de la grosseur de l'effraie, a douze à treize pouces de longueur du bout du bec au bout des ongles, moins gros que la hulotte à proportion; *ho*, *ho*, est son cri; le mâle, plus brun que la femelle, se tient dans les bois; plus commun que la hulotte, reste l'hiver; n'est point le *strix* des Latins; se trouve en Suède, d'où il a pu passer en Amérique. P. 185 et 186. — Le chat-huant de Saint-Domingue paraît être une variété de cette espèce. P. 186.

CHAT-HUANT de Canada. Voyez *Chouette* de Canada.

CHAT-HUANT de Cayenne. T. V, p. 198.

CHAUCHE-BRANCHE. Un des noms de notre engoulevent. T. VII, p. 407.

CHAUVE-SOURIS. Dorment l'hiver engourdies dans leurs trous. T. VII, p. 426 et 427. — Fausses conséquences qu'on a tirées de ce fait. P. 428 et 429.

CHENILLE *des palétuviers.* T. VII, p. 351.

CHÉRIC, oiseau de Madagascar, du genre des figuiers qui s'appelle *œil-blanc* à l'île de France. Ses dimensions et sa description. T. VII, p. 16.

CHEVALIER, étymologie de ce nom. Les chevaliers sont des oiseaux très-haut montés sur leurs jambes; ils sont plus petits que les barges; ils ont les jambes tout aussi grandes, mais le bec plus court. Leurs habitudes naturelles sont semblables à celles des barges; mais ils fréquentent plus souvent qu'elles les bords des étangs et des rivières. Ils courent très-légèrement sur les rivages, et vivent de vermisseaux; dans le temps de la sécheresse, ils se rabattent sur les insectes de terre, et prennent des scarabées, des mouches, etc. Leur chair est assez estimée, mais c'est un gibier fort rare, car les chevaliers ne sont nulle part en grand nombre, et d'ailleurs ils se laissent difficilement approcher. Nous connaissons six espèces de ces oiseaux. T. VIII, p. 140 et 141.

CHEVALIER (le), paraît aussi gros que le pluvier doré, mais c'est seulement parce qu'il est plus fourni de plumes, et en général tous les chevaliers ont peu de chair et beaucoup de plumes. Ses dimensions et sa description. T. VIII, p. 141. — Il paraît qu'il y a quelques variétés dans cette espèce, pour la couleur du bec et des pieds. Ses

habitudes naturelles; les différentes contrées que le chevalier habite. P. 141 et 142.

CHEVALIER *aux pieds rouges;* sa description et ses dimensions. T. VIII, p. 142 et 143. — Cet oiseau s'appelle *courrier* sur la Saône, et *gambette* dans le Bolonais; on le trouve aussi dans les provinces de Lorraine, de l'Orléanais et de Brie; c'est un assez bel oiseau. Ses habitudes naturelles. Sa voix. P. 143. — L'espèce en paraît répandue dans toutes les contrées chaudes et tempérées des deux continents. *Ibid.*

CHEVALIER *blanc*, il se trouve à la baie d'Hudson; ses dimensions et sa description. T. VIII, p. 145 et 146.

CHEVALIER *rayé.* Ses dimensions et sa description. T. VIII, p. 144.

CHEVALIER *varié.* Sa description. Il a le bec et les pieds noirs, les jambes moins hautes que le chevalier aux pieds et au bec rouges. T. VIII, p. 144 et 145. — Il fait son nid de fort bonne heure, car dès la fin d'avril on en voit les petits. Leurs habitudes naturelles. P. 145.

CHEVALIER *vert;* indication au sujet de cet oiseau. T. VIII, p. 146.

CHEVÊCHE (grande) ou chouette proprement dite Αἰγωλιὸς, *ulula.* T. V, p. 189. — Pourquoi l'on doit regarder cette chouette comme l'Αἰγωλιὸς des Grecs. P. 168.

CHEVÊCHE (grande) ou chouette du Canada. T. V, p. 198.

CHEVÊCHE (grande) ou chouette de Saint-Domingue, paraît être une espèce nouvelle. T. V, p. 198 et 199. — A le bec plus fort, plus grand et plus crochu qu'aucune autre chouette. P. 198.

CHEVÊCHE ou petite chouette, de la grosseur du petit duc, a sept ou huit pouces du bout du bec au bout des ongles, a la tête sans aigrettes, le bec jaune vers le bout, la queue courte, et les ailes encore plus, à proportion; se tient dans les carrières, etc., rarement dans les bois; voit mieux le jour que les autres oiseaux nocturnes, chasse aux hirondelles, etc., mais avec peu de fruit, les plume, et déchire les mulots pour les manger; pond cinq œufs presque à cru dans les trous de murailles, n'est pas l'oiseau de mort comme on l'a cru. T. V, p. 191 et 192. — A le plumage brun tacheté de blanc régulièrement. P. 191. — La chevêche de Frisch est plus noire et a les yeux de cette couleur; c'est peut-être une variété dans cette espèce, ainsi que la chevêche de Saint-Domingue. P. 192.

CHEVÊCHE (grande). Voyez *Oiseaux de nuit.*

CHEVREUIL, modèle de la fidélité conjugale, chose très-rare parmi les quadrupèdes. T. V, p. 38.

CHIC *de Mitilene*, oiseau de Metelin, en Grèce. Voyez *Mitilène.*

CHIEN, son odorat fort supérieur à celui du corbeau et du vautour. T. V, p. 18. — Ses appétits les plus véhéments dérivent, ainsi que ceux des autres animaux carnassiers, de l'odorat et du goût. P. 23. — S'est perfectionné par son commerce avec l'homme. *Ibid.* — A acquis, comme les autres animaux domestiques, la faculté de s'unir et de produire presque en toute saison. P. 26.

CHINQUIS, paon du Thibet, de Brisson; sa grosseur, son plumage orné de miroirs ou yeux. T. V, p. 427. — N'est pas le kinki. *Ibid.*

CHIPEAU (le) n'est pas si grand que notre canard sauvage. T. VIII, p. 498. — Sa description. P. 498 et 499. — Sa voix ressemble fort à celle du canard sauvage. P. 499. — Habitudes naturelles de cet oiseau. *Ibid.* — Différences entre le mâle et la femelle. *Ibid.* — Les femelles chipeaux deviennent fort rousses en vieillissant. *Ibid.* — Description du bec et des pieds du canard, avec ses dimensions. *Ibid.*

CHIRURGIEN. Voyez *Jacana.*

CHON-KUI ou CHUNGAR, oiseau de la Grande-Tartarie, dont l'espèce est peu reconnaissable dans les notices incomplètes qu'en donnent les voyageurs. T. VIII, p. 615.

CHOQUARD ou choucas des Alpes. T. V, p. 556. — Nommé aussi *chouette*, pris mal à propos pour un merle; son plumage, son bec, ses pieds. P. 556 et 557. — Lieux où il se plaît, sa grosseur, sa voix. P. 557. — Sa nourriture, sa chair, son vol dont on tire des présages météorologiques. *Ibid.*

Chouc ou choucas cendré. T. v, p. 553 et 555.

Choucari de la Nouvelle-Guinée, ses rapports avec les choucas et avec le colnud. T. v, p. 558 et 559.

Choucas ou chouette rouge, l'un des noms du crave ou coracias. T. v, p. 521.— Ce genre comparé à celui des corneilles. P. 553. — Contient de même trois espèces. *Ibid.* — Choucas sont plus petits que les corneilles, leur cri, leur nourriture, détruisent beaucoup d'œufs de perdrix. *Ibid.* — Vont en troupes; leurs nids, leurs amours; ponte, œufs; soins de la couvée partagés par le mâle; font deux couvées par an. P. 553 et 554. — Sont oiseaux de passage. P. 554. — Observations anatomiques. *Ibid.* — Les choucas se privent, apprennent à parler, volent des pièces de monnaie, etc. P. 555. — Comparaison des deux espèces de choucas d'Europe. *Ibid.* — Variétés. P. 555 et 556.

Choucas à bec croisé. T. v, p. 556.

Choucas blanc. T. v, p. 555 et 556.

Choucas cendré. V. *Chouc.*

Choucas chauve de Cayenne, est le pendant du freux; en quoi ressemble à nos choucas, et en quoi il en diffère. T. v, p. 553 et 558.

Choucas de la Nouvelle-Guinée; son bec, son plumage. T. v, p. 558.

Choucas de Suisse, ayant un collier blanc. T. v, p. 555.

Choucas des Alpes. Voyez *Choquart.*

Choucas des Philippines. Voyez *Balicase.*

Choucas moustache, ses ailes, sa queue, ses poils autour du bec, sa crinière. T. v, p. 557 et 558.

Choucas varié; son bec. T. v, p. 556.

Choucas. Voyez *Oiseaux.*

Chouette ou chouette des rochers, grande chevêche; se tient dans les carrières, sur les rochers escarpés, etc., rarement dans les bois; est plus brune que l'effraie; marquée d'espèces de flammes, a le bec tout brun, les yeux d'un beau jaune et les pieds plus velus; plus petite que le chat-huant; pond trois œufs blancs parfaitement ronds, vers le commencement de mars; détruit les mulots. T. v, p. 189 et 190. — Est commune en Europe, surtout dans les pays de montagnes; se retrouve en Amérique sous le nom de *chevêche-lapin* ou de *Coquimbo.* P. 190. — Cette variété s'appelle aussi le *diable. Ibid.* (note *b.*)

Chouette ou grande chevêche du Canada. T. v, p. 198.

Chouette ou grande chevêche de Saint-Domingue, paraît être une espèce particulière. T. v, 198 et 199.

Chouettes, ne chassent que la nuit, et sont parmi les oiseaux les représentants des chats. T. v, p. 30. — Ne peuvent guère attraper la nuit que des chauves-souris, et se rabattent sur les phalènes qui volent aussi dans l'obscurité. P. 32. — N'ont point sur la tête ces deux aigrettes ou oreilles de plumes qui distinguent les hiboux; ce genre a cinq espèces, la hulotte, le chat-huant, l'effraie, la chevêche et la petite chevêche. P. 164, 165, et p. 192 et 193. — Voyez *Caboure.*

Chouettes du Cap. T. v, p. 194.

Chouette qui n'avait pas encore mangé seule, dévore une fauvette. T. vii, p. 307.

Chrokiel. Voyez *Grande Caille* de Pologne.

Churge ou l'outarde moyenne des Indes, plus petite que celle d'Europe, et plus haut montée; a le bec plus allongé. T. v, p. 276. — N'est point un pluvier. P. 276 et 277.— Son plumage. P. 277. — Est originaire de Bengale. *Ibid.*

Cicatricule de l'œuf, contient le véritable germe de l'embryon futur. T. v, p. 289.

Cigognes, ne vivent pas six mois sous l'eau. T. vii, p. 430.

Cigogne; le genre de la cigogne n'est composé que de deux espèces, la cigogne blanche et la cigogne noire, qui ne diffèrent à l'extérieur que par la couleur, mais dont le naturel et l'instinct ne laissent pas d'être fort différents; la cigogne noire cherche les lieux déserts, se perche dans les bois, fréquente les marécages et niche dans l'épaisseur des forêts. La cigogne blanche choisit, au contraire, nos habitations pour domicile; elle s'établit sur les tours, sur les cheminées et sur les combles des édifices. T. viii, p. 12.

— Dimensions de la cigogne blanche. Sa description. Singularité dans la coupure des plumes de ses ailes. P. 13. — Son vol est puissant et soutenu. Elle s'élève fort haut et fait de très-longs voyages. *Ibid.* — Les cigognes blanches arrivent en Alsace au mois de mars, et même dès la fin de février. Elles reviennent constamment aux mêmes lieux, et si le nid est détruit elles le reconstruisent de nouveau avec des brins de bois et d'herbes de marais qu'elles entassent en grande quantité; c'est ordinairement sur les combles élevés, sur les créneaux des tours, et quelquefois sur de grands arbres au bord des eaux ou à la pointe d'un rocher escarpé qu'elles le posent. En Alsace on place des roues, et en Hollande des caisses carrées au faîte des édifices, pour engager ces oiseaux à y faire leur nid. P. 14. — Leurs habitudes naturelles dans l'état de repos. Ils se nourrissent de grenouilles, de lézards, de couleuvres et de petits poissons. Ils marchent comme la grue, en jetant le pied en avant par grands pas mesurés; lorsqu'ils s'irritent ou s'inquiètent, ils font claquer leur bec. Manière dont s'exécute ce mouvement du bec. P. 14 et 15. — Ce bruit de claquement est le seul que la cigogne fasse entendre, car on ne lui connaît aucune voix ni aucun cri. Elle a la langue courte et cachée au fond du gosier. Elle ne pond pas au delà de quatre œufs, et souvent pas plus de deux, d'un blanc sale et jaunâtre, un peu moins gros, mais plus allongés que ceux de l'oie; le mâle les couve dans le temps que la femelle va chercher sa pâture; les œufs éclosent au bout d'un mois. P. 15. — Manière dont ils soignent leurs petits. Leurs habitudes naturelles dans le premier âge. Les jeunes partent avec les plus âgées dans les derniers jours d'août, saison de leur départ dans nos provinces de France. *Ibid.* — Elles se rassemblent et font divers mouvements avant leur départ, qui se fait ordinairement par un vent de nord. Elles s'élèvent toutes ensemble, et dans quelques instants se perdent au haut des airs. P. 16. — Elles vont en automne dans les pays chauds, tels que l'Égypte, pour y passer l'hiver, et reviennent dans nos contrées au printemps. *Ibid.* — Observations sur leurs passages et leur séjour en hiver. P. 17. — Les cigognes nichent en été dans nos climats, et une seconde fois en hiver dans des climats plus chauds. On ne voit de cigognes que très-rarement en Angleterre et en Écosse, non plus qu'en Italie; cependant elles se portent bien plus avant dans le nord de l'Europe, comme en Suède, en Danemark, etc. P. 17 et 18. — La Lorraine et l'Alsace sont les provinces de France où les cigognes passent en plus grande quantité. La cigogne est d'un naturel doux et se prive aisément. Il semble qu'elle ait l'idée de la propreté. Elle a presque toujours l'air triste et la contenance morne. P. 18. — Cependant lorsqu'elle est excitée elle se prête au badinage des enfants en sautant et jouant avec eux; elle vit longtemps, même en domesticité. Elle nourrit aussi fort longtemps ses petits. P. 18 et 19. — Elle les défend jusqu'à la mort; on l'a vue donner des marques d'attachement pour les lieux et les hôtes qui l'ont reçue. Elle donne aussi de tendres soins à ses parents trop faibles et trop vieux. P. 19. — Il était défendu chez les anciens de tuer la cigogne. La chair n'en est pas bonne à manger. P. 20.

Cigogne *noire* (la) n'a pas le plumage profondément noir. Sa description. T. VIII, p. 21. — Variété dans la couleur du bec et des pieds. Ses dimensions. Son naturel est très-différent de celui de la cigogne blanche, car au lieu de s'approcher et de s'établir dans les lieux habités, elle fuit dans les déserts et ne fréquente que les marais et les lieux écartés; elle niche dans l'épaisseur des bois, sur de vieux arbres, particulièrement sur les sapins, et elle est commune dans les Alpes en Suisse. Sa manière de pêcher et de chercher sa nourriture. P. 21 et 22. — Contrées de l'Europe où elle se trouve. On peut l'apprivoiser jusqu'à un certain point. On ignore si elle voyage comme la cigogne blanche, et si les temps de ses migrations sont les mêmes; mais il y a toute raison de le croire, parce qu'elle ne pourrait trouver sa nourriture pendant l'hiver dans nos contrées. P. 22. — Elle est moins nombreuse et moins répandue que la cigogne blanche.

Sa chair est d'un mauvais suc et d'un fumet sauvage. *Ibid.*

CINCLE (le) est le plus petit des oiseaux de rivage. Son espèce paraît n'être que secondaire et subalterne à celle de l'alouette de mer. Ses dimensions et sa description. Ses habitudes naturelles et communes avec celles de l'alouette de mer. Il a dans la queue le même mouvement de secousse ou de tremblement. T. VIII, p. 161 et 162.

CINI ou GIGNI, nom du serin de Provence. T. VI, p. 176. — Cet oiseau s'appelle aussi *serin vert. Ibid.* — Il a la voix plus grande que le venturon; il est remarquable par ses belles couleurs. La femelle est un peu plus grosse que le mâle; il vit longtemps en cage. *Ibid.* — On le trouve en Provence, en Dauphiné, dans le Lyonnais, et on le connaît en Bourgogne sous le nom de serin. P. 176 et 177. — Le cini ou serin vert de Provence est celui de tous les serins qui a la voix la plus forte, qui est le plus vigoureux et le plus ardent pour la propagation. P. 182 et 183.

CIRCULATION du sang dans les quadrupèdes, les oiseaux, les amphibies. T. VII, p. 429 (note *e*). — Expérience sur cette matière. P. 430.

CLIGNOT. Voyez *Traquet* à lunette.

CLIMAT. Les oiseaux en général sont moins assujettis à la loi du climat que les quadrupèdes. T. V, p. 6. — Quelques espèces d'oiseaux de proie ne paraissent pas avoir de climat fixe et bien déterminé. P. 44. — Influence du climat sur les mœurs des animaux. P. 330 et 331.

CLIMAT des oiseaux-mouches. T. VII, p. 147. — Des colibris. P. 169. — Des perroquets. P. 189, 206 et 228. — Loi du climat a lieu pour les oiseaux comme pour les quadrupèdes. Voyez *Oiseaux*. — Climat des loris. P. 211. — Il est douteux que l'on trouve des perroquets dans la Nouvelle-Zélande, la terre de Diemen et les terres Magellaniques. P. 281 et 282. — On ne trouve aucune espèce de perroquets ni de perruches au delà de la Caroline. On n'en trouve qu'une seule espèce à la Louisiane. P. 285. — Climat des huppes, guépiers, promerops. P. 369.

CLITORIS de la femelle de l'autruche. T. V, p. 211 et 212.

COCHEVIS (le) ou GROSSE ALOUETTE huppée. Sa huppe et sa description. T. VI, p. 484 et 485. — Son naturel, ses habitudes. P. 485. — L'espèce en est répandue dans tous les climats tempérés de l'Europe. Son chant est fort agréable et très-doux. *Ibid.* — Manière de les gouverner en domesticité. P. 485 et 486. — Différences du mâle et de la femelle. P. 486. — Habitudes de la mère à l'égard de ses petits. *Ibid.* — Différences des habitudes du cochevis avec celles des autres alouettes. P. 487. — Elle a une singulière aptitude pour apprendre à chanter un air de musique. *Ibid.* — Description de ses parties intérieures. Ses dimensions. P. 487 et 488.

COCHEVIS *du Sénégal*. Voyez *Grisette.*

COCHICAT, espèce de toucan du Mexique. Sa description d'après Fernandez. T. VII, p. 557.

COCHITOTOTL, femelle du promerops orangé. Voyez ce mot.

COCHO, nommé aussi *catherina*, variété du crik à tête bleue. Parle très-bien. T. VII, p. 265. — Cocho de Seba, variété du guarouba. P. 287.

COCOTZIN, petite tourterelle d'Amérique. T. V, p. 521.

COCQUAR. Voyez *Faisan bâtard.*

CŒCUM, dans l'espèce de l'aigle; le mâle n'en a point, tandis que la femelle en a deux fort amples. T. V, p. 59. — Gros *cœcum* du moyen duc, P. 177. — de l'autruche. P. 207. — Très-grand dans les dindons. P. 320. — De six pouces dans la peintade. P. 336. — De vingt-quatre pouces dans le petit tetras. P. 354.

CŒCUM unique dans l'hirondelle de rochers, le bihoreau. T. VII, p. 465.

CŒUR, est presque rond dans l'autruche. T. V, p. 213. — Ce n'est que le onzième jour de l'incubation que le cœur se trouve parfaitement formé et réuni avec ses artères. P. 292. — Cœur de la peintade plus pointu qu'il n'est ordinairement dans les oiseaux. P. 337. — Communications entre le péricarde et les poumons. *Ibid.*

COIFFES-JAUNES, espèce de carouge noir

de Cayenne à tête jaune; variété de grandeur. T. VI, p. 50.

COIFFE NOIRE, espèce de tangara du Brésil et de la Guiane; sa description. T. VI, p. 302. — Le tijepiranga de Marcgrave pourrait être la femelle de cet oiseau. P. 302 et 303.

COLENICUI, espèce de perdrix du Mexique; comment on s'est joué de cette espèce. T. V, p. 486 et suiv.

COLIBRI. Confondu par plusieurs auteurs avec l'oiseau-mouche. Lui ressemble par ses belles couleurs, la forme de sa langue, l'usage qu'il en fait, la manière de se nourrir, etc. En diffère par son bec arqué et plus long, sa taille plus allongée. Est généralement plus gros. T. VII, p. 167 et 168. — Comparé aux grimpereaux. En quoi diffèrent. P. 168. — Petits du colibri, difficiles à nourrir en domesticité, comme ceux de l'oiseau-mouche. Exemple d'une nichée prise et nourrie à l'aide des père et mère qui leur apportaient à manger, et qui s'apprivoisèrent. P. 168 et 169. — La voix du colibri n'est qu'un petit cri ou bourdonnement. P. 169. — Son climat est la zone torride du Nouveau Monde. P. 169 et 170. — Ne se trouve point en Asie. P. 173. — A été confondu avec le grimpereau. *Ibid.*

COLIBRI *à cravate verte*. Assez grande espèce. T. VII, p. 175.

COLIBRI *à gorge carmin*. T. VII, p. 176. — Son bec se rapproche par sa courbure de celui des grimpereaux. *Ibid.*

COLIBRI *à queue violette*. Assez grande espèce, a le bec très-long. T. VII, p. 175.

COLIBRI *à ventre roussâtre*. Petite espèce. T. VII, p. 179 et 180.

COLIBRI *bleu*. A en effet le dos bleu, mais non les ailes et la queue. T. VII, p. 178 et 179. — Sa grosseur, suivant Dutertre, moitié de celle du petit roitelet de France. P. 179.

COLIBRI du Mexique. Voyez *Plastron noir*.

COLIBRI *huppé*. A une très-longue huppe tombante, et les deux pennes intermédiaires de la queue très-longues. T. VII, p. 174 et 175.

COLIBRI (petit). Le plus petit de tous, ne cède point aux autres par l'éclat du plumage. T. VII, p. 180.

COLIBRI *piqueté* ou ZITZIL. Assez grande espèce marquée de points blancs sur le dos. T. VII, p. 172.

COLIBRI-TOPAZE. La plus grande espèce. Longs brins de la queue du mâle. Autres différences entre le mâle et la femelle. T. VII, p. 170 et 171.

COLIBRI *vert et noir*. T. VII, p. 173. — Il est douteux que ce soit le même que l'oiseau mexicain à plumes dorées de Seba. P. 173 et 174.

COLIBRI *violet*. Ressemble assez au grenat; est plus petit. T. VII, p. 176.

COLIN (grand). T. V, p. 486.

COLINS, ont rapport aux cailles et aux perdrix; leur chant, leur nourriture, leur naturel, qualité de leur chair. T. V, p. 484 et 485.

COLIOU, oiseau des pays chauds de l'ancien continent, dont le genre doit être placé entre celui des veuves et celui des bouvreuils. Sa comparaison avec ces deux oiseaux. T. VI, p. 356 et 357. — Les colious ont de longues pennes à la queue comme les veuves. *Ibid.*

COLIOU (variétés du). Le coliou du cap de Bonne-Espérance; le coliou huppé du Sénégal; le coliou rayé; le coliou de l'île Panay. Leurs descriptions. T. VI, p. 358 et suiv.

COLLIER *rouge*. Espèce de colibri de moyenne grandeur. Couleurs des plumes de sa queue. T. VII, p. 177.

COLMA (le) est une variété ou espèce très-voisine du fourmillier proprement dit. T. VI, p. 392.

COLNUD de Cayenne, son cou chauve, sa calotte de velours, son plumage, ses pieds; conjecture sur la position des doigts, membrane qui en lie deux ensemble. T. V, p. 559.

COLOMBAUDE. La petite colombaude des Provençaux est une variété de la fauvette à tête noire. Sa description. T. VI, p. 516.

COLOMBE du Groënland. Voyez *Guillemot* (petit).

COMBATTANTS; origine de ce nom. Ces oiseaux se livrent entre eux des combats

seuls à seuls, et ils combattent encore en troupes réglées, ordonnées, et marchant l'une contre l'autre. Ces phalanges ne sont composées que de mâles, qu'on prétend être dans cette espèce beaucoup plus nombreux que les femelles. T. VIII, p. 146 et 147. — Grandeur et dimensions des combattants. Différences du mâle et de la femelle et leurs ressemblances. Les mâles sont au printemps si différents les uns des autres, qu'on les prendrait chacun pour un oiseau d'espèce particulière. Description de leur gros collier; les plumes dont il est composé ne naissent qu'au printemps, et ne subsistent qu'autant que durent les amours. La surabondance des molécules organiques se manifeste dans ce temps, non-seulement par ce surcroît de plumage, mais encore par l'éruption d'une multitude de papilles charnues et sanguinolentes qui s'élèvent sur le devant de la tête et à l'entour des yeux. P. 148. — Description de leurs combats dans le temps des amours. P. 148 et 149. — Ils ne nichent pas dans les marais voisins de nos côtes, tandis qu'ils nichent et même en grand nombre sur celles d'Angleterre, et en particulier dans le comté de Lincoln. L'esclavage ne diminue rien de leur humeur guerrière; exemple à ce sujet. P. 149. — Description de leur parure de guerre, qui est fort différente pour les couleurs dans différents individus. Ce bel ornement tombe par une mue qui arrive à cet oiseau vers la fin de juin. *Ibid.* — Leur manière de nicher. P. 150.

Commandeur, est l'acolchi de Fernandez, l'étourneau-rouge-ailes, le troupiale à ailes rouges; son plumage, tache qui lui a valu le nom de commandeur; différences entre le mâle et la femelle. T. VI, p. 33. — Dimensions, poids, pays qu'il habite, se prive aisément, apprend à parler, chante, soit en cage, soit en liberté. P. 34. — Nourriture, vole en troupes, même avec d'autres espèces; où place son nid selon Catesby, selon Fernandez. *Ibid.* — Manière de prendre ces oiseaux à la Louisiane. P. 34 et 35. — Variétés d'âge, de sexe. P. 35 et 36.

Condor possède à un plus haut degré que l'aigle les prérogatives des oiseaux, a de neuf à dix-huit pieds de vol, le corps, le bec et les serres à proportion, la tête couverte d'un duvet court; se tient sur les montagnes, d'où il ne descend que dans la saison des pluies; passe ordinairement la nuit sur le bord de la mer. T. V, p. 100-102. — A une crête brune, non dentelée, la gorge couverte d'une peau rouge; enlève une brebis tout entière et la dévore, attaque les cerfs, et même les hommes, se nourrit aussi de vers de terre; vole avec grand bruit; diffère des vautours, en ce qu'il se nourrit de proies vivantes; se trouve en Afrique et en Asie, comme au Pérou; c'est le roc des Orientaux, le vautour des moutons de Suisse et d'Allemagne; son plumage est noir et blanc, quelques individus ont du rouge sous le ventre. P. 102 et suiv.

Continents. Vieux et nouveau, n'ont pas les mêmes espèces de perroquets. T. VII, p. 189. — Ni de perruches. P. 230.

Coq, sevré de poules, se sert d'un autre coq, d'un chapon, d'un dindon et même d'un canard. T. V, p. 11. — Est en état d'engendrer à l'âge de quatre mois, et ne prend son entier accroissement qu'en un an. P. 29. — On a vu des coqs vivre vingt ans. *Ibid.* — Les coqs sont avec les paons et les dindons, et tous les autres oiseaux à jabot, les représentants parmi les oiseaux, des bœufs, des brebis, des chèvres et des autres ruminants. P. 30. — Un coq suffit aisément à douze ou quinze poules et féconde par un seul acte tous les œufs que chaque poule peut produire en vingt jours, en sorte qu'il pourrait chaque jour être père de trois cents enfants. P. 38 et 39. — Le coq et la poule sauvages, ne produisent dans l'état naturel qu'autant que nos perdrix et nos cailles, dix-huit ou vingt œufs. P. 39. — Une bonne poule de basse-cour peut produire en un an une centaine d'œufs. *Ibid.*

Coq, difficulté de le classer. T. V, p. 279 et 280. — Son vol, sa démarche, son chant. P. 280. — Ses fonctions; détail de ses parties, avec les variétés qu'entraîne le sexe; qualités d'un bon coq. P. 281 et 282. — Se joint quelquefois avec un autre coq. P. 282. — Moyen de perfectionner l'espèce. *Ibid.*

— Ses attentions pour ses poules, sa jalousie, sa fureur contre un rival, ses combats devenus spectacles. P. 282 et 283. — Coqs de joute, sont moins ardents pour leurs poules. P. 284. — Un coq ne pond jamais. P. 286. — Sa nourriture lorsqu'il est jeune, organes de la digestion. P. 297 et suiv. — Meurt de faim sans avaler une seule petite pierre. P. 299 et suiv. — Organes de la respiration. P. 300 et suiv. — Durée de sa vie. P. 303. — N'existait point en Amérique. P. 304 et 305.

Coq à cinq doigts. T. v, p. 309 et 310.

Coq à duvet du Japon. T. v, p. 308.

Coq d'Angleterre. T. v, p. 308.

Coq de Bantam, coq nain de Bantam. T. v, p. 307.

Coq (grand) de bruyère, coq de bois, coq de Limoges, coq sauvage, coq et poule noire des montagnes de Moscovie. Voyez *Tetras.*

Coq de bruyère à fraise, coq de bois, d'Amérique. Voyez *Grosse Gelinotte* de Canada.

Coq de Camboge. T. v, p. 307.

Coq de Caux ou de Padoue. T. v, p. 310.

Coq de Hambourg ou culotte de velours. T. v, p. 308.

Coq de Java ou demi-poule d'Inde. T. v, p. 307.

Coq de l'Isthme de Darien. T. v, p. 307.

Coq de Madagascar ou l'acoho. T. v, p. 306.

Coq de marais. Voyez *Gelinotte* d'Écosse, *Attagas.*

Coq de Perse ou sans croupion. T. v, p. 309.

Coq de Sansevare. T. v, p. 310.

Coq de Siam. T. v, p. 307.

Coq de Turquie. T. v, p. 308.

Coq huppé. T. v, p. 305.

Coq nain de Java T. v, p. 306.

Coq nègre. T. v, p. 308.

Coq sauvage d'Asie. T. v, p. 306.

Coqs qui ne sont point des coqs. T. v, p. 310. — Quelle est la race primitive. P. 311.

Coq de roche, bel oiseau rouge de l'Amérique méridionale. T. vi, p. 371. — Description du mâle et de la femelle. P. 372. — Ce n'est qu'avec l'âge que le mâle prend sa belle couleur rouge. Ces oiseaux habitent les fentes profondes des rochers et les cavernes obscures. Ce n'est cependant pas un oiseau de nuit, car il voit très-bien pendant le jour. *Ibid.* — Le mâle et la femelle sont également vifs et très-farouches; leurs habitudes naturelles. P. 373.

Coq de roche *du Pérou* (le) ne paraît être qu'une variété du coq de roche de la Guiane. T. vi, p. 373 et 374.

Coquantototl ou *petit oiseau huppé*, mal indiqué par Seba et par les nomenclateurs; il ne doit point se rapporter au genre des manakins. T. vi, p. 369 et 370.

Coqueluche. Sa description et ses dimensions. T. vi, p. 318 et 319.

Coquillade, oiseau de Provence qui a rapport à l'alouette huppée. Son chant, ses habitudes naturelles. Sa description et ses dimensions. T. vi, p. 489 et 490.

Coracias ou crave. T. v, p. 521.

Coracias huppé ou le sonneur. T. v, p. 525. — Perd sa huppe en vieillissant. *Ibid.* — Chasse périlleuse que l'on fait à ses petits. P. 525 et 526. — Pris mal à propos pour un courlis. P. 526.

Coraya, espèce de fourmillier rossignol. Sa description. T. vi, p. 397.

Corbeau, son odorat fort inférieur à celui du chien et du renard. T. v, p. 18. — Est avec la buse et le milan, le représentant de l'hyène, du loup, du chacal. P. 30 — Écarte les milans de son domaine. P. 109. — Dressé pour la chasse par les Perses. P. 144 (note *a*). — Paraît craindre les pies-grièches. P. 153. — Comment attiré par les faisandiers. P. 173 et 174. — Couleur de ses œufs. P. 312 — Son histoire. P. 526 et suiv. — S'accommode de toutes sortes de nourritures. P. 527. — Honoré dans certains pays, proscrit dans d'autres. *Ibid.* — Sent mauvais. P. 528. — A quoi se réduit sa science de l'avenir. *Ibid.* — Ses différentes inflexions de voix. P. 529. — Apprend à parler. *Ibid.* — Et à chasser au profit de son maître. P. 530. — S'attache à lui et le défend. *Ibid.* — Sa sagacité, son industrie. *Ibid.* — Ses mœurs sociales. P. 530 et 531. — Sa nourriture la plus ordinaire. P. 531.

— Ses habitudes. *Ibid.* — Ses amours. P. 531 et 532. — Pourquoi se cache dans ce temps. P. 532. — Variété de forme et de plumage en différents individus. *Ibid.* — Incubation. P. 533. — Son inclination à faire des amas et à voler. *Ibid.* — Couleur des petits qui viennent d'éclore. *Ibid.* — Éducation. *Ibid.* et suiv. — Courage et occupations du mâle. P. 534. — Durée de la vie du corbeau. P. 535. — Couleur qu'il prend en vieillissant. P. 536. — Sa couleur ordinaire. *Ibid.* — Observations anatomiques. *Ibid.* — Comment casse les noix. *Ibid.* (note *g.*) — Piéges dont on se sert pour le prendre. P. 537. — Son antipathie pour les oiseaux de nuit. *Ibid.* — La côte des pennes moyennes excède les barbes. *Ibid.* — On le voit quelquefois, dans les temps d'orage, traverser les airs ayant le bec chargé de feu. *Ibid.* — Est répandu partout. P. 537 et 538. — Variétés dans les couleurs de son plumage. P. 538 et 539. — Les couleurs du plumage sont un caractère peu constant. P. 539. — Variétés dans la grosseur du corps. *Ibid.*

Corbeau chauve. Voyez *Corbeau* sauvage.

Corbeau de Corée. T. v, p. 541.

Corbeau des Indes de Bontius. T. v, p. 540. — N'est point un calao. *Ibid.*

Corbeau du désert. T. v, p. 541.

Corbeau sauvage de Gessner, comparé au crave et au pyrrhocorax. T. v, p. 522 et 523.

Corbeaux (roi des) de Tournefort, est plutôt un paon qu'un corbeau. T. v, p. 541.

Corbeau *de nuit*. Voyez *Engoulevent*.

Corbeau des Indes, nom donné au kakatoës noir. Voyez ce mot. T. vii, p. 197.

Corbillards ou corbillats, ce sont les petits du corbeau. Voyez *Corbeau*. T. v, p. 526.

Corbin, l'un des noms du corbeau, d'où viennent les mots de *corbiner* et de *corbine*. Voyez *Corbeau*. T. v, p. 526.

Corbine ou corneille noire. T. v, p. 542 et suiv. — Détruit beaucoup d'œufs de perdrix, et sait les porter à ses petits fort adroitement sur la pointe de son bec. P. 542. — Vit l'hiver avec les autres espèces de corneilles, et devient fort grasse; se retire sur la fin de l'hiver dans les grandes forêts où elle s'apparie. P. 542 et 543. — Sa ponte, son nid, ses petits nouvellement éclos. P. 543. — Ses combats avec la buse, la la cresserelle et la pie-grièche. *Ibid.* — Éducation des petits. *Ibid.* — Ses mœurs sociales, ses talents pour imiter la parole humaine, sa nourriture; est employée pour la chasse du vol. P. 543 et 544. — Proportions de ses parties, tant extérieures qu'intérieures. P. 544. — Manières de la prendre. *Ibid.* — Son vol. P. 545. — Variations dans la couleur de son plumage. *Ibid.* — Il n'y en a point aux Antilles. P. 546. — La corbine se trouve aux Philippines. P. 551 (note *c.*).

Cordon bleu, espèce de cotinga. Description du mâle et de la femelle. T. vi, p. 376.

Coreigaras, nom du corbeau de Corée. T. v, p. 541.

Corlieu ou petit courlis. Sa grandeur est moindre que celle du courlis. Sa figure, ses couleurs et ses différences avec le grand courlis. T. viii, p. 175 et 176. — Ils ont les mêmes habitudes naturelles, et cependant les deux espèces ne se mêlent point, quoique subsistant ensemble dans les mêmes lieux, parce qu'elles sont trop inégales en grandeur. Le corlieu ou petit courlis est plus commun en Angleterre que le grand courlis, mais il est plus rare en France et en Italie. Erreur de Gessner sur cet oiseau. *Ibid.*

Cormoran. Étymologie de ce nom. T. viii, p. 317. — Le cormoran est un grand oiseau à plumage noir et à pieds palmés, qui détruit beaucoup de poisson. Sa grandeur; sa figure et sa description. P. 318. — Il ne reste pas constamment sur l'eau. Il prend fréquemment son essor et se perche sur les arbres. Il a les pieds engagés par une membrane continue. *Ibid.* — Son adresse à pêcher; sa voracité. Il se tient presque toujours sur les côtes de la mer, et on le trouve rarement dans l'intérieur des terres. Il peut rester longtemps plongé sous l'eau, dans laquelle il nage très-rapidement. Sa manière singulière d'avaler le poisson. P. 319. — On peut en faire un pêcheur domestique en le dressant pour la pêche, comme on l'a fait en Angleterre et même en France à Fontai-

nebleau. Il est paresseux dès qu'il est rassasié. Il prend beaucoup de graisse, mais sa chair n'est pas bonne à manger. *Ibid.* — L'espèce en est fort répandue, on la rencontre sur toutes les mers, dans les deux hémisphères. Naturel de cet oiseau. P. 320. — Description de ses parties extérieures. Différences entre les vieux et les jeunes. *Ibid.* — Il paraît supporter également les chaleurs du Sénégal et les frimas de la Sibérie, d'où néanmoins il semble se retirer en hiver pour aller plus au midi vers le lac Baikal. P. 320 et 321. — Son espèce est fort nombreuse au Kamtschatka; observations des voyageurs sur cet oiseau. P. 321.

Cormoran (le petit) est appelé nigaud, à cause de sa stupidité niaise et de sa paresse indolente. T. viii, p. 322. — Cette petite espèce de cormoran est aussi généralement répandue que la grande, mais elle se trouve particulièrement sur les îles et les côtes des continents austraux. *Ibid.* — Lieux où il place son nid. P. 323. — La chair des jeunes est assez bonne à manger. Il paraît qu'il y a quelques variétés dans cette espèce, mais elles ne sont pas bien désignées par les voyageurs. Nous n'en connaissons distinctement qu'une, qui se voit quelquefois sur les côtes de Cornouailles, en Angleterre, sur celles de Prusse et sur celles de Hollande. *Ibid.* — Ils ont les mêmes habitudes que les grands cormorans. Différences entre les deux espèces. P. 324. — Observations sur les parties intérieures et extérieures du petit cormoran. P. 324 et 325.

Cormorans, vivent de poissons, et sont avec les hérons les représentants, parmi les oiseaux, des castors et des loutres. T. v, p. 30.

Corneille; durée de sa vie. T. v, p. 535 (note *e.*).

Corneille cendrée. T. v, p. 549.

Corneille de la Jamaïque ou corneille babillarde, a rapport à nos diverses espèces de corneilles, mais a un cri tout différent. T. v, p. 552.

Corneille de la Louisiane. T. v, p. 546 (note *e.*).

Corneille de la Nouvelle-Guinée et de la Nouvelle-Hollande. T. v, p. 545 et 546.

Corneille des Indes, des Maldives. T. v, p. 545.

Corneille emmantelée, nom donné à la corneille mantelée. T. v, p. 549.

Corneille mantelée; son histoire. T. v, p. 549 et suiv. — Son plumage, ses rapports avec la frayonne. P. 549 et 550. — Ses rapports avec la corbine. P. 550. — Conjectures sur l'origine de cette espèce. P. 550 et 551. — A deux cris, est fort attachée à sa couvée. P. 551. — Proscrite en Allemagne. *Ibid.* — Se prend comme les autres corneilles, parcourt toute l'Europe, est un mauvais manger. *Ibid.* — N'est point du tout l'hoexototl de Fernandez. *Ibid.*

Corneille moissonneuse, nom donné à la frayonne. Voyez *Freux.* T. v, p. 546.

Corneille noire ou corbine; son histoire. T. v, p. 542 et suiv. — Voyez *Corbine.*

Corneille sauvage, nom donné à la corneille mantelée. T. v, p. 549.

Corneilles variées, allant de compagnie avec les hirondelles. T. v, p. 545.

Costotol, nom du xochitol dans son premier âge. T. vi, p. 31. — Deux espèces de costotols décrits par Fernandez. P. 31 et 32.

Cotingas. Portrait de ces beaux oiseaux. T. vi, p. 374 et 375. — Le genre entier des cotingas appartient aux climats chauds du nouveau continent. P. 375. — Ils ne font point de voyages de long cours, mais seulement des tournées périodiques deux fois par an. Ils se tiennent au bord des eaux sur les palétuviers; on leur fait la guerre parce qu'ils sont bons à manger, et que leur plumage sert à faire des parures. *Ibid.*

Cotinga (le) *à plumes soyeuses* se trouve dans le pays de Maynas. Sa description et ses dimensions. T. vi, p. 378 et 379.

Coua de Madagascar, porte sa queue épanouie. A les joues nues. T. vii, p. 333. — Sa chair bonne à manger. *Ibid.*

Couale, Couar, Couas, noms donnés en différentes provinces à la corbine. Voyez *Corbine.* T. v, p. 542.

Coucou. Principaux faits de son histoire connus des anciens. Dépose son œuf dans des nids étrangers ou dans des trous de rochers. T. vii, p. 303 et suiv. — Jeunes coucous bons à manger. P. 304. — Erreurs

populaires sur le coucou rectifiées. Cet oiseau ne se métamorphose pas en épervier. Ne voyage point sur les épaules du milan. Ne jette point de salive sur les plantes. Ne pond point d'œufs de différentes couleurs. Jeune coucou ne dévore point sa nourrice. P. 305 et suiv. — Fait qui semble autoriser cette dernière erreur. P. 306. — Observation qui la réfute. *Ibid.* — Couleurs de cet oiseau varient. P. 307. — Les jeunes longtemps niais. P. 308. — Les vieux se défendent, menacent, imposent quelquefois aux petits oiseaux de proie. *Ibid.* — Joie du coucou lorsqu'il revoit le lieu de sa naissance. P. 308. — En quelle circonstance se bat avec les petits oiseaux. *Ibid.* — Ne pond guère qu'un œuf dans chaque nid. P. 309. — Ce qu'il devient l'hiver. *Ibid.* et suiv. — Conjectures sur son habitude de pondre au nid d'autrui; de ne pondre qu'un œuf ou deux. P. 310. — Dans des nids différents. *Ibid.* — Pourquoi ne couve pas. P. 310 et 311. — La conduite de la nourrice du coucou ne suppose point de loi particulière du Créateur en faveur du coucou. P. 311. — Réflexions et observations à ce sujet. P. 312. — Coucou repoussé par de petits oiseaux. P. 315. — Résultats des observations précédentes. *Ibid.* et suiv. — Coucous ne prennent aucune part à l'incubation de leurs œufs, à l'éducation de leurs petits. P. 317 et 319. — Cris des vieux et des jeunes. P. 318. — Mâles plus nombreux que les femelles. *Ibid.* — Ne s'apparient point. *Ibid.* et suiv. — Leurs petits sont insatiables. P. 319. — En général les coucous se nourrissent d'insectes, d'œufs. P. 319 et 320. — Nourriture qu'on peut donner à ceux qu'on élève. P. 320. — Sont naturellement hydrophobes. *Ibid.* — Quand cessent de chanter *Ibid.* — Leur départ. *Ibid.* — Adultes bons à manger. *Ibid.* — Vont en Afrique. *Ibid.* — Solitaires, néanmoins vont quelquefois par petites troupes. P. 321. — Proverbes sur les coucous. *Ibid.* — S'apprivoisent. *Ibid.* — Fientent beaucoup. Craignent le froid. *Ibid.* — Répandus dans le vieux continent. P. 322. — Marchent en sautillant. — Les jeunes se servent de leur bec pour se traîner sur le ventre. *Ibid.* — Variation de leur plumage. *Ibid.* — De celui des femelles. P. 323. — De celui des jeunes. *Ibid.* — Celui des sauvages élevés dans les bois, moins variable. *Ibid.* — Variation de leur poids. P. 324. — Parties intérieures. *Ibid.* — Différence entre le sauvage et le domestique. P. 324 et 325. — Variétés dans cette espèce. P. 326 et 327. — Principaux attributs du coucou. P. 328. — En quoi diffère des couroucous, des barbus. *Ibid.* — Chaque coucou n'a pas tous les attributs du genre. *Ibid.* — Ce genre contient plusieurs familles, distinguées entre elles par la forme de la queue, le nombre de ses pennes, la forme du bec, l'éperon du doigt postérieur, interne. Changement dans la direction de l'un des doigts postérieurs. *Ibid.* et suiv. — Coucous d'Amérique moins sujets aux variations. P. 329. — Plus petits. P. 330. — On ignore s'il est un seul coucou étranger qui ponde au nid d'autrui. *Ibid.* — Coucous du vieux continent. *Ibid.* et suiv. — Coucous d'Amérique. P. 349 et suiv. — La plupart font des nids et couvent leurs œufs. P. 353.

Coucou *à longs brins*, de Siam. Il est huppé, et ses longs brins ne sont que le prolongement des pennes extérieures de la queue. Taille du geai. T. VII, p. 344.

Coucou (petit) *à tête grise et ventre jaune*, de l'île Panay. Taille du merle, plus allongée. Queue plus longue que le corps. T. VII, p. 341.

Coucou *brun piqueté de roux* des Indes, des Philippines. Taille d'un pigeon romain. Différences de la femelle. T. VII, p. 339.

Coucou *brun varié de noir*, nommé *ara wereroa*, dans les îles de la Société. T. VII, p. 338.

Coucou *brun varié de roux* de Cayenne. Taille du mauvis. Couvertures de la queue très-longues. T. VII, p. 355 et 356. — Variété dans cette espèce. P. 356.

Coucou *brun et jaune à ventre rayé* de l'île Panay. Taille de notre coucou; queue non étagée. T. VII, p. 340.

Coucou *cornu* du Brésil, ainsi appelé à cause de sa huppe. Taille de la grive. Queue trois fois plus longue que le corps. T. VII, p. 355.

Coucou de Loango. Son chant singulier. T. VII, p. 327.

Coucou *de paradis* de Linnæus, le même que notre coucou à longs brins. T. VII, p. 344.

Coucou *des palétuviers* ou petit Vieillard. Variété du vieillard. T. VII, p. 351.

Coucou des Philippines. Variété du houhou. T. VII, p. 334.

Coucou du cap de Bonne-Espérance. Variété du nôtre. T. VII, p. 327.

Coucou *huppé à collier* de Coromandel. A les deux pennes intermédiaires de la queue très longues. Taille du mauvis. T. VII, p. 344 et 345. — Ressemble au san-hia de la Chine. P. 345.

Coucou *indicateur* des environs du Cap. Crie *chirs*, *chirs*, d'un ton fort aigu, et semble appeler les chasseurs qui cherchent le miel. Il a la queue composée de douze pennes étagées. T. VII, p. 346 et 347.

Coucou *noir* (petit) de Cayenne. A les mêmes habitudes que le grand, et pas plus de mouvement. Niche quelquefois dans des trous en terre lorsqu'il en trouve de tout faits. T. VII, p. 359.

Coucou *noir* de Cayenne. A l'œil et le bec rouges. Un tubercule à la partie antérieure de l'aile. A moins de mouvement que la plupart des coucous. T. VII, p. 358.

Coucou *piaye* de Cayenne. Oiseau de mauvais augure. Peu farouche. Se nourrit d'insectes. On ne l'entend jamais crier. Sa chair est maigre en tout temps. T. VII, p. 357 et 358. — Deux variétés dans cette espèce. P. 358.

Coucou *tacheté* de Cayenne. Nom donné au coucou brun varié de roux. T. VII, p. 355 (note *c*).

Coucou *tacheté* (grand) de Gibraltar. Taille de la pie. A une belle huppe. T. VII, p. 330 et 331.

Coucou *tacheté* de la Chine. N'a point la queue étagée. T. VII, p. 339 et 340.

Coucou *tacheté* de l'île Panay. Variété du coucou brun piqueté de roux. N'a pas la queue étagée. T. VII, p. 339.

Coucou *varié* de Mindanao, ressemble à un jeune coucou d'Europe, mais beaucoup plus gros. T. VII, p. 337.

Coucou *vert* d'Antigue. Variété du houhou. T. VII, p. 334 et 335.

Coucou *verdâtre* de Madagascar, remarquable par sa grande taille. Variété dans cette espèce. T. VII, p. 332.

Coucou *vert-doré et blanc* du cap de Bonne-Espérance. Espèce nouvelle. Porte sa queue épanouie. A la taille de la grive, les ailes longues. T. VII, p. 343.

Coucous *huppés noirs et blancs*, vus en Italie, où ils firent leurs nids et leur ponte qui réussit. Sont plus gros que le nôtre, et ont la queue plus longue. T. VII, p. 331 et 332.

Coukeels des contrées orientales de l'Asie. Il y en a trois. Le plus gros a la taille du pigeon; le second, celle de notre coucou, et vient de Mindanao. Porte sa queue épanouie. T. VII, p. 341 et suiv. — Le troisième, du Bengale, a la taille du merle. Les bords du bec ondés, porte sa queue épanouie. P. 342.

Coulacissi de Luçon, espèce de perruche à queue courte. T. VII, p. 233 et 234. — Différences de la femelle. P. 234. — Confondu avec notre perruche à tête bleue et queue courte. *Ibid.*

Coulavan. Voyez *Loriot.*

Couleurs du plumage des oiseaux, très-difficiles à rendre par le discours. T. V, p. 3. — Présentent plus de différences apparentes que la forme des parties du corps. *Ibid.* — Les couleurs du plumage des oiseaux sont plus vives et plus fortes dans les pays chauds, plus douces et plus nuancées dans les pays tempérés; il en est de même de la robe des quadrupèdes. P. 22 et 23. — La domesticité contribue encore à adoucir la rudesse des couleurs primitives. P. 23. — Les couleurs du plumage ne sont pas des caractères suffisants pour distinguer les espèces. P. 46. — Changent considérablement à la première mue, même à la seconde et à la troisième. P. 46 et 47. — Servent à faire connaître l'âge des faucons jusqu'à cette époque. P. 141. — Couleurs du plumage de l'autruche à différents âges et dans les deux sexes. P. 217. — Changements des couleurs du plumage par la mue. P. 287. — Observations à faire sur les substances qui teignent en noir le pé-

rioste de la poule nègre. P. 309 — Couleurs du plumage du paon, leur jeu. P. 389, 390, 401 et 402. — Du faisan. P. 411 et 412. — Du faisan doré ou tricolor de la Chine. P. 422 et suiv. — Du chinquis. P. 427 — Du spicifère. P. 427 et 428. — De l'éperonnier. P. 429 et 430. — Du pauxi. P. 436. — Du caracara. P. 441. — De l'hoitlallotl. P. 442.

Couleurs vives et brillantes du plumage des oiseaux-mouches. T. vii, p. 146 et suiv. — Des colibris. P. 167 et suiv. — Des perroquets. Art de les varier. P. 181. — Le rouge domine dans le plumage des loris, P. 210. — Aras les plus beaux des perroquets par les couleurs du plumage. P. 238. — Couleurs des amazones et des criks, les uns et les autres ont du rouge sur l'aile, mais non aux mêmes endroits. P. 251. — Rouge sur le fouet de l'aile, livrée des amazones. P. 251 et 256. — Couleurs du coucou et de l'épervier, sujettes à beaucoup de variations. P. 307. — Influence de la lumière sur les couleurs des oiseaux et des insectes. P. 411 et 412.

Cou-jaune, joli oiseau de Saint-Domingue; ses habitudes naturelles. Il chante agréablement pendant presque tous les mois de l'année. T. vi, p. 534. — La femelle chante aussi, mais sa voix n'est pas aussi modulée que celle du mâle. Description du plumage de cet oiseau. *Ibid.* — Son espèce n'est pas fort éloignée de celle des fauvettes. Ses habitudes naturelles. P. 535. — Disposition singulière de son nid qu'il suspend aux branches d'arbres qui s'avancent sur les eaux. Description de ce nid. *Ibid.* — L'espèce n'en est pas nombreuse, et paraît indigène et comme confinée dans l'île de Saint-Domingue. La femelle pond trois ou quatre œufs, et répète ses pontes plus d'une fois par an. P. 535 et 536.

Coulon-chaud. Voyez *Tourne-pierre*. T. viii, p. 227.

Coure-vite. Espèce d'oiseau qui n'était pas connu, et que j'ai nommé *coure-vite* à cause de la rapidité avec laquelle il court. Ses ressemblances avec le pluvier et ses différences. On n'en a vu que deux individus, l'un qui a été pris en France, et l'autre sur la côte de Coromandel. Leurs descriptions. T. viii, p. 226 et 227.

Coureur. Ainsi nommé de la célérité avec laquelle il court sur les rivages. Il se trouve en Italie, mais on ne le connaît point en France. Sa description. T. viii, p. 397 et 398.

Couricaca, oiseau de la Guiane et du Brésil, de la grandeur de la cigogne. T. viii, p. 23. — Ses ressemblances et ses différences avec la cigogne. Description et dimensions de son bec. Description du plumage et des autres parties du corps de cet oiseau. P. 24. — Il peut dilater la peau de sa gorge. *Ibid.* — Les couricacas arrivent en nombre à la Caroline vers la fin de l'été, saison des grandes pluies. Leurs habitudes naturelles. Leur chair est bonne à manger. P. 24 et 25.

Courliri ou Courlan. Cet oiseau a la structure et presque la hauteur du héron. Ses dimensions particulières. Sa description. Il se trouve à Cayenne. T. viii, p. 106 et 107.

Courlis. Ce nom est un son imitatif de la voix de l'oiseau. T. viii, p. 172. — Rapports et étymologie des noms qu'on a donnés au courlis dans différentes langues. Il a le bec courbé et très long relativement à la grandeur de son corps. P. 172 et 173. — Par la forme et la substance de ce bec, le courlis pourrait être placé à la tête de la nombreuse tribu d'oiseaux à longs becs effilés, tels que les bécasses, les barges, les chevaliers, etc., qui sont autant oiseaux de marais que de rivage, et qui ne peuvent que fouiller dans les terres humides pour y chercher les vers. P. 173. — Sa grandeur, ses dimensions, ses couleurs. *Ibid.* — Il y a peu de différence entre le mâle et la femelle, qui est seulement un peu plus petite. Ses habitudes naturelles. Il se nourrit de vers de terre, d'insectes, de menus coquillages qu'il ramasse sur le sable et les vases de la mer, ou sur les marais et dans les prairies humides. Description des parties intérieures. P. 173 et 174. — Les courlis courent très-vite et volent en troupes. Ils sont oiseaux de passage dans les provinces intérieures de la France; mais ils séjournent dans nos contrées maritimes, comme en Poitou, en Bre-

tagne, etc., où ils nichent. P. 174. — Ils se répandent en été vers le nord, jusqu'au golfe de Bothnie; et du côté du midi, on les voit passer à Malte deux fois l'année, au printemps et en automne; on les trouve aussi dans presque toutes les parties du monde. *Ibid.* — Et l'espèce d'Europe paraît se retrouver au Sénégal et à Madagascar. On rencontre quelquefois des courlis blancs, comme l'on trouve des bécasses blanches, des merles, des moineaux blancs; mais ces variétés ne sont qu'individuelles et ne forment pas des races constantes. P. 175.

Courlis *à tête nue*. Est une espèce nouvelle et très-singulière. Sa description; sa tête entière est nue, et le sommet en est relevé par une sorte de bourrelet couché et roulé en arrière, de cinq lignes d'épaisseur, et recouvert d'une peau très-rouge et très-mince. T. VIII, p. 178. — Cet oiseau se trouve au cap de Bonne-Espérance. Il a toute la forme du courlis d'Europe; sa taille est seulement plus forte et plus épaisse. Ses dimensions. P. 178 et 179.

Courlis *blanc*. Il est un peu plus blanc que le courlis rouge. Sa description. Il arrive à la Caroline en troupes fort nombreuses, vers le milieu de septembre, qui est la saison des pluies. Habitudes naturelles de cet oiseau. Il niche probablement dans un climat plus chaud que celui de la Caroline, où il ne séjourne que pendant six semaines. T. VIII, p. 182 et 183. — La femelle ne diffère pas du mâle; leur plumage est également blanc, et leur graisse est d'un jaune de safran. P. 183.

Courlis *brun*. Il se trouve aux Philippines dans l'île de Luçon. Il est de la taille de notre grand courlis. Sa description. T. VIII, p. 178.

Courlis *brun à front rouge*. Il arrive à la Caroline avec les courlis blancs et mêlé dans leurs bandes; il est de même grandeur, mais en plus petit nombre. Description de cet oiseau. T. VIII, p. 183. — Il passe, comme le courlis blanc, dans des climats plus chauds pour nicher. *Ibid.*

Courlis *brun-marron*. Voyez *Gouarona*.

Courlis *huppé*. Il est le seul de son genre qui ait une huppe, ou pour mieux dire une belle touffe de longues plumes, partie blanches, et partie vertes, qui se jettent en arrière en panache. Description de son plumage. T. VIII, p. 179. — Et des parties extérieures de son corps. Il se trouve à Madagascar. *Ibid.*

Courlis *rouge*. C'est la plus belle espèce de tous les courlis. T. VIII, p. 179 et 180.—Elle est commune à la Guiane. Description du plumage de l'oiseau et des autres parties extérieures de son corps. Sa grandeur, ses dimensions. La femelle diffère du mâle en ce que ses couleurs sont moins vives; l'un et l'autre ne prennent du rouge qu'avec l'âge. Les petits naissent avec un duvet noirâtre; ils deviennent ensuite cendrés, puis blancs lorsqu'ils commencent à voler, et ce n'est qu'à la seconde ou troisième année que le rouge commence à paraître, et il devient toujours plus vif ou plus foncé à mesure que l'oiseau prend de l'âge. Les courlis rouges se tiennent en troupes soit en volant, soit en se posant sur les arbres. P. 180. — Leur vol et leurs autres habitudes naturelles. *Ibid.* — Les vieux et les jeunes courlis volent en troupes séparées. Temps où ils nichent et leur manière de nicher. Leurs œufs sont verdâtres, et on prend aisément les petits, même hors du nid, lorsque la mère les conduit pour chercher les insectes et les petits crabes dont ils se nourrissent. Ils ne sont point farouches et ils s'habituent aisément à vivre en domesticité, où ils mangent de tout ce qu'on leur présente, et surtout les entrailles de poissons et de volaille qu'ils aiment de préférence. P. 180 et 181. — Leurs habitudes en domesticité. P. 181. — Leur chair est bonne à manger quoiqu'elle ait un petit goût de marais, et il paraît qu'on pourrait les multiplier et en faire des oiseaux domestiques. Leurs habitudes naturelles dans l'état sauvage. Ils ne s'éloignent pas des bords de la mer, séjournent toute l'année dans le même canton; l'espèce en est répandue dans la plupart des contrées les plus chaudes de l'Amérique. P. 181 et 182. — Les naturels du Brésil se parent de leurs plumes : on les a mal à propos appelés flammants à Cayenne. P. 182.

Courlis *tacheté*. Il se trouve, comme le courlis brun, aux Philippines dans l'île de Luçon; il est d'un tiers plus petit. Ses autres différences et sa description. T. VIII, p. 178.

Courlis *vert*. Il approche de la grandeur du héron commun. T. VIII, p. 177. — Ce courlis, commun en Italie, se trouve aussi en Allemagne, et le courlis du Danube, cité par Marsigli, paraît être le même oiseau. *Ibid.*

Courlis *violet*. Il se trouve à Madagascar, suivant la relation de F. Cauche. T. VIII, p. 182.

Courlis *de bois*. Il se tient dans les forêts de la Guiane, le long des ruisseaux et des rivières, et loin des côtes de la mer, que les autres courlis ne quittent guère; il ne va point en troupes, mais seulement accompagné de sa femelle. Ses autres habitudes naturelles. Sa manière de pêcher. Ses dimensions, son cri, ses couleurs et sa description. T. VIII, p. 184. — On l'a mal à propos appelé flammant des bois. *Ibid.*

Courlis (grand) *de Cayenne*. C'est le plus grand des courlis. Sa description. T. VIII, p. 186.

Courlis *de terre*. Voyez grand *Pluvier*.

Courlis *d'Italie*. Voyez *Courlis vert*.

Courlis *du Mexique*. Voyez *Acalot*.

Couroucou *à chaperon violet*, n'est point un lanier. A le bec large et court, sans membrane autour de sa base. Des barbes autour du bec inférieur. Les pieds du coucou. T. VII, p. 298. — Est solitaire, se tient dans les forêts humides, vit d'insectes. Voltige d'arbre en arbre. P. 298 et 299. — Diffère du tzanaltototl et du quaxoxoctototl. P. 299 et 300.

Couroucou *à ventre jaune*, de Cayenne. T. VII, p. 296 et suiv. — Plusieurs variétés dans cette espèce. Couroucou de la Guiane, des planches enluminées n° 765 Couroucou à queue rousse de Cayenne, n° 736. Couroucou vert à ventre blanc de Cayenne, de Brisson. P. 297 et suiv.

Couroucou *à ventre rouge*, de Cayenne. Ses variétés; l'une semble être la femelle; l'autre, nommé *couroucou gris* à longue queue de Cayenne. T. VII, p. 294 et suiv. — Nommé à Saint-Domingue *caleçon rouge*; en d'autres îles, *demoiselle* ou *dame anglaise*. Est solitaire, se retire au fond des bois en avril pour nicher dans un trou d'arbre, sur de la poussière de bois. Œufs blancs, moins gros que ceux du pigeon. Incubation. Chant du mâle. Petits nourris d'insectes par les père et mère. Mangés par divers animaux. Adultes difficiles à nourrir en domesticité. *Ibid.* et suiv.

Couroucou *gris à longue queue*, de Cayenne. Voyez *Couroucou à ventre rouge*.

Couroucouais. Voyez *Couroucous*.

Couroucoucou du Brésil. Fait la nuance entre les couroucous et les coucous; taille au-dessous de la pie. T. VII, p. 300. — Pieds de coucou. *Ibid.*

Couroucouis. Voyez *Couroucous*.

Couroucous, *couroucouais*, *couroucouis curucuis*, oiseaux du Brésil dont le nom exprime le cri; nommés à la Guiane *ourroucouais*. Bec approchant de celui des perroquets. Dentelé, entouré de plumes à sa base. Pieds courts et pattus. T. VII, p. 293 et suiv. — Ont peu de mouvement, beaucoup de plumes, et ces plumes tombent facilement. Ce sont les oiseaux d'Amérique dont le plumage est le plus beau. Les Mexicains faisaient des tableaux avec leurs plumes. P. 299. — En quoi diffèrent des coucous. P. 328.

Couvée. Exemple qui semble prouver que l'instinct de couver précède dans les oiseaux femelles celui de s'apparier. T. VI, p. 456 et 457.

Couver. La passion de couver est plus forte dans les oiseaux que celle de l'amour. Exemple à ce sujet tiré du rossignol. T. VI, p. 494.

Coyolcos, espèce de colin du Mexique. T. V, p. 486.

Crabiers (les) sont des hérons encore plus petits que les aigrettes; on leur a donné le nom de crabier parce qu'il y en a quelques espèces qui se nourrissent de crabes de mer. Ils sont répandus dans toutes les parties du monde. Nous en connaissons neuf espèces dans l'ancien continent, et treize dans le nouveau. T. VIII, p. 78.

Crabier (le petit), espèce de petit héron de l'ancien continent, et le plus petit des crabiers. Ses dimensions. Sa description. T. viii, p. 82.

Crabier *blanc à bec rouge*, espèce de petit héron du nouveau continent. Description de cet oiseau, qui est un des plus jolis de ce genre. Ses dimensions. T. viii, p. 85 et 86.

Crabier *blanc et brun*, espèce de petit héron de l'ancien continent. Sa description; se trouve à Malaca. T. viii, p. 81.

Crabier *bleu*, espèce de petit héron du nouveau continent; cet oiseau est singulier en ce qu'il a le bec bleu comme le plumage, avec les pieds verts. Sa description et ses dimensions. T. viii, p. 84.

Crabier *bleu à cou brun*, espèce de petit héron du nouveau continent; ses ressemblances avec le crabier bleu et ses différences. T. viii, p. 84.

Crabier *caiot*, espèce de petit héron de l'ancien continent, qui se trouve en Italie. Sa description. T. viii, p. 78 et 79.

Crabier *cendré*, espèce de petit héron du nouveau continent; ses dimensions et sa description. Il se trouve à la Nouvelle-Espagne. T. viii, p. 86.

Crabier *chalybé*, espèce de petit héron du nouveau continent. Sa description. T. viii, p. 87.

Crabier *gris à tête et queue vertes*, espèce de petit héron du nouveau continent. Ses ressemblances avec le crabier roux à tête et queue vertes, et avec le crabier vert. Sa description. T. viii, p. 89 et 90.

Crabier *gris-de-fer*, espèce de petit héron du nouveau continent. Sa description. Il est fort commun dans les îles de Bahama, et il fait ses petits dans les buissons qui croissent dans les fentes des rochers. Il se nourrit de crabes plutôt que de poissons. Leur chair est de bon goût et ne sent point le marécage. T. viii, p. 85.

Crabier *marron*, espèce de petit héron de l'ancien continent. Sa description. Il est fort petit. Variété dans cette espèce. T. viii, p. 79 et 80.

Crabier *noir*, espèce de petit héron de l'ancien continent, qui se trouve à la Nouvelle-Guinée, ses dimensions et sa description. T. viii, p. 82.

Crabier *pourpré*, espèce de petit héron du nouveau continent. Notice au sujet de cet oiseau d'après Seba. T. viii, p. 86.

Crabier *roux*, petit héron de l'ancien continent; sa description et ses dimensions. Il se trouve en Silésie. T. viii, p. 79.

Crabier *roux à tête et queue vertes*, espèce de petit héron du nouveau continent. Ses dimensions et sa description. T. viii, p. 89.

Crabier *vert*, espèce de petit héron du nouveau continent, qui est le plus bel oiseau de ce genre. Sa description. Ses dimensions et ses habitudes naturelles. T. viii, p. 88.

Crabier *vert tacheté*, espèce de petit héron du nouveau continent; ses ressemblances avec le crabier vert et ses différences. Sa description. T. viii, p. 88.

Crabier de Coromandel, espèce de petit héron de l'ancien continent; ses ressemblances et ses différences avec le crabier de Mahon. Sa description. T. viii, p. 81.

Crabier de Mahon, espèce de petit héron de l'ancien continent. Ses dimensions et sa description. T. viii, p. 81.

Cracra, espèce de crabier ou petit héron du nouveau continent, dont le cri exprime son nom *cracra*. Sa description d'après le P. Feuillée. T. viii, p. 87.

Crapaud volant. Voyez *Engoulevent*.

Cravate-jaune, oiseau du cap de Bonne-Espérance qui a rapport à la calandre ou grosse alouette. Sa description. Ses dimensions. T. vi, p. 478 et 479.

Cravate *dorée*, espèce d'oiseau-mouche. T. vii, p. 158 et 159.

Cravant (le). Étymologie de ce nom selon Gessner. T. viii, p. 452. — Par le port et par la figure, cet oiseau approche plus de l'oie que du canard; sa description. *Ibid.* — Le cravant est d'une espèce différente de celle de la bernache; différences entre l'un et l'autre. P. 453. — Différents cris du cravant. *Ibid.* — Cet oiseau peut vivre en domesticité; ses habitudes dans cet état. P. 453 et 454.

Crave ou coracias. T. v, p. 521 et suiv.

— Pourquoi appelé *avis incendiaria.* P. 522. — Est attiré par ce qui brille. *Ibid.* — Comparé au corbeau sauvage de Gessner, et au choquard ou pyrrhocorax. *Ibid.* — Ne se plaît pas indifféremment sur toutes sortes de montagnes et de rochers; en quel temps se montre en Égypte, et pourquoi. P. 523. — Coracias d'Aristote. P. 524. — Coracias à bec et pieds noirs. *Ibid.*

Cresserelle, très-commune en France, surtout en Bourgogne, crie en volant, fréquente les vieilles tours abandonnées, plume les oiseaux, avale les souris tout entières, vomit leur peau sous la forme d'une pelote; a la vue perçante, le vol aisé, le naturel hardi. T. v, p. 146 et 147. — Différence du mâle et de la femelle; on a fait de celle-ci une espèce particulière, connue sous le nom d'*épervier des alouettes. Ibid.* — Niche sur les grands arbres ou dans des trous de murailles, et quelquefois dans des nids étrangers; pond plus d'œufs que la plupart des oiseaux de proie, nourrit ses petits d'insectes, puis de mulots et de reptiles secs; se nourrit elle-même de petits oiseaux, enlève quelquefois une perdrix rouge qui est beaucoup plus pesante qu'elle. P. 148. — Variétés d'âge; s'apprivoise au point de revenir d'elle-même à la volière; variété dans l'espèce; on parle d'une cresserelle jaune de Sologne, pondant des œufs jaunes. *Ibid.* — La cresserelle de France se trouve en Suède, a beaucoup d'analogie avec les émérillons d'Amérique et avec l'émérillon de M. Brisson. P. 151.

Cri. Voyez *Voix.*

Crik, espèce si commune à Cayenne, qu'on a donné son nom à tout le genre. T. vii, p. 264. — Plus petit que les amazones, mais plus gros que les perruches, et autant qu'un poulet. Confondu cependant avec la perruche de la Guadeloupe, et aussi avec le *tahua* ou *tavoua. Ibid.* — Nommé aussi *aiuru-cotinga.* Variété dans cette espèce nommée *aiuru-apara.* P. 265.

Crik *à face bleue*, venu de la Havane. Paraît commun au Mexique et aux terres de l'Isthme. Beaucoup moins grand que le meunier. T. vii, p. 263.

Crik *à tête bleue*, se trouve à la Guiane. T. vii, p. 265. — Ses variétés. P. 265 et 266. — Est le même que le perroquet vert facé de bleu, d'Edwards. P. 272.

Crik *à tête et gorge jaunes.* T. vii, p. 260. — Capable d'attachement. Exige les caresses. Jaloux. Indépendant. Capricieux. Mord dans ses caprices. Grand destructeur de meubles. Triste dans la cage et par le mauvais temps. Apprend aisément à parler. Aime les enfants. Sa mue dure trois mois. La viande lui fait mal. Rumine. P. 261 et suiv.

Crik *à tête violette*, perroquet de la Guadeloupe qui y devient très-rare. Beauté de son plumage. Hérisse les plumes de son cou et s'en fait une fraise. Parle distinctement et apprend promptement étant pris jeune. Son naturel doux, facile à priver. Dutertre en a vu nicher dans un arbre à cent pas de sa case, où ils venaient chercher à manger; y amenèrent leurs petits. T. vii, p. 266 et suiv.— Est un de ceux que les sauvages tapirent. P. 267 et 268.

Crik *poudré.* Voyez *Meunier.*

Crik *rouge et bleu.* Son pays n'est pas connu. Pourquoi rangé parmi les criks. T. vii, p. 262 et 263. — Confondu avec le perroquet violet de Barrère. P. 263.

Criks, famille de perroquets d'Amérique, moins beaux et plus communs que les amazones. T. vii, p. 251.

Croissant ou moineau du cap de Bonne-Espérance, espèce étrangère, voisine de la soulcie; il est caractérisé par un croissant blanc qu'il a sous le cou. T. vi, p. 174.

Cromb, nom de la femelle du vourou-driou de Madagascar. T. vii, p. 348.

Cuil de Malabar, moins gros que notre coucou. Est en vénération dans son pays. T. vii, p. 338.

Cuiriri. Voyez *Bentaveo.*

Cuit ou rollier de Mindanao. T. v, p. 588 et suiv.

Cujelier. Différences du cujelier et de l'alouette. T. vi, p. 464 et 465. — Il se perche sur les arbres, tandis que l'alouette ordinaire ou mauviette ne se pose ordinairement qu'à terre. Raison pourquoi les alouettes et même les cujeliers se perchent

difficilement. On appelle le cujelier *alouette de bois*, parce qu'il niche dans les terres incultes qui avoisinent les taillis ou à l'entrée des jeunes taillis. P. 465. — Le chant du cujelier ressemble beaucoup plus au chant du rossignol qu'à celui de l'alouette, et il fait entendre sa voix non-seulement le jour, mais pendant la nuit, comme le rossignol. L'espèce du cujelier, quoique plus petite que celle de l'alouette, est cependant moins nombreuse. Il fait sa première ponte bien plus tôt que l'alouette ordinaire, et on voit des petits cujeliers en état de voler dès la mi-mars. P. 465 et 466. — Les petits cujeliers sont difficiles à élever, surtout dans les pays un peu froids comme l'Angleterre. Habitudes naturelles du cujelier; il s'élève très-haut en chantant, fait son nid à terre. Description de ses parties intérieures et extérieures. Différences du mâle et de la femelle. P. 466. — L'espèce en est répandue depuis l'Italie jusqu'en Suède. Ces oiseaux sont assez gras en automne, et leur chair est alors un fort bon manger. *Ibid.*— Dimensions du cujelier. P. 467.

Cujelier. Couve l'œuf du coucou déposé dans son nid. T. vii, p. 316.

Cul-blanc. Voyez *Motteux*.

Cul-blanc, un des noms de l'hirondelle de fenêtre. T. vii, p. 448 et 452 (note *b*).

Cul-jaune de Cayenne (petit), appelé aussi *carouge du Mexique* et *carouge de Saint-Domingue*. T. vi, p. 48. — Son cri, son nid, ses mœurs, ses dimensions, son plumage et ses variétés. P. 48 et 49.

Culotte de velours. Voyez *Coq* de Hambourg.

Cul-rousset, oiseau du Canada dont l'espèce approche de celle du bruant. Sa description et ses dimensions. T. vi, p. 340 et 341.

Curicaca (le) doit être séparé de la famille des courlis. T. viii, p. 185.

Curucuis. Voyez *Couroucous*.

Cusco. Voyez *Pauxi*.

Cygne, qu'on dit avoir vécu trois cents ans. T. v, p. 29 (note *a*).

Cygne encapuchonné. Voyez *Dronte*.

Cygne (le) semble être le roi paisible des eaux, tandis que l'aigle n'est que le sanguinaire tyran des airs. T. viii, p. 410. — Il règne à tous les titres qui fondent un empire aimable, beauté, douceur, majesté. *Ibid.*— Ses grâces l'ont fait regarder comme cher à l'amour. P. 412. — Noble chef des oiseaux navigateurs ailés; il paraît avoir servi de modèle à l'homme dans l'art de la navigation. *Ibid.* — Il fait l'ornement de nos plus belles pièces d'eau, et ne consent à s'y établir que comme un hôte libre et volontaire, et non comme un esclave. P. 413. — Sa vitesse à la nage et la hauteur de son vol. P. 413 et 414. — Ses moyens de subsistance et de défense. P. 414. — Son instinct social, qui suppose des mœurs douces et un naturel sensible. *Ibid.* — Longue durée de sa vie. P. 414 et 415. — Amour des cygnes; temps de la nichée, nombre de la ponte; éducation et accroissement des petits. P. 415 et 416. — Combats entre les mâles pour la possession d'une femelle aimée. *Ibid.* — Goût et soin du cygne pour la propreté. P. 416. — Il s'établit de préférence sur les rivières d'un cours sinueux et tranquille, où il trouve plus abondamment sa nourriture. P. 417. — Contrées où l'espèce s'est portée. P. 417 et 418. — Elle se trouve également dans le nord de l'ancien et du Nouveau-Monde. P. 418 et 419. — Différences entre le cygne sauvage et le cygne privé. P. 419. — Ce sont moins des caractères de nature que des indices et des empreintes de domesticité, et le cygne domestique doit être regardé comme une race tirée anciennement et originairement de l'espèce sauvage. P. 419 et 420. — Le cygne domestique est plus grand et plus gros que le cygne sauvage, et la femelle est plus petite que le mâle; leurs dimensions. P. 420. — Description du bec dans les deux races; sa forme paraît avoir servi de modèle à la nature pour le bec des deux grandes familles des oies et des canards. *Ibid.* — Qualités de la chair du cygne et de son duvet. P. 421. — Conformation des organes de la voix dans le cygne. *Ibid.* — Fable des anciens, sur le prétendu chant mélodieux du cygne expirant, et touchante expression tirée de ce préjugé. P. 423.

Cygne (le) est l'emblème de la grâce,

premier trait qui nous frappe même avant ceux de la beauté. T. VIII, p. 3.

D

DAME ou *Demoiselle anglaise*. Voyez *Couroucou à ventre rouge*.

DAMIER ou PÉTREL, *blanc et noir*. Le mélange symétrique de ces deux couleurs dans le plumage de ce pétrel, l'a fait appeler *damier* par tous les navigateurs, de même que *pardelas* et *pintado*, par les Espagnols et les Anglais. T. VIII, p. 557. — Sa taille, son port, son vol, et traits de sa conformation, qui le rangent dans la famille des *pétrels* proprement dits. P. 557 et 558. — Le damier paraît être indigène aux mers antarctiques, dans la zone tempérée et la zone froide où il pénètre jusqu'aux plus grandes latitudes. P. 558. — Hauteurs où l'on commence à rencontrer ces oiseaux. P. 559. — Ils savent trouver des points de repos jusqu'au milieu des flots agités; néanmoins leur état de tranquillité n'est jamais long; on entend leur vol toute la nuit, et le soir on les voit se rassembler en nageant sous la poupe des vaisseaux. *Ibid.* — Leur nourriture; hameçons pour les prendre; leur impuissance à se remettre au vol lorsqu'ils sont une fois abattus. P. 559 et 560. — Leur instinct social; attachement particulier du mâle et de la femelle, et marques touchantes qu'ils s'en donnent mutuellement. *Ibid.*

DAMIER *brun*. Voyez *Pétrel antarctique*.

DANBIK, oiseau fort commun en Abyssinie; sa description. T. VI, p. 221.

DATTIER ou moineau de datte, sa description. T. VI, p. 167. — Familier comme nos moineaux, aussi commun, chante mieux, difficile à transporter. *Ibid.*

DEMI-FINS; genre d'oiseaux auquel nous avons donné ce nom parce que leur bec fait la nuance entre les becs fins et les becs forts des petits oiseaux. T. VII, p. 40 et 41.

DEMI-FIN *mangeur de vers*. Sa description. — On le trouve en Pensylvanie où il n'est qu'un oiseau de passage. — Sa grandeur. T. VII, p. 41 et 42.

DEMI-FIN *noir et bleu*. Sa description. Sa grandeur. Il se trouve aux Indes. T. VII, p. 42.

DEMI-FIN *noir et roux*. Sa description. T. VII, p. 42 et 43. — Ses dimensions. Il se trouve dans l'Amérique méridionale. *Ibid.*

DEMI-FIN *à huppe et gorge blanches*. Il se trouve dans l'Amérique méridionale. Sa description; ses dimensions. T. VII, p. 45 et 46.

DEMOISELLE de Numidie, confondue mal à propos avec l'*otus* des anciens. T. V, p. 180 et 181.

DEMOISELLE ou *Dame anglaise*. Voyez *Couroucou à ventre rouge*.

DEMOISELLE de Numidie; cet oiseau a sous un moindre module toute la taille et les proportions de la grue; il lui ressemble aussi par le plumage. Sa description. T. VIII, p. 40 et 41. On lui a donné le nom de *demoiselle* à cause de sa beauté, de son élégance et des gestes *mimes* qu'il semble affecter. Description de sa démarche et de ses gestes. P. 41. — Son naturel et sa vanité apparente. *Ibid.* — Il n'a été connu que tard par les naturalistes modernes; on l'a même confondu avec des oiseaux très-différents, tels que les *hibous*, *scops* et *otus*. Cet oiseau est naturel aux contrées de l'Afrique voisines du tropique. Cependant il peut s'accoutumer à la température de notre climat; il a même produit plusieurs fois à la Ménagerie du Roi, et la dernière morte, après avoir vécu environ vingt-quatre ans, était une de celles qu'on y avait vues naître. P. 42. — Description des parties intérieures de cet oiseau. P. 42 et 43.

DERKACZ de Rzaczynski, paraît être un râle. T. VIII, p. 616.

DESCRIPTION des oiseaux, ne doit point être séparée de leur histoire, ses difficultés. T. V, p. 3. — Description des couleurs, très-difficile à faire, très-ennuyeuse à lire. *Ibid.* — Conditions d'une bonne description. P. 571.

DIABLE, nom de la grande chevêche d'Amérique. T. V, p. 190 (note *b*).

DIABLE, nom donné à l'*ani*. Voyez ce mot.

DIEMEN (terre de); il est douteux qu'on y ait trouvé des perroquets. T. VII, p. 281 et 282.

DIGESTION des gallinacés. T. V, p. 298.

DIGITALE (grande) à fleurs rouges, est un poison pour les dindons. T. V, p. 319.

DINDON, en quoi ressemble au paon. T. V, p. 313 (note *a*). Sa tête dénuée de plumes, peau charnue qui la couvre, caroncule à la base du bec supérieur, barbillon à celle du bec inférieur; mouvement de toutes ces parties lorsque l'oiseau est affecté d'amour ou de colère. P. 313 et 314. — Sa queue; comment se relève. P. 314 et 315. — Couleurs de son plumage. P. 315. — Bouquet de crins à son cou. *Ibid.* — Différence du mâle et de la femelle. P. 316. — Les mâles se battent entre eux; s'accouplent avec d'autres espèces. *Ibid.* — Ponte, incubation, éducation des petits, soins de la mère. P. 317-319. — Quand les petits poussent le rouge; on ne les chaponne point, ils engraissent sans cela. P. 319. — Sommeil du dindon; craint l'humidité, surtout étant jeune; la grande digitale à fleurs rouges est un poison pour lui. *Ibid.* — Tantôt lâches, tantôt courageux; leur voix, leurs fonctions, leurs intestins. P. 320. — Parties de la génération, œil. *Ibid.* et suiv.

DINDONS, sont avec les paons, les coqs et autres oiseaux à jabot, les représentants des bœufs, des brebis, des chèvres et des autres ruminants. T. V, p. 30

DODO. Voyez *Dronte.*

DOIGTS de l'autruche, sont au nombre de deux seulement à chaque pied, et chacun est composé de trois phalanges, contre ce qu'on voit ordinairement dans les doigts des oiseaux, lesquels ont très-rarement un nombre égal de phalanges. T. V, p. 205.

DOIGTS du touraco. T. VII, p. 301. — Du coucou. P. 322 et 329. — Dans les hibous et les chats-huants, l'un des doigts antérieurs se tourne souvent en arrière. P. 329. — Dans les coucous, l'un des postérieurs se tourne souvent en avant. *Ibid.* — Les anis ont les doigts disposés comme les coucous. P. 360. — Le doigt postérieur de l'engoulevent disposé à se tourner en avant. P. 408. — Doigt du milieu du grand ibijau, a de chaque côté un rebord membraneux. P. 417.

DOMINO, paraît n'être qu'une variété dans l'espèce du jacobin. T. VI, p. 157.

DRAINE, ses rapports avec la grive. T. VI, p. 58 et suiv. — La plus grosse de toutes les grives; son poids, ses voyages; plusieurs restent dans le pays où elles sont nées. P. 71 et 72. — Sa ponte, son nid, ses œufs, éducation des petits, sa nourriture, son chant, attribut distinctif du mâle; mœurs de la draine, qualités de sa chair. P. 72, 73 et 74. — Niche au Jardin du Roi à Paris. P. 74. — Chasse aux draines. *Ibid.*

DRAINE blanchâtre; variété de la draine. T. VI, p. 73 et 74.

DRONGO, oiseau de Madagascar et des autres climats chauds de l'ancien continent; on ne doit pas le ranger avec les gobe-mouches, et il paraît faire une espèce isolée. Sa description. T. VI, p. 451.

DRONTE, ainsi que l'autruche, le casoar et autres oiseaux presque nus, ne se trouvent que dans les pays chauds. T. V, p. 34. — Tous ces oiseaux, ainsi que le touyou d'Amérique, ne volent point. P. 35 et 243. — S'appelle aussi dodo et cygne encapuchonné; le plus lourd des oiseaux; a le bec énorme, les ailes et la queue hors de sa place; a quatre doigts à chaque pied; est plus gros que le cygne et le dindon, on lui trouve quelquefois des pierres dans l'estomac; paraît propre aux îles de France et de Bourbon. P 243 à 245. — Comparé avec le solitaire et l'oiseau de Nazare. P. 245, 249 et suiv.

DUC ou grand duc, βύας, *bubo*. T. V, p. 166. — Le seul, avec le petit duc, dont les ailes, dans leur repos, n'arrivent pas au bout de la queue. P. 165 et 166. — Comparé avec l'aigle. P. 171 et 172. — A la tête énorme, les ailes courtes (cinq pieds de vol), la cavité des oreilles très-grande, les aigrettes de la tête hautes de deux pouces et demi, le bec court, les yeux grands, l'iris orangé, les pieds velus jusqu'aux ongles, les serres fortes, le cri effrayant; habite les rochers, les vieilles tours; il y niche ou bien sur les arbres creux; chasse lièvres, lapins, mulots, chauves-souris,

reptiles; rejette par le bec les os, les peaux, etc.; se bat avec la buse, fait tête à des volées entières de corneilles; supporte mieux la lumière du jour que les autres oiseaux de nuit. P. 172 et 173. — S'élève assez haut à l'heure du crépuscule, vole bas le jour; on s'en sert pour attirer le milan et les autres oiseaux; il a la langue courte et assez large, l'œil enveloppé d'une tunique cartilagineuse, le cerveau recouvert d'une et non de deux tuniques comme les autres oiseaux. P. 173 et 174. — Ses variétés sont, le duc aux ailes noires, le duc aux pieds nus; ils ont tous deux les pieds plus grêles; le duc blanc de Laponie, marqué de taches noires; le jacurutu du Brésil, qui est absolument le même que notre grand duc, le hibou des terres Magellaniques. P. 174 et 175.

Duc (le) de la baie d'Hudson et de Virginie. T. v, p. 175 et 176. — Cet oiseau se trouve dans les deux continents, au nord et au midi. *Ibid.* — Les aigrettes partent quelquefois de la base du bec. *Ibid.* — Le grand duc est gros comme une oie. P. 176.

Duc (moyen), ὦτος, *otus*. T. v, p. 166. — Appelé *dux*, parce qu'on le supposait conducteur des cailles dans leur passage, lesquelles en effet ne volent que la nuit, et ont pu quelquefois voler de compagnie avec cet oiseau de nuit. P. 165. — Est oiseau sédentaire, se trouve en France en hiver. P. 166. — Ses aigrettes sont composées de six plumes hautes d'un pouce; a la grosseur d'une corneille, la langue un peu fourchue, l'estomac assez ample, la vésicule du fiel grande, les boyaux longs de vingt pouces, de gros *cœcum*. P. 176 et 177. — Commun en France, surtout l'hiver, pond dans des nids étrangers; se trouve en Suède, en Amérique sous le nom de *canot;* le hibou d'Italie est une autre variété; produit quatre ou cinq œufs, ses petits sont blancs en naissant. P. 177 et 178. — Le hibou de la Caroline de Catesby, celui de l'Amérique méridionale du P. Feuillée et le tecolotl de Fernandez, ne sont peut-être que des variétés de cette espèce. P. 178 (et note *b*). — Ce moyen duc attire mieux les gros oiseaux à la pipée; fait pendant le jour des gestes ridicules et bouffons. P. 178-181. — Les vieux qui se voient pris refusent toute nourriture. P. 181. — S'assemblent quelquefois en troupes de cent et plus. P. 182 et 183.

Duc (petit), σκὼψ, *asio*. Le seul avec le grand duc, dont les ailes, dans leur repos, n'arrivent pas jusqu'au bout de la queue. T. v, p. 166. — C'est peut-être le seul des oiseaux de nuit qui soit oiseau de passage. *Ibid.* — Est de la grosseur d'un merle, a les aigrettes d'un demi-pouce, et composées d'une seule plume; a la tête plus petite à proportion que les autres ducs; se réunit en troupes en automne et au printemps pour changer de climat, détruit beaucoup de mulots; ressemblant à la chevêche. P. 181-183. — Le talchicuatli de Nieremberg est peut-être une de ses variétés. P. 183. — Rare partout et difficile à prendre. *Ibid.* — Les couleurs du plumage et des yeux sujettes à varier. *Ibid.* — Voyez *Caboure*.

Duc (moyen). Voyez *Oiseaux de nuit*.

Dur-bec, ou gros-bec de Canada, nommé au Canada *bouvreuil*, est la grosse pivoine d'Edwards; en quoi diffère des autres gros-becs; son plumage, sa queue; différence de la femelle. T. vi, p. 151.

Duvet du vautour, et son usage. T. v. p. 44, 83, 90.

E

Échasse. Cet oiseau est ainsi nommé à cause de l'excessive hauteur de ses jambes, qui sont trois fois longues comme son corps. T. viii, p. 219. — Elles lui permettent à peine de porter son bec à terre pour prendre sa nourriture. Description des jambes et de la marche de l'échasse. P. 220. — Mais cet oiseau vole aussi bien qu'il marche mal. Sa description. P. 221. — L'espèce ne paraît pas être nombreuse. Cependant elle est assez répandue depuis l'Italie jusqu'en Écosse. Elle se trouve aussi dans le nouveau continent. *Ibid.* — A la Jamaïque, en Espagne, etc. P. 221 et 222.

Écorcheur, espèce de pie-grièche plus petite que la rousse, à laquelle il ressemble

par les habitudes, en diffère par le plumage; mais le mâle et la femelle de chacune de ces espèces, diffèrent encore plus entre eux; a pour variétés l'écorcheur varié, l'écorcheur des Philippines, la pie-grièche rousse d'Edwards et la pie-grièche de la Louisiane. T. v, p. 157 et 158.

Édolio, coucou du cap de Bonne-Espérance. T. vii, p. 327.

Éducation des animaux. T. vii, p. 184 et suiv. — Éducation domestique du coucou. P. 321.

Effraie ou fressaie, ἐλεὸς, *aluco*. T. v, p. 167. — Autrement chouette des clochers, parce qu'elle se tient dans les clochers, les toits des églises, par conséquent près des cimetières, ce qui, joint à sa qualité d'oiseau de nuit et à son cri aigre et lugubre, la fait regarder comme l'oiseau de la mort; souffle comme un homme qui dort la bouche ouverte; égale au chat-huant; a l'iris jaune, le bec et les doigts blancs, se prend aisément; refuse, étant prise, toute nourriture; vit ainsi dix ou douze jours; ne crie qu'en volant; la femelle est plus grosse que le mâle, et a les couleurs plus claires et plus distinctes; outre cela, le plumage est sujet à varier dans cette espèce; commune en Europe et jusqu'en Suède, se retrouve en Amérique; se nomme *tuidara* au Brésil; pond, dès la fin de mars, cinq, six ou sept œufs blanchâtres à cru dans des trous d'arbre ou de muraille; ses petits sont blancs dans le premier âge; elle les nourrit et les engraisse avec des insectes et des morceaux de chair de souris, etc. Vit comme les chats-huants, va le soir dans les bois; se précautionne l'hiver contre le froid; visite les piéges, et fait sa proie des petits oiseaux qui y sont pris, avale les petits oiseaux tout entiers avec les plumes. P. 186 à 188. — Est le *strix* des Latins. P. 185.

Effraie. Voyez *Oiseaux de nuit*.

Égyptiens. Ce peuple aussi triste que vain, fut l'inventeur de l'art lugubre des momies, par lequel il voulait pour ainsi dire éterniser la mort; non-seulement les Égyptiens embaumaient les cadavres humains, mais ils conservaient également les corps de leurs animaux sacrés. T. viii, p. 164 et 165. — Les oiseaux étaient enfermés dans des pots de terre cuite, dont l'orifice est bouché d'un ciment. P. 165.

Eider (l') n'est point un aigle comme son nom altéré l'a fait croire, mais une espèce d'oie des mers du Nord. T. viii, p. 459 et 460. — Par une disposition contraire à celle qui s'observe dans le plumage de la plupart des oiseaux, l'eider a le dos blanc et le ventre noir, ou d'un brun noirâtre. P. 460. — Le duvet de l'eider est très-estimé et se vend toujours très-cher. *Ibid.* — Le meilleur duvet, que l'on nomme duvet vif, est celui que l'eider s'arrache pour garnir son nid et que l'on recueille dans ce nid même. *Ibid.* — Précautions à prendre pour chercher ce duvet et le ramasser dans les nids, et manière de le purger de l'ordure dont il est souvent souillé. P. 460 et 461. — Ponte de l'eider, nombre et couleur des œufs. P. 461. — Lorsqu'on les ravit à la femelle, elle se plume de nouveau pour garnir son nid et fait une seconde ponte, mais moins nombreuse que la première; si l'on dépouille une seconde fois son nid, le mâle se déplume à son tour, c'est pourquoi le duvet de ce troisième nid est plus blanc que celui du premier. *Ibid.* — Mais pour faire cette troisième récolte, il faut attendre que la mère eider ait fait éclore ses petits, autrement elle quitterait pour jamais la place. *Ibid.* — Soins que prennent les Islandais pour attirer les eiders chacun dans leur terrain et les engager à s'y fixer. *Ibid.* — Le nombre des femelles est plus petit que celui des mâles, elles sont adultes avant eux, et leur première ponte est moins nombreuse que les suivantes. P. 462. — L'eider, au temps de la pariade, fait entendre une voix rauque et gémissante; la voix de la femelle est semblable à celle de la cane commune. *Ibid.* — Lieux où ils placent leurs nids, et manière dont ils les construisent. *Ibid.* — Le mâle n'aide point la femelle à couver, mais fait sentinelle pour avertir si quelque ennemi paraît. P. 462 et 463. — Si le danger est pressant, elle va rejoindre le mâle qui, dit-on, la maltraite s'il arrive malheur à la couvée. P. 463. — Précaution que prend la mère eider pour soustraire ses petits au danger.

Ibid. — Éducation des petits eiders à la mer. *Ibid.* — Les Groënlandais comptent leur temps d'été par l'âge des jeunes eiders. *Ibid.* — Temps où les couleurs du mâle et de la femelle sont démêlées et bien distinctes. *Ibid.* — Nourriture de l'eider. *Ibid.* — La fuite de ces oiseaux à la côte pendant le jour, passe pour un présage infaillible de tempête. *Ibid.* — L'eider n'est point proprement un oiseau de passage, il ne quitte point le climat glacial. *Ibid.* — Lieux où on le trouve. P. 463 et 464.

Électricité, semble être pour quelque chose dans les accès d'épilepsie auxquels les aras et autres oiseaux sont sujets. T. VII, p. 244.

Embergoose. Voyez *Imbrim*.

Embérise *à cinq couleurs*, oiseau de la Plata; sa description et ses dimensions. T. VI, p. 339.

Émeraude-améthyste, espèce d'oiseau-mouche. T. VII, p. 160.

Émerillon, pond jusqu'à sept œufs T. V, p. 45. — Se porte sur le poing, découvert et sans chaperon. P. 146. — C'est l'émerillon des fauconniers; gros comme la grive, et cependant oiseau noble, hardi, docile, enlevant alouettes, cailles et même perdrix; a les ailes plus courtes que le hobereau, mais ressemble plus au rochier; le mâle est aussi gros que la femelle, fréquente les bois et buissons, chasse seul, vole bas; la femelle produit cinq ou six petits. P. 149 à 151.

Émerillon des naturalistes, approche beaucoup de la cresserelle, ainsi que l'émerillon de Cayenne, celui de la Caroline, celui de Saint-Domingue, celui des Antilles, appelé *gry-gry*. T. V, p. 151 et 152.

Émeu. Voyez *Casoar*. T. V, p. 230 et 235.

Engoulevent ou *tette-chèvre*, ou *crapaud volant*, ou *corbeau de nuit*, ou *hirondelle à queue carrée*. Pourquoi on a préféré le premier de ces noms. T. VII, p. 402 et suiv. — Vit d'insectes, leur donne la chasse dans le crépuscule, et pourquoi? Sensibilité de ses yeux. Insectes se prennent à la glu dans son bec. P. 404 et 405. — Appartient à tout l'ancien continent. Ses migrations. Terrain qu'il préfère. P. 405. — Ponte, nid, œufs, incubation. *Ibid.* et suiv. — Cet oiseau a le vol de la bécasse, et les allures de la chouette; sa chasse, son bourdonnement et sa cause; pourquoi de mauvais augure; son véritable cri. P. 406 et 407. — Se perche singulièrement, est solitaire. P. 407. — A la tête grosse, les yeux saillants, le bec petit, l'ouverture du gosier et des oreilles larges, narines saillantes, l'ongle du milieu dentelé, le doigt postérieur disposé à se tourner en avant. Queue carrée, composée de dix pennes. P. 407 et 408. — Chair des jeunes bonne à manger. P. 408. — Il n'y en a qu'une seule espèce dans notre continent, il y en a dix ou douze en Amérique qui semble être le vrai lieu de leur origine. *Ibid.* — Principaux attributs de ces oiseaux. P. 409. — Ils ont l'ouïe fine : ce qui semble perfectionner cet organe. *Ibid.* — La faiblesse de leur vue a de grandes influences sur leurs habitudes, sur celle entre autres de ne point faire de nids. P. 410. — Les autres oiseaux de nuit en font d'autant moins qu'ils sont plus oiseaux de nuit. *Ibid.* — Tous ces oiseaux n'ont point de couleurs éclatantes dans leur plumage. P. 411. — Les engoulevents ne sont, pour ainsi dire, que des hirondelles de nuit. P. 422. — Devraient être amis do l'homme comme les hirondelles. P. 440.

Engoulevent *acutipenne*, de la Guiane, a les pennes de la queue pointues. Vole quelquefois de compagnie avec les chauves-souris. Ponte en octobre et novembre. T. VII, p. 419 et 420.

Engoulevent *à lunettes* ou le *Haleur*, de la Jamaïque, de la Guiane, etc. Le premier nom a rapport aux narines saillantes de l'oiseau; le second à son cri. T. VII, p. 417. — Vit d'insectes. Ressemble au guira-querea par les parties intérieures. P. 418.

Engoulevent (grand) de Cayenne. Dénomination donnée au grand ibijau. Voyez ce mot.

Engoulevent de la Caroline ou *Oiseau de pluie;* fort ressemblant à notre engoulevent. T. VII, p. 412 et 413.

Engoulevent *gris*, de Cayenne. T. VII, p. 420.

Engoulevent *roux*, de Cayenne. T. vii, p. 421. — A des taches carrées qui ont du rapport avec les cases d'un échiquier. *Ibid.* — Variété venant de la Louisiane. *Ibid.*

Engoulevent *varié*, de Cayenne. Espèce fort commune dans cette île. A deux cris, l'un tirant sur celui du crapaud, l'autre sur celui du chien. T. vii, p. 418 et 419. — Est peu farouche. P. 419.

Engoulevents d'Amérique. T. vii, p. 408 et suiv.

Ennui connu des perroquets. T. vii, p. 201.

Épeiche. Origine de ce nom. T. vii, p. 524. — Sa description. *Ibid.* et suiv. — C'est le plus beau de tous les pics. Différences du mâle et de la femelle. Variété dans cette espèce. P. 525. — L'épeiche frappe contre les arbres des coups plus vifs et plus secs que le pic vert. Son naturel et ses mœurs. En hiver, dans nos provinces, il vient près des habitations, et cherche à vivre sur les écorces des arbres fruitiers. *Ibid.* — Description des parties intérieures de cet oiseau. Différences entre les jeunes épeiches et les épeiches adultes. P. 526.

Épeiche (le petit). Ses différences et ses ressemblances avec le grand épeiche. T. vii, p. 526 et 527. — Il est à peine de la grandeur du moineau, et ne pèse qu'une once. Il vient pendant l'hiver près des maisons; ses autres habitudes naturelles. P. 527. — L'espèce, comme celle du grand épeiche, paraît s'être étendue jusque dans l'Amérique septentrionale. *Ibid.*

Épeiche (petit) *brun*, des Moluques. Sa description. Il est de la grandeur du petit épeiche d'Europe. T. vii, p. 529.

Épeiche de Canada. Ses différences et ressemblances avec l'épeiche d'Europe. T. vii, p. 529. — Le *quauhtotopotli alter* de Fernandez, paraît être le même oiseau que l'épeiche de Canada. *Ibid.*

Épeiche de la Encénada. Cet oiseau n'est pas plus grand que le petit épeiche d'Europe, et c'est un des plus jolis oiseaux de ce genre. Sa description. Différence du mâle et de la femelle. T. vii, p. 532.

Épeiche de la Jamaïque. Il est de grandeur moyenne entre le pic vert et l'épeiche d'Europe. T. vii, p. 530. — Sa description. Différence du mâle et de la femelle. P. 531.

Épeiche de la Louisiane. Il est plus grand que l'épeiche d'Europe. Sa description. T. vii, p. 531 et 532.

Épeiche du Mexique (l') est une grande espèce d'épeiche. Sa description d'après Fernandez. T. vii, p. 530.

Épeiche *ondé et tacheté*, de Nubie. Sa description et ses dimensions, qui sont plus grandes que celles de l'épeiche d'Europe. T. vii, p. 528.

Épeiche ou *pic chevelu*, de Virginie. Sa description. Il est un peu moins grand que l'épeiche d'Europe. T. vii, p. 532.

Épeiche ou *pic varié*, de la Caroline. Cet oiseau est à peine aussi grand que le petit épeiche d'Europe. Sa description. Différence du mâle et de la femelle. T. vii, p. 533.

Épeiche (grand) ou *pic varié*, de l'île de Luçon. Il est de la taille du pic vert. Sa description. T. vii, p. 528.

Épeiche (petit) ou *pic varié*, de Virginie. Il ressemble à l'épeiche ou pic chevelu de Virginie, mais il est beaucoup plus petit. Sa description. Différences du mâle et de la femelle. T. vii, p. 633.

Épeiche ou *pic varié ondé*. Sa description. T. vi, p. 634 et 635.

Éperon de poulet, greffé sur sa crête. T. v, p. 302 et 303. — Éperons de l'oiseau nommé *éperonnier*. P. 429.

Éperons dans quelques coucous. T. vii, p. 329.

Éperonnier; c'est le faisan-paon d'Edwards; n'est ni faisan ni paon. T. v, p. 428 et suiv. — Sa queue, ses miroirs, sa tête, sa huppe, son plumage; différences entre le mâle et la femelle. P. 430 et 431.

Épervier, voit de très-haut une alouette, etc. T. v, p. 15. — Est avec l'autour et le faucon, le représentant du chien, du renard, de l'once et du lynx. P. 30. — Voyez *Bec.* Un épervier bien dressé suffit pour vaincre le petit aigle. P. 57. — Épervier tacheté de M. Brisson, est une variété de l'épervier; son petit épervier est le tiercelet ou mâle de l'épervier, appelé *mouchet* par les fauconniers; et son épervier des alouettes est la cresserelle femelle. P. 120. — Le

tiercelet d'épervier et sa femelle éprouvent des changements de couleur très-considérables à la première et seconde mue. P. 120 et 121. — L'épervier reste toute l'année dans notre pays, se tient dans les bois en hiver, est alors très-maigre, et ne pèse que six onces, est de la grosseur d'une pie; la femelle, beaucoup plus grosse que le mâle, fait son nid sur les grands arbres des forêts, pond quatre ou cinq œufs tachés de jaune rougeâtre vers les bouts; prend les pigeons séparés de la troupe, détruit quantité de pinçons, etc. Est de passage en Asie, se trouve dans tout l'ancien continent. P. 121 et 122. — Se porte sur le poing, découvert et sans chaperon. P. 146.

Épervier à gros bec, de Cayenne, un peu plus gros, plus arrondi que l'épervier ordinaire; a le bec plus long et plus fort, les jambes un peu plus courtes. T. v, p. 125.

Épervier d'Égypte. Voyez *Achbobba.*

Épervier des alouettes, nom donné mal à propos par quelques-uns à la cresserelle femelle. T. v, p. 147.

Épervier pêcheur de la Caroline. Voyez *Pêcheur.*

Épervier; il n'y a point de métamorphose réciproque entre cet oiseau et le coucou, erreur fondée sur quelque ressemblance de plumage. T. vii, p. 307.

Épiglotte, la partie postérieure de la langue en tient lieu dans l'autruche. T. v, p. 212.

Épilepsie; les serins tombent souvent en épilepsie dans leur état de captivité. Raison de cet état. T. vi, p. 196 et 197.

Épilepsie; les loris, les aras et les serins y sont sujets. Comment la nature guérit ce mal. Remède employé par les sauvages. La cause tient à l'électricité. T. vii, p. 210, 211 et 244.

Épine du dos, une des premières parties qui paraissent formées dans l'œuf couvé. T. v, p. 291.

Épouvantail. Voyez *Guifette* noire.

Erreurs populaires sur le coucou. T. vii, p. 305 et suiv.; et p. 322.

Ésarokitsok ou *petite aile*, des Groënlandais, paraît être notre pingouin, première espèce. T. viii, p. 599.

Escarboucle, espèce d'oiseau-mouche. T. vii, p. 160 et 161.

Esclave, espèce de tangara auquel on a donné ce nom à Saint-Domingue, parce qu'on le voit toujours fuir devant l'oiseau nommé *tyran;* description de cet oiseau. T. vi, p. 292 et 293.

Escorbeau, l'un des noms du corbeau. Voyez *Corbeau.* T. v, p. 526.

Espèces, c'est de la différence ou de la ressemblance des caractères tirés de la forme, de la grandeur, de la couleur, du naturel, des mœurs, qu'on doit conclure la diversité ou l'unité des espèces; il est facile d'en multiplier le nombre, il faut beaucoup de connaissances et de comparaisons pour les réduire. T. v, p. 47 et 48. — Empire des hommes sur les espèces. p. 491 et 492.

Estomac des oiseaux de proie, est en général membraneux. T. v, p. 33. — Celui du griffon a de l'épaisseur à la partie du fond. P. 87 et 88. — Celui de l'autruche. P. 205 et 206.

Été ou Tout-été du Brésil, la plus petite des perruches d'Edwards. T. vii, p. 291 et 292.

Étoilé, espèce de butor du nouveau continent. C'est le même que le butor brun de la Caroline de Catesby. Ses dimensions et sa description. Ses habitudes naturelles. T. viii, p. 99 et 100.

Étourneau, estournel, tournel, estourneau, estorneau, esterneau, étourneau, sansonnet, chansonnet, ne voyage point, se prive et apprend aisément à chanter et à parler. T. vi, p. 15 et 20. — Les étourneaux dans leur premier âge ressemblent beaucoup aux merles; en quoi ils en diffèrent par la suite. P. 15. — Vont en grandes troupes, leur vol, ses avantages et ses inconvénients, leur instinct social, leurs mœurs, leurs amours, leurs nids lorsqu'ils en font; s'ils font plusieurs couvées et dans quels pays. P. 16 et 17. — Plumage, mue, bec, yeux, langue en différents âges et sexes. P. 17 et 18. — Nourriture, manières de les prendre, leur chair. P. 18 et 19. — Leur manière de manger, de boire; aiment le bain, durée de leur vie, leurs parties

internes; sont répandus depuis la Suède jusqu'au cap de Bonne-Espérance. P. 19 et 20.

Étourneau à tête blanche. T. vi, p. 21.

Étourneau à tête noire. T. vi, p. 21.

Étourneau blanc à bec et pieds rougeâtres. T. vi, p. 21.

Étourneau d'Abyssinie. Voyez *Warda.*

Étourneau de la Louisiane, appelé *stourne;* en quoi diffère de notre étourneau. T. vi, p. 22 et 23.

Étourneau des roseaux, appelé *tolcana;* incertitude sur l'espèce à laquelle il appartient; a un cri désagréable. T. vi, p. 23 et 24.

Étourneau des terres Magellaniques, appelé *blanche-raie;* ses rapports avec les étourneaux et les troupiales. T. vi, p. 25.

Étourneau (grand) de Fernandez. Voyez *Hocisana.*

Étourneau gris cendré d'Aldrovande. T. vi, p. 21.

Étourneau jaune des Indes. T. vi, p. 26.

Étourneaux noirs et blancs. T. vi, p. 20 et 21.

Étourneau-pie. T. vi, p. 22.

Excréments de l'autruche, figurés comme ceux de la brebis, où se figurent? T. v, p 207 et 208.

Évêque. Voyez *Ministre.*

Évêque *de Cayenne* (l') est le même oiseau que le tangara nommé *bluet.* T. vi, p. 293. — Il y a trois oiseaux auxquels on avait donné ce nom d'*évêque;* l'un est celui que nous avons appelé *ministre*, le second est celui que nous appelons *organiste,* et le troisième est le *bluet. Ibid.*

F

Faisan, c'est-à-dire l'oiseau du Phase ou galignole, comparé à la peintade. T. v, p. 330, 339. — Se trouve presque dans toutes les contrées de l'ancien continent, excepté les contrées septentrionales et froides. P. 409 et suiv. — Ne s'accoutume au climat de France qu'avec beaucoup de soins. P. 410 et 411. — Ne s'est point trouvé en Amérique, mais a bien réussi dans les climats chauds de ce continent où on l'a transporté. P. 411. — Comparé au paon. P. 411 et 412. — Ses yeux bordés de rouge, sa double aigrette, son plumage; différences entre le mâle et la femelle, sa queue étagée, ses pieds éperonnés, ses doigts liés par une membrane, son goût pour les marécages. P. 412 et 413. — Son amour pour la liberté; jusqu'à quel point il s'apprivoise. P. 413. — Colère des faisans sauvages lorsqu'ils sont pris. *Ibid.* — Sommeil de cet oiseau, son cri, son naturel, ses amours dans l'état de liberté et dans l'état de captivité; violence qu'on a faite à ses penchants naturels, nid, ponte, œufs, incubation. P. 413-415. — Se sert de la poule au besoin. Éducation en grand, distribution du parc, précautions relatives au naturel de ces oiseaux. P. 415. — Bon âge des coqs et des poules; mariage entre les poules faisanes prisonnières et les mâles sauvages. *Ibid.* — Nourriture, incubation, éducation des petits, ménagements nécessaires pour les mettre en liberté. P. 415-418. — Mélange du faisan avec la poule ordinaire. P. 418 et 419. — Mœurs du faisan, piéges où on le prend, qualités de sa chair, durée de sa vie. P. 419.

Faisan bâtard ou cocquar, paraît être produit par le faisan et la poule ordinaire. T. v, p. 420 et 421.

Faisan blanc, variété. T. v, p. 420.

Faisan bruyant. Voyez *Tetras.*

Faisan cornu. Voyez *Napaul.*

Faisan couronné des Indes. T. v, p. 421.

Faisan de la Chine, nommé *argus* ou *luen.* Grandes plumes de sa queue, sa huppe. T. v, p. 425.

Faisan de l'île Kayriouacou, du P. Dutertre. T. v, p. 421.

Faisan des Antilles. T. v, p. 421.

Faisan-dindon. T. v, p. 421 (note *a*).

Faisan doré de la Chine. Voyez *Tricolor huppé.*

Faisan huppé de Cayenne. Voyez *Hoazin.*

Faisan noir et blanc de la Chine. Bordure rouge de ses yeux. Différences entre le mâle et la femelle. Conjectures sur l'origine de cette variété du faisan. T. v, p. 424 et 425.

Faisan varié, semble produit par le faisan ordinaire et le faisan blanc. T. v, p. 420.

Faisan verdâtre de Cayenne. Voyez *Marail.* Oiseaux auxquels on donne le nom de *faisans* au Maryland, en Pensylvanie, à la baie d'Hudson, etc., sont des gelinottes. T. v, p. 387 et 389.

Farlousane, oiseau de la Louisiane qui a beaucoup de rapport avec la farlouse. Sa description. T. vi, p. 470 et 471.

Farlouse (la) s'appelle aussi *alouette des prés*. Sa description. T. vi, p. 467 et suiv. — Différences du mâle et de la femelle. P. 468. — Ses habitudes naturelles; elle a le chant agréable, quoique moins varié que celui du cujelier. Les femelles farlouses ont un chant; exemple à ce sujet. L'espèce n'en est pas nombreuse, parce que cet oiseau ne vit pas longtemps. *Ibid.* — Il se nourrit d'insectes aussi bien que de graines. Niche plus ordinairement dans les prés bas et marécageux. Il pose son nid à terre et le cache très-bien. Description de quelques parties intérieures de la farlouse. P. 468 et 469. — On peut les nourrir en domesticité uniquement avec des graines; l'espèce en est répandue de l'Italie jusqu'en Suède. P. 469. — Dimensions de la farlouse. P. 470.

Farlouse; variété de la farlouse. T. vi, p. 470.

Farlouse *blanche*. Sa description. T. vi, p. 470.

Fauchets des navigateurs, sont des hirondelles de mer. T. viii, p. 618.

Faucon de Henri II, qui fit en vingt-quatre heures le trajet de Fontainebleau à Malte; celui du duc de Lerme, qui alla de l'Andalousie à l'île de Ténériffe en seize heures (deux cent cinquante lieues). T. v, p. 28.— Est avec l'autour, l'épervier et les autres oiseaux chasseurs, le représentant du chien, du renard, de l'once et du lynx. P. 30. — Voyez *Bec.* Comparé avec la buse cendrée de M. Edwards. P. 120. — Variétés du faucon. P. 131 et suiv. — Manière de le dresser. P. 132. — Difficile à observer dans l'état de nature; se loge dans les rochers les plus escarpés et vole très-haut. *Ibid.* — Les faucons chassent leurs petits comme les aigles. *Ibid.* — Le faucon fond perpendiculairement sur sa proie, l'enlève en se relevant de même; préfère les faisans aux autres proies, attaque et bat le milan, mais ne le tue pas. P. 133. — Est commun dans les îles de la Méditerranée, aux Orcades, en Islande. P. 134. — Il est assez universellement répandu. P. 134 et suiv. — N'est pas un autour brun. P. 134. — Le mâle employé au vol des perdrix et petits oiseaux; la femelle au vol du lièvre, du milan et autres grands oiseaux. *Ibid.* — Espèces de faucons réduites à deux. P. 136 et suiv. — Temps de leur mue. P. 139. — Qualités d'un bon faucon pour la fauconnerie. P. 140. — Manières de dresser les faucons en Perse. P. 143 (note *d*).

Faucon à collier. Voyez *Soubuse.*

Faucon bec jaune. T. v, p. 134.

Faucon blanc. T. v, p. 135, 136 et 137.

Faucon brun, qui prend au vol des pigeons et guette les oiseaux aquatiques, paraît être un busard. T. v, p. 137 et 138.

Faucon de montagne. Variété du rochier. T. v, p. 138.

Faucon de montagne cendré. T. v, p. 138.

Faucon de roche, n'est pas un vrai faucon; approche du hobereau et de la cresserelle. T. v, p. 138.

Faucon de Tartarie. T. v, p. 138.

Faucon d'Islande. T. v, p. 136 et 141.

Faucon étoilé. T. v, p. 139.

Faucon gentil. T. v, p. 136, 137 et 138. — Temps de sa mue. P. 139.

Faucon hagard. T. v, p. 133, 137.

Faucon huppé des Indes. T. v, p. 139, 143.

Faucon lanier. Voyez *Oiseau Saint-Martin.*

Faucon noir. Voyez *Faucon-Pèlerin.*

Faucon passager. Voy. *Faucon-Pèlerin.*

Faucon pattu, nommé mal à propos vautour. T. v, p. 134 et 135.

Faucon pêcheur. Voyez *Tanas.*

Faucon-pèlerin, étranger, passager. T. v, p. 136 et suiv.— Temps de sa mue. P. 139. — En quoi diffère du faucon gentil. *Ibid.*— Temps et lieux où on le prend. P. 140. — Aisé à instruire. *Ibid.*

Faucon rouge. T. v, p. 138. — Des Indes. P. 138 et 142.

Faucon sors. T. v, p. 133-137. — Temps où il faut le prendre. P. 139.

Faucon tacheté, est le jeune faucon-pèlerin. T. v, p. 137.

Faucon tunicien ou punicien ou tunisien. T. v, p. 136.

Faucons niais. T. v, p. 139. — Comment on les nourrit et on les élève. *Ibid.*

Fau-perdrieux. Voyez *Busard.*

Fauvettes. Portrait et caractères principaux des fauvettes. Elles arrivent au moment où les arbres développent leurs feuilles et se dispersent dans toute l'étendue de nos campagnes et de nos bois. T. vi, p. 509 et suiv. — Leur plumage est obscur et terne, à l'exception de deux ou trois espèces qui sont légèrement tachetées; toutes les autres n'ont que des teintes plus ou moins sombres de blanchâtre, de gris et de roussâtre. P. 510. — Presque toutes les fauvettes partent en même temps au milieu de l'automne. P. 511. — Leur nourriture dans l'état de liberté. Elles engraissent beaucoup dans le temps de la saison de la maturité des graines de sureau, de l'yèble, etc. *Ibid.*— Dans toutes les espèces de fauvettes, les petits, quoique sans plumes, quittent le nid quand on y touche. P. 522.

Fauvette (la) proprement dite, ou la fauvette commune, est de la grandeur du rossignol. Sa description; ses dimensions, ses habitudes naturelles. T. vi, p. 510. — Le mâle dans cette espèce prodigue à sa femelle mille petits soins pendant qu'elle couve; il partage sa sollicitude pour les petits qui viennent d'éclore. Description du nid dans lequel la femelle pond ordinairement cinq œufs qu'elle abandonne lorsqu'on les a touchés. Il n'est pas possible de lui faire adopter les œufs d'un autre oiseau. P. 510 et 511. — Description de quelques parties extérieures et intérieures de cet oiseau. *Ibid.* et suiv.

Fauvette, *petite fauvette;* ses différences avec la grande fauvette commune. Son chant ou plutôt son refrain. Sa description. Ses habitudes naturelles. Description de son nid dans lequel la femelle pond quatre œufs, fond blanc sale, avec des taches vertes et verdâtres répandues en plus grand nombre vers le gros bout. Description de quelques parties extérieures et intérieures de cet oiseau. P. 512 et 513.

Fauvette *à tête noire.* T. vi, p. 513. — Les petits dans cette espèce sont pendant tout l'été très-semblables, par le plumage, au bec-figue; explication d'un passage d'Aristote à ce sujet. P. 514. — De toutes les fauvettes, c'est celle qui a le chant le plus agréable et le plus continu; il tient un peu de celui du rossignol, et dure bien plus longtemps pendant l'été. Le mâle couve les œufs lorsque la femelle est fatiguée. Le nid est placé près de terre dans un taillis, soigneusement caché, dans lequel la femelle pond quatre ou cinq œufs d'un brun léger. Elle ne fait communément qu'une ponte dans nos provinces, et deux en Italie et dans les climats plus chauds. P. 514 et 515. — Elle se nourrit de petits fruits lorsque les insectes lui manquent; elle est très-grasse, et d'un goût délicat en automne. On peut aisément l'élever en cage; elle est capable d'affection; les petits ainsi élevés, s'ils sont à portée d'entendre le rossignol, perfectionnent leur chant. P. 515. — Celles qui sont en liberté partent au mois de septembre, et celles qui sont en cage s'y agitent surtout pendant la nuit, comme si elles sentaient qu'elles ont un voyage à faire. L'espèce en est assez commune dans toutes les parties de l'Europe jusqu'en Suède, à l'exception de l'Angleterre où elle est rare. P. 515 et 516. — Description de quelques parties intérieures de cette fauvette. P. 516.

Fauvette *babillarde* (la) chante presque sans cesse au printemps; ses autres habitudes naturelles. T. vi, p. 518 et 519. — Elle est presque toujours en mouvement, et pose son nid près de terre. P. 519. — Ses œufs sont verdâtres, pointillés de brun. Elle se nourrit principalement d'insectes aquatiques et de chenilles. *Ibid.* — Sa description. Elle s'apprivoise aisément, et demeure volontiers autour des habitations. P. 519 et 520. — Manière de l'élever en cage où elle vit huit ou dix ans. P. 520.

Fauvette *bleuâtre* de Saint-Domingue; sa description. T. vi, p. 533.

Fauvette *de Cayenne* à gorge brune et ventre jaune. Sa description. T. vi, p. 533.

Fauvette *de Cayenne* à queue rousse. Sa description. T. vi, p. 533.

Fauvette (la) *des Alpes*, ne se trouve que sur les hautes montagnes, elle est beaucoup plus grosse que toutes les autres fauvettes. Sa description. T. vi, p. 529. — Ses dimensions à l'extérieur et à l'intérieur. Sa nourriture. *Ibid.* — Ses habitudes naturelles. P. 530.

Fauvette *des bois;* elle ressemble beaucoup à la fauvette d'hiver appelée *mouchet* par Belon. T. vi, p. 520. — Son chant. Ses habitudes naturelles. Description de son nid dans lequel on trouve ordinairement quatre ou cinq œufs d'un bleu céleste. P. 521. — On élève aisément les petits. Ces fauvettes sont hardies et courageuses. Description de cet oiseau. *Ibid.*

Fauvette (la) *des roseaux* chante dans les nuits chaudes du printemps comme le rossignol. T. vi, p. 522. — Description de son nid dans lequel la femelle pond ordinairement cinq œufs d'un blanc sale, marbré de brun, plus foncé et plus étendu vers le gros bout. *Ibid.* — Cette fauvette se nourrit des insectes qui voltigent sur les eaux. Ses dimensions et sa description. P. 523.

Fauvette d'*hiver;* toutes les fauvettes partent au milieu de l'automne; la fauvette d'hiver arrive au contraire dans cette même saison. T. vi, p. 526. — Elle passe avec nous tout l'hiver; son plumage est varié de noir, de gris et de brun-roux. P. 526 et 527. — Sa description. Ses habitudes naturelles. *Ibid.* — Son naturel semble participer du froid et de l'engourdissement de la saison. Son ramage, sa nourriture pendant l'hiver. P. 527 et 528. — Elle disparaît au printemps et retourne au nord ou sur les hautes montagnes pour y passer l'été et faire son nid. P. 528. — Description de ce nid dans lequel on trouve ordinairement quatre ou cinq œufs d'un joli bleu clair, uniforme et sans taches. On peut élever aisément cette fauvette en cage. *Ibid.* — Cette fauvette, ainsi que l'alouette-pipi, sont les seules espèces de petits oiseaux à bec effilé qui restent en France pendant l'hiver. P. 528 et 529.

Fauvette *du cap de Bonne-Espérance.* Sa description. T. vi, p. 531.

Fauvette (petite) *du cap de Bonne-Espérance.* Sa description. T. vi, p. 531.

Fauvette *grise.* Description de son nid dans lequel la femelle pond cinq œufs, fond gris-verdâtre, semés de taches roussâtres et brunes, plus fréquentes au gros bout. Description de la femelle et du mâle, tant à l'extérieur qu'à l'intérieur. T. vi, p. 516 et suiv.

Fauvette (petite) *rousse;* erreur de Belon au sujet du nom de cet oiseau. T. vi, p. 524. — Il produit ordinairement cinq petits. — Ses œufs sont d'un brun-verdâtre avec des taches plus ou moins claires, et on trouve ordinairement son nid près des habitations. Description de ce nid. P. 524 et 525. — Description de l'oiseau qui est un des plus petits du genre des fauvettes. P. 525.

Fauvette *tachetée;* elle ne diffère des autres fauvettes que par quelques taches noires qu'elle a sur la poitrine. Ses dimensions et sa description. T. vi, p. 525 et suiv. — Elle est plus commune en Italie qu'en France. Ses habitudes naturelles. Elle se laisse prendre avec ses petits plutôt que de les abandonner. P. 526.

Fauvette *tachetée* de la Louisiane. Sa description. T. vi, p. 531 et suiv.

Fauvette *verdâtre* de la Louisiane. Sa description. T. vi, p. 532.

Fauvettes, couvent l'œuf du coucou. T. vii, p. 304 et 316.

Favorite, espèce de petite poule sultane de la Guiane, qui n'est peut-être que la femelle de la petite poule sultane de cette même contrée. Sa description. T. viii, p. 266.

Fécondité, moindre dans les oiseaux de proie que dans les autres oiseaux. T. v, p. 44. — Celle de la cresserelle plus grande que celle de la plupart des oiseaux de proie. P. 148. — Moyen de tirer le plus grand parti de la fécondité des faisans. P. 444.

FEMELLES des oiseaux, plus silencieuses que les mâles. T. V, p. 25. — Femelles vivent plus longtemps que les mâles. P. 29. — Commencent le nid, sont chargées principalement du soin de couver. P. 37. — Femelles des quadrupèdes, excepté un très-petit nombre, ne connaissent point la fidélité conjugale, mais elles ont une tendresse constante pour leurs petits. *Ibid.* — Femelles des oiseaux de proie sont plus grandes d'un tiers que les mâles, lesquels sont appelés pour cela tiercelets. P. 44. — Les œufs ne sont point la cause ici, comme parmi les insectes, de cet excès de grandeur des femelles, car il n'a point lieu dans les poules, les poules faisanes, les dindes, les perdrix, les cailles et autres femelles d'oiseaux qui pondent beaucoup plus que celles des oiseaux de proie. *Ibid.* — Dans presque tous les animaux, même les plus doux, la femelle prend de la férocité pour la défense de ses petits. P. 46. — L'aigle femelle a deux *cœcum* de deux pouces de longueur, et le mâle n'en a point du tout. P. 59. — Serait-ce la cause de l'excès de grandeur des femelles d'oiseaux de proie sur les tiercelets qui n'ont point ou très-peu de *cœcum*. P. 150 et 151.

FEMELLES des tetras, ont le plumage plus beau que les mâles. T. V, p. 348.

FEMELLES. La femelle appartient moins rigoureusement à son espèce que le mâle; preuves de cette assertion. T. VI, p. 181. — C'est faute d'une volonté ferme que la femelle se prête à des unions disparates. *Ibid.*

FER-A-CHEVAL ou merle à collier, d'Amérique. Son plumage, ses pieds longs, son bec de merle, son chant, sa nourriture, ses mouvements, son poids, ses dimensions. Pays où il se trouve. T. VI, p. 106 et 107. — Mange à terre comme l'alouette. P. 107.

FERRETS (les) du voyageur Le Guat, paraissent être des hirondelles de mer. T. VIII, p. 619.

FIGUIERS; oiseau dont le genre est très-nombreux et voisin de celui du bec-figue Leurs caractères généraux. Nous en connaissons cinq espèces dans les climats chauds de l'ancien continent, et vingt-neuf espèces dans ceux de l'Amérique, qui toutes diffèrent de celles de l'ancien continent par des caractères marqués. T. VII, p. 14 et 15. — Les figuiers du nouveau continent sont en général plus gros que ceux de l'ancien. Ce sont des oiseaux erratiques qui vont au nord passer l'été à la Caroline et en Virginie, et retournent ensuite dans les contrées plus chaudes. Leurs habitudes naturelles. P. 19. — Outre les vingt-neuf espèces de figuiers qui se trouvent en Amérique, on en peut compter encore cinq autres qui se trouvent dans la seule province de la Louisiane. P. 37.

FIGUIERS; *variétés* dans l'espèce des figuiers de l'ancien continent. T. VII, p. 18.

FIGUIER *à ceinture* du Canada. Description du mâle et de la femelle. T. VII, p. 29 et 30.

FIGUIER *à cravate noire* de Pensylvanie. Sa description. T. VII, p. 26 et 27.

FIGUIER *à gorge blanche* de Saint-Domingue. Description du mâle et de la femelle. T. VII, p. 20.

FIGUIER *à gorge jaune* de la Louisiane. Description du mâle et de la femelle. T. VII, p. 21.

FIGUIER *à gorge orangée* d'Amérique. Description du mâle et de la femelle. T. VII, p. 22.

FIGUIER *à poitrine rouge* de Pensylvanie. Description du mâle et de la femelle. T. VII, p. 32.

FIGUIER *à tête cendrée* de Pensylvanie. Sa description. T. VII, p. 22 et 23.

FIGUIER *à tête jaune* d'Amérique. Sa description. T. VII, p. 27.

FIGUIER *à tête rouge* de Pensylvanie. Sa description. T. VII, p. 20.

FIGUIER *à tête rousse* de la Martinique. Sa description. T. VII, p. 31 et 32.

FIGUIER *aux ailes dorées* de Pensylvanie. Sa description. T. VII, p. 34.

FIGUIER *aux joues noires* de Pensylvanie. Sa description. T. VII, p. 23 et 24.

FIGUIER *bleu* de Madagascar, espèce nouvelle. Description du mâle et de la femelle. T. VII, p. 17.

FIGUIER *bleu* de Saint-Domingue. Sa description. T. VII, p. 30.

FIGUIER *brun* de la Jamaïque. Sa description. T. VII, p. 23.

FIGUIER *brun et jaune* de la Caroline. Sa description. T. VII, p. 25.

FIGUIER *cendré à collier* de l'Amérique septentrionale. Sa description. T. VII, p. 28.

FIGUIER *cendré à gorge jaune* de la Jamaïque. Sa description. T. VII, p. 28.

FIGUIER (le) *couronné d'or,* est de passage en Pensylvanie et demeure plus au nord en Amérique pendant l'été. Sa description. T. VII, p. 34 et 35.

FIGUIER *de l'île Bourbon.* Voyez *Simon, petit Simon.*

FIGUIER *de Madagascar.* Voyez *Chéric.*

FIGUIER *des sapins* de la Caroline. Sa description et ses habitudes naturelles. T. VII, p. 25 et 26.

FIGUIER *du Sénégal.* Ses dimensions et description du mâle et de la femelle. T. VII, p. 18.

FIGUIER *gris-de-fer* de Pensylvanie. Sa description. T. VII, p. 33. — Différences de la femelle et du mâle. Construction de leur nid. On doit rapporter à cette espèce le figuier donné dans les planches enluminées, n° 704, fig. 1 (*planches de Buffon*), sous la dénomination de *figuier à tête noire de Cayenne.* P. 33.

FIGUIER *huppé* de Cayenne. Sa description. T. VII, p. 35 et 36.

FIGUIER *noir* de Cayenne. Sa description. T. VII, p. 36.

FIGUIER *olive* de Cayenne. Sa description. T. VII, p. 36.

FIGUIER *orangé* de la Guiane. Sa description. T. VII, p. 35.

FIGUIER *protonotaire.* Sa description, T. VII, p. 36 et 37.

FIGUIER *tacheté* d'Amérique. Sa description. T. VII, p. 19.

FIGUIER *tacheté de jaune* de Saint-Domingue. Description du mâle et de la femelle. T. VII, p. 21.

FIGUIER *varié* de Pensylvanie. Sa description. T. VII, p. 30 et 31.

FIGUIER *vert et blanc* de Saint-Domingue. Sa description. T. VII, p. 21 et 22.

FIGUIER *vert et jaune* de l'ancien continent. Sa description. T. VII, p. 15.

FIGURES coloriées des oiseaux de la Zoologie Britannique de M. Edwards, de M. Frisch, de M. Gerini et de cette Histoire naturelle. T. V, p. 3 et 4. — Avantages de ces dernières. P. 4 et suiv. — Petit nombre des exemplaires; différences de leurs formats. P. 4. — Donnent une idée non-seulement de la couleur des oiseaux, mais de leur forme, de leur grandeur réelle et relative. P. 5. — Leur nombre limité. *Ibid.*

FILETS de la queue de l'oiseau de paradis. T. VI, p. 5. — Du manucode. P. 9. — Du magnifique. P. 10. — Du sifilet. P. 12.

FINGAH ou pie-grièche des Indes, d'Edwards. A la queue fourchue, le bec courbé comme celui de l'épervier, plus long; sa base est entourée de moustaches. T. V, p. 158 et 159.

FIST (le) de Provence n'est point un becfigue, mais se rapporte plutôt à l'alouette. Sa description et ses habitudes naturelles. T. VI, p. 548.

FITERT. Voyez *Traquet de Madagascar.*

FLAMMANT ou PHÉNICOPTÈRE; origine de ce nom de *flammant.* T. VIII, p. 398 et 399. — Caractères principaux et très-apparents de ce bel oiseau. Il paraît faire la nuance entre la grande tribu des oiseaux de rivage et celle tout aussi grande des oiseaux navigateurs. Description de ses parties extérieures. Ses dimensions et son poids. Son plumage est de couleur de feu sur les ailes et sur quelques autres parties du corps. P. 399 et 400. — Description particulière de son bec. P. 400 et 401. — On voit quelques-uns de ces oiseaux en Italie et en Provence, et en plus grand nombre en Espagne. P. 402. — Le flammant est naturel aux climats chauds des deux continents. Il ne fréquente pas les pays froids. P. 402 et 403. — Lieux particuliers où il se trouve en plus grande quantité. P. 403 et 404. — Celui d'Amérique est le même que ceux d'Europe et d'Afrique. Partout il fait son nid sur les îles basses. P. 404. — Description de ce nid, et attitude singulière de l'oiseau pour couver ses œufs, qui ne sont qu'au nombre de deux ou trois. P. 404 et 405. — Ces œufs sont blancs et gros comme ceux de l'oie. Les petits ne commencent à

voler que lorsqu'ils ont acquis presque toute leur grandeur ; mais ils courent avec une vitesse singulière peu de jours après leur naissance. Description de leur plumage et des changements qui y surviennent. P. 405. — Ils ne prennent leur belle couleur rouge qu'avec l'âge. *Ibid.*— Manière dont ils cherchent et prennent leur nourriture. Ces oiseaux paraissent attachés aux rivages de la mer et aux embouchures des rivières. P. 406. — Et l'on a remarqué que quand on voulait les nourrir en domesticité, il fallait leur donner à boire de l'eau salée. Leur manière de se ranger en ligne et de pêcher en troupes. P. 406 et 407. — Leur cri d'alarme est assez semblable au son d'une trompette. P. 407. — Leur chair est un mets recherché, dont le goût ressemblerait assez à celui de la perdrix, s'il n'y avait pas en même temps une légère odeur de marécage. *Ibid.* — La peau de ces oiseaux sert aux mêmes usages que celle du cygne. — On peut les apprivoiser assez aisément. P. 408. — Leurs habitudes en domesticité. Ils refusent de se multiplier dès qu'ils ont perdu leur liberté. P. 409.

Flavéole, espèce voisine de celle du bruant. T. vi, p. 338.

Flavert ou gros-bec de Cayenne. Ses rapports avec le rouge-noir; est peut-être une variété d'âge ou de sexe dans cette espèce. T. vi, p. 154.

Foie, grand dans l'aigle commun, d'un rouge vif et divisé en deux lobes dont le gauche est plus gros que le droit. T. v, p. 59.

Forme extérieure des oiseaux, présente moins de différences apparentes que leurs couleurs. T. v, p. 3.

Fou. L'espèce du fou est répandue dans toutes les mers ; c'est un oiseau stupide qui se laisse prendre aisément. Il ne paraît pas connaître l'homme, ni avoir appris à s'en défier. T. viii, p. 342. — Tous les oiseaux de ce genre ont beaucoup de peine à mettre en mouvement leurs longues ailes. P. 343. — Leur plus grand ennemi, parmi les oiseaux, est celui qu'on appelle *la frégate*, qui les force à livrer leur proie, et à dégorger le poisson qu'ils ont avalé. *Ibid.* — Leur manière de pêcher. Leur rencontre en mer annonce assez sûrement aux navigateurs le voisinage de quelque terre. *Ibid.* — Observations particulières faites à la côte d'Yucatan sur ces oiseaux. P. 344 et 345. — C'est avec les cormorans que ces oiseaux fous ont plus de rapport par leur conformation. Leurs différences. Caractères généraux des fous. P. 345. — Structure singulière de leur bec. Leur cri. Leur manière de voler. Ils se perchent sur les arbres, et cependant ils nichent à terre. P. 345 et 346. — Ils ne pondent qu'un œuf ou deux. P. 346.

Fou (le grand); cet oiseau est le plus grand de son genre, étant de la grosseur de l'oie et ayant six pieds d'envergure. Sa description. T. viii, p. 348. — Il se trouve sur les grandes rivières de la Floride. Observations particulières sur cet oiseau. P. 348 et 349.

Fou (le petit); ses dimensions et sa description. T. viii, p. 349.

Fou *blanc;* différence entre cette espèce et celle du fou commun. Le fou blanc ne se perche guère sur les arbres, et ne vient pas se faire prendre sur les vergues des navires. T. viii, p. 347 et 348. — On trouve les deux espèces dans l'île de l'Ascension; observations particulières à ce sujet. P. 348.

Fou *brun* (le petit); cette espèce, qui peut-être ne doit pas être séparée de celle du petit fou proprement dit, se trouve également à Cayenne. T. viii, p. 349.

Fou *commun;* est connu aux Antilles. Sa grandeur est moyenne entre celle du canard et de l'oie. T. viii, p. 346. — Ses dimensions et sa description. Il y a beaucoup de variétés individuelles dans les couleurs de cet oiseau. Sa chair est noire et sent le marécage. Lieux de l'Amérique où cette espèce se trouve en plus grand nombre. P. 346 et 347.

Fou *de Bassan*, ainsi nommé parce qu'il est commun dans la petite île de Bass ou Bassan, dans le petit golfe d'Édimbourg. C'est une grande et belle espèce dans ce genre d'oiseaux fous. T. viii, p. 350. — Il est de la grandeur d'une oie. Ses dimensions et sa description. P. 351. — La chair des jeunes est assez bonne à manger. Naturel stupide de cet oiseau et sa manière de nicher.

Ibid. — Il ne pond qu'un œuf. Les doigts, qui sont très-longs, sont engagés dans la membrane. La peau du corps n'y est attachée que par une espèce de réseau, de manière qu'en la soufflant elle s'enfle comme un ballon ; et il est à croire que l'oiseau en fait usage lorsqu'il veut renfler le volume de son corps pour se rendre plus léger dans son vol. Il arrive au printemps dans les îles du Nord pour y nicher, et regagne avant l'hiver les climats méridionaux. P. 351 et 352.

Fou *tacheté;* il a les ailes beaucoup plus courtes que tous les autres fous. Sa description. T. VIII, p. 350.

Foudi-jala ; espèce de rossignol qui se trouve à Madagascar. Sa description et ses dimensions. T. VI, p. 508.

Foudi à ventre rouge. T. VI, p. 171.

Foudis. Foudis lehémené, espèce étrangère voisine du friquet, connue sous le nom de cardinal ou moineau de Madagascar et du cap de Bonne-Espérance. Ses variétes; différences de la femelle. T. VI, p. 171.

Foudis à ventre noir. T. VI, p. 171.

Foulque, se nomme aussi morelle; c'est par la foulque que commence la nombreuse tribu des véritables oiseaux d'eau. Elle reste constamment sur l'eau, et il est très-rare de la voir à terre. T. VIII, p. 268. — Elle se tient tout le jour sur les étangs qu'elle préfère aux rivières. Ses voyages ne se font que de nuit et par un vol très-haut. P. 269. — Ses habitudes naturelles. Manière d'en faire la chasse. *Ibid.* — La foulque ne part qu'avec peine, soit sur la terre, soit sur l'eau, et rien ne peut la contraindre à prendre la fuite pendant le jour. Elle pond dix-huit à vingt œufs qui sont d'un blanc sale, et presque aussi gros que ceux de la poule. Manière dont elle fait son nid. P. 269 et 270.— Le temps de l'incubation est de vingt-deux ou vingt-trois jours. Les petits sortent du nid et courent dès qu'ils sont éclos; la mère ne les réchauffe pas sous ses ailes. Ils sont couverts à cet âge d'un duvet noir et paraissent très laids. Les oiseaux de proie, les buses, etc., leur font une cruelle guerre et mangent aussi les œufs dans le nid ; aussi cette espèce, quoique très-féconde, n'est pas fort nombreuse en individus. P. 270. — La foulque niche de bonne heure au printemps. Elle reste sur nos étangs pendant la plus grande partie de l'année, et se réunit en grandes troupes dans l'automne; et lorsque les frimas et la gelée la chassent des cantons élevés et froids, elle vient dans la plaine où la température est plus douce; et c'est la glace ou le manque d'eau plus que le froid qui l'oblige à changer de lieu; exemple à ce sujet. P. 270 et 271. — Elle va de proche en proche dans les contrées plus tempérées, et revient de très-bonne heure au printemps. L'espèce est répandue dans toute l'Europe, depuis l'Italie jusqu'en Suède ; on la connaît également en Asie. P. 271. — Sa description. *Ibid.* — Sa manière de vivre. Sa chair sent un peu le marais. Elle a deux cris différents dans son état de liberté, mais elle n'en fait entendre aucun en captivité. P. 272.

Foulque (variétés de la) : on en connaît deux qui subsistent sur les mêmes eaux sans se mêler ensemble, et qui ne diffèrent qu'en ce que l'une est un peu plus grande que l'autre. T. VIII, p. 271.

Foulque (grande). Voyez *Macroule*.

Foulque *à crête* (grande) ; elle est encore plus grande que la macroule ; la membrane qui lui couvre le front est détachée en deux lambeaux qui lui forment une sorte de crête. Sa description. Elle se trouve à Madagascar. T. VIII, p. 273.

Fourmeiron (le) de Provence : doit plutôt se rapporter au rossignol de murailles qu'au traquet. T. VI, p. 561.

Fourmilliers (les) sont des oiseaux de la Guiane qui ne ressemblent à aucun de ceux d'Europe. T. VI, p. 386. — Ils font un genre particulier. P. 386 et 387. — Ils se tiennent en troupes, se nourrissent principalement de fourmis. P. 387. — Caractères généraux des fourmiliers, et les habitudes naturelles qui leur sont communes. P. 387 et 388.

Fourmilliers (le roi des) est le plus grand des oiseaux de ce genre; la femelle est plus grosse que le mâle. Leur description et leurs dimensions. T. VI, p. 388 et 389.

Fourmillier huppé. Description du mâle et de la femelle. T. VI, p. 392 et 393.

FOURMILLIER à oreilles blanches. Sa description. T. VI, p. 393.

FOURMILLIERS-rossignols (les) forment un genre moyen entre les fourmilliers et les rossignols. T. VI, p. 396 et 397.

FOURMIS. Il y a dans la Guiane et au Brésil des fourmis en nombre immense; elles accumulent des monceaux de plusieurs toises de diamètre, dont chacun équivaut à deux ou trois cents de nos fourmillières d'Europe. T. VI, p. 385 et 386.

FOURNIER de Buenos-Ayres, fait la nuance entre les promerops et les guépiers. A la queue courte. T. VII, p. 386.

FRAISE. Voyez *Caille* de la Chine.

FRAISE du huppe-col. T. VII, p. 155.

FRANCOLIN. Voyez *Attagas*. Ce nom a été donné à différents oiseaux. T. V, p. 462 et 463. — Différence du francolin et de la perdrix. Il est moins répandu; origine de son nom. P. 463 et 464. — Variétés de sexe, ses couleurs, sa nourriture, son cri; qualité de sa chair. P. 464. — Erreurs des naturalistes sur l'espèce, sur le climat; se plaît dans les lieux marécageux. P. 464 et 465. — Voyez *Bis-ergot*.

FRÉGATE; on a donné le nom de frégate à cet oiseau, parce que de tous ceux qui fréquentent les mers, il vole le plus rapidement. T. VIII, p. 352. — Description de son vol. La frégate se porte au large sur la mer à plusieurs centaines de lieues de distance de toutes terres, et ne s'arrête sur la mer que dans les lieux qui lui fournissent une pâture abondante. P. 353. — Elle distingue de très-loin les troupes de petits poissons qui voyagent en colonnes. Sa manière de pêcher. P. 353 et 354. — Ce n'est qu'entre les tropiques ou un peu au delà qu'on rencontre cet oiseau dans les mers des deux mondes. P. 354. — Manière dont il fait dégorger aux fous et à d'autres oiseaux le poisson qu'ils ont avalé. On a nommé la frégate l'*oiseau guerrier* ou *le guerrier*, à cause de ses hostilités. Elle ne craint pas l'aspect de l'homme; exemple à ce sujet. P. 354 et 355. — Description de son bec et de ses autres parties extérieures. P. 355. — Ressemblance de son bec avec celui des fous. Ses ailes ont jusqu'à douze et même quatorze pieds d'envergure. Cette longueur excessive des ailes l'empêche de prendre aisément son vol lorsqu'elle est posée. *Ibid.* — Ses habitudes naturelles dans le temps des nichées. P. 356. — Sa ponte n'est que d'un œuf ou deux, qui sont d'un blanc teint de couleur de chair, avec de petits points d'un rouge cramoisi. Description du plumage et du bec des petits, et de leur changement de couleur. Indication d'une partie extérieure au mâle. Sa description. P. 356 et 357. — Usage que les insulaires de la zone torride font de la graisse de cet oiseau. P. 357.

FRESSAIE. Voyez *Effraie*.

FREUX ou frayonne. A la base du bec environnée d'une peau nue, et pourquoi. T. V, p. 546. — Vit de grains et d'insectes. P. 547. — Son ventricule, ses intestins, ses mœurs sociales, son adresse à retourner les pierres. P. 546 et 547. — Est proscrit en certains pays, niche en société. P. 547. — Comment défend son nid contre l'homme et contre les oiseaux de son espèce. P. 548. — Ponte, couvée, nourriture et éducation des petits. *Ibid.* — Ses voyages, lieux qu'il habite de préférence. *Ibid.* — Sa chair bonne à manger. *Ibid.*

FRIDYTUTAH, nom de la petite perruche à tête couleur de rose. T. VII, p. 226.

FRIQUET ou moineau à collier, moineau à tête rouge, moineau de campagne, moineau de montagne, moineau fou, passereau, passeron de muraille, passière folle, paisse de saule, petrat saulet, tchouet, etc. Origine du mot *friquet*. Ne se mêle point avec le moineau; habite les plaines, marche lestement, est moins nombreux, va par troupes dès la fin de l'été; sa ponte, son vol, ses variétés; lieux où il se trouve. T. VI, p. 168 et 169. — S'unit avec le serin; comment se nourrit, son chant, durée de sa vie, son naturel. P. 169. — Voyez *beau Marquet*, *Foudis*, *Passe-bleu*, *Passe-vert*.

FRIQUET huppé ou moineau de Cayenne, de la Caroline, variété de sexe. T. VI, p. 171.

FRIQUET *femelle;* couve et fait éclore un œuf de pie. T. VII, 344. — Autre qui couve et fait éclore un œuf de pie avec sept des siens. *Ibid.*

Frisch (M.) Défauts de sa méthode de distribution des oiseaux. T. v, p. 31 (note *b*).

Friseur d'eau (*shear-water*) de Brown, paraît se rapporter au pétrel-puffin. T. viii, p. 567.

Fulmar *ou* pétrel-puffin, gris-blanc, de l'île Saint-Kilda. Voyez ces mots.

Fumée *de piment vert, de tabac*, employée par les sauvages d'Amérique pour prendre les vieux perroquets ou pour les apprivoiser. T. vii, p. 252.

G

Gachet, hirondelle de mer, qui se trouve rarement sur nos côtes, et qui paraît être plus commune sur celles de l'Amérique. Sa description. Ses habitudes naturelles. T. viii, p. 333 et 334.

Galignole. Voyez *Faisan.*

Gallinacés. Sont-ils granivores ou carnivores? T. v, p. 280.

Gallinachk. Voyez *Vautour* du Brésil, *Marchand.*

Gamme chantée, dit-on, par un coucou. T. vii, p. 327.

Ganga ou gélinotte des Pyrénées, cata, perdrix de Damas, petit coq de bruyère ayant deux aiguilles à la queue ; oiseaux avec lesquels on a confondu celui-ci. T. v, p. 368 et suiv. Voyez *Kittaviah.* —Le ganga n'est peut être pas une vraie gélinotte; en quoi il en diffère. P. 370. — Nommé par les Catalans *perdrix de Garrira. Ibid.* — Si c'est l'oiseau nommé à Montpellier *angel.* P. 371. — Se trouve depuis l'Espagne jusqu'au Sénégal. *Ibid.*

Garaios. Voyez *Mouette* cendrée. T. viii, p. 378.

Garlu. Voyez *Geai* à ventre jaune de Cayenne.

Garrot (le). Description de ce canard. T. viii, p. 516. — Différences du mâle avec la femelle. P. 516 et 517. — Le vol du garrot est très-raide et fait siffler l'air. P. 517. — Le garrot ne paraît pas si défiant que le canard. *Ibid.* — On voit de petites troupes de garrots sur nos étangs pendant tout l'hiver, mais ils disparaissent au printemps, et sans doute vont nicher dans le Nord. *Ibid.* — Habitudes de ces oiseaux en domesticité. *Ibid.* — Les garrots, de même que les morillons et les millouins, viennent de temps en temps à terre, mais pour s'y tenir tranquilles et en repos. Ils évitent d'y marcher, car la marche paraît leur causer une extrême fatigue. P. 518. — Il paraît que ces espèces, uniquement nées pour l'eau, ne pourront jamais augmenter le nombre des races que nous en avons tirées pour peupler nos basses-cours. *Ibid.*

Garzette *blanche;* espèce de héron blanc plus petite que le héron blanc commun. Il est tout blanc, à l'exception du bec et des pieds qui sont noirs. Il est probable que cet oiseau ne se trouve pas dans le Nord. T. viii, p. 69 et 70. — Cette espèce est sujette à varier par la couleur du bec et des pieds, même en France; exemple à ce sujet. P. 70.

Gavion. Voyez *Caracara.*

Gavoué, espèce nouvellement connue, quoique habitante de la Provence; sa description. T. vi, p. 319.

Geai ou jay, gay, jayon, gayon, jaques, jacuta, geta, gautereau, vautrot, richard, girard, etc. Son instinct a du rapport avec celui de la pie. Différences. T. v, p. 571. — Marque bleue de l'aile, ses plumes soyeuses, son vol. *Ibid.* — Variétés de sexe, d'âge. Naturel pétulant du geai, son cri, son talent d'imiter les sons. *Ibid.* — Ces oiseaux se rappellent. Leur antipathie pour la chouette, se prennent à la pipée, apprennent à parler, sont voleurs par instinct, cachent leurs provisions superflues. Leurs nids, leurs œufs; leurs petits, leur nourriture, leur chair. P. 572 et 573. — Détails anatomiques ; leur façon de manger, leur climat. P. 573.

Geai à bec rouge de la Chine, espèce nouvellement connue. T. v, p. 574 et 575.

Geai à cinq doigts. Variété du geai, citée par Pline. T. v, p. 573.

Geai à ventre jaune de Cayenne ou le garlu. A les ailes très-courtes. T. v, p. 577.

Geai bigarré de Madras. T. vi, p. 26.

Geai blanc. T. v, p. 574.

Geai bleu de l'Amérique septentrionale. T. v, p. 577 et 578.

Geai bleu (petit) ou carouge bleu de Madras. T. vi, p. 27.

Geai-bouffe de Petiver, est peut-être un loriot. T. vi, p. 26.

Geai brun de Canada. T. v, p. 575 et 576.

Geai de Cayenne. T. v, p. 576. — Voyez *Blanche-coiffe*.

Geai de Sibérie. T. v, p. 576.

Geai du Pérou. T. v, p. 575.

Geai jaune de Petiver, est peut-être le loriot. T. vi, p. 26.

Geai. Voyez *Oiseaux*, couve l'œuf du coucou déposé dans son nid. T. vii, p. 346.

Gélinotte ou poule des coudriers, n'est pas le francolin, paraît être la poule rustique ou sauvage de Varron. T. v, p. 363 et 364. — Différences entre le mâle et la femelle; grosseur de ces oiseaux; ont vingt-un pouces d'envergure, les ailes courtes, le vol pesant, courent très-vite; remarque sur les pennes de leur queue, leurs sourcils rouges, doigts dentelés, pieds pattus. P. 364. — Tube intestinal, *cœcums*. *Ibid.* — Couleurs et qualités de leur chair; leur nourriture en liberté et en captivité; ne vivent pas longtemps captives. P. 364 et 365. — Comment et dans quel temps on les chasse. P. 365 et 366. — Fables sur leur génération. P. 366. — Nid, ponte, couvée. *Ibid.* — Les jeunes sont expulsés par les père et mère des cantons qu'ils habitent. P. 367. — Lieux où ces oiseaux se plaisent. *Ibid.*

Gélinotte à longue queue, d'Amérique. T. v, p. 389.

Gélinotte de Barbarie. Voyez *Kittaviah*.

Gélinotte d'Écosse. T. v, p. 367 et 368.

Gélinotte des Pyrénées, du Sénégal. Voyez *Ganga*.

Gélinotte du Canada et de la baie d'Hudson; lieu où elle se plaît, sa grosseur, ses sourcils, ses narines, ses ailes, ses pieds, son bec, son plumage; variétés de sexe, nourriture; comment on les dégèle l'hiver. T. v, p. 385 et 386.

Gélinotte (grosse) du Canada et gélinotte huppée de Pensylvanie, est le coq de bruyère à fraise, d'Edwards. T. v, p. 386 et 387. — Et le coq de bois d'Amérique, de Catesby. P. 387. — Grosseur, plumes en touffes, pieds, plumage; queue se relève; comment appelle sa femelle; nourriture, nids, œufs, couvée; va par troupes, est très-sauvage; sa chair. P. 387 et 388.

Gélinotte huppée de M. Brisson. Voyez *Attagas*.

Génération (organes de la) ont un rapport physique avec ceux de la voix. T. v, p. 25 et 26. — Les oiseaux l'emportent sur les quadrpèdes par les puissances de la génération. P. 26 et 27. — Quoique les oiseaux soient en puissance bien plus prolifiques que les quadrupèdes, ils ne le sont pas beaucoup plus par l'effet. P. 39. — La disette, les soins, les inquiétudes, le travail forcé, diminuent dans tous les êtres les puissances et les effets de la génération. *Ibid.* — Les oiseaux ont les parties de la génération d'une structure toute différente de celles des quadrupèdes. P. 40 et 41. — Configuration de celles de l'autruche. P. 209 et suiv. — De celles du casoar. P. 241. — Influence de la température du climat sur tout ce qui a rapport à la génération. P. 398.

Gerfaut, le premier et le plus grand de tous les oiseaux de la fauconnerie; a les ailes longues, la première penne de l'aile faite en lame de couteau et presque aussi longue que la seconde, qui est la plus longue de toutes; le bec et les pieds bleuâtres; son plumage est sujet à des variétés; se trouve dans le nord de l'ancien continent, conserve toutes ses qualités dans les pays du Midi; on en connaît trois races, le gerfaut d'Islande, celui de Norwége et le gerfaut blanc; celui-ci est blanc dès la première année et conserve sa blancheur. T. v, p. 126-128.

Gésier. Appartient plus particulièrement aux oiseaux qui vivent de grains et de fruits. T. v, p. 30. — Usage de cette partie. P. 33.

Gillit ou gobe-mouche pie de Cayenne. Sa description. T. vi, p. 426 et 427.

Gingeon. Voyez *Vingeon*.

Gip-gip; espèce de martin-pêcheur de moyenne grandeur du nouveau continent. Ses dimensions et sa description par Marcgrave. *Gip-gip* est le cri de cet oiseau. T. vii, p. 605.

Girardine. Voyez *Marouette*. T. viii, p. 241.

Gloupichi et Stariki, de Steller. T. viii, p. 620.

Glout, oiseau qui est une poule d'eau, suivant Gessner. Sa description. T. viii, p. 253.

Gobe-mouche huppé de M. Brisson ou troupiale huppé du même. T. vi, p. 26.

Gobe-mouche (petit) jaune et brun, de M. Sloane, commun aux environs de San-Iago à la Jamaïque, comparé au Japacani; ses dimensions, ses variétés. T. vi, p. 30 et 31.

Gobe-mouches. Caractères généraux des gobe-mouches, moucherolles et tyrans. T. vi, p. 412 et 413. — Leur naturel. P. 413. — Les terres du Midi sont la véritable patrie de ces oiseaux. *Ibid.*

Gobe-mouches (le roi des) porte sur la tête une belle couronne transversale; il se trouve dans les terres de l'Amérique méridionale; description de cet oiseau. T. vi, p. 432.

Gobe-mouche *à bandeau blanc du Sénégal.* Sa description. T. vi, p. 419 et 420.

Gobe-mouche *brun de Cayenne.* Sa description. T. vi, p. 423 et 424.

Gobe-mouche *brun de la Caroline.* Sa description. T. vi, p. 427.

Gobe-mouche *citrin de la Louisiane.* Sa description. T. vi, p. 424 et 425.

Gobe-mouche *d'Europe.* Sa description. Ces oiseaux arrivent en avril et partent en septembre; ils se tiennent dans les forêts, placent leurs nids tout à découvert. T. vi, p. 414. — L'instinct de cet oiseau est fort obtus et peu décidé. Il prend plus souvent sa nourriture en volant que posé. *Ibid.*

Gobe-mouche *à gorge brune du Senégal.* Sa description. T. vi, p. 422.

Gobe-mouche *huppé de la Martinique.* Sa description. T. vi, p. 426.

Gobe-mouche *huppé du Sénégal.* Sa description. On doit rapporter à cet oiseau le gobe-mouche de l'île de Bourbon. T. vi, p. 420 et 421.

Gobe-mouche *de l'île de France.* Sa description. T. vi, p. 419.

Gobe-mouche *noir à collier* ou *gobe-mouche de Lorraine.* Ses ressemblances et différences avec le gobe-mouche commun. T. vi, p. 415. — Variations singulières de son plumage dans les différentes saisons au point de le faire méconnaître. P. 416 et 417. — Il arrive en Lorraine vers le milieu d'avril. Ses habitudes naturelles, sa nourriture, sa description détaillée, son naturel triste et sauvage. P. 417 et 418. — Les contrées du midi paraissent être son climat natal; cependant il pénètre le nord jusqu'en Suède. P. 418.

Gobe-mouche *noirâtre de la Caroline.* Sa description. T. vi, p. 426.

Gobe-mouche *de la Caroline et de la Jamaïque*, avec une seconde espèce ou variété. Leurs descriptions. T. vi, p. 425.

Gobe-mouche *olive de Cayenne.* Sa description. T. vi, p. 428.

Gobe-mouche *roux de Cayenne.* Sa description. T. vi, p. 430 et 431.

Gobe-mouche *roux à poitrine orangée de Cayenne.* Sa description. T. vi, p. 424.

Gobe-mouche *tacheté de Cayenne.* Sa description. T. vi, p. 428.

Gobe-mouche *à ventre jaune.* C'est un des plus beaux oiseaux de ce genre; il se trouve à Cayenne et à Saint-Domingue. Sa description. T. vi, p. 431 et 432.

Gobe-moucherons, oiseaux plus petits que les gobe-mouches, qui ne chassent qu'aux moucherons; ils sont également de l'Amérique méridionale; on en connaît deux espèces; leurs descriptions. T. vi, p. 432-434.

Goélands; discussion critique au sujet de ces oiseaux que l'on a souvent confondus avec les mouettes. T. viii, p. 357 et suiv. — Le nom de *goéland* doit désigner les plus grandes espèces de ce genre, et celui de *mouette* les espèces inférieures en grandeur. P. 358. — Nous appelons *goélands* toutes les espèces dans ce genre qui surpassent le canard en grandeur, et qui ont dix-huit ou vingt pouces de la pointe du bec à l'extrémité de la queue; et nous appelons *mouettes* toutes celles dont les dimensions sont plus petites. P. 359. — Caractères généraux et instinct commun des goélands et des mouettes. Leur voracité, leur cruauté, leurs combats pour la proie. *Ibid.* — Ma-

nière de les leurrer et de les prendre. Description de leur bec. P. 359 et 360. — Description des autres parties extérieures. Leurs mouvements et leur maintien, leurs courses et leur vol. P. 360. — Ils sont bien garnis de duvet et de plumes, qui prennent leurs couleurs avec l'âge. Ils se tiennent en grandes troupes sur les rivages de la mer, qu'ils font retentir de leurs cris importuns. Il n'y a pas d'oiseaux plus communs sur les côtes, et on en rencontre en mer jusqu'à cent lieues de distance. P. 360 et 361. — Les plus grandes espèces paraissent attachées aux mers du Nord. P. 361. — Ils se repaissent des cadavres de baleines. Ils déposent leurs nids et leurs œufs sur la terre gelée, et même sur les glaces. *Ibid.* — Leur chair n'est pas bonne à manger, et leur plumage est de peu de valeur. P. 362.

Goéland *à manteau gris;* observations particulières sur cet oiseau nourri en domesticité. T. viii, p. 362 et 363. — Sa grandeur. P. 364 et 365. — Sa description. Ses habitudes naturelles. Sa voix et ses cris. P. 365.

Goéland *à manteau gris-brun*, ou le bourgmestre; origine de ce nom bourgmestre. Grandeur de ce goéland; sa description. T. viii, p. 370 et 371. — Ses habitudes naturelles; il pose son nid sur le sommet des plus hauts rochers. Son vol, son cri. P. 371.—Ses œufs sont blanchâtres, parsemés de quelques taches noirâtres, et aussi gros que des œufs de poule. P. 371 et 372.

Goéland *à manteau gris et blanc;* sa description d'après le P. Feuillée. T. viii, p. 372.

Goéland *à manteau noir;* observations particulières sur cet oiseau nourri en domesticité. T. viii, p. 362 et 363. — C'est le plus grand des oiseaux de ce genre. Ses dimensions et sa description. P. 364.

Goéland *brun;* sa description. T. viii, p. 365 et suiv. — Sa grandeur et ses dimensions. C'est probablement le *Catarractes* d'Aristote. P. 366. — L'espèce en est répandue dans toutes les latitudes, et c'est l'oiseau que nos navigateurs ont désigné sous le nom de *cordonnier*. *Ibid.*

Goéland *varié*. Sa description. T. viii, p. 368. — Sa grandeur. Ses mœurs en domesticité. Sa voracité. *Ibid.* — Observations particulières sur les habitudes de cet oiseau, et sur le changement de couleur de son plumage. La femelle ne diffère du mâle qu'en ce qu'elle est un peu plus petite. Il en est de même dans la plupart des autres goélands. P. 369.

Goéland *varié;* variété de cet oiseau qui se trouve sur le golfe de Bothnie, et qui est plus grand que le goéland varié ou grisard, qui se trouve sur nos côtes. T. viii, p. 370.

Goertan. Voyez *Pic vert* du Sénégal.

Gonambouch, oiseau de Surinam qu'on peut regarder comme une espèce voisine de celle du bruant. Sa description et ses dimensions. T. vi, p. 340.

Gonambouch, oiseau chanteur suivant Léry. A quel genre peut être rapporté. T. vii, p. 169.

Gonolek (c'est-à-dire mangeur d'insectes), autrement pie-grièche rouge du Sénégal, ne diffère presque de notre pie-grièche que par les couleurs qui sont très-vives. T. v, p. 162.

Gorge-bleue. Ses ressemblances et ses différences avec le rouge-gorge. T. vi, p. 554. — Différences des lieux qu'habitent ces deux oiseaux. *Ibid.* et suiv. — Habitudes naturelles de la gorge-bleue. Description de son nid. Son chant pendant la nuit. P. 554 et 555. — Elle chante différemment en différents temps. Elle aime autant à se baigner que le rouge-gorge, et se tient plus que lui près des eaux. Différences entre les adultes et les petits, et du mâle à la femelle. *Ibid.* — Ces oiseaux perdent leurs riches couleurs dans l'état de captivité. Manière de les prendre. Ils sont bons à manger. P. 556.— L'espèce n'en est nombreuse nulle part, quoiqu'elle soit répandue presque dans toute l'Europe, depuis l'Espagne en Suède, *Ibid.*

Gorge-nue a un double éperon à chaque pied, la gorge nue et de couleur rouge. Il se perche. T. v, p. 465.

Goulin ou coulin, ou merle chauve des Philippines, nommé aussi dans ces îles *Iting, Illing*, *Tabaduru*. Sa grosseur, son

plumage, peau nue qu'il a autour des yeux, et qui change de couleur dans certaines circonstances. T. vi, p. 133. — Autre oiseau plus grand, qui paraît avoir rapport au Goulin. P. 133 et 134. — Voracité du goulin P. 134.

Graillat, graille, anciens noms français de la corbine ou corneille noire. T. v, p. 542.

Graines bouillies, qui sont plus profitables pour nourrir les poulets. T. v, p. 297.

Grandeur. Dans les oiseaux comme dans les quadrupèdes, le produit de la génération suit la raison inverse de la grandeur. T. v, p. 45.

Granivores. Recherchent les vers, les insectes et les parcelles de viande encore plus soigneusement qu'ils ne recherchent les graines. T. v, p. 32. — Ont un gésier, avalent de petits cailloux qui leur servent comme de dents pour opérer la mastication qui se fait dans le gésier. P. 33.

Graye (venant de *Krae*), ancien nom français de la frayonne. Voyez *Frayonne.* T. v, p. 546.

Grèbes ; différences de conformations entre les grèbes et les plongeons, T. viii, p. 276. — Habitudes naturelles et communes aux grèbes et leur nourriture ; ils sont ordinairement fort gras. Leur manière de construire et d'arrêter leurs nids. P. 277 et 278. — Ils pondent ordinairement deux œufs, et rarement plus de trois. Le genre de ces oiseaux est composé de deux familles qui diffèrent par la grandeur ; nous conservons à la plus grande le non de *grèbes*, et nous donnons à la plus petite celui de *castagneux*. P. 278. — Les jeunes grèbes n'ont qu'après la mue leur beau blanc satiné. P. 279. — La famille des grèbes est répandue dans les deux continents, et aussi d'un pôle à l'autre ; c'est-à-dire du Groënland au détroit de Magellan. P. 284.

Grèbe : description du plumage du grèbe ; on fait de sa peau de très-beaux manchons. Le grèbe, garni d'un duvet impénétrable, se tient, comme le plongeon, constamment sur les eaux. T. viii, p. 276. — Description des jambes du grèbe. Il a beaucoup de peine à marcher, et même à se tenir sur la terre. *Ibid.* — Son agilité dans l'eau est aussi grande que son impuissance sur la terre. Les pêcheurs le prennent souvent dans leurs filets. Il nage entre deux eaux et descend à une grande profondeur, en poursuivant les petits poissons. Il fréquente également la mer et les eaux douces. P. 277.

Grèbe (grand) ; il est regardé comme le plus grand de son genre, à cause de son cou, car il n'a le corps ni plus gros ni plus grand que le grèbe commun. Sa description. Il se trouve à Cayenne. T. viii, p. 283 et 284.

Grèbe (le petit), est plus petit que le grèbe commun, et c'est presque la seule différence qu'il y ait entre eux. T. viii, p. 278. — Mais ce petit grèbe habite sur la mer, au lieu que le grand grèbe se trouve plus fréquemment dans les eaux douces. P. 279.

Grèbe *à joues grises*, ou *jougris*, ainsi dénommé parce qu'en effet il a les joues et la mentonnière grises ; sa description. Sa grandeur est à peu près celle du grèbe cornu. T. viii, p. 283.

Grèbe *cornu*, ainsi nommé parce qu'il porte une huppe noire, partagée en arrière et divisée comme en deux cornes. T. viii, p. 280. — Sa crinière singulière. P. 280 et 281. — Sa description. L'espèce en est fort répandue dans toutes les parties septentrionales des deux continents. P. 281.

Grèbe *cornu* (petit) ; il y a la même différence pour la taille entre les deux grèbes cornus qu'entre les deux grèbes huppés. T. viii, p. 281. Description de ce petit grèbe cornu. C'est de cet oiseau en particulier dont on dit que le nid est flottant sur l'eau. La femelle pond quatre ou cinq œufs, et tout son plumage est gris. P. 282. — On connaît ce petit grèbe cornu dans la plupart des régions de l'Europe et dans quelques-unes de celles de l'Amérique septentrionale. *Ibid.*

Grèbe *de la Louisiane;* ses différences avec les autres grèbes. T. viii, p. 283. — Sa description. *Ibid.*

Grèbe, *Duc-laart;* il se trouve à l'île Saint-Thomas ; sa différence avec les autres

grèbes. Sa grandeur. Sa description. T. VIII, p. 282 et 283.

GRÈBE *du lac de Genève;* c'est un oiseau mieux connu que la plupart des autres grèbes. Sa description et ses dimensions. T. VIII, p. 277.

GRÈBE *foulque;* oiseau qui se trouve à la Guiane, et qui participe de la nature du grèbe et de la foulque. Sa description. T. VIII, p. 287.

GRÈBE *huppé;* les plumes du sommet de sa tête sont un peu plus longues que les autres: il est plus grand que le grèbe commun. T. VIII, p. 279. — Il a au moins deux pieds du bec aux ongles. Sa description. Il se trouve également en mer et sur les lacs dans les deux continents. Sa nourriture. P. 279 et 280.

GRÈBE *huppé* (petit); il n'est pas plus gros qu'une sarcelle; ses différences avec l'autre grèbe huppé. T. VIII, p. 280.

GREFFE animale. T. V, p. 303.

GRENADIN. Sa description. Il se trouve au Brésil; il a le chant agréable. Description du mâle et de la femelle; leurs dimensions. T. VI, p. 250 et 251.

GRENAT, grande espèce de colibri. T. VII, p. 171.

GRENOUILLE *bleue et couleur d'or*, dont les sauvages des Antilles emploient le sang à tapirer les perroquets. T. VII, p. 267. — Grenouilles, passent l'hiver au fond des marais. P. 429. — Expériences sur des grenouilles trouvées sous la glace, et tenues dans l'eau et dans l'air. P. 430 et suiv. — Leur respiration. P. 430 et 432.

GRIFFON ou vautour rouge, jaune, fauve; plus grand que le percnoptère et que le grand aigle, a le cou long de sept pouces et les jambes d'un pied, le jabot rentré, les plus grandes pennes de l'aile longues de deux pieds, grosses à proportion, la queue courte relativement aux ailes, et au reste tous les caractères des vautours, l'iris orangé. T. V, p. 85. — C'est le grand vautour d'Aristote. *Ibid.* et suiv. — Le vautour doré (*fulvus*) de Ray, est une variété de cette espèce. — Le griffon a quelque chose de remarquable dans la conformation du bec, la langue dure et cartilagineuse, un gros jabot semé d'une quantité de vaisseaux fort visibles, le fond du ventricule épais. P. 86 et 87. — L'intérieur de cet oiseau comparé avec celui de l'aigle. P. 87 et 88.

GRIGRI; espèce d'aracari qui se trouve au Brésil et à la Guiane. T. VII, p. 558. — Il a les mêmes habitudes naturelles que les toucans. Sa description. Différence du mâle et de la femelle. P. 559.

GRIGRI; *variétés du grigri;* leurs descriptions et leurs dimensions. T. VII, p. 559.

GRIMPEREAUX (les) ne se servent pas de leur bec pour frapper les arbres. Leurs caractères généraux. T. VII, p. 112 et suiv. — Leur espèce s'est répandue, par les terres du Nord, dans les deux continents. Ils suivent sur le tronc des arbres les pics et les mésanges, pour profiter des restes de leur chasse. Ils vivent uniquement d'insectes, et leurs espèces sont plus abondantes dans les climats chauds. P. 113.

GRIMPEREAU (le) proprement dit. Sa petitesse et son mouvement presque continuel. T. VII, p. 114 et 115. — Il reste toute l'année dans son pays. Il habite dans un trou d'arbre. P. 115. — C'est là où la femelle pond et couve ses œufs qui sont ordinairement au nombre de cinq, et quelquefois de six ou sept; ces œufs sont cendrés, marqués de points et de traits d'une couleur plus foncée. *Ibid.* — Le grimpereau est assez sauvage et fait sa principale demeure dans les bois. Il n'a qu'un petit cri fort aigu et fort commun. Son poids, sa grosseur, sa description. P. 115 et 116. — Ses dimensions. P. 116. — Et celle de quelques-unes de ses parties intérieures. P. 116 et 117. — Variété dans cette espèce. P. 117.

GRIMPEREAU *de muraille* (le) fait dans les rochers et les murailles tout ce que le grimpereau commun fait dans les arbres. T. VII, p. 117 et suiv. — Leur vol, leur nourriture, leurs climats et leurs habitudes naturelles. P. 118. — Description du mâle et de la femelle. *Ibid.* et 119. — Leurs dimensions. P. 119.

GRIMPEREAU, comparé et quelquefois confondu avec le colibri. T. VII, p. 168 et 173.

GRINETTE, oiseau qui nous paraît appartenir au genre de la poule d'eau. T. VIII,

p. 252. — Ses dimensions. Sa description. Il se trouve en Italie et en Allemagne. *Ibid.*

Grisalbin ou gros-bec de Virginie. T. vi, p. 156.

Griset (le) de Flacourt, paraît être une hirondelle de mer. T. viii, p. 618.

Grisette ou Cochevis du Sénégal. Sa description et ses dimensions. Différences de la femelle et du mâle. T. vi, p. 490 et suiv.

Grisette (la) est certainement une macreuse, puisqu'elle en a la figure et les habitudes. T. viii, p. 523. — Il paraît que les grisettes sont dans l'espèce des macreuses, les plus jeunes femelles qui n'acquièrent qu'avec le temps tout le noir de leur plumage. P. 524.

Grisin de Cayenne, son plumage, sa taille, ses dimensions; couleurs de la femelle. T. vi, p. 127.

Gris-olive, espèce de tangara de la Guiane et de la Louisiane. T. vi, p. 299.

Grive proprement dite. Ses rapports avec la draine. T. vi, p. 58 et 59. — Appelée *grive de vigne, grivette, mauviette.* Ses voyages, ses amours, ses pontes, son nid, ses œufs, son plumage variable; attributs distinctifs du mâle; son chant, éducation des petits. P. 64-66. — C'est un oiseau des bois, peu rusé, facile à prendre, s'enivre à manger des raisins; sa nourriture, qualités de sa chair et de celle de ses petits; le froid n'influe point sur ses voyages, a le bec supérieur mobile, le fait craquer en colère. P. 66 et 67. — Comparée avec le mauvis. P. 79.

Grive bassette. Ses pieds courts, son plumage, ses voyages, sa nourriture. P. 79 et 80.

Grive blanche; variétés de la grive proprement dite. T. vi, p. 67. — A des vestiges de grivelures et les couleurs variables. P. 67 et 68.

Grive cendrée ou le tilly. Ses dimensions, son plumage, ses variétés. T. vi, p. 80 et 81.

Grive de guy, la même que la draine.

Grive de la Guiane, est une variété de la grive. T. vi, p. 68.

Grive huppée. Variété de la grive. T. vi, p. 68.

Grive (petite) des Philippines. T. vi, p. 81.

Grive rousse de la Caroline. C'est le moqueur français. T. vi, p. 84 (note *b*).

Grive, couve l'œuf du coucou déposé dans son nid. T. vii, p. 316.

Grive d'eau. Cet oiseau est ainsi nommé parce qu'il a le plumage grivelé et la taille de la petite grive. Sa description. Ce n'est point une grive, mais un oiseau d'eau. C'est une espèce étrangère qui n'a que peu de rapport avec nos oiseaux d'Europe; elle se trouve en Pensylvanie. T. viii, p. 232 et 233.

Grivelette de Saint-Domingue. Plus petite que la grivette, est oiseau de passage, niche dans des tas de feuilles sèches; ses œufs. T. vi, p. 81 et 82. — Diffère de nos grives. P. 82.

Grivelin ou gros bec du Brésil. Ses grivelures; ressemble au guiritirica de Marcgrave. T. vi, p. 153.

Grivelin à cravate ou gros-bec d'Angola. T. vi, p. 160.

Grivert. Voyez *Rolle* de Cayenne.

Grives. Confondues mal à propos avec les merles; leurs mouchetures ou grivelures. T. vi, p. 57. — Ce genre comprend quatre espèces qui ont chacune leurs variétés. P. 58. — Attributs communs à toutes les espèces; leur grosseur, leur forme, leur nourriture, qualité de leur chair, volières où les anciens en élevaient. P. 59 et 60. — Nichent dans des pots; leurs nids ordinaires, leurs œufs, leurs cris, leurs parties internes, leurs mœurs, leur vol; manière de les prendre. P. 61 et 62. — Leurs voyages, quelquefois par troupes innombrables. P. 62 et 63. — Autres qualités communes à toutes les grives. P. 64. Voyez *Hoamy, Rousserolle, Tilly.*

Grives du nord de l'Inde, lesquelles ne voyagent point. T. vi, p. 64.

Grivette d'Amérique. Se trouve au Canada et à la Jamaïque; ses rapports avec notre grive et avec le mauvis; a les couleurs variables, est plus petite qu'aucune de nos grives, son cri; est de passage au nord et non au midi. T. vi, p. 69 et 70.

Grolle, nom donné en Touraine à la cor-

bine. T. v, p. 542. — Appliqué par Belon à la frayonne. P. 546.

Gros-bec ou pinson à gros bec, pinson royal, pinson maillé ou ébourgeonneux, gros pinson ou pinson d'Espagne, mangeur de noyaux, grosse-tête, malouasse ou amalouasse gare, casse-rognon, casse-noix, casse-noyaux, dur-bec, geai de bataille, coche-pierre. Se trouve depuis l'Espagne et l'Italie jusqu'en Suède; est assez sédentaire et silencieux, n'a pas l'ouïe fine, ne vient pas à l'appeau; sa chair. T. vi, p. 145. — Quelques-uns de ces oiseaux voyagent. *Ibid.* — Leurs nids, leurs œufs; nourriture des petits. P. 145 et 146. — Le gros-bec tue les petits oiseaux dans les volières; de quoi se nourrit en cage, en liberté; la femelle diffère peu du mâle. P. 146.

Gros-bec bleu d'Amérique. T. vi, p. 151.

Gros-bec bleu de Catesby, n'est pas le même. T. vi, p. 151.

Gros-bec cendré de la Chine. Voyez *Padda.*

Gros-bec d'Abyssinie. Structure et position de son nid. T. vi, p. 158 et 159.

Gros-bec d'Angola. Voyez *Grivelin* à cravate.

Gros-bec de Canada. Voyez *Dur-bec.*

Gros-bec de Cayenne. Voyez *Rouge-noir et Flavert.*

Gros-bec de Coromandel. T. vi, p. 150.

Gros-bec de Java. Voyez *Jacobin.*

Gros-bec de la Chine. Voyez *Quadricolor.*

Gros-bec de la Louisiane. T. vi, p. 152 et 153.

Gros-bec de Virginie. Voyez *Cardinal* huppé et *Grisalbin.*

Gros-bec des Indes. Voyez *Orchef.*

Gros-bec des Moluques. Voyez *Jacobin.*

Gros-bec des Philippines. Voyez *Toucnam-courvi.*

Gros-bec du Brésil ou grivelin. T. vi, p. 153.

Gros-bec nonette. T. vi, p. 156.

Gros-bec tacheté du cap de Bonne-Espérance. T. vi, p. 159 et 160.

Gros-becs (moyens). Ressemblent plus aux moineaux qu'aux gros-becs. T. vi, p. 153.

Gros-becs (petits). T. vi, p. 152.

Grue : de tous les oiseaux voyageurs, la grue est celui qui entreprend et exécute les plus grandes migrations; elle est naturelle aux pays du Nord, et s'avance jusque dans ceux du Midi. T. viii, p. 28 et 29. — Elle fait un grand cercle de voyages avec le cercle des saisons. P. 29. — Discussion critique au sujet du combat des grues et des pygmées. *Ibid.* et suiv. — Les grues portent leur vol très-haut et se mettent en ordre pour voyager. Leurs manœuvres dans les airs. P. 31. — Dans leur vol de nuit, le chef qui conduit la troupe fait entendre fréquemment une voix de réclame pour avertir de la route qu'il tient. Différents pronostics tirés du vol de la grue et de ses cris. Elle a quelque peine à prendre son essor. On assure que les grues établissent une garde pendant la nuit lorsqu'elles sont à terre. *Ibid.* — Leur naturel, leur intelligence sociale et leurs mouvements concertés. Elles partent de notre climat dès les premiers froids d'automne P. 32. — Et reviennent en mars ou en avril. La chair des jeunes est bonne à manger. *Ibid.* — C'est autour des marais des pays du Nord que les grues nichent le plus volontiers, et il paraît qu'elles font deux nichées par an, l'une dans les pays du Nord en été, et l'autre en hiver dans les climats du Midi. Elles ne pondent que deux œufs. P. 33. — Manière de les prendre et de les chasser. *Ibid.* — On peut les élever en domesticité et même leur donner quelque éducation. On assure qu'elles vivent très-longtemps; exemple à ce sujet. P. 34. — La grue mange des graines, mais cependant préfère les insectes, les vers et les petits reptiles. Description de ses parties intérieures. Sa voix très-forte provient de la conformation singulière de la trachée-artère. *Ibid.* — Description de son plumage, de ses ailes et de son bec. P. 35. — Ses dimensions. P. 35 et 36. — Les grues cherchent une température toujours plus chaude que froide, et il est à croire qu'elles ne vont que jusqu'au tropique du côté du Midi. Cependant il s'en trouve au cap de Bonne-Espérance, à la Nouvelle-Hollande, aux Philippines, que l'on dit être

très-semblables à celles de l'Europe. P. 36.

Grue, *variété de la grue*, tant pour la grandeur que pour la couleur du plumage. T. viii, p. 35.

Grue *à collier* (la), est bien plus petite que la grue ordinaire : son collier est rouge ; description du reste du plumage. T. viii, p. 38.

Grue *blanche* : elle paraît avoir formé en Amérique une variété constante et qui se perpétue sans altération. T. viii, p. 38 et 39. — Elle est encore plus grosse que notre plus grande grue d'Europe. Sa description. Ses migrations. *Ibid.*

Grue *blanche et grise*, du Japon. T. viii, p. 37.

Grue *brune;* elle est d'un tiers moins grande que la grue blanche, et toutes deux sont du nouveau continent. T. viii, p. 39. — Sa description, sa comparaison avec la grue d'Europe et ses migrations. P. 39 et 40.

Grue *des Indes orientales;* elle ne paraît pas spécifiquement différente de la grue d'Europe, cependant elle est plus petite ; elle a le bec un peu plus long, et la peau du sommet de la tête rouge et rude. T. viii, p. 36.

Grue (grande) *des Indes orientales ;* ses dimensions et sa description. T. viii, p. 37.

Gry-gry, émerillon ou plutôt cresserelle des Antilles. T. v, p. 151 et 152.

Guacamayas, nom donné aux aras par Colomb. T. vii, p. 238.

Guacco, espèce de crabier ou petit héron de l'ancien continent, qui se trouve en Italie. Sa description. T. viii, p. 80 et 81. — Il est plus hardi et plus courageux que les autres hérons. P. 81.

Guan ou quan des Indes occidentales. Voyez *Yacou.*

Guarona, espèce de courlis du Brésil, dont le plumage est d'un brun marron avec des reflets verts sur plusieurs parties du corps ; description du reste de son plumage. Dimensions de l'oiseau, qui a beaucoup de rapports avec le courlis vert d'Europe. T. viii, p. 184 et 185. — Il se trouve à la Guiane aussi bien qu'au Brésil. P. 185.

Guarouba ou perriche jaune à queue longue et inégale du Brésil, du Mexique, du pays des Amazones. Triste. N'apprend point à parler. S'apprivoise aisément. T. vii, p. 286 et 287.

Guépier. Voyez *Merops.*

Guépier sans pieds, comme un oiseau de paradis. T. vi, p. 8 (note *a*).

Guépier. Vit d'insectes qu'il attrape en volant. Manière de le pêcher dans l'air. Vit aussi de grains et même, à ce qu'on dit, de poisson. T. vii, p. 388 et suiv. — Petite troupe de dix ou douze, vue en Bourgogne au mois de mai. Leur cri, leurs allures. P. 389 et 390. — Autre troupe vue aux environs d'Anspach. P. 390. — Paraissent rarement en Lorraine; plus rarement en Suède, presque jamais en Angleterre. *Ibid.* — Nichent dans des trous en terre. Pondent de quatre à sept petits œufs blancs. *Ibid.* — Ces oiseaux vont par troupes nombreuses dans l'île de Candie. P. 391. — Leur vol comme celui de l'hirondelle. *Ibid.* — On a dit mal à propos qu'ils volaient à rebours. On leur suppose beaucoup de piété filiale. *Ibid.* — Leur description. Ils ont la taille du mauvis, plus allongée; les couleurs variables. P. 391 et 392. — Parties intérieures. P. 392.

Guépier *à tête grise*, nommé par M. Seba *quauhcilui*, nom presque mexicain, quoiqu'il soit très-douteux que l'oiseau soit de l'Amérique. T. vii, p. 393.

Guépier *à tête jaune.* Voyez *Ictérocéphale.*

Guépier *à tête jaune et blanche.* A les deux pennes intermédiaires de la queue très-longues. T. vii, p. 392 et 393.

Guépier *à tête rouge* des Indes orientales. Pourrait s'appeler *cardinal.* T. vii, p. 401.

Guépier (petit) des Philippines. Variété du guépier vert à gorge bleue. T. vii, p. 397.

Guépier *gris* d'Éthiopie. A la queue très-longue. T. vii, p. 393.

Guépier *marron et bleu* de l'île de France. Taille un peu au-dessus de l'alouette huppée, mais plus allongée. T. vii, p. 394.

Guépier *marron et bleu* du Sénégal, ou guépier à longue queue de nos planches (*Planches de Buffon*). Variété de climat du guépier marron et bleu. T. vii, p. 394.

Guépier *rouge à tête bleue* de Nubie.

Taille au-dessous de celle de notre guépier. A la queue un peu fourchue. T. VII, p. 400.

GUÉPIER *rouge et vert* du Sénégal. T. VII, p. 400.

GUÉPIER *vert à ailes et queue rousses.* N'est probablement point originaire de Cayenne. T. VII, p. 401 et 402.

GUÉPIER *vert à gorge bleue*, une fois plus petit que notre guépier; avait les deux pennes intermédiaires de la queue beaucoup plus longues. T. VII, p. 396 et suiv. — Variété. P. 397.

GUÉPIER *vert à queue d'azur* des Philippines, plus petit que notre guépier. T. VII, p. 399.

GUÉPIER (grand) *vert et bleu à gorge jaune.* T. VII, p. 398.

GUÉPIER (petit) *vert et bleu à queue étagée.* Seul de son genre qui ait la queue étagée. Se trouve à Angola. T. VII, p. 398 et 399.

GUÉPIERS. Rapports et différences entre ce genre et ceux des huppes et des promerops. T. VII, p. 368. — Entre les guépiers et les martins-pêcheurs. *Ibid.* — Guépiers, appartiennent à l'ancien continent. P. 369.

GUIFETTE, est le nom que porte en Picardie une espèce d'hirondelle de mer; sa description. Elle est de taille moyenne, entre le pierre-garin et la petite hirondelle de mer. Ses habitudes naturelles. T. VIII, p. 331 et 332. — Elle se nourrit plutôt d'insectes que de poissons. Elle ne pond pas sur le sable. Sa ponte est ordinairement de trois œufs, qu'elle couve constamment. Ses petits peuvent voler au bout d'un mois. P. 332.

GUIFETTE *noire;* on lui a aussi donné le nom d'*épouvantail*, parce que son plumage est d'une vilaine couleur très-sombre. T. VIII, p. 332 et 333. — Sa description. Ses habitudes naturelles. Elle pond trois ou quatre œufs d'un vert sale, avec des taches noirâtres, qui forment une zone vers le milieu. P. 333.

GUIFSO-BALITO ou guifso-batito dimmowonjerck, oiseau étranger, comparé à nos gros-becs, silencieux comme eux; en quoi il en diffère; son plumage. T. VI, p. 159.

GUIGNARD, est appelé par quelques-uns *petit pluvier;* ses dimensions. Sa description. Différences entre le mâle et la femelle. Cet oiseau est un excellent manger, et sa chair est plus délicate que celle du pluvier doré : l'espèce en est plus répandue dans le Nord que dans nos contrées; elle a deux passages, ou plutôt deux migrations marquées, l'une en avril, l'autre en août : le guignard se porte des marais aux montagnes, et descend des montagnes aux marais. Manière dont on fait la chasse des guignards dans le comté de Norfolk en Angleterre. T. VIII, p. 206 et 207. — Cet oiseau est indolent et paraît stupide. Sa tête est plus arrondie que celle des autres pluviers, ce qui semble être un indice de stupidité, comme on le reconnaît dans les *pigeons fous*, qui ont la tête plus ronde que les autres : les femelles sont un peu plus grandes que les mâles. P. 207.

GUIGNARD (variété du); indication de cette variété. T. VIII, p. 207.

GUIGNETTE; on pourrait dire que la guignette est un petit bécasseau, tant il y a de ressemblances entre ces deux oiseaux. T. VIII, p. 155. — Sa description. Elle vit solitaire le long des eaux. Ses habitudes naturelles. Son cri ou sa voix gémissante. L'espèce se porte assez avant dans le Nord, et elle est commune aux deux continents. P. 156.

GUILLEMOT (le) a les ailes si courtes qu'il ne peut que voleter, et par ce trait de conconformation, ou plutôt de déformation, dans le genre des oiseaux, il paraît commencer la nuance par laquelle la nature se prépare à le terminer. T. VIII, p. 579. — Cette espèce habite avec celles des macareux et des pingouins, les dernières terres voisines des glaces de notre Nord. P. 580. — Migration des guillemots pendant l'hiver, et leur établissement sur quelques côtes où ils nichent. *Ibid.* — Couleur du plumage et particularités de la conformation du guillemot. *Ibid.* — Ses habitudes naturelles, et son peu d'astuce qui fonde l'étymologie anglaise de son nom. P. 580 et 581.

GUILLEMOT (le petit), improprement nommé *colombe de Groënland*, ne ressemble en rien à nos pigeons ou colombes, que par le rapport vague de la taille, et

n'offre rien sous ce climat glacé qui retrace ou rappelle les grâces de ces amoureux oiseaux. T. VIII, p. 581 et 582. — Ses ressemblances et ses différences avec la première espèce de guillemot. P. 582. — Livrées que porte son plumage et qui offrent une apparence de variétés dans cette espèce. *Ibid.* — Nichées et habitudes naturelles du petit guillemot. *Ibid.*

GUINETTE. Voyez *Peintade.*

GUIRACANTARA du Brésil. Espèce de coucou fort criard. Taille de la pie. Queue de huit pennes, dit Marcgrave. T. VII, p. 354.

GUIRA-GUAINUMBI. Voyez *Houtou.*

GUIRAPANGA ou *cotinga blanc du Brésil et de la Guiane.* T. VI, p. 381. — Cet oiseau a une espèce de caroncule sur le bec comme le dindon; mais cette caroncule a une organisation et un jeu tout différent; elle diffère aussi de celle du dindon en ce qu'elle est couverte de petites plumes blanches; la femelle a cette caroncule comme le mâle. Différences du mâle et de la femelle; leurs dimensions. P. 382.

GUIRA-PÉRÉA, oiseau du Brésil. Sa description; on pourrait le rapporter au genre du bouvreuil plutôt qu'à celui du tangara. T. VI, p. 309.

GUIRA-QUEREA du Brésil. Se tient dans les bois. Vit d'insectes. T. VII, p. 414 et 415. — Variété remarquable par les deux longues pennes intermédiaires de sa queue et par un collier doré. P. 415.

GUIRAROU, espèce de cotinga du Brésil, moins beau que les autres cotingas; il se trouve aussi à la Guiane. Sa description. T. VI, p. 384 et 385. — Variété du *Guirarou.* Sa description. P. 385.

GUIRA-TIRICA de Marcgrave. Ressemble fort au grivelin ou gros-bec du Brésil. T. VI, p. 153.

GUIRNEGAT, oiseau de l'Amérique méridionale, dont l'espèce paraît être très-voisine de celle du bruant. Description du mâle et de la femelle. T. VI, p. 337.

GUIT-GUITS (les), oiseaux du nouveau continent qui ont rapport aux grimpereaux. Leurs caractères généraux. T. VII, p. 137.

GUIT-GUIT (le) *noir et bleu* du Brésil. Sa description. T. VII, p. 137 et 138. — Différences de la femelle et du mâle. Leurs dimensions. Variété dans cette espèce; description de cette variété. P. 138 et 139. — Le nid du guit-guit noir et bleu est fait en forme de cornue. P. 139.

GUIT-GUIT (le) *noir et violet* du Brésil. Sa description et ses dimensions. T. VII, p. 143.

GUIT-GUIT (le) *varié* d'Amérique est un bel oiseau. Sa description, ses dimensions. T. VII, p. 143.

GUIT-GUIT *vert et bleu à tête noire* d'Amérique. Sa description et ses dimensions. T. VII, p. 140. — Variétés dans cette espèce et leur description. *Ibid.* et suiv.

GUIT-GUIT *vert tacheté* de Cayenne. Description du mâle et de la femelle. Leurs dimensions. T. VII, p. 142.

GYNTEL, oiseau connu à Strasbourg et qui a beaucoup de rapport avec notre linotte. Habitudes naturelles et description de cet oiseau. T. VI, p. 209.

H

HABESCH, oiseau de Syrie qu'on doit placer entre les serins et les linottes par la forme de son bec. Description de cet oiseau. T. VI, p. 202.

HABIT-UNI; oiseau de la Jamaïque dont le plumage est de couleur uniforme. Sa description. T. VII, p. 46.

HAGARDS (faucons). T. V, p. 133, 137.

HALEUR. Voyez *Engoulevent* à lunettes.

HAMBOUVREUX, oiseau du nord de l'Europe, dont l'espèce est voisine de celle du bouvreuil, et que l'on connaît particulièrement à Hambourg. Sa description. T. VI, p. 355 et 356.

HARFANG, grande chouette blanche des pays du Nord, tant de l'ancien que du nouveau continent; prend, dit-on, de jour les perdrix blanches ou gélinottes. T. V, p. 196 et 197.

HARLE (le) a été appelé *bièvre*, parce qu'il détruit beaucoup de poisson; erreur de Belon à ce sujet. T. VIII, p. 296 et 297. — Ses ressemblances et ses différences avec le canard et l'oie. Description de son bec et

de sa langue. P. 297. — Il avale de très-gros poissons et les digère à mesure qu'ils descendent dans son estomac. Sa manière de nager. Son vol. Description de son plumage et des autres parties extérieures de son corps. *Ibid.* — Sa chair est sèche et mauvaise à manger. Observations particulières sur la forme de cet oiseau, qui ne paraît que rarement dans nos provinces de France. On n'est pas bien informé de ses habitudes naturelles. P. 297 et 298. — Il vient des terres du Nord, et passe pour aller en hiver dans les climats plus chauds que celui de la France. P. 298.

Harle *à manteau noir*. Sa description. On le voit en Silésie, où cependant il n'est pas commun. T. viii, p. 301 et 302.

Harle *couronné*. Il se trouve en Virginie. Sa description. T. viii, p. 303. — La couronne ne paraît bien que dans l'oiseau vivant. Il est à peu près de la grosseur du canard. Différences du mâle et de la femelle. Il se trouve aussi au Mexique. *Ibid.*

Harle *étoilé*. Cette espèce, mieux décrite et mieux connue, pourrait bien n'être que la femelle de la *piette*. Description de cet oiseau. T. viii, p. 302.

Harle *huppé*. Description de sa huppe. Il est de la grosseur du canard. Description de son plumage. T. viii, p. 299. — Différences entre le mâle et la femelle. Contrées de l'Europe où se trouve cet oiseau. P. 299 et 300.

Harle *huppé* (petit). Voyez *Piette*.

Harles. Les femelles, dans le genre entier du harle, sont constamment et considérablement plus petites que les mâles, et elles en diffèrent aussi par les couleurs. T. viii, p. 298. — Cette différence de livrée entre le mâle et la femelle a causé plus d'un double emploi dans l'énumération de leurs espèces, comme on peut le remarquer dans les listes de nos nomenclateurs. P. 302.

Harpaye, autrement harpaye-rousseau, busard roux, vautour lanier moyen; a les habitudes de l'oiseau Saint-Martin et de la soubuse; prend le poisson comme le jean-le-blanc, a la vue très-perçante; se trouve en France, en Allemagne, fréquente les lieux bas et le bord des eaux. T. v, p. 116.

Harpaye *à tête blanche*. Voyez *Busard*.

Hausse-col. Voyez *Alouette* de Virginie.

Hausse-col *vert*, assez grande espèce de colibri. Variété qui paraît être la femelle. T. vii, p. 177.

Hav-sul des Écossais, paraît être le même que le *ratzher* des Hollandais; sorte de goéland. T. viii, p. 616.

Haystra de Rzaczynski, sorte d'oiseau pêcheur. T. viii, p. 616.

Hélène (Sainte-). Il n'y a, dit-on, dans cette île, ni bête venimeuse, ni animal vorace. T. v, p. 392.

Hérissons. Dorment l'hiver engourdis dans leurs trous. Fausses conséquences qu'on a voulu tirer de ce fait. T. vii, p. 426, 428 et suiv.

Héron. Sa vie est pénible et souffrante. T. viii, p. 55 et 56. — Il passe des jours entiers à la même place, immobile au point de laisser douter si c'est un être animé. Ses autres habitudes naturelles, tant dans l'état de mouvement que dans celui de repos. Il subit souvent de longs jeûnes, et quelquefois périt d'inanition. Il est oiseau sédentaire dans notre climat, même pendant les rigueurs de l'hiver. P. 56. — Lorsqu'on prend un héron adulte, on peut le garder quinze jours sans lui voir chercher ni prendre aucune nourriture, et il rejette même celle qu'on tente de lui faire avaler. P. 57. — Cet oiseau est très-mélancolique, très-apathique, et se laisse consumer et périr sans se plaindre. Triste et solitaire, hors le temps des nichées, il ne paraît connaître aucun plaisir, ni même les moyens d'éviter la peine. Dans les plus mauvais temps il se tient à découvert et exposé à toutes les injures des frimas. *Ibid.* — Il fait entendre sa voix ou plutôt son cri pendant la nuit. C'est un son aigre et bref qu'il répète de moment à moment. Il est craintif et défiant et fuit l'homme de très-loin. *Ibid.* — Il s'élève très-haut, surtout lorsqu'il est attaqué par les oiseaux de proie. La chasse du héron était autrefois le vol le plus brillant de la fauconnerie, et sa chair, quoique mauvaise, passait pour un mets distingué. On a aussi essayé dans ce temps, de fixer les hérons

dans des massifs de bois et dans des tours. P. 57 et 58. — Et on tirait quelque profit de ces héronnières, par la vente des petits héronneaux, qu'on savait engraisser. Ces oiseaux se plaisent à nicher rassemblés. P. 58. — C'est au plus haut des grands arbres que les hérons posent leurs nids qui sont vastes, composés de bûchettes, de beaucoup d'herbes sèches, de joncs et de plumes. La ponte est de quatre ou cinq œufs, d'un bleu verdâtre, pâle et uniforme, de même grosseur à peu près que ceux de la cigogne. P. 58 et 59. — Manière dont le héron s'accouple. P. 59. — Il se nourrit de poissons et de grenouilles et non pas de serpents. On peut l'élever en domesticité en le prenant jeune; il mange des entrailles de poisson et de la viande crue. Les jeunes hérons sont, dans le premier âge, assez longtemps couverts d'un poil follet épais, principalement sur la tête et le cou. P. 59 et 60. — Description des jambes du héron, de ses pieds, de ses ongles et de son bec. P. 60. — Singularité dans les vertèbres de son cou. Ses dimensions. P. 60 et 61. — Manière dont il vole. P. 61. — Description de cet oiseau qui, dans son état de nature, est toujours très-maigre. *Ibid.* — Tous les oiseaux de cette famille n'ont qu'un seul cœcum, comme dans les quadrupèdes. Description des parties intérieures du héron. P. 62. — Dans la femelle, qui est plus petite que le mâle, les couleurs sont plus pâles, et elle n'a point d'aigrette sur la tête; les plumes de l'aigrette du mâle sont très-recherchées et d'un grand prix. P. 62 et 63. — Singularité dans la position des doigts. Avec des dimensions presque aussi grandes que celles de la cigogne, le poids du héron n'excède pas quatre livres. P. 63. — L'espèce de notre héron commun paraît s'être portée dans tous les pays, et les habiter avec les autres espèces de héron qui y sont indigènes. On le trouve dans les deux continents et jusqu'à l'île de Taïti. P. 63 et 64. — Différentes habitudes des hérons suivant les différents pays. P. 65. — Ils habitent en plus grand nombre dans les pays coupés de ruisseaux et de canaux, comme en Suisse et en Hollande. Caractères particuliers de la famille des hérons proprement dits, et leurs différences avec les butors, les bihoreaux et les crabiers ou petits hérons. P. 65 et 66.

HÉRON. Différentes familles du héron : 1° celle du *héron* proprement dit; 2° celle du *butor;* 3° celle du *bihoreau;* 4° celle des *crabiers*. Énumération des caractères communs qui rassemblent ces quatre familles, dont les habitudes naturelles sont à peu près les mêmes. T. VIII, p. 65. — Ces quatre familles sont composées de dix-sept espèces; il y en a sept dans l'ancien continent et dix dans le nouveau. P. 66 et 67.

HÉRON *agami*. Il se trouve dans le nouveau continent. Sa description, ses dimensions; il est ainsi nommé par quelques rapports avec l'agami dans la position des plumes T. VIII, p. 75.

HÉRON *blanc*. Sa dimension. Il n'a point de panache, et tout son plumage est blanc; sa description. Il partage quelquefois la même aire avec le héron gris pour y élever en commun leurs petits. T. VIII, p. 67. — On voit beaucoup de hérons blancs sur les côtes de Bretagne. L'espèce en est cependant moins nombreuse que celle du héron gris; mais elle est également répandue dans toutes les parties du Nouveau-Monde. P. 67 et 68.

HÉRON *blanc à calotte noire* du nouveau continent. Sa description. Ses dimensions. Ses habitudes naturelles. T. VIII, p. 74 et 75.

HÉRON *brun* du nouveau continent. Ses dimensions, sa description. T. VIII, p. 75.

HÉRON *noir*. L'espèce de ce héron n'est pas encore bien connue; notice à ce sujet. T. VIII, p. 68.

HÉRON *pourpré*. Ses dimensions, sa description. T. VIII, p. 69.

HÉRON *violet*. Cette espèce se trouve aux grandes Indes. Sa description. T. VIII, p. 69.

HÉRON d'Amérique (grand). C'est le plus grand de tous les hérons connus; il a près de quatre pieds et demi de hauteur lorsqu'il est debout, et presque cinq du bec aux ongles. Sa description, ses habitudes naturelles. T. VIII, p. 77.

HÉRON de la baie d'Hudson. Il a près de

quatre pieds de longueur du bec aux ongles. Sa description. T. VIII, p. 77.

Hérons. Vivent de poissons et sont avec les cormorans, les représentants des castors et des loutres. T. V, p. 30.

Hiboux, ne voient mal pendant le jour que par un excès de sensibilité de l'organe. T. V, p. 14. — Leur caractère distinctif est d'avoir sur la tête deux aigrettes de plumes en forme d'oreilles; ce genre contient trois espèces, le grand, le moyen et le petit duc. P. 164 et 165. — Catesby en a trouvé un en mer à six cents lieues, tant des côtes d'Afrique que de celles d'Amérique. P. 165.

Himantopus (l') des anciens n'est pas l'huîtrier, mais l'échasse; discussion critique à ce sujet. T. VIII, p. 225 et 226.

Hirondelles. Leurs attributs communs avec les engoulevents. T. VII, p. 422. — Happent les insectes au vol. Ont douze pennes à la queue. La plupart l'ont fourchue. Quelques-unes l'ont carrée. En général plus petites que les engoulevents. Ont les couleurs plus tranchées et par plus grandes masses. P. 422 et 423. — Sont plus sociales. Font des nids. Leur vol non accompagné de bourdonnement; plus hardi, plus soutenu, etc. P. 423. — Répandues presque en nombre égal dans les deux continents. P. 424. — Migration. Quelques-unes restent. *Ibid.* — Passent quelquefois, dit-on, l'hiver sous l'eau. P. 425. — Cette opinion combattue par des raisonnements et par des faits. *Ibid.* et suiv. — Rendue très-suspecte par la seule raison que personne n'en a vu sortir de l'eau. P. 426. — Ne s'engourdissent point au Sénégal. P. 429. — Il fait plus chaud dans le temps de la disparition des hirondelles que dans le temps de leur apparition. P. 433.— Causes de l'erreur sur le séjour des hirondelles dans l'eau. P. 434 et suiv. — Leur simple occultation. P. 435. — Migrations et leurs causes. P. 436. — Hirondelles vues en Afrique, sur les mers de ce continent, etc. P. 437 et suiv. — Hirondelles du Canada, de la Jamaïque, sont de passage. P. 439. — Expérience de Frisch sur ce sujet. *Ibid.* — Passent et repassent dans les îles de la Méditerranée. *Ibid.* — Comment il est possible qu'on ait pêché des hirondelles noyées, et qu'on les ait rendues à la vie. *Ibid.*— Amies de l'homme, parce qu'elles vivent d'insectes. P. 439 et 440. — Les hirondelles diffèrent des martinets par la conformation, les habitudes et le naturel. P. 440. — Raisons pourquoi on ne sépare point ici ces deux familles d'oiseaux. *Ibid.* — Hirondelles d'Europe et des contrées voisines, sont de passage. — Celles de l'Afrique méridionale, de la Guiane, de Cayenne, des Antilles, sont fixes, et s'y sont multipliées avec les établissements européens. Semblent chercher la société de l'homme. P. 476 et 477. — Quelques hirondelles d'Amérique ont le bec plus fort que les nôtres. P. 476 et 481 (note *b*).

Hirondelles. Leurs migrations, diversité d'avis sur ce sujet. T. V, p. 7. — Expériences sur l'engourdissement prétendu des hirondelles de cheminées. *Ibid.* et suiv. — Ces dernières arrivent au Sénégal dans la saison même où elles partent de France, et le quittent au printemps. P. 8. — Celles dont la couvée est retardée, et qui partent plus tard que les autres, ne s'engourdissent point; celles même qui ne partent point du tout, étant surprises par les grands froids avant que leurs petits soient en état de les suivre, meurent avec leur famille, mais ne s'engourdissent point. *Ibid.* — Les hirondelles qu'on a vues se jeter dans l'eau, qu'on en a retirées, que l'on a vues reprendre peu à peu le mouvement en les réchauffant avec précaution, sont probablement les hirondelles de rivage. P. 8 et 9. — Expériences à faire pour s'en assurer. P. 9. — M. Adanson a vu et tenu à la côte du Sénégal, des hirondelles arrivées le 9 octobre, c'est-à-dire huit ou neuf jours après leur départ d'Europe. P. 27 et 28.

Hirondelle *de fenêtre*, noyée et ressuscitée. T. VII, p. 433. — On n'en peut rien conclure en faveur de l'immersion de ces oiseaux pendant l'hiver. *Ibid.* — Nommée aussi hirondelle au croupion blanc, hirondelle sauvage. P. 452. — Où place son nid. P. 453. — Insectes qui s'y trouvent. *Ibid.* — On voit souvent plus de deux hirondelles travailler à le construire et d'autres à le détruire. P 454. — Temps de leur arrivée en différents pays. S'accouplent dans le nid.

P. 454 et 455. — Nombre des pontes et des œufs à chaque ponte; ces œufs sont blancs. P. 455. — Soins des père et mère pour leurs petits. Les méconnaissent lorsqu'ils sont tombés du nid ou que le nid a été déplacé. P. 455 et 456. — Les moineaux s'emparent de leur nid, et n'y sont point claquemurés par elles. P. 456. — Difficulté de les élever. Exemple d'une jeune qui a été apprivoisée. P. 457. — Se pose rarement ailleurs que dans le nid. P. 457 et 458. — Où s'assemblent pour le départ. P. 458. — Manière de les prendre en Alsace, a pu donner lieu à l'erreur de leur immersion. *Ibid.* — Jeunes bonnes à manger l'automne. *Ibid.* — Cette espèce tient le milieu entre la domestique et le grand martinet. Ses rapports avec ces deux espèces. Ses habitudes. Ses allures. Détails de sa conformation. P. 458 et 459.— Mouvement de la queue dans les jeunes. Celles-ci pèsent plus que les vieilles. P. 459. — Parties internes. *Ibid.* — Hirondelle blanche. P. 460. — Autres variétés. *Ibid.*

HIRONDELLE *de rivage*. Pourrait s'engourdir plutôt que toute autre espèce. T. VII, p. 425, 436, 462. — On en voit quelquefois l'hiver dans nos pays tempérés. P. 435, 436, 461 et 462. — Observation au sujet de leur occultation. P. 436. — Où font leur ponte. P. 461, 463. — Leur arrivée, leur départ; s'assemblent avec les hirondelles de fenêtre. P. 461, 464. — Leur nid. P. 463. — Leur ponte. *Ibid.* — Leurs petits sont des espèces d'ortolans. *Ibid.* — Leur chasse aux insectes. P. 463 et 464. — Ne se perchent jamais. P. 464.

HIRONDELLES *de cheminée ou domestiques*, vues pendant l'hiver en Périgord. T. VII, p. 435. — Cette espèce niche dans les cheminées, sous les avant-toits; jamais ne s'éloigne volontairement des lieux habités. P. 441 et 442. — Son arrivée en France a une époque fixe, malgré la neige, etc. *Ibid.* — Inconvénient de tuer les hirondelles. P. 443. — Leur nid, leur ponte, leur chant; incubation; éducation des petits; leçons de vol; amour des mères pour leurs petits. P. 443 et 444. — Les yeux de ceux-ci crevés, se rétablissent d'eux-mêmes. Autres cris de ces hirondelles. P. 444. — Dans quelles circonstances se rabattent près de terre et rasent la surface de l'eau. P. 445. — Se posent et même se perchent quelquefois, surtout lorsqu'elles s'assemblent pour le départ. *Ibid.* et suiv. — On trouve de petites pierres dans leur estomac. P. 445. — Leur arrivée en Afrique. P. 446. — Y passent les nuits perchées sur la charpente des cases. Ne nichent pas au Sénégal. *Ibid.* — Restent pendant l'hiver aux îles d'Hyères. Paraissent rarement à Malte. *Ibid.* — Parti qu'on en peut tirer pour envoyer au loin des avis. P. 446 et 447. — Variétés. P. 447. — Hirondelles blanches. *Ibid.* — Manière de s'en procurer. P. 447.— Hirondelles rousses. P. 448. — L'hirondelle de cheminée, répandue dans tout l'ancien continent. *Ibid.* — Autres variétés. *Ibid.* et suiv.

HIRONDELLES *de rochers*. Leur apparition dans la plaine annonce la pluie. Vont de compagnie avec celles de fenêtre. T. VII, p. 464 et suiv. — Leur arrivée; leur départ. P. 465. Cette espèce fait la nuance entre l'hirondelle de rivage, dont elle a les couleurs, et l'hirondelle de fenêtre, dont elle a les allures; elle n'a qu'un seul cœcum. *Ibid.*

HIRONDELLE *à ceinture blanche*. A aussi du blanc sur les jambes. Se trouve à Cayenne et à la Guiane. T. VII, p. 450 et 451.

HIRONDELLE *à croupion roux et à queue carrée*, des bords de la Plata. T. VII, p. 492. — Variété. P. 493.

HIRONDELLE *acutipenne* de Cayenne. Voyez *Camaria*.

HIRONDELLE *ambrée*. Son odeur, à quoi attribuée. Est de la grosseur du roitelet au plus. T. VII, p. 451. — A quelques rapports avec l'hirondelle de rivage et avec celle de cheminée. *Ibid.*

HIRONDELLE *à queue carrée*. Voyez *Engoulevent*.

HIRONDELLE *au capuchon roux*, est l'hirondelle à tête rousse du cap de Bonne-Espérance. Attache son nid au plafond des appartements. T. VII, p. 449 et suiv.

HIRONDELLE *à ventre blanc* de Cayenne. Voltige dans les savanes noyées. Se perche sur les branches basses des arbres sans feuilles. Variété dans cette espèce. L'hirondelle à ventre tacheté. T. VII, p. 484.

HIRONDELLE *à ventre roux*, de Cayenne. Variété de l'hirondelle de cheminée. T. VII, p. 449. — Son nid a plusieurs étages. *Ibid.*

HIRONDELE (grande) *à ventre roux*, du Sénégal. T. VII, p. 450.

HIRONDELLE *à ventre tacheté*, de Cayenne, variété de l'hirondelle à ventre blanc. T. VII, p. 484.

HIRONDELLE *bleue*, de la Louisiane. T. VII, p. 480 et 481. — Variétés dans cette espèce. Hirondelle de Cayenne. Martinet couleur de pourpre de la Caroline. Hirondelle de la baie d'Hudson. P. 481 et 482.

HIRONDELLE *brune acutipenne* de la Louisiane. A les pennes de la queue pointues. Variétés. Hirondelle d'Amérique de Catesby et celle de la Caroline de M. Brisson, ont les ailes plus courtes. T. VII, p. 493. — Arrivée, départ; vont au Brésil, nichent dans les cheminées à la Caroline. P. 493 et 494. — Autre variété; camaria ou acutipenne de Cayenne. Ses ailes sont d'une longueur moyenne. N'approche point des lieux habités. P. 494.

HIRONDELLE *brune à poitrine blanchâtre*, de la Jamaïque. Variété de l'hirondelle de fenêtre. T. VII, p. 460.

HIRONDELLE (petite) *brune à ventre tacheté*, de l'île Bourbon. Variété de l'hirondelle des blés de l'île de France. T. VII, p. 491.

HIRONDELLE (grande) *brune à ventre tacheté*, de l'île de France. Voyez *Hirondelle* des blés.

HIRONDELLE *brune et blanche à ceinture brune*, du cap de Bonne-Espérance. Bec fort, un peu crochu. T. VII, p. 483 et 484.

HIRONDELLE d'Amérique, de Catesby, et de la Caroline, de M. Brisson. Variété de notre hirondelle brune acutipenne de la Louisiane. T. VII, p. 493.

HIRONDELLE d'Antigue *à gorge couleur de rouille*. A un bandeau de cette même couleur ; variété de l'hirondelle de cheminée. T. VII, p. 448 et 449.

HIRONDELLE de Cayenne. Variété de l'hirondelle bleue. Est commune à Cayenne. Se pose dans les abatis, sur les troncs d'arbres secs. Ne fait point de nid. Pond dans des trous d'arbres. T. VII, p. 481.

HIRONDELLE de la baie d'Hudson d'Edwards. Ressemble à l'hirondelle de Cayenne. Est plus grande. Bec fort. T. VII, p. 482.

HIRONDELLE *de mer*. Voyez *Salangane.*

HIRONDELLE *des blés* ou grande hirondelle brune à ventre tacheté, de l'île de France. Où se tient. Son cri. Niche probablement dans des trous en terre ou des trous de rochers. Son nid. Ses œufs. Taille de notre martinet. T. VII, p. 490 et 491. — Variété, petite hirondelle brune à ventre tacheté, de l'île Bourbon. P. 491.

HIRONDELLE (petite) *noire à croupion gris*, de l'île de France. Elle y est peu nombreuse. Se tient pendant le jour dans le voisinage des eaux douces; le soir à la lisière des bois. Vol très-prompt. On ne la voit presque jamais se poser. Taille de la mésange. T. VII, p. 492. — Une hirondelle des Indes fait la nuance entre cette espèce et la petite brune à ventre tacheté, de l'île Bourbon. *Ibid.*

HIRONDELLE *noire acutipenne*, de la Martinique. Taille du roitelet. T. VII, p. 494.

HIRONDELLE (petite) *noire à ventre cendré*, du Pérou. T. VII, p. 480.

HIRONDELLE *noire à ventre fauve*, de Barrère. Variété de l'hirondelle de fenêtre. T. VI, p. 460.

HIRONDELLES de l'Amérique méridionale et de Buenos-Ayres. Variétés de l'hirondelle bleue. T. VII, p. 481.

HIRONDELLES DE MER (les). On a donné ce nom à une petite famille d'oiseaux pêcheurs, parce qu'ils ressemblent à nos hirondelles de terre par leurs longues ailes et leur queue fourchue. Leur vol. Elles prennent en volant leur nourriture à la surface des eaux. T. VIII, p. 325. — Elles diffèrent des hirondelles de terre par la conformation du bec et par celle des pieds. Elles n'aiment point à nager et sont presque toujours en l'air; elles fréquentent également la mer, les rivières et même les étangs ; elles jettent en volant un cri semblable à celui des martinets. P. 325 et 326. — Et surtout dans le temps des nichées où elles ne cessent de crier. Elles arrivent par troupes sur nos côtes de l'océan

au commencement de mai. Le bruit des armes à feu ne les effraie pas. Singularité de leur naturel qui les porte à accompagner leurs compagnes blessées ou mortes. P. 326. — D'où peut venir cette confiance aveugle. Description des pieds et de quelques autres parties extérieures de ces oiseaux. Cette famille des hirondelles de mer est composée de plusieurs espèces, dont la plupart ont franchi les océans et peuplé leurs rivages. P. 326 et 327.

HIRONDELLE DE MER (grande). Voyez *Pierre-garin.*

HIRONDELLE DE MER (petite); elle ne diffère du pierre-garin ou grande hirondelle de mer de nos côtes, qu'en ce qu'elle est considérablement plus petite. T. VIII, p. 330 et 331. — Elle a aussi le même naturel et les mêmes habitudes. On peut néanmoins les nourrir en captivité. P. 331.

HIRONDELLE DE MER (autre). Voyez *Guifette.*

HIRONDELLE DE MER (autre). Voyez *Gachet.*

HIRONDELLE DE MER *à grande envergure.* Quoique toutes les hirondelles de mer aient de très-grandes ailes, celle-ci les a proportionnellement plus longues qu'aucune autre. Elle se trouve à l'île de l'Ascension en très-grande quantité. Son naturel, son cri. Elle ne pond ordinairement qu'un œuf et rarement deux. T. VIII, p. 334 et 335. — Ces œufs sont très-gros pour la taille de l'oiseau; ils sont de couleur jaunâtre avec des taches brunes et violettes. P. 335.

HIRONDELLE DE MER, de Cayenne. C'est la plus grande de toutes les hirondelles de mer. T. VIII, p. 335. Sa description. *Ibid.*

HIRONDELLE DE MER des Philippines. Elle est grande comme notre pierre-garin, et peut-être est-elle de la même espèce, modifiée par l'influence du climat. Sa description. T. VIII, p. 334.

HISTOIRE des oiseaux, doit être inséparable, autant qu'il est possible, de leur description. T. V, p. 3. — Ses difficultés. P. 5, 6, 9 et suiv. — Doit embrasser ce qu'ils sont dans notre pays, dans ceux où ils séjournent une partie de l'année, et dans tous ceux par où ils passent. P. 9. — Moyens employés ici pour abréger l'immensité des détails. P. 10. — Autres moyens pour parvenir à compléter l'ornithologie historique. P. 10.

HOAMY de la Chine, a les pieds longs, point de grivelures. T. VI, p. 81.

HOAZIN ou faisan huppé de Cayenne, sa taille, son bec, son plumage, sa huppe. T. V, p. 437. — Sa voix ou son cri; superstitions à son sujet; se nourrit de serpents; lieux où il se plaît; est peut-être oiseau de passage; diffère de l'hoazin de Fernandez, s'apprivoise, dit-on; nourriture des petits. P. 437 et 438.

HOBEREAU, plus petit que le faucon, plus lâche, mais plus rusé, et il vole aussi haut; fait surtout la chasse aux alouettes; niche dans les forêts sur les grands arbres. T. V, p. 145 et 146. — Variété dans cette espèce; ces deux races se trouvent en France, et elles ont le bas-ventre d'un roux vif; se portent sur le poing sans chaperon. P. 146.

Hocco proprement dit, ou le mitou-poranga, appelé aussi *temocholli, tepetotolt, curasso, pocs, coxolissi* et *poule rouge du Pérou*, n'est point naturel à l'Afrique ni à l'Asie. T. V, p. 431 et 432. — Sa grosseur, sa huppe singulière, ses couleurs, son bec environné d'une peau jaune, chargé d'un bouton; ses oreilles, ses pieds sans éperons. P. 432 et 433. — Différences entre le mâle et la femelle. P. 433. — Le hocco comparé avec le dindon, tant pour l'extérieur que pour l'intérieur. P. 433 et 434. — A la trachée-artère conformée à peu près comme les oiseaux aquatiques. P. 434. — Diffère du faisan non-seulement par sa conformation, mais par son naturel social et paisible; s'apprivoise parfaitement. *Ibid.* et suiv. — Se tient sur les montagnes, se perche, vole pesamment; sa nourriture, qualité de sa chair; variété de sentiment sur la longueur de sa queue. P. 345.

Hoccos, appartiennent aux pays chauds de l'Amérique. T. V, p. 431.

HOCISANA, grand étourneau de Fernandez, grande pie du Mexique de Brisson; ses rapports avec la pie, sa chair. T. V, p. 569.

HOCTI, espèce de héron du nouveau continent, et particulièrement du Mexique. Ses dimensions, sa description; différence du

mâle et de la femelle. Leurs habitudes naturelles. T. VIII, p. 76.

HOHOU, espèce de héron du nouveau continent, et particulièrement du Mexique. Hohou est le cri de cet oiseau. Ses dimensions et sa description. T. VIII, p. 76 et 77.

HOITLALLOTL ou oiseau long de Fernandez; sa queue, ses ailes courtes, son vol pesant; court vite; sa taille, son plumage. T. V, p. 442.

HOITZITZILLIN de Tepuscullula, de Fernandez, est un colibri. T. VIII, p. 613.

HOMME. A le toucher plus parfait que l'animal. T. V, p. 13 et 18. — Et peut-être le sens du goût. P. 18. — Est inférieur à la plupart des animaux par les trois autres sens. *Ibid.* — Influence de l'homme sur la nature et sur les animaux. P. 23, 24 et 26. — Il en a moins sur les oiseaux que sur les quadrupèdes. P. 24. — Aime à changer l'ordre de la nature. P. 414. — Son empire sur les espèces. P. 490 et 491.

HOMME. Le caractère de sa prééminence sur les autres animaux, c'est la perfectibilité de l'espèce entière. Son progrès arrêté par des altenatives de barbarie. T. VII, p. 181 et 182. — Origine de toute société entre les hommes et de tout langage. P. 182 et 183.

HOUBARA ou petite outarde huppée d'Afrique; a une fraise; sa nourriture, son adresse à échapper aux oiseaux de proie; usage de son fiel, etc. T. V, p. 277 et 278.

HOUHOU d'Égypte; crie *hou, hou.* Va par paires. Vit de cigales. A un long éperon. Plumes de la tête et du cou épaisses et dures; celles du ventre et du croupion douces et effilées. T. VII, p. 333 et suiv. — Trois variétés dans cette espèce : le *coucou* des Philippines, de nos planches enluminées (*Planches de Buffon*); le *coucou vert* d'Antigue, de M. Sonnerat, et le *toulou* de Madagascar. P. 334 et 335.

HOUPPETTE, seconde espèce de tangara qui se trouve à la Guiane. Ses habitudes naturelles. T. VI, p. 281 et 282.

HOUTOU ou MOMOT. Oiseau de la Guiane dont le cri est *houtou*, décrit sous deux noms. On en a fait deux oiseaux. T. VII, p. 365. — Grosseur de la pie, bec conique, courbé et dentelé; longue queue étagée; à deux pennes ébarbées près du bout dans l'adulte. P. 366. — Vit d'insectes. Vieux, difficile à nourrir. Est solitaire. Saute plutôt qu'il ne vole. Erreur de Pison à son sujet. P. 367. — Niche dans des trous en terre. Ne monte pas sur les grands arbres. Est le *guira-guainumbi* de Marcgrave. *Ibid.* — Mauvais manger. *Ibid.*

HUITRIER, ainsi nommé parce qu'il se nourrit d'huîtres, de patelles et d'autres coquillages. Il se tient constamment sur les écueils et sur les côtes de la mer. Il crie presque continuellement et désagréablement à peu près comme la pie, ce qui lui a fait donner le surnom de *pie de mer.* Cet oiseau ne se voit que rarement sur nos côtes de France. T. VIII, p. 222 et 223. — Il niche cependant quelquefois sur celles de Picardie; il y arrive en troupe. On croit qu'il vient d'Angleterre et d'Écosse, où cette espèce est très-commune. Il se porte aussi bien plus avant vers le Nord, on le trouve jusqu'en Norwége et en Islande. On le rencontre aussi sur les terres antarctiques, au détroit de Magellan, à la terre de Feu et la Nouvelle-Zélande. Il fréquente aussi les climats chauds et est commnn au Japon. P. 223. — Il se retrouve en Amérique, et partout son espèce paraît être isolée et sans variété. Comparaison de cet oiseau avec les autres oiseaux de rivage. P. 223 et 224. — Sa grandeur. Son bec est conformé de manière à pouvoir ouvrir aisément les huîtres, et détacher les coquillages des rochers. Description de l'oiseau. P. 224. — Sa manière de nager. On l'a appelé en quelques endroits bécasse de mer à cause de son long bec. Il est toujours gras en hiver, et la chair des jeunes est assez bonne à manger. Ses habitudes en captivité et en liberté. P. 224 et 225. — Il ne fait point de nid et dépose ses œufs sur le sable nu. La femelle pond quatre ou cinq œufs, et le temps de l'incubation est de vingt ou vingt-un jours; elle ne le couve pas assidûment. Les petits, au sortir de l'œuf, sont couverts d'un duvet noirâtre. Leurs habitudes naturelles. P. 225.

HULOTTE, *nycticorax, cicuma*, est, de toutes les chouettes, la plus grosse, la plus semblable au corbeau et la seule qui ait les

yeux noirs. T. v, p. 167 et 168. — Par cette raison appelée *nycticorax* par les Grecs. P. 167. — A quinze pouces de la pointe du bec au bout des ongles, la tête très-grosse et sans aigrettes, la face encavée dans ses plumes, le bec d'un blanc jaunâtre, la queue de six pouces et plus, trois pieds de vol, le duvet des pieds blanc pointillé de noir; vole légèrement et sans bruit; se tient dans les arbres creux au milieu des bois, prend les petits oiseaux et les mulots qu'elle avale tout entiers, et dont elle rend la peau roulée en pelotes; pond quatre œufs presque aussi gros que ceux d'une petite poule, et ordinairement dans des nids de buse, de cresserelle, de corneille, de pie. P. 183 et 184.

HULOTTE. Voyez *Oiseaux de nuit.*

HUPPE. Parmi les outardes, il n'y a que celles d'Afrique, grandes et petites, qui en aient. T. v, p. 277.

HUPPE du tricolor huppé de la Chine. T. v, p. 422. — Du spicifère. P. 427 et 428. — De l'éperonnier. P. 429. — Du hocco. P. 432. — De l'hoazin. P. 437.

HUPPE posthume des oiseaux, résultant d'une contraction de la peau de la tête, occasionnée par le desséchement. T. vi, p. 68.

HUPPE *de montagne*, l'un des noms du coracias huppé ou sonneur. T. v, 525.

HUPPE NOIRE, oiseau d'Amérique dont l'espèce est voisine de celle du bouvreuil. Sa description et ses dimensions. T. vi, p. 355.

HUPPE des Alpes. Variété de la nôtre. Voyez *Huppe.*

HUPPE d'Europe. T. vii, p. 369 et suiv. — Histoire d'une huppe apprivoisée. P. 371. — Son attachement, sa nourriture. *Ibid.* et suiv. — Sa marche à la suite du Nil. P. 372. — Ses migrations. P. 373 et suiv. — Niche dans des trous d'arbres. P. 374 — Ces trous sont profonds. Les petits y font leur ordure; de là la mauvaise odeur et le proverbe. P. 375. — Propreté de la huppe apprivoisée. *Ibid.* — Pond de deux à sept œufs qui n'éclosent pas tous en même temps. *Ibid.* — Fait deux ou trois pontes chaque année. P. 376. — Son cri. *Ibid.* — Aime le son des instruments. *Ibid.* — Comment elle boit. A un mouvement brusque du bec. *Ibid.* — Se prend difficilement dans les piéges. Se tire aisément. Son vol, sa marche. P. 376 et 377. — Ses voyages. Où passe l'hiver. P. 377. — Quelques-uns le passent dans des trous d'arbres. *Ibid.* — Durée de leur vie. *Ibid.* — Leur poids, leur taille; ont beaucoup de plumes. P. 377 et 378. — Couleurs de la femelle. P. 379. — Parties intérieures de la huppe. *Ibid.* — Variétés dans cette espèce. P. 379 et 380.

HUPPE du cap de Bonne-Espérance. Variété de la nôtre. Voyez *Huppe.*

HUPPE *noire et blanche* du cap de Bonne-Espérance. En quoi diffère de la nôtre. T. vii, p. 368 et 380. — Attachée à l'ancien continent. P. 369 et 373. — Se tient dans les grands bois. Vit de graines, de baies. P. 381.

HUPPES. Rapports et différences entre les huppes, les promerops et les guépiers. T. vii, p. 368 et 369. — Huppes de passage bonnes à manger. P. 372. — Et non pas les sédentaires. *Ibid.* — Huppes de jardin, P. 373. — La chair de ces oiseaux sent le musc. *Ibid.* — Vont par petites troupes en Égypte; ailleurs vont par paires. *Ibid.* — Leur piété filiale. P. 377.

HUPPE du huppe-col. T. vii, p. 155. — De l'oiseau-mouche huppé, mâle. P. 157. — D'un oiseau-mouche de la Guiane. P. 167. — Longue huppe d'une espèce de colibri. P. 174. — Des kakatoës. P. 193. — Du touraco, est une espèce de couronne ou de mitre P. 301. — De la huppe. P. 368, 369 et suiv., 378. — Ce mot de huppe, qui signifie aigrette, formé du nom de l'oiseau. P. 369 et 370.

HUPPE-COL, petite espèce d'oiseau-mouche Sa huppe et plumes latérales qui lui font une espèce de fraise. T. vii, p. 155. — Son plumage. *Ibid.* — Différences entre le mâle et la femelle. *Ibid.*

HYDROPHOBIE, état naturel du coucou. T. vii, p. 320.

I

IBIJAU du Brésil, espèce d'engoulevent. De temps en temps épanouit sa queue.

Taille de l'hirondelle. Langue très-petite. T. VII, p. 415 et 416. — Variétés. Petit engoulevent tacheté de Cayenne. Le grand ibijau ne diffère du petit que par la taille. Se tient dans des arbres creux au bord des eaux. P. 416 et 417. — N'a ni les ongles ni les doigts conformés comme les autres engoulevents. P. 417.

Ibis; origine de culte de cet oiseau en Égypte. T. VIII, p. 163. — Combat de l'ibis contre les serpents, décrit par Hérodote. P. 164. — Il était défendu sous peine de la vie, aux Égyptiens de tuer cet oiseau. *Ibid.* — Les ibis embaumés par les anciens Égyptiens, et renfermés dans des pots de terre cuite, ne se sont pas entièrement conservés; description de l'état actuel de ces momies. P. 165. — La grandeur de l'ibis est à peu près égale à celle du courlis. Il doit être placé entre ce dernier oiseau et la cigogne. *Ibid.* — L'ibis a ses habitudes naturelles et son domicile en Égypte, à l'exclusion de presque toutes les autres contrées. Il était l'emblème d'Égypte, sur tous les monuments. Son histoire naturelle a été chargée de fables par les anciens. P. 166. — Son culte en Égypte était fondé sur l'utilité de cet oiseau dont l'instinct le porte à combattre et tuer les serpents et les autres reptiles, plus nombreux dans les terres basses voisines du Nil, que dans tout autre pays. P. 167. — L'ibis fait en effet la plus cruelle guerre à tous ces animaux rampants, ainsi qu'aux gros scarabées et aux sauterelles. P. 167 et 168. — Accoutumés au respect qu'on leur marquait en Égypte, ces oiseaux venaient sans crainte au milieu des villes. P. 168. — Ils posent leur nid sur les palmiers, dans l'épaisseur des feuilles piquantes; pour le mettre à l'abri des chats qui sont leurs ennemis; on croit que la ponte est de quatre œufs. *Ibid.* — L'ibis était consacré à la lune, et les anciens ont dit qu'il mettait autant de jours à faire éclore ses petits, que l'astre d'Isis en met à parcourir le cercle de ses phases. Ils lui ont attribué l'invention du clystère, comme celle de la saignée à l'hippopotame. *Ibid.* — Il y a deux espèces d'ibis, l'un blanc et l'autre noir. Leurs ressemblances et leurs différences. Explication d'un passage d'Hérodote au sujet des ibis, méprise grossière des traducteurs de cet historien sur ce passage. P. 165 et 166. — L'ibis blanc est bien connu des naturalistes; mais l'ibis noir n'a été vu et décrit que par Belon. P. 169.

Ibis *blanc;* il est un peu plus grand que le courlis : sa description. T. VIII, p. 169. — Comparaison et proportion du corps de l'ibis avec celui de la cigogne. Le bec de l'ibis est gros et arrondi à sa base et courbé dans toute sa longueur. Les côtés en sont tranchants et assez durs pour couper les serpents, et c'est probablement de cette manière que cet oiseau les détruit. P. 169 et 170. — Description de cet oiseau, par M. Perrault. *Ibid.* — Description de ses parties intérieures. P. 170.

Ibis *noir;* il est un peu moins gros qu'un courlis : sa description et ses dimensions, par Belon. T. VIII, p. 171. — Il est plus petit que l'ibis blanc. Son plumage est entièrement noir. Ses habitudes naturelles paraissent être les mêmes que celles de l'ibis blanc. *Ibid.*

Ictérocéphale, nom du guépier à tête jaune. Se montre quelquefois en Alsace. Un peu plus gros que notre guépier. A le bec plus arqué. T. VII, p 402.

Imbrim ou grand plongeon de la mer du Nord. T. VIII, p. 292. — Ses dimensions. Sa description. Son séjour ordinaire est dans les mers du Nord, aux Orcades, aux îles de Feroë, sur les côtes d'Islande et vers le Groënland. P. 292 et 293.

Immersion (prétendue) des hirondelles et autres oiseaux sous l'eau. T. VII, p. 425 et suiv. — P. 458.

Incubation. T. V, p. 37. — *Ibid.* p. 289 et suiv.

Incubation artificielle. T. V, p. 292 et suiv.

Incubation ou action de couver. Est quelquefois une passion dans les oiseaux. T. VII, p. 316.

Insectes, sont un fonds de subsistance que les quadrupèdes dédaignent et que la nature semble avoir abandonné aux oiseaux. T. V, p. 31.

Insectes trouvés dans des nids d'hirondelles de fenêtre. T. vii, p. 453.

Instinct (l') social n'est pas donné à toutes les espèces d'oiseaux; mais dans celles où il se manifeste, il est plus décidé que dans les autres animaux; leurs attroupements sont plus nombreux; leur réunion plus constante que celle des quadrupèdes; cause de cette supériorité d'instinct social dans les oiseaux. T. viii, p. 199.

Instinct, est le résultat du sentiment ou plutôt de la faculté de sentir. T. v, p. 13 — Causes de ses diversités. P. 13 et 14. — Est plus constant, plus uniforme que notre raison. P. 14.

Instinct des oiseaux, modifié différemment de celui des quadrupèdes, par cela seul qu'ils ont le sens de la vue plus parfait. T. v, p. 16. — La facilité, la vitesse et la continuité de leur mouvement, influent aussi sur leurs habitudes, modifient leur instinct et le rendent différent de celui des quadrupèdes. P. 27.

Intestins, plus étendus dans les quadrupèdes et les oiseaux qui vivent de grains et de fruits, que dans les espèces carnassières. T. v, p. 30. — Ceux de l'autruche. P. 206 et suiv. — Du coq. P. 301.

Isana de Fernandez, paraît être plutôt un étourneau qu'une pie; se plaît dans les contrées les plus froides du Mexique. T. v, p. 567 et 568.

Iswoschiki des Cosaques est le *kaïor*. Voyez ce mot.

J

Jabiru, oiseau de l'Amérique méridionale, beaucoup plus gros que la cigogne, et même supérieur en hauteur à la grue. Sa description et ses dimensions. C'est le plus grand des oiseaux de rivage. T. viii, p. 25 et 26. — Discussion critique au sujet d'une méprise des auteurs sur le jabiru. P. 26 et 27. — On le rencontre aux bords des rivières et des lacs dans les lieux écartés. Il engraisse dans la saison des pluies, et se laisse tuer aisément à coups de fusil et même de flèches. P. 27.

Jabot des oiseaux, correspond à la panse des ruminants. T. v, p. 30. — Le griffon ou grand vautour a un jabot formé d'une membrane blanche et semé d'une quantité de vaisseaux très-visibles. P. 87. — D'autres vautours ont ce jabot proéminent, mais ici, il remplit seulement le creux de la poitrine. *Ibid.*

Jacamars; différences du genre des jacamars et de celui des martins-pêcheurs, et leurs ressemblances. Les jacamars sont de la même grosseur que les espèces moyennes de martins-pêcheurs. Différences des jacamars et des pics. T. vii, p. 606 et 607. — Le genre des jacamars n'est composé que de deux espèces, toutes deux naturelles aux climats chauds de l'Amérique. P. 607.

Jacamar *proprement dit;* ses dimensions. Sa description. T. vii, p. 607. — Il se trouve à la Guiane et au Brésil. Il se nourrit d'insectes, et se tient dans les forêts humides. Son vol, quoique assez rapide, est très-court. Il est toujours seul et se perche sur les branches à une hauteur moyenne, où il se tient fort en repos. P. 607 et 608.

Jacamar; variété individuelle dans l'espèce du *jacamar proprement dit.* T. vii, p. 607.

Jacamar *à longue queue;* il est un peu plus grand que le jacamar proprement dit. Ses dimensions et sa description. T. vii, p. 608. — Différences du mâle et de la femelle. Différences des habitudes naturelles dans les deux espèces de jacamars. P. 608 et 609.

Jaguacati, espèce de grand martin-pêcheur du nouveau continent, qui se trouve depuis la baie d'Hudson jusqu'au Brésil. T. vii, p. 602. — Sa description, comparée à celle d'autres martins-pêcheurs qui lui sont semblables. P. 602 et 603.

Jacana, oiseau du Brésil qui ressemble aux poules d'eau par le naturel et par plusieurs traits de sa conformation; mais il en diffère par des caractères singuliers et même uniques; il porte des éperons aux épaules, et des lambeaux de membranes sur le devant de la tête. Description des autres parties extérieures. T. viii, p. 255. — L'espèce de cet oiseau est commune sur tous les marais du Brésil; elle se trouve aussi à la Guiane

et à Saint-Domingue. Sa description. L'oiseau est armé d'un éperon exactement semblable aux épines ou crochets dont est garnie la raie bouclée. P. 255 et 256. — Le jacana n'a pas le corps plus gros que la caille, mais il a les jambes plus hautes. Cette première espèce est assez commune à Saint-Domingue. Ses habitudes naturelles. P. 256. — Son cri est assez semblable à celui de l'effraie. *Ibid.*

Jacana *noir ;* sa description. Il se trouve au Brésil. T. viii, p. 257.

Jacana-péca, est une espèce peu différente de celle du jacana vert. T. viii, p. 258. — Sa description. Il se sert de ses éperons aux épaules pour se défendre. Il est commun à la Guiane. Ses habitudes naturelles. P. 258 et 259.

Jacana *varié.* Sa description. T. viii, p. 259. — Il se trouve au Brésil et à Carthagène. *Ibid.*

Jacana *vert,* c'est le plus bel oiseau de ce genre. Sa description. T. viii, p. 257 et 258. — Il se trouve au Brésil ainsi que le jacana noir. P. 257 (note *c*).

Jacapu. L'oiseau appelé *jacapu* par Marcgrave, n'est point le piauhau. T. vi, p. 452.

Jacarini, petite espèce de tangara très-commune au Brésil et à la Guiane ; détail de ses habitudes naturelles, et sa description. T. vi, p 306. — On peut l'élever en cage en les mettant plusieurs ensemble. P. 308.

Jaco ou perroquet *cendré.* Prononce souvent son nom. Est docile. Vient d'Afrique. Imite de préférence la voix des enfants ; quelquefois aussi celle des adultes. T. vii, p. 198 et 199. — Montre beaucoup de bonne volonté pour apprendre à parler. P. 199 et suiv. — Singuliers efforts de mémoire de quelques-uns. P. 200. — Comment les anciens lui apprenaient à parler. *Ibid.* — Se répond quelquefois à lui-même. Sa haine pour les enfants. Son goût pour les filles de cuisine. P. 200 et 201. — Imite aussi les gestes et les mouvements. P. 201 — Son babil dans l'ivresse. *Ibid.*— L'hiver, se plaît au feu, l'été à la pluie ou dans le bain. *Ibid.* — S'ennuie et bâille. Imite plusieurs cris. Se tait dans l'obscurité. Prend le ton des personnes qu'il entend souvent. P. 201 et 202. — Organes de la parole. Bec mobile. P. 203. — Ce bec est pour lui un second organe du toucher. P. 204. — Cet oiseau est granivore. La viande lui est contraire. Maladie qu'elle lui donne. *Ibid.* — Est sujet à changer de couleur. P. 205. — Autres maladies. *Ibid.* — Durée de sa vie. *Ibid.* — Pond quelquefois en France. Le mâle est jaloux. *Ibid.*

Jacobin ou gros-bec de Java, gros-bec des Moluques, *gowry, coury*, d'où vient ce dernier nom ; se nourrit comme les serins, paraît être de même espèce que le domino. T. vi, p. 157.

Jacobin *huppé* de Coromandel. Sa huppe est couchée. A pour variété un coucou du cap de Bonne-Espérance, dont la queue n'est étagée que dans ses deux pennes extérieures. T. vii, p. 340 et 341.

Jacobin, nom donné en Savoie au grand martinet à ventre blanc. T. vii, p. 474.

Jacobine. Voyez *Oiseau-mouche à collier.*

Jacurutu du Brésil est notre grand duc. T. v, p. 475.

Jamac de Marcgrave, espèce de carouge. T. vi, p. 49.

Japacani, est le rossignol jaune et brun de Klein, gros comme le bemtère ou comme l'étourneau ; ne peut être le petit gobe-mouche jaune, et brun, de M. Sloane. T. vi, p. 30.

Japon, on n'y trouve d'autres perroquets que ceux qui y ont été apportés. T. vii, p. 228 et 229.

Jaseur, a des appendices rouges à l'extrémité des pennes des ailes, et qui ne sont constantes ni dans leur forme ni dans leur nombre. T. vi, p. 137, 138 et 144. — N'est point le xomotl. P. 137 (note *b*). — Comparé aux merles, aux pies-grièches, aux écorcheurs. P. 138, 142 (note *b*) et 143. — Ses voyages, son climat propre. P. 138 et 141.— Sa nourriture, ses mœurs douces et sociales et leurs inconvénients ; son cri, son plumage, ses dimensions ; différences de la femelle. P. 141 à 143.

Jaseur d'Amérique, son plumage et ses dimensions. T. vi, p. 143 et 144.

Jaseuse (petite), un des noms du tirica; espèce de toui. T. vii, p. 291.

Jaunoir ou merle du cap de Bonne-Espérance; son plumage, ses dimensions. T. vi, p. 104.

Jean-le-blanc, ainsi nommé parce que le mâle a le dessous du corps blanc; ses dimensions. T. v, p. 72. — Ses couleurs. *Ibid.* — Pèse trois livres et quelques onces, plus gros, relativement à sa grandeur, que les aigles et les pygargues, en quoi il se rapproche du balbuzard; il a les jambes dénuées de plumes et la queue blanche comme les pygargues; a les jambes plus longues et plus menues qu'aucune des trois espèces nommées; tient de la buse par la disposition des couleurs du plumage; vu de face, ressemble à l'aigle; vu de côté, ressemble à la buse, et son naturel tient de celui de ces deux espèces. P. 72 et 73. — Tourne volontiers les yeux du côté du plus grand jour et même vis-à-vis le soleil, cherche le feu, soutient le froid, vit de perdrix, volailles, lapins, mulots, lézards, grenouilles, de celles-ci en les déchirant en pièces; avale les mulots tout entiers, etc., refuse les fruits, le poisson, les vers, le pain, le fromage, etc., même après un jeûne de plusieurs jours; mais alors il mange de la viande cuite; il préfère la viande crue et saignante; rend les peaux des mulots et souris en pelotes d'un pouce; boit en plongeant son bec dans l'eau jusqu'aux yeux et ne boit que quand il se croit seul; dans tout le reste parait peu inquiet, se laisse toucher; ne s'attache point, prend de la graisse en automne. P. 73 et 74. — La femelle est presque toute grise; elle est plus grande que le mâle; fait son nid presque à terre dans les terrains couverts de bruyères, de genêts, de joncs, quelquefois aussi sur des arbres élevés; pond trois œufs ardoisés. Le jean-le-blanc s'approche des habitations et surtout des basses-cours, dont il est le fléau; a les ailes courtes, le vol pesant et bas, saisit sa proie à terre, ne chasse que le matin et le soir. P. 74 et 75. — Son cri est un sifflement aigu. P. 75. — En a un autre de contentement. P. 74. — Ressemble à l'oiseau Saint-Martin, mais il est plus petit. P. 75. — Encore plus au *laniarius* d'Aldrovande ou *milvus albus* de Schwenckfeld. P. 77. — N'est point le *ring-tail* des Anglais, qui est notre soubuse. P. 75 et 76. — Comparé avec la harpaye. P. 116.

Jean-de-gand ou **Van-ghent**, des Hollandais, rapporté au *goéland manteau-noir*. T. viii, p. 616.

Jendaya, perriche à longue queue et égale du Brésil. Taille du merle. T. vii, p. 281.

Joues nues, caractère propre aux aras. T. vii, p. 239. — Attribué mal à propos aux amazones. P. 254.

K

Kaior ou **Kaiover** de Kamtschatka, rapporté au *petit guillemot*. T. viii, p. 583.

Kaior ou **Kaiover**, de Steller. Sa notice. T. viii, p. 620.

Kakatoes. T. vii, p. 192 et suiv. — Les plus grands perroquets de l'ancien continent. Naturels au climat de l'Asie méridionale, presque tous remarquables par leur blancheur, par leur bec plus arrondi, et par leur huppe à double rang de plumes longues. Ne parlent point ou très-peu. S'apprivoisent aisément. Font en quelques endroits des Indes leur nid sur les toits. Marchent en sautillant. Se prennent le bec réciproquement par forme de caresse. *Ibid.*

Kakatoes *à ailes et queue rouges* d'Aldrovande. Serait un kakatoës s'il avait une huppe. T. vii, p. 196.

Kakatoes (petit) *à bec couleur de chair;* espèce la plus petite. T. vii, p. 196.

Kakatoes *à huppe blanche*, de la grosseur d'une poule. Sa huppe composée de pennes largement barbées. T. vii, p. 194.

Kakatoes *à huppe jaune et composée de plumes molles et effilées.* Il y a dans cette espèce variété de grandeur. T. vii, p. 194. — Ne supporte point la cage. Sa sensibilité aux caresses, sa docilité, sa propreté. Aime à se faire gratter. Autres gentillesses. P. 195. — Sa nourriture. *Ibid.*

Kakatoes *à huppe rouge;* l'un des plus grands de cette famille. T. vii, p. 195.

Kakatoes *noir.* C'est le nègre des kaka-

toës. A les joues nues et la queue étagée. Vient de Ceylan. T. VII, p. 197.

KALLINGAK ou macareux de Groënland, rapporté au macareux de Kamtschatka. Voyez ce mot.

KAMICHI; grand oiseau noir, dont la voix est très-forte; il se trouve dans les lieux marécageux de l'Amérique méridionale. Il porte sur chaque aile deux puissants éperons, et sur la tête une corne pointue de trois ou quatre pouces de longueur, sur deux ou trois lignes de diamètre à sa base. Description de cette corne et des éperons qu'il porte aux ailes. T. VIII, p. 53. — Avec des armes aussi puissantes et qui le rendraient formidable au combat, le kamichi n'attaque point les autres oiseaux, et ne fait la guerre qu'aux reptiles; il a les mœurs douces et le naturel profondément sensible; le mâle et la femelle se tiennent toujours ensemble fidèles jusqu'à la mort. Le kamichi vit de proie, et cependant son bec est celui d'un oiseau granivore. P. 54. — Sa description et ses dimensions. *Ibid.* — Marcgrave indique une différence très-considérable de grandeur entre le mâle et la femelle. Ils sont en général gros comme la poule d'Inde : l'espèce en est isolée et seule de son genre. Ses habitudes naturelles suivant Pison. P. 54 et 55.

KAPOUA. Voyez *Jacana-péca.*

KARA ou ARAU, des mers du Nord. Voyez *Arau.*

KATRACA, oiseau d'Amérique, y est le représentant du faisan. T. V, p. 426.

KILDIR (le) est un pluvier de Virginie, ainsi nommé par la ressemblance de ce mot à son cri. T. VIII, p. 211. — Il est fort criard et très-commun à la Caroline et en Virginie; sa figure, sa description. Il n'y a presque point de différence entre le mâle et la femelle. Cet oiseau paraît être le même que le pluvier à collier de Saint-Domingue. *Ibid.*

KINGALIK, oiseau du Groënland, auquel les voyageurs donnent le nom de poule d'eau. Sa grandeur. Sa tubérosité sur le bec. T. VIII, p. 254. — Description du mâle, sa différence avec la femelle. *Ibid.*

KINK, semble faire la nuance entre les carouges et les merles; son plumage. T. VI, p. 51.

KINKI ou poule dorée de la Chine, n'est pas le chinquis, paraît être le tricolor huppé. T. V, p. 427.

KINKI-MANOU *de Madagascar*, oiseau dont l'espèce est voisine de celle des pies-grièches et de celle des tyrans, et qui cependant n'est ni de l'un ni de l'autre de ces genres. Sa description. T. VI, p. 449 et 450.

KIOLO, est le nom que l'on donne à Cayenne à un oiseau du genre des râles, parce que ce mot représente à peu près son cri, ou plutôt sa voix de réclame qu'il fait entendre à l'approche de la nuit. Ses habitudes naturelles, son nid dans lequel la pluie ne peut pénétrer. Il est encore plus petit que notre marouette. Sa description. T. VIII, p. 244.

KIRMEWS. Voyez *Mouette* rieuse. T. VIII, p. 379.

KITTAVIAH ou gelinotte de Barbarie. T. V, p. 369. — Sa description par Shaw. P. 371 et 372.

KOULIK, espèce d'aracari, dont le mot *koulik* est le cri. T. VII, p. 560. — Ses dimensions. Sa description; il se trouve à Cayenne. Différences du mâle et de la femelle. *Ibid.*

KRATZHOT, des Russes. Voyez *Chungar.*

KRZYCZKA, de Rzaczynski, sorte d'oiseau de marais. T. VIII, p. 646.

KUTGEGHEF. Voyez *Mouette* tachetée.

L

LABBE ou STERCORAIRE. Ses différences et ressemblances avec les mouettes. Il est ennemi de la petite mouette cendrée tachetée qu'il poursuit sans cesse. T. VIII, p. 382. — Sa nourriture n'est pas la fiente des autres oiseaux comme on le croit vulgairement. *Ibid.* — Son vol. Sa manière de vivre. Sa présence indique aux pêcheurs les endroits où se trouvent les harengs. Il ne va point en grandes troupes, mais seulement en petites compagnies de trois ou quatre. P. 383. — Manière dont il force les mouettes à dégorger leur poisson. La femelle pond

ses œufs sur les rochers; le mâle est plus noir et un peu plus gros que la femelle. Sa grandeur, sa couleur, sa figure et celle de ses parties extérieures. *Ibid.* — Son maintien, son cri. Son espèce n'est pas nombreuse. *Ibid.* — Cet oiseau, par la forme de son bec, fait la nuance entre les mouettes et les pétrels. P. 384.

Labbe *à longue queue;* il porte deux longs brins au milieu de la queue, et ce caractère le distingue de l'espèce précédente; description de son plumage. Il se trouve en Sibérie et en Norwège. T. VIII, p. 384. — On le voit aussi sur les côtes de la baie d'Hudson. *Ibid.* — Il y a quelque apparence que les deux espèces de labbe peuvent se réduire à une seule, et que celui-ci qui a de longs brins à la queue est le mâle et l'autre la femelle. P. 385.

Lagopède ou perdrix blanche, en quelle saison est blanc, a le dessous des pieds velu; sa grosseur, sa chair, son séjour de préférence. T. V, p. 378 et 379. — Ses sourcils rouges; variétés de sexe, variation dans les couleurs du plumage. P. 380. — Détail du plumage, du duvet des pieds. P. 380 et 381. — Grosseur de l'oiseau, son séjour d'habitude, sa voix, sa couleur pendant l'été; semble fuir le soleil. P. 381 et 382. — On le garde dans des volières, s'apprivoise par stupidité, vole en troupes et pesamment; sa nourriture, qualité de sa chair, sa ponte. P. 382 et 383. — Observations anatomiques. P. 383.

Lagopède de la baie d'Hudson ou perdrix blanche, n'est point le ptarmigan; ses livrées d'été et d'hiver, ses pieds pattus; passe la nuit dans la neige et le jour au soleil, fait la nuance entre le lagopède et l'attagas. T. V, p. 384 et 385.

Lambiche. Voyez *Guignette.*

Langage, se forme des expressions répétées des besoins des enfants et de la tendresse des mères. T. VII, p. 182. — Pourquoi les animaux n'en ont point. *Ibid.*

Langraien de Manille, a les ailes aussi longues que la queue, en quoi diffère des pies-grièches et se rapproche du tcha-chert. T. V, p. 160.

Langue de l'autruche fort courte et sans aucun vestige de papilles. T. V, p. 205. — Oiseaux qui passent pour n'avoir point de langue, et pourquoi. P. 346. — Langue très-courte d'un casse-noix. P. 578.

Langue des oiseaux-mouches, espèce de trompe. T. VII, p. 148. — Des colibris, conformée de même. P. 168. — Langue des oiseaux parleurs. P. 183. — Des oiseaux qui sifflent. *Ibid.* — Langue du perroquet et en particulier du jaco. P. 203. — Langue de l'arimanon, espèce de perruche à langue pointue et terminée par un pinceau de poils blancs et courts. P. 237. — L'ara replie sa langue lorsqu'il mange, ou qu'il fait effort pour prononcer un mot difficile. Les oiseaux qui ont la langue pointue et le bec droit, ne peuvent faire mouvoir la langue qu'en l'avançant ou la retirant dans la direction du bec. P. 249. — Il y en a cependant qui parlent avec une langue ainsi faite. P. 364. — Langue de la huppe très-courte. P 379. — Celle de la huppe noire et blanche du Cap est assez longue et divisée en filets. P. 380.

Lanier, comparé avec la buse cendrée d'Edwards. T. V, p. 120. — Oiseau très-rare actuellement en Europe, quoique Belon le dise être naturel en France et très-employé; se trouve en Suède, niche sur les grands arbres; plus petit que le faucon gentil, plus court empiété qu'aucun faucon; a des taches droites le long des plumes, le cou gros et court, ainsi que le bec; reste au pays toute l'année. P. 128 et 129. — L'espèce du sacre est plus voisine de celle du lanier que de celle du faucon. P. 129.

Lanier cendré. Voyez *Oiseau Saint-Martin.*

Lanneret, nom du tiercelet ou mâle du lanier. T. V, p. 129.

Latanier (Palmier). Son fruit que mangent les aras est très-dur. T. VII, p. 251.

Lavandière; ressemblances et différences de la lavandière et des bergeronnettes. T. VII, p. 1. — Caractères communs à la lavandière et aux bergeronnettes. *Ibid.* — Discussion critique au sujet du nom grec mal appliqué à la lavandière. Elle n'a point de nom dans cette langue. P. 2 et 3. — Sa description. *Ibid.* — Ses habitudes natu-

relles. P. 3. — Origine de son nom. *Ibid.* — Différences du mâle et de la femelle. P. 4. — Elle fait son nid à terre, ordinairement au bord des eaux. Description de ce nid, dans lequel la femelle pond quatre ou cinq œufs blancs, semés de taches brunes, et ne fait communément qu'une nichée par an. Leur affection et leurs soins pour leurs petits sont remarquables. *Ibid.* — Ces oiseaux mangent très-goulument et ne vivent que d'insectes. Différences du mouvement de leur queue lorsqu'ils volent et lorsqu'ils sont posés. P. 5. — Manière de les prendre. *Ibid.* — Leur voix, leur cri, leur chamaillis en automne. Ils semblent être très-sensibles au plaisir de leur société entre eux. Ils partent en octobre pour passer l'hiver dans des climats plus chauds. P. 5 et 6. — L'espèce est non-seulement répandue en Europe, mais on la retrouve en Afrique, en Asie et jusqu'aux Philippines. P. 6.

Lavandière, couve l'œuf du coucou déposé dans son nid. T. vii, p. 346.

Liberté favorable à la multiplication des oiseaux. T. v, p. 441. — Amour des faisans pour la liberté. P. 443. — Précautions nécessaires pour la donner aux faisandeaux qu'on a élevés dans les parcs. P. 447 et 448. — Ce qu'il en faut laisser à la perdrix pour l'apprivoiser. P. 461 et 462.

Linot rouge, s'unit à la linotte commune. T. v, p. 11.

Linotte (la) doit être placée immédiatement après les serins par les rapports qui se trouvent entre ces deux espèces, et par la facilité de leur mélange. T. vi, p. 202. — Le linot mâle et la femelle canari produisent des métis féconds. *Ibid.* — Portrait de la linotte. P. 203. — Altération que lui cause l'état de domesticité. *Ibid.* — On dénature son chant; on lui apprend à siffler quelques mots, et quelquefois à les prononcer assez franchement. *Ibid.* — La linotte ordinaire ou linotte grise, et la linotte rouge ou linotte de vigne, paraissent ne former qu'une seule espèce; raisons de cette opinion. P. 204 et suiv. — Elle fait souvent son nid dans les vignes, le pose quelquefois à terre, mais plus souvent l'attache entre des branches. P. 205 et 206. — Ce nid est composé de petites racines, de petites feuilles et de mousse au dehors, d'un peu de plumes et de crin avec beaucoup de laine en dedans; on y trouve trois, quatre, cinq et six œufs qui sont d'un blanc sale, tachetés de rouge-brun au gros bout. P. 206. — Les linottes ne font ordinairement que deux pontes par an; elles commencent à se réunir en troupes vers la fin d'août; elles vivent en société pendant tout l'hiver; elles volent en compagnies très-serrées et couchent la nuit sur les arbres dont les feuilles ne sont pas encore tombées. *Ibid.* — Elles vivent de chènevis et de toutes sortes de petites graines. Les femelles ne chantent ni n'apprennent à chanter, les jeunes mâles pris au nid sont les seuls susceptibles de cette éducation. P. 206 et 207. — Manière de les élever. P. 207. — Ces oiseaux vivent longtemps en captivité, et prennent de l'affection pour les gens qui les soignent. *Ibid.* et suiv. — Ils entrent en mue aux environs de la canicule et quelquefois beaucoup plus tard; manière de les traiter en domesticité. P. 208. — Différence du mâle et de la femelle. *Ibid.* — Variétés dans l'espèce de la linotte. *Ibid.*

Linotte *bleue* de Catesby (la), est le même oiseau que le ministre. T. vi, p. 215.

Linotte *brune*. Sa description. T. vi, p. 214.

Linotte *gris-de-fer*. Ses différences et ses ressemblances avec la linotte commune. T. vi, p. 213.

Linotte *de montagne*, commune dans les montagnes de Derby en Angleterre; ses différences et ressemblances avec la linotte commune. T. vi, p. 209 et 210.

Linotte *à tête jaune* (la), nommée par quelques-uns moineau du Mexique, a plus de rapport avec les linottes qu'avec les moineaux. T. vi, p. 213. — Description de cet oiseau. *Ibid.* et suiv. — Il se trouve au Mexique. P. 214.

Linotte. Voyez *Oiseaux*,

Linottes, âgées de quatorze ou quinze ans. T. v, p. 29 (note *a*).

Litorne, ses rapports avec le mauvis. T. vi, p. 59. — En quoi diffère des autres grives; variétés de sexe, ses voyages, lieux qu'elle aime, sa nourriture, ses mœurs;

s'apprivoise quelquefois, aime le froid; sa ponte; qualité de sa chair; nourrit et soigne les petits de la draine lorsqu'elle les trouve dans son nid; se prend au lacet; son bec, ses pieds. P. 74 à 76.— Se trouve en Suède. P. 77.

Litorne à tête blanche. T. vi, p. 76.

Litorne de Canada, est de passage; son chant, sa nourriture de choix. T. vi, p. 77.

Litorne de Cayenne, n'est pas si grivelée. T. vi, p. 76 et 77.

Litorne pie ou tachetée, sa grosseur, son plumage. T. vi, p. 76.

Livrée, signifie dans les quadrupèdes la couleur du pelage des jeunes animaux avant la première mue. T. v, p. 46 et 47.

Locustelle, espèce d'alouette encore plus petite que l'alouette-pipi. On l'appelle en Angleterre, *alouette des saules*. Sa description. T. vi, p. 472 et 473.

Lohong ou outarde huppée d'Arabie, comparée à la nôtre; son plumage, sa huppe. T. v, p. 274. — Diffère des gallinacés. P. 275.

Loirs, dorment l'hiver engourdis dans leurs trous. Fausses conséquences qu'on a voulu tirer de ce fait. T. vii, p. 426, 428 et suiv.

Lori (grand). A treize pouces de longueur. Le lori de Ceylan de M. Wosmaër paraît être le même. Apporté en Hollande y vécut peu. T. vii, p. 216.

Lori *à collier*, ne doit pas être nommé *lori des Indes orientales*. Est doux, familier, mais délicat et difficile à élever, apprend très-aisément à parler. Variétés de cette espèce. T. vii, p. 213.

Lori *à collier* des Indes. Voyez *Lori à collier*.

Lori *cramoisi*. Ses couleurs peu éclatantes. Se trouve à Amboine. T. vii, p. 214 et 215.

Lori de Ceram. Variété du lori-noira. T. vii, p. 212.

Lori de Gilolo. Voyez *Lori rouge*.

Lori de Gueby. Voyez *Lori rouge et violet*.

Lori de la Chine. N'est pas de la Chine. Voyez *Lori rouge*.

Lori des Indes orientales. Voyez *Lori à collier*.

Lori des Moluques: Voyez *Lori-noira*.

Lori des Philippines. Voyez *Lori tricolor*.

Lori-noira, se trouve à Ternate, à Ceram, à Java. Très-recherché dans les Indes. S'attache à son maître, le caresse, mord les étrangers. T. vii, p. 211 et 212. — Variétés. P. 212.

Lori-perruche *rouge*. Oiseau très-rare selon Edwards. Donné à M. Hans Sloane comme venant de Borneo. T. vii, p. 216 et 217.

Lori-perruche *tricolor*. Distribution de ses couleurs. Gros comme une tourterelle. T. vii, p. 217 et 218.

Lori-perruche *violet et rouge*. Le violet de son plumage est un bleu-violet. T. vii, p. 217.

Lori (petit). Voyez *Lori tricolor*.

Lori *rouge*, est presque entièrement de cette couleur. Mal à propos nommé *lori de la Chine*. Paraît le même que le lori de Gilolo de M. Sonnerat. T. vii, p. 215.

Lori *rouge et violet*. Nommé aussi *Lori de Gueby*. N'a que huit pouces de longueur totale. T. vii, p. 215.

Lori *tricolor*, beau, familier, caressant, siffle et parle distinctement. Trouvé à l'île d'Yolo. T. vii, p. 214.

Loris, famille des perroquets des Indes orientales. Tirent leur nom de leur cri. Le rouge domine dans leur plumage. Sont plus agiles que les autres. Apprennent à siffler, à parler. S'apprivoisent et s'accoutument aisément à la captivité, mais plus difficilement au changement de climat. Sujets à l'épilepsie. Ne se trouvent qu'aux Moluques et à la Nouvelle-Guinée. Les espèces sont différentes d'une île à l'autre. T. vii, p. 210 et 211. — Apprennent aisément à parler. P. 213.

Loris-perruches. Nuance entre les loris et les perruches. T. vii, p. 216. — Forme et longueur de leur queue. P. 216 et 218.

Loriot, difficulté de reconnaître ses vrais noms chez les anciens; ses amours, son nid, ses œufs. T. vi, p. 51 à 53. — Son affection courageuse pour ses petits, ses voyages, ses dimensions. P. 53 et 54. —

Ses couleurs; variétés de sexe et d'âge, son cri; observations anatomiques; sa nourriture; façon de le prendre; variétés. P. 54 et 55. — Autres variétés. P. 55 et 56.

Loriot de la Chine et sa femelle; variété du loriot. T. vi, p. 56.

Loriot de la Cochinchine ou coulavan, avec ses variétés; lui-même est une variété de notre loriot, ses différences. T. vi, p. 55.

Loriot des Indes, le plus jaune des loriots, et variété du nôtre. T. vi, p. 56.

Loriot-rayé, fait la nuance entre les loriots et les merles. T. vi, p. 57.

Louisiane. Ne s'y trouve qu'une seule espèce de perroquet. T. vii, p. 285.

Loups, dans cette espèce le mâle et la femelle restent unis pendant l'éducation des petits. T. v, p. 38.

Luen ou argus, sorte de faisan de la Chine. T. v, p. 425.

Lulu. Voyez *Petite Alouette* huppée.

Lumière. Ses influences sur les couleurs des oiseaux et des insectes. T. vii, p. 411 et 412.

Lumme ou petit plongeon de la mer du Nord. Son nom *lumme*, signifie boiteux en langue laponne, et désigne la démarche pénible de cet oiseau qui est un petit plongeon. T. viii, p. 293. — Ses dimensions, sa description. Il ne quitte guère les mers du Nord. Il nourrit et élève ses petits avec une sollicitude singulière. P. 294. — Observations d'Anderson à ce sujet. *Ibid.* — Il se trouve dans les parties septentrionales des deux continents. P. 295. — Le *lumb* du Spitzberg, indiqué par Martens, paraît être différent des lummes du Groënland, puisqu'il a le bec crochu. *Ibid.*

M

Macao. Voyez *Ara vert.*

Macareux (le). Conformation singulière de son bec, qui par un rapport peu exact, l'a fait surnommer *perroquet de mer.* T. viii, p. 584 et 585. — Il a les ailes aussi courtes et le vol aussi pénible que le guillemot. P. 585. — Son plumage blanc et noir, coupé en manière de froc, l'a fait appeler le *petit moine* (*fratercula*). Nourriture de ce petit moine marin; sa taille et particularités de sa conformation, d'où résultent ses habitudes naturelles, sa retraite dans les cavernes et ses fréquents naufrages. P. 586. — Les pointes les plus septentrionales des continents paraissent être les stations favorables de cette espèce; elle voyage et une partie s'arrête le long des côtes d'Angleterre; temps du départ et du retour, et saison de la nichée. P. 587.

Macareux (le) de Kamtschatka. Description de son plumage et des deux tresses tombantes dont il est coiffé. T. viii, p. 588. — Station de cette espèce à la pointe nord-est de l'Asie. *Ibid.*

Machao ou Araruna. Voyez *Ara noir.*

Macreuse Fable de la naissance des macreuses dans des coquilles ou dans du bois pourri. T. viii, p. 521 et 522. — Contrées qu'elles habitent de préférence. P. 522. — Elles arrivent sur nos côtes en hiver. *Ibid.* — Malgré le préjugé que leur sang est froid, il est réellement aussi chaud que celui des autres oiseaux d'eau. *Ibid.* — Observations de M. Baillon au sujet des macreuses. P. 522 et suiv. — Leur nourriture, et description de la manière dont on les prend aux filets. P. 522 et 523. — Il est probable que les macreuses sont aussi fécondes que les canards. P. 523. — Habitudes naturelles de ces oiseaux. P. 524 et 525.

Macreuse *à large bec*, est le même oiseau désigné sous le nom de *canard du Nord*, appelé le *marchand* par quelques voyageurs. T. viii, p. 526. — Caractère particulier de cette espèce; elle abonde en hiver en Angleterre, et s'abat sur les prairies dont elle paît l'herbe. P. 527.

Macreuse (double) est ainsi nommée parce qu'elle est beaucoup plus grosse que les autres. T. viii, p. 526. — Description et caractère particulier de cette espèce, qui paraît moins nombreuse que la première, mais qui du reste lui ressemble par la conformation et les habitudes naturelles. *Ibid.*

Macroule, est une espèce de foulque plus grande que la morelle ou foulque commune, mais qui a la même figure et les mêmes habitudes naturelles. Observations

sur un de ces oiseaux vivant en captivité. T. VIII, p. 272 et 273.

MAGNIFIQUE de la Nouvelle-Guinée. Voyez *Manucode* à bouquets.

MAGOUA, grande espèce de tinamous. Sa description. T. VI, p. 408 et 409. — Leur voix ou plutôt leur sifflement se fait entendre à des heures fixes. La femelle pond de douze à seize œufs presque ronds, plus gros que ceux des poules et bons à manger. P. 409.

MAGUARI, oiseau des climats chauds de l'Amérique, qui est presque aussi grand que la cigogne. Dimensions de son bec qu'il fait claqueter comme la cigogne. Description du plumage et des autres parties du corps de cet oiseau. T. VIII, p. 22 et 23. — Il paraît être le représentant de la cigogne dans le Nouveau-Monde. P. 23.

MAIA (les) sont de grands destructeurs de riz. Description du mâle et de la femelle. T. VI, p. 223 et 224.

MAIAN. Description de cet oiseau. T. VI, p. 224. — Variété dans cette espèce. P. 224 et 225.

MAINATE des Indes orientales, doit être rapproché du goulin et du martin; sa taille, son plumage, sa double crête, ses dimensions; il est sujet à des variétés; apprend à siffler, chanter et parler. T. VI, p. 131 et 132.

MAINATE de Bontius, son plumage; c'est une variété du précédent. T. VI, p. 132.

MAINATE de Brisson; variété du mainate des Indes. T. VI, p. 132.

MAINATE (grand) de M. Edwards. T. VI, p. 132.

MAINATE (petit) de M. Edwards; sa crête. T. VI, p. 132.

MAÏPOURI, fait avec le caïca la nuance pour la grandeur entre les perriches et les papegais. T. VII, p. 275. — Siffle comme le tapir, à s'y méprendre. Se trouve à la Guiane, au Mexique, etc., dans les bois humides. N'apprend point à parler. *Ibid.* — Ces oiseaux vont par petites troupes, se battent souvent. Les jeunes s'apprivoisent, mais non les vieux. Ils ont l'air massif et lourd. Les plumes serrées et collées contre le corps. P. 276.

MAJAGUÉ des Brésiliens; espèce rapportée, mais avec incertitude, aux pétrels. T. VIII, p. 574.

MAKAVOUANNE, nom guianais de la perriche ara. T. VII, p. 289.

MALADIES. Expositions des différentes maladies auxquelles les serins sont sujets. T. VI, p. 195 et suiv. — Traitement de ces maladies. *Ibid.*

MALE (le) parmi les oiseaux aide la femelle à construire le nid et quelquefois à couver les œufs, lui apporte à manger, etc. T. V, p. 37. — Parmi les quadrupèdes n'est ni mari ni père, et pourquoi. *Ibid.* — Il y a quelques exceptions. P. 38. — Les mâles, parmi les oiseaux de proie, sont d'un tiers plus petits que les femelles, et pour cette raison sont appelés du nom générique de *tiercelets*. P. 44. — Dans presque tous les animaux, même les plus doux, les mâles deviennent furieux dans le rut. P. 46. — Voyez *Femelles*. Les mâles des deux premières espèces d'aigles, quoique plus petits et plus faibles, sont cependant préférés pour la fauconnerie. P. 58. — Ces mâles n'ont point de *cœcum*, tandis que leurs femelles en ont de fort amples et longs de deux pouces. P. 59 et 150.

MALE. La nature est plus ambiguë et moins constante, et le type de l'espèce moins ferme dans la femelle que dans le mâle; celui-ci en est le vrai modèle; preuves de cette assertion. T. VI, p. 181. — Le mâle influe plus que la femelle sur la force et la qualité des races. P. 184.

MALLEMUCKE. Voyez *Goéland* varié ou grisard. T. VIII, p. 369.

MALTE, cette île sert de station à la plupart des oiseaux voyageurs qui traversent la Méditerranée. T. V, p. 585.

MANAKINS Caractères généraux de ces jolis petits oiseaux, qui tous appartiennent aux climats chauds de l'Amérique. T. VI, p. 360 et 361. — Leurs habitudas naturelles. *Ibid.*

MANAKIN *orangé;* sa description. T. VI, p. 364.

MANAKIN *rouge*; description du mâle, de la femelle et du jeune. T. VI, p. 363 et 364.

MANAKIN *à tête d'or; manakin à tête rouge; manakin à tête blanche*, sont tous trois de la même espèce. Leur comparaison et leur description. T. VI, p. 365 et 366. — Variétés dans cette espèce. Le *manakin à gorge blanche*. T. VI, p. 366.

MANAKIN *varié de la Guiane;* sa description. T. VI, p. 367.

MANCHES DE VELOURS (*mangas de velado*) des Portugais, offrent, suivant différentes descriptions, des rapports avec le pélican ou le cormoran. T. VIII, p. 619.

MANCHOT (le) mérite spécialement le nom d'*oiseau sans ailes*, et semblerait pouvoir aussi s'appeler l'*oiseau sans plumes*, n'étant revêtu que de plumules en forme de poil ras, et en certaines parties de petites écailles. T. VIII, p. 591. — Les espèces de manchots peuplent les vastes mers australes, tandis que celles des pingouins paraissent propres aux mers septentrionales. P. 592. — Les manchots se gîtent et voyagent sur les îles de glace flottantes, et ne laissent pas que d'aller très-loin en mer à la nage. P. 593. — A terre ils se tiennent debout, le corps redressé de manière à ressembler de loin à de petits enfants. P. 594. — Combien ils sont nombreux sur les parages écartés, dont ils sont les tranquilles possesseurs, et presque les seuls habitants. *Ibid.* — Leurs œufs offrent une ressource et un rafraîchissement aux navigateurs. P. 595. — Leur retraite dans des trous ou terriers. P. 595 et 596. — Étendue des mers où leurs espèces se sont portées, bien qu'elles paraissent affecter spécialement la zone froide australe. P. 596 et 597.

MANCHOT *à bec tronqué* (le). Caractère distinctif de cette espèce. T. VIII, p. 608. — Le nom de *catarractes* ou *catarracta* donné à cet oiseau, ne lui convient pas, mais à un oiseau de proie aquatique. P. 609. — Description du manchot à bec tronqué. *Ibid.*

MANCHOT (le grand) décrit par Clusius, sous le nom de *pingouin*, se trouve non-seulement dans tout le détroit de Magellan et aux îles Malouines, mais encore à la Nouvelle-Hollande et à la Nouvelle-Guinée. T. VIII, p. 602 et 603. — C'est l'espèce la plus grande du genre des manchots. P. 603. — Autres descriptions de cet oiseau par MM. Forster et de Bougainville. P. 603 et 604.

MANCHOT moyen (le) est le même que le *pingouin aux pieds noirs* d'Edwards, et le même encore que le *manchot du cap de Bonne-Espérance ou des Hottentots*, de nos planches enluminées. T. VIII, p. 604. — L'espèce se rencontre aux terres magellaniques aussi bien qu'au Cap. P. 605. — Le collier que portent ces oiseaux ne paraît bien constant que dans le mâle. *Ibid.* — Leur description. *Ibid.* — Ils sont très-nombreux au cap de Bonne-Espérance et dans les parages voisins. *Ibid.* — Quoiqu'on ait dit que les ailerons des manchots leur servent de pattes de devant, et qu'alors marchant comme à quatre ils vont plus vite, suivant toute apparence cela n'arrive que lorsqu'ils culbutent, et ce n'est point une véritable marche. P. 606. — Cette espèce nous paraît être la seconde de celles que M. de Bougainville a décrites aux îles Malouines, et celle encore que M. Forster désigne comme la plus commune à ces mêmes îles Malouines ou Falkland. P. 606 et 607. — Observations sur le naturel de ces oiseaux. P. 607.

MANCHOT *sauteur* (le). Description de cet oiseau. T. VIII, p. 607. — Il est indiqué mal à propos sous le nom de *manchot de Sibérie*, puisqu'il ne s'y trouve pas mais dans les îles australes. P. 607 et 608. — Cette espèce a dans sa contenance, plus de vivacité que les deux autres. P. 608.

MANIKOR (le) n'est point un manakin, mais un oiseau de la Nouvelle-Guinée; sa description. T. VI, p. 371.

MANSFENI, est de la grosseur du faucon, mais il a les griffes deux fois plus grandes et plus fortes; ne diffère de l'aigle que par sa seule petitesse; ses plumes sont très-fortes et très-serrées; sa chair, quoiqu'un peu noire, est excellente: n'attaque que les petits oiseaux jusqu'aux tourterelles inclusivement; vit aussi de reptiles, se perche sur les grands arbres. T. V, p. 81 et 82.

MANUCODE, c'est-à-dire, oiseau de Dieu, appelé le *roi des oiseaux de Paradis;*

fables à son sujet. T. VI, p. 9. — Comparé avec l'oiseau de Paradis. *Ibid.*

Manucode à bouquets; appelé le *magnifique de la Nouvelle-Guinée*, ses filets, ses plumes veloutées; singularité de ses bouquets. T. VI, p. 10 et 11.

Manucode à six filets ou le sifilet, ses rapports avec les oiseaux de Paradis. T. VI, p. 12 et 13.

Manucode noir de la Nouvelle-Guinée ou le superbe, paraît avoir quatre ailes. T. VI, p. 11 et 12.

Maracaxao, espèce d'oiseau vert voisine de celle du chardonneret; on la trouve au Brésil; sa description. T. VI, p. 269.— Description de la femelle. *Ibid.*

Marail ou faisan verdâtre de Cayenne, est peut-être ou la femelle ou une variété de l'yacou; ses rapports avec le guan d'Edwards. T. V, p. 439 et 440. — Sa queue. P. 440. — S'apprivoise; qualités de sa chair. *Ibid.*.

Marail sans queue, du pays qu'arrose la rivière des Amazones. T. V, p. 440.

Marchand ou vautour du Brésil, gallinache, aura, ouroua, ouroubou, oiseau de l'Amérique méridionale, se trouve aussi en Afrique, est l'aigle du Cap de Kolbe, est un vautour, en a le naturel, bec crochu, tête et cou chauves, peau qui couvre ces parties, plumage, pieds, narines. T. V, p. 96 et 97. — Vit de charognes, de vidanges; sa légèreté, son vol très-élevé, sa vue perçante. P. 97 à 99. — Ces oiseaux sont silencieux; leur plumage à différents âges; volent en grandes troupes et fondent aussi en troupes sur leur proie, surtout quand c'est une proie vivante. P. 97, 98 et 99. — Dévorent les chairs et les viscères des cadavres dont ils font des squelettes très-nets. P. 98 et 99.— Leur chair est infecte. P. 97 et 98. — Sont protégés en certains pays. P. 98. — Port d'ailes. P. 100. — Représentent les mœurs primitives des vautours. *Ibid.*

Marec et **Maréca**. Noms génériques des canards au Brésil, et que Marcgrave a donné à deux espèces qui ne paraissent pas fort éloignées l'une de l'autre. T. VIII, p. 532.— Description du marec. *Ibid.* — Du maréca. P. 533. — Qualités de la chair de l'un et de l'autre. *Ibid.* — Raison des sauvages, pour ne pas aimer la chair de ces canards. *Ibid.*

Margaux ou **Margots**, des marins, paraissent être des cormorans ou des fous. T. VIII, p. 617.

Marmottes. Dorment l'hiver engourdies dans leur trou. Fausses conséquences qu'on a voulu tirer de ce fait. T. VII, p. 426, 428 et suiv.

Marouette, petit râle d'eau qui n'est pas plus gros qu'une alouette. Description de son plumage. On l'a appelé *râle perlé* parce que son plumage est joliment émaillé. Ses habitudes naturelles. T. VIII, p. 240 et 241. — Description de son nid; manière dont il l'attache avec un lien pour le laisser flotter sur l'eau. Sa ponte est de sept ou huit œufs; les petits sont tout noirs en naissant; ils ne reçoivent presque aucune éducation du père ni de la mère, et en général le naturel de ces oiseaux est sauvage, et ils vivent presque solitaires. On peut cependant avec des soins les élever en captivité; exemple à ce sujet. P. 241. — La marouette en captivité jette un cri assez semblable à celui d'un petit oiseau de proie, et ce cri est bientôt répété par toutes les autres marouettes du canton. Son opiniâtreté à se tenir dans son gîte, et sa subtilité pour éviter les chiens. Ces oiseaux disparaissent en France dans le fort de l'hiver, et reviennent de bonne heure au printemps; c'est un très-bon gibier. *Ibid.*

Martin, merle des Philippines de M. Brisson, destructeur d'insectes, cherche la vermine dans le poil des chevaux, des bœufs, des cochons; est carnassier, comment vient à bout de dévorer un rat. T. VI, p. 134. — Détruit les sauterelles et nuit quelquefois aux grains, ce qui l'a fait tantôt protéger, tantôt proscrire dans l'île de Bourbon où on l'avait apporté des Indes. P. 135. — Leur multiplication dans cette île, leurs mœurs, leur babil; leur ramage, leurs pontes, leurs nids, leur couvée; soin qu'ils en prennent. P. 135 et 136. — Les jeunes s'apprivoisent, apprennent à parler, à contrefaire divers cris d'animaux; leur grosseur, leur plumage. P. 136 et 137.

Martins-pêcheurs, semblent être dans un mouvement perpétuel. T. V, p. 27.

MARTIN-PÊCHEUR ou *Alcyon*. Le nom de martin-pêcheur vient de *martinet-pêcheur;* raison de cette étymologie. T. VII, p. 578. — Cet oiseau ne fait point de nid, mais il dépose ses œufs dans des trous horizontaux de la rive des fleuves ou du rivage de la mer. Il s'apparie de très-bonne heure et avant l'équinoxe. P. 580. — Description de la forme singulière des doigts du martin-pêcheur. Forme et description de l'oiseau, qui est le plus beau de notre climat par les couleurs du plumage. P. 581 et 582. — Notre martin-pêcheur paraît s'être échappé des climats chauds où se trouve le genre entier de ces oiseaux, dont nous n'avons qu'une seule espèce en Europe, tandis qu'il y en a plus de vingt en Afrique et en Asie, et huit en Amérique. P. 582. — Le martin-pêcheur, quoique originaire des climats chauds, s'est habitué au froid du nôtre; on le voit en hiver plonger même sous la glace. *Ibid.* — Son vol est rapide et filé; il rase ordinairement la surface de l'eau; il jette en volant un cri perçant et répété, et il a un autre chant dans la saison du printemps. Il est très-sauvage et part de loin; il se tient sur une branche avancée au-dessus de l'eau pour pêcher, et se laisse tomber à-plomb dans l'eau pour y saisir sa proie. P. 582 et 583. — L'espèce n'en est pas nombreuse en individus, quoique ces oiseaux produisent six, sept et huit petits. P. 584. — Il en périt beaucoup pendant l'hiver. On peut les nourrir pendant quelque temps avec de petits poissons frais. *Ibid.* — Mais on ne peut l'apprivoiser, et il demeure toujours également sauvage. Sa chair a une odeur de faux musc et n'est pas bonne à manger. Description de ses parties intérieures. *Ibid.*— Rapidité de ses mouvements et de son vol. P. 585. — Le genre du martin-pêcheur occupe non-seulement toute l'étendue de l'ancien continent, mais se trouve encore dans toutes les terres du Nouveau-Monde. P. 602.

MARTIN-PÊCHEUR (le plus grand) de l'ancien continent, qui se trouve à la Nouvelle-Guinée. Ses dimensions et sa description. T. VII, p. 586.

MARTIN-PÊCHEUR *bleu et noir* du Sénégal. Ses dimensions et sa description. T. VII, p. 593.

MARTIN-PÊCHEUR *bleu et roux*. Ses dimensions et sa description. Il se trouve à Madagascar et en Afrique sur la rivière de Gambie. T. VII, p. 587.

MARTIN-PÊCHEUR *crabier*. Il se trouve au Sénégal et aux îles du cap Vert. Il est appelé crabier, parce qu'il se nourrit de crabes. T. VII, p. 587. — Sa description, ses dimensions. P. 588.

MARTIN-PÊCHEUR *huppé*. Ses dimensions et sa description. T. VII, p. 590.

MARTIN-PÊCHEUR *pie*. Sa description et ses dimensions. Il se trouve au cap de Bonne-Espérance et au Sénégal. T. VII, p. 588 et suiv.

MARTIN-PÊCHEUR *pourpré*. C'est de tous les martins-pêcheurs le plus joli et le plus riche en couleurs; il est aussi fort petit, n'ayant qu'un pouce de plus que le petit martin-pêcheur à tête bleue. Sa description. Il se trouve aux Grandes Indes et nous a été envoyé de Pondichéry. T. VII, p. 596.

MARTIN-PÊCHEUR *roux*. Cet oiseau est un peu moins petit que le martin-pêcheur à tête bleue. Ses dimensions et sa description. Il se trouve à Madagascar. T. VII, p. 596.

MARTIN-PÊCHEUR *vert et blanc* de Cayenne. Ses dimensions et sa description. Différence du mâle et de la femelle. T. VII, p. 605.

MARTIN-PÊCHEUR *vert et orangé*. C'est le seul martin-pêcheur de très-petite espèce qui soit en Amérique; il n'a que cinq pouces de longueur. Sa description. Il se trouve à Cayenne. T. VII, p. 606.

MARTIN-PÊCHEUR *vert et roux* de Cayenne. Sa description et ses dimensions. T. VII, p. 604.

MARTIN-PÊCHEUR *à bec blanc*. Sa description et ses dimensions d'après Seba. T. VII, p. 597.

MARTIN-PÊCHEUR *à coiffe noire*. C'est un des plus beaux de ce genre. Sa description et ses dimensions. Il se trouve à la Chine. T. VII, p. 591.

MARTIN-PÊCHEUR *à collier blanc*. Ses dimensions et sa description d'après M. Sonnerat. Il se trouve aux Philippines. T. VII, p. 592.

MARTIN-PÊCHEUR *à front jaune*. Ses dimensions et sa description d'après Albin. Il se trouve au Bengale. T. VII, p. 594.

MARTIN-PÊCHEUR *à gros bec*. Ses dimensions et sa description. T. VII, p. 588.

MARTIN-PÊCHEUR *à longs brins*. Sa description et particulièrement celle de sa queue. Il se trouve à Ternate. T. VII, p. 595.

MARTIN-PÊCHEUR *à tête bleue*. Il y a des martins-pêcheurs aussi petits qu'un roitelet et un todier; celui-ci est du nombre. Ses dimensions et sa description. Il se trouve à Madagascar. T. VII, p. 595 et 596.

MARTIN-PÊCHEUR *à tête couleur de paille*. Sa description et ses dimensions. T. VII, p. 591 et 592.

MARTIN-PÊCHEUR *à tête grise*. Ses dimensions et sa description. T. VII, p. 594.

MARTIN-PÊCHEUR *à tête verte*. Sa description et ses dimensions. Il se trouve à l'île de Bouro, voisine d'Amboine. T. VII, p. 591.

MARTIN-PÊCHEUR *à trois doigts*. On a déjà remarqué dans le genre des pics cette singularité de n'avoir que trois doigts; elle est moins surprenante dans la famille des martins-pêcheurs, où le petit doigt intérieur déjà si raccourci et presque inutile, a pu être plus aisément omis par la nature. Ce martin-pêcheur est un des plus beaux de ce genre. Sa description d'après M. Sonnerat. Il se trouve à l'île de Luçon. T. VII, p. 598 et 599.

MARTIN-PÊCHEUR de Bengale. Sa description et ses dimensions, d'après Edwards. T. VII, p. 597 et 598.

MARTIN-PÊCHEUR (grand) de l'île de Luçon. Ce n'est qu'une variété ou une espèce très-voisine du martin-pêcheur à coiffe noire. T. VII, p. 591.

MARTIN-PÊCHEUR de Taïti et îles voisines; Leur description par M. Forster. T. VII, p. 589 et 590.

MARTINETS. Diffèrent des hirondelles par la conformation, les habitudes et le naturel. T. VII, p. 440. — Raison pourquoi on ne sépare point ici ces deux familles d'oiseaux. *Ibid.* et 441.

MARTINETS *noirs*. Leur conformation, leur vol. Ne se posent guère à terre, et lorsqu'ils y sont tombés, prennent difficilement leur volée, et pourquoi. T. VII, p. 465 et suiv. — Ne se reposent que dans leur trou ou accrochés à une muraille, à un tronc d'arbre. Comment ils entrent dans leur trou. P. 466 et 467. — Sociables entre eux; ne vont point avec les autres hirondelles. P. 467. — Où font leur nid. *Ibid.* — Leur instinct. Arrivée, départ. P. 467 et 468. — Matériaux du nid, où les prennent. P. 468 et 469. — Leur forme. P. 469.—Cri de ces oiseaux, du mâle et de la femelle. P. 469 et 472. — Leur ponte unique. P. 469.—Petits sont muets. *Ibid.* — Éducation et nourriture. P. 470. — Jeunes et vieux ont beaucoup de vermine. *Ibid.* — Plus difficiles à tirer au vol qu'à tuer à coups de baguette. *Ibid.* — On les pêche à la ligne. *Ibid.* — Craignent la chaleur. *Ibid.* — Leurs allures. *Ibid.* — Leur départ. P. 471. — On en voit quelquefois en automne des volées nombreuses. P. 472. — Ont la vue perçante; se trouvent partout. *Ibid.* — Singulière existence de ces oiseaux; leur caractère. P. 472 et 473. — N'ont les jouissances du tact que dans leur trou. P. 472. — Leur poids. P. 473. — Leurs parties internes. *Ibid.* — Différences de la femelle. *Ibid.* — Vermine de ces oiseaux. P. 474.

MARTINET *à collier blanc*, de Cayenne. Fait son nid dans les maisons, dit M. Bajon. Structure de ce nid. T. VII, p. 479 et suiv.

MARTINET (grand) *à ventre blanc*; en Savoie *jacobin*. Se plaît sur les montagnes; niche dans les trous de rochers; est l'hirondelle d'Espagne d'Edwards. Temps de son arrivée en Savoie, plus fixe que celui de son départ. T. VII, p. 474 et 475. — Parties intérieures. P. 475. — Ressemble à l'hirondelle de rivage, selon Edwards. P. 476.

MARTINET couleur de pourpre de la Caroline; variété de l'hirondelle bleue. Niche dans des trous de murailles et dans des calebasses qu'on suspend pour l'attirer. Écarte les oiseaux de proie par ses cris. T. VII, p. 482.

MARTINET (grand) *noir à ventre blanc*, des îles de l'Amérique. A le chant de l'alouette. T. VII, p. 478.

MARTINET (petit) *noir*, de Saint-Domingue; niche dans des trous en terre, se perche

sur les arbres secs. T. VII, p. 477 et 478.

MARTINET, *noir et blanc, à ceinture grise*, bec très-court; ongles crochus et forts. T. VII, p. 479. — Se trouve au Pérou. *Ibid.*

MASCALOUF. Voyez *Dattier.*

MASCARIN. A une espèce de masque noir; se trouve à Madagascar, à l'île de Bourbon. T. VII, p. 208. Voyez *Perroquet brun.*

MASTICATION, l'une des principales jouissances du sens du goût, manque aux oiseaux. T. V, p. 31. — Se fait, pour les granivores, dans le gésier, à l'aide de petits cailloux qu'ils avalent, et qui font les fonctions de dents. P. 33.

MATUITUI, espèce de grand martin-pêcheur du nouveau continent, qui se trouve au Brésil. T. VII, p. 603. — Sa description d'après Marcgrave. Il est grand comme l'étourneau. *Ibid.*

MATUITUI *des rivages* doit être séparé de la famille des courlis. T. VIII, p. 186. — Il est de la grosseur d'une poule. Sa différence avec un autre matuitui qui n'est guère plus gros qu'une alouette, et qui ne nous est connu que par ce qu'en dit Margrave. Il nous paraît être un pluvier à collier. *Ibid.*

MAUBÈCHES (les) sont un peu plus grosses que le bécasseau, et un peu moins que les chevaliers. Leurs dimensions. Nous en connaissons quatre espèces. T. VIII, p. 150. — Ces oiseaux ont le bas de la jambe nu et le doigt du milieu uni jusqu'à la première articulation par une portion de membrane avec le doigt extérieur. P. 151. — Les quatre espèces de maubèches sont:

1° La *maubèche commune*, qui est la plus grande; sa description. P. 150 et 151.

2° La *maubèche tachetée*. Sa description. Elle est un peu moins grande que la première. P. 151.

3° La *maubèche grise*, qui est encore moins grande que la première, quoiqu'elle le soit un peu plus que la seconde. *Ibid.*— Sa description. P. 151 et 152.

4° La *sanderling*. C'est la plus petite des maubèches; elle est ainsi nommée en anglais, parce qu'elle fréquente les grèves sablonneuses des rivages de la mer. Sa description. P. 152.

MAUVIS, ses rapports avec la litorne. T. VI, p. 59 et 79. — Il ne faut pas le confondre avec les mauviettes. P. 78. — Qualité de sa chair, ses voyages, sa nourriture, son cri. *Ibid.* — Comparé avec la grive. *Ibid.*

MÉLÉAGRIDES. Voyez *Peintades*. Ainsi appelées autrefois parce qu'elles revenaient tous les ans sur le tombeau de Méléagre, ce qui indique assez qu'elles sont oiseaux de passage: on ajoute qu'elles s'y battaient, et cela n'est point surprenant, puisqu'on les connaît pour des oiseaux turbulents et querelleurs. Le nom de tetrax a été donné à la méléagride par les anciens. T. V, p. 342.

MEMBRANE intérieure de l'œil des oiseaux, qui paraît contribuer à la perfection et à la plus grande sensibilité de cet organe. T. V, p. 14 et 15.

MENTAVAZA, de Madagascar. Courte notice que donne Flacourt de cette espèce d'oiseau. T. VIII, p. 615.

MÈRE artificielle, pour élever les petits poulets. T. V, p. 296 et suiv.

MERLE, appelé l'*oiseau noir par excellence*, en quoi diffère de sa femelle; comparé aux grives; son instinct, tant en liberté que dans l'esclavage; apprend à chanter; est sujet à la mue. T. VI, p. 87 et 88. — Change de couleur, dit-on, en automne, ses pontes, ses œufs, son nid, incubation, éducation des petits, leurs mues; attributs de la femelle. P. 88 et 90. — Ne voyage pas au loin, sa nourriture; il est répandu partout dans les deux continents; qualité de sa chair en différentes contrées. P. 90. — Parties internes d'une femelle. P. 90 et 91.

MERLE à collier. Voyez *Merle* à plastron blanc.

MERLE à collier d'Amérique. Voyez *Fer-à-cheval.*

MERLE à collier du Cap. Voyez *Plastron* noir de Ceylan.

MERLE à cravate de Cayenne, est plus petit que notre mauvis, a le bec crochu; son plumage, ses dimensions. T. VI, p. 118.

MERLE à cul jaune du Sénégal. Voyez *Brunet.*

MERLE à gorge noire de Saint-Domingue,

espèce nouvelle, son plumage, ses dimensions. T. vi, p. 113.

Merle à longue queue du Sénégal. Voyez *Vert-doré.*

Merle à plastron blanc, appelé aussi *merle à collier, merle terrier, buissonnier, etc.* Différences de la femelle, différences du mâle comparé au mâle ordinaire ; est oiseau de passage, suit les montagnes. T. vi, p. 92 et 93. — Fait son nid à terre ; pays où il se trouve, sa nourriture, sa chair, ses parties internes. P. 93 et 94. — Attire les grives. P. 93.

Merle à tête blanche, à bec et pieds jaunes. T. vi, p. 91.

Merle à tête noire du Cap. Voyez *Casque* noir.

Merle à ventre orangé du Sénégal. Voyez *Oranvert.*

Merles blancs. T. vi, p. 91.

Merle bleu, comparé avec le merle de roche, son plumage ; pays où il se trouve ; se plaît sur les montagnes ; sa ponte. T. vi, p. 99 et 100.

Merle brun à gorge rousse de Cayenne ; son plumage, ses dimensions. T. vi, p. 124.

Merle brun d'Abyssinie, sa nourriture, son plumage. T. vi, p. 126.

Merle brun de la Jamaïque, son plumage, ses dimensions, ses narines, sa chair, sa graisse. T. vi, p. 118.

Merle brun du cap de Bonne-Espérance, espèce nouvelle ; ses dimensions, son plumage. T. vi, p. 110.

Merle brun du Sénégal, son plumage, ses dimensions. T. vi, p. 114 et 115.

Merle buissonnier. Voyez *Merle* à plastron blanc.

Merle cendré de Madagascar. Voyez *Ourovang.*

Merle cendré de Saint-Domingue. Voyez *Moqueurs.*

Merle cendré des Indes, son plumage, ses dimensions. T. vi, p. 114.

Merle chauve des Philippines. Voyez *Goulin.*

Merle couleur de rose, appelé *étourneau de mer ;* pays où il se plaît ; huppe et plumage du mâle, plumage de la femelle ; cet oiseau comparé au merle ordinaire et au merle à plastron blanc ; ses dimensions. T. vi, p. 96 et 97.

Merle d'Amboine, chante comme un rossignol, et relève sa queue comme un roitelet ; couleurs de son plumage. T. vi, p. 119.

Merle de Bengale. Voyez *Baniahbou.*

Merle de Canada, comparé au merle de montagne ; sa taille, sa forme, son plumage. T. vi, p. 113 et 114.

Merle de la Chine, son plumage, ses ailes courtes. T. vi, p. 105.

Merle de la Guiane, comparé au merle ordinaire ; son plumage, ses dimensions. T. vi, p. 128.

Merle de l'île de Bourbon ; ses dimensions, son plumage. T. vi, p. 120.

Merle de Madagascar. Voyez *Tanaombé.*

Merle de Mindanao ; son plumage, ses dimensions ; variété. T. vi, p. 115 et 116.

Merle de montagne, variété de sexe du merle à plastron blanc. T. vi, p. 92.

Merle de montagne (grand), variété du merle à plastron blanc ; sa taille, sa nourriture, sa chair, son cri. T. vi, p. 95.

Merle de roche, ses allures ; qualités de sa chair, son talent pour chanter, son nid, son courage à défendre ses petits, ses pontes, sa nourriture, lieux où il se trouve, sa taille, son plumage. T. vi, 97 à 99.

Merle de Saint-Domingue. Voyez *Moqueurs.*

Merle de Surinam ; son plumage, ses dimensions. T. vi, p. 122 et 123.

Merle des Barbades. V. *Pie* de la Jamaïque.

Merle des Colombiers ; appelé aussi *étourneau des colombiers*, comparé avec le merle et l'étourneau ; son instinct, son plumage ; variété de cette espèce nouvelle. T. vi, p. 112.

Merle des Moluques. Voyez *Brève* de Madagascar.

Merle des Philippines. Voyez *Martin.*

Merle dominiquain des Philippines ; ses longues ailes, son plumage, ses dimensions. T. vi, p. 120.

Merle doré de Madagascar. Voyez *Sauijaia.*

Merle du cap de Bonne-Espérance. Voyez *Jaunoir.*

Merle du cap de Bonne-Espérance, que j'appelle oranbleu. T. vi, p. 110.

Merle huppé de la Chine, comparé au merle ordinaire; son plumage, son talent pour apprendre à chanter. T. vi, p. 104 et 105. — Ses dimensions. P. 105.

Merle huppé de la Chine (petit), fait la nuance entre les grives et les merles; n'a point de grivelures. T. vi, p. 82.

Merle huppé du cap de Bonne-Espérance, sa huppe, son plumage, ses dimensions. T. vi, p. 119.

Merle noir et blanc d'Abyssinie; son plumage, sa taille, son chant, qui lui est funeste, sa nourriture. T. vi, p. 126.

Merle olivâtre de Barbarie; sa taille, son plumage, comparé à la grive bassette; ses différences. T. vi, p. 125.

Merle olive du cap de Bonne-Espérance. T. vi, p. 112.

Merle olive de Cayenne; variété du suivant.

Merle olive de Saint-Domingue, son plumage, ses dimensions. T. vi, p. 124 et 125.

Merle olive des Indes, son plumage, ses dimensions. T. vi, p. 114.

Merle roux de Cayenne; son plumage, ses dimensions. T. vi, p. 124.

Merle solitaire; sa voix, ses amours, son chant, sa ponte, ses œufs, nourriture et éducation des petits, manière de les élever; cet oiseau est en vénération dans le peuple, son plumage, ses dimensions. T. vi, p. 100 à 102.

Merle solitaire de Manille; fait la nuance entre le merle solitaire et le merle de roche; son plumage, sa taille, couleurs de la femelle. T. vi, p. 103.

Merle solitaire des Philippines; forme, taille, plumage, dimensions de cet oiseau, comparé avec le solitaire de Manille. T. vi, p. 103 et 104.

Merle terrier. Voyez *Merle* à plastron blanc.

Merle vert à longue queue du Sénégal. Voyez *Vert-doré*.

Merle vert à tête noire des Moluques. T. vi, p. 130.

Merle vert d'Angola, son plumage, sa taille, ses dimensions; variété. T. vi, p. 107 et 108. — Comparé au merle violet de Juida. P. 108.

Merle vert de la Caroline, sa taille, ses mœurs, son vol, son cri, sa nourriture, son plumage, ses dimensions. T. vi, p. 121.

Melre vert de l'île de France; espèce nouvelle, son plumage, ses dimensions. T. vi, p. 116.

Merle vert des Moluques. Voyez *Breve* de Bengale.

Merle violet à ventre blanc de Juida, sa taille, son plumage. T. vi, p. 124.

Merle violet du royaume de Juida, son plumage, sa taille; comparé au merle vert d'Angola. T. vi, p. 108.

Merles blancs ou tachetés de blanc. T. vi, p. 91.

Merle *du Brésil* de Belon. Voyez *Scarlatte*.

Merle. Voyez *Oiseaux*. — Couve l'œuf du coucou déposé dans son nid. T. vii, p. 316.

Merle d'eau. Ce n'est point un merle, mais un petit oiseau d'eau douce qui ne fréquente que les ruisseaux et les petits lacs dans les montagnes. Sa ressemblance avec le merle. T. viii, p. 229. — Ses différences. Ses habitudes naturelles sont très-singulières. Il entre tout entier dans l'eau et marche dans le fond comme les autres oiseaux marchent sur la terre. P. 229 et 230. — Description de cette allure extraordinaire, et observations à ce sujet. P. 230. — Dans l'eau il paraît environné d'une couche d'air qui le rend brillant, semblable en cela à certains insectes du genre des scarabées qui sont toujours dans l'eau au milieu d'une bulle d'air. *Ibid.* — Autres habitudes naturelles de cet oiseau. La femelle pond quatre ou cinq œufs; elle cache son nid avec beaucoup de soin. Le merle d'eau n'est point un oiseau de passage, il reste tout l'hiver dans nos montagnes. P. 231. — Description de ses parties extérieures. Il se nourrit de petits poissons et d'insectes aquatiques. Description de son plumage. P. 231 et 232.

Mérops ou guêpier; conformité des taches de sa queue avec celles de la queue du kittaviah. T. v, p. 372. — Nom de merops

donné à la pie de la Jamaïque. P. 566 (note *b*).

Mérops, petit genre intermédiaire entre celui des promerops et celui des guépiers. T. vii, p. 368 et 369.

Mérops *rouge et bleu*. Il ne paraît pas qu'il soit du Brésil, quoi qu'en dise Seba. Est de la taille de notre guépier. Intermédiaire entre les guépiers et les promerops. T. vii, p. 387 et 388.

Mésanges, percent et déchirent les graines. T. v, p. 32 (note *b* de la page 31).

Mésanges. Discussion critique sur ce qu'a dit Pline au sujet des mésanges, qu'elles étaient du genre des pics. T. vii, p. 66 et suiv. — Caractères généraux des mésanges et leurs habitudes communes. Manière dont elles entament les graines pour les manger. P. 67. — Elles se nourrissent de graines sèches et d'œufs d'insectes dans la mauvaise saison, et mangent aussi la chair des petits oiseaux morts. P. 68. — Elles tuent même ceux qui sont languissants, fussent-ils de leur espèce, et leur percent le crâne pour en manger la cervelle; cette cruauté n'est pas toujours justifiée par le besoin, car elles se la permettent dans une volière où elles ont en abondance la nourriture qui leur convient. Pendant l'été elles mangent des insectes, des graines et des fruits durs. Quoique, en général, les mésanges soient un peu féroces, elles aiment néanmoins la société de leurs semblables. Mais elles semblent craindre de s'approcher de fort près. *Ibid.* — Les mésanges sont plus fécondes qu'aucun autre genre d'oiseaux. Manière dont elles attaquent et dont elles se défendent très-vivement et avec acharnement. P. 69. — Manière de les prendre en grande quantité. *Ibid.* — Elles donnent dans tous les piéges, surtout dans le temps de leur arrivée. Les femelles pondent jusqu'à dix-huit ou vingt œufs. P. 69 et 70. — Toutes les mésanges du pays ont des marques blanches autour des yeux. Autres caractères généraux des mésanges du pays. P. 70. — Différents oiseaux avec lesquels les mésanges ont quelques conformités. P. 70 et 71. — Plusieurs espèces de mésanges sont répandues dans l'ancien continent, depuis le Danemark et la Suède jusqu'au cap de Bonne-Espérance. P. 71. — Presque toutes font des amas et des provisions, soit dans l'état de liberté, soit dans la volière; exemples à ce sujet. P. 72. — Il y en a qui reviennent tous les soirs coucher dans le même trou d'arbre. Leur chair est en général un fort mauvais manger, à l'exception de quelques espèces *Ibid.* — Les mésanges des plus grosses espèces pèsent une once, et celles des plus petites ne pèsent que deux ou trois gros. *Ibid.*

Mésange (grosse). Voyez *Charbonnière.*

Mésange (petite). Voyez *Petite Charbonnière.*

Mésange *amoureuse* (la) se trouve à la Chine; elle s'éloigne des mésanges par la longueur et la forme de son bec. Le mâle et la femelle ne cessent de se caresser. T. vii, p. 102. — Sa description. P. 103. — Son poids et ses dimensions. *Ibid.*

Mésange *à ceinture blanche.* Elle a été envoyée de Siberie. Sa description et ses dimensions. T. vii, p. 97 et 98.

Mésange *à collier.* Sa description et ses dimensions. Elle se trouve à la Caroline. T. vii, p. 100.

Mésange *à croupion jaune* de Virginie. Ses habitudes naturelles. Sa description et ses dimensions. T. vii, p. 101.

Mésange *à longue queue.* Cet oiseau est très-petit et a une très-longue queue. T. vii, p. 93. — Ses habitudes naturelles. Sa nourriture. P. 94. — Sa comparaison avec les autres mésages. Manière dont elle fait son nid. Forme et texture de ce nid. Les pennes de sa longue queue se détachent avec facilité, et tombent au plus léger froissement. *Ibid.* — Cette mésange pond de dix à quatorze œufs, et quelquefois jusqu'à vingt; ils sont de la grosseur d'une noisette, environnés d'une zone rougeâtre sur un fond gris, lequel devient plus clair vers le gros bout. Ses habitudes naturelles. Son chant est agréable au printemps. Elle quitte rarement les bois pour venir dans les jardins. P. 95. — Description et dimensions du mâle et de la femelle, et de quelques parties intérieures du mâle. P. 95 et 96.

MÉSANGE *bleue*. Sa description. T. VII, p. 83. — Dégâts qu'elle fait sur les arbres fruitiers. Son naturel, son appétit pour la chair. Son nid, dans lequel elle pond en très-grand nombre, et jusqu'à vingt-deux œufs. P. 83 et 84. — Elle ne fait qu'une couvée. Elle renonce aisément ses œufs, et dans ce cas elle recommence une autre ponte. Son gazouillement, son grincement, ses habitudes naturelles. P. 84. — Différences de la femelle et du mâle. Ses dimensions et description de quelques-unes de ses parties intérieures. P. 84 et 85.

MÉSANGE (grosse) *bleue*. Sa description d'après Aldrovande. T. VII, p. 102.

MÉSANGE (la) *grise* couronnée d'écarlate, envoyée par M. Muller, paraît être une variété du roitelet. T. VII, p. 65.

MÉSANGE *grise* à gorge jaune de la Caroline. Description du mâle et de la femelle, et leurs dimensions. T. VII, p. 101 et 102.

MÉSANGE *huppée*. Description de sa huppe. Le corps de cette mésange exhale une odeur agréable qu'elle contracte sur les genièvres. T. VII, p. 98. — Ses habitudes naturelles et solitaires. *Ibid.* — Elle est défiante, et on en prend rarement au trébuchet. Elle refuse constamment la nourriture en captivité. Elle se nourrit d'insectes, et est très-féconde. Elle est plus commune en Normandie que dans les autres provinces de France. Sa description. P. 98 et 99. — Ses dimensions. P. 99.

MÉSANGE *huppée* de la Caroline. Ses habitudes naturelles. Sa nourriture. T. VII, p. 99 et 100. — Description du mâle et de la femelle et leurs dimensions, P. 100.

MÉSANGE *moustache*. T. VII, p. 85. — Description du mâle et de la femelle et leurs dimensions. P. 86 et 87.

MÉSANGE (la) *noire* paraît n'être qu'une variété dans l'espèce de la mésange amoureuse de la Chine. T. VII, p. 103 et 104.

MÉSANGE *Penduline*. Voyez *Penduline*.

MÉSANGE *petit deuil* du cap de Bonne-Espérance. Sa description; ses rapports avec la mésange à longue queue. Ses habitudes naturelles. Forme de son nid dans lequel le mâle a un petit logement séparé où il se tient pendant que la femelle couve. T. VII, p. 97.

MÉSANGE *remiz*. Voyez *Remiz*.

MÉSANGE. Couve l'œuf du coucou déposé dans son nid. T. VII, p. 316.

MESSAGER. Voyez *Secrétaire*

MÉTAMORPHOSE prétendue du coucou en épervier. T. VII, p. 305 et 307.

MÉTHODE de Frisch, qui distribue les genres et les espèces des oiseaux d'après leur manière de vivre et la différence de leur nourriture, porte sur un mauvais fondement; jamais on ne déterminera la nature d'un être par un seul caractère; on ne peut donner une connaissance complète de chaque espèce en particulier que par sa description jointe à son histoire. T. V, p. 31 (note *b*). — Défauts de la méthode de M. Frisch P. 31 et 32. — De celle qui prend les caractères des espèces dans la différence des couleurs du plumage. P. 46 et suiv. et p. 121. — Toute bonne méthode de distribution des animaux doit tendre à réduire au juste le nombre des espèces. P. 47 et 48.

MÉTHODES. Quelles elles doivent être; leur véritable but. T. VII, p. 328.

MÉTIS; les métis provenant du cini, du tarin et du chardonneret avec la femelle du serin de Canarie, sont plus forts que les canaris, leur voix est aussi plus forte, ils chantent plus longtemps, mais ils apprennent plus difficilement. T. VI, p. 183. — Façon de se procurer des métis du chardonneret avec la serine. *Ibid.* — Cette union est aussi féconde que celle de la serine et du serin. *Ibid.* — L'union du mâle linotte avec la serine est moins féconde et se borne à une ponte par an. *Ibid.* — Le produit de la génération dans tous ces métis n'est pas aussi certain ni aussi nombreux que dans les espèces pures, mais il s'y trouve toujours beaucoup plus de mâles que de femelles; exemple à ce sujet. P. 184. — Les métis provenant de la serine avec d'autres espèces, vivent plus longtemps que les serins. *Ibid.* — Ces métis ressemblent à leur père par toutes les parties extérieures, et à la mère par le volume du corps. P. 185. — Comparaison des métis des oiseaux avec les mulets des quadrupèdes. P. 267 et 268.

Meunier ou *crik poudré*. Paraît être le perroquet blanchâtre de Barrère. Se trouve à Cayenne; est, après les aras, le plus grand des perroquets d'Amérique, un des plus estimés pour la singularité des couleurs la facilité d'apprendre à parler, et la douceur du naturel. T. VII, p. 262. — Son bec couleur de corne blanchâtre. *Ibid.*

Miacatototl, oiseau du Mexique mal indiqué par les nomenclateurs, et qu'ils ont eu tort de rapporter au genre des manakins. T. VI, p. 367 et 368.

Migrations des oiseaux, ajoutent beaucoup à la difficulté de faire leur histoire. T. V, p. 6. — Les circonstances des migrations varient dans les différentes espèces. P. 17. — Les oiseaux captifs s'agitent beaucoup dans la saison destinée à ces voyages. *Ibid.* — Le sens intérieur de l'oiseau est principalement rempli d'images produites par le sens de la vue; ces images superficielles, mais très-étendues, sont la plupart relatives aux mouvements, aux distances, aux espaces; il porte, pour ainsi dire, dans son cerveau une carte géographique des lieux qu'il a vus, et cette connaissance, jointe à la facilité qu'il a de parcourir ces mêmes lieux, sont l'une des causes déterminantes de ses fréquentes migrations. P. 41, et 469 à 476. — Le froid n'influe pas sur les migrations des grives. T. VI, p. 67. — Migrations irrégulières du bec-croisé et de quelques autres oiseaux. P. 148.

Migrations des hirondelles. T. VII, p. 436, 437, 445 et suiv. — La salangane et plusieurs autres hirondelles n'y sont pas sujettes. P. 476 et 490.

Milan ou milan royal, voit du haut des airs un petit lézard, un mulot, etc. T. V, p. 15. — Est avec la buse et le corbeau, le représentant parmi les oiseaux, de l'hyène, du loup, du chacal. P. 30. Voyez *Bec*. — Ressemble au vautour par le naturel et les mœurs; est plus commun, approche plus les lieux habités, s'établit dans les pays cultivés, abondants en gibier, volaille, reptiles, insectes; on l'approche aisément, n'est point susceptible d'éducation, ressemble beaucoup à la buse, mais s'en distingue comme de tous les autres oiseaux de proie par sa queue fourchue; il l'a aussi plus longue, le vol est son état naturel, et il l'exécute avec aisance et presque sans aucun mouvement apparent, si ce n'est celui de la queue, quelquefois il plane immobile des heures entières; son combat ou plutôt sa défaite lorsqu'il est attaqué par l'épervier. P. 107 et 108. — Ne pèse que deux livres et demie, n'a que dix-sept pouces de longueur jusqu'au bout des ongles, et cependant a près de cinq pieds de vol; a l'iris, la peau du bec et les pieds jaunes; se nourrit aussi de cadavres, de tripailles, de poissons morts, de serpents; on l'a vu avaler un pigeonneau tout entier avec ses plumes. P. 108 et 109. — Niche dans des trous de rochers, quelquefois, dit-on, sur de vieux chênes ou de vieux sapins, pond deux ou trois œufs, plus ronds que ceux de poule, tachetés de jaune sale; est répandu dans tout l'ancien continent, depuis la Suède jusqu'au Sénégal. P. 109.

Milan de la Caroline ou épervier à queue d'hirondelle de Catesby, oiseau du Pérou, que l'on ne voit à la Caroline qu'en été, espèce étrangère, voisine de notre milan royal. T. V, p. 110 et 118. — Pèse quatorze onces, a quatre pieds de vol, vit de reptiles et d'insectes. P. 118.

Milan noir ou étolien, est plus noir et un peu plus petit que le milan royal et il a les pennes de la queue presque toutes égales entre elles, mais il lui ressemble à tous autres égards; il est de passage. Belon les a vus traverser le Pont-Euxin en files nombreuses; plus commun en Allemagne qu'en France; reste l'hiver en Égypte; vient dans les villes, se tient sur les fenêtres des maisons; il a la vue et le vol si sûrs, qu'il saisit en l'air les morceaux de viande qu'on lui jette. T. V, p. 110 et 111.

Milan comparé avec la bondrée. T. V, p. 113. — Avec l'oiseau Saint-Martin, la harpaye, la buse. P. 115 et 116. — Au busard. P. 117.

Millouin (le) est le canard désigné par Belon, sous le nom de *cane à tête rousse*. T. VIII, p. 513. — Sa description. *Ibid.* — Son cri ressemble plus au sifflement grave d'un gros serpent qu'à la voix d'un oiseau.

Ibid.— Habitudes naturelles de ces oiseaux. P. 514. — Ordre qu'ils tiennent en volant par troupes. *Ibid.* — Il est à croire que cette espèce appartient au Nord. *Ibid.*

Millouinan (le) est de la taille du millouin, et ses couleurs, quoique différentes, sont disposées de même. T. viii, p. 515. — Description du millouinan. *Ibid.* — Cette espèce, qui est commune aux deux continents, était néanmoins inconnue jusqu'ici aux naturalistes, et ne paraît que rarement sur nos côtes. P. 516.

Ministre, oiseau de la Caroline que d'autres appellent l'*évêque;* il ne faut pas le confondre avec le tangara qu'on appelle aussi l'*évêque* au Brésil. T. vi, p. 214. — Il ressemble, à s'y méprendre, à la linotte dans le temps de la mue, et même la femelle du ministre lui ressemble en tout temps. — Habitudes et description de cet oiseau. P. 214 et 215.

Miroirs ou les yeux de la queue du paon. T. v, p. 401 et 402. — On en voit des vestiges sur les plumes de la queue du paon blanc. P. 408.

Miroirs ou yeux sur les plumes de l'argus. T. v, p. 425. — Sur celles du chinquis. P. 427. — Du spicifère. P. 428. — De l'éperonnier. P. 429, 430 et 431.

Misago ou Bisago, de Kæmpfer, est un oiseau pêcheur; particularité que cet observateur en raconte. T. viii, p. 621.

Mitchagatchi des Kamtschadales, est le *macareux de Kamtschatka.* Voyez ce mot.

Mitilène, ou *Chic de Mitilène,* oiseau de Metelin ou de l'ancienne Lesbos en Grèce; sa description. T. vi, p. 319 et 320.

Mittek, oiseau du Groënland auquel les voyageurs ont donné le nom de *poule d'eau*, mais qui pourrait bien être une espèce de plongeon ou de grèbe. Description du mâle, ses différences avec la femelle, ses habitudes naturelles. T. viii, p. 254.

Module des planches enluminées *de Buffon*, est partout la douzième partie de la longueur de l'oiseau mesuré depuis la pointe du bec jusqu'au bout de la queue. T. v, p. 4 et 5.

Mœurs des animaux dépendent beaucoup de leurs appétits. T. v, p. 30. — Les oiseaux ont plus de mœurs en général que les quadrupèdes. P. 36 et 42. — Ceux qui se nourrissent des fruits de la terre vivent en famille, cherchent la société de leurs semblables, se mettent en troupes nombreuses et n'ont d'autres querelles que celles que produit l'amour ou l'attachement pour leurs petits. P. 46. — C'est des déserts qu'il faut tirer les mœurs de la nature. P. 100.

Moineau ou moineau franc, moineau de ville, passeron, passière, pesserat, parat, paisse, paissorelle, passereau, pierrot, moinet, gros-pillery, guilleri, moucet, moisson. T. vi, p. 160 et suiv. — Réduction d'espèces. P. 160 et 161. — Variétés de couleurs. P. 161. — L'espèce du moineau est répandue depuis la Suède jusqu'en Égypte, au Sénégal. *Ibid.* et suiv. — Variétés de sexe. P. 161. — Les moineaux se plaisent dans les lieux habités; sont opiniâtres, rusés; font trois pontes; leur nid, leurs œufs, leur nourriture; effet de la fumée de soufre sur eux; dommage qu'ils causent aux volières, etc. P. 162 et 163. — Durée de leur vie, leur éducation, leurs mœurs; sont solitaires, vont quelquefois en troupes; leurs amours; nichent quelquefois sur les arbres; s'emparent du nid des hirondelles et des pigeons. P. 163 et 164.

Moineau à bec rouge du Sénégal. Voyez *Moineau* du Sénégal.

Moineau à collier. Voyez *Friquet.*

Moineau à la Soulcie. Voyez *Soulcie.*

Moineau à tête rouge. Voyez *Friquet.*

Moineau à tête rouge de Cayenne. Voyez *Friquet*, *Passevert.*

Moineau au collier jaune. Voyez *Soulcie.*

Moineau blanc; variété du moineau. T. vi, p. 171.

Moineau brun et blanc. T. vi, p. 161.

Moineau de bois. Voyez *Soulcie.*

Moineau de campagne. Voyez *Friquet.*

Moineau de Capfa. Voyez *Dattier.*

Moineau de Cayenne. Voyez *Friquet*, *Père-noir.*

Moineau de datte. Voyez *Dattier.*

Moineau de Java. Voyez *Padda*, *Père-noir.*

MOINEAU de la Caroline. Voyez *Friquet* huppé.

MOINEAU de la Chine. Voyez *Quadricolor.*

MOINEAU de la côte d'Afrique. Voyez *Beau-marquet.*

MOINEAU de Macao. Voyez *Père-noir.*

MOINEAU de Madagascar. Voyez *Foudis.*

MOINEAU de montagne. Voyez *Friquet.*

MOINEAU du Brésil. Voyez *Père-noir.*

MOINEAU du Canada. Voyez *Soulciet.*

MOINEAU du cap de Bonne-Espérance. Voyez *Croissant*, *Foudis.*

MOINEAU du royaume de Juida. Voyez *Père-noir.*

MOINEAU du Sénégal, en quoi diffère du nôtre. T. VI, p. 165.

MOINEAU jaune. T. VI, p. 161.

MOINEAU indien. Voyez *Padda.*

MOINEAU noir ou plutôt noirci. T. VI, p. 161 (note *a*).

MOINEAUX, s'accouplent la femelle restant droite sur ses pieds, et leur accouplement dure très-peu, mais il se renouvelle très-souvent. T. V, p. 40.

MOINEAU d'*Amérique* (le) de Seba paraît être le même oiseau que le tangara bleu. T. VI, p. 301.

MOINEAU *du Mexique.* Voyez *Linotte* à tête jaune.

MOINEAU (le petit) *brun* de la Caroline et de la Virginie. T. VI, p. 214.

MOINEAUX *du Sénégal* (les) sont les mêmes que les sénégalis. T. VI, p. 215 (note *b*). — Description du petit moineau du Sénégal. P. 223.

MOINEAUX. S'emparent quelquefois des nids d'hirondelles. T. VII, p. 309 et 456.

MOINEAU de mer (le), rapporté à l'ortolan de neige. T. VIII, p. 612.

MOLOXITA ou religieuse d'Abyssinie, comparé au merle ordinaire pour la forme, la taille, la nourriture, etc.; plumage du moloxita; pourquoi appelé *religieuse.* T. VI, p. 125 et 126.

MOMOT. Voyez *Houtou.*

MONTAIN (le grand), grosse espèce de pinson qui se trouve dans les montagnes des pays septentrionaux; sa description. T. VI, p. 236.

MONTVOYAU de la Guiane. S'est nommé par son cri qu'il fait entendre le soir. A l'ongle du milieu dentelé sur son bord extérieur. T. VII, p. 420 et 421.

MOQUEUR, est de la même espèce que le merle de Saint-Domingue de M. Brisson, que son grand moqueur, que le merle cendré de Saint-Domingue de nos planches enluminées (*planches de Buffon*), que le *tzonpan* de Fernandez, son *tetzonpan*, et son *centzonpantli*, et son *cencontlatolli*, enfin que le moqueur de M. Sloane. T. VI, p. 83 et 84. — Son chant, accompagné de mouvements cadencés. P. 85 et 86. — Son plumage, ses dimensions; lieux où il se trouve; son nid, sa nourriture; manière de l'élever en cage, ses mœurs, ses parties internes. P. 86 et 87.

MOQUEUR de M. Sloane, est notre moqueur.

MOQUEUR français, a plus de rapports avec nos grives; ses différences, ses dimensions, son plumage, son chant, sa nourriture. T. VI, p. 84 et 85.

MOQUEUR (grand), le même que le moqueur.

MOQUEURS; réduction des espèces à deux. T. VI, p. 83 et 84. — Voyez *Cencontlatolli*, *Centzonpantli*, *Tetzonpan*, *Tzonpan.*

MORDORÉ, espèce nouvelle de tangara qui se trouve à la Guiane; sa description. T. VI, p. 288 et 289.

MORDORÉ, espèce voisine de celle du bruant que l'on trouve à l'île de Bourbon. T. VI, p. 339 et 340.

MORELLE. Voyez *Foulque.*

MORILLON (le). Description de cet oiseau. T. VIII, p. 518 et 519. — Lorsqu'il vole, son aile paraît rayée de blanc, cet effet est produit par sept plumes qui sont en partie de cette couleur. P. 519. — Il fréquente les étangs et les rivières, et néanmoins se trouve aussi sur la mer. *Ibid.* — Sa nourriture. *Ibid.* — Il est moins défiant que le canard. *Ibid.* — Ses habitudes en domesticité, il est assez gai et se prive facilement. P. 519 et 520. — La huppe dans cette espèce est un caractère particulier à tous les mâles. P. 520. — Ces oiseaux n'ont toutes

leurs belles couleurs qu'à la deuxième année. *Ibid.*

MORILLON (petit). Raisons de douter que cet oiseau soit d'une espèce différente de celle du morillon. T. VIII, p. 520 et 521. — On pourrait rapporter la différence de grandeur qui se trouve entre eux, à celle que l'âge et les divers temps d'accroissement mettent nécessairement entre les individus d'une même espèce. P. 521.

MOUCHEROLLES (les) sont plus gros que les gobe-mouches et plus petits que les tyrans; ils forment une famille intermédiaire entre les deux; ils se trouvent comme les gobe-mouches dans les deux continents. La plupart ont des queues très-longues et fourchues. T. VI, p. 434.

MOUCHEROLLE *brun de la Martinique;* sa description. T. VI, p. 438.

MOUCHEROLLE (le) *huppé à tête couleur d'acier poli*, se trouve au Sénégal, au cap de Bonne-Espérance et à Madagascar; description du mâle et de la femelle. T. VI, p. 435 et 436. — Discussion critique au sujet de cet oiseau. P. 436 et 437.

MOUCHEROLLE *des Philippines;* sa description. T. VI, p. 439.

MOUCHEROLLE *à queue fourchue du Mexique;* sa description. T. VI, p. 438 et 439.

MOUCHEROLLE *de Virginie;* sa description et ses habitudes naturelles. T. VI, p. 437 et 438.

MOUCHEROLLE *de Virginie à huppe verte*, sa description et ses habitudes naturelles. T. VI, p. 439 et 440.

MOUCHET. Voyez *Épervier.*

MOUCHET. Voyez *Fauvette* d'hiver.

MOUETTES, semblent être toujours en mouvement et ne se reposer que par instants. T. V, p. 27. — Les mouettes des Barbades vont se promener en troupes à plus de deux cents milles de la côte et reviennent le même jour. P. 28.

MOUETTE, nom qui désigne des espèces d'oiseaux plus petites que celle des goëlands, mais du même genre. T. VIII, p. 358. — Indications de quelques espèces de mouettes qui ne sont pas encore bien connues. P. 384.

MOUETTE *à pieds bleus.* Voyez grande *Mouette* cendrée.

MOUETTE *blanche.* Sa grandeur. T. VIII, p. 373. — Sa description. C'est probablement le même oiseau que celui auquel Martens a donné le nom de *sénateur.* Sa voix est différente de celle des petites mouettes. Ses habitudes naturelles. *Ibid.*

MOUETTE *cendrée* (grande). Ses dimensions, sa description. On la nomme *grande miaulle* sur nos côtes de Picardie. T. VIII, p. 375 et 376. — Observations particulières sur les différentes nuances de couleurs que prend successivement le plumage de ces mouettes dans la suite de leur mue, selon les différents âges. P. 376.

MOUETTE *cendrée* (petite). Couleur de ses pieds, sa grandeur et sa description. T. VIII, p. 376 et 377. — Différences entre les jeunes et les adultes. Cette mouette cendrée et la mouette rieuse sont les deux plus petites de toutes les mouettes; elles ne sont que de la grosseur d'un pigeon. Naturel, nourriture et vol de la petite mouette cendrée. Elle mange beaucoup d'insectes et de mouches. P. 377. — On peut la nourrir dans un jardin où elle cherche les vers et les limaçons. *Ibid.*

MOUETTE *d'hiver*, pourrait bien être le même oiseau que la mouette tachetée. T. VIII, p. 380. — Fondement de cette présomption. *Ibid.*

MOUETTE *rieuse*, ainsi nommée parce que son cri a quelque ressemblance avec un éclat de rire. T. VIII, p. 378. — Elle est très-légère, très-vive, très-remuante et presque toujours en l'air; elle est criarde comme toutes les autres mouettes. La femelle pond dix œufs olivâtres et tachetés de noir. La chair des jeunes est bonne à manger. P. 379. — Cette mouette rieuse fréquente les côtes de la mer dans les deux continents, et s'étend aussi assez avant dans les terres, sur les rivières. *Ibid.* — Différences entre le mâle et la femelle. P. 380.

MOUETTE *tachetée.* Observations particulières sur cet oiseau. T. VIII, p. 373 et 374. — Sa grandeur, sa description. P. 374. — Son vol contre le vent. Il a pour ennemi l'oiseau appelé *strundjager*, qui ne cesse de le

persécuter. Il se trouve non-seulement dans les mers de notre Nord, mais sur les côtes d'Angleterre, et même en Grèce et dans les mers voisines de l'Espagne, mais avec quelques différences dans les couleurs, qui sont très-variables dans cet oiseau. P. 374 et 375. — Cette mouette tachetée s'écarte quelquefois fort avant dans les terres; on en a vu en Bourgogne en grandes troupes au mois de février 1775. Observations particulières à ce sujet. P. 375.

MOTTEUX. Cet oiseau est ainsi nommé parce qu'il se tient presque toujours sur les mottes. T. VI, p. 568 et 569.—Sa description. P. 569. — Différences du mâle et de la femelle. Leurs cris. *Ibid.* — Description du nid du motteux dans lequel la femelle pond cinq à six œufs d'un blanc bleuâtre clair, avec un cercle au gros bout d'un bleu plus mat. P. 570. — Ils sont gras en automne et sont bons à manger. Manière de les prendre en quantité. *Ibid.* — On trouve cet oiseau en Europe depuis l'Italie jusqu'en Suède, et il y a même apparence que l'espèce est répandue beaucoup plus loin dans les pays méridionaux. P. 571.

MOTTEUX. Variétés dans l'espèce du motteux. T. VI, p. 571 et suiv. — Le motteux ou cul-blanc roussâtre. Sa description. P. 572 et suiv. — Le motteux ou cul-blanc roux. Description du mâle et de la femelle. P. 573.

MOTTEUX (grand) du cap de Bonne-Espérance. Sa description. T. VI, p. 573 et 574.

MOTTEUX *brun-verdâtre* du cap de Bonne-Espérance. Sa description. T. VI, p. 574.

MOTTEUX du Sénégal. Sa description. T. VI, p. 574.

MOUVEMENT, les oiseaux y sont très-propres et très-habiles, et par cette raison ils ont dû avoir le sens de la vue plus parfait. T. V, p. 15. — La seule vitesse du vol d'un oiseau peut indiquer la portée relative de sa vue. *Ibid.* — Le mouvement paraît plus naturel aux oiseaux que le repos. P. 27. — Cela influe sur leurs habitudes et leur instinct. *Ibid.*

MUE, les oiseaux y sont sujets comme les quadrupèdes, sont souffrants alors et meurent quelquefois; aucun ne pond pendant ce temps. T. V, p. 34. — Effets de la mue des oiseaux quant aux couleurs du plumage. P. 46. — Et même quant à celles du pelage des quadrupèdes. P. 47. — Dans certaines espèces d'oiseaux les trois premières mues entraînent des changements considérables dans les couleurs du plumage. *Ibid.* — Temps de la mue des faucons. P. 139.— Du paon. P. 390, 402. — Double mue des cailles. P. 477.

MUE. La mue est un effet dans l'ordre de la nature plutôt qu'une maladie. Raison pourquoi cet effet naturel devient une maladie dans l'état de captivité. T. VI, p. 194. — Dans presque tous les oiseaux le temps de la mue est celui où ils ne se cherchent ni ne s'accouplent; raison de ce fait. P. 195.

MUE tardive du coucou, et ce qui en résulte. T. VII, p. 309 et 310.

MULETS et MÉTIS (les) dans les quadrupèdes et les oiseaux, ressemblent à leur père par les parties extérieures, et à leur mère par le volume du corps. T. VI, p. 185. — Raison de cet effet, même dans l'espèce humaine. *Ibid.* et suiv.

N

NANDAPOA, grand oiseau des climats chauds de l'Amérique, qui cependant ne l'est pas autant que le jabiru. Ses ressemblances et ses différences avec le jabiru. Ses dimensions; sa description. T. VIII, p. 27 et 28. — Sa chair, dépouillée de la peau, est assez bonne à manger. P. 28.

NAPAUL ou faisan cornu, comparé au dindon, plus ressemblant au faisan; ses cornes, sa gorgerette, son plumage, ses ailes courtes; est un oiseau pesant. T. V, p. 425 et 426.

NARINES du percnoptère, ont un écoulement continuel et fort dégoûtant. T. V, p. 84. — Du griffon, sont fort amples. P. 87.

NARINES de l'ara vert, cachées dans les plumes. T. VII, p. 249. — Narines de l'engoulevent saillantes. P. 409.

NATURE, ce mot a deux acceptions, *ou*

c'est un être idéal auquel on rapporte, comme à une cause active, tous les effets constants, tous les phénomènes de l'univers; *ou* c'est la somme des qualités dont cette cause active a doué les êtres particuliers. T. v, p. 13. — Nature des oiseaux. P. 14 et suiv. — Uniformité du plan de la nature prouvée par les rapports particuliers, observés entre la tribu des oiseaux et celle des quadrupèdes. P. 29 et 30. — C'est souvent des pays étrangers, et surtout des déserts, qu'il faut tirer les mœurs de la nature. P. 100.

NATURE. Son véritable ordre. Sa fécondité. Aisance de son exécution. T. VII, p. 329.

NATURE (erreurs de la). Les vrais caractères des erreurs de la nature, sont la disproportion jointe à l'inutilité. T. VII, p. 549. — La vieille nature de l'ancien continent, toujours supérieure à la nature moderne du Nouveau-Monde dans toutes ses productions, se montre aussi plus grande, même dans ses erreurs, et plus puissante jusque dans ses écarts. P. 563.

NATURE. Ordre et suite de ses plans, jusque dans ce qui en pourrait paraître l'interruption et le dérangement. T. VIII, p. 589. —Exemple frappant de cette suite, dans les dernières nuances des formes, par lesquelles elle termine le genre nombreux des oiseaux, comparé avec ces mêmes gradations dans les quadrupèdes et les cétacés. P. 589 et 590. — Elle semble avoir voulu rejeter, comme dans le lointain, aux deux extrémités du globe, des formes mutilées et tronquées, incapables de figurer avec des modèles plus parfaits au milieu de son grand tableau. P. 597 et 598.

NATUREL, est l'exercice habituel de l'instinct guidé et même produit par le sentiment. T. v, p. 13.

NECTAR ou suc des fleurs. Nourriture des oiseaux-mouches. T. VII, p. 147, 148, 149 et 153. — Et des colibris. P. 168 et 169.

NEXHOITZILLIN, de Fernandez, est un colibri. T. VIII, p. 613.

NID des oiseaux-mouches. T. VII, p. 149 et 168. — Tous les perroquets d'Amérique nichent dans des creux d'arbres. Plusieurs espèces de l'ancien continent suspendent leurs nids à des rameaux flexibles. P. 230. — Nid des aras. P. 242. — Des amazones. P. 252. — Une espèce d'autour pond dans le nid du choucas; le torcol dans celui de la sittelle; le moineau dans ceux d'hirondelle. P. 308 et 309. — Coucous, pics, martins-pêcheurs, plusieurs espèces de mésanges, etc., ne font point de nids. P. 311. — Nids où l'on trouve à la fois un œuf de coucou et plusieurs œufs de sa nourrice; d'autres où l'on trouve tous ces œufs éclos. P. 313, 317. — Nids où l'œuf du coucou ne réussit pas. P. 317. — Ce qui arrive dans les nids où cet œuf est couvé. *Ibid.* — La plupart des coucous d'Amérique font des nids. P. 353. — Les anis femelles pondent plusieurs dans un même nid. P. 361, 363. — Houtou fait le sien dans des trous en terre. P. 367. — La huppe dans des trous d'arbres et souvent sans litière. P. 374. — Les oiseaux de nuit n'en font point. P. 410. — Nid des hirondelles de cheminée. P. 443. — De l'hirondelle au capuchon roux du Cap. P. 450. — De l'hirondelle au croupion blanc ou de fenêtre, en quel lieu elle l'établit de préférence. P. 453. — Insectes qui s'y trouvent. *Ibid.* — Nids d'hirondelles dont les moineaux s'emparent. P. 456. — Nids des martinets. P. 468. — Matériaux et forme de ces nids. P. 468 et 469. — Nid du martinet à collier blanc de Cayenne. P. 479 et 480. — De la salangane. P. 485. — Nids d'alcyons des anciens. *Ibid.* et suiv. — Opinions sur les nids de salangane. P. 486 et suiv. — Ces oiseaux les construisent avec du frai de poisson. Forme de ces nids. P. 488 et 489. — Nid de l'hirondelle des blés, fait de paille et de plumes. P. 491.

NID des oiseaux, la femelle le commence par nécessité, le mâle amoureux y travaille par complaisance. T. v, p. 37. — Ce travail commun forme un attachement réciproque. *Ibid.* — Les oiseaux qui ne font point de nid ne se marient pas, et se mêlent indifféremment. P. 38. — Les hiboux n'en font point ordinairement, mais se servent de ceux des autres oiseaux. P. 177. — Il en est ainsi de la hulotte. P. 184.

NIGAUD. Voyez *petit Cormoran.*

NIVEROLLE ou *Pinson de neige;* sa description. T. VI, p. 237. — Cet oiseau est

appelé *nivreau* par les montagnards du Dauphiné. *Ibid.*

Noddi, nommé très-improprement *moineau fou;* il ne ressemble point du tout à un moineau, mais à une grande hirondelle de mer, ou si l'on veut à une petite mouette ; il participe de ces deux oiseaux dans sa conformation. Sa description. Son nom *noddi* exprime en anglais l'espèce d'assurance folle avec laquelle il vient se poser sur les mâts et sur les vergues des navires. T. VIII, p. 392 et 393. — L'espèce de cet oiseau ne paraît pas s'être étendue fort au delà des tropiques; mais elle est très-nombreuse dans les lieux qu'elle fréquente, comme près des côtes de Cayenne. P. 393. — Manière dont le noddi pêche en troupes. Il fait sa ponte sur le rocher tout nu. *Ibid.*

Noira. Voyez *Lori-noira.*

Noir-aurore, (le petit) *gobe-mouche d'Amérique;* sa description. T. VI, p. 429.

Noir-souci, habitudes naturelles et description de cet oiseau qui se trouve dans l'Amérique méridionale. T. VI p. 243 et 244.

Nomenclature des oiseaux, ses difficultés. T. V, p. 3. — Nécessité de s'en occuper. P. 251 et 252. — Inconvénients des licences de la nomenclature. P. 327 et 377.

Nor d'Aldrovande doit être une variété du lori-noira. T. VII, p. 212.

Nourriture des oiseaux, consiste en tout ce qui vit et végète. T. V, p. 31. — Ils sont assez indifférents sur le choix, ne savourent point ce qu'ils mangent, sont privés de la mastication qui fait une grande partie de la jouissance du sens du goût; ils ont ce sens très-obtus, sans discernement; ils s'empoisonnent souvent en voulant se nourrir. *Ibid.* — Rien de plus gratuit et de moins fondé que la distribution des oiseaux, tirée de leur manière de vivre ou de la différence de leur nourriture. P. 31 et suiv. — On peut dire des quadrupèdes comme des oiseaux, que la plupart de ceux qui se nourrissent de plantes ou d'autres aliments maigres, pourraient aussi manger de la chair; les granivores recherchent les vers, les insectes, les parcelles de viande avec avidité; on nourrit avec de la chair le rossignol qui ne vit que d'insectes; les chouettes se rabattent sur les phalènes, les oiseaux les plus carnassiers mangent, à défaut de chair, du poisson, des crapauds, des reptiles; presque tous les granivores ont été nourris d'insectes dans le premier âge. P. 32.

Noyau cartilagineux dans la dernière poche intestinale joignant l'anus de l'autruche. T. V, p. 208, 211.

O

Occultation des hirondelles. T. VII, p. 434, 435 et 436.

Ococolin ou *perdrix de montagne*, du Mexique. Plus gros que nos perdrix. Climat où il se plaît. T. V, p. 488. — Il est une autre espèce d'ococolin. *Ibid.*

Ococolin, de Fernandez, est un pic. T. VIII, p. 613.

Odorat. Ne peut être que le sens du sentiment; est plus parfait dans l'animal que dans l'homme. T. V, p. 13, 14 et 18. — Celui du corbeau et du vautour est fort inférieur à celui du chien et du renard. P. 18. — Cependant les oiseaux carnassiers paraissent en général avoir plus d'odorat que les autres oiseaux, et comme la finesse de l'odorat supplée à la grossièreté du goût, ils paraissent aussi avoir le sens du goût meilleur que les autres oiseaux. P. 31. — Voyez *Sens.* — Dans l'homme et dans l'oiseau, l'odorat est le cinquième sens; dans le quadrupède il est le premier. P. 36. — Fort émoussé dans l'autruche. P. 219.

Œil, plus sensible dans les hiboux et en général plus parfait, plus travaillé dans les oiseaux que dans les quadrupèdes. T. V, p. 14 et 15. — Il est aussi très-souple, se renfle ou s'aplatit, se rétrécit ou s'élargit. P. 15. — Il est plus grand proportionnellement. P. 16. — Singulière conformation de l'œil de l'orfraie, connue d'Aristote, et vérifiée par Aldrovande. P. 67. — L'œil du jean-le-blanc soutient l'éclat du soleil. P. 73. — La pupille des oiseaux de proie nocturnes se rétrécit concentriquement. P. 171. — Les yeux de l'autruche disposés de manière qu'elle peut voir des deux à la fois le même

objet. P. 204. — Du dindon. P. 320 et 321.

ŒNANTHE. Méprise des naturalistes au sujet de ce nom *œnanthe*, qui ne doit point être appliqué au motteux. T. VI, p. 571.

ŒUFS, ne sont point cause, dans les espèces des oiseaux de proie, de l'excès de grandeur des femelles sur les mâles, comme ils en sont cause parmi les poissons et les insectes. T. V, p. 44. — Les aigles n'en font que deux ou trois, et en général les oiseaux en pondent d'autant moins qu'ils sont plus grands et plus gros. P. 44, 45, 53. — Les œufs de milan et de tous les oiseaux de proie sont plus ronds que les œufs de poule. P. 109. — Œufs d'autruche dans l'ovaire. P. 211. — Confondus quelquefois avec les œufs de crocodiles. P. 216. — Histoire des œufs de la poule. P. 284 et suiv. — Œuf à deux jaunes; œuf dans un œuf; épingle dans un œuf; œuf hardé; œuf à coque double ou à coque épaisse; œuf à pédicule, en forme de poire, de cylindre, de spirale; œuf portant l'empreinte d'un soleil, d'une éclipse, d'une comète; œuf lumineux. P. 286. — Prétendus œufs de coq. P. 286 et 287. — Évaporation de l'œuf; moyens de l'empêcher et de conserver les œufs. P. 287 et 288. — Effets de la fécondation sur l'œuf. P. 289 et suiv. — Rapport constant observé entre la couleur des œufs et celle du plumage. P. 312 et 313. — Différence de couleur entre les œufs des peintades sauvages et ceux des peintades domestiques. P. 339 et 340. — Œufs zéphyriens. P. 396. — Œufs des paons. P. 398 et 406.

ŒUFS des oiseaux-mouches. T. VII, p. 149. — Sont, dit-on, la proie des grosses araignées de la Guiane. P. 162. — Œufs de perroquets pondus en France, les uns clairs, les autres féconds. P. 205. — Œufs des aras. P. 242. — Des amazones. P. 252. — Erreur sur les œufs de coucou. P. 305. — Nombre de ces œufs. P. 304, 309, 310, 311. — Œufs de l'autruche, non couvés par elle, mais exposés au soleil. P. 311. — Œufs couvés par des femelles d'une autre espèce. P. 313 et suiv. — Œuf de coucou d'abord couvé, puis mangé par une serine, quoiqu'il fût unique. P. 315. — L'œuf de coucou ne réussit pas dans les nids de cailles et de perdrix. P. 317. — Œufs de l'ani, de la grosseur des œufs de pigeon, de couleur d'aigue-marine. P. 364. — Œufs de la huppe n'éclosent pas tous en même temps. P. 375. — Œufs de l'hirondelle de cheminée blancs; cinq de la première ponte; trois de la seconde. P. 444. — De l'hirondelle de fenêtre; leur nombre à chaque ponte. P. 455. — Ceux de l'hirondelle des blés, gris pointillés de brun; il y en a deux à chaque ponte. P. 491.

OIE qui a vécu, dit-on, quatre-vingts ans. T. V, p. 29 (note *a*).

OIE (l') est, dans le peuple de la basse-cour, un habitant de distinction, et l'un des plus intéressants et même des plus utiles de nos oiseaux domestiques. T. VIII, p. 424 et 425. — Pour former de grands troupeaux d'oies, il faut que leur habitation soit à portée des eaux et des rivages, environnés de grèves spacieuses et de gazons; on doit les écarter des prairies et des blés verts, parce que leur fiente brûle les bonnes herbes, et qu'elles les fauchent jusqu'à terre avec le bec. P. 425. — Nourritures que les oies recherchent de préférence. P. 426. — La ponte de l'oie se fait communément au mois de mars, mais plus tôt ou plus tard, selon la quantité de nourriture qu'on lui donne. *Ibid.* — Elle ne fait pas de nids dans nos basses-cours, et ne pond ordinairement que tous les deux jours; si on enlève les œufs, elle continue à pondre jusqu'à ce qu'enfin elle s'épuise et périt. *Ibid.* — Différences de l'oie sauvage et de l'oie privée, qui ne conserve rien ou presque rien de son état primitif. P. 427. — Moyen de multiplier promptement un troupeau d'oies privées. *Ibid.* — Nombre des femelles qu'il convient de donner à un mâle; leurs amours. *Ibid.* — Assiduité de la femelle à sa couvée. *Ibid.* — On peut multiplier le nombre des couvées, et obtenir de l'oie une seconde et même une troisième ponte. P. 427 et 428. — Durée de l'incubation; intervalle qui a toujours lieu entre l'éclosion des œufs d'une même couvée. P. 428. — Manière d'élever les oisons nouveau-nés. *Ibid.* — Les monstruosités sont encore plus communes dans l'espèce de l'oie que dans celle des autres

oiseaux domestiques, et pourquoi. *Ibid.* — Manière d'engraisser les oies chez les anciens et parmi nous. P. 429. — Économie et avantage d'élever les oies au bord de l'eau. *Ibid.* — Estime que les anciens faisaient de la graisse de l'oie, et propriétés qu'ils lui attribuent. *Ibid.* — Sa chair est pesante et de difficile digestion. *Ibid.* — Ce que l'oie nous donne de plus précieux est son duvet. Temps où on commence à l'enlever aux jeunes oisons et où l'on peut en dépouiller les mâles et les femelles. P. 430. — Habitudes naturelles de ces oiseaux; leur caractère de vigilance. P. 431. — L'oie défend sa couvée et se défend elle-même avec courage contre l'oiseau de proie; elle est susceptible de reconnaissance, et se montre capable d'un attachement personnel très-vif et très-fort, et même d'une sorte d'amitié passionnée qui la fait languir et périr loin de l'objet de son affection. Exemple de cet attachement. P. 432. — Deux races dans les oies domestiques : celle des blanches plus anciennement, et celle à plumage varié plus récemment privée. P. 433. — Il ne paraît pas que les oies grises ou variées soient aujourd'hui, ni pour la taille, ni pour la fécondité, inférieures aux oies blanches. P. 434. — On ne voit entre l'oie domestique et l'oie sauvage de différences que celles qui doivent résulter de l'esclavage sous l'homme d'une part, et de l'autre de la liberté de nature. L'oie sauvage est maigre et de taille plus légère que l'oie domestique. *Ibid.* — Description de l'une et de l'autre. *Ibid.* — Dans quelques contrées il y a des oies qui, réellement sauvages pendant tout l'été, ne redeviennent domestiques que pour l'hiver. P. 435. — Temps du passage des oies sauvages dans nos contrées, durant lequel on voit les oies domestiques manifester par leurs inquiétudes et par des vols fréquents et soutenus, le même désir de voyager. P. 436. — Description du vol des oies sauvages et de l'ordre qu'elles y observent. P. 436 et suiv. — Il y a apparence que ces oiseaux voyageurs ont, pour le départ et pour le retour, deux routes différentes. P. 438. — Diverses manières de les chasser. P. 438 et suiv. — Lieux où le gros de l'espèce s'établit. P. 439 et suiv. — Elle se trouve également dans les parties les plus septentrionales des deux continents, et il paraît que ses voyages se portent fort avant dans les terres méridionales du Nouveau-Monde, comme dans celles de l'ancien continent. P. 440 et suiv.

Oie *à cravate*. Caractère distinctif de cette oie, dont l'espèce paraît propre au nord du Nouveau-Monde ou du moins en est originaire. T. VIII, p. 450. — Sa description. *Ibid.* — Cette oie est connue en France sous le nom d'*oie du Canada*; elle multiplie en domesticité. *Ibid.* — On pourrait regarder cette espèce comme faisant une nuance entre l'espèce du cygne et celle de l'oie. *Ibid.* — Ces oies voyagent dans le Midi. *Ibid.*

Oie *armée* (l') est la seule, de tous les oiseaux palmipèdes, qui ait aux ailes des ergots ou éperons. T. VIII, p. 446. — Sa description. P. 446 et 447. — M. Brisson l'a donnée sous le nom d'*oie de Gambie*. P. 447. — Elle est naturelle à l'Afrique et surtout au Sénégal. *Ibid.*

Oie *bronzée*. Sa description. T. VIII, p. 447. — C'est peut-être le même oiseau que le rassangue de Rennefort et de Flacourt, et l'ipecatiapoa des Brésiliens, de Marcgrave, et par là cette espèce serait commune aux deux continents. P. 447.

Oie de Guinée (l'). Sa taille surpasse celle des autres oies. T. VIII, p. 445. — Sa description, ses rapports avec l'oie et le cygne. *Ibid.* — Elle diffère de l'un et de l'autre par sa gorge enflée et pendante en manière de poche ou de petit fanon, ce qui lui a fait donner le nom de *jabotière*. *Ibid.* — Elle est originaire des pays chauds de notre continent, et c'est mal à propos qu'on lui a donné le nom d'*oie de Sibérie*. *Ibid.* — Cette oie produit en domesticité dans les climats froids, et même s'allie avec l'espèce commune dans nos contrées. *Ibid.* — Résultat de ce mélange. *Ibid.* — Le clairon de ces grandes oies est encore plus retentissant que celui des nôtres; la même vigilance paraît leur être naturelle. *Ibid.* — Description du bec de ces oiseaux. P. 445 et 446.

OIE des Esquimaux (l') est propre et particulière aux contrées septentrionales du Nouveau-Monde, et un peu moindre de taille que l'oie sauvage commune ; sa description. T. VIII, p. 448 et 449.

OIE des îles Malouines ou Falkland (l'). Description de cette oie, par M. de Bougainville. T. VIII, p. 443. — Elle est ainsi nommée parce que c'est dans ces îles qu'elle a été vue et trouvée pour la première fois par nos navigateurs français. *Ibid.* — Il paraît que ces mêmes oies se rencontrent en d'autres endroits, d'après deux descriptions données par le capitaine Cook, et qui semblent appartenir à cette espèce. P. 443 et 444.

OIE des terres Magellaniques (l') paraît être propre et particulière à cette contrée. T. VIII, p. 442. — Sa description. *Ibid.* — Il paraît que ce sont ces belles oies que le commodore Byron désigne sous le nom d'*oies peintes*, et peut-être aussi celles que Cook indique sous la dénomination de *nouvelle espèce d'oie*. *Ibid.*

OIE d'Égypte (l') est vraisemblablement celle que Granger appelle l'*oie du Nil*. T. VIII, p. 448. — Elle est moins grande que notre oie sauvage. Sa description. *Ibid.* — Elle se porte ou s'égare dans ses excursions, quelquefois très-loin de sa terre natale. *Ibid.*

OIE *rieuse* (l') est indigène au nord de l'Amérique. T. VIII, p. 449. — Sa description. *Ibid.*

OISEAU *anonyme de Hernandès ;* sa description. Il ne doit point être rapporté au genre des tangaras. T. VI, p. 310 et 311.

OISEAU *brun à bec de grimpereau*. Description du bec et du plumage de cet oiseau qui a rapport aux soui-mangas ; et ses dimensions. T. VII, p. 136.

OISEAU *cendré de Guiane*, espèce voisine, mais différente de celle des manakins. T. VI, p. 370.

OISEAU d'*Amérique huppé*, rubetra, mal indiqué par Seba et par les autres nomenclateurs ; il ne doit point se rapporter au genre des manakins. T. VI, p. 368.

OISEAU *de Dieu*. Voyez *Manucode*.

OISEAU de la Nouvelle-Calédonie, indiqué par le capitaine Cook. T. VIII, p. 612.

OISEAU *demi-aquatique* d'un nouveau genre, selon M. Forster. Sa notice d'après ce voyageur naturaliste. T. VIII, p. 613.

OISEAU *de Nazareth*, plus gros qu'un cygne. A presque tout le corps couvert de duvet noir, des plumes frisées au lieu de queue, les jambes hautes, trois doigts à chaque pied ; pond un œuf unique dans les forêts, sur un tas de feuilles ; on trouve un œuf dans le gésier des petits. T. V, p. 248 et 249. — Cet oiseau comparé avec le dronte et le solitaire. P. 249 et 250.

OISEAU (l') *de neige de la baie d'Hudson*, paraît être le même que notre pinson d'Ardenne. T. VI, p. 234.

OISEAU *de Paradis*. Erreurs à son sujet. T. VI, p. 3 et 4. — Ses longues plumes subalaires ; les longs filets de sa queue ; plumes veloutées de la tête. P. 4 et 5. — Mue de cet oiseau, climat qui lui convient ; sa nourriture, sa chasse, son vol. P. 5 et 6. — Inconnu aux anciens ; variétés observées dans cette espèce. P. 7 et 8. — On mutile quelquefois des oiseaux à beau plumage, autres que des oiseaux de Paradis. P. 8.

OISEAU de Paradis oriental de Seba, n'est point notre perruche-lori. T. VII, p. 221.

OISEAU *de pluie*. Voyez *Vieillard*. Voyez aussi *Engoulevent* de la Caroline.

OISEAU *de riz*. Voyez *Padda*.

OISEAU *de tempête* (l') est la plus petite espèce de pétrel, et de la branche des pétrels-puffins. T. VIII, p. 569. — Il est en même temps le plus petit de tous les oiseaux palmipèdes. *Ibid.* — Sentant sa faiblesse, il vient chercher un abri près des vaisseaux à l'approche de la tempête, et c'est de ce présage, que les navigateurs prétendent ne pas les tromper, que cet oiseau a tiré son nom. *Ibid.* — Son espèce paraît être universellement répandue sur toutes les mers. P. 570. — Il vole avec une singulière vitesse, et paraît courir au milieu des lames émues et des flots agités. *Ibid.* — Couleurs de son plumage et conformation de son corps ; variété de son espèce. P. 570 et 571.

OISEAUX *de Whidha ;* ce sont les veuves, ainsi nommées par les Portugais, comme

oiseaux de la côte de Juida en Afrique. T. VI, p. 245.

OISEAU des barrières de Cayenne et de la Guiane, espèce de coucou qui fait variété dans l'espèce du coucou brun varié de roux. T. VII, p. 356 — Se perche sur les palissades. Ne va point en troupes. *Ibid.*

OISEAU *des glaces*, des habitants de Terre-Neuve, rapporté à l'ortolan de neige. T. VIII, p. 612.

OISEAU *des herbes de Seba.* Voyez *Xiuhtototl.*

OISEAU *du Mexique de Seba;* sa decription. T. VI, p. 309 — Il n'est pas assez bien indiqué pour qu'on puisse le rapporter au genre des tangaras. *Ibid.*

OISEAU *du tropique* (grand); il égale ou surpasse la taille d'un gros pigeon de volière. Sa description. T. VIII, p. 339. — Il se trouve à l'île Rodrigue, à celle de l'Ascension et à Cayenne. C'est le plus grand des oiseaux de ce genre. *Ibid.*

OISEAU *du tropique* (petit). Il n'est que de la taille du petit pigeon commun ou même au-dessous. Sa description. T. VIII, p. 339 et 340. — Son cri, son nid dans lequel on ne trouve que deux œufs blanchâtres et un peu plus gros que des œufs de pigeon. P. 340.

OISEAU *du tropique* (variétés du petit). Cet oiseau offre plusieurs variétés, tant pour la grandeur que pour les couleurs. T. VIII, p. 340.

OISEAU *du tropique* à brins rouges. Sa description. Observation particulière sur cet oiseau et sur les autres du même genre. T. VIII, p. 340 et 341.

OISEAU *fleuri* de Fernandez. Voyez *Xochitol.*

OISEAU (grand) du Port Désiré, du commodore Byron, paraît être un vautour. T. VIII, p. 611 et 612.

OISEAU *jaune* (petit), du cap de Bonne-Espérance. Se retrouve à la Nouvelle-Géorgie; mais son espèce n'est pas encore connue. T. VIII, p. 612.

OISEAU-MOUCHE. Ses belles couleurs. T. VII, p. 146 et 147. — Sa manière de se nourrir. P. 147, 148, 149, 153. — Habite la zone torride du Nouveau-Monde. Est plus petit que certaines mouches. Son poids. D'où vient son nom espagnol *tomineos.* P. 147. — Son bec. *Ibid.* et 151. — Son vol continu, rapide et bourdonnant. P. 147. — Sa langue est une sorte de trompe, ses pieds très-petits ne lui servent guère. *Ibid.* — Sa vivacité. Son cri. Sa vie solitaire. P. 148 et 149. — Nid, œufs couvés par le mâle et la femelle. P. 149. — Ces oiseaux ne peuvent être nourris en domesticité. Manière de les prendre. P. 149 et 150. — Odeur qu'on leur attribue. P. 150. — Fables à leur sujet. *Ibid.* — Confondus par beaucoup d'auteurs avec les colibris. P. 151. — S'il est possible qu'ils soient la proie des grosses araignées. P. 162.

OISEAU-MOUCHE (le plus petit). Dimensions, plumage. T. VII, p. 151. — Bec, pieds, nombre des plumes de sa queue. Erreur à ce sujet. Différences entre le mâle et la femelle. Climat. P. 151 et 152.

OISEAU-MOUCHE *à collier* ou *Jacobine*, assez grande espèce. T. VII, p. 164.

OISEAU-MOUCHE *à gorge tachetée.* Grande espèce. T. VII, p. 162.

OISEAU-MOUCHE *à huppe bleue* de la Guiane. T. VII, p. 167.

OISEAU-MOUCHE *à larges tuyaux.* Une des plus grandes espèces. T. VII, p. 164 et 165.

OISEAU-MOUCHE *à longue queue couleur d'acier poli.* T. VII, p. 165. — Sa taille. *Ibid.*

OISEAU-MOUCHE *à longue queue noire.* T. VII, p. 167. — Son nid fait de coton, suivant Albin. *Ibid.*

OISEAU-MOUCHE *à longue queue or, vert et bleu.* T. VII, p. 166.

OISEAU-MOUCHE *à oreilles.* Ce que c'est que ses oreilles ou pinceaux. T. VII, p. 163. — Manquent à la femelle. *Ibid.*

OISEAU-MOUCHE *à poitrine bleue* de Surinam. Voyez *Émeraude-améthyste.*

OISEAU-MOUCHE *à queue fourchue* du Brésil, de Brisson. Voyez *Orvert.*

OISEAU-MOUCHE *à raquettes.* T. VII, p. 157 et 158.

OISEAU-MOUCHE *au corps tout vert* de Frisch. A quelle espèce doit être rapporté. T. VII, p. 156 et 157.

OISEAU-MOUCHE *entièrement vert* d'Edwards. Voyez *Orvert*.

OISEAU-MOUCHE *huppé*. T. VII, p. 157. — Une des plus petites espèces, nommé par quelques-uns *colibri*. *Ibid.* — La femelle n'a point de huppe. *Ibid.*

OISEAU-MOUCHE *pourpré*. T. VII, p. 158.

OISEAU-MOUCHE *violet à queue fourchue*. T. VII, p. 166.

OISEAU (l') nommé par les Portugais *Capitaine* de l'Orénoque, est le même que le grenadin. T. VI, p. 250

OISEAU *pourpré à bec de grimpereau* qui a rapport aux soui-mangas. Sa description et ses dimensions. T. VII, p. 136 et 137.

OISEAU *rouge à bec de grimpereau* qui a rapport aux soui-mangas. T. VII, p. 134. — Sa description et ses dimensions. P. 135. — Variété dans cette espèce, et description de cette variété. *Ibid.* et suiv.

OISEAU-ROYAL; il est ainsi nommé parce qu'il porte une espèce de huppe en couronne sur la tête. T. VIII, p. 43. — Il a de plus le port noble, la figure remarquable, et il est haut de quatre pieds lorsqu'il se redresse. Description de son plumage. P. 43 et 44.— Ses jambes sont encore plus hautes que celles de la grue, avec laquelle cet oiseau a beaucoup de rapport pour la conformation. Ses différences avec la grue; il est des climats chauds, et les grues viennent des pays froids. Il est naturel, comme la demoiselle de Numidie, aux terres de l'Afrique. P. 44. — Ces oiseaux fréquentent les grandes rivières où ils pêchent de petits poissons, mais ils vont aussi dans les terres pâturer les herbes et recueillir des graines; ils courent très-vite en s'aidant du vent et en étendant leurs ailes, autrement leur démarche est lente, et pour ainsi dire à pas comptés. L'oiseau-royal est d'un naturel doux et paisible. Son vol est puissant et soutenu. Il n'est point du tout sauvage, et dans quelques endroits de son pays natal, il est à demi domestique. En domesticité il se perche en plein air pour dormir. *Ibid.* — Il n'est pas certain que cet oiseau soit la grue baléarique des anciens; discussion critique à ce sujet. P. 44 et 45. — Il vit également d'insectes et de graines, et il aime à se baigner. Son cri ressemble assez aux accents rauques d'une trompette ou d'un cor. Il s'ennuie en domesticité lorsqu'on le laisse seul, et cherche à accompagner les gens à la promenade. P. 45. — Son attitude dans l'état de repos, et sa démarche lorsqu'il est en mouvement. Il a passé l'hiver 1778 à Paris, sans paraître se ressentir des rigueurs d'un climat si différent du sien, seulement on le mettait à l'abri pendant la nuit dans une chambre à feu. P. 45 et 46.

OISEAU *Saint-Martin*, autrement fauconlanier et lanier cendré. Diffère des faucons et des laniers par ses jambes longues et menues, et se rapproche en cela du jean-le-blanc et de la soubuse; est un peu plus gros que la corneille, a le corps plus mince, n'avale pas les petits animaux tout entiers, comme font les autres gros oiseaux de proie, mais les déchire avec le bec; ressemble à la soubuse à beaucoup d'égards. T. V, p. 114. — Se trouve en France, en Allemagne, en Angleterre; comment chasse aux lézards, ses mœurs sont ignobles et approchent de celles du milan; est différent du henbarrier. P. 114 et 115. — Fréquente comme lui et comme la soubuse les basses-cours. P. 115. — N'est point, comme on l'a dit, le mâle de la soubuse. P. 115 et 116.

OISEAU (l') *sans ailes* est sans doute le moins oiseau qu'il soit possible, et c'est par cette dernière nuance que la nature termine la suite des formes si richement variées dont elle a rempli le genre volatile. T. VIII, p. 588 et 589.

OISEAU (l') *silencieux* de l'Amérique méridionale; son espèce approche plus du genre des tangaras que d'aucun autre; sa description. T. VI, p. 311.

OISEAUX. Leur histoire moins détaillée ici que celle des animaux quadrupèdes, et pourquoi. T. V, p. 1. — Leurs espèces sont beaucoup plus nombreuses et sujettes à beaucoup plus de variations à raison de l'âge, du sexe, du climat, de la domesticité, etc. P. 2 et 3. — Difficultés de leur nomenclature, de leur histoire et de rendre leurs couleurs avec le pinceau de la parole. P. 3. — Leurs différences apparentes portent sur

les couleurs encore plus que sur les formes. *Ibid.* — Sont moins assujettis que les quadrupèdes à la loi du climat. P. 6. — N'obéissent qu'à la saison. *Ibid.* — Sont plus chauds, plus prolifiques que les quadrupèdes, et par conséquent plus sujets à se mêler avec des femelles d'espèces voisines et à produire des métis féconds, d'où s'ensuit une plus grande multiplicité d'espèces. P. 11. — Plan pour arriver à une histoire complète des oiseaux. P. 12. — Les oiseaux ont le sens de la vue plus parfait que les quadrupèdes. P. 14 et 26. — Exceptions apparentes. P. 14. — Voyez *OEil.* — Les oiseaux sont plus propres et plus habiles au mouvement que tous les autres animaux. P. 15 et suiv., et 27. — Connaissent mieux que nous les qualités de l'air, en prévoient mieux les variations. P. 16. — Connaissent mieux aussi les grandes distances et la surface de notre globe. P. 16 et 17. — Par cette raison voyagent plus et plus loin. P. 17. — Voyez *Migration.* — Plusieurs n'ont point de narines extérieures. P. 18. — Ont le sens de l'ouïe plus parfait que l'odorat, le goût et le toucher, plus parfait même que l'ouïe des quadrupèdes. *Ibid.* — Ont en général la voix plus agréable, plus forte, et ils prennent plus de plaisir à l'exercer. P. 19 et suiv. — Se font entendre d'une lieue du haut des airs. P. 22. — Ont les organes de la voix plus compliqués. P. 20. — Volent sans se fatiguer, et chantent de même, puisqu'ils chantent en volant. P. 19 et 20. — Sont moins susceptibles d'être modifiés par l'homme. P. 24. — On apprend cependant à quelques-uns à chasser et à rapporter le gibier. *Ibid.* — Un oiseau de haut vol peut parcourir chaque jour quatre ou cinq fois plus de chemin que le quadrupède le plus agile. P. 27 et 28. — Les oiseaux vivent plus à proportion que les quadrupèdes. P. 28. — Croissent plus promptement et sont plus tôt en état de se reproduire. P. 29. — Rapports particuliers observés entre la tribu des oiseaux et celle des quadrupèdes; parmi les uns et les autres il y a des espèces carnassières et d'autres qui observent la diète végétale, et pourquoi. P. 29 et 30. — Voyez *Intestins.* — En général sont assez indifférents sur le choix de la nourriture, et souvent ils suppléent à l'une par une autre. P. 31. — La plupart des oiseaux ne font qu'avaler sans jamais savourer. *Ibid.* — Voyez *Nourriture.* — Plusieurs dont le bec est crochu préfèrent les fruits et les grains à la chair; presque tous ceux qui ne vivent que de grains ont été nourris, dans le premier âge, avec des insectes par leurs père et mère. P. 32. — Les oiseaux presque nus, tels que l'autruche, le casoar, le dronte, etc., ne se trouvent que dans les pays chauds; les oiseaux des pays froids sont bien fourrés. P. 34. — Tous sont sujets à la mue comme les quadrupèdes. *Ibid.* — Voyez *Mue.* — Les oiseaux l'emportent sur les quadrupèdes pour le toucher des doigts, dont ils saisissent les corps. P. 36. — Sont plus capables de tendresse, d'attachement et de morale en amour que les quadrupèdes, quoique le fonds physique en soit peut-être plus grand que dans ces derniers; ils paraissent s'unir par un pacte constant et qui dure au moins autant que l'éducation de leurs petits. P. 36, 37 et 42. — Il faut excepter la perdrix rouge et quelques autres espèces. P. 38 (note *a*). — Les oiseaux qui pourraient encore se livrer à l'amour avec succès se privent de ce plaisir pour se livrer au devoir naturel du soin de la famille. P. 39 et 40. — N'ont qu'une seule façon de s'accoupler. P. 40. — Plus indépendants de l'homme et moins troublés dans leurs habitudes naturelles, ils se rassemblent plus volontiers entre eux. P. 42. — Ont plus de besoin que d'appétit, plus de voracité que de sensualité. P. 41. — Voyez *Migration.* — Ne peuvent avoir que des notions peu distinctes de la forme des corps. *Ibid.* — Comment imitent notre parole et nos chants. P. 301.

Oiseaux (les) n'ont point de chant inné, selon M. Barrington; expériences à ce sujet. T. vi, p. 203 et 204. — Les longues pennes de la queue, et les autres appendices ou ornements que portent certains oiseaux, ne sont pas des parties surabondantes dont les autres oiseaux soient dépourvus; ce sont les mêmes parties seulement beaucoup plus

étendues; exemples à ce sujet. P. 357. — Ces ornements de plumes prolongées sont assez rares dans les climats froids et tempérés, et très-communs dans les climats chauds, surtout de l'ancien continent; exemples à ce sujet. P. 357 et 358. — La plupart des oiseaux qui ne se perchent point en Europe, et même les oiseaux d'eau à pieds palmés, se perchent en Amérique. P. 405.

Oiseaux (les) des climats chauds pondent un moindre nombre d'œufs que ceux des climats tempérés ou froids, mais ils pondent plus souvent et, pour ainsi dire, en toutes saisons. T. vi, p. 280. — Raison pourquoi les individus et même les espèces d'oiseaux sont beaucoup plus nombreux dans les climats chauds. P. 280 et 281.

Oiseaux (utilité des) qui, comme les gobe-mouches, se nourrissent d'insectes. T. vi, p. 433. — La raison pourquoi l'on est plus incommodé des mouches au commencement de l'automne qu'au milieu de l'été, c'est que tous les oiseaux insectivores sont partis. P. 433 et 434.

Oiseaux. Les espèces d'oiseaux qui ont le bec fort et qui vivent de grains, sont aussi nombreuses dans l'ancien continent qu'elles le sont peu dans le nouveau, et au contraire les espèces qui ont le bec faible et vivent d'insectes, sont beaucoup plus nombreuses dans le nouveau continent qne dans l'ancien. T. vii, p. 40.

Oiseaux. Chez les oiseaux qui apprennent à parler, la langue est de la même forme à peu près que celle des perroquets, sansonnets, merles, geais, choucas. T. vii, p. 183.—Ceux qui ont la langue fourchue, sifflent plus aisément; et ceux qui avec cela ont l'oreille plus parfaite, apprennent plus aisément à siffler en musique; serin, linotte, tarin, bouvreuil, etc. *Ibid.* — Les oiseaux sont susceptibles d'éducation. P. 184 et 185. — L'art de la fauconnerie en est la preuve. P. 185. — Sont les plus libres des êtres; n'ont de patrie que le ciel, en prévoient les vicissitudes et changent de climat à propos. P. 186 et 187. — La nécessité de couver les expose aux insultes de quelques quadrupèdes et des reptiles. P. 187. — Terreur que les oiseaux de proie inspirent à tous les autres oiseaux, leur tyrannie restreinte par celle de l'homme. P. 187 et 188. — Les oiseaux tiennent le premier rang après l'homme, dominent sur les habitants de l'air, de la terre et des eaux, et approchent de l'homme par quelques-uns de leurs talents. P. 188. — Quelques oiseaux à ailes fortes et pieds palmés, communs aux deux continents. P. 190. — Plusieurs oiseaux des contrées septentrionales y ont péri à mesure qu'elles se sont refroidies. *Ibid.* — Vingt espèces d'oiseaux, dont quelques-uns granivores, dans le nid desquels le coucou fait sa ponte. P. 316. — Oiseaux dans le nid desquels l'œuf du coucou ne réussit point. P. 317. — Circulation dans les oiseaux. P. 429 (note). — Les oiseaux ont une patrie. P. 437.

Oiseaux. Dans l'immense population de ces habitants de l'air, il y a trois états ou plutôt trois patries, trois séjours différents; aux uns la nature a donné la terre pour domicile; elle a envoyé les autres cingler sur les eaux, en même temps qu'elle a placé des espèces intermédiaires aux confins de ces deux éléments. T. viii, p. 4. — Ils sont d'autant plus nombreux en espèces et en individus que les climats sont plus chauds. P. 7. — La fécondité des oiseaux de terre paraît surpasser celle des oiseaux d'eau. *Ibid.* — Dans les régions du Nord il y a peu d'oiseaux de terre en comparaison de la grande quantité des oiseaux d'eau. Raison de cette différence. P. 11. — Tous les oiseaux à cou et à bec très-longs rendent une fiente plus liquide que celle des autres oiseaux. P. 15.

Oiseaux, *physionomie des oiseaux*. Si l'on recherche dans les oiseaux cette physionomie, on s'apercevra aisément que tous ceux qui, relativement à la grosseur de leur corps, ont une tête légère avec un bec court et fin, ont en même temps la physionomie fine, agréable et presque spirituelle; tandis que ceux au contraire, qui comme les barbus ont une grosse tête, ou qui, comme les toucans, ont un bec aussi gros que la tête, se présentent avec un air stupide, rarement démenti par leurs habitudes naturelles. T. vii, p. 549.

OISEAUX. Tous les oiseaux ont une plus ou moins grande quantité d'air répandue dans tout le tissu de leur corps, et particulièrement dans le tissu cellulaire qui est au-dessous de leur peau, et ils peuvent augmenter ou diminuer à volonté cette quantité d'air pour se rendre plus ou moins légers en augmentant ou diminuant ce volume de leur corps. Exemple sur le pélican. T. VIII, p. 313 et 314. — Dans tous les oiseaux dont les œufs sont teints, ceux des vieux ont des couleurs plus foncées et sont un peu plus gros et moins pointus que ceux des jeunes, surtout dans les premières pontes. P. 329.

OISEAUX *à blé*, attirés par ce grain à la Caroline, où on ne les avait jamais vus. T. VII, p. 437.

OISEAUX *aquatiques*. Sont pourvus d'une grande quantité de plumes et d'un duvet très-fin; ils ont, outre cela, près de la queue, de grosses glandes, des espèces de réservoirs pleins d'une matière huileuse dont ils se servent pour lustrer et vernir leurs plumes. T. V, p. 33 et 34. — Les membranes qui unissent les doigts de leurs pieds, la légèreté de leurs plumes et de leurs os, la forme de leur corps, tout contribue à leur faciliter l'action de nager; il y a plus de trois cents espèces d'oiseaux palmipèdes, et l'élément de l'eau semble appartenir plus aux oiseaux qu'aux quadrupèdes. P. 35. — Oiseaux de proie aquatiques comparés avec les oiseaux de proie terrestres. P. 43. — Parmi les oiseaux aquatiques, comme parmi les terrestres, il y en a qui ne volent point. P. 200.

OISEAUX *aquatiques* (les) doivent être divisés en deux grandes familles; savoir, ceux qui sont à pieds palmés, c'est-à-dire les oiseaux d'eau proprement dits; et ceux qui ont les pieds divisés, et que l'on appelle *oiseaux de rivage*. T. VIII, p. 3 et 4. — La plupart des oiseaux aquatiques paraissent être demi-nocturnes, étant plus en mouvement la nuit que le jour. P. 5. — Ils ne jettent que des cris et n'ont point de ramage. P. 6. — Leur nombre est peut-être aussi grand en individus, eu égard au nombre des espèces, que celui de terre. *Ibid.* — Et ils paraissent plus habituellement en troupes que ces derniers. *Ibid.*—Les oiseaux aquatiques sont plutôt captifs que domestiques, et ils conservent toujours les germes de leur première liberté. P. 7. — Ils ne portent que de légères empreintes de la captivité, et leurs espèces n'ont pas autant varié sous la main de l'homme que celles des autres oiseaux domestiques. *Ibid.*

OISEAUX *blancs*, du capitaine Cook, sont des pétrels blancs ou pétrels de neige. T. VIII, p. 562.

OISEAUX *d'eau*; considérations générales sur les oiseaux d'eau, leur naturel et leurs facultés. Ils s'établissent sur les eaux de la mer comme dans un domicile fixe; ils s'y rassemblent en grande société, et vivent tranquillement au milieu des orages. Dès que leurs petits sont éclos, ils les conduisent sur les eaux. T. VIII, p. 1. — La plupart de ces oiseaux ne retournent pas chaque nuit au rivage, et quand il leur faut pour le trajet ou le retour quelques points de repos, ils les trouvent sur les écueils, ou même les prennent sur les eaux de la mer. P. 2. — Leur vie est plus paisible et moins pénible que celle de la plupart des autres oiseaux. Ils ont aussi des mœurs plus innocentes et des habitudes plus pacifiques. P. 3. — Ils ont franchi au vol et à la nage les plus vastes mers et se trouvent également dans les parties méridionales des deux continents. P. 4 et 5. — Les oiseaux d'eau semblent rechercher les climats froids; exemples à ce sujet. P. 7. — Lieux où ils se trouvent en plus grand nombre. P. 8. — Il y a certains endroits des côtes et des îles, dont le sol entier, jusqu'à une assez grande profondeur, n'est composé que de leur fiente; exemples à ce sujet. P. 8 et 9. — On a vu plusieurs de ces oiseaux se poser, voyager, dormir et même nicher sur des glaces flottantes au milieu des mers. P. 11. — Ce sont les derniers et les plus reculés des habitants du globe. Ils s'avancent jusque dans les terres où l'ours blanc ne paraît plus, et sur les mers que les phoques, les morses et les autres amphibies ont abandonnées. *Ibid.*

OISEAUX *d'eau*. La plupart des oiseaux d'eau, tels que les pluviers, les foulques, etc., voient très-bien dans l'obscurité, et même

les plus vieux de ces oiseaux ne cherchent leur nourriture que dans la nuit. T. VIII, p. 269. — Ceux qui ont les pieds palmés et qui, dans nos contrées ne se perchent jamais sur les arbres, s'y perchent en Amérique. P. 312.

OISEAUX *d'eau*. L'homme a fait une double conquête lorsqu'il s'est assujetti des animaux habitant à la fois des airs et de l'eau. Libres sur ces deux vastes éléments, les oiseaux d'eau semblaient devoir lui échapper à jamais. T. VIII, p. 464 et 465.— Les oiseaux d'eau ne tiennent à la terre que par le seul besoin d'y déposer le produit de leurs amours; mais c'est par ce besoin même et par ce sentiment si cher à tout ce qui respire que nous avons su les captiver sans contrainte, les approcher de nous, et, par l'affection à leur famille, les attacher à nos demeures. P. 465 et 466. —Après avoir goûté les plaisirs de l'amour dans l'asile domestique, ces oiseaux, et mieux encore leurs descendants, sont devenus plus doux, plus traitables, et ont produit sous nos yeux des races privées. P. 466.—Lorsque, malgré le dégoût de la chaîne domestique, l'amour a commencé à unir ces couples captifs, alors leur esclavage, devenu pour eux aussi doux que la liberté, leur a fait oublier peu à peu leurs droits de franchise naturelle et les prérogatives de leur état sauvage; et ces lieux des premiers plaisirs, des premières amours, deviennent leur demeure de prédilection et leur habitation de choix. *Ibid.* — L'éducation de la famille rend encore cette affection plus profonde, et la communique en même temps aux petits qui s'attachent au lieu où ils sont nés comme à leur patrie. *Ibid.* — Néanmoins nous n'avons conquis parmi ces oiseaux qu'une portion de l'espèce entière : une autre grande portion nous a échappé, nous échappera toujours, et reste à la nature comme témoin de son indépendance. P. 466 et 467. — Dans les oiseaux aquatiques, dans ceux surtout qui restent un long temps dans l'eau, les plumes humectées et pénétrées à la longue, donnent insensiblement passage à l'eau, dont quelques filets doivent gagner jusqu'à la peau; alors ces oiseaux ont besoin d'un bain d'air qui dessèche et contracte leurs membres trop dilatés par l'humidité. P. 517. — Le mâle, dans toutes les espèces d'oiseaux d'eau à bec large et à pieds palmés, est toujours plus grand que la femelle. La forme que la nature a le plus reproduite et répétée dans les oiseaux d'eau est celle du canard, qui comprend toutes les nombreuses espèces de ce nom, et celles presqu'en aussi grand nombre des sarcelles. P. 533.

OISEAUX *de basse-cour*. Ne font point de nids, ne s'apparient point; le mâle paraît seulement avoir pour les femelles quelques attentions de plus que n'en ont les quadrupèdes. T. V, p. 38.

OISEAUX *de Céram*, du voyageur Dampier, paraissent être des calaos. T. VIII, p. 613.

OISEAUX *de Diomède*. Histoire mythologique de ces oiseaux, et fable touchante que l'antiquité en racontait. T. VIII, p. 567. — Nous les rapportons avec toute apparence à l'espèce du pétrel-puffin. *Ibid.*

OISEAUX *de fauconnerie* de la première classe. Ce sont les gerfauts, les faucons, les sacres, les laniers, les hobereaux, les émerillons et les cresserelles. Ont tous les ailes presque aussi longues que la queue; la première penne de l'aile faite en lame de couteau, et aussi longue que la suivante, qui est la plus longue de toutes. T. V, p. 126.

OISEAUX *de marais* (les) ont les sens plus obtus, l'instinct et le naturel plus grossiers que les oiseaux des champs et des bois; exposition de ces différences. T. VIII, p. 433 et 434. — Ils ont presque tous la vue faible, et cherchent leur nourriture plutôt par l'odorat que par les yeux. P. 434.

OISEAUX *de nuit*, ne font point de nid, et pourquoi. T. VII, p. 410.

OISEAUX *de Paradis*. Semblent être toujours en mouvement et ne se reposer que par instants. T. V, p. 27.

OISEAUX *de proie*. N'ont ordinairement ni jabot, ni gésier, ni double *cœcum*, et leurs intestins sont moins étendus que ceux des oiseaux qui se contentent d'une nourriture végétale. T. V, p. 30.—Ont la langue molle en grande partie et assez semblable pour la substance à celle des quadrupèdes; ils ont

donc le goût meilleur que les autres, d'autant qu'ils paraissent aussi avoir plus d'odorat. P. 31. — Les plus voraces mangent du poisson, des crapauds, des reptiles lorsque la chair leur manque. P. 32. — Ont l'estomac membraneux. P. 33. — Il n'y a pas une quinzième partie du nombre total des oiseaux terrestres qui soient carnassiers, tandis que dans les quadrupèdes il y en a plus du tiers. P. 43. — Mais en revanche il existe une grande tribu d'oiseaux qui font une prodigieuse déprédation sur les eaux, tandis qu'il n'y a guère parmi les quadrupèdes que les castors, les loutres, les phoques et les morses qui vivent de poisson. *Ibid.*

OISEAUX *de proie* terrestres comparés avec les oiseaux de proie aquatiques. T. v, p. 43. — Ordre dans lequel on parlera des premiers dans cette *Histoire des oiseaux*. *Ibid.* — Dans toutes les espèces d'oiseaux de proie, les mâles sont d'environ un tiers moins grands et moins forts que les femelles, d'où s'est formé le nom générique de *tiercelet*, qui désigne le mâle dans toutes ces espèces. P. 43 et 44. — Tous ces oiseaux ont l'appétit de la proie et le goût de la chasse, le vol très-élevé, la vue perçante, l'aile et la jambe fortes, la tête grosse, la langue charnue, l'estomac simple et membraneux, les intestins moins amples et plus courts que les autres oiseaux, le bec crochu, quatre doigts bien séparés à chaque pied; ils habitent les montagnes désertes, font leurs nids dans les trous de rochers et sur les plus hauts arbres; plusieurs espèces se trouvent dans les deux continents. Quelques-unes ne paraissent pas avoir de climat fixe et bien déterminé. P. 44. — En général sont moins féconds que les autres oiseaux, et le sont d'autant moins qu'ils sont plus grands. P. 44 et 45. — Ont presque tous, plus ou moins, l'habitude dénaturée de chasser leurs petits hors du nid bien plus tôt que les autres, et dans le temps qu'ils leur devraient encore des soins; forcés par leur conformation à se nourrir de chair, par conséquent à détruire et à faire la guerre sans relâche, ils portent une âme de colère qui détruit tous les sentiments doux et affaiblit même la tendresse maternelle; pressés de leur propre besoin, ils entendent impatiemment les cris de leurs petits, et si la proie devient rare, ils les expulsent, les frappent, et quelquefois les tuent dans un accès de fureur causé par la misère. P. 45. — Sont insociables par la même raison. P. 46. — Vivent appariés, même après la saison de l'amour, et jamais en famille. *Ibid.*—Changent de couleur à la première mue et même à la seconde et à la troisième. P. 47. — Il y a apparence qu'ils se cachent pour boire, comme le fait le jean-le-blanc. P. 74. — Se distinguent en oiseaux guerriers, nobles et courageux, tels que les aigles, faucons, gerfauts, autours, laniers, éperviers, etc., et en oiseaux lâches, ignobles et gourmands, tels que les vautours, milans, buses, etc. P. 76. — Antipathie nécessaire entre tous les oiseaux de proie. P. 537.

OISEAUX *de proie* nocturnes, ne voient ni au grand jour, ni dans l'obscurité profonde. T. v, p. 163. — Attaqués de jour avec acharnement par les petits oiseaux. *Ibid.* — Quels sont ceux qui supportent le mieux la lumière. P. 164. — Sont tous compris sous les deux genres du hibou et de la chouette. *Ibid.* — La plupart de ceux qu'on trouve en Amérique ne diffèrent pas assez de ceux d'Europe pour qu'on ne puisse leur supposer une même origine. P. 165. — Semblent avoir le sens de la vue obtus, parce qu'il est trop affecté de l'éclat de la lumière. Paraissent avoir le sens de l'ouïe supérieur à tous les autres oiseaux et animaux; ils peuvent ouvrir et fermer les oreilles à volonté; leur bec est entouré de petites plumes tournées en avant; les deux pièces, tant supérieure qu'inférieure, sont mobiles; l'ouverture en est très-grande; le font craquer fort souvent; ont l'un des trois doigts antérieurs mobiles, de manière qu'ils peuvent le tourner en arrière; lorsqu'ils sortent de leur trou, prennent leur vol en culbutant, sans aucun bruit, comme si le vent les emportait, et toujours de travers. P. 171.

OISEAUX *de rivage* (les) ont communiqué d'un continent à l'autre en suivant les bois et la mer. Comment s'est faite cette migra-

tion des oiseaux de rivage. T. VIII, p. 5.

Oiseaux *de rivage*. Le plus grand nombre des oiseaux qui se trouvent sur les rivages de la mer ne couvent pas assidûment leurs œufs. Ils laissent au soleil, pendant une partie du jour, le soin de les échauffer. Ils les quittent pour l'ordinaire à neuf ou dix heures du matin, et ne s'en rapprochent que vers les trois heures du soir, à moins qu'il ne survienne de la pluie. T. VIII, p. 225.

Oiseaux *de riz*, attirés par ce grain à la Caroline, où on ne les avait jamais vus. T. VII, p. 437.

Oiseaux *diables* (les) ou *diablotins* de Labat, paraissent devoir se rapporter aux pétrels. Description de ces oiseaux diables et de leur chasse, par le même voyageur. T. VIII, p. 572 et 573.

Oiseaux (espèces d') indiquées vaguement et sous des traits peu reconnaissables par différents voyageurs ou naturalistes. Notices qu'ils en ont données. T. VIII, p. 611 et suiv.

Oiseaux *du tropique*, ainsi nommés parce qu'ils ne se trouvent guère qu'entre les deux tropiques. T. VIII, p. 336. — Ils paraissent s'arrêter de préférence sur les îles situées dans la zone torride. *Ibid.* — Ils s'éloignent souvent des terres à des distances prodigieuses. P. 337. — Ils ont le vol très-puissant et très-rapide, et ils ont en même temps la faculté de se reposer sur l'eau. Leurs pieds sont entièrement engagés dans la membrane, et néanmoins ils se perchent sur les arbres. Leurs ressemblances avec les hirondelles de mer. Leur grosseur est à peu près celle d'un pigeon commun. P. 337 et 338.—Le caractère le plus frappant des oiseaux du tropique, est un double long brin qui ne paraît que comme une paille implantée à la queue, et c'est de là qu'on leur a donné le nom de *paille-en-queue*. Description de ce brin qui tombe dans le temps de la mue. Les insulaires d'Otaïti et les Caraïbes d'Amérique font des ornements de ces longs brins. P. 338. — Habitudes naturelles de ces oiseaux, toutes relatives à leur conformation. *Ibid.*

Oiseaux *pêcheurs*; ce n'est pas toujours impunément que l'oiseau pêcheur fait sa proie de poissons, car quelquefois le poisson le saisit et l'avale; exemples à ce sujet. T. VIII, p. 5 et 6.

Oiseaux *pélagiens*. Sont ceux qui ne fréquentent que les hautes mers et qui ne connaissent pas l'homme; ils se laissent approcher et même saisir avec une sécurité que nous appelons stupide, et qui n'est que l'effet du peu de connaissance qu'ils ont de l'homme. T. VIII, p. 392.

Oiseaux *sans ailes*. Dénomination commune aux deux familles des pingouins et des manchots, dont les derniers particulièrement sont en effet entièrement privés d'ailes, et n'ont en place que des ailerons qui ne leur servent qu'à nager. T. VIII, p. 589 et 590. — Quelque rapport qu'il y ait par cette privation entre les deux familles des pingouins et des manchots, elles sont néanmoins distinguées par des différences de conformation, autant que séparées par la distance des climats. Les pingouins habitent les plages du Nord, et les manchots celles du Sud. P. 590 et suiv. — Embarras des naturalistes sur la distinction de ces deux familles que l'on avait confondues. Discussion de leurs opinions et des témoignagnes des voyageurs, qui confirment les différences que nous établissons entre elles. *Ibid.* — Suite des caractères distinctifs de ces deux familles. P. 591 et suiv.

Oiseaux *vermivores*. Tous les oiseaux qui se nourrissent de vers se voient en grand nombre sur les terres humides dans le mois d'octobre, pendant les pluies; mais dès que les vents froids commencent à dessécher et resserrer la terre, tous les vers se recèlent assez profondément, et les oiseaux auxquels ils servent de pâture sont obligés d'abandonner les lieux où les vers ne paraissent plus; c'est là la cause générale de la migration des oiseaux vermivores dans cette seconde saison. T. VIII, p. 190. — Ils vont chercher cette même pâture dans les terres du Midi, où commence la saison des pluies en novembre et décembre, et par une semblable nécessité ils sont forcés de quitter au printemps ces terres du Midi, où les vers disparaissent dès que la terre n'est

plus humide à la surface, et que la chaleur l'a desséchée. *Ibid.*

Okeitsok (l') ou *courte langue*, est un oiseau de mer, de Groënland. Sa notice tirée des voyageurs. T. viii, p. 615.

Olivarez, oiseau des environs de Buenos-Aires, qui paraît être une variété ou une espèce très-voisine du tarin d'Europe. T. vi, p. 278. — Sa description. *Ibid.*

Olive, petit bruant de Saint-Domingue ; sa description et ses dimensions. T. vi, p. 338.

Olivette, espèce de pinson qui se trouve à la Chine; sa description. T. vi, p. 240 et 241.

Olivet, espèce de tangara qui se trouve à Cayenne; sa description et ses dimensions. T. vi, p. 295.

Ombrette, oiseau qui se trouve au Sénégal, et auquel on a donné le nom d'*ombrette* à cause de la couleur de terre d'ombre ou brun foncé de son plumage. C'est une espèce anomale dans les oiseaux de rivage. Son bec ne ressemble à celui d'aucun autre de ces oiseaux; description de ce bec. T. viii, p. 106. — Dimensions de l'oiseau. *Ibid.*

Ongle postérieur de plusieurs coucous en forme d'éperon. T. vii, p. 329. — Ongle du doigt du milieu, dentelé dans l'engoulevent. P. 407 et 408. — Excepté le *grand ibijau.* P. 417. — Le montvoyau l'a dentelé sur le bord extérieur. P. 421.

Onglet, espèce de tangara; ses dimensions et sa description d'après M. Commerson. T. vi, p. 289.

Onocrotale. Le squelette de ce gros oiseau ne pesait que vingt-trois onces. T. v, p. 28. — On dit qu'il vit quatre-vingts ans. P. 29 (note *a*).

Oranbleu ou merle du cap de Bonne-Espérance. Origine de son nom, son plumage. T. vi, p. 110.

Oranvert. Voyez *Merle* à ventre orangé du Sénégal. Son plumage, ses dimensions. T. vi, p. 110.

Orchef ou gros-bec des Indes. T. vi, p. 156.

Onoré (l') est un oiseau de l'Amérique méridionale, qui se rapporte de plus près aux butors qu'aux hérons; leurs ressemblances et leurs différences. Description de cet onoré qui se trouve à Cayenne. T. viii, p. 101 et 102.

Onoré *rayé;* il est un peu plus grand que l'onoré de Cayenne; sa description. Ses habitudes naturelles. T. viii, p. 102. — Lorsqu'il est captif dans une maison, il est continuellement à l'affût des rats qu'il attrape avec beaucoup d'adresse; il se tient toujours dans les lieux les plus cachés et ne s'apprivoise jamais entièrement. *Ibid.*

Onoré *des bois;* il se trouve à la Guiane et au Brésil; sa description et ses dimensions d'après Marcgrave. T. viii, p. 103.

Oreilles du grand duc. T. v, p. 172. — De l'autruche. P. 229.

Orfraie. Ne pond que deux œufs. T. v, p. 44 et 45. — Se charge, dit-on, de l'éducation des petits du pygargue chassés et abandonnés par leurs père et mère. P. 61. — Fait à vérifier. P. 66 et 67. — Chasse aux oiseaux de mer. P. 64 et 66. — Appelé grand aigle de mer; est plus gros que le grand aigle, mais a les ailes plus courtes; a les ongles noirs, semi-circulaires, les jambes jaunes, nues à la partie inférieure; une barbe de plumes sous le menton, d'où lui est venu le nom d'aigle barbu; se nourrit de chair et de poisson, et enlève les chevreaux, les agneaux, les lièvres et les oies aussi bien que les poissons; ne pond que deux œufs et n'élève ordinairement qu'un petit; rangé par Aristote parmi les oiseaux de nuit; ses yeux sont conformés différemment de ceux des oiseaux de nuit et de ceux des oiseaux de jour; il a la cornée recouverte d'une membrane très-mince qui forme l'apparence d'une petite taie sur le milieu de la pupille, et qui est environnée d'un anneau parfaitement transparent; chasse la nuit et le jour; n'a pas le vol si rapide ni si haut que l'aigle. P. 66 et 68. — Il y a des orfraies de différentes grandeurs. P. 71. — Cette espèce n'est nulle part nombreuse, mais elle est répandue presque partout en Europe; il paraît même qu'elle est commune aux deux continents, et que les Hurons l'appellent *sondaqua.* P. 71.

Organiste, tangara ainsi nommé à Saint-Domingue, parce que son chant imite les

sons successifs de l'octave de nos sons musicaux. T. VI, p. 304. — Dimensions, description et habitudes naturelles de cet oiseau. P. 305.

ORTOLAN. Nom donné à une très-petite tourterelle. T. V, p. 521.

ORTOLAN (l'), est probablement le même oiseau que le *cenchramos* d'Aristote et de Pline, et la *miliaire* de Varron; discussion critique à ce sujet. T. VI, p. 312 et 313. — L'ortolan est oiseau de passage; il chante pendant la nuit. Ces oiseaux ne sont pas toujours gras. Manière de les engraisser en chambre. T. VI, p. 313. — Manière de les cuire. *Ibid.* — Ils chantent assez bien en cage, sont excellents à manger lorsqu'ils sont gras. Ils arrivent ordinairement avec les hirondelles; ils viennent de la basse Provence et remontent jusqu'en Bourgogne. En arrivant ils sont un peu maigres; ils font leur nid sur les ceps de vignes ou dans les blés, à terre assez négligemment; la femelle y dépose quatre ou cinq œufs grisâtres. Ils vivent d'insectes. P. 314. — Ils retournent dans les pays méridionaux avec leur famille vers la fin d'août ou au commencement de septembre. On les croit originaires d'Italie. *Ibid.* — Description du mâle. P. 315. — Et de la femelle. *Ibid.* — Ces oiseaux, ainsi que les bruants, les pinsons et les bouvreuils ont les deux pièces du bec mobiles. P. 326.

ORTOLAN (variétés de l'), l'*ortolan blanc*, l'*ortolan noirâtre*, l'*ortolan à queue blanche*, l'*ortolan à gorge jaune*. T. VI, p. 315 et 316.

ORTOLAN *du cap de Bonne-Espérance;* sa description et ses dimensions. T. VI, p. 322.

ORTOLAN *à ventre jaune du cap de Bonne-Espérance;* sa description et ses dimensions. T. VI, p. 321 et 322.

ORTOLAN *de Lorraine;* description du mâle et de la femelle, avec leurs dimensions. T. VI, p. 320 et 321.

ORTOLAN *de la Louisiane;* description et dimensions. T. VI, p. 321.

ORTOLAN (l') *de neige* se trouve dans les pays les plus froids, et jusqu'au Spitzberg. T. VI, p. 323. — Il est blanc pendant l'hiver, et subit différentes variétés pendant l'année. P. 323 et 324. — Description du mâle pendant l'hiver. P. 324. — Ce n'est qu'en été qu'il repasse dans ces climats si froids. *Ibid.* — Ils ne vont vers le midi que jusqu'en Allemagne. P. 324 et 325. — On les prend à leur passage, parce qu'ils sont très-bons à manger. On ne les a jamais entendus chanter dans la volière. P. 325. — Ils n'aiment point à se percher et se tiennent ordinairement à terre; ils ne dorment point ou très-peu. Raison probable de ce fait. Dimensions de cet oiseau. *Ibid.*

ORTOLAN *de neige* (variété de l'), l'*ortolan jacobin*, l'*ortolan de neige à collier;* leur description. T. VI, p. 325 et 326.

ORTOLAN *de riz*, oiseau de l'Amérique, qui voyage depuis l'île de Cuba jusqu'au Canada. T. VI, p. 327. — Description du mâle et de la femelle, et leurs dimensions. *Ibid.*

ORTOLAN *de riz* (l'), variété de l'*ortolan de la Louisiane;* sa description. T. VI, p. 328.

ORTOLAN *de roseaux* (l') se plaît dans les lieux humides, et niche dans les joncs. Ses autres habitudes naturelles par lesquelles il diffère de l'ortolan. T. VI, p. 316 à 318. — Description du mâle et de la femelle et leurs dimensions. P. 318.

ORVERT, très-petite espèce d'oiseau-mouche. T. VII, p. 154.

Os des oiseaux. Ont la cavité plus grande que ceux des quadrupèdes et sont spécifiquement plus légers, ce qui contribue non-seulement à la vitesse du vol, mais à la durée de la vie des oiseaux. Leurs os plus solides et plus légers demeurent poreux, et ne s'obstruent pas aussi promptement que dans les quadrupèdes; car cette obstruction de la substance des os est la cause de la mort naturelle. T. V, p. 28 et 29. — Les poissons, qui ont les os encore plus légers, plus ductiles que les oiseaux, vivent aussi plus longtemps; les femmes, par la même raison, vivent plus longtemps que les hommes. P. 29.

OUANTOU. Voyez *Pic noir huppé*, de Cayenne.

OUETTE ou *Cotinga rouge de Cayenne;*

sa description et ses dimensions. T. VI, p. 380 et 381.

OUÏE. Ce sens est plus parfait dans les oiseaux que dans les quadrupèdes, et, après la vue, c'est le sens le plus parfait des oiseaux : on en peut juger par la facilité qu'ils ont de répéter une suite de sons et d'imiter la parole humaine, et encore par le plaisir qu'ils prennent à chanter. T. V, p. 18, 19, 22, 24 et 26. — Voyez *Sens.* — Dans l'homme, l'ouïe est le quatrième sens, de même que dans le quadrupède; il est le second dans l'oiseau. P. 36. — Les oiseaux de proie nocturnes paraissent avoir le sens de l'ouïe supérieur à tous les autres oiseaux. Ils ont les conques des oreilles plus grandes; il y a aussi chez eux plus d'appareil et de mouvement dans cet organe, qu'ils sont maîtres de fermer et d'ouvrir par un privilége qui leur est propre. P. 171. — On a dit que l'autruche était privée du sens de l'ouïe. P. 229.

OUÏE de l'engoulevent, ce qui rend cet organe plus parfait dans cet oiseau et dans les autres oiseaux de nuit. T. VII, p. 409.

OUROUA. Voyez *Vautour* du Brésil.

OUROUCOUAIS. Voyez *Couroucous.*

OUROVANG ou merle cendré de Madagascar. Son plumage, ses dimensions. T. VI, p. 111. — Comparé à notre mauvis. *Ibid.*

OUROUBOU. Voyez *Vautour* du Brésil, *Marchand.*

OUTARDE. T. V, p. 251 à 268. — Sa nomenclature. P. 252 à 259. — Différences du mâle et de la femelle. P. 258. — Dimensions de l'outarde. P. 259. — Son poids. *Ibid.* — A trois doigts à chaque pied; un duvet couleur de rose. Ses autres caractères. P. 260 et suiv. — Ses ongles. P. 261. — Ses oreilles, sa langue; poche dont l'orifice est sous la langue. P. 261 et 262. — Observations anatomiques. P. 262 à 264. — Sa nourriture. P. 263. — Sa ponte, son incubation. P. 264 et 265. — Ses mœurs, son allure; manière de la prendre. P. 265 et 266. — Va quelquefois en troupes; son climat, ses migrations. P. 266 et 267. — N'a point passé en Amérique. P. 267 et 268. — Usages de sa chair et de ses plumes. P. 268. — Pourquoi nommée otis par les anciens. P. 274.

OUTARDE d'Afrique. T. V, p. 275. — La même que l'autruche volante. P. 275 et 276.

OUTARDE *huppée* d'Arabie. Voyez *Lohong.*

OUTARDE *moyenne* des Indes. Voyez *Churge.*

OUTARDE pesée et mesurée. T. V, p. 259.

OUTARDE (petite) ou canepetière. Pourquoi appelée ainsi. T. V, p. 269. — Ses dimensions. *Ibid.* — Ses propriétés; variétés produites par la différence du sexe. P. 271. — Ses amours, sa ponte, son passage, sa nourriture; moyens de prendre ces oiseaux. *Ibid.* — Lieux où ils se trouvent. P. 272 et 273. — Sa manière de voler et de courir. Ses mœurs; qualités de sa chair. P. 273.

OUTARDE (petite) huppée d'Afrique. Voyez *Houbara.*

OUTARDE (autre petite) huppée d'Afrique. Voyez *Rhaad.*

OUTRE-MER, oiseau d'Abyssinie, d'un beau bleu foncé qui a plus de rapports avec le serin qu'avec aucun autre genre d'oiseau; sa description. T. VI, p. 201.

OVAIRE unique dans les oiseaux; exceptions proposées, mais qui ont besoin de confirmation. T. V, p. 211.

OVIDUCTUS unique, même dans les oiseaux à qui l'on attribue deux ovaires. T. V, p. 211 (note *b*).

P

PACAPAC ou *pompadour.* Cotinga de la Guiane. Sa description. T. VI, p. 379. — Ses habitudes naturelles. *Ibid.*

PACAPAC (variété du) : le pacapac gris pourpre, le cotinga gris, avec leurs descriptions. T. VI, p. 380.

PADDA ou oiseau de riz ou gros-bec cendré de la Chine, moineau de Java, moineau indien; son beau plumage. T. VI, p. 154 et 155.

PAILLE-EN-QUEUE. Voyez *Oiseaux* du Tropique.

Palalaca ou *grand pic vert* des Philippines. Sa description. T. vii, p. 505.

Palalaca, autre *pic vert tacheté*, des Philippines. Sa description. T. vii, p. 505.

Palétuviers (chenille et coucou des). T. vii, p. 354.

Palikour ou *fourmillier* proprement dit. Sa description, ses dimensions, sa voix et ses habitudes naturelles. T. vi, p. 391.

Palmipèdes, sont au nombre de plus de trois cents. T. v, p. 35.

Palmiste, d'où vient ce nom; plumage de cet oiseau, ses dimensions; variété. T. vi, p. 123.

Paon, n'est pas la centième partie d'un bœuf et se fait entendre de plus loin. T. v, p. 19. — Est avec le coq, le dindon et les autres oiseaux à jabot, le représentant des bœufs, des brebis, des chèvres et des autres ruminants. P. 30. — Sa beauté, son aigrette, sa queue, couleurs de son plumage, leur jeu dans les différents mouvements du mâle lorsqu'il est animé par l'amour. P. 389 et 390. — Sa mue. P. 390. — Est originaire des Indes orientales d'où il s'est répandu successivement. P. 390-395. — D'où lui sont venus les noms d'*avis medica* et d'oiseau de Samos. P. 393 et 394. — Ne paraît pas naturel à l'Afrique. P. 392 et 393. — Ni à l'Amérique. P. 395. — Est un oiseau pesant à ailes courtes et queue longue, ne se plaît pas dans les pays septentrionaux. *Ibid.* — Les mâles, ardents pour leurs femelles, se battent, dit-on, entre eux; ont besoin de plusieurs femelles chacun, mais non pas en tout climat. P. 395 et 396. — Sont oiseaux pulvérateurs, la femelle est lascive, pond, sans accouplement, des œufs inféconds. P. 396 — Age adulte de ces oiseaux, production de la belle queue du mâle. P. 396 et 397. — Saison de leurs amours, moyen de l'avancer. P. 397. — Pontes, incubation, œufs, précautions à prendre pour qu'ils ne soient pas cassés dans la ponte même ou par le mâle, et pour que la couveuse ne les abandonne pas. P. 397-399. — On en fait couver par des poules vulgaires; éducation des petits. P. 397 (note *f*) et 399-401. — Semblent se caresser, mais en effet se grattent réciproquement avec leur bec, et pourquoi. P. 402. — Leur manière de manger et de boire; tube intestinal, canaux biliaires et pancréatiques, *cæcum* double, croupion gros. P. 402 et 403. — Comment dorment; aiment la propreté; leurs excréments; aiment à grimper. P. 403. — Leurs voix, leurs différents cris. P. 403 et 404. — Leur sympathie avec le dindon, durée de leur vie, leur nourriture; manière de les prendre à Cambaie, qualités de leur chair. P. 404 et 405.

Paon blanc; variété. T. v, p. 406-408. — Vestiges de miroirs sur les plumes de sa queue. P. 408.

Paon panaché, semble être le produit du mélange du paon ordinaire et du paon blanc; ses petits moins délicats à élever que ceux du paon blanc. T. v, p. 408.

Paon de mer. Voyez *Combattants*.

Paon (petit) des roses. Voyez *Caurâle*.

Pape. Sa description. T. vi, p. 253. — C'est un oiseau de l'Amérique. Il niche à la Caroline, mais n'y reste pas l'hiver. Il mue deux fois l'année. P. 254. — Il vit huit ou dix ans; on est venu à bout de le faire nicher en Hollande. *Ibid.* — Dimensions et variété de cet oiseau. *Ibid.*

Papegai *à bandeau rouge*, ou perroquet de Saint-Domingue. T. vii, p. 270 et 271.

Papegai *à tête aurore*. N'est pas bien gros. Apprend difficilement à parler et parle peu. Fait peu de bruit étant privé. Vole en troupe, en faisant retentir l'air de cris aigus. Vit de pacanes, pignons, graines de laurier-tulipier. T. vii, p. 274.

Papegai *à tête et gorge bleues*. Se trouve à la Guiane; y est assez rare. N'apprend point à parler. A la membrane qui entoure les yeux couleur de chair. T. vii, p. 271 et 272. — Confondu avec le perroquet vert facé de bleu d'Edwards. P. 272.

Papegai *à ventre pourpre*, se trouve à la Martinique, moins beau que plusieurs autres espèces de ce genre. T. vii, p. 271.

Papegai *brun*, l'un des plus rares et des moins beaux de tous les perroquets. Se trouve à la Nouvelle-Espagne, est de la grosseur d'un pigeon commun. T. vi, p. 273.

Papegai *de Paradis*, ou perroquet de Paradis, perroquet de Cuba; est joli. Ses variétés. T. vii, p. 268 et 269.

Papegai *maillé*, perroquet d'Amérique. Paraît être le perroquet varié de l'ancien continent transporté et naturalisé à la Guiane. N'a pas la voix des perroquets d'Amérique, mais un cri aigu et perçant. Plumes qui entourent sa face et qu'il relève en forme de fraise. T. vii, p. 269 et 270.

Papegai *violet*, confondu avec le crik rouge et bleu. T. vii, p. 263 et 272. — Assez commun à la Guiane; est joli, mais n'apprend point à parler. P. 272.

Papegais, perroquets du nouveau continent. Ne se trouvent point dans l'ancien, diffèrent des amazones et des criks en ce qu'ils n'ont point de rouge dans l'aile. T. vii, p. 268.

Paragua, paraît être du Brésil. A beaucoup de rouge, pourrait bien être un lori transporté des grandes Indes. T. vii, p. 274 et 275.

Parat. Voyez *Moineau*.

Parement-bleu, oiseau du Japon dont on ne peut donner la description que d'après Aldrovande. T. vi, p. 255.

Paresseux, se meuvent très-lentement et ont les yeux couverts et la vue basse; c'est une règle générale. T. v, p. 15 et 16.

Parginie des Portugais, suivant Kæmpfer. Ses indications sur cet oiseau. T. viii, p. 621.

Parler, ce que c'est. T. vii, p. 182 et 183. — Oiseaux qui apprennent à parler. P. 183 et 184.

Paroare, nom formé du nom brasilien *tije guacu paroara*, connu sous celui de *cardinal dominiquain;* son plumage; différence de la femelle. T. vi, p. 173.

Paroare huppé, ou cardinal dominiquain huppé de la Louisiane. T. vi, p. 173 et 174.

Parole (organes de la) dans les perroquets. T. vi, p. 203.

Parraka de Barrère, qui le nomme aussi faisan; sa huppe. T. v, p. 442.

Passage (temps du) des faucons étrangers. T. v, p. 140 et 141. Voyez *Migration*.

Passe-bleu ou moineau bleu de Cayenne. a rapport au friquet, et plus encore au passe-vert. T. vi, p. 170.

Passerat, passereau, passereau sauvage, passeron. Voyez *Friquet* et *Moineau*.

Passerine. Voyez *Fauvette* grise.

Passerinette. Voyez petite *Fauvette*.

Passe-vert ou moineau à tête rouge de Cayenne, approche de notre friquet, quoique d'un plumage tout différent. T. vi, p. 170.

Passe-vert, espèce de tangara de la Guiane. Description du mâle. T. vi, p. 297 et 298. — Description de la femelle. P. 298. — Habitudes naturelles de cet oiseau. *Ibid.*

Passe-vert (variété du). Le passe-vert à tête bleue. T. vi, p. 298.

Passière, paisse, paisse de saule, paissorelle. Voyez *Friquet* et *Moineau*.

Patirich, guépier de Madagascar, y est nommé *patirich-tirich*, mot qui a rapport à son cri. A un large bandeau noirâtre. Variété dans cette espèce. T. vii, p. 395.

Pattes. L'ara vert se sert de ses pattes comme d'une main. T. vii, p. 249.

Paupière, seconde paupière des oiseaux, et son usage. T. v, p. 14. — Paupière supérieure de l'autruche mobile et bordée de longs cils. P. 204.

Pauxi ou le pierre, ou pierre de Cayenne, hocco du Mexique de Brisson; cusco, poule numidique; son bec chargé d'un tubercule, sa taille, son plumage; se perche, pond à terre; nourriture des petits, son naturel, lieux qu'il affecte; différences entre le mâle et la femelle. T. v, p. 435-437.

Peau ou cuir de l'autruche. T. v, p. 225.

Peau nue et d'un blanc sale aux deux côtés de la tête des aras et par-dessous. T. vii, p. 239. — Les autres perroquets n'ont qu'un petit cercle de peau nue autour des yeux. P. 254. — Cette peau couleur de chair dans le papegai à tête et gorge bleues. P. 272.

Pêcheur (le) des Antilles du P. Dutertre est très-vraisemblablement le même que l'épervier pêcheur de la Caroline de Catesby, et ce dernier par sa forme, sa grosseur, son plumage et ses habitudes, semble appartenir à l'espèce du balbusard. T. v, p. 81. — Quoiqu'il ne fasse pas la guerre aux oiseaux, ni même aux animaux, mais seulement aux poissons, les oiseaux ne laissent pas de s'attrouper pour le poursuivre à coups de bec

jusqu'à ce qu'il change de quartier; pêche comme le balbuzard; les enfants des sauvages l'élèvent et s'en servent à la pêche. *Ibid.*— Faucon pêcheur des Antilles. P. 139. — De la Caroline. *Ibid.* — Faucon pêcheur du Sénégal. Voyez *Tanas.*—Tous les oiseaux pêcheurs rejettent par le bec les arêtes et les écailles de poissons, roulées en petites pelotes. P. 147.

Peintade ou méléagride ou quetele ou guinette ou poule d'Afrique, de Numidie, poule perlée, perdrix de Terre-Neuve, différente du pintado. T. v, p. 329. — Différences du mâle et de la femelle. P. 329 et 330; 332 et 333; 335. — Cette espèce s'est perdue et retrouvée; a été transportée en Amérique. P. 330. — Changements qu'elle y a éprouvés. P 331. — Variétés dans la couleur des barbillons. P. 329, 330, 332, 333 et 335. — Dans les habitudes et les mœurs, et dans la couleur de la chair. P. 330 et 331. — Dans la grosseur du corps. P. 331. Dans la forme des membranes du cou, le nombre et la hauteur des plumes ou filets de la tête. P. 331-333. — Dans les couleurs du plumage. P. 331, 332, 334 et 335. — Dans la couleur, la forme et les dimensions du casque, etc. P. 332. — Dans la couleur des œufs, etc. P. 339 et 340. — Ce qu'on doit penser de toutes ces variétés. P. 333. — La peintade n'est point le dindon ni le *knor-haan*. P. 333 et 334. — Plumage, ailes, queue; pourquoi paraît bossue; comparée à la perdrix. P. 334 et 335; 337 et 339. — Oreilles découvertes, casque, yeux, bec, pieds, ongles. P. 336. — Parties intérieures. P. 336 et 337. — Son cri, ses mœurs, portent l'empreinte du climat. P. 337 et 338. — Ses allures, sa nourriture. P. 338. — Aime les marécages, s'apprivoise; comparée au faisan. P. 339. — Sa ponte beaucoup plus considérable dans la domesticité que dans l'état de sauvage; différence des œufs dans ces deux états. P. 339 et 340. — Incubation, soin de la couvée, éducation et développement des petits, bon goût de leur chair. P. 340 et 341. — Le mâle produit avec la poule domestique des œufs inféconds. P. 341. — Œufs de peintade bons à manger. *Ibid.* — On trouve de ces oiseaux non-seulement en Afrique, mais encore en Asie et dans le sud de l'Europe; n'ont pu s'habituer dans la partie septentrionale. P. 341 et 342. — Sont rares en Angleterre. P. 342. — Plus communs en Grèce qu'à Rome. *Ibid.* — Semblent être oiseaux de passage, puisqu'ils revenaient tous les ans dans le pays où était le tombeau de Méléagre. *Ibid.*

Pélican, grand oiseau très-remarquable par la hauteur de sa taille, et par le sac qu'il porte sous le bec. T. viii, p. 303. — Anciennes fables au sujet de cet oiseau. P. 304. — Il serait le plus grand des oiseaux d'eau, si l'albatrosse n'était pas plus épais, et si le flammant n'avait les jambes beaucoup plus hautes. Les ailes du pélican sont si grandes, que son envergure est de onze à douze pieds. Ses mouvements dans l'air, sa manière de pêcher. P. 304 et 305. — Il remplit son sac de poissons et va ensuite l'avaler et le digérer à loisir sur quelques rochers. On pourrait en faire, comme du cormoran, un pêcheur domestique. Exemple à ce sujet. P. 305. — Sa description. P. 305 et 306. — Description particulière des deux mandibules de son bec et du sac qui est au-dessous; ce sac peut contenir vingt pintes de liquide. Le pélican est susceptible de quelque éducation. P. 306. — Son naturel est assez social. Il s'élève extrêmement haut dans les airs, quoiqu'il pèse vingt-quatre ou vingt-cinq livres. Remarques particulières sur la légèreté des os de cet oiseau, et sur la quantité d'air répandue dans tout le tissu de son corps. P. 306. — Il vit longtemps, même en captivité. Il est assez rare en France, surtout dans les provinces intérieures. Il se trouve en assez grand nombre dans les provinces méridionales de l'Allemagne, et particulièrement sur le Danube. P. 307. — Il se trouve aussi dans la Grèce; mais il n'est pas étranger aux climats du Nord. *Ibid.* — Il ne paraît pas aller plus loin que dans la Russie Rouge et dans la Lithuanie. P. 308. — Passage des pélicans sur la Méditerranée. Ils restent pendant l'hiver en Égypte, en Judée, etc. On les retrouve en plusieurs endroits du nouveau continent. *Ibid.* — Lieux de l'Afrique et de

l'Asie où ils se trouvent en grand nombre. P. 308 et 309. — On en voit aussi à la Nouvelle-Hollande où ils sont d'une grosseur extraordinaire. Lieux où ils se trouvent en Amérique. P. 309. — Ils sont en si grand nombre à la côte des Sambales et à celle de Panama qu'on en charge des canots, et qu'on en fond la graisse dont on se sert comme d'huile. Ils pêchent dans les eaux douces comme dans les eaux de la mer; le pélican fréquente même les pays les plus secs, comme la Perse et l'Arabie, où on lui donne le nom de *porteur d'eau* ou *chameau de la rivière*, parce qu'il porte de très-loin de l'eau dans son sac pour abreuver ses petits. P. 309 et 310. — Discussion critique au sujet des différents noms donnés à cet oiseau. P. 310 et 311. — Sa manière de dégorger le poisson qu'il porte dans son sac. P. 311. — Il niche à terre et non pas sur les arbres comme l'ont dit quelques naturalistes. P. 311 et 312. — Mais il se perche sur les arbres quoiqu'il ait les pieds palmés. Il emporte dans son sac à chaque pêche autant de poisson qu'il en faudrait pour le repas de six hommes. P. 312. — Sa manière de manger. Description de son sac et usage qu'on en fait. *Ibid.* — Conformation particulière de la trachée-artère de cet oiseau. P. 313. — La chair n'est pas bonne à manger. P. 314.

Pélican (variétés du). 1° le pélican brun. T. viii, p. 315 et 316. — 2° Le pélican à bec dentelé. P. 316 et 317.

Penduline (la) est une espèce de mésange qui, comme le remiz, suspend son nid. Elle est bien connue en Languedoc. T. viii, p. 91 et suiv. — Différences de la penduline et du remiz. Description du nid, qui est très-gros. Description de l'oiseau et ses dimensions. P. 92.

Percnoptère, est un vautour, ou si l'on veut, la dernière nuance entre l'aigle et le vautour, et la plus voisine du vautour dont il a les principaux caractères et les mœurs, il porte sur la poitrine une tache brune, liserée de blanc, figurée en forme de cœur; dégoûtant par l'écoulement continuel de ses narines, et par un second écoulement de salive qui se fait par deux autres trous dont son bec est percé; il a l'iris d'un jaune rougeâtre, une espèce de fraise blanche au-dessous du cou, le jabot proéminent; approche du grand aigle pour la grosseur, a les ailes plus courtes et la queue plus longue. T. v, p. 84.

Perdrix, comparée avec la peintade. T. v, p. 334 et 335; 337 et 339. — Dénombrement des différentes espèces de perdrix. P. 443. — Espèces renvoyées du genre des perdrix. P. 443 et 444.

Perdrix de la Nouvelle-Angleterre. T. v, p. 467.

Perdrix de montagne, moyenne entre la grise et la rouge. T. v, p. 453.

Perdrix de montagne du Mexique. T. v, p. 488. — Voyez *Ococolin.*

Perdrix de roche ou de la Gambra. T. v, p. 466.

Perdrix de Terre-Neuve. Voyez *Peintade.*

Perdrix des Indes de Strabon. Voyez *Outarde.*

Perdrix du Sénégal. Voyez *Bis-ergot.*

Perdrix grise, en quels pays se trouve, en quels pays ne se trouve point. T. v, p. 445. — Ne s'accouple point avec la rouge, est d'un naturel plus doux, aime les plaines, y niche à terre; ses amours, combats des mâles, ponte, œufs, incubation, éducation des petits. P. 445-448. — Indices de l'âge, nourriture pendant l'été et pendant l'hiver, cri de la perdrix, surabondance des mâles, manière de prendre les mâles surnuméraires. P. 449 et 450. — La perdrix est sédentaire, craint l'oiseau de proie, durée de sa vie, comment on la multiplie dans les parcs, comment on nourrit et on élève les petits; leur chair, leur bec, observations anatomiques. P. 450 et 451.

Perdrix grise-blanche. T. v, p. 451 et 452.

Perdrix grise (petite), a le bec plus allongé et les pieds jaunes; elle est un oiseau de passage; rapports et différences des deux espèces. T. v, p. 452 et 453. — La chair de perdrix est quelquefois remplie de grains de sable. P. 453.

Perdrix perlée de la Chine. T. v, p. 466 et 467.

PERDRIX rouge ou perdrix grecque ou bartavelle; ce qu'en ont dit les anciens, analysé et réduit à ses justes termes. T. V, p. 453 et suiv. — Organes de la digestion, durée de sa vie, nid, combat des mâles, testicules de grandeur variable, accouplement, ponte. P. 454-457. — Œufs détruits par les mâles; ce qu'on doit penser de la double ponte, de ces mâles qui se cochent les uns les autres, de ces femelles qui conçoivent à la voix du mâle, du point d'honneur des mâles de joûte. P. 455-457, 458. — Grosseur de la bartavelle, son cri, son séjour ordinaire, sa ponte. P. 457 et 458. — S'est mêlée avec la poule ordinaire; couve des œufs étrangers. P. 458. — Moyens de prendre les mâles. *Ibid.*

PERDRIX rouge blanche. T. V, p. 462.

PERDRIX rouge d'Afrique, a les éperons plus longs, la queue plus épanouie que nos perdrix, et la gorge rouge. T. V, p. 465 et 466.

PERDRIX rouge de Barbarie, plus petite que notre perdrix grise; son plumage, son collier. T. V, p. 466.

PERDRIX rouge d'Europe, son séjour; combien se plaît dans l'île de Nanfio; sa chair prend le goût des choses dont elle vit; son vol; se perche et se terre; ses mœurs différentes de celles de la perdrix grise et de celles de la perdrix d'Égypte; s'accoutume difficilement à la captivité; susceptible d'éducation. T. V, p. 459-462.

PERDRIX. L'œuf du coucou ne réussit point dans leurs nids. T. VII, p. 317. — Pourquoi. *Ibid.*

PERDRIX, n'ont été portées dans l'île de Malte que vers le milieu du dernier siècle. T. VIII, p. 218.

PERDRIX DE MER (la) est improprement nommée perdrix, à laquelle elle ne ressemble un peu que par la forme du bec. T. VIII, p. 156 et 157. — Ses différences avec la perdrix de terre, et ses ressemblances avec les hirondelles. Ses habitudes naturelles et sa nourriture. On en connaît quatre espèces ou variétés. P. 157.

1° La *grise*. Sa description et ses habitudes naturelles. P. 157 et 158.

2° La *brune*. Sa description et ses habitudes naturelles. P. 158.

3° La *giarole*, qui se trouve en Italie, et qui paraît être le melampos ou pied noir de Gessner. *Ibid.*

4° Et la *perdrix de mer* à collier. Cet oiseau est remuant et presque toujours en mouvement. Son petit cri perçant. Ses autres habitudes naturelles. P. 159. — Sa description. C'est la plus petite de toutes les perdrix de mer. Elle niche sur les bords sablonneux des rivières, et pond sept œufs oblongs. *Ibid.*

PÈRE ET MÈRE. Leur affection mutuelle, fondement du bon ordre. T. VII, p. 319.

PÈRE NOIR, se trouve probablement dans les climats chauds des deux continents; connu au Mexique sous le nom de *yohualtototl*. T. VI, p. 165 et 166.

PÈRE NOIR à longue queue. T. VI, p. 166 et 167.

PERRICHE *à ailes variées*, à queue longue et inégale, nommée à Cayenne *perruche commune*. Vole en grandes troupes jusque dans les lieux habités. Aime les boutons des fruits de l'arbre immortel. Taille au-dessous du merle. Apprend aisément à parler. Sa femelle. Confondu avec l'anaca. T. VII, p. 279 et 280.

PERRICHE *à front rouge*, à queue longue et inégale des climats chauds de l'Amérique. N'est point l'aputé-juba. T. VII, p. 284.

PERRICHE *à gorge brune*, à queue longue et égale, de la Martinique. T. VII, p. 278 et 279.

PERRICHE *à gorge variée*, à queue longue et égale, de Cayenne. Taille au-dessous du merle. T. VII, p. 279.

PERRICHE-ARA, appelée à la Guiane *makavouanne*. Prononce le mot ara comme les aras, mais d'une voix plus aiguë. Se tient dans les savanes noyées. Vit des fruits du palmier-latanier. A les joues nues, la queue longue. C'est la plus grosse des perriches. T. VII, p. 288 et 289.

PERRICHE *à tête jaune*, à queue longue et inégale. Voyage de la Guiane à la Caroline, à la Louisiane, à la Virginie. Se nourrit de graines et de pepins de fruits. T. VII, p. 287 et 288.

Perriche *couronnée d'or*, à queue longue et inégale, appelée à Cayenne *perruche des savanes*, a pondu en Angleterre cinq ou six œufs assez petits et blancs, y a vécu quatorze ans. N'est point la femelle de l'aputé-juba. T. vii, p. 285 et 286. — Va en grandes troupes, est intelligente, caressante et parle bien. P. 286.

Perriche-émeraude. *à queue longue et égale*. T. vi, p. 281 et 282.

Perriche-pavouane de Cayenne, des Antilles, à queue longue et égale. Une des plus jolies. Variété d'âge. Apprend assez facilement à parler; du reste toujours un peu sauvage. A l'air leste, l'œil vif. Vole en troupes; toujours criant. Se nourrit du fruit de l'immortel ou corallo-dendron. T. vii, p. 277 et 278.

Perriches. Nom donné aux perruches du nouveau continent. T. vii, p. 277. — Se divisent en deux familles caractérisées par la longueur de la queue. La première famille à queue longue se partage en deux branches dont l'une a la queue étagée également. *Ibid.* et suiv. — Et l'autre inégalement. P. 282 et suiv. — Les perriches à queue courte font la seconde famille. P. 289. — Ces perriches à queue courte sont nommées *touis* au Brésil, d'où elles sont originaires. *Ibid.* — Il n'y en a que deux espèces qui apprennent à parler. *Ibid.* — Transportées d'un continent à l'autre. *Ibid.* — Nommées *tuin* par Laët. P. 291.

Perrique de la Guadeloupe de Labat. Variété du sincialo. Voyez ce mot. — Ce n'est point l'aiuru-catinga de Marcgrave. T. vii, p. 283.

Perroquet d'Allemagne. Voyez *Bec-croisé.*

Perroquet (le) et le singe sont les animaux que les sauvages admirent le plus. Ne sont point des êtres intermédiaires entre l'homme et la brute. T. vii, p. 181. — Les sauvages savent varier à volonté les couleurs du plumage de ces oiseaux, ce qui s'appelle tapirer. *Ibid.* — Le perroquet imite quelques-unes de nos paroles, les cris des animaux, mais non pas le chant. P. 183 et suiv. — En quoi consiste son imitation. P. 184. — Les perroquets de l'ancien continent ne se trouvent point dans le nouveau, et réciproquement. P. 189. — Ne s'éloignent guère de l'équateur que de vingt-cinq degrés. *Ibid.* — Ont le vol pesant, court et peu élevé. P. 190. — Leur nomenclature difficile. *Ibid.* — Première espèce portée en Grèce. *Ibid.* et 191. — Ces oiseaux fort à la mode chez les Romains; on les tira d'abord des Indes, et ensuite d'Afrique. P. 191. — Se trouvent en grand nombre. dans tous les pays qui leur conviennent, d'où on conclut qu'ils font plusieurs pontes, chaque ponte étant peu nombreuse. *Ibid.* — Division du genre des perroquets en deux classes, et de chaque classe en plusieurs familles. P. 192. — Perroquets de l'ancien continent. P. 192 et suiv. — Du nouveau continent. P. 238 et suiv. — Point d'autres perroquets au Japon que ceux qui y ont été apportés. P. 228 et 229. — Aras les plus beaux et les plus gros des perroquets. P. 238 et 239. — Perroquets, sont des oiseaux erratiques qui causent quelquefois de grands dommages aux récoltes. P. 288.

Perroquet *à bec couleur de sang*, remarquable par sa taille, par la couleur et la grandeur de son bec. T. vii, p. 209.

Perroquet (le grand) *à tête bleue* d'Amboine. Est un des plus grands. T. vii, p. 209.

Perroquet *à tête grise*, nommé *petite perruche* du Sénégal. Ce n'est point une perruche. Vole par petites troupes serrées. A le cri aigu. Ne parle pas, dit Lemaire. T. vii, p. 209 et 210.

Perroquet *blanchâtre*. Voyez *Meunier*.

Perroquet *brun* de M. Brisson. Variété du vaza, ou peut-être espèce intermédiaire entre entre le vaza et le mascarin. T. vii, p. 208.

Perroquet *cendré*. Voyez *Jaco*.

Perroquet de Cuba. Voyez *Papegai* de Paradis.

Perroquet de la Dominique. Voyez *Crik* à tête bleue.

Perroquet de la Martinique. Voyez *Amazone* à tête blanche.

Perroquet de Luçon. Voyez *Perruche* aux ailes chamarées.

Perroquet de Macao, mauvais nom de l'ara-rouge. T. vii, p. 240.

Perroquet *de Paradis*. Voyez *Papegai* de Paradis.

Perroquet de Saint-Domingue. Voyez *Papegai* à bandeau rouge.

Perroquet des anciens. T. vii, p. 190, 191, 218, 219 et 225. Voyez grande *Perruche* à collier d'un rouge vif.

Perroquet *gris*, prétendu du Brésil. Y avait peut-être été transporté de Guinée, où les perroquets gris sont communs. T. vii, p. 275.

Perroquet *noir* ou *vaza*, ou *wouresmeinte*. Se trouve à Madagascar, et selon quelques-uns en Éthiopie. A le bec très-petit et la queue assez longue; est familier. T. vii, p. 207 et 208. — Voyez *Perroquet* brun.

Perroquet *varié*, ou *maillé*, ou perroquet *à tête de faucon*, ou perroquet *élégant*. De la grosseur d'un pigeon; relève, étant en colère, les plumes de son cou. N'est point naturel à l'Amérique. A le cri aigu et perçant. T. vii, p. 206 et 207.

Perroquet *vert*, des contrées méridionales de la Chine. Gros comme une poule. Se trouve aux Moluques, à la Nouvelle-Guinée, mais non en Amérique. T. vii, p. 206.

Perroquet *vert facé de bleu* d'Edwards. Voyez *Crik* à tête bleue; *Papegai* à tête et gorge bleues.

Perroquet *vert et rouge* de Cayenne, bâtard amazone, demi-amazone. Voyez *Amazone* à tête jaune.

Perroquet (très-petit) *vert et rouge* d'Edwards, variété ou espèce voisine du moineau de Guinée. T. vii, p. 233.

Perroquets-amazones. T. vii, p. 253.

Perroquets proprement dits, originaires de l'Afrique et des grandes Indes. T. vii, p. 197. — Perroquets qui ont pondu et élevé des petits en France. P. 205 et 232. — Usage d'élever et de nourrir des perroquets en domesticité, très-ancien aux Indes. Comment les sauvages d'Amérique prennent et apprivoisent les perroquets adultes. P. 252. — Perroquets sauvages très-méchants. *Ibid.* — Petit perroquet à queue courte, d'Aldrovande, pourrait bien être un kakatoës, et celui de Seba un lori. P. 292 et 293.

Perroquets âgés de trente et quarante ans. T. v, p. 29. — Les perroquets et plusieurs autres oiseaux, dont le bec est crochu, semblent préférer les fruits et les graines à la chair. P. 32. — Ont le bec supérieur mobile, comme l'inférieur. P. 33 (note *a*).

Perroquets de mer, ainsi que les pingouins, volent et nagent, mais ne peuvent marcher. T. v, p. 35.

Perruche sans pieds, comme un oiseau de Paradis. T. vi, p. 8.

Perruche *à ailes d'or et queue courte*, probablement des Indes orientales. T. vii, p. 234.

Perruche *à ailes noires et queue courte*, de Luçon. Différences entre le mâle et la femelle. Dorment suspendus la tête en bas. Sont friands du suc de cocotier. T. vii, p. 236 et 237.

Perruche (grande) *à ailes rougeâtres*. T. vii, p. 227.

Perruche (grande) *à bandeau noir* des Moluques, mal à propos nommée par quelques-uns ara, lori. T. vii, p. 228. — Très-belle espèce. *Ibid.* — Capable d'attachement. *Ibid.*

Perruche *à collier couleur de rose*, d'Afrique. N'est point le perroquet des anciens. T. vii, p. 224 et 225. — Les deux brins de sa queue sont le double du corps. P. 225.

Perruche (grande) *à collier d'un rouge vif et queue longue et égale*. Est selon toute apparence le perroquet des anciens, apporté en Grèce par la flotte d'Alexandre. T. vii, p. 190, 191, 218, 219 et 225. — Se trouve dans l'Asie méridionale et les îles voisines. P. 219.

Perruche *à collier et à queue courte*, des Philippines. De la grosseur du moineau de Guinée; n'apprend point à parler. T. vii, p. 236.

Perruche *à double collier*, grosse comme une tourterelle. Se trouve dans l'île Bourbon et les continents voisins. T. vii, p. 219 et 220.

Perruche *à face bleue*, d'Amboine. T. vii, p. 223 et 224.

PERRUCHE (petite) *à gorge jaune*, d'Amérique, dénomination donnée au toui à gorge jaune. T. VII, p. 290.

PERRUCHE *à gorge rouge*, des grandes Indes. La plus petite des perruches à longue queue, taille de la mésange. T. VII, p. 227.

PERRUCHE (grande) *à longs brins*. Ressemble fort à la petite perruche à tête couleur de rose à longs brins; mais elle est beaucoup plus grande. T. VII, p. 226.

PERRUCHE *à moustaches*, de Pondichéry. A la queue aussi longue que le corps. T. VII, p. 223.

PERRUCHE *à tête bleue*. T. VII, p. 220.

PERRUCHE *à tête bleue et queue courte*, de Sumatra, de Luçon et de Malaca. Ne se trouve point au Pérou; se nourrit de callou. Voyez ce mot. T. VII, p. 230, 231.

PERRUCHE (petite) *à tête couleur de rose, à longs brins*, doubles de la longueur du corps, du Bengale, où elle s'appelle *fridytutah*. Très-belle espèce. T. VII, p. 226.

PERRUCHE *à tête d'azur*, des grandes Indes, de la grosseur d'un pigeon. A la queue aussi longue que le corps. T. VII, p. 222.

PERRUCHE *à tête grise et queue courte*, de Madagascar. T. VII, p. 235.

PERRUCHE *à tête noire*, de Cayenne. Voyez *Caica*.

PERRUCHE *à tête rouge*, ou *moineau* de Guinée, ou *petite perruche* mâle de Guinée T. VII, p. 231. — Très-familière; périt souvent dans le transport. Vit assez longtemps en Europe, pourvu qu'elle soit avec son mâle; y pond quelquefois, couve et fait éclore ses œufs. Le mâle et la femelle fort attachés l'un à l'autre. Ces oiseaux causent beaucoup de dommages aux grains. Se trouvent en Éthiopie, aux Indes, à Java. P. 232. — Appelé mal à propos *moineau du Brésil*. *Ibid.* — C'est le *psittacus minimus* de Clusius. Différent du *perroquet d'Amérique de diverses couleurs*, donné par Seba. P. 233.

PERRUCHE *aux ailes bleues et à queue courte*, du cap de Bonne-Espérance; espèce nouvelle. T. VII, p. 236.

PERRUCHE *aux ailes chamarrées*, ou perroquet de Luçon, a les ailes beaucoup plus longues que les autres. T. VII, p. 224.

PERRUCHE *aux ailes variées et à queue courte*, de Batavia, de Luçon, espèce nouvelle. T. VII, p. 235.

PERRUCHE *couronnée de saphir*, la même que notre *perruche à tête bleue et queue courte*. T. VII, p. 234.

PERRUCHE (petite) de Cayenne, la même que le *sosové*. T. VII, p. 290.

PERRUCHE de la Guadeloupe, confondue avec le crik. T. VII, p. 264.

PERRUCHE (petite) de l'île de Saint-Thomas. Voyez *Toui* à tête d'or.

PERRUCHE des Moluques. Variété ou espèce voisine de la perruche à face bleue. T. VII, p. 223.

PERRUCHE des Savanes, nom donné à Cayenne à la perriche couronnée d'or. T. VII, p. 286.

PERRUCHE des terres Magellaniques. Voyez *Perriche-émeraude*. — Ne se trouve point au détroit de Magellan. T. VII, p. 281.

PERRUCHE *huppée* de Java. Très-belle petite espèce; sa huppe a été comparée à l'aigrette du paon; vole en troupes, jase beaucoup, apprend facilement à parler. Sa queue est très-longue. T. VII, p. 229.

PERRUCHE *jaune*, d'Angola. T. VII, p. 221 et 222.

PERRUCHE ILLINOISE, nom donné mal à propos à l'aputé-juba. T. VII, p. 285.

PERRUCHE-LORI, une des plus jolies; de grosseur moyenne, différente de l'*avis paradisiaca orientalis* de Seba. T. VII, p. 221.

PERRUCHE (petite) maïpouri de Cayenne. Nom donné au Maïpouri. T. VII, p. 275.

PERRUCHE POUX-DE-BOIS, nom de l'aputé-juba de Cayenne. T. VII, p. 285.

PERRUCHE-SOURIS, probablement espèce nouvelle de l'île de France. La moins brillante de toutes; a la queue aussi longue que le corps. T. VII, p. 222 et 223.

PERRUCHE *verte et rouge* du midi de l'Asie et non du Japon. T. VII, p. 228 et 229.

PERRUCHES de l'ancien continent. Division des perruches à longue queue en deux fa-

milles. T. VII, p. 218. — A queue longue et également étagée. *Ibid.* et suiv. — Perruches à queue longue et inégale. P. 224 et suiv. — A queue courte. P. 230 et suiv. — Nids et sommeil de quelques espèces. P. 230. — Perruches, vont ensemble par grandes troupes sans jamais faire société avec les perroquets. T. VII, p. 278 (note *a*).

Persil, contraire à l'ara vert. T. VII, p. 249 et 250.

Petit-deuil. Voyez *Mésange* petit-deuil.

Petitesse. Dans les oiseaux comme dans les quadrupèdes, le produit de la génération est proportionnel à la petitesse de l'animal. T. V, p. 45.

Petrat. Voyez *Friquet*.

Pétrel antarctique ou *damier brun*. Ses ressemblances et ses différences avec le damier. T. VIII, p. 560 et 561. — Sa description par le capitaine Cook. P. 561. — Il se trouve dans les plus hautes latitudes australes, où plusieurs autres espèces ne paraissent plus. *Ibid.* — Néanmoins il disparaît, ainsi que tous les autres, devant cette formidable glace fixe qui couvre déjà au loin la région du pôle austral. *Ibid.*

Pétrel *blanc et noir* ou *damier*. Voyez *Damier*.

Pétrel *blanc* ou *pétrel de neige*. Est bien désigné ainsi, non-seulement à raison de la blancheur de son plumage, mais parce qu'on le rencontre toujours au voisinage des glaces, dont il est, pour ainsi dire, l'avant-coureur. T. VIII, p. 562. — Ces oiseaux sont presque les seuls objets qui répandent un reste de vie sur ces plages glacées, où toute la nature paraît expirante. P. 562 et 563.

Pétrel *bleu*. Sa description et les parages où il se trouve. T. VIII, p. 563. — Précaution que la nature semble avoir prise de fourrer le plumage de ces oiseaux dans les mers glaciales qu'ils habitent ou fréquentent. *Ibid.* — On les rencontre souvent à des distances immenses de toutes terres. P. 563 et 564. — Ils paraissent capables de vivre longtemps sans aliments. P. 564. — Leur manière de nicher dans des creux sous terre observée à la Nouvelle-Zélande. *Ibid.* — Deux variétés ou deux espèces de pétrels bleus, l'un à large bec et l'autre à bec étroit. P. 564.

Pétrel *cendré* (le) des mers du Nord. T. VIII, p. 556. — Description de sa figure et des couleurs de son plumage. *Ibid.* — Raisons qui ont pu faire donner à ce pétrel le nom de *haff-hert* ou *hav-hert*, cheval de mer, qu'il porte en Norwége et aux îles de Féroé. P. 556 et 557. — Acharnement de ces pétrels sur le cadavre de la baleine. P. 557. — Parages des mers du Nord où on les rencontre en plus grand nombre. *Ibid.*

Pétrel *de neige*. Voyez *Pétrel* blanc.

Pétrel-puffin. Caractères de la branche des puffins dans la famille des pétrels. T. VIII, p. 565 et 566. — Dimensions et description de celui-ci. P. 566. — Ponte et nichée de ces oiseaux dans l'île de Man; manière dont ils nourrissent leurs petits, et capture qu'on en fait. *Ibid.* — Ils ont leur temps réglé d'apparition et de disparition. P. 567. — L'espèce, quoique propre aux mers du Nord, n'y semble pas confinée, mais paraît s'être portée sur différentes mers, et jusque dans la Méditerranée. *Ibid.*

Pétrel-puffin *brun*. Sa description par Edwards, sous le nom de *grand pétrel noir*. T. VIII, p 568.

Pétrel-puffin *gris-blanc*, de l'île Saint-Kilda ou *Fulmar*. Sa description et sa manière de se nourrir sur le dos des baleines vivantes. T. VIII, p. 568.

Pétrel (très-grand) *québranta-huessos* des Espagnols, qui veut dire *briseur d'os*. Quelques notices au sujet de cette espèce encore peu connue, mais qui est certainement du genre des pétrels. T. VIII, p. 564 et 565.

Pétrels (les) sont, de tous les oiseaux qui fréquentent les hautes mers, les plus étrangers à la terre, et pour ainsi dire les plus marins, et ceux qui se livrent le plus audacieusement aux vents et aux flots. T. VIII, p. 554. — Quelque loin que les navigateurs se soient portés sur les mers, ils ont trouvé ces oiseaux qui les y avaient devancés. *Ibid.* — Les pétrels ajoutent aux facultés du vol et de la nage celle de marcher ou courir en quelque manière sur les

caux. *Ibid.* — Et c'est d'où leur vient le nom de *pétrel* ou *Petit-Pierre. Ibid.* — Leurs espèces sont nombreuses; conformation caractéristique du bec et des pieds dans ces espèces et leur division en deux familles. P. 554 et 555. — Les pétrels proprement dits forment la première, et les pétrels puffins la seconde de ces familles. P. 555. — Leur instinct et leurs habitudes communes, leur ponte et la nourriture de leurs petits. Avis important aux chasseurs qui les dénichent. *Ibid.*

Phalaropes, nouveau genre de petits oiseaux aquatiques, qui, avec la taille et à peu près la conformation du cincle ou de la guignette, ont les pieds semblables à ceux de la foulque. Ce sont en effet de petits bécasseaux ou petites guignettes auxquelles la nature a donné des pieds de foulque; ils paraissent appartenir aux terres ou plutôt aux eaux des régions les plus septentrionales. T. viii, p. 273.

Phalarope *à festons dentelés;* ces festons ne sont pas découpés net, mais délicatement dentelés dans la membrane des pieds, et ils distinguent cette espèce des deux autres. Sa description. Elle est de la grosseur de la bécassine. T. viii, p. 275.

Phalarope *cendré;* ses dimensions, sa description. T. viii, p. 274. — Son cri. *Ibid.*

Phalarope *rouge;* sa description. T. viii, p. 275.

Phénicoptère. Voyez *Flammant.*

Philedon ou Philemon, noms du polochion. T. vii, p. 386 (note *d*).

Piats, petits de la pie. T. v, p. 564.

Piauhau, oiseau de l'Amérique méridionale, qui ne doit pas être placé avec les gobe-mouches, moucherolles et tyrans, et qui paraît faire une espèce isolée. T. vi, p. 452. — Sa description. *Ibid.* — Il précède et accompagne les toucans; ses habitudes naturelles. *Ibid.*

Piaye (coucou). T. vii, p. 357 et 358.

Picacuroba du Brésil, espèce de tourte. T. v, p. 520.

Pic. Vie laborieuse et solitaire de cet oiseau. Il ne peut trouver sa nourriture qu'en perçant les écorces et la fibre dure des arbres qui la recèle. Il dort et passe la nuit dans l'attitude contrainte de ce travail. Sa voix est un cri rude et plaintif qui semble exprimer la douleur et la peine; ses mouvements sont brusques. Son naturel est sauvage; il fuit tout société, et vit ordinairement solitaire. Sa description. T. vii, p. 496 et 497. — Forme de sa langue et son mécanisme singulier. Il grimpe autour des arbres et niche dans les cavités qu'il a en partie creusées lui-même. P. 497 et 498. — Le genre des pics est très-nombreux en espèces qui varient par les couleurs et diffèrent par la grandeur. Les plus grands pics sont de la taille de la corneille, et les plus petits de celle de la mésange; chaque espèce en particulier paraît peu nombreuse en individus. Sur douze espèces que nous connaissons en Europe et dans le nord de l'un et de l'autre continent, nous en compterons vingt-sept dans les régions chaudes de l'Amérique, de l'Afrique et de l'Asie. P. 498. — Les trois espèces de pics connus en Europe sont le pic vert, le pic noir et l'épeiche ou pic varié. *Ibid.*

Pic *à cravate noire*, de Cayenne. Sa description. Il est de la grandeur du pic jaune et du pic mordoré de la même contrée. Ces trois espèces sont huppées et paraissent avoir beaucoup d'affinité. T. vii, p. 512 et 513.

Pic *à gorge jaune* (petit) de la Guiane. Il n'est pas plus gros qu'un torcol. Sa description. T. vii, p. 514.

Pic *à tête grise*, du cap de Bonne-Espérance. Il a les couleurs plus uniformes qu'aucun autre. Sa description. T. vii, p. 508.

Pic *aux ailes dorées*. C'est un bel oiseau qui semble s'éloigner un peu du genre des pics, par ses habitudes comme par quelques traits de conformation. Il se perche sur les branches des arbres et se tient souvent à terre. Sa description. Ses différences et ses ressemblances avec les pics. T. vii, p. 515. — Il semble faire une espèce moyenne entre le pic et le coucou. Il se trouve au Canada, en Virginie et à la Caroline. P. 515 et 516.

Pic *jaune*, de Cayenne. Cette espèce paraît être propre et particulière aux régions

les plus chaudes de l'Amérique. T. VII, p. 511. — Sa description. Ses habitudes naturelles. La femelle pond trois œufs blancs presque ronds. *Ibid.* — Différences de la femelle et du mâle. Variété dans cette espèce. P. 512.

PIC *mars* ou *picus martius* (le) n'est point l'épeiche, comme quelques naturalistes l'ont écrit, mais le pic vert. T. VII, p. 525.

PIC *mordoré*, de Cayenne. Sa description. T. VII, p. 512. — La femelle, dans cette espèce, n'a pas de rouge sur les joues; il en est de même de celle du pic jaune. *Ibid.*

PIC *noir*. L'espèce de ce pic paraît actuellement confinée dans quelques contrées particulières, et surtout en Allemagne. Elle était néanmoins connue des Grecs. C'est le plus grand de tous les pics de l'ancien continent. Sa description. Il se trouve dans les hautes futaies, sur les montagnes en Allemagne, en Suisse et dans les Vosges. Il ne se trouve ni en Angleterre, ni en Hollande; cependant on le voit dans quelques contrées plus septentrionales et jusqu'en Suède. P. 516 et 517. — L'espèce en général en paraît peu nombreuse. Ils sont cantonnés dans un certain arrondissement qu'ils ne quittent guère. Ils frappent et percent le bois, nichent dans le cœur des arbres comme les autres pics, et l'on voit souvent au bas de leurs trous une grande quantité de poussière et de petits copeaux. P. 517. — La femelle pond deux ou trois œufs blancs *Ibid.* — Ce pic fait avec son bec un frôlement contre les parois de son trou, qui se fait entendre de loin. Différence du mâle et de la femelle. Il disparaît pendant l'hiver et va probablement dans des climats plus chauds. Il n'y a dans l'ancien continent aucune espèce d'oiseau qui ait rapport à celle du pic noir, et il semble qu'elle nous soit venue d'Amérique, où il y a plusieurs oiseaux qui lui ressemblent. P. 518.

PIC *noir à bec blanc* (grand); il se trouve à la Caroline. Il est plus grand que celui d'Europe et même plus grand que tous les oiseaux de ce genre. Sa description. T. VII, p. 518 et 519. — Ses habitudes naturelles. Il se trouve au Mexique aussi bien qu'à la Caroline. P. 519. — Et le long des côtes de la mer du Sud. Les sauvages de l'Amérique septentrionale font avec les becs de ces pics des couronnes pour leurs guerriers, et donnent jusqu'à trois peaux de chevreuil pour un de ces becs. *Ibid.*

PIC *noir* (petit). C'est le plus petit de tous les pics noirs ; il n'est que de la grandeur du torcol. Sa description. Différences du mâle et de la femelle. Il se trouve à Cayenne. T. VII, p. 522 et 523.

PIC *noir* (petit). Variété de ce pic. T. VII, p. 523.

PIC *noir à cou rouge*. Sa grandeur et sa description. Il se trouve à Cayenne. T. VII, p. 522.

PIC *noir à domino rouge*. Il se trouve en Virginie et à la Caroline. Sa grandeur et sa description. T. VII, p. 523. — Ses habitudes naturelles. P. 523 et 524.

PIC *noir à huppe rouge*. Il se trouve à la Louisiane, à la Caroline et à la Virginie. T. VII, p. 520. — Sa description. Différences du mâle et de femelle. *Ibid.*

PIC *noir à huppe rouge* (variété du). Le pic des terres Magellaniques a beaucoup de rapport au pic noir à huppe rouge de la Louisiane. Leurs ressemblances et leurs différences. T. VII, p. 520.

PIC *noir huppé*, de Cayenne. Sa description. T. VII, p. 521. — C'est le même oiseau que l'*hipecou* de Marcgrave. Discussion critique sur l'ouantou et l'hipecou, pour prouver que c'est le même oiseau. L'ouantou est aussi le *tlauhquechultototl* de la Nouvelle-Espagne. P. 521 et 522.

PIC *olive* (petit) de Saint-Domingue. Il est à peu près de la grandeur de l'alouette. Sa description. Ses habitudes naturelles. T. VII, p. 509.

PIC *rayé* (grand) de Cayenne. C'est un des plus beaux oiseaux de ce genre. Sa description. T. VII, p. 510.

PIC *rayé* (petit) de Cayenne. Sa grandeur, sa ressemblance avec le pic rayé de Saint-Domingue, et sa description. T. VII, p. 510 et 511.

PIC *rayé*, de Saint-Domingue. Sa description et ses dimensions. T. VII, p. 508 et 509.

Pic *rayé* (petit) du Sénégal. Il n'est pas plus gros qu'un moineau. Sa description. T. VII, p. 507 et 508.

Pic *roux*, de Cayenne. Il y a dans le plumage de ce petit pic une singularité, c'est que la teinte du dessous du corps est plus forte que celle du dessus, au contraire de tous les autres oiseaux. Description du reste de son plumage. Il n'est guère plus grand qu'un torcol, mais il est un peu plus épais. T. VII, p. 513.

Pic (très-petit) de Cayenne. Ce pic est aussi petit qu'un roitelet. T. VII, p. 514. — Sa description. C'est un oiseau très-joli et qui paraît être plus gai et plus leste que tous les autres pics. Il va de compagnie avec les grimpereaux. *Ibid.*

Pic *varié*. Voyez *Épeiche.*

Pic *vert* (le) est le plus connu des pics et le plus commun dans nos bois. Il arrive au printemps. Son cri et son vol. T. VII, p. 498 et 499. — Son appel d'amour. Il se tient à terre plus souvent que les autres pics, surtout près des fourmillières. Manière dont il prend les fourmis avec sa langue. P. 499. — Il paraît être paresseux pour tout autre mouvement que pour grimper autour des arbres et pour les percer de son bec. Il se laisse aisément approcher et ne sait se dérober au chasseur qu'en tournant autour de la branche et se tenant sur la face opposée. Il place son nid dans le cœur d'un arbre vermoulu, à quinze ou vingt pieds au-dessus de terre. P. 499 et 500. — Il y nourrit ses petits à l'aveugle. Sa ponte est ordinairement de cinq œufs, qui sont verdâtres avec de petites taches noires. Les jeunes pics commencent à grimper tout petits et avant de pouvoir voler. P. 500. — L'espèce du pic vert se trouve dans les deux continents, et quoique assez peu nombreuse en individus, elle est très-répandue. P. 501. — Le *colios* d'Aristote est le même oiseau que le pic vert; discussion critique à ce sujet. P. 502. — Description des parties intérieures du pic vert. On a observé que tous les oiseaux du genre des pics n'ont point de cœcum, mais seulement un renflement dans l'intestin. Détail du mécanisme de la langue du pic. P. 503.

Pic *vert*, de Bengale. Ses ressemblances avec le pic vert de Goa, et sa description. T. VII, p. 506 et 507.

Pic *vert* de Goa. Sa grandeur et sa description. T. VII, p. 506.

Pic *vert* du Sénégal. Sa description. T. VII, p. 507.

Picicitli (le) ou *oiseau du Brésil très-petit et huppé*, de Seba ; mal indiqué par cet auteur, et ne doit point se rapporter au genre des manakins. T. VI, p. 368 et 369.

Pics, se nourrissent comme les fourmilliers, en tirant également la langue pour la charger d'insectes, et sont parmi les oiseaux les représentants des fourmilliers. T. V, p. 30.

Pics. Caractères des pics. Tous les pics diffèrent des autres oiseaux par la forme des plumes de la queue, qui sont toutes terminées en pointe plus ou moins aiguë. T. VII, p. 498. — En tout temps ils sont maigres et secs; leur chair est noire et n'est pas bonne à manger. Ils ne restent pas pendant l'hiver dans nos provinces de France; mais on en voit en Italie dans cette froide saison. P. 504. — Aucune espèce de pic ne se nourrit de graines. P. 520. — Tous ont dix pennes à la queue. P. 531. — Et dans toutes les espèces la femelle porte moins de rouge sur la tête que le mâle, quelquefois même elle n'en a point du tout. P. 531 et 532.

Pics *à trois doigts* (les) se trouvent dans les terres de la baie d'Hudson, en Suède, dans la province de Dalécarlie; en Sibérie et même en Suisse. On n'a pas d'observation pour décider si cette singularité est spécifique, ou si ce n'est qu'une variété individuelle. T. VII, p. 534.

Pics-grimpereaux. C'est un genre moyen entre celui des pics et celui des grimpereaux. Nous ne connaissons que deux espèces de ces pics-grimpereaux, qui toutes deux se trouvent à la Guiane. Description de ces deux espèces. T. VII, p. 535 et 536.—Leurs habitudes naturelles. Elles vivent ensemble et se trouvent souvent sur le même arbre; cependant elles ne se mêlent pas. P. 536.

Picuipinima. Voyez *Petite Tourterelle.* T. V, p. 521.

PIE, agace, agasse, ajace, jaquette, dame, ouasse, etc. Ses rapports avec les corneilles et les choucas, est omnivore, on la dresse à la chasse, est appariée toute la belle-saison, vole en troupe l'hiver. T. v, p. 560 et 561. — Devient aisément familière; son talent pour imiter différentes voix et instruments, et même la parole. P. 561. — Cherche la vermine sur le dos des cochons et des brebis, vole différentes choses et les cache bien; ses ailes, sa queue, son vol, ses mouvements continuels, son naturel. P. 561 et 562. — Son nid; est ardente dans ses amours, fort attachée à sa couvée, la défend courageusement; ses prétendues connaissances arithmétiques; ses œufs; dans quels cas fait une seconde et une troisième couvée. P. 562 et 563. — Ses petits aveugles en naissant; leur chair. P. 564. — Plumage, mue, à quel âge les jeunes acquièrent leur longue queue, durée de la vie. *Ibid.* — Sa langue. P. 561 et 565. — Parties intérieures. P. 565.

PIE blanche de Wormius et autres. T. v, p. 565.

PIE brune ou roussâtre. T. v, p. 565.

PIE de la Jamaïque, aussi appelée choucas, mérops, merle des Barbades; sa taille, son plumage; son nid; vole en grandes troupes, paraît frugivore; sa chair; en quoi diffère de nos pies et de l'isana; ses rapports avec le tesquizana. T. v, p. 566-568.

PIE de l'île Papoe. Voyez *Vardiole.*

PIE de Madras. T. VI, p. 27.

PIE de Perse d'Aldrovande; n'est point un cassique. T. VI, p. 43.

PIE des Antilles, ses rapports avec la nôtre; sa queue, son cri, son naturel, sa chair; en quoi diffère de notre pie; ses couleurs. T. v, p. 568 et 569.

PIE du Mexique (grande et petite). Voyez *Zanoé* et *Hocisana.*

PIE du Sénégal. T. v, p. 566.

PIE noire et jaune d'Edwards. Voyez *Cassique* jaune.

PIE DE MER. Voyez *Huîtrier.*

PIEDS, leur couleur paraît varier quelquefois dans les oiseaux, soit par l'âge ou par d'autres circonstances. T. v, p. 142.

PIEDS de l'autruche. T. v, p. 204 et 205.

PIEDS du paon. T. v, p. 403.

PIEDS des oiseaux-mouches, presque imperceptibles. T. VII, p. 147. — Le couroucou a les doigts divisés par paires, ainsi que les anis, les coucous, les perroquets. P. 294. — Pieds du guêpier, semblables à ceux du martin-pêcheur. P. 368. — Pieds courts et pattus de l'hirondelle de fenêtre. P. 457 et 458. — Pieds encore plus courts des martinets. P. 466.

PIE-GRIÈCHE grise, très-commune en France et sédentaire, passe l'été dans les bois, niche sur les grands arbres, en hiver s'approche des lieux habités; pond de six à huit œufs, a grand soin de ses petits, reste en famille tout l'hiver. T. v, p. 153 et 154. — Son vol, son cri. P. 154. — A les yeux bruns. P. 156. — Variétés dans cette espèce quant à la couleur; venant d'Italie, des Alpes. P. 154. — Variétés quant à la grandeur. P. 154 et 155. — Autres variétés du cap de Bonne-Espérance, de la Louisiane, de Cayenne, du Sénégal, de Madagascar, des Indes, etc. P. 155 et 156.

PIE-GRIÈCHE huppée du Canada, ne diffère de notre pie-grièche rousse que par sa huppe et son bec un peu plus gros. T. v, p. 162 et 163.

PIE-GRIÈCHE rousse, plus petite que la grise, a les yeux d'un gris blanchâtre, le bec et les pieds plus noirs, niche dans les plaines sur un arbre touffu, part l'automne en famille, est la seule qui soit bonne à manger; le mâle et la femelle sont d'égale grosseur, diffèrent par le plumage; pond cinq à six œufs, fait son nid avec beaucoup d'art; aussi hardie que la grise. T. v, p. 156 et 157. — A pour variétés les deux pies-grièches du Sénégal des planches enluminées de *Buffon* (nos 477 fig. 2, et 479). P. 157 et 158.

PIE-GRIÈCHE. Couve l'œuf du coucou déposé dans son nid. T. VII, p. 316.

PIES-GRIÈCHES, les mâles sont de la même grosseur que les femelles. T. v, p. 153. — Quoique petits, se font craindre des buses, des milans, des corbeaux, et respecter des faucons, éperviers, etc.; se nourrissent communément d'insectes et aussi de petits

oiseaux, même de perdreaux, de jeunes levrauts, etc., enfin de grives et de merles pris au lacet. P. 152 et 153. — Voyez *Bécardes*, *Cali-calik*, *Écorcheur*, *Fingah*, *Gonolek*, *Langraien*, *Schet-bé*, *Tcha-chert*, *Tcha-chert-bé*, *Vanga.*

Pierre ou pierre de Cayenne. Voyez *Pauxi.*

Pierre-garin, est le nom qu'on a donné, sur nos côtes de Picardie, à la plus grande espèce d'hirondelles de mer qui fréquentent ces parages. T. viii, p. 328. — Ses dimensions. Sa description. Elle arrive en grandes troupes au printemps sur nos côtes, et plusieurs se dispersent et se répandent sur les rivières, sur les lacs et sur les étangs. *Ibid.* — Ces grandes hirondelles de mer se portent aussi au large sur la mer à plus de cinquante lieues de distance des côtes. Elles nichent en grande quantité dans l'île des *Salvages* près de celles des Canaries. Leur naturel, leur manière de pêcher. Promptitude de leur digestion. Leurs combats en se disputant la proie. P. 328 et 329. — Temps de leurs nichées. La femelle pond sur le sable nu qu'elle creuse; elle fait deux ou trois œufs qui sont gros eu égard à sa taille. Les œufs ne sont pas tous de la même couleur, les uns sont gris, d'autres bruns et d'autres presque verdâtres; ceux-ci viennent probablement des plus jeunes femelles. P. 329. — La femelle ne couve que la nuit, et pendant le jour seulement quand il pleut. Observations particulières sur les nichées de ces oiseaux. Description des jeunes pierre-garins. Leurs habitudes naturelles ainsi que celle des vieux. P. 329 et 330. — Les petits ne peuvent voler que six semaines après leur naissance, parce qu'il faut tout ce temps pour que leurs longues ailes prennent leur accroissement. Ces oiseaux partent et quittent nos côtes de Picardie vers la mi-août. P. 330.

Piette ; on lui a donné le nom de religieuse ; c'est une espèce de harle. T. viii, p. 300. — Sa description. Sa grandeur est entre celle de la sarcelle et celle du morillon. P. 301. — Différence entre le mâle et la femelle, laquelle ne porte point de huppe. *Ibid.*

Pigeon messager fait en un jour plus de chemin qu'un homme à pied n'en peut faire en six. T. v, p. 28. — Pigeon âgé de vingt-deux ans, n'avait cessé de pondre que les six dernières années de sa vie. P. 29 (note *a*). — Réduction des espèces de pigeons. P 489. — Quelle est la souche première des différentes races. *Ibid.* — Pigeons déserteurs qui se perchent, d'autres qui s'établissent dans des trous de muraille. P. 490. — Pigeons de volière, gros et petits, captifs sans retour. P. 490 et 491. — Origine des différentes races. P. 491 et suiv. — Pigeon des colombiers, ses pontes, quels colombiers il préfère. P. 493 et 494. — Tous les pigeons ont plus ou moins la faculté d'enfler leur jabot. P. 496. — Mœurs des pigeons, leurs amours. P. 504. — Se trouvent partout dans les deux continents. *Ibid.*

Pigeon à la couronne blanche. T. v, p. 507.

Pigeon à queue annelée de la Jamaïque. T. v, p. 511.

Pigeon à taches triangulaires d'Edwards. T. v, p. 511.

Pigeon brun des Indes. T. v, p. 505. — Relève sa queue. P. 506.

Pigeon-carme, le plus bas de tous. T. v, p. 500.

Pigeon cavalier. T. v, p. 502.

Pigeon coiffé. T. v, p. 498.

Pigeon coquille hollandais ; variétés. T. v, p. 499.

Pigeon couronné (gros) des Indes. T. v, p. 513.

Pigeon-cravate, l'une des plus petites races. T. v, p. 499.

Pigeon culbutant, très-petit. T. v, p. 501.

Pigeon de la Jamaïque. T. v, p. 507.

Pigeon de la Martinique. T. v, p. 505.

Pigeon de Nicobar. T. v, p. 513.

Pigeon de Norwége. T. v, p. 502.

Pigeon de volière. T. v, p. 489, 494 et 503.

Pigeon messager. T. vii, p. 185.

Pilet (le). Description de ce canard. T. viii, p. 504 et 505. — Sa chair est en tout préférable à celle du canard sauvage. P. 505. — Il se tient sur les grands étangs, d'où son cri s'entend d'assez loin. *Ibid.* —

Il semble faire la nuance des canards aux sarcelles; rapports qu'il a avec les dernières. *Ibid.* — Différence du mâle avec la femelle. *Ibid.* — Le caractère de la longue queue suffit pour faire distinguer ce canard de tous les autres. *Ibid.* — Il paraît que l'espèce est commune aux deux continents; on la reconnaît dans le *tzitzihoa* du Mexique, de Fernandez. *Ibid.*

Pilleo, nom péruvien du colibri piqueté. T. vii, p. 172.

Pimalot, oiseau à bec large, ayant les habitudes de l'étourneau. T. vi, p. 24 et 25.

Piment *vert* (fumée de) employée par les sauvages d'Amérique, pour étourdir et prendre les vieux perroquets. T. vii, p. 252.

Pingouins, ainsi que les perroquets de mer, volent et nagent, mais ne peuvent marcher. T. v, p. 35 et 200.

Pingouin (le) est revêtu de véritables plumes, quoique très-courtes, mais qui n'ont pas l'apparence de poils ou d'écailles comme les plumules du manchot. T. viii, p. 592. — Les espèces des pingouins paraissent occuper les mers septentrionales, tout comme celles des manchots remplissent les vastes mers australes. P. 592 et 598. — Les uns et les autres se tiennent presque continuellement à la mer, ne pouvant prendre à terre qu'une position fatigante et pénible. P. 589 à 592.

Pingouin (le), première espèce. Quoique son aile ait encore quelque longueur, et soit garnie de pennes, il ne paraît pas pouvoir voler. T. viii, p. 598. — Description de son plumage et de la forme du bec et des pieds. *Ibid.* — Côtes du Nord où il se rencontre et où il niche, et conjectures sur sa retraite d'hiver. P. 598 et 599.

Pingouin (le grand). Description de cet oiseau. T. viii, p. 600. — Ses ailes ne peuvent lui servir pour s'élever en l'air; il demeure toujours sur l'eau, à l'exception du temps de la ponte et de la nichée. *Ibid.* — L'espèce en paraît peu nombreuse; lieux où elle se trouve. *Ibid.* — L'*akpa* des Groënlandais paraît devoir se rapporter à notre grand pingouin. P. 601. — Les prétendus pingouins décrits dans le voyage de la Martinière sont évidemment des pélicans. *Ibid.*

Pingouin (petit). Cet oiseau est indiqué dans Belon sous le nom de *plongeon de mer*. T. viii, p. 601. — Raison de douter qu'il appartienne à la famille des pingouins. P. 601 et 602. — Sa description par Belon. P. 602.

Pingouins et Manchots. Voyez *Oiseaux sans ailes*.

Pinson. Origine de son nom. T. vi, p. 225. — Les pinsons ne s'en vont pas tous en automne; il y en a toujours un assez bon nombre qui restent l'hiver avec nous. Habitudes de ces oiseaux pendant l'hiver. *Ibid.* — Ils passent en troupes très-nombreuses. *Ibid.* — Ils sont généralement répandus depuis la mer Baltique et la Suède jusqu'au détroit de Gibraltar et aux côtes de l'Afrique. P. 226 et 227. — Naturel de cet oiseau; son chant dans l'état de nature. P. 227. — Il se rend propre le chant du rossignol et du serin, mais il n'apprend point à siffler les airs de notre musique. P. 227. — Cris différents du pinson. *Ibid.* — On l'aveugle pour le faire mieux chanter; manière de faire cette opération. P. 227 et 228. — On s'en sert pour attirer les pinsons sauvages; le temps de cette chasse est celui où ces oiseaux volent en troupes nombreuses. P. 228. — Leur nid est rond et solidement tissu; ils le posent sur les arbres ou les arbustes les plus touffus, et le construisent de mousse blanche et de petites racines en dehors, de laine, de crin, de fil d'araignée et de plumes en dedans. La femelle pond cinq ou six œufs gris rougeâtre, semés de taches noirâtres plus fréquentes au gros bout. P. 228 et 229. — Ils nourrissent leurs petits de chenilles et d'insectes; ils en mangent eux-mêmes, quoique les graines soient leur nourriture ordinaire. P. 229. — Habitudes naturelles et description de cet oiseau. P. 229 et 230.

Pinson (variétés du). Le pinson à aile et queue noires; le pinson brun; le pinson huppé; le pinson blanc; le pinson à collier. Leurs descriptions. T. vi, p. 230 et 231.

Pinson *à double collier*. Sa description. T. vi, p. 243.

Pinson *à long bec*. Cet oiseau se trouve au Sénégal. Sa description. T. vi, p. 240.

PINSON *à tête noire et blanche*, oiseau commun à Bahama et dans d'autres parties de l'Amérique. Sa description. T. VI, p. 238 et 239.

PINSON d'*Ardenne*. Discussion critique au sujet de cette espèce. T. VI, p. 231 et suiv. — Les pinsons d'Ardenne ne nichent point dans nos pays; ils y passent en très-grandes troupes pendant l'automne, et même en hiver; exemple à ce sujet. P. 233. — Ce pinson se trouve en Amérique comme en Europe. P. 234. — Ses habitudes naturelles et sa description. Il niche assez haut sur les sapins; son nid est composé de longue mousse des sapins en dehors, de crin, de laine et de plumes en dedans. *Ibid.* — Différents changements dans leur plumage. P. 235. — Description plus détaillée de cet oiseau, et exposition des parties intérieures. P. 235 et 236.

PINSON *frisé*, ainsi nommé parce qu'il a plusieurs plumes frisées sous le ventre et sur le dos. Sa description. T. VI, p. 242.

PINSON *jaune et rouge*. Sa description. T. VI, p. 241.

PINSON *noir aux yeux rouges*, oiseau de la Caroline. Ses habitudes naturelles et sa description. T. VI, p. 239.

PINSON *noir et jaune*, oiseau du cap de Bonne-Espérance. Sa description. T. VI, p. 240.

PIPELINES (les) de Frézier rapportées, mais avec incertitude, aux mouettes. T. VIII, p. 617.

PIPI. Voyez *Alouette-pipi*.

PIPIRI. Voyez *Titiri*.

PIPIXCAN. Voyez *Mouette rieuse*. T. VIII, p. 378.

PIQUE-BOEUF, sa grosseur, pennes de sa queue; insectes dont il est friand; d'où lui vient son nom. T. VI, p. 14.

PITCHOU, petit oiseau qui se trouve en Provence, et dont l'espèce est voisine de celle des fauvettes. Ses dimensions. T. VI, p. 530. — Ses habitudes naturelles; origine de son nom *pitchou*, et sa description. *Ibid.*

PITPITS, oiseaux du nouveau continent. Leurs ressemblances et leurs différences avec le figuier. T. VII, p. 46 et 47. — Il y a cinq espèces dans le genre des pitpits, toutes de la Guiane et du Brésil. P. 47.

PITPIT *à coiffe bleue*. Sa description. T. VII, p. 49.

PITPIT *bleu*. Sa description. T. VII, p. 47 et 48.

PITPIT *bleu* (variétés du). T. VII, p. 48.

PITPIT *varié*. Sa description. T. VII, p. 48 et 49.

PITPIT *vert*. Sa description. T. VII, p. 47.

PIVETTE ou PIED VERT. Voyez *Bécasseau*.

PIVOTE (la) *ortolane* de Provence n'est point un becfigue, mais ressemble plus à l'alouette des prés. Elle suit les ortolans. T. VI, p. 549.

PLANCHES coloriées ou enluminées des oiseaux. T. V, p. 3 et 4.

PLANCHES noires. T. V, p. 5.

PLASTRON blanc. Voyez *Merle* à plastron blanc.

PLASTRON-noir de Ceylan ou merle à collier du cap de Bonne-Espérance, comparé au merle et à la pie; ses dimensions, son plumage, différences de la femelle, elle ressemble à l'oranvert; sa véritable patrie. T. VI, p. 108 et 109.

PLASTRON *blanc*. Espèce de colibri. T. VII, p. 178.

PLASTRON *noir*. Espèce de colibri. Sa femelle. T. VII, p. 177 et 178.

PLONGEONS. Caractères généraux qui distinguent les plongeons des autres oiseaux plongeurs. Les plongeons, comme les grèbes, ne peuvent marcher que très-difficilement. T. VIII, p. 287 et 288. — Mais ils se meuvent dans l'eau avec tant de prestesse, qu'il est difficile de les tuer au fusil, et qu'il faut cacher le feu de l'amorce, sans quoi ils se plongent et évitent le coup. Nous connaissons cinq espèces dans ce genre, dont deux fréquentent également les eaux douces et salées dans nos climats, et les trois autres paraissent être attachées aux mers septentrionales. P. 288.

PLONGEON (grand); il est à peu près de la grandeur de l'oie. Il se trouve sur les lacs de Suisse. T. VIII, p. 288. — Ses habitudes naturelles. Il reste très-longtemps sous l'eau, et évite en se plongeant les attaques

de tous ses ennemis ; on ne peut le prendre qu'avec des filets. P. 289. — Temps de ses nichées et position de son nid. *Ibid.* — Sa description. P. 289 et 290.

Plongeon (petit); il ressemble au premier par les couleurs; sa description. Ses dimensions. T. viii, p. 290. — Ses habitudes naturelles. Il reste tout le temps sur nos étangs, à moins que les glaces ne le forcent à chercher les eaux courantes. Il pond trois ou quatre œufs. Sa manière de nager et de plonger. Observations à ce sujet. *Ibid.*

Plongeon *cat-marin* ou *chat de mer*, ainsi nommé par les Anglais et les Picards, parce qu'il mange et détruit beaucoup de frai de poisson; ses ressemblances et ses différences avec le plongeon commun. Le gros de l'espèce va nicher dans des terres plus septentrionales. Cependant quelques-uns font leur nid dans les rochers de nos côtes de Picardie. T. viii, p. 291. — Habitudes naturelles de ces oiseaux. Leur nourriture. Ils sont toujours fort gras. La femelle est plus petite que le mâle. Différences pour la couleur entre les jeunes et les adultes. *Ibid.* — Variétés dans cette espèce. P. 291 et 292.

Plongeon (grand) *de la mer du Nord.* Voyez *Imbrim.*

Plongeon (petit) *de la mer du Nord.* Voyez *Lumme.*

Plongeur (petit pétrel) du capitaine Cook. T. viii, p. 572.

Plumes, sont d'une substance très-légère, d'une grande surface et ont des tuyaux creux. T. v, p. 28. — Plumes des oiseaux aquatiques, des oiseaux du Nord. P. 33 et 34. Voyez *Mue.* — Les vautours n'ont point de plumes, mais un simple duvet sur la tête. P. 44. — Les plumes du mansfeni sont si fortes et si serrées que si en le tirant on ne le prend à rebours, le plomb glisse dessus et ne pénètre point. P. 82. — Plumage de l'épervier et de l'autour, sujet à varier beaucoup par les deux premières mues. P. 121. — Plumes de l'autruche. P. 203, 204, 225 et 226. — Rapport constant observé entre la couleur des plumes et celle des œufs. P. 312 et 313. — Plumes doubles du tétras. P. 343. — Plumes de la queue du kittaviah ou gélinotte de Barbarie, ont des taches blanches à leur extrémité, semblables à celles du mérops ou guêpier. P. 372. — Plumes de la grosse gélinotte du Canada. P. 387. — Du paon. P. 389, 390, 401 et 402. — Du faisan. P. 411 et 412. — De l'argus ou luen. P. 425. — Du chinquis. P. 427. — Du spicifère. P. 427 et 428. — De l'éperonnier. P. 429-431. — De l'oiseau de Paradis. T. vi, p. 4 et suiv.

Plumes des ailes des oiseaux-mouches. T. vii, p. 146 et 147. — De la gorge du rubis; coupe et disposition de ces plumes et des plumes éclatantes des autres oiseaux-mouches. P. 152 et 153. — Plumes à la base du bec des oiseaux-mouches et colibris. P. 156. — Plumes surabondantes ou parasites de quelques oiseaux. Ce que c'est. P. 163. — Les Américains prenaient les aras trois ou quatre fois l'année pour s'approprier leurs belles plumes, dont ils se faisaient des parures. P. 242 et 244. — Plumes de perroquet; objet de commerce pour les sauvages d'Amérique. P. 253. — Plumes du maïpouri, du caïca, collées contre le corps. P. 276. — Celles du couroucou à chaperon violet sont très-fournies et tombent au plus léger frottement. Les Mexicains en faisaient des tableaux très-agréables. P. 299. — Plumes soyeuses de la huppe, du cou, de la poitrine et des épaules du touraco. P. 301. — Plumes de différentes espèces dans le houhou. P. 334. — Plumes de la naissance de la gorge dans le polochion, terminées par une espèce de soie. P. 387.

Plumet *blanc*, oiseau de la Guiane qui paraît former la nuance entre les manakins et les fourmilliers. Sa description. T. vi, p. 370.

Pluvian, ainsi nommé parce qu'il a des rapports avec les pluviers ; sa grandeur est à peu près celle du petit pluvier à collier, il a seulement le bec plus fort et le cou plus long. Sa description. T. viii, p. 215.

Pluviers (les) forment de très-grandes troupes, qui paraissent dans nos provinces pendant les pluies d'automne, et c'est de leur arrivée dans la saison des pluies, qu'on les a nommés *pluviers*. T. viii, p. 200. — Ils fréquentent, comme les vanneaux, les

fonds humides et les terres limoneuses où ils cherchent des vers et des insectes; leurs habitudes naturelles. Ils font sortir les vers de la terre en la frappant avec leurs pieds; ils sont fort gras et cependant leurs intestins paraissent être toujours vides. Ils sont capables de supporter une longue diète. Ils changent souvent de lieux et presque chaque jour. P. 200 et 201. — Parce qu'étant en très-grand nombre, ils ont bientôt épuisé la pâture vivante dans chaque endroit. Ils quittent nos contrées aux premières neiges ou gelées, pour gagner des pays plus tempérés. Ils reviennent ou plutôt ils repassent au printemps, toujours attroupés. Leurs plus petites bandes sont au moins de cinquante; leur mouvement à terre est presque continuel, parce qu'ils sont toujours occupés à chercher leur pâture. Ordre qu'ils suivent en volant. P. 201. — Comment ils se séparent et comment ils se rassemblent, soit au vol, soit sur la terre. Manière de les prendre en grand nombre dans les plaines de Beauce et de Champagne. P. 201 et 202. — Les pluviers sont un très-bon gibier, et Belon dit que de son temps un pluvier se vendait souvent autant qu'un lièvre. Il semble que la douce chaleur du printemps qui réveille l'instinct assoupi de tous nos animaux, fasse sur les pluviers une impression contraire; ils vont dans les contrées les plus septentrionales, établir leur couvée et élever leurs petits; car pendant tout l'été nous ne les voyons plus en France; ils sont alors en Laponie ou dans les autres provinces du Nord. Ce sont des oiseaux communs aux deux continents, et qui passent de l'un à l'autre par le nord. P. 202. — L'espèce du pluvier qui, dans nos contrées, paraît aussi nombreuse que celle du vanneau, n'est pas généralement répandue en Europe dans les contrées tempérées. Elle est plus nombreuse dans les régions du Nord, et au contraire les vanneaux sont plus communs dans les contrées du Midi. *Ibid.* — La famille des pluviers est composée d'un grand nombre d'espèces, dont la première est celle du pluvier doré, à laquelle on doit rapporter ce que nous avons dit sur leurs habitudes naturelles. P. 203.

PLUVIER (grand). Son cri très-remarquable et très-fréquent. T. VIII, p. 215 et 216. — Le mot *turrlui* exprime assez bien ce cri, et c'est de ce son articulé et semblable au cri des vrais courlis qu'on a donné à ce grand pluvier le nom de courlis de terre. Cet oiseau a beaucoup de ressemblance avec la canepetière ou petite outarde. Il tient aux autres pluviers par plusieurs caractères communs, mais il en diffère assez par plusieurs autres, pour qu'on puisse le regarder comme étant une espèce isolée. Il diffère en effet des pluviers par la plupart de ses habitudes naturelles. Il est plus grand que le pluvier doré. P. 216. — Description de ses parties extérieures et de son plumage. Ses habitudes naturelles, son vol. Sa course qui est très-rapide. P. 216 et 217. — Il ne fréquente pas les terres basses et humides comme les pluviers, mais le haut des collines et des terres sèches et presque stériles où il demeure en repos pendant le jour; il ne se met en mouvement qu'à l'approche de la nuit. Ces grands pluviers se répandent alors de tous côtés en criant; leur voix se fait entendre de très-loin. Singularité remarquable dans la vue de ces oiseaux; il semble qu'ils voient aussi bien pendant la nuit que pendant le jour. P. 217. — Leur naturel sauvage et timide. Leur crainte excessive se marque surtout dans l'état de domesticité. Il semble pressentir les changements de temps et s'agite beaucoup avant que l'orage survienne. Cet oiseau fait une exception dans la classe des oiseaux qui ont une portion de jambe nue. Le temps de son départ et celui de son retour ne sont pas les mêmes que pour les pluviers proprement dits; il part en novembre pendant les dernières pluies d'automne. P. 217 et 218. — Manière dont ce grand pluvier projette et exécute ses voyages. La femelle ne pond que deux ou quelquefois trois œufs sur la terre nue. Le mâle est aussi constant que vif en amour. Il ne quitte pas sa femelle, et l'aide à conduire ses petits, qui ne prennent que tard assez de force pour pouvoir voler. P. 218. — Ils font régulièrement deux pontes par an dans l'île de Malte, l'une au printemps, l'autre au mois d'août. Les jeunes sont un

fort bon gibier. Ce grand pluvier ou courlis de terre ne s'avance point en été dans le Nord, comme font les autres pluviers. P. 218 et 219. — Observations particulières sur les habitudes de cet oiseau dans l'état de captivité. P. 219.

Pluvier (petit). Voyez *Guignard.*

Pluvier *à aigrette.* Il est armé, comme le pluvier huppé, d'un éperon au pli de l'aile et il a sur la tête une aigrette de plus d'un pouce de longueur. Sa grandeur, ses dimensions. T. viii, p. 212. — Sa description. Il se trouve au Sénégal et dans quelques-unes des contrées méridionales de l'Asie. P. 212 et 213.

Pluvier *à collier.* Il y a des variétés de grandeur dans cette espèce. T. viii, p. 208. — Le plus petit pluvier à collier n'est pas plus gros qu'une alouette, et c'est le mieux connu et le plus répandu; le plus grand est de la grosseur du mauvis. *Ibid.* — Et il y en a de grandeur intermédiaire. Leurs descriptions. P. 208 et 209. — Cette espèce se trouve dans presque tous les climats, depuis la Sibérie jusqu'au cap de Bonne-Espérance, ainsi qu'aux Philippines et à Cayenne, et du détroit de Magellan à la baie d'Hudson. P. 209. — Les pluviers à collier vivent au bord des eaux de la mer, et suivent le cours des marées; ils courent très-vite sur la grève en bondissant et en criant. En Angleterre on trouve leurs nids sur les rochers des côtes; ils y sont très-communs comme dans la plupart des régions du Nord. On en voit aussi quelques-uns sur nos grandes rivières de France. P. 210. — Les petits ne commencent à voler qu'à l'âge d'un mois ou cinq semaines; on assure que ces oiseaux ne font point de nid et qu'ils pondent sur le sable; leurs œufs sont verdâtres et tachetés de brun. *Ibid.*

Pluvier *à lambeaux.* Pourquoi il est ainsi nommé; il se trouve au Malabar. Sa grandeur, ses dimensions et sa description. T. viii, p. 214.

Pluvier *armé*, de Cayenne. Il est de la grandeur de notre pluvier doré, et plus haut de jambes. T. viii, p. 214. — Ses autres ressemblances et différences avec le pluvier doré; sa description. P. 214 et 215.

Pluvier *coiffé.* Sa description. T. viii, p. 213. — Il se trouve au Sénégal. *Ibid.*

Pluvier *couronné.* Est un des plus grands oiseaux du genre des pluviers. Il se trouve au cap de Bonne-Espérance. Ses dimensions, sa description. T. viii, p. 213 et 214.

Pluvier *doré.* Sa grandeur, ses dimensions. T. viii, p. 203. — Description de son plumage et de ses autres parties extérieures. P. 203 et 204. — Il y a peu de différence dans le plumage entre le mâle et la femelle. Mais les variétés accidentelles et individuelles sont très-fréquentes dans cette espèce. Il y a de ces pluviers dorés qui sont presque tout gris. P. 204. — Ils arrivent sur les côtes de Picardie à la fin de septembre ou au commencement d'octobre, tandis que dans nos autres provinces plus méridionales ils ne passent qu'en novembre et même plus tard; il repassent en février et en mars pour aller passer l'été en Suède, en Dalécarlie, etc. C'est sans doute par les terres arctiques qu'ils ont communiqué au Nouveau-Monde, où ils se sont répandus plus au midi que dans l'ancien, car on les trouve à la Jamaïque et jusqu'à Cayenne; ils y habitent les savanes; leurs troupes y sont très-nombreuses et se laissent difficilement approcher; mais on ne les voit que dans les temps des pluies. P. 204 et 205.

Pluvier *doré à gorge noire.* Il habite, avec le pluvier doré proprement dit, les terres du Nord, où ils font tous deux nichées. T. viii, p. 205. — Sa description. Sa grandeur est égale à celle du pluvier doré. P. 205 et 206.

Pluvier *huppé.* Se trouve en Perse, et il est à peu près de la taille du pluvier doré, mais il est un peu plus haut de jambes. Sa description. T. viii, p. 212. — Il est armé d'un éperon au pli de l'aile. *Ibid.*

Pluvier *kildir.* Voyez *Kildir.*

Poches (espèces de) où le crik à gorge jaune conserve son manger, et d'où il le tire par une sorte de rumination. T. vii, p. 262.

Podobé du Sénégal, sa taille, son plumage; comparé au merle ordinaire. T. vi, p. 105.

Poissons, vivent plus longtemps dans l'air sans eau que dans l'eau sans air. T. VII, p. 432.

Poissons, vivent plus longtemps que les oiseaux, et pourquoi. T. V, p. 29.

Pokko, nom que les nègrès du Sénégal donnent au pélican. T. VIII, p. 308.

Polatouches, roussettes et chauves-souris, etc., font la nuance entre les quadrupèdes et les oiseaux. T. V, p. 199.

Polochion ou philémon ou philedon, des Moluques. Espèce intermédiaire entre les guépiers et les promerops. Son cri est polochion, qui signifie *baisons-nous*. A les plumes de la naissance de la gorge terminées par une espèce de soie. T. VII, p. 386 et 387.

Ponte, une femelle d'oiseau en fait plusieurs successivement, si les œufs lui sont ôtés, mais si elle les conserve, elle s'occupera avec son mâle du soin de les couver et d'élever les petits, sans se livrer aux émotions d'amour qui pourraient donner la fécondité à de nouveaux œufs et l'existence à une nouvelle famille; celle qu'elle a occupe tous ses soins, absorbe toutes ses affections; son attachement pour ses petits est alors sa passion dominante, devant laquelle se taisent toutes les autres passions. T. V, p. 39 et 40.

Ponte des perroquets. — Voyez *Perroquet*. — Ponte de quelques perroquets en France, dont les petits ont été élevés par les père et mère. T. VII, p. 205. — Deux perruches de Gorée font éclore en France deux petits au mois de janvier (note *c*). P. 232. — Ponte des aras. P. 242. — Des amazones. P. 252. — Ponte dans le nid d'autrui. P. 304 et suiv., 308. — La saison de la ponte des oiseaux à la Guiane est la saison des pluies. P. 420. — L'hirondelle de cheminée fait deux pontes par an. P. 444. — N'en fait point au Sénégal. P. 446. — Pontes des hirondelles de fenêtre. P. 455. — Ponte unique des martinets. P. 469.

Porteur d'eau. Voyez *Pélican*. T. VIII, p. 310.

Porzane. Est une poule d'eau qui est commune en Italie, aux environs de Bologne. Ses dimensions. T. VIII, p. 251. — Sa description. Les couleurs de la femelle sont plus pâles que celles du mâle. *Ibid.*

Pou des martinets. T. VII, p. 474.

Pouacre ou *butor tacheté*. Ses dimensions et sa description. Le pouacre de l'Amérique et qui se trouve à Cayenne, paraît être une espèce très-voisine ou peut-être la même. Leurs différences. T. VIII, p. 99.

Pouillot, très-petit oiseau d'Europe fort semblable aux petits figuiers d'Amérique. T. VII, p. 50 et 51. — Sa nourriture, sa description. P. 51. — Ses habitudes naturelles. Il construit son nid avec autant de soin qu'il le cache. Il est en forme de boule. Raison de cette forme sphérique. *Ibid.* — La femelle pond quatre ou cinq œufs d'un blanc terne piqueté de rougeâtre. La voix de cet oiseau varie beaucoup, et comme il la fait entendre presque continuellement, on lui a donné le nom de *chantre*. P. 51 et 52. — Son mouvement est encore plus continu que sa voix, car il ne cesse de voltiger de branche en branche. Autres habitudes naturelles du pouillot, dont l'espèce, quoique très-petite et faible, est répandue jusqu'en Suède et dans la Grèce. P. 52 et 53.

Pouillot (le grand). Il est moins petit d'un quart que le pouillot commun; leurs différences. Description du grand pouillot. T. VII, p. 53 et 54.

Poule numidique. Voyez *Pauxi*.

Poule rouge du Pérou. Voyez *Hocco*.

Poule d'eau. Comparaison des poules d'eau et des râles, leurs ressemblances et leurs différences. T. VIII, p. 247 et 248. — Les poules d'eau font la nuance entre les oiseaux fissipèdes, dont les doigts sont nus et séparés, et les oiseaux palmipèdes, qui les ont garnis et joints par une membrane. Habitudes naturelles de la poule d'eau. Construction de son nid que la femelle quitte tous les soirs, après l'avoir couvert avec des brins de joncs et d'herbes. P. 248. — Dès que les petits sont éclos, la mère les mène à l'eau, et leur éducation est si courte qu'elle fait bientôt une nouvelle ponte. La poule d'eau n'est point un oiseau de passage, elle va seulement des montagnes à la plaine et des plaines à la montagne. Elle se trouve dans presque toutes les régions du monde.

P. 249. — Exemples à ce sujet. *Ibid.* — Sa description. P. 250. — La femelle est un peu plus petite que le mâle, les couleurs de son plumage sont moins foncées, les ondes blanches du ventre sont plus sensibles, et sa gorge est blanche. *Ibid.*

POULE D'EAU (variétés de la). Nous connaissons en France trois espèces ou variétés de la poule d'eau, que l'on assure ne pas se mêler, quoique vivant ensemble dans les mêmes lieux. On peut les distinguer par la grandeur. L'espèce moyenne est la plus commune; la grande et la petite sont un peu plus rares. T. VIII, p. 249 et 250.

POULE D'EAU (grande). Voyez *Porzane*.

POULE D'EAU (petite). Elle n'est pas de beaucoup plus petite que la poule d'eau moyenne; cependant ces deux espèces ne se mêlent point ensemble, et leurs couleurs sont à peu près les mêmes. Observation sur cet oiseau dans l'état de captivité. T. VIII, p. 250 et 251.

POULE d'eau (grande) de Cayenne. Cet oiseau s'approche du héron par la longueur du cou, et s'éloigne de la poule d'eau par la longueur du bec; il ressemble néanmoins à cette dernière par le reste de la conformation. Ses dimensions et ses couleurs. Elle est très-commune dans les marais de la Guiane, et l'on en voit jusque dans les fossés de la ville de Cayenne; sa nourriture; les jeunes ont le plumage tout gris, et ils ne prennent du rouge qu'à la mue. T. VIII, p. 253.

POULE SULTANE. Discussion critique au sujet des oiseaux auxquels les nomenclateurs ont mal à propos donné le nom de *poule sultane*. T. VIII, p. 264. — Toutes les poules sultanes, ainsi que les espèces qui lui sont relatives, ne se trouvent que dans les climats chauds de l'un et de l'autre continent. P. 267 et 268.

POULE SULTANE. Est le même oiseau que le *porphyrion* des anciens. T. VIII, p. 259. — Ce nom, qui rappelle à l'esprit le rouge ou le pourpre du bec et des pieds, était bien plus caractéristique et plus juste que celui de poule sultane. Description du porphyrion, par les anciens. P. 260. — Erreur des modernes au sujet de la conformation des pieds de cet oiseau. Il se nourrit de toutes sortes d'aliments. On l'élève aisément. C'est un très-bel oiseau; description de sa figure et de son plumage. Son naturel est paisible, et il s'acoutume aisément avec nos volailles. P. 260 et 261. — Ses autres habitudes. P. 261. — Description particulière de cet oiseau. P. 262. — Observations sur ses habitudes en domesticité. *Ibid.* — Sa manière de manger. La femelle ne diffère du mâle qu'en ce qu'elle est un peu plus petite. Celui-ci est plus gros qu'une perdrix, mais un peu moins qu'une poule. Nous avons une femelle et un mâle de cette espèce qui avaient été envoyés de Sicile, où ces oiseaux paraissent être assez communs, et où probablement ils se sont naturalisés après y avoir été apportés d'Afrique. P. 262 et 263. — Ils se montrent naturellement disposés à la domesticité, et il serait agréable et utile de les multiplier. Ils ont construit un nid et leur ponte a été de six œufs, chez M. le marquis de Nesle, qui les faisait élever avec un grand soin à Paris. P. 263. — Mais la femelle n'étant pas assidue à couver ses œufs, ils n'ont rien produit. *Ibid.*

POULE SULTANE (petite), oiseau de la Guiane qui, quoique bien plus petite que notre poule sultane, lui ressemble presque parfaitement. T. VIII, p. 266. — Sa description. *Ibid.*

POULE SULTANE *brune*. Elle se trouve à la Chine; ses dimensions. T. VIII, p. 265. — Sa description. *Ibid.*

POULE SULTANE *verte*. Sa grandeur; sa description. Elle se trouve aux Indes orientales. T. VIII, p. 264.

POULES éperonnées, ont beaucoup d'autres rapports avec les coqs. T. V, p. 281. — Qualités des poules. P. 282. — Poules de Rhodes moins fécondes que les autres. P. 284. — Poules non fécondées par le coq, produisent des œufs non féconds. P. 284 et 285. — Temps de la ponte, leur fécondité. P. 287. — Leur passion de couver. P. 289 et 290. — Leur conduite à l'égard de leur couvée. P. 295 et suiv. — Et d'une couvée étrangère. *Ibid.* — Manière d'y suppléer par l'art. P. 296 et suiv. — Poules d'Afrique, de Barbarie, de Guinée, de Jérusalem, de la

Mecque, de Mauritanie, de Numidie, de Pharaon, poules perlées, etc. Voyez *Peintade*. — Les poules ordinaires ont les narines recouvertes d'un opercule. P. 451. — Se sont mêlées avec l'espèce de la bartavelle. P. 458.

POULES *sauvages* (les) de l'intérieur des terres de la Guiane et du Mexique sont brunes et bien plus petites que nos poules d'Europe; du reste très-ressemblantes. Les sauvages ne les ont pas réduites en domesticité. T. VI, p. 374.

POULES. Il paraît que la race commune des poules chez les Grecs était plus petite que la nôtre. T. VIII, p. 121.

POULET de la mère Carey, des matelots hollandais, rapporté au très-grand pétrel. T. VIII, p. 572.

POULETTE D'EAU. Voyez petite *Poule d'eau*.

POUMONS, communiquent, dans l'autruche et le pélican, avec le tissu cellulaire. T. V, p. 212. — Ne paraissent formés dans l'œuf couvé qu'à la fin du neuvième jour. P. 292. — Leur mécanique dans le coq. P. 300. — Communiquent avec le péricarde dans la peintade. P. 337.

POUSSINIÈRES servant à élever les petits poulets. T. V, p. 296 et suiv.

POUX des paons. T. V, p. 402.

POUX-DE-BOIS. Quelques perriches font leur nid dans les ruches de ces insectes. T. VII, p. 285.

PRENEUR DE MOUCHES *rouge*, oiseau donné par Catesby sous cette dénomination, qui approche plutôt du genre des bruants que de celui des gobe-mouches et moucherolles. Sa description. T. VI, p. 450.

PROMEROPS sans pieds, comme un oiseau de Paradis. T. VI, p. 8.

PROMEROPS. Rapports et différences entre ce genre et ceux des huppes et des guépiers. T. VII, p. 367 et suiv. — Se trouvent en Asie, en Afrique et en Amérique. P. 369.

PROMEROPS *à ailes bleues*, du Mexique. Se tient sur les montagnes. Vit d'insectes. Taille de la grive. Pennes intermédiaires très-longues. T. VII, p. 382.

PROMEROPS (grand) *à parements frisés*, de la Nouvelle-Guinée. A les pennes intermédiaires de la queue très-longues; les couvertures de ailes relevées en éventail et même quelques-unes des scapulaires; sur ces plumes naissent plusieurs autres longues plumes en partie décomposées. T. VII, p. 384 et 385.

PROMEROPS *brun à ventre rayé*, de la Nouvelle-Guinée. A les pennes intermédiaires de la queue très-longues. Différences de la femelle. Autres variétés. T. VII, p. 383 et 384.

PROMEROPS *brun à ventre tacheté*, du cap de Bonne-Espérance. Les six pennes intermédiaires de la queue très-longues. T. VII, p. 383. — La femelle est plus petite et ses couleurs sont plus faibles. *Ibid.*

PROMEROPS *orangé* de la Guiane. Différences de la femelle, appelée *cochitototl*. T. VII, p. 385 et 386. — Cet oiseau a la queue carrée et beaucoup moins longue que les autres de ce genre. P. 386.

PROMERUPE de l'orient de l'Asie. Espèce intermédiaire entre la huppe et le promerops. T. VII, p. 381. — Taille de l'étourneau. Les deux pennes intermédiaires de la queue très-longues. P. 482.

PROYER (le) est un oiseau de passage qu'on voit arriver de bonne heure au printemps. Il établit son nid dans les prés, les orges, les avoines, etc., à trois ou quatre pouces au-dessus du sol. La femelle pond quatre, cinq et quelquefois six œufs. T. VI, p. 334 et 335. — Habitudes naturelles des père et mère et des petits. P. 335 et 336. — Ils sont répandus dans toute l'Europe. Les oiseleurs les gardent en cage pour leur servir d'appeau ou d'appelant. P. 336. — Description du mâle et de la femelle, et leurs dimensions tant extérieures qu'intérieures. P. 336 et 337.

PTARMIGAN. T. V, p. 367 et 384.

PUCES et PUNAISES trouvées dans des nids d'hirondelles de fenêtre. T. VII, p. 453.

PYGARGUE ou aigle à queue blanche, cette espèce est composée de trois variétés, le grand pygargue, le petit pygargue et le pygargue à tête blanche. T. V, p. 60. — Les noms de ces oiseaux indiquent leurs différences; Aristote a parlé du grand pygargue, sous le nom de *hinnularia*, car il attaque

les faons. *Ibid.* — Les pygargues diffèrent des aigles par la nudité de la partie inférieure des jambes, par leur bec jaune et blanc, par leur queue blanche; ils se plaisent dans les plaines et les bois voisins des lieux habités, et surtout dans les climats froids. *Ibid.*

Pygargue (le grand) est aussi gros, au moins aussi fort et plus féroce que l'aigle commun, produit deux ou trois petits, il les chasse du nid avant qu'ils soient en état de se pourvoir (on dit que l'orfraie en prend soin); fait son nid sur de gros arbres; ne chasse que pendant quelques heures dans le milieu du jour. T. v, p. 61. — Comme il ne chasse ordinairement, ainsi que le grand aigle, que de gros animaux, il se rassasie souvent sur les lieux sans pouvoir les emporter, et comme d'ailleurs il ne souffre point de chair corrompue, il y a souvent disette dans le nid, les aiglons deviennent criards, se battent pour se disputer la nourriture, et les père et mère doivent avoir empressement de s'en débarrasser. *Ibid.*

Pygargue, comparé au jean-le-blanc. T. v, p. 72 et 73.

Q

Quadricolor ou moineau de la Chine, gros-bec de Java, son plumage. T. vi, p. 156 et 157.

Quadrupèdes, leur histoire moins difficile à faire que celle des oiseaux, et pourquoi. T. v, p. 1. — Il n'y en a guère plus de deux cents espèces, dont l'histoire et la description sont le fruit de vingt ans de travail. *Ibid.* — Il est assez facile de donner une connaissance distincte de chacun, avec un bon dessin, rendu par une gravure noire et une bonne description. P. 3. — La plupart des quadrupèdes ont l'odorat plus vif, plus étendu que ne l'ont les oiseaux. P. 18. — La durée de leur vie est proportionnelle au temps employé à leur accroissement, et ils ne sont en état d'engendrer que lorsqu'ils ont pris la plus grande partie de leur accroissement. P. 28 et 29. — Rapports particuliers observés entre la tribu des quadrupèdes et celle des oiseaux. P. 29 et 30. — Il y a dans ces deux tribus des espèces carnassières et d'autres qui se nourrissent de matières végétales, et pourquoi. P. 30 et 31. — Dans les quadrupèdes, surtout dans ceux qui ne peuvent rien saisir avec leurs doigts, qui n'ont que de la corne aux pieds ou des ongles durs, le sens du toucher paraît réuni à celui du goût dans la gueule. P. 35. — Les quadrupèdes éprouvent les impressions du sixième sens dans toute leur violence; c'est un besoin pressant, un désir fougueux, une espèce de fureur, ils ne connaissent point la fidélité réciproque; les pères ne prennent aucun soin de leur géniture. P. 36 et 37. — Il faut excepter le chevreuil, les loups, les renards. P. 38. — Le tiers des quadrupèdes est carnassier, tandis qu'à peine la quinzième partie des oiseaux sont oiseaux de proie, toutefois en n'y comprenant pas les oiseaux de proie aquatiques qui forment une tribu très-nombreuse. P. 42 et 43. — Il n'y a guère parmi les quadrupèdes que les castors, les loutres, les phoques et les morses qui vivent de poisson. P. 43. — Les quadrupèdes se rapprochent des oiseaux par les polatouches, roussettes, chauves-souris, etc.; des cétacés, par les phoques, morses et lamantins; de l'homme, par le gibbon, le pithèque, l'orang-outang; des reptiles, par les fourmilliers, phatagins, pangolins; des crustacés, par les tatous. P. 199 et 200.

Quadrupèdes. Idée de la circulation de leur sang. T. vii, p. 429 (note *e*).

Quapactol ou le *Rieur*, du Mexique. Son cri ressemble à un éclat de rire. Passait pour un oiseau de mauvais augure. Taille de notre coucou. T. vii, p. 354 et 355.

Quatoztli ou *oiseau plus petit que le chardonneret* de Seba. Critique à ce sujet. T. vi, p. 310.

Quauchichil, de Fernandez; notice de ce petit oiseau. T. viii, p. 613.

Quauhcilui, nom donné par Seba au guépier à tête grise.

Quauhtotopotli alter. Voyez *Épeiche* de Canada.

Quaxoxoctototl. T. vii, p. 299 (note *b*).

QUEREIVA, espèce de cotinga qui se trouve à Cayenne; sa description. T. VI, p. 377.

QUETELE. Voyez *Peintade*.

QUEUE du dindon, comment se relève. T. V, p. 314 et 315.

QUEUE du faisan. T. V, p. 412. — De l'argus ou luen. P. 425. — Du chinquis. P. 427. — Du spicifère. P. 428. — De l'éperonnier. P. 429 et 430. — Individus sans queue dans quelques espèces d'oiseaux. P. 440.

QUEUE fourchue du milan royal; cet attribut lui est propre et le distingue de tout autre oiseau de proie. T. V, p. 108.

QUEUE du paon, ses couleurs, ses mouvements. T. V, p. 390. — Ses belles plumes tombent tous les ans. P. 390 et 402. — Ce que c'est que les miroirs ou les yeux. P. 402.

QUEUE du paon blanc, a des vestiges de miroirs. T. V, p. 408.

QUEUE du tétras, se relève comme celle du dindon. T. V, p. 343. — Et celle de la grosse gélinotte du Canada. P. 387.

QUEUE de l'hoitlallotl. T. V, p. 442.

QUEUE en éventail de Virginie. T. VI, p. 154.

QUEUE singulière du rollier. T. V, p. 584 et 587. — Du pique-bœuf. T. VI, p. 14.

QUEUE de plus petit oiseau-mouche. Erreur à son sujet. T. VII, p. 151. — Fourchue dans le rubis et l'améthyste. P. 152 et 154. — Queue du rubis-topaze. P. 156.—De l'oiseau-mouche à raquettes. P. 157 et 158. — Longue queue de quelques oiseaux-mouches. P. 165, 167. — Queue des colibris, diffère de celle des grimpereaux par le nombre des plumes. P. 168. — Longs brins de la queue du colibri-topaze. P. 170. — Manquent à la femelle. P. 171. — Queue à longs brins de quelques espèces de colibri. P. 172 et 174.— Couleurs de la queue du colibri, nommé *collier rouge*. P. 177. — Queue courte à pennes égales; caractère du perroquet proprement dit, de l'ancien continent. P 197. — Queue des loris-perruches, plus longue que celle des autres loris. P. 216. — Non étagée. P. 218. — Queue longue et égale ou inégale; caractères distinctifs de deux familles de perruches. P. 218, et 224. — La perruche huppée a la queue très-longue. P. 229. — Courte queue; autre caractère d'une famille de perruches. P. 230 et suiv. — Queue très-longue; l'un des caractères distinctifs des aras. P. 239. — Grande queue du touraco. P. 301. — Queue de la plupart des coucous composée de dix pennes étagées. P. 328, 331. — Différents ports de queues dans ces mêmes oiseaux. P. 328 et 329. — Coucous qui ont douze pennes à la queue. P. 347 et 348. — Queue du coucou cornu, triple de son corps. P. 355. — Couvertures de la queue très-longues dans une espèce de coucou. P. 356. — Queue du houtou longue et étagée et ayant les deux pennes intermédiaires ébarbées près du bout. P. 366. — La plupart des espèces de guépiers et quelques espèces de martins-pêcheurs ont les deux pennes intermédiaires de la queue fort excédantes. P. 368. — Queue de la huppe composée de dix pennes. P. 379. — Les deux pennes intermédiaires de la queue très-longues. P. 382. — Queue du promerops orangé, carrée et beaucoup moins longue que dans les autres promerops. P. 386. — Queue de l'engoulevent, composée de dix pennes. P. 409. — Celle du guira-querea a les deux pennes intermédiaires très-longues. P. 415. — Hirondelles dont les pennes de la queue sont terminées par des piquants. P. 493 et suiv.

QUOIMEAU, petite espèce de butor qui se voit quelquefois en Sologne, et qui paraît être la même que le butor roux de Bologne en Italie. T. VIII, p. 98.

R

RACES. Les races en général tiennent toujours plus du mâle que de la femelle. T. VI, p. 181.

RACKLEHANE de Suède. Serait le petit tetras à queue fourchue s'il avait des barbillons et qu'il n'eût pas le cri tout différent. T. V, p. 361.

RALES, oiseaux qui forment une grande famille, dont les habitudes sont différentes de celles de la plupart des autres oiseaux de rivages. T. VIII, p. 234. — Étymologie de ce nom *râle*. Caractères communs à tous

les râles. Ils ont beaucoup de ressemblances avec les poules d'eau. P. 234 et 235. — Les espèces en sont peut-être plus diversifiées dans les terres humides du nouveau continent que partout ailleurs; il y en a de plus grandes et de beaucoup plus petites que les espèces européennes. P. 243 et 244.

Rale *à long bec :* il a le bec plus long que tous les autres râles. Sa description. Il y en a deux espèces, ou plutôt deux variétés qui diffèrent principalement par la grandeur. T. viii, p. 243 et 244.

Rale *bidi-bidi*, ainsi nommé de son cri; il se trouve à la Jamaïque, et n'est guère plus gros qu'une fauvette. T. viii, p. 245. — Sa description. P. 245 et 246.

Rale d'eau; il court au bord des eaux aussi vite que le râle de terre dans les champs. T. viii, p. 239. — Ses autres habitudes naturelles. On le prend aisément au lacet. *Ibid.* — Il se tient dans son fort avec autant d'opiniâtreté que le râle de terre dans le sien. Sa grandeur. Sa description. On le voit dans nos provinces autour des sources chaudes pendant l'hiver; cependant il a comme le râle de terre des temps de migrations marquées, et on le voit passer à Malte au printemps et en automne. P. 240. — L'espèce est plus nombreuse que celle du râle de terre, et on la rencontre dans presque toutes les contrées de l'ancien continent. La chair de cet oiseau est moins délicate que celle du râle de terre; elle a un goût de marécage. *Ibid.*

Rale d'eau, (petit). Voyez *Marouette.*

Rale (petit) *de Cayenne;* ce joli petit oiseau n'est pas plus gros qu'une fauvette. Sa description. C'est le plus joli des râles. T. viii, p. 246.

Rale *de genêt.* Voyez *Râle de terre.*

Rale *de la Guiane.* Voyez *Kiolo.*

Rale *des Philippines.* Voyez *Tiklin.*

Rale *de terre* ou *de genêt;* par quelle raison on l'a nommé *roi des cailles.* Son habitation. Son cri. T. viii, p. 235. — Ce cri est assez semblable au croassement d'un reptile. Cet oiseau fuit rarement au vol, mais presque toujours en marchant avec vitesse. Il semble accompagner et suivre les cailles en tout temps. P. 235 et 236. — Ses différences avec la caille, et ses ressemblances avec les autres râles. Sa description. P. 236. — Il n'est pas aussi fécond que la caille, et ne pond que huit à dix œufs, au lieu que la caille en pond jusqu'à dix-huit et vingt. Description du nid et des œufs de cet oiseau. Les petits courent dès qu'ils sont éclos. Manière dont le râle de terre se fait chasser. Son opiniâtreté à rester sans partir devant le chien, et sa subtilité à le tromper. Sa manière de voler. P. 236 et 237. — Il se sert plus de ses pieds que de ses ailes. Il part et voyage avec les cailles; manière dont il projette et exécute le voyage. On ne le voit dans nos provinces méridionales que dans le temps de son passage; il ne niche point en Provence comme dans nos autres provinces. P. 237. — Il passe la Méditerranée, et on le voit dans les îles de cette mer. Il se trouve aussi dans les provinces du Nord et jusqu'en Norwége; ses migrations en Asie semblent suivre le même ordre qu'en Europe; on le voit dans le mois de mai au Kamtschatka comme en France. P. 237 et 238. — Il se nourrit principalement d'insectes. Il mange aussi des graines, mais il ne donne à ses petits que des vers ou de petits insectes; il prend, lorsqu'il est adulte, beaucoup de graisse, et sa chair est exquise; manière de le prendre au filet. P. 238.

Rale *de Virginie;* il est gros comme la caille, et a plus de rapports avec le râle de terre qu'avec le râle d'eau. T. viii, p. 245. — Il se trouve dans l'Amérique septentrionale et jusqu'à la baie d'Hudson. Son plumage est tout brun, et il devient si gras et si pesant en automne, qu'un homme peut le prendre à la course. *Ibid.*

Rale *tacheté de Cayenne;* est un des plus beaux et des plus grands du genre des râles. Sa description. T. viii, p. 245.

Ramier. Plus gros que le biset; a pu contribuer, ainsi que le biset et la tourterelle, à la multiplication indéfinie de nos races de pigeons. T. v, p. 508, 515 et 516. — Leurs passages, leurs pontes, leur nid; temps de l'incubation, leur roucoulement, leur nourriture, leur manière de boire; qualité de leur chair; comment on les prend; leur es-

pèce peu nombreuse. P. 509 et 510. — Se trouvent partout dans les deux continents. P. 510 et 511. — Voyez *Pigeon* à queue annelée de la Jamaïque et *Pigeon* à taches triangulaires d'Edwards.

Ramier *bleu*, de Madagascar. T. v, p. 512.

Ramier des Moluques, variété du nôtre. T. v, p. 511.

Ramier *vert* de Madagascar. T. v, p. 512.

Ramier, couve l'œuf du coucou. T. vii, p. 304.

Ramiret, espèce nouvelle et des plus jolies. T. v, p. 512 et 513.

Reins de l'aigle commun, sont fort petits à proportion de ceux des autres oiseaux. T. v, p. 59.

Religieuse. Voyez *Moloxita.*

Remiz. T. vii, p. 87. — Art recherché que le remiz emploie dans la construction de son nid. P. 88. — Il le suspend avec du chanvre, de l'ortie, etc., et le laisse bercer à l'air. Son naturel défiant et rusé. On n'en prend jamais dans les piéges. Description de ce nid. P. 88 et 89. — La femelle ne pond que quatre ou cinq œufs d'un beau blanc avec la coque transparente. Elle fait ordinairement deux pontes chaque année, et c'est principalement dans les lieux marécageux que ces oiseaux s'établissent. P. 89. — On les voit communément en Pologne et dans quelques provinces de l'Allemagne. Description du remiz. P. 90 et 91. — Différences de la femelle, leurs dimensions. P. 91.

Renard. A le sens de l'odorat plus parfait que le corbeau et le vautour. T. v, p. 18. —Dans cette espèce, la société du mâle et de la femelle dure autant que l'éducation des petits. P. 38.

Respiration des grenouilles. T. vii, p. 430.

Réveil-matin. Voyez *Caille* de Java.

Rhaad ou *saf-saf* ou *petite outarde huppée d'Afrique.* N'a point de fraise comme le houbara. Son plumage. T. v, p. 278 et 279.

Rhaad (petit). Ne diffère du premier que parce qu'il est plus petit, qu'il n'a point de huppe, et par les couleurs du plumage. T. v, p. 278.

Rieur (oiseau). Voyez *Quapactol.*

Rocheraie. Voyez *Biset.*

Rochier, nommé faucon de roche; plus petit que la cresserelle, semblable à l'émerillon de fauconnerie. Habite les rochers. T. v, p. 149

Roi des cailles. Voyez *Râle de terre.*

Roitelet. T. vii, p. 59. — Sa petitesse, sa délicatesse, sa vivacité, son cri. P. 59 et 60. — La femelle pond six à sept œufs qui ne sont guère plus gros que des pois, dans un petit nid fait en boule creuse. Leur nourriture. P. 60 et 61. — Leurs habitudes naturelles tant en été qu'en hiver et dans leurs voyages. P. 61. — Ils sont dans un mouvement presque continuel. Ils prennent différentes attitudes lorsqu'ils sont posés. Ils se laissent approcher de très-près. On les prend à la pipée. P. 61 et 62. —L'espèce paraît être répandue, non-seulement dans presque toute l'Europe, mais encore dans une grande partie de l'Asie, et même en Amérique. P. 62. — Sa couronne ou sa huppe. Description de son plumage. Différences de la femelle et du mâle. P. 62 et 63. — Le poids du roitelet est de 96 à 120 grains. Dimensions et description de ses parties intérieures. P. 63.

Roitelet (variétés du). Le roitelet de Pensylvanie. T. vii, p. 63. — Le roitelet rubis de Pensylvanie. Sa description. P. 64. — Différence du mâle et de la femelle de cette variété. Leurs dimensions. *Ibid.* — Le roitelet à tête rouge du cap de Bonne-Espérance. Sa description. P. 65. — Le roitelet-mésange, de Cayenne, qui est encore plus petit que notre roitelet. *Ibid.* — Ses habitudes naturelles. Sa description et ses dimensions. *Ibid.*

Rolle de Cayenne ou grivert. A beaucoup de rapport avec le rolle de la Chine. Ses différences. T. v, p. 583.

Rolle de la Chine, espèce moyenne entre les geais et les rolliers. T. v, p. 582 et 583.

Rollier. Réduction des espèces appartenant à ce genre. T. v, p. 581 et 582. — On a donné au rollier les noms de *geai de Strasbourg*, de *perroquet d'Allemagne*, de *pic*

de mer; avec quel fondement. P. 584. — Ses migrations ou voyages depuis la Suède jusqu'en Afrique. Ses mœurs, son plumage; variété d'âge. P. 584 et 585. — Nid : les petits y font leurs ordures. Nourriture des rolliers, qualité de leur chair, détails anatomiques, etc.; variétés de sexe. P. 585-587. — Le *shaga-rag* de Barbarie est une variété de cette espèce. P. 587.

Rollier d'Abyssinie, avec une variété qui est le rollier du Sénégal. T. v, p. 588.

Rollier d'Angola, comparé à celui de Mindanao. T. v, p. 588 et 589.

Rollier de Goa, variété de celui d'Angola. T. v, p. 590.

Rollier de Madagascar. Diffère du nôtre. T. v, p. 590 et 591.

Rollier de Mindanao ou *cuit*, variété du rollier d'Angola. T. v, p. 588 et 589.

Rollier de Paradis, doit être entre les rolliers et les oiseaux de Paradis. T. v, p. 591. — Mutilé comme un oiseau de Paradis. P. 592.

Rollier des Antilles. Voyez *Pie* des Antilles.

Rollier des Indes. A le bec large à sa base, et si large qu'on l'a appelé *grand'-gueule de crapaud*. T. v, p. 590. — A les ailes longues. *Ibid.*

Rollier du Mexique. T. v, p. 591.

Rollier du Sénégal, variété de celui d'Abyssinie. T. v, p. 588.

Rose-gorge ou gros-bec de la Louisiane. T. vi, p. 152 et 153.

Rossignol. Remplit de ses sons tout autant d'espace qu'une grande voix humaine. T. v, p. 19. — Chant du rossignol et ses amours. P. 25. — Dégénère, après la saison de l'amour, en un coassement rauque et très-désagréable. *Ibid.* — On le nourrit de chair hachée, quoique dans l'état de nature il ne vive que d'insectes. P. 32.

Rossignol d'Espagne de M. Sloane. Son nid, variété. T. vi, p. 47 et 48.

Rossignol. Portrait du rossignol et de son chant. T. vi, p. 491 et suiv. — Il chante la nuit et même avec plus d'éclat que le jour, parce que sa voix n'est offusquée par aucune autre voix. Il efface tous les autres oiseaux par ses sons moelleux et flûtés, et par la durée non interrompue de son ramage, qu'il soutient quelquefois pendant vingt secondes. La sphère que remplit la voix du rossignol n'a pas moins d'un mille de diamètre, surtout lorsque l'air est calme, ce qui égale au moins la portée de la voix humaine. Cependant cet oiseau ne pèse pas une demi-once. P. 493. — Les muscles du larynx, ou si l'on veut du gosier, sont plus forts à proportion dans le rossignol que dans tout autre oiseau, et plus forts dans le mâle, qui chante, que dans la femelle, qui ne chante point. Il commence à chanter vers le 8 ou le 10 d'avril, et ne cesse que vers la fin de juin. Ceux qui sont captifs continuent de chanter pendant neuf ou dix mois. P. 493 et 494. — Ils chantent la plus grande partie de l'année lorsqu'on sait faire régner autour d'eux un printemps perpétuel, qui renouvelle incessamment leur ardeur, sans leur offrir aucune occasion de l'éteindre; c'est ce qui arrive aux rossignols que l'on tient en cage, même à ceux que l'on prend adultes. On en a vu qui se sont mis à chanter de toutes leurs forces peu d'heures après avoir été pris. Manière de les nourrir en domesticité. P. 494. — Ils sont sensibles à l'harmonie, et font tous leurs efforts pour l'emporter sur les autres chants; exemple à ce sujet. P. 495. — Tous les rossignols ne chantent pas également bien; il y en a dont le ramage est si médiocre, que les amateurs ne veulent point les garder. Raison de la différence de ramage dans les oiseaux de même espèce. Passé le mois de juin, le rossignol ne chante plus, et il ne lui reste qu'un cri rauque. *Ibid.* — Il y a quelques femelles de rossignol qui chantent; exemple à ce sujet. P. 496. — On a vu des hommes imiter très-bien le chant du rossignol en sifflant. Manière de faire bien chanter cet oiseau en cage. P. 496 et 497. — Il chante en captivité pendant toute l'année, à l'exception du temps de la mue, et même il chantera mieux que dans l'état de liberté, parce que l'on peut encore perfectionner son chant en lui faisant entendre celui des autres oiseaux et des instruments. P. 497. — Faits merveilleux au sujet des rossignols. P. 498. — Manière de faire cesser et de renouveler le

chant du rossignol dans telle saison que l'on voudra. *Ibid.* — L'étendue de ce chant est comprise dans une seule octave. *Ibid.* — Cet oiseau devient à la longue capable d'attachement. Il s'attache même fortement, parce qu'il s'attache difficilement. P. 499. — Le rossignol voyage seul, arrive seul au printemps, et s'en retourne seul en automne, et n'a point de penchant à la société; car il ne souffre aucun de ses pareils dans le terrain qu'il s'est approprié pour nicher. On a observé que la distance des nids de rossignols est beaucoup moindre dans les pays où la nourriture abonde. *Ibid.* — Ces oiseaux commencent à faire leurs nids à la fin d'avril ou au commencement de mai; construction de leurs nids; endroits où ils les placent de préférence. *Ibid.* — Dans notre climat la femelle pond ordinairement cinq œufs d'un brun verdâtre, et dont le brun domine au gros bout. La femelle couve seule, le mâle ne prend jamais sa place. Au bout de dix-huit ou vingt jours d'incubation les petits commencent à éclore. On a observé que le nombre des mâles rossignols qui éclosent est plus que double de celui des femelles. P. 500. — En moins de quinze jours les petits rossignols sont couverts de plumes, et c'est alors qu'il faut séparer ceux que l'on veut élever. Ils font deux pontes par an, et même trois lorsque l'automne est beau. Dans les pays chauds ils en font jusqu'à quatre, et partout les dernières pontes sont les moins nombreuses. On a trouvé moyen de les faire nicher en captivité. Manière d'y réussir. *Ibid.* — Les rossignols ne restent point en France pendant l'hiver, et il est probable qu'ils passent dans les pays chauds de l'Asie. P. 501. — Mais en Europe comme en Asie il y a des contrées qui ne leur conviennent point, et où ils ne s'arrêtent jamais. Ceux que l'on tient en cage s'agitent beaucoup au printemps et en automne, surtout la nuit aux époques ordinaires marquées pour leurs migrations. P. 502. — L'espèce du rossignol appartient exclusivement à l'ancien continent. *Ibid.* — Le rossignol dort pendant le jour dans la saison où il chante la nuit. P. 503. — Mouvements spontanés du corps du rossignol. P. 503 et 504. — Ses habitudes naturelles P. 504. — Les rossignols vivent jusqu'à dix-sept ans en domesticité; exemple à ce sujet. Le rossignol qui a vécu dix-sept ans commença à grisonner dès l'âge de sept ans; à quinze il avait des pennes entièrement blanches aux ailes et à la queue; ses jambes avaient beaucoup grossi; il avait des espèces de nodus aux doigts, et il chantait néanmoins comme dans son plus bel âge. *Ibid.* — Ces oiseaux sont curieux quoique timides; tous les chants et même tous les bruits les font approcher. P. 505. — Sont très-bons à manger lorsqu'ils sont gras. *Ibid.* — Différences et caractères distinctifs des mâles et des femelles. Description des parties extérieures et intérieures de ces oiseaux, et leurs dimensions. P. 506 et suiv. — Il y a variété de grandeur dans cette espèce. P. 507. — En Anjou, il est une race de rossignols beaucoup plus gros que les autres, laquelle se tient et niche dans les charmilles. Cette race de grands rossignols est aussi fort commune en Silésie. *Ibid.*

Rossignol *blanc*. Il s'en trouve en Italie et en France. T. VI, p. 508.

Rossignol *de muraille*. Comparaison de son chant avec celui du rossignol. T. VI, p. 536 et 537. — Ce n'est que par le chant qu'il y a quelques rapports entre ces deux oiseaux. Le rossignol de muraille se pose sur les tours et les combles des édifices inhabités, même au milieu des villes, sur les clochers; on le trouve aussi dans l'épaisseur des forêts les plus sombres. Ses autres habitudes naturelles. Sa grandeur, sa description. P. 537 et 538. — Différences du mâle et de la femelle. Ils nichent dans les trous de muraille, de rochers ou d'arbres creux; leur ponte est de cinq ou six œufs bleus. P. 538. — Son naturel est sauvage, son instinct solitaire. *Ibid.* — Et son caractère triste. On peut l'élever en cage en le prenant jeune. Manière de le nourrir. P. 538 et 539. — Sa nourriture dans l'état de liberté. P. 539. — Il part de France au mois d'octobre, et reste en Italie jusqu'à la fin de novembre. *Ibid.* — Variétés dans cette espèce. *Ibid.* et suiv.

ROSSIGNOL *de muraille* d'Amérique. Sa description. T. VI, p. 540.

ROSSIGNOL, couve l'œuf du coucou déposé dons son nid. T. VII, p. 316.

ROTJE de Groënland et de Spitzberg, rapporté à l'oiseau de tempête. T. VIII, p. 571. — Description du rotje et de sa nichée, par les voyageurs hollandais et par Anderson. P. 571 et 572.

ROUGE-CAP, espèce de tangara de la Guiane dont la tête est rouge. Sa description. T. VI, p. 294.

ROUGE-GORGE. T. VI, p. 549. — Sa nourriture et ses habitudes naturelles. *Ibid.* et suiv. — Il n'est pas d'oiseau plus matinal que le rouge-gorge. P. 550. — Et il est peut - être le dernier à s'endormir le soir. On le prend aisément, car il est peu défiant et fort curieux. *Ibid.* — Manière de les prendre en quantité. Ils sont excellents à manger. P. 551. — L'espèce en est répandue dans toute l'Europe, depuis l'Espagne jusqu'en Suède. Différences des petits aux adultes pour les couleurs du plumage. Ils partent sans s'attrouper et seul à seul. P. 551 et 552. — Il en reste quelques-uns pendant l'hiver en France, et ceux-ci s'approchent alors des habitations. P. 552. — Ils ne craignent point de s'approcher des hommes et d'entrer même dans ces maisons où ils sont très-familiers. *Ibid.* — Leur nourriture dans cet état de domesticité. P. 553. —Description du plumage du rouge-gorge. *Ibid.*

ROUGE-GORGE *bleu* de l'Amérique septentrionale. T. VI, p. 557. — C'est une espèce très-voisine du rouge-gorge d'Europe. Ses dimensions et sa description. Différences du mâle et de la femelle. *Ibid.* — Son naturel, sa nourriture, son nid. P. 557 et 558.

ROUGE-GORGE, repousse le coucou lorsqu'il se présente pour pondre dans son nid. T. VII, p. 315. — Couve l'œuf du coucou déposé dans son nid. P. 316.

ROUGE-NOIR ou gros-bec de Cayenne. T. VI, p. 153.

ROUGE-QUEUE ou pie-grièche de Bengale. De la grosseur de notre pie-grièche grise; a du rouge sous la queue et au-dessous des yeux. T. V, p. 159 et 160.

ROUGE-QUEUE. Discussion critique au sujet des oiseaux qui ont du rouge dans leur plumage. T. VI, p. 541 et suiv. — Différences du rouge-queue et du rossignol de muraille. Sa description. P. 543. — Différences du mâle et de la femelle. *Ibid.* — Leur arrivée au printemps et leurs habitudes naturelles. Description de leur nid. La femelle pond cinq ou six œufs blancs variés de gris. L'espèce est très-voisine de celle du rossignol de muraille. Il n'a, pour ainsi dire, ni chant ni ramage. P. 543 et 544. — Son naturel. P. 544. — Sa chair est très-grasse et bonne sur la fin de l'été. Il n'en reste aucun pendant l'hiver en France. *Ibid.*

ROUGE-QUEUE de la Guiane, espèce voisine de celle du rouge-queue d'Europe. T. VI, p. 544.

ROUGE-QUEUE, couve l'œuf du coucou déposé dans son nid. T. VII, p. 316.

ROUGETTES, roussettes, chauves-souris et polatouches, font la nuance entre les quadrupèdes et les oiseaux, comme l'autruche, le casoar et le dronte font la nuance entre les oiseaux et les quadrupèdes. T. V, p. 101 et 199.

ROUSSELINE. Voyez *Alouette* de marais.

ROUSSEROLLE ou rossignol de rivière. Son chant, ses allures, son nid. Ses rapports avec la grive, ses différences. T. VI, p. 70 et 71. — Se trouve aux Philippines. P. 71.

ROUSSEROLLE (petite) appelée *effarvate.* Est huppée; son babil, son vol. T. VI, p. 71.

ROUVERDIN, petit tangara qui se trouve au Pérou, à Surinam et à Cayenne. T. VI, p. 303.

RUBIN ou gobe-mouche rouge huppé de la rivière des Amazones. Sa description. T. VI, p. 429 et 430.

RUBIS, une des plus petites espèces d'oiseau-mouche. T. VII, p. 152. — Son plumage. Forme de ses ailes. P. 152 et 153. — S'avance plus que les autres oiseaux-mouches dans les terres septentrionales. P. 153. — Se nourrit comme les autres du nectar des fleurs. *Ibid.*

RUBIS-ÉMÉRAUDE, espèce d'oiseau-mouche. T. VII, p. 162.

RUBIS-TOPAZE, espèce d'oiseau-mouche.

Plumage, queue, dimensions. T. VII, p. 155 et 156. — Bec. Différences du mâle à la femelle. P. 156. — Variétés d'âge ou de climat. *Ibid.*

Rufalbin du Sénégal, porte sa queue épanouie. A l'ongle postérieur fort long, la taille du merle, la queue très-longue. T. VII, p. 335 et 336.

Rumination d'une espèce de perroquets. T. VII, p. 262.

S

Sacre, a le bec et les pieds bleus comme le lanier, est devenu rare comme lui ; il est aussi court-empiété, de forme plus arrondie que le faucon, et très-hardi ; c'est un oiseau de passage ; on ne sait où il niche. T. V, p. 129 et 130.

Sacre d'Égypte. T. V, p. 91, 92 et 93.

Sacret, est le tiercelet ou mâle de l'espèce du sacre. T. V, p. 130.

Saison, les oiseaux sont beaucoup plus soumis à la loi de la saison qu'à celle du climat. T. V, p. 6.

Salaczac (le) des Philippines, indiqué par Camel, paraît être un petit martin-pêcheur. T. VII, p. 600.

Salangane des Philippines, des Moluques, etc. Espèce d'hirondelle de rivage fort petite. Son nid se mange. T. VII, p. 485 et suiv. — Ce nid différent des nids d'alcyons des anciens. *Ibid.* — Sa forme ; lieux où la salangane le construit. P. 486 et suiv. — Matière qu'elle y emploie. P. 488. — Sa forme, sa structure. P. 489. — Qualité de cette nourriture. *Ibid.* — Cette espèce d'hirondelle est très-nombreuse. P. 489 et 490. — Appelée aussi *hirondelle de mer*, *alcyon*. P. 490. — N'est point de passage. A le vol de nos hirondelles, mais vole un peu moins. *Ibid.* — A les ailes plus courtes. *Ibid.* — Taille du troglodyte. *Ibid.*

Salive du coucou, ce que c'est. T. VII, p. 305 et 307.

Saloyazir de l'île de Luçon. Sorte de très-petite sarcelle. T. VIII, p. 551.

Sanderling. Voyez *Maubèche*.

Sang d'une espèce de grenouille, employé, dit-on, à tapirer les perroquets. T. VII, p. 181, 267, 268. — Circulation du sang dans les divers animaux. P. 429 (note *e*).

San-hia de la Chine. A les deux pennes intermédiaires de la queue fort longues. Ressemble au coucou huppé à collier. T. VII, p. 345 et 346.

Sansonnet. Voyez *Étourneau*.

Sansonnet. Voyez *Oiseaux*.

Saphir, espèce d'oiseau-mouche de taille un peu au-dessus de la moyenne. T. VII, p. 159.

Saphir-émeraude, espèce d'oiseau-mouche de taille moyenne. T. VII, p. 159 et 160.

Sarcelle *à queue épineuse*. Description et caractère distinctif de cet oiseau. T. VIII, p. 546. — Il est naturel à la Guiane, et n'a guère que onze ou douze pouces de longueur. *Ibid.*

Sarcelle *blanche et noire*, surnommée la *religieuse*, parce qu'elle porte une robe blanche, un bandeau blanc, avec coiffe et manteau noirs. T. VIII, p. 547. — Sa taille est à peu près celle de notre sarcelle. *Ibid.* — Elle se trouve à la Louisiane. *Ibid.* — Sa facilité à reparaître l'instant après avoir plongé, à une très-grande distance, est vraisemblablement la cause pour laquelle les pêcheurs de Terre-Neuve lui ont donné le nom d'*esprit*. *Ibid.*

Sarcelle *brune et blanche*. Description de cette sarcelle. T. VIII, p. 549. — Elle ne craint pas la plus grande rigueur du froid, et on la trouve au fond de la baie d'Hudson. *Ibid.*

Sarcelle *commune*. Sa description. T. VIII, p. 534 et 535. — Différence de la femelle avec le mâle. P. 535. — Cette différence est en général si grande dans les sarcelles, de même que dans les canards, que les chasseurs peu expérimentés s'y méprennent, et ces méprises ont produit une foule de dénominations impropres contre lesquelles les naturalistes doivent être en garde, pour ne pas multiplier les espèces sur la seule différence des couleurs qui se trouvent dans les oiseaux. P. 535. — Le mâle sarcelle, au temps de la pariade, fait entendre un cri semblable à celui du râle. *Ibid.* — La femelle ne fait guère son

nid dans nos provinces, et presque tous ces oiseaux nous quittent avant le 15 ou le 20 avril. *Ibid.* — Ils volent par bandes dans le temps de leurs voyages, mais sans garder, comme les canards, d'ordre régulier. P. 536. — Les autres habitudes naturelles. *Ibid.*

SARCELLE de Coromandel. Est plus petite au moins d'un quart que la sarcelle commune. Description de cette sarcelle. T. VIII, p. 541 et 542.

SARCELLE d'Égypte. Description du mâle et de la femelle dans cette espèce, qu'on assure se trouver en Égypte. T. VIII, p. 541.

SARCELLE d'été. Sa description. T. VIII, p. 538 et 539. — La sarcelle d'été, décrite par M. Baillon, paraît devoir se rapporter à la petite sarcelle et non pas à la sarcelle d'été de Ray. P. 539.—Description de cette sarcelle qu'on nomme *criquart* ou *criquet* en Picardie. Ses habitudes naturelles. *Ibid.* — Elle s'apprivoise aisément et s'accoutume en très-peu de temps à la domesticité. *Ibid.* — Ces sarcelles ne se tiennent pas, comme les autres, attroupées. *Ibid.* — Description de leurs nids, nombre des œufs et durée de l'incubation. P. 540. — Description des jeunes criquarts. *Ibid.* — Cet oiseau n'est pas des pays septentrionaux, et il est très-sensible au froid. *Ibid.* — Il est à croire qu'il ne vit pas longtemps, vu son prompt accroissement. *Ibid.*

SARCELLE de Féroé (la) est un peu moins grande que la sarcelle commune. Sa description. T. VIII, p. 544.

SARCELLE de Java (la) est de la taille de la sarcelle commune. Sa description. T. VIII, p. 542.

SARCELLE de la Caroline. Sa description. T. VIII, p. 548. — Nous n'avons pas connaissance que cette espèce se trouve en d'autres contrées que la Caroline. *Ibid.*

SARCELLE de la Chine. Sa description. T. VIII, p. 542 et 543. — Caractère singulier de cette espèce. P. 543.

SARCELLE de Madagascar. Sa description. T. VIII, p. 541.

SARCELLE du Mexique. Sa description. T. VIII, p. 547 et 548. L'épithète donnée par Fernandez à la femelle, semble dire qu'elle sait abattre et couper les joncs pour en former ou y poser son nid. P. 548.

SARCELLE (petite). Sa description. T. VIII, p. 536 et 537. — Cette espèce niche sur nos étangs, et reste dans le pays toute l'année. P. 537. — Construction de son nid. *Ibid.* — Nombre et couleur des œufs; la femelle seule s'occupe du soin de la couvée. *Ibid.* — Habitudes naturelles de ces oiseaux, dont l'espèce est commune en Brie. *Ibid.* — Chasse qu'on en fait en Pologne, au moyen de filets tendus d'un arbre à l'autre, dans lesquels ces sarcelles donnent lorsqu'elles se lèvent de dessus les étangs. P. 538. — Le nom grec *phascas* paraît désigner spécialement la petite sarcelle. *Ibid.*

SARCELLE *rousse à longue queue*. Sa description. T. VIII, p. 546. — Ses rapports et ses différences avec la sarcelle à queue épineuse. *Ibid.*

SARCELLE *soucrourette* (la) nous paraît être de la même espèce que la sarcelle de Virginie de Catesby, et la même que la sarcelle soucrourou de Cayenne. T. VIII, p. 545. — Description de cette sarcelle *Ibid.* — Elle est très-avide de riz, et mange aussi d'une espèce d'avoine sauvage qui croît dans les marécages; l'une et l'autre de ces nourritures l'engraisse extrêmement, et donne à sa chair un goût exquis. *Ibid.*

SARCELLE *soucrourou*. Sa description. T. VIII, p. 544 et 545. — Elle se trouve à Cayenne, à la Caroline, et vraisemblablement dans beaucoup d'autres endroits d'Amérique. P. 545. — Sa chair est délicate et de bon goût. *Ibid.*

SARCELLES (les) forment un genre subalterne, secondaire, presque aussi nombreux que celui des canards, et qui ne semble fait que pour le représenter et le reproduire à nos yeux sous un plus petit module. T. VIII, p. 533. — Les sarcelles ne sont proprement que des canards bien plus petits que les autres, mais qui du reste leur ressemblent, non-seulement par les habitudes naturelles et par la conformation, mais encore par l'ordonnance du plumage et même par la grande différence des couleurs qui se trouvent entre les mâles et les femelles. *Ibid.* — Les sarcelles étaient assez estimées chez

les Romains pour qu'on prît la peine de les multiplier, en les élevant en domesticité. Nous réussirions sans doute à les élever de même. *Ibid.* — Quelques-unes des espèces des sarcelles se sont portées jusqu'aux extrémités des continents. P. 534. — Chacune des espèces de sarcelles paraît propre et particulière à un continent ou à l'autre, et à l'exception de notre grande et petite sarcelle, aucune autre ne paraît se trouver dans tous les deux. P. 544.

SASSEBÉ ou XAXBÈS. Papegai naturel, dit-on, à la Jamaïque. T. VII, p. 273.

STARIKI et GLOUPICHI de Steller. T. VIII, p. 620.

SAUI-JALA ou merle doré de Madagascar; son plumage, ses dimensions. T. VI, p. 122.

SAULET ou paisse de saule. Voyez *Friquet*.

SAVACOU, oiseau qui est naturel aux régions de la Guiane et du Brésil. Ses ressemblances et ses différences avec le bihoreau et les hérons. Différents noms donnés à cet oiseau à cause de la forme de son bec. Description de ce bec et ses dimensions. T. VIII, p. 107. — Il habite les savanes noyées et se perche sur les arbres aquatiques, d'où il épie les poissons dont il fait sa proie. Sa manière de pêcher et de marcher. P. 108. — Il a l'air triste comme les hérons. Ses autres habitudes naturelles. *Ibid.* — Description du savacou et de ses variétés. P. 108 et 109.

SAVANA, moucherolle qui, par la grandeur, approche de celle des tyrans; il se tient dans les savanes noyées. Sa description. T. VI, p. 435.

SCARLATTE, espèce de tangara très-remarquable par sa couleur qui lui a fait donner le nom de cardinal. T. VI, p. 283. — On doit rapporter à cette espèce les deux moineaux rouges et noirs d'Aldrovande, le *tijé piranga* de Marcgrave, le *chiltottotl* de Fernandez et le *merle du Brésil* de Belon. *Ibid.* — Description du mâle scarlatte; il a un très-beau chant. P. 284. — Ces oiseaux se trouvent en Amérique, au Mexique, au Pérou, au Brésil. *Ibid.*

SCARLATTE (variétés du); le *cardinal tacheté;* le *cardinal à collier* et l'*oiseau mexicain*, appelé par M. Brisson *cardinal du Mexique*. T. VI, p. 284-286.

SCHET-BÉ ou pie-grièche rousse de Madagascar, ressemble plus à la bécarde à ventre jaune qu'à nos pies-grièches, et diffère moins de nos pies-grièches que cette bécarde. T. V, p. 161.

SCHET de *Madagascar;* il y a trois variétés de cet oiseau, qui sont des moucherolles : la première est le *schet*; la seconde, le *schet-all;* et la troisième, le *schet vouloulou*. Description de ces trois variétés. T. VI, p. 440 et 441. — On les trouve à Madagascar, au cap de Bonne-Espérance, à Ceylan. *Ibid.*

SECRÉTAIRE ou MESSAGER, grand oiseau d'Afrique très-remarquable par sa figure. Il est d'un genre particulier et même isolé. Il a, pour ainsi dire, une tête d'aigle sur un corps de cigogne ou de grue. Ses dimensions et sa description. T. VIII, p. 48. — Il porte un vrai sourcil au-dessus de l'orbite des yeux. P. 49. — Ses habitudes naturelles; il est doux et même craintif, et quoique son bec soit conformé comme celui de l'aigle, il ne s'en sert pas pour déchirer ni même pour offenser. Il devient aisément familier; on a même commencé à le rendre domestique au cap de Bonne-Espérance. Ils font la chasse aux rats, aux lézards, aux crapauds et aux serpents. Manière dont ils attaquent les serpents. P. 49. — Ils nichent dans les buissons à quelques pieds de terre, et pondent deux œufs blancs avec des taches rousses. On peut les nourrir de viande en domesticité; ils paraissent même avides d'intestins et de boyaux. Le secrétaire peut vivre dans nos climats; on en a nourri quelques-uns en Angleterre et en Hollande. Il fait entendre, mais rarement, un cri qui a du rapport avec celui de l'aigle; son exercice le plus ordinaire est de marcher à grands pas de côté et d'autre, et longtemps sans se ralentir ni s'arrêter, ce qui apparemment lui a fait donner le nom de messager; comme il doit sans doute celui de secrétaire au paquet de plumes qu'il porte au haut du cou. P. 49 et 50. — Il mue en domesticité aux mois de juin et de février dans notre climat. Quelque attention qu'on ait apportée

à l'observer, on ne l'a jamais vu boire. P. 50. — Ses autres habitudes naturelles. Il préfère, pour sa nourriture, les animaux vivants à ceux qui sont morts, et la chair au poisson. Cet oiseau se trouve aux Philippines aussi bien qu'au cap de Bonne-Espérance; mais il y a quelques variétés entre ces oiseaux, qui paraissent provenir de la différence du climat ou du sexe et de l'âge. P. 50 et 51.

Sénateur. Voyez *Mouette* blanche.

Sénégali; sa description. T. vi, p. 220 et 221. — Ses variétés. P. 221.

Sénégali *rayé;* sa description; on prétend que la femelle ressemble parfaitement au mâle; observation qui semble démentir ce fait. T. vi, p. 221 et 222.

Sens, origine du sentiment. T. v, p. 13 et 14. — Leurs différents degrés de perfection dans l'homme et les différents animaux. P. 13 et suiv. — Sont les premières puissances motrices de l'instinct. *Ibid.* — Dans l'homme le toucher est le premier, c'est-à-dire le sens le plus parfait; le goût est le second, la vue le troisième, l'ouïe le quatrième, et l'odorat le dernier. Dans le quadrupède, l'odorat est le premier, le goût le second, ou plutôt ces deux sens n'en font qu'un, la vue le troisième, l'ouïe le quatrième, et le toucher le dernier. Dans l'oiseau la vue est le premier, l'ouïe est le second, le toucher le troisième, le goût et l'odorat les derniers; et dans chacun de ces êtres les sensations dominantes suivent le même ordre. P. 36. — Sixième sens commande à tous les autres. *Ibid.*

Sens. Quelle influence un seul sens de plus ou de moins a sur les habitudes et les propriétés d'un animal. T. vii, p. 412.

Sensations dominantes dans l'homme, dans les quadrupèdes et dans les oiseaux. T. v, p. 18. — Suivent l'ordre établi pour les sens. Voyez *Goût*, *Odorat*, *Ouïe*, *Sens*, *Toucher*, *Vue*. Celles qui viennent du sixième sens, commandent à tous les autres. P. 36.

Sentiment dans les animaux, dépend de l'organisation en général, et en particulier de celle des sens. T. v, p. 13.

Semenda, oiseau des Indes orientales qui paraît être le même que le calao à casque rond. T. vii, p. 576.

Septicolor; espèce de tangara du Brésil, remarquable par la variété de ses couleurs. T. vi, p. 299. — Sa description. P. 300. — Ressemblances du mâle et de la femelle. Leurs habitudes naturelles. P. 300 et 301.

Serevan. Sa description. Il se trouve à l'île de France, et son espèce est très-voisine de celle des bengalis et des sénégalis. T. vi, p. 222 et 223.

Serin *des Canaries;* portrait de cet oiseau. T. vi, p. 174 et suiv. — Comparaison de son chant avec celui du rossignol. P. 174 et 175. — Son instinct social. *Ibid.* — Il est originaire des îles Canaries, ou du moins sa nature s'y est perfectionnée. P. 175. — Cet oiseau est, dans son pays natal, d'un gris presque aussi foncé que la linotte. P. 178. — On en connaît vingt-neuf variétés. *Ibid.* — La tige primitive de toutes ces variétés est le serin gris commun. *Ibid.* — La femelle du serin de Canarie, produit non-seulement avec le venturon et avec le cini, mais encore avec le tarin, le chardonneret, le linot, le bruant, le pinson, le moineau; et les petits qui en résultent sont des métis féconds, dont les races se propagent. P. 179. — Moyen de faire réussir l'alliance de ces différents oiseaux. *Ibid.* — Le mâle serin ne produit qu'avec la femelle tarin et la femelle chardonneret. *Ibid.* — Observations sur les alliances de ces oiseaux. P. 179-181. — Les serins ont un naturel inné très-différent les uns des autres. P. 186 et suiv. — Quelques-uns cassent leurs œufs et tuent leurs petits pour jouir de leurs femelles plus à l'aise. P. 188. — Petits matériaux qu'on doit leur fournir pour faire leurs nids. P. 188 et 189. — Manière de les nourrir en chambre. P. 189. — Ils font trois, quatre et quelquefois cinq pontes par an, chacune de quatre, cinq et six, et quelquefois de sept œufs. P. 190. — Ils ne muent pas tous en même temps. *Ibid.* — Le temps ordinaire de l'incubation est de treize jours. *Ibid.* — Dans leur état de nature, ils se tiennent sur les bords des petits ruisseaux, et il faut, dans celui de domesticité, ne les jamais laisser manquer d'eau, soit pour

boire, soit pour se baigner. Il faut les mettre à l'abri de la rigueur de l'hiver dans des chambres sans feu. P. 191 et 192. — On ne doit pas se presser de les apparier avant le 12 d'avril. P. 192. — Différence des jeunes serins et des vieux. *Ibid.*— Ressemblance de la femelle au mâle. P. 192 et 193. — Ses différences, et manière de reconnaître le mâle et la femelle. P. 193. — Le serin mâle s'excède quelquefois et meurt d'épuisement. Bouton qui lui vient au-dessus de la queue; manière de le guérir. P. 193 et 194. — La cause la plus ordinaire des maladies de ces oiseaux, est la trop grande abondance de nourriture. P. 194. — Les femelles du serin ne supportent pas si aisément la mue que les mâles, elles périssent en grand nombre dans ce temps dès qu'elles ont atteint l'âge de six ou sept ans. *Ibid.* — La mue des serins dure six semaines ou deux mois. P. 195. — Les femelles font souvent des œufs clairs. P. 197. — Le serin chante comme la farlouse ou comme le rossignol. P. 198. — Et les marchands en transportent beaucoup du Tyrol en Angleterre et à Constantinople. *Ibid.*

Serin (variété du) des Canaries ; le *serin panaché;* le *serin couleur uniforme;* le *serin gris;* le *serin jaune.* T. vi, p. 182. — Résultat de leur mélange. *Ibid.*

Serin d'*Italie*, plus petit que celui des Canaries. T. vi, p. 175.

Serin *de la Jamaïque*, différent du serin des Canaries. T. vi, p. 199.

Serin *de Mozambique* (le), fait la nuance entre les serins et les tarins ; sa description. T. vi, p. 198 et 199. — Ce serin de Mozambique, celui de Provence et d'Italie, et celui du cap de Bonne-Espérance, sont tous issus d'une même souche. P. 200.

Serin *de Provence* (le) est à peu près de la même grandeur que celui des Canaries. T. vi, p. 175. — Ces deux oiseaux, ainsi que le serin d'Italie, peuvent produire ensemble dans l'état de domesticité; mais dans l'état de nature, ils paraissent se propager sans mélange. P. 176.

Serin. Voyez *Oiseaux.* — Serin apprivoisé. T. vii, p. 185.

Serines qui couvent des œufs de merle, de linotte, de bouvreuil, d'une autre serine avec les leurs. T. vii, p. 313 et 314. — Autre serine qui couve des œufs de fauvettes avec les siens, et qui élève en même temps deux petits bruants nouvellement éclos. P. 314. — Autre qui couve des œufs de pinson, élève ensuite deux petits bruants; mange ses œufs, et fait éclore un œuf unique de rouge-gorge. P. 314. — Autre qui couve des œufs de pinson, de fauvette, de sittelle ou torchepot, de linotte par préférence aux siens; fait éclore celui de linotte resté seul. P. 315. — L'une des serines précédentes mange ses œufs et ensuite un œuf de coucou qu'elle couvait avec les siens. *Ibid.*

Serins, se mêlent avec les chardonnerets et les tarins. T. v, p. 11.

Shaga-rag, variété du rollier. T. v, p. 587.

Siffleur, paraît avoir plus de rapport avec les troupiales qu'avec les baltimores, est nommé baltimore vert par M. Brisson. T. vi, p. 40 et 41.

Sifilet. Voyez *Manucode* à six filets. T. vi, p. 12.

Simon (petit); oiseau du genre des figuiers, ainsi nommé à l'île de Bourbon. Sa description. T. vii, p. 16 et 17. — Ses habitudes naturelles. La femelle pond ordinairement trois œufs qui sont bleus. P. 17.

Sincialo, perriche à queue longue et inégale, de Saint-Domingue, etc. Taille du merle. Queue beaucoup plus longue que le corps. Imite toutes les voix. Se perche en nombre sur les arbres. Jasent toutes à la fois. Sont vives et gaies. S'apprivoisent aisément. T. vii, p. 282 et 283. — Se nourrissent de graines de bois d'Inde. Leur chair bonne à manger. P. 283.

Singes. Voyez *Perroquet.* Nommés *hommes sauvages* par d'autres sauvages. Que serait-ce donc s'ils eussent eu la faculté de la parole. T. vii, p. 181.

Sirli, oiseau du cap de Bonne-Espérance, qui diffère des alouettes par son bec recourbé, mais qui a plusieurs rapports avec elles. Sa description et ses dimensions. T. vi, p. 483 et 484.

Sittace, nom indien du perroquet. T. vii, p. 191.

Sittelle ou Torche-pot; discussion critique au sujet des noms donnés à cet oiseau. T. vii, p. 104 et 105. — Il frappe les arbres même avec plus de bruit que les pics et les mésanges. Il grimpe sur les arbres comme les grimpereaux. Ses caractères principaux et ses habitudes comparés à ceux de plusieurs autres oiseaux. P. 105. — Cet oiseau reste dans le pays qui l'a vu naître; il s'approche l'hiver des habitations. Manière dont il se tient et dort dans la cage. *Ibid.* — Ses habitudes naturelles dans l'état de liberté. P. 106. — Son chant au printemps. Établissement de son nid dans les trous des arbres. *Ibid.* — La femelle pond cinq, six ou sept œufs fond blanc sale, pointillé de roussâtre. Elle ne quitte pas sa couvée et attend que le mâle lui apporte à manger. Ils vivent d'insectes, et aussi d'amandes, de noisettes, etc. Ils ne font ordinairement qu'une ponte par an. P. 106 et 107. — Cris de cet oiseau et quelques autres bruits singuliers qu'il fait entendre. P. 107. — Différences du mâle et de la femelle; leurs descriptions et leurs dimensions. P 108.

Sittelle (variétés de la). T. vii, p. 108 et suiv. — La *petite sittelle.* Sa description. P. 109. — La *sittelle du Canada.* Sa description et ses dimensions. P. 109 et 110. — La *sittelle à huppe noire de la Jamaïque.* Sa description et ses habitudes naturelles. P. 110. — La *petite sittelle à huppe noire de la Jamaïque.* Son indication. *Ibid.* — La *sittelle à tête noire de la Caroline.* Ses habitudes naturelles, sa description et ses dimensions. P. 111. — La *petite sittelle à tête brune de la Caroline.* Sa description et ses dimensions. *Ibid.*

Sittelle (grande) *à bec crochu.* Sa description. T. vii, p. 112. — Ses dimensions; elle se trouve à la Jamaïque. *Ibid.*

Sittelle *grivelée;* elle se trouve dans la Guiane hollandaise. Sa description, ses dimensions. T. vii, p. 112.

Sizerin. Cet oiseau a plus de rapport avec le tarin qu'avec la linotte; et c'est mal à propos qu'on lui a donné le nom de petite linotte de vigne; il a le cri fort aigu. T. vi, p. 271. — Les sizerins sont des oiseaux voyageurs qu'on ne voit guère que tous les cinq ou sept ans, et qui poussent leurs excursions jusqu'au Groënland. *Ibid.* — L'espèce du sizerin peut se mêler avec celle du tarin; on les prend souvent ensemble, et leurs habitudes naturelles sont communes. P. 271 et 272. — Ces oiseaux prennent beaucoup de graisse et sont bons à manger. Description du mâle. P. 272. — De la femelle. *Ibid.* — Leurs dimensions. P. 273.

Smirring, oiseau qui paraît appartenir au genre de la poule d'eau. T. viii, p. 252. — Sa description d'après Gessner. P. 253.

Société. Ses premiers germes dus à la tendresse maternelle. T. vii, p. 182.

Société. Comparaison de la société des animaux quadrupèdes et de celle des oiseaux. T. viii, p. 199. — Exemples à ce sujet. *Ibid.*

Soco, espèce de héron du nouveau continent, qui est une des plus grandes et des plus belles. Ses dimensions et sa description. T. viii, p. 74.

Solitaire de l'île Rodrigue, pèse jusqu'à quarante-cinq livres; son plumage; comparé avec le dronte et l'oiseau de nazare; sa femelle a l'apparence de deux mamelles; il n'a presque point de queue, des ailes courtes et inutiles; l'os de l'aile terminé par un bouton sphérique, dont il se sert pour se défendre, et pour faire en pirouettant une espèce de battement d'aile, par lequel il rappelle sa femelle. T. v, p. 245 et 246. — Est très-solitaire en effet; ne pond qu'un œuf sur des amas de feuilles; le mâle et la femelle restent unis pour longtemps; ont une pierre assez grosse dans l'estomac; couvent pendant sept semaines; ne mangent point étant pris; la chair des jeunes, bonne à manger. P. 246-248.

Sommeil. Quelques perruches de l'ancien continent dorment accrochées à une branche la tête en bas. T. vii, p. 230.

Son, porte beaucoup plus loin la nuit que le jour; plus loin l'hiver quand il gèle, que par le plus beau temps de toute autre saison; et la différence est du double. T. v, p. 21. — Le son monte, parce qu'il est réfléchi de bas en haut. P. 22. — Les bruits soudains doivent effrayer, faire fuir les oiseaux qui

ont le sens de l'ouïe si parfait, tandis que les sons doux doivent les faire approcher. P. 41.

Sors (faucon). T. v, p. 133 et 137. — Temps où il faut les prendre. P. 139.

Sosové. Est appelé aussi *petite perruche de Cayenne*, espèce de *toui* commun à la Guiane. Apprend à parler. A la voix de polichinelle. T. vii, p. 290.

Soubuse, autrement aigle à queue blanche, faucon à collier, comparée avec l'oiseau saint-martin. T. v, p. 114, 115 et 116. — Et avec la harpaye. P. 116. — N'attaque que les faibles, volaille, pigeons, mulots, reptiles; a le vol bas. P. 115. — Le mâle n'a pas le collier hérissé de petites plumes, qui distingue la femelle; se trouve en France et en Angleterre; pond trois ou quatre œufs rougeâtres; niche sur des buissons épais. P. 115 et 116. — Comparée avec les milans et les buses. P. 116.

Souï, c'est la plus petite espèce des tinamous. T. vi, p. 411. — Ses habitudes naturelles et sa description. *Ibid.*

Soui-mangas; oiseaux de l'ancien continent qui ont rapport aux grimpereaux. T. vii, p. 119 et suiv.

Soui-manga *à collier* du cap de Bonne-Espérance. Sa description. Ses dimensions. Différences de la femelle et du mâle. T. vii, p. 125 et suiv.

Soui-manga *à longue queue et à capuchon violet* du cap de Bonne-Espérance. T. vii, p. 132. — Sa description. P. 133. — Ses dimensions. *Ibid.*

Soui-manga (le) *de l'île de Bourbon*, n'est probablement qu'une variété d'âge ou de sexe du soui-manga rouge noir et blanc du Bengale. T. vii, p. 131 et 132.

Soui-manga *de Madagascar*. Description de mâle et de la femelle, et leurs dimensions. T. vii, p. 121. — Le soui-manga de l'île de Luçon, doit être rapporté à cette espèce comme variété. Sa description et ses dimensions. P. 121 et 122.

Soui-manga *de toutes couleurs*, de Ceylan; sa description. T. vii, p. 130.

Soui-manga *marron pourpré à poitrine rouge* des Philippines. Description du mâle et de la femelle. Leurs dimensions. T. vii, p. 122. — Variétés de cette espèce. P. 123 et suiv.

Soui-manga *olive à gorge pourpre* des Philippines. Sa description, ses dimensions. T. vii, p. 127. — Ses variétés et leurs descriptions. P. 128 et suiv.

Soui-manga *pourpre* des grandes Indes. Sa description. T. vii, p. 124.

Soui-manga *rouge, noir et blanc* du Bengale. T. vii, p. 131. — Sa description et ses dimensions. *Ibid.*

Soui-manga *vert à gorge rouge* du cap de Bonne-Espérance; il chante aussi bien que notre rossignol. Sa description et ses dimensions. T. vii, p. 130 et 131.

Soui-manga *vert-doré changeant, à longue queue* du Sénégal. Sa description et ses dimensions. T. vii, p. 133 et 134.

Soui-manga (grand) *vert à longue queue* du cap de Bonne-Espérance. Sa description. T. vii, p. 134. — Différences du mâle et de la femelle. *Ibid.*

Soui-manga *violet à poitrine rouge*. Sa description. T. vii, p. 124. — Ses dimensions. *Ibid.*

Soulcie ou moineau à la soulcie, au collier jaune, moineau de bois; en quoi diffère du moineau, sa ponte, son nid; se met en troupe de très-bonne heure; reste toute l'année en France, est de passage en Allemagne, ne paraît pas en Suède, craint le froid; sa nourriture; évite les piéges, se prend aux filets. T. vi, p. 172 et 173.

Soulciet, espèce étrangère voisine de la soulcie, mais plus petite, connue sous le nom de moineau du Canada. T. vi, p. 173.

Spatule. Confusion dans la nomenclature de cet oiseau. T. viii, p. 109 et suiv. — On l'appelle *pale* ou *palette*, parce que son bec est aplati en forme de spatule ou de palette. Description de ce bec singulier, dont la substance est flexible comme du cuir. P. 110. — La spatule est toute blanche; elle est de la grosseur du héron. Ses ressemblances et ses différences. Sa description. P. 111. — Elle se nourrit de poissons, de coquillages, d'insectes aquatiques et de vers. Elle habite les bords de la mer, et ne se trouve que rarement dans l'intérieur des terres. On les voit sur les côtes de France

et en plus grand nombre dans quelques endroits de la Hollande. Ces oiseaux font leur nid à la sommité des grands arbres voisins des côtes de la mer; ils le construisent de bûchettes, et produisent trois ou quatre petits. P. 111 et 112. — La langue de cet oiseau est tout à fait petite. Description de ses parties intérieures. Ces oiseaux vont en été jusqu'en Laponie. P. 112. — L'espèce, quoique peu nombreuse, est très-répandue dans tout l'ancien continent, et se trouve dans le nouveau avec de plus belles couleurs. P. 113 et 114. — Elle passe ordinairement sur les côtes de Picardie dans les mois de novembre et d'avril, mais elle n'y séjourne pas. P. 115. — Elle vit de chevrettes, de petits poissons et d'insectes d'eau. Elle fait, dans certaines circonstances, le même claquement que la cigogne avec son bec. P. 115 et 116.

SPATULE, variété de la spatule. T. VIII, p. 115.

SPATULE d'Amérique. Ses ressemblances et ses différences avec celle d'Europe. La principale est dans la couleur, qui est rouge lorsque l'oiseau est adulte, au lieu que la spatule d'Europe est blanche à tout âge. T. VIII, p. 113 et 114. — Elle se trouve dans toute l'étendue du nouveau continent, jusqu'au Brésil et au Paraguay. P. 114. — L'espèce n'en est pas fort nombreuse en individus. Les plus grandes troupes sont composées de neuf ou dix, et communément de deux ou trois. Ses habitudes naturelles. Elle n'est pas sauvage et se laisse approcher de très-près. P. 114 et 115.

SPICIFÈRE, c'est le paon du Japon d'Aldrovande; son aigrette. T. V, p. 427 et 428. — Son plumage, sa queue, ses miroirs; différences entre le mâle et la femelle; ses rapports avec le paon et le faisan; ressemble fort au faisan du Japon de Kæmpfer. P. 428.

SPIPOLETTE; espèce d'alouette un peu pus grosse que la farlouse. — Ses habitudes et sa description. T. VI, p. 473 et suiv. — Elle fait son nid sur des buissons bas, au contraire des autres alouettes qui le font à terre. Manière de les élever en domesticité. Leur chant est agréable. P. 474. — Elles vont de compagnie avec les pinsons, et partent et reviennent avec eux. *Ibid.* — Description et dimensions de la spipolette. P. 475.

STERCORAIRE. Voyez *Labbe*.

STOURNE ou étourneau de la Louisiane. T. VI, p. 22 et 23.

STRESCHIS, nom donné à l'hirondelle de rivage. T. VII, p. 462.

STRUNDJAGER. Voyez *Labbe*.

SUCE-FLEURS à ailes brunes. Voyez *Oiseau-mouche* pourpré.

SUCRIER; oiseau de l'Amérique, qui a rapport aux grimpereaux et aux guit-guits de l'Amérique. Il se nourrit du suc doux et visqueux des cannes à sucre. T. VII, p. 144. — Description du mâle. Le sucrier de Cayenne; sa description, sa voix. *Ibid.* — Variété dans l'espèce du sucrier. P. 145 et 146.

SUPERBE. Voyez *Manucode* noir de la Nouvelle-Guinée. T. VI, p. 11 et 12.

SYACOU, petit tangara appelé au Brésil *syacou :* sa description. T. VI, p. 304.

SYROPERDIX d'Élien, différente de notre perdrix grise. T. V, p. 453.

T

TABAC (fumée de) employée par les sauvages de l'Amérique pour étourdir les vieux perroquets qu'ils prennent, et les apprivoiser. T. VII, p. 252.

TABLEAUX faits par les sauvages avec des plumes. T. VII, p. 299.

TACCO, coucou à long bec de la Jamaïque. Ressemble à l'oiseau de pluie ou vieillard. T. VII, p. 351. — En quoi il en diffère. *Tacco* est son cri habituel; il en a encore un autre. Vit d'insectes, des lézards nommés *anolis*, de petites couleuvres, de grenouilles, de jeunes rats. Peu farouche. Son vol. Sa chair mauvaise à manger. Se retire et se cache au fond des bois pour faire sa ponte. On ignore s'il fait un nid comme les autres coucous d'Amérique. P. 352 et suiv.

TADORNE (le) paraît être le même oiseau que le *chenalopex* ou *vulpanser* des anciens. T. VIII, p. 507. — Il se gîte en effet

comme le renard, et fait sa couvée dans des trous qu'il dispute et enlève ordinairement aux lapins. P. 508. — Le tadorne appartient à la famille des canards, et non pas à celle des oies; sa description. *Ibid.* — Qualités de sa chair et de ses œufs. P. 509. — Il paraît que les tadornes se trouvent dans les climats froids comme dans les pays tempérés, et qu'ils se sont portés jusqu'aux terres Australes; cependant l'espèce ne s'est pas également répandue sur toutes les côtes de nos régions septentrionales. *Ibid.* — Ils habitent de préférence sur les bords de la mer, mais on ne laisse pas d'en rencontrer quelques-uns sur des rivières ou des lacs même assez éloignés dans les terres. Ponte et durée de l'incubation. P. 509 et 510. — Dès le lendemain du jour que la couvée est éclose, le père et la mère conduisent les petits à la mer, et de ce moment ils ne paraissent plus à terre. P. 510. — Ruse employée par la mère tadorne pour sauver sa couvée. *Ibid.* — Description des petits tadornes; ce n'est qu'à la seconde année que les couleurs de leurs plumes ont tout leur éclat. P. 511. — Raison de croire que le mâle n'est propre à la génération que dans cette seconde année. *Ibid.* — Nourriture du tadorne sauvage. *Ibid.* — Les jeunes tadornes élevés par une cane, s'habituent aisément à la domesticité et vivent dans les basses-cours comme les canards. *Ibid.* — On ne voit jamais les tadornes sauvages rassemblés en troupes, mais seulement par couples. *Ibid.* — Ils semblent en s'appariant contracter un nœud indissoluble, et le mâle se montre fort jaloux. *Ibid.* — Maladie singulière des tadornes privés, causée par le défaut de sel marin. P. 512. — Observations sur ces oiseaux en domesticité. *Ibid.* — Les tadornes ressemblent aux canards, autant par les habitudes naturelles que par la forme du corps, seulement ils ont plus de légèreté, de gaieté et de vivacité. *Ibid.* — Caractère particulier à cette espèce, de conserver en toute saison les belles couleurs de son plumage. *Ibid.* — Il serait à désirer que l'on pût obtenir une race domestique de ces oiseaux, mais leur naturel et leur tempérament semblent les fixer à la mer et les éloigner des eaux douces. P. 512 et 513.

TAHUA ou TAVOUA. Voyez *Crik* et *Tavoua*.

TAIT-SOU de Madagascar, a la queue étagée. T. VII, p. 346.

TALAO (le) de Seba; sa description. On ne doit pas le rapporter au tangara septicolor. T. VI, p. 301.

TALCHICUATLI de Nieremberg, est peut-être une variété du petit duc. T. V, p. 183.

TAMATIA ou BARBU du nouveau continent; le volume de la tête est plus considérable dans tous les oiseaux de ce genre que dans aucun autre oiseau. Cette première espèce se trouve à la Guiane et au Brésil. T. VII, p. 541. — Sa description. Ses habitudes naturelles sont communes à toutes les autres espèces de tamatias; ils ne se tiennent que dans les endroits les plus solitaires des forêts. Ils ne vont point en troupes ni même par paires; ils ont le vol pesant et court, et ne se posent que sur les branches basses. Ils ont peu de vivacité et se donnent peu de mouvements; leur mine est triste et sombre. Leur naturel répond parfaitement à leur figure massive et à leur maintien sérieux. P. 541 et 542. — On peut les approcher d'aussi près que l'on veut, et tirer plusieurs coups de fusil sans les faire fuir. Leur chair n'est pas mauvaise à manger, quoiqu'ils vivent de scarabées et d'autres gros insectes. P. 542.

TAMATIA (le beau) est le moins laid de ce genre. Sa description et ses dimensions. On le trouve dans la contrée des Amazones. T. VII, p. 544.

TAMATIA *à collier*. Sa description et ses dimensions; il se trouve à la Guiane. T. VII, p. 543.

TAMATIA *à tête et gorge rouges*. Variétés dans cette espèce. T. VII, p. 542 et 543. — Leurs ressemblances et leurs différences. Ils se trouvent à la Guiane et à Saint-Domingue. P. 543.

TAMATIAS *noirs et blancs*. Raisons pourquoi l'on ne peut guère séparer ces deux espèces. Leur caractère commun est d'avoir le bec plus fort, plus gros et plus long que tous les autres tamatias à proportion du corps. T. VII, p. 544. — Dimensions des

deux espèces, qui toutes deux se trouvent à la Guiane. P. 544 et 545.

Tambilagan. Voyez *Petite Mouette* cendrée. T. viii, p. 378.

Tanaombé ou *merle de Madagascar*, comparé au mauvis; son plumage, son bec crochu. T. vi, p. 115.

Tanas ou *faucon-pêcheur* du Sénégal. T. v, p. 144 et 145.

Tangara, oiseau de l'Amérique méridionale, dont le genre est très-nombreux; on les a pris pour des moineaux. Ressemblances et différences des tangaras aux moineaux. T. vi, p. 280. — Le genre entier des tangaras, composé de plus de trente espèces, sans compter les variétés, appartient en entier au nouveau continent. *Ibid.*

Tangara (le grand) se trouve dans les forêts de la Guiane, et fréquente aussi les lieux découverts; ses habitudes naturelles. T. vi, p. 281.

Tangara *bleu*, il se trouve à Cayenne; sa description. C'est le même oiseau que le moineau d'Amérique de Seba. T. vi, p. 301.

Tangara *de Canada*, ses différences et ressemblances avec le scarlatte. Sa description. T. vi, p. 286 et 287.

Tangara *diable-enrhumé*; sa description et ses dimensions. T. vi, p. 295 et 296. — L'oiseau appelé *teoauhtototl* par Fernandez, est le même que celui-ci. P. 296.

Tangara *à gorge noire*, espèce nouvelle apportée de Cayenne; sa description. T. vi, p. 302.

Tangara *du Mississipi*, espèce nouvelle qui a beaucoup de rapport au tangara du Canada. Ses différences et sa description. T. vi, p. 287. — Il n'a pas le chant aussi agréable que le scarlatte; il siffle d'un ton net, haut et perçant; ses habitudes naturelles. P. 287 et 288.

Tangara *nègre*, petit tangara de la Guiane; sa description. T. vi, p. 308.

Tangara *noir et tangara roux* (le), ne sont que la même espèce, dont le premier est le mâle, et le second la femelle. Leurs habitudes naturelles. T. vi, p. 289 et 290.

Tangara *vert du Brésil;* sa description. T. vi, p. 294 et 295.

Tangaras (petits). T. vi, p. 303.

Tangavio, espèce de tangara; description du mâle et de la femelle; il se trouve à Buenos-Ayres. T. vi, p. 282.

Taparara, espèce de grand martin-pêcheur du nouveau continent, qui se trouve à Cayenne. Sa description. T. vii, p. 600 et 601.

Tapere, hirondelle du Brésil. Ressemble à la nôtre suivant Marcgrave, à notre martinet suivant M. Sloane. Fréquente les savanes, les plaines. Se perche sur les arbustes. T. vii, p. 483.

Tapirer les perroquets (art de). T. vii, p. 181, 267 et 268. — Cette opération douloureuse et dangereuse pour ces oiseaux. P. 268.

Tarabé ou Amazone à tête rouge du Brésil. Ne se trouve point à la Guiane. T. vii, p. 255.

Tarier. Ressemblances et différences du tarier au traquet. T. vi, p. 562 et 563. — Dimensions et description du tarier. P. 563. — Différences du mâle et de la femelle. *Ibid.* — Elle pond quatre ou cinq œufs d'un blanc sale, piqueté de noir. Le tarier est d'un naturel aussi solitaire et encore plus sauvage que le traquet. *Ibid.* — Son espèce est moins nombreuse. Il est très-bon à manger vers la fin de l'été. *Ibid.*

Tarier ou Traquet du Sénégal. Sa description. T. vi, p. 564.

Tarin. Rapports du tarin avec le chardonneret. T. vi, p. 273. — Différence de leur chant et de leurs habitudes. P. 274. — On pourrait regarder l'espèce du tarin comme moyenne entre celle du chardonneret et celle de la mésange, par la manière dont il arrange et suspend son nid. Le tarin est oiseau de passage, et dans ses migrations il a le vol fort élevé. En domesticité il est susceptible d'éducation. *Ibid.* — Sa nourriture; il se fait toujours un ami dans la volière parmi ceux de son espèce, auquel il donne même sa nourriture; cependant il mange beaucoup et boit de même. *Ibid.* — Son nid est fort difficile à trouver, et nous n'avons jamais vu un seul de ces nids. P. 275. — Il y a une sympathie singulière entre l'espèce du tarin et celle du serin, et ils s'apparient très-volontiers ensemble. *Ibid.* —

Le passage des tarins se fait en Allemagne au mois d'octobre par troupes si nombreuses qu'ils font beaucoup de tort dans tous les endroits où ils se reposent. P. 276. — Cet oiseau vit dix ans, et n'est pas sujet aux maladies. Description du mâle. P. 276 et 277. — Description de la femelle et dimensions des deux. P. 277.

TARIN (variétés du), description de la première variété. T. VI, p. 277. — Le *tarin de la Nouvelle-York;* sa description. P. 278.

TARIN *de Provence* (le) est un peu plus plus grand et d'un plus beau jaune que notre tarin commun, mais ce n'est qu'une petite variété de climat. P. 276.

TARIN *noir* (le) n'est encore qu'une variété du tarin commun. T. VI, p. 279.

TARIN. Voyez *Oiseaux*.

TARINS, se mêlent avec les chardonnerets et les serins. T. V, p. 11.

TATTARET. Voyez *Petite Mouette* cendrée. T. VIII, p. 377.

TAVON *des Philippines*. Particularités bizarres et même absurdes qu'en racontent certains voyageurs. T. VIII, p. 620.

TAVOUA, confondu avec le crik. Est un papegai. T. VII, p. 270. — Parle mieux. Est plus agile et plus ingambe que les autres perroquets. Méchant et traître. Mord en caressant. Beau. Assez rare à la Guiane. Approche quelquefois des habitations. *Ibid.*

TCHA-CHERT de Madagascar, a les ailes pliées, aussi longues que la queue; à cela près, approche assez de notre pie-grièche; paraît faire la nuance entre elle et le langraien de Manille. T. V, p. 160.

TCHA-CHERT-BÉ ou grande pie-grièche verdâtre de Madagascar, ne diffère du schet-bé que par quelques variétés de plumage et par son bec un peu court et moins crochu; espèce de bécarde. T. V, p. 161 et 162.

TCHOUET. Voyez *Friquet*.

TECOLOTL de Fernandez; variété du moyen duc. T. V, p. 178 (note *b*).

TÉÏTÉ, espèce de tangara du Brésil; sa description et ses habitudes naturelles. T. VI, p. 307 et 308.

TEMPS, est de toutes les choses celle qui nous appartient le moins, et celle qui nous manque le plus. T. V, p. 9.

TENDRESSE maternelle; ses devoirs l'emportent dans les oiseaux sur les émotions des sens. T. V, p. 40.

TEOAUHTOTOTL (le) de Fernandez; espèce de tangara nommé à Cayenne *diable-enrhumé*. T. VI, p. 296.

TÉRAT-BOULAN ou merle des Indes, comparé au merle; ses différences, son plumage, ses dimensions. T. VI, p. 121 et 122.

TERSINE, espèce de cotinga; sa description. T. VI, p. 378.

TESQUIZANA du Mexique, paraît avoir beaucoup de rapports avec la pie de la Jamaïque. T. V, p. 567.

TESTICULES des oiseaux se flétrissent et se réduisent presque à rien, après la saison des amours, au retour de laquelle ils renaissent et grossissent au delà de ce que semble permettre la proportion du corps. T. V, p. 26. — Ceux d'un aigle commun qui a été disséqué par messieurs de l'Académie, étaient de la grosseur d'un pois; les reins étaient aussi très-petits à proportion. P. 59. — Ceux de l'autruche varient prodigieusement pour la grosseur. P. 210 — Ceux des femelles des canepetières et des outardes. P. 210 et 301. — Quelques peintades n'en ont qu'un seul. P. 337.

TÊTE, première partie qui paraît formée dans l'œuf couvé. T. V, p. 291. — Elle est jointe à l'épine du dos. *Ibid.*

TÉTÉMA (le) a beaucoup de rapport avec le *colma* et avec le *palikour* ou fourmillier proprement dit dont il paraît être une variété. T. VI, p. 392.

TÉTRAS ou cédron, ou grand coq de bruyère, de montagne, de bois, ou coq noir, ou coq sauvage, ou faisan bruyant; en quoi diffère du faisan. T. V, p. 342 et 343. — En quoi il ressemble au coq et en quoi il en diffère. P. 343. — Ses plumes. *Ibid.* — La femelle ne fait point de nid, mais couve ses œufs fort assidûment sur la mousse. P. 343 et 344. — Grandeur du tétras; il relève sa queue comme le dindon. P. 343. — Conjectures sur les noms que les anciens lui ont donnés. P. 344 et suiv. — A des sourcils couleur de feu, habite les pays

froids et les montagnes ; sa chair est exquise. P. 345. — Paraît n'avoir point de langue étant mort. P. 346. — Ses pieds pattus, son bec, sa langue, son jabot, son gésier. P. 347. — Sa nourriture; plantes qui lui sont contraires. *Ibid.* — Différences de sexe, d'âge, etc. P. 348 et 349. — Comment appelle et féconde ses poules ; ses amours. P. 349 et suiv. — Destruction des vieux coqs favorable à la multiplication de l'espèce. P. 350. — Ponte, œufs, incubation, petits, leur éducation, dispersion de la famille. P. 350 et 351. — Pays qu'ils habitent ; les oiseaux de proie leur donnent la chasse par préférence. P. 351.

TÉTRAS (petit) à plumage variable ou petit tétras blanc, n'est blanc qu'en hiver ; ne se perche point; mâle et femelle sont de même plumage, se tiennent dans les taillis en troupe ; on ne dit point qu'ils aient le dessous des pieds velu. T. V, p. 362 et 363.

TETRAS (petit) à queue fourchue ou *grianot*, a presque les mêmes noms et les mêmes qualités du grand tétras, dont il ne diffère essentiellement que par sa petitesse et sa queue fourchue. T. V, p. 352. — Variétés de sexe, d'âge. P. 353 et 354. — Vole en troupe, se perche, sa nourriture. P. 355. — Comment passe l'hiver; pays où il se plaît. *Ibid.* — Ses amours, son cri d'appel. P. 356. — Ponte, œufs, incubation, petits, degrés de leur accroissement ; chasse qu'on donne aux tétras. P. 356 et suiv. — Au chien courant. P. 360 — S'apprivoisent. P. 357 et 358. — Un vieux coq commande ordinairement la troupe. P. 359.

TÉTRAS (petit) à queue pleine ou coq noir, ou poule moresque. T. V, p. 353, 360 et 361. — Distingué du précédent par sa queue pleine et ses barbillons charnus. P. 361. — Serait le *racklehane* de Suède, s'il n'avait pas de barbillons et la voix différente. P. 361 et 362.

TETTE-CHÈVRE. Voyez *Engoulevent*.

TETZONPAN, appartient à l'espèce du moqueur. T. VI, p. 83.

THÉRÈSE *jaune*, oiseau du Mexique dont l'espèce est voisine de celle du bruant. Sa description. T. VI, p. 338.

TIC-TIC, espèce de todier de l'Amérique méridionale qui se trouve à la Guiane, et qui a été ainsi nommé par imitation de son cri; il est aussi petit que le todier de l'Amérique septentrionale. T. VII, p. 611. — Leurs ressemblances et leurs différences. Il vit d'insectes et habite de préférence les lieux découverts. *Ibid.*

TIERCELET, nom générique qui désigne le mâle dans toutes les espèces d'oiseaux de proie, et pourquoi. T. V, p. 44.

TIJÉ ou *grand manakin ;* oiseau du Brésil et de Cayenne ; description de l'adulte et du jeune. T. VI, p. 361 et 362.

TIJÉ-PIRANGA de Marcgrave. Voyez *Scarlatte*.

TIJÉ-PIRANGA de Marcgrave, pourrait être la femelle du *tangara à coiffe noire*. T. VI, p. 302 et 303.

TIKLIN *brun;* espèce de râle. Sa description. T. VIII, p. 242.

TIKLIN *à collier;* autre espèce de râle des Philippines. Sa description. T. VIII, p. 243.

TIKLIN *rayé;* sa grandeur et sa description. T. VIII, p. 243.

TIKLINS, oiseaux du genre des râles, dont on connaît quatre espèces qui se trouvent aux Philippines. Description de la première espèce de tiklin. T. VIII, p. 242.

TILLY. Voyez *Grive cendrée* d'Amérique. T. VI, p. 80.

TINAMOU *cendré;* sa description et ses dimensions. T. VI, p. 410.

TINAMOU *varié;* sa description, ses dimensions et ses habitudes naturelles. T. VI, p. 410 et 411.

TINAMOUS ; ce genre d'oiseaux est propre et particulier aux climats chauds de l'Amérique. Ce sont des oiseaux gallinacés qu'on pourrait placer entre les outardes et les perdrix. T. VI, p. 405 et 406. — On leur a donné mal à propos le nom de perdrix dont il diffère beaucoup. Ils diffèrent aussi de l'outarde. P. 406 et 407. — Habitudes communes aux tinamous. Leur chair est bonne à manger. P. 407. — Les femelles dans ce genre, comme dans celui des fourmilliers, sont toutes plus grosses que les mâles. P. 408.

TIRICA, espèce de toui fort doux. Apprend à parler. Appelé aussi *petite jaseuse*.

T. VII, p. 290 et 291. — Transporté aux Philippines, où il a subi quelques changements P. 291.

TITIRI; c'est ainsi que l'on appelle à Cayenne cet oiseau qui est un tyran de la plus grande espèce. Description du mâle et de la femelle. T. VI, p. 443. — Naturel et audace de cet oiseau. P. 443 et 444. — Il y en a deux espèces voisines l'une de l'autre. P. 444. — Elles sont toutes deux très-nombreuses à Saint-Domingue. P. 444 et 445. — Leur nourriture et habitudes naturelles. P. 445.

TLAUHQUECHULTOTOTL (le) de la Nouvelle-Espagne, est le même oiseau que le pic noir huppé de Cayenne. T. VII, p. 521 et 522.

TOCK, espèce de calao. T. VII, p. 566. — Différences entre l'oiseau jeune et l'adulte. Description de cet oiseau. *Ibid.* — Les tocks sont très-communs au Sénégal, et sont très-niais lorsqu'ils sont jeunes. Mais lorsqu'ils sont adultes, l'âge leur donne de l'expérience, au point de changer entièrement leur premier naturel. Leurs autres habitudes naturelles. On prend aisément ces oiseaux lorsqu'ils sont jeunes, et dès le premier moment ils semblent être aussi privés que si on les avait élevés dans la maison; mais cela vient de leur stupidité, car il faut leur porter la nourriture au bec; ils ne la cherchent ni ne la ramassent lorsqu'on la leur jette, ce qui fait présumer que les pères et mères sont obligés de les nourrir pendant un très-long temps. P. 567. — Différences du tock et du toucan. *Ibid.*

TOCO, espèce de toucan. — Ses dimensions et sa description. T. VII, p. 554.

TOCOLIN, *ococolin*, troupiale gris de M. Brisson, oiseau du Mexique, son bec, sa grosseur; où se tient et niche, ne paraît pas être un pic; son plumage, sa chair. T. VI, p. 33.

TOCRO ou *Perdrix de la Guiane;* sa description. Elle a à peu près les mêmes habitudes naturelles que la perdrix d'Europe. Différences qui l'en distinguent. Ces perdrix sont brunes et semblent faire la nuance entre nos perdrix rouges et nos perdrix grises. T. VI, p. 412.

TODIERS; origine de ce nom. Nous ne connaissons que deux ou trois espèces dans le genre de ces petits oiseaux, qui toutes appartiennent aux climats chauds de l'Amérique. Caractères communs des todiers avec les martins-pêcheurs et les manakins. La forme singulière de leur bec les a fait nommer *petites palettes* ou *petites spatules.* T. VII, p. 609.

TODIER *bleu à ventre orangé;* ce todier est encore plus petit que les autres, n'ayant que trois pouces six lignes de longueur. Sa description. T. VII, p. 611 et 612.

TODIER *varié;* sa description d'après Aldrovande et M. Brisson. Il n'est pas sûr que ce soit un todier. T. VII, p. 612.

TODIER de l'Amérique méridionale. Voyez *Tic-tic.*

TODIER de l'Amérique septentrionale; il n'est pas plus grand qu'un roitelet. Description du mâle et de la femelle. T. VII, p. 609 et 610. — Ce todier se nourrit d'insectes et de petits vers; il habite dans les lieux humides et solitaires. Il se trouve à Saint-Domingue et à la Martinique. Ses habitudes naturelles. Il niche dans la terre qu'il creuse avec ses pattes et son bec. La femelle pond quatre ou cinq œufs de couleur grise et tachetés de jaune foncé. P. 610.

TOLCANA ou étourneau des roseaux. T. VI, p. 23 et 24.

TOMINEOS, nom espagnol de l'oiseau-mouche. D'où dérivé. T. VII, p. 147.

TORCHEPOT. Voyez *Sittelle.*

TORCOL, pond quelquefois dans des nids de sittelle. T. VII, p. 309.

TORCOL. Mouvement singulier de cet oiseau qui lui a fait donner le nom de *torcol.* T. VII, p. 536 et 537. — Ce mouvement dépend d'une conformation particulière et naturelle à cet oiseau, car les petits dans leur nid tordent le cou comme les père et mère. Autres habitudes singulières du torcol. P. 537 et 538. — L'espèce de cet oiseau n'est nombreuse nulle part, et chaque individu vit solitairement et voyage de même; ses autres habitudes naturelles. Il prend sa nourriture à terre et ne grimpe pas sur les arbres, quoiqu'il ait le bec formé comme les pics, et qu'il soit très-voisin du genre de ces oiseaux. Sa grandeur et sa descrip-

tion. P. 538 et suiv. — Différence dans la couleur du mâle et de la femelle. P. 539. — Il se nourrit comme les pics, en dardant sa langue dans les fourmillières, et comme eux, il n'a point de *cœcum*. Son nom grec *jynx*, a été tiré de son cri. Il se fait entendre huit ou dix jours avant le coucou; il pond dans des trous d'arbres sans faire de nid, huit ou dix œufs d'un blanc d'ivoire. *Ibid.* — Les petits se dispersent dès qu'ils peuvent se servir de leurs ailes. Ces oiseaux sont très-difficiles à élever en domesticité. Sur la fin de l'été, ils prennent beaucoup de graisse, et sont excellents à manger. P. 540. — La petite chasse de ces oiseaux se fait dans le mois d'août jusqu'au milieu de septembre, qui est le temps de leur départ, car il n'en reste aucun pendant l'hiver dans nos provinces de France. L'espèce en est répandue dans toute l'Europe; elle se trouve aussi dans plusieurs provinces de l'Asie. Nous ne connaissons point de variété dans cette espèce. *Ibid.*

Tornoviarsuk, *oiseau des mers de Groënland*, selon Égède. T. viii, p. 615 et 616.

Toucan. Les plumes de la gorge du toucan servent aux plus belles parures. T. vii, p. 550. — Ces oiseaux sont les seuls qui aient une plume au lieu de langue. Description de cette plume. Ils font entendre leur voix si souvent qu'on les appelle *oiseaux prédicateurs*. P. 551 et 552. — Ils ont les doigts disposés deux en avant et deux en arrière comme les pics. Leurs pieds sont si courts qu'ils ne peuvent marcher et ne font que sautiller. P. 552. — Ils sont répandus dans tous les climats chauds de l'Amérique méridionale, et ne se trouvent point dans l'ancien continent. Ils se nourrissent principalement de fruits de palmiers, et habitent sur ces arbres, dans les terrains humides, et près du bord des eaux. Ils vont ordinairement par petites troupes de six à dix, leur vol est lourd et s'exécute péniblement. P. 552 et 553. — Ils font leurs nids dans des trous d'arbres, que les pics ont creusés et abandonnés. Leur ponte est de deux œufs. On les apprivoise très-aisément en les prenant jeunes. Ils ne sont pas difficiles à nourrir, car ils avalent tout ce qu'on leur jette, pain, chair ou poisson. P. 553. — Lorsqu'ils sont obligés de se pourvoir d'eux-mêmes et de ramasser leurs aliments à terre, ils semblent les chercher en tâtonnant, et ne prennent le morceau que de côté, pour le faire sauter ensuite et le recevoir dans leur large gosier; ils sont si sensibles au froid qu'ils craignent la fraîcheur de la nuit, dans les climats même les plus chauds du nouveau continent. Leur chair, quoique noire et assez dure, ne laisse pas de se manger. *Ibid.* — Différence des toucans et des aracaris. Il y a cinq espèces dans le genre des toucans. P. 553 et 554.

Toucan, *bec de toucan;* en considérant la structure et l'usage de ce bec démesuré du toucan, on ne peut s'empêcher d'être étonné que la nature ait fait la dépense d'un bec aussi prodigieux, pour un oiseau de médiocre grandeur, et ce bec mince et faible, loin de servir, ne fait que nuire à l'oiseau, qui ne peut rien saisir, rien diviser, et qui pour se nourrir est obligé de gober et d'avaler sa nourriture en bloc, sans la broyer ni même la concasser. T. vii, p. 549. — Description et dimensions de ce bec. P. 551.

Toucan, *langue du toucan;* cette langue du toucan est encore plus singulière que le bec. Ce n'est point un organe charnu ou cartilagineux comme celle des autres oiseaux, mais une véritable plume bien mal placée, comme l'on voit, et renfermée comme dans un étui. T. vii, p. 550.

Toucan *à gorge jaune;* c'est de cette espèce de toucan que l'on tire les plumes brillantes pour faire des parures. Ce ne sont que les mâles qui portent ces belles plumes jaunes sur la gorge. T. vii, p. 555. — Cette espèce est la plus commune de toutes à la Guiane. P. 556. — Son cri est une espèce de voix articulée. *Ibid.*

Toucan *à ventre rouge.* Ses dimensions et sa description d'après de Laët et Aldrovande. T. vii, p. 556 et 557. — Erreur de ce dernier auteur à ce sujet. P. 557.

Toucher, est le sens de la connaissance; est plus parfait dans l'homme que dans l'animal. T. v, p. 13 et 14. — Dans les quadrupèdes qui ne peuvent rien saisir avec

leurs doigts, ce sens paraît être réuni avec celui du goût, dans la gueule de l'animal. P. 35. — Les oiseaux l'emportent sur les quadrupèdes, quant au toucher des doigts, cependant ce sens est encore imparfait en eux, attendu la callosité de leurs doigts. P. 36. — Voyez *Sens*. — Dans l'homme, le toucher est le premier sens, c'est-à-dire, le plus parfait. *Ibid.* — Dans le quadrupède il est le dernier, dans l'oiseau il est le troisième. *Ibid.*

Toucnam-courvi, ou gros-bec des Philippines; couleurs du plumage du mâle et de la femelle, nid de cet oiseau. T. vi, p. 155.

Toui *à gorge jaune*. T. vii, p. 290.

Toui *à tête d'or*, du Brésil. A pour variété la petite perruche de l'île de Saint-Thomas. T. vii, p. 292.

Touis, nom brésilien des perriches à queue courte. T. vii, p. 289. — Sont de la grosseur du moineau, et les plus petites des perriches du nouveau continent. *Ibid.*

Touite, *Pinson varié de la Nouvelle-Espagne;* c'est un bel oiseau; sa description. T. vi, p. 241 et 242.

Toulou de Madagascar, variété du houhou. T. vii, p. 335.

Toupet-bleu, espèce qui a des rapports avec celle du pape, mais qui se trouvant à l'île de Java, est très-différente de l'autre qui n'existe qu'en Amérique. Sa description et ses dimensions. T. vi, p. 254 et 255.

Touraco, un des plus beaux oiseaux de l'Afrique. Sa huppe, couronne ou mitre. N'a de commun avec le coucou, auquel on l'a comparé, que la position des doigts deux et deux. Bec courbé. Grosseur du geai. Grande queue. Deux ou trois espèces ou variétés dans ce genre. T. vii, p. 300 et suiv. — Son plumage avant et après sa mue. P. 301, 303. — Mange des fruits. Son cri. Indigène en Guinée. Ne paraît pas être en Amérique. P. 302 et 303.

Touraco d'Abyssinie, variété du touraco. T. vii, p. 302.

Touraco du cap de Bonne-Espérance, variété du touraco. T. vii, p. 302 et 303.

Tourne-pierre, nom donné au coulonchaud, et qui convient à la frayonne. T. v, p. 546 (note *g*).

Tourne-pierre; oiseau de rivage ainsi nommé parce qu'il a l'habitude singulière de retourner les pierres pour trouver dessous les vers et les insectes dont il fait sa nourriture. T. viii, p. 227. — Manière dont il exécute ce mouvement, et retourne des pierres qui pèsent jusqu'à trois livres, quoiqu'il soit très-petit, n'étant tout au plus que de la grosseur de la maubèche. Description de son bec et des autres parties extérieures de son corps et de son plumage. P. 228. — L'espèce du tourne-pierre est commune aux deux continents; on en trouve sur les côtes occidentales de l'Angleterre; ces oiseaux vont en petites compagnies de trois ou quatre, et c'est probablement le tourne-pierre qu'on a nommé *bune* sur nos côtes de Picardie. *Ibid.* — L'espèce, quoique très-peu nombreuse, est répandue dans presque tous les climats des deux continents. P. 229.

Tourne-pierre *gris de Cayenne*, est une variété de notre tourne-pierre. T. viii, p. 229.

Tourocco, c'est la tourterelle à large queue, du Sénégal. T. v, p. 518

Tourpan ou Turpan (le) est une espèce de canard *de Sibérie*. Sa notice par M. Gmelin. T. viii, p. 551.

Tourte de la Caroline. T. v, p. 520.

Tourtelette, c'est la tourterelle à cravate noire. T. v, p. 518.

Tourterelle, son passage, comparé au passage du biset et du ramier, va par troupe, aime les bois, y niche, se mêle avec le pigeon; ses amours, ses excès. T. v, p. 514-516. — Ses variétés. P. 516 et 517. — Ses rapports avec le biset et le ramier. P. 517. — Se trouve dans les deux continents. P. 514 et 515.

Tourterelle à collier. T. v, p. 516.

Tourterelle à collier, du Sénégal. T. v, p. 517 et 518.

Tourterelle à cravate noire. T. v, p. 518.

Tourterelle à gorge pourprée d'Amboine. T. v, p. 519.

Tourterelle à gorge tachetée, du Sénégal. T. v, p. 518.

Tourterelle à large queue, du Sénégal. T. v, p. 518.

Tourterelle à longue queue, d'Edwards. T. v, p. 517.

Tourterelle d'Amboine. T. v, p. 520.

Tourterelle de Batavia. T. v, p. 519.

Tourterelle de Java. T. v, p. 519.

Tourterelle de la Caroline. T. v, p. 520.

Tourterelle de la Jamaïque. T. v, p. 520.

Tourterelle du Canada. T. v, p. 520.

Tourterelle (petite) appelée aussi ortolan et cocotzin. T. v, p. 521. — Autre d'Acapulco. *Ibid.* — Autre de la Martinique. *Ibid.* — Autre de Saint-Domingue, appelée *picuipinima. Ibid.*

Tourterelle rayée de la Chine. T. v, p. 519.

Tourterelle rayée des Indes. T. v, p. 519.

Touyou, autruche d'Occident, de Magellan, de la Guiane, etc., autruche bâtarde, assez commune au Brésil, au Chili, dans toutes les terres Magellaniques, etc.; ne se trouve point dans l'ancien continent; est le plus gros oiseau du nouveau, a six pieds de haut, la cuisse égale à celle d'un homme, le long cou, la petite tête, le bec aplati de l'autruche; dans le reste ressemble plus au casoar; il a les ailes très-courtes, les pieds longs, trois doigts à chaque pied; court très-vite, est probablement frugivore, a une espèce de corne sur le bec. T. v, p. 35, 229-233. — Comment couve les œufs en différents climats; comment nourrit ses petits. P. 233 et 234. — Mœurs sociales des jeunes, leur chair est un bon manger; les plumes du touyou ne valent pas celles de l'autruche. P. 234.

Traine-buisson. Voyez *Fauvette* d'hiver.

Traquet; oiseau qui est toujours en mouvement, comme le traquet d'un moulin. Ses habitudes naturelles et son cri; il est aisé à prendre aux gluaux. T. vi, p. 558 et 559. — Discussion critique au sujet du nom que les anciens donnaient à cet oiseau. Sa description. P. 559. — Son nid est difficile à trouver; la femelle y pond cinq ou six œufs d'un vert bleuâtre, avec de légères taches rousses peu apparentes, mais plus nombreuses vers le gros bout. P. 560 — Le traquet est très-solitaire; son naturel est sauvage, et son instinct paraît obtus. Il ne prend aucune éducation dans l'état de domesticité. *Ibid.* — Ces oiseaux sont très-bons à manger lorsqu'ils sont gras. Ils partent dès le mois de septembre dans les provinces septentrionales de France pour passer l'hiver dans des climats plus chauds. P. 560 et 561.

Traquet (grand) dont le pays est inconnu. T. vi, p. 566.

Traquet d'*Angleterre*. Sa description et ses différences avec le traquet commun. T. vi, p. 561 et 562.

Traquet *à lunette;* oiseau de l'Amérique méridionale. Sa description. T. vi, p. 567 et 568.

Traquet *de l'île de Luçon.* Sa description. T. vi, p. 564.

Traquet *de Madagascar.* Sa description. T. vi, p. 565 et 566.

Traquet *des Philippines.* Sa description. T. vi, p. 565.

Traquet (grand) *des Philippines.* Sa description. T. vi, p. 565.

Traquet *du cap de Bonne-Espérance.* Sa description. T. vi, p. 566 et 567.

Tricolor huppé ou faisan doré de la Chine, ses couleurs, sa huppe, sa queue. T. v, p. 422 et 423. — Produit avec notre faisan des métis peu féconds. *Ibid.* — Différences entre le mâle et la femelle, entre la femelle jeune et la vieille. *Ibid.* — Œufs, durée de la vie. P. 423.

Tricolor, espèce de tangara de Cayenne; sa description. T. vi, p. 298 et 299.

Troglodyte (le) est appelé vulgairement et improprement *roitelet.* T. vii, p. 54. — Discussion critique à ce sujet. Il reste dans nos provinces pendant l'hiver, et se gîte dans les trous des murs. *Ibid.* — Ses autres habitudes naturelles; son vol. P. 55 et 56. — Ses dimensions; sa description; son chant; sa gaieté même en hiver. P. 56. — Sa manière de vivre dans cette saison rigoureuse. Son naturel. *Ibid.* — Il fait ordinairement son nid dans les bois, près de terre. Construction et forme de ce nid dans lequel la femelle pond neuf à dix œufs blancs ternes, avec une zone pointillée de rou-

geâtre au gros bout. Les petits quittent le nid avant de pouvoir voler. P. 57. — Cet oiseau fait deux pontes en Italie. Il vient avec le rouge-gorge à la pipée. *Ibid.* — Il chante très-tard et du plus grand matin. Il vit solitairement, et les mâles en été se battent et se poursuivent. L'espèce en est répandue partout en Europe. P. 57 et 58.

Troglodyte (le) ou *Roitelet* de Buénos-Ayres, et le troglodyte de la Louisiane, planches enluminées (*de Buffon*), n° 730, *fig.* 1 et 2, paraissent être les représentants en Amérique de notre troglodyte d'Europe. Leur description. T. VII, p. 58 et 59.

Troglodyte femelle, couve et fait éclore un œuf de merle. T. VII, p. 314. — Couve l'œuf du coucou déposé dans son nid. P. 316.

Troupiale ou cul-jaune, oiseau de Banana d'Albin, son bec, plumes de sa gorge, couleurs de son plumage, ses dimensions. Ses rapports avec la pie et l'étourneau; sa nourriture, ses mœurs sociales, son nid, ses dispositions à la domesticité. T. VI, p. 28 et 29.

Troupiale à ailes rouges. Voyez *Commandeur.*

Troupiale à calotte noire, ou troupiale brun de la Nouvelle-Espagne. T. VI, p. 37.

Troupiale à queue annelée. Voyez *Arc-en-queue*

Troupiale à queue fourchue. T. VI, p. 26 et 27.

Troupiale de Bengale, est un étourneau. T. VI, p. 26.

Troupiale de Cayenne, de la Guiane. Voyez *Commandeur.*

Troupiale de la Nouvelle-Espagne. Voyez *Xochitol.*

Troupiale des Indes, n'est pas un troupiale. T. VI, p. 27.

Troupiale du Mexique. Voyez *Acolchi.*

Troupiale du Sénégal. Voyez *Cap-more.* T. VI, p. 26.

Troupiale gris. Voyez *Tocolin.*

Troupiale huppé de Madras, de Brisson, est peut-être le gobe-mouche huppé du même. T. VI, p. 26.

Troupiale noir, a été nommé *corneille*, *merle*, *choucas*; plumage, dimensions, climat, nourriture. T. VI, p. 36.

Troupiale noir (petit). T. VI, p. 36 et 37.

Troupiale olive de Cayenne. T. VI, p. 38 et 39.

Troupiale tacheté de Cayenne; en quoi diffère du rouge tacheté. T. VI, p. 37 et 38.

Troupiales, leurs rapports avec les étourneaux, construisent autrement leurs nids, appartiennent à l'Amérique. T. VI, p. 25 et 26. — Réduction d'espèces. P. 26 et suiv. — Leur bec comparé à celui des cassiques, des baltimores et des carouges. P. 27. — Caractères qui leur sont communs avec ces oiseaux. *Ibid.*

Troupiales de Brisson. T. VI, p. 26 et 27.

Troupiales de Madras, ne sont pas des troupiales. T. VI, p. 26. — Représentants en Afrique des troupiales américains. P. 39.

Tschet-scherle, nom que Gessner donne au sizerin. T. VI, p. 271.

Turnix. Voyez *Caille* de Madagascar.

Turquin, espèce de tangara bleu qui se trouve à la Guiane et au Brésil. T. VI, p. 290.

Turvert, c'est la tourterelle verte d'Amboine de M. Brisson. T. V, p. 519.

Tyran, origine de ce mot. Les tyrans sont des oiseaux audacieux, querelleurs et très-ressemblants aux pies-grièches. T. VI, p. 442.

Tyran *de la Caroline;* sa différence avec le titiri ou pipiri. T. VI, p. 446. — Sa description. P. 446 et 447.

Tyran *de Cayenne;* sa description. T. VI, p. 448.

Tyran *de la Louisiane;* son indication. T. VI, p. 449.

Tzanatltototl. T. VII, p. 299 (note *a*).

U

Unau, quadrupède fort lent et qui a la vue basse, comme tous les paresseux. T. V, p. 15 et 16.

Urine d'autruche. T. V, p. 207 (note *d*).

V

Vanga de Madagascar, espèce de bécarde. T. V, p. 161.

VANNEAU. Étymologie de ce nom, qui se rapporte au battement bruyant et fréquent des ailes de cet oiseau. T. VIII, p. 187. — Sa description. Il a aussi été appelé *dix-huit* dans plusieurs de nos provinces, parce que ces deux syllabes prononcées faiblement expriment assez bien son cri. P. 187 et 188. — Il a les ailes très-fortes. Il vole longtemps de suite et très-haut; ses autres mouvements et habitudes naturelles. P. 188. — Les vanneaux arrivent en grandes troupes dans nos prairies au commencement de mars, par le vent du sud, après un dégel. Ils se nourrissent de vers qu'ils font sortir de terre en la frappant de leurs pieds. Ils ne se laissent approcher que difficilement. *Ibid.* — Ils forment une grande et nombreuse société dans les mêmes lieux, et cette société ne se rompt que quand la chaleur de la saison commence à se faire sentir, et deux ou trois jours suffisent pour que toute la troupe se sépare par couples qui vont nicher ailleurs. Les femelles font leur ponte en avril; elle est de trois ou quatre œufs oblongs, d'un vert sombre fort tacheté de noir; elles les déposent dans les marais, sur les petites buttes ou mottes de terre élevées au-dessus du niveau du terrain. P. 188 et 189. — Les œufs sont bons à manger. Le temps de l'incubation est de vingt jours. Les petits courent dans l'herbe deux ou trois jours après leur naissance, aussi vite que les perdreaux. P. 189 et 190. — Ils sont alors couverts d'un duvet noirâtre, voilé sous de longs poils blancs, et dès le mois de juillet ils entrent dans la mue et prennent leurs vraies couleurs. C'est alors qu'ils commencent à se rassembler pour ne plus se séparer que dans le temps des nichées suivantes; ils forment des troupes de cinq ou six cents, les vieux mêlés avec les jeunes. Ces oiseaux paraissent être inconstants et ne se tiennent guère plus de vingt-quatre heures dans le même canton: mais c'est par nécessité qu'ils changent de lieu lorsqu'ils ont épuisé les vers qui font leur pâture. Ils sont très-gras en automne au mois d'octobre. P. 190. — Le vanneau se trouve au Kamtschatka comme en Europe. Ses habitudes naturelles et ses migrations y sont les mêmes. Et l'on peut croire avec Belon que l'espèce en est répandue presque partout. Manière d'en faire la chasse. P. 190 et 191. — En France, elle se fait dans le mois d'octobre, et en novembre en Italie où ils séjournent pendant l'hiver. Le vanneau est un bon gibier. Description de ses parties intérieures. Il a les oreilles placées plus bas que les autres oiseaux. P. 191. — Le mâle et la femelle sont de même grandeur; ils diffèrent seulement par quelques nuances dans les couleurs, qui, dans la femelle, sont plus faibles; sa huppe est aussi plus petite que celle du mâle, en sorte qu'il paraît avoir la tête plus grosse et plus arrondie que la femelle. Description du plumage, qui varie assez souvent d'un individu à l'autre. P. 191 et 192. — Description du bec et des autres parties extérieures. Dimensions de l'oiseau. On peut garder le vanneau en domesticité; manière de le nourrir. P. 192. — Il paraît n'avoir qu'un instinct fort obtus. *Ibid.*

VANNEAU *armé, de Cayenne.* Ses ressemblances et ses différences avec notre vanneau d'Europe. Sa description. T. VIII, p. 196.

VANNEAU *armé, de la Louisiane.* Il est moins grand que le vanneau armé du Sénégal, mais son arme est plus forte, et il a les pieds plus longs à proportion. Sa description. T. VIII, p. 195. — Le vanneau armé, de Saint-Domingue, donné par M. Brisson, nous paraît être une variété de cette espèce. P. 196.

VANNEAU *armé, des Indes orientales.* Ses ressemblances et ses différences avec notre vanneau. Sa description. T. VIII, p. 195.

VANNEAU *armé, du Chili.* Il paraît être, de tous les vanneaux, le plus fortement armé, car Frézier dit que les éperons ou ergots qu'il porte au pli de l'aile ont jusqu'à un pouce de longueur; ce vanneau du Chili est aussi criard que celui du Sénégal. T. VIII, p. 196.

VANNEAU *armé, du Sénégal.* Il est gros comme le vaneau commun, mais fort élevé sur ses jambes. Description des parties extérieures et du plumage de cet oiseau. T. VIII, p. 194. — Cet oiseau est encore plus criard que le vanneau d'Europe, et vraisemblablement il est plus guerrier, parce qu'il est

pourvu de deux éperons aux épaules, qui lui servent d'armes offensives. *Ibid.*

VANNEAU-PLUVIER. C'est le pluvier gris de Belon, et il ressemble autant au pluvier qu'au vanneau. Ses différences et ses ressemblances avec l'un et l'autre. T. VIII, p. 196 et 197. — Le genre du pluvier et celui du vanneau se rapprochent si fort dans leurs espèces, qu'ils paraissent ne composer qu'une grande famille commune. Les naturalistes ont appelé celui-ci tantôt vanneau, tantôt pluvier, et c'est par cette raison que nous l'avons nommé *vanneau-pluvier*. C'est mal à propos que les oiseleurs l'ont appelé *pluvier de mer*, car il va sur terre, et de compagnie avec les pluviers ordinaires. P. 197. — Sa grandeur, sa figure, ses couleurs. *Ibid.* — Il se trouve dans les terres de l'État de Venise, où on le nomme *squatarola;* il se trouve aussi en Silésie et sur le bas Danube, ainsi qu'en Pologne et en Écosse. Il paraît que ce vanneau pluvier est le même oiseau que le vanneau de Schwenckfeld. Et le vanneau varié, de M. Brisson, est d'une espèce très-voisine de celle-ci. P. 198.

VANNEAU *suisse*. Il est à peu près grand comme le vanneau commun. Sa description. T. VIII, p. 193. — Cet oiseau ne se trouve pas exclusivement en Suisse, et se voit quelquefois dans nos contrées, mais en troupes peu nombreuses. *Ibid.*

VARDIOLE. N'est point l'oiseau de Paradis, quoique Seba lui donne ce nom; sa queue, son plumage, ses ailes, ses pieds. T. V, p. 570.

VARIÉTÉS. En très-grand nombre dans les oiseaux, à raison de l'âge, du sexe, du climat, de la domesticité, etc. T. V, p. 2 et 3. — En général les variétés, et par conséquent les affinités, sont beaucoup plus nombreuses dans les petites espèces que dans les grandes. P. 2 et 10.

VARIOLE, oiseau des environs de la Plata en Amérique, qui a rapport aux alouettes. Sa description et ses dimensions. T. VI, p. 482 et 483.

VAUTOUR. Son odorat fort inférieur à celui du chien et du renard. T. V, p. 18. — Le vautour cruel, insatiable, est le représentant du tigre. P. 30. — En quoi diffère de l'aigle, des éperviers, des buses, des faucons, des milans. P. 44, 82 et 83. — Les vautours se réunissent en troupe, seuls entre les oiseaux de proie, s'acharnent sur les cadavres; semblent réunir la force et la cruauté du tigre avec la lâcheté et la gourmandise du chacal, qui se met également en troupe pour dévorer les cadavres. P. 82. — Yeux à fleur de tête, duvet fin de dessous les ailes, ongles, attitude, vol. P. 83. — Port d'ailes. P. 84 (note *b*). — Intérieur comparé à celui de l'aigle. P. 87 et 88. — Le vautour craint plus le froid que la plupart des aigles; moins commun dans le Nord, plus nombreux en Égypte, en Arabie, dans l'Archipel, en Asie, etc.; usage de sa peau passée avec le duvet. P. 90. — Mange de l'herbe dans le cas de nécessité. P. 258.

VAUTOUR à aigrettes. Moins grand que le percnoptère, le griffon et le grand vautour; queue longue et droite; ses aigrettes ou cornes se forment des plumes de sa tête qui se relèvent quand il est posé; son vol; chasse les oiseaux, les lapins, les jeunes renards, les petits faons, le poisson; mange les cadavres, supporte un jeûne de quatorze jours, niche sur les grands chênes et sur les rochers escarpés, ne pond qu'un œuf ou deux. T. V, p. 88 et 89.

VAUTOUR brun d'Afrique. A les pieds couverts de plumes. T. V, p. 91 et 92.

VAUTOUR doré. Vautour fauve. Voyez *Griffon*.

VAUTOUR du Brésil. Voyez *Marchand*.

VAUTOUR (grand) ou vautour cendré. Un peu moins gros que le griffon, dont il diffère encore par le duvet du cou, plus long, plus fourni et de la couleur du dos, par une espèce de cravate blanche et par quelque diversité de couleur. T. V, p. 88. — Le vautour noir de Belon appartient à cette espèce. P. 90. — Le genre du grand vautour contient plus d'espèces que celui du petit. *Ibid.*

VAUTOUR (grand) d'Aristote. Voyez *Griffon*.

VAUTOUR jaune. Voyez *Griffon*.

VAUTOUR lanier moyen. Voyez *Harpaye*.

VAUTOUR (petit) de Norwége, à tête

blanche. A le bas de la jambe et les pieds nus; c'est vraisemblablement le petit vautour blanc des anciens; est commun en Arabie, en Égypte, en Grèce, en Allemagne et jusqu'en Norwége; a la tête et le dessous du cou dénués de plumes et d'une couleur rougeâtre; plumage. T. v, p. 91. — On voit en Abyssinie de ces petits vautours blancs, qui ont la base du bec entourée d'une peau jaune qui s'étend sur la tête jusqu'aux oreilles, descend en pointe sous le cou, est dans les uns nue, en d'autres garnie de plumes effilées, de duvet, quelques-uns sont cendrés.

Vautours (roi des), est le plus bel oiseau de ce genre et gros comme une poule d'Inde, a les ailes et la queue plus courtes à proportion que les autres vautours; il a le bec et les principaux caractères des vautours et de plus une crête dentelée et mobile sur le bec et les yeux entourés d'une peau rouge, l'iris couleur de perles, au bas du cou une fraise dont l'oiseau peut se faire un capuchon, ce qui a donné lieu de lui appliquer le nom de *vautour moine*. T. v, p. 93-95. — Plumage de cet oiseau; la couleur des pieds est variable dans les différents individus; les ongles sont fort courts et peu crochus; cet oiseau est de l'Amérique méridionale, depuis et compris le Brésil jusqu'à la Nouvelle-Espagne. P. 95. — Il s'élève fort haut, en tenant les ailes étendues et son vol est si ferme, dit-on, qu'il résiste aux plus grands vents. P. 96 (note *a*). — N'attaque que les animaux les plus faibles, rats, lézards, serpents; vit aussi d'excréments, sa chair est détestable. P. 96.

Vaza. Voyez *Perroquet noir*.

Vengoline, oiseau d'Angola en Afrique, dont le ramage est agréable. T. vi, p. 212. — Description de cet oiseau. P. 212 et 213.

Ventricule. Différence entre le ventricule d'un coucou sauvage et celui d'un coucou apprivoisé. T. vii, p. 324 et suiv. — Ventricule d'un jeune coucou velu intérieurement. P. 325 et 326.

Venturon, nom du serin d'Italie. T. vi, p. 176. — Il se trouve non-seulement en Italie, mais encore en Grèce, en Turquie, comme aussi en Autriche, en Provence, en Languedoc, en Catalogne, etc. *Ibid.* — Son chant. *Ibid.*

Verderin (le) se trouve à Saint-Domingue. Sa description. T. vi, p. 257.

Verderoux, espèce de tangara de la Guiane. Sa description. T. vi, p. 296 et 297.

Verdier. Couve l'œuf du coucou. T. vii, p. 304.

Verdier. Il ne faut pas confondre le verdier avec le bruant, quoiqu'il en porte le nom dans différentes provinces. T. vi, p. 251. — Il passe l'hiver dans les bois; au printemps il fait son nid, qui est presque aussi grand que celui du pinson; il le compose de mousse et d'herbes sèches en dehors; de crin, de laine et de plumes en dedans; il le pose sur les branches dans les arbres ou les buissons touffus. La femelle pond cinq ou six œufs blancs verdâtres, tachetés de rouge-brun au gros bout. P. 251 et 252. — Ces oiseaux sont doux et faciles à apprivoiser, ils apprennent même à prononcer quelques mots; ils vivent d'insectes et de graines. P. 252. — Description de cet oiseau et ses dimensions. P. 252 et 253.

Verdier *sans vert*, oiseau du cap de Bonne-Espérance. Sa description et ses dimensions. T. vi, p. 257.

Verdinère, oiseau de l'Amérique qui se trouve dans les bois de l'île de Bahama. Sa description et ses dimensions. T. vi, p. 256 et 257.

Verdin de la Cochinchine, son plumage, son bec de merle, ses dimensions. T. vi, p. 127 et 128.

Vermine des nids d'hirondelles. T. vii, p. 453. — Des martinets. P. 470, 474.

Vers (petits) trouvés dans des nids d'hirondelles de fenêtre. T. vii, p. 453.

Vers-macaques. Se logent dans les narines des perroquets, des cassiques, etc., des chevaux, des singes. T. vii, p. 243.

Vert-brunet. Sa description. Le verdier des Indes, d'Edwards, pourrait bien être une variété dans cette espèce. T. vi, p. 256.

Vert-doré ou merle à longue queue, du Sénégal. Son vol étroit, son bec court, ses

pieds longs, son plumage. T. VI, p. 106. — Individu de cette espèce qui a la queue beaucoup moins longue. *Ibid.*

VERT-DORÉ, espèce d'oiseau-mouche. T. VII, p. 161 et 162.

VERT-PERLÉ. Use des plus petites espèces de colibri, guère plus grand que l'oiseau-mouche huppé. T. VII, p. 179.

VÉSICULE du fiel, est grande dans l'aigle commun et de la grosseur d'un marron. T. V, p. 59. — Manque à quelques peintades, auquel cas le rameau hépatique est fort gros. P. 337.

VEUVES (les), genre d'oiseaux qui se trouvent en Afrique et dans les climats chauds de l'Asie; ils sont remarquables par les longues pennes de leur queue, toujours beaucoup plus allongées dans le mâle que dans la femelle. T. VI, p. 244. — Mue de ces oiseaux. *Ibid.* — Ils font leurs nids à deux étages avec du coton, et la femelle couve au rez-de-chaussée, selon les voyageurs. Ce sont des oiseaux très-vifs, mais fort sujets aux maladies; cependant ils vivent douze ou ou quinze ans. P. 245.

VEUVE (grande). Sa description et ses dimensions. T. VI, p. 248.

VEUVE *à collier d'or*. Description de cet oiseau. T. VI, p. 245 et 246. — Changement dans son plumage. P. 246. — Cette espèce est fort commune sur les côtes de l'Afrique. *Ibid.*

VEUVE *à épaulettes* (la) se trouve au cap de Bonne-Espérance. Sa description et ses dimensions. T. VI, p. 248 et 249.

VEUVE *à quatre brins*. Ses dimensions, sa description; elle se trouve, comme la veuve à collier d'or, sur les côtes d'Afrique. T. VI, p. 247.

VEUVE *dominicaine* (la) a les grandes plumes intermédiaires de la queue moins longues que les autres veuves. Sa description. T. VI, p. 247 et 248. — Cette espèce, ainsi que la précédente, subit une double mue chaque année. P. 248.

VEUVE *en feu* (la) se trouve au cap de Bonne-Espérance et à l'île Panay. Sa description. T. VI, p. 250.

VEUVE *éteinte*. Sa description. T. VI, p. 250.

VEUVE *mouchetée*. Sa description et sa mue. T. VI, p. 249.

VIE des femmes, plus longue que celle des hommes. T. V, p. 29. — Voyez *Cygne*.

VIE des oiseaux plus longue à proportion que celle des quadrupèdes, relativement au temps employé à l'accroissement. T. V, p. 28 et 29.

VIE des poissons, plus longue que celle des oiseaux, et pourquoi. T. V, p. 29.

VIEILLARD ou oiseau de pluie, coucou d'Amérique. Sa barbe blanche. Il annonce la pluie par ses cris répétés. Se nourrit de graines et de vermisseaux. Plumes de sa tête, soyeuses et duvetées. Taille un peu au-dessus du merle. Estomac très-grand. Queue aussi longue que le corps, étagée. T. VII, p. 349 et 350. — Variétés. Le vieillard à ailes rousses. P. 350. — Petit vieillard ou coucou des palétuviers. P. 351.

VIEILLARD *à ailes rousses*, variété du vieillard. Est solitaire. Quitte la Caroline, son pays, aux approches de l'hiver. T. VII, p. 350.

VIEILLARD (petit) ou coucou des palétuviers de Cayenne, variété du vieillard. Vit d'insectes, surtout de la grosse chenille des palétuviers. T. VII, p. 351.

VINETTE. L'oiseau appelé *vinette* en Bourgogne, est le même que le becfigue. T. VI, p. 546.

VINGEON ou GINGEON. Description et habitudes naturelles de ce canard. T. VIII, p. 494. — Il fait sa ponte dans nos îles en janvier, et en mars on trouve des petits gingeonneaux. *Ibid.* — Pris quelques jours après leur naissance, ils sont déjà très-difficiles à apprivoiser, et ont déjà gagné l'humeur sauvage et farouche de leurs père et mère. Leur accroissement est assez prompt. P. 495. — On peut faire couver des œufs de gingeon par des poules, et par là se procurer des gingeons domestiques. *Ibid.* — La chair des gingeons privés est excellente. *Ibid.* — Une raison de plus de désirer de réduire cette espèce en domesticité, est l'intérêt qu'il y aurait à la détruire ou l'affaiblir, du moins dans l'état sauvage, parce qu'ils dévastent les cultures. *Ibid.* — Nourriture des gingeons. *Ibid.* — Leur cri est un véritable

sifflet que l'on sait imiter. *Ibid.* — Ils ont l'habitude de se percher sur les arbres, et n'ont pas le plumage aussi fourni que les canards des pays froids. P. 496. — Les gingeons sont, dans la basse-cour, les ennemis déclarés de toute la volaille. *Ibid.* — Leur caractère est méchant et querelleur, mais leur force, heureusement, n'égale pas leur animosité. *Ibid.*

Vintsi, espèce de petit martin-pêcheur de l'ancien continent, qui se trouve aux Philippines. Sa description et ses dimensions. T. vii, p. 599 et 600.

Vitrec. Voyez *Motteux*.

Voix des oiseaux. En général plus forte à proportion et plus agréable que celle des quadrupèdes. T. v, p. 19 et 26. — Plus agréable dans les pays peuplés et policés que dans les déserts de l'Afrique et de l'Amérique. P. 22. — S'étend, se fortifie, se change, s'éteint ou se renouvelle suivant les circonstances, le temps, etc. P. 25. — Il y a un rapport physique entre les organes de la voix et ceux de la génération, rapport indiqué en ce que les premiers ne s'exercent jamais plus que lorsque les derniers sont plus en action. P. 26. — Observation à faire sur les organes de la voix des oiseaux dans le temps où ils sont en amour. *Ibid.*—Force de la voix des aigles. P. 58. — Voix ou cri de l'autruche. P. 229. — Où se forme la voix du coq. P. 300.

Voix ou cri de l'oiseau-mouche. T. vii, p. 148 et 149. — Du colibri. P. 169. — Voix des enfants imitée de préférence par le jaco et par tous les oiseaux parleurs, au rapport des anciens. P. 199. — Voix des perroquets de l'ancien monde, différente de celle des perroquets d'Amérique. P. 207. — Le cri de l'ara est *ara*, prononcé d'un ton rauque, grasseyant et très-fort. P. 239. — Voix forte du crik à tête violette. P. 267. — Voix du maïpouri, espèce de perroquet semblable à celle du tapir. P. 275. — Différents cris des coucous mâles et femelles, jeunes et vieux. P. 318 et suiv. — Cri singulier du coucou de Loango. P. 327. — Du quapactol. P. 354. — Cri sourd de l'ani, à quoi ressemble. P. 359. — Cri du momot. P. 365, 367. — De la huppe. P. 373 et 376. — Des guêpiers. P. 389. — Bourdonnement et cri de l'engoulevent. P. 406 et 407. — L'engoulevent varié de Cayenne a deux cris. P. 418 et 419. — Cri de l'hirondelle. P. 443 et suiv. — Différents cris des martinets. P. 469 et 472. — Cri de l'hirondelle des blés de l'île de France, a du rapport avec celui de notre hirondelle de cheminée. P. 491.

Vol de l'étourneau. T. vi, p. 16.

Vol des oiseaux, dépend de la force des muscles pectoraux et du peu de volume et de masse du corps relativement à l'étendue de la queue et des ailes, et à la légèreté des parties dont elles sont composées. T. v, p. 19 et 28. — En trois minutes on perd de vue un aigle qui s'élève et qui présente une étendue de plus de quatre pieds, d'où il suit que cet oiseau parcourt plus de sept cent cinquante toises par minute. P. 27. — Vol des oiseaux, est quatre ou cinq fois plus vite que la course du quadrupède le plus agile. P. 28. — Voyez *Ailes*, *Faucon*, *Mouettes*, *Mouvement*, *Oiseaux*.

Vol du milan. T. v, p. 108.

Vol des hirondelles. T. vii, p. 423-424, 446. — Leçons de vol données par les hirondelles de cheminée à leurs petits. P. 444.— Vol des martinets. P. 466.

Vourou-driou de Madagascar. A douze pennes à la queue. Le bec plus long et plus droit que les autres coucous. T. vii, p. 348. — La femelle plus grosse que le mâle ; elle a aussi le plumage différent. P. 348 et 349.

Vue. Ce sens est plus parfait dans les oiseaux en général que dans les quadrupèdes. T. v, p. 14. — Sans cela les oiseaux n'auraient jamais osé se servir de leur légèreté, et si jamais la nature a produit des oiseaux à vue courte et à vol rapide, ces espèces auront péri. P. 15. — La vue est le seul sens par lequel on puisse comparer immédiatement les espaces parcourus. *Ibid.* — Ce sens est obtus dans les quadrupèdes qu'on nomme *paresseux*, et qui ne se meuvent que très-lentement. P. 15 et 16. — Un objet ne disparaît à la vue qu'à la distance de trois mille quatre cent trente-six fois son diamètre. P. 16 (note *b*). Voyez *Sens*. —

Dans l'homme la vue est le troisième sens, ainsi que dans le quadrupède, et le premier dans l'oiseau. P. 36. — Semble obtus dans les oiseaux de proie nocturnes, parce qu'il est trop sensible. P. 171.

VUE. Effets de sa trop grande sensibilité. T. VII, p. 410 et suiv.

W

WHEEL-BIRD, l'un des noms de l'engoulevent. Voyez ce mot.

WHIP-POUR-WHIL, ainsi nommé d'après son cri. Ses migrations. Sa ponte. Ses œufs. Incubation. T. VII, p. 413. — A paru nouvellement en Virginie. P. 413 et 414. — Taille de cet oiseau. P. 414.

WORABÉE, petit oiseau d'Abyssinie qui a plus de rapport avec le genre des serins qu'avec aucun autre. Sa description. T. VI, p. 200 et 201.

WOURES-FEIQUE de Madagascar, espèce de canard à crête. T. VIII, p. 551.

WOURESMEINTE. Voyez *Perroquet noir.*

X

XAXBÈS, Voyez *Sassebé.*

XIUHTOTOTLT (le) de Fernandez, ou l'oiseau des herbes de Seba; sa description. T. VI, p. 308 et 309. — Cet oiseau n'est pas assez bien indiqué pour qu'on puisse le rapporter au genre des tangaras. P. 309.

XOCHITOL, troupiale de la Nouvelle-Espagne de Brisson, est selon Fernandez le costotol devenu adulte. T. VI, p. 31. — Distinction de deux xochitols décrits par Fernandez, dont l'un nommé aussi *oiseau fleuri*, semble être celui auquel le nom de *costotol* peut convenir dans son premier âge; ce xochitol est nommé *carouge* par M. Brisson; paraît être plutôt un troupiale, suspend son nid comme ce dernier; son plumage, sa nourriture. P. 32.

Y

YACAPITZAHOAC, oiseau du Mexique du genre des grèbes, mais dont l'espèce n'est pas déterminée. T. VIII, p. 282.

YACOU, iacupema, son cri. T. V, p. 438. — N'est ni un faisan ni un dindon; ses rapports avec l'un et l'autre et avec les hoccos; sa taille; son cou, son bec, sa queue. P. 438 et 439. — Le *guan* ou *quan* des Indes occidentales d'Edwards, semble appartenir à cette espèce; son plumage, sa chair bonne à manger; est, selon Ray, de la même espèce que le *coxolitli* de Fernandez. P. 439. — Le marail est peut-être sa femelle. *Ibid.*

YEUX. Voyez *OEil.* Ceux de l'autruche. T. V, p. 204, 213.

YEUX (les) des petits hirondeaux crevés, se rétablissent d'eux-mêmes. T. VII, p. 444.

Z

ZANOÉ, comparé à la pie, son cri, son plumage. T. V, p. 570.

ZÉLANDE (Nouvelle-) Il est douteux qu'on y ait trouvé des perroquets. T. VII, p. 282.

ZILATAT, espèce de petit héron ou crabier blanc du nouveau continent, qui se trouve au Mexique. Sa description. T. VIII, p. 89.

ZIZI, ce nom exprime le cri de cet oiseau qui ne se trouve point dans les pays septentrionaux. T. VI, p. 331 et 332 — Il s'apprivoise aisément. On pourrait soupçonner qu'il est de la même espèce que le bruant. *Ibid.* — Description du mâle et de la femelle. P. 332. — Dimensions. *Ibid.*

ZITZIL. Voyez *Colibri piqueté.*

ZONÉCOLIN, chante assez bien, est huppé; sa femelle. T. V, p. 485.

ZOPILOTL, nom mexicain du vautour du Brésil, ou du marchand. T. V, p. 96.

TABLE DES MATIÈRES

CONTENUES

DANS LES QUATRE DERNIERS VOLUMES

Absolu. Il n'y a rien d'absolu dans la nature, rien de parfait, rien d'absolument grand, rien d'absolument petit, rien d'entièrement nul, rien de vraiment infini. T. ix, p. 9.

Abstraction. Difficultés que les abstractions produisent dans les sciences. T. xii, p. 202.— Utilité de ces mêmes abstractions. P. 204 et suiv.

Acide *aérien*. Décompose la surface des cailloux exposés aux impressions de l'air, et convertit, avec le temps, toutes les pierres vitreuses en terre argileuse. T. xi, p. 321.

Acide *aérien* (l'), auquel les chimistes récents ont donné le nom d'*acide méphitique*, n'est que de l'air fixe, c'est-à-dire de l'air fixé par le feu ; c'est l'acide primitif ou le premier principe salin. Preuve de cette assertion. Par son union avec la terre vitreuse, il a pris plus de masse et acquis plus de puissance, et il est devenu acide vitriolique. T. x, p. 349. — Ce même acide aérien, par son union avec les substances métalliques, a formé l'acide arsenical ou l'arsenic ; et ensuite, par son union avec les matières calcaires, cet acide aérien a formé l'acide marin, et enfin ce même acide aérien est entré dans la composition de tous les corps organisés, et se combinant avec leurs principes, il a formé, par la fermentation, les acides animaux et végétaux, et l'acide nitreux par la putréfaction de leurs détriments. *Ibid.* — Effets de l'acide aérien sur toutes les substances métalliques terreuses, végétales et animales, et sur l'eau, ainsi que les autres liquides. P. 350. — Il est non-seulement le seul et vrai principe de tous les acides, mais aussi de tous les alcalis, tant minéraux que végétaux et animaux. *Ibid.* — Il altère tous les sucs extraits des végétaux, il produit le vinaigre et le tartre, il forme dans les animaux l'acide auquel on a donné le nom d'*acide phosphorique*. — Il produit aussi tous les acides des végétaux. P. 351. — Preuves particulières que l'acide aérien est l'acide primitif, et qu'il a existé le premier. P. 358. — Combinaisons de l'acide aérien avec les matières solides et liquides, et son union avec les substances animales et végétales. P. 388 et 389.

Acide *animal* (l') appartient aux végétaux comme aux animaux. Preuves de cette assertion. T. x, p. 352. — Cet acide, de même que celui que l'on tire des végétaux, provient de l'acide aérien. P. 390.—Les propriétés les mieux constatées et les plus évidentes de l'acide animal sont les mêmes que celles de l'acide végétal, et démontrent suffisamment que le principe salin est le même dans les uns et les autres ; c'est également l'acide aérien différemment modifié par la végétation ou par l'organisation animale. P. 393.

Acide *du vinaigre*. Sa formation, ses propriétés, sa concentration. T. x, p. 390.

Acide *marin*. Propriétés qui le distin-

guent des autres acides minéraux. T. x, p. 398 et 399. — Ses différentes combinaisons. P. 399. — Ses rapports avec l'acide vitriolique et l'acide nitreux, et ses combinaisons avec différentes matières. P. 423 et 424.

Acide *nitreux*. Ses rapports avec l'acide vitriolique et l'acide marin, et ses autres propriétés. La pesanteur spécifique de l'acide nitreux n'est que de moitié plus grande que celle de l'eau pure. L'acide aérien réside en grande quantité dans l'acide nitreux. Preuve de cette assertion. T. x, p. 425. — Ses ressemblances avec l'acide sulfureux, et ses différences avec l'acide vitriolique. P. 426 et 427. — Raison pourquoi, en présentant le phlogistique à l'acide du nitre, il ne se forme point de soufre nitreux. P. 427.

Acide *phosphorique*. C'est le nom que les chimistes récents ont donné à l'acide qu'ils ont tiré, non-seulement de l'urine et des excréments, mais même des os et des autres parties solides des animaux; il tire sa première origine de l'acide aérien. T. x, p. 393.

Acide *sulfureux volatil*. Sa différence avec l'acide vitriolique fixe. Il paraît être l'une des nuances que la nature a mises entre l'acide vitriolique et l'acide nitreux. T. x, p. 370 et 371.

Acide *végétal*. Son origine. T. x, p. 390. — Ses propriétés, qui sont les mêmes que celles de l'acide animal. P. 393.

Acide *vitriolique*, raison pourquoi cet acide n'agit point sur les substances vitreuses. T. x, p. 358. — Ses qualités, ses rapports et sa nature. Sa substance est composée d'air et de feu unis à la terre vitrifiable, et à une très-petite quantité d'eau qu'on lui enlève aisément par la concentration. P. 362. — Matières dont on tire l'acide vitriolique. P. 362 et 363. — Cet acide est le plus fort et le plus puissant de tous les acides; il a saisi les terres argileuses et les matières calcaires, et il se manifeste dans les premières sous la forme d'alun, et dans les dernières sous la forme de sélénite. P. 383. — Ses différentes combinaisons avec les alcalis et avec la magnésie. P. 383 et 384. — Combinaisons de l'acide vitriolique avec les huiles, et formation des bitumes, dans lesquels cet acide est toujours pleinement saturé. P. 385. — Raison pourquoi on ne trouve nulle part cet acide dans son état de pureté et sous sa forme liquide; lorsqu'il est bien déphlegmé il pèse spécifiquement plus du double de l'eau. P. 389.

Acides (les) viennent en grande partie de la décomposition des substances minérales ou végétales. Preuve de cette assertion. T. ix, p. 28. — Ils ne doivent leur liquidité qu'à la quantité d'air et de feu qu'ils contiennent. P. 63. — Contiennent toujours une certaine quantité d'alcali. P. 64.

Acides et Alcalis. Il y a plus de terre et moins d'eau dans les alcalis, et plus d'eau et moins de terre dans les acides. T. ix, p. 63.

Acides nitreux (les) contiennent une grande quantité d'air et de feu fixes. T. ix, p. 28.

Acides. Tous les acides, de quelque espèce qu'ils soient, peuvent être convertis en acide aérien, et cette conversion doit être réciproque et commune; de sorte que tous les acides ont pu être formés par l'acide aérien, puisque tous peuvent être ramenés à la nature de cet acide. T. x, p. 364.

Acides et Alcalis. La production des acides et des alcalis, a nécessairement précédé la formation des sels, qui tous supposent la combinaison de ces mêmes acides ou alcalis, avec une matière terreuse ou métallique, laquelle leur sert de base et contient toujours une certaine quantité d'eau qui entre dans la cristallisation de tous les sels. T. x, p. 359.

Acides. Le fer dissous par les acides, cesse d'être attirable à l'aimant, mais il reprend cette propriété lorsqu'on fait exhaler ces acides par le moyen du feu. T. xi, p. 573.

Acier. On peut faire de l'acier de la meilleure qualité sans employer du fer comme on le fait communément, mais seulement en faisant fondre la mine à un feu long et gradué. Preuve de cette vérité par l'expérience. T. ix, p. 313 et suiv.

Acier. Manière de faire l'acier par la cémentation du fer. T. x, p. 502. — Pour faire

du bon acier par la cémentation, il ne faut employer que des fers de la meilleure qualité. *Ibid.*— On doit distinguer des aciers de deux sortes; le premier, qui se fait avec la fonte de fer ou avec le fer même, et sans cémentation; le second, que l'on fait avec le fer en employant un cément. P. 503. — Manière de faire de l'acier en Carinthie et en Styrie. Autre manière de faire de l'acier avec la fonte de fer. P. 504. — Détail des opérations nécessaires pour convertir le fer en acier par la cémentation. P. 506 et suiv. — Remarques et observations sur le fer converti en acier par la cémentation. P. 508. — Les bandes de fer devenues acier par la cémentation, sont spécifiquement plus pesantes qu'elles ne l'étaient avant la cémentation. Et ce surplus de pesanteur spécifique provient du feu même qui se fixe dans le fer cémenté. P. 509.

Acier *damasquiné*, erreur à ce sujet. Comment se fait l'opération par laquelle on damasquine les aciers. T. x, p. 513.

Acier *fondu;* sa description et ses propriétés. Difficulté dans le travail et l'emploi de cet acier. T. x, p. 512.

Acier *trempé;* effet de la trempe sur le fer et l'acier. T. x, p. 509. — L'acier trempé au suif ou à la graisse, est moins sujet aux cassures que l'acier trempé à l'eau froide. P. 510.—Étant trempé très-dur, c'est-à-dire, à l'eau froide, il est très-cassant. P. 511.

Acier. L'acier, qui est le fer le plus épuré, reçoit plus de force magnétique, et la conserve plus longtemps que le fer ordinaire. T. xi, p. 581. — On peut faire avec l'acier des aimants artificiels aussi puissants, aussi durables que les meilleurs aimants naturels. P. 582. — Un aimant bien armé donne à l'acier plus de vertu magnétique qu'il n'en a lui-même. *Ibid.*

Affinités. Le degré d'affinité de l'air avec l'eau dépend en grande partie de celui de sa température; ce degré, dans son état de liquidité, est à peu près le même que celui de la chaleur générale à la surface de la terre. T. ix, p. 56. — Les degrés d'affinité dépendent absolument de la figure des parties intégrantes des corps. P. 65.

Affinités chimiques (les) n'ont point d'autres principes que celui de l'attraction universelle commune à toute la matière. Cette grande loi toujours constante, toujours la même, ne paraît varier que par son expression; qui ne peut être la même dès que la figure des corps entre comme élément dans leur distance. T. ix, p. 43.

Agate. Les agates et cailloux herborisés n'ont pas une aussi grande densité que les agates et cailloux qui ne présentent point d'herborisations. T. xi, p. 319 et 320.

Agates. Le fond de leur substance est de la même essence que celle du quartz. T. xi, p. 281. — Elles sont produites par le sédiment de la stillation des eaux. P. 282. — Agates en grand volume, leur formation. P. 282 et 283. — Variétés dans les couleurs et dans la disposition des lits dont sont composées les agates. P. 282. — Elles se trouvent dans toutes les parties du monde, et dans tous les terrains où le quartz domine. P. 284. — La pesanteur spécifique des agates en général est un peu moindre que celle du cristal de roche. P. 281. — Quelques agates contiennent de l'eau en quantité même assez sensible, et que l'on peut recueillir en les cassant. P. 228 et 282. — Agates œillées. P. 288. — Agates herborisées. P. 284. — Pétrifications d'os et de bois en agates. P. 283. — Les agates onyx sont composées de couches ou de lits de différentes couleurs. P. 288. — Les plus belles agates onyx se trouvent en Orient, et particulièrement en Arabie. P. 289.

Agates jaspées. Voyez *Jaspes agatés.* T. xi, p. 309.

Age. L'âge d'or de la morale, ou plutôt de la fable, n'était que l'âge de fer de la physique et de la vérité. T. ix, p. 456.

Aigue-marine (l') est une stalactite du quartz, un cristal de roche teint d'un vert bleuâtre ou d'un bleu verdâtre. T. xi, p. 221 et 235.

Aigue-marine orientale. Vyez *B éryl.*

Aiguille. L'électricité des nuées a souvent troublé la direction de l'aiguille de la boussole. T. xi, p. 539.

Aiguille aimantée. Depuis 1580, la direction de l'aiguille aimantée s'est peu à peu portée vers l'ouest. T. xi, p. 556. — Son

mouvement pourrait devenir rétrograde s'il se découvrait de grandes masses ferrugineuses dans le nord de l'Europe et de l'Asie. P. 557. — Si l'on soutient deux aiguilles aimantées, l'une au-dessus de l'autre, et si on leur communique le plus léger mouvement, elles ne se fixent point dans la direction du méridien magnétique ; mais elles s'en éloignent également des deux côtés, l'une à droite et l'autre à gauche. P. 577. — Les aiguilles aimantées des boussoles, présentent tous les phénomènes magnétiques d'une manière plus précise qu'on ne pourrait les reconnaître dans les aimants mêmes. P. 580. — L'aiguille aimantée déclinait à Paris de onze degrés trente minutes vers l'est en 1580 ; en 1663, elle se dirigeait droit aux pôles. P. 589. — Depuis 1663 elle s'est de plus en plus éloignée de la direction au pôle, en déclinant vers l'ouest. *Ibid.*

Aimant. Raisons pourquoi l'aiguille aimantée se dirige toujours vers le nord, avec plus ou moins de déclinaison. T. ix, p. 501. — Montagnes d'aimant ; comment l'aimant se trouve et se tire dans ces montagnes d'aimant. P. 618 et suiv.

Aimant. L'aimant, quoique aussi brut qu'aucun autre minéral, semble tenir à la nature active et sensible des êtres organisés. T. xi, p. 538. — L'aimant primordial n'est qu'une matière ferrugineuse, qui, ayant d'abord subi l'action du feu primitif, s'est ensuite aimantée par l'impression du magnétisme du globe. *Ibid.* — Les aimants s'attirent dans un sens et se repoussent dans le sens opposé ; les corps électriques par eux-mêmes, s'attirent et se repoussent aussi dans certaines circonstances. P. 539. — On peut diriger ou accumuler sur un ou plusieurs points, la force magnétique ; on peut de même diriger et condenser la force électrique. *Ibid.* — Aimant employé par M. l'abbé le Noble, pour la guérison de plusieurs maladies. P. 544 et suiv. — L'aimant peut être considéré comme un corps perpétuellement électrique. P. 549. — Les mines de l'aimant primordial, sont moins fusibles que les autres mines primitives de fer. P. 558 — L'aimant n'est qu'un minéral ferrugineux, qui a subi l'action du feu, et ensuite a reçu, par l'électricité générale du globe, son magnétisme particulier. *Ibid.* — L'aimant primordial est une mine de fer en roche vitreuse, qui a subi une plus violente ou plus longue impression du feu primitif que les autres mines de fer, et qui attire les matières ferrugineuses qui ont subi l'action du feu. *Ibid.* — Les aimants de seconde formation, ne sont que des minéraux ferrugineux, provenant des détriments du fer, en état métallique, et qui sont devenus magnétiques par la seule exposition à l'action de l'électricité générale. *Ibid.* — Les meilleurs aimants sont les plus pesants. P. 559. — L'aimant primordial n'a pas acquis au même instant son attraction et sa direction. P. 560. — Il a fallu peut-être le concours de deux circonstances pour la production des aimants primitifs ; la première a été la situation et l'exposition constante, et la seconde une qualité différente dans la matière ferrugineuse, qui compose la substance de l'aimant. P. 563. — En ne jugeant les grandes propriétés de l'aimant que par les apparences, leurs effets sembleraient provenir de causes différentes. P. 564. — L'aimant était rare chez les Grecs. *Ibid.* — Du temps de Pline il était devenu plus commun. *Ibid.* — Les aimants les plus puissants ne sont pas toujours les plus généreux. P. 566. — Un aimant attire le fer de quelque côté qu'on le présente, au lieu qu'il n'attire un autre aimant que dans un sens, et qu'il le repousse dans le sens opposé. P. 567. — Un aimant exerce sa force attractive dans tous les points de sa surface, mais fort inégalement. P. 572. — Les corps interposés diminuent beaucoup l'intensité de la force attractive de l'aimant sur le fer, lorsqu'ils empêchent leur contact. P. 573. — Un aimant agit de plus loin sur un autre aimant, ou sur le fer aimanté, que sur le fer qui ne l'est pas. P. 579. — Les aimants ne communiquent pas d'abord autant de force qu'ils en ont. P. 580. — L'aimant ou le fer aimanté ne perdent rien de leurs forces magnétiques, quoiqu'ils en communiquent à d'autres fers. *Ibid.* — Les aimants les plus forts communiquent ordinairement plus de vertu que les aimants plus faibles. P. 581.

Aimant. Les mines primitives de l'aimant

ne paraissent différer des autres roches de fer, qu'en ce qu'elles ont été exposées aux impressions de l'électricité de l'atmosphère, et qu'elles ont en même temps éprouvé une plus grande ou une plus longue action du feu, qui les a rendues magnétiques par elles-mêmes et au plus haut degré. T. x, p. 449. — Les pierres d'aimant sont de la même nature que les autres roches ferrugineuses. *Ibid.* — La direction de l'aimant ou de l'aiguille aimantée vers les pôles, est un des effets de l'électricité du globe. P. 450.

Air (l') est le premier aliment du feu, aliment nécessaire, sans lequel le feu ne peut subsister. Un petit point de feu, tel que celui d'une bougie allumée, absorbe une grande quantité d'air, et la bougie s'éteint au moment que la quantité ou la qualité de cet aliment lui manque. T. ix, p. 21. — L'air est la plus fluide de toutes les matières connues, à l'exception du feu, qui est la cause de toute fluidité, et qu'on doit regarder comme plus fluide que l'air. Inductions tirées de la grande fluidité de l'air. P. 22. — L'air est, de toutes les matières connues, celle que la chaleur met le plus aisément en mouvement expansif. Il est tout près de la nature du feu. Pourquoi il augmente si fort l'activité du feu, et pourquoi il est nécessaire à sa subsistance. *Ibid.* — Manière dont le feu détruit le ressort de l'air. Explication de la façon dont l'air élastique devient fixe. L'air étant raréfié par la chaleur, peut occuper un espace treize fois plus grand que celui de son volume ordinaire. P. 25 et 26. — L'air paraît être, de toutes les matières, celle qui peut exister le plus indépendamment du feu. Il lui faut infiniment moins de chaleur qu'à toute autre matière pour entretenir sa fluidité. Les plus grands froids et les plus fortes condensations ne peuvent détruire son ressort, la chaleur seule, en le raréfiant, est capable de cet effet. P. 45. — Dans quelles circonstances l'air peut reprendre son élasticité. Comment il la perd et la recouvre. Comment il devient une substance fixe, et s'incorpore avec les autres corps. *Ibid.* — Manière dont il contribue à la chaleur animale. P. 48. — Explication de la manière dont l'air que les animaux respirent contribue à l'entretien de la chaleur animale. Comment il passe dans le sang des animaux P. 50 et suiv. — Il fait partie très-sensible de la nourriture des végétaux et se fixe dans leur intérieur. P. 52. — L'air contenu dans l'eau est dans un état moyen entre la fixité et l'élasticité. P. 55 et 56. — Il se sépare plus aisément de l'eau que de toute autre matière. P. 56. — Explication de la manière dont le froid et le chaud dégagent l'air contenu dans l'eau. *Ibid.* — Il y a beaucoup moins d'air dans l'eau que d'eau dans l'air. Il s'imbibe très-aisément de l'eau, et paraît aussi la rendre aisément. P. 57 et 58.

Air fixe. Sa différence avec l'air disséminé dans les corps. T. ix, p. 26. — Il faut une assez longue résidence de l'air devenu fixe dans les substances terrestres pour qu'il s'établisse à demeure sous cette nouvelle forme. Mais il n'est pas nécessaire que le feu soit violent pour faire perdre à l'air son élasticité; le plus petit feu et même une chaleur très-médiocre suffit, pourvu qu'elle soit appliquée sur une petite quantité d'air. P. 46. — L'air fixe existe en grande quantité dans toutes les substances animales ou végétales, et dans un grand nombre de matières brutes. P. 52 et 53.

Airain. Est un alliage de cuivre et d'étain dans lequel il ne faut qu'une partie de ce dernier métal sur trois de cuivre pour en faire disparaître la couleur, et même pour le défendre à jamais de sa rouille ou vert-de-gris. T. xi, p. 31. — L'airain de Corinthe était un alliage de cuivre, d'or et d'argent dont les anciens ne nous ont pas indiqué les proportions. P. 29.

Albatres. Le lieu le plus renommé par ses albâtres est Volterra, en Italie. On y compte plus de vingt variétés différentes. T. x, p. 137. — Manière de polir les albâtres. P. 138. — Albâtres en grande quantité dans les grottes souterraines d'Arcy, sur la rivière de Cure. Observations sur ces albâtres. P. 138 et suiv. — Tous les albâtres doivent leur origine aux concrétions produites par l'infiltration des eaux à travers les matières calcaires; et plus les bancs de cette matière sont épais et durs, plus les albâtres qui en proviennent sont solides à

l'intérieur et brillants au poli. P. 140. — Il ne faut pas bien des siècles, ni même un très-grand nombre d'années pour former les albâtres. Preuves de cette vérité. P. 141 et suiv. — Cet accroissement des stalactites ou des albâtres, qui est très-prompt dans certaines grottes, est quelquefois très-lent dans d'autres. Exemple à ce sujet et cause de cette différence d'effet. P. 142. — La plupart des albâtres se décomposent à l'air, peut-être encore plus promptement qu'ils ne se forment dans les cavités de la terre. Exemple à ce sujet. *Ibid.* — Il n'y a point de coquilles ni d'impressions de coquilles dans les albâtres. P. 143. — Les plus beaux albâtres sont mêlés de spath pur, et c'est ce qui leur donne de la transparence. P. 144. — Exemple d'albâtres et de marbres qui ont plus de transparence que les autres. *Ibid.*

Albatres *agatés, albâtres onyx*. T. x, p. 137.

Albatres *blancs*. Ne sont que des matières gypseuses auxquelles on ne doit pas donner le nom d'albâtres. T. x, p. 137.

Albatres *de Malte*. Leur description. T. x, p. 137.

Albatres *d'Italie*. Leur description. T. x, p. 137.

Albatres *herborisés*. T. x, p. 137.

Albatre. Le véritable albâtre est une matière purement calcaire, plus souvent colorée que blanche, et qui est plus dure que le plâtre, mais en même temps plus tendre que le marbre. T. x, p. 137. — Différence de l'albâtre calcaire ou véritable albâtre et de la matièrère gypseuse à laquelle on a donné ce nom. P. 138. — Explication détaillée de la formation de l'albâtre. P. 138 et suiv.

Alcali (l') est produit par le feu. Expérience qui le démontre. T. ix, p. 64. — Le feu est le principe de la formation de l'alcali minéral, et les autres alcalis doivent également leur formation à la chaleur constante de l'animal et du végétal dont on les tire. *Ibid.*

Alcali *fixe végétal* (l') a plus de puissance que les autres sels pour vitrifier les substances terreuses ou métalliques; il les fait fondre et les convertit presque toutes en verre solide et transparent. T. x, p. 398.

Alcali *minéral* ou *marin* est le seul sel alcali naturel, et il est universellement répandu; il est aussi le seul avec lequel l'acide vitriolique s'est naturellement combiné sous la forme d'un sel cristallisé, auquel on a donné le nom du chimiste *Glauber*. T. x, p. 383. — Tous les alcalis peuvent se réduire à l'alcali minéral ou marin; c'est le seul sel que la nature nous présente dans un état libre et non neutralisé; on lui a donné le nom de *natron*; sa formation, ses propriétés, ses combinaisons. P. 394 et 395. — On emploie le natron dans le Levant aux mêmes usages que nous employons la soude. P. 395. — L'alcali minéral et l'alcali fixe végétal sont essentiellement de la même nature; ils ne diffèrent que par quelques effets secondaires. P. 396. — Origine primitive des alcalis. P. 399.

Alcali *volatil* (l') appartient plus aux minéraux qu'aux végétaux. T. x, p. 399. — Tous les alcalis volatils se réduisent à un seul et même alcali, toujours semblable à lui-même, lorsqu'il est appelé à un point de pureté convenable. P. 434.

Alcali *volatil*. Est plus commun qu'on ne croit à la surface et dans l'intérieur de la terre. T. xi, p. 28.

Alpes maritimes (les) ont servi de barrière aux feux souterrains de la Provence, et les ont, pour ainsi dire, empêchés de se joindre à ceux de l'Italie par la voie la plus courte. T. xi, p. 528.

Alun (l') est un composé d'acide vitriolique et de terre argileuse; mais cette argile qui sert de base à l'alun, n'est pas de l'argile absolument pure; elle est mélangée d'une certaine quantité de terre limoneuse et calcaire, qui toutes deux contiennent de l'alcali. T. x, p. 374. — Preuve de cette assertion. *Ibid.* et suiv. — Formation et qualités de l'alun. P. 376. — Manière d'obtenir l'alun en le tirant des différentes matières qui en contiennent. P. 377. — Différentes sortes d'alun qui ne diffèrent que par le plus ou moins de pureté. P. 378 et suiv. — Différents lieux où l'on fabrique l'alun en Europe. *Ibid.* — Usages et propriétés de l'alun. P. 381. — L'usage de l'alun est plus

ancien dans le Levant qu'en Europe. *Ibid.* — On pourrait fabriquer, en France, de l'alun autant qu'il serait nécessaire pour notre usage. P. 382.

AMALGAME. Différence de l'amalgame d'avec l'alliage proprement dit. T. x, p. 533.

AMALGAME. Différences entrel'amalgame et l'alliage. T. XI, p. 119.

AMBRE *gris :* de quelle matière il est composé; il se trouve dans un état de mollesse et de viscosité dans le fond de la mer auquel il est attaché, et dans cet état il a une odeur désagréable. T. x, p. 290. — Les oiseaux, les poissons et les animaux terrestres, recherchent l'ambre gris et l'avalent avec avidité. Il durcit en se séchant. Mais il n'acquiert jamais autant de solidité que l'ambre jaune ou succin. *Ibid.* — Quoique plus précieux que l'ambre jaune il est néanmoins plus abondant, et il serait beaucoup moins rare s'il ne servait pas de pâture aux animaux. Lieux où la mer rejette de l'ambre gris en plus grande quantité. P. 291. — La mauvaise odeur de l'ambre gris s'adoucit et se change à mesure qu'il se dessèche; il y en a de plus ou moins odorant et de différentes couleurs. P. 292. — Différentes opinions sur l'origine et la nature de l'ambre gris. P. 292 et 293. — Mais il est certain que c'est un bitume, qui seulement est mélangé de parties gélatineuses ou mucilagineuses des animaux et des végétaux, lesquelles lui donnent la qualité nutritive et l'odeur particulière que nous lui connaissons. Pêche de l'ambre gris décrite par quelques voyageurs. P. 293 et 294. — Les Chinois, les Japonais et autres peuples de l'Orient, estiment plus l'ambre jaune ou succin que l'ambre gris. Rapport de l'ambre gris avec le musc et la civette. P. 294.

AMBRE *jaune*. Voyez SUCCIN.

AMÉRICAINS.. Les Américains et les Asiatiques du Nord se ressemblent si fort, qu'on ne peut guère douter qu'ils soient issus les uns des autres. T. IX, p. 564.

AMÉRIQUE (l') a reçu ses habitants des terres septentrionales de l'Asie, auxquelles elle est contiguë. T. IX, p. 564.

AMÉRIQUE méridionale. L'établissement de la nature vivante s'est fait dans l'Amérique méridionale postérieurement à son séjour déjà fixé dans les terres du Nord. T. IX, p. 564.

AMÉRIQUE SEPTENTRIONALE. La marche vers l'ouest, du mouvement de déclinaison de l'aiguille aimantée, semble correspondre avec le défrichement et la dénudation de la terre dans l'Amérique septentrionale. T. XI, p. 597.

AMÉTHYSTE. Les améthystes violettes et pourprées ne sont que des cristaux de roche teints de ces belles couleurs. T. XI, p. 221 et 230. — Elles ont la même densité, la même dureté, la même double réfraction que le cristal de roche, et sont également réfractaires au feu. P. 230. — Leur pointe est toujours colorée, et souvent la couleur manque dans leur base. *Ibid.* — Améthystes en Auvergne, en Hongrie, en Sibérie, à Kamtschatka. P. 230 et 231. — Améthystes pourprées en Catalogne. P. 231.

AMÉTHYSTE ORIENTALE. Voyez *Saphir.*

AMIANTE. L'amiante et l'asbeste sont des substances talqueuses qui ne diffèrent l'une de l'autre que par le degré d'atténuation de leurs parties constituantes. T. XI, p. 344. — Leur composition par filaments séparés longitudinalement les uns des autres, ou réunis assez régulièrement en directions obliques et convergentes. *Ibid.* — Différences entre l'amiante et l'asbeste, qui semblent prouver que l'amiante est composé de parties talqueuses, et l'asbeste de parties micacées qui n'ont pas encore subi le même degré d'atténuation que les parties talqueuses. P. 344 et 345. — Description des amiantes et leurs propriétés. P. 345. — L'amiante et l'asbeste se trouvent en plusieurs endroits dans toutes les parties du monde, au pied ou sur les flancs des montagnes composées de granite et autres matières vitreuses. *Ibid.* — Description de l'asbeste et ses propriétés. L'asbeste et l'amiante ne se brûlent ni ne se calcinent au feu. On peut faire avec l'amiante des toiles qu'on jette au feu au lieu de les laver, pour les nettoyer; mais les amiantes, ainsi que les asbestes, se vitrifient, comme le talc, à un feu violent. *Ibid.* — L'amiante se trouve souvent mêlé et comme incorporé dans les serpentines et pierres ollaires en

grande quantité. *Ibid.* — Discussion des différentes opinions sur l'origine de l'amiante et de l'asbeste. P. 346 et 347. — Discussion historique au sujet de l'usage de l'amiante pour en faire des toiles et des sortes de draps. P. 347 et suiv. — Différents procédés pour cet effet. P. 348 et suiv. — Lieux particuliers où l'on trouve l'amiante et l'asbeste. P. 350 et 351.

Ampélite. Est le crayon noir ou pierre noire dont se servent les ouvriers pour tracer des lignes sur les bois et les pierres qu'ils travaillent; son nom n'a nul rapport à cet usage, mais il vient de celui qu'en faisaient les anciens contre les insectes et les vers qui rongeaient les feuilles et fruits naissants des vignes. T. xi, p. 354. — La substance de l'ampélite est une argile noire ou un schiste plus ou moins dur; mais elle est toujours mélangée d'une assez grande quantité de parties pyriteuses, car elle s'effleurit à l'air. Elle contient aussi une certaine quantité de bitume, puisqu'on en sent l'odeur lorsqu'on jette la poudre de cette pierre sur les charbons ardents. P. 354 et 355. — Propriétés et usage de l'ampélite. P. 355. — L'ampélite ne se trouve pas dans tous les schistes ou argiles desséchées; elle paraît, comme l'ardoise, affecter des lieux particuliers. Différents lieux où elle se trouve en France; les meilleures ampélites nous viennent d'Italie et de Portugal; il y en a aussi de très-bonnes au bourg d'Oisan en Dauphiné. *Ibid.*

Anguille de Surinam. On voit paraître des étincelles électriques dans les intervalles que laissent les conducteurs métalliques, avec lesquels on touche l'anguille de Surinam. T. xi, p. 542.

Animaux. Les dépouilles des éléphants et des autres animaux terrestres se trouvent presque à la surface de la terre, au lieu que celles des animaux marins sont pour la plupart, et dans les mêmes lieux, enfouies à de grandes profondeurs, ce qui prouve que ces derniers sont plus anciens que les premiers. T. ix, p. 464 et 548. — Il paraît que les premiers animaux terrestres et marins étaient plus grands que ceux d'aujourd'hui : ceux qui peuplent maintenant les terres du midi de notre continent y sont primitivement venus du Nord. P. 556 et 557. — Nos éléphants et nos hippopotames, qui nous paraissent si gros, ont eu des ancêtres plus grands dans les temps qu'ils habitaient les terres septentrionales, où ils ont laissé leurs dépouilles; les cétacés d'aujourd'hui sont aussi moins gros qu'ils ne l'étaient anciennement : raison particulière de ce fait. P. 554. — Raison pourquoi il ne s'est point formé d'espèces nouvelles dans les contrées méridionales de notre continent, comme il s'en est formé dans celles de l'Amérique. P. 557. — Et pourquoi les formations des terres du Nord ont été beaucoup plus considérables et plus grandes que celles des terres du Midi. P. 558. — Sur trois cents espèces d'animaux quadrupèdes et quinze cents espèces d'oiseaux qui peuplent la surface de la terre, l'homme en a choisi dix-neuf ou vingt, et ces vingt espèces figurent seules plus grandement dans la nature, et font plus de bien sur la terre, que toutes les autres espèces réunies. P. 590.

Animaux et végétaux. Il était plus facile à l'homme d'influer sur la nature des animaux que sur celle des végétaux : preuves de cette assertion. T. ix, p. 593.

Animaux. La chaleur dans les différents genres d'animaux n'est pas égale; les oiseaux sont les plus chauds de tous, les quadrupèdes ensuite, l'homme après les quadrupèdes, les cétacés après l'homme, les reptiles beaucoup après, et enfin les poissons, les insectes et les coquillages sont, de tous les animaux, ceux qui ont le moins de chaleur. T. ix, p. 46. — Les animaux qui ont des poumons, et qui par conséquent respirent l'air, ont toujours plus de chaleur que ceux qui en sont privés; et plus la surface des poumons est étendue, plus aussi leur sang devient chaud. Les oiseaux ont, relativement au volume de leur corps, les poumons considérablement plus étendus que l'homme ou les quadrupèdes, et c'est par cette raison qu'ils ont plus de chaleur. Ceux qui les ont moins étendus ont aussi beaucoup moins de chaleur, et elle dépend en général de la force et de l'étendue des poumons. P. 48 et 49. — Les animaux fixent et

transforment l'air, l'eau et le feu en plus grande quantité que les végétaux. Les fonctions des corps organisés sont l'un des plus puissants moyens que la nature emploie pour la conversion des éléments. P. 62.

Animaux *à coquilles*. Les animaux à coquilles ou à transsudation pierreuse sont plus nombreux dans la mer que les insectes ne le sont sur la terre, T. ix, p. 59.

Animaux et végétaux. Les détriments des animaux et des végétaux conservent des molécules organiques actives qui communiquent à la matière brute et passive les premiers traits de l'organisation en lui donnant la forme extérieure. T. x, p. 3.

Animaux, végétaux et minéraux. Comparaison de l'accroissement des minéraux et de l'accroissement ou développement des animaux et des végétaux. T. x, p. 4 et 5.

Animaux *quadrupèdes* qui ont anciennement existé, et dont les espèces sont actuellement perdues. T. xi, p. 382.—Quelques-unes de ces anciennes espèces étaient plus grandes que l'espèce actuelle de l'éléphant. Les premiers pères des espèces actuelles d'animaux étaient beaucoup plus grands que leurs descendants. Preuves de cette assertion. *Ibid.* et suiv.

Anneau *de Saturne*. Recherches sur la perte de la chaleur propre de cet anneau, et sur la compensation à cette perte. T. ix, p. 390 et suiv. — Sa distance à Saturne est de 55 mille lieues ; sa largeur est d'environ 9 mille lieues, et son épaisseur n'est peut-être que de 100 lieues. P. 390. — Supputation de toutes ses dimensions et du volume de matière qu'il contient, lequel se trouve être trente fois plus grand que le volume du globe de la terre. P. 391. — Recherches sur la consolidation et le refroidissement de cet anneau. P. 391 et suiv. — Le moment où la chaleur envoyée par Saturne à son anneau a été égale à sa chaleur propre, s'est trouvé dans le temps de l'incandescence. P. 394. — Il jouira de la même température dont jouit aujourd'hui la terre, dans l'année 126473 de la formation des planètes. P. 396. — et ne sera refroidi à $\frac{1}{25}$ de la chaleur actuelle de la terre, que dans l'année 252,946 de la formation des planètes. *Ibid.* — Il a été la douzième terre habitable, et la nature vivante y a duré depuis l'année 53711, et y durera jusqu'à l'année 177568 de la formation des planètes. P. 423. — La nature organisée, telle que nous la connaissons, est en pleine existence sur cet anneau. P. 427.

Antimoine. Différence de fusibilité entre le régule d'antimoine ou antimoine natif, et l'antimoine qui a déjà été fondu. T. ix, p. 162.

Antimoine. Formation des mines primordiales d'antimoine. T. xi, p. 134 et 135. — Formation des mines secondaires. P. 135.— Mines d'antimoine en plumes et autres mines antimoniales de dernière formation. *Ibid.* — Mines d'antimoine en France, en Allemagne, en Hongrie, en Italie, en Asie, en Afrique et en Amérique. P. 135 et suiv. — Antimoine cru. Sa composition et sa réduction en régule. P. 132 et 133. — Foie et verre d'antimoine. P. 133. — Différence du régule d'antimoine avec les autres métaux. P. 133 et 134. — Alliage du régule d'antimoine avec les métaux. P. 134.

Antimoine. On ne connaît point de régule d'antimoine natif, et ce demi-métal est toujours minéralisé dans le sein de la terre. T. xi, p. 478. — Description des minerais d'antimoine ; ils sont souvent mêlés d'arsenic. Mine d'antimoine qui ressemble à la galène de plomb, et qui souvent est mêlée d'argent. *Ibid.* — Autre mine d'antimoine, à laquelle on donne le nom de *mine d'argent en plumes*. *Ibid.*

Arbre. Description de l'organisation d'un arbre. T. xii, p. 5 et suiv. — Accroissement des arbres en hauteur et en grosseur. P. 6. — Un gros et grand arbre est un composé d'un grand nombre de cônes ligneux qui s'enveloppent et se recouvrent tant que l'arbre grossit. *Ibid.* — Comment on connaît l'âge des arbres. Description des couronnes concentriques ou cercles annuels de la croissance des arbres. P. 6 et 7. — Les couches ligneuses varient beaucoup pour l'épaisseur, dans les arbres de même espèce. P. 7. — Le bois des arbres fendus par l'effort de la gelée ne se réunit jamais dans la partie fendue. P. 127. — Gerçures dans les arbres ; leur origine différente. *Ibid.*

Arbres *écorcés* (les) du haut en bas et entièrement dépouillés de leur écorce dans le temps de la sève, ne paraissent pas souffrir qu'au bout de deux mois. T. XII, p. 47. — Ils deviennent durs au point que la cognée a peine à les entamer. *Ibid.* — Devancent les autres pour la verdure lorsqu'ils ne meurent pas dans la première année. P. 48. — Raisons pourquoi on doit défendre l'écorcement des bois taillis et le permettre pour les futaies. P. 55.

Arbres *fruitiers.* Moyens de hâter la production des arbres fruitiers lorsqu'on ne se soucie pas de les conserver. T. XII, p. 53.

Arbres *résineux* (les) comme les pins, sapins, épicéas; expériences faites sur ces arbres pour en former des cantons de bois. T. XII, p. 102 et suiv. — Écorcés sur pied ils vivent plus longtemps que les chênes auxquels on fait la même opération, et leur bois acquiert de même plus de force et plus de solidité. P. 107. — Ils sont rarement endommagés dans leur intérieur par les fortes gelées. P. 127.

Arbres. La chaleur de l'atmosphère est plus grande en été que la chaleur propre de l'arbre; mais en hiver cette chaleur propre de l'arbre est plus grande que celle de l'atmosphère. T. IX, p. 47. — Causes de la chaleur intérieure des arbres et des autres végétaux. *Ibid.*

Archipel. De l'archipel on peut suivre, par la Dalmatie, les volcans éteints jusqu'en Hongrie. T. XI, p. 530.

Ardoises. Époque de la formation des ardoises. T. IX, p. 514. — Elles renferment souvent des coquilles, des crustacés et des poissons, qu'on ne peut rapporter à aucune espèce connue. P. 518.

Ardoise. Les lits des ardoises n'ont pas régulièrement une position horizontale; ils sont souvent fort inclinés, comme ceux des charbons de terre. T. X, p. 89. — Autre rapport entre l'ardoise et le charbon de terre. *Ibid.* — Rapports de l'ardoise avec le talc. P. 94.—Différences entre la bonne et la mauvaise ardoise. La bonne ne se trouve pas dans les premières couches du schiste, mais toujours à d'assez grandes profondeurs. Exemple à ce sujet. *Ibid.* — Indices qui annoncent les minières d'ardoise. P. 95. — L'on voit sur quelques-uns des feuillets de l'ardoise, des impressions de poissons à écailles, de crustacés et de poissons mous, dont les analogues vivants ne nous sont pas connus, et en même temps on n'y voit que très-peu ou point de coquilles. Explication de ces deux faits qui paraissent difficiles à concilier. P. 95 et suiv. — Propriétés particulières de l'ardoise, et manière d'en exploiter les carrières. P. 96. — Manière d'éprouver la qualité de l'ardoise. P. 97.

Argent (l') pur et l'or pur en larges plaques exposées au foyer d'un miroir ardent, fument pendant du temps avant de se fondre, et cette fumée très-apparente qui sort de ces métaux, est une vapeur purement métallique, ou si l'on veut le métal lui-même volatilisé; car cette fumée dore et argente les corps qui y sont exposés. T. IX, p. 299.

Argent. L'argent et l'or, dans la nature primitive, n'ont fait généralement qu'une masse commune. T. XI, p. 1. — Propriétés communes à ces deux métaux. P. 2. — Propriétés différentes de ces deux métaux. P. 2 et 3. — Mine d'argent vitrée. Sa formation. P. 3. — Mine d'argent cornée. P. 4 et 8. — Mine d'argent rouge. P. 8. — Vitriol d'argent. P. 4. — Autres minéralisations de l'argent. P. 5. — Alliage de l'argent avec les autres métaux. P. 5 et 6. — Raisons pourquoi l'argent et l'or ne se convertissent point en chaux comme les métaux imparfaits. P. 6. — Argent natif de deux sortes. P. 7 et 8. — Mines d'argent en France. P. 8 et suiv. — En Espagne. P. 10. — En Allemagne. P. 11. — En Hongrie. P. 13. — En Suède, Danemark, Norwège et Islande. P. 13 et 14. — En Pologne. P. 13. — En Sibérie et dans plusieurs provinces de l'Asie. P. 14 et 15. — En Afrique. P. 15. — En Amérique et particulièrement au Pérou, à Potosi. P. 16 et suiv. — Manière d'exploiter les mines d'argent au Pérou et d'en tirer le métal. P. 17 et 18.

Argent de première formation a été fondu ou sublimé, et même cristallisé, comme l'or, par le feu primitif. Ces cristaux d'argent s'étendent en ramifications sous la forme de

feuilles, ou se surmontent comme des végétations, et prennent la figure d'arbrisseaux. On les trouve dans les fentes et cavités de la roche quartzeuse. T. xi, p. 469. — Lorsque les particules d'argent pur rencontrent dans le sein de la terre les principes des sels et les vapeurs du soufre, elles s'altèrent et subissent des changements divers et très-apparents. Le premier de ces changements d'état se présente dans la mine vitrée qui est de couleur grise, dans laquelle le métal a perdu sa rigidité, sa dureté, et qui peut se plier et se couper comme le plomb. Dans cette mine, la substance métallique s'est altérée et amollie sans perdre sa forme extérieure; car elle offre les mêmes cristaux, aussi régulièrement figurés que ceux des mines primordiales. P. 469 et 470. — Mine d'argent cornée, ressemble, par sa demi-transparence, à la lune cornée que nos chimistes obtiennent de l'argent dissous par l'acide marin. P. 470. — Cette mine d'argent cornée accompagne assez souvent l'argent primordial dans la roche quartzeuse et dans son état primitif, et l'acide aérien peut bien avoir produit cette altération dans les mines d'argent primordial; mais l'acide marin, qui n'existait pas alors, n'a pu produire ce même effet que sur les mines de seconde formation. *Ibid.* — Rapports de cette mine d'argent cornée et de la mine d'argent vitrée; elles tirent toutes deux leur origine de l'argent pur et natif de première et de dernière formation. *Ibid.* — Mine d'argent en cristaux transparents et d'un rouge de rubis. Description de ces cristaux qui ne sont pas tous également transparents. *Ibid.* — Mine d'argent noire, sa formation, différents lieux où elle se trouve. Cette mine noire est de dernière formation. P. 470 et 471. — Concrétions de l'argent réduites en poudre et mêlées dans différentes matières. P. 471. — Procédés actuellement en usage au Mexique pour réduire l'argent minéralisé en métal pur. P. 471 et 472.

Argent. Raison pourquoi on trouve moins d'argent en paillettes et en poudre, que d'or dans les sables des rivières et des torrents. T. x, p. 522.

Argent. Estimation de la valeur de l'argent. Dans le moral il ne doit pas être estimé par sa quantité, mais par les avantages qui en résultent. T. xii, p. 168. — Estimation de la valeur de l'argent pour le pauvre et pour le riche. *Ibid.* — La manière dont les mathématiciens ont considéré l'argent lorsqu'ils ont calculé les jeux de hasard, doit être rectifiée; exemple à ce sujet. P. 169. — La quantité de l'argent, passé de certaines bornes, ne peut plus augmenter le bonheur de l'homme. P. 172. — Proportion de la valeur de l'argent, relativement aux avantages qui en résultent. P. 176 et suiv. — L'avare et le mathématicien estiment tous deux l'argent par sa quantité numérique; correction de cette fausse estimation. P. 177.

Argile. L'argile doit son origine à la décomposition des matières vitreuses qui, par l'impression des éléments humides, se sont divisées, atténuées et réduites en terre. Preuves de cette vérité. T. x, p. 76 et suiv. — Comment l'argile devient une terre féconde. P. 77. — Comment les molécules spongieuses de l'argile sont devenues dures et sèches dans les schistes et les ardoises. P. 94. — L'argile, ou sous sa propre forme ou sous celle d'ardoise et de schiste, doit être regardée comme la première terre; elle forme les premières couches qui aient été transportées et déposées par les eaux. Ce fait s'unit à tous les autres pour prouver que les matières vitrescibles sont les substances premières et primitives, puisque l'argile, formée de leurs débris, est la première terre qui ait couvert la surface du globe. C'est aussi dans cette terre que se trouvent généralement les coquilles d'espèces anciennes, comme c'est aussi sur les ardoises qu'on voit les empreintes des poissons inconnus, qui ont appartenu au premier océan. Un grand nombre de ces lits de schistes et d'ardoise ne paraissent s'être inclinés que par la violence, ayant été déposés sur les voûtes des grandes cavernes, avant que leur affaissement ne fît pencher les masses dont elles étaient surmontées, tandis que les couches calcaires, déposées plus tard sur la terre affermie, offrent rarement de l'inclinaison dans leurs bancs, qui sont assez généralement horizontaux ou beaucoup moins inclinés que

ne le sont communément les lits des schistes et des ardoises. P. 98.

Argile (l') est de la même essence que la terre vitrifiable ou quartzeuse; démonstration de cette vérité. T. x, p. 374 et suiv. — il est certain que l'argile ne diffère du quartz ou du grès réduit en poudre, que par l'atténuation des molécules de cette poudre quartzeuse, sur laquelle l'acide aérien combiné avec l'eau, agit assez longtemps pour les pénétrer et enfin le réduire en terre, et c'est à l'acide aérien qu'on doit attribuer cet effet. P. 373. — Comment s'est opérée cette décomposition des verres primitifs en argile. *Ibid.*

Argiles. La production des argiles a précédé celle des coquillages, et par conséquent celle des matières calcaires. T. ix, p. 512.

Argiles. Première formation des argiles par les détriments des verres primitifs atténués et décomposés par l'impression des éléments humides. T. x, p. 77. — La nature a suivi, pour la formation des argiles, les mêmes procédés que pour celle des grès. P. 78. — Distinction précise entre les argiles et les glaises. P. 82 et 83.

Argiles *mélangées.* Ne sont pas aussi réfractaires au feu que les argiles pures. T. x, p. 78.

Argiles *pures et blanches.* Ne se trouvent qu'en quelques lieux. Raisons de ce fait. Ces argiles pures sont aussi réfractaires que le quartz dont elles proviennent. T. x, p. 78. — Différence des argiles pures et blanches d'avec les marnes. P. 82. — Lieux où se trouvent ces argiles pures. P. 83. — Il n'y a point de coquilles ni d'autres productions marines dans les masses d'argiles blanches ou pures, au lieu que toutes les couches de glaise en contiennent en grande quantité. *Ibid.*

Argiles. *Usage de l'argile.* L'usage de l'argile cuite pour les bâtiments, les vases, etc., paraît être de toute antiquité, et avoir précédé l'emploi des pierres calcaires. T. x, p. 85.

Arménienne. Voyez *Pierre arménienne.*

Armure. La position de l'armure et la figure de l'aimant, doivent également influer sur sa force. T. xi, p. 575. — Les pieds de l'armure doivent être placés sur les pôles de la pierre, pour réunir le plus de force. *Ibid.*

Arsenic. Est une matière qui forme une ligne de séparation qui remplit le grand intervalle entre les matières métalliques et les matières salines. T. xi, p. 193. — Son essence est autant saline que métallique. *Ibid.* — Propriétés salines de l'arsenic. *Ibid.* — Propriétés métalliques de son régule. *Ibid.* — La plupart des mines d'arsenic, noires et grises, sont des mines de cobalt mêlées d'arsenic; et l'arsenic vierge est comme le cobalt, toujours mêlé de fer. P. 196. — L'arsenic se trouve dans presque toutes les mines métalliques, et surtout dans celles de cobalt et d'étain. P. 197. — Actions de l'arsenic sur les mines de différents métaux. P. 197 et 198. — Alliage de l'arsenic avec les métaux. P. 200. — Manière dont on recueille l'arsenic par sublimation. P. 201.

Arts. Les arts utiles se sont conservés après la perte des sciences. T. ix, p. 585. Ils se sont répandus de proche en proche, perfectionnés de loin en loin; ils ont suivi le cours des grandes populations. *Ibid.*

Arts. L'art de l'homme ne peut que tracer des figures et former des surfaces, tandis que celui de la nature travaille les corps dans leur intérieur et dans toutes les dimensions à la fois. T. x, p. 4. — Ce n'est pas la faute de l'homme, si par son art il ne peut imiter la nature dans ses opérations, puisque, quand même par les lumières de son esprit il pourrait reconnaître tous les éléments que la nature emploie, quand il les aurait à sa disposition, il lui manquerait encore la puissance de disposer du temps, et de faire entrer des siècles dans l'ordre de ses combinaisons. P. 9.

Asbeste. Voyez *Amiante.*

Asphalte. L'asphalte est un bitume que l'on recueille sur l'eau ou dans le sein de la terre, et qui dans ce premier état est gras et visqueux, mais qui bientôt prend à l'air un certain degré de consistance et de solidité. T. x, p. 277. — Il est d'abord fluide, ensuite mou et visqueux, et enfin il devient dur par la seule dessiccation. P. 281. — Ce

bitume se trouve non-seulement en Judée et en plusieurs autres provinces du Levant, mais encore en Europe et même en France; usage de ce bitume pour enduire les bassins qui contiennent de l'eau. P. 282.

Astres. Raison pourquoi il n'y a que les astres fixes qui soient lumineux, et pourquoi dans l'univers solaire tous les astres errants sont obscurs. T. ix, p. 483.

Astronomie. Progrès presque inconcevables de l'ancienne astronomie. Exemple par la période lunisolaire de six cents ans, connue dès le temps des patriarches avant le déluge. T. ix, p. 581.

Atmosphère. Les atmosphères des planètes se sont formées aux dépens de l'immense atmosphère du soleil. T. ix, p. 489.

Attraction. Cette force peut s'exercer en deux sens opposés, en vertu du ressort qui appartient à toute matière, et dont elle est la cause. T. xi, p. 520. — Elle repousse autant qu'elle attire. *Ibid.* — On doit admettre deux effets généraux, l'attraction et l'impulsion qui n'est que la répulsion. P. 520 et 521. — L'attraction maintient la cohérence et la dureté des corps. P. 521. — Elle produit, comme cause générale, tous les phénomènes de l'impulsion. *Ibid.* — On doit renoncer à mettre au nombre des substances matérielles, les forces générales de l'attraction et de l'impulsion primitive. *Ibid.*— Les forces d'attraction et d'impulsion ne peuvent s'expliquer ni même se concevoir par cette mécanique matérielle, qui rejette ce qui n'est aperçu que par l'esprit. P. 561. — La plus forte attraction entre deux aimants, se fait lorsqu'on présente directement les pôles de différents noms; et de même la répulsion est la plus forte quand on présente l'un à l'autre les pôles de même nom. P. 566. — Cette attraction et cette répulsion ne décroissent pas autant que la distance augmente. *Ibid.* — La force attractive de l'aimant décroît proportionnellement plus dans les grandes que dans les petites distances. *Ibid.*

Aurores polaires. Les émanations électriques de la chaleur du globe, sont la vraie cause des aurores polaires. T. xi, p. 523. — Les aurores polaires influent sur les variations de l'aiguille aimantée. P. 541.

Aubier. Il faut douze ou quinze ans pour que l'aubier d'un chêne acquière la même solidité que le bois du cœur. T. xii, p. 54. — L'épaisseur de l'aubier est d'autant plus grande que le nombre des couches qui le forment est plus petit; explication de ce fait. P. 117 et suiv. — Origine du double aubier ou faux aubier dans les arbres. P. 123 et suiv. — Il est plus faible, moins parfait et plus pesant que l'aubier ordinaire. Preuve par l'expérience. P. 124.

Aubue. Terre vitrescible dont on doit faire usage dans les fourneaux à fondre les mines de fer dans de certains cas. T. ix, p. 321. — Elle est préférable aux autres matières vitrescibles dans la fusion du fer, parce que cette terre fond plus aisément que les cailloux et les autres matières vitrifiables. *Ibid.*

Aventurine. Ses rapports avec le feldspath et le mica. Description de cette pierre, qui souvent est plus opaque que transparente. T. xi, p. 241.

B

Balance *hydrostatique*. On ne peut rien conclure de positif des expériences faites à la balance hydrostatique sur des volumes trop petits. T. ix, p. 170.

Balances. Considérations sur la précision des balances. On ignore quelle doit être pour un poids donné la balance la plus exacte. T. ix, p. 293. — Les balances très-sensibles sont très-capricieuses. Une balance moins sensible est plus constante et plus fidèle. P. 294 et 295.

Balances de toutes espèces. T. xii, p. 208.

Bande *sans déclinaison* (étendue de la), dans la mer Atlantique. T. xi, p. 600. — Les bandes sans déclinaison se trouvent plus près des côtes orientales des grands continents, que des côtes occidentales. P. 601.

Barre (une) de fer longue et menue rougie au feu, et ensuite plongée perpendiculairement dans l'eau, acquiert en un mo-

ment la vertu magnétique. T. xi, p. 582.

Barres aimantées (deux) qui se touchent n'attirent pas un morceau de fer avec autant de force que lorsqu'elles sont à une certaine distance l'une de l'autre. T. xi, p. 575.

Barres de fer (des) ou d'acier placées dans la direction du grand courant électrique, qui va de l'équateur aux pôles, acquièrent, avec le temps, une vertu magnétique, plus ou moins sensible, qu'elles n'obtiennent qu'avec peine lorsqu'elles sont situées dans un plan trop éloigné de cette direction. T. xi, p. 553.

Basalte. Se présente sous la forme d'une pierre plus ou moins noire, dure, compacte, pesante, attirable à l'aimant, susceptible de recevoir le poli, fusible par elle-même sans addition, donnant plus ou moins d'étincelles avec le briquet, et ne faisant aucune effervescence avec les acides. T. xi, p. 487. — Différentes formes de basalte en petites et en grandes masses. *Ibid.* — Différentes couleurs dans les basaltes; le verdâtre est le plus estimé. P. 487 et 488.

Basaltes (les) qu'on appelle antiques et les basaltes modernes, ont également été produits par le feu des volcans; preuves de cette assertion. T. x, p. 317.

Basaltes (les) et les laves contenant une très-grande quantité de matières ferrugineuses, doivent être regardés comme autant de grands conducteurs de l'électricité. T. xi, p. 531. — Les basaltes peuvent former de véritables masses d'aimant. P. 557.

Baume *momie* ou *mumie*. Ce n'est qu'un bitume, dont les Orientaux font grand cas; lieux où il se trouve. T. x, p. 286.

Béryl. Ses différences avec l'aigue-marine à laquelle il ressemble par les couleurs. T. xi, p. 259. — Les lapidaires lui ont donné le nom d'*aigue-marine orientale*. P. 258. — Différentes sortes de béryls, leurs défauts. Le béryl tire son origine du schorl, au lieu que l'aigue-marine provient du quartz. P. 258 et 259.

Beurre *fossile* (le) doit être regardé comme une espèce de vitriol ferrugineux qui contient plus d'acide qu'aucun des autres vitriols métalliques. T. x, p. 368.

Bismuth. Se trouve presque toujours pur dans le sein de la terre. T. xi, p. 138. — Sa pesanteur est plus grande que celle du cuivre. *Ibid.* — Il est plus fusible qu'aucune autre substance métallique. *Ibid.* — Son alliage avec les métaux et demi-métaux. P. 138, 139 et 140. — Le bismuth et le mercure forment ensemble un amalgame coulant. P. 139. — Époque de la première formation du bismuth. P. 140. — Poudre du précipité de bismuth avec laquelle on fait le fard. P. 141. — Étamage des glaces et verres au moyen du bismuth. P. 142.

Bismuth est quelquefois altéré par l'arsenic et mêlé de cobalt, sans néanmoins être entièrement minéralisé. Description d'une mine secondaire de bismuth. T. xi, p. 479.

Bitume. Voyez **Soufre**. T. x, p. 217.

Bitume. Voyez **Fontaine** *bitumineuse*.

Bitumes *liquides*. Comment se sont formées les sources de pétrole et des autres bitumes liquides. T. x, p. 218.

Bitumes. Tous les bitumes proviennent originairement des huiles animales ou végétales, altérées par le mélange des acides. T. x, p. 277. — Les bitumes se trouvent dans presque toutes les provinces de l'Asie; on en a aussi trouvé dans quelques endroits de l'Afrique et de l'Amérique. Les anciens Péruviens se servaient de bitume pour embaumer leurs morts. P. 287 et 288.

Bitumes *liquides* (les) sont produits par la distillation des charbons de terre et autres bitumes solides, occasionnée par la chaleur des feux souterrains. T. x, p. 281.

Bitumineuses. *Matières bitumineuses* (les) sont ou solides comme le succin et le jayet, ou liquides comme le pétrole et le naphte, ou visqueuses comme l'asphalte et la poix de montagne. T. x, p. 277.

Blanc *d'Espagne*. Voyez **Craie**. T. x, p. 104.

Blende. Voyez **Zinc**. Il se forme assez souvent dans les grands fourneaux, des concrétions semblables aux blendes naturelles. Voyez *ibid.*

Bois. Manière dont les arbres croissent et dont le bois se forme. T. xii, p. 6. — Dans le bois la cohérence longitudinale est bien plus considérable que l'union transversale. P. 7. — Défauts des petites pièces de bois

sur lesquelles on a voulu faire des expériences pour en reconnaître la force. *Ibid.* — Dans le même terrain le bois qui croît le plus vite est le plus fort. P. 12. — Expériences sur la pesanteur spécifique du bois. P. 15 et suiv. — Il y a environ un quinzième de différence entre la pesanteur spécifique du cœur de chêne, et la pesanteur spécifique de l'aubier. P. 16. — La pesanteur spécifique du bois, décroît à très-peu près en raison arithmétique depuis le centre jusqu'à la circonférence de l'arbre. P. 16 et 17. — Le bois du pied d'un arbre pèse plus que celui du milieu, et celui du milieu plus que celui du sommet. P. 17. — Dès que les arbres cessent de croître, cette proportion commence à varier. *Ibid.* — Preuve par l'expérience que dans les vieux chênes au-dessus de cent ou cent dix ans, le cœur n'est plus la partie la plus pesante de l'arbre, et qu'en même temps l'aubier est plus solide dans les vieux que dans les jeunes arbres. *Ibid.* — L'âge où le bois des arbres est dans la perfection, n'est ni dans le temps de la jeunesse ni dans celui de la vieillesse de l'arbre, mais dans l'âge moyen, où les différentes parties de l'arbre sont à peu près d'égale pesanteur. *Ibid.* — Dans l'extrême vieillesse de l'arbre, le cœur, bien loin d'être le plus pesant, est souvent plus léger que l'aubier. P. 17 et 18. — Raison pourquoi dans un même terrain il se trouve quelquefois des arbres dont le bois est très-différent en pesanteur et en résistance. La seule humidité plus ou moins grande du terrain qui se trouve au pied de l'arbre, peut produire cette différence. P. 30 et 31. Le bois des terrains sablonneux a beaucoup moins de pesanteur et de résistance que celui des terrains fermes et argileux. Preuve par l'expérience. P. 31. — Il y a dans le bois une matière grasse que l'eau dissout fort aisément, et le bois contient des parties ferrugineuses qui donnent à cette dissolution une couleur brune noire. P. 77. — Dommages que les baliveaux portent au taillis. P. 82. — Le bois des baliveaux n'est pas ordinairement de bonne qualité. *Ibid.* — Le quart de réserve dans les bois des ecclésiastiques et gens de mainmorte, est un avantage pour l'État, qu'il est utile de maintenir. Les arbres de ces réserves ne sont pas sujets aux défauts des baliveaux, et ne produisent pas les mêmes inconvénients. Moyens de rendre ses réserves encore plus utiles. P. 83. — Exposition du progrès de l'accroissement du bois. P. 85 et suiv. — Il n'y a point de terrain, quelque mauvais, quelque ingrat qu'il paraisse, dont on ne puisse tirer parti, même pour planter des bois, et il ne s'agit que de connaître les différentes espèces d'arbres qui conviennent aux différents terrains. P. 92 et 93. — La quantité de bois de service, c'est-à-dire de bois parfait de chêne, déduction faite de l'aubier, est, au même âge des arbres, plus que double dans un bon terrain que dans un mauvais terrain. P. 119.

Bois, *desséchement du bois.* Expériences réduites en Tables sur le desséchement du bois. T. XII, p. 57 et suiv. — Expériences réduites en Tables sur le temps et la gradation du desséchement. P. 59. — Le bois se réduit par son desséchement aux deux tiers de la pesanteur. D'où l'on doit conclure que la sève fait un tiers de la pesanteur du bois, et qu'ainsi il n'y a dans le bois que deux tiers de parties solides et ligneuses, et un tiers de parties liquides, et peut-être moins. P. 60. — Le desséchement ne change rien ou presque rien au volume du bois. *Ibid.* — Expériences réduites en Tables pour reconnaître si ce desséchement se fait proportionnellement aux surfaces. P. 60 et 61. — Le desséchement du bois se fait d'abord dans une plus grande raison que celle des surfaces, ensuite dans une moindre proportion, et enfin il devient absolument moindre pour la surface plus grande. P. 64. — Expériences réduites en Tables pour comparer le desséchement du bois parfait, qu'on appelle le *cœur*, avec le desséchement du bois imparfait, qu'on appelle l'*aubier*. P. 65 et suiv. — Le bois le plus dense est celui qui se dessèche le moins. P. 66. — Il faut sept ans au moins pour dessécher des solives de 8 à 9 pouces de grosseur, et par conséquent il faudrait beaucoup plus du double de temps c'est-à-dire plus de quinze ans, pour dessécher une poutre de 16 à 18 pouces d'équarrissage. P. 80. — Le bois de chêne gardé

dans son écorce se dessèche si lentement, que le temps qu'on le garde dans son écorce est presque en pure perte pour le dessèchement. *Ibid.* — Quand le bois est parvenu aux deux tiers de son dessèchement, il commence à repomper l'humidité de l'air, et c'est par cette raison qu'il faut garder dans des lieux fermés les bois secs qu'on veut employer à la menuiserie. *Ibid.*

Bois, *force du bois.* Défauts de toutes les expériences qui avaient été faites sur la force et la résistance du bois, avant celles de l'auteur. T. XII, p. 7 et suiv. — Le jeune bois est moins fort que le bois plus âgé; un barreau tiré du pied d'un arbre, résiste plus qu'un barreau qui vient du sommet du même arbre. Un barreau pris à la circonférence près de l'aubier, est moins fort qu'un pareil morceau pris au centre de l'arbre, et le degré de dessèchement du bois fait beaucoup à la résistance. Le bois vert casse bien plus difficilement que le bois sec. P. 8. — Préparatifs des expériences pour reconnaître la force relative des pièces de bois de différentes grandeurs et grosseurs. Les bois venus dans différents terrains ont des résistances différentes. Il en est de même des bois des différents pays, quoique pris dans des arbres de même espèce. P. 9. — Le degré de dessèchement du bois fait varier très-considérablement sa résistance. P. 9 et 10. — Description de la machine pour faire rompre les poutres et les solives de bois, et reconnaître par là leur résistance respective. P. 10 et suiv. — Le bois ne casse jamais sans avertir, à moins que la pièce ne soit fort petite ou fort sèche. P. 12. — Le bois vert casse plus difficilement que le bois sec, et en général le bois qui a du ressort résiste beaucoup plus que celui qui n'en a pas. *Ibid.* — La force du bois n'est pas proportionnelle à son volume; une pièce double ou quadruple d'une autre pièce de même longueur, est beaucoup plus du double ou du quadruple plus forte que la première. Il en est de même pour la longueur. *Ibid.* — La force du bois est proportionnelle à sa pesanteur. *Ibid.* — Utilité qu'on doit tirer de cette remarque. *Ibid.* et suiv. — On peut assurer d'après l'expérience, que la différence de force d'une pièce sur deux appuis, libre par les bouts, et de celle d'une pièce fixée par les deux bouts dans une muraille bâtie à l'ordinaire, est si petite, qu'elle ne mérite pas qu'on y fasse attention. P. 13. — Dans des bâtiments qui doivent durer longtemps, il ne faut donner au bois tout au plus que la moitié de la charge qui peut le faire rompre. P. 14. — Moyens d'estimer la diminution que les nœuds font à la force d'une pièce de bois. *Ibid.* — Les pièces courbes résistent davantage en opposant à la charge le côté concave, qu'en opposant le côté convexe. *Ibid.* — Le contraire ne serait vrai que pour les pièces qui seraient courbes naturellement, et dont le fil du bois serait continu et non tranché. *Ibid.* — Un barreau ou une solive résiste bien davantage, lorsque les couches ligneuses qui le composent sont situées perpendiculairement; et plus il y a de couches ligneuses dans les barreaux ou autres petites pièces de bois, plus la différence de la force de ces deux pièces dans ces deux positions est considérable. P. 21. — La force des pièces de bois n'est pas proportionnelle à leur grosseur; preuve par l'expérience. P. 21 et 22. — Les pièces de 28 pieds de longueur, sur 5 pouces d'équarrissage, portent 1,800 livres ou environ, avant que d'éclater ou de rompre; celles de 14 pieds de longueur, sur la même grosseur de 5 pouces, portent 5,000 livres, tandis que par la loi du levier, elles n'auraient dû porter que le double des pièces de 28 pieds. P. 28. — Il en est de même des pièces de 7 pieds de longueur; elles ne rompent que sous la charge d'environ 11,000 livres, tandis que leur force ne devrait être que quadruple de celle des pièces de 28 pieds qui n'est que de 1,800, et par conséquent elles auraient dû rompre sous une charge de 7,200 livres. P. 29. — Les pièces de 24 pieds de longueur, sur 5 pouces d'équarrissage, éclatent et rompent sous la charge de 2,200 livres, tandis que les pièces de 12 pieds et de même grosseur ne rompent que sous celle de 6,000 livres environ, au lieu que par la loi du levier elles auraient dû rompre sous la charge de 4,400 livres. P. 29 et suiv. — Les pièces de 20 pieds de longueur, sur

5 pouces d'équarrissage, portent 3,225 livres, tandis que celles de 10 pieds, et de même grosseur, peuvent porter une charge de 7,125 livres, au lieu que par la loi du levier elles n'auraient dû porter que 6,450 livres. P. 31 et 32. — Les pièces de 18 pieds de longueur, sur 5 pouces d'équarrissage, portent 3,700 livres avant de rompre, et celles de 9 pieds peuvent porter 8,308 livres, tandis qu'elles n'auraient dû porter, suivant la règle du levier, que 7,400 livres. P. 32. — Les pièces de 16 pieds de longueur, sur 5 pouces d'équarrissage, portent 4,350 livres, et celles de 8 pieds, et du même équarrissage, peuvent porter 9,787 livres, au lieu que par la force du levier elles ne devraient porter que 8,700 livres. *Ibid.* — A mesure que la longueur des pièces de bois diminue, la résistance augmente, et cette augmentation de résistance croît de plus en plus. P. 33. — Les pièces de bois pliées par une forte charge, se redressent presque en entier, et néanmoins rompent ensuite sous une charge moindre que celle qui les avait courbées. P. 34.

Force des pièces de 6 pouces d'équarrissage.

La charge d'une pièce de 10 pieds de longueur, sur 6 pouces d'équarrissage, est le double et beaucoup plus d'un septième d'une pièce de 20 pieds.

La charge d'une pièce de 9 pieds de longueur, est le double et beaucoup plus d'un sixième de celle d'une pièce de 18 pieds.

La charge d'une pièce de 8 pieds de longueur, est le double et beaucoup plus d'un cinquième de celle d'une pièce de 16 pieds.

La charge d'une pièce de 7 pieds, est le double et beaucoup plus d'un quart de celle d'une pièce de 14 pieds; ainsi l'augmentation de la résistance est beaucoup plus grande à proportion que dans les pièces de 5 pouces d'équarrissage. P. 36.

Force des pièces de 6 pouces d'équarrissage.

La charge d'une pièce de 10 pieds de longueur et de 7 pouces d'équarrissage, est le double et plus d'un sixième de celle d'une pièce de 20 pieds.

La charge d'une pièce de 9 pieds, est le double et près d'un cinquième de celle d'une pièce de 18 pieds.

La charge d'une pièce de 8 pieds de longueur, est le double et beaucoup plus d'un cinquième de celle d'une pièce de 16 pieds; ainsi non-seulement la résistance augmente, mais cette augmentation accroît toujours à mesure que les pièces deviennent plus grosses, c'est-à-dire que plus les pièces sont courtes, et plus elles ont de résistance, au delà de ce que suppose la règle du levier; et plus elles sont grosses, plus cette augmentation de résistance est considérable. P. 38.

Examen et modification de la loi donnée par Galilée, pour la résistance des solides. P. 40 et 41. — Table de la résistance des pièces de bois de différentes longueur et grosseur. P. 42 et suiv. — Moyen facile d'augmenter la force et la durée du bois. P. 46. — Le bois écorcé et séché sur pied est toujours plus pesant, et considérablement plus fort que le bois coupé à l'ordinaire. Preuve par l'expérience. P. 49. — L'aubier du bois écorcé, est non-seulement plus fort que l'aubier ordinaire, mais même beaucoup plus que le cœur de chêne non écorcé, quoiqu'il soit moins pesant que ce dernier. P. 50. — La partie extérieure de l'aubier dans les arbres écorcés sur pied, est celle qui résiste davantage. P. 51. — Le bois des arbres écorcés et séchés sur pied, est plus dur, plus solide, plus pesant et plus fort que le bois des arbres abattus dans leur écorce, d'où l'auteur croit pouvoir conclure qu'il est aussi plus durable. *Ibid.* — Causes physiques de cet effet. P. 52. — Autres avantages du bois écorcé et séché sur pied. P. 54 et 55.

Bois, *imbibition du bois.* Expériences pour le desséchement et l'imbibition du bois dans l'eau, que l'auteur a suivies pendant vingt ans. T. XII, p. 68 et suiv. — Ces expériences démontrent : 1° qu'après le desséchement à l'air pendant dix ans, et ensuite au soleil et au feu pendant dix jours, le bois de chêne parvenu au dernier degré de desséchement, perd plus d'un tiers de son poids lorsqu'on le travaille tout vert, et moins d'un tiers lorsqu'on le garde dans son

écorce pendant un an avant de le travailler; 2° que le bois gardé dans son écorce avant d'être travaillé, prend plus promptement et plus abondamment l'eau, et par conséquent l'humidité de l'air, que le bois travaillé tout vert. Détail et comparaison des progrès de l'imbibition du bois dans l'eau. P. 72 et suiv. — 3° Quel est le temps nécessaire pour que le bois reprenne autant d'eau qu'il a perdu de sève en se desséchant. P. 73. — 4° Le bois plongé dans l'eau, tire non-seulement autant d'humiditié qu'il contenait de sève, mais encore près d'un quart au delà, et la différence est de 3 à 5 environ. Un morceau de bois bien sec qui ne pèse que 30 livres, en pèsera 50 lorsqu'il aura séjourné plusieurs années dans l'eau. P. 73. — 5° Lorsque l'imbibition du bois dans l'eau est plénière, le bois suit au fond de l'eau les vicissitudes de l'atmosphère; il se trouve toujours plus pesant lorsqu'il pleut, et plus léger lorsqu'il fait beau. Preuve par une expérience suivie pendant trois ans. *Ibid.* — Comparaison des progrès de l'imbibition des bois, dont la solidité est plus ou moins grande. *Ibid.* et suiv. — Expériences réduites en Tables sur les variations de la pesanteur du bois dans l'eau. P. 75 et suiv. — Ces expériences démontrent que le bois gardé dans l'eau, en tire et rejette alternativement dans une proportion, dont les quantites sont très-considérables par rapport au total de l'imbibition. P. 76. — Expériences réduites en Tables sur l'imbibition du bois vert. P. 77. — Autres expériences réduites en Tables, et comparaison de l'imbibition du bois sec dans l'eau douce et dans l'eau salée. P. 75 et suiv. — Le bois tire l'eau douce en plus grande quantité que l'eau salée. P. 78. — Étant plongé dans l'eau il s'imbibe bien plus promptement qu'il ne se dessèche à l'air. P. 81.

Bois, *plantation des bois.* Exposition d'un grand nombre d'essais pour semer et planter du bois. T. XII, p. 88 et suiv. — Une plantation de bois par de jeunes arbres tirés des forêts, ne peut avoir un grand succès. P. 91. — Au contraire, de jeunes arbres tirés d'une pépinière, peuvent se planter avec succès. *Ibid.* — Exposition des différentes manières de cultiver les jeunes bois plantés ou semés. P. 94 et suiv. — L'accroissement des jeunes bois, peut indiquer le temps où il faut les receper. P. 99 et suiv.

Bois, *semis de bois.* Voyez Semis de bois.

Bois, *taillis.* La gelée fait un beaucoup plus grand tort aux taillis surchargés de baliveaux qu'à ceux où les baliveaux sont en petit nombre. T. XII, p. 82. — Les coupes réglées dans les bois ne sont pas, comme on le croit, le moyen d'en tirer le plus grand produit. P. 85. — Dans les bons terrains on gagnera à retarder les coupes, et dans ceux où il n'y a pas de fond, il faut couper les bois fort jeunes. *Ibid.* — Avantages qu'on peut tirer des bois blancs, tels que le coudrier, le marseau, le bouleau, dans l'exploitation des taillis. P. 104 et 105. — Age auquel on doit les couper, suivant la nature du terrain. P. 105. — Différence de l'accroissement des taillis dans les parties élevées et dans les parties basses du terrain. Observations importantes à ce sujet. P. 106 et 107. — Exploitation des taillis en jardinant. P. 105.

Bois, *fossiles et charbonifiés.* Exemples à ce sujet. T. IX, p. 630 et suiv.

Bois *fossiles et bitumineux.* Observation importante sur ce sujet. T. X, p. 266 et suiv.

Bois fossiles. Lours ressemblances et leurs différences avec les charbons de terre; différents lieux où l'on rencontre des bois fossiles. T. XI, p. 509. — Ils se rencontrent ordinairement plus près de la surface du terrain que les charbons de terre qui gisent à de plus grandes profondeurs. *Ibid.*

Bois *fossiles.* Comparaison de certains bois fossiles avec le jayet. T. X, p. 279.

Bols. Caractères qui distinguent les bols des argiles, et les terres limoneuses des terres argileuses. Ressemblances des bols aux argiles. T. XI, p. 412. — L'origine et la nature des bols et des argiles sont réellement très-différentes; celles-ci ne sont que des détriments des matières vitreuses décomposées, au lieu que les bols sont les produits ultérieurs de la destruction des animaux et des végétaux. P. 412 et 413. — Bols sont assez communs dans toutes les parties du

monde. Ils sont tous de la même essence, et ne diffèrent que par les couleurs ou la finesse du grain ; le bol blanc paraît être le plus pur de tous. P. 413. — Il y a de ces bols blancs qui contiennent encore assez de particules organiques et nutritives, pour en faire du pain en les mêlant avec de la farine. *Ibid.* — Le bol rouge tire sa couleur du fer en rouille dont il est plus ou moins mélangé. P. 414. — Différents lieux où l'on trouve des bols rouges. P. 415 et suiv.

Borax (le) est un sel qui nous vient de l'Asie, et dont l'origine et même la fabrication ne nous sont pas bien connues. Il se trouve dans quelques provinces de la Perse, de la Tartarie méridionale, et dans quelques contrées des Indes orientales. T. x, p. 438 et 439.

Borax *brut* ou *tinkal*. Manière de l'extraire et de le purifier. T. x, p. 440. — Il y en a de deux sortes. P. 442 et 443.

Borax *commun*. On distingue le borax pur du borax mélangé ; action du borax dans la fusion des métaux. T. x, p. 443.

Borax (*cristaux de borax*), leurs qualités comparées à celles de l'alun. T. x, p. 440.

Borax *et sel sédatif*. Il est très-probable que le borax et le sel sédatif contiennent de l'arsenic. T. x, p. 441 et 442.

Borax (*verre de borax*). Ses qualités ; c'est le plus puissant de tous les fondants. Ce sel contient une grande quantité d'alcali. Preuves de cette assertion. T. x, p. 440.

Boucaro. Voyez Bol rouge.

Boulets *de canon*. C'est une très-mauvaise pratique que de faire chauffer à blanc et plusieurs fois les boulets de canon pour en diminuer le volume; ils deviennent par cette opération réitérée très-légers et cassants. T. ix, p. 187.

Bousin. Voyez Pierres calcaires. T. x, p. 113.

Boussole. On n'est point parvenu à construire des boussoles dont une aiguille indiquerait le pôle terrestre. T. xi, p. 577.—Les Français sont les premiers en Europe qui aient fait usage de la boussole, pour se conduire dans leur navigation. P. 588. — La boussole horizontale indique la direction avec ses déclinaisons; et la boussole verticale démontre l'inclinaison de l'aiguille. P. 598.

Brèches, *marbres-brèches*. Leur première formation. T. x, p. 66.

Bure. C'est ainsi qu'on appelle la partie supérieure du fourneau à fondre les mines de fer, qui s'élève au-dessus de son terre-plein. T. ix, p. 202.

C

Cadmie des fourneaux est une concrétion de fleurs de zinc, qui s'accumulent et s'attachent aux parois des cheminées des fourneaux où l'on fond les mines de fer qui contiennent du zinc. T. xi, p. 147 — Manière de faire du laiton avec la cadmie des fourneaux. P. 148.

Cailloux. On a donné le nom de *cailloux* à toutes les pierres, soit du genre vitreux, soit du genre calcaire, qui se présentent sous une forme gobuleuse ; mais cette dénomination, prise uniquement de la forme extérieure, n'indique rien sur la nature de ces pierres. T. xi, p. 313. — Les cailloux proprement dits, les vrais cailloux sont des concrétions formées, comme les agates, par exsudation ou stillation du suc vitreux, avec cette différence que, dans les agates et autres pierres fines, le suc vitreux plus pur forme des concrétions demi-transparentes : au lieu que dans les cailloux, étant plus mélangé de matières terreuses ou métalliques, il produit des concrétions opaques. *Ibid.* — Les cailloux prennent la forme des cavités dans lesquelles ils se moulent, et souvent ils offrent encore la figure des corps organisés, tels que les bois, les coquilles, dans lesquels le suc vitreux s'est infiltré et a rempli les vides que laissait la destruction de ces substances. P. 313 et 314. — Tous les cailloux en général sont composés de couches additionnelles, dont les intérieures sont toujours plus denses et plus dures que les extérieures. Cause de cet effet. P. 314.— Formation du caillou. *Ibid.* — Formation des cristaux dans l'intérieur des cailloux creux. *Ibid.* — Cailloux qui contiennent de l'eau

dans leur intérieur. *Ibid.* — Discussion et réfutation de l'opinion vulgaire sur la formation des cailloux. P. 315. — Fait qui démontre que les cailloux creux commencent à se former par la surface extérieure, et non pas autour d'un noyau qui leur sert de centre. *Ibid.* — La surface extérieure des cailloux creux, est le plus souvent brute et raboteuse. P. 315 et 316. — Propriétés essentielles des cailloux sont les mêmes que celles des autres substances vitreuses. P. 316. — Cailloux de qualités diverses, selon le mélange et les doses des matières qui les composent. *Ibid.* — Agrégations des cailloux. Voyez *Poudingues.* — On doit séparer des vrais cailloux les morceaux de quartz, de jaspe, de porphyre, de granite, etc., qui, ayant été roulés, ont pris une forme globuleuse. P. 317 et 318.— Le véritable caractère distinctif des cailloux est tiré des couches concentriques posées les unes sur les autres, et ces couches qui composent le caillou sont de couleur différente. P. 318. — Cailloux d'Égypte sont remarquables par leurs zones alternatives de jaune et de brun, et par la singularité de leurs herborisations. *Ibid.* — Cailloux d'Oldenbourg, remarquables par les taches en forme d'œil qu'ils présentent, ce qui leur a fait donner le nom de *cailloux œillés. Ibid.*

Cailloux. Liqueur des cailloux. T. x, p. 371.

Calamine. Voyez *Zinc.*

Calcaire. Toute matière calcaire contient une très-grande quantité d'eau qui est incorporée dans sa substance, et ne peut s'en séparer que par le moyen du feu, en réduisant cette matière calcaire en chaux. T. xi, p. 384.

Calcédoine est une agate d'un blanc bleuâtre et d'une transparence laiteuse. T. xi, p. 289 et 290. —Calcédoines en petit et en grand volume. P. 290.

Canons *de bronze.* Les canons de bronze font un bruit au moment de l'explosion qui offense plus l'organe de l'ouïe que celui des canons de fonte de fer. T. ix, p. 332.

Canons *de fer battu.* Raisons que l'on donne pour ne pas s'en servir sur les vaisseaux. T. ix, p. 332 et 333.

Canons *de fonte de fer.* Les canons de la marine sont de fonte de fer; raisons de cet usage. T. ix, p. 332. — Travail de l'auteur dans la vue de perfectionner les canons de la marine. P. 334 et suiv. — Manière dont on fond les canons de fonte de fer. Préjugés qui faisaient craindre de fondre des gros canons à un seul fourneau. *Ibid.* — La pratique de couler les gros canons de fonte de fer à trois ou tout au moins à deux fourneaux comme on l'avait toujours fait, a été rectifiée par l'auteur, et on a coulé avec plus d'aisance et d'avantage ces gros canons à un seul fourneau. P. 335 et suiv. — Raisons pourquoi les canons coulés à deux ou trois fourneaux, sont plus mauvais que ceux qu'on coule à un seul fourneau. P. 335. — Causes qui contribuent à la fragilité des canons de fonte de fer. P. 336. — C'est une mauvaise pratique que de leur enlever leur première écorce, et de les travailler au tour, cela diminue considérablement leur résistance. P. 337. — Raisons pour et contre les deux pratiques de couler les canons pleins ou creux; il est difficile de décider laquelle serait la meilleure. P. 338 et 339. — Raisons pourquoi la fonte de fer de nos canons de la marine n'a pas la résistance qu'elle devrait avoir. Expériences à ce sujet, qui démontrent qu'on a coulé des fontes tendres pour les canons, uniquement par la raison de pouvoir les forer plus aisément. P. 339 et suiv. — Examen de la fonte, et travail pour refondre les canons envoyés de la forge de la Nouée en Bretagne. P. 340 et suiv. — Les épreuves de la résistance des canons par la surcharge de la poudre, sont non-seulement fautives, mais même très-désavantageuses, et l'on gâte une pièce toutes les fois qu'on l'éprouve avec une plus forte charge que la charge ordinaire : preuve de cette vérité. P. 342. — Moyen simple et sûr de s'assurer de leur résistance. *Ibid.* — Machine à forer les canons, par M. le marquis de Montalembert, bien préférable à celle de M. Maritz; exposition de leurs différences. P. 344. — Précautions à prendre pour qu'il ne tombe dans le moule du canon que de la fonte pure. P. 345. — Il n'est pas impossible de purifier la fonte de fer au degré qui

serait nécessaire pour que les canons de cette matière ne fissent que se fendre au lieu d'éclater par l'explosion de la poudre. Ce serait une très-grande découverte par son utilité et pour le salut de la vie des marins. P. 347.

Calcaire. Les matières calcaires se réduiraient en verre comme toutes les autres matières terrestres par l'augmentation du feu, soit des fourneaux, soit des miroirs ardents. T. ix, p. 35 et 36.

Calcination. Par la simple calcination l'on augmente le poids du plomb de près d'un quart, et l'on diminue celui du marbre de près de moitié; il y a donc un quart de matière inconnue que le feu donne au premier, et une moitié d'autre matière également inconnue qu'il enlève au second; et lorsque après cette calcination l'on travaille sur ces matières calcinées, il est évident que ce n'est plus sur le plomb ou sur le marbre que l'on travaille, mais sur des matières dénaturées ou composées par l'action du feu. T. ix, p. 31. —La calcination est pour les corps fixes et incombustibles, ce qu'est la combustion pour les matières volatiles et inflammables. Elle a besoin, comme la combustion, du secours de l'air. Comparaison de la calcination et de la combustion. P. 39 et suiv. — Toute calcination est toujours accompagnée d'un peu de combustion, et de même toute combustion est toujours accompagnée d'un peu de calcination. P. 40. —Explication de la manière dont certaines matières augmentent de pesanteur par l'effet de la calcination. P. 40 et 41. — Calcination produite par la chaleur obscure dans la pierre calcaire jusqu'à deux pieds et deux pieds et demi de profondeur. P. 210. —La calcination est plus grande par la chaleur obscure et concentrée que par le feu libre et lumineux. Moyen de faire à peu de frais la calcination du plâtre et des pierres. P. 248.

Calcul. On peut tout représenter avec le calcul, mais on ne réalise rien. T. ix, p. 77.

Canons *de fusil*. La soudure est l'opération la plus importante de la fabrication des canons de fusil, et celle qui est en même temps la plus difficile. Précautions qu'il faudrait prendre pour la faire réussir. T. ix, p. 199.

Canons. Les canons de fonte de fer ne doivent point être tournés; car en enlevant par le tour l'écorce du canon, on lui ôte sa cuirasse, c'est-à-dire la partie la plus dure et la plus résistante de toute la masse. T. x, p. 491.

Canons *de fusil* (les) ne doivent pas être faits avec du fer qui aurait acquis toute sa perfection, mais seulement avec du fer qui puisse en acquérir par le feu. T. x, p. 499.

Caracoli *des Américains*, quelle peut être cette matière métallique. T. xi, p. 54.

Caractères par lesquels on peut reconnaître et l'on doit distinguer les matières minérales : 1° le plus ou moins de fusibilité; 2° le caractère de la calcination ou non calcination avant la fusion ; 3° l'effervescence avec les acides par laquelle on distingue les substances calcaires des matières vitreuses; 4° celui d'étinceler ou de faire feu par le choc de l'acier, qui indique plus qu'aucun autre la sécheresse et la dureté; 5° la cassure vitreuse, spathique, terreuse ou grenue, qui présente à nos yeux la texture intérieure de chaque substance; 6° les couleurs qui démontrent la présence des parties métalliques dont les différentes matières sont imprégnées; 7° la densité ou le poids spécifique de chaque matière, qui est de tous les caractères le plus essentiel. T. x, p. 23.

Carrières (les) de pierres calcaires dans les vallées et dans les terrains bas, ne sont formées que des détriments des anciennes couches de pierre, toutes situées au-dessus de ces nouvelles carrières. T. ix, p. 543.

Castine. Gros gravier calcaire et sans mélange de terre, dont on doit faire usage dans les fourneaux à fondre la mine de fer, lorsque ce sont des mines mêlées de matières vitrescibles, et dont on ne doit pas se servir lorsque les mines se trouvent mêlées de matières calcaires. T. ix, p. 321 et 322. — On pèche presque partout par l'excès de castine qu'on met dans les fourneaux. P. 322.

Causes *locales* qui peuvent influer sur la déclinaison. T. xi, p. 603.

Centre *de gravité*. Les aiguilles des bous-

soles verticales, doivent être placées de manière que leur centre de gravité coïncide avec leur centre de mouvement, au lieu que dans les boussoles horizontales, le centre de mouvement de l'aiguille est un peu plus élevé que le centre de gravité. T. XI, p. 599.

CERCLE. Voyez *Quadrature du cercle.*

CERTITUDE. Voyez *Vérités.*

CERTITUDE. La certitude physique, c'est-à-dire la certitude de toutes la plus certaine n'est néanmoins qu'une probabilité plus grande qu'aucune autre probabilité. T. XII, p. 155. — Différence de la certitude morale et de la certitude physique. P. 157. — Estimation précise de la certitude physique. P. 161. — Estimation de la certitude morale. P. 158 et suiv. — La certitude morale peut être regardée comme telle, toutes les fois que la probabilité est au-dessus de dix mille. Comparaison de l'évaluation de la certitude morale à la certitude physique. P. 159 et suiv.

CÉTACÉS. Raison pourquoi les baleines et autres cétacés des mers du Nord, n'ont pas gagné les mers du Midi. T. IX, p. 555.

CHALEUR. Voyez FEU. T. IX, p. 290. — La chaleur est une matière qui ne diffère pas beaucoup de celle de la lumière elle-même, qui, quand elle est très-forte ou réunie en grande quantité, change de forme, diminue de vitesse, et au lieu d'agir sur le sens de la vue, affecte les organes du toucher. P. 291. — Elle produit dans tous les corps une dilatation, c'est-à-dire une séparation entre leurs parties constituantes. *Ibid.* — La diminution du feu ou de la très-grande chaleur se fait toujours à très-peu près en raison de l'épaisseur des corps, ou des diamètres des globes de même matière. P. 349. — La déperdition de la chaleur, de quelque degré qu'elle soit, se fait en même raison que l'écoulement du temps. P. 353.

CHALEUR *du fer rouge* (la) et du verre en incandescence, est huit fois plus grande que la chaleur de l'eau bouillante, et vingt-quatre fois plus grande que celle du soleil en été. T. IX, p. 356. — Cette chaleur du fer rouge doit être estimée à très-peu près vingt-cinq, relativement à la chaleur propre et actuelle du globe terrestre. Ainsi le globe terrestre dans le temps de l'incandescence était vingt-cinq fois plus chaud qu'il ne l'est aujourd'hui. *Ibid.*

CHALEUR *du globe terrestre.* Dans l'hypothèse que le globe terrestre a été originairement dans un état de liquéfaction causée par le feu, et que ce même globe est principalement composé de trois matières, savoir les substances ferrugineuses, calcaires et vitrescibles, il aurait fallu 2,905 ans pour le consolider jusqu'au centre, 33,911 ans pour le refroidir au point d'en toucher la surface, et 74,047 ans pour le refroidir au point de la température actuelle. T. IX, p. 349. — Exposition des différents états et degré de chaleur par où le globe terrestre a passé avant d'arriver à la température actuelle. P. 353 et suiv. — Le refroidissement du globe a été en partie retardé et en partie compensé par la chaleur du soleil, et même par celle de la lune. Recherches sur ces deux espèces de compensation. P. 354 et suiv. — Estimation de la chaleur qui émane actuellement de la terre, et de celle qui lui vient du soleil. P. 355. — La chaleur qui émane du globe de la terre, est en tout temps et en toutes saisons bien plus grande que celle qu'il reçoit du soleil. *Ibid.* — Cette chaleur qui appartient en propre au globe terrestre, et qui en émane à sa surface, est cinquante fois plus grande que celle qui lui vient du soleil. *Ibid.* — Comparaison des différents degrés de chaleur, depuis la température actuelle jusqu'à l'incandescence. P. 356. — Estimation de la compensation qu'a faite la chaleur du soleil et celle de la lune, à la perte de la chaleur propre du globe de la terre, depuis son incandescence jusqu'à ce jour. P. 356 et 357. — Recherches de la compensation qu'a pu faire la chaleur envoyée par la lune à la perte de la chaleur de la terre. P. 357. — Temps auquel la lune a pu envoyer de la chaleur à la terre. *Ibid.* — On doit regarder comme nulle la chaleur que toutes les planètes, à l'exception de la lune, ont pu envoyer à la terre. Le temps qui s'est écoulé depuis celui de l'incandescence de la terre, toute perte et compensation évaluées, est réellement de 74,832 ans. P. 359. — Idée que l'on doit avoir d'une chaleur vingt-cinq fois plus

grande ou vingt-cinq fois plus petite que la chaleur actuelle du globe de la terre. P. 363. — Raisons pourquoi l'auteur a pris pour terme de la plus petite chaleur $\frac{1}{25}$ de la chaleur actuelle de la terre. *Ibid.* — Recherches de la perte de la chaleur propre du globe terrestre, et des compensations à cette perte. P. 363 et 364. — Le moment où la chaleur envoyée par le soleil à la terre, sera égale à la chaleur propre du globe, ne se trouvera que dans l'année 154,018 de la formation des planètes. P. 364. — La chaleur intérieure de la terre, est le vrai feu qui nous anime, auquel la chaleur du soleil ne fait qu'un accessoire. P. 434. — La chaleur propre du globe terrestre est beaucoup plus forte que celle qui lui vient du soleil. Raisons qui paraissent décider que cette chaleur qui nous vient du soleil, n'est que $\frac{1}{50}$ de la chaleur propre de la terre. Si l'on supposait cette chaleur du soleil beaucoup plus grande à proportion, cela ne ferait que reculer la date de la formation des planètes, et allonger le temps de leur refroidissement. P. 436 et suiv. — La déperdition de la chaleur propre du globe terrestre a dû être plus grande sous les pôles que sous l'équateur : à peu près dans la raison de 230 à 231. P. 440 et suiv. — Exposition des faits et des observations par lesquelles on s'est assuré que la chaleur du soleil n'est qu'un accessoire, un petit complément à la chaleur réelle qui émane continuellement du globe de la terre. P. 446 et suiv. — La postérité pourra, en partant de nos observations, reconnaître dans quelques siècles la diminution réelle de la chaleur sur le globe terrestre. P. 449. — Deux causes particulières de chaleur dans le globe terrestre : la première, l'inflammation des matières combustibles, ce qui ne peut produire qu'une très-petite augmentation à la chaleur totale ; la seconde, le frottement occasionné dans le globe terrestre par la pression et le mouvement de la lune autour de la terre, et cette seconde cause peut produire une augmentation assez considérable à la chaleur propre du globe terrestre. P. 449 et suiv.

Chaleur. La chaleur intérieure du globe terrestre, actuellement subsistante, est beaucoup plus grande que celle qui nous vient du soleil. T. ix, p. 459. — La surface de la terre est plus refroidie que son intérieur. Preuves de cette vérité par l'expérience. *Ibid.* et suiv. — La chaleur obscure du globe se convertit en feu lumineux par l'électricité. P. 460. — Les contrées septentrionales du globe ont joui pendant longtemps du même degré de chaleur dont jouissent aujourd'hui les terres méridionales ; et dans ce même temps, les terres du Midi étaient brûlantes et désertes. P. 545. — La déperdition de la chaleur du globe se fait d'une manière insensible ; il a fallu soixante-seize mille ans pour l'attiédir au point de la température actuelle, et dans soixante-seize autres mille ans, il ne sera pas encore assez refroidi, pour que la chaleur particulière de la nature vivante y soit anéantie. P. 587. — Il n'y a qu'un trente-deuxième de différence entre le plus grand chaud de nos étés et le plus grand froid de nos hivers. P. 588. — Les causes extérieures influent beaucoup plus que la cause intérieure, sur la température de chaque climat. — Exemple de cette vérité. *Ibid.* — Comme tout mouvement, toute action produit de la chaleur, et que tous les êtres doués du mouvement progressif sont eux-mêmes autant de petits foyers de chaleur, c'est de la proportion du nombre des hommes et des animaux à celui des végétaux, que dépend (toutes choses égales d'ailleurs) la température locale de chaque terre en particulier. — Preuves de cette vérité. P. 588 et 589. — Faits qui prouvent que la chaleur propre et intérieure du globe est plus grande à mesure que l'on descend à de plus grandes profondeurs. P. 595 et suiv. — Détail des faits et des expériences qui prouvent que la chaleur du soleil ne pénètre pas à plus de cent cinquante pieds dans les eaux de la mer. P. 598.

Chaleur (la) paraît tenir encore de plus près que la lumière à l'essence du feu, et on doit regarder la chaleur comme une chose différente de la lumière et du feu. T. ix, p. 11. — Elle existe aussi très-souvent sans lumière. *Ibid.* — On a fait moins de découvertes sur la nature de la chaleur que sur celle de la lumière. P. 12. — Siége de la chaleur dif-

férent de celui de la lumière. *Ibid.* — Le globe de la terre et en général toutes les matières fluides et solides dont il est composé ou environné, ont toutes une chaleur propre très-grande et plus grande que la chaleur qui nous vient du soleil. *Ibid.* — Toute la matière connue est chaude, et dès lors la chaleur est une affection bien plus générale que celle de la lumière. *Ibid.*—Les molécules de la chaleur sont bien plus grosses que celles de la lumière. P. 13.—Son mouvement progressif et bien plus lent que celui de la lumière. Le principe de la chaleur est l'attrition des corps. *Ibid.*—Sa production et celle de la lumière. Leur différence. *Ibid.* — Elle diminue dans sa propagation beaucoup plus que la lumière. P. 16.—L'on doit reconnaître deux sortes de chaleurs : l'une lumineuse, dont le soleil est le foyer immense, et l'autre obscure, dont le grand réservoir est le globe terrestre. P. 18.—La chaleur qui émane du globe de la terre est bien plus considérable que celle qui nous vient du soleil. Elle est dans le climat de Paris vingt-neuf fois plus grande en été, et quatre cents fois plus grande en hiver que celle qui nous vient de cet astre, et cette estimation est encore trop faible. P. 19.—Effets de la chaleur du globe terrestre sur les matières minérales. P. 20. — La chaleur intérieure du globe a été originairement bien plus grande qu'elle ne l'est aujourd'hui ; on doit lui rapporter, comme à la cause première, toutes les sublimations, précipitations, agrégations, séparations, en un mot, tous les mouvements qui se sont faits et se font chaque jour dans l'intérieur du globe. P. 20 et 21. — La chaleur seule et dénuée de toute apparence de lumière et de feu peut produire les mêmes effets que le feu le plus violent. P. 21.—Elle chasse des corps toutes les parties humides, elle dilate les corps en les séchant et en augmente la dureté. Exemple de cette dureté acquise par la chaleur dans les pierres calcaires. Elle augmente la pesanteur spécifique de plusieurs matières, et se fixe dans leur intérieur lorsqu'elle leur est longtemps appliquée. P. 38 et 39. — Les degrés de chaleur sont différents dans les différents genres d'animaux. P. 46.—La chaleur propre du globe terrestre entre comme élément dans la combinaison de tous les autres éléments. P. 54. — Progression de la chaleur, tant pour l'entrée que pour la sortie, dans des boulets de fer de différents diamètres, déterminée par des expériences précises. P. 82 et suiv. — La durée de la chaleur dans les globes, n'est rigoureusement proportionnelle à leur diamètre, que dans la supposition mathématique que ces globes soient composés d'une matière parfaitement perméable à la chaleur ; en sorte que la sortie de la chaleur fût absolument libre, et que les particules ignées ne trouvassent aucun obstacle qui pût les arrêter ni changer le cours de leur direction. Mais les obstacles qui résultent de la perméabilité non absolue, imparfaite et inégale de toute matière solide, au lieu de diminuer le temps de la durée de la chaleur, doivent au contraire l'augmenter. P. 87. — La durée de la chaleur dans différentes matières exposées au même feu, pendant un temps égal, est toujours dans la même proportion, soit que le degré de chaleur soit plus grand ou plus petit. Exemples. P. 94. — Ce n'est pas proportionnellement à leur densité que les corps reçoivent et perdent plus ou moins vite la chaleur, mais dans un rapport bien différent et qui est en raison inverse de leur solidité, c'est-à-dire de leur plus ou moins grande *non-fluidité*. Démonstration de cette vérité par l'expérience. P. 95 et suiv.—La densité n'est pas relative à l'échelle du progrès de la chaleur dans les corps solides, ni dans les fluides. P. 96 et 97. Ordre dans lequel les matières minérales reçoivent et perdent la chaleur, à commencer par le fer, qui de toutes les matières est celle à laquelle il faut le plus de temps pour s'échauffer et se refroidir.

Fer.
Émeril.
Cuivre.
Or.
Argent.
Zinc.
Marbre blanc.
Marbre commun.

Pierre calcaire dure.
Grès.
Verre.
Plomb.
Étain.
Pierre calcaire tendre.
Glaise.
Bismuth.
Porcelaine.
Antimoine.
Ocre.
Craie.
Gypse.
Bois.

P. 154 et suiv.—Le progrès de la chaleur dans les métaux, demi-métaux et minéraux métalliques, est en même raison, ou du moins en raison très-voisine de celle de leur fusibilité. P. 162.—Le progrès de la chaleur dans toutes les substances minérales est toujours à très-peu près en raison de leur plus ou moins grande facilité à se calciner ou à se fondre, mais quand leur calcination ou leur fusion sont également difficiles, et qu'elles exigent un degré de chaleur extrême, alors le progrès de la chaleur se fait suivant l'ordre de leur densité. P. 165.—Lorsque la chaleur est appliquée longtemps, elle se fixe dans les pierres et autres matières solides, et en augmente la pesanteur spécifique. P. 211 et suiv.—Estimation de la quantité de chaleur qui se fixe dans les pierres calcaires. P. 213 et 214.

Chaleur *animale* (la) est une espèce de feu qui ne diffère du feu commun que du moins au plus. Raison pourquoi ce feu ou cette chaleur animale sont sans flamme et sans fumée apparente. T. IX, p. 50.

Chaleur *concentrée*. La plus violente chaleur, et la plus concentrée pendant un très-long temps, ne peut sans le secours et le renouvellement de l'air, fondre la mine de fer ni même le sable vitrescible, tandis qu'une chaleur de même espèce et beaucoup moindre peut calciner toutes les matières calcaires. T. IX, p. 208.—La chaleur la plus violente dès qu'elle n'est pas nourrie, produit moins d'effet que la plus petite chaleur qui trouve de l'aliment. P. 209. — Chaleur morte et feu vivant, leur différence. *Ibid.*

Chaleur *obscure*, c'est-à-dire chaleur privée de lumière, de flamme et de feu libre; ses effets. T. IX, p. 201 et suiv. — Petite quantité d'aliments qu'elle consume, en comparaison de la très-grande quantité d'aliments que consume le feu libre. Comparaison des effets de la chaleur obscure avec les effets du feu lumineux. P. 205. En augmentant la masse de la chaleur obscure, on peut produire de la lumière, de la même manière qu'en augmentant la masse de la lumière on produit de la chaleur. P. 209 et 210.

Chaleur. Les émanations de la chaleur intérieure du globe, s'élèvent perpendiculairement à chaque point de la surface de la terre. T. XI, p. 522.— Elles sont plus abondantes à l'équateur que dans toutes les autres parties du globe. *Ibid.* — Elles doivent nécessairement partir de l'équateur où elles abondent, et se porter vers les pôles où elles manquent. *Ibid.* — La chaleur obscure qui émane de la terre, et forme des courants électriques, peut devenir lumineuse vers les pôles, en s'y condensant dans un moindre espace. P. 523.

Charbon. On doit préférer le charbon de bois de chêne pour les grands fourneaux à fondre les mines de fer, et employer le charbon des bois les plus doux à la forge et aux affineries. T. IX, p. 324.

Charbon. Il ne se dégage que peu ou point d'air du charbon dans sa combustion, quoiqu'il s'en dégage plus d'un tiers du poids total du bois de chêne bien séché. T. IX, p. 205. —Expérience sur la diminution de son volume et de sa masse dans un grand fourneau clos, où l'air n'a point d'accès. P. 207.

Charbon *de terre*. Époque de la formation des couches de charbon de terre. T. IX, p. 514 et 515.—Les couches en sont ordinairement inclinées et toujours parallèles entre elles. Elles sont toutes composées de détriments de végétaux mêlés plus ou moins de bitumes. P. 515. — Les feuillets de charbon de terre ont pris leur forme par des causes combinées; la première est le dépôt toujours horizontal de l'eau; la seconde, la disposition des matières végétales qui tendent à faire des feuillets. P. 516. — Les

charbons de terre sont composés de détriments de végétaux. Preuves de cette assertion et discussion critique à ce sujet. P. 629 et suiv.

CHARBON de terre est une dénomination assez impropre, parce qu'elle paraît supposer que la matière végétale dont il est composé, a été attaquée et cuite par le feu, tandis qu'elle n'a subi qu'un plus ou moins grand degré de décomposition par l'humidité, et qu'elle s'est conservée au moyen de son huile convertie par les acides en bitume. T. x, p. 214. — Différentes sortes de charbon de terre, les unes plus pures, les autres plus mélangées. P. 214 et suiv. — Tous les charbons de terre en général tirent leur origine des matières végétales et animales, dont les huiles et les graisses se sont converties en bitume. P. 215. — Qualités et défauts des différents charbons de terre. *Ibid.* — Autres preuves que le fond de la substance de tous les charbons de terre est une matière végétale : discussion et réfutation des opinions contraires. P. 215 et suiv. — Le charbon de terre n'est formé que de la réunion des débris solides et de l'huile liquide des végétaux, qui se sont ensuite durcis par le mélange des acides. P. 216. — Le charbon de terre de la meilleure qualité, est celui dans lequel la matière végétale est la plus pure, et à laquelle le bitume est intimement uni, et le charbon pyriteux est le plus mauvais. P. 217. — On peut passer par degrés, de la tourbe récente et sans mélange de bitume, à des tourbes plus anciennes, devenues bitumineuses ; du bois charbonnifié aux véritables charbons de terre. P. 219. — Discussion et réfutation des opinions qui donnent au charbon de terre une autre origine. P. 219 et suiv. — Charbons de terre de seconde formation, par la filtration des eaux à travers les couches anciennes de ce charbon : leur description. P. 220. — Génération primitive du charbon de terre, et développement successif de sa formation et de sa composition. P. 223. — Il y a deux manières dont les charbons de terre ont été déposés ; la première en veines étendues sur des terrains en pentes, et la seconde en masses sur le fond des vallées, et ces dépôts en masses sont toujours plus épais que les veines en pentes : il y a de ces masses de charbons qui ont jusqu'à dix toises d'épaisseur, tandis que les veines n'en ont que quelques pieds. P. 238. — Distinction des différentes sortes de charbon de terre. P. 248. — Leurs usages : il faut les épurer pour les employer dans les forges. Les charbons pyriteux rendent le fer cassant et doivent être rejetés ; ce ne sont que les charbons les plus purs ou les charbons épurés, que l'on peut substituer au bois et qui peuvent le remplacer, soit dans les arts, soit dans les autres usages économiques. *Ibid.* — Le bon charbon de terre contient beaucoup plus de parties combustibles que le bois ; aussi la chaleur de ce charbon fossile est-elle bien plus forte et plus durable que celle du charbon végétal. P. 249. — Usages et pratiques du charbon de terre, pour les feux des maisons et les fours et fourneaux des manufactures à feu. P. 270 et suiv. — Comparaison de la chaleur et du feu du charbon de terre avec la chaleur et le feu du charbon de bois. P. 271. — Manière dont on fait le *coak* et les *cinders* avec les charbons de terre. P. 272. — *Désoufrage*, ou manière dont on peut enlever les acides et autres matières pyriteuses du charbon de terre. P. 274. — Autre manière d'épurer les charbons de terre, au point de les rendre utiles aux blanchisseries et à tous les autres objets économiques où l'on emploie le bois. P. 276. — Expériences qui démontrent que le charbon de terre épuré par la méthode du sieur *Ling*, approuvée du gouvernement, peut remplacer le bois, et a en même temps une grande supériorité sur toutes les matières combustibles, soit pour le chauffage ordinaire, soit pour les arts de métallurgie. *Ibid.* — *Mines de charbon.* Les mines de charbon les plus profondes que l'on connaisse en Europe, sont celles du comté de Namur, qu'on assure être fouillées jusqu'à deux mille pieds de France. P. 238. — Les mines de charbon en amas, sont plus faciles à exploiter que les mines en veines. P. 242. — Et celles-ci, lorsqu'elles sont situées dans les montagnes, s'exploitent plus aisément que quand elles sont dans les vallées. P. 243. — Vapeurs et différentes ex-

halaisons qui s'élèvent dans les mines de charbon : leur indication et leurs effets. P. 243 et suiv. — Les embrasements spontanés sont assez fréquents dans les mines de charbon, et par quelles raisons ; et quand le feu s'est allumé, il est non-seulement durable, mais perpétuel. P. 245. — Les eaux souterraines, même les plus profondes, proviennent uniquement des eaux de la superficie, dans les mines de charbon : preuves à ce sujet. P. 245 et 246. — Énumération des principales mines de charbon, tant en France que dans les autres régions de la terre. P. 248. — Indications des principales mines de charbon, qui sont actuellement en exploitation en France. P. 250 et suiv. — Mines de charbons incendiées, et qui brûlent depuis longtemps. P. 253. — Énumération des principales mines de charbon de l'Angleterre, de l'Écosse et de l'Irlande. P. 256 et suiv. — Disposition des mines de charbon du pays de Liége. P. 261 et suiv. — Des Pays-Bas. P. 263. — D'Allemagne. P. 263 et suiv. — D'Espagne. P. 265 et 266. — De Savoie. P. 266. — De Suisse. *Ibid.* — D'Italie. P. 266 (note *d*), 267 et suiv. — De Suède. P. 268. — De Russie. *Ibid.* — De Sibérie. P. 268 et suiv. — De la Chine. P. 269. — Du Japon, de Sumatra, de Madagascar, du continent de l'Afrique et de l'Amérique. P. 269 et 270. — *Veines de charbon de terre.* Origine des couches ou veines de charbon de terre. P. 213 et 214. — La formation des veines de charbon de terre est bien postérieure à celle des matières primitives ; on n'a jamais vu de veines de charbon de terre dans les masses primitives de quartz ou de granit. P. 214. — La direction la plus constante des veines de charbon de terre, est du levant au couchant : raison de cet effet de nature ; interruption dans ces veines. P. 226 et 227. — Les veines de charbon, même les plus étendues, courent presque toutes du levant au couchant, et ont leur inclinaison au nord en même temps qu'elles sont plus ou moins inclinées dans chaque endroit, suivant la pente du terrain sur lequel elles ont été déposées ; il y en a même qui approchent de la perpendiculaire ; et cette grande différence dans leur inclinaison n'empêche pas qu'en général, cette inclinaison n'approche dans chaque veine, de plus en plus, de la ligne horizontale, à mesure que l'on descend plus profondément. P. 227 et 228. — Toutes les veines de charbon inclinées et même perpendiculaires, approchent de plus en plus de la position horizontale à mesure qu'elles descendent plus bas ; et quelquefois après leur cours dans cette position horizontale, elles remontent, non-seulement dans la même direction, mais encore sous le même degré, à très-peu près, d'inclinaison. P. 228. — Toutes les veines de charbon de terre vont en augmentant d'épaisseur, à mesure qu'elles s'enfoncent plus profondément ; et nulle part leur épaisseur n'est plus grande que tout au fond, lorsqu'on est arrivé au *plateur* ou ligne horizontale. *Ibid.* — Il y a ordinairement plusieurs couches de charbon les unes au-dessus des autres, et séparées par une épaisseur de plusieurs pieds, et même de plusieurs toises de matières étrangères. P. 229. — Différences dans les inclinaisons des veines de charbon, suivant la plus ou moins grande profondeur où elles se trouvent : explication de cet effet de nature. *Ibid.* — Tableau des couches de charbon de la montagne de Saint-Gilles au pays de Liége, et discussion critique à ce sujet. P. 230 et suiv. — La partie du milieu et le fond de la veine de charbon de terre sont toujours celles où se trouve le meilleur charbon ; celui de la partie supérieure est toujours plus maigre et plus léger, et à mesure que les rameaux de la veine approchent plus de la surface de la terre, le charbon en est moins compacte. P. 236. — Lieux dans lesquels les veines de charbon de terre se trouvent à des profondeurs médiocres. P. 237. — ***Creins et failles*** qui interrompent le cours des veines de charbon. P. 239. — Les veines de charbon sont ordinairement couvertes et enveloppées par un schiste plus ou moins mêlé de terre végétale ou limoneuse, avec des empreintes de plantes ; et quelquefois le toit et le sol de la veine sont de grès, et même de pierres calcaires plus ou moins dures : exemples à ce sujet. P. 240 et 241.

CHARBON DE TERRE. Il y a deux sortes de

charbons de terre, l'un que l'on nomme *charbon sec*, qui produit, en brûlant, une flamme légère, et diminue de poids et de volume en se convertissant en braise; et l'autre, que l'on appelle *charbon collant*, qui donne une chaleur plus forte, se gonfle et s'agglutine en brûlant. T. XI, p. 504 et 505. — Les charbons secs ne se trouvent ordinairement que dans les terrains calcaires, et les charbons collants dans les terrains granitiques et schisteux. P. 505. — Description du charbon sec, sa composition, son gisement dans la mine, etc., sa combustion, ses cendres, son odeur en brûlant. *Ibid.* — Ces charbons secs, lorsqu'ils sont épurés, présentent assez souvent les fibres ligneuses, et même les couches concentriques du bois, qu'il était difficile d'y reconnaître avant l'épurement. *Ibid.* — Les charbons secs, quoique moins bitumineux en apparence que les charbons collants, le sont réellement davantage, et ils produisent par leur distillation, un cinquième de plus de bitume et un tiers de plus d'eau alcalisée. P. 505 et 506. — Le charbon collant qu'on appelle aussi *charbon gras*, augmente de volume au feu au moins d'un tiers. P. 506. — Ses autres qualités, sa réduction en cendres. *Ibid.* — Il donne une chaleur plus forte et plus durable que le charbon sec. *Ibid.* — Autres différences du charbon collant et du charbon sec. *Ibid.* — Empreintes de roseaux et autres végétaux dans les charbons de terre. P. 506 et 507. — Situation des mines de charbon sec dans les terrains calcaires. P. 507. — Leur inclinaison, leurs variétés, leurs différentes épaisseurs. *Ibid.* — On doit rapporter à la même époque la formation de ces charbons et de la pierre calcaire qui les environne. *Ibid.* — Situation des charbons collants dans les terrains granitiques ou schisteux, leurs variétés dans leur épaisseur, dans leur inclinaison. *Ibid.* — Jamais ce charbon ne porte immédiatement sur le granite; il y a toujours une couche de grès, de sable quartzeux ou de pierres vitreuses roulées entre les granites et les couches de ce charbon. *Ibid.* — Raisons pourquoi le charbon sec rend une quantité d'alcali double et même triple, de celle qu'on obtient des charbons collants. P. 508. — La terre végétale n'entre qu'en petite quantité dans la composition du charbon sec, et entre au contraire pour beaucoup dans celle du charbon collant. *Ibid.* — Énumération des couches de terre ou de charbon du puits de Caughley-Lane en Angleterre, d'où l'on peut conclure, ainsi que de celle des couches de charbon de la montagne Saint-Gilles au pays de Liége, que l'épaisseur des couches de charbon n'est pas relative à la profondeur où elles gisent, et que l'épaisseur plus ou moins grande des matières étrangères, interposées entre les couches du charbon, n'influe pas sur l'épaisseur de ces couches; et l'on doit encore en inférer que la plus ou moins grande profondeur à laquelle se trouvent ces différentes couches de charbon n'influe pas sur leur qualité. P. 510 et 511. — Tous les résultats que nous avons tirés de la nature et de la position des couches de la montagne de Saint-Gilles au pays de Liége, se trouvent confirmés par la comparaison des couches de Caughley-Lane en Angleterre. P. 511.

Chataigniers. Le bois de chêne blanc a souvent été pris pour du bois de châtaignier. T. XII, p. 108.

Chaud. Les limites du plus grand chaud de l'été au plus grand froid de l'hiver, sont comprises dans un intervalle qui n'est qu'un trente-deuxième de la chaleur réelle totale. T. IX, p. 588.

Chauffer *et refroidir*. Il faut environ la sixième partie et demie du temps pour chauffer à blanc les globes de fer, de ce qu'il en faut pour les refroidir au point de pouvoir les tenir dans la main, et environ la quinzième partie et demie du temps qu'il faut pour les refroidir au point de la température actuelle. T. IX, p. 90.

Chaumes. Différence des chaumes et des friches. T. XII, p. 106.

Chaux (la) faite avec des coquilles, est plus faible que la chaux faite avec du marbre ou de la pierre dure. Explication des différents phénomènes que présente la calcination de la chaux. T. IX, p. 60. — La chaux qui a subi une longue calcination, contient une plus grande partie d'alcali. P. 64. — Moyen

facile de faire de la chaux à moindres frais. P. 210. — Différence de la chaux faite à un feu lent, ou simplement avec la chaleur obscure, et de la chaux faite à la manière ordinaire. P. 210 et 211.

CHÊNES. Comparaison de l'accroissement des chênes semés et cultivés dans un jardin, et des chênes semés en pleine campagne et abandonnés sans culture. T. XII, p. 96 et 97. — Différentes espèces de chênes ; observations utiles à ce sujet. P. 108. — Comparaisons du bois de chêne à gros glands au bois de chêne à petits glands. *Ibid.* — Les chênes sont souvent endommagés par la gelée du printemps dans les forêts, tandis que ceux qui sont dans les haies et dans les autres lieux découverts, ne le sont point du tout. Cause de cet effet. P. 131.

CHIMIE. Défauts de sa théorie. T. IX, p. 31. —D'où provient l'obscurité de cette science. P. 42 et suiv.

CHOC (le) et toute violente attrition, entre les corps, produit du feu. T. XI, p. 522.

CHRYSOCOLLE *verte* ou *vert de montagne*, n'est que du vert-de-gris très-atténué. La chrysocolle bleue ne diffère de la verte que par la couleur que les alcalis volatils ont fait changer. T. XI, p. 27. — On l'appelle *azur* lorsque le bleu est bien intense, et *bleu de montagne* lorsqu'il l'est moins. *Ibid.*

CHRYSOLITHE. Les pierres que l'on appelle aujourd'hui *chrysolithes*, ne sont que des cristaux dont le jaune est mêlé d'un peu de vert. T. XI, p. 233. — Différence de la chrysolithe et du péridot. P. 234. — Chrysolithes des volcans sont de la même nature que les chrysolithes ordinaires. *Ibid.*

CHRYSOPRASE, est une prase dont la couleur verte est mêlée d'un peu de jaune. T. XI, p. 287.

CHAUX. La chaux éteinte et desséchée est de la même nature que la craie, et peut servir aux mêmes usages. T. X, p. 108. — Plus les pierres calcaires sont denses, plus il faut de temps pour les convertir en chaux. P. 133.

CIEUX. Tableau physique des cieux. T. IX, p. 428 et suiv.

CIMENTS. Différence des ciments naturels et de nos ciments artificiels. T. XI. p. 203 et 204. — Le premier des ciments de nature est le suc vitreux ou cristallin. Le second est le suc spathique ou calcaire. P. 204. — Le troisième est le ciment métallique et pyriteux. P. 204 et 205. — Le quatrième est le bitume, etc. P. 205.

CIMENTS *naturels*, sont de plusieurs sortes, et diffèrent principalement entre eux, en ce que les uns sont de la même nature et homogènes avec la matière dont ils remplissent les interstices, et que les autres sont d'une substance différente de celles qu'ils pénètrent. T. X, p. 68.

CIMENT *pierreux*. Voyez GRÈS. T. X, p. 67.

CINABRE est un composé de mercure par le foie de soufre. T. XI, p. 111. — Production du cinabre. P. 112. — Le cinabre ne se trouve point mêlé avec les mines des autres métaux, à l'exception de celles de fer en rouille, qui sont de dernière formation. P. 110 et 111.

CLIMATS. Dans tous les climats de la terre, les étés sont égaux, tandis que les hivers sont prodigieusement inégaux. Examen et réfutation de l'explication que feu M. de Mairan a donnée de ce fait. Cause réelle de cet effet démontrée par l'auteur. Les hivers sont d'autant plus inégaux qu'on s'avance plus vers les zones froides. T. IX, p. 438 et suiv. — Raison pourquoi les plantes végètent plus vite, et que les récoltes se font en beaucoup moins de temps dans les climats du Nord, et pourquoi l'on y ressent souvent au commencement de l'été des chaleurs insoutenables. P. 442.

CLIMATS. L'homme peut modifier les influences du climat qu'il habite, et en fixer pour ainsi dire la température, au point qui lui convient. T. IX, p. 589 et 659.

CLOCHES (les) faites de fontes de fer, sont d'autant plus sonores que la fonte est plus cassante, et par cette raison il faut leur donner plus d'épaisseur qu'aux cloches faites du métal ordinaire. T. IX, p. 331.

COAGULATION *de la fonte de fer*, expériences sur ce sujet. T. IX, p. 301 et suiv.

COAK et CINDERS. Voyez CHARBON DE TERRE. T. X, p. 272.

COBALT. De tous les minéraux métalliques,

le cobalt est peut-être celui dont la nature est la plus masquée ; on ne peut le reconnaître d'une manière sûre que par la couleur bleue qu'il donne aux émaux. T. xi, p. 175. — Les mines de cobalt sont assez rares, et toujours chargées de matières étrangères. *Ibid.* — Le cobalt est toujours mêlé de fer si intimement, qu'on ne peut les séparer. *Ibid.* — Régule de cobalt, ses propriétés. P. 176. — Indice des minières de cobalt. P. 176 et suiv. — La substance du régule de cobalt est plus fixe au feu que celle des demi-métaux et même que celle du fer et des autres métaux imparfaits. P. 180. — Alliage du régule de cobalt avec les métaux et demi-métaux. P. 180 et 181.— Mines de cobalt en Europe, à la Chine, au Japon, etc. P. 181 et suiv.

Cobalt. Régule de cobalt est toujours plus ou moins attirable à l'aimant. T. xi, p. 480.

Collines. Les collines ne nous présentent plus le même aspect qu'elles avaient lorsque les eaux les ont abandonnées ; elles se sont rabaissées, et les vallées se sont remplies des terres descendues de leur sommet ; les angles des collines sont aussi devenus plus obtus, leur sommet plus chenu, etc. Preuves de ces vérités. T. ix, p. 524.—Les collines calcaires isolées sont moins hautes que les collines calcaires qui les avoisinent. Raisons de ce fait. P. 542.

Combustibles. Les matières combustibles ne se consument pas dans des vaisseaux bien clos, quoique exposées à l'action du plus grand feu. T. ix, p. 21.—On peut mesurer la célérité ou la lenteur avec laquelle le feu consume les matières combustibles, par la quantité plus ou moins grande de l'air qu'on lui fournit. P. 23.—Matières combustibles qui paraissent n'avoir pas besoin d'air pour se consumer. *Ibid.*—Explication de la manière dont se fait la combustion de ces matières. P. 23 et 24.—Différences des matières combustibles et non combustibles. P. 24. —Rapport des matières combustibles avec le feu. P. 25. — Différence essentielle entre les matières volatiles et les matières fixes, et entre les substances plus ou moins combustibles. *Ibid.* —Toutes les matières combustibles viennent originairement des animaux ou des végétaux. Preuve de cette assertion. P. 26.

Combustion. Explication de la manière dont s'opère la combustion. T. ix, p. 23.— Ce qu'elle suppose de plus que la volatilisation. P. 24.—Ses effets comparés à ceux de la calcination. P. 40.—La combustion et la calcination sont des effets du même ordre. *Ibid.*

Comètes. Il existe probablement dans le système solaire quatre ou cinq cents comètes qui parcourent en tous sens les différentes régions de cette vaste sphère. T. ix, p. 429. — Quand même il existerait des comètes dont la période de révolution serait double, triple et même décuple de la période de 575 ans, la plus longue qui nous soit connue, et qu'en conséquence ces comètes s'enfonceraient à une profondeur dix fois plus grande, il y aurait encore un espace soixante-quatorze ou soixante-quinze fois plus profond pour arriver aux confins du système du soleil et du système de Sirius. P. 430 et 431. — Raisons qui semblent prouver que les comètes ne peuvent passer d'un système dans un autre. P. 432.

Comètes. Le noyau, c'est-à-dire le corps des comètes qui approchent du soleil, ne paraît pas être profondément pénétré par le feu, puisqu'il n'est pas lumineux par lui-même, comme le serait toute masse de fer, de verre ou d'autre matière solide intimement pénétrée par cet élément. T. ix, p. 481. — Manière d'estimer par approximation le nombre des comètes. Il est beaucoup plus plus grand qu'on ne le croit vulgairement, et peut-être y en a-t-il quatre ou cinq cents dans le système solaire. P. 484.

Comètes. Correction à faire à l'estime que Newton a faite de la chaleur que le soleil a communiquée à la planète de 1680. T. ix, p. 90 et suiv. — Cette comète n'a pu recevoir le degré de chaleur assigné par Newton, il aurait fallu pour cela qu'elle eût séjourné pendant un très-long temps dans le point de son périhélie. P. 91. — Explication de l'origine de ce que l'on appelle les queues des comètes. P. 93. — Lorsque les comètes approchent du Soleil, elles ne reçoivent pas une chaleur immense, ni très-longtemps durable ; leur

séjour est si court dans le voisinage de cet astre, que leur masse n'a pas le temps de s'échauffer, et il n'y a guère que la partie de la surface exposée au soleil qui soit brûlée par cet instant de grande chaleur. *Ibid.*

Commotion (la) produite par la torpille, l'anguille de Surinam et le trembleur du Niger, n'est point un effet mécanique. T. xi, p. 542.—Elle ne peut point être rapportée au simple magnétisme. P. 543.—Elle ne doit pas non plus être regardée comme un phénomène purement électrique. *Ibid.*

Concrétions. Différence entre les concrétions, les incrustations et les pétrifications, comment se forment les unes et les autres. T. xi, p. 386.

Conducteurs. Les amas d'eau, les matières métalliques, calcaires, végétales et humides, sont les plus puissants conducteurs du fluide électrique. T. xi, p. 524. —Lorsqu'elles sont isolées par les matières vitreuses, elles peuvent être chargées d'un excès plus ou moins considérable de ce fluide. *Ibid.*

Conducteurs *électriques*. La foudre, lancée par les conducteurs électriques souterrains, est assez puissante pour bouleverser et même projeter plusieurs millions de toises cubes. T. xi, p. 525 et 526.

Congélation (la) paraît présenter d'une manière inverse les mêmes phénomènes que l'inflammation. T. ix, p. 58.

Consolidation. Les temps nécessaires pour consolider le métal fluide (le fer), sont en même raison que celle de son épaisseur. Preuve de cette vérité par l'expérience. T. ix, p. 303.

Contact (dans le point de), la force attractive dont l'action est très-inégale à toutes les distances dans les différents aimants, produit alors un effet moins inégal dans l'aimant faible et dans l'aimant fort. T. xi, p. 567.

Continents. Si les deux continents sont séparés vers le nord, il est certain que cette séparation ne s'est faite qu'après la naissance des éléphants dans les contrées du Nord, puisqu'on retrouve leurs dépouilles en Amérique, comme en Asie et en Europe. T. ix, p. 470.—Tous les continents vont en se rétrécissant du côté du Midi. Raison de ce fait général. P. 504 et 505.—Preuve démonstrative que le continent de l'Afrique a toujours été séparé de celui de l'Amérique, et qu'au contraire, celui de l'Asie était contigu à l'Amérique vers le nord. P. 520. — La continuité des deux continents vers le nord a subsisté longtemps. Preuves de cette vérité. P. 555. — La séparation des continents vers le nord est d'un temps assez moderne en comparaison de la division de ces mêmes continents vers les parties de l'équateur. P. 562. —Les deux continents de l'Asie et de l'Amérique ont été autrefois contigus vers le nord, et le sont peut-être encore aujourd'hui. P. 563. —Dans tous les continents les terres ont une pente plus rapide du côté de l'occident que du côté de l'orient. Détails des faits qui prouvent cette vérité générale. P. 634 et 635. —L'étendue des continents terrestres ne fera qu'augmenter avec le temps. Fondement de cette présomption. P. 637 et suiv.—Le continent de l'Asie et celui de l'Amérique sont réunis vers le nord. Détails des faits qui indiquent cette vérité. L'on n'a point doublé le cap des Tschutschis, c'est-à-dire la pointe la plus septentrionale de l'Asie orientale. Il y a eu de temps immémorial un commerce entre les Tschutschis et les Américains. L'intervalle des mers qui les sépare est semé d'un si grand nombre d'îles, qu'on peut prendre terre tous les jours, et faire en canot à la rame le trajet de l'Asie à l'Amérique en très-peu de jours. Nouveaux faits qui prouvent cette facilité de communication. P. 649 et suiv.

Connaissances. L'expérience est la base de nos connaissances, et l'analogie en est le premier instrument. Toutes deux peuvent nous donner des certitudes à peu près égales. T. xii, p. 157.

Convenances. Le sentiment des convenances doit régner dans tout écrit. T. xii, p. 343.

Coquillages (les) ont produit toute la matière calcaire qui existe sur le globe terrestre. T. ix, p. 59 et 60.

Coquilles. Accroissement et multiplication des coquilles. P. 59.

Coquilles. On trouve à la surface et à l'intérieur de la terre, des coquilles et au-

tres productions de la mer, et toutes les matières qu'on appelle *calcaires*, sont composées de leurs détriments. La plupart des coquilles que l'on tire du sein de la terre n'appartiennent pas aux espèces actuellement subsistantes dans les mers voisines, mais plutôt aux espèces qui se trouvent dans les mers méridionales, et même il y en a plusieurs espèces dont les analogues vivants sont inconnus et ne subsistent plus. T. IX, p. 463. — On trouve dans les contrées du Nord, ainsi que dans notre zone tempérée, des coquilles, des squelettes et des vertèbres d'animaux marins qui ne peuvent subsister que dans les mers les plus méridionales. Il est donc arrivé pour les climats de la mer, le même changement de température que pour ceux de la terre. P. 474. — Les animaux dont on trouve les coquilles à quinze cents et deux mille toises d'élévation dans les montagnes, doivent être regardés comme les premiers habitants du globe terrestre. P. 506.

COQUILLES. Les coquilles sont rarement dispersées dans toute la hauteur des bancs calcaires; souvent sur une douzaine de ces bancs, tous posés les uns sur les autres, il ne s'en trouvera qu'un ou deux où se voient encore des coquilles, quoique l'argile qui d'ordinaire leur sert de base, soit mêlée d'un très-grand nombre de coquilles : ce qui prouve que dans l'argile, où l'eau n'ayant pas pénétré n'a pu les décomposer, elles se sont mieux conservées que dans les couches de matière calcaire où elles ont été dissoutes, et ont formé ce suc pétrifiant qui a rempli les pores des bancs inférieurs, et a lié les grains de la pierre qui les compose. T. X, p. 120. — Bancs de coquilles. Voyez PIERRES CALCAIRES. P. 122 et 123.

COQUILLAGES *et poissons.* Indices et faits qui semblent démontrer que leur existence a précédé, même de fort loin, celle des animaux terrestres. T. XI, p. 382. — Coquillages et poissons des premiers âges de la nature, et dont les espèces sont actuellement perdues; leurs débris nous démontrent l'excès de la grandeur de certaines espèces. P. 382 et 383.

CORAIL. La substance du corail est de la même nature que celle des coquilles; il est produit, ainsi que tous les autres madrépores, astroïtes, cerveaux de mer, par le suintement du corps d'une multitude de petits animaux auxquels il sert de loge, et c'est dans ce genre la seule matière qui ait une certaine valeur. Lieux particuliers où on trouve le corail en plus grande abondance; l'île de Corse pourrait en fournir une très-grande quantité. T. XI, p. 378. — Récit historique au sujet de la pêche du corail autour de cette île et de celle de Sardaigne. P. 378 et 379. — Le corail se forme et croît en assez peu d'années; il se gâte en vieillissant, il devient piqué, et même sa tige tombe, et il se pourrit. P. 378. — Le corail de première qualité, est celui qui est le plus gros et de plus belle couleur, et ce beau corail se vend depuis trente à quarante francs la livre. P. 379. — Manière dont on pêche le corail autour de la Sicile. P. 380.

CORDILLÈRES (les montagnes volcaniques des), qui s'élèvent à plus de trois mille toises, ont dû être soulevées à cette énorme hauteur par la force des feux souterrains. T. XI, p. 532.

CORNALINES sont des agates d'un rouge pur et d'une belle transparence. T. XI, p. 285. — Il y en a aussi de moins transparentes. *Ibid.*

CORNE. Voyez PIERRE DE CORNE. T. X, p. 185 et suiv.

CORNES *d'Ammon.* Les grandes volutes appelées *Cornes d'Ammon*, dont il y en a qui ont plusieurs pieds de diamètre, sont les dépouilles d'animaux testacés, dont les espèces n'existent plus dans la mer. T. IX, p. 468.

CORPS. Un corps dur et absolument inflexible, serait nécessairement immobile, c'est-à-dire incapable de recevoir ou de communiquer le mouvement. T. IX, p. 2. — Les corps s'échauffent ou se refroidissent d'autant plus vite qu'ils sont plus fluides, et d'autant plus longtemps qu'ils sont plus solides. P. 96.

COUCHE *ligneuse.* Expérience qui démontre la vraie cause de la différente épaisseur, et de l'excentricité des couches ligneuses dans les arbres. Cela dépend de la force et

de la position des racines et des branches. T. XII, p. 114.

COUCHES *de la terre.* Les couches voisines de la surface du globe sont les seules qui étant exposées à l'action des causes extérieures, ont subi toutes les modifications que ces causes réunies à celle de la chaleur intérieure auront pu produire par leur action combinée, c'est-à-dire toutes les formes des substances minérales, T. IX, p. 21.

COUCHES *de la terre.* Époque de l'origine des couches horizontales de la terre, et de la formation des collines; de leur figuration par angles correspondants. T. IX, p. 511.

COULEURS *en général.* Moyens de les produire. T. IX, p. 280 et suiv. — Chaque couleur différente a un degré différent de réfrangibilité. Pourquoi les dénominations de toutes les couleurs doivent être réduites à sept, ni plus ni moins. P. 279 et suiv. — Le rapport entre les sept espaces qui contiennent les couleurs primitives et les sept intervalles des sept tons de la musique, n'est qu'une proportion de hasard dont on ne doit tirer aucune conséquence. P. 280. — Elles sont produites par la réflexion de la lumière, aussi bien que par la réfraction. *Ibid.* et suiv.

COULEURS (les), odeurs, saveurs, proviennent toutes de l'élément du feu. Preuves de cette assertion. T. IX, p. 63 et 64.

COULEURS *accidentelles.* Découverte des couleurs naturelles et accidentelles. T. IX, p. 282 et suiv. — Rapports et différence des couleurs naturelles et accidentelles. P. 284. — Moyens de les produire et exposition des phénomènes qu'elles présentent. *Ibid.* — Expériences sur les couleurs accidentelles faites sur des couleurs naturelles mates, et sur des couleurs naturelles brillantes. *Ibid.* et suiv.—Les taches que l'œil porte sur tous les objets après avoir regardé le soleil, sont des phénomènes du même genre que ceux des couleurs accidentelles. Il en est de même des flammes et des points noirs que l'on voit lorsque l'organe de l'œil est trop fatigué. P. 285 et suiv. — Autres expériences sur les couleurs accidentelles. *Ibid.*

COULEURS. Les couleurs ne doivent pas être regardées comme partie intégrante d'aucune substance, parce qu'il ne faut qu'une très-petite quantité de matière pour colorer de très-grandes masses, et que l'addition de ces couleurs n'ajoute rien, ou presque rien à leurs poids. T. X, p. 16 et 17.

COUPES *de bois.* Voyez BOIS.

COS. Voyez *Pierre à aiguiser.*

COURANTS *de la mer.* L'inspection attentive des côtes de nos vallées, nous démontre que le travail particulier des courants a été postérieur à l'ouvrage général de la mer. T. IX, p. 537.—Exemple et détail de cette vérité générale. *Ibid.* et suiv.—La direction des courants a varié dans leur cours, et la déclinaison des coteaux a changé par la même cause. Raison de ce fait. P. 511.

COURBES. Lois et propriétés des courbes. T. XII, p. 197.

COURBES géométriques et courbes mécaniques. T. XII, p. 197.

COURANTS. Dans tout aimant, comme dans le globe terrestre, la force magnétique forme deux courants inégaux et en sens contraire, qui partent tous deux de l'équateur en se dirigeant aux deux pôles. T. XI, p. 576.

COURANTS *électriques.* La force des courants électriques, qui produisent les commotions souterraines et en suivent la direction, se manifeste par la vertu magnétique, que reçoivent des barres de fer ou d'acier, placées dans le même sens que ce courant passager et local. T. XI, p. 553. — L'action de cette force particulière, est quelquefois supérieure à celle du courant général de l'électricité. *Ibid.*

CRAIE *de Briançon.* Cette pierre n'est point une craie, mais une pierre talqueuse, et presque même un véritable talc. Légères différences de cette craie de Briançon et du talc. T. XI, p. 343. — Après le talc, la craie de Briançon est de toutes les stéatites la plus tendre et la plus douce au toucher; on la trouve plus fréquemment et en plus grandes masses que les talcs. P. 344. — Différentes sortes de cette pierre. *Ibid.* — En général, cette craie est un talc qui n'a pas acquis toute sa perfection; celui qu'on appelle *talc de Venise* ou *de Naples*, est absolument de la même nature; on se sert également de la

poudre de craie de Briançon ou de talc de Venise, pour faire le fard blanc, et la base du rouge dont nos femmes font un usage agréable aux yeux mais déplaisant au toucher. *Ibid.*

CRAIE *d'Espagne*. Nom impropre donné à cette matière, parce qu'ordinairement elle est blanche comme la craie, T. XI, p. 341. — Mais elle n'a d'autre rapport avec la craie, que la couleur et l'usage qu'on en fait, en la taillant de même en crayon pour tracer des lignes blanches. P. 341 et 342. — Cette craie d'Espagne, ainsi que la pierre de lard de la Chine, sont toutes deux des stéatites ou pierres talqueuses. Leur description. *Ibid.* — La craie d'Espagne et la pierre de lard sont plus denses, quoique moins dures que les serpentines et les pierres ollaires. *Ibid.* — La craie d'Espagne se trouve aussi en Italie où on l'appelle *piedra di sartori;* ordinairement cette pierre est blanche ; cependant il y en a de la grise, de la rouge, de la marbrée, de couleur jaunâtre et verdâtre dans quelques contrées. *Ibid.* — Ces pierres craie d'Espagne et pierre de lard, se durcissent au feu comme toutes les autres pierres talqueuses ; on peut les employer à faire des vases et de la vaisselle de cuisine qui résiste au feu, s'y durcit, et ne s'imbibe pas d'eau. *Ibid.*

CRAIE. La craie doit être regardée comme le premier détriment des coquilles et autres dépouilles des animaux marins ; la substance coquilleuse est encore toute pure dans la craie, sans mélange sensible d'autre matière, et sans aucune de ces nouvelles formes de cristallisation spathique, que la stillation des eaux donne à la plupart des pierres calcaires. T. X, p. 101. — La craie est en général ce qu'il y a de plus léger et de moins solide dans les matières calcaires, et la craie la plus dure est encore une pierre tendre. *Ibid.* — Il ne faut pas confondre la craie avec la marne ; celle-ci étant toujours mêlée de terre argileuse, au lieu que la craie est une terre calcaire pure. *Ibid.* — La craie a, comme le sable, une double origine ; la première par les coquilles réduites en poussière, et la seconde par la poudre des pierres déjà formées : exemples de cette seconde formation des craies. P. 102. — On donne à la craie différents noms, selon ses différents degrés de pureté ; l'une des plus fines s'appelle *blanc d'Espagne*, elle est aussi l'une des plus pures et des plus blanches : son usage. Quand elle est encore plus légère, on l'a appelée *lac lunæ*, *medulla saxi*, *agaric minéral*, noms impropres auxquels on pourrait substituer celui de *fleur de craie*. P. 103 et 104. — Propriétés de la craie, communes avec celles des autres substances calcaires. *Ibid.* — La craie fine, connue sous le nom de *blanc d'Espagne*, ne se trouve pas en grandes couches ni même en bancs, mais dans les fentes des rochers calcaires, et sur la pente des collines crétacées ; elle y est conglomérée en pelotes plus ou moins grosses. P. 104. — Anciennes excavations faites par les hommes dans les montagnes de craie pour y habiter. Exemples de ces excavations dans les Indes, en Arabie et ailleurs. P. 104 et 105. — Concrétions qui proviennent de la craie. P. 105. — Dépôts secondaires de la matière crétacée ; se font très-promptement. Exemple à ce sujet. P. 105 et 106. — Usages de la craie en agriculture, elle peut aider la végétation et en augmenter le produit, lorsqu'elle est répandue sur les terres argileuses trop dures et trop compactes. P. 106. — Expériences sur les sels qu'elle contient. P. 109 et 110. — Le nitre se trouve en assez grande quantité dans la craie qui est à la surface de la terre et exposée à l'air. P. 109. — On trouve aussi du sel marin dans le blanc d'Espagne et dans la fleur de craie. *Ibid.* — Quoique la craie, ou terre calcaire, puisse être regardée comme une terre animale, puisqu'elle n'a été produite que par les détriments des coquilles, elle est néanmoins plus éloignée que l'argile des caractères de la terre végétale ou limoneuse. Preuves par la comparaison des unes et des autres. P. 211 et 212. — Couches de craie ; il y a des couches de craie très-épaisses et très-étendues. Exemples à ce sujet. P. 101. — Les couches de craie sont ordinairement horizontales ; raison de ce fait. *Ibid.* — La craie est plus dure dans les lits inférieurs que dans les lits supérieurs ; et cette même différence de solidité s'observe dans toutes les couches anciennement for-

mées par les sédiments des eaux de la mer; raison de ce fait général. *Ibid.* — On trouve entre les couches épaisses de craie, de petits lits de substance vitreuse, et le *silex*, que nous nommons *pierre à fusil*, se trouve en grande quantité dans les craies, ce qui prouve que la matière coquilleuse s'est mêlée avec des poudres vitreuses dans son transport par les eaux. P. 103. — Craie des lits inférieurs, quoique solide et dure, est assez tendre au sortir de la carrière, mais elle prend, en se séchant à l'air, assez de dureté pour qu'on puisse l'employer à bâtir. P. 105. — La craie n'est pas si généralement répandue que la pierre calcaire dure, et ses couches, quoique très-étendues en superficie, ont rarement autant de profondeur que celles des autres pierres. *Ibid.*

Cristal *de roche*. Est de la même essence que le quartz. Sa formation. T. xi, p. 216 et 217. — Pourquoi l'on trouve rarement des cristaux à deux pointes, et très-communément des cristaux en pyramide simple, ou en prismes surmontés de cette seule pyramide. P. 217. — Cristaux de roche, grands et petits, sont figurés de même. P. 218. — Cristal de roche donne une double réfraction dans le sens du *fil*, qui n'a pas lieu dans le sens du *contre-fil* de sa substance. *Ibid.* — Est composé de deux matières de différente densité, et dont l'une est moins dure que l'autre. P. 219. — Cristaux de roche de couleurs différentes. P. 220 et 221. — Les parties élémentaires du cristal de roche, sont des lames triangulaires fort petites, et dont la surface plane est néanmoins beaucoup plus étendue que celle de la tranche qui est presque infiniment mince. P. 224. — C'est toujours près du sommet des montagnes quartzeuses et graniteuses, que se trouvent les grandes cristallières ou mines de cristal. P. 225. — Il se trouve plusieurs cristaux qui contiennent de l'eau et des bulles d'air. P. 227. — Le cristal se trouve dans toutes les montagnes primitives quartzeuses et graniteuses en Europe, en Asie et dans toutes les parties du monde. P. 228 et suiv. — Les cristaux colorés ne sont pas plus denses que les cristaux sans couleurs. P. 229, 230 et 233.

Cristal. Le cristal est de la même nature que le quartz; il n'en diffère que par la forme et par la transparence. Leurs caractères communs. T. x, p. 19.

Cristal *d'Islande*. N'est qu'un spath calcaire qui fait effervescence avec les acides, et que le feu réduit en une chaux qui s'échauffe et bouillonne avec l'eau, comme toutes les chaux des matières calcinées; on lui a donné le nom de *cristal d'Islande*, parce qu'il y en a des morceaux qui sont très-transparents, et qu'il se trouve en Islande en très-grande quantité. Autres lieux où on le trouve. T. xi, p. 360. — Texture et figure de ce cristal. Il est ordinairement blanc et quelquefois coloré de jaune, d'orangé, de rouge, et d'autres couleurs. P. 361. — Dans quelque sens que l'on regarde les objets à travers le cristal d'Islande, ils paraîtront toujours doubles : et les images de ces objets sont d'autant plus éloignées l'une de l'autre que l'épaisseur du cristal est plus grande; il y a un sens dans le cristal de roche où la lumière passe sans se partager, et ne subit pas une double réfraction; au lieu que dans le cristal d'Islande, la double réfraction a lieu dans tous les sens. Causes de cette différence. P. 362. — Dans le cristal d'Islande, ainsi que dans les autres spaths calcaires, la séparation de la lumière ne se borne pas à une double réfraction, et souvent au lieu de deux réfractions, il y en a trois, quatre et même un nombre encore plus grand. Cause de cet effet. *Ibid.* — Explication de la manière dont se forment les couches alternatives de différentes densités dans le cristal d'Islande et dans les autres matières transparentes. P. 363 et 364. — Il paraît que le procédé le plus général de la nature, pour la composition des cristaux vitreux ou calcaires par la stillation des eaux, est de former des couches alternatives, dont l'une paraît être le dépôt de ce que l'autre a de plus grossier; en sorte que la densité et la dureté de la première couche sont plus grandes que celles de la seconde. P. 364. — Raison pourquoi la différence de réfraction est très-petite dans les cristaux vitreux, et très-grande dans le cristal d'Islande et autres spaths calcaires. *Ibid.*

Cristallisation. Les formes de cristallisation ne sont ni générales ni constantes, et elles varient autant dans le genre calcaire que dans le genre vitreux. T. xi, p. 207. — Manière dont se produisent les cristallisations, soit par le moyen du feu, soit par l'intermède de l'eau. P. 209 et suiv. — Raison pourquoi des matières très-différentes peuvent se cristalliser, et se cristallisent en effet sous la même forme. P. 211.—La forme de cristallisation n'indique ni la densité, ni la dureté, ni la fusibilité, ni l'homogénéité, ni aucune des propriétés essentielles de la substance des corps. P. 213. — Elle n'est point un caractère spécifique et distinctif de chaque substance. *Ibid.* — Dans la cristallisation la nature n'opère que dans deux dimensions, au lieu que dans le développement des êtres organisés, elle agit dans les trois dimenssion à la fois. P. 222. — Circonstances essentielles à la cristallisation. P. 278 et suiv. — La cristallisation peut s'opérer également par le moyen du feu comme par celui de l'eau. P. 35.

Cristallisation. Explication générale des phénomènes de la cristallisation. T. ix, p. 67. — Elle peut se faire par l'intermède du feu aussi bien que par celui de l'eau et quelquefois par le concours des deux. *Ibid.*

Cristallisation. Toutes les fois qu'on dissout une matière, soit par l'eau, soit par le feu, et qu'on la réduit à l'homogénéité, elle ne manque pas de se cristalliser, pourvu qu'on tienne cette matière dissoute assez longtemps en repos pour que les particules similaires et déjà figurées, puissent exercer leur force d'affinité, s'attirer réciproquement, se joindre et se réunir. T. x, p. 8. — Discussion critique sur la cristallisation du spath dans les matières calcaires. P. 121 et 122.

Cristallisation. On ne peut douter que la cristallisation prise généralementne puisse s'opérer par l'élément du feu comme par celui de l'eau. Preuve de cette vérité. T. x, p. 492 et 493.

Cristallisation ***dans les matières volcaniques.*** Raison pourquoi il se forme des cristaux dans les laves des volcans et qu'il ne s'en forme pas ordinairement dans nos verres factices. T. x, p. 312.

Cristaux. Tous les cristaux, soit vitreux ou calcaires, ne peuvent servir pour les lunettes ni pour les microscopes, parce que tous ayant une double réfraction doublent les images des objets, et diminuent par conséquent l'intensité de leur lumière. T. xi, p. 361. — Explication de la manière dont se fait la double réfraction dans les critaux calcaires et vitreux. *Ibid.*

Crocodiles *caïmans*, qui se trouvent dans un petit lac au-dessus d'une colline dans la Guiane. Voyez *Guiane*.

Cuir ***de montagne.*** Le cuir de montagne est composé de parties talqueuses ou micacées, disposées par couches et en feuillets minces et légers, plus ou moins souples; ces couches sont plus ou moins adhérentes entre elles, et forment une masse mince comme du papier, ou épaisse comme un cuir, et toujours légère; cette substance acquiert quelquefois le double de son poids par son imbibition dans l'eau. T. xi, p. 351. —Le cuir et le liége de montagne tirent également leur origine et leur formation de l'assemblage et de la réunion des particules de mica, moins atténuées que dans les talcs et les amiantes. P. 351 et 352.—Ils sont ordinairement blancs, et quelquefois jaunâtres. Lieux où on les trouve. Il n'y en a qu'en quelques endroits dans toute l'étendue du royaume de France. P. 352.

Cuivre. Le cuivre primitif a été formé comme l'or et l'argent dans les montagnes quartzeuses, et il se trouve, soit en morceaux de métal massif, soit en veines ou filons mélangés d'autres métaux. T. xi, p. 21. — Mines de cuivre de seconde formation, sont plus rebelles que toutes les autres à l'action du feu. P. 56. — Elles exigent d'être grillées plusieurs fois avant de donner leur métal. P. 37. — Mines de cuivre de troisième formation. P. 27. — Cuivre de cémen tation fait par la nature. P. 32. — Affinité du cuivre et du fer. P. 31 et 32. — Alliages du cuivre avec les autres métaux, demi-métaux et avec l'arsenic. P. 32 et suiv. — Propriétés du cuivre, sa densité, sa ténacité, sa mauvaise odeur, ses qualités funestes,

sa dureté, son élasticité, sa ductilité, sa résistance au feu. P. 34. — Chaux et verre de cuivre. P. 34 et 35. — Tous les sels de la terre et des eaux, soit acides, soit alcalins, attaquent le cuivre et le dissolvent avec plus ou moins de promptitude et d'énergie. P. 36. — Énumération des principales mines de cuivre de l'Europe, et des autres parties du monde. P. 39 et suiv. — Comme le cuivre est moins difficile à fondre que le fer, il a été employé longtemps auparavant, pour fabriquer les armes et les instruments d'agriculture. P. 24. — Raison pourquoi l'on ne trouve presque plus de cuivre primitif en Europe et en Asie; et pourquoi l'on en trouve encore en Afrique et en Amérique. *Ibid.* — Conversion du cuivre en vert-de-gris ou verdet; comment elle s'est opérée dès les premiers temps. P. 25. — Eaux cuivreuses. *Ibid.* — Comparaison du cuivre avec l'or et l'argent, et leurs différences essentielles. P. 29. — Les minerais cuivreux de seconde formation, demandent encore plus de temps et d'art que les mines de fer pour être réduits en bon métal. *Ibid.*

Cuivre *jaune* ou *laiton*. Est un mélange de cuivre et de zinc, qui ne se trouve pas dans la nature. T. xi, p. 29 et 30 — Manière de faire du bon laiton. P. 33.

Cuivre (le) s'échauffe et se refroidit en moins de temps que le fer et plus lentement que le plomb. T. ix, p. 98.

Cuivre. Le cuivre de première formation fondu par le feu primitif, et le cuivre de dernière formation cémenté sur le fer par l'intermède des acides, se présentent également dans leur état métallique; mais la plupart des mines de cuivre sont d'une formation intermédiaire entre la première et la dernière. T. xi, p. 472. —Ce cuivre de seconde formation est un minerai pyriteux ou plutôt une vraie pyrite qui est très-difficile à réduire en métal; lorsque le minerai de cuivre se trouve mêlé de fer en quantité, on ne peut le traiter avec profit, et on doit le rejeter dans les travaux en grand. *Ibid.* —Description des minerais cuivreux, et de leur état dans le sein de la terre. *Ibid.* — Autres minéralisations du cuivre. Mines de cuivre vitreuses proviennent de la décomposition des pyrites cuivreuses ou du cuivre, qui de l'état métallique a passé à l'état de chaux. Description de ces mines. P. 473. — Mine de cuivre hépatique. *Ibid.* — Concrétions du cuivre se présentent, mais assez rarement, comme celles de l'argent, en ramifications, en végétations, et en filets déliés de métal pur. P. 475.

Cuve. C'est ainsi qu'on appelle l'endroit de la plus grande capacité des grands fourneaux où l'on fond les mines de fer; cet endroit se trouve ordinairement à un quart ou à un tiers de la hauteur du fourneau prise depuis le bas, c'est-à-dire à deux tiers ou à trois quarts depuis le dessus du fourneau. T. ix, p. 201.

D

Déchet (le) du fer en gueuse est ordinairement d'un tiers, et souvent de plus d'un tiers si l'on veut obtenir du fer d'excellente qualité, et le déchet du fer avec de vieilles ferrailles n'est pas de moitié, c'est-à-dire, d'un sixième. T. ix, p. 194.

Déclinaison. Il y a sur la surface du globe, trois espaces plus ou moins étendus, dans lesquels l'aiguille aimantée se dirige vers le nord, sans décliner d'aucun côté. T. xi, p. 551. — La déclinaison de l'aimant est un effet purement accidentel. P. 558. — La déclinaison s'est trouvée nulle à Londres, plutôt qu'à Paris. P. 590. — Le mouvement de la ligne sans déclinaison, n'est pas relatif aux intervalles des méridiens terrestres. *Ibid.* — La marche du mouvement de déclinaison ne paraît pas pouvoir être déterminée, parce que sa marche est plus qu'irrégulière, et n'est point du tout proportionnelle au temps, non plus qu'à l'espace. *Ibid.* — Ce mouvement n'est point l'effet d'une cause constante, ou d'une loi de la nature, mais dépend de circonstances accidentelles, particulières à certains lieux et variables selon les temps. P. 591.

Déclinaison *de l'aiguille aimantée*. L'augmentation de la déclinaison vers l'ouest, n'a été que de deux degrés dix-huit minutes dix-neuf secondes, depuis 1775 jusqu'en 1785; ce qui n'excède pas de beau-

coup la variation de l'aiguille dans un seul jour, qui quelquefois est de plus d'un degré et demi. T. XI, p. 592. — Il y a plusieurs points sur le globe, où la déclinaison est actuellement nulle ou moindre d'un degré, tant à l'est qu'à l'ouest; et la suite de ces points, forme des bandes qui se prolongent dans les deux hémisphères. P. 596. — Les endroits où la déclinaison est la plus grande, se trouvent beaucoup plus près des pôles que de l'équateur. Endroits où les plus grandes déclinaisons ont été observées. P. 601 et 603. — La déclinaison de l'aiguille paraît varier beaucoup plus dans les hautes que dans les basses latitudes. P. 601 et 602. — Il y a près de deux cents ans que la bande sans déclinaison était inclinée du côté de l'ouest, relativement à l'équateur terrestre. P. 603.

Déclinaison et *inclinaison*. Les changements de la déclinaison et de l'inclinaison, ont toujours été irréguliers dans les divers points des deux hémisphères. T. XI, p. 602.

Décomposition *du fer*. Deux manières différentes dont s'opère la décomposition du fer, leur comparaison. T. IX, p. 199 et 200.

Définition du nombre. Voyez Nombre.

Dendrites. On a prétendu que les agates, ainsi que les cailloux, renfermaient souvent des plantes, des mousses, et l'on a même donné le nom d'*herborisations* à ces accidents, et le nom de *dendrites* aux pierres qui présentent des tiges et des ramifications d'arbrisseaux; mais cette idée n'est fondée que sur une apparence trompeuse, et ce ne sont pas des végétaux renfermés dans ces pierres; ce sont, au contraire, des infiltrations d'une matière terreuse ou métallique dans les délits ou petites fentes de leur masse. T. XI, p. 318 et 319. — Preuves de cette assertion. P. 319 et suiv.

Densité. Explication et développement de l'idée qu'on doit se former des causes de la densité. T. IX, p. 160. — Matière dense; on peut démontrer que la matière la plus dense contient encore plus de vide que de plein. *Ibid.*

Densité. L'ordre de densité dans les matières terrestres commence par les métaux, et descend immédiatement aux pyrites qui sont encore métalliques, et des pyrites passe aux spaths pesants et aux pierres précieuses. T. XI, p. 418.

Dents. Les grosses dents fossiles, carrées, et dont la face qui broie est en forme de trèfle, ont tous les caractères des dents molaires de l'hippopotame; et les autres énormes dents, dont la face qui broie est composée de grosses pointes mousses, ont appartenu à une espèce détruite aujourd'hui sur la terre. T. IX, p. 467.

Détroit. L'ouverture du détroit de Gibraltar est probablement du même temps que la submersion de l'Atlantide. T. IX, p. 565.

Développement. Explication du développement et de la nutrition des animaux et des végétaux. T. IX, p. 62.

Diamant. C'est mal à propos qu'on a donné le diamant pour la terre pure et élémentaire. T. IX, p. 68.

Diamant. Est un corps igné provenant de la terre végétale, et dont la substance contient une si grande quantité de feu qu'elle brûle en entier comme le soufre, sans même laisser aucun résidu. T. XI, p. 411. — Le feu n'y est pas fixé par l'acide vitriolique comme dans le soufre, mais par l'alcali; et il en est de même dans les vraies pierres précieuses qui, comme le diamant, tirent leur origine de la terre végétale. P. 411 et 412. — Les diamants et les vraies pierres précieuses ne se trouvent que dans les climats les plus chauds, preuve évidente que cet excès de chaleur est nécessaire à leur production. P. 426. — Et comme ce surplus de chaleur ne peut résider que dans les couches les plus extérieures de la terre, et que le diamant et les pierres précieuses se trouvent, en effet, dans ces couches extérieures, on ne peut guère douter qu'ils ne tirent leur origine des détriments des corps organisés, c'est-à-dire de la terre végétale ou limoneuse. P. 428. — Détails des faits par lesquels on peut démontrer que les diamants et les vraies pierres précieuses ne proviennent que de la terre végétale. P. 428 et suiv. — On trouve les diamants dans les contrées les plus chaudes de l'un et de l'autre continent; ils sont également combusti-

bles; les uns et les autres n'offrent qu'une simple et très-forte réfraction; cependant la densité et la dureté du diamant d'Orient surpassent un peu celle du diamant d'Amérique; sa réfraction paraît aussi plus forte et son éclat plus vif; il se cristallise en octaèdre, et le diamant du Brésil en dodécaèdre. P. 433. — Les diamants colorés n'ont, comme les diamants blancs, qu'une simple réfraction; les couleurs n'influent donc pas sur l'homogénéité de leur substance, et de plus ces couleurs ne sont pas fixes, mais volatiles; car elles disparaissent en faisant chauffer fortement ces diamants colorés. *Ibid.* — Structure des diamants, leur figure est sujette à varier. P. 434. — Propriétés générales et particulières des diamants. P. 435. — Imperfections et défauts dans les diamants. P. 435 et suiv. — Les diamants étaient anciennement beaucoup plus rares qu'ils ne le sont aujourd'hui. P. 437. — On employait autrefois les diamants bruts, et tels qu'ils sortaient de la terre; ce n'est que dans le XVe siècle qu'on a trouvé en Europe l'art de les tailler. *Ibid.*—Lieux où se trouvent les diamants aux Indes orientales. P. 437 et suiv. — Les diamants colorés tirent leur teinture du sol qui les produit. P. 439. — Les diamants n'ont point de gangue ou de matrice particulière; il sont seulement environnés de terre limoneuse. P. 440.—C'est en 1728 qu'on a trouvé, pour la première fois, des diamants en Amérique, au Brésil où ils sont en grande quantité. *Ibid.* — Il est plus que probable que si l'on faisait des recherches dans les climats les plus chauds de l'Afrique, on y trouverait des diamants, comme il s'en trouve dans les climats les plus chauds de l'Asie et de l'Amérique. P. 441. — L'art de tailler les diamants est aussi moderne qu'il était difficile. *Ibid.* — Il y a des diamants qui, quoique de la même essence que les autres, ne peuvent être polis et taillés que très-difficilement; on leur donne le nom de *diamants de nature*. Différence de leur texture et de celle des autres diamants. P. 441 et 442.

Diamant. Le diamant doit son origine à la terre végétale ou limoneuse : preuves de cette assertion. T. x, p. 208 et 209.

Dilatation (la) respective dans les différents corps, est en même raison que leur fusibilité, et la promptitude du progrès de la chaleur dans ces mêmes corps est en même raison que leur fusibilité. Preuve par l'expérience. T. ix, p. 291.

Dilatation (la) par la chaleur, est générale dans tous les corps. La dilatation est le premier degré pour arriver à la fusion. T. ix, p. 24.

Dimensions. Il faut une certaine proportion dans les dimensions du fer, pour qu'il puisse s'aimanter promptement par la seule action du magnétisme général. T. xi, p. 577 et 578. — Il faut une certaine proportion dans les dimensions du fer ou de l'acier que l'on veut aimanter, pour qu'ils reçoivent la plus grande force magnétique qu'ils peuvent comporter. P. 581.

Direction (la) du magnétisme se combine avec le gisement des continents, et se détermine par la position particulière des matières ferrugineuses. T. xi, p. 548. — La force magnétique a autant de différentes directions qu'il y a de pôles magnétiques sur le globe; au lieu que la direction de l'électricité se porte constamment de l'équateur aux deux pôles terrestres. *Ibid.*

Direction *de l'aiguille*. La proximité des terres influe beaucoup sur la direction de l'aiguille aimantée. T. xi, p. 600. — Certaines côtes paraissent la repousser. *Ibid.* — Lorsqu'à l'approche des terres, l'aiguille aimantée éprouve constamment des changements très-marqués dans sa déclinaison, on peut en conclure l'existence ou le défaut de mines de fer dans ces mêmes terres, suivant qu'elles attirent ou repoussent l'aiguille aimantée. P. 601.

Direction *de l'aimant*. Les tremblements de terre, les foudres de l'électricité souterraine, et les grands incendies des forêts, peuvent produire de nouvelles mines attirables à l'aimant, et qui influent sur sa direction. T. xi, p. 557 et 558. — Les grandes ou petites aiguilles fortement ou faiblement aimantées, se dirigent toujours vers les pôles du globe, soit directement, soit obliquement, en déclinant à l'est ou à l'ouest, selon les temps et les lieux. P. 588.

Direction *magnétique* (la) reçoit des inflexions dépendantes de la position des matières ferrugineuses. T. XI, p. 536 et 537.

Dissolution. Toutes les explications que l'on donne de la dissolution, ne peuvent se soutenir, si l'on n'admet pas deux forces opposées, l'une attractive et l'autre expansive, et par conséquent la présence des éléments de l'air et du feu, qui sont seuls doués de cette seconde force. T. IX, p. 65. — Explication générale de la manière dont s'opère la dissolution. *Ibid.*

Dissolutions. Les dissolutions des métaux sont en général plus corrosives que l'acide même dans lequel ils ont été dissous. T. XI, p. 22.

Double *contact* (méthode du) de MM. Mitchel et Canton. T. XI, p. 583.—De M. Æpinus. P. 583 et 584.—Deux manières d'employer le double contact, imaginées par M. Æpinus. P. 584 et 585.

Doute. Le doute est toujours en raison inverse de la probabilité. T. XII, p. 159.

Ductilité (la) des métaux paraît avoir autant de rapport à la densité qu'à la fusibilité, et cette qualité semble être en raison composée des deux autres. T. IX, p. 161. — Difficulté de prononcer affirmativement sur le plus ou moins de ductilité des substances minérales. P. 161 et 162.

Ductilité des matières est en raison composée de la densité et de la ténacité de ces mêmes matières. T. X, p. 524.

Durée. Preuves de la très-longue durée du temps qui a été nécessaire pour la construction des couches de pierres calcaires et de celles des charbons de terre, etc. T. IX, p. 518 et suiv.

Durée (la) de la chaleur n'est pas en raison plus petite, mais plutôt en raison plus grande que celle des diamètres ou des épaisseurs des corps. T. IX, p. 86 et 87.

E

Eau (l') a comme toutes les autres matières du globe, un grand degré de chaleur qui lui appartient en propre, et qui est indépendante de celle du soleil. T. IX, p. 20. —Elle est aussi chaude à 100 et 200 brasses de profondeur dans la mer qu'elle l'est à la surface. *Ibid.*— Il suffit de faire chauffer de l'eau ou de la faire geler, pour que l'air qu'elle contient reprenne son élasticité et s'élève en bulles sensibles à sa surface. P. 56. — L'eau, soit gelée, soit bouillie, reprend l'air qu'elle avait perdu dès qu'elle se liquéfie ou qu'elle se refroidit. *Ibid.* — Étant prise en masse est incompressible, et néanmoins très-élastique, dès qu'elle est en petites parties. P. 56 et 57. — Elle peut se changer en air lorsqu'elle est assez raréfiée pour s'élever en vapeurs. P. 57. — Sa transformation en matière solide par le filtre animal. P. 59.— Elle s'unit de préférence avec l'air et ensuite avec les sels, et c'est par leur moyen qu'elle entre dans la composition des minéraux. P. 62. — La durée de la chaleur dans l'eau, est plus exactement proportionnelle à son épaisseur que dans les corps solides. Raisons de cet effet. P. 88.

Eau (l') dans son essence doit être regardée comme un sel insipide et fluide, et la glace qui n'est que ce même sel rendu solide, le devient d'autant plus que le froid est plus grand. T. XI, p. 103.

Eau *de la mer* (l') contient non-seulement des acides et des alcalis, mais encore les huiles et toutes les matières qui peuvent provenir de la décomposition des corps organiques, à l'exception de celles que ces corps prennent par la putréfaction à l'air libre ; encore se forme-t-il à la surface de la mer, par l'action de l'acide aérien, des matières assez semblables à celles qui sont produites sur la terre par la décomposition des animaux et des végétaux. T. X, p. 400. — L'eau de la mer n'était d'abord que simplement acide ou même acidule, elle est devenue plus acide et salée par l'union de l'acide aérien avec les alcalis et les autres acides ; ensuite elle a pris de l'amertume par le mélange du bitume, et enfin elle s'est chargée de graisse et d'huile par la décomposition des substances organisées. Et cette salure et cette amertume n'ont pu qu'augmenter avec le temps. P. 400 et 401.

Eaux. Les eaux ont couvert la surface entière du globe jusqu'à deux mille toises

de hauteur, et se sont ensuite successivement abaissées par l'affaissement des cavernes de l'intérieur du globe. T. IX, p. 509. — L'eau a saisi toutes les matières qu'elle pouvait délayer et dissoudre ; elle s'est combinée avec l'air, la terre et le feu pour former les acides, les sels, etc.; elle a converti en argile les scories et les poudres du verre primitif; ensuite elle a par son mouvement transporté de place en place ces mêmes scories, et toutes les matières qui se trouvaient réduites en petit volume. *Ibid.* — Les eaux sont venues primitivement des deux pôles, mais en bien plus grande quantité du pôle austral que du pôle boréal. P. 520.

Eaux. Eaux chargées de différents sels : toutes les eaux dont les sources sont dans la couche de terre végétale ou limoneuse, contiennent une assez grande quantité de nitre ; au lieu que les eaux pluviales les plus pures et recueillies en plein air avec précaution, donnent après l'évaporation, une poudre terreuse très-fine, d'une saveur sensiblement salée, et du même goût que le sel marin. La neige contient du sel marin comme l'eau de pluie, sans mélange d'autres sels, tandis que les eaux qui coulent sur les terres calcaires ou végétales, ne contiennent point de sel marin, mais du nitre. T. X, p. 110.

Eaux. Lorsque les eaux de la mer parviennent dans les foyers des volcans, elles communiquent une grande quantité de fluide électrique aux matières enflammées et électrisées en moins. T. XI, p. 524, 525 et 530.

Échelles *arithmétiques*, leur fondement et leur comparaison. T. XII, p. 188 et suiv. —Formule générale de toutes les échelles arithmétiques. P. 192.

Échelles *logarithmiques*. T. XII, p. 195.

Écrire. Art d'écrire, principales règles de l'art d'écrire. T. XII, p. 328 et suiv.

Écliptique. Le changement de l'obliquité de l'écliptique, n'est pas une diminution ou une augmentation successive et constante ; ce n'est au contraire qu'une variation limitée, et qui se fait tantôt en un sens et tantôt en un autre. Cette variation est causée par l'action des planètes. Et prenant la plus puissante de ces attractions, qui est celle de Vénus, il faudrait 12600 ans pour qu'elle pût produire un changement de 6 degrés 47 minutes dans l'obliquité réelle de l'axe de la terre. De même l'action de Jupiter ne peut, dans un espace de 936 mille ans, changer l'obliquité de l'écliptique que de 2 degrés 38 minutes ; et encore cet effet est-il en partie compensé par les précédents ; en sorte qu'il n'est pas possible que ce changement d'obliquité de l'axe de la terre aille jamais à 6 degrés 23 minutes. T. IX, p. 469.

Écrouissement. Considération de l'écrouissement des métaux ; le fer s'écrouit comme tous les autres. T. IX, p. 161.

Écrouissement. Effets de l'écrouissement sur les métaux, et en particulier sur le fer et l'acier. T. X, p. 510.— Raison pourquoi le recuit détruit l'effet de l'écrouissement. P. 511.

Effervescence. Le degré de division de la matière dans les effervescences est fort au-dessus de celui de la division de la matière dans les cristallisations. T. IX, p. 68.

Effet *général*. Pourquoi on ne peut pas en donner la cause ; les effets généraux de la nature doivent être pris pour les vraies causes. T. IX, p. 3 et 4.

Effets (tous les) magnétiques ont leurs analogues dans les phénomènes de l'électricité; mais tous les phénomènes électriques n'ont pas de même tous leurs analogues dans les effets magnétiques. T. XI, p. 519.

Effets. Raisons pourquoi les effets naturels ne nous paraissent pas être des merveilles. T. XII, p. 155 et 156.—Deux manières de considérer les effets naturels. P. 156.

Électricité. L'électricité joue un très-grand rôle dans les tremblements de terre et dans les éruptions des volcans. T. IX, p. 530.

Électricité. L'électricité tire son origine de la chaleur intérieure du globe. T. XI, p. 522. — L'électricité et le magnétisme ont des propriétés communes avec celle de l'attraction universelle. P. 535. — Les effets de l'électricité et du magnétisme sont produits par des forces impulsives particulières qu'on ne doit point assimiler à l'impulsion primitive. P. 536.—L'action de l'électricité donne

également la vertu magnétique aux corps ferrugineux, et la vertu électrique aux substances électriques par elles-mêmes. P. 539 —Les chutes réitérées produisent également de l'électricité dans les matières électriques par elles-mêmes, et du magnétisme dans les substances ferrugineuses. P. 540.— Électricité employée pour la guérison de plusieurs maux. P. 544. L'électricité et le magnétisme combinés ensemble dans les torpilles, paraissent être plus ou moins actifs, suivant l'état de l'atmosphère, la diversité des saisons, et les différents états de l'animal. P. 543.—On doit espérer de réunir par l'art l'électricité et le magnétisme, et de les employer avec succès dans certaines maladies. P. 544. —

Électrique (matière). Le fonds de la matière électrique est la chaleur propre du globe terrestre. T. ix, p. 530.

Éléments. Tous les éléments pouvant se transmuer et se convertir, l'instant de la consolidation des matières fixes dans le globe terrestre, fut aussi celui de la plus grande conversion des éléments et de la production des matières volatiles. T. ix, p. 488.

Éléments. Tous les éléments sont convertibles ; le feu, l'air, l'eau et la terre peuvent chacun devenir successivement chaque autre. Preuve de cette assertion. T. ix, p. 10 et suiv. — La terre, l'eau, l'air et le feu, entrent tous quatre dans tous les corps de la nature, mais en proportion très-différente. P. 25. — Dans l'ordre de la conversion des éléments, l'eau est pour l'air ce que l'air est pour le feu, et toutes les transformations de la nature dépendent de celles-ci. L'eau raréfiée par la chaleur, se transforme en une espèce d'air capable d'alimenter le feu comme l'air ordinaire, et le feu se convertit ultérieurement avec l'air en matière fixe dans les substances terrestres qu'il pénètre par sa chaleur ou par sa lumière. P. 58. — Grandes bases sur lesquelles sont fondés les quatre éléments, la terre, l'eau, l'air et le feu. P. 68.

Éléphants. On trouve dans les parties septentrionales de l'Europe et de l'Asie, des squelettes, des défenses, des ossements d'éléphants, d'hippopotames et de rhinocéros, en assez grande quantité pour être assuré que les espèces de ces animaux qui ne peuvent se propager aujourd'hui que dans les terres du Midi, existaient et se propageaient autrefois dans les contrées du Nord. T. ix, p. 465. — Et non-seulement on trouve ces ossements dans les terres du nord de notre continent, mais aussi dans celles du nord de l'Amérique, quoique les espèces de l'éléphant et de l'hippopotame n'existent point dans ce continent du Nouveau Monde. *Ibid.*—Preuves de ce fait par leurs ossements tirés du sein de la terre dans toutes ces contrées du Nord. *Ibid.* et suiv. — Comme on trouve des défenses et d'autres ossements d'éléphants, non-seulement dans les terres du Nord des deux continents, mais encore dans les terres des zones tempérées, comme en Allemagne, en France, en Italie, etc., on doit en conclure qu'à mesure que les terres septentrionales se refroidissaient, ces animaux se retiraient vers les contrées des zones tempérées; et qu'enfin ces zones s'étant aussi trop refroidies avec le temps, ils ont successivement gagné les climats de la zone torride. P. 470 et 471. — En comparant leurs dépouilles antiques tirées du sein de la terre, avec celles de ces animaux actuellement existants, on voit qu'en général ces anciens éléphants et hippopotames étaient plus grands que ceux d'aujourd'hui. P. 471. — Marche progressive des éléphants du Nord au Midi, depuis le 69° degré de latitude jusque sous l'équateur. P. 549 et suiv.—La marche régulière qu'ont suivie les éléphants dans dans notre continent, paraît avoir souffert des obstacles dans l'autre ; et il ne paraît pas qu'ils soient jamais arrivés dans l'Amérique méridionale au-delà de l'isthme de Panama. P. 551.—Raisons pourquoi ces animaux n'ont pu gagner les terres de l'Amérique méridionale. *Ibid.* et suiv.—La communication des éléphants d'un continent à l'autre a dû se faire par les contrées septentrionales de l'Asie, voisines de l'Amérique. P. 564.

Éloge. Utilité et abus de l'éloge. T. xii, p. 339 et suiv.

Éloquence. Deux genres d'éloquence, leur comparaison. T. xii, p. 325.

Émanations (les) de la chaleur du globe

terrestre sont supprimées par la gelée et par les vents froids qui descendent du haut de l'air, et c'est cette cause qui produit la très-grande inégalité qui se trouve entre les hivers des différents climats. T. IX, p. 441 et suiv.

ÉMANATIONS (les) du globe qui produisent l'électricité et le magnétisme, s'élèvent à une très-grande hauteur dans les pays chauds. T. XI, p. 599.

ÉMERAUDE, doit être mise au nombre des cristaux du quartz mêlé de schorl. T. XI, p. 247.—Défauts des émeraudes. *Ibid.*— La véritable émeraude était bien connue des anciens. P. 249. — Fausses émeraudes. P. 250. —Lieux où l'on a trouvé la plus grande quantité d'émeraudes en Amérique. P. 253. —L'émeraude est fusible, et sa fusibilité ainsi que sa pesanteur spécifique, démontrent que sa substance quartzeuse est mêlée d'une certaine quantité de schorl. P. 255.—Émeraude du Brésil, ses différences d'avec la véritable émeraude du Pérou. *Ibid.* —Rapports évidents de cette émeraude du Brésil avec les schorls. *Ibid.* —Ses autres propriétés. *Ibid.*— Les émeraudes étant des pierres vitreuses et à double réfraction, ne doivent pas être mises au rang des pierres précieuses, qui par leur densité, leur dureté et leur homogénéité, sont d'un ordre supérieur et d'une origine différente. P. 255 et 256.

ÉMERIL (l'), quoique une fois moins dense que le bismuth, conserve sa chaleur une fois plus longtemps. T. IX, p. 162.

ÉMERIL. Il y a deux sortes d'émeril, l'un attirable et l'autre insensible à l'aimant; le premier est un quartz ou un jaspe mêlé de particules ferrugineuses et magnétiques; ces émerils attirables à l'aimant doivent être mis au nombre des mines primordiales formées par le feu primitif; la seconde sorte d'émeril n'est point attirable à l'aimant, quoiqu'elle contienne peut-être plus de fer que la première ; le fond de sa substance est un quartz de seconde formation ou un grès, et le fer était en dissolution lorsqu'il s'est incorporé avec ce grès; la quantité de fer contenue dans l'émeril n'est pas considérable. T. XI, p. 458. —Comme sa substance est quartzeuze, il est très-réfractaire au feu. *Ibid.*—Usage de l'émeril. *Ibid.*— La couleur de l'émeril est un brun plus ou moins foncé; mais il y en a aussi du gris, et du plus ou moins rougeâtre; celui de l'île de Corse est le plus rouge. P. 459. — On ne trouve l'émeril qu'en certains lieux de l'ancien et du nouveau continent; on n'en connaît point en France, quoiqu'il y en ait en grande quantité dans les îles de Jersey et de Guernesey. *Ibid.*— Autres lieux où l'on trouve de l'émeril. *Ibid.*

ENGRAIS. Voyez *Craie*, t. X, p. 106, et *Marne*, p. 106 et suiv. —Manière de suppléer à la marne dans les endroits où l'on ne peut en trouver, pour amender les terres. P. 107 et suiv.

ENHYDRES. C'est le nom qu'on a donné à des agates ou cailloux minces et creux qui contiennent une assez grande quantité d'eau. T. XI, p. 227 et 228.

ÉPOQUES. Nous appelons époques de la nature, les changements divers et bien marqués qu'elle a subis depuis le commencement des temps. T. IX, p. 456. — Pour traiter les Époques de la Nature, nous emploierons trois grands moyens : 1° les faits qui peuvent nous rapprocher de l'origine de la nature; 2° les monuments qu'on doit regarder comme les témoins de ses premiers âges; 3° les traditions qui peuvent nous donner quelque idée des âges subséquents; après quoi, nous tâcherons de lier le tout par des analogies, et de former une chaîne qui, du sommet de l'échelle du temps, descendra jusqu'à nous. P. 457. — Première date de la nature vivante sur le globe de la terre. P. 492.

ÉQUATEUR. Dans le climat de l'équateur, l'intensité de la chaleur en été, est à très-peu près égale à l'intensité de la chaleur en hiver. Et dans ce même climat, la chaleur qui émane de la terre est cinquante fois plus grande que celle qui arrive du soleil. T. IX, p. 355.

ÉQUATEUR. Les parties de l'équateur se sont refroidies les dernières, et les parties polaires ont reçu les eaux de l'atmosphère plusieurs siècles avant que les terres de l'équateur n'aient été abreuvées. T. IX, p. 519 et 520.

ÉQUATEUR. Les foudres souterraines ont

exercé leur action avec plus de liberté et de puissance dans les contrées équatoriales que dans les autres régions. T. XI, p. 532.

Équateur *magnétique*, est le point de partage entre les deux directions et inclinaisons en sens contraire des particules de la limaille de fer au dessus d'un aimant. T. XI, p. 599. — L'équateur magnétique est toujours plus près du pôle le plus faible, dans les aimans ainsi que dans le globe terrestre. *Ibid.*

Erreurs. La plupart de nos erreurs, viennent de la réalité que nous donnons à nos idées d'abstraction. T. XII, p. 187.

Éruptions *des volcans*. Cause du changement de déclinaison de l'aiguille aimantée. T. IX, p. 598.

Espèces. Les espèces perdues des animaux qui n'existent plus sur la terre ou dans la mer, sont celles dont la nature exigeait une chaleur plus grande que la chaleur actuelle de la zone torride. T. IX, p. 472. — L'ancienne existence des espèces perdues d'animaux marins doit être rapportée à l'époque depuis trente à quarante mille ans de la formation des planètes et de la terre. P. 507.

Espèce *humaine*. Dans l'espèce humaine la fécondité dépend de l'abondance, et la disette produit la stérilité. Démonstration de cette vérité. T. XII, p. 298.

Estimation de la valeur de l'argent. — Voyez *Argent*.

Étain (l') exige pour se fondre plus du double de chaleur de ce qu'il en faut pour fondre le soufre. T. IX, p. 99. — L'étain est de tous les métaux celui qui se dilate le plus promptement, et qui se fond aussi le plus vite. P. 161.

Étain. Mines d'étain de première formation. T. XI, p. 61. — La mine d'étain est plus pesante qu'aucune de celles des autres métaux minéralisés, et sa plus grande pesanteur provient de l'arsenic qui y est mêlé. P. 61. — Étain comme tous les autres métaux, est un dans la nature. P. 71. — Mines d'étain en roche. P. 60. — Mines d'étain en cristaux ; grandeur et couleurs de ces cristaux. P. 59. — Produits de ces mines d'étain par la fonte. *Ibid.* — Étain peut s'allier avec tous les métaux et demi-métaux. P. 72. — Grande affinité de l'étain avec le fer et le cuivre. P. 76. — Étamage du fer préférable à celui du cuivre. *Ibid.* — L'étain enlève à l'argent comme à l'or, leur ductilité. P. 6. — Est après l'or et l'argent, le métal le moins susceptible d'altération par les éléments humides. P. 31. — Ses mines paraissent affecter des lieux particuliers. P. 59. — Nulle part il ne se présente sous la forme métallique. *Ibid.* — Mines d'étain sont toujours plus ou moins mêlées d'arsenic. *Ibid.* — Cendre et potée d'étain. P. 62. — On peut faire artificiellement des mines d'étain avec de l'étain et de l'arsenic. *Ibid.* — L'étain est après le plomb le plus mou de tous les métaux. P. 63. — On mêle le cuivre avec l'étain pour lui donner plus de fermeté. *Ibid.* — Propriétés de l'étain, sa densité, sa ténacité, etc. *Ibid.* — Il n'y a point d'étain pur dans le commerce, et il est toujours mêlé de cuivre ou de plomb. P. 64. — Mines d'étain en Angleterre, en Allemagne, aux Indes, à Malaca, Banca, etc., sur les côtes orientales de l'Afrique et en Amérique. P. 65 et suiv.

Étain. Les mines primordiales de l'étain se trouvent dans une roche quartzeuse très-dure, où ce métal s'est incorporé après avoir été réduit en chaux par le feu primitif. Les cristaux d'étain sont des mines secondaires produites par la décomposition des premières. Formation de ces cristaux d'étain. T. XI, p. 475 et 476. Ils ne sont point minéralisés, quoiqu'ils soient ordinairement mêlés d'une certaine quantité d'arsenic. P. 476. — Les stalactites d'étain proviennent de la décomposition des cristaux ; ces stalactites sont souvent mêlées de fer. *Ibid.*

Étamage (l') fait avec de l'or et du mercure, pourrait réfléchir plus puissamment la lumière que l'étamage ordinaire. T. IX, p. 245.

Etna. Il y a toute raison de croire que l'Etna ne s'est élevé que par la force des foudres souterraines. T. XI, p. 531.

Étoiles *fixes*. Ce qui arriverait si une étoile fixe, qu'on doit regarder comme un soleil, changeait de lieu et venait à s'approcher d'un autre soleil. T. IX, p. 432.

Évaporation. Une masse d'eau d'un pied d'épaisseur, ne s'évaporera pas aussi vite

que la même masse réduite à six pouces d'épaisseur, et augmentée du double en superficie. Ainsi pour accélérer l'évaporation, il faut diminuer, autant qu'il est possible, l'épaisseur du liquide. T. IX, p. 246.

EXPÉRIENCES. Précision rigoureuse, presque impossible dans certaines expériences. T. IX, p. 159.—Expériences en grand, pour reconnaître la force du fer de différentes qualités. P. 187 et suiv.

F

FAITS qui peuvent nous rapprocher de l'origine de la nature; faits fondamentaux des anciennes époques de la nature. T. IX, p. 457 et suiv.

FÉCONDITÉ dans l'espèce humaine. Voyez ESPÈCE HUMAINE.

FÉCONDITÉ *à Londres*. Voyez LONDRES.

FELDSPATH. Caractères par lesquels il diffère du quartz. La cristallisation du feldspath a été produite par le feu primitif, et a par conséquent précédé toutes les cristallisations qui se sont faites par l'intermède de l'eau. Preuve de cette assertion. T. XI, p. 236. — Les extraits du feldspath sont en assez grand nombre; mais ils ne se présentent nulle part en aussi gros volumes que les cristaux quartzeux; ils sont toujours en assez petits morceaux isolés, parce qu'il ne se trouve lui-même que très rarement en masses un peu considérables. *Ibid.*

FELDSPATH *de Russie*. Trouvé nouvellement près de Pétersbourg; sa description, ses couleurs et ses propriétés. T. XI, p. 238. —Cette pierre chatoyante paraît être un feldspath mélangé de schorl. *Ibid.*

FELDSPATH. Formation du feldspath. T. X, p. 13. — Le feldspath est le quatrième verre primitif; sa cassure, au lieu d'être vitreuse, est spathique, et c'est par cette raison qu'on lui a donné le nom de *spath*. P. 35. — Il n'est nulle part en grandes masses; on le trouve incorporé dans les granites et les porphyres, ou quelquefois en petits morceaux isolés, et toujours plus ou moins régulièrement cristallisés. Sa cristallisation n'a pas été produite par l'eau, mais opérée par l'action du feu primitif. P. 34 et suiv. — Ses différences avec le quartz, sa fusibilité, sa dureté qui le fait étinceler contre l'acier. P. 35. — Sa substance est moins simple que celle du quartz, du jaspe et du mica. *Ibid.* — Le feldspath est non-seulement fusible par lui-même, mais il communique la fusibilité au quartz, au jaspe et au mica, avec lesquels il est intimement lié dans les granites et les porphyres. *Ibid.* — Ses autres caractères. P. 35 et suiv. — Différences essentielles du feldspath d'avec les autres spaths, auxquels il ne ressemble que par sa cassure, *lamellée* ou spathique. *Ibid.* — Il se fond au même degré de feu que nos verres factices. P. 36. — Ses combinaisons et ses mélanges avec les autres matières vitreuses. P. 36 et 37. — Explication de la manière dont il a été formé, et comment il s'est mêlé avec les porphyres et les granites. P. 37. — Usages du feldspath pour la composition des porcelaines et pour les émaux blancs. P. 38. — Ses couleurs différentes et sa forme de cristallisation. *Ibid.* — Les cristaux du feldspath sont plus longs et plus profondément implantés dans le granite que les grains du quartz, et ils résistent plus longtemps aux injures de l'air que le quartz et le mica, qui se détachent les premiers dans la décomposition des granites. P. 61 et 62.

FELDSPATH en morceaux isolés est très-rare. T. XI, p. 503. — On n'en connaît qu'en Saxe et en Suède. *Ibid.* — Roches de feldspath en Sibérie. *Ibid.* — Feldspath chatoyant de Russie, très-semblable à la pierre de Labrador. *Ibid.* — Sa description.

FEMMES et HOMMES. Voyez HOMMES et FEMMES.

FENTES *des rochers*. Les fentes produites par le refroidissement et le desséchement des matières de la terre, coupent et tranchent le plan vertical des montagnes, non-seulement de haut en bas, mais de devant en arrière ou d'un côté à l'autre; et dans chaque montagne, elles ont suivi la direction générale de sa première forme. T. IX, p. 498. — Les fentes perpendiculaires se sont formées dans les matières calcaires lorsque ces matières se sont durcies et des-

séchées. P. 522. — Faits et preuves qui démontrent que les fentes perpendiculaires de la roche du globe où se trouvent les filons métalliques, ont été incrustées et remplies de ces matières métalliques par la sublimation causée par la chaleur intérieure de la terre. P. 614.

Fentes perpendiculaires. Les fentes perpendiculaires qui se sont formées par la retraite des matières vitreuses dans le temps du premier refroidissement du globe, sont les grands soupiraux par où se sont échappées, et s'échappent encore, des vapeurs denses et métalliques. Les fentes qui séparent les masses du quartz, des granites et autres rochers vitreux, sont remplies de métaux et de minéraux produits par les exhalaisons les plus denses, c'est-à-dire par les vapeurs chargées de parties métalliques. Les émanations minérales, qui étaient très-abondantes lors de la grande chaleur de la terre, ne laissent pas de s'élever, mais en moindre quantité, dans l'état actuel d'attiédissement. T. x, p. 69.

Fer. Ses qualités. T. ix, p. 314 et suiv. — Véritable raison pourquoi l'on ne fabrique que du mauvais fer presque partout en France. P. 316. — Le fer, comme tout autre métal, est un dans la nature. Démonstration de cette vérité. P. 322. — Différence de ce qu'il coûte et de ce qu'on le vend, par laquelle il est démontré qu'il est de l'intérêt de tous les maîtres de forges, de faire du mauvais fer. P. 329. — Manière de tirer le fer immédiatement de sa mine sans le faire couler en fonte. P. 332. — Le fer soudé avec d'autre fer, par le moyen du soufre, est une mauvaise pratique. P. 343.

Fer *chaud* (le) transporté dans un lieu obscur, jette de la lumière et même des étincelles pendant un plus long temps qu'on ne l'imaginerait. T. ix, p. 294. — Le fer chauffé à blanc, et qui n'a été malléé que deux fois avant d'être chauffé, perd en se refroidissant $\frac{1}{418}$ de sa masse. P. 296. — Étant parfaitement malléé quatre fois, et parfaitement forgé, ensuite chauffé à blanc, perd en se refroidissant environ $\frac{1}{425}$ de son poids. P. 297.

Fer *et matières ferrugineuses*. Toutes les matières ferrugineuses qui ont subi l'action du feu, sont attirables par l'aimant, et la plupart des mines de fer en grains, quoique contenant beaucoup de matières ferrugineuses, ne sont point attirables par l'aimant, à moins qu'on ne leur fasse auparavant subir l'action du feu. T. ix, p. 310.

Fer. Montagnes de fer et d'aimant. T. ix, p. 617 et suiv.

Fer. A chaque fois que l'on chauffe le fer, il perd une partie de son poids. T. ix, p. 85. — Proportion de cette perte trouvée par les expériences. *Ibid.* — Cette perte va en augmentant à mesure que les boulets de fer sont plus gros; raisons de cet effet. P. 86. — Le fer, qui de tous les métaux est celui qui se fond le plus difficilement, est aussi celui qui se dilate le plus lentement. P. 161. — Le fer entièrement et intimement rouillé n'est plus attirable par l'aimant. P. 168. — Il perd non-seulement de sa densité à chaque fois qu'on le chauffe, mais il perd aussi de sa solidité, c'est-à-dire, de la cohérence de ses parties, il devient à chaque chaude plus léger et plus cassant. P. 187. — Comment il faut traiter le fer pour lui conserver sa masse et sa solidité. *Ibid.* — Le bon fer, c'est-à-dire le fer qui est presque tout nerf, est cinq fois aussi tenace et aussi fort que le fer sans nerf et à gros grains; preuve par l'expérience. P. 189. — Sa qualité ne dépend pas en entier, à beaucoup près, de celle de la mine; la nature des mines n'y fait rien, c'est la manière de les traiter qui fait tout. P. 189 et 190. — Moyens d'arriver au point de donner au fer toute sa perfection. P. 190. — Le fer chauffé trop souvent dégénère en mâchefer. *Ibid.* — Il est, comme le bois, une matière combustible, à laquelle il ne faut qu'un plus grand feu pour brûler. P. 191. — Comment on procure au fer de la consistance et de la ténacité. *Ibid.* — Plus on presse le feu dans la fabrication du fer à l'affinerie, et plus il devient aigre et mauvais. P. 192. — Le fer en bandes plates est toujours plus nerveux que le fer en barreaux. *Ibid.* — D'où provient le nerf du fer, et la différence de sa force et de sa cohérence; effets de la malléation. *Ibid.* — Une des plus mauvaises pratiques, dans la fabri-

cation du fer, est de tremper dans l'eau, surtout dans l'eau froide, les barres de fer encore rouges au sortir de dessous le marteau; cette trempe perd le nerf et gâte le grain du meilleur fer. P. 193. Les écailles ou exfoliations qui se détachent de la surface du fer, donnent de très-bons fers. P. 194. —Indices par lesquels on doit juger les différentes qualités du fer. P. 195 et 196.—Les fers sans nerf et à très-gros grains devraient être proscrits. P. 196. — Le feu du charbon de bois, et à plus forte raison celui du charbon de terre, donnent de l'aigre au fer, ce que ne fait pas le feu de bois qui pourrait l'améliorer et le rendre moins aigre. P. 197. — Le fer s'aimante par la percussion, et aussi par la torsion sans percussion lorsqu'on le plie plusieurs fois de suite en différents sens. P. 198. — Il se soude avec lui-même; précautions nécessaires au succès de cette opération. P. 199. — Il se décompose par l'humidité comme par le feu. *Ibid.* — Se conserve sans altération dans l'eau beaucoup plus longtemps qu'à l'air. P. 199 et 200. — Énumération des principaux usages auxquels on emploie le fer, et proportion de la qualité qu'on doit lui donner pour chacun de ces usages. P. 195 et 196.

Fers *de charrue* (les) doivent être fabriqués avec du fer de la meilleure qualité, et si cela était on pourrait se passer de les armer d'acier, ainsi que les pioches et autres instruments nécessaires à la culture des terres. T. IX, p. 197 et 198.

Fer *de tirerie.* Comment doivent être fabriqués les fers de tirerie pour faire le fil de fer. T. IX, p. 192.

Fer *de vieilles ferrailles.* Manière de travailler et de fabriquer ce fer. T. IX, p. 193. — C'est un fer de très-bonne qualité. *Ibid.*

Fer. Il ne se fait aucune union intime, aucun alliage entre le fer et l'argent. T. XI, p. 6. — Comparaison du fer avec le zinc. P. 103.

Fer. Le fer, qui de tous les métaux est le plus résistant au feu, a le premier occupé les fentes qui se formaient de distance en distance, par la retraite que prenait le quartz fondu en se consolidant. T. X, p. 12. — Le fer dans sa première origine, est une matière qui, comme le autres substances primitives, a été produite par le feu, et se trouve en grandes masses et en roches dans plusieurs parties du globe; et c'est du détriment et des exfoliations de ces premières masses ferrugineuses, que proviennent originairement toutes les particules de fer répandues à la surface de la terre, et qui sont entrées dans la composition des végétaux et des animaux. P. 203.

Fer. La fonte de fer retenue dans le creuset, sous la flamme du fourneau, produit des cristaux plus ou moins apparents, et on a aussi reconnu que tous les métaux, et même les demi-métaux et les autres substances métalliques qui donnent des régules, forment également des cristaux lorsqu'on leur applique convenablement le degré de feu constant et continu qui est nécessaire à cette opération. T. XI, p. 465. — Ces cristaux de fer produits par le feu, agissent très-puissamment sur l'aiguille aimantée. *Ibid.* — Les mines primordiales de fer, formées par le feu primitif, sont souvent parsemées de ces cristaux que la nature a produits avant notre art. P. 465 et 466.

Fer. Ce métal s'est établi le premier sur le globe; preuves de cette assertion. Le fer primordial se trouve toujours intimement mêlé avec la matière vitreuse produite par le feu primitif. T. X, p. 447. — Le feu primitif n'a point produit de fer semblable à notre fer forgé, et la quantité tout entière de la matière de fer s'est mêlée dans le temps de la consolidation du globe avec les substances vitreuses; et c'est de ce mélange que sont composées les roches primordiales de fer et d'aimant. P. 453. — Comment le fer est entré dans la composition des corps organisés. P. 457 et 458. — Le fer est un dans la nature comme tous les autres métaux; preuves de cette assertion, dont on a douté jusqu'ici. P. 464.

Fer *blanc.* Sa fabrication. T. X, p. 501.

Fer *de martinet de verge ronde;* leur fabrication. T. X, p. 500.

Fer *en verge;* sa fabrication. T. X, p. 499 et 500.

Fer (*fabrication du fer*). Obstacles physiques et moraux qui s'opposent à la

perfection de l'art des forges et à la fabrication du bon fer. T. x, p. 476. — Le mauvais fer se fait à bien meilleur compte que le bon, et cette différence est au moins d'un cinquième de son poids. P. 477. — Exposé succinct des travaux nécessaires à la fabrication du fer. P. 494 et suiv.

Fer *forgé*. Une barre de bon fer a non-seulement plus de durée pour un long avenir, mais encore quatre ou cinq fois plus de force et de résistance actuelle qu'une pareille barre de mauvais fer. T. x, p. 477. — Cette bonne qualité du fer provient principalement du traitement de la mine avant et après sa mise au fourneau. P. 482. — Fer fabriqué avec de vieilles ferrailles. P. 497. — Le fer commun est, après l'étain, le plus léger des métaux, il ne pèse que 545 ou 546 livres le pied cube, et l'acier pèse 548 à 549 livres aussi le pied cube. P. 515. — Effets du soufre, des acides et des éléments du feu, de l'air et de l'eau sur le fer. P. 516 et 517. — Alliage et affinités du fer avec les autres métaux. P. 517.

Fer (*régule de fer*). Procédés par lesquels on peut obtenir du régule de fer sans instruments ni marteaux. La nature peut, dans certaines circonstances, produire le même effet. T. x, p. 451. — Manière d'obtenir de la fonte de fer en régule, qui est une matière mitoyenne entre la fonte et le fer. P. 491. — Propriétés de ce régule de fer; cette matière est très-propre à faire de bons canons pour l'artillerie de la marine. *Ibid.* — Le régule de fer est dans l'état intermédiaire et moyen, entre la fonte et le fer. P. 492. — Il est presque aussi infusible que le fer. Le feu des volcans a quelquefois formé de ces régules de fer, et c'est ce que les minéralogistes ont appelé mal à propos *fer natif*. P. 492. — Ses cristallisations. P. 492 et 493.

Fer (*ténacité du fer*). De tous les métaux, après l'or, le fer est celui dont la ténacité est la plus grande. Et il y a une énorme différence entre la ténacité du bon et du mauvais fer. T. x, p. 516.

Fer (le) ayant spécialement plus d'affinité que les autres matières avec l'électricité du globe et les forces dont elle est l'âme, en ressent et en marque mieux tous les mouvements. T. xi, p. 536. — S'il n'y avait point de fer sur la terre, il n'y aurait ni aimant, ni magnétisme. *Ibid.* — Une barre de fer peut présenter une suite de pôles magnétiques, alternativement opposés, de même qu'un tube de verre peut présenter une suite de portions électrisées alternativement, en plus et en moins. P. 540. — Le fer et l'aimant ne sont au fond que la même substance. P. 558. — Le fer, et mieux encore l'acier peuvent recevoir une force magnétique plus grande que celle de la pierre d'aimant. P. 559. — Les mines de fer formées par l'intermède de l'eau, ne reprennent leur propriété magnétique qu'après avoir subi l'action du feu. *Ibid.* — Dès les premiers temps de l'établissement des mines primordiales de fer, toutes les parties de ces masses qui étaient exposées à l'air et qui sont demeurées dans la même situation, auront reçu la vertu magnétique par la cause générale qui produit le magnétisme du globe, tandis que toutes les parties de ces mêmes mines, qui n'étaient pas exposées à l'action de l'atmosphère, n'ont point acquis cette vertu magnétique. *Ibid.* — Le fer reçoit d'abord la force attractive, et ne prend des pôles qu'en plus ou moins de temps, suivant sa position, et selon la proportion de ses dimensions P. 560. — Il ne prend aucune augmentation de poids, par l'imprégnation de la vertu magnétique. P. 567. — Quand on passe sur un aimant faible du fer aimanté par un aimant fort, ce fer perd la grande force magnétique qui lui avait été communiquée par l'aimant fort, et il acquiert en même temps la petite force que peut lui donner l'aimant faible. P. 569. — Le fer n'acquiert de lui-même la vertu magnétique, et l'aimant ne la communique au fer que dans une seule et même direction. P. 570 et 571. — Un fil de fer aimanté selon sa longueur, et plié ensuite de manière à former des angles et crochets, perd sa force magnétique. P. 571. — Un fil de fer passé par la filière dans le même sens qu'il a été aimanté, conserve sa vertu magnétique. *Ibid.* — Un morceau de fer ou d'acier peut être considéré comme une masse de limaille, dont les parties sont

réunies de plus près. *Ibid.* — Une lame de fer ou d'acier, passée sur un aimant plusieurs fois et dans le même sens, acquiert toute la vertu magnétique qu'elle peut comporter; mais passée ensuite sur l'aimant dans le sens opposé, elle perd la vertu qu'elle avait acquise. P. 572. — Le fer ou l'acier posés sur un aimant acquièrent la vertu magnétique. *Ibid.*—Le fer sublimé par le moyen du feu, acquiert du magnétisme et des pôles. P. 574. — Plus le fer est pur, et plus il peut s'aimanter fortement. P. 581.— Le fer dur, qui comporte plus de vertu magnétique que le fer doux, peut en recevoir davantage; mais il la reçoit avec moins de facilité, et peut souvent, dans le même temps, avoir acquis moins de force que le fer doux. P. 582.

Feu (le) ne peut guère exister sans lumière et jamais sans chaleur, tandis que la lumière existe souvent sans chaleur sensible, comme la chaleur existe encore plus souvent sans lumière. T. IX, p. 290. — La chaleur et la lumière sont les deux éléments matériels du feu; ces deux éléments réunis ne sont que le feu même, et ces deux matières nous affectent chacune sous leur forme propre, c'est-à-dire d'une manière différente. P. 293. — Poids réel du feu; manière de s'en assurer par l'expérience. P. 295 et suiv.—Le feu a, comme toute autre matière, une pesanteur réelle dont on peut connaître le rapport à la balance, dans les substances, qui, comme le verre, ne peuvent être altérées par son action. La quantité de feu nécessaire pour rougir une masse quelconque, pèse $\frac{1}{570}$, ou si l'on veut une centième partie de cette masse, en sorte que si elle pèse froide six cents livres, elle pèsera chaude six cent une livres lorsqu'elle sera rouge couleur de feu. Et sur les matières qui, comme le fer, sont susceptibles d'un plus grand degré de feu et chauffées à blanc, la quantité de feu est d'environ $\frac{1}{600}$ au lieu de $\frac{1}{600}$. P. 298.

Feu. Le feu agit sur les métaux comme l'eau sur les sels. T. XI, p. 102. — Le feu paraît être dans le mercure en quantité presque infiniment petite. *Ibid.*

Feu. L'élément du feu, comme toute autre matière, est soumis à la puissance générale de la force attractive. T. X, p. 4.

Feu (le) seul est actif, et sert de base et de ministre à toute force impulsive. T. XI, p. 522. — Il se manifeste dans toutes les parties de l'univers, soit par la lumière, soit par la chaleur. *Ibid.* — Le feu violent diminue ou suspend la force magnétique. P. 567. — Il concourt quelquefois à augmenter la vertu magnétique. P. 569. — Le feu, la percussion et la flexion suspendent ou détruisent également la vertu magnétique, parce que ces trois causes changent également la position respective des parties composantes de l'aimant ou du fer. P. 572. — Le feu rend le fer d'autant plus attirable à l'aimant, que ce dernier a été plus violemment chauffé. P. 573.

Feu. Moyens généraux et particuliers de produire le feu. T. IX, p. 5. — Origine et production de la chaleur et de la lumière. P. 6. — Le feu, la chaleur et la lumière peuvent être regardés comme trois choses différentes; examen de leurs propriétés différentes et de leurs propriétés communes. P. 11. — Il existe quelquefois sans lumière, mais n'existe jamais sans chaleur. *Ibid.* — A besoin d'aliments pour subsister, et son premier aliment est l'air. P. 21. — La différence la plus générale entre le feu, la chaleur et la lumière paraît consister dans la quantité et peut-être dans la qualité de leurs aliments. L'air est le premier aliment du feu, les matières combustibles ne sont que le second. *Ibid.* — La chaleur propre du globe terrestre doit être regardée comme notre vrai feu élémentaire. P. 26. — L'action du feu sur les différentes substances, dépend beaucoup de la manière dont on l'applique; le produit de son action sur une même substance, paraîtra différent selon la façon dont il est administré. Le feu doit être considéré en trois états différents, le premier relatif à sa vitesse, le second à son volume, et le troisième à sa masse. P. 29. — Trois moyens généraux d'augmenter l'action du feu. Chacun de ces moyens donne souvent des produits différents. On peut augmenter l'action du feu en accélérant sa vitesse, en augmentant son volume, et en

augmentant sa masse et sa densité. Les instruments du premier moyen sont tous les fourneaux où l'on se sert de ventilateurs, de soufflets, de trompes, de tuyaux d'aspiration, etc.; les instruments du second moyen, sont tous les fourneaux de réverbère ; et ceux du troisième moyen, sont les miroirs ardents; chacun de ces moyens employés sur les mêmes matières donnent souvent des résultats très-différents. P. 29 et suiv. — L'administration du feu doit se diviser en trois procédés généraux, le premier relatif à la vitesse, le second au volume, et le troisième à la masse de cet élément. Les matières qu'on soumet à l'action du feu, doivent être divisées dans trois classes, celles qui perdent au feu leur poids, celles qui au lieu de perdre du poids en acquièrent, et celles qui ne perdent ni n'acquièrent rien. P. 30 et 31. — Le feu est réellement pesant comme toute autre matière. P. 32.—Matières avec lesquelles le feu a le plus d'affinité. *Ibid.* — Le feu se trouve comme l'air sous une forme fixe et concrète dans presque tous les corps. P. 33. — Matières indifférentes à l'action du feu. P. 34. — C'est par la lumière que le feu se communique, et la chaleur seule ne peut produire le même effet que quand elle devient assez forte pour être lumineuse. P. 38.

Figuration. Explication de la figuration des minéraux. T. x, p. 5. — La figuration dans les minéraux est un premier trait d'organisation. *Ibid.*

Filles et Garçons. Voyez Garçons et Filles.

Fil de fer. Sa fabrication. T. x, p. 501. — Plus le fil de fer est fin, plus sa ténacité est grande à proportion. P. 516.

Flamme (la) n'est pas la partie du feu où l'intensité de la chaleur est la plus grande. T. ix, p. 36. — Sa principale propriété est de communiquer le feu. P. 37. — Il y a de la flamme dans toute incandescence. *Ibid.* — Celle-ci n'obéit point à l'impulsion de l'air. *Ibid.*

Flamme. La vertu magnétique se communique de l'aimant au fer, à travers la flamme, sans diminution ni changement de direction. T. xi, p. 572.

Fleurs *et fruits.* Comparaison de nos fleurs et de nos fruits avec les fleurs et les fruits des anciens, de laquelle il résulte qu'il sont tous différents. T. ix, p. 592 et suiv.— Nos pêches, nos abricots, nos poires, sont des productions nouvelles, auxquelles on a conservé les vieux noms des productions antérieures. P. 592. — Par quel moyen l'homme a trouvé et perfectionné les bons fruits. P. 593.

Fluide. Le mercure serait le plus fluide des corps si l'air ne l'était encore plus. T. ix, p. 22. — Tous les fluides, avec la même chaleur, quelque dense qu'ils soient, s'échauffent et se refroidissent plus promptement qu'aucun solide quelque léger qu'il soit. P. 96.

Fluide électrique (le) agit avec beaucoup de force à l'intérieur du globe ; il y fait jaillir dans tous les espaces libres des foudres plus ou moins puissantes. T. xi, p. 523. — Le cours du fluide électrique se fait en deux sens opposés, c'est-à-dire de l'équateur aux deux pôles terrestres. P. 536.

Fluidité. Toute fluidité a la chaleur pour cause; et toute dilatation dans les corps, doit être regardée comme une fluidité commençante. T. ix, p. 291.

Fluidité. En général, toute fluidité a la chaleur pour cause : preuves de cette assertion. T. ix, p. 459. — Deux manières d'opérer la fluidité : la première par le délaiement ou la dissolution; et la seconde par la liquéfaction. *Ibid.*

Fluidité. Toute fluidité a la chaleur pour cause. T. ix, p. 22. — La plus ou moins grande fluidité n'indique pas que les parties du fluide soient plus ou moins pesantes, mais seulement que leur adhérence est d'autant moindre, leur union d'autant moins intime et leur séparation d'autant plus aisée. *Ibid.* — Moyen facile d'estimer le degré de fluidité ou de fusibilité de chaque matière différente. P. 97.

Fluors. Les spaths fluors sont composés de matières calcaires et de parties sulfureuses ou pyriteuses. T. xi, p. 404. — On a mal à propos appelé ces spaths fluors *spaths pesants*, *spaths fusibles vitreux*, *spaths phosphoriques*, et l'on a souvent appliqué

les propriétés des spaths pesants à ces spaths fluors, quoique leur origine et leur essence soient très-différentes. P. 405. — Spaths fusibles vitreux et spaths phosphoriques, ne désignent qu'une seule et même chose. *Ibid.* — Les spaths fluors, loin d'être fusibles, sont très-réfractaires au feu; mais ce sont, comme le borax, des fondants très-actifs. *Ibid.* — Les spaths fluors sont d'un quart moins denses que les spaths pesants, et ils en diffèrent aussi par plusieurs autres propriétés. P. 406 et 407. — Il y a quatre principales sortes de spaths fluors. P. 406. — Tous ces spaths offrent, comme les cristaux vitreux et calcaires, une double réfraction, au lieu que les spaths pesants n'ont qu'une simple réfaction; autres différences entre ces deux sortes de spaths. P. 407. — Spaths fluors contiennent de la matière calcaire en assez grande quantité; ils n'étincellent que peu ou point sous le choc de l'acier et c'est par là qu'on les distingue aisément du feldspath, qui de tous les spaths est le seul étincelant; autres différences entre les spaths fluors et le feldspath. *Ibid.* — Spaths fluors accompagnent souvent les mines métalliques, et se trouvent quelquefois en masses assez considérables pour en pouvoir faire des petites tables, des urnes, et autres vases désignés sous les noms de *prime d'émeraude*, *prime d'améthyste*, etc. P. 408. — Description de plusieurs sortes de spaths fluors, dont les couleurs et le brillant imitent les émeraudes, les améthystes, topazes, aigue-marines, etc. P. 408 et 409.

Foie *de soufre*. A souvent aidé, plus qu'aucun autre agent, à la minéralisation de tous les métaux. T. xi, p. 431.

Foie *de soufre*. Voyez Soufre, *foie de soufre*.

Fontaines. Origine de toutes les fontaines. Voyez Glaise. T. x, p. 85 et 86.

Fontaine *bitumineuse en Auvergne*. Sa description. T. x, p. 283 et 284.

Fontaines *salées*. En Franche-Comté, en Lorraine et dans plusieurs autres contrées de l'Europe et des autres parties du monde, le sel se tire de l'eau des fontaines salées. T. x, p. 419.

Fonte *de fer* (la), pesée chaude couleur de cerise, perd en se refroidissant environ $\frac{1}{314}$ de son poids, ce qui fait une moindre diminution que celle du fer forgé; raison de cette différence. T. ix, p. 297. — Les mauvaises fontes de fer coulent plus aisément à l'affinerie que les bonnes. P. 329. — Description de la bonne fonte de fer et de la mauvaise. P. 330 et 331. — Sa définition physique; ce n'est point encore un métal, mais un mélange de fer et de verre, etc. Examen des différentes espèces de fontes de fer. P. 331. — Expériences qui démontrent qu'on peut tenir la fonte de fer très-longtemps en fusion et en très-grand volume dans le creuset du fourneau sans aucun danger, et même avec avantage. P. 335. — La fonte de fer coulée en masse, comme canons, enclumes, boulets, etc., se trouve toujours être plus pure à la circonférence qu'au centre de ces masses. P. 336. — Cette même fonte en masse est toujours plus dure à l'extérieur qu'à l'intérieur. *Ibid.* et suiv. — La fonte de fer de bonne qualité est ordinairement plus difficile à forer que la mauvaise. P. 339.

Fonte *de fer*. Manière d'obtenir la fonte de la mine, et de la convertir en fer. T. x, p. 451 et suiv. — Caractères d'une bonne et d'une mauvaise fonte de fer. P. 485. — Manière de corriger la mauvaise qualité de la fonte de fer au fourneau de fusion. *Ibid.* — Différence entre la densité de la bonne et de la mauvaise fonte de fer. *Ibid.* — Il peut y avoir une différence d'un douzième environ sur la pesanteur spécifique d'une bonne et mauvaise fonte de fer. P. 490

Fonte *de fer au charbon de terre*. Manière d'obtenir cette fonte dans des fourneaux de réverbère et sans soufflets. T. x, p. 487 et 488. — Cette fonte faite au moyen du charbon de terre, ne donne pas ordinairement du bon fer. P. 488. — Cependant il est possible, quoique assez difficile, de faire du bon fer avec de la fonte fondue au charbon de terre, dans nos hauts-fourneaux à soufflets, parce qu'elle s'y épure davantage que dans ceux de réverbère. *Ibid.*

Fonte *de fer blanche* (la) ne peut donner du bon fer, et n'est guère propre à être moulée. T. x, p. 487.

Fonte *des canons*. Erreur sur la manière de fondre les canons de fonte de fer. T. x, p. 488.

Fonte *de fer*. Moyens de corriger à l'affinerie la mauvaise qualité de la fonte de fer. T. ix, p. 192. — La bonne fonte de fer est la base de tout bon fer. P. 193. — Étant chauffée à un très-grand feu pendant longtemps, acquiert plus de dureté et de ténacité. P. 215. — Elle acquiert aussi plus de pesanteur spécifique. *Ibid.*

Force (la) qui produit la pesanteur et celle qui produit la chaleur, sont les deux forces de la nature. T. ix, p. 1. — Force attractive et force expansive; leur différence et la combinaison de leurs effets. P. 3. — Réduction des forces de la nature et de la puissance de l'expansion à celle de l'attraction. P. 4 et 5. — Force expansive, n'est point une force particulière opposée à la force attractive, mais un effet qui en dérive, et qui se manifeste toutes les fois que les corps se choquent ou se frottent les uns contre les autres. *Ibid.* — Force expansive, n'est que la réaction de la force attractive. P. 5. — La force attractive et la force expansive, sont, pour la nature, deux instruments de même espèce, ou plutôt ce n'est que le même instrument qu'elle manie dans deux sens opposés. P. 9.

Force. Il n'y a dans la nature qu'une seule force primitive; c'est l'attraction. T. xi, p. 520. — Elle a suffi pour produire toutes les autres forces qui animent l'univers. *Ibid.* — Toute force qui ne tend pas directement du centre à la circonférence, ne peut pas être regardée comme une force intérieure, proportionnelle à la masse. P. 575.

Forces. On ne connaît les forces qui animent l'univers, que par le mouvement et par ses effets. T. xi, p. 521. — Ce mot de *forces* ne signifie rien de matériel, et n'indique rien de ce qui peut affecter nos organes. *Ibid.* — L'origine et l'essence de la force primitive, nous seront à jamais inconnues, parce que cette force n'est pas une substance, mais une puissance qui anime la matière. P. 522. — Nous ne connaissons les forces de la nature que par leurs effets. P. 535.

Force attractive. Rien ne peut intercepter l'action de la force attractive des aimants. T. xi, p. 566. — On peut expliquer par là des effets merveilleux en apparence. *Ibid.* — La force attractive de l'aimant est prodigieusement augmentée, lorsqu'on la réunit avec la force directive, au moyen d'une armure de fer ou d'acier. P. 574. — Cette plus forte attraction, produite par la réunion des forces attractives et directives de l'aimant, paraît s'exercer en raison des surfaces. *Ibid.*

Forces des aimants. Pour comparer la force des aimants, il faut que le fer qu'ils attirent soit de même qualité, et que les dimensions et la figure de chaque morceau de fer soient semblables et égales. T. xi, p. 578.

Force directive (la) se marque avec plus d'énergie sur les aimants nus que sur ceux qui sont armés. T. xi, p. 565.

Force magnétique (la) peut agir sur le fer sans être aidée d'aucune force motrice. T. xi, p. 537. — Elle n'agit que sur le fer; de même la force électrique ne se produit que dans certaines matières. P. 538 et 539. — La force magnétique a différents points de tendance, que l'on peut regarder comme autant de pôles magnétiques. P. 550. — L'effet de la force magnétique est un mouvement composé. P. 552. — La force magnétique est extérieure, et pour ainsi dire infinie, relativement aux petites masses de l'aimant et du fer; elle existerait, quand il n'y aurait point de fer ni d'aimant dans le monde. P. 581.

Forces de la nature. Les deux grandes forces de la nature sont celles de l'attraction, qui tend à rapprocher toute matière, et celle de la chaleur qui ne tend, au contraire, qu'à les séparer; ces deux forces, lorsqu'elles sont réunies, peuvent travailler la matière dans les trois dimensions à la fois: par la combinaison de ces deux forces actives, la matière ductile peut prendre la forme d'un germe organisé. T. x, p. 3 et 4. — Et lorsqu'elles n'agissent pas sur une matière ductile, mais sur des matières dures qui leur opposent trop de résistance, elles ne peuvent alors agir que sur la sur-

face, sans pénétrer l'intérieur de cette matière trop dure ; et par conséquent, elles ne pourront la travailler que dans deux dimensions au lieu de trois, en traçant à sa superficie quelques linéaments ; et cette matière n'étant travaillée qu'à la surface, ne pourra prendre d'autre forme que celle d'un minéral figuré. P. 4.

Forêts. Age auquel on doit abattre les forêts, suivant les différents terrains, pour en tirer du bois du meilleur service. T. xii, p. 83 et 84.

Fortune du jeu. Voyez Jeu.

Fossiles sont les parties les plus solides, les plus dures des animaux et des végétaux, et particulièrement les dents des animaux qui se sont conservées intactes ou peu altérées dans le sein de la terre. Les os fossiles sont rarement pétrifiés; car ordinairement la substance osseuse n'y est pas entièrement détruite, et pleinement remplacée par le suc vitreux ou calcaire. T. xi, p. 381 et 382. — Fossiles ne se trouvent que dans les premières couches de la terre, à une petite profondeur; tandis que les pétrifications se trouvent enfouies bien plus profondément. P. 382.

Foudre (la) mettant le feu aux matières combustibles renfermées dans le sein de la terre, peut produire des volcans et d'autres incendies durables. T. xi, p. 524. — La terre bouleversée par la foudre souterraine, s'est souvent affaissée au-dessous ou élevée au-dessus de son niveau. P. 526. — Les foudres et les fortes étincelles électriques rendent aux chaux de fer la propriété d'être attirées par l'aimant. P. 540.

Foudres souterraines, causes du changement de la déclinaison de l'aiguille aimantée. T. xi, p. 598.

Four *de fenderie*. Travail du fer au sortir de ce four. T. x, p. 500.

Fourneau. Grand fourneau à fondre les mines de fer ; sa forme et ses proportions les plus avantageuses. T. ix, p. 323 et suiv. — Manière de charger ce fourneau, qu'on doit préférer à toutes les autres. P. 324.

Fourneau pour obtenir du fer par coagulation et de l'acier naturel, avec moins de dépense que dans les grands fourneaux. T. ix, p. 312 et 313.

Fourneau *à faire de l'acier par cémentation*. Sa description. T. x, p. 507.

Fourneau *à fondre la mine de fer*. Dans un fourneau à fondre la mine de fer, tout doit être en juste proportion ; la grandeur des soufflets, la largeur de l'orifice de leurs bases doivent êtres réglées sur la capacité du fourneau. T. x, p. 484. — Indices du bon ou du mauvais travail du fourneau. P. 484 et 485.

Fourneau *d'aspiration*. Sa description. T. x, p. 502.

Fourneaux. Le feu des fourneaux de verrerie, n'est qu'un feu faible en comparaison de celui des fourneaux à soufflets. T. ix, p. 36. — Description du fourneau pour courber des glaces, avec l'explication des figures. P. 273 et 274.

Foyers. Dans les miroirs ardents, les grands foyers font toujours beaucoup plus d'effet que les petits à égale intensité de lumière. T. ix, p. 222. — Évaluation et comparaison de leurs effets. P. 238.

Froid. Pourquoi la plus grande chaleur étant égale en été dans tous les climats, le plus grand froid est au contraire très-inégal, et d'autant plus inégal qu'on approche davantage du climat des pôles. T. ix, p. 451. — Pourquoi le froid de Sibérie est bien plus grand que celui des autres contrées du Nord qui sont sous la même latitude. P. 451 et suiv.

Froid. Le froid ne peut venir sur la terre qu'en arrivant des régions supérieures de l'air. T. ix, p. 546. — Il paraît certain qu'il fait quatre fois plus froid à deux lieues qu'à une lieue de hauteur dans notre atmosphère : preuves de ce fait. P. 589. — Tout froid plus grand ou plutôt toute chaleur moindre de 10 degrés, ne peut arriver sur la terre que par la chute des matières refroidies dans la région supérieure de l'air. P. 590.

Froid. Lorsqu'on aimante une barre de fer, le degré de force qu'elle acquiert dépend en grande partie du degré de froid auquel elle est exposée. T. xi, p. 587. — Le grand froid et la grande chaleur diminuent la vertu magnétique des aimants. *Ibid.*

FROTTEMENT. Les quartz, les jaspes, les feldspaths, les granites et autres matières vitreuses sont électrisables par frottement. T. XI, p. 523 et 524.

FUSIBILITÉ. Explication des causes de la fusibilité. T. IX, p. 161.

FUSIBILITÉ. En général, plus la substance d'une matière est simple et homogène, moins elle est fusible. T. X, p. 12. — L'infusibilité, ou plutôt la résistance à l'action du feu, dépend en entier de la pureté ou simplicité de la matière ; la craie et l'argile pures sont aussi infusibles que le quartz et le jaspe : toutes les matières mixtes ou composées, sont, au contraire, très-aisément fusibles. P. 16.

FUSION (la) est en général une opération prompte qui a plus de rapport avec la vitesse du feu que la calcination, qui est presque toujours lente. T. IX, p. 206.

G

GABRO. Sorte de serpentine, ainsi nommée par les Florentins ; c'est celle qui est mêlée de schorl et de mica. T. XI, p. 331.

GALÈNE n'est qu'une espèce de pyrite composée de chaux de plomb, et de l'acide uni à la substance du feu fixe. T. XI, p. 98. —Peut se régénérer dans les mines de plomb qui sont en état de céruse ou de chaux blanche. P. 91 et 92.

GALÈNE. Voyez *Plomb*. T. XI, p. 476.

GALETS sont pour la plupart de la même nature que les pierres à fusil, desquelles ils ne diffèrent que parce qu'ils ont été usés et aplatis par le frottement. T. XI, p. 399. — Voyez *Cailloux*.

GARÇONS et *filles*. Il naît à Paris vingt-sept garçons et vingt-six filles. T. XII, p. 300.— Cette proportion varie beaucoup, surtout dans les provinces où il naît quelquefois autant et même plus de filles que de garçons ; mais en prenant la chose en général, il naît en France plus de garçons que de filles. P. 303.

GÉANTS. On ne peut douter qu'on ait rencontré dans l'Amérique méridionale des hommes en grand nombre tous plus grands, plus carrés, plus épais et plus forts que ne le sont tous les autres hommes de la terre. Causes probables de cet effet. T. IX, p. 573. —Pourquoi les races de géants qui ont été détruites en Asie se sont conservées en Amérique. *Ibid.* et suiv. — Discussion détaillée au sujet des géants et des races de géants qui ont autrefois existé. P. 639 et suiv. — Exposition de la dispute entre les anatomistes Riolan et Habicot, au sujet des os du prétendu géant Teutobochus. P. 640 et suiv. — On ne peut guère se refuser à croire qu'il y a eu des géants de onze, douze, treize et peut-être de quatorze ou quinze pieds de hauteur. Discussion à ce sujet. P. 644.— Exemples d'ossements gigantesques trouvés dans plusieurs endroits. P. 642 et suiv.

GÉANTS *dans les animaux*. Détail des exemples au sujet des espèces gigantesques dans les animaux. T. IX, p. 625 et suiv.

GELÉES. Dommage considérable qu'elles portent au jeune bois ; moyens de prévenir en partie ces dommages. T. XII, p. 84 et 85.—La gelée du printemps agit sur les bois taillis bien plus vivement à l'exposition du midi, qu'à l'exposition du nord ; elle fait tout périr à l'abri du vent, tandis qu'elle épargne tout dans les endroits où il peut passer librement. P. 85. — Différence des effets de la gelée d'hiver et de la gelée de printemps. P. 121 et suiv.—Vices produits par la grande gelée d'hiver, qui se reconnaissent dans l'intérieur des arbres. P. 122 et suiv.—Expériences qui prouvent démonstrativement que la gelée du printemps fait beaucoup plus de mal à l'exposition du midi qu'à l'exposition du nord. P. 128 et suiv.— Il y a peu de pays où il gèle dans les plaines au delà du 35e degré, surtout dans l'hémisphère boréal.

GÉLIVURE dans l'intérieur des arbres ; origine de ce défaut. T. XII, p. 126.

GÉNIE *d'Homère*. La présence éternelle des acteurs d'Homère sur notre scène théâtrale, démontre la puissance immortelle de ce premier génie sur les idées de tous les hommes. T. XII, p. 347.

GENRE *humain*. Le quart du genre humain périt dans les premiers onze mois de la vie ; le tiers du genre humain périt dans

les vingt-trois premiers mois; la moitié du genre humain périt avant l'âge de huit ans et un mois; les deux tiers du genre humain périssent avant l'âge de trente-neuf ans; les trois quarts du genre humain périssent avant l'âge de cinquante-un ans. T. XII, p. 215 et 216.— Le quart des enfants d'un an périt avant l'âge de cinq ans révolus; le tiers avant l'âge de dix ans, la moitié avant l'âge de trente-cinq ans; les deux tiers avant l'âge de cinquante-deux ans, et les trois quarts avant soixante un ans révolus. P. 220.

GÉODES (les) ou pierre d'aigle, sont de très-gros grains de mines de fer, dont la cavité est fort grande. T. IX, p. 326 et 327.

GÉOMÉTRIE. (la) appliquée au calcul des hasards. T. XII, p. 180 et suiv. — Prise en elle-même est maintenant une science complète. P. 198. — Toutes les difficultés et questions de géométrie ne sont pas réelles, et ne dépendent que des définitions et des suppositions qu'on a faites. Démonstration de cette vérité. P. 202.

GIRASOL ainsi nommé par les Italiens, parce qu'à mesure qu'on tourne cette pierre, surtout à l'aspect du soleil, elle en réfléchit fortement la lumière. T. XI, p. 452. — Le girasol est un saphir dont la transparence est nébuleuse, et la couleur bleue teinte d'une nuance de rouge. P. 424 et 452. — Quoique la transparence du girasol ne soit pas nette, il a néanmoins de très-beaux reflets, surtout à la lumière du soleil, et il n'a, comme les autres pierres précieuses, qu'une simple réfraction. P. 452.—Il est aussi de la même densité. *Ibid.* — On se tromperait si l'on prenait le girasol pour une sorte de calcédoine, qui n'est qu'une agate ou pierre vitreuse, dont la pesanteur spécifique n'est pas à beaucoup près aussi grande que celle du girasol qu'on peut regarder comme faisant la nuance entre le saphir et le rubis. P. 452 et 453.

GLACE. Phénomènes remarquables dans la congélation. T. IX, p. 55 et 59.

GLACES (les) se présentent de tous côtés comme des barrières insurmontables à 82 degrés de latitude dans l'hémisphère boréal, et à une bien moindre latitude dans l'hémisphère austral. T. IX, p. 576 et suiv. —Exemple de l'augmentation des glaces depuis quelques siècles. P. 578.

GLACES ou *Miroirs* (les) de verre bien polis ou bien étamés, réfléchissent plus puissamment la lumière que les miroirs de métal poli. T. IX, p. 218.

GLACES ou *Miroirs plans*. Manière aisée de reconnaître si la surface de ces miroirs est parfaitement plane. T. IX, p. 224 et 225.

GLACIÈRES *des Alpes*. Leur étendue et leur description abrégée. T. IX, p. 575. — Ces grandes plages de glace, loin de diminuer dans leur circuit, augmentent tous les jours de plus en plus; elles gagnent de l'espace sur les terres voisines : preuves démonstratives de ce fait. *Ibid.*—Cette augmentation des glacières est déjà et sera dans la suite la preuve la plus palpable du refroidissement successif de la terre. P. 576.— Description détaillée des glacières des Alpes ; faits qui prouvent l'augmentation successive de l'étendue superficielle de ces glacières. P. 644 et suiv.

GLAISES. On doit donner le nom de *glaises* aux argiles mélangées, qui sont ordinairement colorées, et l'on doit réserver le nom d'*argile*, aux argiles pures. Le globe terrestre est presque environné partout d'une couche de glaise plus ou moins épaisse, qui a été deposée par les eaux, et sur laquelle portent immédiatement les bancs de la matière calcaire. Disposition de ces couches de glaise. Observations et expériences à ce sujet. T. X, p. 78 et suiv.—Différentes concrétions qui se forment entre les lits de glaise. P. 80 et suiv. (*note*).—Toutes les glaises deviennent rouges par l'impression d'un premier feu, et peuvent se fondre à un feu violent, au lieu que l'argile pure ne change point de couleur et résiste à l'action de tous nos feux. P. 83.—Il ne faut pas confondre avec les glaises les terres limoneuses. P. 84.—Les glaises ont été transportées et déposées par les eaux avec les dépouilles des animaux marins qui s'y trouvent mêlées en grande quantité. *Ibid.* — Leurs couleurs indiquent qu'elles sont imprégnées de parties minérales, et particulièrement de fer. On trouve entre les lits de glaise, des pyrites martiales, dont les parties constituantes

ont été entraînées de la couche de terre végétale, par l'infiltration des eaux, et se sont réunies sous cette forme de pyrites, entre les lits de ces argiles impures. *Ibid.* — Propriétes des glaises soumises à l'action du feu. P. 84 et 85. — La glaise forme l'enveloppe de la masse entière du globe ; les premiers lits se trouvent immédiatement sous la couche de terre végétale, comme sous les bancs calcaires auxquels la glaise sert de base ; c'est sur cette terre ferme et compacte que se rassemblent tous les filets d'eau qui descendent par les fentes des rochers, ou qui se filtrent à travers la terre végetale ; cette eau ne peut qu'humecter la première surface, et ne pénètre point la glaise ; elle suit la première pente qui se présente, et sort en forme de source entre le dernier banc des rochers et le premier lit de glaise ; c'est là l'origine de toutes les fontaines. P. 85. — L'eau que la glaise retient produit des vapeurs humides qui sont très-favorables à la végétation. Exemples à ce sujet. *Ibid.* — Productions hétérogènes qui se forment par l'intermède de l'eau entre les lits de glaise. 1° La pierre calcaire provenant de la décomposition des corps marins contenus dans la glaise. 2° De petites couches de plâtre formées par cette même matière calcaire, et par l'acide vitriolique contenu dans la glaise. 3° Les pyrites, qui sont ordinairement en forme aplatie et séparées les unes des autres. 4° De petites masses de charbon de terre et de jayet, et une matière grasse ou bitumineuse. 5° Les glaises ont communément une couleur grise, bleue, brune ou noire, qui devient d'autant plus foncée qu'on descend plus profondément. P. 86 et 87. — La glaise prend le nom de *schiste* et d'*ardoise* lorsqu'elle est dure et sèche. P. 87. — Leurs différences particulières. P. 88. — Comment s'est faite la conversion de la glaise en schiste et en ardoise. P. 89.

Glands *germés.* Expériences sur l'amputation de leur pédicule. T. xii, p. 90.

Globe *terrestre.* Voyez *Chaleur du globe terrestre.*

Globe *terrestre* (le) n'a pu prendre sa forme élevée sous l'équateur et abaissée sous les pôles, qu'en vertu de la force centrifuge combinée avec celle de la pesanteur ; il a par conséquent dû tourner sur son axe pendant un petit temps avant que sa surface ait pris sa consistance, et ensuite la matière intérieure s'est consolidée dans les mêmes rapports de temps indiqués par les expériences précédentes. T. ix, p. 307. — Le globe terrestre a été la septième terre habitable, et la nature vivante a commencé à s'y établir dans l'année 34771, pour durer jusqu'à l'année 168123 de la formation des planètes. P. 422.

Globe *terrestre.* L'intérieur du globe de la terre n'est qu'une matière de verre ou concret ou discret. T. ix, p. 21.

Globe *terrestre.* Le globe terrestre n'a pu prendre la forme renflée sous l'équateur et abaissée sous les pôles, que dans son état de liquéfaction par le feu. Les boursouflures et les grandes éminences du globe, ont été nécessairement formées par l'action de ce même élément dans le temps de la consolidation ; l'eau, en quelque quantité et dans quelque mouvement qu'on la suppose, n'a pu produire ces chaînes de montagnes primitives qui sont la charpente de la terre et tiennent à la roche qui en occupe l'intérieur. T. x, p. 15.

Globe *terrestre* (le) possède en grand toutes les propriétés dont les aimants ne jouissent qu'en petit. T. xi, p. 537. — La surface entière de la terre est mêlée d'une grande quantité de fer magnétique qui a produit le magnétisme général du globe. *Ibid.*

Globes. Dans les globes de différentes grosseurs, la chaleur ou le feu du plus haut degré, pendant tout le temps de leur incandescence, s'y conserve et y dure en raison de leur diamètre. Preuve de cette vérité par l'expérience. T. ix, p. 306.

Grain. Le grain dont l'homme fait son pain, n'est point un don de la nature, mais le grand, l'utile fruit de ses recherches et de son intelligence dans le premier des arts ; nulle part sur la terre on n'a trouvé du blé sauvage, et c'est évidemment une herbe perfectionnée par ses soins. T. ix, p. 591 et 292.

Granite. Le granite est de toutes les matières vitreuses la plus abondante et celle

qui se trouve en plus grandes masses, puisque le granite forme les chaînes de la plupart des montagnes primitives, sur tout le globe de la terre. T. x, p. 49.—De toutes les matières produites par le feu primitif, le granite est la moins simple et la plus variée; il est ordinairement composé de quartz, de feldspath et de schorl, ou de quartz; de feldspath, de schorl et de mica. P. 50. — Explication de la formation des granites. P. 50 et suiv.— Leur gisement sur la roche quartzeuse du globe, et leurs accumulations sur les appendices de cette roche, dans toutes les boursouflures et montagnes primitives du globe. P. 53.—Granites à gros et petits grains: leurs différences dans la formation, et leur composition. P. 55.— Manière dont s'opère la décomposition des granites exposés à l'action des éléments humides. P. 60.—Granite décomposé par les vapeurs souterraines et par l'infiltration des eaux. P. 61.— Montagnes de granite. Les montagnes de granite s'offrent à la superficie du globe de la terre, dans tous les lieux où les argiles, les schistes et les couches calcaires, n'ont pas recouvert l'ancienne surface du globe, et où le feu des volcans ne l'a point bouleversée; en un mot, partout où subsiste la structure primitive de la terre. P. 54. — A mesure que l'on fouille dans une montagne dont la cime et les flancs sont de granite, loin de trouver du granite plus solide et plus beau à mesure que l'on pénètre, l'on voit au contraire qu'au-dessous, à une certaine profondeur, le granite se change, se perd et s'évanouit à la fin, en reprenant peu à peu la nature brute du roc vif et quartzeux. P. 55. — Les sommets des montagnes graniteuses sont généralement plus élevés que les montagnes schisteuses ou calcaires. Ces sommets n'ont jamais été surmontés ni travaillés par les eaux, dont la plus grande hauteur nous est indiquée par les bancs calcaires les plus élevés. On ne trouve aucun indice de coquilles ou d'autres productions marines, dans l'intérieur de ces granites primitifs, à quelque niveau qu'on les prenne; et l'on ne voit jamais de bancs calcaires interposés dans les masses de ce même granite, ni de granites posés sur des couches calcaires, si ce n'est par bancs de seconde formation, ou par morceaux détachés et tombés de sommets plus élevés. P. 56.— Ouvrages de granite. Raison pourquoi tous les grands et anciens monuments sont de granite. P. 46. — Les anciens ont travaillé des blocs de granite de plus de vingt mille pieds cubes; et de nos jours on a travaillé des masses encore plus grandes : le piédestal de la statue du czar Pierre Ier a été tiré d'un bloc de granite de 37,000 pieds cubes. P. 57.

GRANITE. Observations qui prouvent qu'il se forme par les feux volcaniques, des substances assez semblables au granite et au porphyre de nature. T. x, p. 315 et suiv.

GRANITES *secondaires.* Origine et formation des granites secondaires. T. x, p. 62.— Caractères par lesquels on peut reconnaître que ces granites sont de nouvelle formation. P. 62 et 63. — Différence de position dans les anciens et les nouveaux granites; les premiers ont été formés par le feu primitif, et les seconds par le transport et le dépôt des eaux. P. 64. — Les couches de cailloux de granite et de quartz arrondis, sont non-seulement de seconde, mais de troisième formation. P. 65.

GRENAT (le). Quoique aussi pesant que les pierres précieuses, ne doit pas être mis à leur rang, sa grande pesanteur ne provenant que du fer qu'il contient en parties massives. T. XI, p. 263 et 265.—Différences du grenat et des pierres précieuses. P. 263.—Le grenat est composé de schorl et de fer, il est fusible et donne une véritable réfraction. P. 263.—Ses ressemblances avec les schorls de seconde formation. P. 264.— La plupart des grenats contiennent assez de fer en état métallique pour agir sur l'aiguille aimantée. *Ibid.* — La forme des grenats varie presque autant que celle des schorls. P. 265, 267 et 268.—On les trouve souvent mêlés ensemble. P. 264. — Les grenats se présentent quelquefois en assez gros groupes, et plus souvent en cristaux isolés. P. 265. — Grenats volcanisés ont perdu leur couleur et une grande partie de leur poids. *Ibid.*—Les grenats de tout pays sont de la même nature; souvent même ceux de Bohême sont plus parfaits que ceux qu'on apporte des Indes

orientales. P. 266.—Grenat syrien; le plus beau de tous les grenats vient de *Surian* dans le royaume de Pegu. *Ibid.*—Différentes couleurs dans les grenats. P. 266 et 267. — L'escarboucle *ou* carbunculus des anciens, est vraisemblablement un grenat. P. 267.— Différences par lesquelles on peut distinguer aisément les grenats des rubis. P. 268. — Différents lieux où l'on trouve des grenats, tant dans l'ancien que dans le nouveau continent. P. 268 et 269.

Grès. La plupart des espèces de grès s'égrenant au feu, on ne peut guère leur donner un très-grand degré de chaleur tel qu'il le faudrait pour l'incandescence. Ils ne gagnent rien au feu et n'y perdent que très-peu de leur poids. T. ix, p. 298.

Grès (le) chauffé au plus grand feu ne perd que très-peu de son poids. T. ix, p. 94.

Grès. Le grès pur n'est composé que des petits grains du quartz réunis entre eux par l'intermède de l'eau. Ses propriétés sont communes avec celles du quartz. Explication de la formation des grès. T. x, p. 66.—Ciment qui remplit les interstices entre les grains quartzeux dont le grès est composé. Deux manières dont ce ciment a pu être porté dans la masse des grès. Observations et exemples à ce sujet. P. 66 et suiv.—Lorsque le grès est pur, il ne contient que du quartz réduit en grains plus ou moins menus, et souvent si petits qu'on ne peut les distinguer qu'à la loupe. Les grès impurs sont au contraire mélangés d'autres substances vitreuses ou métalliques, et plus souvent encore de matières calcaires. P. 69 et 70.—Gisement des grandes masses de grès dans les sables quartzeux. P. 70 et 71.—Tous les grès sont humides au sortir de la carrière, et ils se dessèchent à l'air. P. 71.—Différence dans la position et le gisement des grès purs et des grès mélangés. *Ibid.*— Formation des grès; les grès se sont formés par l'intermède de l'eau, preuve de cette assertion. *Ibid.*— Différence du grès et du granite. P. 72.—Le grès réduit en poudre très-subtile, pénètre à travers le verre. Exemple à ce sujet. *Ibid.*— Variétés dans leur composition, aussi bien que dans leur densité, leur dureté, etc. P. 72 et 73. —Exposition détaillée de la dureté et des autres qualités des différents grès. P. 73.— Le grès pur, comme le quartz, réduit en sablons, fait la base de tous nos verres factices. *Ibid.*— Grès colorés. Quelques grès sont colorés de rougeâtre, par les molécules ferrugineuses qui s'écoulent de la terre végétale ou limoneuse. Exemple à ce sujet. P. 73 et 74.—Il y a des grès figurés régulièrement à l'extérieur et d'autres en géode, et qui sont creux intérieurement. Formation de ces géodes de grès. P. 74.—On a trouvé en plusieurs endroits des grès figurés assez régulièrement en rhombes. Raisons de cette figuration qui ne se trouve pas dans les grès purs, mais seulement dans ceux qui sont mélangés d'une grande quantité de matières calcaires. P. 75.—Expérience qui le démontre. *Ibid.*

Grès. Détail des expériences qui démontrent que le grès en poudre se convertit aisément en argile par le seul intermède de l'eau et en très-peu de temps. T. ix, p. 632 et suiv.

Grès *de Turquie* est une pierre à aiguiser, d'un grain fin et presque aussi serré que celui de la pierre à fusil; cependant elle n'est pas dure au sortir de la carrière, et l'huile dont on l'humecte semble lui donner plus de dureté. Lieux où cette pierre se trouve. T. xi, p. 358.

Grosseur *des aimants*. Les gros aimants, même les plus faibles, répandent en proportion leur force à de plus grandes distances que les petits aimants les plus forts. T. xi, p. 579.

Gueulard. C'est ainsi qu'on appelle l'ouverture du haut des grands fourneaux où l'on fond les mines de fer. T. ix, p. 201.

Guiane. La Guiane dans l'Amérique méridionale, doit être regardée comme une terre nouvelle. Description de cette contrée. T. ix, p. 571 et suiv.—La grande épaisseur de terre végétale qui se trouve jusque sur le sommet des collines, démontre la formation récente de toute cette contrée : elle l'est en effet au point, qu'au-dessus de l'une de ces collines nommée *la Gabrielle*, on voit un petit lac peuplé de crocodiles *caïmans* que la mer y a laissés, à cinq ou six lieues de

distance, et à six ou sept cents pieds de hauteur au-dessus de son niveau. P. 572.—Description particulière des terres de la Guiane. P. 637 et suiv.

Gypse. Voyez *Plâtre*. T. x, p. 168 et suiv. —Composition et propriétés du gypse. P. 170. —Ses différences avec le talc. P. 171.

Gypse. Le gypse transparent n'est qu'un spath calcaire imprégné d'acide vitriolique; la double réfraction est moindre que celle du spath appelé *cristal d'Islande*, mais elle est plus forte que celle du cristal de roche. T. xi, p. 359.

Gypses et *Plâtres* (les) se calcinent à un moindre degré de chaleur que les pierres calcaires. T. ix, p. 165.—Ils ne suivent pas comme les autres matières calcaires ou vitrescibles, l'ordre de la densité, pour le progrès de la chaleur, mais celui de la facilité à la calcination, ce qui revient à l'ordre de la fusibilité. *Ibid.*

H

Hasard. Par la notion même du hasard, il est évident qu'il n'y a nulle liaison, nulle dépendance entre ses effets, et que par conséquent le passé ne peut influer en rien sur l'avenir. T. xii, p. 162. — Le résultat des expériences sur les effets du hasard, est tout opposé au résultat des expériences sur les effets natnrels. P. 163.—Moyens de connaître la pente du hasard. P. 165.

Hématite. On a donné ce nom à des concrétions ferrugineuses, dont la couleur est d'un rouge de sang plus ou moins foncé; elles proviennent de la décomposition des autres mines de fer; ce sont de vraies stalactites ferrugineuses qui, comme les autres stalactites, se présentent sous toutes sortes de formes. T. xi, p. 464. — Elles n'ont que peu de dureté, et ne sont point attirables à l'aimant. *Ibid.*

Hématites. Leur description et leur formation. T. x, p. 461 et suiv.

Hémisphères. L'hémisphère austral a eu dès l'origine de plus profondes vallées que l'hémisphère boréal, et il doit être regardé comme l'hémisphère maritime, et le boréal comme l'hémisphère terrestre. T. ix, p. 504 et 505.— Raison pourquoi l'hémisphère austral est plus froid que l'hémisphère boréal. Il n'y a pas d'apparence que passé le 50° degré, l'on trouve jamais des terres heureuses et tempérées dans les régions australes. P. 577.

Hémisphère. L'hémisphère austral étant plus refroidi que le boréal, les émanations de la chaleur qui forment les courants électriques et magnétiques doivent s'y porter en plus grande quantité que dans l'hémisphère boréal. T. xi, p. 555.

Herborisations dans les agates, les cailloux, se trouvent encore plus fréquemment dans les pierres calcaires. Explication de leur formation dans les unes et dans les autres. T. xi, p. 318 et suiv. — On peut imiter les herborisations, et il est assez difficile de distinguer les fausses dendrites des véritables. P. 320.

Hêtre (le). La graine de hêtre ne peut pas sortir dans les terres fortes, parce qu'elle pousse du dehors son enveloppe, au-dessus de la tige naissante; ainsi il lui faut une terre meuble et facile à diviser, sans quoi elle reste et pourrit. T. xii, p. 101.

Hippopotames. Ossements d'hippopotames tirés de la terre dans les contrées septentrionales. T. ix, p. 464.

Histoire *civile*. Très-incertaine dès qu'on remonte au delà d'un certain nombre de siècles. Elle se borne aux faits et gestes du petit nombre de peuples qui ont été soigneux de leur mémoire, au lieu que l'Histoire naturelle embrasse tous les espaces, tous les temps, et n'a d'autres limites que celles de l'univers. T. ix, p. 455 et suiv.

Hivers. Les grands hivers augmentent la mortalité. Démonstration de cette vérité. T. xii, p. 298.

Homère. Voyez *Génie d'Homère*.

Homme. Le premier séjour de l'homme a été, comme celui des animaux terrestres, dans les hautes terres de l'Asie. T. ix, p. 560. — Tableau de l'état des premiers hommes. P. 579 et suiv.— Et de leurs premiers travaux. *Ibid.*—Origine et progrès de la société. P. 580. — L'homme sauvage n'ayant point d'idée de la société, n'a pas même cherché celle des animaux. Dans

toutes les terres de l'Amérique méridionale, les sauvages n'ont point d'animaux domestiques. P. 591.

HOMMES et FEMMES. Il meurt à Paris plus d'hommes que de femmes, et les femmes vivent plus que les hommes, d'environ un neuvième. T. XII, p. 300. — Il naît à Paris plus de femmes et moins d'hommes qu'il n'y en meurt, ce qui prouve qu'il arrive à Paris plus d'hommes et moins de femmes qu'il n'en sort. P. 301.

HORIZON. Tous les fers posés dans une situation perpendiculaire à l'horizon, prennent dans nos climats quelque portion de vertu magnétique. T. XI, p 578.

HOUILLE. Il faut distinguer la houille du charbon de terre; leurs différences, quoique lég res, peuvent être remarquées. T. X, p. 224 et 225.

HUILES qu'on appelle *terrestres*, sont des bitumes qui tirent leur origine des corps organisés. T. X, p. 219.

HUMAIN. Voyez *Genre humain.*

HYACINTHE (l') approche du grenat, et on peut la regarder comme un produit du schorl mêlé de substances métalliques. T. XI, p. 270.—Ses caractères communs avec le grenat : ces deux pierres se rencontrent souvent ensemble. *Ibid.*— L'hyacinthe est après le grenat la pierre vitreuse la plus dense. *Ibid.*—Différentes nuances dans la couleur orangée des hyacinthes. *Ibid.*— Elles perdent leur couleur au feu, et y deviennent blanches sans perdre leur transparence. *Ibid.* - Différents lieux où l'on trouve des hyacinthes. P. 271.

HYDROPHANE (pierre), *oculus mundi;* cette pierre se trouve ordinairement autour de la calcédoine, ou intercalée entre ses couches. T. XI, p. 291 et 293. — Leurs différences; cette pierre hydrophane est opaque et ne prend de la transparence que quand elle est imbibée d'eau. P. 291. — Sa texture est différente de celle de la calcédoine et des autres agates. *Ibid.* — Elle devient transparente, non-seulement dans l'eau, mais dans toutes les autres liqueurs. *Ibid.*—Ces pierres ne prennent pas toutes à volume égal le même degré de transparence. P. 293. — La transparence n'appartient pas à la pierre hydrophane, et ne provient uniquement que de l'eau, qui fait une partie majeure de sa masse après l'imbibition. P. 294.

HYPOCRISIE. Portrait de l'hypocrisie. T. XII, p. 333.

I

IMPÉNÉTRABILITÉ (l') ne doit pas être regardée comme une force, mais comme une résistance essentielle à la matière. T. IX, p. 5.

IMPULSION. La force d'impulsion est subordonnée à la force d'attraction, et en dépend comme un effet particulier dépend d'un effet général. Preuve de cette assertion. T. IX, p. 1 et suiv.

IMPULSION. Elle tend à désunir et à séparer les corps. T. XI, p. 521. — L'impulsion est contemporaine de l'attraction. P. 522.

INCANDESCENCE. Il faut une livre de matière ignée, c'est-à-dire une livre réelle de feu, pour donner à six cents livres de toute autre matière, l'état d'incandescence jusqu'au rouge couleur de feu, et environ une livre sur cinq cents, pour que l'incandescence soit jusqu'au blanc ou jusqu'à la fusion. T. IX, p. 300.—Expériences sur la durée de l'incandescence dans le fer. P. 304 et suiv. — La durée de l'incandescence est comme celle de la prise de consistance de la matière, en même raison que l'épaisseur des masses. Preuve de cette vérité par l'expérience. P. 305.—Durée de l'incandescence; la plus forte compression qu'on puisse donner à la matière pénétrée de feu autant qu'elle peut l'être, ne diminue que de $\frac{1}{16}$ partie la durée de son incandescence, et dans la matière qui ne reçoit point de compression extérieure, cette durée est en même raison que son épaisseur. P 307.

INCANDESCENCE. Toutes les matières, lorsqu'elles sont dans un état d'incandescence, c'est-à-dire lorsqu'elles sont blanches ou rouges de feu, sont alors environnées d'une flamme dense, qui ne s'étend qu'à une très-petite distance, et qui, pour ainsi dire, est attachée à leur surface. T. IX, p. 37.—Cette couleur blanche ou rouge qui sort de tous

les corps en incandescence et vient frapper nos yeux, est l'évaporation de cette flamme dense qui environne le corps en se renouvelant incessamment à sa surface. P. 38.— Incandescence produite par la chaleur obscure. P. 209.

INCANDESCENCE. Des aimants naturels portés à l'état d'incandescence, refroidis ensuite, et placés entre deux grandes barres d'acier fortement aimantées, acquièrent un magnétisme plus fort ; et plus un aimant est vigoureux, mieux il reçoit et conserve ce surcroît de force. T. XI, p. 568.—Des barres de fer en incandescence tenues dans la direction du méridien magnétique, s'aimantent bien plus tôt et bien plus fortement que si elles étaient froides. P. 577.

INCENDIE *des forêts.* Cause du changement de déclinaison de l'aiguille aimantée. T. XI, p. 598.

INCLINAISON. L'inclinaison de l'aiguille aimantée démontre que la force magnétique prend à mesure que l'on approche des pôles une tendance de plus en plus approchante de la perpendiculaire à la surface du globe. T. XI, p. 550. — Elle est moins irrégulière que la déclinaison. P. 550 et 551. — Elle serait de quatre - vingt - dix degrés dans les parties polaires, si elle n'était pas dérangée par l'action des pôles magnétiques. P. 551. — Les éléments de l'inclinaison sont plus simples que ceux de la déclinaison. P. 606.

INCLINAISON *de l'aimant.* Si l'on pose un aimant sur du mercure dans une situation horizontale, et sous le méridien magnétique, il s'inclinera de manière que le pôle austral de cet aimant s'élèvera au-dessus, et que le pôle boréal s'abaissera au-dessous de la ligne horizontale dans notre hémisphère boréal, et le contraire arrive dans l'hémisphère austral. T. XI, p. 598.

INCOMMENSURABLES. Raison des incommensurabilités. T. XII, p. 196. — Les grandeurs incommensurables, ne viennent que de la différence des échelles arithmétiques et géométriques. P. 203.

INCRUSTATION. Origine de toutes les incrustations produites par les eaux des fontaines. T. X, p. 109.—L'incrustation est le moyen aussi simple que général, par lequel la nature conserve pour ainsi dire à perpétuité, les empreintes de tous les corps sujets à la destruction. L'art a trouvé le moyen d'imiter en ceci la nature. Exemples à ce sujet. P. 150.

INCRUSTATION. Différences de l'incrustation et de la pétrification. Manière dont se font les incrustations, tant à l'extérieur qu'à l'intérieur des corps organisés. T. XI, p. 385 et suiv. — Incrustation intérieure des corps organisés, et particulièrement des os qui augmente leur volume en les gonflant. Exemple à ce sujet. P. 387 et 388.

INÉGALITÉS. Première origine des inégalités en hauteurs et profondeurs du globe terrestre et des autres planètes. T. IX, p. 489.—Raisons pourquoi les plus grandes inégalités du globe se sont trouvées dans les contrées de l'équateur. P. 505.

INFINI. Nature de l'infini géométrique. T. XII, p. 185 et suiv. — L'idée de l'infini nous vient de l'idée du fini, et il n'existe point de nombres infiniment grands ou infiniment petits. P. 186.

INFLEXION (l') de la lumière n'est qu'une réfraction qui s'opère dans le même milieu ; elle est produite par l'attraction des corps auprès desquels passe la lumière. T. IX, p. 280.

INFUSIBILITÉ. Voyez *Fusibilité.*

INTENSITÉ *de lumière.* Cette intensité de la lumière de chaque objet, est un élément que les auteurs qui ont écrit sur l'optique n'ont point employé, et qui néanmoins fait plus que l'augmentation de l'angle sous lequel un objet doit nous paraître, en vertu de la courbure des verres. T. IX, p. 236.

IRRITATIONS *nerveuses.* L'aimant peut calmer les irritations nerveuses. T. XI, p. 541.

ITALIE. Est un des plus vastes domaines du feu. T. XI, p. 529.

ISLANDE. L'Islande n'est qu'un amas de volcans éteints, ou actuellement agissants. T. XI, p. 527.

IVOIRE (l') fossile qu'on trouve en Sibérie, en Russie, au Canada, etc., est certainement de l'ivoire d'éléphant, et non pas de l'ivoire de morse ou vache marine. T. IX, p. 467.

J

Jade. Ses caractères apparents et ses ressemblances avec le quartz. T. x, p. 29.

Jade, est une pierre talqueuse qui néanmoins, dans l'état où nous la connaissons, est plus dense et plus dure que le quartz et le jaspe, mais qui ne paraît avoir acquis cette grande dureté que par le moyen du feu. Preuves de cette présomption. T. xi, p. 326. — Le jade est à demi transparent lorsqu'il est aminci, et ce caractère l'éloigne moins des quartz que des jaspes, qui sont entièrement opaques. *Ibid.* — Le poli ou la transparence graisseuse du jade, provient des molécules talqueuses qui sont intimement unies dans sa substance. P. 325. — Le jade blanc est aussi dense que les jades colorés, et tous le sont plus que le quartz. P. 326. — Rapports du jade avec les serpentines et autres pierres talqueuses. *Ibid.* — Il paraît que la dureté et la densité du jade ne lui ont pas été données par la nature, mais imprimées par le secours de l'art, et principalement par l'action du feu. Faits qui vont à l'appui de cette présomption. P. 327. — Lieux particuliers où se trouve le jade; on n'en connaît point en carrières ni en grandes masses, et il ne paraît pas qu'il y en ait en Europe. *Ibid.* — Les anciens Américains avaient fait des haches de jade olivâtre. *Ibid.* — Ils avaient aussi fait d'autres ouvrages en formes de cylindres percés d'un bout à l'autre, ce qui suppose l'action d'un instrument plus dur que cette pierre, et semble démontrer, puisqu'ils n'avaient aucun outil d'acier, que la matière du jade n'était pas bien dure lorsqu'ils l'ont travaillée. P. 327 et 328. — Tous les jades, quoique travaillés, n'ont qu'assez peu de valeur réelle. Le jade vert ou olivâtre n'est estimé que par des propriétés imaginaires, comme de guérir de la pierre, etc., ce qui lui a fait donner le nom de *pierre néphrétique*. P. 328. — Le jade paraît être une matière mixte, qui forme la nuance entre les pierres quartzeuses et les pierres micacées. P. 329.

Jaspe. Formation du jaspe dans les fentes du quartz; ce n'est au fond qu'une matière quartzeuse, imprégnée de substances métalliques qui ont donné au jaspe ses couleurs. Il est aussi infusible que le quartz. T. x, p. 12 et 24. — Comparaison de la substance des jaspes à celle du quartz. P. 16. — Pourquoi les jaspes sont beaucoup plus rares que les quartz. *Ibid.* — La cassure du jaspe est moins nette que celle du quartz, il est aussi plus opaque. P. 24. — Ses propriétés communes avec le quartz; il est un peu moins dur : raison de cette différence. *Ibid.* — Il reçoit un beau poli dans tous les sens. P. 25. — Jaspes de première et de seconde formation, les uns par le feu primitif, et les autres par la stillation des eaux. *Ibid.* — Observations par lesquelles on peut démontrer l'origine et la formation du jaspe dans le quartz. P. 26 et 27. — Jaspes se trouvent en grandes masses dans la Lorraine, en Provence, en Allemagne, en Bohême, en Saxe. P. 27. — En Italie, en Pologne. *Ibid.* — En Sibérie. Il y a même près d'Argun, une montagne entière de jaspe vert; on en trouve jusqu'en Groënland : il y en a des montagnes dans la haute Égypte; il s'en trouve aussi dans plusieurs endroits des Grandes-Indes, à la Chine. P. 27 et 28. — Il y en a de même dans les montagnes de l'Amérique. P. 28. — Jaspes de différentes couleurs. *Ibid.*

Jaspe, n'est qu'un quartz pénétré de matières métalliques qui lui ont ôté toute transparence. T. xi, p. 309. — Tous les jaspes, de quelque couleur qu'ils soient, n'ont aucune transparence s'ils sont purs, et ce n'est que quand les autres substances vitreuses s'y trouvent interposées qu'ils laissent passer de la lumière. Jaspes agatés. *Ibid.* — Les jaspes primitifs n'ont ordinairement qu'une seule couleur verte ou rouge, et l'on peut regarder tous ceux qui sont décolorés ou teints de couleurs diverses ou variées, comme des stalactites des premiers. *Ibid.* — Tous les jaspes de première ou de seconde formation ont à peu près la même densité, et ils sont en général un peu plus denses que le quartz. P. 309 et 310. — Les jaspes de première et de dernière formation ont été pénétrés et teints par le fer. P. 310. — La matière du jaspe est la base de la sub-

stance des porphyres et des ophites. *Ibid.* — On reconnaît les jaspes à la cassure terreuse et à leur poli, qui, quoique assez beau, n'est pas aussi vif que celui des agates, cornalines, sardoines, etc., lesquelles sont à demi transparentes, et toutes plus dures que les jaspes. P. 310 et 311. — Les jaspes d'une seule couleur sont les plus durs et les plus fins. P. 311. — Le plus beau de tous les jaspes est le sanguin, qui, sur un vert plus ou moins bleuâtre, présente des points ou petites taches d'un rouge vif de sang. *Ibid.* — Différences du jaspe sanguin et du jaspe héliotrope. *Ibid.* — Ressemblances et différences des jaspes aux cailloux. P. 311 et 312. — Lieux où se trouvent les beaux jaspes. P. 312. — Les anciens comprenaient sous le nom de *jaspe*, plusieurs autres pierres qui ne leur ressemblaient que par la couleur verte, telles que les primes d'émeraude, les prases, etc. *Ibid.* — On trouve certains jaspes en masses assez considérables pour en faire des statues. *Ibid.*

Jayet semble faire la nuance entre les bitumes et le charbon de terre. T. x, p. 215.

Jayet (le) est un bitume qui diffère du succin en ce qu'il est opaque et ordinairement très-noir, mais il est du même genre. T. x, p. 279. — Leurs propriétés sont les mêmes; quoique solide et assez dur, le jayet est fort léger. On trouve quelques minières de jayet en France; indications de ces minières. Comparaison du jayet avec certains bois fossiles. *Ibid.* — On trouve de très-beau jayet en Angleterre et en plusieurs endroits de l'Écosse; il y en a aussi en Allemagne, etc. Le jayet et le succin tirent immédiatement leur origine des végétaux, et ils ne sont composés que d'huiles végétales, devenues bitumineuses par le mélange des acides. P. 280.

Jetons. Manière de compter avec des jetons, et moyens de perfectionner cette manière. T. xii, p. 194 et 195.

Jeu. La fortune du jeu marche en apparence d'un pas indifférent et incertain; néanmoins à chaque démarche elle tend à un but certain, qui est la ruine de ceux qui la tentent.... Le jeu par sa nature même, est un contrat vicieux jusque dans son principe, un contrat nuisible à chaque contractant...

Démonstration de cette vérité. T. xii, p. 166.

Jeu du franc carreau. T. xii, p. 180 et 181.

Jupiter (Planète de). Si Jupiter était de même densité que la terre, il serait consolidé jusqu'au centre en 31955 ans; refroidi à pouvoir en toucher la surface en 373021 ans; et à la température actuelle de la terre en 814514 ans; mais comme sa densité n'est à celle de la terre que :: 292 : 1000, il s'est consolidé jusqu'au centre en 9331 ans $\frac{1}{2}$; refroidi au point d'en pouvoir toucher la surface en 108922 ans; et enfin ne se refroidira à la température actuelle de la terre qu'en 237838 ans. T. ix, p. 351 et 352. — Recherches sur la perte de la chaleur propre de cette planète, et sur la compensation à cette perte. P. 368. — Cette planète ne jouira de la même température dont jouit aujourd'hui la terre, que dans l'année 240351 de la formation des planètes. *Ibid.* — Le moment où la chaleur envoyée par le soleil à Jupiter, se trouvera égale à la chaleur propre de cette planète, n'arrivera que dans l'année 740303 de la formation des planètes. P. 369. — La surface que présente Jupiter à son premier satellite, est 39,032 $\frac{1}{7}$ fois plus grande que celle que lui présente le soleil; ainsi dans le temps de l'incandescence, cette grosse planète était pour son premier satellite un astre de feu 39,032 $\frac{1}{7}$ fois plus grand que le soleil. P. 373. — Cette planète est la dernière sur laquelle la nature vivante pourra s'établir, et elle n'a pu encore le faire à cause de la trop grande chaleur qui subsiste encore aujourd'hui sur cette planète. P. 424. — La nature organisée, telle que nous la connaissons, n'est donc point encore née dans Jupiter, dont la chaleur est encore trop grande pour pouvoir en toucher la surface. P. 426.

Jupiter, *satellites de Jupiter.* — Grandeur relative des quatre satellites de Jupiter. T. ix, p. 372. — Recherches de la compensation faite par la chaleur de Jupiter à la perte de la chaleur propre de ses satellites. P. 372 et suiv.

Satellites de Jupiter.

Premier satellite. Recherches sur la perte de la chaleur propre de ce satellite, et sur la compensation à cette perte. P. 372 et suiv. — Le moment où la chaleur envoyée par Jupiter à ce satellite, a été égale à sa chaleur propre, s'est trouvé dès le temps de l'incandescence. P. 374. — Comparaison de la chaleur envoyée à ce satellite par Jupiter, et de la chaleur envoyée par le soleil. P. 375. — Ce satellite ne jouira de la même température dont jouit aujourd'hui la terre, que dans l'année 222203 de la formation des planètes. *Ibid.* — Et ce ne sera que dans l'année 444406 de la formation des planètes qu'il sera refroidi à $\frac{1}{25}$ de la température actuelle de la terre. P. 377. — Ce satellite a été la seizième terre habitable, et la nature vivante y a duré depuis l'année 71166, et y durera jusqu'à l'année 311973 de la formation des planètes. P. 424. — La nature organisée, telle que nous la connaissons, est dans sa première vigueur sur ce premier satellite de Jupiter. P. 427.

Deuxième satellite. Recherches sur la perte de la chaleur propre de ce satellite, et sur la compensation à cette perte. P. 377 et suiv. — Le moment où la chaleur envoyée par Jupiter à ce satellite, s'est trouvée égale à sa chaleur propre, est arrivé dès l'année 639 de la formation des planètes. P. 379. — Il ne jouira de la même température dont jouit aujourd'hui la terre, que dans l'année 193090 de la formation des planètes. P. 381. — Et ce ne sera que dans l'année 386180 de la formation des planètes qu'il sera refroidi à $\frac{1}{25}$ de la température actuelle de la terre. *Ibid.* — Ce satellite a été la quinzième terre habitable, et la nature vivante y a duré depuis l'année 61425, et y durera jusqu'à l'année 271098 de la formation des planètes. P. 424. — La nature organisée, telle que nous la connaissons, est dans sa première vigueur sur ce satellite. P. 427.

Troisième satellite. Recherches sur la perte de la chaleur propre de ce satellite, et sur la compensation de cette perte. P. 384 et suiv. — Le moment où la chaleur envoyée par Jupiter à ce satellite, s'est trouvée égale à sa chaleur propre, est arrivé dès l'année 2490 de la formation des planètes. P. 383. — Il ne jouira de la même température dont jouit aujourd'hui la terre, que dans l'année 176212 de la formation des planètes. Et ce ne sera que dans l'année 352424 de la formation des planètes, qu'il sera refroidi à $\frac{1}{25}$ de la température actuelle de la terre. P. 385 et 386. — Ce satellite a été la treizième terre habitable, et la nature vivante y a duré depuis l'année 56651, et y durera jusqu'à l'année 247401 de la formation des planètes. P. 423. — La nature organisée, telle que nous la connaissons, est en pleine existence sur ce troisième satellite de Jupiter. P. 427.

Quatrième satellite. Recherches sur la perte de la chaleur propre de ce satellite, et sur la compensation à cette perte. P. 386 et et suiv. — Le moment où la chaleur envoyée par Jupiter à ce satellite, s'est trouvée égale à sa chaleur propre, est arrivé dans l'année 15279 de la formation des planètes. P. 387. — Il a joui de la même température dont jouit aujourd'hui la terre, dans l'année 70296 de la formation des planètes. Et ce ne sera que dans l'année 140592 de la formation des planètes qu'il sera refroidi à $\frac{1}{25}$ de la température actuelle de la terre. P. 389 et 390. — Ce satellite a été la cinquième terre habitable, la nature vivante y a duré depuis l'année 22600, et y durera jusqu'à l'année 98696 de la formation des planètes. P. 422. — La nature organisée, telle que nous la connaissons, est faible dans ce quatrième satellite de Jupiter. P. 427.

K

KARABÉ. Voyez *Succin*.

L

LAITIER. La couleur et la qualité du laitier sont les plus sûrs indices de la bonne ou mauvaise allure d'un fourneau, et de la bonne ou mauvaise proportion de la quan-

tité de mine et de charbon, et du mélange proportionnel de la matière calcaire et de la matière vitrescible. Description de la couleur et de la consistance d'un bon laitier. Différence entre le laitier et la mine brûlée. T. IX, p. 322 et 323.

LAITIERS *des volcans* sont des verres ou des espèces d'émaux qui peuvent être imités par l'art. Laitier noir et laitier blanc des volcans. Celui-ci est bien plus rare que l'autre. T. XI, p. 488 et 489.—Il y en a aussi de bleus ou bleuâtres et verdâtres. P. 489. — Usages de ces laitiers de volcans dont on peut faire de très-bonnes pierres de touche. *Ibid.*

LAITON. Voyez *Cuivre jaune*. T. XI, p. 29 et 30.—Est un peu plus dense que le cuivre pur, mais c'est lorsque ni l'un ni l'autre n'ont été comprimés ou battus, car il devient moins dense que le cuivre rouge après la compression; il est aussi moins sujet à verdir, et suivant les différentes doses du mélange, cet alliage est plus ou moins blanc, jaunâtre, jaune ou rouge; c'est d'après ces différentes couleurs qu'il prend les noms de *Similor*, de *Peinchebec* et de *Métal de prince*. P. 30.

LAITON est souvent attirable à l'aimant. Raison de cet effet. T. XI, p. 480.

LAPIS LAZULI n'est point une zéolite. Preuves de cette assertion. T. XI, p. 392.—Caractères évidents qui les distinguent. P. 393.—Description du lapis lazuli. *Ibid.*—Il est composé de parties vitreuses et de parties calcaires en moindre quantité. *Ibid.* —Les parties blanches sont calcaires ou gypseuses, et les parties bleues sont vitreuses et teintes en bleu par le fer; les parties jaunes et brillantes sont pyriteuses, et ne contiennent point d'or, ni même de cuivre. *Ibid.*— Le lapis, comme la zéolite et toutes les autres pierres mélangées de vitreux et de calcaire, se fond sans addition, et se réduit en verre. *Ibid.*—Les parties bleues, séparées des autres, n'entrent point en fusion, et ne perdent point au feu leur belle couleur bleue; c'est ce qui distingue le vrai lapis de la pierre arménienne et de la pierre d'azur, dont le bleu s'évanouit au feu. *Ibid.* — Autres propriétés du lapis. P. 393 et 394.—Lieux où se trouve le lapis. P. 394 et 395.

LAVES. Les laves des volcans, qui ne sont que du verre fondu, deviennent avec le temps des terres fécondes, ce qui est une preuve invincible que la surface primitive de la terre, d'abord en fusion, puis consolidée, a pu de même devenir féconde. T. IX, p. 535.

LAVES DES VOLCANS diffèrent des basaltes par plusieurs caractères; on doit les distinguer en laves compactes et en laves vaporeuses. T. XI, p. 488.—Il y a des laves et des basaltes qui sont évidemment changées en terre argileuse. *Ibid.* — On trouve dans les laves, du fer cristallisé en octaèdre, du fer en mine spéculaire, en hématite, etc. *Ibid.* —Il y a des laves poreuses qui sont si légères qu'elles se soutiennent sur l'eau, et d'autres qui, quoique poreuses, sont fort pesantes; celle qui est plus légère que l'eau est assez rare. *Ibid.*

LAVES *volcaniques*. Toutes les laves sont plus ou moins mêlées de particules de fer; mais il est rare d'y voir d'autres métaux, et aucun métal ne s'y trouve en filons réguliers et qui aient de la suite. T. X, p. 311.—Stalactites des laves par l'intermède de l'eau. P. 313.

LAVES. Les matières fondues et rejetées par les volcans, soit qu'elles coulent à la surface de la terre, ou qu'elles s'élèvent en colonnes ardentes au-dessus des cratères, attirent le fluide électrique des divers corps qu'elles rencontrent. T. XI, p. 524.

LAVOIRS. Différentes espèces de lavoirs pour les mines de fer en grains, et les usages que l'on en doit faire suivant les différentes espèces de mines. T. IX, p. 318 et suiv.

LENTILLES *de verre solide*. T. IX, p. 268. —Grandeur et proportion qu'on doit donner aux lentilles, pour qu'elles puissent brûler le plus avantageusement. P. 270 et suiv.— Inconvénients qui résultent de l'épaisseur des lentilles ordinaires. La partie du milieu de la lentille ne fait presque aucun effet. P. 271.

LENTILLE *à échelons*, est le miroir par réfraction le plus parfait qu'on puisse faire. Son invention et sa description, avec le cal-

cul de ses effets. P. 272.—Comparaison des effets de cette lentille à échelons, avec l'effet des lentilles ordinaires. P. 272 et 273.— Sa construction et sa description. P. 278.

Lettres. L'empire des lettres ne peut s'accroître et même se soutenir que par la liberté. T. xii, p. 342.—Les lettres, dans leur état actuel, ont plus besoin de concorde que de protection. Invitation aux gens de lettres. P. 345.

Liége de montagne est une substance composée de particules micacées, ses différences avec le cuir de montagne. T. xi, p. 351 et 352.— Description du liége de montagne qui se trouve dans le diocèse d'Alais, sur le chemin de Mandagout à Vigan. P. 352 et 353.

Ligne brûlante à l'infini ou à l'indéfini, n'est pas une rêverie comme l'a dit *Descartes*. T. ix, p. 234 et 235.

Limaille (la) de fer mêlée avec de l'eau, devient une masse solide difficile à casser. T. ix, p. 200.

Limaille *de fer* (la) est attirée plus puissamment par l'aimant, que la poudre même de la pierre d'aimant. T. xi, p. 567. — La limaille de fer comprimée, peut acquérir la vertu magnétique qu'elle perd lorsqu'elle est réduite à l'état pulvérulent. P. 569.—Chacune des particules de limaille doit être considérée comme une petite aiguille aimantée qui a ses pôles. *Ibid.*—La limaille de fer agitée sur un carton au-dessous d'une pierre d'aimant, s'arrange de manière à laisser deux vides aux endroits qui correpondent aux deux pôles de la pierre. Mais lorsqu'on présente l'aimant sur la limaille de fer, sans la secouer, ce sont au contraire les pôles de la pierre qui s'en chargent le plus. P. 569 et 570. — Les particules de limaille de fer se dressent perpendiculairement sur les deux pôles de l'aimant, et s'inclinent vers ces pôles, à mesure qu'elles sont plus voisines de l'équateur de ce même aimant, où elles s'attachent horizontalement. P. 599.

Limon. Terre limoneuse. On a confondu le limon avec l'argile, et l'on a pris la terre limoneuse pour une terre argileuse; erreurs provenues de cette méprise dans la minéralogie. T. x, p. 192.—La terre limoneuse est essentiellement d'une nature différente de l'argile.— Voyez *Terre végétale*. P. 194.

Lin incombustible. Voyez *Amiante* et *Asbeste*. C'est la même matière que le lin vif, *linum vivum* de Pline.

Londres. La fécondité de cette ville no suffit pas au maintien de sa population. T. xii, p. 316. On veillit moins à Londres qu'à Paris. P. 317.

Lumière. Voyez *Feu*.

Lumière (la) est une matière mobile, élastique et pesante comme toutes les autres matières. Démonstration de cette vérité. T. ix, p. 290.

Lumière (la) du soleil ne pénètre tout au plus qu'à six cents pieds de profondeur dans les eaux de la mer. T. ix, p. 460. — Détail des faits et des expériences qui prouvent que la lumière du soleil ne pénètre pas au delà de cette profondeur. T. ix, p. 596.

Lumière, Toute matière peut devenir lumière, chaleur et feu. T. ix, p. 7.—Preuve de cette assertion. *Ibid.* — Elle conserve toutes les qualités essentielles, et même la plupart des attributs de la matière commune. *Ibid.*—Quoique composée de parties presque infiniment petites, est encore réellement divisible. *Ibid.*—Est pesante comme toute autre matière. Sa substance n'est pas simple. Elle est composée de parties de différentes pesanteurs. *Ibid.* — Elle est massive et agit dans quelques cas, comme agissent tous les autres corps, elle les pousse et déplace au foyer du miroir ardent. P. 8.—La lumière est mixte, et composée comme la matière commune de parties plus grosses et plus petites, et différemment figurées. P. 9. — Les atomes qui composent la lumière ont plusieurs faces et plusieurs angles. *Ibid.* — La lumière peut se convertir en toute autre matière. P. 10.— La lumière paraît exister souvent sans chaleur. P. 11.—Expériences à faire, pour reconnaître si les rayons rouges ne sont pas plus chauds que les autres rayons, et en général pour reconnaître la proportion de chaleur des différents rayons qui composent la lumière (note *b*). La lumière s'incorpore, s'amortit et s'éteint dans tous les corps qui ne la réfléchissent pas, ou qui ne la laissent pas passer librement. P. 17.— Elle pa-

raît n'avoir pas besoin d'aliments, tandis que le feu ne peut subsister qu'en absorbant de l'air. P. 21.—C'est par la lumière que le feu se communique. P. 38. — Expérience qui paraît démontrer que la lumière a plus d'affinité avec les substances combustibles, qu'avec toutes les autres matières. P. 53. (note *a*).— La lumière ne perd qu'environ moitié de sa chaleur par une glace étamée et bien polie. P. 218. – Elle ne perd presque rien de sa force par l'épaisseur de l'air qu'elle traverse. *Ibid.*— Expérience de la perte de la lumière d'une bougie, comparée à la perte de la lumière du soleil. P. 218 et 219.—Diminution de la lumière en traversant différentes épaisseurs du même verre, et les mêmes épaisseurs de différents verres. Expériences à ce sujet. P. 254 et suiv.

Lune. Si la lune était de même densité que la terre, elle se serait consolidée jusqu'au centre en 792 ans environ; refroidie à pouvoir la toucher, en 9248 ans environ; et à la température actuelle de la terre, en 20194 ans; mais comme sa densité n'est à celle de la terre que :: 702 : 1000, elle s'est consolidée jusqu'au centre en 556 ans; refroidie à pouvoir en toucher la surface en 6492 ans; et enfin refroidie à la température actuelle de la terre, en 14176 ans. T. IX, p. 349 et 350. — Évaluation de la compensation que la chaleur du soleil a faite à la perte de la chaleur propre de la lune, et aussi de la compensation que la chaleur du globe terrestre a pu faire à la perte de cette même chaleur de la lune. P. 359 et suiv.—Ce que c'est que cette couleur terne qu'on voit sur la surface de la lune lorsqu'elle n'est pas éclairée du soleil. P. 360. — Expériences par le moyen des miroirs d'Archimède, pour se procurer une lumière seize fois plus forte que celle de la lune, lumière qui est égale à celle de la terre envoyée à la lune. *Ibid.* — Une lumière seize fois plus forte que celle de la lune, équivaut et au delà à la lumière du jour lorsque le ciel est couvert de nuages. *Ibid.* — La lumière n'est pas la seule émanation bénigne que la lune ait reçue de la terre; car elle en a reçu autrefois beaucoup de chaleur et en reçoit encore actuellement. *Ibid.* — Estimation du feu que la terre envoyait à la lune dans le temps de l'incandescence. P. 360 et 361.—Le temps qui s'est écoulé depuis l'incandescence de la lune jusqu'à son refroidissement à la température actuelle de la terre, est réellement de 16409 ans. P. 361. —Recherches sur la perte de la chaleur propre de la lune et de la compensation de cette perte, depuis le temps où la lune était refroidie à la température actuelle de la terre, jusqu'au temps où elle s'est trouvée refroidie vingt-cinq fois davantage. P. 361 et suiv. —Le moment où la chaleur envoyée par le soleil à la lune a été égale à la chaleur propre de cette planète, s'est trouvé dans l'année 29792 de la formation des planètes. P. 362.—Cette planète a été la seconde terre habitable, et la nature vivante n'y a duré que depuis l'année 7515 jusqu'à l'année 72514 de la formation des planètes. P. 421. —La nature organisée telle que nous la connaissons, est éteinte dans la lune depuis 2318 ans. P. 427.

Lune (la) ne nous offre qu'un calme parfait, c'est-à-dire, une surface qui est toujours la même, et sur laquelle on n'aperçoit ni mouvement ni changement. T. IX, p. 492.

Lune. Il se peut que la lune, quoique fort lumineuse, nous envoie plutôt du froid que de la chaleur. T. IX, p. 264.

Lunettes. Pour observer avec le plus grand avantage possible, il faudrait pour chaque planète une lunette différente, et proportionnée à leur intensité de lumière. T. IX, p. 235 et 236.—Les lunettes avec de très-grands objectifs, seraient fort avantageuses pour observer les planètes et autres astres qui n'ont que peu de lumière. P. 256 et 257. — Construction et avantages des lunettes solaires. P. 257.

Lunettes *achromatiques*, dans lesquelles on compense la différente réfrangibilité des rayons de la lumière par des verres de différentes densités. Moyens de les perfectionner. T. IX, p. 234.

Lunettes *de jour*, sans aucun verre. T. IX, p. 261.

Lunettes *massives*. Lunettes à l'eau, etc T. IX, p. 253 et suiv.

Lunettes *de nuit*. T. IX, p. 258.

LUNETTES pour chaque planète. T. IX, p. 258.

LUNETTES pour le soleil. T. IX, p. 257 et 258.

M

MACHEFER. Lorsqu'on broie le mâchefer, il fournit une certaine quantité de fer ou de sablon ferrugineux, tout semblable à celui de la platine. T. IX, p. 169. — Le charbon et le bois brûlé en grande quantité produisent du mâchefer; preuve de cette assertion. P. 190. — Celui qu'on trouve dans les forêts; son origine. *Ibid.* et suiv.

MAGNÉSIE. Sa nature et ses propriétés; combinée avec l'acide vitriolique elle forme le sel d'Epsom. T. X, p. 384. — La magnésie n'est au fond qu'une terre calcaire, qui d'abord imprégnée, comme le plâtre, d'acide vitriolique, se trouve encore plus abondamment fournie d'acide aérien que la pierre calcaire ou le plâtre. *Ibid.* — Qualités communes à la magnésie et au plâtre. P. 385.

MAGNÉTISME (le) est un effet constant de l'électricité constante, produite par la chaleur intérieure et par la rotation du globe. T. IX, p. 501.

MAGNÉTISME *du fer* (le) suppose l'action précédente du feu. T. IX, p. 200.

MAGNÉTISME. La force de l'électricité se modifie pour donner naissance à une nouvelle force à laquelle on a donné le nom de magnétisme. T. XI, p. 535.—Le magnétisme, bien moins général que l'électricité, n'agit que sur les matières ferrugineuses, et ne se montre que par les effets de l'aimant et du fer. *Ibid.*—Le magnétisme n'est qu'une simple qualité accidentelle, que le fer acquiert ou qu'il perd sans aucun changement, et sans augmentation ni déperdition de sa substance. P. 537.—L'action du magnétisme et celle de l'électricité, sont également variables, tantôt en plus, tantôt en moins, et leurs variations dépendent de l'état de l'atmosphère. P. 538.—Les effets du magnétisme se manifestent, ou du moins peuvent se reconnaître dans toutes les parties du globe. P. 552.—Le mouvement du magnétisme semble être composé de deux forces, l'une attractive, l'autre directive. P. 565.

MALACHITES. Comment elles sont produites par la décomposition du cuivre. T. XI, p. 28. — Les belles malachites se trouvent le plus communément dans les contrées du nord de l'Asie. P. 49 et 50. — Différentes formes sous lesquelles se présentent les malachites. P. 50.

MALACHITES, soyeuses, cristallisées, mamelonnées; le cuivre qu'elles contiennent est dénaturé par le fer. T. XI, p. 473.

MANGANÈSE est un minéral composé qui contient toujours du fer, et qui est mélangé de matière calcaire. T. XI, p. 188. — La manganèse se trouve principalement dans les mines de fer spathiques. P. 188 et 189.— Elle a aussi ses mines particulières. P. 189. — Indices de la manganèse par la couleur violette des pierres calcaires. *Ibid.* — Variétés de la manganèse dans ses mines. P. 189 et 190. — Régule de la manganèse; ses principales propriétés. P. 190 et 191. — Alliage du régule de la manganèse avec les métaux et demi-métaux. P. 191. — Le régule de manganèse contient toujours du fer, et il est si intimement uni avec ce métal qu'on ne peut jamais l'en séparer totalement. *Ibid.*— Usage de la manganèse dans les manufactures des glaces et des verres blancs; elle donne au verre une couleur violette, et fait disparaître les autres couleurs lorsqu'elles sont faibles. *Ibid.*

MANGANÈSE. Son régule est plus ou moins attirable à l'aimant; raison de cet effet. T. XI, p. 480.

MARAIS *salants.* Il y a moins d'inconvénients à établir des marais salants dans les terres voisines de la Méditerranée que dans celles qui avoisinent l'océan. T. X, p. 417.

MARBRES. Le marbre est une pierre calcaire dure et d'un grain fin, souvent colorée et toujours susceptible de poli; il y a des marbres de première, de seconde, et peut-être de troisième formation. T. X, p. 150. —Les couleurs, quoique très-fortes ou très-foncées dans certains marbres, n'en changent point du tout la nature; elles n'en augmentent sensiblement ni la dureté, ni la densité, et n'empêchent pas qu'ils ne se calci-

nent et ne se convertissent en chaux, au même degré de feu que les autres pierres dures. P. 151. — Veines de spath dans les marbres. Comment ces veines se sont formées. P. 152. — Veines, fils et taches dans les marbres. Comment elles se sont formées. P. 152 et 153. — Il y a peu de marbres, du moins en grand volume, qui soient d'une seule couleur; les plus beaux marbres blancs ou noirs sont les seuls que l'on puisse citer, et encore sont-ils souvent tachés de gris et de brun; tous les autres sont de plusieurs couleurs, et l'on peut dire que toutes les couleurs se trouvent dans les marbres. P. 155. — On peut augmenter par l'art, la vivacité et l'intensité des couleurs que les marbres ont reçues de la nature; il suffit pour cela de les chauffer. *Ibid.* — Il y a des marbres dans presque tous les pays du monde. Énumération des principaux marbres de France et des autres contrées de l'Europe, de l'Asie, de l'Afrique et de l'Amérique. P. 156 et suiv. — Indication des lieux où l'on trouve des marbres distingués. P. 157 et suiv. — Marbres mêlés de matière argileuse, tels que le *vert-campan* des Pyrénées, dont les zones vertes sont formées d'un vrai schiste, interposé entre les branches calcaires rouges, qui font le fond de ce marbre mixte; telles sont aussi les *pierres de Florence*, où le fond du tableau est de substance calcaire pure, ou teinte par un peu de fer, mais dont la partie qui représente des ruines, contient une portion considérable de terre schisteuse. P. 189. — Marbres mixtes sont beaucoup moins solides et durables que les marbres qui sont purement calcaires. Exemples à ce sujet. P. 189 et 190.

Marbres *antiques*. Raison pourquoi les beaux marbres antiques ne se trouvent point aujourd'hui dans le sein de la terre. T. x, p. 143. — Les carrières de la plupart des marbres antiques, sont aujourd'hui perdues. On ne compte que treize ou quatorze variétés de ces marbres antiques. P. 161. — Le marbre de Paros est le plus fameux de tous ces marbres antiques. *Ibid.* — Lieux où il s'est trouvé, et où il se trouve encore. *Ibid.*

Marbres *blancs*. Lieux où l'on trouve des marbres blancs. T. x, p. 161 et 162. — Montagne entière de marbre blanc en Espagne près d'Alméria : sa description. Cette montagne paraît composée d'un seul bloc. P. 162.

Marbres *brèches*. Leur composition, et pourquoi ils sont ainsi nommés. T. x, p. 152. — Courte énumération des plus beaux marbres-brèches. P. 167 et 168.

Marbres *de première formation*. Composition des anciens marbres qui, pour la plupart, sont mêlés de coquilles et d'autres productions de la mer, tandis que les marbres de seconde formation n'en contiennent point. T. x, p. 151. — Il paraît que l'établissement local de la plupart des bancs de marbre d'ancienne formation, a précédé celui des autres bancs de pierre calcaire, parce qu'on les trouve presque toujours au-dessous de ces mêmes bancs. *Ibid.* — Caractères distinctifs des marbres de première formation. P. 152. — Explication détaillée de leur composition et de leurs variétés. P. 153.

Marbres *de seconde formation*. Lorsqu'une cavité naturelle ou artificielle, se trouve surmontée par des bancs de marbre qui, de toutes les pierres calcaires, est la plus dense et la plus dure, les concrétions formées dans cette cavité par l'infiltration des eaux ne font plus d'albâtres, mais de beaux marbres fins, et d'une dureté presque égale à celle du marbre dont ils tirent leur origine, et qui est d'une formation bien plus ancienne; ces nouveaux marbres, ainsi que les albâtres, ne présentent point d'impressions de coquilles. T. x, p. 143. — Ils sont ordinairement plus colorés que ceux dont ils tirent leur origine. *Ibid.* — Le marbre blanc est de seconde formation. Preuves de cette vérité. P. 153. — Les marbres antiques et modernes, surtout les plus beaux, sont tous de seconde formation. Exemples à ce sujet. P. 154. — Les marbres de nouvelle formation sont communément plus beaux, et peuvent fournir des blocs beaucoup plus grands que les marbres de première formation. P. 164. — Dans les marbres de nouvelle formation, il y a souvent plus ou moins de mélange d'argile ou de terre limoneuse avec la ma-

tière calcaire. On reconnaîtra par l'épreuve de la calcination, la quantité plus ou moins grande de ces deux substances hétérogènes. P. 164 et 165.

MARBRES *revêches ou fiers*. On ne peut les travailler ni les polir. Autres défauts dans les marbres. T. x, p. 156.

MARBRES OPALINS, sont plutôt des incrustations ou des concrétions que des pétrifications; car on y voit des fragments de *Burgos* et de moules de Magellan avec leurs couleurs, ce qui démontre que ces coquilles n'étaient pas dissoutes lorsqu'elles sont entrées dans ces marbres. T. XI, p. 385.

MARCASSITES, sont des pyrites martiales mêlées d'arsenic en quantité sensible; et les marcassites, comme les pyrites, ne contiennent le fer que dans son état de rouille ou de décomposition par l'humidité qui a détruit sa propriété. T. XI, p. 461. — Marcassites qui contiennent d'autres métaux avec le fer. *Ibid.*

MARCASSITE. Voyez PYRITE.

MARIAGES. Les mariages sont plus prolifiques en Bourgogne qu'à Paris, trois mariages y donnent dix-huit enfants, au lieu que trois mariages à Paris, n'en donnent que douze. T. XII, p. 302.

MARINETTE. Nom donné à la boussole. T. XI, p. 589.

MARNE. La marne n'est pas une terre simple, mais composée de craie mêlée d'argile ou de limon. T. x, p. 106.—Manière de reconnaître la qualité de la marne et les doses de son mélange. Usage qu'on en doit faire suivant les différentes terres qu'on veut amender. P. 106 et suiv.—Les marnes doivent leurs différentes couleurs à l'argile et à la terre limoneuse dont elles sont mélangées. La marne blanche ne contient que peu d'argile ou de terre limoneuse, mais une très-grande quantité de craie. P. 107. — Les marnes ne sont que des terres plus ou moins mélangées, et formées assez nouvellement par les dépôts et les sédiments des eaux pluviales; il est rare d'en trouver à quelque profondeur dans le sein de la terre. P. 108. —Différentes positions dans lesquelles elles se trouvent. *Ibid.*

MARNE. *Sels dans la marne.* Les couches de marne stratifiées dans les vallons, au pied des montagnes, sous la terre végétale, fournissent du salpêtre, parce que la pierre calcaire et la terre végétale dont elles tirent leur origine en sont imprégnées, surtout à leur superficie; au contraire les pelotes qui se trouvent dans les fentes ou dans les joints des pierres, et entre les lits des bancs calcaires, ne donnent, au lieu de nitre, que du sel marin, parce qu'elles doivent leur formation à l'eau pluviale tombée immédiatement dans ces fentes, et que cette eau ne contient que du sel marin, sans aucun mélange de nitre. T. x, p. 109 et 110.

MARS (planète de). Si Mars était de même densité que la terre, il se serait consolidé jusqu'au centre en 1510 ans $\frac{3}{5}$; refroidi à pouvoir en toucher la surface en 17634 ans, et à la température actuelle de la terre en 38504 ans; mais comme sa densité n'est à celle de la terre que :: 730 : 1000, il s'est consolidé jusqu'au centre en 1102 ans, refroidi au point d'en pouvoir toucher la surface en 12873 ans, et enfin à la température actuelle de la terre en 28108 ans. T. IX, p. 350. — Recherches sur la perte de la chaleur propre de Mars, et sur la compensation à cette perte. P. 367. — Cette planète a joui de la même température dont jouit aujourd'hui la terre dans l'année 28538 de la formation des planètes. *Ibid.* — Le moment où la chaleur envoyée par le soleil à cette planète s'est trouvée égale à sa chaleur propre, a été dans l'année 42609 de la formation des planètes. P. 368. — Mars a été la troisième terre habitable, et la nature vivante n'y a duré que depuis l'année 13034 jusqu'à l'année 60326 de la formation des planètes. P. 421 et 422. —La nature organisée telle que nous la connaissons, est éteinte dans la planète de Mars depuis 14506 ans. P. 427.

MARTELAGE (le). Inconvénients du martelage dans les bois. T. XII, p. 107.

MASSICOT est une chaux de plomb qui prend au feu la couleur jaune en la remuant avec une spatule. T. XI, p. 93.

MATIÈRE. Les propriétés essentielles de toute matière sont la densité, la dureté, la plus ou moins grande fusibilité, l'homogénéité et la combustibilité; ce sont en même

temps les vrais caractères par lesquels on peut reconnaître la nature et l'origine de chaque substance différente. T. XI, p. 214 et suiv.

MATIÈRE. Il n'y a point de matière sans pores, et dans la plus compacte il y a peut-être encore plus de vide que de plein. T. X, p. 523 et 524.

MATIÈRE (la) n'a jamais existé sans mouvement. T. XI, p. 522.

MATIÈRE. Toute matière combustible provient originairement des êtres organisés. T. XI, p. 409 et 410.

MATIÈRE. Son poids spécifique et son poids absolu. T. XII, p. 206.

MATIÈRE *brute* et matière vive, leur différence. T. IX, p. 3. — Toutes les parties constitutives de la matière sont à ressort parfait. P. 5. — Comment toute matière peut devenir lumière, chaleur et feu ; explication de cette grande opération de la nature. P. 7 et suiv.

MATIÈRE *ferrugineuse* (la) fut frappée la première, et avec le plus de force et de durée, par les flammes du feu primitif. T. XI, p. 536. — Elle dut contracter la plus grande affinité avec l'élément du feu. *Ibid.* — Les matières ferrugineuses réduites en rouille, en ocre, et toutes les dissolutions du fer par les acides, ne peuvent recevoir la vertu magnétique, ni la vertu électrique. P. 540.

MATIÈRES (les) qui composent le globe terrestre en général, doivent se diviser en matières vitrescibles et en matières calcinables ; différences essentielles de ces deux genres de matières. La quantité des matières calcaires, quoique fort considérable sur la terre, est néamoins très-petite en comparaison de la quantité des matières vitrescibles. T. IX, p. 462.—Toutes les matières primordiales du globe terrestre qui n'ont pas été produites immédiatement par l'action du feu primitif, ont été formées par l'intermède de l'eau. *Ibid.* — Le temps de la formation des matières vitrescibles est bien plus reculé que celui de la composition des substances calcaires. P. 464. — Les premières ont été produites par le moyen du feu, et les secondes par l'intermède de l'eau. P. 497. — On doit diviser toutes les matières terrestres en quatre classes : 1° les matières vitrescibles produites par le feu primitif; 2° les matières calcaires formées par l'intermède de l'eau ; 3° toutes les substances produites par le détriment des animaux et des végétaux ; 4° les matières volcanisées, qui souvent participent de la nature des premiers. Énumération de ces quatre classes de matières. P. 532 et suiv.— La plupart des matières volcanisées ayant subi une seconde action du feu, ont pris un nouveau caractère. P. 533.

MATIÈRES *volatiles* (les) du globe terrestre, telles que l'eau, l'air, etc., ont été entraînées de l'atmosphère du soleil, dans le temps de la projection des planètes. T. IX, p. 489.

MATIÈRES *calcaires* (les) suivent dans leur refroidissement l'ordre de la densité ; raison de cet effet. T. IX, p. 164 et 165. — Elles peuvent se réduire en verre au foyer d'un bon miroir ardent. Le terme de leur fusibilité est encore plus éloigné que celui des matières vitrescibles. P. 165.

MATIÈRES *vitrifiables* (les) forment le noyau des plus hautes montagnes. T. IX, p. 70.

MATIÈRES. Les matières dont le globe terrestre est composé, peuvent être divisées d'abord en trois grandes classes : la première, de celles qui ont été produites par le feu primitif, telles que le quartz, le jaspe, le feldspath, le schorl, le mica, le grès, le porphyre, le granite et encore les sables vitreux, les argiles, les schistes, les ardoises. T. X, p. 1 et 2.—La seconde comprend les matières qui ont subi une seconde action du feu dans les volcans, telles que les laves, les basaltes, les pierres ponces, les pouzzolanes ; ces deux classes sont celles de la *nature brute*, car toutes les matières qu'elles contiennent, ne portent que peu ou point de traces d'organisation. La troisième contient les substances calcinables, les terres végétales, et toutes les matières formées du détriment et des dépouilles des animaux et des végétaux, par l'action ou l'intermède de l'eau, telles que les marbres, les pierres calcaires, les craies, les plâtres et la couche universelle de terre végétale qui couvre la surface

du globe, ainsi que les couches particulières de tourbes, de bois fossiles et de charbons de terre. P. 2.

Matières *brutes*. Il n'y a de matières entièrement brutes que celles qui ne portent aucun trait de figuration. T. x, p. 3.—Dans les matières brutes, le verre primitif est celle qui est la plus ancienne, comme ayant été produite par le feu dès le temps où la terre liquéfiée a pris sa consistance. P. 9.

Matières *calcaires*. Première production de la matière calcaire dans le sein des eaux, et par les animaux à coquilles, dont la multiplication est immense. T. x, p. 99. — La dureté des matières calcaires est toujours inférieure à celle des matières vitreuses qui n'ont point été altérées ou décomposées par l'eau, parc eque les substances coquilleuses, dont les pierres calcaires tirent leur origine, sont par leur nature, d'une consistance plus molle et moins solide que les matières vitreuses. P. 101.

Matières *combustibles*. Aucune matière dans la nature n'est combustible qu'en raison de la quantité de matière végétale ou animale qu'elle contient. Preuves de cette assertion. T. x, p. 217.

Matières *vitreuses*. Les grandes masses de matières vitreuses qui composent les éminences primitives du globe, n'ont pas été formées par le dépôt des eaux, car elles ne portent aucune trace de cette origine, et n'offrent pas le plus petit indice du travail de l'eau. On ne trouve aucune production marine, ni dans le quartz, ni dans le granite, et leurs masses, au lieu d'être disposées par couches comme le sont toutes les matières transportées ou déposées par les eaux, sont au contraire comme fondues d'une seule pièce sans lits ni divisions que celles des fentes perpendiculaires qui se sont formées par la retraite de la matière sur elle-même dans le temps de sa consolidation par le refroidissement. T. x, p. 15. — Les matières vitreuses telles que les cailloux, les laves des volcans et tous nos verres factices, se convertissent en terre argileuse par la longue impression de l'humidité de l'air; le quartz et tous les autres verres produits par la nature, quelque durs qu'ils soient, doivent subir la même altération, et se convertir à la longue en terre plus ou moins analogue à l'argile. P. 18.

Matières calcaires et matières vitreuses. Raisons pourquoi les matières calcaires contiennent une grande quantité d'eau, et les matières vitreuses n'en contiennent point. T. xi, p. 384 et 385.

Mer. La température des eaux de la mer est, aux mêmes profondeurs, à peu près égale à celle de la terre. T. ix, p. 460.—La liquidité des eaux de la mer ne doit point être attribuée à la puissance des rayons solaires. Preuve de cette assertion. *Ibid.*—On a des preuves évidentes que les mers ont couvert le continent de l'Europe jusqu'à quinze cents toises au-dessus du niveau de la mer actuelle. On a les mêmes preuves pour les continents de l'Asie et de l'Afrique et même dans celui de l'Amérique, on a trouvé des coquilles marines à plus de deux mille toises de hauteur au-dessus du niveau de la mer du Sud. P. 506 et 507.—Les mers ont recouvert la surface du globe en entier, à l'exception peut-être des pointes de montagnes élevées au-dessus de deux mille toises. P. 507.— Il est très-certain que les mers en général baissent encore aujourd'hui, et s'abaisseront encore à mesure qu'il se fera quelque nouvel affaissement dans l'intérieur du globe. P. 526.—La mer Méditerranée, la mer Noire, la Caspienne et l'Aral, ne doivent être regardées que comme des lacs, dont l'étendue a varié. P. 565. — La mer Caspienne était autrefois plus grande, et la mer Méditerranée beaucoup plus petite qu'elles ne le sont aujourd'hui. Le lac Aral, la mer Caspienne et la mer Noire ne faisaient autrefois qu'une seule et même mer avant la rupture du Bosphore. P. 565 et 566. — La mer Méditerranée, après cette rupture du Bosphore, aura augmenté, en même proportion que la mer Noire réunie à la mer Caspienne aura diminué. P. 567.—Ensuite, lorsque la porte du détroit de Gibraltar s'est ouverte, les eaux de l'Océan ont dû produire dans la Méditerranée une seconde augmentation. *Ibid.* — L'époque de la rupture de ces barrières de l'Océan et de la mer Noire, et des inondations qui ont été produites par

ces causes, est bien plus ancienne que la date des déluges dont les hommes ont conservé la mémoire. *Ibid.*

Mer Caspienne. Nouvelles observations qui démontrent que la mer Caspienne était anciennement beaucoup plus grande qu'elle ne l'est aujourd'hui, et que très-probablement elle était réunie avec la mer Noire. T. IX, p. 636.

Mers. Abaissement des mers. T. XI, p. 383. — L'une des principales causes de la dépression des eaux, est l'affaissement successif des boursouflures caverneuses, formées par le feu primitif dans les premières couches du globe, dont l'eau aura percé les voûtes et occupé le vide; mais une seconde cause peut-être plus efficace, quoique moins apparente, c'est la consommation de l'immense quantité d'eau qui est entrée, et qui entre encore chaque jour dans la composition des coquilles et autres corps marins. P. 383 et 384. — La quantité de l'eau des mers a diminué à mesure que les animaux à coquilles se sont multipliés; et cette dépression des mers augmentera de siècle en siècle, tant que la terre éprouvera des secousses, et qu'il se formera de nouvelle matière calcaire, par la multiplication des animaux marins revêtus de matière coquilleuse. P. 384.

Mercure. Mine secondaire de mercure; sa description. T. XI, p. 477. — Mines de mercure nouvellement reconnues au Chili et au Pérou. P. 478.

Mercure (le) perd sa fluidité à 187 degrés de froid au-dessous de la congélation de l'eau, et pourrait la perdre à un degré de froid beaucoup moindre si on le réduisait en vapeurs. T. IX, p. 292.

Mercure. On pourrait geler et figer le mercure à un bien moindre degré de froid, si on le sublimait en vapeurs dans un air très-froid. T. IX, p. 59, 250 et suiv. — Dans le mercure, qui est onze mille fois plus dense que l'air, il ne faut, pour refroidir les corps qu'on y plonge, qu'environ neuf fois autant de temps de ce qu'il en faut pour produire le même effet dans l'air. P. 90.

Mercure est plutôt une eau métallique qu'un vrai métal. T. XI, p. 103. — Raison pourquoi le mercure ne mouille que les métaux, et ne mouille pas les terres. P. 104. — — Le froid extrême coagule le mercure sans lui donner une solidité constante, ni même aussi permanente que celle de l'eau glacée. P. 101 et 102. — Comparaison des propriétés du mercure avec l'eau et avec les métaux. P. 102. — Le mercure mouille les métaux, comme l'eau mouille les sels ou les terres à proportion des sels qu'elles contiennent *Ibid.* — Rapports du mercure avec l'eau. P. 103 et suiv. — Rapports du mercure avec les métaux. P. 105. — Le mercure ne se trouve que dans les couches de la terre, formées par le dépôt des eaux; il n'est point mêlé dans les minerais des autres métaux. P. 106. — Sa mine, à laquelle on donne le nom de *cinabre*, n'est point un vrai minerai, mais un composé par simple juxtaposition de soufre et de mercure réunis. *Ibid.* — La formation des mines de mercure est postérieure à celle des mines primordiales des métaux. *Ibid.* — Le mercure se présente très-rarement dans un état coulant. *Ibid.* — Le cinabre ne se trouve que dans quelques endroits particuliers où le soufre s'est trouvé en grande quantité, et réduit en foie de soufre par des alcalis ou des terres calcaires, qui lui ont donné l'affinité nécessaire à son union avec le mercure. P. 107. — Des trois grandes mines de mercure, et dont chacune suffirait aux besoins de tout l'Univers, deux sont en Europe et une en Amérique. *Ibid.* — Mine d'*Idria* dans la Carniole.... Mine d'*Almaden* en Espagne. *Ibid.* — Mine de *Guanca Velica* au Pérou. P. 107 et 108. — Autres petites mines de mercure, tant en Europe qu'en Asie. P. 109 et 110. — Raison pourquoi l'on trouve si rarement le mercure dans son état coulant. P. 112. — Considération du mercure dans son état de cinabre, et dans son état fluide. P. 114 et 115. — Principales propriétés du mercure. P. 115. — Différence de la chaux de mercure et des autres chaux métalliques. P. 116. — Amalgame du mercure avec les métaux et demi-métaux. P. 119 et suiv. — Il refuse de s'amalgamer avec le fer, l'antimoine et le cobalt. P. 120. — Le mercure ne forme pas un amalgame avec les graisses. P. 122 et 123. — On retire le mercure sans

perte de tous les amalgames; mais on ne peut le retirer en entier des graisses. P. 123.— Sublimé corrosif. P. 124. — Mercure doux, sa préparation. *Ibid.* —Le mercure jeté dans l'huile bouillante prend une sorte de solidité. P. 126. — D'où peut provenir la solidité que le mercure prend dans le zinc fondu et dans l'huile bouillante. *Ibid.* — Le mercure philosophique n'est qu'un être d'opinion. P. 127. — Comment le mercure agit dans le corps des animaux. P. 131.

Mercure (planète de). Si Mercure était de même densité que la terre, il se serait consolidé jusqu'au centre en 968 ans $\frac{1}{3}$, refroidi à pouvoir en toucher la surface en 11301 ans, et à la température actuelle de la terre en 24682 ans; mais comme sa densité est à celle de la terre :: 2040 : à 1000, il ne s'est consolidé jusqu'au centre qu'en 1976 ans $\frac{3}{10}$, refroidi au point d'en pouvoir toucher la surface en 23504 ans, et enfin à la température actuelle de la terre en 50351 ans. T. IX, p. 350.— Recherches sur la perte de la chaleur propre de cette planète, et sur la compensation à cette perte. P. 364 et suiv.—Cette planète jouissait de la même température dont jouit aujourd'hui la terre, dans l'année 54192 de la formation des planètes. P. 365. — Le moment où la chaleur envoyée par le soleil à Mercure s'est trouvée égale à la chaleur propre de cette planète, a été dans l'année 67167 de la formation des planètes. *Ibid.* — Mercure a été la sixième terre habitable, et la nature vivante a commencé de s'y établir en l'année 21813, pour y durer jusqu'à l'année 187765 de la formation des planètes. P. 422.—La nature organisée telle que nous la connaissons, est en pleine existence sur cette planète. P. 427.

Mercure (planète de). La durée de sa révolution autour de son axe, doit être beaucoup moindre que la durée de la rotation du globe de la terre. T. IX, p. 491.

Mesure *universelle* et invariable : c'est la longueur du pendule qui bat les secondes sous l'équateur. T. XII, p. 199. — Cette mesure devrait être adoptée par tous les peuples. *Ibid.*

Mesures. Tout étant relation dans l'univers, tout est dès lors susceptible de mesures. T. XII, p. 187.

Mesures *arithmétiques*. L'application de ces mesures produit toutes les difficultés dans les sciences mathématiques. Défaut dans l'établissement et la marche de ces mesures arithmétiques. T. XII, p. 188 et suiv.

Mesures *géométriques*. T. XII, p. 195. —Différence des mesures. P. 198.

Métaphysique (la) religieuse a survécu à la perte des sciences. Raison de ce fait. T. IX, p. 384.

Métaux. Tous les métaux et toutes les substances métalliques perdent quelque chose de leur substance par l'application du feu. Preuve de cette vérité par des expériences. T. IX, p. 299. — Explication de la manière dont les métaux, et particulièrement l'or et l'argent, se sont transformés dans le sein de la terre par sublimation. *Ibid.* — Les métaux et les minéraux métalliques, si l'on en excepte le fer et les matières ferrugineuses, ne font pour ainsi dire qu'une partie infiniment petite du volume du globe de la terre. P. 349.

Métaux. Origine et première formation des métaux. T. IX, p. 497.—Les métaux et la plupart des minéraux métalliques sont l'ouvrage du feu, puisqu'on ne les trouve que dans les fentes de la roche vitrescible. P. 499.—Tous les métaux sont susceptibles d'être volatilisés par le feu, à différents degrés de chaleur, en sorte qu'ils se sont sublimés successivement pendant le progrès du refroidissement. Pourquoi les métaux précieux, l'or et l'argent se trouvent plus abondamment dans les contrées méridionales que dans les terres du Nord. *Ibid.*—Et pourquoi les métaux imparfaits se trouvent au contraire plus abondamment dans les contrées du Nord que dans celles du Midi. P. 499 et 500.

Métaux. Explication simple de leur réduction ou revification. T. IX, p. 42. — L'ordre des six métaux, suivant leur densité, est : étain, fer, cuivre, argent, plomb, or; et l'ordre dans lequel ces métaux reçoivent et perdent la chaleur, est: étain, plomb, argent, or, cuivre, fer. Ce n'est point dans l'ordre de

leur densité, mais dans celui de leur fusibilité, que les métaux reçoivent et perdent la chaleur. P. 159.

Métaux, *demi-métaux* ou substances métalliques; l'ordre de leur densité, est : émeril, zinc, antimoine, bismuth; et celui dans lequel ils perdent et reçoivent la chaleur, est : antimoine, bismuth, zinc, émeril, ce qui ne suit pas l'ordre de leur densité, mais plutôt celui de leur fusibilité. T. IX, p. 162.

Métaux. Considérations et réflexions sur la nature des métaux. T. XI, p. 128. — Ordre des matières métalliques, depuis l'or jusqu'à l'arsenic. P. 192 et 193. — La réduction de la chaux des métaux, n'est dans le vrai qu'une sorte de précipitation. P. 96. — Comparaison des mines primordiales des six métaux. P. 100 et 101. — Échelle de la nature dans ses productions métalliques. P. 103.

Métaux. Les métaux ne contiennent point d'humidité dans leur substance. Expérience démonstrative de cette assertion (note *a*). T. X, p. 18.—Formation des métaux. Voyez *Fentes perpendiculaires*. P. 69.

Métaux. Les métaux, tels que nous les connaissons et que nous en usons, sont autant l'ouvrage de notre art que le produit de la nature. Les minerais des métaux imparfaits sont des sortes de pyrites; le minerai du cuivre se présente en pyrite jaune, le minerai du fer en pyrite martiale; la galène du plomb et les cristaux de l'étain ne sont aussi que des minerais pyriteux. T. XI, p. 453.—On ne doit pas confondre le métal calciné par le feu avec le métal minéralisé, c'est-à-dire la chaux des métaux produite par le feu primitif, avec le minerai formé postérieurement par l'intermède de l'eau. P. 454.—Toutes les autres formes sous lesquelles se présentent les métaux minéralisés, proviennent de l'action des sels et du concours des éléments humides. Examen des différentes manières dont s'opère la cristallisation des métaux. *Ibid.*—Des six métaux, il y en a trois, l'or, l'argent et le cuivre, qni se présentent assez souvent dans leur état métallique; et les trois autres, le plomb, l'étain et le fer, ne se trouvent nulle part dans cet état, ils sont toujours calcinés ou minéralisés. P. 454 et 455.

Métaux (les) se trouvent rarement sous leur forme métallique dans le sein de la terre. La quantité des métaux purs est très-petite en comparaison de celles des métaux minéralisés. T. X, p. 444. — Tous les métaux sont susceptibles d'êtres sublimés par l'action du feu. *Ibid.* — Premier établissement des métaux sur le globe. P. 445.

Méthode que l'auteur a suivie dans toutes ses recherches sur la nature; c'est de voir les extrêmes avant de considérer les milieux. T. IX, p. 311.

Mica. Première origine du mica, par les exfoliations du quartz. T. X, p. 12. — Légère différence entre la substance du quartz et celle du mica, qui seulement est un peu moins simple et moins réfractaire au feu que celle du quartz. *Ibid.*—Comment il est arrivé que la substance des micas est devenue moins simple que celle du quartz. *Ibid.* —Le mica ne se trouve pas comme le quartz et le jaspe en grandes masses solides et dures, mais presque toujours en paillettes et en petites lames minces et disséminées dans plusieurs matières vitreuses. P. 30.—Les parcelles du mica ne sont pas aussi douces au toucher que celles du talc. *Ibid.* —Le mica est un verre primitif en petites lames et paillettes très-minces, lesquelles d'une part ont été sublimées par le feu, ou déposées dans certaines matières, telles que les granites, au moment de leur consolidation, et qui d'autre part ont ensuite été entraînées par les eaux, et mêlées avec les matières molles, telles que les argiles, les ardoises et les schistes. *Ibid.* — Les micas ont produit les talcs quand ils se sont trouvés sans mélange, et quand ils se sont réunis avec d'autres matières qui leur sont analogues, ils ont formé des masses plus ou moins tendres, telles que le crayon noir ou molybdène, la craie de Briançon, la craie d'Espagne, les pierres ollaires, les stéatites et les serpentines. P. 31.—On trouve aussi des micas en masses pulvérulentes.— Exemples là-dessus. *Ibid.*—Raisons pourquoi ce verre primitif n'a pas formé des masses solides comme les quatre autres verres. P. 33 et 34,

—Il est un peu moins réfractaire au feu que le quartz et le jaspe, et en même temps il est beaucoup moins fusible que le feldspath et le schorl. P. 34.

MICA. Toutes les concrétions du mica, à l'exception du talc, sont sans transparence. T. XI, p. 324.

MICAS *volcaniques*. Leur formation. T. X, p. 314 et 315.

MINE *de fer en grains*. La mine de fer en grains se produit dans la terre limoneuse, par la réunion des particules de fer contenues dans les détriments des végétaux et des animaux. T. X, p. 197. — Voyez *Terre limoneuse*. Observation particulière sur les différences des mines de fer en grains, et raison de ces mêmes différences. P. 200.— La mine de fer en grains, après avoir été broyée et détrempée dans l'eau, semble reprendre les mêmes caractères et propriétés que la terre limoneuse. *Ibid.*—La mine de fer en grains n'est qu'une sécrétion qui se fait dans la terre limoneuse, d'autant plus abondamment qu'elle contient une plus grande quantité de fer décomposé. P. 201. — Différents degrés de la formation de la mine de fer en grains dans la terre limoneuse. Observations exactes à ce sujet et expérience qui prouve la manière dont s'opère la formation des grains de mine de fer dans la terre limoneuse. *Ibid.*—Composition par couches des grains de mine de fer. Ils sont tous par couches concentriques et creux au centre, et les couches supérieures sont les premieres formées et celles dans lesquelles la matière ferrugineuse est la plus pure. P. 202.

MINE DE FER *pyritiforme*. Je lui ai donné cette dénomination, parce qu'elle se présente toujours sous la forme de pyrite, et que sa substance n'est en effet qu'une pyrite qui s'est décomposée sans changer de figure; description de cette mine, sa formation différente de celle des mines de fer spathiques. T. XI, p, 462.—Elle est moins riche en métal que les mines spathiques. *Ibid.*

MINE DE FER *spathique*. Les mines de fer spathiques se trouvent souvent en grandes masses, et sont très-riches en métal; elles ne sont point attirables à l'aimant; leur formation dans le spath calcaire, qui fait le fond de leur substance. T. XI, p. 462 et 463. — Elles conservent la forme du spath calcaire, et se présentent, comme ce spath, en cristaux de forme rhomboïdale; leur description. P. 463. — Leurs propriétés, leurs changements de couleur au feu. *Ibid.*—Différentes sortes de mines de fer spathiques. *Ibid.* — La mine de fer en *créte-de-coq*, est une mine spathique, qui a pour base le spath lenticulaire, appelé *spath perlé*, dont elle a pris la forme orbiculaire en cristaux groupés par la base, et séparés les uns des autres en écailles plus ou moins inclinées. *Ibid.*

MINE DE FER SPÉCULAIRE, contient du sablon magnétique; car, quoiqu'elle soit formée par l'intermède de l'eau, elle ne laisse pas d'être attirable à l'aimant; sa couleur est grise, sa texture lamelleuse et très-luisante. T. XI, p. 464. — Autres propriétés de cette mine. P. 464 et 465.

MINE *en rouille et mine de marais*. Leur origine et leur formation; ces mines de marais sont souvent plus épaisses et plus abondantes que les mines terrestres. Raison de ce fait. T. X, p. 207.

MINÉRAL. Dans le minéral, il n'y a point de germe, point de moule intérieur capable de se développer par la nutrition, ni de transmettre sa forme par la reproduction. T. X, p. 4. — Le minéral n'augmente et n'accroît que par la juxtaposition successive de ses parties constituantes, qui toutes n'étant travaillées que sur deux dimensions, ne peuvent prendre d'autre forme que celle de petites lames infiniment minces et de figures semblables ou différentes, et ces lames figurées, superposées et réunies, composent par leur agrégation, un volume plus ou moins grand et figuré de même. P. 5.

MINÉRAL *figuré*. Tout minéral figuré a été travaillé par les molécules organiques, provenant du détriment des êtres organiques, ou existantes avant leur formation. T. X, p. 3.

MINÉRALISATION. Comment et par quels agents s'opère la minéralisation des matières métalliques. T. XI, p. 197.

MINÉRALISATION. On doit bien distinguer la minéralisation du mélange simple; le mé-

lange n'est qu'une interposition de parties hétérogènes et passives, et dont le seul effet est d'augmenter le volume ou la masse, au lieu que la minéralisation est non-seulement une interposition de parties hétérogènes, mais de substances actives, capables d'opérer une altération de la matière métallique. T. XI, p. 455.

MINÉRAUX. Différence essentielle dans la composition entre les minéraux et les animaux ou les végétaux. T. X, p. 4 et 5.

MINÉRAUX. L'air et le feu entrent dans la composition des minéraux; preuve de cette assertion. T. IX, p. 63. — Point de vue auquel on doit s'élever pour se former une idée juste de la formation des minéraux. P. 69. — Établissement d'une théorie générale sur la formation des minéraux. P. 70 et 71.

MINÉRAUX *figurés*. La plupart des minéraux figurés ne doivent leurs différentes formes qu'au mélange et aux combinaisons des molécules organiques avec l'eau qui leur sert de véhicule. T. X, p. 3.

MINES. Toutes les mines sont mêlées de différents métaux et minéraux métalliques. et il y a presque toujours plusieurs métaux dans la même mine. T. X, p. 445.

MINES. Les mines métalliques en grandes masses et en gros filons ont été produites par la sublimation, c'est-à-dire par l'action de la chaleur du feu; et les mines en filets et en petites masses, ont été formées postérieurement par le moyen de l'eau, qui les a détachées par parcelles des filons primitifs. T. IX, p. 497. — Les mines métalliques secondaires se trouvent dans les fentes perpendiculaires des montagnes à couches qui ont été formées de matières transportées par les eaux. *Ibid.*—Explication de la formation de ces mines secondaires. *Ibid.* — Faits et preuves qui démontrent que les premières mines métalliques ont été produites par le feu, et que les autres l'ont été par le moyen de l'eau. P. 616 et suiv.

MINES. *Recherche des mines.* Les mines de métaux doivent se chercher à la boussole, en suivant toujours la direction qu'indique la découverte du premier filon; car dans chaque montagne, les fentes perpendiculaires qui la traversent, sont à peu près parallèles. T. IX, p. 498.

MINES. Les mines primordiales du fer, de l'or, de l'argent, et même du cuivre, sont toutes dans le roc vitreux, et ces métaux y sont incorporés en plus ou moins grande quantité, dès le temps de leur première fusion ou sublimation par le feu primitif. T. XI, p. 18. — Les mines secondaires qui se trouvent dans les matières calcaires ou schisteuses, tirent évidemment leur origine des premières. P. 18 et 19.

MINES *d'aimant* (on trouve des) dans presque toutes les parties du monde, et surtout dans les pays du Nord. T. XI, p. 564.

MINES *de fer*. Il y a deux espèces principales de mines de fer; les unes en roches, les autres en grains. T. IX, p. 309 et 310. —Expériences sur la fusion des mines de fer très-différentes des procédés ordinaires, par un ventilateur au lieu de soufflets. P. 311. —Toutes les mines de fer en général peuvent donner de l'acier naturel sans avoir passé par les états précédents de fonte et de fer. P. 314. — La qualité du fer ne dépend pas de la mine, mais de la manière dont on la traite. *Ibid.* — D'où vient le préjugé que toutes les mines de fer contiennent beaucoup de soufre. P. 315. —Avec toutes sortes de mines on peut toujours obtenir du fer de même qualité. Preuve par l'expérience. P. 316. — Le lavage des mines dans des lavoirs foncés de fer, percés de petits trous, est utile pour certaines espèces de mines. P. 319.—La mine de fer peut se fondre seule et sans aucune addition ou mélange de castine ni d'aubuë, lorsque cette mine est nette et pure. Il en résulte cependant un inconvénient, c'est qu'une partie de la mine se brûle. Moyens de prévenir cette perte. P. 321 et 322. — Fusion des mines de fer, avec la plus grande économie à laquelle l'auteur ait pu parvenir, est d'une livre et demie de charbon pour une livre de bonne fonte de fer. P. 323.—Les mines de fer qui contiennent du cuivre ne donnent que du fer aigre et cassant. P. 326. — Les très-petits grains de mine de fer sont spécifiquement plus pesants que les gros grains, et contiennent par conséquent plus de fer. *Ibid.* —

Difficultés des essais en grand des mines de fer. — Manière de faire ces essais. P. 328 et suiv.—Défaut dans la façon ordinaire de fondre les mines de fer, et dans la manière de conduire le fourneau. P. 329.—Description des mines de fer qu'on emploie à Ruelle en Angoumois, pour faire les canons de la marine. P. 346 et suiv.—Dans quel cas le grillage des mines est nécessaire. P. 347.

MINES *de fer*. Les mines de fer produites par le feu, sont demeurées susceptibles de l'attraction magnétique, comme le sont toutes les matières ferrugineuses qui ont subi le feu. T. IX, p. 500 et 501.—Celles qui sont en grains et qui se trouvent dans les fentes perpendiculaires des couches calcaires y ont été amenées par alluvion, c'est-à-dire par le mouvement des eaux. Preuves de cette vérité. P. 522 et suiv.

MINES *de fer*. Expériences sur la mine de fer, faites au plus grand feu de réverbère. T. IX, p. 36. — Il y a des mines de fer formées par le feu, les autres par l'eau. P. 71. — Celles qui sont en grain ne sont point attirables par l'aimant. Celles qui sont en roches ou en grandes masses solides, sont presque toutes magnétiques; raison de cette différence. P. 168 et 169. — Les mines de fer des pays du Nord sont assez magnétiques pour qu'on les cherche à la boussole. P. 168. — Composition originaire des mines de fer en grain. P. 200.

MINES *de fer*. Toutes les mines de fer, soit qu'elles aient été produites par le feu primitif ou travaillées par l'eau, sont toujours mélangées d'une plus ou moins grande quantité de substance hétérogène. T. X, p. 455. — Indices par lesquels on peut distinguer les mines primitives de fer de celles de seconde et de troisième formation. P. 457. — Comment les mines de fer peuvent se reproduire et se reproduisent en effet. P. 463. — Elles sont plus sujettes à varier que toutes les autres mines métalliques. *Ibid.* — Celles qui contiennent du cuivre doivent être rejetées, parce qu'elles ne donneraient que du fer très-cassant. Traitement des mines de fer au fourneau de fusion. P. 483 et suiv.

MINES DE FER *cristallisées* (les) doivent la plupart leur origine à l'élément de l'eau. T. IX, p. 310.—Celle que l'auteur a trouvée en Bourgogne, est semblable à celle de Sibérie, qui est une mine cristallisée. Examen de cette mine. P. 328.

MINES *de fer de Nordmarck, de Presberg* et *de Danemora* en Suède. Leurs descriptions. T. X, p. 465 et suiv.

MINES *de fer de première formation.* Voyez MINES *de fer en roche.*

MINES *de fer de seconde formation.* Origine des mines de fer en rouille, en ocre et en grains. T. X, p. 454. — Toutes les mines de fer de seconde formation peuvent se réduire à trois sortes, savoir : les mines en ocre ou en rouille, les mines en grains et les mines en concrétions; elles ont également été produites par l'intermède de l'eau. *Ibid.* — Raison pourquoi dans une mine dont les particules en rouille ou les grains ne sont point attirables à l'aimant, il se trouve souvent des paillettes ou sablons magnétiques. P. 458. — Nature et qualité de ces sablons ferrugineux. *Ibid.* — Toutes les mines de fer dont nous faisons l'extraction ont été amenées, lavées et déposées par les eaux de la mer lorsqu'elles couvraient nos continents. P. 480.

MINES *de fer en grain* (les) qui ne sont point attirables par l'aimant ont été formées par l'élément de l'eau. Leur origine. Chauffées à un grand feu dans des vaisseaux clos, elles n'acquièrent point la vertu magnétique, tandis que chauffées à un moindre feu dans des vaisseaux ouverts, elles acquièrent cette vertu. T. IX, p. 310. — Elles ne contiennent point de soufre pour la plupart et, par cette raison, n'ont pas besoin d'être grillées avant d'être mises au fourneau. P. 315. — Elles valent mieux et sont plus aisées à traiter que les mines de fer en roche. On peut faire en France avec toutes nos mines de fer en grain, d'aussi bons fers que ceux de Suède. *Ibid.*—Expériences et observations à faire sur les mines de fer en grains avant de les employer pour en faire du fer. P. 317.—Dans quel cas on doit cribler et vanner les mines en grain. Avantages de cette méthode. Il y a très-peu de matières qui retiennent l'humidité aussi longtemps que les mines de fer en grain.

Difficultés de les sécher. P. 319 et suiv. — Comparaison du produit en fer des mines en grain et en roche. P. 327.

MINES *de fer en grains.* Les mines de fer en grains, en ocre ou en rouille, quoique provenant originairement des détriments des roches primitives de fer, mais ayant été formées postérieurement par l'intermède de l'eau, ne sont point attirables à l'aimant, à moins qu'on ne leur fasse subir une forte impression du feu à l'air libre. T. x, p. 449. — Formation et composition des grains gros ou petits des mines de fer. P. 459. — Dans chaque minière de fer en grains, les grains sont tous à peu près égaux en grosseur et sont en même temps de la même pesanteur spécifique, et les sables ou graviers, soit calcaires, soit vitreux, qui ont été transportés par les eaux avec ces grains de fer, sont aussi du même volume et du même poids que les grains, à très-peu près, dans chaque minière. P. 459. — Les mines de fer en grains et en rouille ont été déposées par ces anciennes alluvions des eaux, avant qu'elles eussent abandonné la surface de nos continents. P. 478. — Elles ne font aucun effet sur l'aiguille aimantée; on ne peut donc pas les trouver par le moyen de la boussole, comme l'on trouve les mines primordiales du fer lesquelles agissent sur l'aiguille aimantée. P. 480. — Il se trouve des mines de fer en grains, en nids et en sacs, dans les fentes des rochers calcaires; leurs descriptions et leurs différences. P. 479, 480 et 482. — Comme ces mines sont à peu près de la même nature, leur plus ou moins grande fusibilité ne vient pas de la différente qualité des grains, mais de la nature des terres et des sables qui y sont mêlés. P. 483.

MINES *de fer en grains. Traitement de ces mines.* T. x, p. 478 et 482. — Leur extraction, leur lavage. *Ibid.* — Leur produit au fourneau. P. 483. — Leur mélange pour les fondre demande des attentions; il ne faut jamais mélanger une mine très-fusible avec une mine réfactaire, non plus qu'une mine en gros morceaux avec une mine en très-petits grains. *Ibid.*

MINES *de fer en grains et en roche.* Énumération des principaux lieux du monde où il s'en trouve : il y en a en France. T. x, p. 467. — En Espagne. P. 468. — En Italie. P. 469. — En Angleterre. P. 470. — Au pays de Liége. P. 471. — En Allemagne. P. 471 et 472. — En Pologne. P. 472. — En Islande. P. 473. — En Russie et en Sibérie. *Ibid.* — A la Chine, en Perse, en Arabie et dans les autres provinces méridionales de l'Asie. P. 473 et 474. — En Barbarie, en Mauritanie et en Abyssinie, et dans quelques autres provinces de l'Afrique. P. 474 et 475. — Au Canada, en Virginie, et dans plusieurs autres contrées de l'Amérique septentrionale. P. 475. — Au Pérou, au Chili, et dans quelques autres endroits de l'Amérique méridionale. P. 476.

MINES *de fer en roche* (les), se trouvent presque toutes dans les hautes montagnes. Leur différence par la couleur, et leurs variétés. Toutes les mines de fer en roche, de quelque couleur qu'elles soient, deviennent noires par une assez légère calcination. T. IX, p. 309. — Elles doivent pour la plupart leur origine à l'élément du feu. P. 310. — Celles de Suède renferment souvent de l'asbeste. *Ibid.* — Courte description des grands travaux nécessaires à leur extraction et préparation avant d'être mises au fourneau de fusion. P. 315 et 316. — Quoique généralement parlant, les mines de fer en roche, et qui se trouvent en grandes masses solides, doivent leur origine à l'élément du feu, néanmoins il se trouve aussi plusieurs mines de fer en assez grosses masses qui se sont formées par le mouvement et l'intermède de l'eau. Manière de reconnaître leur différente origine. P. 347.

MINES *de fer en roche.* Les roches primordiales de fer, ne sont pas toutes également riches en métal. Celles qui donnent le plus ne contiennent guère qu'une moitié de fer, et l'autre moitié de leur masse est de matière vitreuse. — Ces roches de fer qu'on doit regarder comme les mines primordiales de ce métal sont toutes attirables à l'aimant. T. x, p. 448. — Toutes les mines primordiales de fer en roche, doivent être regardées comme des espèces de fonte de fer produites par le feu primitif. P. 450. —

Elles se trouvent en plus grande quantité dans les régions du Nord que dans les autres parties du globe. *Ibid.* — Manière de traiter les mines de fer en roche. P. 456.

Mines *de fer* ou *sablons ferrugineux.* Il y a des sablons ferrugineux qui sont attirables à l'aimant, et qui proviennent de la décomposition du mâchefer ou résidu ferrugineux, des végétaux brûlés par le feu des volcans ou par d'autres incendies. T. x, p. 450.—Il se trouve souvent de ces sablons ferrugineux dans les mines de fer en rouilles ou en grains, quoique ces dernières ne soient pas magnétiques. P. 458. — Nature et qualité de ces sablons. *Ibid.*

Mines *de fer spathiques.* Les mines de fer spathiques et calcaires, sont de formation postérieure aux mines de fer en roches vitreuses. T. x, p. 450. — Elles ne sont point attirables à l'aimant, excepté dans de certaines circonstances. P. 455 et 456.

Mines *de fer en stalactites et en concrétions continues.* T. x, p. 460.

Mines *d'or.* Voyez Or.

Minières *de fer en grains.* Voyez *Terre limoneuse.* T. x, p. 199. — Observation particulière sur leurs différences, et raison de ces mêmes différences. P. 200.—Manière dont se sont produites et établies les minières de fer en grains. La nature en a fait le lavage, le transport et le dépôt, par le mouvement des eaux. Preuves et observations à ce sujet. P. 203 et suiv.

Minium est une chaux de plomb, qui prend la couleur rouge à un certain degré de feu déterminé, qui est de cent vingt degrés, et ne doit être ni plus fort ni plus faible. T. xi, p. 93. — Pratiques usitées en Angleterre pour faire le minium en grande quantité et à moindres frais. P. 94.

Miroir *ardent pour brûler au loin.* Sa description et sa construction. T. ix, p. 223 et suiv. — On a enflammé du bois jusqu'à deux cents pieds de distance, et il serait très-possible de porter le feu du soleil encore plus loin avec ce miroir. P. 226. — On a fondu tous les métaux et minéraux métalliques à vingt-cinq, trente et quarante pieds de distance. *Ibid.* — Estimation de sa puissance et limites de ses effets. P. 229. — En quoi consiste essentiellement la théorie de ce miroir. P. 237. — Moyens et précautions pour rendre ce miroir encore plus parfait et en augmenter considérablement les effets. P. 244 et suiv. — Proportion de la grandeur des miroirs, suivant les différentes distances auxquelles on veut brûler. P. 244.

Miroir *du port d'Alexandrie*, dont les anciens ont fait mention et par le moyen duquel on voyait de très-loin les vaisseaux en mer, n'est point du tout impossible. T. ix, p. 259.

Miroir *courbé* par la pression de l'atmosphère. Sa construction et sa description. T. ix, p. 276.

Miroirs *ardents.* Le feu produit par de bons miroirs ardents, est le plus violent de tous les feux. T. ix, p. 36. — Pourquoi des miroirs plans plus grands ou plus petits, forment, à une certaine distance, des images également grandes et qui ne diffèrent que par l'intensité de la lumière. T. ix, p. 220.

Miroirs *ardents*, soit par réflexion, soit par réfraction, font un effet toujours égal à quelque distance du soleil qu'on puisse supposer. Par exemple, un miroir qui peut brûler du bois à cent cinquante pieds de distance sur le globe de la terre, brûlerait de même à cent cinquante pieds, et avec autant de force, du bois sur la planète de Saturne. T. ix, p. 236.

Miroirs *d'Archimède* (les) peuvent servir très-utilement pour l'évaporation des eaux salées. T. ix, p. 245. — Attentions nécessaires pour procurer cet effet avec le plus grand avantage. P. 246. — Ils peuvent servir utilement pour calciner les plâtres, les matières gypseuses, etc. *Ibid.* — On peut par leur moyen recueillir les parties volatiles de l'or et de l'argent, et des autres métaux et minéraux. P. 249. — Ce moyen paraît être le seul que nous ayons pour volatiliser les métaux fixes, tels que l'or et l'argent. P. 250. — Représentation et description de ce miroir. P. 274 et 275.

Miroirs *concaves*, faits par des glaces courbées. T. ix, p. 263. — Leur usage. P. 264 et 265. — Manière de produire une chaleur immense à leur foyer en les réunissant. P. 265.

Miroirs *courbés* (les), de quelque espèce qu'ils soient, ne peuvent être employés avec avantage pour brûler de loin. T. ix, p. 220. — Le miroir le plus parfait n'aura jamais l'avantage que de dix-sept à dix sur un assemblage de miroirs plans, dès qu'il faudra brûler à une distance où le disque du soleil sera égal à la grandeur du miroir plan. P. 238.

Miroirs *courbés* par le moyen d'une vis au centre. T. ix, p. 261 et 262. — Construction et description de ces miroirs. P. 275 et 276.

Miroirs *courbés* par le moyen d'une pompe. T. ix, p. 262. — Et miroir très-singulier que le soleil rend courbe et brûlant au moment qu'il y est exposé. P. 262. — Leur construction et leur description. P. 276 et 277.

Miroirs *d'une seule pièce*, à foyer mobile pour brûler à de médiocres distances; construction et usage de cette espèce de miroirs. T. ix, p. 261 et suiv. — Ils peuvent servir à mesurer plus exactement que par aucun autre moyen, la différence des effets de la chaleur du soleil reçue dans des foyers plus ou moins grands. P. 262. — Autres miroirs d'une seule pièce pour brûler très-vivement à des distances médiocres et à de petites distances. P. 263. — Construction d'un fourneau pour courber des glaces. *Ibid.*

Miroirs *à l'eau* ou *Lentilles*. Manière de les construire. T. ix, p. 265. — Précautions nécessaires pour les faire réussir. *Ibid.* — Difficulté de les traiter. P. 266. — Inconvénient qui résulte de la différente réfrangibilité du verre et de l'eau. P. 267 et 268. — Étant composés d'un grand nombre de glaces planes, feraient presque autant d'effet que les glaces courbées, et seraient d'une exécution plus facile et d'une moindre dépense. P. 268. — Leur construction et description. P. 277.

Mispickel est une pyrite arsenicale qui contient plus d'arsenic que de fer. T. xi, p. 460.

Modestie. Éloge de la modestie. T. xii, p. 332 et 333.

Molasse. Est une matière mixte et mélangée d'argile et de substance calcaire : elle se trouve en grandes masses et se durcit à l'air; mais il faut la défendre de la pluie et ne l'employer que dans l'intérieur des bâtiments; cette pierre mollasse résiste très-bien à l'action du feu. T. x, p. 190.

Molybdène, est une concrétion talqueuse plus légère et moins dure que les serpentines et pierres ollaires, mais qui, comme elles, prend au feu plus de dureté, et même de densité. T. xi, p. 338. — La couleur de la molybdène est noirâtre, et semblable à celle du plomb exposé à l'air, ce qui lui a fait donner le nom de *plombagine*, cependant elle ne contient pas un atome de plomb; le fond de sa substance est du mica atténué ou du talc très-fin. *Ibid.* — Les chimistes récents ont voulu distinguer la plombagine de la molybdène; discussion à ce sujet. P. 339. — La plus belle et la plus pure molybdène se trouve en Angleterre, dans le duché de Cumberland; celle d'Allemagne est fort inférieure, tant pour la dureté que pour la légèreté. *Ibid.* — La molybdène naturelle ne contient point de soufre, et la plombagine n'est que de la molybdène mêlée de soufre; c'est avec cette molybdène, mêlée de soufre, que l'on fait les crayons qui sont dans le commerce. *Ibid.* — Le fer entre dans la composition de la molybdène, et lui donne sa couleur noirâtre. *Ibid.* — Propriétés et usage de la molybdène. P. 340. — Elle résiste plus qu'aucune autre matière à la violente action du feu. *Ibid.* — Lieux où se trouve la molybdène. *Ibid.* — C'est dans les terrains de grès et de granite qu'il faut la chercher. *Ibid.*

Montagnes. On doit distinguer les montagnes primitives en plusieurs ordres; les plus anciennes, dont les noyaux et les sommets sont de quartz et de jaspe, ainsi que celles de granites et porphyres qui sont presque contemporaines, ont toutes été formées par les boursouflures du globe dans le temps de la consolidation; les secondes dans l'ordre de formation, sont les montagnes de schiste ou d'argile qui enveloppent souvent les noyaux des montagnes de quartz et de granite, et qui n'ont été formées que par les premiers dépôts des eaux après la conversion des sables vitreux en argile; les

troisièmes sont les montagnes calcaires, qui généralement surmontent les schistes ou les argiles, et quelquefois immédiatement les quartz et les granites, et dont l'établissement est, comme l'on voit, encore postérieur à celui des montagnes argileuses : ainsi les éminences formées par le soulèvement ou l'effort des feux souterrains, et les collines produites par les éjections des volcans, ne doivent être considérées que comme des tas de décombres provenant de ces premières matières. T. x, p. 307 et 308.

Montagnes. Première origine et formation des plus hautes montagnes de la terre. T. ix, p. 489.— Celles qui sont composées de matières vitrescibles ont existé longtemps avant les montagnes composées de matières calcaires. P. 496.—Le noyau des hautes montagnes est de la même matière vitrescible que la roche intérieure du globe. P. 497.— Énumération des montagnes primitives du globe. P. 501 et suiv.—Les parties les plus élevées des grandes chaînes de montagnes en Amérique et en Afrique, se trouvent sous l'équateur, et ces mêmes montagnes s'abaissent également des deux côtés en s'éloignant de l'équateur. P. 501 et 502.—Les sommets de toutes les montagnes qui s'étendent du nord au sud ou du sud au nord, sont plus voisins de la mer à l'occident qu'à l'orient, par conséquent toutes les pentes des terres sont plus douces vers l'orient et plus rapides vers l'occident. P. 526. — Explication de ce fait général. P. 527.— Les montagnes et autres terres élevées du globe, ont été les premières peuplées de végétaux. P. 528.— Et la plupart sont situées sur des cavités, auxquelles aboutissent les fentes perpendiculaires qui les tranchent du haut en bas. P. 532.

Montagnes, *leur direction.* Les montagnes du continent de l'Europe et de l'Asie, sont plutôt dirigées d'occident en orient que du nord au sud. Énumération de ces montagnes, ainsi que celle des branches principales qui courent vers le midi et vers le nord. T. ix, p. 503.

Montagnes *calcaires.* Raisons pourquoi les deux côtés opposés dans les montagnes calcaires sont plus escarpés que les coteaux qui bordent les vallons à l'opposite du sommet. T. ix, p. 541.

Montagnes primitives. Formation des montagnes vitreuses. Le quartz a formé non-seulement la roche intérieure du globe, mais aussi les éminences et appendices extérieures de cette roche ; il sert de noyau aux montagnes vitreuses. Ces noyaux des plus hautes montagnes, se sont trouvés d'abord environnés et couverts de fragments décrépités de ce premier verre, ainsi que des écailles du jaspe, des paillettes du mica, et de petites masses cristallisées du feldspath et du schorl, qui dès lors ont formé par leur réunion les grandes masses de granite et de porphyre, et de toutes les autres roches vitreuses, composées de ces matières produites par le feu primitif; les eaux n'ont agi que longtemps après sur ces mêmes fragments et poudres de verre, pour en former les grès, les talcs, et les convertir enfin par une longue décomposition en argile et en schiste T. x, p. 17.

Montagnes *primitives.* Les montagnes dans lesquelles on ne voit aucun indice de volcans, sont en effet des montagnes primitives. T. xi, p. 533.

Montagnes (les) volcaniques du Mexique et des autres parties du monde, où l'on trouve des volcans encore agissants, ne doivent point être regardées comme des boursouflures primitives du globe. T. xi, p. 532.

Monticolli. On nomme ainsi en Italie les collines volcaniques qui entourent le Vésuve, l'Etna, et les autres volcans, tant agissants qu'éteints. T. xi, p. 531.

Monts *Neptuniens* (les) en Sicile, comme les Alpes en Provence, ont forcé les feux souterrains à suivre leurs contours. T. xi, p. 529.

Monuments témoins des premiers âges de la nature. T. ix, p. 457.—Il est démontré par l'inspection des monuments authentiques de la nature, savoir, les coquilles dans les marbres, les poissons dans les ardoises, et les végétaux dans les mines de charbon, que tous ces êtres organisés ont existé longtemps avant les animaux terrestres. P. 543.

Mortalité. Raison pourquoi la mortalité paraît par les tables, avoir été beaucoup plus

grande à Paris, pendant les années 1719 et 1720. T. XII, p. 298.—La mortalité moyenne de Paris est de dix-huit mille huit cents pour chaque année. P. 299.—On doit multiplier par 35 ce nombre 18800 pour avoir le nombre des vivants : ainsi Paris contient six cent cinquante-huit mille personnes vivantes. *Ibid.*— Les mois de l'année dans lesquels il meurt le plus de monde à Paris, sont mars, avril et mai ; et ceux pendant lesquels il en meurt le moins, sont juillet, août et septembre ; ainsi c'est après l'hiver et au commencement de la nouvelle saison, que les hommes, comme les plantes, périssent en plus grand nombre. P. 300.

Moules intérieurs *de la nature.* Nos moules artificiels ne sont qu'extérieurs et ne peuvent que figurer des surfaces, c'est-à-dire opérer sur deux dimensions; mais l'existence des moules intérieurs et leur extension sont démontrées par le développement de tous les germes dans les végétaux, de tous les embryons dans les animaux, puisque toutes leurs parties, soit extérieures, soit intérieures, croissent proportionnellement, ce qui ne peut se faire que par l'augmentation du volume de leur corps dans les trois dimensions à la fois. T. X, p. 7.—Un homme, un animal, un arbre, une plante, en un mot tous les corps organisés sont autant de moules intérieurs dont toutes les parties croissent proportionnellement, et par conséquent s'étendent dans les trois dimensions à la fois. P. 8.

Mousses, dont le bas est pleinement incrusté, et dont le dessus est encore vert et en état de végétation. T. X, p. 147 et 148.

Mouvement *des eaux.* Le mouvement des eaux d'orient en occident a escarpé toutes les côtes occidentales des continents terrestres, et a en même temps laissé tous les terrains en pente douce du côté de l'orient. T. IX, p. 544.

Mouvement (le) appartient, dans tous les cas, encore plus à l'attraction qu'à l'impulsion. T. IX, p. 4.

Mouvement (le) est aussi ancien que la matière. T. XI, p. 522.

Mouvement *en déclinaison* (le) vers l'ouest paraît s'être ralenti depuis près de vingt ans. T. XI, p. 592. — Il pourra dans quelque temps devenir rétrograde. *Ibid.* — La supposition que le mouvement de déclinaison suit la même marche de l'est au nord que du nord à l'ouest, n'est nullement appuyée par les faits. P. 593.—Ce mouvement ne doit pas être regardé comme un grand balancement, qui se ferait par des oscillations régulières, mais comme un mouvement qui s'opère par secousses plus ou moins sensibles. P. 594.

Mundick est une poussière qui se trouve dans les mines d'étain, et qui ne contient qu'une très-petite quantité de métal; et c'est plutôt de l'arsenic décomposé que de l'étain. T. XI, p. 64.

Musique. Il doit y avoir du style en musique, chaque air doit être fondé sur une idée relative à quelque objet sensible, et l'union de la musique à la poésie ne peut être parfaite qu'autant que le poëte et le musicien conviendront d'avance, de représenter la même idée, l'un par des mots, et l'autre par des sons. T. XII, p. 341.

N

Naissances. Les mois de l'année dans lesquels il naît le plus d'enfants à Paris, sont les mois de janvier, février et mars; et ceux pendant lesquels il en naît le moins, sont juin, novembre et décembre, d'où l'on peut inférer que la chaleur de l'été contribue au succès de la génération. T. XII, p. 300. — Les années où il naît le plus d'enfants, sont en même temps celles où il meurt le moins de monde.

Naissances, mariages et morts. — Voyez *Table des naissances, mariages et morts.*

Naphte (le) est le bitume liquide le plus coulant, le plus léger, le plus transparent et le plus inflammable. T. X, p. 277.—On lui a donné ce nom, parce qu'il est la matière inflammable par excellence; il est plus pur que le pétrole ou que tout autre bitume liquide. P. 283. — Il est aussi plus limpide et plus coulant, et prend feu plus subitement. *Ibid.*— Les sources de naphte et de

pétrole sont encore assez communes dans les provinces du Levant. P. 286.

NATRON. Voyez *Alcali minéral.*

NATURE. En recherchant et comparant les pétrifications qui sont les plus anciens monuments de la nature, on la verra plus grande et plus forte dans son printemps, qu'elle ne l'a été dans les âges subséquents ; en suivant ses dégradations, on reconnaîtra les pertes qu'elle a faites, et l'on pourra déterminer encore quelques époques dans la succession des êtres qui nous ont précédés. T. XI, p. 381.

NATURE. Son cours n'est pas absolument uniforme ; elle admet des variations sensibles, elle reçoit des altérations successives ; preuves de cette assertion. Elle est très-différente aujourd'hui de ce qu'elle était dans le commencement et de ce qu'elle est devenue dans la succession des temps. T. IX, p. 456. — L'état dans lequel nous voyons aujourd'hui la nature, est autant notre ouvrage que le sien. Preuve de cette assertion. *Ibid.* — Ce n'est que de cet instant où l'on peut commencer à comparer la nature avec elle-même, et remonter de son état actuel et connu, à quelques époques d'un état plus ancien. Preuves de cette verité. P. 457. — La nature vivante a commencé à se manifester dès que la terre et les eaux ont été assez attiédies pour ne se pas opposer à la fécondation ; les parties les plus élevées du globe ont été les premières peuplées de végétaux et d'animaux. P. 521 et 522.

NATURE (la) peut produire par le moyen de l'eau, tout ce que nos arts produisent par le moyen du feu. T. IX, p. 67. — Elle ne se dépouille jamais de ses propriétés en faveur d'une autre d'une manière absolue, c'est-à-dire de façon que la première n'influe en rien sur la seconde. P. 160.

NATURE. Ses productions ne doivent pas être regardées comme des ouvrages isolés ; mais il faut les considérer comme des suites d'ouvrages dans lesquels on doit saisir les opérations successives de travail, en partant et marchant avec elle du plus simple au plus composé. T. XI, p. 216.

NATURE. Ordre successif des grands travaux de la nature. T. X, p. 213 et suiv.

NATURE ORGANISÉE. — Voyez les Tables : T. IX, p. 371, 417, 418, 419, 420, 421 et 426.

NATURE *organisée.* Les productions de la nature organisée qui, dans l'état de vie et de végétation, représentent sa force et font l'ornement de la terre, sont encore après la mort ce qu'il y a de plus noble dans la nature brute. T. X, p. 3.

NATURE VIVANTE. Il y a des espèces dans la nature vivante qui peuvent supporter 45, 50 et jusqu'à 60 degrés de chaleur dans les eaux chaudes. T. IX, p. 453. — On connaît des plantes, des insectes et des poissons qui supportent cette chaleur et vivent dans ces eaux. *Ibid.*

NÈGRES. Leur race, d'après notre hypothèse, pourrait être plus ancienne que celle des hommes blancs. T. IX, p. 453.

NEWTON. Correction à faire d'un passage de Newton, au sujet du progrès de la chaleur. T. IX, p. 86 et suiv.

NICKEL. Régule de nickel est plus ou moins attirable à l'aimant ; raison de cet effet. T. XI, p. 480.

NICKEL est un minéral qui se trouve dans les mines de cobalt, et qui n'est connu que depuis peu d'années. T. XI, p. 183. — Le nickel contient toujours du fer, et l'on ne peut l'en séparer entièrement par aucun moyen. P. 185. — Il donne au verre la couleur d'hyacinthe. *Ibid.* — Le nickel, le cobalt et la manganèse ne sont pas des demi-métaux purs, mais des alliages de différents minéraux mélangés, et si intimement unis au fer qu'on ne peut les en séparer. P. 186. — Alliage du nickel avec les métaux et demi-métaux. P. 186 et 187. — Le nickel ne s'amalgame point avec le mercure. P. 187. — Différence entre le minerai du nickel et celui du cobalt. *Ibid.*

NITRE (le) doit son origine aux matières animales ou végétales. T. IX, p. 28. — Contient une prodigieuse quantité d'air et de feu fixes. Explication de sa combustion. *Ibid.*

NITRE. On peut enlever à tous les sels l'eau qui est entrée dans leur cristallisation, et sans laquelle leurs cristaux ne se seraient pas formés ; cette eau ni la forme en cris-

taux ne sont donc point essentielles aux sels, puisque après en avoir été dépouillés, ils ne sont point décomposés, et qu'ils conservent toutes leurs propriétes salines. Le nitre seul se décompose lorsqu'on le prive de cette eau de cristallisation, et cela démontre que l'eau, ainsi que l'acide aérien, entrent dans la composition de ce sel. Le nitre est de tous les sels le moins simple. C'est un composé et même un sur-composé de l'acide aérien par l'eau, la terre et le feu fixe des substances animales et végétales, exaltées par la fermentation putride. Ses grands effets. T. x, p. 425 et 426.— Ses combinaisons avec les autres substances salines, terreuses et métalliques. Il reste toujours liquide et s'exhale continuellement en vapeurs. Cet acide ainsi que tous les autres, provient originairement de l'acide aérien, et il semble en être plus voisin que les deux autres acides minéraux; car il est évidemment uni à une grande quantité d'air et de feu. P. 426. — Le nitre est de tous les sels celui qui se dissout, se détruit et s'évanouit le plus complétement et le plus rapidement et toujours avec une explosion qui démontre le combat intestin et la puissante expansion des fluides élémentaires, qui s'écartent et se fuient à l'instant que leurs liens sont rompus. Détonation du nitre, sa cause et ses effets. P. 427.—Procédés par lesquels on peut se procurer du nitre en grande quantité. P. 428.—Les substances animales produisent du nitre en plus grande abondance que les matières végétales. La nature n'a point de nitre en masse; il semble qu'elle ait, comme nous, besoin de tout son art pour former ce sel. Plantes dans lesquelles le nitre se trouve tout formé. P. 428 et 429.—Lieux où se trouve le nitre en quantité sensible. P. 429.—Observations de M. le duc de La Rochefoucault, sur la formation du nitre naturel. P. 430.— Purification du nitre; il faut qu'il soit très-pur pour en faire de la bonne poudre à canon. Qualités générales et particulières du nitre. P. 431 et 432.

Nombre. Définition du nombre. Le dernier terme de la suite naturelle des nombres n'existe pas, et on ne peut même le supposer sans aller contre la définition du nombre et contre la loi générale des suites. T. xii, p. 186.

Nomenclature *en minéralogie et fausses applications des dénominations.*—Discussion critique à ce sujet. T. x, p. 39 et suiv.

Noyau *magnétique*, hypothèse de Halley. T. xi, p. 602. — Hypothèse de M. Æpinus. P. 603.

O

Objections contre le système de la Théorie de la terre; réponse. T. ix, p. 468 et suiv. — Objection contre le refroidissement de la terre, et réponse. P. 587 et suiv.

Objets. Moyens d'apercevoir sans lunettes les objets de très-loin. T. ix, p. 259 et 260.

Observations. Utilité des observations sur la déclinaison et l'inclinaison de l'aiguille aimantée. T. xi, p. 606.

Observations magnétiques (les) ont été faites en bien plus grand nombre sur les mers que sur les continents. T. xi, p. 552.

Obstacles moraux qui s'opposent à la perfection de l'art des forges en France. T. x, p. 476.

Ocre. Formation et description des mines d'ocre. T. x, p. 205 et suiv.—Propriétés de l'ocre. P. 207. — Les ocres ne sont pas des glaises, comme l'ont pensé quelques naturalistes, mais ce sont des terres limoneuses lesquelles contiennent beaucoup de fer, tandis que les glaises n'en contiennent que très-peu. *Ibid.*

Ocre. L'ocre et la rouille de fer sont les plus simples et les premières décompositions du fer par l'impression des éléments humides; ces matières n'acquièrent jamais un grand degré de dureté dans le sein de la terre. Les ocres brunes auxquelles on donne le nom de *terre d'ombre*, et l'ocre légère et noire dont on se sert à la Chine, pour écrire et dessiner, sont des décompositions ultérieures de la rouille de fer, très-atténuée, et dénuée de presque toutes ses qualités métalliques. T. xi, p. 455 et 456. — On connaît plusieurs sortes d'ocre, tant pour la couleur que pour le consistance. P. 456.

Oculus mundi. Voyez *Hydrophane.*

Œil de chat. Les pierres auxquelles on a donné ce nom, sont toutes chatoyantes; elles varient pour le dessin plus ou moins régulier des cercles ou anneaux qu'elles présentent. T. xi, p. 239. — Variétés de ces pierres. *Ibid.* — Leurs propriétés chatoyantes, leurs rapports avec le feldspath. *Ibid.*

Œil de chat noir ou *noirâtre.* Ses différences avec les autres pierres auxquelles on donne ce même nom d'*œil de chat.* T. xi, p. 257. — Il provient du schorl. *Ibid.*

Œil de loup. Pierre chatoyante provenant du feldspath, et mêlée de particules micacées; elle paraît faire la nuance entre les feldspaths et les opales. T. xi, p. 240 et 241.

Œil de poisson. Pierre ainsi nommée parce qu'elle ressemble au cristallin de l'œil d'un poisson. T. xi, p. 240. — Elle est chatoyante, et on doit la rapporter au feldspath, sa description et ses propriétés. *Ibid.*

Oiseaux. On s'est souvent trompé en attribuant à la migration et au long voyage des oiseaux, les espèces de l'Europe qu'on trouve en Amérique ou dans l'orient de l'Asie, tandis que ces oiseaux d'Amérique et d'Asie, tout à fait semblables à ceux de l'Europe, sont nés dans leurs pays, et ne viennent pas plus chez nous que les nôtres ne vont chez eux. T. ix, p. 424.

Ombres. Découverte des ombres colorées. T. ix, p. 286 et suiv. — Ombres colorées au lever et au coucher du soleil. Les ombres au lieu d'être noires, sont alors d'un bleu plus ou moins vif, et quelquefois verdâtres. Ombres colorées à midi et à d'autres heures du jour, à de certaines inclinaisons de la lumière. *Ibid.* — Explication de ce phénomène. P. 288 et 289.

Onyx. Voyez *Agate.* Le nom d'*onyx* qu'on a donné de préférence aux agates, dont les lits sont de couleurs différentes, pourrait s'appliquer assez généralement à toutes les pierres dont les couches superposées sont de diverses substances ou de couleurs différentes. T. xi, p. 288.

Opale, est la plus belles de toutes les pierres chatoyantes; sa description, son chatoiement, sa texture, son peu de densité et ses autres propriétés. T. xi, p. 242. — L'opale est, dans la réalité, une pierre irisée dans toutes ses parties; elle est beaucoup plus légère que le feldspath, et aussi beaucoup moins dure. *Ibid.* — Différentes sortes d'opales. P. 243. — Opales noires. *Ibid.* — La gangue de l'opale est une terre jaunâtre et vitreuse, qui ne fait point effervescence avec les acides. P. 244. — Les opales renferment souvent des gouttes d'eau. *Ibid.*

Opinion en général. L'empire de l'opinion n'est-il pas assez vaste pour que chacun puisse y habiter en repos? T. xii, p. 345.

Opinions. Première origine des opinions superstitieuses. T. ix, p. 580:

Or. Voyez *Argent.* T. ix, p. 299.

Or. Origine des paillettes d'or que roulent les rivières. T. ix, p. 299.

Or (l'), qui est deux fois et demie plus dense que le fer, perd néanmoins sa chaleur un demi-tiers plus vite. T. ix, p. 160. — Étant fondu avec un quart de fer, prend la couleur grise de la platine. P. 169 et 170. — Cet or mêlé de fer, est plus dur, plus aigre et spécifiquement moins pesant que l'or pur. P. 170. — Les paillettes d'or que les arpailleurs ramassent dans les sables, ne sont pas de l'or pur, il s'en faut souvent plus de deux ou trois karats sur vingt-quatre. P. 171. — Un morceau d'or pesant soixante grains, avec lequel on avait mêlé, par la fonte, six grains de fer, c'est-à-dire un onzième, était attirable à l'aimant. *Ibid.*

Or. Voyez *Argent.* T. xi, p. 1, 2, 3.

Or. Circonstances très-rares par lesquelles il peut se minéraliser dans le sein de la terre. T. xi, p. 467. — Il se présente toujours sous sa forme métallique. *Ibid.* — On ne trouve l'or cristallisé et de première formation que dans les fentes du quartz et des autres roches vitreuses, tandis que l'or en pépites, en grains, en paillettes, en filets, se présente dans les montagnes à couches schisteuses, argileuses ou calcaires, et même dans la terre limoneuse. P. 468. — L'or, dans les pyrites qu'on a nommées *aurifères*, n'est point minéralisé; il y est seulement interposé ou disséminé en poudre impalpable sans être altéré; il faut que l'or soit précipité

pour être minéralisé par le foie de soufre. *Ibid.* — Les cristaux de l'or primitif sont de forme octaèdre régulière, absolument semblable à celle que prend l'or dans le creuset lorsqu'on le tient longtemps en repos et en fusion. *Ibid.*

OR, ses principales propriétés naturelles et conventionnelles. T. x, p. 518. — Se trouve disséminé sur la surface entière de la terre. *Ibid.* — Ses mines gisent dans les fentes du quartz, et souvent l'or y est mêlé avec d'autres métaux, surtout avec l'argent, sans en être altéré. *Ibid.*—L'or, vrai métal de nature, a été formé tel qu'il est, et ne se présente pas sous une forme minéralisée. *Ibid.*— Les précipités de l'or ne conservent pas les grandes propriétés de ce métal, car ils peuvent être altérés ou minéralisés par les sels de la terre. P. 518 et 528. — Temps auquel l'or s'est établi sur le globe. P. 519. — Sublimation de l'or par la chaleur du globe, cause de sa dissémination universelle. *Ibid.* — États différents dans lesquels on trouve l'or; tous ces états sont relatifs à sa seule divisibilité. P. 520. — Gisement des mines primordiales de l'or. *Ibid.* — L'or de chaque lieu est toujours de la même essence. P. 521. — On n'a jamais trouvé d'or parfaitement pur, ou à vingt-quatre karats, dans le sein de la terre. *Ibid.* — On ne trouve presque nulle part l'or mêlé avec le mercure. P. 522. — Raison de ce fait. *Ibid.* — L'or est la substance qui, de toutes, est la plus dense, et qui, par conséquent, est de toutes la plus matière. P. 523.—Ténacité de l'or plus grande que celle d'aucune autre matière. P. 524. — Une très-petite quantité d'arsenic ou d'étain, comme d'un grain jeté sur un marc d'or en fusion, en rend toute la masse aigre et cassante. *Ibid.* — L'or perd aussi sa ductilité par l'écrouissement. P. 525. —Sa fixité n'est point absolue comme on l'a prétendu; il se sublime en vapeur métallique au foyer des miroirs ardents, et même dans nos fourneaux d'affinage. *Ibid.* — L'or en feuilles laisse passer la lumière à travers ses pores, et particulièrement les rayons bleus. P. 526. — Or fulminant; raisons pourquoi on ne trouve point d'or fulminant dans le sein de la terre. P. 528. — Explications des phénomènes de l'or fulminant. P. 529 et suiv. — L'or prend des couleurs différentes par l'alliage des différents métaux. P. 531. — Couleurs que prennent ces précipités. *Ibid.* — Flexibilité et mollesse de l'or pur, et son peu d'élasticité. P. 532. — Or blanc de Malaca ou de Madagascar. *Ibid.* — Moyens et procédés employés pour séparer l'or des matières étrangères. P. 533 et suiv. — Départ de l'or avec l'argent, et différents moyens de faire ce départ. P. 533. — Manière de reconnaître le *titre* ou l'*aloi* de l'or et de l'argent par les opérations de l'essai et du départ. P. 542. — Mais on ne peut arriver là-dessus qu'à un certain degré de précision, et il reste toujours quelque partie d'argent dans l'or le plus épuré, et quelques parties de plomb dans l'argent. *Ibid.* — Différents emplois de l'or dans les arts. P. 543 et 544. — Manières de dorer les métaux. P. 544. — Raison pourquoi on ne trouve pas autant d'or dans les climats froids ou tempérés que dans les climats chauds. P. 545. — Illusion sur l'avantage réel qui résulte de l'exploitation des mines d'or et d'argent. *Ibid.* et suiv. — Énumération des lieux où l'on trouve de l'or en France. P. 547, 548, 549 et 550. — En Espagne. P. 547 et 551. — En Hongrie. P. 550. — En Transylvanie. *Ibid.* — En Suède. *Ibid.* — En Suisse. P. 551. — Mines d'or en Turquie. *Ibid.* — Dans les îles de l'Archipel. *Ibid.* — Dans la Thrace. *Ibid.* — En Chypre. *Ibid.* — En Mingrélie. *Ibid.* —En Perse. P. 552.—Au Mogol, en Tartarie et dans la Buckarie. *Ibid.*—Dans le Thibet. *Ibid.* — A Siam. *Ibid.* — A Sumatra. *Ibid.* — A Achem. *Ibid.* — A Célèbes ou Macassar. P. 553. — A Bornéo et à Timor. *Ibid.* — Aux Maldives et à Ceylan. *Ibid.* — Aux Philippines et autres lieux de l'Asie méridionale. *Ibid.* — Mines d'or à la Chine et au Japon. P. 554. — En Sibérie. *Ibid.*—Mines d'or en Afrique, et particulièrement à *la Mina* ou Côte-d'or; au royaume de *Galam*, à Tombut. P. 555 et 556. — A Bambuk. P. 557. — En Abyssinie. *Ibid.* — Au Monomotapa. P. 558. — A Sofala, Mozambique et Madagascar. P. 558 et 559. — Funestes

effets pour la nature et l'humanité, de l'exploitation des mines d'or en Amérique. P. 559 et suiv. — Cette partie du monde, comme la plus récemment habitée, avait encore tout son or à l'arrivée des Européens. P. 559.—Énumération des principaux lieux où l'on a trouvé des mines d'or en Amérique. P. 560 et suiv. — Richesse de celles de la province de Darien dans l'isthme de Panama. P. 561. — De celle de Mezquital au Mexique. *Ibid.* — Exploitation des mines d'or et d'argent au Pérou, et leur produit. P. 562 et suiv. — Or en poudre sur les bords des rivières du Pérou. P. 564. — Or en grains de couleur grise à l'extérieur. *Ibid.* —Riches mines d'or au Chili. P. 564 et 565. — Mines d'or à la Guiane et au Brésil : ces dernières ne nous sont pas bien connues, quoique exploitées avec grand avantage par les Portugais. P. 565 et suiv. — Raisons pourquoi l'or en poudre ou paillettes et en grains roulés par les eaux, est toujours plus pur que l'or qui gît dans ses mines primordiales ; l'on devrait se borner aujourd'hui à ne ramasser que l'or déjà purifié par la nature. P. 566 et suiv.

Orages souterrains et foudres souterraines produites par l'électricité dans les cavités de la terre. T. ix, p. 530 et 531.

Organisation. L'organisation a, comme toute autre qualité de la matière, ses degrés et ses nuances dont les caractères les plus généraux, les plus distincts, et les résultats les plus évidents, sont la vie dans les animaux, la végétation dans les plantes, et la figuration dans les minéraux. T. x, p. 3.

Orpiment. Comment on distingue l'orpiment et le réalgar naturels de l'orpiment et du réalgar artificiels. T. xi, p. 201.

Ossements. Les ossements d'animaux qu'on tire du sein de la terre ont appartenu à des animaux plus grands que ceux qui existent aujourd'hui ; exposition des faits et des preuves qui démontrent cette vérité. T. ix, p. 599 et suiv.

Ostéocolles. Description des ostéocolles des cavernes du margraviat de Bareith, où les os incrustés et pétrifiés se trouvent en très-grande quantité. T. x, p. 145 et suiv.

Ostéocolles *animales et végétales*, manière dont elles se forment. T. x, p. 145 et suiv.— Ostéocolles, ne sont que des incrustations d'une matière crétacée ou marneuse ; et ces incrustations se forment quelquefois en très-peu de temps, aussi bien au fond des eaux que dans le sein de la terre : exemples à ce sujet. P. 148.

Outremer. C'est avec les parties bleues du lapis lazuli que se fait l'outremer ; le meilleur est celui dont la couleur bleue est la plus intense. Manière de le préparer. T. xi, p. 393 et 394.

P

Paris. On vieillit beaucoup plus à Paris qu'à Londres. T. xii, p. 317.

Paris, mortalité à Paris. Voyez Mortalité.

Pella et pigne d'argent. Voyez *Argent.* T. xi, p. 17 et 18.

Percussion. Effets de la percussion du marteau dans la fabrication du fer. T. x, p. 496 et 497.

Percussion (la) semble détruire la vertu magnétique dans une barre de fer aimantée, et la produit au contraire dans une barre qui ne possède point de magnétisme. T. xi, p. 569.

Péridot, tire son origine du schorl. T. xi, p. 256. — Différences du péridot et de la chrysolithe. *Ibid.* — Deux sortes de péridots, leurs différences et leur description. *Ibid.* — Le péridot donne une double réfraction plus forte que celle du cristal de roche, et il a, comme ce cristal, un sens dans lequel il n'y a point de double réfraction. P. 257.

Perles, sont des produits immédiats de la substance coquilleuse, c'est-à-dire de la matière calcaire dans son état primitif ; leur essence est la même que celle de la coquille, et elles n'en diffèrent que par la texture et l'arrangement de leurs parties constituantes. Propriétés communes aux perles, aux coquilles et autres matières calcaires ; leur production paraît être accidentelle. Structure des perles, leur forme, les plus parfaites sont entièrement rondes. T. xi, p. 365. — Leur

formation, qui dépend en grande partie de l'extravasation du suc coquilleux, provient souvent d'une cause extérieure; car il se forme des perles dans les coquilles nacrées, lorsqu'elles sont percées par des vers ou coquillages à tarière. P. 365 et suiv. — La couleur des perles varie presque autant que leur figure. P. 367. — Dans la multitude d'espèces d'animaux à coquilles, on n'en connaît que quatre, les huîtres, les moules, les patelles et les oreilles de mer, qui produisent des perles, et encore n'y a-t-il que les grands individus qui offrent cette production. P. 367 et 368.—On doit distinguer deux sortes de perles, et on les a séparées dans le commerce où les perles de moule n'ont aucune valeur en comparaison des perles d'huître; défauts des perles de moules. P. 368. — Les moules produisent des perles dans les eaux douces et sous tous les climats; tandis qu'au contraire les huîtres, etc., ne produisent des perles que dans la mer et sous les climats les plus chauds. P. 368 et 369. — Lieux particuliers où elles se trouvent en grande abondance; les huîtres sont l'espèce de coquillage qui en fournit le plus. P. 369. — Manière dont on pêche les perles. P. 370 et suiv.—On trouve d'assez belles perles dans les mers qui baignent les terres chaudes de l'Amérique méridionale, et surtout près des côtes de Californie, du Pérou et de Panama; mais elles sont moins parfaites et moins estimées que les perles orientales, dont les plus belles se pêchent au cap Comorin, dans le golfe Persique. P. 372 et 373. — Les vraies et belles perles ne sont produites que dans les climats chauds, autour des îles ou près des continents, et toujours à de médiocres profondeurs. P. 373.

Perpendicularité (la) de la tige des arbres et des plantes a pour cause principale les émanations constantes de la chaleur propre du globe de la terre. T. ix, p. 20.

Perte et Gain. Dans tous les jeux, la perte est toujours plus grande que le gain; elle est infiniment plus grande que le gain lorsqu'on hasarde tout son bien; elle est plus grande d'une sixième partie lorsqu'on joue la moitié de son bien; et, quelque petite portion de sa fortune qu'on hasarde au jeu, il y a toujours plus de perte que de gain, et c'est par cette raison, qui n'était pas même soupçonnée, que l'on est plus sensible à la perte qu'au gain. T. xii, p. 167.

Pesanteur. Mesure de la pesanteur. T. xii, p. 205.—Pesanteur spécifique. P. 207.

Piété. Éloge de la piété. T. xii, p. 332 et 333.

Pétrification peut s'opérer au fond de la mer comme sur la terre. Exemples à ce sujet. T. x, p. 124.

Pétrifications. Origine et cause très-simple des concrétions figurées et des pétrifications calcaires. T. x, p. 109. — Les coquilles pétrifiées contenues dans les bancs des pierres calcaires, sont plus dures que la matière de ces pierres; preuves et raisons de cette vérité. P. 131. — On trouve assez communément une espèce dominante de coquilles pétrifiées dans chaque endroit, et plus abondante qu'aucune autre; ce qui prouve encore que la matière des bancs où se trouvent ces pétrifications, n'a pas été amenée et transportée confusément par le mouvement des eaux, mais que certains coquillages se sont établis sur le lit inférieur, et qu'après y avoir vécu et s'y être multipliés en grand nombre, ils y ont laissé leurs dépouilles. P. 131 et suiv.

Pétrification. Comment s'opère la pétrification des corps organisés. T. xi, p. 380.— Dans les pétrifications, la forme domine sur la matière, au point d'exister après elle; preuve de cette assertion. *Ibid.* — La pétrification est le grand moyen dont se sert la nature pour conserver à jamais les empreintes des êtres périssables; c'est par les pétrifications que nous connaissons les plus anciennes productions de la nature, et les dépouilles des espèces maintenant anéanties. P. 380 et 381. — Pétrifications vitreuses, sont moins communes que les pétrifications calcaires, mais souvent elles sont plus parfaites. P. 385. — Raison de ce dernier effet. *Ibid.* — Pétrifications qui se forment en peu de temps dans certaines eaux. On pourrait par l'art imiter la nature, et pétrifier les corps organisés avec de l'eau convenablement chargée

de matière pierreuse; et cet art, s'il était porté à sa perfection, serait plus précieux pour la postérité que l'art des embaumements. P. 386. — Poissons pétrifiés et bien conservés dans les matières calcaires. P. 387. — Poissons dans les ardoises sont plutôt minéralisés que pétrifiés; et en général ces poissons sont plutôt dans un état de dessèchement que de pétrification. *Ibid.*

Pétrole. Le pétrole est un bitume qui, quoique liquide et coulant, est ordinairement coloré et moins limpide que le naphte. Ces deux bitumes ne se durcissent ni ne se coagulent à l'air. T. x, p. 277. — Moyen de reconnaître si le pétrole est pur ou mélangé avec des huiles végétales. P. 283. — Il s'en trouve en Italie, et particulièrement à Miano, situé à douze milles de Parme. P. 285.

Pétrole de Gabian. Voyez Bitume.

Pétro-silex. Son premier caractère apparent est une demi-transparence grasse qu'on peut comparer à celle de l'huile figée. T. xi, p. 294. — Il doit être regardé comme un quartz mêlé de feldspath. Il est fusible à un feu violent. Il se trouve en petits et gros blocs, et teint de différentes couleurs. *Ibid.*

Peuple. C'est dans les terres de l'Asie, dont la Sibérie méridionale et la Tartarie font partie, que s'est formé le premier peuple digne de porter ce nom, digne de tous nos respects comme créateur des sciences, des arts et de toutes les institutions utiles : démonstration de cet ancien fait. T. ix, p. 581. — Un peuple qui ne perfectionne rien, n'a jamais rien inventé : exemple tiré des Brames et des Chinois. P. 582 et 583.

Phlogistique (le) des chimistes n'est qu'un être de méthode et non pas de la nature. T. ix, p. 25. — Ce n'est point un principe simple, mais un composé d'air et de feu fixés dans les corps; preuves de cette assertion. *Ibid.*

Phlogistique (le) n'est et ne peut être autre chose que le feu fixe animé par l'air. T. x, p. 333 et 334. — Le phlogistique n'est pas une substance simple, identique et toujours la même dans tous les corps; la matière du feu y est toujours unie à celle de l'air, et sans le concours de ce second élément, le feu fixé ne pourrait ni se dégager, ni s'enflammer. P. 337.

Phosphore artificiel, sa combustibilité plus grande que celle d'aucune autre matière. Il s'enflamme de lui-même sans communication d'aucune matière ignée, sans frottement, sans autre addition que celle du contact de l'air. Le feu est contenu dans le phosphore dans un état moyen entre la fixité et la volatilité. Il contient en effet cet élément sous une forme obscure et condensée. T. ix, p. 28 et 29.

Phosphore. Ses principes; sa production et ses rapports avec le sel ammoniac. T. x, p. 435.

Pierre a aiguiser. On a donné la dénomination vague et trop générale de *pierres à aiguiser* à plusieurs pierres vitreuses, dont les unes ne sont que des concrétions de particules de quartz ou de grès, de feldspath, de schorl, et dont les autres sont mélangées de mica, d'argile et de schiste. T. xi, p. 356. — Les anciens donnaient le nom de *cos* à toutes les pierres propres à aiguiser le fer. P. 357. — Bonnes pierres à aiguiser dans les mines de charbon à Newcastle en Angleterre; il y en a aussi d'assez bonnes près de Saint-Ouen et de Saint-Denis en France. *Ibid.*—Autres lieux où l'on trouve de bonnes pierres à aiguiser. P. 358. — En général l'on trouve des cos ou pierres à aiguiser dans toutes les parties du monde, et jusqu'au Groënland. *Ibid.*

Pierre a fusil. La substance des pierres à fusil n'est pas purement vitreuse, mais toujours mélangée d'une petite quantité de matière calcaire. Explication de leur formation et des différentes figures qu'elles prennent dans les cavités où elles se forment. T. xi, p. 395. — Sont toujours humides dans leurs carrières, et acquièrent plus de dureté par leur dessèchement à l'air. P. 396. — Quoique moins pures que les agates, étincellent mieux contre l'acier; raison de cet effet. *Ibid.* — Leurs autres propriétés, leurs couleurs différentes, leur demi-transparence, leur formation par couches additionnelles. *Ibid.*—Les pierres à fusil creuses ne produisent pas, comme les cailloux creux,

des cristaux dans l'intérieur de leur cavité; raison de cette différence d'effet. *Ibid.* — Différences des pierres à fusil et des grès. *Ibid.* — Les pierres à fusil font la nuance, dans les concrétions quartzeuses, entre les agates et les grès. *Ibid.* — Différentes sortes de pierres à fusil, et lieux où on les trouve. P. 398 et suiv. — Il y a des pierres à fusil mélangées d'une si grande quantité de matière calcaire qu'on en peut faire de la chaux, quoiqu'elles étincellent contre l'acier. P. 398. — Décomposition des pierres à fusil longtemps exposées à l'air. Elles se convertissent en terre argileuse. P. 399.

Pierre a rasoir, est une sorte de schiste ou d'ardoise dont elle ne diffère que par la couleur et la finesse du grain. T. xi, p. 356. — Ces pierres à rasoir sont communément blanchâtres, et quelquefois tachées de noir. Leur description et leurs qualités. P. 357. — On trouve de ces pierres à rasoir dans presque toutes les carrières dont on tire l'ardoise, mais elles ne sont pas toutes de la même qualité. *Ibid.*

Pierre arménienne, doit être regardée comme une concrétion du cuivre; ses différences avec le *lapis lazuli;* lieux où elle se trouve. T. xi, p. 474. — C'est avec la poudre de cette pierre qu'on fait l'azur ordinaire des peintres, qui perd peu à peu sa couleur, et devient vert en assez peu de temps. *Ibid.* — Cette pierre entre en fusion sans intermède, elle y perd sa couleur bleue avant de se fondre, et l'on en peut tirer une certaine quantité de cuivre. *Ibid.* — Sa substance paraît être mêlée de parties vitreuses et de parties calcaires. P. 475.

Pierre calcaire. On doit distinguer les couches de pierres calcaires d'ancienne formation de celles qui sont d'une formation postérieure. T. x, p. 111. — Manière de les reconnaître et de les distinguer. *Ibid.* — Les bancs des pierres calcaires de seconde et de troisième formation, sont ordinairement séparés les uns des autres par des joints ou délits horizontaux assez larges, et qui sont remplis d'une matière pierreuse, moins pure et moins liée, que l'on nomme *bousin;* tandis que dans les pierres de première formation les délits horizontaux sont étroits et remplis de spath. P. 113 et suiv. — Autres différences entre les pierres calcaires de première et de seconde formation. P. 114. — Pierres calcaires arrondies, liées par un ciment pierreux, il s'en trouve des bancs d'une grande étendue. *Ibid.* — Ces pierres sont d'une formation postérieure à celle des autres. P. 115. — Origine des pierres calcaires roulées et trouées. P. 116. — Les différents degrés de la dureté des pierres calcaires s'étendent de la craie jusqu'au marbre : le plus ou moins de dureté dans ces pierres, provient de leur position plus ou moins inférieure aux bancs de même nature qui les surmontent, et de quelques autres circonstances qu'il est aisé d'observer. P. 117. — Pierres calcaires plus ou moins résistantes à la gelée; leurs principales différences. P. 118. — Explication des effets de la gelée sur les pierres calcaires. P. 118 et 119. — Explication de la manière dont agit le suc pétrifiant dans les pierres calcaires, et comment il leur donne de la solidité et de la dureté. P. 120 et 121. — Il y a beaucoup de points brillants de spath dans les lits inférieurs, et très-peu dans les lits supérieurs des matières calcaires. P. 122. — On trouve des bancs entiers composés d'une seule espèce de coquilles, qui toutes sont couchées sur la même face : cette régularité dans leur position et la présence d'une seule espèce, à l'exclusion de toutes les autres, semblent démontrer que ces coquilles n'ont pas été amenées de loin par les eaux, puisqu'alors elles se trouveraient mêlées d'autres coquilles et placées irrégulièrement. P. 123. — Les pierres calcaires ne peuvent acquérir un certain degré de dureté qu'autant qu'elles sont pénétrées d'un suc déjà pierreux. P. 126. — Ordinairement les premières couches des montagnes calcaires sont de pierre tendre; parce qu'étant les plus élevées, elles n'ont pu recevoir le suc pétrifiant, et qu'au contraire elles l'ont fourni aux couches inférieures : comment il est arrivé que dans certaines collines le banc calcaire supérieur est de pierre dure. *Ibid.* — Les bancs supérieurs, dans les carrières calcaires, sont les plus minces, et les inférieurs deviennent d'autant plus épais qu'ils sont situés plus

bas. P. 127. — Comment se fait cette augmentation d'épaisseur dans les bancs inférieurs. *Ibid.* — Pierres calcaires errantes et détachées des rochers : on peut en distinguer trois principales sortes; la première est en blocs informes, et néanmoins cannelés et sillonnés comme s'ils eussent été travaillés de main d'homme, mais qui ne l'ont été en effet que par l'action de l'eau : ce sont des congélations grossières qui se sont accumulées. Les pierres de la seconde sorte affectent des figures presque régulières; ce sont des *astroïtes* ou *cerveaux de mer*, etc., pétrifiés; et l'on reconnait à leur surface les stries et les étoiles de ces productions marines; les pierres de la troisième sorte sont plates, renflées et colorées de gris foncé ou de bleu dans leur milieu. Formation de ces pierres à noyau coloré. P. 129 et suiv. — Pierres calcaires qui offrent à leur surface le spath cristallisé en forme de grains de sel. P. 136.

Pierre calcaire *de première formation.* Première origine de la pierre calcaire, et multiplication innombrable des coquillages dont plusieurs espèces ont existé et n'existent plus. T. x, p. 110 et 111. — La plus ancienne formation des pierres calcaires est donc celle des pierres où l'on voit des coquilles ou des impressions de coquilles marines. P. 111. — Elles sont composées pour la plupart de graviers, c'est-à-dire de débris d'autres pierres encore plus anciennes, et il n'y a guère que les couches de craie qu'on puisse regarder comme produites immédiatement par les détriments des coquilles. Ainsi avant la formation de nos rochers calcaires, il existait déjà d'autres rochers de même nature, dont les débris ont servi à leur construction. P. 120. — Preuves de cette assertion. P. 122.

Pierre calcaire *de seconde formation.* Comment ont été produits les bancs de pierre calcaire de seconde formation. T. x, p. 111. — Dans ces pierres de formation secondaire, on peut encore en distinguer de plusieurs dates différentes, et plus ou moins modernes ou récentes : exemple à ce sujet. P. 111 et 112. — Celles de première date, sont ces pierres mêlées de petites vis et limaçons fluviatiles ou terrestres; celles de la seconde date sont les pierres qui, ne contenant aucunes coquilles marines ou terrestres, n'ont été formées que des détriments et des débris réduits en poudre des unes et des autres. P. 112. — Pierres calcaires de formation récente. P. 133. — Pierres calcaires en grands bancs et de nouvelle formation; on peut suivre leur origine depuis le haut des montagnes jusque dans les vallées. Elles n'ont été formées que depuis que nos continents, déjà découverts, ont été exposés aux dégradations de leurs parties, même les plus solides, par la gelée et par les autres injures des éléments humides. P. 134 et 135.

Pierre *colorée.* Les couleurs de ces pierres proviennent quelquefois des parties métalliques, et particulièrement du fer contenu dans la terre végétale ou limoneuse qui surmonte leurs bancs; mais plus souvent, ces pierres ont été imprégnées de ces couleurs dès le temps de leur première formation. Preuves de cette vérité. T. x, p. 133 et 134.

Pierre de Bologne. Voyez *Spath pesant.* Description de la pierre de Bologne. Manière de la préparer pour en faire du phosphore. T. xi, p. 421 et suiv.

Pierre de corne. La pierre de corne se trouve souvent en grandes masses adossées aux montagnes de granite, ou contiguës aux schistes qui les revêtent, et qui forment les montagnes du second ordre. T. x, p. 185. — Elle est plus dure que le schiste simple et en diffère par la quantité plus ou moins grande de matière calcaire qui fait toujours partie de sa substance. On pourrait donner à cette pierre de corne une meilleure dénomination en l'appelant *schiste spathique*; ce qui indiquerait en même temps et la substance schisteuse qui lui sert de base, et le mélange calcaire qui en modifie la forme et en spécifie la nature. *Ibid.* — Diverses sortes de pierres de corne, qui néanmoins sont toutes composées de schiste et de matière calcaire. P. 185 et 186. — Les pierres de corne ou schistes spathiques, sont en général assez tendres, et le plus dur de ces schistes spathiques ou *pierres de corne*, est celui que les Suédois ont appelé *trapp* (es-

calier) parce que cette pierre se casse par étage ou plans superposés, comme les marches d'un escalier. P. 186.—Leurs différentes couleurs. P. 187.—Toutes sont fusibles à un degré de feu assez modéré, et donnent en se fondant un verre noir et compacte. *Ibid.* —En les humectant elles rendent une odeur d'argile. *Ibid.*— Indication des lieux où se trouve cette pierre de corne ou schiste spathique. *Ibid.*—Époque de la formation de ce schiste spathique ou pierre de corne. P. 187 et 188.

PIERRE DE CROIX. — Cette pierre n'est qu'un groupe formé de deux ou quatre colonnes de schorl, opposées et croisées les unes sur les autres. T. XI, p. 276. — Variétés dans la forme de ces pierres et leur description. P. 276 et 277. — Ce sont des schorls de formation secondaire. P. 277.

PIERRE DE FLORENCE. Voyez *Marbre mixte.* T. X, p. 189.

PIERRE DE LABRADOR, est un spath de couleur verdâtre ou bleuâtre, dont le reflet est chatoyant et qui est fusible comme les feldspaths blancs ou rougeâtres. T. X, p. 38.

PIERRE DE LABRADOR. Voyez *Feldspath de Russie.*

PIERRE DE LARD DE LA CHINE. Nom impropre que l'on a donné à cette matière, parce qu'elle a un poli graisseux qui lui donne de la ressemblance avec le lard. T. XI. p. 341. — C'est avec cette pierre qu'on fait des magots à la Chine. *Ibid.* — Sa description. P. 342.

PIERRE DES AMAZONES. Voyez *Jade.*

PIERRE INFERNALE. Voyez *Dissolution d'argent.* T. XI, p. 22.

PIERRE MEULIÈRE. Les pierres que les anciens employaient pour moudre les grains, étaient d'une nature différente de celle de nos pierres meulières; celles dont se servaient les Grecs étaient des basaltes dont on choisissait les masses qui offraient le plus grand nombre de trous. T. XI, p. 401.—La pierre meulière dont nous nous servons n'a pas été produite par le feu, mais produite par l'eau; elle est composée de lames de pierre à fusil, incorporées dans un ciment mélangé de parties calcaires et vitreuses. *Ibid.* — Leur gisement et leur description. P. 402 et suiv. — Lieux particuliers où l'on trouve des pierres meulières propres à faire de bonnes et grandes meules de moulins. P. 402 (note *a*). — Il n'y a dans la pierre meulière qu'une petite quantité de matière calcaire. P. 403. — Autres pierres dont on se sert pour moudre les grains dans les provinces trop éloignées des carrières de vraies pierres meulières. P. 404.

PIERRE NOIRE, dont se servent les ouvriers, n'est qu'une argile dure et noire, qui contient une assez grande quantité de parties ferrugineuses. T. X, p. 84.

PIERRE *vive et pierre calcaire morte.* Il y a dans le genre calcaire, comme dans le genre vitreux, des pierres vives et d'autres qu'on peut appeler *mortes*, parce qu'elles ont perdu les principes de leur solidité, et qu'elles sont en partie décomposées. T. X, p. 117.

PIERRES A FOUR. Leur formation, leurs qualités et leurs usages. Les pierres qui résistent le plus au feu, souvent ne résistent pas à l'action de la gelée; et réciproquement les pierres qui résistent à la gelée ne peuvent supporter le feu sans s'éclater. T. X, p. 132 et suiv.

PIERRES A FUSIL OU SILEX. Comment s'est opérée la formation des pierres à fusil ou *silex* dans les craies. Raison pourquoi les petits blocs de pierre à fusil qui se forment dans les craies sont presque toujours arrondis et tuberculeux. T. X, p. 103.

PIERRES CALCAIRES (les) perdent au feu près de la moitié de leur poids par la calcination. T. IX, p. 60. — Elles ne sont en très-grande partie que de l'eau et de l'air contenu dans l'eau, transformés par le filtre animal en matière solide. *Ibid.* — Les pierres augmentent de pesanteur par la longue application de la chaleur. P. 211.— La dureté que les pierres calcaires peuvent acquérir par la longue application de la chaleur n'est pas durable, elles perdent cette dureté acquise au bout de quelque temps. P. 214. — Elles perdent de même leur pesanteur acquise. *Ibid.*

PIERRES D'AIMANT. Plus les pierres d'aimant sont grosses, moins elles ont de force attractive, relativement à leur volume :

elles en ont d'autant plus qu'elles sont plus pesantes, et toutes ont beaucoup moins de puissance d'attraction quand elles sont nues que quand elles sont armées de fer ou d'acier. T. XI, p. 565.

PIERRES DE TOUCHE. Différentes sortes de pierres de touche. Le marbre noir, appelé *pietra di parangone*, a servi de tout temps comme pierre de touche, mais les basaltes sont peut-être encore meilleurs pour cet usage; le laitier noir des volcans ou *pierre de gallinace*, serait aussi très-convenable en dégrossissant sa surface, sans lui donner le dernier poli. Raisons pourquoi les jaspes, les quartz ne peuvent servir de pierre de touche. Il paraît que les basaltes noirs sont les *lapides lydii* des anciens. T. XI, p. 492.

PIERRES GELISSES. Caractères auxquels on peut reconnaître les pierres *gelisses*. T. X, p. 118 et 119.

PIERRES IRISÉES. Comment se produisent les couleurs dans les pierres irisées. T. XI, p. 245. — Ce sont, en général, des pierres fêlées et défectueuses. *Ibid.*

PIERRES OLLAIRES. Dénomination ancienne donnée à ces pierres, parce qu'on en peut faire des marmites et autres vases de cuisine; elles ne donnent aucun goût aux comestibles, et ne sont mêlées d'aucun autre métal que de fer. T. XI, p. 332. — Celles qu'on tire du pays des Grisons s'appellent *pierres de Côme*, parce qu'on les travaille et qu'on en fait commerce dans cette ville; les carrières s'en trouvent près de Pleurs; manière dont on travaille cette pierre de Côme. *Ibid.* et suiv.—Description de cette pierre et des terrains où elle se trouve; manière de les exploiter. P. 333 et 334.—Propriétés essentielles des pierres ollaires et leurs différences. P. 334. — On peut regarder ces pierres comme une des nuances par lesquelles la nature passe du dernier degré de la décomposition des micas au premier degré de la composition des argiles et des schistes. *Ibid.* — Leur densité plus grande que celle des serpentines et du talc. *Ibid.* — On tire du fer, avec l'aimant, des pierres ollaires réduites en poudre. *Ibid.*—Toutes les pierres ollaires, serpentines, etc., sont de seconde formation, et ont été produites par les détriments des talcs et des micas mêlés de particules de fer. P. 334 et 335.—Autres endroits où l'on trouve des pierres ollaires. P. 335 et suiv. — Différentes espèces de pierres ollaires. P. 337 (note *c*). — Ce n'est pas de l'argile, comme le dit M. Pott, mais du mica que ces pierres tirent leur origine; discussion à ce sujet. P. 338. — Preuve du passage de la matière micacée ou talqueuse à l'argile. *Ibid.* — Le mica, comme toutes les autres matières vitreuses, se réduit avec le temps en terre argileuse. *Ibid.*

PIERRES PONCES. Sont composées de filets soyeux d'un verre presque parfait. T. XI, p. 498. — L'île de Lipari est l'immense magasin qui fournit des pierres ponces à toute l'Europe. *Ibid.* — Elles y sont par grandes masses, et même par montagnes. Description de leur texture et de leurs qualités. *Ibid.* — Il y en a de quatre sortes, leurs différences. Formation des couches de pierres ponces. *Ibid.*— Les volcans de Lipari et de Vulcano sont les seuls qui produisent en grande quantité la pierre ponce; le Vésuve en donne très-peu, et on n'en rencontre point dans l'Etna. *Ibid.* — Il est probable que la matière première des pierres ponces est le granite vitrifié par le feu des volcans. Raisons qui vont à l'appui de cette opinion. P. 499. —Les pierres ponces les plus parfaites sont assez légères pour surnager l'eau. *Ibid.* — Différentes matières qui peuvent se convertir en pierres ponces. P. 500.

PIERRES PRÉCIEUSES. Leur substance diffère de celle des cristaux de roche tant par la densité que par la dureté et l'homogénéité, c'est de la terre limoneuse ou végétale, et non de la matière vitreuse qu'elles tirent leur origine. T. XI, p. 227.

PIERRES PRÉCIEUSES. L'origine des vraies pierres précieuses est la même que celle des diamants; ces pierres se forment et se trouvent de même dans la terre végétale et limoneuse dont elles sont les extraits les plus purs. T. XI, p. 411. — Les propriétés naturelles qui distinguent les vraies pierres précieuses de toutes les autres pierres, sont la densité, la dureté, l'infusibilité, l'homogénéité et la combustibilité; de plus, elles n'ont qu'une simple réfraction, tandis que

toutes les autres ont au moins une double réfraction, et quelquefois une triple, quadruple, etc. P. 423 et 424. — Les vraies pierres précieuses sont : le diamant, le rubis d'Orient ou rubis proprement dit, le rubis balais, le rubis spinelle, la vermeille, la topaze, le saphir et le girasol. P. 424. — Ces pierres sont combustibles comme le diamant, il leur faut seulement appliquer un plus grand degré de feu pour opérer la combustion. P. 432. — Raisons de cette différence de combustibilité. *Ibid.* — Texture des diamants et des pierres précieuses. P. 447. — Des trois couleurs, rouge, jaune et bleue, dont sont teintes les pierres précieuses, le rouge est la plus fixe au feu; aussi le rubis spinelle, qui est d'un rouge très-foncé, ne perd pas plus sa couleur au feu que le vrai rubis, tandis qu'un moindre degré de chaleur fait disparaître le jaune des topazes, et surtout le bleu des saphirs. *Ibid.* — Ces pierres précieuses, rouges, jaunes, bleues, et même blanches, ou mêlées de ces couleurs, sont toutes de la même essence, et ne diffèrent que par cette apparence extérieure ; on en a vu qui, dans un assez petit morceau, présentaient distinctement le rouge du rubis, le jaune de la topaze et le bleu du saphir. P. 449.

Pierres transparentes. Toutes les pierres transparentes sont susceptibles de devenir électriques; elles perdent leur électricité avec leur transparence. T. xi, p. 273.

Pierres variolithes. Ainsi nommées parce qu'elles présentent à leur surface des petits tubercules assez semblables aux pustules de la petite vérole. T. xi, p. 493. — Se trouvent en grande quantité dans la Durance. *Ibid.*—Les torrents les détachent des hautes Alpes dauphinoises, dans une étroite et profonde vallée, entre Servières et Briançon. *Ibid.* — Description de ces pierres. *Ibid.* — Les taches qui forment les protubérances des variolithes sont dues à des globules de schorl, plus dur que le reste de la pierre, qui est composée de matières vitreuses mêlées de parties calcaires et de particules de fer. P. 494. — Lieux particuliers où l'on trouve ces pierres variolithes. P. 495.

Planètes. Recherches sur le refroidissement des planètes. T. ix, p. 348 et suiv. — Jupiter et Saturne, quoique les plus éloignées du soleil, doivent être beaucoup plus chaudes que la terre, qui néanmoins, à l'exception de Vénus, est de toutes les autres planètes celle qui est actuellement la moins froide. P. 352. — Toutes les planètes, sans même en excepter Mercure, seraient et auraient toujours été des volumes aussi grands qu'inutiles, d'une matière plus que brute, profondément gelée, et par conséquent des lieux inhabités des tout temps, inhabitables à jamais, si elles ne renfermaient pas au-dedans d'elles-mêmes des trésors d'un feu bien supérieur à celui qu'elles reçoivent du soleil. P. 434. — Nouvelles preuves que les planètes ont été formées de la matière du soleil et projetées en même temps hors du corps de cet astre. P. 434 et 435.

Planètes. Densité des planètes relativement à celle de la terre. Saturne et ses satellites sont composés d'une matière un peu plus dense que la pierre ponce. T. ix, p. 445. — Jupiter et ses satellites sont composés d'une matière plus dense que la pierre ponce, mais moins dense que la craie. *Ibid.* — La lune est composée d'une matière dont la densité n'est pas tout à fait si grande que celle de la pierre calcaire dure, mais plus grande que celle de la pierre calcaire tendre. *Ibid.* — Mars est composé d'une matière dont la densité est un peu plus grande que celle du grès, et moins grande que celle du marbre blanc. *Ibid.* — Vénus est composée d'une matière plus dense que l'émeril, et moins dense que le zinc. *Ibid.* — Enfin, Mercure est composé d'une matière un peu moins dense que le fer, mais plus dense que l'étain. Comment il est possible que toutes ces matières aient pu former des couches de terres végétales. *Ibid.* et suiv.

Planètes. *Tables du refroidissement des Planètes,* etc.

Première table des temps du refroidissement de la terre et des planètes, par laquelle on voit que la lune et Mars sont actuellement les planètes les plus froides; que Saturne et Jupiter sont les plus chaudes;

que Vénus est encore bien plus chaude que la terre; et que Mercure, qui a commencé depuis longtemps à jouir d'une température égale à celle dont jouit aujourd'hui la terre, est encore actuellement, et sera pour longtemps au degré de chaleur qui est nécessaire pour le maintien de la nature vivante, tandis que la lune et Mars sont gelés depuis longtemps. T. IX, p. 371.

Deuxième table sur le refroidissement des planètes. P. 417.

Troisième table, qui représente l'ordre des temps de leur consolidation et de leur refroidissement au point de pouvoir les toucher, abstraction faite de toute compensation. P. 418.

Quatrième table, qui représente l'ordre des temps de leur consolidation; de leur refroidissement au point de pouvoir les toucher; de leur refroidissement à la température actuelle; et encore de leur refroidissement au plus grand degré de froid que puisse supporter la nature vivante, c'est-à-dire à $\frac{1}{25}$ de la température actuelle. P. 419.

Cinquième table plus exacte des temps du refroidissement des planètes et de leurs satellites. P. 420 et 421.

Sixième table du commencement, de la fin et de la durée de l'existence de la nature organisée dans chaque planète. P. 426.

Planètes. *Température des planètes.* Voyez ***Chaleur du globe terrestre*** comparée à la chaleur de Jupiter, la lune, Mars, Mercure, Saturne et Vénus.

Planètes. Les planètes ont été, dans le premier temps, comme le globe terrestre, dans un état de liquéfaction causé par le feu: preuves de cette assertion. T. IX, p. 478 et suiv. — La matière qui compose les planètes a autrefois appartenu au corps du soleil, et la matière qui compose les satellites a de même autrefois appartenu au corps de leur planète principale. P. 479. — Raisons qui prouvent que la matière des planètes a fait autrefois partie de celle du corps du soleil. P. 480 et suiv. — Si les planètes de Jupiter et de Saturne, qui sont très-éloignées du soleil, n'étaient pas douées, comme le globe terrestre, d'une chaleur intérieure, elles seraient plus que gelées. P. 485. — Les planètes ont d'abord été lumineuses par elles-mêmes, comme le sont tous les corps en incandescence, et pénétrés de feu. P. 489. — Elles ne sont devenues tout à fait obscures, qu'après s'être consolidées jusqu'au centre. *Ibid.* — Explication de leur formation et de celle de leurs satellites, ainsi que de l'anneau de Saturne. P. 489 et suiv. — Les planètes les plus voisines du soleil sont les plus denses, et celles qui sont les plus éloignées, sont en même temps les plus légères; et les satellites sont composés de matière moins dense que leur planète principale. P. 490.

Plantes. Impressions des plantes. Voyez *Poissons.*

Plantes. Exemple de plantes qui croissent naturellement dans des eaux thermales et chaudes à un très-haut degré. T. IX, p. 624.

Platine. Minéral nouveau, sa description. T. IX, p. 166. — Elle exige plus de chaleur pour se fondre que la mine ou la limaille de fer. *Ibid.* — N'ayant ni fusibilité ni ductilité, elle ne doit pas être mise au nombre des métaux dont les propriétés essentielles sont la fusibilité et la ductilité. *Ibid.* — La platine est un mélange ou un alliage de fer et d'or formé par la nature. *Ibid.* — Il y a beaucoup de fer dans ce minéral, et ce fer n'y est pas simplement mêlé, mais incorporé de la manière la plus intime. P. 167. — On peut en enlever six septièmes du total par l'aimant. *Ibid.* — Sa composition et son mélange. *Ibid.* — Le fer qui est uni à la platine et même celui qui n'y est que mélangé, est dans un état différent de celui du fer ordinaire. P. 168. — Ce minéral est très-aigre, ce qui aurait dû faire soupçonner que ce n'est point un métal, mais un alliage. P. 170. — La pesanteur spécifique de la platine n'est pas à beaucoup près aussi grande que celle de l'or. Diverses expériences à ce sujet, desquelles il résulte que la pesanteur spécifique de la platine est d'un douzième moindre que celle de l'or. P. 170 et suiv. — Expériences de M. le comte de Milly sur la platine. P. 172 et suiv. — Il y a des espèces de platine qui sont mélangées de parties

cristallines comme de petits rubis, de petites topazes, etc., et il y a d'autres espèces de platine qui ne contiennent rien de semblable. P. 177. — Elle contient des grains hémisphériques qui paraissent indiquer qu'elle est le produit du feu. *Ibid.* — La mine de platine, même la plus pure, qui ne contient point de parties cristallines, est souvent mélangée de quelques paillettes d'or. *Ibid.* — L'or et le fer dont est composée la platine y sont unis d'une manière plus étroite et plus intime que dans l'alliage ordinaire de ces deux métaux, et le fer qui est incorporé à la platine est du fer dans un état différent de l'état du fer ordinaire. P. 179. — Expériences de M. de Morveau sur ce minéral. P. 179 et suiv. — On peut espérer de fondre la platine sans addition dans nos meilleurs fourneaux en lui appliquant le feu plusieurs fois de suite, parce que les meilleurs creusets ne pourraient résister à l'action d'un feu aussi violent pendant tout le temps qu'exigerait l'opération complète. P. 185.— En la fondant sans addition, elle paraît se purger elle-même des matières vitrescibles qu'elle renferme, car il s'élance à sa surface des jets de verre assez considérables. *Ibid.* — On peut faire le bleu de Prusse avec la platine, ce qui prouve qu'elle est intimement mêlée de fer, et que le plus grand feu ni la coupellation ne peuvent détruire ce fer, dont elle est intimement pénétrée; car après la fusion on retrouve, en rebroyant le bouton, qu'elle contient encore des parties ferrugineuses et magnétiques. *Ibid.* — La platine fondue sans addition reprend, lorsqu'on la broie, précisément la même forme des galets arrondis et aplatis qu'elle avait avant la fusion. P. 186.

Platine. On n'en a jamais rencontré dans aucune région de l'ancien continent, et il n'y a que deux endroits en Amérique où l'on ait jusqu'ici trouvé cette matière métallique dans des mines d'or. T. xi, p. 153. — Elle est en grenaille et mêlée de sablon ferrugineux et magnétique. *Ibid.* — Il n'est pas certain que cette forme de grenaille soit la forme native de la platine. P. 154. — La platine est encore plus réfractaire au feu que la mine de fer. *Ibid* — La platine n'est point un vrai métal simple, mais un minerai dont la production est accidentelle. P. 154 et 155. — La platine contient toujours du fer, car elle est toujours attirable à l'aimant. P. 155. — La platine est toujours aigre et n'acquiert que très-peu de ductilité. *Ibid.* — C'est un alliage d'or et de fer fait par la nature. *Ibid.* — Raisons pourquoi l'on ne peut tirer ni l'or ni le fer de la platine. P. 156 et 157. — Principales propriétés de la platine. P. 157. — Mélange de la platine avec les métaux. P. 158 et suiv. — Moyens de reconnaître l'or falsifié par le mélange de la platine. P. 159 et 160. — La substance de la platine, quoique tirée de la même mine, n'est pas toujours la même. P. 160. — Pourquoi la platine ne s'amalgame pas, comme l'or, avec le mercure. P. 161. — Usages utiles qu'on pourrait faire de l'alliage de la platine et du laiton. P. 163. — De tous les métaux, le plomb et l'argent sont ceux qui ont le moins d'affinité avec la platine. P. 162. — La platine n'est qu'un mélange accidentel d'or imbu de vapeurs arsenicales et de fer brûlé autant qu'il est possible; preuves de cette assertion. P. 163 et 164. — Différences de la platine avec l'or. P. 164 et 165. — La densité de la platine n'est pas constante, mais varie selon les différents procédés qu'on emploie pour la fondre. P. 165. — Usage de l'alliage de la platine avec le fer forgé. P. 168. — Observations intéressantes sur l'histoire naturelle de la platine. P. 173 et suiv.

Platine. La platine ne se trouve que dans la province de Choco, située au pied des Cordillères, et qui est le magasin de toutes les mines de transport d'or et de platine, lesquelles se trouvent toujours ensemble en petits grains, et gisaient autrefois sur le haut des montagnes d'où elles ont été entraînées par les eaux. T. xi, p. 480. — Manière de traiter les mines d'or mêlées de platine. P. 481. — On trouve toujours la platine mêlée avec l'or, dans la proportion de 1, 2, 3, 4 onces, et davantage, par livre d'or; les grains de ces deux matières ont à peu près la même forme et la même gros-

seur. P. 482.—On n'a pu jusqu'ici s'assurer si la platine ne se rencontre pas seule et sans mélange d'or dans des mines qui lui soient propres. *Ibid.* — Elle se trouve, ainsi que l'or qui l'accompagne, de toute grosseur, depuis celle d'une fine poussière jusqu'à celle d'un pois. *Ibid.* — Essais pour tâcher de faire de la platine artificielle. P. 483.

Platre. Le plâtre et le gypse sont des matières calcaires, mais imprégnées d'une assez grande quantité d'acide vitriolique, pour que ce même acide et même tous les autres n'y fassent plus d'impression. Ces deux substances, le plâtre et le gypse, qui sont au fond les mêmes, ne sont jamais bien dures : souvent elles sont friables, et toujours elles se calcinent à un degré de chaleur moindre que celui du feu nécessaire pour convertir la pierre calcaire en chaux. Usage et emploi du plâtre. Propriété du plâtre calciné. T. x, p. 168 et 169.—Différences entre le plâtre et le gypse. P. 169.—Les plâtres sont disposés comme les pierres calcaires, par lits horizontaux, mais leur formation est postérieure à celle de ces pierres : preuves de cette assertion. P. 169 et 170.—Le plâtre ne contient point de coquilles marines, et l'on y trouve quelquefois des ossements d'animaux terrestres. P. 169. — Exposition de la manière dont se sont formées les couches de plâtre. P. 170. — Les stalactites qui se forment dans le plâtre, ont des propriétés et des formes toutes différentes de celles des spaths et autres concrétions calcaires. *Ibid.* —Comparaison du plâtre opaque avec le gypse qui a toujours un certain degré de transparence. *Ibid.* — Il y a des plâtres de plusieurs couleurs; le plâtre blanc est plus pur et plus fin que le plâtre gris. P. 172.— Les couleurs dans les plâtres ne sont pas aussi fixes que dans les marbres; le feu les fait disparaître dans les plâtres, au lieu qu'il ne fait que les rendre plus intenses dans les marbres. *Ibid.* — Les bancs de plâtre sont divisés par un nombre infini de petites fentes perpendiculaires qui les séparent en colonnes à plusieurs pans : causes de cet effet. P. 173. —Le plâtre ne perd qu'environ un quart de son poids par la calcination, tandis que la pierre calcaire en perd plus d'un tiers et quelquefois moitié. P. 174. — Comparaison du plâtre et de la pierre après leur calcination. P. 174 et 175 (note). — Propriété commune au plâtre calciné et à la chaux. P. 175.—L'effet de la prompte cohésion du plâtre calciné, dépend beaucoup de l'état où il se trouve au moment qu'on l'emploie. Preuve. P. 177. — Les collines de plâtre quoique toutes disposées par lits horizontaux, comme celles des pierres calcaires, ne forment pas des chaînes étendues, et ne se trouvent qu'en quelques endroits particuliers; il y a même d'assez grandes contrées où il ne s'en trouve point du tout. P. 178.— Les bancs des carrières à plâtre, quoique superposés horizontalement, ne suivent pas la loi progressive de dureté et de densité qui s'observe dans les bancs calcaires. *Ibid.* — Indication des principaux lieux où se trouvent des carrières de plâtre. P. 179 et suiv.—Examen de la composition des collines plâtreuses. P. 183.

Plomb (le) s'échauffe plus vite et se refroidit en moins de temps que le fer. T. ix, p. 98.

Plomb. Les mines primordiales de plomb sont toutes en galènes de forme hexaèdre, et toutes les mines qui se présentent sous d'autres formes ne proviennent que de la décomposition de ces galènes. T. xi, p. 89.— Mine de plomb blanche n'est qu'une céruse ou chaux de plomb cristallisée, et produite par l'intermède de l'eau. P. 91. — Mine de plomb verte, mine de plomb rouge. *Ibid.* — Mine de plomb singulière, qui renferme des grains de plomb tout à fait purs. P. 90. — Mines de plomb, tiennent presque toutes une petite quantité d'argent, et presque toutes les mines d'argent tiennent aussi du plomb; mais dans les filons de ces mines, le plomb, comme plus pesant, descend audessous de l'argent, et il arrive presque toujours que les veines les plus riches en argent se changent en plomb à mesure qu'elles s'étendent en profondeur. P. 92.— Toutes les chaux de plomb blanches, grises, jaunes et rouges sont non-seulement très-aisées à vitrifier, mais même déterminent promptement la vitrification de plusieurs

autres matières. P. 95. — Le plomb est le moins dur et le moins élastique de tous les métaux, il est aussi le moins ductile et le moins tenace. *Ibid.* — Comparaison de la chaux de plomb avec celle d'étain. P. 96 et 97. — Le plomb peut s'allier avec tous les métaux, à l'exception du fer. P. 97. — Mélange du soufre avec le plomb par la fusion, forme une espèce de pyrite qui ressemble à la galène. P. 99. — Le plomb ne se trouve pas plus que l'étain dans l'état de métal. P. 79. — La galène de plomb est une vraie pyrite. *Ibid.* — Mines de plomb en galène varient beaucoup par la largeur de leurs filons. P. 80. — Le plomb se convertit en chaux non-seulement par le feu, mais aussi par les éléments humides. *Ibid.* — Les mines de plomb en céruse sont de troisième formation. *Ibid.* — Décomposition naturelle de la galène. P. 80 et 81. — Mines de plomb en France; celle de Pompéan, en Bretagne, est la plus riche. P. 81 et suiv. — En Espagne et autres provinces de l'Europe. P. 86 et suiv. — En Asie. P. 88. — En Afrique et en Amérique. P. 89.

Plomb, n'existe pas en état métallique dans le sein de la terre. Causes de cet effet. T. xi, p. 476. — Les mines primordiales du plomb sont des pyrites que l'on nomme galènes, et dont la substance n'est que la chaux de ce métal unie aux principes du soufre; ces galènes affectent de préférence la forme cubique. Leur description, leur décomposition. *Ibid.* — Mines de plomb de seconde formation, provenant de la décomposition des galènes. P. 476 et 477. — Mine de plomb blanche et ses variétés. P. 477. — Mine de plomb verte, serait la même que la mine blanche si elle n'était pas teinte par un cuivre dissous qui lui donne sa couleur verte. *Ibid.* — Mine de plomb rouge, se présente en cristallisations bien distinctes, et paraît être colorée par le fer. *Ibid.* — Les mines de plomb sont souvent mêlées d'argent. *Ibid.*

Pluies (les) diminuent l'intensité de la chaleur des émanations de la terre. T. ix, p. 443.

Poids. Si on enlève à un aimant des poids qu'on était parvenu à lui faire porter, en le chargeant graduellement, il refuse de les soutenir lorsqu'on les lui rend tous à la fois. T. xi, p. 587.

Poids spécifique de la matière. Voyez Matière.

Poissons. On voit dans les ardoises et dans d'autres matières, à de grandes profondeurs, des impressions de poissons et de plantes dont aucune espèce n'appartient à notre climat, et lesquelles n'existent plus ou ne se trouvent subsistantes que dans les climats méridionaux. T. ix, p. 463. — Exemples de poissons qui vivent et se trouvent naturellement dans des eaux chaudes au point de ne pouvoir y tremper la main sans se brûler. P. 508 et 624.

Poissons et Plantes. Les poissons et les plantes qu'on trouve dans les ardoises sont des espèces dont la plupart ne subsistent plus : détails et exemples à ce sujet. T. ix, p. 629 et suiv.

Poissons électriques. L'aimant leur ôte la faculté d'engourdir, qu'on leur rend en les touchant avec du fer. T. xi, p. 542. Ils font varier l'aiguille de la boussole. *Ibid.*

Poix de montagne (la) est un bitume qui est visqueux au sortir du rocher et qui prend à l'air un certain degré de consistance et de solidité, et cette poix de montagne ne diffère de l'asphalte qu'en ce qu'elle est plus noire et moins tenace. T. x, p. 277. — On en trouve en Auvergne. Description des lieux qui en fournissent. P. 284.

Pôle. Le climat du pôle a éprouvé, comme tous les autres climats, des degrés successifs de moindre chaleur et de refroidissement : il y a donc eu un temps et même une longue suite de temps pendant lesquels les terres du Nord, après avoir brûlé comme toutes les autres, ont joui de la même chaleur dont jouissent aujourd'hui les terres du Midi. T. ix, p. 468 et suiv. — Les parties polaires du globe terrestre ayant été refroidies les premières, ont aussi reçu les premières les eaux et toutes les autres matières volatiles qui tombaient de l'atmosphère. P. 519. — Raison pourquoi les régions australes se sont plus tôt refroidies que les régions boréales. P. 520. — La région de notre pôle qui n'a pas encore été re-

connue, ne le sera jamais : raison de cette assertion. P. 575. — Il est plus que probable que toute la plage du pôle, jusqu'à sept ou huit degrés de distance, et qui était autrefois terre ou mer, n'est aujourd'hui que glace. *Ibid.* — Toute cette plage du pôle étant entièrement glacée, il y a déjà la deux-centième partie du globe envahie par le refroidissement et anéantie pour la nature vivante. P. 576. — Et cet envahissement des glaces doit s'étendre encore plus loin sous le pôle austral que sous le pôle boréal : raison de cette présomption. *Ibid.*

Pôles (les) magnétiques ne sont pas les mêmes que les pôles du globe. T. xi, p. 560.— Lorsqu'on présente un aimant vigoureux à un aimant faible, il peut arriver que les pôles de même nom s'attirent au lieu de se repousser ; mais ils ont cessé d'être semblables lorsqu'ils tendent l'un vers l'autre. P. 570. — Explication d'un phénomène observé par M. Æpinus. *Ibid.* — Les pôles ne sont pas des points mathématiques. P. 575. — Les meilleurs aimants sont ceux dont les pôles sont les plus décidés. *Ibid.*— Le pôle boréal est le plus fort dans les aimants, tandis que c'est au contraire le plus faible sur le globe terrestre. P. 576.— Lorsqu'on divise un gros aimant en plusieurs parties, chaque fragment a toujours des pôles. P. 579.—Ces fragments, pris séparément, porteront beaucoup plus de poids que quand ils étaient réunis en un seul bloc. *Ibid.* — Plusieurs pôles, semblables ou contraires, imprimés à une barre de fer ou d'acier. P. 585. Phénomènes qui prouvent l'attraction mutuelle des pôles opposés et la répulsion des pôles semblables. P. 586. — Expérience du docteur Knigt, rapportée par M. le comte de Tressan. P. 587.

Pôles magnétiques. Il doit y avoir deux pôles magnétiques dans chaque hémisphère. T. xi, p. 551. Les pôles magnétiques boréaux du globe sont moins puissants que les pôles magnétiques austraux. P. 555.— Dans les aimants, au contraire, tant naturels qu'artificiels, le pôle boréal est le plus fort. *Ibid.*—Voilà pourquoi l'aiguille aimantée se dirige toujours vers le pôle boréal du globe dans les deux hémisphères, tandis que l'aiguille qui marque l'inclinaison de l'aimant s'incline vers le nord dans l'hémisphère boréal, et vers le sud dans l'hémisphère austral. *Ibid.* — La situation des pôles magnétiques change, tant par les travaux de l'homme que par les grands mouvements de la nature dans les tremblements de terre et dans la production des laves, qui sont toutes magnétiques. P. 556. — L'existence d'un pôle magnétique dans le nord de l'Amérique est prouvée par les observations. P. 557.— Il doit se former, par plusieurs causes accidentelles, de nouveaux pôles magnétiques, plus faibles ou plus puissants que les anciens, dont on peut supposer l'anéantissement par les mêmes causes. P. 594. — Les lieux où l'inclinaison de l'aiguille sera de quatre-vingt-dix degrés, seront les vrais pôles magnétiques sur la terre. P. 600. — Le pôle magnétique est éloigné vers l'est du pôle de la terre, relativement aux mers des Indes et Pacifique. *Ibid.* — Vers 1642, un des pôles magnétiques de l'hémisphère austral pouvait être situé sous la latitude de trente-cinq ou trente-six degrés. P. 604.—Les pôles magnétiques du globe terrestre occupent un assez grand espace. P. 605.

Population a paris (la) ne va pas en augmentant autant qu'on pourrait le penser. Paris s'est augmenté pour la commodité et non pas par nécessité. T. xii, p. 299. —La population du royaume de France est à peu près de vingt-deux millions d'habitants. P. 311.

Porphyre. Le porphyre est après le jaspe, la plus belle des matières vitreuses de première formation. Il est composé de jaspe, de feldspath et de petites parties de schorl, incorporées ensemble. Ses différences d'avec les jaspes et d'avec les granites. T. x, p. 44. —Porphyre de différentes couleurs avec des taches plus ou moins grandes. P. 45. — Il n'y a ni quartz ni mica dans les porphyres. *Ibid.*— Comparaison des porphyres et des granites. *Ibid.*—Le porphyre se trouve par masses et par grands blocs en plusieurs endroits, il est ordinairement voisin des jaspes. P. 46. — Solidité, dureté et durée des ouvrages faits de porphyre, qui résistent beaucoup plus longtemps que les granites,

aux injures de l'air. *Ibid.* — Différentes sortes de porphyres et leurs descriptions. P. 46 et suiv.—Discussion critique sur l'énumération des porphyres donnée par M. Ferber. P. 47, 48 et suiv.—Il faut distinguer les vrais et anciens porphyres, formés par le feu primitif, des nouveaux porphyres qui ont pu l'être par l'intermède de l'eau ou par l'action du feu des volcans. P. 49.

POTASSE. Voyez ALCALI FIXE. — Usage de la potasse pour les verreries, etc. T. x, p. 398.

POUDINGUES. Leur première formation. T. x, p. 66.—Il y a des poudingues calcaires, comme il y a des poudingues vitreux, et les marbres brèches peuvent être regardés comme des poudingues calcaires. P. 165 et 166.—Lieux où se trouvent les poudingues calcaires auxquels on a donné mal à propos le nom de *caillovx roulés.* P. 166 et suiv. — Légère différence entre les poudingues calcaires et les marbres brèches. P. 168.

POUDINGUES, sont des blocs de pierres formés par l'agrégation de plusieurs petits cailloux réunis sous une enveloppe commune, par un ciment moins dur et moins dense que leur propre substance. T. XI, p. 321 et 322. — La plupart des poudingues ne sont formés que des galets ou cailloux roulés. *Ibid.* — Formation des pondingues. P. 322. — Différentes sortes de poudingues. P. 323. — Poudingues appelés *Cailloux d'Écosse et d'Angleterre;* il s'en trouve d'aussi beaux en France, tels que les cailloux de Rennes, les poudingues de Lorraine, etc. Il y a peu de poudingues dont toutes les parties se polissent également ; cause de cet effet. *Ibid.* — Différences des ciments qui réunissent les cailloux dont les poudingues sont composés. La plupart des poudingues vitreux ne sont que des grès plus ou moins compactes, dans lesquels sont renfermés des petits cailloux de toutes couleurs, et toujours plus durs que leur ciment. *Ibid.* — Les poudingues nous offrent en petit ce que nous présentent en grand les bancs vitreux ou calcaires, qui sont composés des débris roulés de pierres plus anciennes. *Ibid.* — La beauté des poudingues dépend non-seulement de la dureté de leur ciment, mais aussi de la vivacité et de la variété de leurs couleurs. *Ibid.* — Les poudingues et les grès sont les dernières concrétions purement quartzeuses. P. 324.

POUDRE A CANON. Combinaisons desquelles dépend sa plus ou moins grande activité. T. x, p. 428.

POUMONS (les) sont les soufflets de la machine animale, ils entretiennent et augmentent le feu qui nous anime, selon qu'ils sont plus ou moins puissants, et que leur mouvement est plus ou moins prompt. T. IX, p. 49.

POUZZOLANE. Il y a dans les anciens volcans du Vivarais, des pouzzolanes de même nature et d'aussi bonne qualité que celle d'Italie, et il est à présumer qu'on en trouvera de même aux environs de la plupart des volcans agissants ou éteints. On connaît assez anciennement les pouzzolanes de l'Amérique méridionale, et on a reconnu en 1696, celles de la Guadeloupe et de la Martinique. T. XI, p. 501. — Variétés dans les pouzzolanes. P. 502. — La grise du Vivarais fait un mortier plus dur et plus durable que la rouge. *Ibid.*—Toutes les pouzzolanes proviennnent de la décomposition, ou plutôt de la réduction en poudre des basaltes et des laves. *Ibid.* — La pouzzolane est d'autant meilleure que le fer y est mêlé en plus grande quantité. *Ibid.*

POUZZOLANE. On trouve dans les volcans éteints du Vivarais les mêmes pouzzolanes que dans le Vésuve. T. x, p. 320. — Les pouzzolanes ne sont pas des cendres, mais de vrais détriments des laves et des autres matières volcanisées. P. 326. — Observations sur la formation des pouzzolanes, par M. Faujas de Saint-Fond. P. 327.

PRASE. Est une agate verte, souvent tachée de blanc, de jaunâtre, de brun, et qui est quelquefois aussi transparente que les belles agates. T. XI, p. 287. — Les prases ne sont pas fort communes. *Ibid.* — On en trouve néanmoins en Silésie, et lorsque leur vert est mêlé de jaune, on leur donne le nom de *chrysoprases. Ibid.* — Quelques naturalistes ont donné le nom de *prase* à la prime d'émeraude, qui n'est point une agate, mais un cristal vert défectueux. *Ibid.*

PROBABILITÉS. De toutes les probabilités morales possibles, celle qui affecte le plus l'homme en général, est la crainte de la mort. On doit rapporter à cette mesure, prise pour l'unité, la mesure des autres craintes et de celle des espérances. Évaluation de la probabilité qui produit la crainte de la mort. T. XII, p. 159 et 160. — Toute probabilité qui est au-dessous de dix mille, ne doit point nous affecter, soit en crainte, soit en espérance. P. 160.

PROBABILITÉ DE LA VIE, tirée des tables de mortalité. T. XII, p. 209 et suiv. — Pour un enfant qui vient de naître. P. 213. — Pour un enfant âgé d'un an. P. 217. — Pour un enfant de deux ans d'âge. P. 221. — Pour un enfant de trois ans d'âge. P. 222. — Pour un enfant de quatre ans d'âge. P. 223. — Pour un enfant de cinq ans d'âge. P. 224. — Pour un enfant de six ans d'âge. P. 225. — Pour un enfant de sept ans d'âge. P. 226. — Pour un enfant de huit ans d'âge. P. 227. — Pour un enfant de neuf ans d'âge. *Ibid.* — Pour un enfant de dix ans d'âge. P. 228. — Pour un enfant de onze ans d'âge. P. 229. — Pour un enfant de douze ans d'âge. P 230. — Pour un enfant de treize ans. *Ibid.* — Pour un enfant de quatorze ans. P. 231. — Pour un enfant de quinze ans. P. 232. — Pour une personne de seize ans. *Ibid.* — Pour une personne de dix-sept ans. P. 233. — Pour une personne de dix-huit ans. P. 234. — Pour une personne de dix-neuf ans. *Ibid.* — Pour une personne de vingt ans. P. 235. — Pour une personne de vingt-un ans. P. 236. — Pour une personne de vingt-deux ans. *Ibid.* — Pour une personne de vingt-trois ans. P. 237. — Pour une personne de vingt-quatre ans. P. 238. — Pour une personne de vingt-cinq ans. *Ibid.* — Pour une personne de vingt-six ans. P. 239. — Pour une personne de vingt-sept ans. *Ibid.* — Pour une personne de vingt-huit ans. P. 240. — Pour une personne de vingt-neuf ans. P. 241. — Pour une personne de trente ans. *Ibid.* — Pour une personne de trente-un ans. P. 242. — Pour une personne de trente-deux ans. *Ibid.* — Pour une personne de trente-trois ans. P. 243. — Pour une personne de trente-quatre ans. P. 244. — Pour une personne de trente-cinq ans. *Ibid.* — Pour une personne de trente-six ans. P. 245. — Pour une personne de trente-sept ans. P. 246. — Pour une personne de trente-huit ans. *Ibid.* — Pour une personne de trente-neuf ans. P. 247. — Pour une personne de quarante ans. P. 248. — Pour une personne de quarante-un ans. *Ibid.* — Pour une personne de quarante-deux ans. P. 249. — Pour une personne de quarante trois ans. P. 250. — Pour une personne de quarante-quatre ans. *Ibid.* — Pour une personne de quarante-cinq ans. P. 251. — Pour une personne de quarante-six ans. P. 252. — Pour une personne de quarante-sept ans. *Ibid.* — Pour une personne de quarante-huit ans. P. 253. — Pour une personne de quarante-neuf ans. P. 254. — Pour une personne de cinquante ans. P. 255. — Pour une personne de cinquante-un ans. *Ibid.* — Pour une personne de cinquante-deux ans. P. 256. — Pour une personne de cinquante-trois ans. P. 257. — Pour une personne de cinquante-quatre ans. *Ibid.* — Pour une personne de cinquante-cinq ans. P. 258. — Pour une personne de cinquante-six ans. P. 259. — Pour une personne de cinquante-sept ans. *Ibid.* — Pour une personne de cinquante-huit ans. P. 260. — Pour une personne de cinquante-neuf ans. P. 261. — Pour une personne de soixante ans. P. 262. — Pour une personne de soixante-un ans. *Ibid.* — Pour une personne de soixante-deux ans. P. 263. — Pour une personne de soixante-trois ans. P. 264. — Pour une personne de soixante-quatre ans, P. 265. — Pour une personne de soixante-cinq ans. *Ibid.* — Pour une personne de soixante-six ans. P. 266. — Pour une personne de soixante-sept ans. P. 267. — Pour une personne de soixante-huit ans. P. 268. — Pour une personne de soixante-neuf ans. *Ibid.* — Pour une personne de soixante-dix ans. P. 269. — Pour une personne de soixante-onze ans. P. 270. — Pour une personne de soixante-douze ans. P. 271. — Pour une personne de soixante-treize ans. *Ibid.* — Pour une personne de soixante-quatorze ans. P. 272. — Pour une personne de soixante-quinze ans.

P. 273. — Pour une personne de soixante-seize ans. *Ibid.* — Pour une personne de soixante-dix-sept ans. P. 274. — Pour une personne de soixante-dix-huit ans. P. 275. — Pour une personne de soixante-dix-neuf ans. *Ibid.* — Pour une personne de quatre-vingts ans. P. 276. — Pour une personne de quatre-vingt-un ans. P. 277. — Pour une personne de quatre-vingt-deux ans. *Ibid.*— Pour une personne de quatre-vingt-trois ans. P. 278. — Pour une personne de quatre-vingt-quatre ans. P. 279. — Pour une personne de quatre-vingt-cinq ans. *Ibid.* — Pour une personne de quatre-vingt-six ans. P. 280. — Pour une personne de quatre-vingt-sept ans. P. 281. —Pour une personne de quatre-vingt-huit ans. *Ibid.* — Pour une personne de quatre-vingt-neuf ans. P. 282. — Pour une personne de quatre-vingt-dix et de quatre-vingt-onze ans. P. 282 et 283. — Pour une personne de quatre-vingt-douze ans. P. 283. — Pour une personne de quatre-vingt-treize et de quatre-vingt-quatorze ans. P. 283 et 284. — Pour une personne de quatre-vingt-quinze et de quatre-vingt-seize ans. P. 284. — Pour une personne de quatre-vingt-dix-sept, de quatre-vingt-dix-huit et de quatre-vingt-dix-neuf ans. P. 285.

Progression de l'aiguille aimantée. On ne peut pas conclure affirmativement que la progression actuelle de l'aiguille vers l'ouest soit très-considérable ; il se pourrait, au contraire, que l'aiguille fût presque stationnaire depuis quelques années. T. xi, p. 592.

Proportion de la valeur de l'argent. Voyez Argent.

Puissance de l'homme. Ce n'est que depuis trente siècles que la puissance de l'homme s'est réunie à celle de la nature et s'est étendue sur la plus grande partie de la terre ; tableau de la puissance de l'homme sur la nature. T. ix, p. 585.

Puissances (les) de la nature réduites aux deux forces attractive et expansive, T. ix, p. 1 et 3.

Pyrites. Les pyrites sont des corps ignés, dont la chaleur et le feu se manifestent dès qu'elles se décomposent. T. xi, p. 410. — Ce sont de vraies stalactites de la terre limoneuse ; leur formation et leur composition. *Ibid.* — Leur très-grande dureté. *Ibid.* — Comparaison des pyrites aux diamants ; leurs rapports auxquels on n'avait pas fait attention et qui prouvent que les diamants, comme les pyrites, sont des corps ignés qui tirent leur première origine de la terre végétale. *Ibid.* — Le diamant et la pyrite sont des corps de feu dans lesquels l'air, la terre et l'eau ne sont entrés qu'en quantité suffisante pour retenir et fixer ce premier élément. P. 411. — Il se trouve des diamants noirs presque opaques, qui n'ont aucune valeur, et qu'on prendrait au premier coup d'œil pour des pyrites martiales octaèdres ou cubiques. *Ibid.* — Pyrites n'ont admis que très-peu ou point d'eau dans leur composition. Preuve de cette assertion. *Ibid.* — Bois, poissons et coquilles pénétrés ou enduits de parties pyriteuses. P. 385. — La minéralisation pyriteuse des corps organisés s'opère de la même manière et par les mêmes moyens que la pétrification vitreuse ou calcaire. *Ibid.*

Pyrite. Différence entre la pyrite martiale, la pyrite cuivreuse et la pyrite arsenicale. T. x, p. 295. — La matière pyriteuse provient des corps organisés. P. 297. — La formation des pyrites a précédé celle du soufre. P. 331 et 332. — Leur origine et leur formation. P. 463.

Pyrite martiale. Caractères de cette pyrite. — Elle s'effleurit à l'air et s'enflamme d'elle-même lorsqu'elle est humectée. T. x, p. 295. — Elle renferme également la substance du feu fixe et celle de l'acide. Sa nature, sa forme et sa composition. P. 295 et 296. — On en trouve presque sur toute la surface de la terre et jusqu'à la profondeur où sont parvenus les détriments des corps organisés. P. 296. — Chaque pyrite a sa sphère particulière d'attraction ; elles se présentent ordinairement en petits morceaux séparés. *Ibid.* — La pyrite martiale ne doit pas être mise au nombre des mines de fer, quoiqu'elle en contienne beaucoup, parce qu'elle brûle plutôt qu'elle ne fond ; raison de cet effet. P. 297. — Quoiqu'elle ne paraisse être qu'une matière ingrate et même nuisible, elle est néanmoins l'un des principaux instruments dont se sert la nature pour

reproduire le plus noble de tous ses éléments. P. 299.

PYRITES MARTIALES. Reproduisent du fer en se décomposant par l'humidité; matière dont se fait cette reproduction. T. x, p. 461.

PYRITES MARTIALES, leur origine et pourquoi on les trouve en si grande quantité à la surface de la terre. T. IX, p. 200 et 201.

Q

QUADRATURE DU CERCLE; son impossibilité est démontrée par les simples définitions de la ligne droite et de la ligne courbe. T. XII, p. 200 et suiv. — M. Panckoucke, libraire de Paris, et homme de lettres très-estimable et très-instruit, a publié dans le *Journal des Savants* du mois de décembre 1765 un mémoire sur ce sujet, où il donne des preuves démonstratives de cette impossibilité de la quadrature du cercle; ainsi cette question ne fait plus un problème.

QUALITÉ PHYSIQUE, c'est-à-dire qualité réelle dans la nature, ne peut avoir qu'une mesure, et par conséquent ne peut être représentée que par un terme. T. IX, p. 76. — Démonstration de cette vérité. *Ibid.*

QUARTZ. Le quartz est le premier verre primitif et la matière dont la roche entière de l'intérieur du globe est composée; c'est aussi la première base de toutes les matières vitreuses. T. x, p. 11. — La substance du quartz est simple, dure et résistante à toute action des acides ou du feu. Sa cassure vitreuse indique son essence, et tout démontre que c'est le premier verre qu'ait produit la nature. *Ibid.*—Manière dont il s'est formé, et comment il a acquis sa solidité dans l'intérieur du globe, en même temps qu'il s'est exfolié et réduit en paillettes, à l'extérieur de ce même globe. P. 11 et 12. — Le quartz se présente dans des états différents : le premier, en grandes masses dures et sèches, produites par la vitrification primitive; le second, en petites masses brisées et décrépitées par le premier refroidissement, et c'est sous cette seconde forme qu'il est entré dans la composition des granites et de plusieurs autres matières vitreuses; le troisième état du quartz est celui où ces petites masses sont dans un état d'altération ou de décomposition produit par les vapeurs de la terre ou par l'infiltration de l'eau. Différence sensible de ces quartz. P. 18. — Un des caractères du quartz est d'avoir la cassure vitreuse, c'est-à-dire par ondes convexes et concaves, également polies et luisantes, et ce caractère seul suffirait pour indiquer que le quartz est un verre, quoiqu'il ne soit pas fusible au feu de nos fourneaux. *Ibid.* — Quartz de seconde formation, quartz feuilleté, quartz troué, etc. P. 19. — Quartz qui accompagne les filons des métaux. Observation à ce sujet. P. 19 et suiv. — Quartz en blocs détachés et roulés par les eaux ne sont que des débris des grandes masses de quartz primitif. On trouve des bancs d'une grande étendue qui ne sont composés que de ces morceaux de quartz roulé, quelquefois mêlé avec des pierres calcaires, et ces bancs ont été formés de ces matières transportées par les eaux. P. 21.

R

RÉDUCTION DES MÉTAUX (la) n'est pas plus difficile à entendre que la précipitation. T. IX, p. 42.— Elle n'est dans le réel qu'une seconde combustion par laquelle on dégage les parties d'air et de feu fixes que la calcination avait forcées d'entrer dans le métal et de s'unir à la substance fixe, à laquelle on rend en même temps les parties volatiles et combustibles que la première action du feu lui avait enlevées. P. 54 et 55.

RÉFLEXION DE LA LUMIÈRE. Il n'est pas certain, comme l'a dit Newton, que les rayons les plus réfrangibles soient en même temps les plus réflexibles. Discussion à ce sujet. T. IX, p. 281 (note).

RÉFRACTION. Dans la double réfraction que subit la lumière en traversant les corps transparents qui sont composés de couches alternatives de différente densité, le rapport des sinus d'incidence et de réfraction ne doit pas être le même; et en effet,

dans le cristal d'Islande, le rapport est de 5 à 3 pour la première réfraction; mais celui de la seconde réfraction n'est que de 5 à 3 $\frac{1}{2}$, ou de 10 à 7, au lieu de 5 à 3, ou de 10 à 6. T. XI, p. 361 et 362. — La puissance réfractive est beaucoup plus grande dans le diamant que dans aucun autre corps transparent; avec des prismes dont l'angle est de 20 degrés, la réfraction du verre blanc est d'environ 10 $\frac{1}{2}$; celle du flint-glass, de 11 $\frac{1}{4}$; celle du cristal de roche, tout au plus de 10 $\frac{2}{3}$; celle du cristal d'Islande, d'environ 11 $\frac{1}{2}$; celle du péridot, de 11; tandis que la réfraction du saphir d'Orient est entre 14 et 15, et que celle du diamant est au moins de 30. Il est à présumer que celles du rubis et de la topaze sont un peu plus fortes que celle du saphir, et un peu moins éloignées de celle du diamant. P. 427. — Plus la réfraction est forte, et moins il y a de dispersion de la lumière, et c'est là vraiment la cause du grand éclat du diamant et des pierres précieuses. P. 427 et 428. — Toutes les matières transparentes, solides ou liquides dont la réfraction est relativement à leur densité plus grande qu'elle ne doit être, sont réellement des substances inflammables ou combustibles. La réfraction de l'air, qui de toutes est la moindre, ne laisse pas d'être trop grande relativement à sa densité, et cet excès ne peut provenir que de la quantité de feu qui se trouve mêlé dans l'air, et auquel on a donné le nom d'*air inflammable*. P. 431. — La puissance réfractive des corps transparents devient d'autant plus grande qu'ils ont plus d'affinité avec la lumière, et l'on ne doit pas douter que ces corps ne contractent cette plus forte affinité par la plus grande quantité de feu qu'ils contiennent. P. 533.

Refroidissement (le) des parties polaires du globe terrestre a été accéléré par la chute des eaux. T. IX, p. 546. — Indépendamment du refroidissement général et successif de la terre, depuis les pôles à l'équateur, il y a eu des refroidissements particuliers plus ou moins prompts dans toutes les montagnes et dans les terres élevées des différentes parties du globe. P. 569.

Refroidissement. Le temps du refroidissement des corps est en raison de leur diamètre. T. IX, p. 15. — Deux points à saisir dans le refroidissement des corps; le premier, lorsqu'on commence à pouvoir les toucher sans se brûler; et le second, lorsqu'ils sont refroidis à la température actuelle. P. 83. — Le refroidissement du globe de la terre, depuis l'état d'incandescence jusqu'au point de pouvoir le toucher sans se brûler, ne s'est fait qu'en quarante-deux mille neuf cent soixante-quatre ans, et son refroidissement jusqu'à la température actuelle ne s'est fait qu'en quatre-vingt-seize mille six cent soixante-dix ans, en supposant le globe principalement composé de fer et de matières ferrugineuses. P. 89. — La principale cause du refroidissement n'est pas le contact du milieu ambiant, mais la force expansive qui anime les parties de la chaleur et du feu. P. 90. — Comparaison du temps du refroidissement des globes de glaise et de grès avec celui du refroidissement des globes de fer. P. 93 et suiv. — Comparaison du temps du refroidissement du marbre, de la pierre, du plomb et de l'étain avec celui du refroidissement du fer. P. 95. — Rapports du refroidissement des différentes substances minérales constaté par un grand nombre d'expériences. P. 99 et suiv.

Régule de fer. Voyez *Fer*, *régule de fer*.

Représentations théâtrales. But et objet utile des représentations théâtrales. T. XII, p. 347.

Répulsion. — Changement d'attraction en répulsion, comment il s'opère. T. IX, p. 5.

Répulsion (la) dans l'aimant n'est que l'effet d'une attraction en sens contraire. T. XI, p. 576.

Réserves. — Quart de réserve. Voyez *Bois*.

Ressort (le) est le seul moyen par lequel la force d'impulsion et le mouvement puissent se communiquer. T. IX, p. 1 et 2. — Le ressort dépend de la force d'attraction; preuves de cette assertion. *Ibid.*

Révolution du mouvement de déclinaison. On ne peut pas la supposer en-

tière, c'est-à-dire de 360 degrés. T. xi, p. 592 et 593.

Rhinocéros. Squelettes de rhinocéros tirés du sein de la terre, en Sibérie. T. ix, p. 464.

Roc. On trouve souvent des bancs de roc vif et de granite, etc., recouverts par des matières calcaires; mais l'on ne voit pas des masses de roc vif au-dessus des bancs calcaires. T. ix, p. 506. — On peut assurer que la roche vitreuse du globe est continue avec toutes les éminences hautes et basses qui se trouvent être de la même nature, c'est-à-dire de matières vitrescibles. *Ibid.*

Roches vitreuses. Les cinq verres primitifs, combinés deux à deux, ont formé les masses vitreuses composées 1° de quartz et de jaspe : cette matière se trouve dans les fentes où le jaspe est contigu au quartz. T. x, p. 40 et 41. — 2° De quartz et de mica : cette matière est fort commune et se trouve par grandes masses; on pourrait l'appeler *quartz micacé*. P. 41. — 3° De quartz et de feldspath : il y a des roches de cette matière en Provence et en Laponie. P. 42. — 4° De quartz et de schorl : c'est ce que l'on a improprement appelé *jaspe d'Égypte* et *granite oriental*. P. 43. — 5° De jaspe et de mica : cette combinaison ne m'est pas connue. 6° De jaspe et de feldspath, et 7° de jaspe et de schorl : ces deux mélanges forment également des porphyres. 8° De mica et de feldspath : ce mélange, comme celui du jaspe et du mica, n'est que superficiel, et nous ne connaissons aucunes pierres dans lesquelles il soit intime. 9° De mica et de schorl : cette combinaison ne m'est pas mieux connue, et peut-être n'existe-t-elle pas plus dans la nature que la cinquième. 10° De feldspath et de schorl : ce mélange a formé les ophites. *Ibid.* — Ces mêmes verres primitifs combinés trois à trois ou quatre à quatre, ont formé des granites et des porphyres; le quartz, le feldspath et le mica composent la substance de plusieurs granites; et d'autres granites, au lieu de mica, sont mêlés de schorl; d'autres contiennent quatre de ces verres primitifs au lieu de trois, et sont composés de quartz, de mica, de feldspath et de schorl : et dans les porphyres il y en a qui sont composés de jaspe, de feldspath et de schorl. P. 44.

Rocs vitreux. Différence des rocs vitreux et des rochers calcaires. Les premiers ne sont pas disposés horizontalement par bancs et par couches, mais ils sont en pleines masses comme s'ils étaient fondus d'une seule pièce. T. x, p. 22.

Rubis. Le rubis d'Orient est le vrai rubis ou rubis proprement dit; le rubis balais est un rubis d'un rouge plus clair; et le spinelle un rubis d'un rouge plus foncé. T. xi, p. 424. — Le rubis contient moins de feu fixe que le diamant, il est moins combustible et spécifiquement plus pesant. P. 442. — La forme de cristallisation du rubis, de la topaze et du saphir est la même, et la densité du rubis est un peu plus grande que celle de la topaze et du saphir. P. 443. — La forme de cristallisation du rubis spinelle et du rubis balais est différente de celle du vrai rubis. *Ibid.* — Le rubis balais n'est qu'une variété du rubis spinelle; les pesanteurs de ces deux pierres sont à peu près les mêmes; elles se cristallisent de la même manière, forme de leur cristallisation. P. 443 et 444. — Leurs différences avec les rubis d'Orient. P. 444. — Dans les rubis d'Orient, lorsque le rouge est mêlé d'orangé, on leur donne le nom de *vermeille*. *Ibid.* — Lieux particuliers où se trouvent les rubis. P. 445 et 446. — Les Asiatiques donnent le même nom aux rubis, aux topazes et aux saphirs d'Orient, qu'ils appellent *rubis rouges*, *rubis jaunes* et *rubis bleus*, sans les distinguer par aucune autre dénomination particulière; et, en effet, l'essence de ces trois pierres est la même. P. 446. — Rubis balais se trouvent quelquefois en assez grand volume. P. 447. — Ces rubis balais sont, comme le diamant, cristallisés en octaèdre, mais souvent leur forme extérieure est irrégulière, parce qu'ils ont été frottés dans les sables des rivières. P. 448.

Rubis du Brésil ne sont que des cristaux vitreux produits par le schorl; il en est de même des topazes, émeraudes et saphirs de cette contrée. T. xi, p. 446.

Rustine. C'est ainsi qu'on appelle le côté

du creuset qui est exposé à l'ouverture par où l'on coule la fonte dans les fourneaux de forges. T. IX, p. 203.

S

Sable vitrescible; différentes origines du sable vitrescible qui se trouve à de grandes profondeurs dans l'intérieur de la terre, et des sables vitrescibles qui se trouvent à sa surface. T. IX, p. 513.

Sablon *ferrugineux* (le) qui se trouve dans la platine, est indissoluble, presque infusible et inaccessible à la rouille. T. IX, p. 168.—Ce sablon est néanmoins du vrai fer, du fer pur, du fer dépouillé de toutes les parties combustibles, salines et terreuses qui se trouvent dans le fer ordinaire, et même dans l'acier. *Ibid.* — Il n'appartient pas exclusivement à la platine, il se trouve en beaucoup d'endroits, et provient du mâchefer. *Ibid.* et suiv.

Sablon magnétique qui accompagne toujours la platine, se trouve aussi dans les terrains volcanisés et dans tous les lieux où il y a eu des incendies qui ont produit du mâchefer, dont ces sablons ne sont que des particules désunies; le fer de ce sablon, décomposé entièrement par le feu, ne souffre plus d'autre décomposition; il entre souvent dans la composition des mines secondaires et des géodes, qui, quoique formées par l'intermède de l'eau, ne laissent pas d'être attirables à l'aimant, et ce n'est qu'en raison de la quantité de ce sablon magnétique qu'elles jouissent de cette propriété qui ne leur appartient point en propre. T. XI, p. 466. — Ce sablon magnétique n'est ordinairement qu'une poudre composée de paillettes aussi minces que celles du mica; mais il se présente aussi quelquefois en masses assez compactes, sous la forme d'une mine de fer noirâtre qu'on peut regarder comme un aimant de seconde formation; car non-seulement il est attirable à l'aimant, mais encore il attire le fer. P. 466 et 467.

Saffre. Voyez *Cobalt*. T. XI, p. 177 et 180.

Salpêtre. Manière de faire le salpêtre ou le nitre, et de quelles matières on le tire. T. X, p. 430 et suiv.

Santorin (les îles de) se sont abîmées dans la mer et élevées au-dessus de la terre à plusieurs reprises. T. XI, p. 531.

Saphir. La plupart des saphirs blancs répandus dans le commerce ne sont que des saphirs d'un bleu très-pâle, qu'on a fait chauffer pour leur enlever cette couleur. T. XI, p. 450.— Il y a des saphirs de toutes les teintes de bleu, depuis l'indigo jusqu'au bleu pâle. P. 451. — Les saphirs d'un bleu céleste sont plus estimés que ceux dont le bleu est plus foncé ou plus clair; et lorsque ce bleu se trouve mêlé de violet ou de pourpre, ce qui est assez rare, les lapidaires donnent à ce saphir le nom d'*améthyste orientale*. *Ibid.* — Les saphirs ont une couleur suave, et sont plus ou moins resplendissants au grand jour, mais ils paraissent assez obscurs aux lumières. *Ibid.* — Défauts assez communs dans les saphirs. P. 452.

Saphir *d'eau*. Ses propriétés naturelles, ses couleurs, sa double réfraction. T. XI, p. 237 et 238.— Ses défauts. Il tire son origine du feldspath et du quartz : preuves de cette assertion. P. 237.

Saphir *du Brésil* provient du schorl; ses rapports avec l'émeraude du Brésil, et ses différences d'avec le vrai saphir. T. XI, p. 257.

Sardoine est une agate d'un rouge mêlé de jaune, ou purement jaune. T. XI, p. 285. — Cette couleur orangée de la sardoine, est plus suave à l'œil que le rouge dur de la cornaline. P. 286.—Les sardoines sont plus rares que les cornalines, et se trouvent rarement en aussi grand volume. *Ibid.*

Satellites. Il est plus que probable que les satellites les plus éloignés de leur planète principale, sont réellement les plus grands, de la même manière que les planètes les plus éloignées du soleil sont aussi les plus grosses. T. IX, p. 372.

Satellites. Comment ont été produits les satellites des planètes et l'anneau de Saturne. T. IX, p. 479. — Ils doivent communiquer un certain degré de chaleur à la planète autour de laquelle ils circulent. P. 485.

Saturne (planète de). Si Saturne était de même densité que la terre, il se serait consolidé jusqu'au centre en 27597 ans, refroidi à pouvoir en toucher la surface en 322154 ans $\frac{1}{2}$, et à la température actuelle en 703,446 ans $\frac{1}{2}$; mais comme sa densité n'est à celle de la terre que :: 184 : 1000, il s'est consolidé jusqu'au centre en 5078 ans, refroidi à pouvoir en toucher la surface en 59276 ans, et enfin ne se refroidira à la température actuelle de la terre qu'en 129434 ans. T IX, p. 351. — Recherches sur la perte de la chaleur propre de cette planète et sur sa compensation à cette perte. P. 369 et suiv. — Cette planète ne jouira de la même température dont jouit aujourd'hui la terre que dans l'année 130821 de la formation des planètes. P. 370. — Le moment où la chaleur envoyée par le soleil à Saturne se trouvera égale à la chaleur propre de cette planète, n'arrivera que dans l'année 430195 de la formation des planètes. P. 371. — Saturne a une vitesse de rotation plus grande que celle de Jupiter, puisque dans l'état de liquéfaction, sa force centrifuge a projeté des parties de sa masse à plus du double de distance, à laquelle la force centrifuge de Jupiter a projeté celles qui forment le satellite le plus éloigné. Et puisqu'il est environné d'un anneau, dont la quantité de matière est encore beaucoup plus considérable que la quantité de matière de ses cinq satellites pris ensemble, P. 390. — Cette planète a été la quatorzième terre habitable, et la nature vivante y a duré depuis l'année 59911, et y durera jusqu'à l'année 262020 de la formation des planètes. P. 423. — La nature organisée, telle que nous la connaissons, est dans sa première vigueur sur la planète de Saturne. P. 427.

Saturne. *Anneau de Saturne.* Voyez **Anneau.**

Saturne. *Satellites de Saturne.* La grandeur relative des satellites de Saturne n'est pas bien constatée ; mais, par analogie, l'auteur suppose ici, comme il l'a fait pour Jupiter, que les plus voisins sont les plus petits, et que les plus éloignés sont les plus gros. T. IX, p. 390. — Distance des satellites de Saturne comparée à la distance des satellites de Jupiter. *Ibid.*

Satellites de Saturne

1er *Satellite.* Recherches sur la perte de la chaleur propre de ce satellite et sur la compensation à cette perte. T. IX, p. 396 et suiv. — Le moment où la chaleur envoyée par Saturne à ce satellite a été égale à sa chaleur propre, s'est trouvé dans le temps de l'incandescence. P. 398. — Ce ne sera que dans l'année 124490 de la formation des planètes que ce satellite jouira de la même température dont jouit aujourd'hui la terre. Et il ne sera refroidi à $\frac{1}{25}$ de cette température que dans l'année 248980 de la formation des planètes. P. 400. — Ce satellite a été la dixième terre habitable, et la nature vivante y a duré depuis l'année 40020, et y durera jusqu'à l'année 174784 de la formation des planètes. P. 423. — La nature organisée, telle que nous la connaissons, est en pleine existence sur ce premier satellite. P. 427.

2e *Satellite.* Recherches sur la perte de la chaleur propre de ce satellite et sur la compensation à cette perte. P. 401 et suiv. — Le moment où la chaleur envoyée par Saturne à ce satellite s'est trouvée égale à sa chaleur propre a été dans la huitième année après l'incandescence. P. 402. — Et ce ne sera que dans l'année 149607 de la formation des planètes que ce satellite jouira de la même température dont jouit aujourd'hui la terre. — Et il ne sera refroidi à $\frac{1}{25}$ de cette température que dans l'année 239214 de la formation des planètes. P. 405. — Ce satellite a été la neuvième terre habitable, et la nature vivante y a duré depuis l'année 38451, et y durera jusqu'à l'année 167928 de la formation des planètes. P. 423. — La nature organisée, telle que nous la connaissons, est en pleine existence sur ce second satellite. P. 427.

3e *Satellite.* Recherches sur la perte de la chaleur propre de ce satellite et sur la compensation à cette perte. P. 405 et suiv. — Le moment où la chaleur envoyée par Saturne à ce satellite a été égale à sa cha-

leur propre, s'est trouvé dans l'année 631 de la formation des planètes. P. 406. — Ce ne sera que dans l'année 111580 de la formation des planètes que ce satellite jouira de la même température dont jouit aujourd'hui la terre. Et il ne sera refroidi à $\frac{1}{25}$ de cette température que dans l'année 223160 de la formation des planètes. P. 409. — Ce satellite a été la huitième terre habitable, et la nature vivante y a duré depuis l'année 35878, et y durera jusqu'à l'année 156658 de la formation des planètes. P. 422 et 423. — La nature organisée, telle que nous la connaissons, est en pleine existence sur le troisième satellite de Saturne. P. 427.

4e *Satellite.* Recherches sur la perte de la chaleur propre de ce satellite et sur la compensation à cette perte. P. 409 et suiv. — Le moment où la chaleur envoyée par Saturne à ce satellite a été égale à sa chaleur propre s'est trouvé dans l'année 6132 de la formation des planètes. P. 411. — Ç'a été dans l'année 54505 de la formation des planètes que ce satellite a joui de la même température dont jouit aujourd'hui la terre. Mais ce ne sera que dans l'année 109010 de la formation des planètes qu'il sera refroidi à $\frac{1}{25}$ de la température actuelle de la terre. P. 413. — Ce satellite a été la quatrième terre habitable, et la nature vivante y a duré depuis l'année 17523, et y durera jusqu'à l'année 76526 de la formation des planètes. P. 422. — La nature organisée, telle que nous la connaissons, est prête à s'éteindre dans ce quatrième satellite. P. 427.

5e *Satellite.* Recherches sur la perte de la chaleur propre de ce satellite et sur la compensation à cette perte. P. 413 et suiv. — Ce satellite a joui de la même température dont jouit aujourd'hui la terre dans l'année 15298 de la formation des planètes. P. 414. — Le moment où la chaleur envoyée par Saturne à ce satellite s'est trouvée égale à sa chaleur propre est arrivé dans l'année 15946 de la formation des planètes. P. 415. — Et il a été refroidi à $\frac{1}{25}$ de la température actuelle de la terre dans l'année 67747 de la formation des planètes. P. 417. — Ce satellite a été la première terre habitable, et la nature vivante n'y a duré que depuis l'année 4916 jusqu'à l'année 47558 de la formation des planètes. P. 421. — La nature vivante, telle que nous la connaissons, est éteinte dans ce cinquième satellite. P. 427.

Saturne. Cette planète tourne probablement sur elle-même encore plus vite que Jupiter. T. IX, p. 491.

Sauvageon. Raison pourquoi le sauvageon ne communique à la branche greffée aucune de ses mauvaises qualités. T. IX, p. 593.

Saveur (la) piquante des acides provient de l'élément du feu. T. IX, p. 63 et 64.

Schiste. Après le quartz et le granite, le schiste est la plus abondante des matières solides du genre vitreux. Il forme des collines et enveloppe souvent les noyaux des montagnes jusqu'à une grande hauteur. T. X, p. 90.

Schiste et Ardoise. L'argile ou glaise, diffère du schiste et de l'ardoise, en ce que ses molécules sont spongieuses et molles, au lieu que les molécules de l'ardoise ou du schiste ont perdu cette mollesse et cette texture spongieuse, qui fait que l'argile peut aisément s'imbiber d'eau. T. X, p. 88 et 89. — Le mélange du *mica* et du *bitume* a contribué, avec le desséchement, à cette dureté des molécules de l'ardoise et du schiste. *Ibid.* — Époque de leur formation ; elle a été postérieure à celle des glaises. P. 89. — L'ardoise et le schiste sont plus ou moins imprégnés de bitume et mêlés de mica ; ils présentent aussi des impressions de plantes et d'animaux. *Ibid.* — Comparaison des qualités du schiste et de l'ardoise. P. 92. — Voyez *Argile.* P. 98.

Schistes. Les schistes sont généralement adossés aux flancs des montagnes primitives. T. X, p. 89 et 90. — Ils peuvent se réduire à quatre variétés : la première, des schistes simples qui ne sont que des argiles plus ou moins durcies, et qui ne contiennent que très-peu de bitume et de mica ; la seconde, des schistes qui, comme l'ardoise, sont mêlés de beaucoup de mica et d'une assez grande quantité de bitume, pour en exhaler l'odeur au feu ; la troisième, des schistes où le bitume est en telle abondance, qu'ils brû-

lent à peu près comme les charbons de terre de mauvaise qualité, et la quatrième, des schistes pyriteux qui sont les plus durs de tous dans leur carrière, mais qui se décomposent dès qu'ils en sont tirés. P. 90.—Les schistes qui contiennent beaucoup de mica, sont les meilleures pierres dont on puisse se servir pour les fourneaux de fusion des mines de fer et de cuivre. P. 91.—Les couches les plus extérieures des schistes, se divisent en morceaux qui affectent une forme rhomboïdale : causes de cet effet. P. 92.—Disposition des schistes dans leur carrière. P. 95.—On peut employer les schistes en masse pour bâtir. P. 97.—Plusieurs collines et montagnes calcaires, sont posées sur ce schiste : exemple à ce sujet. P. 97 et 98.

SCHISTES SPATHIQUES.—Voyez *Pierres de corne*. T. x, p. 185.

SCHORL, est le plus dense des cinq verres primitifs. T. xi, p. 215.—La cristallisation des premiers schorls a été produite par le feu primitif, comme celle du feldspath. P. 236.—Rapports du schorl avec le feldspath. P. 246.—Ses différences avec le quartz. *Ibid.*

SCHORL. Formation du schorl. T. x, p. 13.—Le schorl est le cinquième et le dernier des verres primitifs; il a plusieurs caractères communs avec le feldspath, et particulièrement la fusibilité qu'il communique de même aux autres matières vitreuses : ils se sont formés en même temps, et par les mêmes effets de nature, lors de la vitrification générale. Il est composé de lames longitudinales comme le feldspath; il a de même la cassure spathique : il se présente aussi en petites masses cristallisées en prismes, au lieu que celles du feldspath sont cristallisées en rhombes. P. 39.—Il est entré, ainsi que le feldspath, dans la composition de plusieurs matières vitreuses, et en particulier dans celles des porphyres et des granites. *Ibid.*—Schorl de seconde formation; ses différences d'avec le schorl primitif : il a été produit par l'intermède de l'eau, au lieu que l'autre a été produit par le feu primitif. P. 40.—Rapports très-voisins entre le schorl et le feldspath. *Ibid.*

SCHORLS, résistent bien plus longtemps que les basaltes à l'impression des éléments humides. T. xi, p. 490.—Le quartz et la chrysolithe, qui est un cristal quartzeux, résistent moins que les schorls à la décomposition par les éléments humides. *Ibid.*

SCIENCES. L'un des plus grands moyens d'avancer les sciences, c'est d'en perfectionner les instruments. T. ix, p. 294.

SCIENCES. Les hautes sciences ont été inventées et cultivées très-anciennement, mais elles ne nous sont parvenues que par des débris trop informes pour nous servir autrement qu'à reconnaître leur existence passée. T. ix, p. 582.

SECTES. Inconvénients des sectes. T. xii, p. 345.

SEL. Origine du principe salin; ce principe est l'acide aérien qui n'est composé que d'air et de feu. T. x, p. 348 et 349.—Les sels ne sont corrosifs et même sapides que par le feu et l'air qu'ils contiennent; preuves de cette vérité. P. 351.—Énumération des sels formés par la nature. P. 353.—Propriétés générales et particulières du principe salin. P. 354.

SEL *ammoniac* (le) formé par la nature, se trouve au-dessus des volcans et des autres fournaises souterraines. T. x, p. 433.—Il y a plusieurs sels ammoniacaux : et de tous ces sels celui que la nature nous présente en quantité, est le sel ammoniac, formé de l'acide marin et de l'alcali volatil; les autres qui sont composés de ce même alcali avec l'acide vitriolique, l'acide nitreux, ou avec les acides végétaux et animaux, n'existent pas sur la terre ou ne s'y trouvent qu'en si petites quantités, qu'on peut les négliger dans l'énumération des productions de la nature. Formation du sel ammoniacal. Il n'est pas impossible qu'il se forme dans tous les lieux où l'alcali volatil et le sel marin se trouvent réunis. P. 434.—Qualités particulières des sels ammoniacaux. *Ibid.*—Comment s'opère la formation du sel ammoniacal dans les volcans. P. 434 et 435.—L'alcali volatil fait l'essence de tous les sels ammoniacaux, puisqu'ils ne diffèrent entre eux que par leurs acides, et que tous sont également formés par l'union de ce seul alcali, et c'est par cette raison que tous

les sels ammoniacaux sont à demi volatils. Qualités particulières du sel ammoniacal composé d'acide marin et d'alcali volatil. P. 435 et 436.—Le sel ammoniac produit un froid plus que glacial dans sa dissolution. P. 436. — Usage du sel ammoniac. Il se recueille ou se fabrique en Égypte et aux Indes orientales. P. 436 et 437.— Manière dont on extrait ce sel dans ces contrées. P. 437. — Purification du sel ammoniac. Qualités particulières de ce sel. P. 437 et 438.—Plantes qui fournissent du sel ammoniac naturel. P. 438.— Manière dont on recueille ce sel formé par le feu des volcans. *Ibid.*

Sel *de Glauber*. Différence entre ce sel et le sel marin. T. x, p. 383.

Sel *d'Epsom*. Ses différences avec les autres sels. T. x, p. 384.

Sel *gemme* (le) est de tous les sels celui que la nature a produit en plus grande quantité. T. x, p. 383.—Il est de la même nature que le sel marin, et la formation de ces deux sels est postérieure à celle de l'acide marin et de l'alcali minéral. P. 400 et 401. — Le sel gemme se trouve sous une forme concrète cristallisée en amas immenses dans plusieurs régions du globe. P. 401.—Comment ont pu se former ces grandes masses de sel gemme. Il est communément plus pur que celui que nous obtenons en faisant évaporer les eaux salées. Les grands amas de sel gemme, se trouvent sous les couches de la terre qui ont été transportées et déposées par les eaux. P. 404.—Leur formation successive. P. 404 et suiv.

Sel *gemme*. Énumération des principaux lieux de l'Europe où l'on connait des mines de sel gemme. T. x, p. 401 et suiv. — Description de celle de Wieliczka en Pologne. P. 403 et 404.—Ordre des différents bancs de terre et de pierre qu'on trouve avant de parvenir au sel de cette mine. P. 406.—Il y a des mines de sel gemme en France, mais l'usage en est malheureusement prohibé. P. 407.—Il y en a beaucoup en Asie, et le despotisme oriental ne s'étend pas jusqu'à défendre d'en faire usage. P. 408. — Il y a peut-être encore plus de mines de sel gemme en Afrique qu'en Europe et en Asie. P. 410 et 411.—Et en général l'Afrique, comme la région la plus chaude de la terre, a peu d'eau douce, et tous les lacs et autres eaux stagnantes de cette partie du monde sont plus ou moins salées. P. 413.—Il se trouve aussi des mines de sel gemme assez fréquemment dans les contrées méridionales de l'Amérique. *Ibid.*

Sel *marin*. C'est par la combinaison de l'acide marin avec l'alcali minéral, que s'est formé le sel marin ou sel commun, dont nous faisons un si grand usage. T. x, p. 398. — Abondance et propriétés du sel marin. P. 423. — Il ne peut se décomposer par le feu, mais se décompose par les acides vitrioliques et nitreux. *Ibid.*

Sel *marin*. Comment on obtient ce sel. Différentes manières de faire évaporer l'eau salée pour l'obtenir. T. x, p. 415 et suiv. — Traitement et purification de ce sel après l'évaporation. P. 418. — Description des salines de la baie d'Avranches en Normandie. P. 418 et 419. — Description de celles de Franche-Comté, avec des observations utiles sur la purification du sel. P. 419 et 420.— Manière dont on tire le sel dans les salines de Lorraine. P. 421.— Manière singulière de se procurer du sel dans le Tyrol près la ville de Hall. P. 422.- Comment on pourrait tirer le sel aisément dans les climats les plus froids. P. 422 et 423.

Sel *sédatif*. Sa nature et ses rapports avec le borax. On peut soupçonner, avec fondement, que le sel sédatif a l'arsenic pour principe salin. Indices de cette présomption. T. x, p. 440 et 441.—Légèreté remarquable du sel sédatif. Quoique ce sel ait paru simple aux chimistes, et qu'il le soit en effet plus que le borax, il est néanmoins composé de quelques substances salines et métalliques, si intimement unies, que notre art ne peut les séparer ; et ces substances peuvent être de l'arsenic et du cuivre, auquel on sait que l'arsenic adhère si fortement qu'on a grande peine à l'en séparer. P. 441. —Le sel sédatif est encore plus fusible, plus vitrifiable et plus vitrifiant que le borax, et cependant il est privé de son alcali, qui, comme l'on sait, est le sel le plus fondant

et le plus nécessaire à la vitrification. P. 442.

Sels. Leur différence avec le soufre, et leur composition. T. ix, p. 27. — Ils doivent être regardés comme les substances moyennes entre la terre et l'eau. P. 63. — L'air entre comme principe dans la composition de tous les sels. *Ibid.*

Sels. On peut compter trois sels simples dans la nature, l'acide, l'alcali et l'arsenic, qui répondent aux trois idées que nous nous sommes formées de leurs effets, et qu'on peut distinguer par les dénominations de sel acide, sel caustique et sel corrosif. T. xi, p. 193 et 194.

Sels (*cristallisation des sels*). Raison pourquoi toutes les cristallisations des sels s'opèrent plus efficacement et plus abondamment à la surface qu'à l'intérieur du liquide en évaporation. T. x, p. 354 et 355. — La cristallisation et la solubilité dans l'eau ne doivent pas être regardées comme des caractères essentiels aux substances salines. P. 355.

Semis de bois. Détails des différentes manières dont on peut semer les glands, et les raisons de préférence pour telle ou telle autre manière; le tout prouvé par l'expérience. T. xii, p. 88 et suiv. — Dans quelle espèce de terrain on doit semer de l'avoine avec les glands. P. 91. — Manière de semer et planter dans les terrains secs et graveleux. P. 91 et suiv. — Expériences pour reconnaître quelles sont les terres les plus contraires à la végétation. P. 92. — Le gland peut venir dans tous les terrains. *Ibid.* — Manière de semer et de planter du bois en imitant la nature, qui est aussi la moins dispendieuse et la plus sûre de toutes. Preuve par l'observation et par l'expérience. P. 94 et suiv. — L'abri est l'une des choses les plus nécessaires à la conservation des jeunes plants. P. 95. — Arbres et arbrisseaux qu'il faut planter pour faire des abris aux jeunes chênes venus de glands dans les premières années. P. 95 et suiv. — Détail des inconvénients de la culture des bois semés ou plantés. P. 96 et suiv. — Moyen simple et facile qui équivaut à toute culture, et qu'on doit toujours employer dans tous les cas. P. 98 et suiv. — Il y a des terrains où il suffit de receper une fois, d'autres où il faut receper deux et même trois fois les jeunes chênes qui proviennent des glands semés. P. 100. — Manière de rétablir les jeunes plants frappés de la gelée. P. 101. — La meilleure manière est de les receper en les coupant au pied, on perd deux ou trois ans pour en gagner dix ou douze. *Ibid.* — Le chêne, le hêtre et le pin, sont les seuls arbres qu'on puisse semer avec succès dans les terrains en friche, et sans culture précédente. *Ibid.* — Le pin dans les terrains les plus arides, et où la terre n'a que peu ou point de liaison; le hêtre dans les terrains mêlés de gravier ou de sable, où la terre est encore aisée à diviser; et le chêne dans presque tous les terrains. *Ibid.* — Toutes les autres espèces d'arbres veulent être semées en pépinière et ensuite transplantées à l'âge de deux ou trois ans. *Ibid.* — Lorsqu'on veut semer du bois, il faut attendre une année abondante en glands. Dans les années où le gland n'est pas abondant, les oiseaux, les sangliers, et surtout les mulots, détruisent le semis. Le nombre des mulots qui viennent emporter les glands semés nouvellement est prodigieux, et le dégât qu'ils font est incroyable; exemple à ce sujet. P. 102.

Sens. Nos sens sont meilleurs juges que les instruments, de tout ce qui est absolument égal ou parfaitement semblable. T. ix, p. 83.

Sensations. Une sensation vive est toujours plus précise qu'une sensation tempérée, attendu que la première nous affecte d'une manière plus forte. T. ix, p. 83.

Serpentin. Le serpentin ou l'ophite a pour base la matière du jaspe, et il ne faut pas le confondre avec la serpentine dans laquelle il n'entre point de jaspe, et qui n'est qu'une concrétion du mica. T. xi, p. 310.

Serpentine, tire son nom de la variété des petites taches qu'elle présente lorsqu'elle est polie, et qui ressemblent aux taches de la peau d'un serpent. T. xi, p. 329. — La plupart des serpentines sont pleinement opaques; mais il y en a qui ont une demi-

transparence, ou qui la prennent lorsqu'elles sont amincies. *Ibid.* — Caractères qui approchent ces serpentines demi-transparentes du jade. P. 329 et 330. — Leurs différences avec les serpentines opaques. P. 330. — Deux sortes de serpentines demi-transparentes, leurs différences par la texture; lieux où elles se trouvent l'une et l'autre. *Ibid.* — Description de différentes sortes de serpentines. *Ibid.* — Elles sont pour la plupart très-attirables à l'aimant. *Ibid.* — Toutes les serpentines se polissent assez bien; caractère qui les distingue des marbres. *Ibid.* — Les serpentines se durcissent au feu et y résistent plus qu'aucune autre pierre vitreuse ou calcaire. *Ibid.* — Carrière de belles serpentines en Espagne, près de Grenade. P. 331. — Serpentines en Dauphiné, dont il y a deux petites colonnes dans l'église des Carmélites à Lyon. *Ibid.* — Grandes colonnes de serpentine à Rome, dans l'église Saint-Laurent. *Ibid.* — Différentes sortes de serpentines ou gabros. *Ibid.* — Description détaillée des différentes sortes de gabros. *Ibid.* (note *d*). — Différence dans la densité des divers micas, talcs, serpentines, gabros, etc. P. 332.

Sève. Ce qui arrive lorsqu'on intercepte la sève en enlevant une ceinture d'écorce à l'arbre. T. xii, p. 52 et suiv. — L'interception de la sève hâte la production des fruits et fait durcir le bois. P. 54.

Siècles. Tableau des siècles de barbarie. T. ix, p. 584.

Silex. Voyez *Pierres à fusil.* T. x, p. 103.

Sinople est un jaspe grossier de seconde formation. T. xi, p. 310.

Sirius. *Étoile de Sirius.* Son énorme distance de notre soleil. T. ix, p. 429 et 430. — Idée de comparaison entre le système de Sirius et celui du soleil. P. 430 et 431.

Smalt. Voyez *Cobalt.* T. xi, p. 177 et 180.

Smectis est la matière que l'on appelle aussi *argile à foulon*, et qu'il ne faut pas confondre avec une sorte de marne qui est encore plus propre à cet usage, et qui porte aussi le nom de *marne à foulon.* T. xi, p. 355. — Description du smectis : c'est par sa grande sécheresse qu'il attire les huiles et graisses des étoffes auxquelles on l'applique. P. 355 et 356. — Différentes sortes de smectis ou argile à foulon. P. 356. — Smectis ou terre à foulon d'Angleterre paraît être supérieure à celle de France : indication des lieux où on en trouve. *Ibid.*

Soleil. La chaleur du soleil peut être regardée comme une quantité constante, qui n'a que très-peu varié depuis la formation des planètes. T. ix, p. 356. — Considération sur la nature du soleil et sur l'origine du feu dont sa masse est pénétrée. P. 432. — La chaleur du soleil n'est pas assez forte pour maintenir seule la nature organisée dans la planète de Mercure, quoique cette chaleur du soleil y soit beaucoup plus grande que sur aucune autre planète. P. 433. — Démonstration que la chaleur seule du soleil ne suffirait pas pour maintenir la nature vivante sur la terre, ni sur aucune autre planète. P. 433 et 434.

Soleil. La chaleur que le soleil envoie sur la terre ne pénètre pas à vingt pieds dans la terre, et ne pénètre tout au plus qu'à cent cinquante pieds dans l'eau de la mer. T. ix, p. 460. — Cause qui a produit et qui entretient la chaleur et la lumière du soleil. P. 482. — Le soleil est environné d'une sphère de vapeurs qui s'étend à des distances immenses : preuves de ce fait par les phénomènes des éclipses totales. P. 488. — Cette atmosphère est plus dense dans les parties voisines du soleil, et elle devient d'autant plus rare et plus transparente qu'elle s'étend et s'éloigne davantage du corps de cet astre de feu. *Ibid.*

Soleil. La lumière du soleil est l'évaporation de la flamme dense qui environne ce vaste corps en incandescence. T. ix, p. 38. — Cette lumière du soleil produit, lorsqu'on la condense, les mêmes effets que la flamme la plus vive, elle communique le feu avec autant de promptitude et d'énergie, elle résiste à l'impulsion de l'air, suit toujours une route directe; on doit la regarder comme une vraie flamme, plus pure et plus dense que toutes les flammes de nos matières combustibles. *Ibid.* — La plupart des taches que les astronomes ont observées sur le disque

du soleil, leur ont paru fixes, mais il se pourrait aussi qu'il y eût des taches flottantes à la surface de cet astre. P. 257.

Solidité. Différentes acceptions du mot *solidité*. T. ix, p. 96. — Solidité considérée comme opposée à la fluidité. *Ibid.*

Soudes. Voyez *Alcali minéral* ou *marin*. T. x, p. 397. — Usages et propriétés de la soude. *Ibid.*

Soufre. Lorsqu'on fait couler le fer rouge par le moyen du soufre, on change la nature du fer ; ce n'est plus du métal, mais une espèce de matière pyriteuse. T. ix, p. 343.

Soufre. Sa composition et sa production. T. ix, p. 27 et 28.—Le soufre est de la même nature que les autres matières combustibles, et tire de même son origine du détriment des animaux et des végétaux. P. 28. — Il adhère, dissout et même décompose le fer et le dénature, car si l'on présente une verge de fer bien rouge à une bille de soufre, le fer qui coule dans l'instant en grenaille n'est plus du fer, ni même de la fonte, mais une espèce de pyrite martiale qui n'est bonne à rien. P. 200. — Le soufre entre en fusion par une chaleur d'environ 90 degrés (division de Réaumur). P. 212.

Soufre. Différence essentielle du soufre et du bitume : les bitumes ne contiennent point de soufre, et les soufres ne contiennent point de bitume. T. x, p. 217.

Soufre. Quoique le soufre provienne originairement des substances organisées, on ne doit pas le mettre au nombre des bitumes. T. x, p. 277.—Manière dont se forme le soufre au sommet des volcans et des solfatares. P. 330 et 331. — Il est entièrement composé d'acide et de la matière du feu. P. 330.—Comment se fait cette combinaison dans les volcans. Différence essentielle entre le soufre et la pyrite. P. 331. — Le soufre n'étant composé que d'acide pur et de feu fixe, brûle en entier et ne laisse aucun résidu après son inflammation. P. 333. —Propriétés du soufre naturel et artificiel. P. 334 et 335. — Inflammation du soufre et manière dont il se fond et brûle. P. 335 et 336. — Le soufre quoique entièrement composé de feu fixe et d'acide, n'en contient pas moins les quatre éléments. Preuve de cette assertion. P. 337. — Comparaison de la combustion du soufre avec celle du phosphore. *Ibid.*— Le soufre se produit non-seulement par l'action du feu, mais aussi par l'intermède de l'eau. P. 340. — L'huile paraît dissoudre le soufre, comme l'eau dissout les sels. Néanmoins il n'y a point d'huile dans la substance du soufre. P. 342 et 343. — Indication des principaux lieux de la terre où l'on trouve du soufre en plus grande quantité et de plus belle qualité. P. 343 et suiv.— Les principes du soufre sont presque universellement répandus dans la nature. P. 345.

Soufre. *Comment on l'extrait des substances qui en contiennent.* Manière de faire le soufre par sublimation et par fusion. T. x, p. 334. — Manière de le tirer des pyrites. Cette extraction ne se fait qu'en quelques endroits où les matières combustibles sont à bas prix. Presque tout le soufre qui est dans le commerce est recueilli sur les volcans. P. 345 et suiv. — Purification du soufre. P. 347.

Soufre, *foie de soufre.* Ses propriétés et son action sur les pierres et les matières terreuses. Le foie de soufre est le composé naturel ou artificiel du soufre et de l'alcali. T. x, p. 340 et suiv. — C'est une combinaison que la nature produit le plus continuellement et le plus universellement. P. 340. — Le foie de soufre fait seul autant et peut-être plus de dissolutions, de changements et d'altérations dans le règne minéral que tous les acides ensemble. Preuve de cette assertion. P. 341. — La nature a de tout temps produit et produit encore tous les jours du foie de soufre par la voie humide. P. 342.

Spath. Différences des concrétions spathiques dans les carrières calcaires ; leurs plus ou moins grandes transparence et dureté : ces concrétions sont communément de même nature que les pierres à travers lesquelles le suc pétrifiant a filtré. La matière spathique est en très-grande quantité ; elle a non-seulement formé le ciment de tous les marbres et des autres pierres dures, mais elle a pénétré et pétrifié chaque particule de la

craie et des autres détriments immédiats des coquilles, pour les convertir en pierre. T. x, p. 128.

Spaths calcaires peuvent, comme les pierres calcaires, se réduire en chaux par l'action du feu. Leur substance est composée, comme celle des cristaux vitreux, de lames triangulaires presque infiniment minces. Différences dans la figure entre ces lames triangulaires du spath calcaire et celles du cristal de roche. Explication de la formation des spaths calcaires, qui tous sont à faces et angles obliques. T. xi, p. 359. — Les couches alternatives du spath calcaire sont de différente densité, et l'on peut juger de cette différence de densité par le rapport des deux réfractions. *Ibid.* — Cette différence de densité dans les couches alternatives des spaths calcaires est plus ou moins grande, et c'est par cette raison que leur forme de cristallisation est sujette à des variétés qui ne sont cependant que des formes accidentelles, dont on ne peut tirer aucun caractère réel et général. P. 360.

Spaths fluors. Voyez *Fluors*.

Spaths pesants. Dans les spaths pesants, la substance du feu est unie à l'acide et à l'alcali, et a pour base une terre bolaire ou limoneuse. La présence de l'alcali, combiné avec les principes du soufre, se manifeste par l'odeur qu'exhalent ces spaths pesants lorsqu'on les soumet à l'action du feu. T. xi, p. 418. — Les spaths pesants ne contiennent point du tout de parties métalliques, et par conséquent ne doivent pas leur grande pesanteur au mélange d'aucun métal. P. 419.— Les spaths pesants ne sont ni vitreux, ni calcaires, ni gypseux; leur substance est formée des résidus de la terre végétale ou limoneuse. *Ibid.* — Différences des spaths calcaires avec les spaths fluors et le feldspath. *Ibid.* — On trouve assez souvent les spaths pesants sous une forme cristallisée, mais ils se présentent aussi en cristallisation confuse et même en masses informes. *Ibid.* — On les trouve toujours à la superficie de la terre végétale ou à une assez petite profondeur, souvent en petits morceaux isolés et quelquefois en petites veines, comme les pyrites. P. 420. — L'essence des spaths pesants est une terre alcaline très-fortement chargée de la substance du feu. *Ibid.* — Les spaths pesants sont plus souvent opaques que transparents. P. 421.—Ceux qui sont transparents n'ont, comme le diamant et les pierres précieuses, qu'une seule réfraction. *Ibid.*— Variétés de couleurs dans les spaths pesants. *Ibid.* — Ils sont tous phosphoriques. P. 422. — Rapports des spaths pesants aux pierres précieuses, qui démontrent leur origine commune. P. 423.

Spath perlé a été mis mal à propos au nombre des spaths pesants, car ce n'est qu'un spath calcaire. Preuves de cette assertion. T. xi, p. 420.

Spécifique, pesanteur spécifique. T. xii, p. 207.

Stalactites. Dans les pierres vitreuses, comme dans les calcaires, la pureté des congélations dépend du nombre des filtrations qu'elles ont subies, et de la ténuité des pores dans les matières qui ont servi de filtre. T. x, p. 136.

Stéatites sont ainsi dénommées parce qu'elles ont quelque ressemblance avec le suif par leur poli gras et comme onctueux au toucher. T. xi, p. 324. — Le talc domine dans la composition de ces pierres stéatites, dont les principales variétés sont les jades, les serpentines, les pierres ollaires, la craie d'Espagne, la pierre de lard de la Chine, la molybdène, auxquelles on doit encore ajouter l'asbeste, l'amiante, ainsi que le cuir et le liége de montagne. *Ibid.*— Toutes ces substances, quoiqu'en apparence très-différentes entre elles, tirent également leur origine de la décomposition et de l'agrégation des particules de mica; ce ne sont que des modifications de ce verre primitif plus ou moins dissous, et souvent mélangé d'autres matières vitreuses, qui, dans plusieurs de ces pierres, ont réuni les particules micacées de plus près qu'elles ne le sont dans les talcs, et leur ont donné plus de consistance et de dureté. P. 324 et 325.

Style. Le style n'est que l'ordre et le mouvement qu'on met dans ses pensées. T. xii, p. 325. — Principales règles du style. P. 327 et 328. — Le ton n'est que la

convenance du style à la nuance du sujet. P. 329. — Le style sublime ne peut se trouver que dans les grands sujets de la poésie, de l'histoire et de la philosophie. P. 330.

Suc *pétrifiant*. Origine de ce suc. Voyez *Coquilles*, T. x, p. 119. — Manière dont il agit dans les pierres calcaires. Voyez *Pierres calcaires*. P. 120. — Le dépôt du suc pétrifiant dans les pierres calcaires, se fait par une cristallisation plus ou moins parfaite, et se manifeste par des points plus ou moins brillants, qui sont d'autant plus nombreux que la pierre est plus pétrifiée, c'est-à-dire plus intimement et plus pleinement pénétrée de cette matière spathique. P. 121.

Succin (le), qu'on appelle aussi *karabé*, et plus communément *ambre jaune*, est un bitume qui a d'abord été liquide et qui a pris sa consistance à l'air et même à la surface des eaux et dans le sein de la terre; le plus beau succin est transparent et de couleur d'or; mais il y en a de plus ou moins opaque et de toutes les nuances de couleur, du blanc au jaune et jusqu'au brun noirâtre. T. x, p. 277. — Le succin renferme souvent des petits débris de végétaux et des insectes terrestres. Il est électrique comme la résine végétale. Il est presque uniquement composé d'huile et d'acide; c'est un résidu des huiles animales ou végétales saisies et pénétrées par les acides, et c'est probablement à la petite quantité de fer contenue dans les succins qu'on doit attribuer leurs couleurs. P. 277 et 278. — Le succin a commencé par être liquide. Preuve de ce fait. P. 289. — Comparaison du succin avec les résines. *Ibid.*

Succin; *lieux où il se trouve*. Célèbre minière de succin en Prusse. Sa description. T. x, p. 278 et 279. — Il est jeté par les eaux de la mer Baltique sur les côtes de la Poméranie. P. 289.

Sucre est un sel essentiel, que l'on peut tirer en plus ou moins grande quantité de plusieurs végétaux. Ses propriétés. Le principe acide de ce sel est évidemment l'acide aérien. Preuves de ce fait. T. x, p. 392.

Suspension (nouvelle) des aiguilles aimantées, imaginée par M. Coulomb. T. xi, p. 594.

Système *du soleil et des étoiles fixes*. Comment il se pourrait faire qu'il y eût communication d'un système à l'autre. T. ix, p. 432.

Systèmes. Nécessité des systèmes en tous sujets, et notamment en physique. T. x, p. 446 et 447.

T

Table des naissances, mariages et morts dans la ville de Paris dans les années 1670, 1671 et 1672..... Réflexions sur cette table. T. xii, p. 322 et 323.

Table des naissances, mariages et morts dans la ville de Paris, depuis l'année 1709 jusqu'à 1766 inclusivement. T. xii, P. 286. — Autre table plus détaillée des naissances, mariages et morts dans la ville de Paris, depuis l'année 1745 jusqu'à l'année 1766 inclusivement. P. 287-297.

Table des enfants trouvés dans la ville de Paris, depuis l'année 1745 jusqu'en 1766. T. xii, p. 301.

Table des naissances, mariages et morts dans la ville de Montbard en Bourgogne, depuis l'année 1765 jusqu'en 1774 inclusivement. T. xii, p. 302.

Table des naissances, mariages et morts dans la ville de Flavigny en Bourgogne depuis l'année 1770, jusques et compris l'année 1774. T. xii, p. 304.

Table des naissances, mariages et morts dans le bailliage de Saulieu, en Bourgogne, pendant les années 1770, 1771 et 1772. T. xii, p. 309.

Table des naissances, mariages et morts dans la ville de Semur, en Auxois, depuis l'année 1770 jusques et compris 1774. T. xii, p. 303. — Autre table des naissances, mariages et morts dans plusieurs bourgs et villages du bailliage de Semur, en Auxois, depuis 1770 jusques et compris 1774. P. 306. — Autre table des naissances, mariages et morts dans le bailliage entier de Semur, en Auxois, depuis 1770 jusques et compris 1774. P. 307. — Autre table des lieux où il naît plus de filles que de garçons dans le même bailliage de Semur. P. 308 et 309.

Table des naissances, mariages et morts dans la ville de Vitteaux en Bourgogne, depuis l'année 1770 jusques et compris l'année 1774. T. XII, p. 305.

Table de la mortalité dans la ville de Paris, comparée à la mortalité dans les campagnes, jusqu'à vingt lieues de distance de cette ville. T. XII, p. 312. — Réflexion sur cette table. P. 313 et suiv. — Table de comparaison de la mortalité en France et de la mortalité à Londres. P. 314 et suiv.

Taillis. Voyez *Bois taillis* et *semis.*

Talc est formé par l'agrégation des paillettes du mica atténuées et réunies. T. X, p. 30.—Différences du talc et du mica. *Ibid.* — Différences des talcs par leurs couleurs et leur transparence : lieux où l'on les trouve. P. 31 et suiv. — Usage du talc pour les petites fenêtres des vaisseaux. P. 32.— Différences du vrai talc d'avec celui qu'on appelle *talc de Venise*, *craie de Briançon*, etc. P. 33.

Talc est formé par de petites parcelles de mica à demi dissoutes, ou du moins assez atténuées pour faire corps ensemble et se réunir en lames minces par leur affinité. T. XI, p. 324.

Tartre. Sa formation et ses combinaisons. T. X, p. 391. — Crème de tartre n'est pas un acide simple, mais combiné avec l'alcali végétal. *Ibid.*

Tartre vitriolé (le) résulte de la combinaison de l'acide vitriolique avec l'alcali végétal. T. X, p. 383.

Température. Dans tous les lieux où la température est la même, on trouve non-seulement les mêmes espèces de plantes, les mêmes espèces d'insectes, les mêmes espèces de reptiles, sans les y avoir portées, mais aussi les mêmes espèces de poissons, les mêmes espèces de quadrupèdes, les mêmes espèces d'oiseaux, sans qu'ils y soient allés. T. IX, p. 424.—La même température nourrit, produit partout les mêmes êtres. *Ibid.* — De la même manière qu'on a trouvé, par l'observation de cinquante-six années successives, la chaleur de l'été à Paris, de 1026, c'est-à-dire de vingt-six degrés au-dessus de la congélation; on a aussi trouvé avec les mêmes thermomètres que cette chaleur de l'été était 1026 dans tous les autres climats de la terre, depuis l'équateur jusque vers le cercle polaire; nombre d'exemples à ce sujet. P. 448 et 449. — De ces observations résulte le fait incontestable de l'égalité de la plus grande chaleur en été dans tous les climats de la terre. P. 449.— Pourquoi la chaleur est plus grande au Sénégal qu'en aucun climat de la terre. Explication de la cause particulière qui produit cette exception. *Ibid.* — L'excès de la chaleur produit par les causes locales n'étant que de 6 ou 7 degrés au-dessus de la plus grande chaleur du reste de la zone torride, et l'excès du froid produit de même par les causes locales, étant de plus de 40 degrés au-dessus du plus grand froid, sous la même latitude au nord, il en résulte que ces mêmes causes locales ont bien plus d'influence dans les climats froids que dans les climats chauds; raisons de cette différence d'effets. P. 452 et suiv.

Température *des planètes.* Degrés de chaleur où elles ont passé successivement. Voyez **chaleur** du globe terrestre, comparée à celle de Jupiter, la lune, Mars, Mercure, Saturne et Vénus.

Température. Une seule forêt de plus ou de moins dans un pays suffit pour en changer la température. T. IX, p. 589. — C'est de la différence de température que dépend la plus ou moins grande énergie de la nature : l'accroissement, le développement et la production de tous les êtres organisés ne sont que des effets particuliers de cette cause générale. P. 590.

Temps. Pourquoi l'idée d'une longue suite de temps nous paraît moins distincte que l'idée d'une grande étendue ou celle d'une grosse somme de monnaie. T. IX, p. 493.— La durée du temps que nous avons assignée à l'existence des planètes et de la terre depuis leur formation est plutôt beaucoup trop courte que trop longue, et suffit à peine à l'explication des phénomènes successifs de la nature. *Ibid.* et suiv.

Temps. Le temps ne peut nous être représenté que par le mouvement et par ses effets, c'est-à-dire par la succession des opérations de la nature. T. X, p. 1. — Quoique la sub-

stance du temps ne soit point matérielle, néanmoins le temps entre comme élément général, comme ingrédient réel et plus nécessaire qu'aucun autre dans toutes les compositions de la matière; or, la dose de ce grand élément ne nous est point connue, il faut peut-être des siècles pour opérer la cristallisation d'un diamant, tandis qu'il ne faut que quelques minutes pour cristalliser un sel. P. 8.

Ténacité de la matière dépend en grande partie de son homogénéité, et tout alliage dans les métaux en diminue la ténacité. T. x, p. 524.

Terrains *arides et stériles.* Lorsqu'on aura des terres tout à fait ingrates et stériles où le bois refuse de croître, et des parties de terrains situées dans des petits vallons en montagnes, où la gelée supprime les rejetons des chênes et des autres arbres qui quittent leurs feuilles, la manière la plus sûre et la moins coûteuse de peupler ces terrains est d'y planter des jeunes pins à vingt ou vingt-cinq pas les uns des autres. T. xii, p. 103. — Un bois de pins exploité convenablement peut devenir un fonds non-seulement aussi fructueux, mais aussi durable qu'aucun autre fonds de bois. *Ibid.*

Terrains volcanisés. Les îles de Portland, de Stroma, de Féroë, de Shetland, et les îles Orcades sont toutes volcaniques. T. xi, p. 527. — On voit des indices de terrains volcanisés jusque dans la Bourgogne. P. 528.

Terre. Le sphéroïde de la terre est renflé sur l'équateur et abaissé sous les pôles, dans la proportion qu'exigent les lois de la pesanteur et de la force centrifuge. Cette vérité de fait est mathématiquement démontrée et physiquement prouvée par la théorie de la gravitation et par les expériences du pendule. T. ix, p. 457 et 458. — Le globe de la terre était dans un état de fluidité au moment qu'il a pris sa forme, et cet état de fluidité était une liquéfaction produite par le feu. Preuve de cette assertion. P. 458 et suiv.—Les matières dont le globe de la terre est composé dans son intérieur sont de la nature du verre. P. 461. — La liquéfaction primitive du globe de la terre est prouvée dans toute la rigueur qu'exige la plus stricte logique; d'abord, *à priori*, par le premier fait de son élévation sur l'équateur et de son abaissement sous les pôles; 2° *ab actu*, par le second et le troisième faits, de la chaleur intérieure de la terre encore subsistante; 3° *a posteriori*, par le quatrième fait, qui nous démontre le produit de cette action du feu, c'est-à-dire le verre dans toutes les substances terrestres. *Ibid.* — Tableau de ce qu'était la terre dans son origine et avant la chute des eaux. P. 489 et 498.

Terre. L'élément de la terre peut se convertir dans les autres éléments. T. ix, p. 68. — Élément de la terre : ce sont les matières vitrifiables dont la masse est mille et cent mille fois plus considérable que celle de toutes les autres substances terrestres, qu'on doit regarder comme le vrai fonds de cet élément. P. 69.

Terre. L'élément de la terre entre comme partie essentielle dans la composition de tous les corps. T. x, p. 192. — Définition de la terre en général, donnée par les chimistes, est plus abstraite que réelle, et ne peut s'appliquer qu'à une terre idéale qui n'existe pas dans la nature. P. 193.

Terre *limoneuse* provient de la couche universelle de la terre végétale, qui s'est formée des résidus ultérieurs des animaux et des végétaux. Formation successive de cette terre, ses différences d'avec l'argile ou les glaises : elle se fond bien plus aisément au feu que la glaise même la plus impure, et elle s'y boursoufle, au lieu que l'argile et les glaises y prennent de la retraite. T. x, p. 84. — Voyez **Limon**, p. 192. — La terre limoneuse est entraînée par l'infiltration des eaux à d'assez grandes profondeurs dans les fentes des argiles : observation à ce sujet. P. 197 et 198. — Elle contribue plus que toute autre à la formation des pyrites martiales. P. 198. — Elle produit, ou plutôt régénère par sécrétion le fer en grains, et l'origine primordiale de toutes les mines de cette espèce appartient à cette terre limoneuse; néanmoins, les minières de fer en grains dont nous tirons le fer aujourd'hui ont presque toutes été transportées et

amenées par alluvion, après avoir été lavées par les eaux de la mer. P. 199. — La terre limoneuse est la première matrice des mines de fer en grains et des pyrites martiales : preuves à ce sujet. P. 204.

TERRE *vitrescible* (la) est la vraie terre élémentaire qui sert de base à toutes les autres substances et en constitue les parties fixes. T. IX, p. 61.

TERRE DE COLOGNE. Voyez TERRE D'OMBRE.

TERRE DE GUATIMALA. Voyez BOL ROUGE. T. XI, p. 415.

TERRE DE LEMNOS, est un bol d'un rouge foncé et d'un grain très-fin. T. XI, p. 416 et suiv. — Le bol d'Arménie ressemble assez à cette terre de Lemnos. P. 417.

TERRE D'OMBRE. On peut regarder la terre d'Ombre comme une terre bitumineuse, à laquelle le fer a donné une forte teinture de brun; elle est plus légère que l'ocre et devient blanche au feu, au lieu que l'ocre y prend une couleur rougeâtre, et c'est probablement parce que cette terre d'Ombre ne contient pas à beaucoup près une aussi grande quantité de fer. T. XI, p. 456. — Il se trouve en France de la terre d'Ombre aussi bonne que la terre de Cologne. P. 457.

TERRE DE PATNA. Voyez BOL BLANC.

TERRE DE VÉRONE, est un bol qui paraît avoir reçu du cuivre sa teinture verte. T. XI, p. 416.

TERRE SIGILLÉE. Voyez BOL ROUGE. Discussion historique à ce sujet. T. XI, p. 414.

TERRE VÉGÉTALE *se présente dans deux états différents;* le premier, sous la forme de *terreau*, qui est le détriment immédiat des animaux et des végétaux; et, le second, sous la forme de *limon*, qui est le dernier résidu de leur entière décomposition. T. X, p. 194. — Sur la grande couche d'argile qui enveloppe le globe, et sur les bancs calcaires auxquels cette même argile sert de base, s'étend la couche universelle de la terre végétale qui recouvre la surface entière des continents terrestres; et cette même terre n'est peut-être pas en moindre quantité sur le fond de la mer, où les eaux des fleuves la transportent et la déposent de tous les temps, et continuellement. *Ibid.* — La couche de la terre végétale est toujours plus épaisse dans les lieux abandonnés à la seule nature que dans les pays habités : raison de ce fait. *Ibid.* — Elle est plus mince sur les montagnes que dans les vallons et les plaines, et par quelle raison. P. 195. — Cette terre est non-seulement composée des détriments des végétaux et des animaux, mais encore des poussières de l'air et du sédiment de l'eau des pluies et des rosées. *Ibid.* — La fécondité de la terre diminue par une culture trop longtemps continuée. *Ibid.* — La terre végétale sert non-seulement à l'entretien des animaux et des végétaux, mais elle produit aussi la plus grande partie des minéraux, et particulièrement les minéraux figurés. *Ibid.* — Marche de la nature dans la production et la formation successive de la terre végétale. Elle n'est d'abord, et même après un grand nombre d'années, qu'une poussière noirâtre, sèche, très-légère, sans ductilité, sans cohésion, qui brûle et s'enflamme à peu près comme la tourbe; mais, avec le temps, ces particules arides de terreau acquièrent de la ductilité et se convertissent en terre limoneuse. P. 195 et 196. — Observations qui prouvent évidemment cette vérité. P. 196 et suiv. — Comme cette terre contient une grande quantité de substances organiques, elle a des propriétés communes avec les végétaux; comme eux, elle contient des parties volatiles et combustibles; elle brûle en partie ou se consume au feu; elle y diminue de volume et y perd considérablement de son poids; enfin, elle fond et se vitrifie au même degré de feu auquel l'argile ne fait que se durcir; elle s'imbibe d'eau plus facilement et plus abondamment que l'argile; elle s'attache fortement à la langue, et la plupart des bols ne sont que cette même terre limoneuse, aussi pure et aussi atténuée qu'elle peut l'être : preuves de cette dernière assertion. P. 197. — La couche de terre végétale qui couvre la surface du globe est, non-seulement le trésor des richesses de la nature vivante, le dépôt des molécules organiques qui servent à l'entretien des animaux et des végétaux, mais en-

core le magasin universel des éléments qui entrent dans la composition de la plupart des minéraux. Les bitumes, les charbons de terre, les bols, les ocres, les mines de fer en grains et les pyrites en tirent leur origine, et il en est de même du diamant : preuves anticipées de cette dernière assertion. P. 208 et suiv. — Les lieux qui sont dénués de terre végétale ou limoneuse ne peuvent produire de végétaux : exemple à ce sujet. P. 209 et suiv. — Comment se forme la terre végétale sur les rochers stériles. Première origine de la terre végétale. P. 210 et 211. — Lorsque la terre végétale est réduite en parfait limon et en bol, elle est alors trop compacte pour que les racines des plantes délicates puissent y pénétrer. La meilleure terre pour la végétation est, après celle de jardin, celle qu'on appelle *terre franche*, qui n'est ni trop massive, ni trop légère, ni trop grasse, ni trop maigre, qui peut admettre l'eau des pluies, sans se laisser trop promptement cribler, et qui, néanmoins, ne la retient pas assez pour qu'elles y croupissent. P. 212. — D'où provient la diminution de la quantité de la terre végétale. Cette diminution est la plus grande dans les pays les plus habités. P. 213.

Terre végétale et limoneuse, presque entièrement composée des détriments et du résidu des corps organisés, retient et conserve une grande partie des éléments actifs dont ils étaient animés. T. xi, p. 409.—Elle est le magasin de tout ce qui peut s'enflammer ou brûler. P. 410.

Terres composées. Leurs différentes qualités toutes relatives au mélange des matières dont elles sont formées. T. x, p. 193. — Leurs usages sont aussi multipliés que leurs propriétés sont variées. P. 193 et 194.

Terres fauves qui se trouvent dans les environs des minières de charbon de terre, ne sont que des couches de terre limoneuse. T. x, p. 205.

Terres primitives. La terre purement brute, la terre élémentaire, n'est que le verre primitif d'abord réduit en poudre et ensuite atténué, ramolli et converti en argile par l'impression des éléments humides; une autre terre, un peu moins brute, est la matière calcaire produite originairement par les dépouilles des coquillages, et de même réduite en poudre par les frottements et par le mouvement des eaux; enfin, une troisième terre, plus organique que brute, est la terre végétale, composée des détriments des végétaux et des animaux. T. x, p. 191 et 192.

Terres simples. L'argile, la craie et le limon sont les trois terres les plus simples qui existent réellement. T. x, p. 193.

Théorie. Discussion de la théorie sur la formation des planètes, et solution des objections qu'on peut faire contre cette théorie. T. ix, p. 434 et suiv. — Autres objections contre la théorie de l'auteur sur le refroidissement de la terre. Réponses satisfaisantes à ces objections. P. 443 et suiv.

Thermomètre. Le degré de la congélation de l'eau, que les constructeurs de thermomètres ont regardé comme la limite de la chaleur et comme un terme où l'on doit la supposer égale à zéro, est au contraire un degré réel de la chaleur. Puisque c'est à peu près le point milieu entre le degré de la congélation du mercure et celui de la chaleur nécessaire pour fondre le bismuth, qui est de 190 degrés au-dessus de celui de la congélation. T. ix, p. 292. — Les thermomètres observés pendant cinquante-six années de suite ont démontré que la plus grande chaleur en été est de 26 degrés au-dessus de la congélation, et le plus grand froid de 6 degrés au-dessous, année commune. P. 448. — Défaut dans la construction du thermomètre de Réaumur. *Ibid.*

Thermomètre *réel*, c'est-à-dire thermomètre dont les degrés pourraient marquer les augmentations réelles de la chaleur, ne peut être construit que par le moyen des miroirs d'Archimède. T. ix, p. 227 et 228. — Explication détaillée de la construction de ce thermomètre. P. 248 et 249.

Tinkal. Voyez *Borax* brut.

Tôle (la) doit être faite avec le meilleur fer. Défauts dans la fabrication ordinaire de la tôle, et manière de la fabriquer pour la rendre plus parfaite et plus durable. T. ix, p. 197.

Tôle. Manière de faire de la tôle de fer. T. x, p. 500.

Tombac. Mines de tombac à la Chine, au Japon et à l'île de Bornéo, sont des mines de cuivre mêlées d'une certaine quantité d'or. T. xi, p. 51.

Topazes de Bohême, ne sont que des cristaux de roche colorés de jaune. T. xi, p. 221 et 232.— Ces topazes auxquelles j'ai cru devoir donner la dénomination de *cristaux-topazes*, se trouvent, comme le cristal de roche, dans les climats chauds, tempérés et froids, au lieu que les vraies topazes ne se trouvent que dans les climats les plus chauds. P. 232. — La densité de ces cristaux-topazes est à très-peu près égale à celle du cristal blanc, ils ont aussi le même degré de dureté. P. 233. — Ils perdent leur couleur et deviennent blancs comme le cristal par l'action du feu. *Ibid.*

Topazes et rubis du Brésil. Leur nature et leur origine sont toutes différentes de celle des rubis et topazes d'Orient. T. xi, p. 259. — Ce sont des cristaux vitreux provenant du schorl; preuve de cette assertion. *Ibid.* — La plupart des rubis du Brésil ne sont que des topazes chauffées du même pays. P. 260.

Topaze de Saxe est, comme celle du Brésil, une pierre vitreuse que l'on doit rapporter au schorl; leurs ressemblances et leurs différences. T. xi, p. 261 et 262.—La couleur jaune de la topaze de Saxe est toujours moins foncée que celle de la topaze du Brésil. P. 262. — Différences de dureté entre la topaze de Saxe et la vraie topaze. *Ibid.* — La topaze de Saxe perd sa couleur jaune au feu et y devient tout à fait blanche, au lieu que la topaze du Brésil y prend une couleur rougeâtre. P. 263.

Topazes. On en trouve qui sont moitié topazes et moitié saphirs, et d'autres qui sont tout à fait blanches. T. xi, p. 448. — La topaze d'Orient est d'un jaune vif couleur d'or ou d'un jaune plus pâle et citrin; dans quelques-unes, et ce sont les plus belles, cette couleur vive et nette est en même temps moelleuse et comme satinée. P. 450 — Celles qui sont entièrement blanches ne laissent pas de briller d'un éclat assez vif; cependant, il est aisé de distinguer ces topazes blanches, ainsi que les saphirs blancs, du diamant; car ils n'en ont ni la dureté, ni l'éclat, ni le beau feu. *Ibid.* — Lieux où les topazes et saphirs se trouvent en plus grande quantité. P. 450 et 451. — Les topazes d'Orient ne sont jamais d'un jaune foncé. P. 451.

Topographie de la surface du globe dans le temps primitif et immédiatement après la consolidation de la matière dont il est composé. T. ix, p. 501 et suiv.

Torpille (la); l'anguille électrique de Surinam et le trembleur du Niger semblent réunir et concentrer dans une même faculté la force de l'électricité et celle du magnétisme. T. xi, p. 542. — S'il existait des corps aussi électriques que la torpille, et en assez grande quantité pour former de grandes masses aussi considérables que celles des mines de fer en différents endroits du globe, il est plus que probable que le cours de l'électricité générale se fléchirait vers ces masses électriques. T. xi, p. 556.

Tortues de mer (les) ne déposent leurs œufs que sur les sables et jamais sur la vase. T. ix, p. 638.

Tourbillons, imaginés par plusieurs physiciens pour expliquer les phénomènes de l'aimant. T. xi, p. 560 et suiv. — Hypothèse de Descartes à ce sujet. P. 561. — La force magnétique ne se meut pas en tourbillon autour du globe terrestre, non plus qu'autour de l'aimant. P. 562.

Tourmaline. La plupart des schorls, et particulièrement la tourmaline, présentent des phénomènes électriques qui ont la plus grande analogie avec ceux de l'aimant. T. xi, p. 540.

Tourmaline. Sa principale propriété est de devenir électrique sans frottement, et par la simple chaleur; cette électricité que le feu lui communique, se manifeste par attraction sur l'une des faces de cette pierre, et par répulsion sur la face opposée. T. xi, p. 272 et 273. — La tourmaline perd son électricité lorsqu'elle est trop chauffée. P. 273. — La tourmaline se fond comme le schorl à un feu violent. *Ibid.* — Ses autres

rapports avec les schorls. P. 273 et 274. — Différentes sortes de tourmalines. P. 274. — Tourmalines de Ceylan, du Brésil, du Tyrol, etc. Leurs différences. P. 274 et suiv.

Traditions (les) qui peuvent nous donner quelque idée des temps les plus anciens doivent être employées après les faits et les monuments dans les époques de la nature. T. ix, p. 457.

Transparence. Cause de la transparence; le poliment dans les corps opaques peut être regardé comme le premier degré de la transparence. T. ix, p. 281 et 282.

Transparence. Dans les matières vitreuses produites par le feu primitif, plus il y a de transparence, et plus il y a de dureté; au lieu que, dans les matières calcinables, formées par l'intermède de l'eau, la transparence indique la mollesse. T. x, p. 45.

Transparence. Les affections et modifications que la lumière prend et subit en pénétrant les corps transparents sont les plus sûrs indices que nous puissions avoir de la structure intérieure de ces corps, de l'homogénéité plus ou moins grande de leur substance, ainsi que des mélanges dont ils sont souvent composés. T. xi, p. 363. — Il faut distinguer dans la lumière réfractée par les corps transparents, deux effets différents : celui de la réfraction et celui de la dispersion de cette même lumière ; ces deux effets ne suivent pas la même loi, et paraissent être en raison inverse l'un à l'autre. P. 427. — Le jeu des couleurs qui provient de la dispersion de la lumière est plus varié dans les *strass* ou verres de plomb ou d'antimoine que dans le diamant, mais ces couleurs des strass n'ont que très-peu d'intensité en comparaison de celles qui sont produites par la réfraction du diamant. *Ibid.*

Transparence et opacité de la matière; de quelle cause elles dépendent. T. x, p. 526. — La disposition qui opère la transparence dans les corps s'oppose en général à la ténacité. *Ibid.* — Autre cause de la transparence et de l'opacité. P. 527.

Trapp. Voyez Pierres de corne. T. x, p. 186.

Tras. C'est auprès d'Andernach que les Hollandais font leur approvisionnement de *tras*, qui n'est qu'un basalte facile à broyer. T. xi, p. 530.

Tremblements de terre. Principales causes des tremblements de terre, l'électricité souterraine, l'éruption des volcans et l'écroulement des cavernes. T. ix, p. 530 et et suiv. — Leur direction est dans le sens des cavités souterraines, et leur mouvement se fait sentir quelquefois à de très-grandes distances. P. 531. — Il y a eu des tremblements de terre longtemps avant l'éruption des volcans, et ces premiers tremblements de terre ont été produits par l'écroulement des cavernes qui sont à l'intérieur du globe. P. 535. — Description détaillée de leurs effets. *Ibid.* et suiv.

Tremblement de terre. C'est au fluide électrique, qui peut parcourir en un instant l'espace le plus étendu, que l'on doit rapporter les tremblements de terre qui se font sentir presque dans le même moment à de très-grandes distances. T. xi, p. 525. — On a vu souvent l'aiguille aimantée soumise à de grandes irrégularités dans ses variations après les tremblements de terre. P. 598.

Trempe. Différents effets de la trempe sur la fonte, le fer et l'acier, selon les différentes nuances et les différents degrés de cette trempe. T. ix, p. 337. — Expériences à ce sujet. *Ibid.* et suiv.

Trempe. Effet de la trempe sur le fer et l'acier. T. x, p. 509. — La trempe à l'eau froide rend le fer cassant : exemple à ce sujet. *Ibid.*

Trempe *du bois*. T. x, p. 511 et 512.

Trépidations. L'inclinaison et la déclinaison sont sujettes à des trépidations presque continuelles. T. xi, p. 599.

Tripoli. Ce nom vient de Tripoli, en Barbarie, d'où cette matière était envoyée avant qu'on en eût découvert en Europe. C'est une argile très-fine, mêlée de particules aussi fines de grès, ce qui lui donne la propriété de mordre assez sur les métaux pour les polir. T. xi, p. 495. — Sa description, ses qualités et ses couleurs. *Ibid.* — Lieux où on trouve du tripoli. P. 495 et suiv. — Description de la carrière de tripoli à Poligny, près de Rennes en Bretagne. P. 495 (note *b*). — Le tripoli doit son origine à la

décomposition des pierres quartzeuses mêlées de fer. P. 497.

Tuf. Formation du tuf par la décomposition des marnes; leur gisement au pied des montagnes. T. x, p. 108 et 109. — Leur formation par la filtration des eaux. P. 125.

Turquoises. Le nom de ces pierres vient probablement de ce que les premières qu'on a vues en France ont été apportées de Turquie ; cependant, ce n'est point en Turquie, mais en Perse qu'elles se trouvent abondamment. T. xi, p. 373. — Turquoises de deux qualités ; les premières se nomment *turquoises de vieille roche*, et sont d'un beau bleu ; celles de la *nouvelle roche* sont d'un bleu pâle ou verdâtre. P. 374. — Différents lieux où se trouvent les turquoises. *Ibid.* — Turquoises colorées par la nature et turquoises colorées par l'action du feu : celles-ci sont plus communes et se trouvent même en France ; mais elles n'ont ni n'acquièrent jamais la belle couleur des premières. *Ibid.* — L'origine des turquoises sont les os, les défenses, les dents des animaux terrestres et marins qui se convertissent en turquoises lorsqu'ils sont à portée de recevoir avec le suc pétrifiant la teinture métallique qui leur donne la couleur ; et, comme le fond de la substance des os est une matière calcaire, on doit les mettre au nombre des produits de cette même matière. P. 375. — Os d'animaux trouvés en Languedoc, en 1628, qui ont pris au feu la couleur des turquoises. *Ibid.* — Discussion historique à ce sujet. P. 375 et suiv. — Grande turquoise de douze pouces de long, de cinq de large et de deux d'épaisseur. Sa description. P. 376 et 377. — Différences dans la dureté des turquoises; causes de ces différences. P. 377. — On doit présumer qu'il peut se former des turquoises dans tous les lieux où des os plus ou moins pétrifiés auront reçu la teinture métallique du fer ou du cuivre. *Ibid.* — Main d'une femme convertie en turquoise, qui est au Cabinet du Roi, et qui a été trouvée à Clamecy, en Nivernais; cette main n'a point subi l'action du feu. *Ibid.*

Tutunac. Le métal qu'on appelle aux Indes orientales *tutunac*, est probablement un alliage d'étain et de bismuth. T. xi, p. 73.

Tuyère. Pièce de cuivre ou de fer qui sert à diriger le vent dans l'intérieur des fourneaux de forges. T. ix, p. 201.

Tympe. C'est ainsi qu'on appelle une pièce de fer ou de pierre qu'on pose sur le creuset du côté de l'ouverture par où l'on coule la matière dans les grands fourneaux à fondre la mine de fer. T. ix, p. 202.

U

Univers. L'étendue de l'univers paraît être sans borne, et le système solaire ne fait qu'une province de l'empire universel du Créateur, empire infini comme lui. T. ix, p. 429.

V

Vaisseaux. Mâture des vaisseaux : il faudrait faire écorcer et sécher sur pied les sapins que l'on emploie à la mâture des vaisseaux; et à l'égard des pièces courbes qu'on emploie à la construction des vaisseaux, il vaut mieux les prendre d'arbres de brin de la grosseur nécessaire pour faire une seule pièce courbe, que de scier ces courbes dans de plus grosses pièces. Preuve par l'expérience. T. xii, p. 107.

Vaisseaux. Moyen fort aisé par lequel on pourrait voir à l'œil simple sans lunettes, les vaisseaux sur la mer d'aussi loin que la courbure de la terre le permet, c'est-à-dire à sept ou huit lieues. T. ix, p. 259. — Ce moyen consiste à supprimer l'effet de la lumière intermédiaire. P. 259 et 260.

Vallons (les) commencent ordinairement par une profondeur circulaire, et de là ils vont toujours en s'élargissant à mesure qu'ils s'éloignent du lieu de leur naissance. T. ix, p. 538.

Vapeurs. Concrétions quartzeuses produites par les vapeurs dans l'intérieur de la terre : exemples à ce sujet. T. x, p. 19 et 20.

Variations *dans la direction de l'aimant*. Les unes s'opèrent par des oscilla-

tions momentanées et passagères, produites par les différents états de l'air, etc. Les autres dépendent de causes plus constantes, quoique également accidentelles. T. XI, p. 550.—Les grandes variations du magnétisme ont une marche progressive du nord à l'est, ou à l'ouest dans certaines périodes de temps. *Ibid.*

Végétal (le) convertit réellement en sa substance une grande quantité d'air, et une quantité encore plus grande d'eau ; la terre fixe qu'il s'approprie et qui sert de base à ces deux éléments est en si petite quantité qu'elle ne fait pas la centième partie de sa masse. T. IX, p. 61 et 62.—Le filtre végétal ne peut produire qu'une petite quantité de pierres, tandis que le filtre animal en produit une immense quantité. P. 61.

Végétaux. Le fond des végétaux, des minéraux et des animaux n'est qu'une matière vitrescible; car tous leurs résidus, tous leurs détriments peuvent se réduire en verre. T. IX, p. 461. — Les espèces de végétaux qui couvrent actuellement les terres du midi de notre continent ont autrefois existé dans les contrées du Nord. Preuves de ce fait, tirées des monuments et des observations. P. 558.

Végétaux (les) ont un degré de chaleur propre; expérience qui le prouve. T. IX, p. 46 et suiv.

Végétaux. Décomposition des végétaux et des animaux. Il y a une très-grande différence dans la manière dont s'opère la décomposition des végétaux et des animaux à l'air ou dans l'eau : exposition de ces différences. T. X, p. 198 et 199.

Vents *des soufflets.* Conduite du vent dans les grands fourneaux à fondre les mines de fer. T. IX, p. 325.

Vents (les) souterrains peuvent électriser les substances conductrices. T. XI, p. 524.

Vénus (*planète de*). Si Vénus était de même densité que la terre, elle se serait consolidée jusqu'au centre en 2744 ans, refroidie à pouvoir en toucher la surface en 32027 ans, et à la température actuelle de la terre en 69933 ans; mais comme sa densité est à celle de la terre : : 1270 : 1000, elle ne s'est consolidée jusqu'au centre qu'en 3484 ans $\frac{21}{25}$, refroidie au point d'en pouvoir toucher la surface en 40674 ans, et enfin à la température actuelle de la terre en 88815 ans. T. IX, p. 350 et 351. — Recherches sur la perte de la chaleur propre de cette planète, et sur la compensation à cette perte. P. 365 et suiv. — Cette planète jouira de la même température dont jouit aujourd'hui la terre, dans l'année 91643 de la formation des planètes. P. 366. — Le moment où la chaleur envoyée par le soleil à Vénus se trouvera égale à la chaleur propre de cette planète, ne se trouvera que dans l'année 175924 de la formation des planètes. *Ibid.* — Cette planète a été la onzième terre habitable, et la nature vivante y a duré depuis l'année 41969, et y durera jusqu'à l'année 228540 de la formation des planètes. P. 423. — La nature organisée, telle que nous la connaissons, est en pleine existence sur la planète de Vénus. P. 427.

Verge *de fer crénelée.* Sa fabrication et son usage. T. IX, p. 193.

Vérités. Il y a des vérités de différents genres, des certitudes de différents ordres et des probabilités de différents degrés. Toutes les vérités mathématiques se réduisent à des vérités de distinction. T. XII, p. 154.

Verre (le) pesé chaud couleur de feu, perd en se refroidissant $\frac{1}{576}$ de son poids. T. IX, p. 298. — Expériences sur le temps de la consolidation du verre. P. 303. — Il se consolide plus promptement que la fonte de fer. *Ibid.*

Verre (le) en poudre se convertit en peu de temps en argile, seulement en séjournant dans l'eau, T. IX, p. 512. — Preuves que toutes les matières terrestres ont le verre pour base et peuvent ultérieurement se réduire en verre. P. 599.

Verre (le) est le terme ultérieur auquel on peut réduire, par le feu, toutes les substances terrestres. Il est la base de ces mêmes substances. T. IX, p. 61.—Il est la substance la plus ancienne de la terre. P. 69.—Le verre fait ressort et peut plier jusqu'à un certain point sans rompre. Une glace de deux ou trois lignes d'épaisseur peut plier d'environ un pouce par pied. P. 261.

Verre d'une très-grande transparence. T. ix, p. 268 et suiv. — Comparaison de la transparence de ce verre avec la transparence des glaces de Saint-Gobain. P. 269. — Composition de ce verre. *Ibid.* — Difficulté de fondre le verre en grande masse épaisse. P. 271.

Verre fossile *de Moscovie*. Voyez Talc. T. x, p. 31.

Verres primitifs. Comment se sont formés les verres primitifs, desquels toutes les matières vitreuses tirent leur origine. T. x, p. 9. — Le quartz et les autres verres produits par le feu primitif sont très-différents des basaltes ou des laves, produits par le feu des volcans. P. 11. — Le quartz, le jaspe et le mica sont les trois premiers verres primitifs et en même temps les matières les plus simples de la nature. Le feldspath et le schorl sont les deux derniers verres primitifs; ils sont moins simples et beaucoup plus fusibles que les trois premiers : raison de cette différence. P. 12 et 13. — Objections au sujet de la nature des verres primitifs et réponses à ces objections. P. 14 et suiv. — Le quartz, le jaspe, le mica, le feldspath et le schorl sont les cinq verres produits par le feu primitif; en les combinant deux à deux, ils ont pu former dix matières différentes; combinés trois à trois, ils ont pu former encore dix autres matières; et, combinés quatre à quatre ou tous les cinq ensemble, ils ont encore pu former cinq matières différentes : et, en général, toutes les matières vitreuses ont été produites par leur mélange ou par la combinaison de leurs détriments. P. 24 et 25.

Vert-de-gris ou Verdet, est une espèce de rouille qui pénètre dans l'intérieur du cuivre et, avec le temps, en détruit la cohérence et la texture. T. xi, p. 29.

Vert de montagne. Comment il est produit par la décomposition du cuivre. T. xi, P. 28. — Voyez *Chrysocolle.*

Vertu *magnétique*. Il suffit de changer la situation respective des parties constituantes d'une masse ferrugineuse, pour faire évanouir la vertu magnétique. T. xi, p. 569. — On peut sans aimant ni fer aimanté exciter dans le fer la vertu magnétique à un très-haut degré. P. 583.

Vibrations. L'aiguille aimantée est presque toujours agitée par de petites vibrations, dont l'étendue est au moins aussi variable que la durée. T. xi, p. 594. — Imperfection des observations faites jusqu'à présent relativement à ces vibrations, ainsi qu'à la déclinaison de l'aiguille. P. 594 et 595.

Vignes. Quelques moyens d'y prévenir et tempérer les effets de la gelée. T. xii, p. 137 et suiv.

Vitesse *de la lumière* (la) est la plus grande qui nous soit connue, car la lumière fait 80 mille lieues en une seconde. T. ix, p. 10.

Vitesse *des planètes et des comètes* (la) est aussi très-grande. T. ix, p. 10.

Vitrescible. Matières vitrescibles suivent dans leur refroidissement l'ordre de la densité. T. ix, p. 163 et 164.

Vitrifiable. Matières vitrifiables; origine et gradation du gisement et de la formation des matières vitrifiables. T. ix, p. 70.

Vitrification *générale du globe*. Comparaison de cette vitrification avec celle qui s'opère sous nos yeux par le feu des volcans; avec les différences de leurs produits. T. x, p. 10 et 11.

Vitriol. On a donné le nom de *vitriol* à trois sels métalliques, formés par l'union de l'acide vitriolique avec le fer, le cuivre et le zinc. Et l'on pourrait, sans abuser du nom, l'étendre à toutes les substances dans lesquelles la présence de l'acide vitriolique se manifeste d'une manière sensible. Ces trois vitriols se trouvent dans le sein de la terre, mais en petite quantité, et il paraît que ce sont les seules matières métalliques que la nature ait combinées avec cet acide. T. x, p. 363.

Vitriol *de cuivre*. Le vitriol de cuivre ou couperose bleue, se trouve dans les mines de cuivre. P. 367. — Manière de tirer ce vitriol des mines de cuivre, et d'en faire avec les débris du cuivre. *Ibid.*

Vitriol *de fer*. Les mines de vitriol de fer ou couperose verte, se trouvent dans les mines de fer, où l'eau chargée d'acide vitriolique a pu pénétrer. T. x, p. 364. — On tire aussi ce vitriol des pyrites martiales, en les décomposant par la calcination et par

l'humidité. *Ibid.* — Manière dont se fait cette extraction du vitriol. *Ibid.*—Il y en a des mines en France et en Italie. P. 366 et 367.

VITRIOL *de zinc.* Le vitriol de zinc ou couperose blanche, se trouve dans les mines de zinc ou de calamine. T. x, p. 368.

VITRIOLS *dont la base est terreuse.* Pris généralement, ils peuvent se réduire à deux; le premier est l'alun, et le second est le gypse. T. x, p. 369.

VOLCANS. Il n'existait aucun volcan en action avant l'établissement des eaux sur la surface de la terre, et ils n'ont commencé d'agir, ou plutôt ils n'ont pu prendre une action permanente qu'après leur abaissement. T. IX, p. 528. — Volcans terrestres et volcans sous-marins; différences dans leurs effets. P. 528 et 529. — Le volcan sous-marin ne peut agir que par instants, et un volcan terrestre ne peut durer qu'autant qu'il est voisin des eaux. P. 529. — Tous les volcans qui sont maintenant en travail, sont situés près des mers. *Ibid.* — Les feux des anciens volcans sont devenus plus tranquilles depuis la retraite des eaux; néanmoins plusieurs continuent de brûler, mais sans faire aucune explosion; et c'est là l'origine de toutes les eaux thermales, des bitumes coulants et des huiles terrestres. P. 534 — Raison pourquoi les volcans sont situés dans les montagnes. P. 531 et suiv. — Ceux qui sont actuellement agissants s'éteindront dans la suite des siècles. P. 532. — Les volcans, par leurs éruptions, ont recouvert de déblais tous les terrains qui les environnent. P. 535.

VOLCANS (les) éteints ou actuellement agissants forment de larges bandes qui s'étendent autour du globe dans plusieurs directions. T. XI, p. 526. — Auprès d'Édimbourg, les volcans semblent avoir trouvé des bornes qui les ont empêchés d'entrer dans l'Angleterre proprement dite. P. 527.—Les volcans des environs de Naples, et de la terre de Labour, comme tous les autres volcans, semblent éviter les montagnes primitives, quartzeuses et granitiques, qui sont, par leur nature vitreuse, imperméables au fluide électrique. P. 529 et 530. — Les volcans et surtout ceux qui sont actuellement agissants, portent sur des cavités dont la capacité est au moins égale au volume de leurs projections. P. 531.— Les premiers et plus anciens volcans n'ont été, pour ainsi dire, que des explosions momentanées. P. 533.— On doit distinguer deux sortes de volcans; les premiers produits par l'électricité souterraine, et les seconds alimentés par les substances combustibles. P. 534. — Les premiers volcans ont laissé des cratères, autour desquels se trouvent des matières fondues par les foudres. *Ibid.* — Parmi les causes accidentelles, les plus puissantes pour changer la direction de l'aimant, sont l'éruption des volcans, et les torrents de laves et de basaltes qui occupent souvent de très-grandes étendues à la surface de la terre. P. 557.

VOLCANS. Tableau de l'effet des volcans. T. x, p. 299.—Origine et cause des volcans. P. 302 et 303.

VOLCANS. Chrysolithe des volcans, sa description. T. XI, p. 485 et suiv. — Schorls et grenats volcaniques; leur description et leur altération par le feu des laves en fusion. P. 486. — Cristaux de roche, améthystes, hyacinthes des volcans n'ont été que peu ou point altérés par le feu de la lave en fusion. *Ibid.* — Toutes les matières volcaniques, basaltes, laves et laitiers se réduisent à la longue en terre argileuse par l'impression des éléments humides. P. 489 et 490. — Produits salins par le feu des volcans, et que l'on peut recueillir dans les matières volcanisées. P. 490 et suiv.

VOLCANS *éteints.* Anciens volcans de l'Auvergne, du Velay, du Vivarais et du Languedoc; observations sur les matières qu'on y trouve. T. x, p. 348 et suiv.

VOLCANS ÉTEINTS. On pourrait compter cent fois plus de volcans éteints que de volcans actuellement agissants. T. IX, p. 529. — Les volcans éteints sont placés dans le milieu des terres, ou tout au moins à quelque distance de la mer. *Ibid.*

VOLCANS (*matières volcaniques*). Prenant en général toutes les matières rejetées par les volcans, il se trouvera dans leur quantité un certain nombre de substances qui n'ont pas changé de nature; le quartz,

les jaspes et les micas doivent se rencontrer dans les laves, sous leur forme propre ou peu altérée; le feldspath, le schorl, les porphyres et granites peuvent s'y trouver aussi, mais avec de plus grandes altérations, parce qu'ils sont plus fusibles; les grès et les argiles s'y présenteront convertis en poudres et en verres; on y verra les matières calcaires calcinées, le fer et les autres métaux sublimés en safran, en litharge; les acides et alcalis devenus des sels concrets; les pyrites converties en soufre vif; les substances organisées végétales ou animales, réduites en cendres. T. x, p. 301 et 302. — On y trouvera aussi des productions formées par l'eau; les laves et les basaltes ont leurs stalactites. P. 302.—Exposition particulière des différentes sortes de matières volcaniques. P. 304 et suiv.—Difficulté de distinguer les matières produites par le feu des volcans, de celles qui ont été formées par le feu primitif, ou par l'intermède de l'eau. P. 305 et suiv.—Brèches volcaniques ou marbres composés de laves et de matières calcaires. P. 310.

Volcans *éteints*. On peut reconnaître des volcans éteints en Bretagne, et les suivre dans une partie du Limousin, et en Auvergne, où se sont faites de fortes éruptions. T. xi, p. 527.—La plupart des volcans éteints n'ont pu être produits que par les foudres de l'électricité souterraine. P. 530.—Tous les volcans produits par les tonnerres souterrains, n'ont exercé leur action que sur les schistes, les argiles, les substances calcaires et métalliques, et les autres matières de seconde formation, et conductrices de l'électricité. *Ibid.* — Divers degrés de conservation de leurs cratères. P. 532.—La plupart des volcans éteints doivent être rapportés aux premières époques des révolutions du globe après sa consolidation, pendant lesquelles ils n'ont agi que par moments. P. 534.

Volfran, est la plus pesante des concrétions du fer produites par l'intermède de l'eau; cause de cette grande pesanteur. La pyrite arsenicale qui en approche le plus est le mispickel. Le volfran est aussi dur que dense, c'est un schorl mêlé d'arsenic et d'une assez grande quantité de fer décomposé par l'eau, parce qu'il n'est point attirable à l'aimant. Description du volfran, il y en a de plusieurs sortes. Le *tungstein* des Suédois est une de ces sortes. T. xi, p. 460.

Vermeille, est un rubis dont le rouge est mêlé d'orangé. T. xi, p. 424 et 444. — Différence de la vermeille, de l'hyacinthe et du grenat. P. 447.

Vermillon. Les Romains faisaient grand cas du vermillon, et tiraient tous les ans d'Espagne environ dix mille livres de cinabre, et les anciens Péruviens employaient aussi le cinabre pour faire du vermillon, et ne connaissaient pas le mercure avant l'arrivée des Espagnols dans leur pays. T. xi, p. 110.

Vernis, couleur d'or. T. x, p. 543 et 544.

Z

Zéolite. Les anciens n'ont fait aucune mention de cette pierre; elle se trouve en grande quantité dans l'île de Féroë. Il ne faut pas confondre la vraie zéolite avec une autre pierre à laquelle on a donné le nom de *zéolite veloutée*, et qui n'est qu'une pierre calaminaire. T. xi, p. 390. — Description et propriétés de la vraie zéolite. *Ibid.* — Différentes sortes de zéolites et leurs différentes propriétés. *Ibid* et suiv.— La zéolite n'a pas été produite par le feu, mais par l'intermède de l'eau, qui réside toujours dans sa substance en certaine quantité. P. 391. — Différents lieux où l'on trouve des zéolites. P. 392.

Zinc. Ce demi-métal se tire également de la pierre calaminaire et des blendes. T. xi, p. 143. — Comparaison de cette pierre calaminaire et des blendes. P. 143 et 144. — Le zinc existe non-seulement dans la pierre calaminaire et les blendes, mais encore dans plusieurs mines de fer. P. 144. — La formation des mines de zinc est postérieure à celle des autres mines métalliques, et même postérieure à leur première décomposition. *Ibid.* — Le zinc est très-volatil, il ne se trouve dans aucune mine primordiale des métaux. P. 144 et 145. — Manière de tirer le zinc des blendes et de la pierre calami-

naire. P. 145. — Lieux où l'on trouve des minières de pierre calaminaire. P. 145 et suiv. — Le zinc s'emploie rarement pur, et n'est pas même si propre à faire du cuivre jaune ou du laiton que la pierre calaminaire. P. 146. — Manière dont se fait le laiton ou cuivre jaune avec le cuivre rouge et la pierre calaminaire. *Ibid.* — Le zinc est non-seulement très-volatil, mais très-inflammable. P. 147. — Moyen d'obtenir le zinc dans sa plus grande pureté. P. 148. — Propriétés naturelles du zinc, ses conformités et ses différences avec l'étain. P. 148 et suiv. — Fleurs de zinc. Conversion de la chaux de zinc en verre couleur d'aigue-marine. P. 150 et 151. — Le zinc en fusion, et sous sa forme propre, s'allie avec tous les métaux et minéraux métalliques, à l'exception du bismuth et du nickel. P. 151. — Alliage du zinc avec les métaux, il les rend tous aigres et cassants. *Ibid.*— Amalgame du zinc avec le mercure est différent des autres amalgames. *Ibid.* — La chaux du zinc est très-difficile à réduire et conserve mieux sa blancheur que la céruse ou chaux de plomb, Il paraît donc que le blanc de zinc serait préférable au blanc de plomb dans la peinture. P. 151 et 152. — Le vitriol de zinc est blanc et se trouve assez souvent dans le sein de la terre. P. 152.

Zinc, ne se trouve qu'en concrétions, puisqu'on ne le tire que de la pierre calaminaire ou des blendes. Il n'a été formé par la nature qu'après toutes les autres substances métalliques. Raison de cet effet. T. xi, p. 479. — Plusieurs mines de fer de dernière formation contiennent beaucoup de zinc, et c'est par son affinité avec le fer que la substance du zinc, qui est volatile et inflammable, s'est fixée. Preuve de cette assertion. P. 479 et 480. — Régule de zinc est plus ou moins attirable à l'aimant. P. 480.

Zone (la) incendiée par les feux souterrains a pris une double direction en partant d'Antibes. T. xi, p. 528.

Zone torride. Le fer, tenu verticalement, acquiert plus promptement et en plus grande mesure la vertu magnétique dans les zones tempérées et froides que dans la zone torride. T. xi, p. 578.

FIN DE LA TABLE ANALYTIQUE DES MATIÈRES.

TABLE DES MATIÈRES

DU TOME DOUZIÈME.

Préface à la traduction du livre de Hales, intitulé : *la Statique des végétaux et l'Analyse de l'Air* 1

EXPÉRIENCES SUR LES VÉGÉTAUX 5

Premier mémoire : Expériences sur la force du bois 5

Deuxième mémoire : Moyen facile d'augmenter la solidité, la force et la durée du bois 46

Troisième mémoire : Recherches de la cause de l'excentricité des couches ligneuses qu'on aperçoit quand on coupe horizontalement le tronc d'un arbre, de l'inégalité d'épaisseur, et du différent nombre de ces couches, tant dans le bois formé que dans l'aubier; par MM. Duhamel et de Buffon 109

Quatrième mémoire : Observations des différents effets que produisent sur les végétaux les grandes gelées d'hiver et les petites gelées du printemps, par MM. du Hamel et de Buffon 121

Préface à la traduction du livre de Newton, intitulé : *la Méthode des Fluxions et des suites infinies* 140

Essai d'arithmétique morale 154

Des probabilités de la durée de la vie 209

Table des probabilités de la durée de la vie 213

Tables des naissances, mariages, etc. 286

DISCOURS PRONONCÉS A L'ACADÉMIE FRANÇAISE 324

Discours prononcé à l'Académie française par M. de Buffon, le jour de sa réception 324

Projet d'une réponse à M. de Coetlosquet, ancien évêque de Limoges, lors de sa réception à l'Académie française 332

Réponse à M. Watelet, le jour de sa réception à l'Académie française, le samedi 19 janvier 1761 335

Réponse à M. de la Condamine, le jour de sa réception à l'Académie française, le lundi 21 janvier 1761 337

Réponse à M. le chevalier de Chatelux, le jour de sa réception à l'Académie française, le jeudi 27 avril 1775 338

Réponse à M. le maréchal duc de Duras, le jour de sa réception à l'Académie française, le 15 mai 1775 343

Au Roi 348

Avant-propos du VIe volume de l'édition in-4° de l'Imprimerie royale, volume publié en 1756 349

Lettre de MM. les députés et syndic de la Faculté de théologie, à M. de Buffon. 350
Propositions extraites d'un ouvrage qui a pour titre : *Histoire naturelle*, et qui ont paru répréhensibles à MM. les députés de la Faculté de théologie de Paris.. 351
Table des matières contenues dans les quatre premiers volumes, relatifs aux quadrupèdes... 357
Table des matières contenues dans les quatre volumes relatifs aux oiseaux...... 519
Table des matières contenues dans les quatre derniers volumes, relatifs aux minéraux.. 694

FIN DU DOUZIÈME ET DERNIER VOLUME.

INDICATION

POUR LE PLACEMENT DES PLANCHES

TOME PREMIER.

2 Portrait de Buffon en regard du titre.
3 Carte de l'ancien continent.. 407
4 Carte du nouveau continent.. 408
11 Filaments et corps mouvants de la liqueur spermatique chez l'homme....... 521
12 Globules et petits corps mouvants des liqueurs séminales................. 523
13 Animalcules spermatiques figurés par Leeuwenoek....................... 519

TOME II.

15 Négresse blanche, négresse pie et petite fille couverte de taches velues...... 300
16 Monstres.. 308
17 Cheval arabe. — Jument anglaise.................................. 369
18 Jument normande et son poulain. — Cheval de trait franc-comtois......... 400
19 Le taureau. — L'âne.. 411
20 Le veau. — La vache. — Le bélier. — La brebis. — L'agneau............ 425
21 Le bouc. — La chèvre. — Le cochon................................ 453
22 Le sanglier. — Le cochon de Siam, mâle et femelle..................... 460
25 Le mâtin. — Le chien de berger. — Le dogue. — Le doguin.......... ... 474
26 Le grand danois. — Le chien courant. — Le chien courant métis........... 478
27 Le chien de Sibérie. — Le bichon. — Le chien-lion...................... 482
28 Le basset à jambes torses.— Basset à jambes droites.— L'épagneul français. 486
24 Table de l'ordre des chiens.. 494
30 Le chat domestique. — Le chat d'Angora. — Le chat sauvage............. 497
31 Le cerf. — La biche et son faon.................................... 509
32 Le daim. — Le chevreuil... 528
33 Le lièvre. — Le lapin.. 539
34 Le loup. — Le renard.. 572
36 L'isatis. — Le blaireau.. 585
37 Les loutres. — La loutre de la Guiane...................... 588

38 La saricovienne. — La fouine. — La marte. — Le putois.................. 591
39 Le furet. — Le putois rayé des Indes. — La belette. — L'hermine......... 596
41 Le mulot. — Le rat. — La souris. — Le rat perchal. — Le campagnol. — Le rat d'eau.. 604
50 Le hérisson. — Le tanrec. — Le tendrac.................................. 615
42 Le leming. — Le scherman. — Le loir. — Le lérot.......................... 626
43 Le lérot à queue dorée. — Le muscardin. — La musaraigne. — La musaraigne d'eau.. 630
45 La marmotte. — Le monax.. 634
162 L'échidné épineux, etc. (Fennec de Derfour). — L'ours mâle de Sibérie, etc. — Ours aux grosses lèvres.. 638

TOME III.

55 Le lion. — Le tigre.. 1
57 La panthère mâle. — L'once.. 62
58 Le léopard. — Le jaguar... 73
56 La lionne et ses petits. — Le couguar................................... 76
59 Le lynx. — Le lynx du Canada. — Le caracal.............................. 78
35 L'hyène. — Le chacal.. 86
61 La genette. — La civette. — La fossane.................................. 92
23 Le pécari. — Le sanglier d'Afrique. — Le babiroussa mâle................ 108
48 Le palmiste. — Le coquallin. — Le taguan. — Le polatouche............... 123
65 Le fourmillier. — Le pangolin. — La marmotte. — Le sarigue.............. 133
64 Le kabassou. — L'encoubert. — Le cachicame. — Le tamandua............... 142
49 L'akouchi. — L'agouti. — Le paca.. 153
66 Le cayopollin. — La philandre de Surinam. — Le phalanger. — La mangouste, etc.. 171
67 L'éléphant mâle. — L'éléphant femelle................................... 173
69 Le chameau. — Le dromadaire... 231
70 Le buffle. — Le bison... 246
79 Le zèbre. — Le couagga.. 302
68 L'hippopotame mâle. — Le rhinocéros d'Asie.............................. 306
73 L'élan. — Le renne. — Le chamois.. 319
75 La gazelle. — La corine. — L'antilope. — Le tzeiran..................... 354
78 La grimme. — Le guib. — Le bouquetin. — Le mouflon...................... 383
72 Le chevrotain. — Le chevrotain de Ceylan. — Le musc..................... 386
51 Le porc-épic. — Le coendou. — Le porc-épic de Malaga.................... 406
52 L'urson. — L'unau. — L'aï... 412
74 La girafe... 425
62 La chauve-souris. — L'oreillard. — Le nocturne.......................... 472
60 Le serval. — L'ocelot. — Le margay...................................... 473
40 Le touan. — Le glouton.. 488
91 Le dugon. — Le morse. — Le petit lamantin d'Amérique. — Le grand lamantin du Kamtschatka.. 530
90 Le phoque à museau ridé. — Le phoque commun. — L'ours marin. — Le lion marin.. 543

TOME IV.

80 Le jocko. — Le Pongo.. 23
81 Le gibbon. — La guenon à long nez........................... 42
88 Le papion. — Le mandrill.................................... 46
83 Le malbrouck. — Le moustac. — Le callitriche.— Le patas à bandeau noir. 58
82 Le douc. — La guenon à crinière. — La mone. — Le coaïta............. 62
84 Le patas à queue courte. — Le babouin. — La mone. — Le mona........ 91
160 L'alouate-ourson — Douroucouli. — Léoncito. — Saki noir............. 147
85 Le sajou cornu. — Le sajou nègre. — L'yarque de Saimari.............. 156
86 Le saï. — Le tamarin. — Le mico. — Le pinche........................ 161
87 L'ouistiti. — Le marikina. — Le magot. — L'alouate................... 162
89 Le mococo. — Le vari. — Le loris. — Le petit maki gris................ 181
63 La grande sérotine. — Le vampire. — Le grand fer-de-lance............. 250
53 L'ours. — L'ours blanc.. 262
29 Le chien turc. — Le gredin. — Le chien-loup. — Le grand chien de Russie. 314
161 L'hydromis coïpou. — Le péramède obésule. — L'ornithorhynque de la Nouvelle-Hollande.. 347
47 L'écureuil. — L'écureuil de Madagascar. — Le petit-gris................ 358
46 La marmotte du cap Bobal. — Le souslik. — Le hamster.................. 374
44 La taupe de Tucan. — La taupe du Canada. — La taupe du cap de Bonne-Espérance.. 402
54 L'ondatra. — Le castor. — Le desman. — Le cabiai...................... 407
71 Le lama. — La vigogne.. 519
76 Le pasan. — La gazelle à bourse sur le dos............................ 583
77 La chèvre bleue. — Le klipspringer, etc. — Le gnou. — Le condoma...... 584

TOME V.

92 Le grand aigle. — L'aigle commun.................................... 50
93 Le petit aigle. — Le balbuzard. — Le pygargue......................... 56
94 L'orfraie. — Le jean-le-blanc.. 66
95 Le roi des vautours. — Le griffon. — L'urubu.......................... 88
96 L'urubu femelle. — Le milan. — La buse............................... 107
97 L'oiseau Saint-Martin. — La bondrée. — Le buzard. — La soubuse........ 112
98 Le hobereau. — L'épervier. — L'autour. — Le gerfaut. — Le faucon...... 145
99 L'émerillon.— La cresserelle. — La pie-grièche rousse. — L'écorcheur..... 149
100 Le grand-duc. — Le scops. — Le hibou................................ 171
101 Le chat-huant. — La chouette. — L'orfraie............................. 185
102 Le touyou. — L'autruche.. 201
103 La poule et le coq. — La peintade. — Le dindon........................ 279
104 Le paon. — Le faisan. — Le faisan doré................................ 389
105 La perdrix grise. — La petite perdrix grise. — La perdrix de montagne. — La bartavelle.. 445
106 La perdrix rouge. — Le francolin. — La caille de la Chine. — La caille des îles Malouines.. 459

107 Le pigeon biset. — La grosse gorge. — Le nonain. — Le ramier. — Le cravaté. — Le polonais.. 488
108 La tourterelle. — La tourterelle à collier. — Le corbeau................ 514
109 Le geai. — La pie. — L'oiseau de paradis.......................... 571

TOME VI.

110 Le manucode. — Le superbe. — Le magnifique. — Le sifflet............ 9
111 L'étourneau. — Le troupiale. — Le commandeur. — Le cassique......... 15
112 Le loriot. — La grive. — La rousserole. — La draine.................. 54
113 Le merle bleu. — Le merle. — Le mainate. — Le goulin................ 87
114 Le jaseur. — Le martin. — Le gros-bec. — Le bec-croisé............... 134
115 Le cardinal huppé. — Le grivelin. — Le moineau. — Le père noir......... 152
116 La soulcie. — Le paroare. — Le serin. — La linotte.................... 172
117 Le cabaret. — Le bengali. — Le sénégali. — Le serevan. — Le maïa...... 210
118 Le pinson d'Ardenne. — Le pinson. — La veuve à collier d'or. — La veuve en feu.. 225
119 Le verderin. — Le chardonneret. — Le grand tangara. — La houpette..... 257
120 Le diable-enrhumé — Le septicolor. — Le zizi. — L'ortolan............ 295
121 Le bruant. — Le proyer. — Le bouvreuil. — Le coliou.................. 328
122 Le coq de roche. — Le tijé. — Le roi des fourmilliers................ 371
123 Le grand beffroi. — L'agami, etc. — Le tinamou. — Le magoua.......... 389
124 Le savana. — Le gobe-mouche. — Le moucherolle huppé. — Le moucherolle brun.. 414
125 Le cujelier. — L'alouette. — Le lulu. — Le cochevis.................. 453
126 Le rossignol de muraille. — Le rossignol. — La rouge-gorge. — La fauvette. La rouge-queue.. 491

TOME VII.

127 La lavandière. — La bergeronnette grise. — Le figuier orangé. — Le figuier huppé.. 2
128 Le pouillot. — Le roitelet. — La moustache. — Le charbonnier. — Le rémiz. 59
139 La mésange à longue queue. — La mésange huppée. — La sittelle. — Le grimpereau de muraille.................................... 93
130 Le grand soui. — Le soui-manga vert. — Le petit oiseau-mouche. — L'oiseau-mouche à collier..................................... 121
131 Le rubis. — Le rubis-émeraude. — Le rubis-topaze. — Le huppe-col. — La cravate dorée. — Le colibri topaze........................... 152
132 Le kakatoès à huppe blanche. — Le kakatoès à huppe jaune............ 194
133 Le perroquet vert. — Le jaco. — Le vaza. — Le mascarin............... 206
134 Le lori-noira. — Le lori tricolore. — Le lori-cramoisi. — Le lori rouge..... 211
135 La grande perruche à longs brins. — La perruche à collier. — Le moineau de Guinée.. 226
136 L'ara rouge.— L'ara vert.— L'amazone à tête blanche.— L'aourou-couraou. 239
137 Le crik. — Le meunier. — Le papegai maillé. — Le papegai paradis....... 260

138 Le tavoua. — Le maïpouri. — Le caïca. — La perriche pavouane........ 270
139 Le touraco. — Le coucou. — L'ami des savanes. — Le houtou........... 300
140 Le promerops brun rayé. — La huppe. — Le guépier à gorge bleue. — Le guépier à queue d'azur.. 383
141 L'hirondelle de cheminée. — L'hirondelle de rivage. — L'hirondelle de fenêtre, etc., etc... 441
163 L'hirondelle de Vanikoro. — Le traquet resplendissant. — Le podagre-papou. 480
142 Le pic de Goa. — Le pic de Saint-Domingue. — Le pic de Cayenne. — Le toco. — Le toucan à ventre rouge.............................. 506

TOME VIII.

143 L'oiseau royal. — La cigogne.. 12
144 Le kamichi. — Le secrétaire. — Le héron. — Le butor................. 57
145 Le bihoreau. — Le savacou. — La spatule. — La bécasse............... 107
146 Le chevalier commun. — La barge. — L'ibis blanc. — Le combattant. — Le courlis.. 140
147 Le pluvier à collier. — Le pluvier doré. — Le vanneau. — L'huitrier. — L'échassier.. 208
148 Le râle à long bec. — Le râle de terre. — La poule d'eau. — Le caurâle. — La foulque.. 235
149 Le harle. — Le grand plongeon. — Le castagneux. — La piette. — Le pélican. — Le cormoran.. 284
150 L'oiseau du tropique. — Le pierre-garin. — La frégate. — Le goëland à manteau noir.. 336
151 Le bec-en-ciseaux. — Le labbe à longue queue. — L'avocette. — Le noddi. 388
152 Les cygnes. — L'oie... 410
153 L'oie de Guinée. — L'oie d'Égypte. — La bernache. — L'eider............ 444
154 Le canard. — Le siffleur. — Le canard huppé. — La chipeau............. 464
155 Le canard-millouin. — Le tadorne. — Le canard commun. — La macreuse. 513
156 La sarcelle de Chine. — La sarcelle. — La sarcelle blanche. — La sarcelle rousse... 534
157 Le pétrel cendré. — Le pétrel damier. — Le fulmar — L'oiseau de tempête. 556
158 Le petit guillemot. — Le guillemot. — Le macareux. — Le macareux de Kamtschatka.. 579
159 Le pingouin. — Le grand pingouin. — Le grand manchot................ 598

TOME IX.

5 Carte de la montagne de Langres et du pays environnant................ 537
6 Miroirs et lentilles.. 277
7 Divers miroirs de réflexion... 274
8 Fourneau à courber des glaces... 273
9 Dents fossiles.. 467
10 Carte des deux régions polaires....................................... 661

IMPRIMERIE J. CLAYE, RUE SAINT-BENOÎT, 7.

historique, tous les agréments et toutes les ressources d'un art qui, en charmant les yeux, devait exciter ou fortifier une sainte curiosité.

Rien ne peut frapper plus agréablement la vue que les dessins qui s'offrent de toutes parts dans votre livre, et dont l'exécution me paraît aussi finie que l'invention en est heureuse, riche et variée. Je désire donc sincèrement, Monsieur, que votre entreprise ait un plein succès. Elle sera une preuve durable de votre zèle, et le public s'empressera de rendre un hommage de reconnaissance aux esprits distingués et aux mains habiles qui vous ont secondé.

Enfin, cet ouvrage consacré à la gloire de la religion la fera chérir et admirer par les exemples multipliés de la force divine dont elle revêt les âmes, de la tendre charité qu'elle y fait naître, des sacrifices héroïques qu'elle leur inspire.

† CLAUDE-HIP., évêque de Chartres.

Ce témoignage de haute approbation, confirmé par tous les Évêques, est un titre irrécusable aux sympathies du clergé et de tous les esprits religieux. Toutes les personnes qui s'occupent d'éducation, soit publique, soit privée, les instituteurs, les maîtres et maîtresses de pension, y trouveront, aussi bien que les ecclésiastiques, la ressource précieuse d'une lecture à la fois instructive et attrayante pour l'enfance et pour la jeunesse. Ce livre, offert à titre de récompense et d'encouragement, ne peut produire qu'un excellent effet, dans l'intérêt des mœurs et de la vraie piété. Offrir à la jeunesse la religion en exemples et en action, c'est le meilleur moyen de la lui faire aimer, et c'est la disposer en même temps à en bien comprendre les préceptes.

Une foule d'écrivains distingués ont accordé leur concours pour la rédaction des textes de la *Vie des Saints*. Le défaut d'espace nous empêchant de les citer tous, il nous suffira de nommer le R. P. LACORDAIRE, M. le vicomte DE FALLOUX, MM. les abbés DEGUERRY, DE NOIRLIEU, CARRON, DESGENETTES, ARNAULT, etc., etc.; MM. DE RIANCEY, Eugène VEUILLOT, DE VILLENEUVE-BARGEMONT, DE MONMERQUÉ, etc., etc., pour donner une idée du soin apporté à cette rédaction.

Par sa belle exécution matérielle, comme par ses textes, la *Vie des Saints* est un monument élevé à la religion chrétienne.

Cet ouvrage est divisé en quatre séries, composées chacune de 50 livraisons à 20 centimes; l'ensemble formera deux magnifiques volumes, illustrés de douze cents gravures.

Chaque livraison, contenant la vie d'un ou de plusieurs saints, se vend *séparément*, et se compose d'une feuille in-4°, tirée avec soin et illustrée de plusieurs gravures ou vignettes.

Il en paraît *une* ou *deux* par semaine. — Les deux premières séries, formant le premier volume, sont en vente au prix de 10 fr. la série ou 20 fr. le volume. (Février 1854.)

HISTOIRE
DES
DUCS DE BOURGOGNE
PAR M. DE BARANTE
de l'Académie Française.

4 volumes sont en vente à 5 fr. le volume. (Février 1854.)

Il serait inutile d'insister sur les mérites d'un ouvrage classé depuis longtemps parmi les meilleurs de notre époque. Les hommes les plus compétents de la littérature contemporaine, les Chateaubriand, les Villemain, les Thierry, etc., etc., ont proclamé à l'envi les qualités brillantes et solides qui distinguent l'*Histoire des Ducs de Bourgogne :* l'exactitude des recherches, l'intérêt de la narration, cette vérité de couleur qui donne aux récits de l'auteur le charme et l'attrait des plus beaux romans de Walter Scott. Il suffit d'annoncer la septième réimpression de cette histoire, pour fixer l'attention de tous les amateurs de bons livres.

Nous avons apporté à cette réimpression tous les soins que réclamait une publication sérieuse. La bonne exécution des gravures répond à l'élégance typographique du texte.

L'HISTOIRE DES DUCS DE BOURGOGNE formera DOUZE VOL. IN-8°, *papier vélin satiné des Vosges*, illustrés de CENT QUATRE gravures d'après les dessins de MM. ROQUEPLAN, DEVÉRIA, Tony et Alfred JOHANNOT, LÉCURIEUX, GRANDVILLE, DECAMPS, BOUTERWECK, P. DELAROCHE, TELLIER, FOUSSEREAU, A. SCHEFFER, BOULANGER, Eugène DELACROIX, Robert FLEURY, E. LAMY, gravés par TOMPSON, et de SEIZE Cartes et Plans dressés par A. PERROT, gravés par TARDIEU.

L'ouvrage sera divisé en 200 livraisons à 30 cent. (Toutes les livraisons dépassant ce nombre seront données *gratis*.)

Il paraîtra une ou plusieurs livraisons par semaine. — Quatre vol. sont en vente à 5 fr. le volume.

www.ingramcontent.com/pod-product-compliance
Ingram Content Group UK Ltd.
Pitfield, Milton Keynes, MK11 3LW, UK
UKHW020236180726
13839UKWH00001B/4